LINUX 内核源代码情景分析

（上 册）

毛德操　胡希明　著

浙江大学出版社

内 容 提 要

　　本书采取类似于英语教学中行之有效的情景会话的教学方法，全面深入地剖析了 Linux 最新版本(2.4.0)核心源代码，并对 Linux 核心的独特优点和需要进一步改进的问题作了精辟的评述。

　　全书分上下两册。上册包括预备知识、存储管理、中断和系统调用、进程和进程调度、文件系统以及传统的 Unix 进程间通讯共六章，下册则分基于 Socket 的进程间通讯、设备驱动、多处理器 SMP 系统结构以及系统引导和初始化四章。上下两册不可分割，是一个有机的整体。

　　本书写法独特，论述精辟，不回避代码分析中的难点，可以作为操作系统高级课程的教材，也可以作为计算机软件专业和其他相关专业大学本科高年级学生和研究生深入学习操作系统以至软件核心技术的重要参考书。同时，还可作为各行业从事软件开发的工程师、研究人员以及其他对 Linux 最新技术感兴趣者的自学教材。

代　　序

　　为了保障信息安全和增强综合国力，中国必须发展自主的操作系统，在此基础上才能构建我国自主的、比较完善的软件产业体系。为此，需要培养和造就一大批深入理解操作系统原理并有丰富实践经验的学者和工程师。

　　当前，开放源代码的 Linux 为发展我国自主操作系统提供了一个难得的机遇。Linux 是一个性能卓越、技术上处于前沿的操作系统。它的源代码公开，可以被广大专业人员甚至业余爱好者所阅读、分析、学习和掌握。可是由于操作系统技术本身的复杂性，要深入钻研 Linux 的代码，把它读懂并融会贯通，实非易事。因此，亟需一部能对 Linux 的核心代码进行深入分析、能引导读者读懂并深刻理解代码及其相关原理的书籍，这将对促进 Linux 在我国的推广，促进基于 Linux 的自主操作系统的发展起到积极的作用。我认为，毛德操和胡希明先生所著的《Linux 内核源代码情景分析》（上、下册）正是这样的一本好书，它的优点是：

　　1. 覆盖了 Linux 内核以及有关操作系统理论（除网络外）的几乎所有方面，其广度为目前同类书籍所罕见。

　　2. 在所涉及的各个方面，都深入分析到具体的代码，包括汇编代码并加以讲解，因而其深度也为目前同类书籍所罕见。

　　3. 在讲解中采取了独特的、以情景分析为基础的方法，使读者对整个过程有比较完整、比较全面的了解，从而可以把各方面的知识有机地融会贯通、加深理解。

　　4. 文字浅显易懂，做到了深入浅出，并且有不少是作者的经验之谈，使读者读来倍感亲切，容易接受。

　　我认为，本书对于有志于从事操作系统和系统软件开发的人是一部不可多得的好书，特此推荐，并期待着有更多像本书这样的优秀著作问世。

中 国 工 程 院 院 士
中国科学院计算所研究员
倪光南

前　言

本书着重于对 Linux 系统最新版本（2.4.0）内核源代码进行情景描述和情景分析。

什么是情景描述？什么是情景分析？

不妨以英语的教学为例。大家都知道，有一种很有效的方法是通过"情景会话"学习英语。例如，去剧院问路要说些什么，去图书馆借书要说些什么，去餐馆吃饭碰上了熟人又说些什么，等等。每一个这样的"情景"都是一个常见或常用的会话过程。以这样的一些情景为线索，沿着这些线索讲解"这是被动语态"、"那是习惯用法"，就容易引起学习人的兴趣从而印象深刻，并且每学了这样一个情景就能够实际运用。另外，由于来自现实生活的情景在语法、语义等方面都不是单一的，在学习一个情景的时候通常都会涉及该语言种种不同的方面，通过一系列精心安排的情景会话的学习，就能对英语逐步地建立起比较全面的认识。事实上，就英语的学习而言，纯粹的系统化学习方法几乎是不现实的。事实上，很少有人通过读字典来学单词，而都是结合课文来学，每篇课文实际上也是一个情景。当然，系统化的学习还是要的，学了情景对话以后还要再系统地学习语法。但是无可否认的是，从情景对话入手学习英语比从语法入手要有效得多。相信读者会有这方面的体会和经历。

现在来看对 Linux 内核的学习。如果以若干经过精心安排的情景为线索，例如，打开一个文件的全过程，执行一个可执行程序的全过程，从一个进程发送一个报文到另一个进程的过程等等，结合内核源代码逐个加以讲解，并且在讲解过程中有针对性地介绍所涉及的数据结构和算法，读者就能得到对整个内核的生动而深刻的理解。本书的宗旨之一就在于引导读者走过许多这样的"情景"，从而建立起对 Linux 内核的全面的认识。至于情景的安排，仍然按照操作系统的原理分成若干章，例如存储管理、进程管理、文件系统等等。在每一章中，除了必要的叙述以外，都挑选了若干重要的情景，结合源代码逐个加以讲解。

本书所用的源代码，刚开始编写初稿时取自当时最新的 Linux 内核 2.3.38 版，后来历经 2.3.98 和 2.4.0 测试版，最后依据 2.4.0 正式版重新修改定稿。读者可以在相关的网站上自行下载该版内核的全部源代码。可以肯定，当读者看到本书时，甚至本书付印时，最新的版本已不再是 2.4.0 了。但是不管怎样我们总得要锁定一个版本，这就是 2.4.0。

一般情况下，分析操作系统源代码的专著或教材习惯上都是这样安排的：以主要数据结构的定义为核心，以数据结构之间的联系为线索，内容则以对文件、模块和函数的功能描述为主，辅以若干函数中的代码片断作为实例，以达到介绍、分析各种特定机制的目的。这种思路和安排基本上类似于先讲语法规则后举一些例句的外语教学方法，它比较适合于只要求对内核和它的原理有粗略了解的读者，但对需要深入理解内核或实际从事这方面工作的读者就未必合适。其实，这种安排对于初学者也未必是最好的。不错，要理解一个操作系统的内在机制及其实现机理，当然需要了解主要数据结构的组成，了解数据结构之间的联系，了解整个内核代码的模块划分、文件划分和功能分解，了解主要函数对有关数据结构操作的大致逻辑流程。问题在于，怎样才能使读者和学生达到这些要求。根据我们多年来的切身体会，我们决定从具体、鲜活的源代码入手作情景分析，在分析过程中逐步引入相关的数据结构和互相间的联系，介绍具体函数的逻辑流程及其物理背景乃至代码作者的某些高超技巧，让读者和作者一起完成必要的抽象过程，通过读者的思索，最后达到深入而全面的理解。

对于从事系统设计或实现的读者，源代码的阅读和理解是一项重要的基本功。写小说的人大多是读了许多名著和文学评论以后，而不是读了"小说概论"以后才学到写作技巧，进而写出受读者喜爱的作品。写程序的人又何尝不是如此。本书的目的之一就是为读者提供一些类似于文学评论的材料。另一方面，源代码的阅读和理解也是必要的。在某种意义上，源代码本身既是最准确的说明书也是最权威的教科书，因为由它所构成的系统切切实实在运行。我们自己就有过这样的经历：学了一些原理和抽象的流程就自以为懂了，可是拿源代码一看却怎么也对不上号。于是下决心钻进去，花了九牛二虎之力才搞懂。Linux 内核源代码还为计算机行业的工作人员树立了一个参照物。我们在工作中常常看到，人们(包括我们自己)在碰到问题时往往会先想一想：这在 Linux（以前是 Unix）里面是怎样实现的？或者在 Linux 环境中能否实现？再查看一下有关的源代码，便有了主张。有时甚至就在源代码中找几个文件加以裁剪、修改，问题很快就解决了（但须遵守 GPL 中的有关规定）。诚然，Linux 内核源代码的阅读和理解是个艰苦的过程，最好能有些指导，有些帮助，而这正是我们写作本书的目的。

希望读者在每读完一章后能做两个小结。一个是关于数据结构组成和数据结构之间联系的小结，另一个是关于执行过程以及函数调用关系的小结。读者为了完成这两个小结，可能不得不回过头去再读一遍甚至几遍前面的内容。从内容的选定和编排的角度来说，最理想的当然是严格遵循"先说明后引用"的原则，像平面几何那样建立起一个演绎体系。可是，对于一个实际的系统，特别是对于它的源代码，这种完全线性的叙述和认识过程是不现实的。实际的认识过程是螺旋式的，这也决定了常常需要反复读几遍才能理解。所以，对于一个操作系统的源代码，读到后面再返回前面，再读到后面又返回前面，这几乎是必然的过程。真有决心深入了解 Linux 内核的读者应该有这个思想准备。我们相信，读者在读完全书以后，如果闭目细想，一定会有一种在一个新到的城市中由向导陪同走街串巷，到过了大量的重要景点，最后到了某个高楼之顶的旋转餐厅鸟瞰整个城市时常会有的那种心情。

由于篇幅的原因，全书分上下两册。上册包括预备知识、存储管理、中断和系统调用、进程和进程调度、文件系统以及传统的 Unix 进程间通讯，共六章。下册则分基于 socket 的进程间通讯、设备驱动、多处理器 SMP 系统结构以及系统引导和初始化，共四章。上下两册不可分割，是一个有机的整体。

本书的题材决定了读者主要是中、高级的计算机专业人员，以及大学有关专业的高年级学生和研究生。但是，我们在写作中也尽量照顾到了非计算机专业的学生和初学者（因此程度高的读者有时候也许会觉得书中有些讲解过于啰嗦）。一般而言，读者只要有一些操作系统和计算机系统结构方面的基础知识，并粗通 C 语言，就可以阅读本书。

就像软件免不了有错一样，对软件的理解和诠释也一定会有错误，人们能做的只是尽量减少错误。我们可以负责地说，本书付印前在文字中已经没有我们知道而没有改正的错误，更没有故意误导读者的内容。但是，我们深知错误一定是有的，我们欢迎讨论，欢迎批评。

20年前，本书的两位作者从不同单位调入浙江大学计算机系，共事期间曾共同承担过若干计算机应用项目的开发、研究。后来第一作者去了美国，目前在美定居，继续从事计算机专业的工作；第二作者已从学校退休，目前受聘在杭州恒生电子股份有限公司任职。出于难忘的友情和其他一些难以割舍的情结（包括对 Unix 和 Linux 的共同爱好），两年前通过越洋电话商定要合作写几本有关 Linux 的书，此刻在读者手上的就是其中的第一本，其余的就要看条件是否允许了。

从成书到出版，曾得到了陈大中、曾抗生、金通洸、俞瑞钊几位教授和其他许多国内朋友的鼓励和支持，作者感谢他们。特别要提到的是，恩师何志钧教授在过去和现在都给了作者许多的关心和帮助，令作者终生难忘，本书的出版在某种意义上也是对恩师的一次汇报，同时表示由衷的感谢。

作者还要感谢恒生电子股份有限公司黄大成总裁、彭政纲董事长以及其他领导人对作者，特别是第二作者开展 Linux 研究的支持。他们为本书第二作者提供了很好的工作条件，使其在工作之余继 Unix 之后还能再从事 Linux 技术的研究。作为全国著名软件企业的决策者，他们对软件核心技术的敏锐眼光以及采用最新技术为我国金融证券行业开发全新的大型应用软件的战略决策，令人钦佩。感谢他们，祝愿他们取得更大的成功。

最后，还要感谢谢敏、王红女、章西、李清瑜几位小姐，她们在承担公司繁重工作的同时利用业余时间为本书文稿的录入和整理付出了大量的辛勤劳动。

本书的出版，像任何其他技术专著一样，除了错误之外总还会有许多不尽人意的地方，欢迎国内外的专家和本书读者给我们指出，以便改进。

毛德操 (Decao Mao)
19 Orchard Hill Road,
Newtown, CT 06470
USA

胡希明
杭州恒生电子股份有限公司
杭州市解放路 138 号纺织大厦 11F （310009）

2001 年 5 月 1 日

目 录

第1章 预备知识 1
- 1.1 Linux 内核简介 1
- 1.2 Intel X86 CPU 系列的寻址方式 6
- 1.3 i386 的页式内存管理机制 12
- 1.4 Linux 内核源代码中的 C 语言代码 15
- 1.5 Linux 内核源代码中的汇编语言代码 21

第2章 存储管理 29
- 2.1 Linux 内存管理的基本框架 29
- 2.2 地址映射的全过程 33
- 2.3 几个重要的数据结构和函数 40
- 2.4 越界访问 53
- 2.5 用户堆栈的扩展 57
- 2.6 物理页面的使用和周转 66
- 2.7 物理页面的分配 77
- 2.8 页面的定期换出 90
- 2.9 页面的换入 125
- 2.10 内核缓冲区的管理 131
- 2.11 外部设备存储空间的地址映射 154
- 2.12 系统调用 brk( ) 160
- 2.13 系统调用 mmap( ) 178

第3章 中断、异常和系统调用 191
- 3.1 X86 CPU 对中断的硬件支持 192
- 3.2 中断向量表 IDT 的初始化 196
- 3.3 中断请求队列的初始化 203
- 3.4 中断的响应和服务 209
- 3.5 软中断与 Bottom Half 221
- 3.6 页面异常的进入和返回 233
- 3.7 时钟中断 236
- 3.8 系统调用 244
- 3.9 系统调用号与跳转表 256

第 4 章 进程与进程调度 263

- 4.1 进程四要素 263
- 4.2 进程三部曲：创建、执行与消亡 276
- 4.3 系统调用 fork( )、vfork( )与 clone( ) 280
- 4.4 系统调用 execve( ) 305
- 4.5 系统调用 exit( )与 wait4( ) 337
- 4.6 进程的调度与切换 356
- 4.7 强制性调度 377
- 4.8 系统调用 nanosleep( )和 pause( ) 384
- 4.9 内核中的互斥操作 398

第 5 章 文件系统 415

- 5.1 概述 415
- 5.2 从路径名到目标节点 431
- 5.3 访问权限与文件安全性 469
- 5.4 文件系统的安装和拆卸 491
- 5.5 文件的打开与关闭 540
- 5.6 文件的写与读 579
- 5.7 其他文件操作 640
- 5.8 特殊文件系统 /proc 653

第 6 章 传统的 Unix 进程间通信 687

- 6.1 概述 687
- 6.2 管道和系统调用 pipe( ) 689
- 6.3 命名管道 709
- 6.4 信号 716
- 6.5 系统调用 ptrace( )和进程跟踪 756
- 6.6 报文传递 773
- 6.7 共享内存 802
- 6.8 信号量 829

第 1 章

预 备 知 识

1.1 Linux 内核简介

在计算机技术的发展史上，Unix 操作系统的出现是一个重要的里程碑。早期的 Unix 曾免费供美国及一些西方国家的大学和科研机构使用，并且提供源代码。这一方面为高校和科研机构普及使用计算机提供了条件；另一方面，也是更重要的，为计算机软件的核心技术"操作系统"的教学和实验提供了条件。特别是 Unix 内核第 6 版的源代码，在相当长的一段时期内是大学计算机系高年级学生和研究生使用的教材，甚至可以说，美国当时整整一代的计算机专业人员都是读着 Unix 的源代码成长的。反过来，这也促进了 Unix 的普及和发展，并且在当时形成了一个 Unix 产业。事实上，回顾硅谷的形成和发展，也可以看到 Unix 起着重要的作用。Unix 两大主流之一的 BSD 就是在加州大学伯克利分校开发的。后来，Unix 成了商品，其源代码也受到了版权的保护，再说也日益复杂和庞大了，而第 6 版则又慢慢显得陈旧了，便逐渐不再用 Unix 内核的源代码作为教材了（但是直到现在还有在用的）。

在这种情况下，出于教学的需要，荷兰的著名教授 Andrew S. Tanenbaum 编写了一个小型的"类 Unix"操作系统 Minix，在 PC 机上运行，其源代码在 20 世纪 80 年代后期和 90 年代前期曾被广泛采用。但是，Minix 虽说是"类 Unix"，其实离 Unix 相当远。首先，Minix 是个所谓"微内核"，与 Unix 内核属于不同的设计，功能上更是不可同日而语。再说 Unix 也不仅仅是内核，还包括了其"外壳"Shell 和许多工具性的"实用程序"。如果内核提供的支持不完整，就不能与这些成分结合起来形成 Unix 环境。这样，Minix 虽然不失为一个不错的教学工具，却缺乏实用价值。看到 Minix 的这个缺点，当时的一个芬兰学生 Linus Torvalds 就萌生了一个念头，即组织一些人，以 Minix 为起点，基本上按照 Unix 的设计，并且博采各种版本之长，在 PC 机上实现，开发出一个真正可以实用的 Unix 内核。这样，公众就既有免费的（现代）Unix 系统，又有系统的源代码，且不存在版权问题。可是，Tanenbaum 教授的目光却完全盯在教学上，因此并不认为这是一个好主意，没有采纳这个建议。

毕竟是"初生牛犊不怕虎"，加上自身的天赋和勤奋，还有公益心，Linus Torvalds 就自己动手干了起来。由于所实现的基本上是 Unix，Linus Torvalds 就把它称为 Linux。那时候互联网虽然还不像现在这么普及，但是在大学和公司中已经用得很多了。Linus Torvalds 在基本完成了 Linux 内核的第一个版本以后就把它放在了互联网上，一来是把自己写的代码公诸于众，二来是邀请有兴趣的人也来参与。他的这种做法很快便引起了热烈的反应，并且与美国"自由软件基金会"FSF 的主张正好不谋而合。

当时 FSF 已经有计划要开发一个类 Unix（但又不是 Unix，所以称为 GNU，这是"Gnu is Not Unix"的缩写）的操作系统和应用环境，而 Linux 的出现正是适得其时，适得其所。于是，由 Linus Torvalds 主持的 Linux 内核的开发、改进与维护，就成了 FSF 的主要项目之一。同时，FSF 的其他项目，如 GNU 的 C 编译 gcc、程序调试工具 gdb，还有各种 Shell 和实用程序，乃至 Web 服务器 Apatche、浏览器 Mozilla(实际上就是 Netscape)等等，则正好与之配套成龙。人们普遍认为自由软件的开发是软件领域中的一个奇迹。这么多志愿者参与，只是通过互联网维持松散的组织，居然能有条不紊地互相配合，开发出高质量的而且又是难度较大的系统软件，实在令人赞叹。

那么，Linux 与它的前身 Minix 的区别何在呢？简单地说，Minix 是个"微内核"，而 Linux 是个"宏内核"；Minix 是个类 Unix 的教学用模型，而 Linux 基本上就是 Unix，而且是 Unix 的延续和发展，甚至是各种 Unix 版本与变种的集大成者。

大家知道，传统意义下的操作系统，其内核应具备多个方面的功能或成分，既包含用于管理属于应用层的"进程"的成分，如进程管理，也包含为这些进程提供各种服务的成分，如进程间通信、设备驱动和文件系统等等。内核中提供各种服务的成分与使用这些服务的进程之间实际上就形成一种典型的"Client/Server"的关系。其实，这些服务提供者并不一定非得都留在内核中不可，他们本身也可以被设计并实现某些"服务进程"，其中必须要留在内核中的成分其实只有进程间通信。如果把这些服务提供者从内核转移到进程的层次上，那么内核本身的结构就可以大大减小和简化。而各个服务进程，既然已从内核中游离出来，便可以单独地设计、实现以及调试，更重要的是可以按实际的需要来配置和启动。基于这样的想法，各种"微内核"(Micro-Kernel)便应运而生。特别是对于一些专用的系统，主要是实时系统和"嵌入式"系统（Embedded System），微内核的思想就很有吸引力。究其原因，主要是因为通常这些系统都不带磁盘，整个系统都必须放在 EPROM 中，常常受到存储空间的限制，而所需要的服务又比较单一和简单。所以，几乎所有的嵌入式系统和实时系统都采用微内核，如 PSOS、VxWorks 等。当然，微内核也有缺点，将这些服务的提供都放在进程层次上，再通过进程间通信（通常是报文传递）提供服务，势必增加系统的运行开销，降低了效率。

与微内核相对应，传统的内核结构就称为"宏内核"（Macro-Kernel），或称为"一体化内核"（Monolithic Kernel）。通用式的系统由于所需的服务面广而量大，一体化内核就更为合适。作为一种通用式系统，Linux 采用一体化内核是很自然的事。

传统的 Unix 内核是"全封闭"的。如果要往内核中加一个设备（增加一种服务），早期一般的做法是编写这个设备的驱动程序，并变动内核源程序中的某些数据结构（设备表），再重新编译整个内核，并重新引导整个系统。这样做当然也有好处，如系统的安全性更能得到保证，但其缺点也是很明显的，那就是太僵化了。在这样的情况下，当某一个公司开发出一种新的外部设备时（比方说，一台彩色扫描仪），它就不可能随同这新的设备提供一片软盘或光盘给用户，使得用户只要运行一下"setup"就可以把这设备安装上了(像对 Dos/Windows 那样)。有能力修改 Unix 内核的设备表，并重新编译内核的用户毕竟不多。

在 Linux 里，这个问题就解决得比较好。Linux 既允许把设备驱动程序在编译时静态地连接在内核中，一如传统的驱动程序那样；也允许动态地在运行时安装，称为"模块"；还允许在运行状态下当需要用到某一模块时由系统自动安装。这样的模块仍然在内核中运行，而不是像在微内核中那样作为单独的进程运行，所以其运行效率还是得到保证。模块，也就是动态安装的设备驱动程序的实现(详见设备驱动程序一章)，是很大的改进。它使 Linux 设备驱动程序的设计、实现、调试以及发布都大大地简化，甚至可以说是发生了根本性的变化。

Linux 最初是在 Intel 80386 "平台"上实现的，但是已经被移植到各种主要的 CPU 系列上，包括

Alpha、M68K、MIPS、SPARC、Power PC 等等（Pentium、PentiumⅡ等等均属于i386系列）。可以说Linux 内核是现今覆盖面最广的一体化内核。同时，在同一个系列的 CPU 上，Linux 内核还支持不同的系统结构，它既支持常规的单 CPU 结构，也支持多 CPU 结构。不过，本书将专注于 i386 CPU，并且以单 CPU 结构为主，但是最后有一章专门讨论多 CPU 结构。

在安装好的 Linux 系统中，内核的源代码位于/usr/src/linux。如果是从 GNU 网站下载的 Linux 内核的 tar 文件，则展开以后在一个叫 linux 的子目录中。以后本书中谈到源文件的路径时，就总是从 linux 这个节点开始。Linux 源代码的组成，大体如下所示。

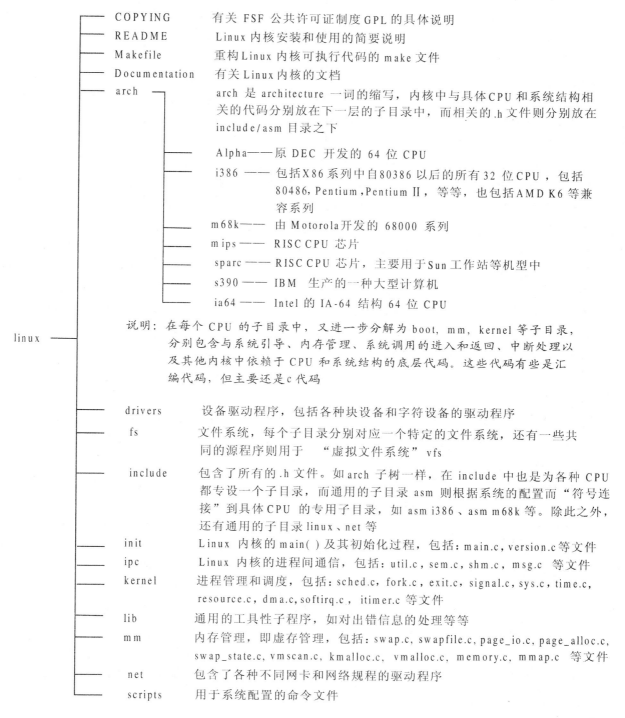

值得一提的是，Linux 的源代码看似庞大，其实对于每一个具体的内核而言并不是所有的.c 和.h 文件都会用到，而是在编译(包括连接)时根据系统的配置有选择地使用。例如，虽然源代码中包含了用来支持各种不同 CPU 的代码，但编译以后每一个具体的内核都只是针对一种特定 CPU 的。再如，在 net 子目录下包含了各种网卡的驱动程序，但实际上通常只会用到一种网卡，而且各种网卡的驱动程序实际上大同小异。

在结束本节之前，还要介绍一下有关 Linux 内核版本的一些规定。

通常，在说到 Linux 时，是指它的内核加上运行在内核之上的各种管理程序和应用程序。严格地说，内核只是操作系统的一部分，即其核心部分。但是，人们往往把 Linux 的内核就称为 Linux，所以在讲到 Linux 时有时候是指整个操作系统，有时候则是指其内核，要根据上下文加以区分。在本书中，如无特别说明，则 Linux 通常是指其内核。

Linux 内核的版本在发行上有自己的规则，可以从其版本号加以识别。版本号的格式为"x.yy.zz"。其中 x 介于 0 到 9 之间，而 yy、zz 则介于 0 到 99 之间。通常数字愈高便说明版本愈新。一些版本号后面有时会见到 pNN 的字样，NN 是介于 0 到 20 之间的数字。它代表对某一版的内核"打补丁"或修订的次数。如 0.99p15，代表这是对版本 0.99 的内核的第 15 次修订。

由于 Linux 源代码的开放性，公众随时都可以从网上下载最新的版本，包括还在开发中、尚未稳定、因而还不能发行的版本，因此，需要有一套编号的方案，使用户看到一个具体的版本号就可以知道是属于"发行版"还是"开发版"，所以 Linux 内核的版本编号是有规则的。在版本号 x.yy.zz 中，x 的不同号码标志着内核在设计上或实现上的重大改变，yy 一方面表示版本的变迁，一方面标志着版本的种类，即"发行版"或"开发版"。如果 yy 为偶数便表示是一个相对稳定、已经发行的版本；若为奇数则表示还在开发中，目前还不太稳定、或者在运行中可能出现比较大的问题的版本。开发中的版本一旦通过测试以及试运行，证明已经稳定下来，就可能会发布一个 yy 的值为偶数的发行版。之后，开发者们又将创建下一个新的开发版本。但是有时候也会在历经了几个开发版以后才发布一个发行版。至于 zz，则代表着在内核增加的内容不是很多、改动不是很大时的变迁，只能算是同一个版本。例如，版本由 2.0.34 升级到 2.0.35 只意味着版本 2.0.34 中的一些小缺陷被修复，或者代码有了一些小的改变。"发行版"和"开发版"的 zz 是独立编号的，因此并没有固定的对应关系。例如，当开发版 2.3 的版本号达到 2.3.99 时，相应的发行版还只是 2.2.18。

Linux 内核的 0.0.2 版在 1991 年首次公开发行，2.2 版在 1999 年 1 月发行。Linux 内核的改进是相当频繁的，几乎每个月都在变。本书最初采用的是 2.3.38 版，最后成书付印时则以正式发行的 2.4.0 版为依据。

Linux 的内核基本上只有一种来源，那就是由 Linus 主持开发和维护的内核版本。但是有很多公司在发行 Linux 操作系统不同的发行版（distribution），如 Red Hat、Caldera 等等。虽然不同的发行版本中所采用的内核在版本上有所不同，但其来源基本一致。各发行版的不同之处一般表现在安装程序、安装界面、软件包的多少、软件包的安装和管理方式等方面，在特殊情况下也有对内核代码稍作修改的（如汉化）。不同的发行版由不同的发行商提供服务。不同的发行商对自己所发行版本的定位也有不同，各厂商所能提供的售后服务、技术支持也各不相同。由此可见，原则上全世界只有一个 Linux，所谓"某某 Linux"只是它的一种发行版本或修订版本。另外，不要把 Linux 内核的版本与发行商自己的版本(如"Red Hat 6.0")混淆，例如，Caldera 2.2 版的内核是 2.2.5 版。

对于大多数用户，由发行商提供的这些发行版起着十分重要的作用。让用户自行配置和生成整个系统是相当困难的，因为那样用户不但要自己下载内核源程序，自己编译安装，还要从不同的 FTP 站点下载各种自由软件添加到自己的系统中，还要为系统加入各种有用的工具，等等。而所有这些工作都是很费时费力的事情。Linux 的发行厂商正是看到了这一点，替用户做了这些工作，在内核之上集成了大量的应用软件。并且，为了安装软件，发行厂商同时还提供了用于软件安装的工具性软件，以利于用户安装管理。由于组织新的发行版时并没有一个统一的标准，所以不同厂商的发行版各有特点也各有不足。

Linux 内核的终极的来源虽然只有一个，但是可以为其改进和发展作出贡献的志愿者人数却并无限制。同时，考虑到一些特殊的应用，一些开发商或机构往往对内核加以修改和补充，形成一些针对特殊环境或要求的变种。例如，针对"嵌入式"系统的要求，有人就开发出 Embedded Linux；针对有"硬实时"要求的系统，有人就开发了 RT-Linux；针对手持式计算机的要求，有人就开发出了 Baby Linux；等等。当然，中文 Linux 也是其中的一类。每当有新的 Linux 内核版本发布时，这些变种版本通常也很快就会推出相应的新版本。根据 FSF 对自由软件版权的规定（GPL），这些变种版本对内核的修改与补充必须公开源代码。

许多人以为，既然 Linux 是免费的公开软件，那就无所谓版权的问题了。其实不然。Linux 以及 Linux 内核源代码，是有版权保护的，只不过这版权归公众（或者说全人类）所有，由自由软件基金会 FSF 管理。FSF 为所有的 GNU 软件制定了一个公用许可证制度，称为 GPL（General Public License），也叫 Copyleft，这是与通常所讲的版权即 Copyright 截然不同的制度。Copyright 即通常意义下的版权，保护作者对其作品及其衍生品的独占权，而 Copyleft 则允许用户对作品进行复制、修改，但要求用户承担 GPL 规定的一些义务。按 GPL 规定，允许任何人免费地使用 GNU 软件，并且可以用 GNU 软件的源代码重构可执行代码。进一步，GPL 还允许任何人免费地取得 GNU 软件及其源代码，并且再加以发布甚至出售，但必须要符合 GPL 的某些条款。简而言之，这些条款规定 GNU 软件以及在 GNU 软件的基础上加以修改而成的软件，在发布（或转让、出售）时必须要申明该软件出自 GNU（或者源自 GNU），并且必须要保证让接收者能够共享源代码，能从源代码重构可执行代码。换言之，如果一个软件是在 GNU 源代码的基础上加以修改、扩充而来的，那么这个软件的源代码就也必须对使用者公开（注意产品的出售与源代码的公开并不一定相矛盾）。通过这样的途径，自由软件的阵容就会像滚雪球一样越滚越大。不过，如果一个软件只是通过某个 GNU 软件的用户界面（API）使用该软件，则不受 GPL 条款的约束或限制。总之，GPL 的主要目标是：使自由软件及其衍生产品继续保持开放状态，从整体上促进软件的共享和重复使用。具体到 Linux 的内核来说，如果你对内核源代码的某些部分作了修改，或者在你的程序中引用了 Linux 内核中的某些段落，你就必须加以申明并且公开你的源代码。但是，如果你开发了一个用户程序，只是通过系统调用的界面使用内核，则你自己拥有完全的知识产权，不受 GPL 条款的限制。

应该说，FSF 的构思是很巧妙也是很合理的，其目的也是很高尚的。

说到高尚，此处顺便多说几句。美国曾经出过两本很有些影响的书，一本叫 *Undocumented DOS*，另一本叫 *Undocumented Windows*，两本书均被列入 DOS/Windows 系统程序员的必备工具书。在这两本书中，作者们（Andrew Schulman，David Maxey 以及 Matt Pietrek 等）一一列举了经过他们辛勤努力才破译和总结出来的 DOS/Windows API（应用程序设计界面）实际上提供了但却没有列入 Microsoft 技术资料的许多有用（而且重要）的功能。作者们认为，Microsoft 没有将这些功能收入其技术资料的原因是无法用疏忽或遗漏加以解释的，而只能是故意向用户隐瞒。Microsoft 既是操作系统的提供者，同时又是一个应用程序的开发商，通过向其他的应用程序开发商隐瞒一些操作系统界面上的技术关键，就使那些开发商无法与 Microsoft 公平竞争，从而使 Microsoft 可以通过对关键技术的垄断达到对 DOS/Windows 应用软件市场的垄断。作者们在书中指责 Microsoft 这样做不仅有道德上的问题，也有法律上的问题。是否涉及法律问题姑且不论，书中所列的功能确实都是存在的，可以通过实验证实，也确实没有写入Microsoft向客户提供的技术资料。

要是将FSF与Microsoft放在一起，则二者恰好成为鲜明的对比。差别之大，读者不难做出自己的结论。

GPL的正文包含在一个叫COPYING的文件中。在通过光盘安装的Linux系统中，该文件的路径名为/usr/scr/linux/COPYING。而在下载的Linux内核tar文件中，经过解压后该文件在顶层目录中。有兴趣或有需要的读者可以（而且应该）仔细阅读。

1.2 Intel X86 CPU系列的寻址方式

Intel可以说是资格最老的微处理器芯片制造商了，历史上的第一个微处理器芯片4004就是Intel制造的。所谓X86系列，是指Intel从16位微处理器8086开始的整个CPU芯片系列，系列中的每种型号都保持与以前的各种型号兼容，主要有8086、8088、80186、80286、80386、80486以及以后各种型号的Pentium芯片。自从IBM选择8088用于PC个人计算机以后，X86系列的发展就与IBM PC及其兼容机的发展休戚相关了。其中80186并不广为人知，就与IBM当初决定停止在PC机中使用80186有关。限于篇幅，本书不对这个系列的系统结构作全面的介绍，而只是结合Linux内核的存储管理对其寻址方式作一些简要的说明。

在X86系列中，8086和8088是16位处理器，而从80386开始为32位处理器，80286则是该系列从8088到80386，也就是从16位到32位过渡时的一个中间步骤。80286虽然仍是16位处理器，但是在寻址方式上开始了从"实地址模式"到"保护模式"的过渡。

当我们说一个CPU是"16位"或"32位"时，指的是处理器中"算术逻辑单元"（ALU）的宽度。系统总线中的数据线部分，称为"数据总线"，通常与ALU具有相同的宽度（但有例外）。那么"地址总线"的宽度呢？最自然的地址总线宽度是与数据总线一致。这是因为从程序设计的角度来说，一个地址，也就是一个指针，最好是与一个整数的长度一致。但是，如果从8位CPU寻址能力的角度来考虑，则这实际上是不现实的，因为一个8位的地址只能用来寻访256个不同的地址单元，这显然太小了。所以，一般8位CPU的地址总线都是16位的。这也造成了一些8位CPU在内部结构上的一些不均匀性，在8位CPU的指令系统中常常会发现一些实际上是16位的操作。当CPU的技术从8位发展到16位的时候，本来地址总线的宽度是可以跟数据总线一致了，但是当时人们已经觉得由16位地址所决定的地址空间（64K）还是太小，还应该加大。加到多大呢？结合当时人们所能看到的微型机的应用前景，以及存储器芯片的价格，Intel决定采用1M，也就是说64K的16倍，那时觉得应该是足够了。确实，1M字节的内存空间在当时已经很使一些程序员激动不已了，那时候配置齐全的小型机，甚至大型机也只不过是4M字节的内存空间。在计算机的发展史上，几乎每一个技术决策，往往很快就被事后出现的事实证明是估计不足的。

既然Intel决定了在其16位CPU，即8086中采用1M字节的内存地址空间，地址总线的宽度也就相应地确定了，那就是20位。这样，一个问题就摆在了Intel的设计人员面前：虽然地址总线的宽度是20位，但CPU中ALU的宽度却只有16位，也就是说可直接加以运算的指针的长度是16位的。如何来填补这个空隙呢？可能的解决方案当然有很多种。例如，可以像在一些8位CPU中那样，增设一些20位的指令专用于地址运算和操作，但是那样又会造成CPU内部结构的不均匀性。再如，当时的PDP-11小型机也是16位的，但是结合其MMU（内存管理单元）可以将16位的地址映射到24位的地址空间。结果，Intel设计了一种在当时看来还不失巧妙的方法，即分段的方法。

Intel 在 8086 CPU 中设置了四个"段寄存器"：CS、DS、SS 和 ES，分别用于可执行代码即指令、数据、堆栈和其他。每个段寄存器都是 16 位的，对应于地址总线中的高 16 位。每条"访内"指令中的"内部地址"都是 16 位的，但是在送上地址总线之前都在 CPU 内部自动地与某个段寄存器中的内容相加，形成一个 20 位的实际地址。这样，就实现了从 16 位内部地址到 20 位实际地址的转换，或者"映射"。这里要注意段寄存器中的内容对应于 20 位地址总线中的高 16 位，所以在相加时实际上是拿内部地址中的高 12 位与段寄存器中的 16 位相加，而内部地址中的低 4 位保留不变。这个方法与操作系统理论中的"段式内存管理"相似，但并不完全一样，主要是没有地址空间的保护机制。对于每一个由段寄存器的内容确定的"基地址"，一个进程总是能够访问从此开始的 64K 字节的连续地址空间，而无法加以限制。同时，可以用来改变段寄存器内容的指令也不是什么"特权指令"，也就是说，通过改变段寄存器的内容，一个进程可以随心所欲地访问内存中的任何一个单元，而丝毫不受到限制。不能对一个进程的内存访问加以限制，也就谈不上对其他进程以及系统本身的保护。与此相应，一个 CPU 如果缺乏对内存访问的限制，或者说保护，就谈不上什么内存管理，也就谈不上是现代意义上的中央处理器。由于 8086 的这种内存寻址方式缺乏对内存空间的保护，所以为了区别于后来出现的"保护模式"，就称为"实地址模式"。

显然，在实地址模式上是无法建造起现代意义上的"操作系统"的。

针对 8086 的这种缺陷，Intel 从 80286 开始实现其"保护模式"（Protected Mode，但是早期的 80286 只能从实地址模式转入保护模式，却不能从保护模式转回实地址模式）。同时，不久以后 32 位的 80386 CPU 也开发成功了。这样，从 8088/8086 到 80386 就完成了一次从比较原始的 16 位 CPU 到现代的 32 位 CPU 的飞跃，而 80286 则变成这次飞跃的一个中间步骤。从 80386 以后，Intel 的 CPU 历经 80486、Pentium、PentiumⅡ等等型号，虽然在速度上提高了好几个量级，功能上也有不小的改进，但基本上属于同一种系统结构中的改进与加强，而并无重大的质的改变，所以统称为 i386 结构，或 i386 CPU。下面我们将以 80386 为背景，介绍 i386 系列的保护模式。

80386 是个 32 位 CPU，也就是说它的 ALU 数据总线是 32 位的。我们在前面说过，最自然的地址总线宽度是与数据总线一致。当地址总线的宽度达到 32 位时，其寻址能力达到了 4G(4 千兆)，对于内存来说似乎是足够了。所以，如果新设计一个 32 位 CPU 的话，其结构应该是可以做到很简洁、很自然的。但是，80386 却无法做到这一点。作为一个产品系列中的一员，80386 必须维持那些段寄存器，还必须支持实地址模式，在此同时又要能支持保护模式。而保护模式是完全另搞一套，还是建立在段寄存器的基础上以保持风格上的一致，并且还能节约 CPU 的内部资源呢？这对于 Intel 的设计人员无疑又是一次挑战。

Intel 选择了在段寄存器的基础上构筑保护模式的构思，并且保留段寄存器为 16 位（这样才可以利用原有的四个段寄存器），但是却又增添了两个段寄存器 FS 和 GS。为了实现保护模式，光是用段寄存器来确定一个基地址是不够的，至少还得要有一个地址段的长度，并且还需要一些其他的信息，如访问权限之类。所以，这里需要的是一个数据结构，而并非一个单纯的基地址。对此，Intel 设计人员的基本思路是：在保护模式下改变段寄存器的功能，使其从一个单纯的基地址（变相的基地址）变成指向这样一个数据结构的指针。这样，当一条访内存指令发出一个内存地址时，CPU 就可以这样来归纳出实际上应该放上数据总线的地址：

(1) 根据指令的性质来确定应该使用哪一个段寄存器，例如转移指令中的地址在代码段，而取数指令中的地址在数据段。这一点与实地址模式相同。
(2) 根据段寄存器的内容，找到相应的"地址段描述结构"。
(3) 从地址段描述结构中得到基地址。

(4) 将指令中发出的地址作为位移,与段描述结构中规定的段长度相比,看看是否越界。

(5) 根据指令的性质和段描述符中的访问权限来确定是否越权。

(6) 将指令中发出的地址作为位移,与基地相加而得出实际的"物理地址"。

虽然段描述结构存储在内存中,在实际使用时却将其装载入 CPU 中的一组"影子"结构,而 CPU 在运行时则使用其在 CPU 中的"影子"。从"保护"的角度考虑,在由(指令给出的)内部地址(或者说"逻辑地址")转换成物理地址的过程中,必须要在某个环节上对访问权限进行比对,以防止不具备特权的用户程序通过玩弄某些诡计(例如修改段寄存器的内容,修改段描述结构的内容等),得以非法访问其他进程的空间或系统空间。

明白了这个思路,80386 的段式内存管理机制就比较地容易理解了(还是很复杂)。下面就是此机制的实际实现。

首先,在 80386 CPU 中增设了两个寄存器:一个是全局性的段描述表寄存器 GDTR(global descriptor table register),另一个是局部性的段描述表寄存器 LDTR(local descriptor table register),分别可以用来指向存储在内存中的一个段描述结构数组,或者称为段描述表。由于这两个寄存器是新增设的,不存在与原有的指令是否兼容的问题,访问这两个寄存器的专用指令便设计成"特权指令"。

在此基础上,段寄存器的高 13 位(低 3 位另作他用)用作访问段描述表中具体描述结构的下标(index),如图 1.1 所示。

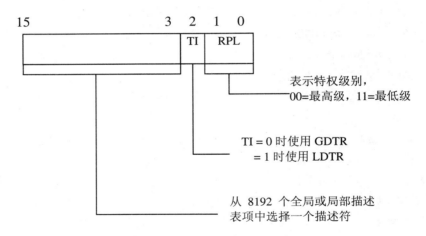

图 1.1 段寄存器定义

GDTR 或 LDTR 中的段描述表指针和段寄存器中给出的下标结合在一起,才决定了具体的段描述表项在内存中的什么地方,也可以理解成,将段寄存器内容的低 3 位屏蔽掉以后与 GDTR 或 LDTR 中的基地址相加得到描述表项的起始地址。因此就无法通过修改描述表项的内容来玩弄诡计,从而起到保护的作用。每个段描述表项的大小是 8 个字节,每个描述表项含有段的基地址和段的大小,再加上其他一些信息,其结构如图 1.2 所示。

结构中的 B31~B24 和 B23~B16 分别为基地址的 bit16~bit23 和 bit24~bit31。而 L19~L16 和 L15~L0 则为段长度(limit)的 bit0~bit15 和 bit16~bit19。其中 DPL 是个 2 位的位段,而 type 是一个 4 位的位段。它们所在的整个字节分解如图 1.3 所示。

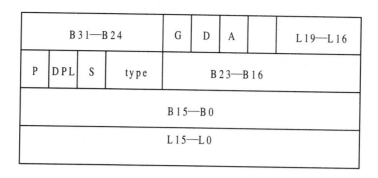

图1.2　8字节段描述表项的定义

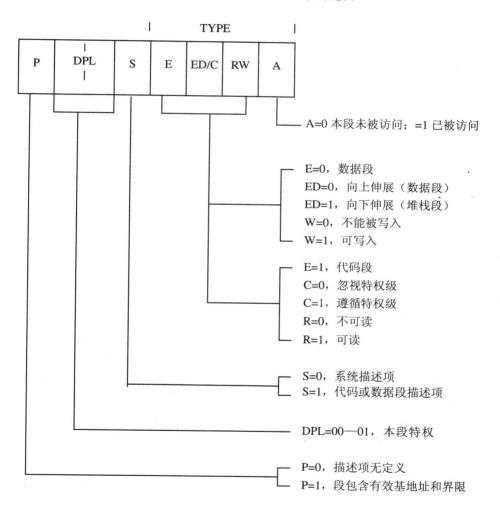

图1.3　段描述表项 TYPE 字节的定义

我们也可以用一段"伪代码"来说明整个段描述结构：
```
typedef struct {
    unsigned int base24_31 : 8;   /* 基地址的最高8位 */
    unsigned int g : 1;           /* granularity, 表段的长度单位, 0 表示字节, 1 表示4KB */
```

```c
        unsigned    int    d_b : 1;            /* default operation size 存取方式，0=16 位，1=32 位 */
        unsigned    int    unused : 1;         /* 固定设置成 0 */
        unsigned    int    avl : 1;            /* available，可供系统软件使用 */
        unsigned    int    seg_limit_16_19 : 4;  /* 段长度的最高 4 位 */
        unsigned    int    p : 1;              /* segment present，为 0 时表示该段的内容不在内存中 */
        unsigned    int    dpl : 2;            /* Descriptor privilege level，访问本段所需权限 */
        unsigned    int    s : 1;              /* 描述项类型  1 表示系统，0 表示代码或数据 */
        unsigned    int    type : 4;           /* 段的类型，与上面的 S 标志位一起使用 */
        unsigned    int    base_0_23 : 24;     /* 基地址的低 24 位 */
        unsigned    int    seg_limit_0_15 : 16 /* 段长度的低 16 位 */
} 段描述项;
```

以这里的位段 type 为例，":4" 表示其宽度为 4 位。整个数据结构的大小为 64 位，即 8 个字节。

读者一定会问：为什么把段描述项定义成这样一种奇怪的结构？例如，为什么基地址的高 8 位和低 24 位不连在一起？最自然也最合理的解释就是：开始时 Intel 的意图是 24 位地址空间，后来又改成 32 位地址空间。这也可以从段长度字段也是拆成两节得到印证：当 g 标志位为 1 时，长度的单位为 4KB，而段长度字段的低 16 位的容量是 64K，所以一个段的最大可能长度为 64K×4K=256M，而这正是 24 位地址空间的大小。所以，可以看出，Intel 起先意欲使用 24 位地址空间，不久又认识到应该用 32 位，但是 80286 已经发售出去了，于是就只好修修补补。当时的 Intel 确实给人一种 "小脚女人走路" 的感觉。

每当一个段寄存器的内容改变时（通过 MOV、POP 等指令或发生中断等事件），CPU 就把由这段寄存器的新内容所决定的段描述项装入 CPU 内部的一个 "影子" 描述项。这样，CPU 中有几个段寄存器就有几个影子描述项，所以也可以看作是对段寄存器的扩充。扩充后的段寄存器分成两部分，一部分是可见的（对程序而言），还与原先的段寄存器一样；另一部分是不可见的，就是用来存放影子描述项的空间，这一部分是专供 CPU 内部使用的。

在 80386 的段式内存管理的基础上，如果把每个段寄存器都指向同一个描述项，而在该描述项中则将基地址设成 0，并将段长度设成最大，这样便形成一个从 0 开始覆盖整个 32 位地址空间的一个整段。由于基地址为 0，此时的物理地址与逻辑地址相同，CPU 放到地址总线上去的地址就是在指令中给出的地址。这样的地址有别于由 "段寄存器 / 位移量" 构成的 "层次式" 地址，所以 Intel 称其为 "平面 (Flat) 地址"。Linux 内核的源代码（更确切地应该说是 gcc）采用平面地址。这里要指出，平面地址的使用并不意味着绕过了段描述表、段寄存器这一整套段式内存管理的机制，而只是段式内存管理的一种使用特例。

关于 80386 的段式内存管理就先介绍这些，以后随着代码分析的进展视需要再加以补充。读者想要了解完整的细节可以参阅 Intel 的有关技术资料。

利用 80386 对段式内存管理的硬件支持，可以实现段式虚存管理。如前所述，当一个段寄存器的内容改变时，CPU 要根据新的段寄存器内容以及 GDTR 或 LDTR 的内容找到相应的段描述项并将其装入 CPU 中。在此过程中，CPU 会检查该描述项中的 p 标志位（表示 "present"），如果 p 标志位为 0，就表示该描述项所指向的那一段内容不在内存中（也就是说，在磁盘上的某个地方），此时 CPU 会产生一次异常（exception，类似于中断），而相应的服务程序便可以从磁盘交换区将这一段的内容读入内存中的某个地方，并据此设置描述项中的基地址，再将 p 标志位设置成 1。相应地，内存中暂时不用的存储段则可以写入磁盘，并将其描述项中 p 标志位改成 0。

对段式内存管理的支持只是 i386 保护模式的一个组成部分。如果没有系统状态和用户状态的分离，以及特权指令(只允许在系统状态下使用)的设立，那么尽管有了前述的段式内存管理，也还不能起到保护的效果。前面已经提到过特权指令的设置，如用来装入和存储 GDTR 和 LDTR 的指令 LGDT/LLDT 和 SGDT/SLDT 等就都是特权指令。正是由于这些指令都只能在系统状态(也就是在操作系统的内核中)使用，才使得用户程序不但不能改变 GDTR 和 LDTR 的内容，还因为既无法确知其段描述表在内存中的位置，又无法访问其段描述表所在的空间（只能在系统状态下才能访问），从而无法通过修改段描述项来打破系统的保护机制。那么，80386 怎么来分隔系统状态和用户状态，并且提供在两种状态之间切换的机制呢？

80386 并不只是像一般 CPU 通常所做的那样，划分出系统状态和用户状态，而是划分成四个特权级别，其中 0 级为最高，3 级为最低。每一条指令也都有其适用级别，如前述的 LGDT，就只有在 0 级的状态下才能使用，而一般的输入／输出指令（IN，OUT）则规定为 0 级或 1 级。通常，用户的应用程序都是 3 级。一般程序的当前运行级别由其代码段的局部描述项（即由段寄存器 CS 所指向的局部段描述项）中的 dpl 字段决定（dpl 表示"descriptor privilege level)。当然，每个描述项中的 dpl 字段都是在 0 级状态下由内核设定的。而全局段描述的 dpl 字段，则又有所不同，它是表示所需的级别。

前面讲过，16 位的段寄存器中的高 13 位用作下标来访问段描述表，而低 3 位是干什么的呢？我们还是通过一段伪代码来说明：

```
typedef     struct   {
    unsigned    short seg_idx : 13;   /* 13 位的段描述项下标 */
    unsigned    short ti : 1;         /* 段描述表指示位，0 表示 GDT，1 表示 LDT */
    unsigned    short rpl : 2;        /* Requested Privilege Level ，要求的优先级别 */
} 段寄存器;
```

当段寄存器 CS 中的 ti 位为 1 时，表示要使用全局段描述表，为 0 时，则表示要使用局部段描述表而 rpl 则表示所要求的权限。当改变一个段寄存器的内容时，CPU 会加以检查，以确保该段程序的当前执行权限和段寄存器所指定要求的权限均不低于所要访问的那一段内存的权限 dpl。

至于怎样在不同的执行权限之间切换，我们将在进程调度、系统调用和中断处理的有关章节中讨论。此外，除了全局段描述表指针 GDTR 和局部段描述表指针 LDTR 两个寄存器外，其实 i386 CPU 中还有个中断向量表指针寄存器 IDTR、与进程（在 Intel 术语中称为"任务"，Task）有关的寄存器 TR 以及描述任务状态的"任务状态段" TSS 等，这些都将在其他章节中有需要时再加以介绍。Intel 在实现 i386 的保护模式时将 CPU 的执行状态分成四级，意图是为满足更为复杂的操作系统和运行环境的需要。有些操作系统，如 OS/2 中，也确实用了。但是很多人都怀疑是否真有必要搞得那么复杂。事实上，几乎所有广泛使用的 CPU 都没有这么复杂。而且，在 80386 上实现的各种 Unix 版本，包括 Linux，都只用了两个级别，即 0 级和 3 级，作为系统状态和用户状态。本书在以后的讨论中将沿用 Unix 的传统称之为系统状态和用户状态。

1.3　i386 的页式内存管理机制

学过操作系统原理的读者都知道，内存管理有两种，一种是段式管理，另一种是页式管理，而页式管理更为先进。从 80 年代中期开始，页式内存管理进入了各种操作系统（以 Unix 为主）的内核，一时成为操作系统领域的一个热点。

Intel 从 80286 开始实现其"保护模式"，也即段式内存管理。但是很快就发现，光有段式内存管理而没有页式内存管理是不够的，那样会使它的 X86 系列逐渐失去竞争力以及作为主流 CPU 产品的地位。因此，在不久以后的 80386 中就实现了对页式内存管理的支持。也就是说，80386 除了完成并完善从 80286 开始的段式内存管理的同时还实现了页式内存管理。

前面讲过，80386 的段式内存管理机制，是将指令中结合段寄存器使用的 32 位逻辑地址映射（转换）成同样是 32 位的物理地址。之所以称为"物理地址"，是因为这是真正放到地址总线上去，并用以寻访物理上存在着的具体内存单元的地址。但是，段式存储管理机制的灵活性和效率都比较差。一方面"段"是可变长度的，这就给盘区交换操作带来了不便；另一方面，如果为了增加灵活性而将一个进程的空间划分成很多小段时，就势必要求在程序中频繁地改变段寄存器的内容。同时，如果将段分小，虽然一个段描述表中可以容纳 8192 个描述项（因为有 13 位下标），也未必就能保证足够使用。所以，比较好的办法还是采用页式存储管理。本来，页式存储管理并不需要建立在段式存储管理的基础之上，这是两种不同的机制。可是，在 80386 中，保护模式的实现是与段式存储密不可分的。例如，CPU 的当前执行权限就是在有关的代码段描述项中规定的。读过 Unix 早期版本的读者不妨将此与 PDP-11 中的情况作一对比。在 PDP-11 中 CPU 的当前执行权限存放在一个独立的寄存器 PSW 中，而与任何其他的数据结构没有关系。因此，在 80386 中，既然决定利用部分已经存在的资源，而不是完全另起炉灶，那就无法绕过段式存管来实现页式存管。也就是说，80386 的系统结构决定了它的页式存管只能建立在段式存管的基础上。这也意味着，页式存管的作用是在由段式存管所映射而成的地址上再加上一层地址映射。由于此时由段式存管映射而成的地址不再是"物理地址"了，Intel 就称之为"线性地址"。于是，段式存管先将逻辑地址映射成线性地址，然后再由页式存管将线性地址映射成物理地址；或者，当不使用页式存管时，就将线性地址直接用作物理地址。

80386 把线性地址空间划分成 4K 字节的页面，每个页面可以被映射至物理存储空间中任意一块 4K 字节大小的区间（边界必须与 4K 字节对齐）。在段式存管中，连续的逻辑地址经过映射后在线性地址空间还是连续的。但是在页式存管中，连续的线性地址经过映射后在物理空间却不一定连续（其灵活性也正在于此）。这里值得指出的是，虽然页式存管是建立在段式存管的基础上，但一旦启用了页式存管，所有的线性地址都要经过页式映射，连 GDTR 与 LDTR 中给出的段描述表起始地址也不例外。

由于页式存管的引入，对 32 位的线性地址有了新的解释(以前就是物理地址)：

```
typeded    struct {
    unsigned    int    dir:10;     /* 用作页面表目录中的下标，该目录项指向一个页面表 */
    unsigned    int    page:10;    /* 用作具体页面表中的下标，该表项指向一个物理页面 */
    unsigned    int    offset:12;  /* 在 4K 字节物理页面内的偏移量 */
} 线性地址;
```

这个结构可以用图 1.4 形象地表示。

图 1.4　线性地址的格式

可以看出，在页面目录中共有 $2^{10} = 1024$ 个目录项，每个目录项指向一个页面表，而在每个页面表中又共有 1024 个页面描述项。类似于 GDTR 和 LDTR，又增加了一个新的寄存器 CR3 作为指向当前页面目录的指针。这样，从线性地址到物理地址的映射过程为：

(1) 从 CR3 取得页面目录的基地址。
(2) 以线性地址中的 dir 位段为下标，在目录中取得相应页面表的基地址。
(3) 以线性地址中的 page 位段为下标，在所得到的页面表中取得相应的页面描述项。
(4) 将页面描述项中给出的页面基地址与线性地址中的 offset 位段相加得到物理地址。
(5) 上列映射过程可用图 1.5 直观地表示。

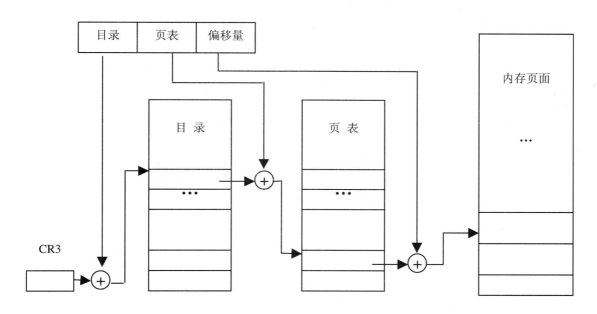

图 1.5　页式映射示意图

那么，为什么要使用两个层次，先找到目录项，再找到页面描述项，而不是像在使用段寄存器时那样一步到位呢？这是出于空间效率的考虑。如果将线性地址中的 dir 和 page 两个位段合并在一起是 20 位，因此页面表的大小就将是 1K×1K=1M 个表项。由于每个页面的大小为 4K 字节，总的空间大小仍为 4K×1M=4G，正好是 32 位地址空间的大小。但是，实际上很难想像有一个进程会需要用到 4G 的全部空间，所以大部分表项势必是空着的。可是，在一个数组中，即使是空着不用的表项也占用空间，这样就造成了浪费。而若分成两层，则页表可以视需要而设置，如果目录中某项为空，就不必设立相应的页表，从而省下了存储空间。当然，在最坏的情况下，如果一个进程真的要用到全部 4G 的存储空间，那就不仅不能节省，反而要多消耗一个目录所占用的空间，但那概率基本上是 0。另外，一个页面的大小是 4K 字节，而每一个页面表项或目录表项的大小是 4 个字节。1024 个表项正好也是 4K 字节，恰好可以放在一个页面中。而若多于 1024 项就要使目录或页面表跨页面存放了。也正为此，在 64 位的 Alpha CPU 中页面的大小是 8K 字节，因为目录表项和页面表项的大小都变成了 8 个字节。

如前所述，目录项中含有指向一个页面表的指针，而页面表项中则含有指向一个页面起始地址的指针。由于页面表和页面的起始地址都总是在 4K 字节的边界上，这些指针的低 12 位都永远是 0。这样，在目录项和页表项中都只要有 20 位用于指针就够了，而余下的 12 位则可以用于控制或其他的目的。于是，目录项的结构为：

```
typedef    struct    {
  unsigned    int    ptba : 20;     /* 页表基地址的高 20 位 */
  unsigned    int    avail : 3;     /* 供系统程序员使用 */
  unsigned    int    g : 1;         /* global，全局性页面 */
  unsigned    int    ps : 1;        /* 页面大小，0 表示 4K 字节 */
  unsigned    int    reserved : 1;  /* 保留，永远是 0 */
  unsigned    int    a : 1;         /* accessed，已被访问过 */
  unsigned    int    pcd : 1;       /* 关闭（不使用）缓冲存储器 */
  unsigned    int    pwt : 1;       /* Write-Through，用于缓冲存储器 */
  unsigned    int    u_s : 1;       /* 为 0 时表示系统（或超级）权限，为 1 时表示用户权限 */
  unsigned    int    r_w : 1;       /* 只读或可写 */
  unsigned    int    p : 1;         /* 为 0 时表示相应的页面不在内存中 */
} 目录项;
```

目录项的直观表示如图 1.6 表示。

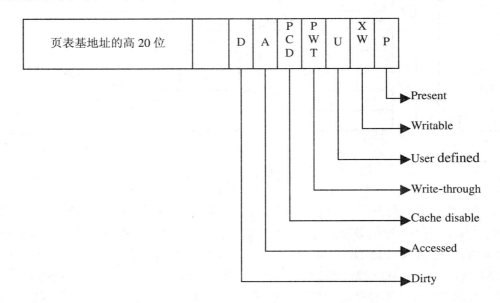

图 1.6　页目录项示意图

页表项的结构基本上与此相同，但没有"页面大小"位 ps，所以第 8 位保留不用，但第 7 位（在目录项中保留不用）则为 D（Dirty）标志，表示该页面已经被写过，所以已经"脏"了。当页面表项或目录项中的最低位 p 为 0 时，表示相应的页面或页面表不在内存，根据其他一些有关寄存器的设置，CPU 可以产生一个"页面错"（Page Fault）异常（也称为缺页中断，但异常和中断其实是有区别的）。这样，内核中的有关异常服务程序就可以从磁盘上的页面交换区将相应的页面读入内存，并且相应地设置表项中的基地址，并将 p 位设置成 1。相反，也可以将内存中暂不使用的页面写入磁盘的交换区，然后将相应页面表项的 p 位设置为 0。这样，就可以实现页式虚存了。当 p 位为 0 时，表项的其余各位均无意义，所以可被用来临时存储其他信息，如被换出的页面在磁盘上的位置等等。

当目录项中的 ps（page size）位为 0 时，包含在由该目录项所指的页面表中所有页面的大小都是 4K 字节，这也是目前在 Linux 内核中所采用的页面大小。但是，从 Pentium 处理器开始，Intel 引入了 PSE 页面大小扩充机制。当 ps 位为 1 时，页面的大小就成了 4M 字节，而页面表就不再使用了。这时候，线性地址中的低 22 位就全部用作在 4M 字节页面中的位移。这样，总的寻址能力还是没有改变，即 1024×4M=4G，但是映射的过程减少了一个层次。随着内存容量和磁盘容量的日益增加，磁盘访问速度的显著提高，以及对图像处理要求的日益增加，4M 字节的页面大小有可能会成为主流。在这一点上，Intel 倒还是有远见的。

最后，i386 CPU 中还有个寄存器 CR0，其最高位 PG 是页式映射机制的总开关。当 PG 位被设置成 1 时，CPU 就开启了页式存储管理的映射机制。

从 Pentium Pro 开始，Intel 又作了扩充。这一次扩充的是物理地址的宽度。Intel 在另一个控制寄存器 CR4 中又增加了一位 PAE（表示 Physical Address Extension），当 PAE 位设置成 1 时，地址总线的宽度就变成了 36 位（又增加了 4 位）。与此相应，页式存储管理的映射机制也自然地有所改变。不过大多数用户都还不需要使用 36 位(64G)物理地址空间，所以这里从略，有兴趣的读者可以参阅 Intel 的有关技术资料或专著。此外，Intel 已经推出了 64 位的 IA-64 系统结构，Linux 内核也已经支持 IA-64 系统结构。事实上，Linux 原来就已经在 Alpha CPU 上支持 64 位地址。除存储管理外，80386 还有很强的高速缓冲存储和流水线功能。但是对于软件、对于操作系统的内核来说，那在很大程度上是透明的，所以本书将仅在有必要时才加以简单的说明，而不在此详述了。

1.4　Linux 内核源代码中的 C 语言代码

Linux 内核的主体是以 GNU 的 C 语言编写的，GNU 为此提供了编译工具 gcc。GNU 对 C 语言本身（在 ANSI C 基础上）作了不少扩充，可能是读者尚未见到过的。另一方面，由于是内核代码，往往会用到一些在应用程序设计中不常见的语言成分或编程技巧，也许使读者感到陌生。本书并非介绍 GNU C 语言的专著，也非技术手册，所以不在这里一一列举和详细讨论这些扩充和技巧。再说，离开具体的情景和上下文，罗列一大堆规则，对于读者恐怕也没有多大帮助。所以，我们在这里只对可能会影响读者阅读 Linux 内核源程序，或使读者感到困惑的一些扩充和技巧先作一些简单的介绍。以后，随着具体的情景和代码的展开，在需要时还会结合实际加以补充。

首先，gcc 从 C++语言中吸收了"inline"和"const"。其实，GNU 的 C 和 C++是合为一体的，gcc 既是 C 编译又是 C++编译，所以从 C++中吸收一些东西到 C 中是很自然的。从功能上说，inline 函数的使用与#define 宏定义相似，但更有相对的独立性，也更安全。使用 inline 函数也有利于程序调试。如果编译时不加优化，则这些 inline 函数就是普通的、独立的函数，更便于调试。调试好了以后，再采用优化重新编辑一次，这些 inline 函数就像宏操作一样融入了引用处的代码中，有利于提高运行效率。由于 inline 函数的大量使用，相当一部分的代码从.c 文件移入了.h 文件中。

还有，为了支持 64 位的 CPU 结构（Alpha 就是 64 位的），gcc 增加了一种新的基本数据类型"long long int"，该类型在内核代码中常常用到。

许多 C 语言都支持一些"属性描述符"（attribute），如"aligned"、"packed"等等；gcc 也支持不少这样的描述符。这些描述符的使用等于是在 C 语言中增加了一些新的保留字。可是，在原来的 C 语言（如 ANSI C）中这些词并非保留字，这样就有可能产生一些冲突。例如，gcc 支持保留字 inline，可是由于"inline"原非保留字（在 C++中是保留字），所以在老的代码中可能已经有一变量名为 inline，这样就产生了冲突。为了解决这个问题，gcc 允许在作为保留字使用的"inline"前、后都加上"__"，因而"__inline__"等价于保留字"inline"。同样的道理，"__asm__"等价于"asm"。这就是我们在代码中有时候看到"asm"，而有时候又看到"__asm__"的原因。

gcc 还支持一个保留字"attribute"，用来作属性描述。如：

```
struct foo{
    char     a;
    int   x[z]  __attribute__ ((packed));
}
```

这里属性描述"packed"表示在字符 a 与整型数组 x 之间不应为了与 32 位长整数边界对齐而留下空洞。这样，"packed"就不会与变量名发生冲突了。

由于在 Linux 的内核中使用了 gcc 对 C 的扩充，很自然地 Linux 的内核就只能用 gcc 编译。不仅如此，由于 gcc 和 Linux 内核在平行地发展，一旦在 Linux 内核中使用了 gcc，在其较新版本中有了新增加新扩充，就不能再使用较老版本的 gcc 来编译。也就是说，Linux 内核的各种版本有着对 gcc 版本的依赖关系。读者自然会问："这样，Linux 内核的可移植性是否会受到损害？"回答是："是的，但这是经过权衡得失利弊以后作出的决定。"首先，在可移植性与本身的质量之间，GNU 选择了以质量为优先。再说，将 gcc 移植(其实是扩充)到新的 CPU 上应非难事。回顾一下 Unix 的历史。最初的 Unix 是以汇编和 B 语言书写的，正是因为 Unix 的需要才有了 C 语言。所以，C 语言可说是 Unix 的孪生物。Unix 要发展，C 语言当然也要发展。对于 Unix 来说，C 语言不过是工具，而工具当然要服从目的本身的需要。其次，可移植性问题看似重大，其实并不太严重。如前所述，目前的 Linux 内核源代码已经支持几乎所有重要的、常用的 CPU，gcc 支持的 CPU 就更多了。而且，gcc 还支持对各种 CPU 的交叉编译。

如前所述，Linux 内核的代码中使用了大量 inline 函数。不过，这并未消除对宏操作的使用，内核中仍有许多宏操作定义。人们常常会对内核代码中一些宏操作的定义方式感到迷惑不解，有必要在这里作一些解释。先看一个实例，取自 fs/proc/kcore.c。

```
163    #define DUMP_WRITE(addr,nr)  do { memcpy(bufp,addr,nr); bufp += nr; } while(0)
```

读者想必知道，do-while 循环是先执行后判断循环条件。所以，这个定义意味着每当引用这个宏操作时会执行循环体一次，而且只执行一次。可是，为什么要这样通过一个 do-while 循环来定义呢？这似乎有点怪。我们不妨看看其他几种可能。首先，能不能定义成如下式样？

```
163    #define DUMP_WRITE(addr,nr)   memcpy(bufp,addr,nr); bufp += nr;
```

不行。如果有一段程序在一个 if 语句中引用这个宏操作就会出问题，让我们通过一个假想的例子来说明：

```
        if (addr)
            DUMP_WRITE(addr, nr);
        else
            do_something_else( );
```

经过预处理以后,这段代码就会变成这样:

```
        if (addr)
            memcpy(bufp, addr, nr); bufp += nr;
        else
            do_something_else( );
```

编译这段代码时 gcc 会失败,并报告语法出错。因为 gcc 认为 if 语句在 memcpy( )以后就结束了,然后却又碰到一个 else。如果把 DUMP_WRITE( )和 do_something_else( )换一下位置,编译倒是可以通过,问题却更严重了,因为不管条件满足与否 bufp += nr 都会得到执行。

读者马上会想到要在定义中加上花括号,成为这样:

```
163     #define DUMP_WRITE(addr, nr)    {memcpy(bufp, addr, nr); bufp += nr;}
```

可是,上面那段程序还是通不过编译,因为经过预处理就变成这样:

```
        if (addr)
            {memcpy(bufp, addr, nr); bufp += nr;};
        else
            do_something_else( );
```

同样,gcc 在碰到 else 前面的";"时就认为 if 语句已经结束,因而后面的 else 不在 if 语句中。相比之下,采用 do-while 的定义在任何情况下都没有问题。

了解了这一点之后,再来看对"空操作"的定义。由于 Linux 内核的代码要考虑到各种不同的 CPU 和不同的系统配置,所以常常需要在一定的条件下把某些宏操作定义为空操作。例如在 include/asm-i386/system.h 中的 prepare_to_switch( ):

```
14      #define prepare_to_switch( )    do { } while(0)
```

内核在调度一个进程运行,进行切换之际,在有些 CPU 上需要调用 prepare_to_switch( )作些准备,而在另一些 CPU 上就不需要,所以要把它定义为空操作。

读者在学习数据结构时一定学过队列(指双链队列)操作。内核中大量地使用着队列和队列操作,而这又不是专门属于哪一个方面的内容(如进程管理、文件系统、存储管理等等),所以我们在这里作一些介绍。

如果我们有一种数据结构 foo,并且需要维持一个这种数据结构的双链队列,最简单的、也是最常用的办法就是在这个数据结构的类型定义中加入两个指针,例如:

```
        typedef struct foo
        {
```

```
        struct foo *prev;
        struct foo *next;
        ......
   } foo_t;
```

然后为这种数据结构写一套用于各种队列操作的子程序。由于用来维持队列的这两个指针的类型是固定的(都指向 foo 数据结构)，这些子程序不能用于其他数据结构的队列操作。换言之，需要维持多少种数据结构的队列，就得有多少套的队列操作子程序。对于使用队列较少的应用程序或许不是个大问题，但对于使用大量队列的内核就成问题了。所以，Linux 内核中采用了一套通用的、一般的、可以用到各种不同数据结构的队列操作。为此，代码的作者们把指针 prev 和 next 从具体的"宿主" 数据结构中抽象出来成为一种数据结构 list_head，这种数据结构既可以"寄宿"在具体的宿主数据结构内部，成为该数据结构的一个"连接件"；也可以独立存在而成为一个队列的头。这个数据结构的定义在 include/linux/list.h 中（实际上是数据结构类型的申明，为行文方便，本书采取不那么"学究"，或者说不那么严格的态度。对"定义"和"申明"，还有对"数据结构类型"和"数据结构"，乃至"结构"这些词也常常不加严格区分。当然，我们并不鼓励读者这样做）。

```
16   struct list_head {
17       struct list_head *next, *prev;
18   };
```

这里我们把结构名以粗体字排出，目的仅在于醒目，并没有特别的含义。如果需要有某种数据结构的队列，就在这种结构内部放上一个 list_head 数据结构。以用于内存页面管理的 page 数据结构为例，其定义为：（见 include/linux/mm.h）

```
134  typedef struct page {
135      struct list_head list;
         ......
138      struct page *next_hash;
         ......
141      struct list_head lru;
         ......
148  } mem_map_t;
```

可见，在 page 数据结构中寄宿了两个 list_head 结构，或者说有两个队列操作的连接件，所以 page 结构可以同时存在于两个双链队列中。此外，结构中还有个单链指针 next_hash，用来维持一个单链的杂凑队列，不过我们在这里并不关心。

对于宿主数据结构内部的每个 list_head 数据结构都要加以初始化，可以通过一个宏操作 INIT_LIST_HEAD 进行：

```
25   #define INIT_LIST_HEAD(ptr) do { \
26       (ptr)->next = (ptr); (ptr)->prev = (ptr); \
27   } while (0)
```

参数 ptr 为指向需要初始化的 list_head 结构。可见初始化以后两个指针都指向该 list_head 结构自身。

要将一个 page 结构通过其"队列头" list 链入（有时候我们也说"挂入"）一个队列时，可以使用 list_add( )，这是一个 inline 函数，其代码在 include/linux/list.h 中：

```
53    static __inline__ void list_add(struct list_head *new, struct list_head *head)
54    {
55        __list_add(new, head, head->next);
56    }
```

参数 new 指向欲链入队列的宿主数据结构内部的 list_head 数据结构。参数 head 则指向链入点，也是个 list_head 结构，它可以是个独立的、真正意义上的队列头，也可以在另一个宿主数据结构（甚至可以是不同类型的宿主结构）内部。这个 inline 函数调用另一个 inline 函数__list_add( )来完成操作：

[list_add( ) > __list_add( )]

```
29    /*
30     * Insert a new entry between two known consecutive entries.
31     *
32     * This is only for internal list manipulation where we know
33     * the prev/next entries already!
34     */
35    static __inline__ void __list_add(struct list_head * new,
36            struct list_head * prev,
37            struct list_head * next)
38    {
39        next->prev = new;
40        new->next = next;
41        new->prev = prev;
42        prev->next = new;
43    }
```

对于辗转调用的函数，为帮助读者随时了解其来龙去脉，本书通常在函数的代码前面用方括号和大于号列出其调用路径。这种路径通常以一个比较重要或常用的函数为起点，例如这里就是以 list_add( )为起点。不过，读者要注意，对同一函数的不同调用路径往往有很多，我们列出的只是在具体的情景或讨论中的路径。例如，有些函数也许跳过 list_add( )而直接调用__list_add( )，而形成另一条不同的路径。至于__list_add( )本身的代码，我们就把它留给读者了。

再来看从队列中脱链的操作 list_del( )：

```
90    static __inline__ void list_del(struct list_head *entry)
91    {
92        __list_del(entry->prev, entry->next);
93    }
```

同样，这里也是调用另一个 inline 函数__list_del( )来完成操作：

[list_del( ) > __list_del( )]

```
78    static __inline__ void __list_del(struct list_head * prev,
79                     struct list_head * next)
80    {
81          next->prev = prev;
82          prev->next = next;
83    }
```

注意在__list_del( )中的操作对象是队列中在entry之前和之后的两个list_head结构。如果entry是队列中的最后一项，则二者相同，就是队列的头，那也是一个list_head结构，不过不在任何宿主结构内部。

读者也许已经等不及要问了：队列操作都是通过list_head进行的，但是那不过是个连接件，如果我们手上有个宿主结构，那当然就知道了它的某个list_head在那里，从而以此为参数调用list_add( )或list_del( )；可是，反过来，当我们顺着一个队列取得其中一项的list_head结构时，又怎样找到其宿主结构呢？在list_head结构中并没有指向宿主结构的指针啊。毕竟，我们真正关心的是宿主结构，而不是连接件。

是的，这是个问题。我们还是通过一个实例来看这个问题是怎样解决的。下面是取自mm/page_alloc.c中的一行代码：

[rmqueue( )]

```
188              page = memlist_entry(curr, struct page, list);
```

这里的memlist_entry( )将一个list_head指针curr换算成其宿主结构的起始地址，也就是取得指向其宿主page结构的指针。读者可能会对memlist_entry( )的实现和调用感到困惑。因为其调用参数 page是个类型，而不是具体的数据。如果看一下函数rmqueue( )的整个代码，还可以发现在那里list竟是无定义的。

事实上，在同一文件中将memlist_entry定义成list_entry，所以实际引用的是list_entry( )：

```
48    #define memlist_entry list_entry
```

而list_entry的定义则在include/linux /list.h中：

```
135   /**
136    * list_entry - get the struct for this entry
137    * @ptr:    the &struct list_head pointer.
138    * @type:   the type of the struct this is embedded in.
139    * @member: the name of the list_struct within the struct.
140    */
141   #define list_entry(ptr, type, member) \
142         ((type *)((char *)(ptr)-(unsigned long)(&((type *)0)->member)))
```

将前面的188行与此对照，就可以看出其中的奥秘：经过C预处理的文字替换，这一行的内容就成为：

```
page=((struct page*)((char*)(curr)-(unsigned long)(&((struct page*)0)-> list)));
```

这里的 curr 是一个 page 结构内部的成分 list 的地址，而我们所需要的却是那个 page 结构本身的地址，所以要从地址 curr 减去一个位移量，即成分 list 在 page 内部的位移量，才能达到要求。那么，这位移量到底是多少呢？&((struct page*)0)- >list 就表示当结构 page 正好在地址 0 上时其成分 list 的地址，这就是位移。

同样的道理，如果是在 page 结构的 lru 队列里，则传下来的 member 为 lru，一样能算出宿主结构的地址。

可见，这一套操作既普遍适用，又保持了较高的效率。但是，对于阅读代码的人却有个缺点，那就是光从代码中不容易看出一个 list_head 的宿主结构是什么，而以前只要看一下指针 next 的类型就知道了。

1.5 Linux 内核源代码中的汇编语言代码

任何一个用高级语言编写的操作系统，其内核源代码中总有少部分代码是用汇编语言编写的。读过 Unix Sys V 源代码的读者都知道，在其约 3 万行的核心代码中用汇编语言编写的代码约 2000 行，分成不到 20 个扩展名为.s 和.m 的文件，其中大部分是关于中断与异常处理的底层程序，还有就是与初始化有关的程序以及一些核心代码中调用的公用子程序。

用汇编语言编写核心代码中的部分代码，大体上是出于如下几个方面的考虑：

- 操作系统内核中的底层程序直接与硬件打交道，需要用到一些专用的指令，而这些指令在 C 语言中并无对应的语言成分。例如，在 386 系统结构中，对外设的输入／输出指令如 inb、outb 等均无对应的 C 语言语句。因此，这些底层的操作需要用汇编语言来编写。CPU 中的一些对寄存器的操作也是一样，例如，要设置一个段寄存器时，也只好用汇编语言来编写。
- CPU 中的一些特殊指令也没有对应的 C 语言成分，如关中断，开中断等等。此外，在同一种系统结构的不同 CPU 芯片中，特别是新开发出来的芯片中，往往会增加一些新的指令，例如 Pentium、PentiumⅡ和 Pentium MMX，都在原来的基础上扩充了新的指令，对这些指令的使用也得用汇编语言。
- 内核中实现某些操作的过程、程序段或函数，在运行时会非常频繁地被调用，因此其（时间）效率就显得很重要。而用汇编语言编写的程序，在算法和数据结构相同的条件下，其效率通常要比用高级语言编写的高。在此类程序或程序段中，往往每一条汇编指令的使用都需要经过推敲。系统调用的进入和返回就是一个典型的例子。系统调用的进出是非常频繁用到的过程，每秒钟可能会用到成千上万次，其时间效率可谓举足轻重。再说，系统调用的进出过程还牵涉到用户空间和系统空间之间的来回切换，而用于这个目的的一些指令在 C 语言中本来就没有对应的语言成分，所以，系统调用的进入和返回显然必须用汇编语言来编写。
- 在某些特殊的场合，一段程序的空间效率也会显得非常重要。操作系统的引导程序就是一个例子。系统的引导程序通常一定要能容纳在磁盘上的第一个扇区中。这时候，哪怕这段程序的大小多出一个字节也不行，所以就只能以汇编语言编写。

在 Linux 内核的源代码中，以汇编语言编写的程序或程序段，有几种不同的形式。

第一种是完全的汇编代码，这样的代码采用.s 作为文件名的后缀。事实上，尽管是"纯粹"的汇编代码，现代的汇编工具也吸收了 C 语言预处理的长处，也在汇编之前加上了一趟预处理，而预处理之前的文件则以.s 为后缀。此类（.s）文件也和 C 程序一样，可以使用#include、#ifdef 等等成分，而数据结构也一样可以在.h 文件中加以定义。

第二种是嵌入在 C 程序中的汇编语言片段。虽然在 ANSI 的 C 语言标准中并没有关于汇编片段的规定，事实上各种实际使用的 C 编译中都作了这方面的扩充，而 GNU 的 C 编译 gcc 也在这方面作了很强的扩充。

此外，内核代码中也有几个 Intel 格式的汇编语言程序，是用于系统引导的。

由于本书专注于 Intel i386 系统结构上的 Linux 内核，下面我们只介绍 GNU 对 i386 汇编语言的支持。

对于新接触 Linux 内核源代码的读者，哪怕他比较熟悉 i386 汇编语言，在理解这两种汇编语言的程序或片段时都会感到困难，有的甚至会望而却步。其原因是：在内核"纯"汇编代码中 GNU 采用了不同于常用 386 汇编语言的句法；而在嵌入 C 程序的片段中，则更增加了一些指导汇编工具如何分配使用寄存器、以及如何与 C 程序中定义的变量相结合的语言成分。这些成分使得嵌入 C 程序中的汇编语言片段实际上变成了一种介乎 386 汇编和 C 之间的一种中间语言。

所以，我们先集中地介绍一下在内核中这两种情况下使用的 386 汇编语言，以后在具体的情景中涉及具体的汇编语言代码时还会加以解释。

1.5.1 GNU 的 386 汇编语言

在 Dos/Windows 领域中，386 汇编语言都采用由 Intel 定义的语句（指令）格式，这也是几乎在所有的有关 386 汇编语言程序设计的教科书或参考书中所使用的格式。可是，在 Unix 领域中，采用的却是由 AT&T 定义的格式。当初，当 AT&T 将 Unix 移植到 80386 处理器上时，根据 Unix 圈内人士的习惯和需要而定义了这样的格式。Unix 最初是在 PDP-11 机器上开发的，先后移植到 VAX 和 68000 系列的处理器上。这些机器的汇编语言在风格上、从而在格式上与 Intel 的有所不同。而 AT&T 定义的 386 汇编语言就比较接近那些汇编语言。后来，在 Unixware 中保留了这种格式。GNU 主要是在 Unix 领域内活动的（虽然 GNU 是 "GNU is Not Unix" 的缩写）。为了与先前的各种 Unix 版本与工具有尽可能好的兼容性，由 GNU 开发的各种系统工具自然地继承了 AT&T 的 386 汇编语言格式，而不采用 Intel 的格式。

那么，这两种汇编语言之间的差距到底有多大呢？其实是大同小异。可是有时候小异也是很重要的，不加重视就会造成困扰。具体讲，主要有下面这么一些差别：

(1) 在 Intel 格式中大多使用大写字母，而在 AT&T 格式中都使用小写字母。
(2) 在 AT&T 格式中，寄存器名要加上 "%" 作为前缀，而在 Intel 格式中则不带前缀。
(3) 在 AT&T 的 386 汇编语言中,指令的源操作数与目标操作数的顺序与在 Intel 的 386 汇编语言中正好相反。在 Intel 格式中是目标在前，源在后；而在 AT&T 格式中则是源在前，目标在后。例如，将寄存器 eax 的内容送入 ebx，在 Intel 格式中为 "MOVE EBX, EAX"，而在 AT&T 格式中为 "move %eax, %ebx"。看来，Intel 格式的设计者所想的是 "EBX = EAX"，而 AT&T 格式的设计者所想的是 "%eax -> %ebx"。
(4) 在 AT&T 格式中，访内指令的操作数大小（宽度）由操作码名称的最后一个字母（也就是操作码的后缀）来决定。用作操作码后缀的字母有 b（表示 8 位），w（表示 16 位）和 l（表示 32 位）。而在 Intel 格式中，则是在表示内存单元的操作数前面加上 "BYTE PTR"，"WORD

PTR"，或"DWORD PTR"来表示。例如，将 FOO 所指内存单元中的字节取入 8 位的寄存器 AL，在两种格式中不同的表示如下：

  MOV AL，BYTE PTR FOO （Intel 格式）
  movb FOO，%al   （AT&T 格式）

(5) 在 AT&T 格式中，直接操作数要加上"$"作为前缀，而在 Intel 格式中则不带前缀。所以，Intel 格式中的"PUSH 4"，在 AT&T 格式中就变为"pushl $4"。

(6) 在 AT&T 格式中，绝对转移或调用指令 jump/call 的操作数（也即转移或调用的目标地址），要加上"*"作为前缀(读者大概会联想到 C 语言中的指针吧)，而在 Intel 格式中则不带。

(7) 远程的转移指令和子程序调用指令的操作码名称，在 AT&T 格式中为"ljmp"和"lcall"，而在 Intel 格式中，则为"JMP FAR"和"CALL FAR"。当转移和调用的目标为直接操作数时，两种不同的表示如下：

  CALL FAR SECTION: OFFSET （Intel 格式）
  JMP FAR SECTION:OFFSET （Intel 格式）

  lcall $ section， $ offset （AT&T 格式）
  ljmp $ section， $ offset （AT&T 格式）

与之相应的远程返回指令，则为：

  RET FAR STACK_ADJUST （Intel 格式）
  lret $ stack_adjust   （AT&T 格式）

(8) 间接寻址的一般格式，两者区别如下：

  SECTION：[BASE+INDEX*SCALE+DISP] （Intel 格式）
  section：disp（base，index，scale） （AT&T 格式）

注意在 AT&T 格式中隐含了所进行的计算。例如，当 SECTION 省略，INDEX 和 SCALE 也省略，BASE 为 EBP，而 DISP（位移）为 4 时，表示如下：

  [ebp－4]   （Intel 格式）
  －4（%ebp）   （AT&T 格式）

在 AT&T 格式的括号中如果只有一项 base，就可以省略逗号，否则不能省略，所以（%ebp）相当于（%ebp,,），进一步相当于（%ebp, 0, 0）。又如，当 INDEX 为 EAX，SCALE 为 4（32 位），DISP 为 foo，而其他均省略，则表示为：

  [foo+EAX*4]   （Intel 格式）
  foo（，%EAX，4） （AT&T 格式）

这种寻址方式常常用于在数据结构数组中访问特定元素内的一个字段，base 为数组的起始地址，scale 为每个数组元素的大小，index 为下标。如果数组元素是数据结构，则 disp 为具体字段在结构中的位移。

1.5.2 嵌入 C 代码中的 386 汇编语言程序段

当需要在 C 语言的程序中嵌入一段汇编语言程序段时，可以使用 gcc 提供的"asm"语句功能。例如，在 include/asm/io.h 中有这么一行：

```
#define __SLOW_DOWN_IO __asm__ __volatile__ ("outb %al, $0x80")
```

这里，暂且忽略在 asm 和 volatile 前后的两个"__"字符，这也是 gcc 对 C 语言的一种扩充，后面我们还要讲到。先来看括号里面加上了引号的汇编指令。这是一条 8 位输出指令，如前所述在操作符上加了后缀"b"以表示这是 8 位的，而 0x80 因为是常数，即所谓"直接操作数"，所以要加上前缀"$"，而寄存器名 al 也加了前缀"%"。知道了前面所讲 AT&T 格式与 Intel 格式的不同，这就是一条很普通的汇编指令，很容易理解。

在同一个 asm 语句中也可以插入多行汇编程序。就在同一个文件中，在不同的条件下，__SLOW_DOWN_IO 又有不同的定义：

#define __SLOW_DOWN_IO __asm__ __volatile__("jmp 1f \n1:\tjmp 1f \n1:)

这就不那么直观了。这里，一共插入了三行汇编语句，"\n"就是换行符，而"\t"则表示 TAB 符。所以，gcc 将之翻译成下面的格式而交给 gas 去汇编：

```
        jmp   1f
1:      jmp   1f
1:
```

这里转移指令的目标 1f 表示往前（f 表示 forward）找到第一个标号为 1 的那一行。相应地，如果是 1b 就表示往后找。这也是从早期的 Unix 汇编代码中继承下来的，读过 Unix 第 6 版的读者大概都还能记得。所以，这一小段汇编代码的用意就在于使 CPU 空做两条转移指令而消耗掉一些时间。既然是要消耗掉一些时间，而不是要节省一些时间，那么为什么要用汇编语句来实现，而不是在 C 里面来实现呢？原因在于想要对此有比较确切的控制。如果用 C 语句来消耗一些时间的话，你常常不能确切地知道经过编译以后，特别是如果经过优化的话，最后产生的汇编代码究竟怎样。

如果读者觉得这毕竟还是容易理解的话，那么下面这一段（取自 include/asm/atomic.h）就困难多了：

```
29      static __inline__ void atomic_add(int i, atomic_t *v)
30      {
31          __asm__ __volatile__(
32              LOCK "addl %1,%0"
33              :"=m" (v->counter)
34              :"ir" (i), "m" (v->counter));
35      }
```

一般而言，往 C 代码中插入汇编语言的代码片断要比"纯粹"的汇编语言代码复杂得多，因为这里有个怎样分配使用寄存器，怎样与 C 代码中的变量结合的问题。为了这个目的，必须对所用的汇编语言作更多的扩充，增加对汇编工具的指导作用。其结果是其语法实际上变成了既不同于汇编语言，也不同于 C 语言的某种中间语言。

下面，先介绍一下插入 C 代码中的汇编成分的一般格式，并加以解释。以后，在我们走过各种情景时碰到具体的代码时还会加以提示。

插入 C 代码中的一个汇编语言代码片断可以分成四部分，以":"号加以分隔，其一般形式为：

指令部 : 输出部 : 输入部 : 损坏部

注意不要把这些":"号跟程序标号中所用的(如前面的 1:)混淆。

第一部分就是汇编语句本身，其格式与在汇编语言程序中使用的基本相同，但也有区别，不同之处下面会讲到。这一部分可以称为"指令部"，是必须有的，而其他各部分则可视具体的情况而省略，所以在最简单的情况下就与常规的汇编语句基本相同，如前面的两个例子那样。

当将汇编语言代码片断嵌入到 C 代码中时，操作数与 C 代码中的变量如何结合显然是个问题。在本节开头的两个例子中，汇编指令都没有产生与 C 程序中的变量结合的问题，所以比较简单。当汇编指令中的操作数需要与 C 程序中的某些变量结合时，情况就复杂多了。这是因为：程序员在编写嵌入的汇编代码时，按照程序逻辑的要求很清楚应该选用什么指令，但是却无法确切地知道 gcc 在嵌入点的前后会把哪一个寄存器分配用于哪一个变量，以及哪一个或哪几个寄存器是空闲着的。而且，光是被动地知道 gcc 对寄存器的分配情况也还是不够，还得有个手段把使用寄存器的要求告知 gcc，反过来影响它对寄存器分配。当然，如果 gcc 的功能非常强，那么通过分析嵌入的汇编代码也应该能够归纳出这些要求，再通过优化，最后也能达到目的。但是，即使那样，所引入的不确定性也还是个问题，更何况要做到这样还不容易。针对这个问题，gcc 采取了一种折中的办法：程序员只提供具体的指令，而对寄存器的使用则一般只提供一个"样板"和一些约束条件，而把到底如何与变量结合的问题留给 gcc 和 gas 去处理。

在指令部中，数字加上前缀%，如%0、%1 等等，表示需要使用寄存器的样板操作数。可以使用的此类操作数的总数取决于具体 CPU 中通用寄存器的数量。这样，指令部中用到了几个不同的这种操作数，就说明有几个变量需要与寄存器结合，由 gcc 和 gas 在编译和汇编时根据后面的约束条件自行变通处理。由于这些样板操作数也使用"%"前缀，在涉及到具体的寄存器时就要在寄存器名前面加上两个"%"符，以免混淆。

那么，怎样表达对变量结合的约束条件呢？这就是其余几个部分的作用。紧接在指令部后面的是"输出部"，用以规定对输出变量，即目标操作数如何结合的约束条件。每个这样的条件称为一个"约束"（constraint）。必要时输出部中可以有多个约束，互相以逗号分隔。每个输出约束以"="号开头，然后是一个字母表示对操作数类型的说明，然后是关于变量结合的约束。例如，在上面的例子中，输出部为

           :"=m"（v->counter）

这里只有一个约束，"=m"表示相应的目标操作数（指令部中的%0）是一个内存单元 v->counter。凡是与输出部中说明的操作数相结合的寄存器或操作数本身，在执行嵌入的汇编代码以后均不保留执行之前的内容，这就给 gcc 提供了调度使用这些寄存器的依据。

输出部后面是"输入部"。输入约束的格式与输出约束相似，但不带"="号。在前面例子中的输入部有两个约束。第一个为"ir"(i)，表示指令中的%1 可以是一个在寄存器中的"直接操作数"（i 表示 immediate），并且该操作数来自于 C 代码中的变量名(这里是调用参数)i。第二个约束为"m"(v->counter)，意义与输入约束中相同。如果一个输入约束要求使用寄存器，则在预处理时 gcc 会为之分配一个寄存器，并自动插入必要的指令将操作数即变量的值装入该寄存器。与输入部中说明的操作数结合的寄存器或操作数本身，在执行嵌入的汇编代码以后也不保留执行之前的内容。例如，这里的%1 要求使用寄存器，所以 gcc 会为其分配一个寄存器，并自动插入一条 movl 指令把参数 i 的数值装入该寄存器，可是这个寄存器原来的内容就不复存在了。如果这个寄存器本来就是空闲的，那倒无所谓，可是如果所有的寄存器都在使用，而只好暂时借用一个，那就得保证在使用以后恢复其原有

的内容。此时 gcc 会自动在开头处插入一条 pushl 指令，将该寄存器原来的内容保存在堆栈中，而在结束以后插入一条 popl 指令，恢复寄存器的内容。

在有些操作中，除用于输入操作数和输出操作数的寄存器以外，还要将若干个寄存器用于计算或操作的中间结果。这样，这些寄存器原有的内容就损坏了，所以要在损坏部对操作的副作用加以说明，让 gcc 采取相应的措施。不过，有时候就直接把这些说明放在输出部了，那也并无不可。

操作数的编号从输出部的第一个约束（序号为 0）开始，顺序数下来，每个约束计数一次。在指令部中引用这些操作数或分配用于这些操作数的寄存器时，就在序号前面加上一个"%"号。在指令部中引用一个操作数时总是把它当成一个 32 位的"长字"，但是对其实施的操作，则根据需要也可以是字节操作或字(16 位)操作。对操作数进行的字节操作默认为对其最低字节的操作，字操作也是一样。不过，在一些特殊的操作中，对操作数进行字节操作时也允许明确指出是对哪一个字节操作，此时在%与序号之间插入一个"b"表示最低字节，插入一个"h"表示次低字节。

表示约束条件的字母有很多。主要有：

"m"，"v" 和 "o"　　　　　　—— 表示内存单元；
"r"　　　　　　　　　　　　—— 表示任何寄存器；
"q"　　　　　　　　　　　　—— 表示寄存器 eax，ebx，ecx，edx 之一；
"i" 和 "h"　　　　　　　　—— 表示直接操作数；
"E" 和 "F"　　　　　　　　—— 表示浮点数；
"g"　　　　　　　　　　　　—— 表示"任意"；
"a"，"b"，"c"，"d"　　　 —— 分别表示要求使用寄存器 eax，ebx，ecd 或 edx；
"S"，"D"　　　　　　　　　—— 分别表示要求使用寄存器 esi 或 edi；
"I"　　　　　　　　　　　　—— 表示常数(0 至 31)。

此外，如果一个操作数要求使用与前面某个约束中所要求的是同一个寄存器，那就把与那个约束对应的操作数编号放在约束条件中。在损坏部常常会以"memory"为约束条件，表示操作完成后内存中的内容已有改变，如果原来某个寄存器(也许在本次操作中并未用到)的内容来自内存，则现在可能已经不一致。

还要注意，当输出部为空，即没有输出约束时，如果有输入约束存在，则须保留分隔标记"："号。

回到上面的例子，读者现在应该可以理解这段代码的作用是将参数 I 的值加到 v->counter 上。代码中的关键字 LOCK 表示在执行 addl 指令时要把系统的总线锁住，不让别的 CPU（如果系统中有不止一个 CPU）打扰。读者也许要问，将两个数相加是很简单的操作，C 语言中明明有相应的语言成分，例如 "v->counter += i;"，为什么要用汇编呢？原因就在于，这里要求整个操作只由一条指令完成，并且要将总线锁住，以保证操作的"原子性(atomic)"。相比之下，上述的 C 语句在编译之后到底有几条指令是没有保证的，也无法要求在计算过程中对总线加锁。

再看一段嵌入汇编代码，这一次取自 include/asm-i386/bitops.h。

```
18      #ifdef CONFIG_SMP
19      #define LOCK_PREFIX "lock ; "
20      #else
21      #define LOCK_PREFIX ""
22      #endif
23
24      #define ADDR (*(volatile long *) addr)
```

```
 25
 26     static __inline__ void set_bit(int nr, volatile void * addr)
 27     {
 28         __asm__ __volatile__( LOCK_PREFIX
 29             "btsl %1,%0"
 30             :"=m" (ADDR)
 31             :"Ir" (nr));
 32     }
```

这里的指令 btsl 将一个 32 位操作数中的某一位设置成 1。参数 nr 表示该位的位置。现在读者应该不感到困难，也明白为什么要用汇编语言的原因了。

再来看一个复杂一点的例子，取自 include/asm-i386/string.h：

```
199     static inline void * __memcpy(void * to, const void * from, size_t n)
200     {
201         int d0, d1, d2;
202         __asm__ __volatile__(
203             "rep ; movsl\n\t"
204             "testb $2,%b4\n\t"
205             "je 1f\n\t"
206             "movsw\n"
207             "1:\ttestb $1,%b4\n\t"
208             "je 2f\n\t"
209             "movsb\n"
210             "2:"
211             : "=&c" (d0), "=&D" (d1), "=&S" (d2)
212             :"0" (n/4), "q" (n),"1" ((long) to),"2" ((long) from)
213             : "memory");
214         return (to);
215     }
```

读者也许知道 memcpy( )。这里的__memcpy( )就是内核中对 memcpy( )的底层实现，用来复制一块内存空间的内容，而忽略其数据结构。这是使用非常频繁的一个函数，所以其运行效率十分重要。

先看约束条件和变量与寄存器的结合。输出部有三个约束，对应于操作数%0 至%2。其中变量 d0 为操作数%0，必须放在寄存器 ecx 中，原因等一下就会明白。同样，d1 即%1 必须放在寄存器 edi 中；d2 即%2 必须放在寄存器 esi 中。再看输入部，这里有四个约束，对应于操作数%3 至%6。其中操作数%3 与操作数%0 使用同一个寄存器，所以也必须是寄存器 ecx；并且要求由 gcc 自动插入必要的指令，事先将其设置成 n/4，实际上是将复制长度从字节个数 n 换算成长字个数 n/4。至于 n 本身，则要求 gcc 任意分配一个寄存器存放。操作数%5 与%6，即参数 to 与 from，分别与%1 和%2 使用相同的寄存器，所以也必须是寄存器 edi 和 esi。

再看指令部，读者马上就能看到这里似乎只用了%4。为什么那么多的操作数似乎都没有用呢？读完这些指令就明白了。

第一条指令是"rep"，表示下一条指令 movsl 要重复执行，每重复一遍就把寄存器 ecx 中的内容减 1，直到变成 0 为止。所以，在这段代码中一共执行 n/4 次。那么，movsl 又干些什么呢？它从 esi 所指的地方复制一个长字到 edi 所指的地方，并使 esi 和 edi 分别加 4。这样，当代码中的 203 行执行完毕，到达 204 行时，所有的长字都已复制好，最多只剩下三个字节了。在这个过程中，实际上使用了 ecx、esi 以及 edi 三个寄存器，即%0（同时也是%3）、%2（同时也是%6）以及%1（同时也是%5）三个操作数，这些都隐含在指令中，从字面上看不出来。同时，这也说明了为什么这些操作数必须存放在指定的寄存器中。

接着就是处理剩下的三个字节了。先通过 testb 测试操作数%4，即复制长度 n 的最低字节中的 bit2，如果这一位为 1 就说明还有至少两个字节，所以通过指令 movsw 复制一个短字（esi 和 edi 则分别加 2），否则就把它跳过。再通过 testb（注意它前面是\t，表示在预处理后的汇编代码中插入一个 TAB 字符）测试操作数%4 的 bit1，如果这一位为 1 就说明还剩下一个字节，所以通过指令 movsb 再复制一个字节，否则就把它跳过。到达标号 2 的时候，执行就结束了。读者不妨自己写一段 C 代码来实现这个函数，编译以后用 objdump 看它的实现，并与此作一比较，相信就能体会到为什么这里要采用汇编语言。

作为读者的复习材料，下面是 strncmp( ) 的代码，不熟悉 i386 指令的读者可以找一本 Intel 的指令手册对照着阅读。

```
127   static inline int strncmp(const char * cs,const char * ct,size_t count)
128   {
129   register int __res;
130   int d0, d1, d2;
131   __asm__ __volatile__(
132       "1:\tdecl %3\n\t"
133       "js 2f\n\t"
134       "lodsb\n\t"
135       "scasb\n\t"
136       "jne 3f\n\t"
137       "testb %%al,%%al\n\t"
138       "jne 1b\n"
139       "2:\txorl %%eax,%%eax\n\t"
140       "jmp 4f\n"
141       "3:\tsbbl %%eax,%%eax\n\t"
142       "orb $1,%%al\n"
143       "4:"
144                 :"=a" (__res), "=&S" (d0), "=&D" (d1), "=&c" (d2)
145                 :"1" (cs),"2" (ct),"3" (count));
146   return __res;
147   }
```

第 2 章

存 储 管 理

2.1 Linux 内存管理的基本框架

在上一章，我们介绍了 i386 CPU，包括 Pentium，在硬件层次上对内存管理所提供的支持。内存管理最终的实现当然要由软件完成。

我们在前面谈到过，i386 CPU 中的页式存管的基本思路是：通过页面目录和页面表分两个层次实现从线性地址到物理地址的映射。这种映射模式在大多数情况下可以节省页面表所占用的空间。因为大多数进程不会用到整个虚存空间，在虚存空间中通常都留有很大的"空洞"。采用两层的方式，只要一个目录项所对应的那部分空间是个空洞，就可以把该目录项设置成"空"，从而省下了与之对应的页面表（1024 个页面描述项）。当地址的宽度为 32 位时，两层映射机制比较有效也比较合理。但是，当地址的宽度大于 32 位时，两层映射就显得不尽合理，不够有效了。

Linux 内核的设计要考虑到在各种不同 CPU 上的实现，还要考虑到在 64 位 CPU（如 Alpha）上的实现，所以不能仅仅针对 i386 结构来设计它的映射机制，而要以一种假想的、虚拟的 CPU 和 MMU(内存管理单元)为基础，设计出一种通用的模型，再把它分别落实到各种具体的 CPU 上。因此，Linux 内核的映射机制设计成三层，在页面目录和页面表中间增设了一层"中间目录"。在代码中，页面目录称为 PGD，中间目录称为 PMD，而页面表则称为 PT。PT 中的表项则称为 PTE，PTE 是"Page Table Entry"的缩写。PGD、PMD 和 PT 三者均为数组。相应地，在逻辑上也把线性地址从高位到低位划分成 4 个位段，各占若干位，分别用作在目录 PGD 中的下标、中间目录 PMD 中的下标、页面表中的下标以及物理页面内的位移。这样，对线性地址的映射就分成如图 2.1 所示的四步。

具体一点说，对于 CPU 发出的线性地址，虚拟的 Linux 内存管理单元分如下四步完成从线性地址到物理地址的映射：

(1) 用线性地址中最高的那一个位段作为下标在 PGD 中找到相应的表项，该表项指向相应的中间目录 PMD。

(2) 用线性地址中的第二个位段作为下标在此 PMD 中找到相应的表项，该表项指向相应页面表。

(3) 用线性地址中的第三个位段作为下标在页面表中找到相应的表项 PTE，该表项中存放的就是指向物理页面的指针。

(4) 线性地址中的最后位段为物理页面内的相对位移量，将此位移量与目标物理页面的起始地址相加便得到相应的物理地址。

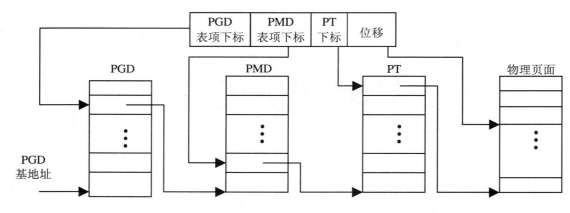

图 2.1 三层地址映射示意图

但是，这个虚拟的映射模型必须落实到具体 CPU 和 MMU 的物理映射机制。就以 i386 来说，CPU 实际上不是按三层而是按两层的模型进行地址映射的。这就需要将虚拟的三层映射落实到具体的两层映射，跳过中间的 PMD 层次。另一方面，从 Pentium Pro 开始，Intel 引入了物理地址扩充功能 PAE，允许将地址宽度从 32 位提高到 36 位，并且在硬件上支持三层映射模型。这样，在 Pentium Pro 及以后的 CPU 上，只要将 CPU 的内存管理设置成 PAE 模式，就能使虚存的映射变成三层模式。

那么，具体对于 i386 结构的 CPU，Linux 内核是怎样实现这种映射机制的呢？首先让我们来看 include/asm-i386/pgtable.h 中的一段定义：

```
106     #if CONFIG_X86_PAE
107     # include <asm/pgtable-3level.h>
108     #else
109     # include <asm/pgtable-2level.h>
110     #endif
```

根据在编译 Linux 内核之前的系统配置(config)过程中的选择，编译的时候会把目录 include/asm 符号连接到具体 CPU 专用的文件目录。对于 i386 CPU，该目录被符号连接到 include/asm-i386。同时，在配置系统时还有一个选择项是关于 PAE 的，如果所用的 CPU 是 Pentium Pro 或以上时，并且决定采用 36 位地址，则在编译时选择项 CONFIG_X86_PAE 为 1，否则为 0。根据此项选择，编译时从 pgtable-3level.h 或 pgtable-2level.h 中二者选一，前者用于 36 位地址的三层映射，而后者则用于 32 位地址的二层映射。这里，我们将集中讨论 32 位地址的二层映射。在弄清了 32 位地址的二层映射以后，读者可以自行阅读有关 36 位地址的三层映射的代码。

文件 pgtable-2level.h 中定义了二层映射中 PGD 和 PMD 的基本结构：

```
04      /*
05       * traditional i386 two-level paging structure:
06       */
07
08      #define PGDIR_SHIFT         22
```

```
09    #define PTRS_PER_PGD        1024
10
11    /*
12     * the i386 is two-level, so we don't really have any
13     * PMD directory physically.
14     */
15    #define PMD_SHIFT           22
16    #define PTRS_PER_PMD        1
17
18    #define PTRS_PER_PTE        1024
```

这里 PGDIR_SHIFT 表示线性地址中 PGD 下标位段的起始位置，文件中将其定义为 22，也即 bit22（第 23 位）。由于 PGD 是线性地址中最高的位段，所以该位段是从第 23 位到第 32 位，一共是 10 位。在文件 pgtable.h 中定义了另一个常数 PGDIR_SIZE 为：

```
117   #define    PGDIR_SIZE    (1UL<<PGDIR_SHIFT)
```

也就是说，PGD 中的每一个表项所代表的空间（并不是 PGD 本身所占的空间）大小是 1×2^{22}。同时，pgtable-2level.h 中又定义了 PTRS_PER_PGD，也就是每个 PGD 表中指针的个数为 1024。显然，这是与线性地址中 PGD 位段的长度（10 位）相符的，因为 $2^{10}=1024$。这两个常数值的定义完全是针对 i386 CPU 及其 MMU 的，因为非 PAE 模式的 i386 MMU 用线性地址中的最高 10 位作为目录中的下标，而目录的大小为 1024。不过，在 32 位的系统中每个指针的大小为 4 个字节，所以 PGD 表的大小为 4KB。

对 PMD 的定义就很有意思了。PMD_SHIFT 也定义为 22，与 PGD_SHIFT 相同，表示 PMD 位段的长度为 0，一个 PMD 表项所代表的空间与 PGD 表项所代表的空间是一样大的。而 PMD 表中指针的个数 PTRS_PER_PMD 则定义为 1，表示每个 PMD 表中只有一个表项。同样，这也是针对 i386 CPU 及其 MMU 而定义的，因为要将 Linux 逻辑上的三层映射模型落实到 i386 结构物理上的二层映射，就要从线性地址逻辑上的 4 个虚拟位段中把 PMD 抽去，使它的长度为 0，所以逻辑上的 PMD 表的大小就成为 1（$2^0=1$）。

这样，上述的 4 步映射过程对于内核（软件）和 i386 MMU 就成为：

(1) 内核为 MMU 设置好映射目录 PGD，MMU 用线性地址中最高的那一个位段（10 位）作为下标在 PGD 中找到相应的表项。该表项逻辑上指向一个中间目录 PMD，但是物理上直接指向相应的页面表，MMU 并不知道 PMD 的存在。

(2) PMD 只是逻辑上存在，即对内核软件在概念上存在，但是表中只有一个表项，而所谓的映射就是保持原值不变，现在一转手却指向页面表了。

(3) 内核为 MMU 设置好了所有的页面表，MMU 用线性地址中的 PT 位段作为下标在相应页面表中找到相应的表项 PTE，该表项中存放的就是指向物理页面的指针。

(4) 线性地址中的最后位段为物理页面内的相对位移量，MMU 将此位移量与目标物理页面的起始地址相加便得到相应的物理地址。

这样，逻辑上的三层映射对于 i386 CPU 和 MMU 就变成了二层映射，把中间目录 PMD 这一层跳过了，但是软件的结构却还保持着三层映射的框架。

具体的映射因空间的性质而异，但是后面读者将会看到（除用来模拟 80286 的 VM86 模式外），其段式映射基地址总是 0，所以线性地址与虚拟地址总是一致的。在以后的讨论中，我们常常对二者不加区分。

32 位地址意味着 4G 字节的虚存空间，Linux 内核将这 4G 字节的空间分成两部分。将最高的 1G 字节(从虚地址 0xC0000000 至 0xFFFFFFFF)，用于内核本身，称为"系统空间"。而将较低的 3G 字节(从虚地址 0x0 至 0xBFFFFFFF)，用作各个进程的"用户空间"。这样，理论上每个进程可以使用的用户空间都是 3G 字节。当然，实际的空间大小受到物理存储器（包括内存以及磁盘交换区或交换文件）大小的限制。虽然各个进程拥有其自己的 3G 字节用户空间，系统空间却由所有的进程共享。每当一个进程通过系统调用进入了内核，该进程就在共享的系统空间中运行，不再有其自己的独立空间。从具体进程的角度看，则每个进程都拥有 4G 字节的虚存空间，较低的 3G 字节为自己的用户空间，最高的 1G 字节则为与所有进程以及内核共享的系统空间，如图 2.2 示。

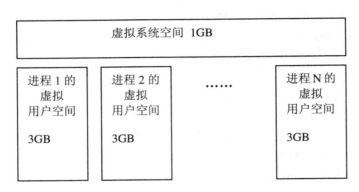

图 2.2 进程虚存空间示意图

虽然系统空间占据了每个虚存空间中最高的 1G 字节，在物理的内存中却总是从最低的地址（0）开始。所以，对于内核来说，其地址的映射是很简单的线性映射，0xC0000000 就是两者之间的位移量。因此，在代码中将此位移称为 PAGE_OFFSET 而定义于文件 page.h 中：

```
68      /*
69       * This handles the memory map.. We could make this a config
70       * option, but too many people screw it up, and too few need
71       * it.
72       *
73       * A __PAGE_OFFSET of 0xC0000000 means that the kernel has
74       * a virtual address space of one gigabyte, which limits the
75       * amount of physical memory you can use to about 950MB.
76       *
77       * If you want more physical memory than this then see the CONFIG_HIGHMEM4G
78       * and CONFIG_HIGHMEM64G options in the kernel configuration.
79       */
80
81      #define __PAGE_OFFSET       (0xC0000000)
82
        . . . . . .
113
114     #define PAGE_OFFSET         ((unsigned long)__PAGE_OFFSET)
115     #define __pa(x)             ((unsigned long)(x)-PAGE_OFFSET)
```

```
116    #define __va(x)            ((void *)((unsigned long)(x)+PAGE_OFFSET))
```

也就是说：对于系统空间而言，给定一个虚地址 x，其物理地址是从 x 中减去 PAGE_OFFSET；相应地，给定一个物理地址 x，其虚地址是 x+ PAGE_OFFSET。

同时，PAGE_OFFSET 也代表着用户空间的上限，所以常数 TASK_SIZE 就是通过它定义的（processor.h）：

```
258    /*
259     * User space process size: 3GB (default).
260     */
261    #define TASK_SIZE (PAGE_OFFSET)
```

这是因为在谈论一个用户进程的大小时，并不包括此进程在系统空间中共享的资源。

当然，CPU 并不是通过这里所说的计算方法进行地址映射的，__pa( ) 只是为内核代码中当需要知道与一个虚地址对应的物理地址时提供方便。例如，在切换进程的时候要将寄存器 CR3 设置成指向新进程的页面目录 PGD，而该目录的起始地址在内核代码中是虚地址，但 CR3 所需要的是物理地址，这时候就要用到 __pa( ) 了。这行语句在文件 mmu_context.h 中：

```
43         /* Re-load page tables */
44         asm volatile("movl %0,%%cr3": :"r" (__pa(next->pgd)));
```

这是一行汇编代码，说的是将 next -> pgd，即下一个进程的页面目录起始地址，通过 __pa( ) 转换成物理地址（存放在某个寄存器），然后用 mov 指令将其写入寄存器 CR3。经过这条指令以后，CR3 就指向新进程 next 的页面目录表 PGD 了。

前面讲过，每个进程的局部段描述表 LDT 都作为一个独立的段而存在，在全局段描述表 GDT 中要有一个表项指向这个段的起始地址，并说明该段的长度以及其他一些参数。除此之外，每个进程还有一个 TSS 结构（任务状态段）也是一样。（关于 TSS 以后还会加以讨论）所以，每个进程都要在全局段描述表 GDT 中占据两个表项。那么，GDT 的容量有多大呢？段寄存器中用作 GDT 表下标的位段宽度是 13 位，所以 GDT 中可以有 8192 个描述项。除一些系统的开销（例如 GDT 中的第 2 项和第 3 项分别用于内核的代码段和数据段，第 4 项和第 5 项永远用于当前进程的代码段和数据段，第 1 项永远是 0，等等）以外，尚有 8180 个表项可供使用，所以理论上系统中最大的进程数量是 4090。

2.2 地址映射的全过程

Linux 内核采用页式存储管理。虚拟地址空间划分成固定大小的"页面"，由 MMU 在运行时将虚拟地址"映射"成（或者说变换成）某个物理内存页面中的地址。与段式存储管理相比，页式存储管理有很多好处。首先，页面都是固定大小的，便于管理。更重要的是，当要将一部分物理空间的内容换出到磁盘上的时候，在段式存储管理中要将整个段（通常都很大）都换出，而在页式存储管理中则是按页进行，效率显然要高得多。页式存储管理与段式存储管理所要求的硬件支持不同，一种 CPU 既然支持页式存储管理，就无需再支持段式存储管理。但是，我们在前面讲过，i386 的情况是特殊的。由于 i386 系列的历史演变过程，它对页式存储管理的支持是在其段式存储管理已经存在了相当长的时间以后才发展起来的。所以，不管程序是怎样写的，i386 CPU 一律对程序中使用的地址先进行段式映射，然后才能进行页式映射。既然 CPU 的硬件结构是这样，Linux 内核也只好服从 Intel 的选择。这样的双重映射其实是毫无必要的，也使映射的过程变得不容易理解，以至有人还得出了 Linux 采用"段页式"存储管理技术这样一种似是而非的结论。下面读者将会看到，Linux 内核所采取的办法是使段式映射的过程实际上不起什么作用（除特殊的 VM86 模式外，那是用来模拟 80286 的）。也就是说，"你有政策，我有对策"，惹不起就躲着走。本节将通过一个情景，看看 Linux 内核在 i386 CPU 上运行时地址映射的全过程。这里要指出，这个过程仅是对 i386 处理器而言的。对于其他的处理器，比如说 M68K、Power PC 等，就根本不存在段式映射这一层了。反之，不管是什么操作系统（例如 UNIX），只要是在 i386 上实现，就必须至少在形式上要先经过段式映射，然后才可以实现其本身的设计。

假定我们写了这么一个程序：

```c
#include <stdio.h>
greeting( )
{
        printf("Hello, would!\n");
}

main( )
{
        greeting( );
}
```

读者一定很熟悉。这个程序与大部分人写的第一个 C 程序只有一点不同，我们故意让 main( )调用 greeting( )来显示或打印 "Hello, would!"。

经过编译以后，我们得到可执行代码 hello。先来看看 gcc 和 ld（编译和连接）执行后的结果。Linux 有一个实用程序 objdump 是非常有用的，可以用来反汇编一段二进制代码。通过命令：

　　% 　objdump 　-d 　hello

可以得到我们所关心的那部分结果，输出的片断（反汇编的结果）为：

```
08048568 <greeting>:
8048568:        55                      pushl   %ebp
8048569:        89 e5                   movl    %esp,%ebp
804856b:        68 04 94 04 08          pushl   $0x8049404
8048570:        e8 ff fe ff ff          call    8048474 <_init+0x84>
8048575:        83 c4 04                addl    $0x4,%esp
8048578:        c9                      leave
8048579:        c3                      ret
804857a:        89 f6                   movl    %esi,%esi
0804857c <main>:
804857c:        55                      pushl   %ebp
804857d:        89 e5                   movl    %esp,%ebp
804857f:        e8 e4 ff ff ff          call    8048568 <greeting>
8048584:        c9                      leave
8048585:        c3                      ret
```

```
8048586:    90                      nop
8048587:    90                      nop
```

从上列结果可以看到,ld 给 greeting( )分配的地址为 0x08048568。在 elf 格式的可执行代码中,ld 总是从 0x8000000 开始安排程序的"代码段",对每个程序都是这样。至于程序在执行时在物理内存中的实际位置则就要由内核在为其建立内存映射时临时作出安排,具体地址则取决于当时所分配到的物理内存页面。

假定该程序已经在运行,整个映射机制都已经建立好,并且 CPU 正在执行 main( )中的"call 08048568"这条指令,要转移到虚拟地址 0x08048568 去。接下去就请读者耐着性子跟随我们一步一步地走过这个地址的映射过程。

首先是段式映射阶段。由于地址 0x08048568 是一个程序的入口,更重要的是在执行的过程中是由 CPU 中的"指令计数器"EIP 所指向的,所以在代码段中。因此,i386 CPU 使用代码段寄存器 CS 的当前值来作为段式映射的"选择码",也就是用它作为在段描述表中的下标。哪一个段描述表呢?是全局段描述表 GDT 还是局部段描述表 LDT?那就要看 CS 中的内容了。先重温一下保护模式下段寄存器的格式,见图 2.3。

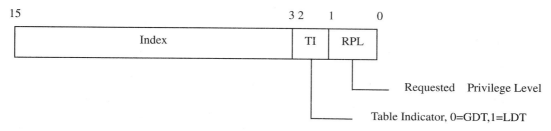

图 2.3　段寄存器格式定义

也就是说,当 bit2 为 0 时表示用 GDT,为 1 时表示用 LDT。Intel 的设计意图是内核用 GDT 而各个进程都用其自己的 LDT。最低两位 RPL 为所要求的特权级别,共分 4 级,0 为最高。

现在,可以来看看 CS 的内容了。内核在建立一个进程时都要将其段寄存器设置好(在进程管理一章中要讲到这个问题),有关代码在 include/asm-i386/processor.h 中:

```
408    #define start_thread(regs, new_eip, new_esp) do {           \
409        __asm__("movl %0,%%fs ; movl %0,%%gs": :"r" (0));       \
410        set_fs(USER_DS);                                        \
411        regs->xds = __USER_DS;                                  \
412        regs->xes = __USER_DS;                                  \
413        regs->xss = __USER_DS;                                  \
414        regs->xcs = __USER_CS;                                  \
415        regs->eip = new_eip;                                    \
416        regs->esp = new_esp;                                    \
417    } while (0)
```

这里 regs->xds 是段寄存器 DS 的映象,余类推。这里已经可以看到一个有趣的事,就是除 CS 被设置成 USER_CS 外,其他所有的段寄存器都设置成 USER_DS。这里特别值得注意的是堆栈寄存器 SS,它也被设成 USER_DS。就是说,虽然 Intel 的意图是将一个进程的映象分成代码段、数据段和堆栈段,Linux 内核却并不买这个账。在 Linux 内核中堆栈段和数据段是不分的。

再来看看 USER_CS 和 USER_DS 到底是什么。那是在 include/asm-i386/segment.h 中定义的：

```
4   #define __KERNEL_CS     0x10
5   #define __KERNEL_DS     0x18
6
7   #define __USER_CS       0x23
8   #define __USER_DS       0x2B
```

也就是说，Linux 内核中只使用四种不同的段寄存器数值，两种用于内核本身，两种用于所有的进程。现在，我们将这四种数值用二进制展开并与段寄存器的格式相对照：

		Index	TI	RPL
__KERNEL_CS	0x10	0000 0000 0001 0	0	0 0
__KERNEL_DS	0x18	0000 0000 0001 1	0	0 0
__USER_CS	0x23	0000 0000 0010 0	0	1 1
__USER_DS	0x2B	0000 0000 0010 1	0	1 1

一对照就清楚了，那就是：

```
__KERNEL_CS:    index = 2,    TI = 0,    RPL = 0
__KERNEL_DS:    index = 3,    TI = 0,    RPL = 0
__USER_CS:      index = 4,    TI = 0,    RPL = 3
__USER_DS:      index = 5,    TI = 0,    RPL = 3
```

首先，TI 都是 0，也就是说全都使用 GDT。这就与 Intel 的设计意图不一致了。实际上，在 Linux 内核中基本上不使用局部段描述表 LDT。LDT 只是在 VM86 模式中运行 wine 以及其他在 Linux 上模拟运行 Windows 软件或 DOS 软件的程序中才使用。

再看 RPL，只用了 0 和 3 两级，内核为 0 级而用户（进程）为 3 级。

回到我们的程序中。我们的程序显然不属于内核，所以在进程的用户空间中运行，内核在调度该进程进入运行时，把 CS 设置成__USER_CS，即 0x23。所以，CPU 以 4 为下标，从全局段描述表 GDT 中找对应的段描述项。

初始的 GDT 内容是在 arch/i386/kernel/head.S 中定义的，其主要内容在运行中并不改变：

```
444     /*
445      * This contains typically 140 quadwords, depending on NR_CPUS.
446      *
447      * NOTE! Make sure the gdt descriptor in head.S matches this if you
448      * change anything.
449      */
450     ENTRY(gdt_table)
451         .quad 0x0000000000000000    /* NULL descriptor */
452         .quad 0x0000000000000000    /* not used */
453         .quad 0x00cf9a000000ffff    /* 0x10 kernel 4GB code at 0x00000000 */
454         .quad 0x00cf92000000ffff    /* 0x18 kernel 4GB data at 0x00000000 */
455         .quad 0x00cffa000000ffff    /* 0x23 user   4GB code at 0x00000000 */
```

```
456             .quad 0x00cff2000000ffff     /* 0x2b user    4GB data at 0x00000000 */
457             .quad 0x0000000000000000     /* not used */
458             .quad 0x0000000000000000     /* not used */
```

GDT 中的第一项（下标为 0）是不用的，这是为了防止在加电后段寄存器未经初始化就进入保护模式并使用 GDT，这也是 Intel 的规定。第二项也不用。从下标 2 至 5 共 4 项对应于前面的四种段寄存器数值。为便于对照，下面再次给出段描述项的格式，同时，将 4 个段描述项的内容按二进制展开如下：

K_CS: 0000 0000 1100 1111 1001 1010 0000 0000   0000 0000 0000 0000 1111 1111 1111 1111
K_DS: 0000 0000 1100 1111 1001 0010 0000 0000   0000 0000 0000 0000 1111 1111 1111 1111
K_CS: 0000 0000 1100 1111 1111 1010 0000 0000   0000 0000 0000 0000 1111 1111 1111 1111
K_DS: 0000 0000 1100 1111 1111 0010 0000 0000   0000 0000 0000 0000 1111 1111 1111 1111

读者结合下页图 2.4 段描述项的定义仔细对照，可以得出如下结论：

(1) 四个段描述项的下列内容都是相同的。
- B0-B15、B16-B31 都是 0   ——基地址全为 0；
- L0-L15、L16-L19 都是 1   ——段的上限全是 0xfffff；
- G 位都是 1   ——段长单位均为 4KB；
- D 位都是 1   ——对四个段的访问都是 32 位指令；
- P 位都是 1   ——四个段都在内存。

结论：每个段都是从 0 地址开始的整个 4GB 虚存空间，虚地址到线性地址的映射保持原值不变。因此，讨论或理解 Linux 内核的页式映射时，可以直接将线性地址当作虚拟地址，二者完全一致。

(2) 有区别的地方只是在 bit40～bit 46，对应于描述项中的 type 以及 S 标志和 DPL 位段。
- 对 KERNEL_CS：DPL=0，表示 0 级；S 位为 1，表示代码段或数据段；type 为 1010，表示代码段，可读，可执行，尚未受到访问。
- 对 KERNEL_DS：DPL=0，表示 0 级；S 位为 1，表示代码段或数据段；type 为 0010，表示数据段，可读，可写，尚未受到访问。
- 对 USER_CS：DPL=3，表示 3 级；S 位为 1，表示代码段或数据段；type 为 1010，表示代码段，可读，可执行，尚未受到访问。
- 对 USER_DS：即下标为 5 时，DPL=3，表示 3 级；S 位为 1，表示代码段或数据段；type 为 0010，表示数据段，可读，可写，尚未受到访问。

有区别的其实只有两个地方：一是 DPL，内核为最高的 0 级，用户为最低的 3 级；另一个是段的类型，或为代码，或为数据。这两项都是 CPU 在映射过程中要加以检查核对的。如果 DPL 为 0 级，而段寄存器 CS 中的 DPL 为 3 级，那就不允许了，因为那说明 CPU 的当前运用级别比想要访问的区段要低。或者，如果段描述项说是数据段，而程序中通过 CS 来访问，那也不允许。实际上，这里所作的检查比对在页式映射的过程中还要进行，所以既然用了页式映射，这里的检查比对就是多余的。要不是 i386 CPU 中的 MMU 要作这样的检查比对，那就只要一个段描述项就够了。进一步，要不是 i386 CPU 中的 MMU 规定先作段式映射，然后才可以作页式映射，那就根本不需要段描述项和段寄存器了。所以，这里 Linux 内核只不过是装模作样地糊弄 i386 CPU，对付其检查比对而已。

读者也许会问：如此说来，怀有恶意的程序员岂不是可以通过设置寄存器 CS 或 DS，甚至连这也不用，就可以打破 i386 的段式保护机制吗？是的，但是不要忘记，Linux 内核之所以这样安排，原因在于它采用的是页式存储管理，这里只不过是在对付本来就毫无必要却又非得如此的例行公事而已。真正重要的是页式映射阶段的保护机制。

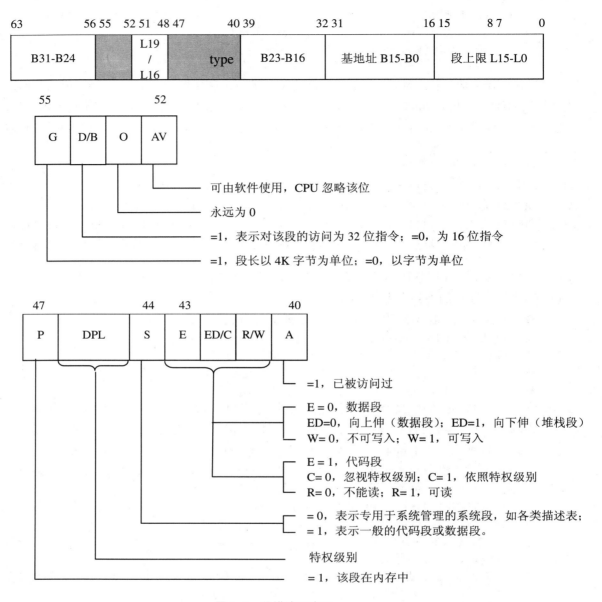

图 2.4 段描述项定义

所以，Linux 内核设计的段式映射机制把地址 0x08048568 映射到了其自身，现在作为线性地址出现了。下面才进入了页式映射的过程。

与段式映射过程中所有进程全都共用一个 GDT 不一样，现在可是动真格的了，每个进程都有其自身的页面目录 PGD，指向这个目录的指针保持在每个进程的 mm_struct 数据结构中。每当调度一个进程进入运行的时候，内核都要为即将运行的进程设置好控制寄存器 CR3，而 MMU 的硬件则总是从 CR3 中取得指向当前页面目录的指针。不过，CPU 在执行程序时使用的是虚存地址，而 MMU 硬件在进行映射时所用的则是物理地址。这是在 inline 函数 switch_mm( ) 中完成的，其代码见 include/asm-i386/mmu_context.h。但是我们在此关心的只是其中最关键的一行：

```
28      static inline void switch_mm(struct mm_struct *prev,
```

```
                struct mm_struct *next, struct task_struct *tsk, unsigned cpu)
29      {
        ......
44              asm volatile("movl %0,%%cr3": :"r" (__pa(next->pgd)));
        ......
59      }
```

我们以前曾用这行代码说明__pa( )的用途，这里将下一个进程的页面目录 PGD 的物理地址装入寄存器%%cr3，也即 CR3。细心的读者可能会问：这样，在这一行以前和以后 CR3 的值不一样，也就是使用不同的页面目录，不会使程序的执行不能连续了吗？答案是，这是在内核中。不管什么进程，一旦进入内核就进了系统空间，都有相同的页面映射，所以不会有问题。

当我们在程序中要转移到地址 0X08048568 去的时候，进程正在运行中， CR3 早已设置好，指向我们这个进程的页面目录了。先将线性地址 0X08048568 按二进制展开：

0000 1000 0000 0100 1000 0101 0110 1000

对照线性地址的格式，可见最高 10 位为二进制的 0000100000，也就是十进制的 32，所以 i386 CPU（确切地说是 CPU 中的 MMU，下同）就以 32 为下标去页面目录中找到其目录项。这个目录项中的高 20 位指向一个页面表。CPU 在这 20 位后边添上 12 个 0 就得到该页面表的指针。以前我们讲过，每个页面表占一个页面，所以自然就是 4K 字节边界对齐的，其起始地址的低 12 位一定是 0。正因为如此，才可以把 32 位目录项中的低 20 位挪作它用，其中的最低位为 P 标志位，为 1 时表示该页面表在内存中。

找到页面表以后，CPU 再来看线性地址中的中间 10 位。线性地址 0X08048568 的第二个 10 位为 0001001000，即十进制的 72。于是 CPU 就以此为下标在已经找到的页表中找到相应的表项。与目录项相似，当页面表项的 P 标志位为 1 时表示所映射的页面在内存中。32 位的页面表项中的高 20 位指向一个物理内存页面，在后边添上 12 个 0 就得到这物理内存页面的起始地址。所不同的是，这一次指向的不再是一个中间结构，而是映射的目标页面了。在其起始地址上加上线性地址中的最低 12 位，就得到了最终的物理内存地址。这时这个线性地址的最低 12 位为 0x568。所以，如果目标页面的起始地址为 0x740000 的话（具体取决于内核中的动态分配），那么 greeting( )入口的物理地址就是 0x740568，greeting( )的执行代码就存储在这里。

读者可能已经注意到，在页面映射的过程中，i386 CPU 要访问内存三次。第一次是页面目录，第二次是页面表，第三次才是访问真正的目标。所以虚存的高效实现有赖于高速缓存（cache）的实现。有了高速缓存，虽然在第一次用到具体的页面目录和页面表时要到内存中去读取，但一旦装入了高速缓存以后，一般都可以在高速缓存中找到，而不需要再到内存中去读取了。另一方面，这整个过程是由硬件实现的，所以速度很快。

除常规的页式映射之外，为了能在 Linux 内核上仿真运行采用段式存储管理的 Windows 或 DOS 软件，还提供了两个特殊的、与段式存储管理有关的系统调用。

2.2.1 modify_ldt(int func, void *ptr , unsigned long bytecount)

这个系统调用可以用来改变当前进程的局部段描述表。在自由软件基金会 FSF 下面，除 Linux 以外还有许多个项目在进行。其中有一个叫"WINE"，其名字来自"Windows Emulation"，目的是在 Linux

上仿真运行 Windows 的软件。多年来,有些 Windows 软件已经广泛地为人们所接受和熟悉(如 MS Word 等),而在 Linux 上没有相同的软件往往成了许多人不愿意转向 Linux 的原因。所以,在 Linux 上建立一个环境,使得用户可以在上面运行 Windows 的软件,就成了一个开拓市场的举措。而系统调用 modify_ldt( )就是因开发 WINE 的需要而设置的。当 func 参数的值为 0 时,该调用返回本进程局部段描述表的实际大小,而表的内容就在用户通过 ptr 提供的缓冲区中。当 func 参数的值为 1 时,ptr 应指向一个结构 modify_ldt_ldt_s。而 bytecount 则为 sizeof(struct modify_ldt_ldt_s)。该数据结构的定义见于 include/asm-i386/ldt.h:

```
15    struct modify_ldt_ldt_s {
16      unsigned int   entry_number;
17      unsigned long  base_addr;
18      unsigned int   limit;
19      unsigned int   seg_32bit:1;
20      unsigned int   contents:2;
21      unsigned int   read_exec_only:1;
22      unsigned int   limit_in_pages:1;
23      unsigned int   seg_not_present:1;
24      unsigned int   useable:1;
25    };
```

其中 entry_number 是想要改变的表项的序号,即下标。而结构中其余的成分则给出要设置到各个位段中去的值。

读者可能会要问:这样岂不是在内存管理机制上挖了个洞?既然一个进程可以改变它的局部段描述表,它岂不就可设法侵犯到其他进程或内核的空间中去?这要从两方面来看。一方面它确实是在内存管理机制上开了一个小小的缺口,但另一方面它的背后仍然是 Linux 内核的页式存储管理,只要不让用户进程掌握修改页面目录和页面表的手段,系统就还是安全的。

2.2.2 vm86(struct vm86_struct *info)

与 modify_ldt( )相类似,还有一个系统调用 vm86( ),用来在 linux 上模拟运行 DOS 软件。i386 CPU 专门提供了一种寻址方式 VM86,用来在保护模式下模拟运行实址模式(real-mode)的软件。其目的是为采用保护模式的系统(如 Windows,OS/2 等)提供与实模式软件(常常是 DOS 软件)的兼容性。事至如今,需要加以模拟运行 DOS 软件已经很少了,或者干脆已经绝迹了。所以本书在 80386 的寻址方式一节中略去了 VM86 模式的内容,有兴趣的读者可以参照 Intel 的技术资料,自行阅读内核中有关的源代码,主要有 include/asm-i386/vm86.h 和 arch/i386/kemel/vm86.c。

显然,这两个系统调用以及由此实现的功能实际上并不属于 Linux 内核本身的存储管理框架,而是为了与 Windows 软件和 DOS 软件兼容而采取的权宜之计。

2.3 几个重要的数据结构和函数

从硬件的角度来说,Linux 内核只要能为硬件准备好页面目录 PGD、页面表 PT 以及全局段描述表 GDT 和局部段描述表 LDT,并正确地设置有关的寄存器,就完成了内存管理机制中地址映射部分的准

第 2 章 存储管理

备工作。虽然最终的目的是地址映射，但是实际上内核所需要做的管理工作却要复杂得多。在与内存管理有关的内核代码中，有几个数据结构是很重要的，这些数据结构及其使用构成了代码中内存管理的基本框架。

页面目录 PGD、中间目录 PMD 和页面表 PT 分别是由表项 pgd_t、pmd_t 以及 pte_t 构成的数组，而这些表项又都是数据结构，定义于 include/asm-i386/page.h 中：

```
36      /*
37       * These are used to make use of C type-checking...
38       */
39      #if CONFIG_X86_PAE
40      typedef struct { unsigned long pte_low, pte_high; } pte_t;
41      typedef struct { unsigned long long pmd; } pmd_t;
42      typedef struct { unsigned long long pgd; } pgd_t;
43      #define pte_val(x) ((x).pte_low | ((unsigned long long)(x).pte_high << 32))
44      #else
45      typedef struct { unsigned long pte_low; } pte_t;
46      typedef struct { unsigned long pmd; } pmd_t;
47      typedef struct { unsigned long pgd; } pgd_t;
48      #define pte_val(x)  ((x).pte_low)
49      #endif
50      #define PTE_MASK    PAGE_MASK
```

可见，当采用 32 位地址时，pgd_t、pmd_t 和 pte_t 实际上就是长整数，而当采用 36 位地址时则是 long long 整数。之所以不直接定义成长整数的原因在于这样可以让 gcc 在编译时加以更严格的类型检查。同时，代码中又定义了几个简单的函数来访问这些结构的成分，如 pte_val()、pgd_val() 等（难怪有人说 Linux 内核的代码吸收了面向对象的程序设计手法）。但是，如我们以前说过的那样，表项 PTE 作为指针实际上只需要它的高 20 位。同时，所有的物理页面都是跟 4K 字节的边界对齐的，因而物理页面起始地址的高 20 位又可以看作是物理页面的序号。所以，pte_t 中的低 12 位用于页面的状态信息和访问权限。在内核代码中并没有在 pte_t 等结构中定义有关的位段，而是在 page.h 中另行定义了一个用来说明页面保护的结构 pgprot_t：

```
52      typedef struct { unsigned long pgprot; } pgprot_t;
```

参数 pgprof 的值与 i386 MMU 的页面表项的低 12 位相对应，其中 9 位是标志位，表示所映射页面的当前状态和访问权限（详见第 1 章）。内核代码中作了相应的定义（include/asm-i386/pgtable.h）：

```
148     #define _PAGE_PRESENT    0x001
149     #define _PAGE_RW         0x002
150     #define _PAGE_USER       0x004
151     #define _PAGE_PWT        0x008
152     #define _PAGE_PCD        0x010
153     #define _PAGE_ACCESSED   0x020
154     #define _PAGE_DIRTY      0x040
155     #define _PAGE_PSE        0x080   /* 4 MB (or 2MB) page,
                                            Pentium+, if present.. */
```

```
156     #define _PAGE_GLOBAL        0x100       /* Global TLB entry PPro+ */
157
158     #define _PAGE_PROTNONE      0x080       /* If not present */
```

注意这里的_PAGE_PROTNONE 对应于页面表项中的 bit7，在 Intel 的手册中说这一位保留不用，所以对 MMU 不起作用。

在实际使用中，pgprot 的数值总是小于 0x1000，而 pte 中的指针部分则总是大于 0x1000，将二者合在一起就得到实际用于页面表中的表项。具体的计算是由 pgtable.h 中定义的宏操作 mk_pte 完成的：

```
61      #define __mk_pte(page_nr,pgprot) \
                        __pte(((page_nr) << PAGE_SHIFT) | pgprot_val(pgprot))
```

这里将页面序号左移 12 位，再与页面的控制/状况位段相或，就得到了表项的值。这里引用的两个宏操作均定义于 include/asm-i386/page.h 中：

```
56      #define pgprot_val(x)   ((x).pgprot)
```

```
58      #define __pte(x) ((pte_t) { (x) } )
```

内核中有个全局量 mem-map，是一个指针，指向一个 page 数据结构的数组（下面会讨论 page 结构），每个 page 数据结构代表着一个物理页面，整个数组就代表着系统中的全部物理页面。因此，页面表项的高 20 位对于软件和 MMU 硬件有着不同的意义。对于软件，这是一个物理页面的序号，将这个序号用作下标就可以从 mem_map 找到代表这个物理页面的 page 数据结构。对于硬件，则（在低位补上 12 个 0 后）就是物理页面的起始地址。

还有一个常用的宏操作 set_pte( )，用来把一个表项的值设置到一个页面表项中，这个宏操作定义于 include/asm-i386/pgtable-2level.h 中：

```
42      #define set_pte(pteptr, pteval) (*(pteptr) = pteval)
```

在映射的过程中，MMU 首先检查的是 P 标志位，就是上面的_PAGE_PRESENT，它指示着所映射的页面是否在内存中。只有在 P 标志位为 1 的时候 MMU 才会完成映射的全过程；否则就会因不能完成映射而产生一次缺页异常，此时表项中的其他内容对 MMU 就没有任何意义了。除 MMU 硬件根据页面表项的内容进行页面映射外，软件也可以设置或检测页面表项的内容，上面的 set_pte( )就是用来设置页面表项。内核中还为检测页面表项的内容定义了一些工具性的函数或宏操作，其中最重要的有：

```
60      #define pte_none(x)     (!(x).pte_low)
```

```
248     #define pte_present(x)  ((x).pte_low & (_PAGE_PRESENT | _PAGE_PROTNONE))
```

对软件来说，页面表项为 0 表示尚未为这个表项（所代表的虚存页面）建立映射，所以还是空白；而如果页面表项不为 0，但 P 标志位为 0，则表示映射已经建立，但是所映射的物理页面不在内存中(已经换出到交换设备上，详见后面的页面交换)。

```
269     static inline int pte_dirty(pte_t pte)          \
```

```
270     static inline int pte_young(pte_t pte)  \
                        { return (pte).pte_low & _PAGE_DIRTY; }
                        { return (pte).pte_low & _PAGE_ACCESSED; }
271     static inline int pte_write(pte_t pte)  \
                        { return (pte).pte_low & _PAGE_RW; }
```

当然，这些标志位只有在 P 标志位为 1 时才有意义。

如前所述，当页面表项的 P 标志位为 1 时，其高 20 位为相应物理页面起始地址的高 20 位，由于物理页面的起始地址必然是与页面边界对齐的，所以低 12 位一定是 0。如果把整个物理内存看成一个物理页面的"数组"，那么这高 20 位（右移 12 位以后）就是数组的下标，也就是物理页面的序号。相应地，用这个下标，就可以在上述的 page 结构数组中找到代表目标物理页面的数据结构。代码中为此也定义了一个宏操作（include/asm-i386/pgtable.h）：

```
59      #define pte_page(x)     \
                        (mem_map+((unsigned long)(((x).pte_low >> PAGE_SHIFT))))
```

由于 mem_map 是 page 结构指针，操作的结果也是个 page 结构指针，mem_map+x 与 &mem_map[x] 是一样的。在内核的代码中，还常常需要根据虚存地址找到相应物理页面的 page 数据结构，所以还为此也定义了一个宏操作（include/asm-i386/page.h）：

```
117     #define virt_to_page(kaddr)    (mem_map + (__pa(kaddr) >> PAGE_SHIFT))
```

代表物理页面的 page 数据结构是在文件 include/linux/mm.h 中定义的：

```
126     /*
127      * Try to keep the most commonly accessed fields in single cache lines
128      * here (16 bytes or greater).  This ordering should be particularly
129      * beneficial on 32-bit processors.
130      *
131      * The first line is data used in page cache lookup, the second line
132      * is used for linear searches (eg. clock algorithm scans).
133      */
134     typedef struct page {
135         struct list_head list;
136         struct address_space *mapping;
137         unsigned long index;
138         struct page *next_hash;
139         atomic_t count;
140         unsigned long flags;        /* atomic flags,
                                        some possibly updated asynchronously */
141         struct list_head lru;
142         unsigned long age;
143         wait_queue_head_t wait;
144         struct page **pprev_hash;
145         struct buffer_head * buffers;
146         void *virtual; /* non-NULL if kmapped */
```

```
147        struct zone_struct *zone;
148    } mem_map_t;
```

内核中用来表示这个数据结构的变量名常常是 page 或 map。

当页面的内容来自一个文件时，index 代表着该页面在文件中的序号；当页面的内容被换出到交换设备上、但还保留着内容作为缓冲时，则 index 指明了页面的去向。结构中各个成分的次序是有讲究的，目的是尽量使得联系紧密的若干成分在执行时被装填入高速缓存的同一缓冲线（16 个字节）中。

系统中的每一个物理页面都有一个 page 结构（或 mem_map_t）。系统在初始化时根据物理内存的大小建立起一个 page 结构数组 mem_map，作为物理页面的"仓库"，里面的每个 page 数据结构都代表着系统中的一个物理页面。每个物理页面的 page 结构在这个数组里的下标就是该物理页面的序号。"仓库"里的物理页面划分成 ZONE_DMA 和 ZONE_NORMAL 两个管理区（根据系统配置，还可能有第三个管理区 ZONE_HIGHMEM，用于物理地址超过 1GB 的存储空间）。

管理区 ZONE_DMA 里的页面是专供 DMA 使用的。为什么供 DMA 使用的页面要单独加以管理呢？首先，DMA 使用的页面是磁盘 I/O 所必需的，如果把仓库中所有的物理页面都分配光了，那就无法进行页面与盘区的交换了。此外，还有些特殊的原因。在 i386 CPU 中，页式存储管理的硬件支持是在 CPU 内部实现的，而不像另有些 CPU 那样由一个单独的 MMU 提供，所以 DMA 不经过 MMU 提供的地址映射。这样，外部设备就要直接提供访问物理页面的地址，可是有些外设（特别是插在 ISA 总线上的外设接口卡）在这方面往往有些限制，要求用于 DMA 的物理地址不能过高。另一方面，正因为 DMA 不经过 MMU 提供的地址映射，当 DMA 所需的缓冲区超过一个物理页面的大小时，就要求两个页面在物理上连续，因为此时 DMA 控制器不能依靠在 CPU 内部的 MMU 将连续的虚存页面映射到物理上不连续的页面。所以，用于 DMA 的物理页面是要单独加以管理的。

每个管理区都有一个数据结构，即 zone_struct 数据结构。在 zone_struct 数据结构中有一组"空闲区间"（free_area_t）队列。为什么是"一组"队列，而不是"一个"队列呢？这也是因为常常需要成"块"地分配在物理空间内连续的多个页面，所以要按块的大小分别加以管理。因此，在管理区数据结构中既要有一个队列来保持一些离散（连续长度为 1）的物理页面，还要有一个队列来保持一些连续长度为 2 的页面块以及连续长度为 4、8、16、…、直至 2^{MAX_ORDER} 的页面块。常数 MAX_ORDER 定义为 10，也就是说最大的连续页面块可以达到 2^{10}=1024 个页面，即 4M 字节。这两个数据结构以及几个常数都是在文件 include/linux/mmzone.h 中定义的：

```
11     /*
12      * Free memory management - zoned buddy allocator.
13      */
14
15     #define MAX_ORDER 10
16
17     typedef struct free_area_struct {
18         struct list_head    free_list;
19         unsigned int        *map;
20     } free_area_t;
21
22     struct pglist_data;
23
24     typedef struct zone_struct {
```

```
25      /*
26       * Commonly accessed fields:
27       */
28      spinlock_t              lock;
29      unsigned long           offset;
30      unsigned long           free_pages;
31      unsigned long           inactive_clean_pages;
32      unsigned long           inactive_dirty_pages;
33      unsigned long           pages_min, pages_low, pages_high;
34
35      /*
36       * free areas of different sizes
37       */
38      struct list_head        inactive_clean_list;
39      free_area_t             free_area[MAX_ORDER];
40
41      /*
42       * rarely used fields:
43       */
44      char                    *name;
45      unsigned long           size;
46      /*
47       * Discontig memory support fields.
48       */
49      struct pglist_data      *zone_pgdat;
50      unsigned long           zone_start_paddr;
51      unsigned long           zone_start_mapnr;
52      struct page             *zone_mem_map;
53  } zone_t;
54
55  #define ZONE_DMA        0
56  #define ZONE_NORMAL     1
57  #define ZONE_HIGHMEM    2
58  #define MAX_NR_ZONES    3
```

管理区结构中的offset表示该分区在mem_map中的起始页面号。一旦建立起了管理区，每个物理页面便永久地属于某一个管理区，具体取决于页面的起始地址，就好像一幢建筑物属于哪一个派出所管辖取决于其地址一样。空闲区free_area_struct结构中用来维持双向链队列的结构list_head是一个通用的数据结构，linux内核中需要使用双向链队列的地方都使用这种数据结构。结构很简单，就是prev和next两个指针。回到上面的page结构，其中的第一个成分就是一个list_head结构，物理页面的page结构正是通过它进入free_area_struct结构中的双向链队列的。在"物理页面的分配"一节中，我们将讲述内核怎样从它的仓库中分配一块物理空间，即若干连续的物理页面。

在传统的计算机结构中，整个物理空间都是均匀一致的，CPU访问这个空间中的任何一个地址所需的时间都相同，所以称为"均质存储结构"（Uniform Memory Architecture），简称UMA。可是，在一些新的系统结构中，特别是在多CPU结构的系统中，物理存储空间在这方面的一致性却成了问题。试想有这么一种系统结构：

- 系统的中心是一条总线，例如 PCI 总线。
- 有多个 CPU 模块连接在系统总线上，每个 CPU 模块都有本地的物理内存，但是也可以通过系统总线访问其他 CPU 模块上的内存。
- 系统总线上还连接着一个公用的存储模块，所有的 CPU 模块都可以通过系统总线来访问它。
- 所有这些物理内存的地址互相连续而形成一个连续的物理地址空间。

显然，就某个特定的 CPU 而言，访问其本地的存储器是速度最快的，而穿过系统总线访问公用存储模块或其他 CPU 模块上的存储器就比较慢，而且还面临因可能的竞争而引起的不确定性。也就是说，在这样的系统中，其物理存储空间虽然地址连续，"质地" 却不一致，所以称为 "非均质存储结构" (Non-Uniform Memory Architecture)，简称 NUMA。在 NUMA 结构的系统中，分配连续的若干物理页面时一般都要求分配在质地相同的区间（称为 node，即 "节点"）。举例来说，要是 CPU 模块 1 要求分配 4 个物理页面，可是由于本模块上的空间已经不够，所以前 3 个页面分配在本模块上，而最后一个页面却分配到了 CPU 模块 2 上，那显然是不合适的。在这样的情况下，将 4 个页面都分配在公用模块上显然要好得多。

事实上，严格意义上的 UMA 结构几乎是不存在的。就拿配置最简单的单 CPU 的 PC 来说，其物理存储空间就包括了 RAM、ROM（用于 BIOS），还有图形卡上的静态 RAM。但是在 UMA 结构中，除 "主存" RAM 以外的存储器都很小，所以把它们放在特殊的地址上成为小小的 "孤岛"，再在编程时特别加以注意就可以了。然而，在典型的 NUMA 结构中就需要来自内核中内存管理机制的支持了。由于多处理器结构的系统日益广泛的应用，Linux 内核 2.4.0 版提供了对 NUMA 的支持（作为一个编译可选项）。

由于 NUMA 结构的引入，对于上述的物理页面管理机制也作了相应的修正。管理区不再是属于最高层的机构，而是在每个存储节点中都有至少两个管理区。而且前述的 page 结构数组也不再是全局性的，而是从属于具体的节点了。从而，在 zone_struct 结构（以及 page 结构数组）之上又有了另一层代表着存储节点的 pglist_data 数据结构，定义于 include/linux/mmzone.h 中：

```
79    typedef struct pglist_data {
80        zone_t                node_zones[MAX_NR_ZONES];
81        zonelist_t            node_zonelists[NR_GFPINDEX];
82        struct page           *node_mem_map;
83        unsigned long         *valid_addr_bitmap;
84        struct bootmem_data   *bdata;
85        unsigned long         node_start_paddr;
86        unsigned long         node_start_mapnr;
87        unsigned long         node_size;
88        int                   node_id;
89        struct pglist_data    *node_next;
90    } pg_data_t;
```

显然，若干存储节点的 pglist_data 数据结构可以通过指针 node_next 形成一个单链队列。每个结构中的指针 node_mem_map 指向具体节点的 page 结构数组，而数组 node_zones[ ] 就是该节点的最多三个页面管理区。反过来，在 zone_struct 结构中也有一个指针 zone_pgdat，指向所属节点的 pglist_data 数据结构。

同时，又在 pglist_data 结构里设置了一个数组 node_zonelists[ ]，其类型定义也在同一文件中：

```
71    typedef struct zonelist_struct {
72        zone_t * zones [MAX_NR_ZONES+1]; // NULL delimited
73        int gfp_mask;
74    } zonelist_t;
```

这里的 zones[ ] 是个指针数组，各个元素按特定的次序指向具体的页面管理区，表示分配页面时先试 zones[0] 所指向的管理区，如不能满足要求就试 zones[1] 所指向的管理区，等等。这些管理区可以属于不同的存储节点。这样，针对上面所举的例子就可以规定：先试本节点，即 CPU 模块 1 的 ZONE_DMA 管理区，若不够 4 个页面就全部从公用模块的 ZONE_DMA 管理区中分配。就是说，每个 zonelist_t 规定了一种分配策略。然而，每个存储节点不应该只有一种分配策略，所以在 pglist_data 结构中提供的是一个 zonelist_t 数组，数组的大小为 NR_GFPINDEX，定义为：

```
76    #define NR_GFPINDEX        0x100
```

就是说，最多可以规定 100 种不同的策略。要求分配页面时，要说明采用哪一种分配策略。

前面几个数据结构都是用于物理空间管理的，现在来看看虚拟空间的管理，也就是虚存页面的管理。虚存空间的管理不像物理空间的管理那样有一个总的物理页面仓库，而是以进程为基础的，每个进程都有各自的虚存（用户）空间。不过，如前所述，每个进程的"系统空间"是统一为所有进程所共享的。以后我们对进程的"虚存空间"和"用户空间"这两个词常常会不加区分。

如果说物理空间是从"供"的角度来管理的，也就是："仓库中还有些什么"；则虚存空间的管理是从"需"的角度来管理的，就是"我们需要用虚存空间中的哪些部分"。拿虚存空间中的"用户空间"部分来说，大概没有一个进程会真的需要使用全部的 3G 字节的空间。同时，一个进程所需要使用的虚存空间中的各个部位又未必是连续的，通常形成若干离散的虚存"区间"。很自然地，对虚存区间的抽象是一个重要的数据结构。在 Linux 内核中，这就是 vm_area_struct 数据结构，定义于 include/linux/mm.h 中：

```
35    /*
36     * This struct defines a memory VMM memory area.  There is one of these
37     * per VM-area/task.  A VM area is any part of the process virtual memory
38     * space that has a special rule for the page-fault handlers (ie a shared
39     * library, the executable area etc).
40     */
41    struct vm_area_struct {
42        struct mm_struct * vm_mm;    /* VM area parameters */
43        unsigned long vm_start;
44        unsigned long vm_end;
45
46        /* linked list of VM areas per task, sorted by address */
47        struct vm_area_struct *vm_next;
48
49        pgprot_t vm_page_prot;
50        unsigned long vm_flags;
51
```

```
52          /* AVL tree of VM areas per task, sorted by address */
53          short vm_avl_height;
54          struct vm_area_struct * vm_avl_left;
55          struct vm_area_struct * vm_avl_right;
56
57          /* For areas with an address space and backing store,
58           * one of the address_space->i_mmap{,shared} lists,
59           * for shm areas, the list of attaches, otherwise unused.
60           */
61          struct vm_area_struct *vm_next_share;
62          struct vm_area_struct **vm_pprev_share;
63
64          struct vm_operations_struct * vm_ops;
65          unsigned long vm_pgoff;         /* offset in PAGE_SIZE units,
                                               *not* PAGE_CACHE_SIZE */
66          struct file * vm_file;
67          unsigned long vm_raend;
68          void * vm_private_data;         /* was vm_pte (shared mem) */
69      };
```

在内核的代码中，用于这个数据结构的变量名常常是 vma。

结构中的 vm_start 和 vm_end 决定了一个虚存区间。vm_start 是包含在区间内的，而 vm_end 则不包含在区间内。区间的划分并不仅仅取决于地址的连续性，也取决于区间的其他属性，主要是对虚存页面的访问权限。如果一个地址范围内的前一半页面和后一半页面有不同的访问权限或其他属性，就得要分成两个区间。所以，包含在同一个区间里的所有页面都应有相同的访问权限（或者说保护属性）和其他一些属性，这就是结构中的成分 vm_page_prot 和 vm_flags 的用途。属于同一个进程的所有区间都要按虚存地址的高低次序链接在一起，结构中的 vm_next 指针就是用于这个目的。由于区间的划分并不仅仅取决于地址的连续性，一个进程的虚存（用户）空间很可能会被划分成大量的区间。内核中给定一个虚拟地址而要找出其所属的区间是一个频繁用到的操作，如果每次都要顺着 vm_next 在链中作线性搜索的话，势必会显著地影响到内核的效率。所以，除了通过 vm_next 指针把所有区间串成一个线性队列以外，还可以在区间数量较大时为之建立一个 AVL（Adelson_Velskii and Landis）树。AVL 树是一种平衡的树结构，读者从有关的数据结构专著中可以了解到，在 AVL 树中搜索的速度快而代价是 O(lg n)，即与树的大小的对数（而不是树的大小）成比例。虚存区间结构 vm_area_struct 中的 vm_avl_height、vm_avl_left 以及 vm_avl_right 三个成分就是用于 AVL 树，表示本区间在 AVL 树中的位置的。

在两种情况下虚存页面（或区间）会跟磁盘文件发生关系。一种是盘区交换（swap），当内存页面不够分配时，一些久未使用的页面可以被交换到磁盘上去，腾出物理页面以供更急需的进程使用，这就是大家所知道的一般意义上的"按需调度"页式虚存管理（demand paging）。另一种情况则是将一个磁盘文件映射到一个进程的用户空间中。Linux 提供了一个系统调用 mmap( )（实际上是从 Unix SysV R4.2 开始的），使一个进程可以将一个已经打开的文件映射到其用户空间中，此后就可以像访问内存中一个字符数组那样来访问这个文件的内容，而不必通过 lseek( )、read( )或 write( )等进行文件操作。

由于虚存区间（最终是页面）与磁盘文件的这种联系，在 vm_area_struct 结构中相应地设置了一些成分，如 mapping、vm_next_share、vm_pprev_share、vm_file 等，用以记录和管理此种联系。我们将在以后结合具体的情景介绍这些成分的使用。

虚存区间结构中另一个重要的成分是 vm_ops,这是指向一个 vm_operation_struct 数据结构的指针。这种数据结构也是在 include/linux/mm.h 中定义的:

```
115     /*
116      * These are the virtual MM functions - opening of an area, closing and
117      * unmapping it (needed to keep files on disk up-to-date etc), pointer
118      * to the functions called when a no-page or a wp-page exception occurs.
119      */
120     struct vm_operations_struct {
121             void (*open)(struct vm_area_struct * area);
122             void (*close)(struct vm_area_struct * area);
123             struct page * (*nopage)(struct vm_area_struct * area,
                                    unsigned long address, int write_access);
124     };
```

结构中全是函数指针。其中 open、close、nopage 分别用于虚存区间的打开、关闭和建立映射。为什么要有这些函数呢?这是因为对于不同的虚存区间可能会需要一些不同的附加操作。函数指针 nopage 指示当因(虚存)页面不在内存中而引起"页面出错"(page fault)异常(见第 3 章)时所应调用的函数。

最后,vm_area_struct 中还有一个指针 vm_mm,该指针指向一个 mm_struct 数据结构,那是在 include/linux/sched.h 中定义的:

```
203     struct mm_struct {
204             struct vm_area_struct * mmap;          /* list of VMAs */
205             struct vm_area_struct * mmap_avl;      /* tree of VMAs */
206             struct vm_area_struct * mmap_cache;    /* last find_vma result */
207             pgd_t * pgd;
208             atomic_t mm_users;                     /* How many users with user space? */
209             atomic_t mm_count;                     /* How many references to "struct
                                                          mm_struct" (users count as 1) */
210             int map_count;                         /* number of VMAs */
211             struct semaphore mmap_sem;
212             spinlock_t page_table_lock;
213
214             struct list_head mmlist;               /* List of all active mm's */
215
216             unsigned long start_code, end_code, start_data, end_data;
217             unsigned long start_brk, brk, start_stack;
218             unsigned long arg_start, arg_end, env_start, env_end;
219             unsigned long rss, total_vm, locked_vm;
220             unsigned long def_flags;
221             unsigned long cpu_vm_mask;
222             unsigned long swap_cnt; /* number of pages to swap on next pass */
223             unsigned long swap_address;
224
```

```
225         /* Architecture-specific MM context */
226         mm_context_t context;
227     };
```

在内核的代码中,用于这个数据结构(指针)的变量名常常是 mm。

显然,这是在比 vm_area_struct 更高层次上使用的数据结构。事实上,每个进程只有一个 mm_struct 结构,在每个进程的"进程控制块",即 task_struct 结构中,有一个指针指向该进程的 mm_struct 结构。可以说,mm_struct 数据结构是进程整个用户空间的抽象,也是总的控制结构。结构中的头三个指针都是关于虚存区间的。第一个 mmap 用来建立一个虚存区间结构的单链线性队列。第二个 mmap_avl 用来建立一个虚存区间结构的 AVL 树,这在前面已经谈过。第三个指针 mmap_cache,用来指向最近一次用到的那个虚存区间结构;这是因为程序中用到的地址常常带有局部性,最近一次用到的区间很可能就是下一次要用到的区间,这样就可以提高效率。另一个成分 map_count,则说明在队列中(或 AVL 树中)有几个虚存区间结构,也就是说该进程有几个虚存区间。指针 pgd 显而易见是指向该进程的页面目录的,当内核调度一个进程进入运行时,就将这个指针转换成物理地址,并写入控制寄存器 CR3,这在前面已经看到过了。另一方面,由于 mm_struct 结构及其下属的 vm_area_struct 结构都有可能在不同的上下文中受到访问,而这些访问又必须互斥,所以在结构中设置了用于 P、V 操作的信号量(semaphore),即 mmap_sem。此外,page_table_lock 也是为类似的目的而设置的。

虽然一个进程只使用一个 mm_struct 结构,反过来一个 mm_struct 结构却可能为多个进程所共享。最简单的例子就是,当一个进程创建(vfork( )或 clone( ),见第 4 章)一个子进程时,其子进程就可能与父进程共享一个 mm_struct 结构。所以,在 mm_struct 结构中还为此设置了计数器 mm_users 和 mm_count。类型 atomic_t 实际上就是整数,但是对这种类型的整数进行的操作必须是"原子"的,也就是不允许因中断或其他原因而受到干扰。

指针 segments 指向该进程的局部段描述表 LDT。不过,一般的进程是不用局部段描述表的,只有在 VM86 模式下才会有 LDT。

结构中其他成分的用途比较显而易见,如 start_code、end_code、 start_data、end_data 等等就是该进程映象中代码段、数据段、存储堆以及堆栈段的起点和终点,这里就不多说了。注意,不要把进程映象中的这些"段"跟"段式存储管理"中的"段"相混淆。

如前所述,mm_struct 结构及其属下的各个 vm_area_struct 只是表明了对虚存空间的需求。一个虚拟地址有相应的虚存区间存在,并不保证该地址所在的页面已经映射到某一个物理(内存或盘区)页面,更不保证该页面就在内存中。当一个未经映射的页面受到访问时,就会产生一个"Page Fault"异常(也称缺页异常、缺页中断),那时候 Page Fault 异常的服务程序就会来处理这个问题。所以,从这个意义上,mm_struct 和 vm_area_struct 说明了对页面的需求;前面的 page、zone_struct 等结构则说明了对页面的供应;而页面目录、中间目录以及页面表则是二者中间的桥梁。

图 2.5 是个示意图,图中说明了用于进程虚存管理的各种数据结构之间的联系。

前面讲过,在内核中经常要用到这样的操作:给定一个属于某个进程的虚拟地址,要求找到其所属的区间以及相应的 vma_area_struct 结构。这是由 find_vma( )来实现的,其代码在 mm/mmap.c 中:

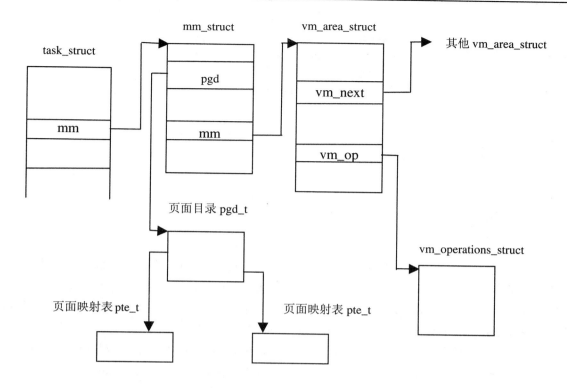

图 2.5 虚存管理数据结构联系图

```
404     /* Look up the first VMA which satisfies  addr < vm_end,  NULL if none. */
405     struct vm_area_struct * find_vma(struct mm_struct * mm, unsigned long addr)
406     {
407         struct vm_area_struct *vma = NULL;
408
409         if (mm) {
410             /* Check the cache first. */
411             /* (Cache hit rate is typically around 35%.) */
412             vma = mm->mmap_cache;
413             if (!(vma && vma->vm_end > addr && vma->vm_start <= addr)) {
414                 if (!mm->mmap_avl) {
415                     /* Go through the linear list. */
416                     vma = mm->mmap;
417                     while (vma && vma->vm_end <= addr)
418                         vma = vma->vm_next;
419                 } else {
420                     /* Then go through the AVL tree quickly. */
421                     struct vm_area_struct * tree = mm->mmap_avl;
422                     vma = NULL;
423                     for (;;) {
424                         if (tree == vm_avl_empty)
425                             break;
426                         if (tree->vm_end > addr) {
427                             vma = tree;
```

```
428                             if (tree->vm_start <= addr)
429                                 break;
430                             tree = tree->vm_avl_left;
431                         } else
432                             tree = tree->vm_avl_right;
433                     }
434                 }
435                 if (vma)
436                     mm->mmap_cache = vma;
437             }
438         }
439         return vma;
440     }
```

当我们说到一个特定的用户空间虚拟地址时,必须说明是哪一个进程的虚存空间中的地址,所以函数的参数有两个,一个是地址,一个是指向该进程的 mm_struct 结构的指针。首先看一下这地址是否恰好在上一次(最近一次)访问过的同一个区间中。根据代码作者所加的注释,命中率一般可达 35%,这也正是在 mm_struct 结构中设置一个 mmap_cache 指针的原因。如果没有命中的话,那就要搜索了。如果已经建立过 AVL 结构(指针 mmap_avl 非零),就在 AVL 树中搜索,否则就在线性队列中搜索。最后,如果找到的话,就把 mmap_cache 指针设置成指向所找到的 vm_area_struct 结构。函数的返回值为零(NULL),表示该地址所属的区间还未建立。此时通常就得要建立起一个新的虚存区间结构,再调用 insert_vm_struct( ) 将其插入到 mm_struct 中的线性队列或 AVL 树中去。函数 insert_vm_struct( ) 的源代码在同一文件中:

```
961     void insert_vm_struct(struct mm_struct *mm, struct vm_area_struct *vmp)
962     {
963         lock_vma_mappings(vmp);
964         spin_lock(&current->mm->page_table_lock);
965         __insert_vm_struct(mm, vmp);
966         spin_unlock(&current->mm->page_table_lock);
967         unlock_vma_mappings(vmp);
968     }
```

将一个 vm_area_struct 数据结构插入队列的操作实际是由__insert_vm_struct( )完成的,但是这个操作绝不允许受到干扰,所以要对操作加锁。这里加了两把锁。第一把加在代表新区间的 vm_area_struct 数据结构中,第二把加在代表着整个虚存空间的 mm_struct 数据结构中,使得在操作过程中不让其他进程能够在中途插进来,也对这两个数据结构进行队列操作。下面是__insert_vm_struct( )的主体,我们略去了与文件映射有关的部分代码。由于与 find_vma( )很相似,这里就不加说明了,留给读者自行阅读。对 AVL 缺乏了解的读者可以只阅读不采用 AVL 树,即 mm->mmap_avl 为 0 的那一部分代码。

```
913     /* Insert vm structure into process list sorted by address
914      * and into the inode's i_mmap ring.   If vm_file is non-NULL
915      * then the i_shared_lock must be held here.
916      */
917     void __insert_vm_struct(struct mm_struct *mm, struct vm_area_struct *vmp)
```

```
918     {
919         struct vm_area_struct **pprev;
920         struct file * file;
921
922         if (!mm->mmap_avl) {
923             pprev = &mm->mmap;
924             while (*pprev && (*pprev)->vm_start <= vmp->vm_start)
925                 pprev = &(*pprev)->vm_next;
926         } else {
927             struct vm_area_struct *prev, *next;
928             avl_insert_neighbours(vmp, &mm->mmap_avl, &prev, &next);
929             pprev = (prev ? &prev->vm_next : &mm->mmap);
930             if (*pprev != next)
931                 printk("insert_vm_struct: tree inconsistent with list\n");
932         }
933         vmp->vm_next = *pprev;
934         *pprev = vmp;
935
936         mm->map_count++;
937         if (mm->map_count >= AVL_MIN_MAP_COUNT && !mm->mmap_avl)
938             build_mmap_avl(mm);
939
        ......
959     }
```

当一个虚存空间中区间的数量较小时，在线性队列中搜索的效率并不成为问题，所以不需要为之建立 AVL 树。而当区间的数量增大到 AVL_MIN_MAP_COUNT，即 32 时，就需要通过 build_mmap_avl( ) 建立 AVL 树，以提高搜索效率了。

2.4 越界访问

页式存储管理机制通过页面目录和页面表将每个线性地址（也可以理解为虚拟地址）转换成物理地址。如果在这个过程中遇到某种阻碍而使 CPU 无法最终访问到相应的物理内存单元，映射便失败了，而当前的指令也就不能执行完成。此时 CPU 会产生一次页面出错（Page Fault）异常（Exception）（也称缺页中断），进而执行预定的页面异常处理程序，使应用程序得以从因映射失败而暂停的指令处开始恢复执行，或进行一些善后处理。这里所说的阻碍可以有以下几种情况：
- 相应的页面目录项或页面表项为空，也就是该线性地址与物理地址的映射关系尚未建立，或者已经撤销。
- 相应的物理页面不在内存中。
- 指令中规定的访问方式与页面的权限不符，例如企图写一个"只读"的页面。

在这个情景里，我们假定一段用户程序曾经将一个已打开文件通过 mmap( ) 系统调用映射到内存，然后又已经将映射撤销（通过 munmap( ) 系统调用）。在撤销一个映射区间时，常常会在虚存地址空间中留下一个孤立的空洞，而相应的地址则不应继续使用了。但是，在用户程序中往往会有错误，以致在程序中某个地方还再次访问这个已经撤销的区域（程序员们一定会同意，这是不足为奇的）。这时候，一次因越界访问一个无效地址（Invalid Address）而引起映射失败，从而就产生了一次页面出错异常。中断请求以及异常的响应机制将在"中断和异常"一章中集中介绍，读者在那里可以找到从发生异常到进入内核相应服务程序的全过程。这里假定 CPU 的运行已经到达了页面异常服务程序的主体 do_page_fault( )的入口处。

函数 do_page_fault( )的代码在文件 arch/i386/mm/fault.c 中。这个函数的代码比较长，我们将随着情景的进展按需要来展示其有关的片断。这里先来看开头几行代码：

```
106     asmlinkage void do_page_fault(struct pt_regs *regs,
                    unsigned long error_code)
107     {
108         struct task_struct *tsk;
109         struct mm_struct *mm;
110         struct vm_area_struct * vma;
111         unsigned long address;
112         unsigned long page;
113         unsigned long fixup;
114         int write;
115         siginfo_t info;
116
117         /* get the address */
118         __asm__("movl %%cr2,%0":"=r" (address));
119
120         tsk = current;
121
122         /*
123          * We fault-in kernel-space virtual memory on-demand. The
124          * 'reference' page table is init_mm.pgd.
125          *
126          * NOTE! We MUST NOT take any locks for this case. We may
127          * be in an interrupt or a critical region, and should
128          * only copy the information from the master page table,
129          * nothing more.
130          */
131         if (address >= TASK_SIZE)
132             goto vmalloc_fault;
133
134         mm = tsk->mm;
135         info.si_code = SEGV_MAPERR;
136
137         /*
138          * If we're in an interrupt or have no user
139          * context, we must not take the fault...
140          */
141         if (in_interrupt( ) || !mm)
142             goto no_context;
```

```
143
144         down(&mm->mmap_sem);
145
146         vma = find_vma(mm, address);
147         if (!vma)
148             goto bad_area;
149         if (vma->vm_start <= address)
150             goto good_area;
151         if (!(vma->vm_flags & VM_GROWSDOWN))
152             goto bad_area;
```

首先是一行汇编码。为什么要用汇编码呢？当 i386 CPU 产生"页面错"异常时，CPU 将导致映射失败的线性地址放在控制寄存器 CR2 中，而这显然是相应的服务程序所必需的信息。可是，在 C 语言中并没有相应的语言成分可以用来读取 CR2 的内容，所以只能用汇编代码。这行汇编代码只有输出部而没有输入部，它将%0 与变量 address 相结合，并说明该变量应该被分配在一个寄存器中。

同时，内核的中断/异常响应机制还传过来两个参数。一个是 pt_regs 结构指针 regs，它指向例外发生前夕 CPU 中各寄存器内容的一份副本，这是由内核的中断响应机制保存下来的"现场"。而 error_code 则进一步指明映射失败的具体原因。

然后是获取当前进程的 task_struct 数据结构。在内核中，可以通过一个宏操作 current 取得当前进程（当前正在运行的进程）的 task_struct 结构的地址。在每个进程的 task_struct 结构中有一个指针，指向其 mm_struct 数据结构，而跟虚存管理和映射有关的信息都在那个结构中。这里要指出，CPU 实际进行的映射并不涉及 mm_struct 结构，而是像以前讲过的那样通过页面目录和页面表进行，但是 mm_struct 结构反映了，或者说描述了这种映射。

接下来，需要检测两个特殊情况。一个特殊情况是 in_interrupt( )返回非 0，说明映射的失败发生在某个中断服务程序中，因而与当前进程毫无关系。另一个特殊情况是当前进程的 mm 指针为空，也就是说该进程的映射尚未建立，当然也就不可能与当前进程有关。可是，不跟当前进程有关，in_interrupt( )又返回 0，那这次异常发生在什么地方呢？其实还是在某个中断/异常服务程序中，只不过不在 in_interrupt( )能检测到的范围中而已。如果发生这些特殊情况,控制就通过 goto 语句转到标号 no_context 处，不过那与我们这个情景无关，所以我们略去对那段代码的讨论。

以下的操作有互斥的要求，也就是不容许别的进程来打扰，所以要有对信号量的 P/V 操作，即 down( )/up( )操作来保证。为了这个目的，在 mm_struct 结构中还设置了所需的信号量 mmap_sem。这样，从 down( )返回以后，就不会有别的进程来打扰了。

可以想像，在知道了发生映射失败的地址以及所属的进程以后，接下来应该要搞清楚的是这个地址是否落在某个已经建立起映射的区间，或者进一步具体指出在哪个区间。事实正是这样，这就是 find_vma( )所要做的事情。以前讲过，find_vma( )试图在一个虚存空间中找出结束地址大于给定地址的第一个区间。如果找不到的话，那本次页面异常就必定是因越界访问而引起。那么，在什么情况下会找不到呢？回忆一下内核对用户虚存空间的使用，堆栈在用户区的顶部，从上向下伸展，而进程的代码和数据都是自底向上分配空间。如果没有一个区间的结束地址高于给定的地址，那就是说明这个地址是在堆栈之上，也就是 3G 字节以上了。要从用户空间访问属于系统的空间，那当然是越界了，然后就转向 bad_area，不过我们这个情景所说的不是这个情况。

如果找到了这么一个区间，而且其起始地址又不高于给定的地址（见程序 148 行），那就说明给定的地址恰好落在这个区间。这样，映射肯定已经建立，所以就转向 good_area 去进一步检查失败的原因。

这也不是我们这个情景所要说的。

除了这两种情况，剩下的就是给定地址正落在两个区间当中的空洞里，也就是该地址所在页面的映射尚未建立或已经撤销。在用户虚存空间中，可能有两种不同的空洞。第一种空洞只能有一个，那就是在堆栈区以下的那个大空洞，它代表着供动态分配（通过系统调用 brk()）而仍未分配出去的空间。当映射失败的地址落在这个空洞里时，还有个特殊情况要考虑，我们将在下一个情景中讨论。但是，怎样才知道这地址是落在这个空洞里呢？请看程序 150 行。我们知道，堆栈区是向下伸展的，如果 find_vma() 找到的区间是堆栈区间，那么在它的 vm_flags 中应该有个标志位 VM_GROWSDOWN。要是该标志位为 0 的话，那就说明空洞上方的区间并非堆栈区，说明这个空洞是因为一个映射区间被撤销而留下的，或者在建立映射时跳过了一块地址。这就是第二种可能，也是我们这个情景所说的情况。所以，我们就随着这里的 goto 语句转向 bad_area，那是在 224 行：

[do_page_rault()]

```
220         /*
221          * Something tried to access memory that isn't in our memory map..
222          * Fix it, but check if it's kernel or user first..
223          */
224     bad_area:
225         up(&mm->mmap_sem);
226
227     bad_area_nosemaphore:
228         /* User mode accesses just cause a SIGSEGV */
229         if (error_code & 4) {
230             tsk->thread.cr2 = address;
231             tsk->thread.error_code = error_code;
232             tsk->thread.trap_no = 14;
233             info.si_signo = SIGSEGV;
234             info.si_errno = 0;
235             /* info.si_code has been set above */
236             info.si_addr = (void *)address;
237             force_sig_info(SIGSEGV, &info, tsk);
238             return;
239         }
```

首先，当控制流到达这里时，已经不再需要互斥（因为不再对 mm_struct 结构进行操作），所以通过 up() 退出临界区。接着，就要进一步考察 error_code，看看失败的具体原因。代码的作者为此加了注解：

```
96          /*
97           * This routine handles page faults.  It determines the address,
98           * and the problem, and then passes it off to one of the appropriate
99           * routines.
100          *
101          * error_code:
102          *      bit 0 == 0 means no page found, 1 means protection fault
```

```
103         *   bit 1 == 0 means read, 1 means write
104         *   bit 2 == 0 means kernel, 1 means user-mode
105         */
```

当 error_code 的 bit2 为 1 时,表示失败是当 CPU 处于用户模式时发生的,这正与我们的情景相符,所以控制将进入 229 行。在那里,对当前进程的 task_struct 结构内的一些成分进行一些设置以后,就向该进程发出一个强制的"信号"(或称"软中断")SIGSEGV。至此,本次例外服务就结束了。

读者大概会问:"就这样完了?"是的,完了。接下来的详情,读者在看了有关中断处理和信号的章节以后就会明白。每次从中断/异常返回之前,都要检查当前进程是否有悬而未决的信号需要处理,在我们这个情景里当然是有的,其中至少有一个就是 SIGSEGV。然后,内核根据这些待处理信号的性质以及进程本身的选择决定怎么办。对有些软中断的处理是"自愿"的,有些则是强制的。而对于 SIGSEGV 的反应,那是强制的,其后果是在该进程的显示屏上显示程序员们怕见到却又经常见到的 "Segment Fault" 提示,然后使进程流产(撤销)。至于从异常处理返回用户空间后的地址,在这种情况下并无意义,因为本来就不会回去了。

我们在这里跳过了 do_page_fault( ) 中的许多代码,因为那些代码与我们眼下这个特定的情景无关。不过,以后在其他的情景里我们还会回到这些代码中来。

2.5 用户堆栈的扩展

在上一个情景中,我们"游览参观"了一次因越界访问而造成映射失败从而引起进程流产的过程。但是,读者也许会感到惊奇,越界访问有时候是正常的。不过,这只发生在一种情况下。现在我们就来看看当用户堆栈过小,但是因越界访问而"因祸得福"得以伸展的情景。在阅读本情景之前,读者应该先温习一下前一个情景。

假设在进程运行的过程中,已经用尽了为本进程分配的堆栈区间,也就是从堆栈的"顶部"开始(记住,堆栈是从上向下伸展的),已经到达了已映射的堆栈区间的下沿。或者说,CPU 中的堆栈指针 %esp 已经指向堆栈区间的起始地址,见图 2.6。

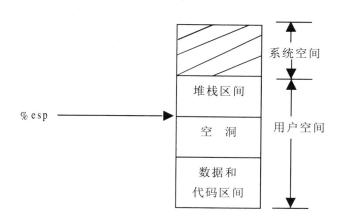

图 2.6 进程地址空间示意图

假定现在需要调用某个子程序,因此 CPU 需将返回地址压入堆栈,也就是要将返回地址写入虚存空间中地址为(%esp−4)的地方。可是,在我们这个情景中地址(%esp−4)落入了空洞中,这是尚未映射的地址，因此必然要引起一次页面错异常。让我们顺着上一个情景中已经走过的路线到达文件 arch/i386/mm/fault.c 的第 151 行。

[do_page_fault( )]

```
151         if (!(vma->vm_flags & VM_GROWSDOWN))
152             goto bad_area;
153         if (error_code & 4) {
154             /*
155              * accessing the stack below %esp is always a bug.
156              * The "+ 32" is there due to some instructions (like
157              * pusha) doing post-decrement on the stack and that
158              * doesn't show up until later..
159              */
160             if (address + 32 < regs->esp)
161                 goto bad_area;
162         }
163         if (expand_stack(vma, address))
164             goto bad_area;
```

这一次，空洞上方的区间是堆栈区间，其 VM_GROWSDOWN 标志位为 1，所以 CPU 就继续往前执行。当映射失败发生在用户空间（bit2 为 1）时，因堆栈操作而引起的越界是作为特殊情况对待的，所以还需检查发生异常时的地址是否紧挨着堆栈指针所指的地方。在我们这个情景中，那是 %esp－4，当然是紧挨着的。但是如果是 %esp－40 呢？那就不会是因为正常的堆栈操作而引起，而是货真价实的非法越界访问了。可是，怎样来判定 "正常" 或不正常呢？通常，一次压入堆栈的是 4 个字节，所以该地址应该是 %esp－4。但是 i386 CPU 有一条 pusha 指令，可以一次将 32 个字节（8 个 32 位寄存器的内容）压入堆栈。所以，检查的准则是 %esp－32。超出这个范围就一定是错的了，所以跟在前一个情景中一样，转向 bad_area。而在我们现在这个情景中，这个测试应是顺利通过了。

既然是属于正常的堆栈扩展要求，那就应该从空洞的顶部开始分配若干页面建立映射，并将之并入堆栈区间，使其得以扩展。所以就要调用 expand_stack( )，这是在文件 include/linux/mm.h 中定义的一个 inline 函数：

[do_page_fault( ) > expand_stack( )]

```
487     /* vma is the first one with  address < vma->vm_end,
488      * and even  address < vma->vm_start. Have to extend vma. */
489     static inline int expand_stack(struct vm_area_struct * vma,
                                       unsigned long address)
490     {
491         unsigned long grow;
492
493         address &= PAGE_MASK;
494         grow = (vma->vm_start - address) >> PAGE_SHIFT;
495         if (vma->vm_end - address > current->rlim[RLIMIT_STACK].rlim_cur ||
496             ((vma->vm_mm->total_vm + grow) << PAGE_SHIFT) >
```

```
                                            current->rlim[RLIMIT_AS].rlim_cur)
497         return -ENOMEM;
498     vma->vm_start = address;
499     vma->vm_pgoff -= grow;
500     vma->vm_mm->total_vm += grow;
501     if (vma->vm_flags & VM_LOCKED)
502         vma->vm_mm->locked_vm += grow;
503     return 0;
504 }
```

参数 vma 指向一个 vm_area_struct 数据结构，代表着一个区间，在这里就是代表着用户空间堆栈所在的区间。首先，将地址按页面边界对齐，并计算需要增长几个页面才能把给定的地址包括进去（通常是一个）。这里还有个问题，堆栈的这种扩展是否不受限制，直到把空间中的整个空洞用完为止呢？不是的。每个进程的 task_struct 结构中都有个 rlim 结构数组，规定了对每种资源分配使用的限制，而 **RLIMIT_STACK** 就是对用户空间堆栈大小的限制。所以，这里就进行这样的检查。如果扩展以后的区间大小超过了可用于堆栈的资源，或者使动态分配的页面总量超过了可用于该进程的资源限制，那就不能扩展了，就会返回一个负的出错代码－ENOMEM，表示没有存储空间可以分配了；否则就应返回0。当 expand_stack( ) 返回的值为非0，也即－ENOMEM 时，在 do_page_fault( ) 中也会转向 bad_area，其结果就与前一情景一样了。不过一般情况下都不至于用尽资源，所以 expand_stack( ) 一般都是正常返回的。但是，我们已经看到，expand_stack( ) 只是改变了堆栈区的 vm_area_struct 结构，而并未建立起新扩展的页面对物理内存的映射。这个任务由接下去的 good_area 完成：

[do_page_fault( )]

```
165     /*
166      * Ok, we have a good vm_area for this memory access, so
167      * we can handle it..
168      */
169 good_area:
170     info.si_code = SEGV_ACCERR;
171     write = 0;
172     switch (error_code & 3) {
173         default:    /* 3: write, present */
174 #ifdef TEST_VERIFY_AREA
175             if (regs->cs == KERNEL_CS)
176                 printk("WP fault at %08lx\n", regs->eip);
177 #endif
178             /* fall through */
179         case 2:     /* write, not present */
180             if (!(vma->vm_flags & VM_WRITE))
181                 goto bad_area;
182             write++;
183             break;
184         case 1:     /* read, present */
185             goto bad_area;
186         case 0:     /* read, not present */
```

```
187                 if (!(vma->vm_flags & (VM_READ | VM_EXEC)))
188                     goto bad_area;
189             }
190
191             /*
192              * If for any reason at all we couldn't handle the fault,
193              * make sure we exit gracefully rather than endlessly redo
194              * the fault.
195              */
196             switch (handle_mm_fault(mm, vma, address, write)) {
197             case 1:
198                 tsk->min_flt++;
199                 break;
200             case 2:
201                 tsk->maj_flt++;
202                 break;
203             case 0:
204                 goto do_sigbus;
205             default:
206                 goto out_of_memory;
207             }
```

在这里的 switch 语句中，内核根据由中断响应机制传过来的 error_code 来进一步确定映射失败的原因并采取相应的对策（error_code 最低三位的定义已经在前节中列出）。就现在这个情景而言，bit0 为 0，表示没有物理页面，而 bit1 为 1 表示写操作。所以，最低两位的值为 2。既然是写操作，当然要检查相应的区间是否允许写入，而堆栈段是允许写入的。于是，就到达了 196 行，调用虚存管理 handle_mm_fault( ) 了。该函数定义于 mm/memory.c 中：

[do_page_fault( ) > handle_mm_fault( )]

```
1189    /*
1190     * By the time we get here, we already hold the mm semaphore
1191     */
1192    int handle_mm_fault(struct mm_struct *mm, struct vm_area_struct * vma,
1193        unsigned long address, int write_access)
1194    {
1195        int ret = -1;
1196        pgd_t *pgd;
1197        pmd_t *pmd;
1198
1199        pgd = pgd_offset(mm, address);
1200        pmd = pmd_alloc(pgd, address);
1201
1202        if (pmd) {
1203            pte_t * pte = pte_alloc(pmd, address);
1204            if (pte)
1205                ret = handle_pte_fault(mm, vma, address, write_access, pte);
```

```
1206        }
1207        return ret;
1208    }
```

根据给定的地址和代表着具体虚存空间的 mm_struct 数据结构，由宏操作 pgd_offset( )计算出指向该地址所属页面目录项的指针。这是在 include/asm_i386/pgtable.h 中定义的：

```
311    /* to find an entry in a page-table-directory. */
312    #define pgd_index(address) ((address >> PGDIR_SHIFT) & (PTRS_PER_PGD-1))
......
316    #define pgd_offset(mm, address) ((mm)->pgd+pgd_index(address))
```

至于下面的 pmd_alloc( )，本来是应该分配（或者找到）一个中间目录项的。由于 i386 只使用两层映射，所以在 include/asm_i386/pgtable_2level.h 中将其定义为"return (pmd_t *)pgd;"。也就是说，在 i386 CPU 中，把具体的目录项当成一个只含一个表项（表的大小为 1）的中间目录。所以，对于 i386 CPU 而言，pmd_alloc( )是绝不会失败的，所以这里的 pmd 不可能为 0。读者不妨顺着线性地址的映射过程想想，接下来需要做些什么？页面目录总是在的，相应的目录项也许已经指向一个页面表，此时需要根据给定的地址在表中找到相应的页面表项。或者，目录项也可能还是空的，那样的话就需要先分配一个页面表，再在页面表中找到相应的表项。这样，才可以为下面分配物理内存页面并建立映射做好准备。这是通过 pte_alloc( )完成的，其代码在 include/asm_i386/pgalloc.h 中：

[do_page_fault( ) > handle_mm_fault( ) > pte_alloc( )]

```
120    extern inline pte_t * pte_alloc(pmd_t * pmd, unsigned long address)
121    {
122        address = (address >> PAGE_SHIFT) & (PTRS_PER_PTE - 1);
123
124        if (pmd_none(*pmd))
125            goto getnew;
126        if (pmd_bad(*pmd))
127            goto fix;
128        return (pte_t *)pmd_page(*pmd) + address;
129    getnew:
130    {
131        unsigned long page = (unsigned long) get_pte_fast();
132
133        if (!page)
134            return get_pte_slow(pmd, address);
135        set_pmd(pmd, __pmd(_PAGE_TABLE + __pa(page)));
136        return (pte_t *)page + address;
137    }
138    fix:
139        __handle_bad_pmd(pmd);
140        return NULL;
141    }
```

先将给定的地址转换成其所属页面表中的下标。在我们这个情景中，假定指针 pmd 所指向的目录项为空，所以需要转到标号 get_new( )处分配一个页面表。一个页面表所占的空间恰好是一个物理页面。内核中对页面表的分配作了些优化。当释放一个页面表时，内核将释放的页面表先保存在一个缓冲池中，而先不将其物理内存页面释放。只有在缓冲池已满的情况下才真的将页面表所占的物理内存页面释放。这样，在要分配一个页面表时，就可以先看一下缓冲池，这就是 get_pte_fast( )。要是缓冲池已经空了，那就只好通过 get_pte_kernel_slow( )来分配了。读者也许会想，分配一个物理内存页面用作页面表就那么麻烦吗，为什么是"slow"呢？回答是有时候可能会很慢。只要想一下物理内存页面有可能已经用完，需要把内存中已经占用的页面交换到磁盘上去，就可以明白了。分配到一个页面表以后，就通过 set_pmd( )中将其起始地址连同一些属性标志位一起写入中间目录项 pmd 中，而对 i386 却实际上写入到了页面目录项 pgd 中。这样，映射所需的"基础设施"都已经齐全了，但页面表项 pte 还是空的。剩下的就是物理内存页面本身了，那是由 handle_pte_fault( )完成的。该函数定义于 mm/memory.c 内：

[do_page_fault( ) > handle_mm_fault( ) > handle_pte_fault( )]

```
1135    /*
1136     * These routines also need to handle stuff like marking pages dirty
1137     * and/or accessed for architectures that don't do it in hardware (most
1138     * RISC architectures).  The early dirtying is also good on the i386.
1139     *
1140     * There is also a hook called "update_mmu_cache( )" that architectures
1141     * with external mmu caches can use to update those (ie the Sparc or
1142     * PowerPC hashed page tables that act as extended TLBs).
1143     *
1144     * Note the "page_table_lock". It is to protect against kswapd removing
1145     * pages from under us. Note that kswapd only ever _removes_ pages, never
1146     * adds them. As such, once we have noticed that the page is not present,
1147     * we can drop the lock early.
1148     *
1149     * The adding of pages is protected by the MM semaphore (which we hold),
1150     * so we don't need to worry about a page being suddenly been added into
1151     * our VM.
1152     */
1153    static inline int handle_pte_fault(struct mm_struct *mm,
1154        struct vm_area_struct * vma, unsigned long address,
1155        int write_access, pte_t * pte)
1156    {
1157        pte_t entry;
1158
1159        /*
1160         * We need the page table lock to synchronize with kswapd
1161         * and the SMP-safe atomic PTE updates.
1162         */
1163        spin_lock(&mm->page_table_lock);
1164        entry = *pte;
```

```
1165        if (!pte_present(entry)) {
1166            /*
1167             * If it truly wasn't present, we know that kswapd
1168             * and the PTE updates will not touch it later. So
1169             * drop the lock.
1170             */
1171            spin_unlock(&mm->page_table_lock);
1172            if (pte_none(entry))
1173                return do_no_page(mm, vma, address, write_access, pte);
1174            return do_swap_page(mm, vma, address, pte,
                            pte_to_swp_entry(entry), write_access);
1175        }
1176
1177        if (write_access) {
1178            if (!pte_write(entry))
1179                return do_wp_page(mm, vma, address, pte, entry);
1180
1181            entry = pte_mkdirty(entry);
1182        }
1183        entry = pte_mkyoung(entry);
1184        establish_pte(vma, address, pte, entry);
1185        spin_unlock(&mm->page_table_lock);
1186        return 1;
1187    }
```

在我们这个情景里，不管页面表是新分配的还是原来就有的，相应的页面表项却一定是空的。这样，程序一开头的 if 语句的条件一定能满足，因为 pte_present( ) 测试一个表项所映射的页面是否在内存中，而我们的物理内存页面还没有分配。进一步，pte_none( ) 所测试的条件也一定能满足，因为它测试一个表项是否为空。所以，就必定会进入 do_no_page( )（否则就是 do_swap_page( )）。顺便讲一下，如果 pte_present( ) 的测试结果是该表项所映射的页面确实在内存中，那么问题一定出在访问权限，或者根本就没有问题了。

函数 do_no_page( ) 也是在 mm/memory.c 中定义的。这里先简要地介绍一下，然后再来看代码。

以前我们曾经提起过，在虚存区间结构 vm_area_struct 中有个指针 vm_ops，指向一个 vm_operations_struct 数据结构。这个数据结构实际上是一个函数跳转表，结构中通常是一些与文件操作有关的函数指针。其中有一个函数指针就是用于物理内存页面的分配。物理内存页面的分配为什么与文件操作有关呢？因为这对于可能的文件共享是很有意义的。当多个进程将同一个文件映射到各自的虚存空间中时，内存中通常只要保存一份物理页面就可以了。只有当一个进程需要写入该文件时才有必要另外复制一份独立的副本，称为 "copy on write" 或者 COW。关于 COW 我们在进程一章中讲到 fork( ) 时还要作较为详细的介绍。这样，当通过 mmap( ) 将一块虚存区间跟一个已打开文件（包括设备）建立起映射后，就可以通过对这些函数的调用将对内存的操作转化成对文件的操作，或者进行一些必要的对文件的附加操作。另一方面，物理页面的盘区交换显然也是跟文件操作有关的。所以，为特定的虚存空间预先指定一些特定的操作常常是很有必要的。于是，如果已经预先为一个虚存区间 vma 指定了分配物理内存页面的操作的话，那就是 vma->vm_ops->nopage( )。但是，vma->vm_ops 和 vma->vm_ops->nopage 都有可能是空，那就表示没有为之指定具体的 nopage( ) 操作，或者根本就没有配备一个 vm_operation_struct 结构。当没有指定的 nopage( )操作时，内核就调用一个函数 do_anonymous_page( )来分配物理内存页面。

现在来看看 do_no_page( )的开头几行：

[do_page_fault( ) > handle_mm_fault( ) > handle_pte_fault( ) > do_no_page( )]

```
1080    /*
1081     * do_no_page( ) tries to create a new page mapping. It aggressively
1082     * tries to share with existing pages, but makes a separate copy if
1083     * the "write_access" parameter is true in order to avoid the next
1084     * page fault.
1085     *
1086     * As this is called only for pages that do not currently exist, we
1087     * do not need to flush old virtual caches or the TLB.
1088     *
1089     * This is called with the MM semaphore held.
1090     */
1091    static int do_no_page(struct mm_struct * mm, struct vm_area_struct * vma,
1092        unsigned long address, int write_access, pte_t *page_table)
1093    {
1094        struct page * new_page;
1095        pte_t entry;
1096
1097        if (!vma->vm_ops || !vma->vm_ops->nopage)
1098            return do_anonymous_page(mm, vma, page_table, write_access, address);
       ......
1133    }
```

对于我们这个情景来说，所涉及的虚存区间是供堆栈用的，跟文件系统或页面共享没有什么关系，不会有指定的 nopage( )操作，所以进入 do_anonymous_page( )。

[do_page_fault( ) > handle_mm_fault( ) > handle_pte_fault( ) > do_no_page( )
 > do_anonymous_page( )]

```
1058    /*
1059     * This only needs the MM semaphore
1060     */
1061    static int do_anonymous_page(struct mm_struct * mm,
                    struct vm_area_struct * vma, pte_t *page_table,
                    int write_access, unsigned long addr)
1062    {
1063        struct page *page = NULL;
1064        pte_t entry = pte_wrprotect(mk_pte(ZERO_PAGE(addr),
                                vma->vm_page_prot));
1065        if (write_access) {
1066            page = alloc_page(GFP_HIGHUSER);
1067            if (!page)
```

```
1068            return -1;
1069        clear_user_highpage(page, addr);
1070        entry = pte_mkwrite(pte_mkdirty(mk_pte(page, vma->vm_page_prot)));
1071        mm->rss++;
1072        flush_page_to_ram(page);
1073    }
1074    set_pte(page_table, entry);
1075    /* No need to invalidate - it was non-present before */
1076    update_mmu_cache(vma, addr, entry);
1077    return 1;   /* Minor fault */
1078 }
```

首先我们注意到，如果引起页面异常的是一次读操作，那么由 mk_pte( )构筑的映射表项要通过 pte_wrprotect( )加以修正；而如果是写操作(参数 write_access 为非 0)，则通过 pte_mkwrite( )加以修正。这二者有什么不同呢？见 include/asm-i386/pgtable.h：

```
277    static inline pte_t pte_wrprotect(pte_t pte)    \
                { (pte).pte_low &= ~_PAGE_RW; return pte; }

270    static inline int pte_write(pte_t pte) \
                { return (pte).pte_low & _PAGE_RW; }
```

对比一下，就可看出，在 pte_wrprotect( )中，把_PAGE_RW 标志位设成 0，表示这个物理页面只允许读；而在 pte_write( )却把这个标志位设成 1。同时，对于读操作，所映射的物理页面总是 ZERO_PAGE，这个页面是在 include/asm_i386/pgtable.h 中定义的：

```
91    /*
92     * ZERO_PAGE is a global shared page that is always zero: used
93     * for zero-mapped memory areas etc..
94     */
95    extern unsigned long empty_zero_page[1024];
96    #define ZERO_PAGE(vaddr) (virt_to_page(empty_zero_page))
```

就是说，只要是"只读"（也就是写保护）的页面，开始时都一律映射到同一个物理内存页面 empty_zero_page，而不管其虚拟地址是什么。实际上，这个页面的内容为全 0，所以映射之初若从该页面读出就读得 0。只有可写的页面，才通过 alloc_page( )为其分配独立的物理内存。在我们这个情景里，所需要的页面是在堆栈区，并且是由于写操作才引起异常的，所以要通过 alloc_page( )为其分配一个物理内存页面，并将分配到的物理页面连同所有的状态及标志位（见程序 1115 行），一起通过 set_pte( )设置进指针 page_table 所指的页面表项。至此，从虚存页面到物理内存页面的映射终于建立了。这里的 update_mmu_cache( )对 i386 CPU 是个空函数（见 include/asm_i386/pgtable.h），因为 i386 的 MMU（内存管理单元）是实现在 CPU 内部，而并没有独立的 MMU。

映射既已建立，下面就是逐层返回了。由于映射成功，各个层次中的返回值都是 1，直至 do_page_fault( )。在函数 do_page_fault( )中，还要处理一个与 VM86 模式以及 VGA 的图像存储区有关的特殊情况，但是那与我们这个情景已经没有关系了：

[do_page_fault( )]

```
209         /*
210          * Did it hit the DOS screen memory VA from vm86 mode?
211          */
212         if (regs->eflags & VM_MASK) {
213             unsigned long bit = (address - 0xA0000) >> PAGE_SHIFT;
214             if (bit < 32)
215                 tsk->thread.screen_bitmap |= 1 << bit;
216         }
217         up(&mm->mmap_sem);
218         return;
```

最后，特别要指出，当CPU从一次页面错异常处理返回到用户空间时，将会先重新执行因映射失败而中途夭折的那条指令，然后才继续往下执行，这是异常处理的特殊性。学过有关课程的读者都知道，中断以及自陷（trap 指令）发生时，CPU 都会将下一条指令，也就是接下去本来应该执行的指令的地址压入堆栈作为中断服务的返回地址。但是异常却不同。当异常发生时，CPU 将因无法完成（例如除以0，映射失败，等等）而夭折的指令本身的地址（而不是下一条指令的地址）压入堆栈。这样，就可以在从异常处理返回时完成未竟的事业。这个特殊性是在 CPU 的内部电路中实现的，而不需由软件干预。从这个意义上讲，所谓"缺页中断"是不对的，应该叫"缺页异常"才对。在我们这个情景中，当初是因为在一条指令中要压栈，但是越出了已经为堆栈区分配的空间而引起的。那条指令在当时已经中途夭折了，并没有产生什么效果（例如堆栈指针%esp 还是指向原来的位置）。现在，从异常处理返回以后，堆栈区已经扩展了，再重新执行一遍以前夭折的那条压栈指令，然后就可以继续往下执行了。对于用户程序来说，这整个过程都是"透明"的，就像什么事也没有发生过，而堆栈区间就仿佛从一开始就已经分配好了足够大的空间一样。

2.6 物理页面的使用和周转

除 CPU 之外，对于像 Linux 这样的现代操作系统来说，物理存储页面可以说是最基本、最重要的资源了。物理存储页面在系统中的使用和周转就好像资金在企业中的使用和周转一样重要。因此，读者对此最好能有更多一些了解。

首先要澄清本书中使用的几个术语。"虚存页面"，是指在虚拟地址空间中一个固定大小，边界与页面大小（4KB）对齐的区间及其内容。虚存页面最终要落实到，或者说要映射到某种物理存储介质上，那就是"物理页面"。根据具体介质的不同，一个物理页面可以在内存中，也可以在磁盘上。为了区分这两种情况，本书将分别称之为"（物理）内存页面"和"盘上（物理）页面"。此外，在某项外部设备上，例如在网络接口卡上，用来存储一个页面内容的那部分介质，也称为一个物理页面。所以，当我们在谈及物理内存页面的分配和释放的时候，指的仅是物理介质，而在谈及页面的换入和换出时则指的是其内容。读者，特别是非计算机专业的读者，一定要清楚并记住这一点。

如前所述，每个进程的虚存空间是很大的（用户空间为 3GB）。不过，每个进程实际上使用的空间则要小得多，一般不会超过几个 MB。特别地，传统的 Linux（以及 Unix）可执行程序通常都是比较小的，例如几十 KB 或一二百 KB。可是，当系统中有几百个、上千个进程同时存在的时候，对存储空间的需求总量就很大了。在这样的情况下，要为系统配备足够的内存就很难。所以，在计算机技术的发展史上很早就有了把内存的内容与一个专用的磁盘空间"交换"的技术，即把暂时不用的信息（内容）存放到磁盘上，为其他急用的信息腾出空间，到需要时再从磁盘上读进来的技术。早期的盘区交换技术是建立在段式存储管理的基础上的，当一个进程暂不运行的时候就可以把它（代码段和数据段等）交换出去（把其他进程换进来，故曰"交换"），到调度这个进程运行时再交换回来。显然，这样的盘区交换是很粗糙的，对系统性能的影响也比较大，所以后来发展起了建立在页式存储管理基础上的"按需页面交换"技术。

在计算机技术中，时间和空间是一对矛盾，常常需要在二者之间折中权衡，有时候是以空间换时间，有时候是以时间换空间。而页面的交换，则是典型的以时间换空间。必须指出，这只是不得已而为之。特别是在有实时要求的系统中，是不宜采用页面交换的，因为它使程序的执行在时间上有了较大的不确定性。因此，Linux 提供了用来开启和关闭页面交换机制的系统调用，不过我们在本章的叙述中假定它是打开的。

在介绍页面周转的策略之前，先要对物理页面、特别是磁盘页面的抽象描述作一个简要说明。

前面已经简略地介绍过，为了方便（物理）内存页面的管理，每一个内存页面都对应一个 page 数据结构。每一个物理内存页面之有 page 数据结构（以及每个进程之有其 task_struct 结构），就好像每个人之有"户口"或者"档案"一样。一个物理上存在的人，如果没有户口，从管理的角度来说便是不存在的。同样，一个物理上存在的内存页面，如果没有一个相应的 page 结构，就根本不会被系统"看到"。在系统的初始化阶段，内核根据检测到的物理内存的大小，为每一个页面都建立一个 page 结构，形成一个 page 结构的数组，并使一个全局量 mem_map 指向这个数组。同时，又按需要将这些页面拼合成物理地址连续的许多内存页面"块"，再根据块的大小建立起若干"管理区"（zone），而在每个管理区中则设置一个空闲块队列，以便物理内存页面的分配使用。这一些，读者已经在前面看到过了。

与此类似，交换设备（通常是磁盘，也可以是普通文件）的每个物理页面也要在内存中有个相应的数据结构（或者说"户口"），不过那要简单得多，实际上只是一个计数，表示该页面是否已被分配使用，以及有几个用户在共享这个页面。对盘上页面的管理是按文件或磁盘设备来进行的。内核中定义了一个 swap_info_struct 数据结构，用以描述和管理用于页面交换的文件或设备。它的定义包含在 **include/linux/swap.h** 中：

```
49  struct swap_info_struct {
50      unsigned int flags;
51      kdev_t swap_device;
52      spinlock_t sdev_lock;
53      struct dentry * swap_file;
54      struct vfsmount *swap_vfsmnt;
55      unsigned short * swap_map;
56      unsigned int lowest_bit;
57      unsigned int highest_bit;
58      unsigned int cluster_next;
59      unsigned int cluster_nr;
60      int prio;                   /* swap priority */
61      int pages;
62      unsigned long max;
63      int next;                   /* next entry on swap list */
```

64   };

其中的指针 swap_map 指向一个数组，该数组中的每一个无符号短整数即代表盘上（或普通文件中）的一个物理页面，而数组的下标则决定了该页面在盘上或文件中的位置。数组的大小取决于 pages，它表示该页面交换设备或文件的大小。设备上（或文件中，设备也是一种文件，下同）的第一个页面，也即 swap_map[0] 所代表的那个页面是不用于页面交换的，它包含了该设备或文件自身的一些信息以及一个表明哪些页面可供使用的位图。这些信息最初是在把该设备格式化成页面交换区时设置的。根据不同的页面交换区格式（以及版本），还有一些其他的页面也不供页面交换使用。这些页面都集中在开头和结尾两个地方，所以 swap_info_struct 结构中的 lowest_bit 和 highest_bit 就说明文件中从什么地方开始到什么地方为止是供页面交换使用的。另一个字段 max 则表示该设备或文件中最大的页面号，也就是设备或文件的物理大小。

由于存储介质是转动的磁盘，将地址连续的页面存储在连续的磁盘扇区中不见得是最有效的方法，所以在分配盘上页面空间时尽可能按集群（cluster）方式进行，而字段 cluster_next 和 cluster_nr 就是为此而设置的。

Linux 内核允许使用多个页面交换设备（或文件），所以在内核中建立了一个 swap_info_struct 结构的阵列（数组）swap_info，这是在 mm/swapfile.c 中定义的：

25   struct   swap_info_struct **swap_info**[MAX_SWAPFILES];

同时，还设立了一个队列 swap_list，将各个可以分配物理页面的磁盘设备或文件的 swap_info_struct 结构按优先级高低链接在一起：

23   struct swap_list_t   **swap_list** = {-1, -1};

这里的 swap_list_t 数据结构是在 include/linux/swap.h 中定义的：

```
153    struct swap_list_t {
154        int head;    /* head of priority-ordered swapfile list */
155        int next;    /* swapfile to be used next */
156    };
```

开始时队列为空，所以 head 和 next 均为 -1。当系统调用 swap_on( ) 指定将一个文件用于页面交换时，就将该文件的 swap_info_struct 结构链入队列中。

就像通过 pte_t 数据结构（页面表项）将物理内存页面与虚存页面建立联系一样，盘上页面也有这么一个 swp_entry_t 数据结构，这是在 include/linux/mm.h 中定义的：

```
 8    /*
 9     * A swap entry has to fit into a "unsigned long", as
10     * the entry is hidden in the "index" field of the
11     * swapper address space.
12     *
13     * We have to move it here, since not every user of fs.h is including
14     * mm.h, but m.h is including fs.h via sched.h :-/
```

```
15      */
16      typedef struct {
17          unsigned long val;
18      } swp_entry_t;
```

可见，一个 swp_entry_t 结构实际上只是一个 32 位无符号整数。但是，这个 32 位整数实际上分成三个部分，见图 2.7。

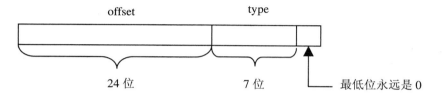

图 2.7 页面交换项结构示意图

文件 include/asm-i386/pgtable.h 中还为 type 和 offset 两个位段的访问以及与 pte_t 结构之间的关系，定义了几个宏操作：

```
336     /* Encode and de-code a swap entry */
337     #define SWP_TYPE(x)                 (((x).val >> 1) & 0x3f)
338     #define SWP_OFFSET(x)               ((x).val >> 8)
339     #define SWP_ENTRY(type, offset) \
                            ((swp_entry_t) { ((type) << 1) | ((offset) << 8) })
340     #define pte_to_swp_entry(pte)       ((swp_entry_t) { (pte).pte_low })
341     #define swp_entry_to_pte(x)         ((pte_t) { (x).val })
```

这里 offset 表示页面在一个磁盘设备或文件中的位置，也就是文件中的逻辑页面号；而 type 则是指该页面在哪一个文件中，是个序号。这个位段的命名很容易引起读者的误解，明明是指页面交换设备或文件的序号（一共可以容纳 127 个这样的文件，但实际上则视系统的配置而定，远小于 127），为什么却称之为 type 呢？估计这是从 pte_t 结构中过来的。读者可能记得，pte_t 实际上也是一个 32 位无符号整数，其中最高的 20 位为物理页面起始地址的高 20 位（物理页面起始地址的低 12 位永远是 0，因为页面都是 4KB 边界对齐的），而与这 7 位相对应的则都是些表示页面各种性质的标志位，如 R/W、U/S 等等，所以称之为 type 位段。而 swp_entry_t 与 pte_t 两种数据结构大小相同，关系非常密切。当一个页面在内存中时，页面表中的表项 pte_t 的最低位 P 标志为 1，表示页面在内存中，而其余各位指明物理内存页面的地址及页面的属性。而当一个页面在磁盘上时，则相应的页面表项不再指向一个物理内存页面，而是变成了一个 swp_entry_t "表项"，指示着这个页面的去向。由于此时其最低位为 0，表示页面不在内存，所以 CPU 中的 MMU 单元对其余各位都忽略不顾，而留待系统软件自己来加以解释。在 Linux 内核中，就用它来惟一地确定一个页面在盘上的位置，包括在哪一个文件或设备，以及页面在此文件中的相对位置。

所以，当页面在内存时，页面表中的相应表项确定了地址的映射关系；而当页面不在内存时，则指明了物理页面的去向和所在。读者在阅读内核的源程序时，不妨将 SWP_TYPE(entry) 想像成 SWP_FILE(entry)。

下面转入本节标题所说对物理页面周转的介绍。我们还是通过一些函数的代码来帮助读者理解。

先介绍一下用来释放一个磁盘页面的函数__swap_free( )。通过这个函数的阅读，读者可以加深对上面这一段说明的理解。此函数的代码在文件 mm/swapfile.c 中。而分配磁盘页面的函数__get_swap_page( )也在同一文件中，读者不妨自行阅读。

先来看__swap_free( )的开头几行：

```
141     /*
142      * Caller has made sure that the swapdevice corresponding to entry
143      * is still around or has not been recycled.
144      */
145     void __swap_free(swp_entry_t entry, unsigned short count)
146     {
147         struct swap_info_struct * p;
148         unsigned long offset, type;
149
150         if (!entry.val)
151             goto out;
152
153         type = SWP_TYPE(entry);
154         if (type >= nr_swapfiles)
155             goto bad_nofile;
156         p = & swap_info[type];
157         if (!(p->flags & SWP_USED))
158             goto bad_device;
```

如果 entry.val 为 0，就显然不需要做任何事，因为在任何页面交换设备或文件中页面 0 是不用于页面交换的。接着，如前所述，SWP_TYPE 所返回的实际上是页面交换设备的序号，即其 swap_info_struct 结构在 swap_info[ ]数组中的下标。所以 156 行以此为下标从 swap_info[ ]中取得具体文件的 swap_info_struct 结构。文件找到以后，下面就来看具体的页面了：

```
159         offset = SWP_OFFSET(entry);
160         if (offset >= p->max)
161             goto bad_offset;
162         if (!p->swap_map[offset])
163             goto bad_free;
164         swap_list_lock( );
165         if (p->prio > swap_info[swap_list.next].prio)
166             swap_list.next = type;
167         swap_device_lock(p);
168         if (p->swap_map[offset] < SWAP_MAP_MAX) {
169             if (p->swap_map[offset] < count)
170                 goto bad_count;
171             if (!(p->swap_map[offset] -= count)) {
172                 if (offset < p->lowest_bit)
173                     p->lowest_bit = offset;
174                 if (offset > p->highest_bit)
175                     p->highest_bit = offset;
```

```
176                nr_swap_pages++;
177            }
178        }
179        swap_device_unlock(p);
180        swap_list_unlock( );
181    out:
182        return;
```

如前所述，offset 是页面在文件中的位置，当然不能大于文件本身所提供的最大值。而 p->swap_map[offset]是该页面的分配(和使用)计数，如为 0 就表明尚未分配。同时，分配计数也不应大于 SWAP_MAP_MAX。函数的调用参数 count 表示有几个使用者释放该页面，所以从计数中减去 count。当计数达到 0 时，这个页面就真正变成空闲了。此时，如果页面落在当前可供分配的范围之外，就要相应地调整这个范围的边界 lowest_bit 或 highest_bit，同时，可供分配的盘上页面的数量 nr_swap_pages 也增加了。值得注意的是，释放磁盘页面的操作实际上并不涉及磁盘操作，而只是在内存中"账面"上的操作，表示磁盘上那个页面的内容已经作废。所以，花费的代价是极小的。

知道了内核怎样管理内存页面和盘上页面以后，就可以来看看内存页面的周转了。当一个内存页面空闲，也就是留在某一个空闲页面管理区的空闲队列中时，其 page 结构中的计数 count 为 0，而在分配页面时将其设置成 1。这是在函数 rmqueue( )中通过 set_page_count( )设置的，我们在前面已经看到过。

所谓内存页面的周转有两方面的意思。其一是页面的分配、使用和回收，并不一定涉及页面的盘区交换。其二才是盘区交换，而交换的目的最终也是页面的回收。并非所有的内存页面都是可以交换出去的。事实上，只有映射到用户空间的页面才会被换出，而内核，即系统空间的页面则不在此列。这里要说明一下，在内核中可以访问所有的物理页面，换言之所有的物理页面在系统空间中都是有映射的。所谓"用户空间的页面"，是指在至少一个进程的用户空间中有映射的页面，反之则为(只能由)内核使用的页面。

按页面的内容和性质，用户空间的页面有下面几种：
- 普通的用户空间页面，包括进程的代码段、数据段、堆栈段，以及动态分配的"存储堆"。其中有些页面从用户程序即进程的角度看是静态的（如代码段），但从系统的角度看仍是动态分配的。
- 通过系统调用 mmap( )映射到用户空间的已打开文件的内容。
- 进程间的共享内存区。

这些页面既涉及分配、使用和回收，也涉及页面的换出／换入。

凡是映射到系统空间的页面都不会被换出，但还是可以按使用和周转的不同而大致上分成几类。首先，内核代码和内核中全局量所占的内存页面既不需要经过分配也不会被释放，这部分空间是静态的。（相比之下，进程的代码段和全局量都在用户空间，所占的内存页面都是动态的，使用前要经过分配，最后都会被释放，并且中途可能被换出而回收后另行分配）

除此之外，内核中使用的内存页面也要经过动态分配，但永远都保留在内存中，不会被交换出去。此类常驻内存的页面根据其内容的性质可以分成两类。

一类是一旦使用完毕便无保存的价值，所以立即便可释放、回收。这类页面的周转很简单，就是空闲→(分配)→使用→(释放)→空闲。这种用途的内核页面大致上有这样一些：
- 内核中通过 kmalloc( )或 vmalloc( )分配、用作某些临时性使用和为管理目的而设的数据结构，如 vma_area_struct 数据结构等等。这些数据结构一旦使用完毕便无保存价值，所以立即便可释放。不过由于一个页面中往往有多个同种数据结构，所以要到整个页面都空闲时才能把页面释放。
- 内核中通过 alloc_pages( )分配，用作某些临时性使用和为管理目的的内存页面，如每个进程的系统堆栈所在的两个页面，以及从系统空间复制参数时使用的页面等等。这些页面也是一旦使用完毕便无保存的价值，所以立即便可释放。

另一类是虽然使用完毕了，但是其内容仍有保存的价值。只要条件允许，把这些页面"养起来"也许可以提高以后的操作效率。这类页面(或数据结构)在"释放"之后要放入一个 LRU 队列，经过一段时间的缓冲让其"老化"；如果在此期间忽然又要用到其内容了，便直接将页面连内容分配给"用户"；否则便继续老化，直到条件不再允许时才加以回收。这种用途的内核页面大致上有下面这些：
- 在文件系统操作中用来缓冲存储一些文件目录结构 dnetry 的空间。
- 在文件系统操作中用来缓冲存储一些 inode 结构的空间。
- 用于文件系统读/写操作的缓冲区。

这些页面的内容是从文件系统中直接读入或经过综合取得的，释放后立即回收另作他用也并无不可，但是那样以后要用时就又要付出代价了。

相比之下，页面交换是最复杂的，所以我们将花较大的篇幅来介绍。

显然，最简单的页面交换策略就是：每当缺页异常时便分配一个内存页面，并把在磁盘上的页面读入到分配得到的内存页面中。如果没有空闲页面可供分配，就设法将一个或几个内存页面换出到磁盘上，从而腾出一些内存页面来。但是，这种完全消极的页面交换策略有个缺点，就是页面的交换总是"临阵磨枪"，发生在系统忙碌的时候而没有调度的余地。比较积极的办法是定期地，最好是在系统相对空闲时，挑选一些页面预先换出而腾出一些内存页面，从而在系统中维持一定的空闲页面供应量，使得在缺页中断发生时总是有空闲内存页面可供分配。至于挑选的准则，一般都是 LRU，即挑选"最近最少用到"的页面。但是，这种积极的页面交换策略实行起来也有问题，因为实际上并不存在一种方法可以准确地预测对页面的访问。所以，完全有可能发生这样的现象，就是一个页面已经好久没有受到访问了，但是刚把它换出到磁盘上，却又有访问了，于是只好又赶快把它换进来。在最坏的情况下，有可能整个系统的处理能力都被这样的换入/换出所饱和，而实际上根本不能进行有效的运算和操作。有人把此种现象称为（页面的）"抖动"。

为了防止这种情况的发生，可以将页面的换出和内存页面的释放分成两步来做。当系统挑选出若干内存页面准备换出时，将这些页面的内容写入相应的磁盘页面中，并且将相应页面表项的内容改成指向盘上页面（P 标志位为 0，表示页面不在内存），但是所占据的内存页面却并不立即释放，而是将其 page 结构留在一个"暂存"（cache）队列（或称缓冲队列）中，只是使其从"活跃状态"转入了"不活跃状态"，就像军人从"现役"转入了"预备役"。至于内存页面的"退役"，即最后释放，则推迟到以后有条件地进行。这样，如果在一个页面被换出以后立即又受到访问而发生缺页异常，就可以从物理页面的暂存队列中找回相应的页面，再次为之建立映射。由于此页面尚未释放，还保留着其原来的内容，就不需要从盘上读入了。反之，如果经过一段时间以后，一个不活跃的内存页面，即还留在暂存队列却已不再有(用户空间)映射的页面，还是没有受到访问，那就到了最后退役的时候了。如果留在暂存队列中的页面又受到访问，确切地说是发生了以此页面为目标的页面异常，那么只要恢复这个页面的映射并使其脱离暂存队列就可以了，此时该页面又回到了活跃状态。

这种策略显然可以减小抖动的可能，并且减少系统在页面交换上的花费。可是，如果更深入地考察这个问题，就可以看出其实还可以改进。首先，在准备换出一个页面时并不一定要把它的内容写入磁盘。如果自从最近一次换入该页面以后从未写过这个页面，那么这个页面是"干净"的，也就是与盘上页面的内容相一致，这样的页面当然不用写出去。其次，即使是"脏"的页面，也不必立刻就写出去，而可以先从页面映射表断开，经过一段时间的"冷却"或"老化"后再写出去，从而变成"干净"页面。至于"干净"页面，则还可以继续缓冲到真有必要时才加以回收，因为回收一个"干净"页面的花费是很小的。

综上所述，物理内存页面换入/换出的周转要点如下：

(1) 空闲。页面的 page 数据结构通过其队列头结构 list 链入某个页面管理区(zone)的空闲区队列 free_area。页面的使用计数 count 为 0。

(2) 分配。通过函数__alloc_pages( )或__get_free_page( )从某个空闲队列中分配内存页面，并将所分配页面的使用计数 count 置成 1，其 page 数据结构的队列头 list 结构则变成空闲。

(3) 活跃状态。页面的 page 数据结构通过其队列头结构 lru 链入活跃页面队列 active_list，并且至少有一个进程的(用户空间)页面表项指向该页面。每当为页面建立或恢复映射时，都使页面的使用计数 count 加 1。

(4) 不活跃状态(脏)。页面的 page 数据结构通过其队列头结构 lru 链入不活跃"脏"页面队列 inactive_dirty_list，但是原则上不再有任何进程的页面表项指向该页面。每当断开页面的映射时都使页面的使用计数 count 减 1。

(5) 将不活跃"脏"页面的内容写入交换设备，并将页面的 page 数据结构从不活跃"脏"页面队列 inactive_dirty_list 转移到某个不活跃"干净"页面队列中。

(6) 不活跃状态(干净)。页面的 page 数据结构通过其队列头结构 lru 链入某个不活跃"干净"页面队列，每个页面管理区都有一个不活跃"干净"页面队列 inactive_clean_list。

(7) 如果在转入不活跃状态以后的一段时间内页面受到访问，则又转入活跃状态并恢复映射。

(8) 当有需要时，就从"干净"页面队列中回收页面，或退回到空闲队列中，或直接另行分配。

当然，实际的实现还要更复杂一些。

为了实现这种策略，在 page 数据结构中设置了所需的各种成分，并在内核中设置了全局性的 active_list 和 inactive_dirty_list 两个 LRU 队列，还在每个页面管理区中设置了一个 inactive_clean_list。根据页面的 page 结构在这些 LRU 队列中的位置，就可以知道这个页面转入不活跃状态后时间的长短，为回收页面提供参考。同时，还通过一个全局的 address_space 数据结构 swapper_space，把所有可交换内存页面管理起来，每个可交换内存页面的 page 数据结构都通过其队列头结构 list 链入其中的一个队列。此外，为加快在暂存队列中的搜索，又设置了一个杂凑表 page_hash_table。

让我们来看看内核是怎样将一个内存页面链入这些队列的。内核在为某个需要换入的页面分配了一个空闲内存页面以后，就通过 add_to_swap_cache( )将其 page 结构链入相应的队列，这个函数的代码在 mm/swap_state.c 中：

```
54    void add_to_swap_cache(struct page *page, swp_entry_t entry)
55    {
56        unsigned long flags;
57
58    #ifdef SWAP_CACHE_INFO
59        swap_cache_add_total++;
60    #endif
61        if (!PageLocked(page))
```

```
62          BUG( );
63      if (PageTestandSetSwapCache(page))
64          BUG( );
65      if (page->mapping)
66          BUG( );
67      flags = page->flags & ~((1 << PG_error) | (1 << PG_arch_1));
68      page->flags = flags | (1 << PG_uptodate);
69      add_to_page_cache_locked(page, &swapper_space, entry.val);
70  }
```

在调用这个函数前要先将页面锁住，以免受到干扰。因为是刚分配的空闲页面，其 PG_swap_cache 标志位必须为 0，指针 mapping 也必须为 0。同时，页面的内容是刚从交换设备读入的，当然与盘上页面一致，所以把 PG_uptodate 标志位设成 1。函数 __add_to_page_cache( ) 的定义见 mm/filemap.c:

```
476  /*
477   * Add a page to the inode page cache.
478   *
479   * The caller must have locked the page and
480   * set all the page flags correctly..
481   */
482  void add_to_page_cache_locked(struct page * page,
                 struct address_space *mapping, unsigned long index)
483  {
484      if (!PageLocked(page))
485          BUG( );
486
487      page_cache_get(page);
488      spin_lock(&pagecache_lock);
489      page->index = index;
490      add_page_to_inode_queue(mapping, page);
491      add_page_to_hash_queue(page, page_hash(mapping, index));
492      lru_cache_add(page);
493      spin_unlock(&pagecache_lock);
494  }
```

调用参数 mapping 是一个 address_space 结构指针，就是 &swapper_space。这种数据结构的定义见 include/linux/fs.h:

```
365  struct address_space {
366      struct list_head    clean_pages;    /* list of clean pages */
367      struct list_head    dirty_pages;    /* list of dirty pages */
368      struct list_head    locked_pages;   /* list of locked pages */
369      unsigned long       nrpages;        /* number of total pages */
370      struct address_space_operations *a_ops; /* methods */
371      struct inode        *host;          /* owner: inode, block_device */
372      struct vm_area_struct *i_mmap;      /* list of private mappings */
373      struct vm_area_struct *i_mmap_shared; /* list of shared mappings */
```

```
374         spinlock_t       i_shared_lock;  /* and spinlock protecting it */
375    };
```

结构中有三个队列头,前两个分别用于"干净"的和"脏"的页面(需要写出),另一个队列头 locked_pages 用于需要暂时锁定在内存不让换出的页面。数据结构 swapper_space 的定义见于 mm/swap_state.c:

```
31    struct address_space swapper_space = {
32        LIST_HEAD_INIT(swapper_space.clean_pages),
33        LIST_HEAD_INIT(swapper_space.dirty_pages),
34        LIST_HEAD_INIT(swapper_space.locked_pages),
35        0,                    /* nrpages */
36        &swap_aops,
37    };
```

结构中的最后一个成分指向另一个数据结构 swap_aops,里面包含了各种 swap 操作的函数指针。

从函数 add_to_page_cache_locked( ) 中可以看到,页面 page 被加入到三个队列中。下面读者会看到,page 结构通过其队列头 list 链入暂存队列 swapper_space,通过指针 next_hash 和双重指针 pprev_hash 链入某个杂凑队列,并通过其队列头 lru 链入 LRU 队列 active_list。

代码中的 page_cache_get( ) 在 pagemap.h 中定义为 get_page(page),实际上只是将页面的使用计数 page->count 加 1。这是在 include/linux/mm.h 中定义的:

```
150    #define get_page(p)       atomic_inc(&(p)->count)
```

```
31    #define page_cache_get(x)    get_page(x)
```

先将给定的 page 结构通过 add_page_to_inode_quene( ) 加入到 swapper_space 中的 clean_pages 队列,其代码在 include/linux/pagemap.h 中:

```
72    static inline void add_page_to_inode_queue(struct address_space *mapping,
                                                  struct page * page)
73    {
74        struct list_head *head = &mapping->clean_pages;
75
76        mapping->nrpages++;
77        list_add(&page->list, head);
78        page->mapping = mapping;
79    }
```

可见,链入的是 swapper_space 中的 clean_pages 队列,刚从交换设备读入的页面当然是"干净"页面。为什么这个函数叫 add_page_to_inode_queue 呢?这是因为页面的缓冲不光是为页面交换而设的,文件的读/写也要用到这种缓冲机制。通常来自同一个文件的页面就通过一个 address_space 数据结构来管理,而代表着一个文件的 inode 数据结构中有个成分 i_data,那就是一个 address_space 数据结构。从这个意义上说,用来管理可交换页面的 address_space 数据结构 swapper_space 只是个特例。

然后通过 __add_page_to_hash_quene( ) 将其链入到某个杂凑队列中,其代码也在 mm/filemap.c 中:

```
58  static void add_page_to_hash_queue(struct page * page, struct page **p)
59  {
60      struct page *next = *p;
61
62      *p = page;
63      page->next_hash = next;
64      page->pprev_hash = p;
65      if (next)
66          next->pprev_hash = &page->next_hash;
67      if (page->buffers)
68          PAGE_BUG(page);
69      atomic_inc(&page_cache_size);
70  }
```

链入的具体队列取决于杂凑值：

```
#define page_hash(mapping, index) \
        (page_hash_table + _page_hashfn(mapping, index))
```

最后将页面的 page 数据结构通过 lru_cache_add( )链入到内核中的 LRU 队列 active_list 中，其代码在 mm/swap.c 中：

```
226  /**
227   * lru_cache_add: add a page to the page lists
228   * @page: the page to add
229   */
230  void lru_cache_add(struct page * page)
231  {
232      spin_lock(&pagemap_lru_lock);
233      if (!PageLocked(page))
234          BUG( );
235      DEBUG_ADD_PAGE
236      add_page_to_active_list(page);
237      /* This should be relatively rare */
238      if (!page->age)
239          deactivate_page_nolock(page);
240      spin_unlock(&pagemap_lru_lock);
241  }
```

这里的 add_page_to_active_list( )是个宏操作，定义于 include/linux/swap.h 内：

```
209  #define add_page_to_active_list(page) { \
210      DEBUG_ADD_PAGE \
211      ZERO_PAGE_BUG \
212      SetPageActive(page); \
213      list_add(&(page)->lru, &active_list); \
214      nr_active_pages++; \
```

215   }

由于 page 数据结构可以通过其同一个队列头结构 lru 链入不同的 LRU 队列，所以需要有 PG_active、PG_inactive_dirty 以及 PG_inactive_clean 等标志位来表明目前是在哪一个队列中。以后读者将看到页面在这些队列间的转移。

存储管理不完全是内核的事，用户进程可以在相当程度上参与对内存的管理，可以在一定的范围内对于其本身的内存管理向内核提出一些要求，例如通过系统调用 mmap( )将一文件映射到它的用户空间。特别是特权用户进程，还掌握着对换入／换出机制的全局性控制权，这就是系统调用 swapon( )和 swapoff( )。调用界面为：

swapon(const char   *path,   int swapflags)
swapoff(const char   *path)

这两个系统调用是为特权用户进程设置的，用以开始或终止把某个特定的盘区或文件用于页面的换入换出。当所有的盘区和文件都不再用于页面交换时，存储管理的机制就退化到单纯的地址映射和保护。在实践中，这样做有时候是必要的。一些"嵌入式"系统，常常用 Flash Memory（闪存）来代替磁盘介质。对 Flash Memory 的写操作是很麻烦费时的，需要将存储器中的内容先抹去，然后才写入，而抹去的过程又很慢（与磁盘读写相比较）。显然，Flash Memory 是不适合用作页面交换的。所以在这样的系统中应将盘区交换关闭。事实上，在 Linux 内核刚引导进来之初，所有的页面交换都是关闭的，内核在初始化期间要执行/etc/rc.d/rc.S 命令文件，而这个文件中的命令行之一就是与系统调用 swapon( )相应的实用程序 swapon。只要把这命令行从文件中拿掉就没有页面交换了。

此外，还有几个用于共享内存的系统调用，也是与存储管理有关的。由于习惯上将共享内存归入进程间通讯的范畴，对这几个系统调用将在进程间通讯一章中另行介绍。

2.7 物理页面的分配

上一节中曾经提到，当需要分配若干内存页面时，用于 DMA 的内存页面必须是连续的。其实，为便于管理，特别是出于对物理存储空间"质地"一致性的考虑，即使不是用于 DMA 的内存页面也是连续分配的。

当一个进程需要分配若干连续的物理页面时，可以通过 alloc_pages( )来完成。Linux 内核 2.4.0 版的代码中有两个 alloc_pages( )，一个在 mm/numa.c 中，另一个在 mm/page_alloc.c 中，编译时根据所定义的条件编译选择项 CONFIG_DISCONTIGMEM 决定取舍。为什么呢？这就是出于前一节中所述对物理存储空间"质地"一致性的考虑。

我们先来看用于 NUMA 结构的 alloc_pages( )，其代码在 mm/numa.c 中：

```
43      #ifdef CONFIG_DISCONTIGMEM
        . . . . . .
91      /*
92       * This can be refined. Currently, tries to do round robin, instead
93       * should do concentratic circle search, starting from current node.
```

```
94      */
95      struct page * alloc_pages(int gfp_mask, unsigned long order)
96      {
97          struct page *ret = 0;
98          pg_data_t *start, *temp;
99      #ifndef CONFIG_NUMA
100         unsigned long flags;
101         static pg_data_t *next = 0;
102     #endif
103
104         if (order >= MAX_ORDER)
105             return NULL;
106     #ifdef CONFIG_NUMA
107         temp = NODE_DATA(numa_node_id( ));
108     #else
109         spin_lock_irqsave(&node_lock, flags);
110         if (!next) next = pgdat_list;
111         temp = next;
112         next = next->node_next;
113         spin_unlock_irqrestore(&node_lock, flags);
114     #endif
115         start = temp;
116         while (temp) {
117             if ((ret = alloc_pages_pgdat(temp, gfp_mask, order)))
118                 return(ret);
119             temp = temp->node_next;
120         }
121         temp = pgdat_list;
122         while (temp != start) {
123             if ((ret = alloc_pages_pgdat(temp, gfp_mask, order)))
124                 return(ret);
125             temp = temp->node_next;
126         }
127         return(0);
128     }
```

首先，对 NUMA 的支持是通过条件编译作为可选项提供的，所以这段代码仅在可选项 CONFIG_DISCONTIGMEM 有定义时才得到编译。不过，这里用来作为条件的是"不连续存储空间"，而不是 CONFIG_NUMA。其实，不连续的物理存储空间是一种广义的 NUMA，因为那说明在最低物理地址和最高物理地址之间存在着空洞，而有空洞的空间当然是非均质的。所以在地址不连续的物理空间也要像在质地不均匀的物理空间那样划分出若干连续（而且均匀）的"节点"。所以，在存储空间不连续的系统中，每个模块都有个若干个节点，因而都有个 pg_data_t 数据结构的队列。

调用时有两个参数。第一个参数 gfp_mask 是个整数，表示采用哪一种分配策略；第二个参数 order 表示所需的物理块大小，可以是 1、2、4、……、直到 2^{MAX_ORDER} 个页面。

在 NUMA 结构的系统中，可以通过宏操作 NUMA_DATA 和 numa_node_id( )找到 CPU 所在节点的 pg_data_t 数据结构队列。而在不连续的 UMA 结构中，则也有个 pg_data_t 数据结构的队列 pgdat_list，分配时轮流从各个节点开始，以求各节点负荷的平衡。

函数中主要的操作在于两个 while 循环，它们分两截（先是从 temp 开始到队列的末尾，然后回头从第一个节点到最初开始的地方）扫描队列中所有的节点，直至在某个节点内分配成功，或彻底失败而返回 0。对于每个节点，调用 alloc_pages_pgdat( ) 试图分配所需的页面，这个函数的代码在 mm/numa.c 中：

```
85    static struct page * alloc_pages_pgdat(pg_data_t *pgdat, int gfp_mask,
86        unsigned long order)
87    {
88        return __alloc_pages(pgdat->node_zonelists + gfp_mask, order);
89    }
```

可见，参数 gfp_mask 在这里用作给定节点中数组 node_zonelists[ ]的下标，决定具体的分配策略。把这段代码与下面用于连续空间 UMA 结构的 alloc_pages( )对照一下，就可以看出区别：在连续空间 UMA 结构中只有一个节点 contig_page_data，而在 NUMA 结构或不连续空间 UMA 结构中则有多个。

连续空间 UMA 结构的 alloc_pages( )是在文件 mm/page_alloc.c 中定义的：

```
343   #ifndef CONFIG_DISCONTIGMEM
344   static inline struct page * alloc_pages(int gfp_mask, unsigned long order)
345   {
346       /*
347        * Gets optimized away by the compiler.
348        */
349       if (order >= MAX_ORDER)
350           return NULL;
351       return __alloc_pages(contig_page_data.node_zonelists+(gfp_mask),
                                                       order);
352   }
```

与 NUMA 结构的 alloc_pages( )相反，这个函数仅在 CONFIG_DISCONTIGMEM 无定义时才得到编译。所以这两个同名的函数只有一个会得到编译。

具体的页面分配由函数 __alloc_pages( ) 完成，其代码在 mm/page_alloc.c 中，我们分段阅读：

[alloc_pages( ) > __alloc_pages( )]

```
270       /*
271        * This is the 'heart' of the zoned buddy allocator:
272        */
273   struct page * __alloc_pages(zonelist_t *zonelist, unsigned long order)
274   {
275       zone_t **zone;
276       int direct_reclaim = 0;
277       unsigned int gfp_mask = zonelist->gfp_mask;
278       struct page * page;
279
```

```
280         /*
281          * Allocations put pressure on the VM subsystem.
282          */
283         memory_pressure++;
284
285         /*
286          * (If anyone calls gfp from interrupts nonatomically then it
287          * will sooner or later tripped up by a schedule( ).)
288          *
289          * We are falling back to lower-level zones if allocation
290          * in a higher zone fails.
291          */
292
293         /*
294          * Can we take pages directly from the inactive_clean
295          * list?
296          */
297         if (order == 0 && (gfp_mask & __GFP_WAIT) &&
298                 !(current->flags & PF_MEMALLOC))
299             direct_reclaim = 1;
300
301         /*
302          * If we are about to get low on free pages and we also have
303          * an inactive page shortage, wake up kswapd.
304          */
305         if (inactive_shortage( ) > inactive_target / 2 && free_shortage( ))
306             wakeup_kswapd(0);
307         /*
308          * If we are about to get low on free pages and cleaning
309          * the inactive_dirty pages would fix the situation,
310          * wake up bdflush.
311          */
312         else if (free_shortage( ) && nr_inactive_dirty_pages > free_shortage( )
313                 && nr_inactive_dirty_pages >= freepages.high)
314             wakeup_bdflush(0);
315
```

调用时有两个参数。第一个参数 zonelist 指向代表着一个具体分配策略的 zonelist_t 数据结构。另一个参数 order 则与前面 alloc_pages( )中的相同。全局量 memory_pressure 表示内存页面管理所受的压力，分配内存页面时递增，归还时则递减。这里的局部量 gfp_mask 来自代表着具体分配策略的数据结构，是一些用于控制目的的标志位。如果要求分配的只是单个页面，而且要等待分配完成，又不是用于管理目的，则把一个局部量 direct_reclaim 设成 1，表示可以从相应页面管理区的"不活跃干净页面"缓冲队列中回收。这些页面的内容都已写出至页面交换设备或文件中，只是还保存着页面的内容，使得在需要这个页面的内容时无需再从设备或文件读入，但是当空闲页面短缺时，就顾不得那么多了。由于一般而言这些页面不一定能像真正的空闲页面那样连成块，所以仅在要求分配单个页面时才能从这些页面中回收。此外，当发现可分配页面短缺时，还要唤醒 kswapd 和 bdflush 两个内核线程，让它们设法腾出一些内存页面来（详见"页面的定期换出"）。我们继续往下看：

[alloc_pages( ) > __alloc_pages( )]

```
316     try_again:
317         /*
318          * First, see if we have any zones with lots of free memory.
319          *
320          * We allocate free memory first because it doesn't contain
321          * any data ... DUH!
322          */
323         zone = zonelist->zones;
324         for (;;) {
325             zone_t *z = *(zone++);
326             if (!z)
327                 break;
328             if (!z->size)
329                 BUG( );
330
331             if (z->free_pages >= z->pages_low) {
332                 page = rmqueue(z, order);
333                 if (page)
334                     return page;
335             } else if (z->free_pages < z->pages_min &&
336                         waitqueue_active(&kreclaimd_wait)) {
337                 wake_up_interruptible(&kreclaimd_wait);
338             }
339         }
340
```

这是对一个分配策略中所规定的所有页面管理区的循环。循环中依次考察各个管理区中空闲页面的总量，如果总量尚在"低水位"以上，就通过rmqueue( )试图从该管理区中分配。要是发现管理区中的空闲页面总量已经降到了最低点，而且有进程（实际上只能是内核线程kreclaimd）在一个等待队列kreclaimd_wait中睡眠，就把它唤醒，让它帮助回收一些页面备用。函数rmqueue( )试图从一个页面管理区分配若干连续的内存页面，其代码在mm/page_alloc.c中：

[alloc_pages( ) > __alloc_pages( ) > rmqueue( )]

```
172     static struct page * rmqueue(zone_t *zone, unsigned long order)
173     {
174         free_area_t * area = zone->free_area + order;
175         unsigned long curr_order = order;
176         struct list_head *head, *curr;
177         unsigned long flags;
178         struct page *page;
179
180         spin_lock_irqsave(&zone->lock, flags);
```

```
181         do {
182             head = &area->free_list;
183             curr = memlist_next(head);
184
185             if (curr != head) {
186                 unsigned int index;
187
188                 page = memlist_entry(curr, struct page, list);
189                 if (BAD_RANGE(zone,page))
190                     BUG();
191                 memlist_del(curr);
192                 index = (page - mem_map) - zone->offset;
193                 MARK_USED(index, curr_order, area);
194                 zone->free_pages -= 1 << order;
195
196                 page = expand(zone, page, index, order, curr_order, area);
197                 spin_unlock_irqrestore(&zone->lock, flags);
198
199                 set_page_count(page, 1);
200                 if (BAD_RANGE(zone,page))
201                     BUG();
202                 DEBUG_ADD_PAGE
203                 return page;
204             }
205             curr_order++;
206             area++;
207         } while (curr_order < MAX_ORDER);
208         spin_unlock_irqrestore(&zone->lock, flags);
209
210         return NULL;
211     }
```

以前讲过，代表物理页面的 page 数据结构，以双向链的形式链接在管理区的某个空闲队列中。分配页面时当然要把它从队列中摘链，而摘链的过程是不容许其他的进程、其他的处理器（如果有的话）来打扰的。所以要用 spin_lock_irqsave( )将相应的分区加上锁，不容许打扰。管理区结构中的空闲区 zone->free_area 是个结构数组，所以 zone->free_area +order 就指向链接所需大小的物理内存块的队列头。主要的操作是在一个 do_while 循环中进行。它首先在恰好满足大小要求的队列里分配，如果不行的话就试试更大的（指物理内存块）队列中分配，成功的话，就把分配到的大块中剩余的部分分解成小块而链入相应的队列（通过 196 行的 expand( )）。

第 188 行中的 memlist_entry( )从一个非空的队列里取第一个结构 page 元素，然后通过 memlist_del( )将其从队列中摘除。对此，我们已在第 1 章中作过解释。

函数 expand( )是在同一文件（mm/page_alloc.c）中定义的：

[alloc_pages( ) > __alloc_pages( ) > rmqueue( ) > expand( )]

```
150     static inline struct page * expand (zone_t *zone, struct page *page,
```

```
151         unsigned long index, int low, int high, free_area_t * area)
152     {
153         unsigned long size = 1 << high;
154
155         while (high > low) {
156             if (BAD_RANGE(zone, page))
157                 BUG();
158             area--;
159             high--;
160             size >>= 1;
161             memlist_add_head(&(page)->list, &(area)->free_list);
162             MARK_USED(index, high, area);
163             index += size;
164             page += size;
165         }
166         if (BAD_RANGE(zone, page))
167             BUG();
168         return page;
169     }
```

调用参数表中的 low 对应于表示所需物理块大小的 order,而 high 则对应于表示当前空闲区队列(也就是从中得到能满足要求的物理块的队列) 的 curr_order。当两者相符时,从 155 行开始的 while 循环就被跳过了。若是分配到的物理块大于所需的大小(不可能小于所需的大小),那就将该物理块链入低一档也就是物理块大小减半的空闲块队列中去,并相应设置该空闲区队列的位图,这是在第 158 行至 162 行中完成的。然后从该物理块中切去一半,而以其后半部作为一个新的物理块(第 163 和 164 行),而后开始下一轮循环也就是处理更低一档的空闲块队列。这样,最后必有 high 与 low 两者相等,也就是实际剩下的物理块与要求恰好相符的时候,循环就结束了。

就这样,rmqueue( )一直往上扫描,直到成功或者最终失败。如果 rmqueue( )失败,则__alloc_pages( )通过其 for 循环降格以求,接着试分配策略中规定的下一个管理区,直到成功,或者碰到了空指针而最终失败(见 327 行)。如果分配成功了,则__alloc_pages( )返回一个 page 结构指针,指向页面块中第一个页面的 page 结构,并且该 page 结构中的使用计数 count 为 1。如果每次分配的都是单个的页面(order 为 0),则自然每个页面的使用计数都是 1。

要是给定分配策略中所有的页面管理区都失败了,那就只好"加大力度"再试,一是降低对页面管理区中保持"水位"的要求,二是把缓冲在管理区中的"不活跃干净页面"也考虑进去。我们再往下看__alloc_pages( )的代码(mm/page_alloc.c)。

[alloc_pages( ) > __alloc_pages( )]

```
341     /*
342      * Try to allocate a page from a zone with a HIGH
343      * amount of free + inactive_clean pages.
344      *
345      * If there is a lot of activity, inactive_target
346      * will be high and we'll have a good chance of
347      * finding a page using the HIGH limit.
```

```
348          */
349          page = __alloc_pages_limit(zonelist, order, PAGES_HIGH, direct_reclaim);
350          if (page)
351              return page;
352
353          /*
354           * Then try to allocate a page from a zone with more
355           * than zone->pages_low free + inactive_clean pages.
356           *
357           * When the working set is very large and VM activity
358           * is low, we're most likely to have our allocation
359           * succeed here.
360           */
361          page = __alloc_pages_limit(zonelist, order, PAGES_LOW, direct_reclaim);
362          if (page)
363              return page;
364
```

这里先以参数 PAGES_HIGH 调用__alloc_pages_limit( )；如果还不行就再加大力度，改以 PAGES_LOW 再调用一次。函数__alloc_pages_limit( )的代码也在 mm/page_alloc.c 中：

[alloc_pages( ) > __alloc_pages( ) > __alloc_pages_limit( )]

```
213  #define PAGES_MIN       0
214  #define PAGES_LOW       1
215  #define PAGES_HIGH      2
216
217  /*
218   * This function does the dirty work for __alloc_pages
219   * and is separated out to keep the code size smaller.
220   * (suggested by Davem at 1:30 AM, typed by Rik at 6 AM)
221   */
222  static struct page * __alloc_pages_limit(zonelist_t *zonelist,
223      unsigned long order, int limit, int direct_reclaim)
224  {
225      zone_t **zone = zonelist->zones;
226
227      for (;;) {
228          zone_t *z = *(zone++);
229          unsigned long water_mark;
230
231          if (!z)
232              break;
233          if (!z->size)
234              BUG( );
235
236          /*
```

```
237        * We allocate if the number of free + inactive_clean
238        * pages is above the watermark.
239        */
240            switch (limit) {
241                default:
242                case PAGES_MIN:
243                    water_mark = z->pages_min;
244                    break;
245                case PAGES_LOW:
246                    water_mark = z->pages_low;
247                    break;
248                case PAGES_HIGH:
249                    water_mark = z->pages_high;
250            }
251
252            if (z->free_pages + z->inactive_clean_pages > water_mark) {
253                struct page *page = NULL;
254                /* If possible, reclaim a page directly. */
255                if (direct_reclaim && z->free_pages < z->pages_min + 8)
256                    page = reclaim_page(z);
257                /* If that fails, fall back to rmqueue. */
258                if (!page)
259                    page = rmqueue(z, order);
260                if (page)
261                    return page;
262            }
263        }
264
265        /* Found nothing. */
266        return NULL;
267    }
```

这个函数的代码与前面__alloc_pages( )中的for循环在逻辑上只是稍有不同,我们把它留给读者。其中reclaim_page( )从页面管理区的inactive_clean_list队列中回收页面,其代码在mm/vmscan.c中,我们把它列出在"页面的定期换出"一节的末尾,读者可以在学习了页面的换入和换出以后自己阅读。注意调用这个函数的条件是参数direct_reclaim非0,所以要求分配的一定是单个页面。

还是不行的话,那就说明这些管理区中的页面已经严重短缺了,让我们看看__alloc_pages( )是如何对付的:

[alloc_pages( ) > __alloc_pages( )]

```
365        /*
366         * OK, none of the zones on our zonelist has lots
367         * of pages free.
368         *
369         * We wake up kswapd, in the hope that kswapd will
370         * resolve this situation before memory gets tight.
```

```
371         *
372         * We also yield the CPU, because that:
373         * - gives kswapd a chance to do something
374         * - slows down allocations, in particular the
375         *   allocations from the fast allocator that's
376         *   causing the problems ...
377         * - ... which minimises the impact the "bad guys"
378         *   have on the rest of the system
379         * - if we don't have __GFP_IO set, kswapd may be
380         *   able to free some memory we can't free ourselves
381         */
382         wakeup_kswapd(0);
383         if (gfp_mask & __GFP_WAIT) {
384             __set_current_state(TASK_RUNNING);
385             current->policy |= SCHED_YIELD;
386             schedule();
387         }
388
389         /*
390          * After waking up kswapd, we try to allocate a page
391          * from any zone which isn't critical yet.
392          *
393          * Kswapd should, in most situations, bring the situation
394          * back to normal in no time.
395          */
396         page = __alloc_pages_limit(zonelist, order, PAGES_MIN, direct_reclaim);
397         if (page)
398             return page;
399
```

首先是唤醒内核线程 kswapd，让它设法换出一些页面。如果分配策略表明对于要求分配的页面是志在必得，分配不到时宁可等待，就让系统来一次调度，并且让当前进程为其他进程让一下路。这样，一来让 kswapd 有可能立即被调度运行，二来其他进程也有可能会释放出一些页面，再说也可减缓了要求分配页面的速度，减轻了压力。当请求分配页面的进程再次被调度运行时，或者分配策略表明不允许等待时，就以参数 PAGES_MIN 再调用一次 __alloc_pages_limit( )。可是，要是再失败呢？这时候就要看是谁在要求分配内存页面了。如果要求分配页面的进程(或线程)是 kswapd 或 kreclaimd，本身就是"内存分配工作者"，要求分配内存页面的目的是执行公务，是要更好地分配内存页面，这当然比一般的进程更重要。这些进程的 task_struct 结构中 flags 字段的 PF_MEMALLOC 标志位为 1。我们先看对于一般进程，即 PF_MEMALLOC 标志位为 0 的进程的对策。

[alloc_pages( ) > __alloc_pages( )]

```
400         /*
401          * Damn, we didn't succeed.
402          *
403          * This can be due to 2 reasons:
```

```
404              * - we're doing a higher-order allocation
405              * --> move pages to the free list until we succeed
406              * - we're /really/ tight on memory
407              * --> wait on the kswapd waitqueue until memory is freed
408              */
409             if (!(current->flags & PF_MEMALLOC)) {
410                 /*
411                  * Are we dealing with a higher order allocation?
412                  *
413                  * Move pages from the inactive_clean to the free list
414                  * in the hope of creating a large, physically contiguous
415                  * piece of free memory.
416                  */
417                 if (order > 0 && (gfp_mask & __GFP_WAIT)) {
418                     zone = zonelist->zones;
419                     /* First, clean some dirty pages. */
420                     current->flags |= PF_MEMALLOC;
421                     page_launder(gfp_mask, 1);
422                     current->flags &= ~PF_MEMALLOC;
423                     for (;;) {
424                         zone_t *z = *(zone++);
425                         if (!z)
426                             break;
427                         if (!z->size)
428                             continue;
429                         while (z->inactive_clean_pages) {
430                             struct page * page;
431                             /* Move one page to the free list. */
432                             page = reclaim_page(z);
433                             if (!page)
434                                 break;
435                             __free_page(page);
436                             /* Try if the allocation succeeds. */
437                             page = rmqueue(z, order);
438                             if (page)
439                                 return page;
440                         }
441                     }
442                 }
443                 /*
444                  * When we arrive here, we are really tight on memory.
445                  *
446                  * We wake up kswapd and sleep until kswapd wakes us
447                  * up again. After that we loop back to the start.
448                  *
449                  * We have to do this because something else might eat
450                  * the memory kswapd frees for us and we need to be
451                  * reliable. Note that we don't loop back for higher
```

```
452              * order allocations since it is possible that kswapd
453              * simply cannot free a large enough contiguous area
454              * of memory *ever*.
455              */
456             if ((gfp_mask & (__GFP_WAIT|__GFP_IO)) == (__GFP_WAIT|__GFP_IO)) {
457                     wakeup_kswapd(1);
458                     memory_pressure++;
459                     if (!order)
460                             goto try_again;
461             /*
462              * If __GFP_IO isn't set, we can't wait on kswapd because
463              * kswapd just might need some IO locks /we/ are holding ...
464              *
465              * SUBTLE: The scheduling point above makes sure that
466              * kswapd does get the chance to free memory we can't
467              * free ourselves...
468              */
469             } else if (gfp_mask & __GFP_WAIT) {
470                     try_to_free_pages(gfp_mask);
471                     memory_pressure++;
472                     if (!order)
473                             goto try_again;
474             }
475
476     }
477
```

分配内存页面失败的原因可能是两方面的，一种可能是可分配页面的总量实在已经太少了；另一种是总量其实还不少，但是所要求的页面块大小却不能满足，此时往往有不少单个的页面在管理区的 **inactive_clean_pages** 队列中，如果加以回收就有可能拼装起较大的页面块。同时，可能还有些"脏"页面在全局的 **inactive_dirty_pages** 队列中，把脏页面的内容写出到交换设备上或文件中，就可以使它们变成"干净"页面而加以回收。所以，针对第二种可能，代码中通过 page_launder( ) 把"脏页"面"洗净"(详见"页面的定期换出")，然后通过一个 for 循环在各个页面管理区中回收和释放"干净"页面。具体的回收和释放是通过一个 while 循环完成的。在通过__free_page( ) 释放页面时会把空闲页面拼装起尽可能大的页面块，所以在每回收了一个页面以后都要调用 rmqueue( ) 试一下，看看是否已经能满足要求。值得注意的是，这里在调用 page_launder( ) 期间把当前进程的 PF_MEMALLOC 标志位设成 1，使其有了"执行公务"时的特权。为什么要这样做呢？这是因为在 page_launder( ) 中也会要求分配一些临时性的工作页面，不把 PF_MEMALLOC 标志位设成 1 就可能递归地进入这里的 409～476 行。

如果回收了这样的页面以后还是不行，那就是可分配页面的总量不够了。这时候一种办法是唤醒 kswapd，而要求分配页面的进程则睡眠等待，由 kswapd 在完成了一轮运行之后再反过来唤醒要求分配页面的进程。然后，如果要求分配的是单个页面，就通过 goto 语句转回__alloc_pages( ) 开头处的标号 **try_again** 处。另一种办法是直接调用 try_to_free_pages( )，这个函数本来是由 kswapd 调用的。

那么，如果是"执行公务"呢？或者，虽然不是执行公务，但已想尽了一切办法，采取了一切措施，只不过因为要求分配的是成块的页面才没有转回前面的标号 **try_again** 处。

前面我们看到，一次次加大力度调用__alloc_pages_limit( )时，实际上还是有所保留的。例如，最后一次以 PAGES_MIN 为参数，此时判断是否可以分配的准则是管理区中可分配页面的"水位"高于 z->pages_min。之所以还留着一点"老本"，是为应付紧急状况，而现在已到了"不惜血本"的时候了。我们继续往下看__alloc_pages( )的代码。

[alloc_pages( ) > __alloc_pages( )]

```
478         /*
479          * Final phase: allocate anything we can!
480          *
481          * Higher order allocations, GFP_ATOMIC allocations and
482          * recursive allocations (PF_MEMALLOC) end up here.
483          *
484          * Only recursive allocations can use the very last pages
485          * in the system, otherwise it would be just too easy to
486          * deadlock the system...
487          */
488         zone = zonelist->zones;
489         for (;;) {
490             zone_t *z = *(zone++);
491             struct page * page = NULL;
492             if (!z)
493                 break;
494             if (!z->size)
495                 BUG( );
496
497             /*
498              * SUBTLE: direct_reclaim is only possible if the task
499              * becomes PF_MEMALLOC while looping above. This will
500              * happen when the OOM killer selects this task for
501              * instant execution...
502              */
503             if (direct_reclaim) {
504                 page = reclaim_page(z);
505                 if (page)
506                     return page;
507             }
508
509             /* XXX: is pages_min/4 a good amount to reserve for this? */
510             if (z->free_pages < z->pages_min / 4 &&
511                 !(current->flags & PF_MEMALLOC))
512                 continue;
513             page = rmqueue(z, order);
514             if (page)
515                 return page;
516         }
517
```

```
518            /* No luck.. */
519            printk(KERN_ERR "__alloc_pages: %lu-order allocation failed.\n", order);
520            return NULL;
521        }
```

如果连这也失败，那一定是系统有问题了。

读者也许会说：好家伙，分配一个(或几个)内存页面有这么麻烦，那 CPU 还有多少个时间能用于实质性的计算呢？要知道我们这里是假定分配页面的努力"屡战屡败"，而又"屡败屡战"，这才有这么多艰苦卓绝的努力。实际上，绝大多数的分配页面操作都是在分配策略所规定的第一个页面管理区中就成功了。不过，从这里我们可以看到设计一个系统需要何等周密的考虑。

2.8 页面的定期换出

这个情景比较长，读者得有点耐心。

为了避免总是在 CPU 忙碌的时候，也就是在缺页异常发生的时候，临时再来搜寻可供换出的内存页面并加以换出，Linux 内核定期地检查并且预先将若干页面换出，腾出空间，以减轻系统在缺页异常发生时的负担。当然，由于无法确切地预测页面的使用，即使这样做了也还是不能完全杜绝在缺页异常发生时内存没有空闲页面，而只好临时寻找可换出页面的可能。但是，这样毕竟可以减少其发生的概率。并且，通过选择适当的参数，例如每隔多久换出一次，每次换出多少页面，可以使得在缺页异常发生时必须临时寻找页面换出的情况实际上很少发生。为此，在 Linux 内核中设置了一个专司定期将页面换出的"守护神"kswapd。

从原理上说，kswapd 相当于一个进程，有其自身的进程控制块 task_struct 结构，跟其他进程一样受内核的调度。而正因为内核将它按进程来调度，就可以让它在系统相对空闲的时候来运行。不过，与普通的进程相比，kswapd 还是有其特殊性。首先，它没有自己独立的地址空间，所以在近代操作系统理论中称为"线程"（thread）以示区别。那么，kswapd 使用谁的地址空间呢？它使用的是内核的空间。在这一点上，它与中断服务程序相似。其次，它的代码是静态地连接在内核中的，可以直接调用内核中的各种子程序，而不像普通的进程那样只能通过系统调用，使用预先定义好的一组功能。

本节讲述 kswapd 受内核调度而运行并走完一条例行路线的全过程。

线程 kswapd 的源代码基本上都在 mm/vmscan.c 中。先来看它的建立：

```
1146    static int __init kswapd_init(void)
1147    {
1148        printk("Starting kswapd v1.8\n");
1149        swap_setup();
1150        kernel_thread(kswapd, NULL, CLONE_FS | CLONE_FILES | CLONE_SIGNAL);
1151        kernel_thread(kreclaimd, NULL, CLONE_FS | CLONE_FILES | CLONE_SIGNAL);
1152        return 0;
1153    }
```

函数 kswapd_init( ) 是在系统初始化期间受到调用的，它主要做两件事。第一件是在 swap_setup( ) 中根据物理内存的大小设定一个全局量 page_cluster：

[kswapd_init( ) > swap_setup( )]

```
293     /*
294      * Perform any setup for the swap system
295      */
296     void __init swap_setup(void)
297     {
298         /* Use a smaller cluster for memory <16MB or <32MB */
299         if (num_physpages < ((16 * 1024 * 1024) >> PAGE_SHIFT))
300             page_cluster = 2;
301         else if (num_physpages < ((32 * 1024 * 1024) >> PAGE_SHIFT))
302             page_cluster = 3;
303         else
304             page_cluster = 4;
305     }
```

这是一个跟磁盘设备驱动有关的参数。由于读磁盘时先要经过寻道，并且寻道是个比较费时间的操作，所以如果每次只读一个页面是不经济的。比较好的办法是既然读了就干脆多读几个页面，称为"预读"。但是预读意味着每次需要暂存更多的内存页面，所以需要决定一个适当的数量，而根据物理内存本身的大小来确定这个参数显然是合理的。第二件事就是创建线程 kswapd，这是由 kernel_thread( ) 完成的。这里还创建了另一个线程 kreclaimd，也是跟存储管理有关，不过不像 kswapd 那么复杂和重要，所以我们暂且把它放在一边。关于建立线程的详情请参阅进程管理一章，这里暂且假定线程 kswapd 就此建立了，并且从函数 kswapd( ) 开始执行。其代码在 mm/vmscan.c 中：

```
947     /*
948      * The background pageout daemon, started as a kernel thread
949      * from the init process.
950      *
951      * This basically trickles out pages so that we have _some_
952      * free memory available even if there is no other activity
953      * that frees anything up. This is needed for things like routing
954      * etc, where we otherwise might have all activity going on in
955      * asynchronous contexts that cannot page things out.
956      *
957      * If there are applications that are active memory-allocators
958      * (most normal use), this basically shouldn't matter.
959      */
960     int kswapd(void *unused)
961     {
962         struct task_struct *tsk = current;
963     
964         tsk->session = 1;
965         tsk->pgrp = 1;
966         strcpy(tsk->comm, "kswapd");
967         sigfillset(&tsk->blocked);
968         kswapd_task = tsk;
```

```
        /*
         * Tell the memory management that we're a "memory allocator",
         * and that if we need more memory we should get access to it
         * regardless (see "__alloc_pages()"). "kswapd" should
         * never get caught in the normal page freeing logic.
         *
         * (Kswapd normally doesn't need memory anyway, but sometimes
         * you need a small amount of memory in order to be able to
         * page out something else, and this flag essentially protects
         * us from recursively trying to free more memory as we're
         * trying to free the first piece of memory in the first place).
         */
        tsk->flags |= PF_MEMALLOC;

        /*
         * Kswapd main loop.
         */
        for (;;) {
            static int recalc = 0;

            /* If needed, try to free some memory. */
            if (inactive_shortage() || free_shortage()) {
                int wait = 0;
                /* Do we need to do some synchronous flushing? */
                if (waitqueue_active(&kswapd_done))
                    wait = 1;
                do_try_to_free_pages(GFP_KSWAPD, wait);
            }

            /*
             * Do some (very minimal) background scanning. This
             * will scan all pages on the active list once
             * every minute. This clears old referenced bits
             * and moves unused pages to the inactive list.
             */
            refill_inactive_scan(6, 0);

            /* Once a second, recalculate some VM stats. */
            if (time_after(jiffies, recalc + HZ)) {
                recalc = jiffies;
                recalculate_vm_stats();
            }

            /*
             * Wake up everybody waiting for free memory
             * and unplug the disk queue.
             */
```

```
1017            wake_up_all(&kswapd_done);
1018            run_task_queue(&tq_disk);
1019
1020            /*
1021             * We go to sleep if either the free page shortage
1022             * or the inactive page shortage is gone. We do this
1023             * because:
1024             * 1) we need no more free pages  or
1025             * 2) the inactive pages need to be flushed to disk,
1026             *    it wouldn't help to eat CPU time now ...
1027             *
1028             * We go to sleep for one second, but if it's needed
1029             * we'll be woken up earlier...
1030             */
1031            if (!free_shortage() || !inactive_shortage()) {
1032                interruptible_sleep_on_timeout(&kswapd_wait, HZ);
1033            /*
1034             * If we couldn't free enough memory, we see if it was
1035             * due to the system just not having enough memory.
1036             * If that is the case, the only solution is to kill
1037             * a process (the alternative is enternal deadlock).
1038             *
1039             * If there still is enough memory around, we just loop
1040             * and try free some more memory...
1041             */
1042            } else if (out_of_memory()) {
1043                oom_kill();
1044            }
1045        }
1046    }
```

在一些简单的初始化操作以后，程序便进入一个无限循环。在每次循环的末尾一般都会调用 interruptible_sleep_on_timeout()进入睡眠，让内核自由地调度别的进程运行。但是内核在一定时间以后又会唤醒并调度 kswapd 继续运行，这时候 kswapd 就又回到这无限循环开始的地方。那么，这"一定时间"是多长呢，这就是常数 HZ。HZ 决定了内核中每秒钟有多少次时钟中断。用户可以在编译内核前的系统配置阶段改变其数值，但是一经编译就定下来了。所以, 在调用 interruptible_sleep_on_timeout() 时的参数为 HZ, 表示 1 秒钟以后又要调度 kswapd 继续运行。换言之，对 interruptible_sleep_on_timeout() 的调用一进去就得 1 秒钟以后才回来。但是，在有些情况下内核也会在不到 1 秒钟时就把它唤醒，那样 kswapd 就会提前返回而开始新的一轮循环。所以, 这个循环至少每隔 1 秒钟执行一遍, 这就是 kswapd 的例行路线。

那么，kswapd 在这至少每秒一次的例行路线中做些什么呢？可以把它分成两部分。第一部分是在发现物理页面已经短缺的情况下才进行的，目的在于预先找出若干页面，且将这些页面的映射断开，使这些物理页面从活跃状态转入不活跃状态，为页面的换出作好准备。第二部分是每次都要执行的，目的在于把已经处于不活跃状态的"脏"页面写入交换设备，使它们成为不活跃"干净"页面继续缓冲，或进一步回收一些这样的页面成为空闲页面。

先看第一部分，首先检查内存中可供分配或周转的物理页面是否短缺：

[kswapd( ) > inactive_shortage( )]

```
805     /*
806      * How many inactive pages are we short?
807      */
808     int inactive_shortage(void)
809     {
810         int shortage = 0;
811
812         shortage += freepages.high;
813         shortage += inactive_target;
814         shortage -= nr_free_pages( );
815         shortage -= nr_inactive_clean_pages( );
816         shortage -= nr_inactive_dirty_pages;
817
818         if (shortage > 0)
819             return shortage;
820
821         return 0;
822     }
```

系统中应该维持的物理页面供应量由两个全局量确定，那就是 freepages.high 和 inactive_target，分别为空闲页面的数量和不活跃页面的数量，二者之和为正常情况下潜在的供应量。而这些内存页面的来源则有三个方面。一方面是当前尚存的空闲页面，这是立即就可以分配的页面。这些页面分散在各个页面管理区中，并且合并成地址连续、大小为 2、4、8、$\cdots$、2^N 个页面的页面块，其数量由 nr_free_pages( ) 加以统计。另一方面是现有的不活跃"干净"页面，这些页面本质上也是马上就可以分配的页面，但是页面中的内容可能还会用到，所以多保留一些这样的页面有助于减少从交换设备的读入。这些页面也分散在各个页面管理区中，但并不合并成块，其数量由 nr_inactive_clean_pages ( )加以统计。最后是现有的不活跃"脏"页面，这些页面要先加以"净化"，即写入交换设备以后才能投入分配。这种页面全都在同一个队列中，内核中的全局量 nr_inactive_dirty_pages 记录着当前此类页面的数量。上述两个函数的代码都在 mm/page_alloc.c 中，也都比较简单，读者可以自己阅读。

不过，光维持潜在的物理页面供应总量还不够，还要通过 free_shortage( )检查是否有某个具体管理区中有严重的短缺，即直接可供分配的页面数量（除不活跃"脏"页面以外）是否小于一个最低限度。这个函数的代码在 mm/vmscan.c 中，我们也把它留给读者。

如果发现可供分配的内存页面短缺，那就要设法释放和换出若干页面，这是通过 do_try_to_free_pages( )完成的。不过在此之前还要调用 waitqueue_active( )，看看 kswapd_done 队列中是否有函数在等待执行，并把查看的结果作为参数传递给 do_try_to_free_pages( )。在第 3 章中，读者将看到内核中有几个特殊的队列，内核中各个部分（主要是设备驱动）可以把一些低层函数挂入这样的队列，使得这些函数在某种事件发生时就能得到执行。而 kswapd_done，就正是这样的一个队列。凡是挂入这个队列的函数，在 kswapd 每完成一趟例行的操作时就能得到执行。这里的 inline 函数 waitqueue_active( )就是查看是否有函数在这个队列中等待执行。其定义在 include/linux/wait.h 中：

[kswapd( ) > waitqueue_active( )]

```
152     static inline int waitqueue_active(wait_queue_head_t *q)
153     {
154     #if WAITQUEUE_DEBUG
155         if (!q)
156             WQ_BUG( );
157         CHECK_MAGIC_WQHEAD(q);
158     #endif
159
160         return !list_empty(&q->task_list);
161     }
```

下面就是调用 do_try_to_free_pages( )，试图腾出一些内存页面。其代码在 vmscan.c 中：

[kswapd( ) > do_try_to_free_pages( )]

```
907     static int do_try_to_free_pages(unsigned int gfp_mask, int user)
908     {
909         int ret = 0;
910
911         /*
912          * If we're low on free pages, move pages from the
913          * inactive_dirty list to the inactive_clean list.
914          *
915          * Usually bdflush will have pre-cleaned the pages
916          * before we get around to moving them to the other
917          * list, so this is a relatively cheap operation.
918          */
919         if (free_shortage( ) || nr_inactive_dirty_pages > nr_free_pages( ) +
920                 nr_inactive_clean_pages( ))
921             ret += page_launder(gfp_mask, user);
922
923         /*
924          * If needed, we move pages from the active list
925          * to the inactive list. We also "eat" pages from
926          * the inode and dentry cache whenever we do this.
927          */
928         if (free_shortage( ) || inactive_shortage( )) {
929             shrink_dcache_memory(6, gfp_mask);
930             shrink_icache_memory(6, gfp_mask);
931             ret += refill_inactive(gfp_mask, user);
932         } else {
933             /*
934              * Reclaim unused slab cache memory.
935              */
936             kmem_cache_reap(gfp_mask);
937             ret = 1;
```

```
938            }
939
940            return ret;
941    }
```

将活跃页面的映射断开，使之转入不活跃状态，甚至进而换出到交换设备上，是不得已而为之，因为谁也不能精确地预测到底哪一些页面是合适的换出对象。虽然一般而言"最近最少用到"是个有效的准则，但也并不是"放诸四海而皆准"。所以，能够不动"现役"页面是最理想的。基于这样的考虑，这里所作的是先易后难，逐步加强力度。首先是调用 page_launder( )，试图把已经转入不活跃状态的"脏"页面"洗净"，使它们变成立即可以分配的页面。函数名中的"launder"，就是"洗衣工"的意思。这个函数一方面(基本上)定期地受到 kswapd( )的调用，一方面在每当需要分配内存页面，而又无页面可供分配时，临时地受到调用。其代码在 mm/vmscan.c 中：

[kswapd( ) > do_try_to_free_pages( ) > page_launder( )]

```
465    /**
466     * page_launder - clean dirty inactive pages, move to inactive_clean list
467     * @gfp_mask: what operations we are allowed to do
468     * @sync: should we wait synchronously for the cleaning of pages
469     *
470     * When this function is called, we are most likely low on free +
471     * inactive_clean pages. Since we want to refill those pages as
472     * soon as possible, we'll make two loops over the inactive list,
473     * one to move the already cleaned pages to the inactive_clean lists
474     * and one to (often asynchronously) clean the dirty inactive pages.
475     *
476     * In situations where kswapd cannot keep up, user processes will
477     * end up calling this function. Since the user process needs to
478     * have a page before it can continue with its allocation, we'll
479     * do synchronous page flushing in that case.
480     *
481     * This code is heavily inspired by the FreeBSD source code. Thanks
482     * go out to Matthew Dillon.
483     */
484    #define MAX_LAUNDER         (4 * (1 << page_cluster))
485    int page_launder(int gfp_mask, int sync)
486    {
487        int launder_loop, maxscan, cleaned_pages, maxlaunder;
488        int can_get_io_locks;
489        struct list_head * page_lru;
490        struct page * page;
491
492        /*
493         * We can only grab the IO locks (eg. for flushing dirty
494         * buffers to disk) if __GFP_IO is set.
495         */
```

```
496            can_get_io_locks = gfp_mask & __GFP_IO;
497
498            launder_loop = 0;
499            maxlaunder = 0;
500            cleaned_pages = 0;
501
502    dirty_page_rescan:
503            spin_lock(&pagemap_lru_lock);
504            maxscan = nr_inactive_dirty_pages;
505            while ((page_lru = inactive_dirty_list.prev) != &inactive_dirty_list &&
506                        maxscan-- > 0) {
507                page = list_entry(page_lru, struct page, lru);
508
509                /* Wrong page on list?! (list corruption, should not happen) */
510                if (!PageInactiveDirty(page)) {
511                    printk("VM: page_launder, wrong page on list.\n");
512                    list_del(page_lru);
513                    nr_inactive_dirty_pages--;
514                    page->zone->inactive_dirty_pages--;
515                    continue;
516                }
517
518                /* Page is or was in use? Move it to the active list. */
519                if (PageTestandClearReferenced(page) || page->age > 0 ||
520                        (!page->buffers && page_count(page) > 1) ||
521                        page_ramdisk(page)) {
522                    del_page_from_inactive_dirty_list(page);
523                    add_page_to_active_list(page);
524                    continue;
525                }
526
527                /*
528                 * The page is locked. IO in progress?
529                 * Move it to the back of the list.
530                 */
531                if (TryLockPage(page)) {
532                    list_del(page_lru);
533                    list_add(page_lru, &inactive_dirty_list);
534                    continue;
535                }
536
537                /*
538                 * Dirty swap-cache page? Write it out if
539                 * last copy..
540                 */
541                if (PageDirty(page)) {
542                    int (*writepage)(struct page *) = page->mapping->a_ops->writepage;
543                    int result;
```

```
544                  if (!writepage)
545                      goto page_active;
546
547                  /* First time through? Move it to the back of the list */
548                  if (!launder_loop) {
549                      list_del(page_lru);
550                      list_add(page_lru, &inactive_dirty_list);
551                      UnlockPage(page);
552                      continue;
553                  }
554
555                  /* OK, do a physical asynchronous write to swap. */
556                  ClearPageDirty(page);
557                  page_cache_get(page);
558                  spin_unlock(&pagemap_lru_lock);
559
560                  result = writepage(page);
561                  page_cache_release(page);
562
563                  /* And re-start the thing.. */
564                  spin_lock(&pagemap_lru_lock);
565                  if (result != 1)
566                      continue;
567                  /* writepage refused to do anything */
568                  set_page_dirty(page);
569                  goto page_active;
570              }
571
572              /*
573               * If the page has buffers, try to free the buffer mappings
574               * associated with this page. If we succeed we either free
575               * the page (in case it was a buffercache only page) or we
576               * move the page to the inactive_clean list.
577               *
578               * On the first round, we should free all previously cleaned
579               * buffer pages
580               */
581              if (page->buffers) {
582                  int wait, clearedbuf;
583                  int freed_page = 0;
584                  /*
585                   * Since we might be doing disk IO, we have to
586                   * drop the spinlock and take an extra reference
587                   * on the page so it doesn't go away from under us.
588                   */
589                  del_page_from_inactive_dirty_list(page);
590                  page_cache_get(page);
591
```

```
592            spin_unlock(&pagemap_lru_lock);
593
594            /* Will we do (asynchronous) IO? */
595            if (launder_loop && maxlaunder == 0 && sync)
596                wait = 2;    /* Synchrounous IO */
597            else if (launder_loop && maxlaunder-- > 0)
598                wait = 1;    /* Async IO */
599            else
600                wait = 0;    /* No IO */
601
602            /* Try to free the page buffers. */
603            clearedbuf = try_to_free_buffers(page, wait);
604
605            /*
606             * Re-take the spinlock. Note that we cannot
607             * unlock the page yet since we're still
608             * accessing the page_struct here...
609             */
610            spin_lock(&pagemap_lru_lock);
611
612            /* The buffers were not freed. */
613            if (!clearedbuf) {
614                add_page_to_inactive_dirty_list(page);
615
616            /* The page was only in the buffer cache. */
617            } else if (!page->mapping) {
618                atomic_dec(&buffermem_pages);
619                freed_page = 1;
620                cleaned_pages++;
621
622            /* The page has more users besides the cache and us. */
623            } else if (page_count(page) > 2) {
624                add_page_to_active_list(page);
625
626            /* OK, we "created" a freeable page. */
627            } else /* page->mapping && page_count(page) == 2 */ {
628                add_page_to_inactive_clean_list(page);
629                cleaned_pages++;
630            }
631
632            /*
633             * Unlock the page and drop the extra reference.
634             * We can only do it here because we ar accessing
635             * the page struct above.
636             */
637            UnlockPage(page);
638            page_cache_release(page);
639
```

```
640                    /*
641                     * If we're freeing buffer cache pages, stop when
642                     * we've got enough free memory.
643                     */
644                    if (freed_page && !free_shortage())
645                        break;
646                    continue;
647                } else if (page->mapping && !PageDirty(page)) {
648                    /*
649                     * If a page had an extra reference in
650                     * deactivate_page( ), we will find it here.
651                     * Now the page is really freeable, so we
652                     * move it to the inactive_clean list.
653                     */
654                    del_page_from_inactive_dirty_list(page);
655                    add_page_to_inactive_clean_list(page);
656                    UnlockPage(page);
657                    cleaned_pages++;
658                } else {
659            page_active:
660                    /*
661                     * OK, we don't know what to do with the page.
662                     * It's no use keeping it here, so we move it to
663                     * the active list.
664                     */
665                    del_page_from_inactive_dirty_list(page);
666                    add_page_to_active_list(page);
667                    UnlockPage(page);
668                }
669            }
670            spin_unlock(&pagemap_lru_lock);
```

代码中的局部量 cleaned_pages 用来累计被"洗清"的页面数量。另一个局部量 launder_loop 用来控制扫描不活跃"脏"页面队列的次数。在第一趟扫描时 launder_loop 为 0，如果有必要进行第二趟扫描，则将其设成 1 并转回到标号 dirty_page_rescan 处（502 行），开始又一次扫描。

对不活跃"脏"页面队列的扫描是通过一个 while 循环(505 行)进行的。由于在循环中会把有些页面从当前位置移到队列的尾部，所以除沿着链接指针扫描外还要对数量加以控制，才能避免重复处理同一页面，甚至陷入死循环，这就是变量 maxscan 的作用。

对于队列中的每一个页面，首先要检查它的 PG_inactive_dirty 标志位为 1，否则就根本不应该出现在这个队列中，这一定是出了什么毛病，所以把它从队列中删除（见 512 行）。除此之外，对于正常的不活跃"脏"页面，则要依次作下述的检查并作相应的处理。

(1) 有些页面虽然已经进入不活跃"脏"页面队列，但是由于情况已经变化，或者当初进入这个队列本来就是"冤假错案"，因而需要回到活跃页面队列中(519～525 行)。这样的页面有：页面在进入了不活跃"脏"页面队列之后又受到了访问，即发生了以此页面为目标的缺页异常，从而恢复了该页面的映射。

页面的"寿命"还未耗尽。页面的 page 结构中有个字段 age，其数值与页面受访问的频繁程度有关。后面我们还要回到这个话题。

页面并不用作读/写文件的缓冲，而页面的使用计数却又大于 1。这说明页面在至少一个进程的映射表中有映射。如前所述，一个页面的使用计数在分配时设成 1，以后对该页面的每一次使用都使这个计数加 1，包括将页面用作读/写文件的缓冲。如果一个页面没有用作读/写文件的缓冲，那么只要计数大于 1 就必定还有进程在使用这个页面。

页面在受到进程用户空间映射的同时又用于 ramdisk，即用内存空间来模拟磁盘，这种页面当然不应该换出到磁盘上。

(2) 页面已被锁住(531 行)，所以 TryLockPage( )返回 1，这表明正在对此页面进行操作，如输入/输出，这样的页面应该留在不活跃"脏"页面队列中，但是把它移到队列的尾部。注意，对于未被锁住的页面，现在已经锁上了。

(3) 如果页面仍是"脏"的(541 行)，即 page 结构中的 PG_dirty 标志位为 1，则原则上要将其写出到交换设备上，但还有些特殊情况要考虑(541~571 行)。首先，所属的 address_space 数据结构必须提供页面写出操作的函数，否则就只好转到 page_active 处，将页面送回活跃页面队列中。对于一般的页面交换，所属的 address_space 数据结构为 swapper_space，其 address_space_operations 结构为 swap_aops，所提供的页面写出操作为 swap_writepage( )，过这一"关"是没有问题的。在第一趟扫描中，只是把页面移到同一队列的尾部，而并不写出页面(531~535 行)。如果进行第二趟扫描的话，那就真的要把页面写出去了。写之前先通过 ClearPageDirty( )把页面的 PG_dirty 标志位清成 0，然后通过由所属 address_space 数据结构所提供的函数把页面写出去。根据页面的不同使用目的，例如普通的用户空间页面，或者通过 mmap( )建立的文件映射以及文件系统的读/写缓冲，具体的操作也不一样。这个写操作可能是同步的(当前进程睡眠，等待写出完成)，也可能是异步的，但总是需要一定的时间才能完成，在此期间内核有可能再次进入 page_launder( )，所以需要防止把这个页面再写出一次。这就是把页面的 PG_dirty 标志位清成 0 的目的。这样，就不会把同一个页面写出两次了（见 541 行）。此外，还要考虑页面写出失败的可能，具体的函数在写出失败时应该返回 1，使 page_launder( )可以恢复页面的 PG_dirty 标志位并将其退还给活跃页面队列中（569~570 行）。顺便提一下，这里在调用具体的 writepage 函数时先通过 page_cache_get( )递增页面的使用计数，从这个函数返回后再通过 page_cache_release( )递减这个计数，表示在把页面写出的期间多了一个"用户"。注意这里并没有立即把写出的页面转移到不活跃"干净"页面队列中，而只是把它的 PG_dirty 标志位清成了 0。还要注意，如果 CPU 到达了代码中的 582 行，则页面的 PG_dirty 标志位必定是 0，这个页面一定是在以前的扫描中写出而变"干净"的。

(4) 如果页面不再是"脏"的，并且又是用作文件读/写缓冲的页面(582~647 行)，则先使它脱离不活跃"脏"页面队列，再通过 try_to_free_buffers( )试图将页面释放。如果不能释放则根据返回值将其退回不活跃"脏"页面队列，或者链入活跃页面队列，或者不活跃"干净"页面队列。如果释放成功，则页面的使用计数已经在 try_to_free_buffers( )中减 1，638 行的 page_cache_release( )再使其减 1 就达到了 0，从而最终将页面释放回到空闲页面队列中。如果成功地释放了一个页面，并且发现系统中的空闲页面已经不再短缺，那么扫描就可以结束了(见 644 和 645 行)。否则继续扫描。函数 try_to_free_buffers( )的代码在 fs/buffer.c 中，读者可以在学习了"文件系统"一章以后自行阅读。

(5) 如果页面不再是"脏"的，并且在某个 address_space 数据结构的队列中，这就是已经"洗清"

了的页面，所以把它转移到所属区间的不活跃"干净"页面队列中。

(6) 最后，如果不属于上述的任何一种情况(658 行)，那就是无法处理的页面，所以把它退回活跃页面队列中。

完成了一趟扫描以后，还要根据系统中空闲页面是否短缺、以及调用参数 gfp_mask 中的__GFP_IO 标志位是否为 1，来决定是否进行第二趟扫描。

[kswapd( ) > do_try_to_free_pages( ) > page_launder( )]

```
671
672        /*
673         * If we don't have enough free pages, we loop back once
674         * to queue the dirty pages for writeout. When we were called
675         * by a user process (that /needs/ a free page) and we didn't
676         * free anything yet, we wait synchronously on the writeout of
677         * MAX_SYNC_LAUNDER pages.
678         *
679         * We also wake up bdflush, since bdflush should, under most
680         * loads, flush out the dirty pages before we have to wait on
681         * IO.
682         */
683        if (can_get_io_locks && !launder_loop && free_shortage( )) {
684            launder_loop = 1;
685            /* If we cleaned pages, never do synchronous IO. */
686            if (cleaned_pages)
687                sync = 0;
688            /* We only do a few "out of order" flushes. */
689            maxlaunder = MAX_LAUNDER;
690            /* Kflushd takes care of the rest. */
691            wakeup_bdflush(0);
692            goto dirty_page_rescan;
693        }
694
695        /* Return the number of pages moved to the inactive_clean list. */
696        return cleaned_pages;
697    }
```

如果决定进行第二趟扫描，就转回到 502 行标号 dirty_page_rescan 处。注意这里把 launder_loop 设成了 1，以后就不可能再回过去又扫描一次了。所以每次调用 page_launder( )最多是作两趟扫描。

回到 do_try_to_free_pages( )的代码中，经过 page_launder( )以后，如果可分配的物理页面数量仍然不足，那就要进一步设法回收页面了。不过，也并不是单纯地从各个进程的用户空间所映射的物理页面中回收，而是从四个方面回收，这就是这里所调用三个函数（shrink_dcache_memory( )、shrink_icache_memory( )、refill_inactive( )），以及等一下将会看到的 kmem_cache_reap( )的意图。在"文件系统"一章中，读者将会看到，在打开文件的过程中要分配和使用代表着目录项的 dentry 数据结构，还有代表着文件索引节点的 inode 数据结构。这些数据结构在文件关闭以后并不立即释放，而是放在 LRU 队列中作为后备，以防在不久将来的文件操作中又要用到。这样，经过一段时间以后，就有可能积累起大量的 dentry 数据结构和 inode 数据结构，占用数量可观的物理页面。这时，就要通过 shrink_dcache_memory( )和 shrink_icache_memory( )适当加以回收，以维持这些数据结构与物理页面间的"生态平衡"。另一方面，除此以外，内核在运行中也需要动态地分配使用很多数据结构，内核中对此采用了一种称为"slab"的管理机制。以后读者会看到，这种机制就好像是向存储管理"批发"物理页面，然后切割成小块"零售"。随着系统的运行，对这种物理页面的实际需求也在动态地变化。但是 slab 管理机制也是倾向于分配和保持更多的空闲物理页面，而不热衷于退还这些页面，所以过一段时间就要通过 kmem_cache_reap( )来"收割"。读者可以在学习了"文件系统"后回过来自己阅读前两个函数的代码，我们在这里则集中关注 refill_inactive( )，其代码在 mm/vmscan.c 中：

[kswapd( ) > do_try_to_free_pages( ) > refill_inactive ( )]

```
824     /*
825      * We need to make the locks finer granularity, but right
826      * now we need this so that we can do page allocations
827      * without holding the kernel lock etc.
828      *
829      * We want to try to free "count" pages, and we want to
830      * cluster them so that we get good swap-out behaviour.
831      *
832      * OTOH, if we're a user process (and not kswapd), we
833      * really care about latency. In that case we don't try
834      * to free too many pages.
835      */
836     static int refill_inactive(unsigned int gfp_mask, int user)
837     {
838         int priority, count, start_count, made_progress;
839
840         count = inactive_shortage( ) + free_shortage( );
841         if (user)
842             count = (1 << page_cluster);
843         start_count = count;
844
845         /* Always trim SLAB caches when memory gets low. */
846         kmem_cache_reap(gfp_mask);
847
848         priority = 6;
849         do {
850             made_progress = 0;
851
852             if (current->need_resched) {
853                 __set_current_state(TASK_RUNNING);
854                 schedule( );
855             }
856
857             while (refill_inactive_scan(priority, 1)) {
858                 made_progress = 1;
```

```
859                 if (--count <= 0)
860                     goto done;
861             }
862
863             /*
864              * don't be too light against the d/i cache since
865              * refill_inactive( ) almost never fail when there's
866              * really plenty of memory free.
867              */
868             shrink_dcache_memory(priority, gfp_mask);
869             shrink_icache_memory(priority, gfp_mask);
870
871             /*
872              * Then, try to page stuff out..
873              */
874             while (swap_out(priority, gfp_mask)) {
875                 made_progress = 1;
876                 if (--count <= 0)
877                     goto done;
878             }
879
880             /*
881              * If we either have enough free memory, or if
882              * page_launder( ) will be able to make enough
883              * free memory, then stop.
884              */
885             if (!inactive_shortage( ) || !free_shortage( ))
886                 goto done;
887
888             /*
889              * Only switch to a lower "priority" if we
890              * didn't make any useful progress in the
891              * last loop.
892              */
893             if (!made_progress)
894                 priority--;
895         } while (priority >= 0);
896
897         /* Always end on a refill_inactive.., may sleep... */
898         while (refill_inactive_scan(0, 1)) {
899             if (--count <= 0)
900                 goto done;
901         }
902
903     done:
904         return (count < start_count);
905     }
```

参数 user 是从 kswapd 传下来的，表示是否有函数在 kswapd_done 队列中等待执行，这个因素决定回收物理页面的过程是否可以慢慢来，所以对本次要回收的页面数量有影响。

首先通过 kmem_cache_reap( )"收割"由 slab 机制管理的空闲物理页面，相对而言这是动作最小的，读者可以在学习了"内核工作缓冲区的管理"一节以后自己阅读这个函数的代码。

然后，就是一个 do-while 循环。循环从优先级最低的 6 级开始，逐步加大"力度"直到 0 级，结果或者达到了目标，回收的数量够了；或者在最高优先级时还是达不到目标，那也只好算了（到缺页中断真的发生时情况也许有了改变）。

在循环中，每次开头都要检查一下当前进程的 task_struct 结构中的 need_resched 是否为 1。如果是，就说明某个中断服务程序要求调度，所以调用 schedule( )让内核进行一次调度，但是在此之前把本进程的状态设置成 TASK_RUNNING，表达要继续运行的意愿。读者在第 4 章中将会看到，task_struct 结构中的 need_resched 是为强制调度而设置的，每当 CPU 结束了一次系统调用或中断服务、从系统空间返回用户空间时就会检查这个标志。可是，kswapd 是个内核线程，永远不会"返回用户空间"，这样就有可能绕过这个机制而占住 CPU 不放，所以只能靠它"自律"，自己在可能需要较长时间的操作之前检查这个标志并调用 schedule( )。

那么，在循环中做些什么呢？主要是两件事。一件是通过 refill_inactive_scan( )扫描活跃页面队列，试图从中找到可以转入不活跃状态的页面；另一件是通过 swap_out( )找出一个进程，然后扫描其映射表，从中找出可以转入不活跃状态的页面。此外，还要再试试用于 dentry 结构和 inode 结构的页面。

先看 refill_inactive_scan( )的代码，这个函数在 mm/vmscan.c 中：

```
699     /**
700      * refill_inactive_scan - scan the active list and find pages to deactivate
701      * @priority: the priority at which to scan
702      * @oneshot: exit after deactivating one page
703      *
704      * This function will scan a portion of the active list to find
705      * unused pages, those pages will then be moved to the inactive list.
706      */
707     int refill_inactive_scan(unsigned int priority, int oneshot)
708     {
709         struct list_head * page_lru;
710         struct page * page;
711         int maxscan, page_active = 0;
712         int ret = 0;
713
714         /* Take the lock while messing with the list... */
715         spin_lock(&pagemap_lru_lock);
716         maxscan = nr_active_pages >> priority;
717         while (maxscan-- > 0 && (page_lru = active_list.prev) != &active_list) {
718             page = list_entry(page_lru, struct page, lru);
719
720             /* Wrong page on list?! (list corruption, should not happen) */
721             if (!PageActive(page)) {
722                 printk("VM: refill_inactive, wrong page on list.\n");
723                 list_del(page_lru);
```

```
724                nr_active_pages--;
725                continue;
726            }
727
728            /* Do aging on the pages. */
729            if (PageTestandClearReferenced(page)) {
730                age_page_up_nolock(page);
731                page_active = 1;
732            } else {
733                age_page_down_ageonly(page);
734                /*
735                 * Since we don't hold a reference on the page
736                 * ourselves, we have to do our test a bit more
737                 * strict then deactivate_page( ). This is needed
738                 * since otherwise the system could hang shuffling
739                 * unfreeable pages from the active list to the
740                 * inactive_dirty list and back again...
741                 *
742                 * SUBTLE: we can have buffer pages with count 1.
743                 */
744                if (page->age == 0 && page_count(page) <=
745                            (page->buffers ? 2 : 1)) {
746                    deactivate_page_nolock(page);
747                    page_active = 0;
748                } else {
749                    page_active = 1;
750                }
751            }
752            /*
753             * If the page is still on the active list, move it
754             * to the other end of the list. Otherwise it was
755             * deactivated by age_page_down and we exit successfully.
756             */
757            if (page_active || PageActive(page)) {
758                list_del(page_lru);
759                list_add(page_lru, &active_list);
760            } else {
761                ret = 1;
762                if (oneshot)
763                    break;
764            }
765        }
766        spin_unlock(&pagemap_lru_lock);
767
768        return ret;
769    }
```

就像对"脏"页面队列的扫描一样,这里也通过一个局部量 maxscan 来控制扫描的页面数量。不过这里扫描的不一定是整个活跃页面队列，而是根据调用参数 priority 的值扫描其中一部分，只有在 priority 为 0 时才扫描整个队列(见 716 行)。对于所扫描的页面，首先也要验证确实属于活跃页面(见 721 行)。然后，根据页面是否受到了访问(见 729 行)，决定增加或减少页面的寿命。如果减少页面寿命以后到达了 0，那就说明这个页面已经很长时间没有受到访问，因而已经耗尽了寿命。不过，光是耗尽了寿命还不足以把页面从活跃状态转入不活跃状态，还得看是否还有用户空间映射。如果页面并不用作文件系统的读/写缓冲，那么只要页面的使用计数大于 1 就说明还有用户空间映射，还不能转入不活跃状态（见 744 行），这样的页面在通过 swap_out( )扫描相应进程的映射表时才能转入不活跃状态。对于还不能转入不活跃状态的页面，要将其从队列中的当前位置移到队列的尾部。反之，如果成功地将一个页面转入了不活跃状态，则根据参数 oneshot 的值决定是否继续扫描。一般来说，在活跃页面队列中的页面使用计数都大于 1。而当 swap_out( )断开一个页面的映射而使其转入不活跃状态时，则已经将页面转入不活跃页面队列，因而不在这个队列中了。可是，就如代码中的注释所言，确实存在着特殊的情况，在"页面的换入"中就可以看到。

再看 swap_out( )，那是在 mm/vmscan.c 中定义的：

[kswapd( ) > do_try_to_free_pages( ) > refill_inactive ( ) > swap_out( )]

```
297     /*
298      * Select the task with maximal swap_cnt and try to swap out a page.
299      * N.B. This function returns only 0 or 1.  Return values != 1 from
300      * the lower level routines result in continued processing.
301      */
302     #define SWAP_SHIFT 5
303     #define SWAP_MIN 8
304
305     static int swap_out(unsigned int priority, int gfp_mask)
306     {
307         int counter;
308         int __ret = 0;
309
310         /*
311          * We make one or two passes through the task list, indexed by
312          * assign = {0, 1}:
313          *   Pass 1: select the swappable task with maximal RSS that has
314          *           not yet been swapped out.
315          *   Pass 2: re-assign rss swap_cnt values, then select as above.
316          *
317          * With this approach, there's no need to remember the last task
318          * swapped out.  If the swap-out fails, we clear swap_cnt so the
319          * task won't be selected again until all others have been tried.
320          *
321          * Think of swap_cnt as a "shadow rss" - it tells us which process
322          * we want to page out (always try largest first).
323          */
324         counter = (nr_threads << SWAP_SHIFT) >> priority;
325         if (counter < 1)
```

```
326             counter = 1;
327
328     for (; counter >= 0; counter--) {
329         struct list_head *p;
330         unsigned long max_cnt = 0;
331         struct mm_struct *best = NULL;
332         int assign = 0;
333         int found_task = 0;
334     select:
335         spin_lock(&mmlist_lock);
336         p = init_mm.mmlist.next;
337         for (; p != &init_mm.mmlist; p = p->next) {
338             struct mm_struct *mm = list_entry(p, struct mm_struct, mmlist);
339             if (mm->rss <= 0)
340                 continue;
341             found_task++;
342             /* Refresh swap_cnt? */
343             if (assign == 1) {
344                 mm->swap_cnt = (mm->rss >> SWAP_SHIFT);
345                 if (mm->swap_cnt < SWAP_MIN)
346                     mm->swap_cnt = SWAP_MIN;
347             }
348             if (mm->swap_cnt > max_cnt) {
349                 max_cnt = mm->swap_cnt;
350                 best = mm;
351             }
352         }
353
354         /* Make sure it doesn't disappear */
355         if (best)
356             atomic_inc(&best->mm_users);
357         spin_unlock(&mmlist_lock);
358
359         /*
360          * We have dropped the tasklist_lock, but we
361          * know that "mm" still exists: we are running
362          * with the big kernel lock, and exit_mm()
363          * cannot race with us.
364          */
365         if (!best) {
366             if (!assign && found_task > 0) {
367                 assign = 1;
368                 goto select;
369             }
370             break;
371         } else {
372             __ret = swap_out_mm(best, gfp_mask);
373             mmput(best);
```

```
374                    break;
375                }
376            }
377            return __ret;
378        }
```

这个函数的主体是一个 for 循环，循环的次数取决于 counter，而 counter 又是根据内核中进程（包括线程）的个数和调用 swap_out( )时优先级（最初为 6 级，逐次上升至 0 级）计算而得的。当优先级为 0 时，counter 就等于(nr_threads<< SWAP_SHIFT)，即 32×nr_threads，这里 nr_threads 为当前系统中进程的数量。这个数值决定了把页面换出去的"决心"有多大，即代码中外层循环的次数。参数 gfp_mask 中是一些控制信息。

在每次循环中，程序试图从所有的进程中找到一个最合适的进程 best。找到了就扫描这个进程的页面映射表，将符合条件的页面暂时断开对内存页面的映射，或进一步将页面转入不活跃状态，为把这些页面换出到交换设备上作好准备。

这里还应指出，这个函数虽然叫"swap_out"，但实际上只是为把一些页面换出到交换设备上作好准备，而并不一定是物理意义上的页面换出，所以在下面的叙述中所谓"换出"是广义的。那么，根据什么准则来找"最合适"的进程呢？可以说是"劫富济贫"与"轮流坐庄"相结合。每个进程都有其自身的虚存空间，空间中已经分配并建立了映射的页面构成一个集合。但是在任何一个给定的时刻，该集合中的每一个页面所对应的物理页面不一定都在内存中，在内存中的往往只是一个子集。这个子集称为"驻内页面集合"（resident set），其大小称为 rss。在存储管理结构 mm_struct 中有一个成分就是 rss。以前我们在讲到这个结构时把 rss 跳过了，因为说来话长。而现在到了结合情景和源代码加以说明的时候了。

代码中的内层 for 循环表示从第二个进程开始扫描所有的进程。内核中所有的 task_struct 结构都以双向链连接成一个队列。而进程 init_task 是内核中的第一个进程，是所有其他进程的祖宗。只要内核还在运行，这个进程就"永远不落"。所以，从 init_task.next_task 始至 init_task 止，就是扫描除第一个进程外的所有进程。扫描的目的是从中找出 mm->swap_cnt 为最大的进程。每个 mm_struct 结构中的这个数值，是在把所有进程的页面资源时都处理了一遍，从而每个 mm_struct 结构中的这个数值都变成了 0 的时候设置好了的，反映了当时该进程占用内存页面的数量 mm->rss。这就好像一次"人口普查"。随后，每次考察和处理了这个进程的一个页面，就将其 mm->swap_cnt 减 1，直至最后变成 0。所以，mm->rss 反映了一个进程占用的内存页面数量，而 mm->swap_cnt 反映了该进程在一轮换出内存页面的努力中尚未受到考察的页面数量。只要在这一轮中至少还有一个进程的页面尚未受到考察，就一定能找到一个"最佳对象"。一直到所有进程的 mm->swap_cnt 都变成了 0，从而扫描下来竟找不到一个"best"时（439~444 行），再把这里的局部量 assign 置成 1，再扫描一遍。这一次将每个进程当前的 mm->rss 拷贝到 mm->swap_cnt 中，然后再从最富有的进程开始。但是，所谓尚未受到考察的页面数量并不包括最近一次"人口普查"以后因页面异常而换入（或恢复映射）的页面，这些页面的数量要到下一次"人口普查"以后才会反映出来。就每个进程的角度而言，对内存页面的占用存在着两个方向上的运动：一个方向是因页面异常而有更多的页面建立起或恢复起映射；另一个方向则是周期性地受到 swap_out( ) 的考察而被切断若干页面的映射。这两个运动的结合决定了一个进程在特定时间内对内存页面的占用。

找到一个"最佳对象" best 以后，就要依次考察该进程的映射表，将符合条件的页面换出去。

页面的换出具体是由 swap_out_mm( )来完成的。当 swap_out_mm( )成功地换出一个页面时返回 1，否则返回 0，返回负数则为异常。在操作之前先通过 356 行的 atomic_inc( ) 递增 mm_struct 结构中的使用计数 mm_users，待完成以后再由 373 行的 mmput( )将其还原，使这个数据结构在操作的期间多了一个用户，从而不会在中途被释放。

函数 swap_out_mm( )的代码也在 vmscan.c 中：

[kswapd( ) > do_try_to_free_pages( ) > refill_inactive ( ) > swap_out( ) > swap_out_mm( )]

```
257     static int swap_out_mm(struct mm_struct * mm, int gfp_mask)
258     {
259         int result = 0;
260         unsigned long address;
261         struct vm_area_struct* vma;
262
263         /*
264          * Go through process' page directory.
265          */
266
267         /*
268          * Find the proper vm-area after freezing the vma chain
269          * and ptes.
270          */
271         spin_lock(&mm->page_table_lock);
272         address = mm->swap_address;
273         vma = find_vma(mm, address);
274         if (vma) {
275             if (address < vma->vm_start)
276                 address = vma->vm_start;
277
278             for (;;) {
279                 result = swap_out_vma(mm, vma, address, gfp_mask);
280                 if (result)
281                     goto out_unlock;
282                 vma = vma->vm_next;
283                 if (!vma)
284                     break;
285                 address = vma->vm_start;
286             }
287         }
288         /* Reset to 0 when we reach the end of address space */
289         mm->swap_address = 0;
290         mm->swap_cnt = 0;
291
292     out_unlock:
293         spin_unlock(&mm->page_table_lock);
294         return result;
295     }
```

首先，mm->swap_address 表示在执行的过程中要接着考察的页面地址。最初时该地址为 0，到所有的页面都已考察了一遍的时候就又清成 0（见 289 行）。程序在一个 for 循环中根据当前的这个地址找到其所在的虚存区域 vma，然后就调用 swap_out_vma( )试图换出一个页面。如果成功（返回1），这一次任务就完成了。否则就试下一个虚存区间。就这样一层一层地往下调用，经过 swap_out_vma( )、swap_out_pgd( )、swap_out_pmd( )，一直到 try_to_swap_out( )，试图换出由一个页面表项 pte 所指向的内存页面。中间这几个函数都在同一个文件中，读者可以自行阅读。这里我们直接来看 try_to_swap_out( )，因为这是关键所在。下面，我们一步一步来看它的各个片断：

[kswapd( ) > do_try_to_free_pages( ) > refill_inactive ( ) > swap_out( ) > swap_out_mm( ) > swap_out_vma( ) > swap_out_pgd( ) > swap_out_pmd( ) > try_to_swap_out( )]

```
27      /*
28       * The swap-out functions return 1 if they successfully
29       * threw something out, and we got a free page. It returns
30       * zero if it couldn't do anything, and any other value
31       * indicates it decreased rss, but the page was shared.
32       *
33       * NOTE! If it sleeps, it *must* return 1 to make sure we
34       * don't continue with the swap-out. Otherwise we may be
35       * using a process that no longer actually exists (it might
36       * have died while we slept).
37       */
38      static int try_to_swap_out(struct mm_struct * mm,
                           struct vm_area_struct* vma, unsigned long address,
                           pte_t * page_table, int gfp_mask)
39      {
40          pte_t pte;
41          swp_entry_t entry;
42          struct page * page;
43          int onlist;
44
45          pte = *page_table;
46          if (!pte_present(pte))
47              goto out_failed;
48          page = pte_page(pte);
49          if ((!VALID_PAGE(page)) || PageReserved(page))
50              goto out_failed;
51
52          if (!mm->swap_cnt)
53              return 1;
54
55          mm->swap_cnt--;
56
```

首先要说明，参数 page_table 实际上指向一个页面表项、而不是页面表，参数名 page_table 有些误导。把这个表项的内容赋给变量 pte 以后，就通过 pte_present( )来测试该表项所指的物理页面是否在内存中，如果不在内存中就转向 out_failed，本次操作就失败了：

```
106     out_failed:
107             return 0;
```

当 try_to_swap_out( ) 返回 0 时，其上一层的程序就会跳过这个页面，而试着换出同一个页面表中映射的下一个页面。如果一个页面表已经穷尽，就再往上退一层试下一个页面表。

反之，如果物理页面确在内存中，就通过 pte_page( ) 将页面表项的内容换算成指向该物理内存页面的 page 结构的指针。由于所有的 page 结构都在 mem_map 数组中，所以(page - mem_map)就是该页面的序号（数组中的下标）。要是这个序号大于最大的物理内存页面序号 max_mapnr，那就不是一个有效的物理页面，这种情况通常是因为物理页面在外部设备(例如网络接口卡)上，所以也跳过这一项。

```
118     #define VALID_PAGE(page)    ((page - mem_map) < max_mapnr)
```

此外，对于保留在内存中不允许换出的物理页面也要跳过。

跳过了这两种特殊情况，就要具体地考察一个页面了，所以将 mm->swap_cnt 减 1。继续往下看 try_to_swap_out( ) 的代码：

[kswapd( ) > do_try_to_free_pages( ) > refill_inactive ( ) > swap_out( ) > swap_out_mm( )
 > swap_out_vma( ) > swap_out_pgd( ) > swap_out_pmd( ) > try_to_swap_out( )]

```
57          onlist = PageActive(page);
58          /* Don't look at this pte if it's been accessed recently. */
59          if (ptep_test_and_clear_young(page_table)) {
60              age_page_up(page);
61              goto out_failed;
62          }
63          if (!onlist)
64              /* The page is still mapped, so it can't be freeable... */
65              age_page_down_ageonly(page);
66
67          /*
68           * If the page is in active use by us, or if the page
69           * is in active use by others, don't unmap it or
70           * (worse) start unneeded IO.
71           */
72          if (page->age > 0)
73              goto out_failed;
74
```

内存页面的 page 结构中，字段 flags 中的各种标志位反映着页面的当前状态，其中的 PG_active 标志位表示当前这个页面是否"活跃"，即是否仍在 active_list 队列中：

```
230     #define PageActive(page)    test_bit(PG_active, &(page)->flags)
```

一个可交换的物理页面一定在某个 LRU 队列中，不在 active_list 队列中就说明一定在 inactive_dirty_list 中或某个 inactive_clean_list 中，等一下就要使用测试的结果。

一个映射中的物理页面是否应该换出，取决于这个页面最近是否受到了访问。这是通过 inline 函数 ptep_test_and_clear_young( )测试（并清0）的，其定义在 include/asm-i386/pgtable.h 中：

```
285    static inline  int ptep_test_and_clear_young(pte_t *ptep)
                { return test_and_clear_bit(_PAGE_BIT_ACCESSED, ptep); }
```

如前所述，页面表项中有个_PAGE_ACCESSED 标志位。当 i386 CPU 的内存映射机制在通过一个页面表项将一个虚存地址映射成一个物理地址，进而访问这个物理地址时，就会自动将该表项的_PAGE_ACCESSED 标志位设成 1。所以，如果 pte_young( )返回 1，就表示从上一次对同一个页面表项调用 try_to_swap_out( )至今，该页面至少已经被访问过一次，所以说页面还"年轻"。一般而言，最近受到过访问就预示着在不久的将来也会受到访问，所以不宜将其换出。取得了此项信息以后，就将页面表项中的_PAGE_ACCESSED 标志位清成 0，再把它写回页面表项，为下一次再来测试这个标志位作好准备。

如果页面还"年轻"，那就肯定不是要加以换出的对象，所以也要转到 out_failed。不过，在转到 out_failed 之前还要做一点事情：如果页面还活跃，就要通过 SetPageReferenced( )将 page 数据结构中的 PG_referenced 标志位置成 1。也就是说，将页面表项中表示受到过访问的信息转移至页面的数据结构中。而要是页面不在活跃页面队列中，则通过 age_page_up( )增加页面可以留下来"以观后效"的时间，因为毕竟这个页面最近已受到过访问。

[kswapd( ) > do_try_to_free_pages( ) > refill_inactive ( ) > swap_out( ) > swap_out_mm( ) > swap_out_vma( ) > swap_out_pgd( ) > swap_out_pmd( ) > try_to_swap_out( ) > age_page_up( )]

```
125    void age_page_up(struct page * page)
126    {
127        /*
128         * We're dealing with an inactive page, move the page
129         * to the active list.
130         */
131        if (!page->age)
132            activate_page(page);
133
134        /* The actual page aging bit */
135        page->age += PAGE_AGE_ADV;
136        if (page->age > PAGE_AGE_MAX)
137            page->age = PAGE_AGE_MAX;
138    }
```

转到 out_failed 以后，就在那里返回 0，让更高层的程序跳过这个页面。这样，到下一轮又轮到这个进程和这个页面时，如果同一页面表项 pte 中的_PAGE_ACCESSED 标志位仍然为 0，那就表示不再"年轻"了。读者也许会问，既然这个页面是有映射的(否则不会出现在目标进程的映射表中并且在内存中)，怎么又会不在活跃页面队列中呢？以后读者就会在 do_swap_page( )中看到，当因页面异常而恢复一个不活跃页面的映射时，并不立即把它转入活跃页面队列，而把这项工作留给前面看到的 page_launder( )，让其在系统比较空闲时再来处理，所以这样的页面有可能不在活跃队列中。

如果页面已不"年轻"，那就要进一步考察了。当然，也不能因为这个页面在过去一个周期中未受到访问就马上把它换出去,还要给它一个"留职察看"的机会。察看多久呢?那就是page->age的值,即页面的寿命。如果页面不在活跃队列中则还要先通过 age_page_down_ageonly( )减少其寿命(mm/swap.c):

```
103     /*
104      * We use this (minimal) function in the case where we
105      * know we can't deactivate the page (yet).
106      */
107     void age_page_down_ageonly(struct page * page)
108     {
109         page->age /= 2;
110     }
```

只要 page->age 尚未达到 0,就还不能将此页面换出,所以也要转到 out_failed。

经过上面这些筛选,这个页面原则上已经是可以换出的对象了。我们继续往下看代码:

[kswapd( ) > do_try_to_free_pages( ) > refill_inactive ( ) > swap_out( ) > swap_out_mm( ) > swap_out_vma( ) > swap_out_pgd( ) > swap_out_pmd( ) > try_to_swap_out( )]

```
75          if (TryLockPage(page))
76              goto out_failed;
77
78          /* From this point on, the odds are that we're going to
79           * nuke this pte, so read and clear the pte.  This hook
80           * is needed on CPUs which update the accessed and dirty
81           * bits in hardware.
82           */
83          pte = ptep_get_and_clear(page_table);
84          flush_tlb_page(vma, address);
85
86          /*
87           * Is the page already in the swap cache? If so, then
88           * we can just drop our reference to it without doing
89           * any IO - it's already up-to-date on disk.
90           *
91           * Return 0, as we didn't actually free any real
92           * memory, and we should just continue our scan.
93           */
94          if (PageSwapCache(page)) {
95              entry.val = page->index;
96              if (pte_dirty(pte))
97                  set_page_dirty(page);
98  set_swap_pte:
99              swap_duplicate(entry);
100             set_pte(page_table, swp_entry_to_pte(entry));
101 drop_pte:
102             UnlockPage(page);
```

```
103                mm->rss--;
104                deactivate_page(page);
105                page_cache_release(page);
106    out_failed:
107                return 0;
108        }
```

下面对 page 数据结构的操作涉及需要互斥，或者说独占的条件下进行的操作，所以这里通过 TryLockPage( ) 将 page 数据锁住（include/linux/mm.h）：

```
183    #define TryLockPage(page)    test_and_set_bit(PG_locked, &(page)->flags)
```

如果返回值为 1，即表示 PG_locked 标志位原来就已经是 1，已经被别的进程先锁住了，此时就不能继续处理这个 page 数据结构，而又只好失败返回。

加锁成功以后，就可以根据页面的不同情况作换出的准备了。

首先通过 ptep_get_and_clear( ) 再读一次页面表项的内容，并把表项的内容清成 0，暂时撤销该页面的映射。前面在 45 行已经读了一次页面表项的内容，为什么现在还要再读一次，而不仅仅是把表项清 0 呢？在多处理器系统中，目标进程有可能正在另一个 CPU 上运行，所以其映射表项的内容有可能已经改变。

如果页面的 page 数据结构已经在为页面换入/换出而设置的队列中，即数据结构 swapper_space 内的队列中，那么页面的内容已经在交换设备上，只要把映射暂时断开，表示目标进程已经同意释放这个页面，就可以了。不过，为页面换入/换出而设置的队列也分为"干净"和"脏"两个，所以如果页面已经受过写访问就要通过 set_page_dirty( ) 将其转入"脏"页面队列。宏操作 PageSwapCache( ) 的定义为（include/linux/mm.h）：

```
217    #define PageSwapCache(page)    test_bit(PG_swap_cache, &(page)->flags)
```

标志位 PG_swap_cache 为 1 表示 page 结构在 swapper_space 队列中，也说明相应的页面是个普通的换入/换出页面。此时 page 结构中的 index 字段是一个 32 位的索引项 swp_entry_t，实际上是指向页面在交换设备上的映象的指针。函数 swap_duplicate( ) 的作用，一者是要对索引项的内容作一些检验，二者是要递增相应盘上页面的共享计数，其代码在 mm/swapfile.c 中：

[kswapd( ) > do_try_to_free_pages( ) > refill_inactive ( ) > swap_out( ) > swap_out_mm( ) > swap_out_vma( ) > swap_out_pgd( ) > swap_out_pmd( ) > try_to_swap_out( ) > swap_duplicate( )]

```
820    /*
821     * Verify that a swap entry is valid and increment its swap map count.
822     * Kernel_lock is held, which guarantees existance of swap device.
823     *
824     * Note: if swap_map[ ] reaches SWAP_MAP_MAX the entries are treated as
825     * "permanent", but will be reclaimed by the next swapoff.
826     */
827    int swap_duplicate(swp_entry_t entry)
828    {
```

```
829        struct swap_info_struct * p;
830        unsigned long offset, type;
831        int result = 0;
832
833        /* Swap entry 0 is illegal */
834        if (!entry.val)
835            goto out;
836        type = SWP_TYPE(entry);
837        if (type >= nr_swapfiles)
838            goto bad_file;
839        p = type + swap_info;
840        offset = SWP_OFFSET(entry);
841        if (offset >= p->max)
842            goto bad_offset;
843        if (!p->swap_map[offset])
844            goto bad_unused;
845        /*
846         * Entry is valid, so increment the map count.
847         */
848        swap_device_lock(p);
849        if (p->swap_map[offset] < SWAP_MAP_MAX)
850            p->swap_map[offset]++;
851        else {
852            static int overflow = 0;
853            if (overflow++ < 5)
854                printk("VM: swap entry overflow\n");
855            p->swap_map[offset] = SWAP_MAP_MAX;
856        }
857        swap_device_unlock(p);
858        result = 1;
859    out:
860        return result;
861
862    bad_file:
863        printk("Bad swap file entry %08lx\n", entry.val);
864        goto out;
865    bad_offset:
866        printk("Bad swap offset entry %08lx\n", entry.val);
867        goto out;
868    bad_unused:
869        printk("Unused swap offset entry in swap_dup %08lx\n", entry.val);
870        goto out;
871    }
```

以前讲过，数据结构 swp_entry_t 实际上是 32 位无符号整数，其内容不可能全是 0，但是最低位却一定是 0，最高的(24 位)位段 offset 为设备上的页面序号，其余的(7 位)位段 type 则其实是交换设备本身的序号。以前还讲过，其中的位段 type 实际上与"类型"毫无关系，而是代表着交换设备的序号。

以此为下标，就可在内核中的数组 swap_info 中找到相应交换设备的 swap_info_struct 数据结构。这个数据结构中的数组 swap_map[ ]，则记录着交换设备上各个页面的共享计数。由于正在处理中的页面原来就已经在交换设备上，其计数显然不应为 0，否则就错了；另一方面，递增以后也不应达到 SWAP_MAP_MAX。递增盘上页面的共享计数表示这个页面现在多了一个用户。

回到 try_to_swap_out( )的代码中，100 行调用 set_pte( )，把这个指向盘上页面的索引项置入相应的页面表项，原先对内存页面的映射就变成了对盘上页面的映射。这样，当执行到标号 drop_pte 的地方，目标进程的驻内页面集合 rss 中就减少了一个页面。由于我们这个物理页面断开了一个映射，很可能已经满足了变成不活跃页面的条件，所以在调用 deactivate_page( )时有条件地将其设置成不活跃状态，并将页面的 page 结构从活跃页面队列转移到某个不活跃页面队列（mm/swap.c）：

[kswapd( ) > do_try_to_free_pages( ) > refill_inactive ( ) > swap_out( ) > swap_out_mm( ) > swap_out_vma( ) > swap_out_pgd( ) > swap_out_pmd( ) > try_to_swap_out( ) > deactivate_page ( )]

```
189    void deactivate_page(struct page * page)
190    {
191        spin_lock(&pagemap_lru_lock);
192        deactivate_page_nolock(page);
193        spin_unlock(&pagemap_lru_lock);
194    }
```

[kswapd( ) > do_try_to_free_pages( ) > refill_inactive ( )>swap_out( ) > swap_out_mm( ) > swap_out_vma( ) >swap_out_pgd( )>swap_out_pmd( ) > try_to_swap_out( ) > deactivate_page ( ) > deactivate_page_nolock( )]

```
154    /**
155     * (de)activate_page - move pages from/to active and inactive lists
156     * @page: the page we want to move
157     * @nolock - are we already holding the pagemap_lru_lock?
158     *
159     * Deactivate_page will move an active page to the right
160     * inactive list, while activate_page will move a page back
161     * from one of the inactive lists to the active list. If
162     * called on a page which is not on any of the lists, the
163     * page is left alone.
164     */
165    void deactivate_page_nolock(struct page * page)
166    {
167        /*
168         * One for the cache, one for the extra reference the
169         * caller has and (maybe) one for the buffers.
170         *
171         * This isn't perfect, but works for just about everything.
172         * Besides, as long as we don't move unfreeable pages to the
173         * inactive_clean list it doesn't need to be perfect...
174         */
175        int maxcount = (page->buffers ? 3 : 2);
176        page->age = 0;
```

```
177         ClearPageReferenced(page);
178
179         /*
180          * Don't touch it if it's not on the active list.
181          * (some pages aren't on any list at all)
182          */
183         if (PageActive(page) && page_count(page) <= maxcount &&
                                                !page_ramdisk(page)) {
184                 del_page_from_active_list(page);
185                 add_page_to_inactive_dirty_list(page);
186         }
187 }
```

在物理页面的 page 结构中有个计数器 count，空闲页面的这个计数为 0，在分配页面时将其设为 1（见 __alloc_pages( ) 和 rmqueue( ) 的代码），此后每当页面增加一个"用户"，如建立或恢复一个映射时，就使 count 加 1。这样，如果这个计数器的值为 2，就说明刚断开的映射已经是该物理页面的最后一个映射。既然最后的映射已经断开，这页面当然是不活跃的了。所以把小于等于 2 作为一个判断的准则，就是这里的 maxcount。但是，这里还要考虑一种特殊情况，就是当这个页面是通过 mmap( ) 映射到普通文件，而这个文件又已经被打开，按常规的文件操作访问，因此这个页面又同时用作读/写文件的缓冲。此时页面划分成若干缓冲区，其 page 结构中的指针 buffers 指向一个 buffer_head 数据结构队列，而这个队列则成了该页面的另一个"用户"。所以，当 page->buffers 非 0 时，maxcount 为 3 说明刚断开的映射是该内存页面的最后一个映射。此外，内存页面也有可能用作 ramdisk，即以一部分内存物理空间来模拟硬盘，这样的页面永远不会变成不活跃。这样，判断的准则一共有三条，只有在满足了这三条准则时才真的可以将页面转入不活跃队列。多数有用户空间映射的内存页面都只有一个映射，此时就转入了不活跃状态。同时，从代码中也可看出，对不在活跃队列中的页面再调用一次 deactivate_page_nolock( ) 并无害处。

将一个活跃的页面变成不活跃时，要把该页面的 page 结构从活跃页面的 LRU 队列 active_list 中转移到一个不活跃队列中去。可是，系统中有两种不活跃页面队列。一种是"dirty"，即可能最近已被写过，因而跟交换设备上的页面不一致的"脏"页面队列，这样的页面不能马上就拿来分配，因为还需要把它写出去才能把它"洗净"。另一种是"clean"，即肯定跟交换设备上的页面一致的"干净"页面队列，这样的页面原则上已可作为空闲页面分配，只是因为页面中的内容还可能有用，因而再予以保存一段时间。不活跃"脏"页面队列只有一个，那就是 inactive_dirty_list；而不活跃"干净"页面队列则有很多，每个页面管理区中都有个 inactive_clean_list 队列。那么，当一个原来活跃的页面变成不活跃时，应该把它转移到哪一个队列中去呢？第一步总是把它转入"脏"页面队列。将一个 page 结构从活跃队列脱链是由宏操作 del_page_from_active_list( ) 完成的，其定义在 include/linux/swap.h 中：

```
234 #define del_page_from_active_list(page) { \
235         list_del(&(page)->lru); \
236         ClearPageActive(page); \
237         nr_active_pages--; \
238         DEBUG_ADD_PAGE \
239         ZERO_PAGE_BUG \
240 }
```

将一个 page 结构链入不活跃队列，则由 add_page_to_inactive_dirty_list( )完成：

```
217     #define add_page_to_inactive_dirty_list(page) { \
218         DEBUG_ADD_PAGE \
219         ZERO_PAGE_BUG \
220         SetPageInactiveDirty(page); \
221         list_add(&(page)->lru, &inactive_dirty_list); \
222         nr_inactive_dirty_pages++; \
223         page->zone->inactive_dirty_pages++; \
224     }
```

这里的 ClearPageActive( )和 SetPageInactiveDirty( )分别将 page 结构中的 PG_active 标志位清成 0 和将 PG_inactive_dirty 标志位设成 1。注意在这个过程中 page 结构中的使用计数并未改变。

又回到 try_to_swap_out( )的代码中，既然断开了对一个内存页面的映射，就要递减对这个页面的使用计数，这是由宏操作 page_cache_release( )、实际上是由__free_pages( )完成的。

```
 34     #define page_cache_release(x)    __free_page(x)

379     #define __free_page(page) __free_pages((page), 0)

549     void __free_pages(struct page *page, unsigned long order)
550     {
551         if (!PageReserved(page) && put_page_testzero(page))
552             __free_pages_ok(page, order);
553     }

152     #define put_page_testzero(p)    atomic_dec_and_test(&(p)->count)
```

这个函数通过 put_page_testzero( )，将 page 结构中 count 的值减 1，然后测试是否达到了 0，如果达到了 0 就通过__free_pages_ok( )将该页面释放。在这里，由于页面还在不活跃页面队列中尚未释放，至少还有这么一个引用，所以不会达到 0。

至此，对这个页面的处理就完成了，于是又到了标号 out_failed 处而返回 0。为什么又是到达 out_failed 处呢？其实，try_to_swap_out( )仅在一种情况下才返回 1，那就是当 mm->swap_cnt 达到了 0 的时候（见 52 行）。正是这样，才使 swap_out_mm( )能够依次考察和处理一个进程的所有页面。

要是页面的 page 结构不在 swapper_space 的队列中呢？这说明尚未为该页面在交换设备上建立起映象，或者页面来自一个文件。读者可以回顾一下，在因页面无映射而发生缺页异常时，具体的处理取决于页面所在的区间是否提供了一个 vm_operations_struct 数据结构，并且通过这个数据结构中的函数指针 nopage 提供了特定的操作。如果提供了 nopage 操作，就说明该区间的页面来自一个文件（而不是交换设备），此时根据虚存地址可以计算出在文件中的页面位置。否则就是普通的页面，但尚未建立相应的盘上页面（因为页面表项为 0），此时先把它映射到空白页面，以后需要写的时候才为之另行分配一个页面。我们继续往下看 try_to_swap_out( )的代码，下面一段就是对此种页面的处理：

[kswapd( ) > do_try_to_free_pages( ) > refill_inactive ( ) > swap_out( ) > swap_out_mm( ) > swap_out_vma( ) > swap_out_pgd( ) > swap_out_pmd( ) > try_to_swap_out( )]

```
110         /*
111          * Is it a clean page? Then it must be recoverable
112          * by just paging it in again, and we can just drop
113          * it..
114          *
115          * However, this won't actually free any real
116          * memory, as the page will just be in the page cache
117          * somewhere, and as such we should just continue
118          * our scan.
119          *
120          * Basically, this just makes it possible for us to do
121          * some real work in the future in "refill_inactive( )".
122          */
123         flush_cache_page(vma, address);
124         if (!pte_dirty(pte))
125             goto drop_pte;
126
127         /*
128          * Ok, it's really dirty. That means that
129          * we should either create a new swap cache
130          * entry for it, or we should write it back
131          * to its own backing store.
132          */
133         if (page->mapping) {
134             set_page_dirty(page);
135             goto drop_pte;
136         }
137
138         /*
139          * This is a dirty, swappable page.  First of all,
140          * get a suitable swap entry for it, and make sure
141          * we have the swap cache set up to associate the
142          * page with that swap entry.
143          */
144         entry = get_swap_page( );
145         if (!entry.val)
146             goto out_unlock_restore; /* No swap space left */
147
148         /* Add it to the swap cache and mark it dirty */
149         add_to_swap_cache(page, entry);
150         set_page_dirty(page);
151         goto set_swap_pte;
152
153 out_unlock_restore:
154         set_pte(page_table, pte);
155         UnlockPage(page);
156         return 0;
157 }
```

这里的 pte_dirty( ) 是一个 inline 函数,定义于 include/asm-i386/pgtable.h:

```
269     static inline int pte_dirty(pte_t pte)  \
                                 { return (pte).pte_low & _PAGE_DIRTY; }
```

在页面表项中有一个 "D" 标志位(_PAGE_DIRTY),如果 CPU 对表项所指的内存页面进行了写操作,就自动把该标志位设置成 1,表示该内存页面已经"脏"了。如果此标志位为 0,就表示相应的内存页面尚未被写过。对这样的页面,如果很久没有受到写访问,就可以把映射解除(而不是暂时断开)。这是因为:如果页面的内容是空白,那么以后需要时可以再来建立映射;或者,如果页面来自通过 mmap( ) 建立起的文件映射,则在需要时可以根据虚拟地址计算出页面在文件中的位置(相比之下,交换设备上的页面位置不能通过计算得到,所以必须把页面的去向存储在页面表项中)。所以,这里转到前面的标号 drop_pte 处。注意在这种情况下前面的 deactivate_page( ) 实际上不起作用,特别是页面表项已在前面 83 行清 0,而 page_cache_release( ) 则只是递减对空白页面的引用计数。

如果所考察的页面是来自通过 mmap( ) 建立起的文件映射,则其 page 结构中的指针 mapping 指向相应的 address_space 数据结构。对于这样的页面,如果决定解除映射,而页面表项中的_PAGE_DIRTY 标志位为 1,就要在转到 drop_pte 处之前,先把 page 结构中的 PG_dirty 标志位设成 1,并把页面转移到该文件映射的"脏"页面队列中。有关的操作 set_page_dirty( ) 定义于 include/linux/mm.h 以及 mm/filemap.c:

[kswapd( ) > do_try_to_free_pages( ) > refill_inactive ( ) > swap_out( ) > swap_out_mm( )
> swap_out_vma( ) > swap_out_pgd( ) > swap_out_pmd( ) > try_to_swap_out( ) > set_page_dirty( )]

```
187     static inline void set_page_dirty(struct page * page)
188     {
189         if (!test_and_set_bit(PG_dirty, &page->flags))
190             __set_page_dirty(page);
191     }

134     /*
135      * Add a page to the dirty page list.
136      */
137     void __set_page_dirty(struct page *page)
138     {
139         struct address_space *mapping = page->mapping;
140
141         spin_lock(&pagecache_lock);
142         list_del(&page->list);
143         list_add(&page->list, &mapping->dirty_pages);
144         spin_unlock(&pagecache_lock);
145
146         mark_inode_dirty_pages(mapping->host);
147     }
```

再往下看 try_to_swap_out( ) 的代码。当程序执行到这里时,所考察的页面必然是个很久没有受到访问,又不在 swapper_space 的换入 / 换出队列中,也不属于文件映射,但却是个受到过写访问的"脏"

页面。对于这样的页面必须要为之分配一个盘上页面，并将其内容写到盘上页面中去。首先通过get_swap_page( )分配一个盘上页面，这是个宏操作：

```
150     #define get_swap_page()  __get_swap_page(1)
```

就是说，通过__get_swap_page(1)从交换设备上分配一个页面。其代码在 mm/swapfile.c 中，由于比较简单，我们把它留给读者。盘上页面的使用计数在分配时设置成1，以后每当有进程参与共享同一内存页面时就通过 swap_duplicate( )递增，此外在有进程断开对此页面的映射时也要递增（见99行）；反之则通过 swap_free( )递减。如果分配盘上页面失败，就转到 out_unlock_restore 处恢复原有的映射。

分配了盘上页面以后，就通过 add_to_swap_cache( )将页面链入 swapper_space 的队列中，以及活跃页面队列中，这个函数的代码以前已经看到过了。然后，再通过 set_page_dirty( )将页面转到不活跃"脏"页面队列中。至于实际的写出，则前面已经看到是 page_launder( )的事。

至此，对一个进程的用户空间页面的扫描处理就完成了。swap_out( )是在一个 for 循环中调用 swap_out_mm( )的，所以每次调用 swap_out( )都会换出若干进程的若干页面，而 refill_inactive( )又是在嵌套的 while 循环中调用 swap_out( )的，一直要到系统中可供分配的页面，包括潜在可供分配的页面在内不再短缺时为止。到那时，do_try_to_free_pages( )就结束了。回到 kswapd( )的代码中，此时活跃页面队列的情况可能已经有了较大的改变，所以还要再调用一次 refill_inactive_scan( )。这样，kswapd( )的一次例行路线就基本走完了。如前所述，kswapd( )除定期的执行外，也有可能是被其他进程唤醒的，所以可能有进程正在睡眠中等待其完成，因此通过 wake_up_all( )唤醒这些进程。

读者也许在想，通过 swap_out_mm( )对每个进程页面表的扫描并不保证一定能有页面转入不活跃状态,这样 refill_inactive( )岂不是要无穷无尽地循环下去？事实上，一来程序中对循环的次数有个限制，二来对页面表的扫描是个自适应的过程。如果在对所有进程的一轮扫描后转入不活跃状态的页面数量不足，那么 refill_inactive( )就会又回过头来开始第二轮扫描。而扫描次数的增加会使页面老化的速度也增加，因为页面的寿命实际上是以扫描的次数为单位的。这样，在第一轮扫描中不符合条件的页面在第二轮扫描中就可能符合条件了。最后，在很特殊的情况下，可能最终还是达不到要求，此时就调用 oom_kill( )从系统中杀掉一个进程，通过牺牲局部来保障全局。

最后，再来看看线程 kreclaimd 的代码，这是在 mm/vscan.c 中：

```
1095    DECLARE_WAIT_QUEUE_HEAD(kreclaimd_wait);
1096    /*
1097     * Kreclaimd will move pages from the inactive_clean list to the
1098     * free list, in order to keep atomic allocations possible under
1099     * all circumstances. Even when kswapd is blocked on IO.
1100     */
1101    int kreclaimd(void *unused)
1102    {
1103        struct task_struct *tsk = current;
1104        pg_data_t *pgdat;
1105
1106        tsk->session = 1;
1107        tsk->pgrp = 1;
1108        strcpy(tsk->comm, "kreclaimd");
```

```
1109            sigfillset(&tsk->blocked);
1110            current->flags |= PF_MEMALLOC;
1111
1112            while (1) {
1113
1114                /*
1115                 * We sleep until someone wakes us up from
1116                 * page_alloc.c::__alloc_pages( ).
1117                 */
1118                interruptible_sleep_on(&kreclaimd_wait);
1119
1120                /*
1121                 * Move some pages from the inactive_clean lists to
1122                 * the free lists, if it is needed.
1123                 */
1124                pgdat = pgdat_list;
1125                do {
1126                    int i;
1127                    for(i = 0; i < MAX_NR_ZONES; i++) {
1128                        zone_t *zone = pgdat->node_zones + i;
1129                        if (!zone->size)
1130                            continue;
1131
1132                        while (zone->free_pages < zone->pages_low) {
1133                            struct page * page;
1134                            page = reclaim_page(zone);
1135                            if (!page)
1136                                break;
1137                            __free_page(page);
1138                        }
1139                    }
1140                    pgdat = pgdat->node_next;
1141                } while (pgdat);
1142            }
1143        }
```

对照一下 kswapd( )的代码，就可以看出二者的初始化部分是一样的，程序的结构也相似。注意二者都把其 task_struct 结构中 flags 字段的 **PF_MEMALLOC** 标志位设成 1，表示这两个内核线程都是页面管理机制的维护者。事实上，在以前的版本中只有一个线程 kswapd，在 2.4 版中才把其中的一部分独立出来成为一个线程。不过，这一次是通过 reclaim_page( )扫描各个页面管理区中的不活跃"干净"页面队列，从中回收页面加以释放。这个函数的代码在 mm/vmscan.c 中，我们把它留给读者自己阅读。在阅读了上面这些代码以后，读者已经不至于感到困难了。

[kreclaimd( ) > reclaim_page( )]

```
381     /**
382      * reclaim_page -    reclaims one page from the inactive_clean list
```

```
383      * @zone: reclaim a page from this zone
384      *
385      * The pages on the inactive_clean can be instantly reclaimed.
386      * The tests look impressive, but most of the time we'll grab
387      * the first page of the list and exit successfully.
388      */
389     struct page * reclaim_page(zone_t * zone)
390     {
391         struct page * page = NULL;
392         struct list_head * page_lru;
393         int maxscan;
394
395         /*
396          * We only need the pagemap_lru_lock if we don't reclaim the page,
397          * but we have to grab the pagecache_lock before the pagemap_lru_lock
398          * to avoid deadlocks and most of the time we'll succeed anyway.
399          */
400         spin_lock(&pagecache_lock);
401         spin_lock(&pagemap_lru_lock);
402         maxscan = zone->inactive_clean_pages;
403         while ((page_lru = zone->inactive_clean_list.prev) !=
404                 &zone->inactive_clean_list && maxscan--) {
405             page = list_entry(page_lru, struct page, lru);
406
407             /* Wrong page on list?! (list corruption, should not happen) */
408             if (!PageInactiveClean(page)) {
409                 printk("VM: reclaim_page, wrong page on list.\n");
410                 list_del(page_lru);
411                 page->zone->inactive_clean_pages--;
412                 continue;
413             }
414
415             /* Page is or was in use? Move it to the active list. */
416             if (PageTestandClearReferenced(page) || page->age > 0 ||
417                     (!page->buffers && page_count(page) > 1)) {
418                 del_page_from_inactive_clean_list(page);
419                 add_page_to_active_list(page);
420                 continue;
421             }
422
423             /* The page is dirty, or locked, move to inactive_dirty list. */
424             if (page->buffers || PageDirty(page) || TryLockPage(page)) {
425                 del_page_from_inactive_clean_list(page);
426                 add_page_to_inactive_dirty_list(page);
427                 continue;
428             }
429
430             /* OK, remove the page from the caches. */
```

```
431             if (PageSwapCache(page)) {
432                 __delete_from_swap_cache(page);
433                 goto found_page;
434             }
435
436             if (page->mapping) {
437                 __remove_inode_page(page);
438                 goto found_page;
439             }
440
441             /* We should never ever get here. */
442             printk(KERN_ERR "VM: reclaim_page, found unknown page\n");
443             list_del(page_lru);
444             zone->inactive_clean_pages--;
445             UnlockPage(page);
446         }
447         /* Reset page pointer, maybe we encountered an unfreeable page. */
448         page = NULL;
449         goto out;
450
451 found_page:
452         del_page_from_inactive_clean_list(page);
453         UnlockPage(page);
454         page->age = PAGE_AGE_START;
455         if (page_count(page) != 1)
456             printk("VM: reclaim_page, found page with count %d!\n",
457                     page_count(page));
458 out:
459         spin_unlock(&pagemap_lru_lock);
460         spin_unlock(&pagecache_lock);
461         memory_pressure++;
462         return page;
463 }
```

2.9 页面的换入

在 i386 CPU 将一个线性地址映射成物理地址的过程中，如果该地址的映射已经建立，但是发现相应页面表项或目录项中的 P（Present）标志位为 0，则表示相应的物理页面不在内存，从而无法完成本次内存访问。从理论上说，也许应该把这种情况称为"受阻"而不是"失败"，因为映射的关系毕竟已经建立，理应与尚未建立映射的情况有所区别，所以我们称之为"断开"。但是，CPU 的 MMU 硬件并不区分这两种不同的情况，只要 P 标志位为 0 就都认为是页面映射失败，CPU 就会产生一次"页面异常"（Page Fault）。事实上，CPU 在映射过程中首先看的就是页面表项或目录项中的 P 标志位。只要 P 标志位为 0，其余各个位段的值就无意义了。至于当一个页面不在内存中时，利用页面表项指向一个盘上页面，那是软件的事。所以，区分失败的原因到底是因为页面不在内存，还是因为映射尚未建立，乃是软件，也就是页面异常处理程序的事。在"越界访问"的情景中，我们曾看到在函数 handle_pte_fault( )

中的开头几行：

[do_page_fault( ) > handle_mm_fault( ) > handle_pte_fault( )]

```
1153    static inline int handle_pte_fault(struct mm_struct *mm,
1154        struct vm_area_struct * vma, unsigned long address,
1155        int write_access, pte_t * pte)
1156    {
1157        pte_t entry;
1158
1159        /*
1160         * We need the page table lock to synchronize with kswapd
1161         * and the SMP-safe atomic PTE updates.
1162         */
1163        spin_lock(&mm->page_table_lock);
1164        entry = *pte;
1165        if (!pte_present(entry)) {
1166            /*
1167             * If it truly wasn't present, we know that kswapd
1168             * and the PTE updates will not touch it later. So
1169             * drop the lock.
1170             */
1171            spin_unlock(&mm->page_table_lock);
1172            if (pte_none(entry))
1173                return do_no_page(mm, vma, address, write_access, pte);
1174            return do_swap_page(mm, vma, address, pte,
1175                pte_to_swp_entry(entry), write_access);
        }
        ......
```

这里，首先区分的是 pte_present( )，也就是检查表项中的 P 标志位，看看物理页面是否在内存中。如果不在，则进而通过 pte_none( ) 检查表项是否为空，即全 0。如果为空就说明映射尚未建立，所以要 do_no_page( )。这在以前的情景中已经看到过了。反之，如果非空，就说明映射已经建立，只是物理页面不在内存中，所以要通过 do_swap_page( )，从交换设备上换入这个页面。本情景在 handle_pte_fault( ) 之前的处理以及执行路线都与越界访问的情景相同，所以我们直接进入 do_swap_page( )。这个函数的代码在 mm/memory.c 中：

[do_page_fault( ) > handle_mm_fault( ) > handle_pte_fault( ) > do_swap_page( )]

```
1018    static int do_swap_page(struct mm_struct * mm,
1019        struct vm_area_struct * vma, unsigned long address,
1020        pte_t * page_table, swp_entry_t entry, int write_access)
1021    {
1022        struct page *page = lookup_swap_cache(entry);
1023        pte_t pte;
1024
1025        if (!page) {
```

```
1026            lock_kernel( );
1027            swapin_readahead(entry);
1028            page = read_swap_cache(entry);
1029            unlock_kernel( );
1030            if (!page)
1031                return -1;
1032
1033            flush_page_to_ram(page);
1034            flush_icache_page(vma, page);
1035        }
1036
1037        mm->rss++;
1038
1039        pte = mk_pte(page, vma->vm_page_prot);
1040
1041        /*
1042         * Freeze the "shared"ness of the page, ie page_count + swap_count.
1043         * Must lock page before transferring our swap count to already
1044         * obtained page count.
1045         */
1046        lock_page(page);
1047        swap_free(entry);
1048        if (write_access && !is_page_shared(page))
1049            pte = pte_mkwrite(pte_mkdirty(pte));
1050        UnlockPage(page);
1051
1052        set_pte(page_table, pte);
1053        /* No need to invalidate - it was non-present before */
1054        update_mmu_cache(vma, address, pte);
1055        return 1;   /* Minor fault */
1056    }
```

先看看调用时传过来的参数是些什么。建议读者先回到前面通过越界访问扩充堆栈的情景中，顺着 CPU 的执行路线走一遍，搞清楚这些参数的来龙去脉。参数表中的 mm、vma 还有 address 是一目了然的，分别是指向当前进程的 mm_struct 结构的指针、所属虚存区间的 vm_area_struct 结构的指针以及映射失败的线性地址。

参数 page_table 指向映射失败的页面表项，而 entry 则为该表项的内容。我们以前说过，当物理页面在内存中时，页面表项是一个 pte_t 结构，指向一个内存页面；而当物理页面不在内存中时，则是一个 swap_entry_t 结构，指向一个盘上页面。二者实际上都是 32 位无符号整数。这里要指出，所谓"不在内存中"是逻辑意义上的，是对 CPU 的页面映射硬件而言，实际上这个页面很可能在不活跃页面队列中，甚至在活跃页面队列中。

还有一个参数 write_access，表示当映射失败时所进行的访问种类（读／写），这是在 do_page_fault( ) 的 switch 语句中（见 arch/i386/fault.c）根据 CPU 产生的出错代码 error_code 的 bit1 决定的（注意，在那个 switch 语句中，"default:"与"case 2:"之间没有 break 语句）。此后便逐层传了下来。

由于物理页面不在内存，所以 entry 是指向一个盘上页面的类似于指针的索引项（加上若干标志位)。该指针逻辑上分成两部分:第一部分是页面交换设备(或文件)的序号;第二部分是页面在这个设备上(或文件中,下同)的位移,其实也就是页面序号。两部分合在一起就惟一地确定了一个盘上页面。供页面交换的设备上第一个页面(序号为 0)是保留不用的,所以 entry 的值不可能为全 0。这样才能与映射尚未建立时的页面表项相区别。

处理一次因缺页而引起的页面异常时,首先要看看相应的内存页面是否还留在 swapper_space 的换入/换出队列中尚未最后释放。如果是的话那就省事了。所以,要先调用 lookup_swap_cache( )。这个函数是在 swap_state.c 中定义的,我们把它留给读者自己阅读。

如果没有找到,就是说以前用于这个虚存页面的内存页面已经释放,现在其内容仅存在于盘上了,那就要通过 read_swap_cache( )分配一个内存页面,并且从盘上将其内容读进来。为什么在此之前要先调用 swapin_readahead( )呢?当从磁盘上读的时候,每次仅仅读一个页面是不经济的,因为每次读盘都要经过在磁盘上寻道使磁头定位,而寻道所需的时间实际上比磁头到位以后读一个页面所需的时间要长得多。所以,比较经济的办法是:既然必需经过寻道,就干脆一次多读几个页面进来,称为一个页面集群(cluster)。由于此时并非每个读入的页面都是立即需要的,所以是"预读"(read ahead)。预读进来的页面都暂时链入活跃页面队列以及 swapper_space 的换入/换出队列中,如果实际上确实不需要就会由进程 kswapd 和 kreclaimd 在一段时间以后加以回收。这样,当调用 read_swap_cache( )时,通常所需的页面已经在活跃页面队列中而只需要把它找到就行了。但是,也有可能预读时因为分配不到足够的内存页面而失败,那样就真的要再来读一次,而这一次却真是只读入一个页面了。细心的读者可能会问,这两行程序是紧挨着的,为什么在前一行语句中因分配不到足够的内存页面而失败,到紧接着的下一行就有可能成功呢?这是因为,在分配内存页面失败时,内核可能会调度其他进程先运行,而被调度运行的进程可能会释放出一些内存页面,甚至被调度运行的进程可能恰好就是 kswapd。因此,第一次分配内存页面失败并不一定说明紧接着的第二次也会失败。要明白这一点,我们可以再来看一下函数 __alloc_pages( )中的一个片段:

```
382         wakeup_kswapd(0);
383         if (gfp_mask & __GFP_WAIT) {
384             __set_current_state(TASK_RUNNING);
385             current->policy |= SCHED_YIELD;
386             schedule( );
387         }
```

无论是 swapin_readahead( )还是 read_swap_cache( ),在申请分配内存页面时都把调用参数 gfp_mask 中的 __GFP_WAIT 标志位置成 1,所以当分配不到内存页面时都会自愿暂时礼让,让内核调度其他进程先运行。由于在此之前先唤醒了 kswapd,当本进程被调度恢复运行时,也就是从 schedule( )返回时,再次试图分配页面已有可能成功了。即使在 swapin_readahead( )中又失败了,在 read_swap_cache( )中再来一次,也还是有可能(而且多半能够)成功。当然,也有可能二者都失败了,那样 do_swap_page( )也就失败了,所以在 1031 行返回 −1。这里,我们就不深入到 swapin_readahead( ) 中去了,读者可以自行阅读。而 read_swap_cache( )实际上是 read_swap_cache_async( ),只是把调用参数 wait 设成 1,表示要等待读入完成(所以实际上是同步的读入)。

```
125     #define read_swap_cache(entry) read_swap_cache_async(entry, 1);
```

函数 read_swap_cache_async( )的代码在 mm/swap_state.c 中:

[do_page_fault( ) > handle_mm_fault( ) > handle_pte_fault( ) > do_swap_page( )
> read_swap_cache_async( )]

```
204     /*
205      * Locate a page of swap in physical memory, reserving swap cache space
206      * and reading the disk if it is not already cached.  If wait==0, we are
207      * only doing readahead, so don't worry if the page is already locked.
208      *
209      * A failure return means that either the page allocation failed or that
210      * the swap entry is no longer in use.
211      */
212
213     struct page * read_swap_cache_async(swp_entry_t entry, int wait)
214     {
215         struct page *found_page = 0, *new_page;
216         unsigned long new_page_addr;
217
218         /*
219          * Make sure the swap entry is still in use.
220          */
221         if (!swap_duplicate(entry)) /* Account for the swap cache */
222             goto out;
223         /*
224          * Look for the page in the swap cache.
225          */
226         found_page = lookup_swap_cache(entry);
227         if (found_page)
228             goto out_free_swap;
229
230         new_page_addr = __get_free_page(GFP_USER);
231         if (!new_page_addr)
232             goto out_free_swap; /* Out of memory */
233         new_page = virt_to_page(new_page_addr);
234
235         /*
236          * Check the swap cache again, in case we stalled above.
237          */
238         found_page = lookup_swap_cache(entry);
239         if (found_page)
240             goto out_free_page;
241         /*
242          * Add it to the swap cache and read its contents.
243          */
244         lock_page(new_page);
245         add_to_swap_cache(new_page, entry);
246         rw_swap_page(READ, new_page, wait);
247         return new_page;
248
```

```
249     out_free_page:
250         page_cache_release(new_page);
251     out_free_swap:
252         swap_free(entry);
253     out:
254         return found_page;
255     }
```

读者也许注意到了，这里两次调用了 lookup_swap_cache( )。第一次是很好理解的，因为 swapin_readahead( )也许已经把目标页面读进来了，所以要先从 swapper_space 队列中寻找一次。这一方面是为了节省一次从设备读入；另一方面，更重要的是防止同一个页面在内存中有两个副本。可是为什么在找不到、因而为此分配了一个内存页面以后又来寻找一次呢？这是因为分配内存页面的过程有可能受阻，如果一时分配不到页面，当前进程就会睡眠等待，让别的进程先运行。而当这个进程再次被调度运行，并成功地分配到物理页面从__get_free_page( )返回时，也许另一个进程已经先把这个页面读进来了，所以要再检查一次。如果确实需要从交换设备读入，则通过 add_to_swap_cache( )将新分配的物理页面(确切地说是它的 page 数据结构)挂入 swapper_space 队列以及 active_list 队列中，这个函数的代码读者已经看到过了。至于 rw_swap_page( )，读者可以在学习了块设备驱动一章以后回过来阅读。调用 read_swap_cache( )成功以后，所要的页面肯定已经在 swapper_space 队列以及 active_list 队列中了，并且马上就要恢复映射。

这里要着重注意一下对盘上页面的共享计数。首先，一开始时在 221 行就通过 swap_duplicate( )递增了盘上页面的共享计数。如果在缓冲队列中找到了所需的页面而无需从交换设备读入，则在 252 行通过 swap_free( )抵消对共享计数的递增。反之，如果需要从交换设备读入页面，则不调用 swap_free( )，所以盘上页面的共享计数加了 1。可是，回到 do_swap_page( )以后，在 1047 行又调用了一次 swap_free( )，使盘上页面的共享计数减 1。这么一来，情况就变成了这样：如果从交换设备读入页面，则盘上页面的共享计数保持不变；而如果在缓冲队列中找到了所需的页面，则共享计数减 1。对此，读者不妨回过去看一下 try_to_swap_out( )中的 99 行。在那里，当断开一个页面的映射时，通过 swap_duplicate( )递增了盘上页面的共享计数。而现在恢复映射则使共享计数减 1，二者是互相对应的。

还要注意对内存页面，即其 page 结构的使用计数。首先，在分配一个内存页面时把这个计数设成 1。然后，在通过 add_to_swap_cache( )将其链入换入/换出队列(或文件映射队列)和 LRU 队列 active_list 时，又在 add_to_page_cache_locked( )中通过 page_cache_get( )递增了这个计数，所以当有、并且只有一个进程映射到这个换入/换出页面时，其使用计数为 2。如果页面来自文件映射，则由于同时又与文件读/写缓冲区相联系，又多一个"用户"，所以使用计数为 3。但是，还有一种特殊情况，那就是通过 swapin_readahead( )预读进来的页面。

[do_page_fault( ) > handle_mm_fault( ) > handle_pte_fault( ) > do_swap_page( ) > swapin_readahead( )]

```
990     void swapin_readahead(swp_entry_t entry)
991     {
        ......
1001        for (i = 0; i < num; offset++, i++) {
        ......
1009            /* Ok, do the async read-ahead now */
1010            new_page = read_swap_cache_async(
```

```
1011                if (new_page != NULL)
1012                    page_cache_release(new_page);
1013                swap_free(SWP_ENTRY(SWP_TYPE(entry), offset));
1014            }
1015            return;
1016    }
```

在 swapin_readahead( )中，循环地调用 read_swap_cache_async( )分配和读入若干页面，因而在从 read_swap_cache_async( )返回时，每个页面的使用计数都是 2。但是，在循环中马上又通过 page_cache_release( )递减这个计数，因为预读进来的页面并没有进程在使用。于是，这些页面就成了特殊的页面，它们在 active_list 中，而使用计数却是 1。以后，这些页面或者是被某个进程"认领"，从而使用计数变成 2；或者是在一段时间以后仍无进程认领，最后被 refill_inactive_scan( )移入不活跃队列（见 mm/vmscan.c 的 744 行），那才是使用计数为 1 的页面应该呆的地方。

回到 do_swap_page( )的代码中，这里的 flush_page_to_ram( )和 flush_icache_page( )对于 i386 处理器均为空操作。代码中通过 pte_mkdirty( )将页面表项中的 D 标志位置成 1，表示该页面已经"脏"了，并且通过 pte_mkwrite( )将页面表项中的_PAGE_RW 标志位也置成 1。读者也许会问：怎么可以凭着当前的访问是一次写访问就把页面表项设置成允许写？万一本来就应该有写保护的呢？答案是，如果那样的话就根本到达不了这个地方。读者不妨回过头去看看 do_page_fault( )中 switch 语句的 case 2。在那里，如果页面所属的区间不允许写的话（VM_WRITE 标志位为 0），就转到 bad_area 去了。还要注意，区间的可写标志 VM_WRITE 与页面的可写标志_PAGE_RW 是不同的。VM_WRITE 是个相对静态的标志位；而_PAGE_RW 则更为动态，只表示当前这一个物理内存页面是否允许写访问。只有在 VM_WRITE 为 1 的前提下，_PAGE_RW 才有可能为 1，但却并不一定为 1。所以，在 1039 行中，根据 vma->vm_page_prot 构筑一个页面表项时，表项的_PAGE_RW 标志位为 0（注意 VM_WRITE 是 vma->vm_flags 而不是 vma->vm_page_prot 中的一位）。读者还可能会问，那样一来，要是当前的访问恰好是读访问，这个页面不就永远不允许写了吗？不要紧，发生写访问时会因访问权限不符而引起另一次页面异常。那时，就会在 handle_pte_fault( )中调用 do_wp_page( )，将页面的访问权限作出改变（如果需要 cow，即 copy_on_write 的话，也是在那里处理的）。我们将 do_wp_page( )留给读者，一来是因为篇幅的关系，二来读者现在对存储管理已经比较熟悉，应该不会有太大的困难了。

至于紧接着的 update_mmu_cache( )，对于 i386 CPU 只是个空操作，因为 i386 的 MMU 是与 CPU 汇成一体的。

2.10 内核缓冲区的管理

可想而知，内核在运行中常常会需要使用一些缓冲区。例如，当要建立一个新的进程时就要增加一个 task_struct 结构，而当进程撤销时就要释放本进程的 task 结构。这些小块存储空间的使用并不局限于某一个子程序，否则就可以作为这个子程序的局部变量而使用堆栈空间了。另外，这些小块存储空间又是动态变化的，不像用于内存页面管理的 page 结构那样，有多大的内存就有多少个 page 结构，构成一个静态的阵列。由于事先根本无法预测运行中各种不同数据结构对缓冲区的需求，不适合为每一种可能用到的数据结构建立一个"缓冲池"，因为那样的话很可能会出现有些缓冲池已经用尽而有些缓冲池中却有大量缓冲区空闲的局面。因此，只能采用更具全局性的方法。

那么，用什么样的方法呢？如果采用像用户空间中的 malloc( )那样的动态分配办法，从一个统一的存储空间"堆"（heap）中，需要用多少就切下多大一块，不用了就归还，则有几个缺点需要考虑改进：

- 久而久之，会使存储堆"碎片化"，以至虽然存储堆中空闲空间的总量足够大、却无法分配所需大小的连续空间。为此，一般都采用按 2^n 的大小来分配空间，以缓解碎片化。
- 每次分配得到所需大小的缓冲区以后，都要进行初始化。内核中频繁地使用一些数据结构，这些数据结构中相当一部分成分需要某些特殊的初始化（例如队列头部等）而并非简单地清成全 0。如果释放的数据结构可以在下次分配时"重用"而无需初始化，那就可以提高内核的效率。
- 缓冲区的组织和管理是密切相关的。在有高速缓存的情况下，这些缓冲区的组织和管理方式直接影响到高速缓存中的命中率，进而影响到运行时的效率。试想，假定我们运用最先符合（first fit）的方法，从一个由存储空间片段构成的队列中分配缓冲区。在这样的过程中，当一个片段不能满足要求而顺着指针往下看下一个片段的数据结构时，如果该数据结构每次都在不同的页面中，因而每次都不能命中，而要从内存装入到高速缓存，那么可想而知，其效率显然就要打折扣了。
- 不适合多处理器共用内存的情况。

实际上，如何有效地管理缓冲区空间，很久以来就是一个热门的研究课题。90 年代前期，在 solaris 2.4 操作系统（Unix 的一个变种）中，采用了一种称为"slab"的缓冲区分配和管理方法（slab 的原意是大块的混凝土），在相当程度上克服了上述的缺点。而 Linux，也在其内核中采用了这种方法，并作了改进。

从存储器分配的角度讲，slab 与为各种数据结构分别建立缓冲池相似，也与以前我们看到过的按大小划分管理区（zone）的方法相似，但是也有重要的不同。

在 slab 方法中，每种重要的数据结构都有自己专用的缓冲区队列，每种数据结构都有相应的"构造"（constructor）和"拆除"（destructor）函数。同时，还借用面向对象程序设计技术中的名词，不再称"结构"而称为"对象"（object）。缓冲区队列中的各个对象在建立时用其"构造"函数进行初始化，所以一经分配立即就能使用，而在释放时则恢复成原状。例如，对于其中的队列头成分来说（读者可参看 page 数据结构的定义，结构中有两个 struct list_head 成分），当将其从队列中摘除时自然就恢复成了原状。每个队列中"对象"的个数是动态变化的，不够时可以增添。同时，又定期地检查，将有富余的队列加以精简。我们在 kswapd 的 do_try_to_free_pages( )中曾经看到，调用函数 kmem_cache_reap( )，为的就是从富余的队列回收物理页面，只是当时我们没有细讲。其实，定期地检查和处理这些缓冲区队列，也是 kswapd 的一项功能。

此外，slab 管理方法还有一个特点，每种对象的缓冲区队列并非由各个对象直接构成，而是由一连串的"大块"（slab）构成，而每个大块中则包含了若干同种的对象。一般而言，对象分两种，一种是大对象，一种是小对象。所谓小对象，是指在一个页面中可以容纳下好几个对象的那一种。例如，一个 inode 的大小约 300 多个字节，因此一个页面中可以容纳 8 个以上的 inode，所以 inode 是小对象。内核中使用的大多数数据结构都是这样的小对象，所以，我们先来看对小对象的组织和管理以及相应的 slab 结构。先看用于某种假想小对象的一个 slab 块的结构示意图（图 2.8）：

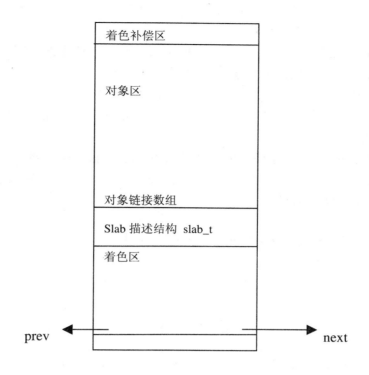

图 2.8 小对象 slab 结构示意图

此处先对上列示意图作几点说明，详细情况则随着代码的阅读再逐步深入：

- 一个 slab 可能由 1 个、2 个、4 个、… 最多 32 个连续的物理页面构成。slab 的具体大小因对象的大小而异，初始化时通过计算得出最合适的大小。
- 在每个 slab 的前端是该 slab 的描述结构 slab_t。用于同一种对象的多个 slab 通过描述结构中的队列头形成一条双向链队列。每个 slab 双向链队列在逻辑上分成三截，第一截是各个 slab 上所有的对象都已分配使用的；第二截是各个 slab 上的对象已经部分地分配使用；最后一截是各个 slab 上的全部对象都处于空闲状态。
- 每个 slab 上都有一个对象区，这是个对象数据结构的数组，以对象的序号为下标就可得到具体对象的起始地址。
- 每个 slab 上还有个对象链接数组，用来实现一个空闲对象链。
- 同时，每个 slab 的描述结构中都有一个字段，表明该 slab 上的第一个空闲对象。这个字段与对象链接数组结合在一起形成了一条空闲对象链。
- 在 slab 描述结构中还有一个已经分配使用的对象的计数器，当将一个空闲的对象分配使用时，就将 slab 控制结构中的计数器加 1，并将该对象从空闲队列中脱链。
- 当释放一个对象时，只需要调整链接数组中的相应元素以及 slab 描述结构中的计数器，并且根据该 slab 的使用情况而调整其在 slab 队列中的位置（例如，如果 slab 上所有的对象都已分配使用，就要将该 slab 从第二截转移到第一截去）。
- 每个 slab 的头部有一小小的区域是不使用的，称为"着色区"(coloring area)。着色区的大小使 slab 中的每个对象的起始地址都按高速缓存中的"缓冲行"（cache line）大小（80386 的一级高速缓存中缓存行大小为 16 个字节，Pentium 为 32 个字节）对齐。每个 slab 都是从一个页面边界开始的，所以本来就自然按高速缓存的缓冲行对齐，而着色区的设置只是将第一个对象的起始地址往后推到另一个与缓冲行对齐的边界。同一个对象的缓冲队列中的各个 slab 的着色区的大小尽可能地安排成不同的大小，使得不同 slab 上同一相对位置的对象的起始地址在高速缓存中互相错开，这样可以改善高速缓存的效率。

- 每个 slab 上最后一个对象以后也有一个小小的废料区是不用的，这是对着色区大小的补偿，其大小取决于着色区的大小以及 slab 与其每个对象的相对大小。但该区域与着色区的总和对于同一种对象的各个 slab 是个常数。
- 每个对象的大小基本上是所需数据结构的大小。只有当数据结构的大小不与高速缓存中的缓冲行对齐时，才增加若干字节使其对齐。所以，一个 slab 上的所有对象的起始地址都必然是按高速缓存中的缓冲行对齐的。

下面就是 slab 描述结构 slab_t 的定义，在 mm/slab.c 中：

```
138   /*
139    * slab_t
140    *
141    * Manages the objs in a slab. Placed either at the beginning of mem allocated
142    * for a slab, or allocated from an general cache.
143    * Slabs are chained into one ordered list: fully used, partial, then fully
144    * free slabs.
145    */
146   typedef struct slab_s {
147       struct list_head     list;
148       unsigned long        colouroff;
149       void                 *s_mem;       /* including colour offset */
150       unsigned int         inuse;        /* num of objs active in slab */
151       kmem_bufctl_t        free;
152   } slab_t;
```

这里的队列头 list 用来将一块 slab 链入一个专用缓冲区队列，colouroff 为本 slab 上着色区的大小，指针 s_mem 指向对象区的起点，inuse 是已分配对象的计数器。最后，free 的值指明了空闲对象链中的第一个对象，其实是个整数：

```
110   /*
111    * kmem_bufctl_t:
112    *
113    * Bufctl's are used for linking objs within a slab
114    * linked offsets.
115    *
116    * This implementaion relies on "struct page" for locating the cache &
117    * slab an object belongs to.
118    * This allows the bufctl structure to be small (one int), but limits
119    * the number of objects a slab (not a cache) can contain when off-slab
120    * bufctls are used. The limit is the size of the largest general cache
121    * that does not use off-slab slabs.
```

```
122         * For 32bit archs with 4 kB pages, is this 56.
123         * This is not serious, as it is only for large objects, when it is unwise
124         * to have too many per slab.
125         * Note: This limit can be raised by introducing a general cache whose size
126         * is less than 512 (PAGE_SIZE<<3), but greater than 256.
127         */
128
129        #define BUFCTL_END 0xffffFFFF
130        #define  SLAB_LIMIT 0xffffFFFE
131        typedef unsigned int kmem_bufctl_t;
```

在空闲对象链接数组中，链内每一个对象所对应元素的值为下一个对象的序号，最后一个对象所对应元素的值为 BUFCTL_END。

为每种对象建立的 slab 队列都有个队头，其控制结构为 kmem_cache_t。该数据结构中除用来维持 slab 队列的各种指针外，还记录了适用于队列中每个 slab 的各种参数，以及两个函数指针：一个是对象的构筑函数（constructor），另一个是拆除函数（dectructo）。有趣的是，像其他数据结构一样，每种对象的 slab 队头也是在 slab 上。系统中有个总 slab 队列，其对象是各个其他对象的 slab 队头，其队头则也是一个 kmem_cache_t 结构，称为 cache_cache。

这样，就形成了一种层次式的树形结构：
- 总根 cache_cache 是一个 kmem_cache_t 结构，用来维持第一层 slab 队列，这些 slab 上的对象都是 kmem_cache_t 数据结构。
- 每个第一层 slab 上的每个对象，即 kmem_cache_t 数据结构都是队头，用来维持一个第二层 slab 队列。
- 第二层 slab 队列基本上都是为某种对象，即数据结构专用的。
- 每个第二层 slab 上都维持着一个空闲对象队列。

总体的组织如下页图 2.9 所示。

从图 2.9 中可以看出，最高的层次是 slab 队列 cache_cache，队列中的每个 slab 载有若干个 kmem_cache_t 数据结构。而每个这样的数据结构又是某种数据结构（例如 inode、vm_area_struct、mm_struct，乃至于 IP 网络信息包等等）缓冲区的 slab 队列的头部。这样，当要分配一个某种数据结构的缓冲区时，就只要指明是从哪一个队列中分配，而不需要说明缓冲区的大小，并且不需要初始化了。具体的函数是：

```
    void *kmem_cache_alloc(kmem_cache_t *cachep, int  flags);
    void  kmem_cache_free(kmem_cache_t *cachep, void *objp);
```

所以，当需要分配一个具有专用 slab 队列的数据结构时，应该通过 kmem_cache_alloc( ) 分配。例如，我们在本章中看到过的 mm_struct、vm_area_struct、file、dentry、inode 等常用的数据结构，就都有专用的 slab 队列，而应通过 kmem_cache_alloc( ) 分配。

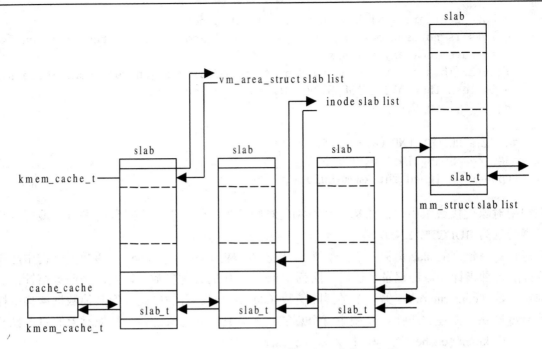

图 2.9　小对象缓冲区结构示意图

当数据结构比较大，因而不属于"小对象"时，slab 的结构略有不同。不同之处是不将 slab 的控制结构放在它所代表的 slab 上，而是将其游离出来，集中放在另外的 slab 上。由于在 slab 的控制结构 kmem_slab_t 中有一个指针指向相应 slab 上的第一个对象，所以逻辑上是一样的。其实，这就是将控制结构与控制对象相分离的一般模式。打个比方，载有"小对象"的 slab 就好像是随身携带着的户口本，而载有"大对象"的 slab 就好像是将户口本集中存放在派出所里或者是某个代理机构里。此外，当对象的大小恰好是物理页面的 1/2、1/4 或 1/8 时，将依附于每个对象的链接指针紧挨着放在一起会造成 slab 空间上的重大浪费，所以在这些特殊情况下，将链接指针也从 slab 上游离出来集中存放，以提高 slab 的空间使用率。

不过，并非内核中使用的所有数据结构都有必要拥有专用的缓冲区队列，一些不太常用、初始化开销也不大的数据结构还是可以合用一个通用的缓冲区分配机制。所以，Linux 内核中还有一种既类似于物理页面分配中采用的按大小分区，又采用 slab 方式管理的通用缓冲池，称为"slab_cache"。slab_cache 的结构与 cache_cache 大同小异，只不过其顶层不是一个队列而是一个结构数组（这是由于 slab_cache 相对来说比较静态），数组中的每一个元素指向一个不同的 slab 队列。这些 slab 队列的不同之处仅在于所载对象的大小。最小的是 32，然后依次为 64、128、… 直至 128K（也就是 32 个页面）。从通用缓冲池中分配和释放缓冲区的函数为：

```
void    *kmalloc(size_t size, int flags);
void    kfree(const void *objp);
```

所以，当需要分配一个不具有专用 slab 队列的数据结构而又不必为之使用整个页面时，就应该通过 kmalloc( ) 分配。这一般都是些细小而又不常用的数据结构，例如第 5 章中安装文件系统时使用的 vfsmount 数据结构就是这样。如果数据结构的大小接近于一个页面，则也可以干脆就通过 alloc_pages( )

为之分配一个页面。

顺便提一下，内核中还有一组与内存分配有关的函数 vmalloc( )和 vfree( )：

```
void*   vmalloc(unsigned long size);
void    vfree(void* addr);
```

函数 vmalloc( )从内核的虚存空间（3GB 以上）分配一块虚存以及相应的物理内存，类似于系统调用 brk( )。不过 brk( )是由进程在用户空间启动并从用户空间中分配的，而 vmalloc( )则是在系统空间，也就是内核中启动，从内核空间中分配的。由 vmalloc( )分配的空间不会被 kswapd 换出，因为 kswapd 只扫描各个进程的用户空间，而根本就看不到通过 vmalloc( )分配的页面表项。至于通过 kmalloc( )分配的数据结构，则 kswapd 只是从各个 slab 队列中寻找和收集空闲不用的 slab，并释放所占用的页面，但是不会将尚在使用中的 slab 所占据的页面换出。由于 vmalloc( )与我们后面要讲的 ioremap( )非常相似，这里就不讲了。

在讲解内核缓冲区的分配之前，我们先介绍缓冲区队列的建立。

2.10.1 专用缓冲区队列的建立

本来，虚存区间结构 vm_area_struct 的专用缓冲区队列是一个很好的实例，读者都已经熟悉了这个数据结构的使用。但是，到现在为止，Linux 内核中多数专用缓冲区的建立都用 NULL 作为构造函数（constructor）的指针，也就是说并没有充分利用 slab 管理机制所提供的好处（相对来说，slab 是比较新的技术），似乎不够典型。所以，我们从内核的网络驱动子系统中选择了一个例子，这是在 net/core/skbuff.c 中定义的：

```
473     void __init skb_init(void)
474     {
475         int i;
476
477         skbuff_head_cache = kmem_cache_create("skbuff_head_cache",
478                             sizeof(struct sk_buff),
479                             0,
480                             SLAB_HWCACHE_ALIGN,
481                             skb_headerinit, NULL);
482         if (!skbuff_head_cache)
483             panic("cannot create skbuff cache");
484
485         for (i=0; i<NR_CPUS; i++)
486             skb_queue_head_init(&skb_head_pool[i].list);
487     }
```

从代码中可以看到，skb_init( )所做的事情实际上就是为网络驱动子系统建立一个 sk_buff 数据结构的专用缓冲区队列，其名称为"skbuff_head_cache"。读者可用命令"cat/proc/slabinfo"来观察这些队列的使用情况。每个缓冲区，或者说"对象"的大小是 sizeof(struct sk_buff)。调用参数 offset 为 0，表示对第一个缓冲区在 slab 中的位移并无特殊要求。但是参数 flags 为 SLAB_HWCACHE_ ALIGN，表示要求与高速缓存中的缓冲行边界（16 字节或 32 字节）对齐。对象的构造函数为 skb_headerinit( )，而

destructor 则为 NULL，也就是说在拆除或释放一个 slab 时无需对各个缓冲区进行特殊的处理。

函数 kmem_cache_create( ) 所做的事情过于专门，过于冷僻，这里就不深入到其代码中去了，只是把它的内容概要介绍如下。

首先，要从 cache_cache 中分配一个 kmem_cache_t 结构，作为 sk_buff 数据结构 slab 队列的控制结构。数据结构类型 kmem_cache_t 是在 mm/slab.c 中定义的：

```
181     struct kmem_cache_s {
182     /* 1) each alloc & free */
183         /* full, partial first, then free */
184         struct list_head    slabs;
185         struct list_head    *firstnotfull;
186         unsigned int        objsize;
187         unsigned int        flags;          /* constant flags */
188         unsigned int        num;            /* # of objs per slab */
189         spinlock_t          spinlock;
190     #ifdef CONFIG_SMP
191         unsigned int        batchcount;
192     #endif
193
194     /* 2) slab additions /removals */
195         /* order of pgs per slab (2^n) */
196         unsigned int        gfporder;
197
198         /* force GFP flags, e.g. GFP_DMA */
199         unsigned int        gfpflags;
200
201         size_t              colour;         /* cache colouring range */
202         unsigned int        colour_off;     /* colour offset */
203         unsigned int        colour_next;    /* cache colouring */
204         kmem_cache_t        *slabp_cache;
205         unsigned int        growing;
206         unsigned int        dflags;         /* dynamic flags */
207
208         /* constructor func */
209         void (*ctor)(void *, kmem_cache_t *, unsigned long);
210
211         /* de-constructor func */
212         void (*dtor)(void *, kmem_cache_t *, unsigned long);
213
214         unsigned long       failures;
215
216     /* 3) cache creation/removal */
217         char                name[CACHE_NAMELEN];
218         struct list_head    next;
219     #ifdef CONFIG_SMP
220     /* 4) per-cpu data */
221         cpucache_t          *cpudata[NR_CPUS];
```

```
222     #endif
223     #if STATS
224         unsigned long      num_active;
225         unsigned long      num_allocations;
226         unsigned long      high_mark;
227         unsigned long      grown;
228         unsigned long      reaped;
229         unsigned long      errors;
230     #ifdef CONFIG_SMP
231         atomic_t           allochit;
232         atomic_t           allocmiss;
233         atomic_t           freehit;
234         atomic_t           freemiss;
235     #endif
236     #endif
237     };
```

在 kmem_cache_s 的基础上，在 include/linux/slab.h 中又定义了 kmem_cache_t：

```
12    typedef struct kmem_cache_s kmem_cache_t;
```

结构中的队列头 slabs 用来维持一个 slab 队列，指针 firstnotfull 则指向队列中第一个含有空闲对象(即缓冲区)的 slab，也就是指向队列中的第 2 段。当这个指针指向队列头 slabs 时就表明队列中不存在含有空闲对象 slab。

结构中还有个队列头 next，则是用来在 cache_cache 中建立一个"专用缓冲区 slab 队列的队列"，也就是 slab 队列控制结构的队列。当 slab 的描述结构与对象不在同一 slab 上时，即对于大对象 slab，指针 slabp_cache 指向对方队列的控制结构。

除这些队列头和指针以外，还有一些重要的成分：objsize 是原始的数据结构(对象)的大小，在这个情景中就是 sizeof(struct sk_buff)；num 表示每个 slab 上有几个缓冲区；gfporder 则表示每个 slab 的大小。每个 slab 都是由 2^n 个页面构成的，而 gfporder 就是 n。

前面讲过，在每个 slab 的前部保留了一小块区域空着不用，那就是"着色区"(coloring area)，其作用是使同一 slab 队列中不同 slab 上对象区的起始地址互相错开，这样有利于改善高速缓冲的效率。所以，如果当前 slab 的颜色为 1，则下一个 slab 的颜色将是 2，使下一个 slab 中的第一个缓冲区更往后推一些。但是，不同"颜色"的数量是有限的，它取决于一块 slab 分割成若干缓冲区（对象）以及所需的其他空间以后的剩余，以及高速缓存中每个缓冲行（cache line）的大小。所以，对每个 slab 队列都要计算出它的颜色数量，这个数量就保存在 colour 中，而下一个 slab 将要使用的颜色则保存在 colour_next 中。当 colour_next 达到最大值 colour 时，就又从 0 开始，如此周而复始。着色区的大小可以根据（colour_off×colour）算得。

分配了一个 kmem_cache_t 结构以后，kmem_cache_create( )就进行一系列的计算，以确定最佳的 slab 构成。包括：每个 slab 由几个页面组成，划分成多少个缓冲区（即"对象"）；slab 的控制结构 kmem_slab_t 应该在 slab 外面集中存放还是就放在每个 slab 的尾部；每个缓冲区的链接指针应该在 slab 外面集中存放还在 slab 上与相应的缓冲区紧挨着放在一起；还有"颜色"的数量等等。并根据调用参数和计算的结果设置队列头 kmem_cache_t 结构中的各个参数，包括两个函数指针 ctor 和 dtor。

最后，将队头 kmem_cache_t 结构链入 cache_cache 的 next 队列中（注意，不是它的 slab 队列中）。

函数 kmem_cache_create( ) 只是建立了所需的专用缓冲区队列的基础设施，所形成的 slab 队列是个空队列。而具体 slab 的创建则要等需要分配缓冲区时，却发现队列中并无空闲的缓冲区可供分配时，再通过 kmem_cache_grow( ) 来进行。

2.10.2 缓冲区的分配与释放

在建立了一种缓冲区的专用队列以后，就可以通过 kmem_cache_alloc( ) 来分配缓冲区了。就上面建立的 skbuff_head_cache 队列来说，文件 net/core/skbuff.c 中是这样进行分配的：

```
165     struct sk_buff *alloc_skb(unsigned int size, int gfp_mask)
166     {
      ......
181         skb = skb_head_from_pool( );
182         if (skb == NULL) {
183             skb = kmem_cache_alloc(skbuff_head_cache, gfp_mask);
184             if (skb == NULL)
185                 goto nohead;
186         }
      ......
215     }
```

函数 alloc_skb( ) 是具体设备驱动程序对 kmem_cache_alloc( ) 的包装，在此基础上建立起自己的缓冲区管理机制，包括一个 sk_buff 数据结构的缓冲池，以加快分配数据结构的速度，并防止因具体驱动程序分配 / 释放缓冲区不当而引起问题。这样，就把具体的设备驱动程序与 kmem_cache_alloc( ) 分隔开了。

要分配一个 sk_buff 数据结构，先通过 skb_head_from_pool( ) 试试缓冲池。如果在缓冲池中得不到，那就要进一步通过 kmem_cache_alloc( ) 分配，这就是我们所关心的。其代码在 mm/slab.c 中：

[alloc_skb( ) > kmem_cache_alloc( )]

```
1506    void * kmem_cache_alloc (kmem_cache_t *cachep, int flags)
1507    {
1508        return __kmem_cache_alloc(cachep, flags);
1509    }
```

[alloc_skb( ) > kmem_cache_alloc( ) > __kmem_cache_alloc( )]

```
1291    static inline void * __kmem_cache_alloc (kmem_cache_t *cachep, int flags)
1292    {
1293        unsigned long save_flags;
1294        void* objp;
1295
1296        kmem_cache_alloc_head(cachep, flags);
1297    try_again:
```

```
1298        local_irq_save(save_flags);
1299  #ifdef CONFIG_SMP
        ......
1319  #else
1320        objp = kmem_cache_alloc_one(cachep);
1321  #endif
1322        local_irq_restore(save_flags);
1323        return objp;
1324  alloc_new_slab:
1325  #ifdef CONFIG_SMP
        ......
1328  #endif
1329        local_irq_restore(save_flags);
1330        if (kmem_cache_grow(cachep, flags))
1331            /* Someone may have stolen our objs.  Doesn't matter, we'll
1332             * just come back here again.
1333             */
1334            goto try_again;
1335        return NULL;
1336  }
```

首先，alloc_skb( )中的指针 skbuff_head_cache 是个全局量，指向相应的 slab 队列（这里是 sk_buff 结构的 slab 队列）的队头，因而这里的参数 cachep 也指向这个队列。

程序中的 kmem_cache_alloc_head( )是为调试而设的，在实际运行的系统中是空函数。我们在这里也不关心多处理器 SMP 结构，所以这里关键性的操作就是 kmem_cache_alloc_one( )，这是一个宏操作，其定义为：

```
1246  /*
1247   * Returns a ptr to an obj in the given cache.
1248   * caller must guarantee synchronization
1249   * #define for the goto optimization 8-)
1250   */
1251  #define kmem_cache_alloc_one(cachep)                \
1252  ({                                                  \
1253      slab_t *slabp;                                  \
1254                                                      \
1255      /* Get slab alloc is to come from. */           \
1256      {                                               \
1257          struct list_head* p = cachep->firstnotfull; \
1258          if (p == &cachep->slabs)                    \
1259              goto alloc_new_slab;                    \
1260          slabp = list_entry(p, slab_t, list);        \
1261      }                                               \
1262      kmem_cache_alloc_one_tail(cachep, slabp);       \
1263  })
```

上面__kmem_cache_alloc( )的代码一定要和这个宏定义结合起来看才能明白。从定义中可以看到，第一步是通过 slab 队列头中的指针 firstnotfull，找到该队列中第一个含有空闲对象的 slab。如果这个指针指向 slab 队列的链头(不是链中的第一个 slab)，那就表示队列中已经没有含有空闲对象的 slab，所以就转到__kmem_cache_alloc( )中的标号 alloc_new_slab 处(1324 行)，进一步扩充该 slab 队列。

如果找到了含有空闲对象的 slab，就调用 kmem_cache_alloc_one_tail( )分配一个空闲对象并返回其指针：

[alloc_skb( ) > kmem_cache_alloc( ) > __kmem_cache_alloc( ) > kmem_cache_alloc_one_tail( )]

```
1211    static inline void * kmem_cache_alloc_one_tail (kmem_cache_t *cachep,
1212                                slab_t *slabp)
1213    {
1214        void *objp;
1215
1216        STATS_INC_ALLOCED(cachep);
1217        STATS_INC_ACTIVE(cachep);
1218        STATS_SET_HIGH(cachep);
1219
1220        /* get obj pointer */
1221        slabp->inuse++;
1222        objp = slabp->s_mem + slabp->free*cachep->objsize;
1223        slabp->free=slab_bufctl(slabp)[slabp->free];
1224
1225        if (slabp->free == BUFCTL_END)
1226            /* slab now full: move to next slab for next alloc */
1227            cachep->firstnotfull = slabp->list.next;
1228    #if DEBUG
            ......
1242    #endif
1243        return objp;
1244    }
```

如前所述，数据结构 slab_t 中的 free 记录着下一次可以分配的空闲对象的序号，而 s_mem 则指向 slab 中的对象区，所以根据这些数据和本专用队列的对象大小，就可以计算出该空闲对象的起始地址。然后，就通过宏操作 slab_bufctl( )改变字段 free 的值，使它指明下一个空闲对象的序号。

```
154     #define slab_bufctl(slabp) \
155         ((kmem_bufctl_t *)(((slab_t*)slabp)+1))
```

这个宏操作返回一个 kmem_bufctl_t 数组的地址，这个数组就在 slab 中数据结构 slab_t 的上方，紧挨着数据结构 slab_t。该数组以当前对象的序号为下标，而数组元素的值则表明下一个空闲对象的序号。改变了 slab_t 中 free 字段的值，就隐含着当前对象已被分配。

如果达到了 slab 的末尾 BUFCTL_END，就要调整该 slab 队列的指针 firstnotfull，使它指向队列中的下一个 slab。

不过，我们假定 slab 队列中已经不存在含有空闲对象的 slab，所以要转到前面代码中的标号 alloc_new_slab 处，通过 kmem_cache_grow( )来分配一块新的 slab，使缓冲区的队列"生长"起来。函数 kmem_cache_grow( )的代码也在 mm/slab.c 中：

[alloc_skb( ) > kmem_cache_alloc( ) > __kmem_cache_alloc( ) > kmem_cache_grow( )]

```
1066    /*
1067     * Grow (by 1) the number of slabs within a cache.  This is called by
1068     * kmem_cache_alloc( ) when there are no active objs left in a cache.
1069     */
1070    static int kmem_cache_grow (kmem_cache_t * cachep, int flags)
1071    {
1072        slab_t      *slabp;
1073        struct page *page;
1074        void        *objp;
1075        size_t      offset;
1076        unsigned int    i, local_flags;
1077        unsigned long   ctor_flags;
1078        unsigned long   save_flags;
1079
1080        /* Be lazy and only check for valid flags here,
1081         * keeping it out of the critical path in kmem_cache_alloc( ).
1082         */
1083        if (flags & ~(SLAB_DMA|SLAB_LEVEL_MASK|SLAB_NO_GROW))
1084            BUG( );
1085        if (flags & SLAB_NO_GROW)
1086            return 0;
1087
1088        /*
1089         * The test for missing atomic flag is performed here, rather than
1090         * the more obvious place, simply to reduce the critical path length
1091         * in kmem_cache_alloc( ). If a caller is seriously mis-behaving they
1092         * will eventually be caught here (where it matters).
1093         */
1094        if (in_interrupt( ) && (flags & SLAB_LEVEL_MASK) != SLAB_ATOMIC)
1095            BUG( );
1096
1097        ctor_flags = SLAB_CTOR_CONSTRUCTOR;
1098        local_flags = (flags & SLAB_LEVEL_MASK);
1099        if (local_flags == SLAB_ATOMIC)
1100            /*
1101             * Not allowed to sleep.  Need to tell a constructor about
1102             * this - it might need to know...
1103             */
1104            ctor_flags |= SLAB_CTOR_ATOMIC;
1105
1106        /* About to mess with non-constant members - lock. */
1107        spin_lock_irqsave(&cachep->spinlock, save_flags);
1108
1109        /* Get colour for the slab, and cal the next value. */
```

```
1110            offset = cachep->colour_next;
1111            cachep->colour_next++;
1112            if (cachep->colour_next >= cachep->colour)
1113                cachep->colour_next = 0;
1114            offset *= cachep->colour_off;
1115            cachep->dflags |= DFLGS_GROWN;
1116
1117            cachep->growing++;
1118            spin_unlock_irqrestore(&cachep->spinlock, save_flags);
1119
1120            /* A series of memory allocations for a new slab.
1121             * Neither the cache-chain semaphore, or cache-lock, are
1122             * held, but the incrementing c_growing prevents this
1123             * cache from being reaped or shrunk.
1124             * Note: The cache could be selected in for reaping in
1125             * kmem_cache_reap( ), but when the final test is made the
1126             * growing value will be seen.
1127             */
1128
1129            /* Get mem for the objs. */
1130            if (!(objp = kmem_getpages(cachep, flags)))
1131                goto failed;
1132
1133            /* Get slab management. */
1134            if (!(slabp = kmem_cache_slabmgmt(cachep, objp, offset, local_flags)))
1135                goto opps1;
1136
1137            /* Nasty!!!!!! I hope this is OK. */
1138            i = 1 << cachep->gfporder;
1139            page = virt_to_page(objp);
1140            do {
1141                SET_PAGE_CACHE(page, cachep);
1142                SET_PAGE_SLAB(page, slabp);
1143                PageSetSlab(page);
1144                page++;
1145            } while (--i);
1146
1147            kmem_cache_init_objs(cachep, slabp, ctor_flags);
1148
1149            spin_lock_irqsave(&cachep->spinlock, save_flags);
1150            cachep->growing--;
1151
1152            /* Make slab active. */
1153            list_add_tail(&slabp->list,&cachep->slabs);
1154            if (cachep->firstnotfull == &cachep->slabs)
1155                cachep->firstnotfull = &slabp->list;
1156            STATS_INC_GROWN(cachep);
1157            cachep->failures = 0;
```

```
1158
1159            spin_unlock_irqrestore(&cachep->spinlock, save_flags);
1160            return 1;
1161    opps1:
1162            kmem_freepages(cachep, objp);
1163    failed:
1164            spin_lock_irqsave(&cachep->spinlock, save_flags);
1165            cachep->growing--;
1166            spin_unlock_irqrestore(&cachep->spinlock, save_flags);
1167            return 0;
1168    }
```

函数 kmem_cache_grow( )根据队列头中的参数 gfporder 分配若干连续的物理内存页面,并将这些页面构造成 slab,链入给定的 slab 队列。对参数进行了一些检查以后,就计算出下一块 slab 应有的着色区大小。然后,通过 kmem_getpages( )分配用于具体对象缓冲区的页面,这个函数最终调用 alloc_pages( )分配空闲页面。分配了用于对象本身的内存页面后,还要通过 kmem_cache_slabmgmt( )建立起 slab 的管理信息。其代码在 mm/slab.c 中:

[alloc_skb( ) > kmem_cache_alloc( ) > __kmem_cache_alloc( ) > kmem_cache_grow( ) > kmem_cache_slabmgmt( )]

```
996     /* Get the memory for a slab management obj. */
997     static inline slab_t * kmem_cache_slabmgmt (kmem_cache_t *cachep,
998                     void *objp, int colour_off, int local_flags)
999     {
1000            slab_t *slabp;
1001
1002            if (OFF_SLAB(cachep)) {
1003                    /* Slab management obj is off-slab. */
1004                    slabp = kmem_cache_alloc(cachep->slabp_cache, local_flags);
1005                    if (!slabp)
1006                            return NULL;
1007            } else {
1008                    /* FIXME: change to
1009                        slabp = objp
1010                     * if you enable OPTIMIZE
1011                     */
1012                    slabp = objp+colour_off;
1013                    colour_off += L1_CACHE_ALIGN(cachep->num *
1014                            sizeof(kmem_bufctl_t) + sizeof(slab_t));
1015            }
1016            slabp->inuse = 0;
1017            slabp->colouroff = colour_off;
1018            slabp->s_mem = objp+colour_off;
1019
1020            return slabp;
1021    }
```

如前所述，小对象的 slab 控制结构 slab_t 与对象本身共存于同一 slab 上，而大对象的控制结构则游离于 slab 之外。但是，大对象的控制结构也是 slab_t，存在于为这种数据结构专设的 slab 上，也有其专用的 slab 队列。所以，如果是大对象就通过 kmem_cache_alloc( ) 分配一个 slab_t，否则就用小对象 slab 低端的一部分空间用作其控制结构，不过在此之前要空出一小块着色区。注意这里 1012 行和 1017 行所引用的 colour_off 不是同一个数值，这个变量的值已在 1013 行作了调整，在原来的数值上增加了对象链接数组的大小以及控制结构 slab_t 的大小。所以，slabp->s_mem 总是指向 slab 上对象区的起点。

对分配用于 slab 的每个页面的 pagee 数据结构，要通过宏操作 SET_PAGE_CACHE 和 SET_PAGE_SLAB，设置其链接指针 prev 和 next，使它们分别指向所属的 slab 和 slab 队列。同时，还要把 page 结构中的 PG_slab 标志位设成 1，以表明该页面的用途。

最后，通过 kmem_cache_init_objs( ) 进行 slab 的初始化：

[alloc_skb( ) > kmem_cache_alloc( ) > __kmem_cache_alloc( ) > kmem_cache_grow( ) > kmem_cache_init_objs( )]

```
1023    static inline void kmem_cache_init_objs (kmem_cache_t * cachep,
1024                slab_t * slabp, unsigned long ctor_flags)
1025    {
1026        int i;
1027
1028        for (i = 0; i < cachep->num; i++) {
1029            void* objp = slabp->s_mem+cachep->objsize*i;
1030    #if DEBUG
     ......
1037    #endif
1038
1039            /*
1040             * Constructors are not allowed to allocate memory from
1041             * the same cache which they are a constructor for.
1042             * Otherwise, deadlock. They must also be threaded.
1043             */
1044            if (cachep->ctor)
1045                cachep->ctor(objp, cachep, ctor_flags);
1046    #if DEBUG
     ......
1059    #endif
1060            slab_bufctl(slabp)[i] = i+1;
1061        }
1062        slab_bufctl(slabp)[i-1] = BUFCTL_END;
1063        slabp->free = 0;
1064    }
```

这里的初始化包括了对具体对象构造函数的调用。对于 sk_buff 数据结构，这个函数就是 skb_headerinit( )。此外，代码中的 1060 行是对链接数组中各个元素的初始化。

缓冲区队列"成长"了一些以后，就一定有空闲缓冲区可供分配了。所以转回标号 try_again 处再试一遍（见 __kmem_cache_alloc( ) 中的 1334 行）。

这样，就构成了一个多层次的缓冲区分配机制。位于最高层的是缓冲区的分配，在我们这个情景中就是alloc_skb( )，具体则是先通过skb_head_from_pool( )，从缓冲池，即已经分配的slab块中分配。如果失败的话，就往下跑一层从slab队列中通过kmem_cache_alloc( )分配。要是slab队列中已经没有载有空闲缓冲区的slab，那就再往下跑一层，通过kmem_cache_grow( )，分配若干页面而构筑出一个slab块。

那么，缓冲区队列是否单调地成长而不缩小呢？我们在以前提到过，kswapd定时地调用kmem_cache_reap( )来"收割"。也就是说，依次检查若干专用缓冲区slab队列，看看是否有完全空闲的slab存在。有的话就将这些slab占用的内存页面释放。

再来看专用缓冲区的释放，这是由kmem_cache_free( )完成的。其代码在mm/slab.c中：

```
1554    void kmem_cache_free (kmem_cache_t *cachep, void *objp)
1555    {
1556        unsigned long flags;
1557    #if DEBUG
         . . . . . .
1561    #endif
1562
1563        local_irq_save(flags);
1564        __kmem_cache_free(cachep, objp);
1565        local_irq_restore(flags);
1566    }
```

显然，操作的主体是__kmem_cache_free( )，这里只是在操作期间把中断暂时关闭。

[kmem_cache_free( ) > __kmem_cache_free( )]

```
1466    /*
1467     * __kmem_cache_free
1468     * called with disabled ints
1469     */
1470    static inline void __kmem_cache_free (kmem_cache_t *cachep, void* objp)
1471    {
1472    #ifdef CONFIG_SMP
         . . . . . .
1493    #else
1494        kmem_cache_free_one(cachep, objp);
1495    #endif
1496    }
```

我们在这里不关心多处理器SMP结构，而函数kmem_cache_free_one( )的代码也在同一文件中：

[kmem_cache_free( ) > __kmem_cache_free( ) > kmem_cache_free_one( )]

```
1367    static inline void kmem_cache_free_one(kmem_cache_t *cachep, void *objp)
1368    {
```

```
1369            slab_t* slabp;
1370
1371            CHECK_PAGE(virt_to_page(objp));
1372            /* reduces memory footprint
1373             *
1374            if (OPTIMIZE(cachep))
1375                slabp = (void*)((unsigned long)objp&(~(PAGE_SIZE-1)));
1376             else
1377            */
1378            slabp = GET_PAGE_SLAB(virt_to_page(objp));
1379
1380    #if DEBUG
        ......
1402    #endif
1403            {
1404                unsigned int objnr = (objp-slabp->s_mem)/cachep->objsize;
1405
1406                slab_bufctl(slabp)[objnr] = slabp->free;
1407                slabp->free = objnr;
1408            }
1409            STATS_DEC_ACTIVE(cachep);
1410
1411            /* fixup slab chain */
1412            if (slabp->inuse-- == cachep->num)
1413                goto moveslab_partial;
1414            if (!slabp->inuse)
1415                goto moveslab_free;
1416            return;
1417
1418    moveslab_partial:
1419            /* was full.
1420             * Even if the page is now empty, we can set c_firstnotfull to
1421             * slabp: there are no partial slabs in this case
1422             */
1423            {
1424                struct list_head *t = cachep->firstnotfull;
1425
1426                cachep->firstnotfull = &slabp->list;
1427                if (slabp->list.next == t)
1428                    return;
1429                list_del(&slabp->list);
1430                list_add_tail(&slabp->list, t);
1431                return;
1432            }
1433    moveslab_free:
1434            /*
1435             * was partial, now empty.
1436             * c_firstnotfull might point to slabp
```

```
1437            * FIXME: optimize
1438            */
1439           {
1440               struct list_head *t = cachep->firstnotfull->prev;
1441
1442               list_del(&slabp->list);
1443               list_add_tail(&slabp->list, &cachep->slabs);
1444               if (cachep->firstnotfull == &slabp->list)
1445                   cachep->firstnotfull = t->next;
1446               return;
1447           }
1448       }
```

代码中的 CHECK_PAGE 只用于程序调试，在实际运行的系统中为空语句。根据待释放对象的地址可以算出其所在的页面。进一步，如前所述(见 kmem_cache_grow( )中的1142行)，页面的 page 结构中链头 list 内，原用于队列链接的指针 prev，指向页面所属的 slab，所以通过宏操作 GET_PAGE_SLAB 就可以得到这个 slab 的指针。找到了对象所在的 slab，就可以通过其链接数组释放给定对象了(见1404～1407行)。同时，还要递减所属 slab 队列控制结构中非空闲对象的计数。递减以后有三种可能：

- 原来 slab 上没有空闲对象，而现在有了，所以要转到 moveslab_partial 处，把 slab 从队列中原来的位置移到队列的第二截，即由指针 firstnotfull 所指的地方。
- 原来 slab 上就有空闲对象，而现在所有对象都空闲了，所以要转到 moveslab_free 处，把 slab 从队列中原来的位置移到队列的第三截，即队列的末尾。
- 原来 slab 上就有空闲对象，现在只不过是多了一个，但也并没有全部空闲，所以不需要任何改动。

可见，分配和释放专用缓冲区的开销都是很小的。这里还要指出，缓冲区的释放并不导致 slab 的释放，空闲 slab 的释放是由 kswapd 等内核线程周期地调用 kmem_cache_reap( )完成的。

看完了专用缓冲区的分配和释放，再看看通用缓冲区的分配。前面讲过，除各种专用的缓冲区队列外，内核中还有一个通用的缓冲池 cache_sizes，里面根据缓冲区的大小而分成若干队列。用于通用缓冲区分配的函数 kmalloc( )是在 mm/slab.c 中定义的：

```
1511       /**
1512        * kmalloc - allocate memory
1513        * @size: how many bytes of memory are required.
1514        * @flags: the type of memory to allocate.
1515        *
1516        * kmalloc is the normal method of allocating memory
1517        * in the kernel.  The @flags argument may be one of:
1518        *
1519        * %GFP_BUFFER - XXX
1520        *
1521        * %GFP_ATOMIC - allocation will not sleep.  Use inside interrupt handlers.
1522        *
1523        * %GFP_USER - allocate memory on behalf of user.  May sleep.
1524        *
```

```
1525     * %GFP_KERNEL - allocate normal kernel ram.   May sleep.
1526     *
1527     * %GFP_NFS - has a slightly lower probability of sleeping than %GFP_KERNEL.
1528     * Don't use unless you're in the NFS code.
1529     *
1530     * %GFP_KSWAPD - Don't use unless you're modifying kswapd.
1531     */
1532    void * kmalloc (size_t size, int flags)
1533    {
1534         cache_sizes_t *csizep = cache_sizes;
1535
1536         for (; csizep->cs_size; csizep++) {
1537              if (size > csizep->cs_size)
1538                   continue;
1539              return __kmem_cache_alloc(flags & GFP_DMA ?
1540                   csizep->cs_dmacachep : csizep->cs_cachep, flags);
1541         }
1542         BUG( ); // too big size
1543         return NULL;
1544    }
```

这里通过一个 for 循环，在 cache_sizes 结构数组中由小到大扫描，找到第一个能满足缓冲区大小要求的队列，然后就调用函数__kmem_cache_alloc( )从该队列中分配一个缓冲区。而 kmem_cache_alloc( )的作用我们在前面已经简要地介绍过了。

最后，我们来看看空闲 slab 的"收割"，即对构成空闲 slab 的页面的回收。以前我们看到过，内核线程 kswapd 在周期性的运行中会调用 kmem_cache_reap( )回收这些页面。这个函数的代码在 mm/slab.c 中：

```
1701    /**
1702     * kmem_cache_reap - Reclaim memory from caches.
1703     * @gfp_mask: the type of memory required.
1704     *
1705     * Called from try_to_free_page( ).
1706     */
1707    void kmem_cache_reap(int gfp_mask)
1708    {
1709         slab_t *slabp;
1710         kmem_cache_t *searchp;
1711         kmem_cache_t *best_cachep;
1712         unsigned int best_pages;
1713         unsigned int best_len;
1714         unsigned int scan;
1715
1716         if (gfp_mask & __GFP_WAIT)
1717              down(&cache_chain_sem);
```

```
1718            else
1719                if (down_trylock(&cache_chain_sem))
1720                    return;
1721
1722        scan = REAP_SCANLEN;
1723        best_len = 0;
1724        best_pages = 0;
1725        best_cachep = NULL;
1726        searchp = clock_searchp;
1727        do {
1728            unsigned int pages;
1729            struct list_head* p;
1730            unsigned int full_free;
1731
1732            /* It's safe to test this without holding the cache-lock. */
1733            if (searchp->flags & SLAB_NO_REAP)
1734                goto next;
1735            spin_lock_irq(&searchp->spinlock);
1736            if (searchp->growing)
1737                goto next_unlock;
1738            if (searchp->dflags & DFLGS_GROWN) {
1739                searchp->dflags &= ~DFLGS_GROWN;
1740                goto next_unlock;
1741            }
1742 #ifdef CONFIG_SMP
     . . . . . .
1750 #endif
1751
1752            full_free = 0;
1753            p = searchp->slabs.prev;
1754            while (p != &searchp->slabs) {
1755                slabp = list_entry(p, slab_t, list);
1756                if (slabp->inuse)
1757                    break;
1758                full_free++;
1759                p = p->prev;
1760            }
1761
1762            /*
1763             * Try to avoid slabs with constructors and/or
1764             * more than one page per slab (as it can be difficult
1765             * to get high orders from gfp()).
1766             */
1767            pages = full_free * (1<<searchp->gfporder);
1768            if (searchp->ctor)
1769                pages = (pages*4+1)/5;
1770            if (searchp->gfporder)
1771                pages = (pages*4+1)/5;
```

```
1772                 if (pages > best_pages) {
1773                     best_cachep = searchp;
1774                     best_len = full_free;
1775                     best_pages = pages;
1776                     if (full_free >= REAP_PERFECT) {
1777                         clock_searchp = list_entry(searchp->next.next,
1778                                     kmem_cache_t,next);
1779                         goto perfect;
1780                     }
1781                 }
1782         next_unlock:
1783             spin_unlock_irq(&searchp->spinlock);
1784         next:
1785             searchp = list_entry(searchp->next.next,kmem_cache_t,next);
1786         } while (--scan && searchp != clock_searchp);
1787
1788         clock_searchp = searchp;
1789
1790         if (!best_cachep)
1791             /* couldn't find anything to reap */
1792             goto out;
1793
1794         spin_lock_irq(&best_cachep->spinlock);
1795     perfect:
1796         /* free only 80% of the free slabs */
1797         best_len = (best_len*4 + 1)/5;
1798         for (scan = 0; scan < best_len; scan++) {
1799             struct list_head *p;
1800
1801             if (best_cachep->growing)
1802                 break;
1803             p = best_cachep->slabs.prev;
1804             if (p == &best_cachep->slabs)
1805                 break;
1806             slabp = list_entry(p,slab_t,list);
1807             if (slabp->inuse)
1808                 break;
1809             list_del(&slabp->list);
1810             if (best_cachep->firstnotfull == &slabp->list)
1811                 best_cachep->firstnotfull = &best_cachep->slabs;
1812             STATS_INC_REAPED(best_cachep);
1813
1814             /* Safe to drop the lock. The slab is no longer linked to the
1815              * cache.
1816              */
1817             spin_unlock_irq(&best_cachep->spinlock);
1818             kmem_slab_destroy(best_cachep, slabp);
1819             spin_lock_irq(&best_cachep->spinlock);
```

```
1820        }
1821        spin_unlock_irq(&best_cachep->spinlock);
1822 out:
1823        up(&cache_chain_sem);
1824        return;
1825 }
```

这个函数扫描 slab 队列的队列 cache_cache，从中发现可供"收割"的 slab 队列。不过，并不是每次都扫描整个 cache_cache，而只是扫描其中的一部分 slab 队列，所以需要有个全局量来记录下一次扫描的起点，这就是 clock_searchp：

```
360    /* Place maintainer for reaping. */
361    static kmem_cache_t *clock_searchp = &cache_cache;
```

找到了可以"收割"的 slab 队列，也不是把它所有空闲的 slab 都全部回收，而是回收其中的大约 80%。对于要回收的 slab，调用 kmem_slab_destroy( ) 释放其各个页面，我们把这个函数留给读者自己阅读。

[kmem_cache_reap( ) > kmem_slab_destroy( )]

```
540    /* Destroy all the objs in a slab, and release the mem back to the system.
541     * Before calling the slab must have been unlinked from the cache.
542     * The cache-lock is not held/needed.
543     */
544    static void kmem_slab_destroy (kmem_cache_t *cachep, slab_t *slabp)
545    {
546        if (cachep->dtor
547    #if DEBUG
548            || cachep->flags & (SLAB_POISON | SLAB_RED_ZONE)
549    #endif
550        ) {
551            int i;
552            for (i = 0; i < cachep->num; i++) {
553                void* objp = slabp->s_mem+cachep->objsize*i;
554    #if DEBUG
       ......
563    #endif
564                if (cachep->dtor)
565                    (cachep->dtor)(objp, cachep, 0);
566    #if DEBUG
       ......
573    #endif
574            }
575        }
576
577        kmem_freepages(cachep, slabp->s_mem-slabp->colouroff);
578        if (OFF_SLAB(cachep))
```

```
579            kmem_cache_free(cachep->slabp_cache, slabp);
580       }
```

2.11 外部设备存储空间的地址映射

任何系统都免不了要有输入/输出，所以对外部设备的访问是 CPU 设计中的一个重要问题。一般来说，对外部设备的访问有两种不同的形式，一种叫内存映射式（memory mapped），另一种叫 I/O 映射式（I/O mapped）。在采用内存映射方式的 CPU 中，外部设备的存储单元，如控制寄存器、状态寄存器、数据寄存器等等，是作为内存的一部分出现在系统中的。CPU 可以像访问一个内存单元一样的访问外部设备的存储单元，所以不需要专门设立用于外设 I/O 的指令。从前的 PDP-11、后来的 M68K、Power PC 等 CPU 都采用这种方式。而在采用 I/O 映射方式的系统中则不同，外部设备的存储单元与内存分属两个不同的体系。访问内存的指令不能用来访问外部设备的存储单元，所以在 X86 CPU 中设立了专门的 IN 和 OUT 指令，但是用于 I/O 指令的"地址空间"相对来说是很小的。事实上，现在 X86 的 I/O 地址空间已经非常拥挤。

但是，随着计算机技术的发展，人们发现单纯的 I/O 映射方式是不能满足要求的。此种方式只适合于早期的计算机技术，那时候一个外设通常都只有几个寄存器，通过这几个寄存器就可以完成对外设的所有操作了。而现在的情况却大不一样。例如，在 PC 机上可以插上一块图像卡，带有 2MB 的存储器，甚至还可能带有一块 ROM，里面装有可执行代码。自从 PCI 总线出现以后，这个问题就更突出了。所以，不管 CPU 的设计采用 I/O 映射或是存储器映射，都必须要有将外设卡上的存储器映射到内存空间，实际上是虚存空间的手段。在 Linux 内核中，这样的映射是通过函数 ioremap( ) 来建立的。

对于内存页面的管理，通常我们都是先在虚存空间分配一个虚存区间，然后为此区间分配相应的物理内存页面并建立起映射。而且这样的映射也并不是一次就建立完毕，可以在访问这些虚存页面引起页面异常时逐步地建立。但是，ioremap( ) 则不同，首先，我们先有一个物理存储区间，其地址就是外设卡上的存储器出现在总线上的地址。这地址未必就是这些存储单元在外设卡上局部的物理地址，而是在总线上由 CPU 所"看到"的地址，这中间很可能已经经历了一次地址映射，但这种映射对于 CPU 来说是透明的。所以有时把这种地址称为"总线地址"。举个例子来说，如果有一块"智能图形卡"，卡上有个微处理器。对于卡上的微处理器来说，卡上的存储器是从地址 0 开始的，这就是卡上局部的物理地址。但是将这块图形卡插到 PC 的一个 PCI 总线插槽上时，由 PC 的 CPU 所看到的这片物理存储区间的地址可能是从 0x0000 f000 0000 0000 开始的，这中间已经有了一次映射。可是，从系统（PC）的 CPU 的角度来说，它只知道这片物理存储区间是从 0x 0000 f000 0000 0000 开始的，这就是该区间的物理地址，或者说"总线地址"。在 Linux 系统中，CPU 不能按物理地址来访问存储空间，而必须使用虚拟地址，所以必需"反向"地从物理地址出发找到一片虚存空间并建立起映射。其次，这样的需求只发生于对外部设备的操作，而这是内核的事，所以相应的虚存区间是在系统空间（3GB 以上）。在以前的 Linux 内核版本中，这个函数称为 vremap( )，后来改成了 ioremap( )，也突出地反映了这一点。还有，这样的页面当然不服从动态的物理内存页面分配，也不服从 kswapd 的换出。

先看 ioremap( )，这是一个 inline 函数，定义于 include\asm-i386\io.h：

```
140     extern inline void * ioremap (unsigned long offset, unsigned long size)
141     {
142      return __ioremap(offset, size, 0);
```

143   }

实际的操作由__ioremap( )完成，是在 arch/i386/mm/ioremap.c 中定义的：

[ioremap( ) > __ioremap( )]

```
 92     /*
 93      * Remap an arbitrary physical address space into the kernel virtual
 94      * address space. Needed when the kernel wants to access high addresses
 95      * directly.
 96      *
 97      * NOTE! We need to allow non-page-aligned mappings too: we will obviously
 98      * have to convert them into an offset in a page-aligned mapping, but the
 99      * caller shouldn't need to know that small detail.
100      */
101     void * __ioremap(unsigned long phys_addr, unsigned long size, unsigned long flags)
102     {
103         void * addr;
104         struct vm_struct * area;
105         unsigned long offset, last_addr;
106
107         /* Don't allow wraparound or zero size */
108         last_addr = phys_addr + size - 1;
109         if (!size || last_addr < phys_addr)
110             return NULL;
111
112         /*
113          * Don't remap the low PCI/ISA area, it's always mapped..
114          */
115         if (phys_addr >= 0xA0000 && last_addr < 0x100000)
116             return phys_to_virt(phys_addr);
117
118         /*
119          * Don't allow anybody to remap normal RAM that we're using..
120          */
121         if (phys_addr < virt_to_phys(high_memory)) {
122             char *t_addr, *t_end;
123             struct page *page;
124
125             t_addr = __va(phys_addr);
126             t_end = t_addr + (size - 1);
127
128             for(page = virt_to_page(t_addr); page <= virt_to_page(t_end); page++)
129                 if(!PageReserved(page))
130                     return NULL;
131         }
132
133         /*
```

```
134             * Mappings have to be page-aligned
135             */
136            offset = phys_addr & ~PAGE_MASK;
137            phys_addr &= PAGE_MASK;
138            size = PAGE_ALIGN(last_addr) - phys_addr;
139
140            /*
141             * Ok, go for it..
142             */
143            area = get_vm_area(size, VM_IOREMAP);
144            if (!area)
145                return NULL;
146            addr = area->addr;
147            if (remap_area_pages(VMALLOC_VMADDR(addr), phys_addr, size, flags)) {
148                vfree(addr);
149                return NULL;
150            }
151            return (void *) (offset + (char *)addr);
152        }
```

首先是一些例行检查，常常称为"sanity check"，或者说"健康检查"、"卫生检查"。其中109行检查的是区间的大小既不为0，也不能太大而越出了32位地址空间的限制。物理地址0xa0000至0x100000用于VGA卡和BIOS，这是在系统初始化时就映射好了的，不能侵犯到这个区间中去。121行中的high_memory是在系统初始化时，根据检测到的物理内存大小设置的物理内存地址的上限（所对应的虚拟地址）。如果所要求的phys_addr小于这个上限的话，就表示与系统的物理内存有冲突了，除非相应的物理页面原来就是保留着的空洞。在通过这些检查以后，还要保证该物理地址是按页面边界对齐的（136～138行）。

完成了这些准备以后，这才"言归正传"。首先是要找到一片虚存地址区间。前面讲过，这片区间属于内核，而不属于任何一个特定的进程，所以不是在某个进程的mm_struct结构中的虚存区间队列中去寻找，而是从属于内核的虚存区间队列中去寻找。函数get_vm_area( )是在mm/vmalloc.c中定义的：

[ioremap( ) > __ioremap( ) > get_vm_area( )]

```
168    struct vm_struct * get_vm_area(unsigned long size, unsigned long flags)
169    {
170        unsigned long addr;
171        struct vm_struct **p, *tmp, *area;
172
173        area = (struct vm_struct *) kmalloc(sizeof(*area), GFP_KERNEL);
174        if (!area)
175            return NULL;
176        size += PAGE_SIZE;
177        addr = VMALLOC_START;
178        write_lock(&vmlist_lock);
179        for (p = &vmlist; (tmp = *p) ; p = &tmp->next) {
180            if ((size + addr) < addr) {
```

```
181                write_unlock(&vmlist_lock);
182                kfree(area);
183                return NULL;
184            }
185            if (size + addr < (unsigned long) tmp->addr)
186                break;
187            addr = tmp->size + (unsigned long) tmp->addr;
188            if (addr > VMALLOC_END-size) {
189                write_unlock(&vmlist_lock);
190                kfree(area);
191                return NULL;
192            }
193        }
194        area->flags = flags;
195        area->addr = (void *)addr;
196        area->size = size;
197        area->next = *p;
198        *p = area;
199        write_unlock(&vmlist_lock);
200        return area;
201    }
```

内核为自己保持一个虚存区间队列 vmlist，这是由一串 vm_struct 数据结构组成的一个单链队列。这里的 vm_struct 和 vmlist 都是由内核专用的。vm_struct 从概念上说类似于供进程使用的 vm_area_struct，但要简单得多，定义于 include/linux/vmalloc.h 和 mm/vmalloc.c 中：

```
14    struct vm_struct {
15        unsigned long flags;
16        void * addr;
17        unsigned long size;
18        struct vm_struct * next;
19    };
```

```
18    struct vm_struct * vmlist;
```

以前讲过，内核使用的系统空间虚拟地址与物理地址间存在着一种简单的映射关系，只要在物理地址上加上一个 3GB 的偏移量就得到了内核的虚拟地址。而变量 high_memory 标志着具体物理内存的上限所对应的虚拟地址，这是在系统初始化时设置好的。当内核需要一片虚存地址空间时，就从这个地址以上 8MB 处分配。为此，在 include/asm-i386/pgtable.h 中定义了 VMALLOC_START 等有关的常数：

```
132    /* Just any arbitrary offset to the start of the vmalloc VM area: the
133     * current 8MB value just means that there will be a 8MB "hole" after the
134     * physical memory until the kernel virtual memory starts.  That means that
135     * any out-of-bounds memory accesses will hopefully be caught.
136     * The vmalloc() routines leaves a hole of 4kB between each vmalloced
```

```
137          * area for the same reason. ;)
138          */
139         #define VMALLOC_OFFSET  (8*1024*1024)
140         #define VMALLOC_START   (((unsigned long) high_memory + 2*VMALLOC_OFFSET-1) &\
141                                         ~(VMALLOC_OFFSET-1))
142         #define VMALLOC_VMADDR(x) ((unsigned long)(x))
143         #define VMALLOC_END     (FIXADDR_START)
```

源代码中的注解对于为什么要留下一个 8MB 的空洞，以及在每次分配虚存区间时也要留下一个页面的空洞（见 132 行）解释得很清楚：是为了便于捕捉可能的越界访问。

这里读者可能会有个问题，185 行的 if 语句检查的是当前的起始地址加上区间大小须小于下一个区间的起始地址，这是很好理解的。可是 176 行在区间大小上又加了一个页面作为空洞。这个空洞页面难道不可能与下一个区间的起始地址冲突吗？这里的奥妙在于 185 行判定的条件是"<"而不是"<="，并且 size 和 addr 都是按页面边界对齐的，所以 185 行的条件已经隐含着其中有一个页面的空洞。从 get_vm_area( )成功返回时，就标志着所需要的一片虚存空间已经分配好了，从返回的数据结构可以得到这片空间的起始地址。下面就是建立映射的事了。

宏定义 VMALLOC_VMADDR 我们已经在前面看到过了，实际上不做什么事情，只是类型转换。函数 remap_area_pages( )的代码也在 arch/i386/mm/ioremap.c 中：

[ioremap( ) > __ioremap( ) > remap_area_pages( )]

```
62      static int remap_area_pages(unsigned long address, unsigned long phys_addr,
63                      unsigned long size, unsigned long flags)
64      {
65          pgd_t * dir;
66          unsigned long end = address + size;
67
68          phys_addr -= address;
69          dir = pgd_offset(&init_mm, address);
70          flush_cache_all( );
71          if (address >= end)
72              BUG( );
73          do {
74              pmd_t *pmd;
75              pmd = pmd_alloc_kernel(dir, address);
76              if (!pmd)
77                  return -ENOMEM;
78              if (remap_area_pmd(pmd, address, end - address,
79                      phys_addr + address, flags))
80                  return -ENOMEM;
81              address = (address + PGDIR_SIZE) & PGDIR_MASK;
82              dir++;
83          } while (address && (address < end));
84          flush_tlb_all( );
85          return 0;
86      }
```

我们讲过，每个进程的 task_struct 结构中都有一个指针指向 mm_strcuct 结构，从中可以找到相应的页面目录。但是，内核空间不属于任何一个特定的进程，所以单独设置了一个内核专用的 mm_struct，称为 init_mm。当然，内核也没有代表它的 task_struct 结构，所以 69 行根据起始地址从 init_mm 中找到所属的目录项，然后就根据区间的大小走遍所有涉及的目录项。这里的 68 行看似奇怪。从物理地址中减去虚拟地址得出一个负的位移量，这个位移量在 78～79 行又与虚拟地址相加，仍旧得到物理地址。由于在循环中虚拟地址 address 在变（见 81 行），物理地址也就相应而变。第 75 行的 pmd_alloc_kernel( ) 对于 i386 CPU 就是 pmd_alloc( )，定义于 include/asm-i386/pgalloc.h：

```
151    #define pmd_alloc_kernel    pmd_alloc
```

而 inline 函数 pmd_alloc( ) 的定义则有两个，分别用于二级和三级映射。对于二级映射这个定义为（见 include/asm-i386/pgtable_2level.h）：

[ioremap( ) > __ioremap( ) > remap_area_pages( ) > pmd_alloc( )]

```
16    extern inline pmd_t * pmd_alloc(pgd_t *pgd, unsigned long address)
17    {
18        if (!pgd)
19            BUG( );
20        return (pmd_t *) pgd;
21    }
```

可见，对于 i386 的二级页式映射，只是把页面目录项当成中间目录项而已，与"分配"实际上毫无关系。即使对于采用了物理地址扩充（PAE）的 Pentium CPU，虽然实现三级映射，其作用也只是"找到"中间目录项而已，只有在中间目录项为空时才真的分配一个。

这样，remap_area_pages( ) 中从 73 行开始的 do_while 循环，对涉及到的每个页面目录表项调用 remap_area_pmd( )。而 remap_area_pmd( ) 几乎完全一样，对涉及到的每个页面表（对 i386 的二级映射，每个中间目录项实际上就是一个页面表项，也可以理解为中间目录表的大小为 1）调用 remap_area_pte( )，这也是在 arch/i386/mm/ioremap.c 中定义的：

[ioremap( ) > __ioremap( ) > remap_area_pages( ) > remap_area_pmd ( ) > remap_area_pte( )]

```
15    static inline void remap_area_pte(pte_t * pte, unsigned long address,
        unsigned long size,
16                        unsigned long phys_addr, unsigned long flags)
17    {
18        unsigned long end;
19
20        address &= ~PMD_MASK;
21        end = address + size;
22        if (end > PMD_SIZE)
23            end = PMD_SIZE;
24        if (address >= end)
25            BUG( );
26        do {
```

```
27          if (!pte_none(*pte)) {
28              printk("remap_area_pte: page already exists\n");
29              BUG( );
30          }
31          set_pte(pte, mk_pte_phys(phys_addr,
                                    __pgprot(_PAGE_PRESENT | _PAGE_RW |
32                  _PAGE_DIRTY | _PAGE_ACCESSED | flags)));
33          address += PAGE_SIZE;
34          phys_addr += PAGE_SIZE;
35          pte++;
36      } while (address && (address < end));
37  }
```

这里只是简单地在循环中设置页面表中所有涉及的页面表项（31 行）。每个表项都被预设成 _PAGE_DIRTY、_PAGE_ACCESSED 和 _PAGE_PRESENTED。

在 kswapd 换出页面的情景中，我们已经看到 kswapd 定期地、循环地、依次地从 task 结构队列中找出占用内存页面最多的进程，然后就对该进程调用 swap_out_mm( ) 换出一些页面。而内核的 mm_struct 结构 init_mm 是单独的，从任何一个进程的 task 结构中都到达不了 init_mm。所以，kswapd 根本就看不到 init_mm 中的虚存区间，这些区间的页面就自然不会被换出而长驻于内存。

2.12　系统调用 brk( )

尽管"可见度"不高，brk( ) 也许是最常使用的系统调用了，用户进程通过它向内核申请空间。人们常常并不意识到在调用 brk( )，原因在于很少有人会直接使用系统调用 brk( ) 向系统申请空间，而总是通过像 malloc( ) 一类的 C 语言库函数（或语言成分，如 C++ 中的 new）间接地用到 brk( )。如果把 malloc( ) 想像成零售，brk( ) 则是批发。库函数 malloc( ) 为用户进程（malloc 本身就是该进程的一部分）维持一个小仓库，当进程需要使用更多的内存空间时就向小仓库要，小仓库中存量不足时就通过 brk( ) 向内核批发。

前面讲过，每个进程拥有 3G 字节的用户虚存空间。但是，这并不意味着用户进程在这 3G 字节的范围里可以任意使用，因为虚存空间最终得映射到某个物理存储空间（内存或磁盘空间），才真正可以使用，而这种映射的建立和管理则由内核处理。所谓向内核申请一块空间，是指请求内核分配一块虚存区间和相应的若干物理页面，并建立起映射关系。由于每个进程的虚存空间都很大（3G），而实际需要使用的又很小，内核不可能在创建进程时就为整个虚存空间都分配好相应的物理空间并建立映射，而只能是需要用多少才"分配"多少。

那么，内核怎样管理每个进程的 3G 字节虚存空间呢？粗略地说，用户程序经过编译、连接形成的映象文件中有一个代码段和一个数据段（包括 data 段和 bss 段），其中代码段在下，数据段在上。数据段中包括了所有静态分配的数据空间，包括全局变量和说明为 static 的局部变量。这些空间是进程所必须的基本要求，所以内核在建立一个进程的运行映象时就分配好这些空间，包括虚存地址区间和物理页面，并建立好二者间的映射。除此之外，堆栈使用的空间也属于基本要求，所以也是在建立进程时就分配好的（但可以扩充）。所不同的是，堆栈空间安置在虚存空间的顶部，运行时由顶向下延伸；代码段和数据段则在底部（注意，不要与 X86 系统结构中由段寄存器建立的"代码段"及"数据段"相混淆),在运行时并不向上伸展。而从数据段的顶部 end_data 到堆栈段地址的下沿这个中间区域则是一个巨大的空洞,这就是可以在运行时动态分配的空间。最初,这个动态分配空间是从进程的 end_data 开始的,这个地址为内核和进程所共知。以后,每次动态分配一块"内存",这个边界就往上推进一段距离,同时内核和进程都要记下当前的边界在哪里。在进程这一边由 malloc( )或类似的库函数管理,而在内核中则将当前的边界记录在进程的 mm_struct 结构中。具体地说,mm_struct 结构中有一个成分 brk,表示动态分配区当前的底部。当一个进程需要分配内存时,将要求的大小与其当前的动态分配区底部边界相加,所得的就是所要求的新边界,也就是 brk( )调用时的参数 brk。当内核能满足要求时,系统调用 brk( )返回 0,此后新旧两个边界之间的虚存地址就都可以使用了。当内核发现无法满足要求(例如物理空间已经分配完),或者发现新的边界已经过于逼近设于顶部的堆栈时,就拒绝分配而返回 -1。

系统调用 brk( )在内核中的实现为 sys_brk( ),其代码在 mm/mmap.c 中。这个函数既可以用来分配空间,即把动态分配区底部的边界往上推;也可以用来释放,即归还空间。因此,它的代码也大致上可以分成两部分。我们先读第一部分:

[sys_brk( )]

```
113     /*
114      * sys_brk( ) for the most part doesn't need the global kernel
115      * lock, except when an application is doing something nasty
116      * like trying to un-brk an area that has already been mapped
117      * to a regular file.  in this case, the unmapping will need
118      * to invoke file system routines that need the global lock.
119      */
120     asmlinkage unsigned long sys_brk(unsigned long brk)
121     {
122         unsigned long rlim, retval;
123         unsigned long newbrk, oldbrk;
124         struct mm_struct *mm = current->mm;
125
126         down(&mm->mmap_sem);
127
128         if (brk < mm->end_code)
129             goto out;
130         newbrk = PAGE_ALIGN(brk);
131         oldbrk = PAGE_ALIGN(mm->brk);
132         if (oldbrk == newbrk)
133             goto set_brk;
134
135         /* Always allow shrinking brk. */
136         if (brk <= mm->brk) {
137             if (!do_munmap(mm, newbrk, oldbrk-newbrk))
138                 goto set_brk;
139             goto out;
140         }
141
```

参数 brk 表示所要求的新边界，这个边界不能低于代码段的终点，并且必须与页面大小对齐。如果新边界低于老边界，那就不是申请分配空间，而是释放空间，所以通过 do_munmap( ) 解除一部分区间的映射，这是个重要的函数。其代码在 mm/mmap.c 中：

[sys_brk( ) > do_munmap( )]

```
664     /* Munmap is split into 2 main parts -- this part which finds
665      * what needs doing, and the areas themselves, which do the
666      * work.  This now handles partial unmappings.
667      * Jeremy Fitzhardine <jeremy@sw.oz.au>
668      */
669     int do_munmap(struct mm_struct *mm, unsigned long addr, size_t len)
670     {
671         struct vm_area_struct *mpnt, *prev, **npp, *free, *extra;
672
673         if ((addr & ~PAGE_MASK) || addr > TASK_SIZE || len > TASK_SIZE-addr)
674             return -EINVAL;
675
676         if ((len = PAGE_ALIGN(len)) == 0)
677             return -EINVAL;
678
679         /* Check if this memory area is ok - put it on the temporary
680          * list if so.. The checks here are pretty simple --
681          * every area affected in some way (by any overlap) is put
682          * on the list. If nothing is put on, nothing is affected.
683          */
684         mpnt = find_vma_prev(mm, addr, &prev);
685         if (!mpnt)
686             return 0;
687         /* we have  addr < mpnt->vm_end  */
688
689         if (mpnt->vm_start >= addr+len)
690             return 0;
691
692         /* If we'll make "hole", check the vm areas limit */
693         if ((mpnt->vm_start < addr && mpnt->vm_end > addr+len)
694             && mm->map_count >= MAX_MAP_COUNT)
695             return -ENOMEM;
696
```

函数 find_vma_prev( ) 的作用与以前在"几个重要的数据结构和函数"一节中读过的 find_vma( ) 基本相同，它扫描当前进程用户空间的 vm_area_struct 结构链表或 AVL 树，试图找到结束地址高于 addr 的第一个区间，如果找到，则函数返回该区间的 vm_area_struct 结构指针。不同的是，它同时还通过参数 prev 返回其前一区间结构的指针。等一下我们就将看到为什么需要这个指针。如果返回的指针为 0，或者该区间的起始地址也高于 addr+len，那就表示想要解除映射的那部分空间原来就没有映射，所以直接返回 0。如果这部分空间落在某个区间的中间，则在解除这部分空间的映射以后会造成一个空洞而使原来的区间一分为二。可是，一个进程可以拥有的虚存区间的数量是有限制的，所以若这个数量达到了上限 MAX_MAP_COUNT，就不再允许这样的操作。

我们继续往下看：

[sys_brk( ) > do_munmap( )]

```
697         /*
698          * We may need one additional vma to fix up the mappings ...
699          * and this is the last chance for an easy error exit.
700          */
701         extra = kmem_cache_alloc(vm_area_cachep, SLAB_KERNEL);
702         if (!extra)
703             return -ENOMEM;
704
705         npp = (prev ? &prev->vm_next : &mm->mmap);
706         free = NULL;
707         spin_lock(&mm->page_table_lock);
708         for ( ; mpnt && mpnt->vm_start < addr+len; mpnt = *npp) {
709             *npp = mpnt->vm_next;
710             mpnt->vm_next = free;
711             free = mpnt;
712             if (mm->mmap_avl)
713                 avl_remove(mpnt, &mm->mmap_avl);
714         }
715         mm->mmap_cache = NULL;  /* Kill the cache. */
716         spin_unlock(&mm->page_table_lock);
717
```

由于解除一部分空间的映射有可能使原来的区间一分为二，所以这里先分配好一个空白的 vm_area_struct 结构 extra。另一方面，要解除映射的那部分空间也有可能跨越好几个区间，所以通过一个 for 循环把所有涉及的区间都转移到一个临时队列 free 中，如果建立了 AVL 树，则也要把这些区间的 vm_area_struct 结构从 AVL 树中删除。以前讲过，mm_struct 结构中的指针 mmap_cache 指向上一次 find_vma( ) 操作的对象，因为对虚存区间的操作往往是有连续性的（见 find_vma( ) 的代码），而现在用户空间的结构有了变化，多半已经打破了这种连续性，所以把它清成 0。至此，已经完成了所有的准备，下面就要具体解除映射了。

[sys_brk( ) > do_munmap( )]

```
718         /* Ok - we have the memory areas we should free on the 'free' list,
719          * so release them, and unmap the page range..
720          * If the one of the segments is only being partially unmapped,
721          * it will put new vm_area_struct(s) into the address space.
722          * In that case we have to be careful with VM_DENYWRITE.
723          */
724         while ((mpnt = free) != NULL) {
725             unsigned long st, end, size;
```

```
726                struct file *file = NULL;
727
728                free = free->vm_next;
729
730                st = addr < mpnt->vm_start ? mpnt->vm_start : addr;
731                end = addr+len;
732                end = end > mpnt->vm_end ? mpnt->vm_end : end;
733                size = end - st;
734
735                if (mpnt->vm_flags & VM_DENYWRITE &&
736                    (st != mpnt->vm_start || end != mpnt->vm_end) &&
737                    (file = mpnt->vm_file) != NULL) {
738                        atomic_dec(&file->f_dentry->d_inode->i_writecount);
739                }
740                remove_shared_vm_struct(mpnt);
741                mm->map_count--;
742
743                flush_cache_range(mm, st, end);
744                zap_page_range(mm, st, size);
745                flush_tlb_range(mm, st, end);
746
747                /*
748                 * Fix the mapping, and free the old area if it wasn't reused.
749                 */
750                extra = unmap_fixup(mm, mpnt, st, size, extra);
751                if (file)
752                        atomic_inc(&file->f_dentry->d_inode->i_writecount);
753        }
754
755        /* Release the extra vma struct if it wasn't used */
756        if (extra)
757                kmem_cache_free(vm_area_cachep, extra);
758
759        free_pgtables(mm, prev, addr, addr+len);
760
761        return 0;
762 }
```

这里通过一个 while 循环逐个处理所涉及的区间，这些区间的 vm_area_struct 结构都链接在一个临时的队列 free 中。在下一节中读者将看到，一个进程可以通过系统调用 mmap( ) 将一个文件的内容映射到其用户空间的某个区间，然后就像访问内存一样来访问这个文件。但是，如果这个文件同时又被别的进程打开，并通过常规的文件操作访问，则在二者对此文件的两种不同形式的写操作之间要加以互斥。如果要解除映射的只是这样的区间的一部分（735～737 行），那就相当于对此区间的写操作，所以要递减该文件的 inode 结构中的一个计数器 i_writecount，以保证互斥，到操作完成以后再予恢复（751～752 行）。同时，还要通过 remove_shared_vm_struct( ) 看看所处理的区间是否是这样的区间，如果是，就将其 vm_area_struct 结构从目标文件的 inode 结构内的 i_mapping 队列中脱链。

代码中的 zap_page_range( )解除若干连续页面的映射,并且释放所映射的内存页面,或对交换设备上物理页面的引用,这才是我们在这里所主要关心的。其代码在 mm/memory.c 中:

[sys_brk( ) > do_munmap( ) > zap_page_range( )]

```
348     /*
349      * remove user pages in a given range.
350      */
351     void zap_page_range(struct mm_struct *mm, unsigned long address,
                                                  unsigned long size)
352     {
353         pgd_t * dir;
354         unsigned long end = address + size;
355         int freed = 0;
356
357         dir = pgd_offset(mm, address);
358
359         /*
360          * This is a long-lived spinlock. That's fine.
361          * There's no contention, because the page table
362          * lock only protects against kswapd anyway, and
363          * even if kswapd happened to be looking at this
364          * process we _want_ it to get stuck.
365          */
366         if (address >= end)
367             BUG( );
368         spin_lock(&mm->page_table_lock);
369         do {
370             freed += zap_pmd_range(mm, dir, address, end - address);
371             address = (address + PGDIR_SIZE) & PGDIR_MASK;
372             dir++;
373         } while (address && (address < end));
374         spin_unlock(&mm->page_table_lock);
375         /*
376          * Update rss for the mm_struct (not necessarily current->mm)
377          * Notice that rss is an unsigned long.
378          */
379         if (mm->rss > freed)
380             mm->rss -= freed;
381         else
382             mm->rss = 0;
383     }
```

这个函数解除一块虚存区间的页面映射。首先通过 pgd_offset( )在第一层页面目录中找到起始地址所属的目录项,然后就通过一个 do-while 循环从这个目录项开始处理涉及的所有目录项。

```
312     #define pgd_index(address) ((address >> PGDIR_SHIFT) & (PTRS_PER_PGD-1))
```

```
316    #define pgd_offset(mm, address) ((mm)->pgd+pgd_index(address))
```

对于涉及的每一个目录项，通过zap_pmd_range( )处理第二层的中间目录表。

[sys_brk( ) > do_munmap( ) > zap_page_range( ) > zap_pmd_range( )]

```
321    static inline int zap_pmd_range(struct mm_struct *mm, pgd_t * dir,
                                       unsigned long address, unsigned long size)
322    {
323        pmd_t * pmd;
324        unsigned long end;
325        int freed;
326
327        if (pgd_none(*dir))
328            return 0;
329        if (pgd_bad(*dir)) {
330            pgd_ERROR(*dir);
331            pgd_clear(dir);
332            return 0;
333        }
334        pmd = pmd_offset(dir, address);
335        address &= ~PGDIR_MASK;
336        end = address + size;
337        if (end > PGDIR_SIZE)
338            end = PGDIR_SIZE;
339        freed = 0;
340        do {
341            freed += zap_pte_range(mm, pmd, address, end - address);
342            address = (address + PMD_SIZE) & PMD_MASK;
343            pmd++;
344        } while (address < end);
345        return freed;
346    }
```

同样，先通过pmd_offset( )，在第二层目录表中找到起始目录项。对于采用二级映射的i386结构，中间目录表这一层是空的。pmd_offset( )的定义在include/asm-i386/pgtable-2level.h 中：

```
53    extern inline pmd_t * pmd_offset(pgd_t * dir, unsigned long address)
54    {
55        return (pmd_t *) dir;
56    }
```

可见，pmd_offset( )把指向第一层目录项的指针原封不动地作为指向中间目录项的指针返回来了，也就是说把第一层目录当成了中间目录。所以，对于二级映射，zap_pmd_range( )在某种意义上只是把zap_page_range( )所做的事重复了一遍。不过，这一次重复调用的是zap_pte_range( )，处理的是底层的页面映射表了。

[sys_brk( ) > do_munmap( ) > zap_page_range( ) > zap_omd_range( ) > zap_pte_range( )]

```
289     static inline int zap_pte_range(struct mm_struct *mm, pmd_t * pmd,
                                        unsigned long address, unsigned long size)
290     {
291         pte_t * pte;
292         int freed;
293
294         if (pmd_none(*pmd))
295             return 0;
296         if (pmd_bad(*pmd)) {
297             pmd_ERROR(*pmd);
298             pmd_clear(pmd);
299             return 0;
300         }
301         pte = pte_offset(pmd, address);
302         address &= ~PMD_MASK;
303         if (address + size > PMD_SIZE)
304             size = PMD_SIZE - address;
305         size >>= PAGE_SHIFT;
306         freed = 0;
307         for (;;) {
308             pte_t page;
309             if (!size)
310                 break;
311             page = ptep_get_and_clear(pte);
312             pte++;
313             size--;
314             if (pte_none(page))
315                 continue;
316             freed += free_pte(page);
317         }
318         return freed;
319     }
```

还是先找到在给定页面表中的起始表项，与pte_offset( )有关的定义在include/asm-i386/pgtable.h中：

```
324     /* Find an entry in the third-level page table.. */
325     #define __pte_offset(address) \
326             ((address >> PAGE_SHIFT) & (PTRS_PER_PTE - 1))
327     #define pte_offset(dir, address) ((pte_t *) pmd_page(*(dir)) + \
328             __pte_offset(address))
```

然后就是在一个for循环中，对需要解除映射的页面调用ptep_get_and_clear( )将页面表项清成0：

```
57      #define ptep_get_and_clear(xp)    __pte(xchg(&(xp)->pte_low, 0))
```

最后通过 free_pte( )解除对内存页面以及盘上页面的使用，这个函数的代码在 mm/memory.c 中：

[sys_brk( ) > do_munmap( ) > zap_page_range( ) > zap_omd_range( ) > zap_pte_range( ) > free_pte( )]

```
259     /*
260      * Return indicates whether a page was freed so caller can adjust rss
261      */
262     static inline int free_pte(pte_t pte)
263     {
264         if (pte_present(pte)) {
265             struct page *page = pte_page(pte);
266             if ((!VALID_PAGE(page)) || PageReserved(page))
267                 return 0;
268             /*
269              * free_page( ) used to be able to clear swap cache
270              * entries.  We may now have to do it manually.
271              */
272             if (pte_dirty(pte) && page->mapping)
273                 set_page_dirty(page);
274             free_page_and_swap_cache(page);
275             return 1;
276         }
277         swap_free(pte_to_swp_entry(pte));
278         return 0;
279     }
```

如果页面表项表明在解除映射前页面就已不在内存，则当前进程对该内存页面的使用已经解除，所以只需调用 swap_free( )解除对交换设备上的"盘上页面"的使用。当然，swap_free( )首先是递减盘上页面的使用计数，只有当这个计数达到 0 时才真正地释放了这个盘上页面。如果当前进程是这个盘上页面的最后一个用户（或惟一的用户），则该计数递减后为 0。反之，则要通过 free_page_and_swap_cache( )解除对盘上页面和内存页面二者的使用。此外，如果页面在最近一次 try_to_swap_out( )以后已被写过，则还要通过 set_page_dirty( )设置该页面 page 结构中的 PG_dirty 标志位，并在相应的 address_space 结构中将其移入 dirty_pages 队列。函数 free_page_and_swap_cache( )的代码在 mm/swap_state.c 中：

[sys_brk( ) > do_munmap( ) > zap_page_range( ) > zap_omd_range( ) > zap_pte_range( ) > free_pte( ) > free_page_and_swap_cache( )]

```
133     /*
134      * Perform a free_page( ), also freeing any swap cache associated with
135      * this page if it is the last user of the page. Can not do a lock_page,
136      * as we are holding the page_table_lock spinlock.
137      */
138     void free_page_and_swap_cache(struct page *page)
139     {
140         /*
```

```
141             * If we are the only user, then try to free up the swap cache.
142             */
143            if (PageSwapCache(page) && !TryLockPage(page)) {
144                if (!is_page_shared(page)) {
145                    delete_from_swap_cache_nolock(page);
146                }
147                UnlockPage(page);
148            }
149            page_cache_release(page);
150        }
```

以前讲过，一个有用户空间映射、可换出的内存页面（确切地说是它的 page 数据结构），同时在三个队列中。一是通过其队列头 list 链入某个换入/换出队列，即相应 address_space 结构中的 clean_pages、dirty_pages 以及 locked_pages 三个队列之一；二是通过其队列头 lru 链入某个 LRU 队列，即 active_list、inactive_dirty_list 或者某个 inactive_clean_list 之一；最后就是通过指针 next_hash 链入一个杂凑队列。当一个页面在某个换入/换出队列中时，其 page 结构中的 PG_swap_cache 标志位为 1，如果当前进程是这个页面的最后一个用户(或惟一用户)，此时便要调用 delete_from_swap_cache_nolock( ) 将页面从上述队列中脱离出来。

[sys_brk( ) > do_munmap( ) > zap_page_range( ) > zap_omd_range( ) > zap_pte_range( )
 > free_pte( ) > free_page_and_swap_cache( ) > delete_from_swap_cache_nolock( )]

```
103    /*
104     * This will never put the page into the free list, the caller has
105     * a reference on the page.
106     */
107    void delete_from_swap_cache_nolock(struct page *page)
108    {
109        if (!PageLocked(page))
110            BUG( );
111
112        if (block_flushpage(page, 0))
113            lru_cache_del(page);
114
115        spin_lock(&pagecache_lock);
116        ClearPageDirty(page);
117        __delete_from_swap_cache(page);
118        spin_unlock(&pagecache_lock);
119        page_cache_release(page);
120    }
```

先通过 block_flushpage( ) 把页面的内容"冲刷"到块设备上，不过实际上这种冲刷仅在页面来自一个映射到用户空间的文件时才进行，因为对于交换设备上的页面，此时的内容已经没有意义了。完成了冲刷以后，就通过 lru_cache_del( ) 将页面从其所在的 LRU 队列中脱离出来。然后，再通过 __delete_from_swap_cache( )，使页面脱离其他两个队列。

[sys_brk( ) > do_munmap( ) > zap_page_range( ) > zap_omd_range( ) > zap_pte_range( )
> free_pte( ) > free_page_and_swap_cache( ) > delete_from_swap_cache_nolock( )
> __delete_from_swap_cache( )]

```
86      /*
87       * This must be called only on pages that have
88       * been verified to be in the swap cache.
89       */
90      void __delete_from_swap_cache(struct page *page)
91      {
92          swp_entry_t entry;
93
94          entry.val = page->index;
95
96      #ifdef SWAP_CACHE_INFO
97          swap_cache_del_total++;
98      #endif
99          remove_from_swap_cache(page);
100         swap_free(entry);
101     }
```

这里的 remove_from_swap_cache( ) 将页面的 page 结构从换入 / 换出队列和杂凑队列中脱离出来。然后，也是通过 swap_free( ) 释放盘上页面，回到 delete_from_swap_cache_nolock( )。最后是 page_cache_release( )，即递减 page 结构中的使用计数。由于当前进程是页面的最后一个用户，并且在解除映射之前页面在内存中（见上面 free_pte( ) 中的 264 行），所以页面的使用计数应该是 2，这里（119 行）调用了一次 page_cache_release( ) 就使其变成了 1。再返回到 free_page_and_swap_cache( ) 中，这里（149 行）又调用了一次 page_cache_release( )，这一次就使其变成了 0，于是就最终把页面释放，让它回到了空闲页面队列中。

当回到 do_munmap( ) 中的时候，已经完成了对一个虚存区间的操作。此时，一方面要对虚存区间的 vm_area_struct 数据结构和进程的 mm_struct 数据结构作出调整，以反映已经发生的变化，如果整个区间都解除了映射，则要释放原有的 vm_area_struct 数据结构；另一方面原来的区间还可能要一分为二，因而需要插入一个新的 vm_area_struct 数据结构。这些操作是由 unmap_fixup( ) 完成的，其代码在 mm/mmap.c 中：

[sys_brk( ) > do_munmap( ) > unmap_fixup( )]

```
516     /* Normal function to fix up a mapping
517      * This function is the default for when an area has no specific
518      * function.  This may be used as part of a more specific routine.
519      * This function works out what part of an area is affected and
520      * adjusts the mapping information.  Since the actual page
521      * manipulation is done in do_mmap( ), none need be done here,
522      * though it would probably be more appropriate.
523      *
524      * By the time this function is called, the area struct has been
525      * removed from the process mapping list, so it needs to be
```

```
526         * reinserted if necessary.
527         *
528         * The 4 main cases are:
529         *    Unmapping the whole area
530         *    Unmapping from the start of the segment to a point in it
531         *    Unmapping from an intermediate point to the end
532         *    Unmapping between to intermediate points, making a hole.
533         *
534         * Case 4 involves the creation of 2 new areas, for each side of
535         * the hole.  If possible, we reuse the existing area rather than
536         * allocate a new one, and the return indicates whether the old
537         * area was reused.
538         */
539        static struct vm_area_struct * unmap_fixup(struct mm_struct *mm,
540            struct vm_area_struct *area, unsigned long addr, size_t len,
541            struct vm_area_struct *extra)
542        {
543            struct vm_area_struct *mpnt;
544            unsigned long end = addr + len;
545
546            area->vm_mm->total_vm -= len >> PAGE_SHIFT;
547            if (area->vm_flags & VM_LOCKED)
548                area->vm_mm->locked_vm -= len >> PAGE_SHIFT;
549
550            /* Unmapping the whole area. */
551            if (addr == area->vm_start && end == area->vm_end) {
552                if (area->vm_ops && area->vm_ops->close)
553                    area->vm_ops->close(area);
554                if (area->vm_file)
555                    fput(area->vm_file);
556                kmem_cache_free(vm_area_cachep, area);
557                return extra;
558            }
559
560            /* Work out to one of the ends. */
561            if (end == area->vm_end) {
562                area->vm_end = addr;
563                lock_vma_mappings(area);
564                spin_lock(&mm->page_table_lock);
565            } else if (addr == area->vm_start) {
566                area->vm_pgoff += (end - area->vm_start) >> PAGE_SHIFT;
567                area->vm_start = end;
568                lock_vma_mappings(area);
569                spin_lock(&mm->page_table_lock);
570            } else {
571            /* Unmapping a hole: area->vm_start < addr <= end < area->vm_end */
572                /* Add end mapping -- leave beginning for below */
573                mpnt = extra;
```

```
574            extra = NULL;
575
576        mpnt->vm_mm = area->vm_mm;
577        mpnt->vm_start = end;
578        mpnt->vm_end = area->vm_end;
579        mpnt->vm_page_prot = area->vm_page_prot;
580        mpnt->vm_flags = area->vm_flags;
581        mpnt->vm_raend = 0;
582        mpnt->vm_ops = area->vm_ops;
583    mpnt->vm_pgoff = area->vm_pgoff +
                                    ((end - area->vm_start) >> PAGE_SHIFT);
584        mpnt->vm_file = area->vm_file;
585        mpnt->vm_private_data = area->vm_private_data;
586        if (mpnt->vm_file)
587            get_file(mpnt->vm_file);
588        if (mpnt->vm_ops && mpnt->vm_ops->open)
589            mpnt->vm_ops->open(mpnt);
590        area->vm_end = addr;    /* Truncate area */
591
592        /* Because mpnt->vm_file == area->vm_file this locks
593         * things correctly.
594         */
595        lock_vma_mappings(area);
596        spin_lock(&mm->page_table_lock);
597        __insert_vm_struct(mm, mpnt);
598    }
599
600    __insert_vm_struct(mm, area);
601    spin_unlock(&mm->page_table_lock);
602    unlock_vma_mappings(area);
603    return extra;
604 }
```

我们把这段代码留给读者。最后，当循环结束之时，由于已经解除了一些页面的映射，有些页面映射表可能整个都已经空白，对于这样的页面表（所占的页面）也要加以释放。这是由 free_pgtables( ) 完成的。我们也把它的代码留给读者（mm/mmap.c）。

[sys_brk( ) > do_munmap( ) > free_pgtables( )]

```
606    /*
607     * Try to free as many page directory entries as we can,
608     * without having to work very hard at actually scanning
609     * the page tables themselves.
610     *
611     * Right now we try to free page tables if we have a nice
612     * PGDIR-aligned area that got free'd up. We could be more
613     * granular if we want to, but this is fast and simple,
```

```
614       * and covers the bad cases.
615       *
616       * "prev", if it exists, points to a vma before the one
617       * we just free'd - but there's no telling how much before.
618       */
619      static void free_pgtables(struct mm_struct * mm,
                                    struct vm_area_struct *prev,
620          unsigned long start, unsigned long end)
621      {
622          unsigned long first = start & PGDIR_MASK;
623          unsigned long last = end + PGDIR_SIZE - 1;
624          unsigned long start_index, end_index;
625
626          if (!prev) {
627              prev = mm->mmap;
628              if (!prev)
629                  goto no_mmaps;
630              if (prev->vm_end > start) {
631                  if (last > prev->vm_start)
632                      last = prev->vm_start;
633                  goto no_mmaps;
634              }
635          }
636          for (;;) {
637              struct vm_area_struct *next = prev->vm_next;
638
639              if (next) {
640                  if (next->vm_start < start) {
641                      prev = next;
642                      continue;
643                  }
644                  if (last > next->vm_start)
645                      last = next->vm_start;
646              }
647              if (prev->vm_end > first)
648                  first = prev->vm_end + PGDIR_SIZE - 1;
649              break;
650          }
651      no_mmaps:
652          /*
653           * If the PGD bits are not consecutive in the virtual address, the
654           * old method of shifting the VA >> by PGDIR_SHIFT doesn't work.
655           */
656          start_index = pgd_index(first);
657          end_index = pgd_index(last);
658          if (end_index > start_index) {
659              clear_page_tables(mm, start_index, end_index - start_index);
660              flush_tlb_pgtables(mm, first & PGDIR_MASK, last & PGDIR_MASK);
```

```
661         }
662     }
```

回到 sys_brk( )的代码中,我们已经完成了通过 sys_brk( )释放空间的情景分析。

如果新边界高于老边界,就表示要分配空间,这就是 sys_brk( )的后一部分。我们继续往下看(mm/mmap.c):

[sys_brk( )]

```
142         /* Check against rlimit.. */
143         rlim = current->rlim[RLIMIT_DATA].rlim_cur;
144         if (rlim < RLIM_INFINITY && brk - mm->start_data > rlim)
145             goto out;
146
147         /* Check against existing mmap mappings. */
148         if (find_vma_intersection(mm, oldbrk, newbrk+PAGE_SIZE))
149             goto out;
150
151         /* Check if we have enough memory.. */
152         if (!vm_enough_memory((newbrk-oldbrk) >> PAGE_SHIFT))
153             goto out;
154
155         /* Ok, looks good - let it rip. */
156         if (do_brk(oldbrk, newbrk-oldbrk) != oldbrk)
157             goto out;
158     set_brk:
159         mm->brk = brk;
160     out:
161         retval = mm->brk;
162         up(&mm->mmap_sem);
163         return retval;
164     }
```

首先检查对进程的资源限制,如果所要求的新边界使数据段的大小超过了对当前进程的限制,就拒绝执行。此外,还要通过 find_vma_intersection( ),检查所要求的那部分空间是否与已经存在的某一区间相冲突,这个 inline 函数的代码在 include/linux/mm.h 中:

[sys_brk( ) > find_vma_intersection( )]

```
511     /* Look up the first VMA which intersects the interval
                        start_addr..end_addr-1,
512        NULL if none.  Assume start_addr < end_addr. */
513     static inline struct vm_area_struct *
        find_vma_intersection(struct mm_struct * mm,
                        unsigned long start_addr, unsigned long end_addr)
514     {
515         struct vm_area_struct * vma = find_vma(mm, start_addr);
```

```
516
517         if (vma && end_addr <= vma->vm_start)
518             vma = NULL;
519         return vma;
520     }
```

这里的 start_addr 是老的边界,如果 find_vma( ) 返回一个非 0 指针,就表示在它之上已经有了一个已映射区间,因此有冲突的可能。此时新的边界 end_addr 必须落在这个区间的起点之下,也就是让从 start_addr 到 end_addr 这块空间落在空洞中,否则便是有了冲突。在查明了不存在冲突以后,还要通过 vm_enough_memory( ) 看看系统中是否有足够的空闲内存页面。

[sys_brk( ) > vm_enough_memory( )]

```
41      /* Check that a process has enough memory to allocate a
42       * new virtual mapping.
43       */
44      int vm_enough_memory(long pages)
45      {
46          /* Stupid algorithm to decide if we have enough memory: while
47           * simple, it hopefully works in most obvious cases.. Easy to
48           * fool it, but this should catch most mistakes.
49           */
50          /* 23/11/98 NJC: Somewhat less stupid version of algorithm,
51           * which tries to do "TheRightThing".  Instead of using half of
52           * (buffers+cache), use the minimum values.  Allow an extra 2%
53           * of num_physpages for safety margin.
54           */
55
56          long free;
57
58              /* Sometimes we want to use more memory than we have. */
59          if (sysctl_overcommit_memory)
60              return 1;
61
62          free = atomic_read(&buffermem_pages);
63          free += atomic_read(&page_cache_size);
64          free += nr_free_pages( );
65          free += nr_swap_pages;
66          return free > pages;
67      }
```

通过了这些检查,接着就是操作的主体 do_brk( ) 了。这个函数的代码在 mm/mmap.c 中:

[sys_brk( ) > do_brk( )]

```
775     /*
776      * this is really a simplified "do_mmap". it only handles
```

```
777          * anonymous maps.   eventually we may be able to do some
778          * brk-specific accounting here.
779          */
780         unsigned long do_brk(unsigned long addr, unsigned long len)
781         {
782             struct mm_struct * mm = current->mm;
783             struct vm_area_struct * vma;
784             unsigned long flags, retval;
785
786             len = PAGE_ALIGN(len);
787             if (!len)
788                 return addr;
789
790             /*
791              * mlock MCL_FUTURE?
792              */
793             if (mm->def_flags & VM_LOCKED) {
794                 unsigned long locked = mm->locked_vm << PAGE_SHIFT;
795                 locked += len;
796                 if (locked > current->rlim[RLIMIT_MEMLOCK].rlim_cur)
797                     return -EAGAIN;
798             }
799
800             /*
801              * Clear old maps.  this also does some error checking for us
802              */
803             retval = do_munmap(mm, addr, len);
804             if (retval != 0)
805                 return retval;
806
807             /* Check against address space limits *after* clearing old maps... */
808             if ((mm->total_vm << PAGE_SHIFT) + len
809                 > current->rlim[RLIMIT_AS].rlim_cur)
810                 return -ENOMEM;
811
812             if (mm->map_count > MAX_MAP_COUNT)
813                 return -ENOMEM;
814
815             if (!vm_enough_memory(len >> PAGE_SHIFT))
816                 return -ENOMEM;
817
818             flags = vm_flags(PROT_READ|PROT_WRITE|PROT_EXEC,
819                     MAP_FIXED|MAP_PRIVATE) | mm->def_flags;
820
821             flags |= VM_MAYREAD | VM_MAYWRITE | VM_MAYEXEC;
822
823
824             /* Can we just expand an old anonymous mapping? */
```

```
825         if (addr) {
826             struct vm_area_struct * vma = find_vma(mm, addr-1);
827             if (vma && vma->vm_end == addr && !vma->vm_file &&
828                 vma->vm_flags == flags) {
829                 vma->vm_end = addr + len;
830                 goto out;
831             }
832         }
833
834
835         /*
836          * create a vma struct for an anonymous mapping
837          */
838         vma = kmem_cache_alloc(vm_area_cachep, SLAB_KERNEL);
839         if (!vma)
840             return -ENOMEM;
841
842         vma->vm_mm = mm;
843         vma->vm_start = addr;
844         vma->vm_end = addr + len;
845         vma->vm_flags = flags;
846         vma->vm_page_prot = protection_map[flags & 0x0f];
847         vma->vm_ops = NULL;
848         vma->vm_pgoff = 0;
849         vma->vm_file = NULL;
850         vma->vm_private_data = NULL;
851
852         insert_vm_struct(mm, vma);
853
854     out:
855         mm->total_vm += len >> PAGE_SHIFT;
856         if (flags & VM_LOCKED) {
857             mm->locked_vm += len >> PAGE_SHIFT;
858             make_pages_present(addr, addr + len);
859         }
860         return addr;
861     }
```

参数 addr 为需要建立映射的新区间的起点，len 则为区间的长度。前面我们已经看到 find_vma_intersection( )对冲突的检查，可是不知读者是否注意到，实际上检查的只是新区间的高端，对于其低端的冲突则并未检查。例如，老的边界是否恰好是一个已映射区间的终点呢？如果不是，那就说明在低端有了冲突。不过，对于低端的冲突是允许的，解决的方法是以新的映射为准，先通过 do_munmap( )把原有的映射解除（见 803 行），再来建立新的映射。读者大概要问了，为什么对新区间的高端和低端有如此不同的容忍度和对待呢？读者最好先想一想，然后再往下看。

以前说过，用户空间的顶端是进程的用户空间堆栈。不管什么进程，在那里总是有一个已映射区间存在着的，所以 find_vma_intersection( )中的 find_vma( )其实不会返回 0，因为至少用于堆栈的那个区间总是存在的。当然，在堆栈以下也可能还有通过 mmap( )或 ioremap( )建立的映射区间。所以，如果新区间的高端有冲突，那就可能是与堆栈的冲突，而低端的冲突则只能是与数据段的冲突。所以，对于低端可以让进程自己对可能的错误负责，而对于堆栈可就不能采取把原有的映射解除，另行建立新的映射这样的方法了。

建立新的映射时，先看看是否可以跟原有的区间合并，即通过扩展原有区间来覆盖新增的区间（826～831 行）。如果不行就得另行建立一个区间（838～852 行）。

最后，通过 make_pages_present( )，为新增的区间建立起对内存页面的映射。其代码见 mm/memory.c：

[sys_brk( ) > do_brk( ) > make_pages_present( )]

```
1210    /*
1211     * Simplistic page force-in..
1212     */
1213    int make_pages_present(unsigned long addr, unsigned long end)
1214    {
1215        int write;
1216        struct mm_struct *mm = current->mm;
1217        struct vm_area_struct * vma;
1218
1219        vma = find_vma(mm, addr);
1220        write = (vma->vm_flags & VM_WRITE) != 0;
1221        if (addr >= end)
1222            BUG();
1223        do {
1224            if (handle_mm_fault(mm, vma, addr, write) < 0)
1225                return -1;
1226            addr += PAGE_SIZE;
1227        } while (addr < end);
1228        return 0;
1229    }
```

这里所用的方法很有趣，那就是对新区间中的每一个页面模拟一次缺页异常。读者不妨想想，当从 do_brk( )返回，进而从 sys_brk( )返回之时，这些页面表项的映射是怎样的？如果进程从新分配的区间中读，读出的内容该是什么？往里面写，情况又会怎样？

2.13 系统调用 mmap( )

一个进程可以通过系统调用 mmap( )，将一个已打开文件的内容映射到它的用户空间，其用户界面为：

mmap (void *start, size_t length, int prot, int flags, int fd, off_t offset)

参数 fd 代表着一个已打开文件，offset 为文件中的起点，而 start 为映射到用户空间中的起始地址，

lenth 则为长度。还有两个参数 prot 和 flags，前者用于对所映射区间的访问模式，如可写、可执行等等；后者则用于其他控制目的。从应用程序设计的角度来说，比之常规的文件操作，如 read( )、write( )、lseek( ) 等等，将文件映射到用户空间后像访问内存一样地访问文件显然要方便得多（读者不妨设想一下对数据库文件的访问）。

在阅读本节之前，读者应先看一下前一节 sys_brk( )的代码和有关说明，并且在阅读的过程中注意与 sys_brk( )互相参照比较。有些内容可能要到阅读了后面几章以后，特别是"文件系统"以后，再回过来阅读才能弄懂。

在 2.4.0 版的内核中实现这个调用的函数为 sys_mmap2( )，但是在老一些的版本中另有一个函数 old_mmap( )，这两个函数对应着不同的系统调用号。为保持对老版本的兼容，2.4.0 版中仍保留老的系统调用号和 old_mmap( )，由不同版本的 C 语言库程序决定采用哪一个系统调用号。二者的代码都在 arch/i386/kernel/sys_i386.c 中：

```
68  asmlinkage long sys_mmap2(unsigned long addr, unsigned long len,
69          unsigned long prot, unsigned long flags,
70          unsigned long fd, unsigned long pgoff)
71  {
72      return do_mmap2(addr, len, prot, flags, fd, pgoff);
73  }

91  asmlinkage int old_mmap(struct mmap_arg_struct *arg)
92  {
93      struct mmap_arg_struct a;
94      int err = -EFAULT;
95
96      if (copy_from_user(&a, arg, sizeof(a)))
97          goto out;
98
99      err = -EINVAL;
100     if (a.offset & ~PAGE_MASK)
101         goto out;
102
103     err = do_mmap2(a.addr, a.len, a.prot, a.flags, a.fd,
                      a.offset >> PAGE_SHIFT);
104 out:
105     return err;
106 }
```

可见，二者的区别仅在于传递参数的方式，它们的主体都是 do_mmap2( )，其代码在同一文件中：

[sys_mmap2( ) > do_mmap2( )]

```
42  /* common code for old and new mmaps */
43  static inline long do_mmap2(
44      unsigned long addr, unsigned long len,
45      unsigned long prot, unsigned long flags,
```

```
46          unsigned long fd, unsigned long pgoff)
47      {
48          int error = -EBADF;
49          struct file * file = NULL;
50
51          flags &= ~(MAP_EXECUTABLE | MAP_DENYWRITE);
52          if (!(flags & MAP_ANONYMOUS)) {
53              file = fget(fd);
54              if (!file)
55                  goto out;
56          }
57
58          down(&current->mm->mmap_sem);
59          error = do_mmap_pgoff(file, addr, len, prot, flags, pgoff);
60          up(&current->mm->mmap_sem);
61
62          if (file)
63              fput(file);
64      out:
65          return error;
66      }
```

一般而言，系统调用 mmap( ) 将已打开文件映射到用户空间。但是有个例外，那就是可以在调用参数 flags 中把标志位 MAP_ANONYMOUS 设成 1，表示没有文件，实际上只是用来"圈地"，即在指定的位置上分配空间。除此之外，操作的主体就是 do_mmap_pgoff( )。

内核中还有个 inline 函数 do_mmap( )，是供内核自己用的，它也是将已打开文件映射到当前进程的用户空间。以后，在阅读系统调用 sys_execve( ) 的代码时，在函数 load_aout_binary( ) 中可以看到通过 do_mmap( ) 将可执行程序（二进制代码）映射到当前进程的用户空间。此外，do_mmap( ) 还用来创建作为进程间通信手段的"共享内存区"。这个 inline 函数是在 include/linux/mm.h 中定义的：

```
428     static inline unsigned long do_mmap(struct file *file, unsigned long addr,
429         unsigned long len, unsigned long prot,
430         unsigned long flag, unsigned long offset)
431     {
432         unsigned long ret = -EINVAL;
433         if ((offset + PAGE_ALIGN(len)) < offset)
434             goto out;
435         if (!(offset & ~PAGE_MASK))
436     ret = do_mmap_pgoff(file, addr, len, prot, flag,
                               offset >> PAGE_SHIFT);
437     out:
438         return ret;
439     }
```

与 do_mmap2( ) 作一比较，就可发现二者基本上相同，都是通过 do_mmap_pgoff( ) 完成操作。不同的只是 do_mmap( ) 不支持 MAP_ANONYMOUS；另一方面由于在进入 do_mmap( ) 之前已经在临界区内，所以也不再需要通过信号量操作down( )和up( )加以保护。

函数do_mmap_pgoff( )的代码在mm/mmap.c中：

[sys_mmap2( ) > do_mmap2( ) > do_mmap_pgoff( )]

```
188     unsigned long do_mmap_pgoff(struct file * file, unsigned long addr,
                    unsigned long len,
189             unsigned long prot, unsigned long flags, unsigned long pgoff)
190     {
191         struct mm_struct * mm = current->mm;
192         struct vm_area_struct * vma;
193         int correct_wcount = 0;
194         int error;
195
196         if (file && (!file->f_op || !file->f_op->mmap))
197             return -ENODEV;
198
199         if ((len = PAGE_ALIGN(len)) == 0)
200             return addr;
201
202         if (len > TASK_SIZE || addr > TASK_SIZE-len)
203             return -EINVAL;
204
205         /* offset overflow? */
206         if ((pgoff + (len >> PAGE_SHIFT)) < pgoff)
207             return -EINVAL;
208
209         /* Too many mappings? */
210         if (mm->map_count > MAX_MAP_COUNT)
211             return -ENOMEM;
212
213         /* mlock MCL_FUTURE? */
214         if (mm->def_flags & VM_LOCKED) {
215             unsigned long locked = mm->locked_vm << PAGE_SHIFT;
216             locked += len;
217             if (locked > current->rlim[RLIMIT_MEMLOCK].rlim_cur)
218                 return -EAGAIN;
219         }
220
221         /* Do simple checking here so the lower-level routines won't have
222          * to. we assume access permissions have been handled by the open
223          * of the memory object, so we don't do any here.
224          */
225         if (file != NULL) {
226             switch (flags & MAP_TYPE) {
227             case MAP_SHARED:
228                 if ((prot & PROT_WRITE) && !(file->f_mode & FMODE_WRITE))
```

```
229                     return -EACCES;
230
231             /* Make sure we don't allow writing to an append-only file. */
232             if (IS_APPEND(file->f_dentry->d_inode) &&
                            (file->f_mode & FMODE_WRITE))
233                     return -EACCES;
234
235             /* make sure there are no mandatory locks on the file. */
236             if (locks_verify_locked(file->f_dentry->d_inode))
237                     return -EAGAIN;
238
239             /* fall through */
240         case MAP_PRIVATE:
241             if (!(file->f_mode & FMODE_READ))
242                     return -EACCES;
243             break;
244
245         default:
246             return -EINVAL;
247         }
248     }
249
```

首先对文件和区间两方面都作一些检查，包括起始地址与长度、已经映射的次数等等。指针 file 非 0 表示映射的是具体的文件（而不是 MAP_ANONYMOUS），所以相应 file 结构中的指针 f_op 必须指向一个 file_operations 数据结构，其中的函数指针 mmap 又必须指向具体文件系统所提供的 mmap 操作（详见第 5 章"文件系统"）。从某种意义上说，do_mmap( ) 和 do_mmap2( ) 提供的只是一个高层的框架，低层的文件操作是由具体的文件系统提供的。

此外，还要对文件和区间的访问权限进行检查，二者必须相符。读者可以在阅读了第 5 章以后回过来仔细看这些代码。这里我们继续往下看：

[sys_mmap2( ) > do_mmap2( ) > do_mmap_pgoff( )]

```
250     /* Obtain the address to map to. we verify (or select) it and ensure
251      * that it represents a valid section of the address space.
252      */
253     if (flags & MAP_FIXED) {
254         if (addr & ~PAGE_MASK)
255             return -EINVAL;
256     } else {
257         addr = get_unmapped_area(addr, len);
258         if (!addr)
259             return -ENOMEM;
260     }
261
```

调用do_mmap_pgoff( )时的参数基本上就是系统调用mmap( )的参数,如果参数flags中的标志位MAP_FIXED为0,就表示指定的映射地址只是个参考值,不能满足时可以由内核给分配一个。所以,就通过get_unmapped_area( )在当前进程的用户空间中分配一个起始地址。其代码在mm/mmap.c中:

[sys_mmap2( ) > do_mmap2( ) > do_mmap_pgoff( ) > get_unmapped_area( )]

```
374    /* Get an address range which is currently unmapped.
375     * For mmap( ) without MAP_FIXED and shmat( ) with addr=0.
376     * Return value 0 means ENOMEM.
377     */
378    #ifndef HAVE_ARCH_UNMAPPED_AREA
379    unsigned long get_unmapped_area(unsigned long addr, unsigned long len)
380    {
381        struct vm_area_struct * vmm;
382
383        if (len > TASK_SIZE)
384            return 0;
385        if (!addr)
386            addr = TASK_UNMAPPED_BASE;
387        addr = PAGE_ALIGN(addr);
388
389        for (vmm = find_vma(current->mm, addr); ; vmm = vmm->vm_next) {
390            /* At this point:  (!vmm || addr < vmm->vm_end). */
391            if (TASK_SIZE - len < addr)
392                return 0;
393            if (!vmm || addr + len <= vmm->vm_start)
394                return addr;
395            addr = vmm->vm_end;
396        }
397    }
398    #endif
```

读者自行阅读这段程序应该不会有困难。常数 TASK_UNMAPPED_BASE 是在 include.asm-i386/processor.h 中定义的:

```
263    /* This decides where the kernel will search for a free chunk of vm
264     * space during mmap's.
265     */
266    #define TASK_UNMAPPED_BASE  (TASK_SIZE / 3)
```

也就是说,当给定的目标地址为0时,内核从(TASK_SIZE/3)即1GB处开始向上在当前进程的虚存空间中寻找一块足以容纳给定长度的区间。而当给定的目标地址不为0时,则从给定的地址开始向上寻找。函数find_vma( )在当前进程已经映射的虚存空间中找到第一个满足vma -> vm_end 大于给定地址的区间。如果找不到这么一个区间,那就说明给定的地址尚未映射,因而可以使用。

至此,只要返回的地址非0,addr 就已经是一个符合各种要求的虚存地址了。我们回到do_mmap_pgoff( )中继续往下看(mm/mmap.c):

[sys_mmap2( ) > do_mmap2( ) > do_mmap_pgoff( )]

```
262         /* Determine the object being mapped and call the appropriate
263          * specific mapper. the address has already been validated, but
264          * not unmapped, but the maps are removed from the list.
265          */
266         vma = kmem_cache_alloc(vm_area_cachep, SLAB_KERNEL);
267         if (!vma)
268             return -ENOMEM;
269
270         vma->vm_mm = mm;
271         vma->vm_start = addr;
272         vma->vm_end = addr + len;
273         vma->vm_flags = vm_flags(prot,flags) | mm->def_flags;
274
275         if (file) {
276             VM_ClearReadHint(vma);
277             vma->vm_raend = 0;
278
279             if (file->f_mode & FMODE_READ)
280                 vma->vm_flags |= VM_MAYREAD | VM_MAYWRITE | VM_MAYEXEC;
281             if (flags & MAP_SHARED) {
282                 vma->vm_flags |= VM_SHARED | VM_MAYSHARE;
283
284                 /* This looks strange, but when we don't have the file open
285                  * for writing, we can demote the shared mapping to a simpler
286                  * private mapping. That also takes care of a security hole
287                  * with ptrace( ) writing to a shared mapping without write
288                  * permissions.
289                  *
290                  * We leave the VM_MAYSHARE bit on, just to get correct output
291                  * from /proc/xxx/maps.
292                  */
293                 if (!(file->f_mode & FMODE_WRITE))
294                     vma->vm_flags &= ~(VM_MAYWRITE | VM_SHARED);
295             }
296         } else {
297             vma->vm_flags |= VM_MAYREAD | VM_MAYWRITE | VM_MAYEXEC;
298             if (flags & MAP_SHARED)
299                 vma->vm_flags |= VM_SHARED | VM_MAYSHARE;
300         }
301         vma->vm_page_prot = protection_map[vma->vm_flags & 0x0f];
302         vma->vm_ops = NULL;
303         vma->vm_pgoff = pgoff;
304         vma->vm_file = NULL;
305         vma->vm_private_data = NULL;
306
307         /* Clear old maps */
```

```
308         error = -ENOMEM;
309         if (do_munmap(mm, addr, len))
310             goto free_vma;
311
312         /* Check against address space limit. */
313         if ((mm->total_vm << PAGE_SHIFT) + len
314             > current->rlim[RLIMIT_AS].rlim_cur)
315             goto free_vma;
316
317         /* Private writable mapping? Check memory availability. */
318         if ((vma->vm_flags & (VM_SHARED | VM_WRITE)) == VM_WRITE &&
319             !(flags & MAP_NORESERVE)                              &&
320             !vm_enough_memory(len >> PAGE_SHIFT))
321             goto free_vma;
322
```

每个逻辑区间都要有个 vm_area_struct 数据结构，所以通过 kmem_cache_alloc( )为待映射的区间分配一个，并加以设置。我们不妨与前一节中 do_brk( )的代码作一比较，在那里只是在新增的区间不能与已有的区间合并时，才分配了一个 vm_area_struct 数据结构，而这里却是无条件的。以前我们提到过，属性不同的区段不能共存于同一逻辑区间中，而映射到一个特定的文件也是一种属性，所以总是要为之单独建立一个逻辑区间。

如果调用 do_mmap_pgoff( )时的 file 结构指针为 0，则目的仅在于创建虚存区间，或者说仅在于建立从物理空间到虚存区间的映射。而如果目的在于建立从文件到虚存区间的映射，那就要把为文件设置的访问权限考虑进去（见 275～296 行）。

注意代码中的 303 行将参数 pgoff 设置到 vm_area_struct 数据结构中的 vm_pgoff 字段。这个参数代表着所映射内容在文件中的起点。有了这个起点，发生缺页异常时就可以根据虚存地址计算出相应页面在文件中的位置。所以，当断开映射时，对于文件映射页面不需要像普通换入/换出页面那样在页面表项中指明其去向。另一方面，这也说明了为什么这样的区间必须是独立的。

至此，代表着我们所需虚存区间的数据结构已经创建了，只是尚未插入代表当前进程虚存空间的 mm_struct 结构中。可是，在某些条件下却还不得不将它撤销。为什么呢？这里调用了一个函数 do_munmap( )。它检查目标地址在当前进程的虚存空间是否已经在使用，如果已经在使用就要将老的映射撤销。要是这个操作失败，那当然不能重复映射同一个目标地址，所以就得转移到 free_vma，把已经分配的 vm_area_struct 数据结构撤销。我们已经在前一节中读过 do_munmap( )的代码。也许读者会感到奇怪，这个区间不是在前面调用 get_unmapped_area( )找到的吗？怎么会原来就已映射呢？回过头去注意看一下就可知道，那只是当调用参数 flags 中的标志位 MAP_FIXED 为 0 时，而当该标志位为 1 时则尚未对此加以检查。除此之外，还有两个情况也会导致撤销已经分配的 vm_area_struct 数据结构：一个是如果当前进程对虚存空间的使用超出了为其设置的上限；另一个是在要求建立由当前进程专用的可写区间，而物理页面的数量已经（暂时）不足。

读者也许还要问：为什么不把对所有条件的检验放在分配 vm_area_struct 数据结构之前呢？问题在于，在通过 kmed_cache_alloc( )分配 vm_area_struct 数据结构的过程中，有可能会发生供这种数据结构专用的 slab 已经用完，而不得不分配更多物理页面的情形。而分配物理页面的过程，则又有可能因一时不能满足要求而只好先调度别的进程运行。这样，由于可能已经有别的进程或线程，特别是由本进程clone( )出来的线程（见第4章）运行过了，就不能排除这些条件已经改变的可能。所以，读者在内核中常常可以看到先分配某项资源，然后检测条件，如果条件不符再将资源释放（而不是先检测条件，后分配资源）的情景。关键就在于分配资源的过程中是否有可能发生调度，以及其他进程或线程的运行有否可能改变这些条件。以这里的第三个条件为例，如果发生调度，那就明显是可能改变的。

继续往下看do_mmap_pgoff( )的代码（mm/mmap.c）：

[sys_mmap2( ) > do_mmap2( ) > do_mmap_pgoff( )]

```
323            if (file) {
324                if (vma->vm_flags & VM_DENYWRITE) {
325                    error = deny_write_access(file);
326                    if (error)
327                        goto free_vma;
328                    correct_wcount = 1;
329                }
330                vma->vm_file = file;
331                get_file(file);
332                error = file->f_op->mmap(file, vma);
333                if (error)
334                    goto unmap_and_free_vma;
335            } else if (flags & MAP_SHARED) {
336                error = shmem_zero_setup(vma);
337                if (error)
338                    goto free_vma;
339            }
340
341            /* Can addr have changed??
342             *
343             * Answer: Yes, several device drivers can do it in their
344             *         f_op->mmap method. -DaveM
345             */
346            flags = vma->vm_flags;
347            addr = vma->vm_start;
348
349            insert_vm_struct(mm, vma);
350            if (correct_wcount)
351                atomic_inc(&file->f_dentry->d_inode->i_writecount);
352
353            mm->total_vm += len >> PAGE_SHIFT;
354            if (flags & VM_LOCKED) {
355                mm->locked_vm += len >> PAGE_SHIFT;
356                make_pages_present(addr, addr + len);
357            }
358            return addr;
359
360        unmap_and_free_vma:
361            if (correct_wcount)
```

```
362             atomic_inc(&file->f_dentry->d_inode->i_writecount);
363             vma->vm_file = NULL;
364             fput(file);
365             /* Undo any partial mapping done by a device driver. */
366             flush_cache_range(mm, vma->vm_start, vma->vm_end);
367             zap_page_range(mm, vma->vm_start, vma->vm_end - vma->vm_start);
368             flush_tlb_range(mm, vma->vm_start, vma->vm_end);
369     free_vma:
370             kmem_cache_free(vm_area_cachep, vma);
371             return error;
372     }
```

如果要建立的是从文件到虚存区间的映射，而在调用 do_mmap( ) 时的参数 flags 中的 MAP_DENYWRITE 标志位为 1（这个标志位在前面 273 行引用的宏操作 vm_flags( ) 中转换成 VM_DENYWRITE），那就表示不允许通过常规的文件操作访问该文件，所以要调用 deny_write_access( ) 排斥常规的文件操作，详见"文件系统"一章中的有关内容。至于 get_file( )，其作用只是递增 file 结构中的共享计数。

我们在这里暂不关心为共享内存区而建立的映射，所以跳过 335~339 行，将来在讲到共享内存区时，还要回过来看 shmem_zero_setup( ) 的代码。

每种文件系统都有个 file_operations 数据结构，其中的函数指针 mmap 提供了用来建立从该类文件到虚存区间的映射的操作。那么，具体到 Linux 的 Ext2 文件系统，这个函数是什么呢？我们来看 Ext2 文件系统的 file_operations 数据结构(fs/ext2/file.c)：

```
100     struct file_operations ext2_file_operations = {
        ......
105             mmap:           generic_file_mmap,
        ......
109     };
```

当打开一个文件时，如果所打开的文件在一个 Ext2 文件系统中，内核就会将 file 结构中的指针 f_op 设置成指向这个数据结构，所以上面 332 行的 file->f_op->mmap 就指向 generic_file_mmap( )。这个函数的代码在 mm/filemap.c 中：

[sys_mmap2( ) > do_mmap2( ) > do_mmap_pgoff( ) > generic_file_mmap( )]

```
1705    /* This is used for a general mmap of a disk file */
1706
1707    int generic_file_mmap(struct file * file, struct vm_area_struct * vma)
1708    {
1709            struct vm_operations_struct * ops;
1710            struct inode *inode = file->f_dentry->d_inode;
1711
1712            ops = &file_private_mmap;
1713            if ((vma->vm_flags & VM_SHARED) && (vma->vm_flags & VM_MAYWRITE)) {
1714                    if (!inode->i_mapping->a_ops->writepage
```

```
1715                return -EINVAL;
1716            ops = &file_shared_mmap;
1717        }
1718        if (!inode->i_sb || !S_ISREG(inode->i_mode))
1719            return -EACCES;
1720        if (!inode->i_mapping->a_ops->readpage)
1721            return -ENOEXEC;
1722        UPDATE_ATIME(inode);
1723        vma->vm_ops = ops;
1724        return 0;
1725    }
```

这个函数很简单，实质性的操作就是 1723 行将虚存区间控制结构中的指针 vm_ops 设置成 ops。至于 ops，则根据映射为专有或共享而分别指向数据结构 file_private_mmap 或 file_shared_mmap。这两个结构均定义于 mm/filemap.c：

```
1686    /*
1687     * Shared mappings need to be able to do the right thing at
1688     * close/unmap/sync. They will also use the private file as
1689     * backing-store for swapping..
1690     */
1691    static struct vm_operations_struct file_shared_mmap = {
1692        nopage:     filemap_nopage,
1693    };
1694
1695    /*
1696     * Private mappings just need to be able to load in the map.
1697     *
1698     * (This is actually used for shared mappings as well, if we
1699     * know they can't ever get write permissions..)
1700     */
1701    static struct vm_operations_struct file_private_mmap = {
1702        nopage:     filemap_nopage,
1703    };
```

数据结构的初始化也是 gcc 对 C 语言所作改进之一。这里表示具体 vm_operations_struct 结构中除 nopage 以外，所有成分的初始值均为 0 或 NULL，而 nopage 的初始值则为 filemap_nopage。相比之下，在老版本中则必须写成{NULL, NULL, filemap_nopage}，那样，一来麻烦，二来结构中各字段与其初始值的对应关系也不直观。

两个结构其实是一样的，都只是为缺页异常提供了 nopage 操作。此外，在 generic_file_mmap( )中还检验了用于页面读 / 写的函数是否存在（见 1714 和 1720 行）。这两个函数应该由文件的 inode 数据结构间接地提供。在 inode 结构中有个指针 i_mapping，它指向一个 address_space 数据结构，读者应该回到"物理页面的使用和周转"一节中看一下它的定义。我们这里关心的是 address_space 结构中的指针 a_ops，它指向一个 address_space_operations 数据结构。不同的文件系统（页面交换设备可以看作是一种特殊的文件系统）有不同的 address_space_operations 结构。对于 Ext2 文件系统是 ext2_aops，定义于 fs/ext2/inode.c 中：

```
669    struct address_space_operations ext2_aops = {
670        readpage: ext2_readpage,
671        writepage: ext2_writepage,
672        sync_page: block_sync_page,
673        prepare_write: ext2_prepare_write,
674        commit_write: generic_commit_write,
675        bmap: ext2_bmap
676    };
```

这个数据结构提供了用来读／写 ext2 文件页面的函数 ext2_readpage( )和 ext2_writepage( )。这些有关的数据结构和指针也是在打开文件时设置好了的。

完成了这些检查和处理，把新建立的 vm_area_struct 结构插入到当前进程的 mm_struct 结构中，就基本完成了 do_mmap_pgoff( )的操作，仅在要求对区间加锁时才调用 make_pages_present( )，建立起初始的页面映射，这个函数的代码已经在前一节中看到过了。

读者也许感到困惑，在文件与虚存区间之间建立映射难道就这么简单？而且我们根本就没有看到页面映射的建立！其实，具体的映射是非常动态、经常在变的。所谓文件与虚存区间之间的映射包含着两个环节，一是物理页面与文件映象之间的换入／换出，二是物理页面与虚存页面之间的映射。这二者都是动态的。所以，重要的并不是建立起一个特定的映射，而是建立起一套机制，使得一旦需要时就可以根据当时的具体情况建立起新的映射。另一方面，在计算机技术中有一个称为 "lazy computation" 的概念，就是说有些为将来作某种准备而进行的操作（计算）可能并无必要，所以应该推迟到真正需要时才进行。这是因为实际运行中的情况千变万化，有时候花了老大的劲才完成了准备，实际上却根本没有用到或者只用到了很小一部分，从而造成了浪费。就以这里的文件映射来说，也许映射了 100 个页面，而实际上在相当长的时间里只用到了其中的一个页面，而映射 99 个页面的开销却是不能忽略不计的。何况，长期不用的页面还得费劲把它们换出哩。考虑到这些因素，还不如到真正需要用到一个页面时再来建立该页面的映射，用到几个页面就映射几个页面。当然，那样很可能会因为分散处理而使具体映射每一个页面的开销增加。所以这里有个利弊权衡的问题，具体的决定往往要建立在统计数据的基础上。这里正是运用了这个概念，把具体页面的映射推迟到真正需要的时候才进行。具体地，就是为映射的建立、物理页面的换入和换出（以及映射的拆除）分别准备一些函数，这就是 filemap_nopage( )、ext2_readpage( )以及 ext2_writepage( )。

那么，什么时候，由谁来调用这些函数呢？

(1) 首先，当这个区间中的一个页面首次受到访问时，会由于页面无映射而发生缺页异常，相应的异常处理程序为 do_no_page( )。对于 Ext2 文件系统，do_no_page( )会通过 ext2_readpage( )分配一个空闲内存页面并从文件读入相应的页面，然后建立起映射。

(2) 建立起映射以后，对页面的写操作使页面变"脏"，但是页面的内容并不立即写回文件中，而由内核线程 bdflush( )周期性运行时通过 page_launder( )间接地调用 ext2_writepage( )，将页面的内容写入文件。如果页面很长时间没有受到访问，则页面会耗尽它的寿命，从而在一次 try_to_swap_out( )中被解除映射而转入不活跃状态。如果页面是"脏"的，则也会在 page_launder( )中调用 ext2_writepage( )。我们在 try_to_swap_out( )的代码中曾看到，对用于文件映射的页面与普通的换入／换出页面有不同的处理。对于前者是解除页面映射，把页面表项设置成 0；而对后者是断开页面映射，使页面表项指向盘上页面。
(3) 解除了映射的页面在再次受到访问时又会发生缺页异常，仍旧因页面无映射而进入 do_no_page( )，而不像换入／换出页面那样进入 do_swap_page( )。

我们把这些情景留给读者作为"家庭作业"。

除 mmap( )以外，Linux 内核还提供了几个与之有关的系统调用，作为对 mmap( )的补充。限于篇幅，我们只把它们列出于下，有兴趣或需要的读者可自行阅读这些函数的源代码。

- munmap(void *start, size_t length)
  解除由 mmap( )所建立的文件映射。
- mremap(void *old_address, size_t old_size, size_t new_size, unsigned long flags)
  这是 Linux 所特有的，用来扩大或缩小已经映射的一块空间。
- msync(const void *start, size_t length, int flags)
  把一个打开的文件映射到进程的虚存空间并进行读写之后，可以用 msync ( )将从地址 start 开始的 length 个字节"冲刷"到实际的文件中，使得文件的内容与内存中的内容一致。参数 flag 中有三个标志位，分别为 MS_SYNC、MS_ASYNS 和 MS_INVALIDATE。MS_SYNC 表示冲刷立刻进行，并且系统调用应该等冲刷完成时才返回。MS_ASYNC 则表示冲刷可以异步地完成，系统调用应立即返回，内核可以在适当的时机进行冲刷。而 MS_INVALIDATE，那是为同一文件被多次（由多个进程）映射的情况而设置的，表示同一文件的其他映象应被视作无效而应加以刷新。
- mlock(const void *addr, size_t len)
  虚存空间被映射到物理空间以后，一般而言是由内核运用 LRU 算法来决定页面的换入或换出的。但有时候某些进程因运行效率的考虑需要将某些页面"锁定"在内存中，这时候就可以用 mlock( )将虚存中从 addr 开始的 len 个字节，实际上是这些字节所在的页面锁定在内存中，不允许换出。
- mprotect (const void *addr, size_t len, int   prot)
  最后，mprotect( )用来改变一段虚存空间的保护属性。

第3章

中断、异常和系统调用

我们假定本书的读者已经具备了计算机系统结构方面的基础知识,所以本章对中断以及异常(exception)处理的原理和机制不作深入的介绍。缺乏这方面基础的读者不妨先阅读一些微处理器方面的有关材料。不过,我们也并不要求读者对相关内容已经具备了很深入的理解。事实上,随着我们的介绍和分析,特别是随着各个情景的发展和代码的阅读,读者自会逐步地加深理解。

先简要提一下,中断有两种,一种是由 CPU 外部产生的,另一种是由 CPU 本身在执行程序的过程中产生的。

外部中断,就是通常所讲的"中断"(interrupt)。对于执行中的软件来说,这种中断的发生完全是"异步"的,根本无法预测此类中断会在什么时候发生。因此,CPU(或者软件)对外部中断的响应完全是被动的。不过,软件可以通过"关中断"指令关闭对中断的响应,把它"反映情况"的途径掐断,这样就可以眼不见心不烦了(这里不考虑"不可屏蔽中断")。

由软件产生的中断则不同,它是由专设的指令,如 X86 中的"INT n",在程序中有意地产生的,所以是主动的,"同步"的。只要 CPU 执行了一条 INT 指令,就知道在开始执行下一条指令之前一定要先进入中断服务程序。这种主动的中断称为"陷阱"(trap)。

此外,还有一种与中断相似的机制称为"异常"(exception),一般也是异步的,多半由于"不小心"犯了规才发生。例如,当你在程序中发出一条除法指令 DIV,而除数为 0 时,就会发生一次异常。这多半是因为不小心,而不是故意的,所以也是被动的。当然,也不排除故意的可能性。我们在第 2 章中看到过通过页面异常扩展堆栈区间的情景,那就是故意安排的。

这样,一共就有三种类似的机制,即中断、陷阱以及异常。

但是,不管是外部产生的中断还是陷阱,或者异常,不管是无意的、被动的,还是故意的、主动的,CPU 的响应过程却基本上一致。这就是:在执行完当前指令以后,或者在执行当前指令的中途,就根据中断源所提供的"中断向量",在内存中找到相应的服务程序入口并调用该服务程序。外部中断的向量是由软件或硬件设置好了的,陷阱的向量是在"自陷"指令中发出的(INT n 中的 n),而各种异常的向量则是 CPU 的硬件结构中预先规定好的。这样,这些不同的情况就因中断向量的不同而互相区分开来了。因此,在实践中常常将这些不同的情况作为一种统一的模式加以考虑和实现,而且常常统称为"中断"。至于系统调用,一般都是通过 INT 指令实现的,所以也与中断密切相关。

本章前一部分内容讲中断,包括中断的硬件支持、软件处理以及中断响应和服务的过程;后一部分则介绍系统调用的有关内容。

3.1　X86 CPU 对中断的硬件支持

　　本节不讨论严格意义上的中断响应全过程（比如说，怎样获得中断向量），而是着重讨论 CPU 在响应中断时，即在得到了中断向量以后，怎样进入相应的中断服务程序的过程。这是从操作系统的角度需要关心的问题。Intel X86 CPU 支持 256 个不同的中断向量，这一点至今未变。可是，早期 X86 CPU 的中断响应机制是非常原始、非常简单的。在实地址模式中，CPU 把内存中从 0 开始的 1K 字节作为一个中断向量表。表中的每个表项占四个字节，由两个字节的段地址和两个字节的位移组成。这样构成的地址便是相应中断服务程序的入口地址。这与 16 位实地址模式中的寻址方式也是一致的。但是，在这样的机制上是不能构筑现代意义的操作系统的，即使把 16 位寻址改成 32 位寻址，即使实现了页式存储管理，也还是无济于事。原因在于，这个机制中并没有提供空间切换，或者说运行模式切换的手段。为了理解这一点，让我们来看看其他的 CPU 是怎么做的。读者也许知道，早期的 UNIX 是在 PDP-11 上实现的。PDP-11 的 CPU 中有一个与 X86 的 FLAGS 寄存器相类似的控制状态寄存器，称为 PSW（处理器状态字）。PSW 中有一个位段决定了 CPU 的当前运行优先级和模式（系统或用户）。在用户程序中是不能通过直接修改 PSW 来达到调高优先级的目的的。在 PDP-11 的中断向量表中，每个表项由两部分组成，一部分是相应中断服务程序的入口地址，另一部分就是当 CPU 进入中断服务程序后的 PSW。当然，中断向量表的内容只有当 CPU 处于系统模式时才能改变。当中断发生时，CPU 从向量表中将 PSW 装入其控制状态寄存器，而将中断服务程序的入口地址装入程序计数器，从而达到既转入了相应的中断服务程序，又从一种运行模式切换到另一种运行模式（或优先级别）的双重目的。至于原来的 PSW 则随中断返回地址一起被压入堆栈，以便 CPU 从中断服务程序返回时能回到原来的运行模式。这样，就很自然地实现了运行状态的切换。CPU 平时处于用户状态，无论是因为外部中断还是系统调用（由软件产生的中断），或是某种异常，都会通过中断向量表进入系统状态，执行完中断服务程序后返回时便又恢复原状，回到用户状态。相比之下，我们可以清楚地看到，X86 实地址模式下的中断响应过程所缺少的就是类似于 PDP-11 对 PSW 的处理。

　　因此，Intel 在实现保护模式时，对 CPU 的中断响应机制作了大幅度的修改。

　　首先，中断向量表中的表项从单纯的入口地址改成了类似于 PSW 加入口地址并且更为复杂的描述项，称为"门"(gate)，意思是当中断发生时必须先通过这些门，才能进入相应的服务程序。但是，这样的门并不光是为中断而设的，只要想切换 CPU 的运行状态，即其优先级别，例如从用户的 3 级进入系统的 0 级，就都要通过一道门。而从用户态进入系统态的途径也并不只限于中断（或异常，或陷阱），还可以通过子程序调用指令 CALL 和转移指令 JMP 来达到目的。而且，当中断发生时不但可以切换 CPU 的运行状态并转入中断服务程序，还可以安排进行一次任务切换（所谓"上下文切换"），立即切换到另一个进程。因此在操作系统中可以设立一个"中断服务进程（任务）"，每当中断发生时就切换到该进程。

　　按不同的用途和目的，CPU 中一共有四种门，即任务门（task gate）、中断门（interrupt gate）、陷阱门（trap gate）以及调用门（call gate）。其中除任务门外其他三种门的结构基本相同，不过调用门并不是与中断向量表相联系的。

　　先看任务门，其大小为 64 位，结构如图 3.1 所示。

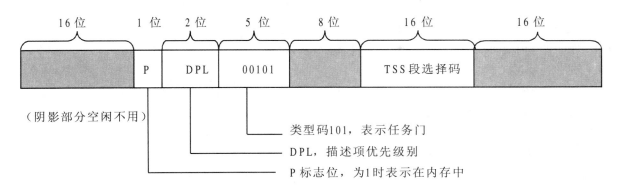

图 3.1 任务门结构图

TSS 段选择码的作用和段寄存器 CS、DS 等相似,通过 GDT 或 LDT 指向特殊的"系统段"中的一种,称为"任务状态段"(task_state segment)TSS。TSS 实际上是一个用来保存任务运行"现场"的数据结构,其中包括 CPU 中所有与具体进程有关的寄存器的内容(包含页面目录指针 CR3),还包括了三个堆栈指针。中断发生时,CPU 在中断向量表中找到相应的表项。如果此表项是一个任务门,并且通过了优先级别的检查,CPU 就会将当前任务的运行现场保存在相应的 TSS 中,并将任务门所指向的 TSS 作为当前任务,将其内容装入 CPU 中的各个寄存器,从而完成了一次任务的切换。为此目的,CPU 中又增设了一个"任务寄存器"TR,用来指向当前任务的 TSS。在 Linux 内核中,一个任务就是一个进程,但是进程的"控制块",即 task_struct 结构中需要存放更多的信息。所以,从这个意义上讲,Linux 的进程又并不完全是 Intel 设计意图中的任务。读者后面就会看到,Linux 内核并不采用任务门作为进程切换的手段。通过任务门切换到一个新的任务并不是惟一的途径,例如在程序中也可以用 CALL 指令或 JMP 指令通过调用门达到同样的目的。DPL 位段的作用后面还要讨论。

除任务门外,其余三种门的结构基本相同,每个门的大小也都是 64 位,见图 3.2。

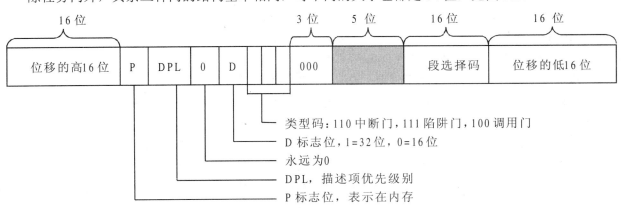

图 3.2 中断门、陷阱门和调用门结构图

三种门之间的不同之处在于 3 位的类型码。中断门的类型码是 110,陷阱门的类型码是 111,而调用门的类型码是 100。与任务门相比,不同之处主要在于:在任务门中不需要使用段内位移,因为任务门并不指向某一个子程序的入口,TSS 本身是作为一个段来对待的,而中断门、陷阱门和调用门则都要指向一个子程序,所以必须结合使用段选择码和段内位移。此外,任务门中相对于 D 标志位的位置上永远是 0。

中断门和陷阱门在使用上的区别不在于中断是外部产生的或是由 CPU 本身产生的，而是在于通过中断门进入中断服务程序时 CPU 会自动将中断关闭，也就是将 CPU 中 EFLAGS 寄存器的 IF 标志位清成 0，以防嵌套中断的发生；而在通过陷阱门进入服务程序时则维持 IF 标志位不变。这就是中断门和陷阱门的惟一区别。

不管是什么门，都通过段选择码指向一个存储段。段选择码的作用与普通的段寄存器一样。我们在第 2 章中讲过，在保护模式下段寄存器的内容并不直接指向一个段的起始地址，而是指向由 GDTR 或 LDTR 决定的某个段描述表中的一个表项，所以才又称为"段选择码"。至于到底是由 GDTR 还是由 LDTR 所指向的段描述表，则取决于段选择码中的一个 TI 标志位。在 Linux 内核中，实际上只使用全局段描述表 GDT，而局部段描述表 LDT 只是在特殊应用中（主要是 WINE）才使用。对于中断门、陷阱门和调用门来说，段描述表中的相应表项显然应该是一个代码段描述项。而任务门所指向的描述项，则是专门为 TSS 而设的 TSS 描述项。TSS 描述项的结构与我们在第 2 章中所讲的基本上是相同的，但是 bit44 的 S 标志位为 0，表示不是一般的代码段或数据段。

每个段描述项中都有一个 DPL 位段，即"描述项优先级别"位段。当 CPU 通过中断门找到一个代码段描述项，并进而转入相应的服务程序时，就把这个代码段描述项装入 CPU 中，而描述项的 DPL 就变成 CPU 的当前运行级别，称为 CPL。这与我们在前面所说的 PDP-11 在中断时从向量表中同时装入 PSW 和服务程序入口地址是一致的。可是，在中断门中也有一个 DPL，那是干什么用的呢？这就是要讲到 i386 的保护模式中对运行和访问级别进行检查比对的机制了。

Intel 在 i386CPU 中实现了一套可谓复杂得出奇的优先级别检验机制。我们在这里只根据 Linux 内核的实现介绍其中一部分。由于 Linux 内核避开了这套机制中最复杂的部分，例如不使用任务门，基本上也不使用调用门（不过为了兼容性的要求确实支持通过调用门来进入系统调用，但不是主流），再说在这里我们只关心对代码段的访问，所以剩下的部分就不太复杂了。

当通过一条 INT 指令进入一个中断服务程序时，在指令中给出一个中断向量。CPU 先根据该向量在中断向量表中找到一扇门（描述项），在这种情况下一般总是中断门。然后，就要将这个门的 DPL 与 CPU 的 CPL 相比，CPL 必须小于或等于 DPL，也就是优先级别不低于 DPL，才能穿过这扇门。不过，如果中断是由外部产生或是因 CPU 异常而产生的话，那就免去了这一层检验。穿过了中断门之后，还要进一步将目标代码段描述项中的 DPL 与 CPL 比较，目标段的 DPL 必须小于或等于 CPL。也就是说，通过中断门时只允许保持或提升 CPU 的运行级别，而不允许降低其运行级别。这两个环节中的任何一个失败都会产生一次全面保护异常（general_protection exception）。

进入中断服务程序时，CPU 要将当前 EFLAGS 寄存器的内容以及返回地址压入堆栈，返回地址是由段寄存器 CS 的内容和取指令指针 EIP 的内容共同组成的。如果中断是由异常引起的，则还要将一个表示异常原因的出错代码也压入堆栈。进一步，如果中断服务程序的运行级别，也就是目标代码段的 DPL，与中断发生时的 CPL 不同，那就要引起更换堆栈。前面提到过，TSS 结构中除所有常规的寄存器内容（包括当前的 SS 和 ESP）外，还有三个额外的堆栈指针（SS 加 ESP）。这三个额外的堆栈指针分别用于当 CPU 在目标代码段中的运行级别为 0，1 以及 2 时。所以，CPU 根据寄存器 TR 的内容找到当前 TSS 结构，并根据目标代码段的 DPL，从这 TSS 结构中取出新的堆栈指针（SS 加 ESP），并装入其堆栈段寄存器 SS 和堆栈指针（寄存器）ESP，达到更换堆栈的目的。在这种情况下，CPU 不但要将 EFLAGS、返回地址以及出错代码压入堆栈，还要先将原来的堆栈指针也压入堆栈（新堆栈）。示意图 3.3 也许有助于理解。

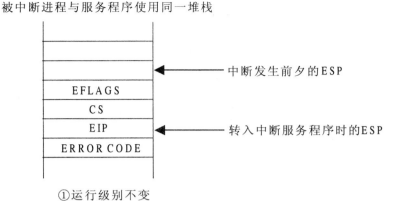

① 运行级别不变

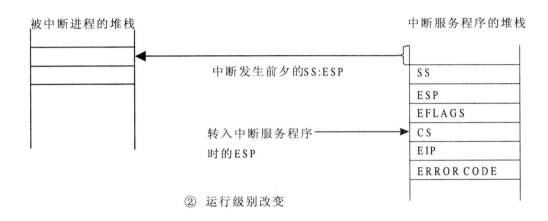

② 运行级别改变

图 3.3　中断服务程序堆栈示意图

具体到 Linux 内核。当中断发生在用户状态、也就是 CPU 在用户空间中运行时，由于用户态的运行级别为 3，而在内核中的中断服务程序的运行级别为 0，所以会引起堆栈的更换。也就是说，从用户堆栈切换到系统堆栈。而当中断发生在系统状态时，也就是当 CPU 在内核中运行时，则不会更换堆栈。

最后，在保护模式中，中断向量表在内存中的位置也不再限于从地址 0 开始的地方，而是像 GDT 和 LDT 那样可以放在内存中的任何地方。为此目的，在 CPU 中又增设了一个寄存器 IDTR，指向当前中断向量表 IDT，或者说当前中断描述表。

图 3.4 的示意说明了 i386 保护模式下的中断机制在采用中断门或陷阱门时的结构。

实际的 i386 系统结构中的有关机制比上面讲的还要复杂，我们略去了其中与 Linux 内核实现无关的内容。这也从另一个角度说明，对于像 Linux 这样的操作系统（事实证明是功能最强，并且最稳定的系统之一）来说，i386 系统结构中的许多内容是不必要的，甚至是画蛇添足的，难怪有些学者批评 Intel 将 i386 的系统结构过于复杂化了。当然，也有可能将来会出现一些新的技术，从而证明 Intel 是有远见的，我们拭目以待。如果说，在能达到相同目标的前提下简单就是美，那么 i386 系统结构显然是不美的。而相比之下，Linux 内核的实现倒确实是一种美。当然，不管怎么说，i386 的系统结构能够满足像 Linux 这样的现代操作系统的需要，却是毫无疑义的。

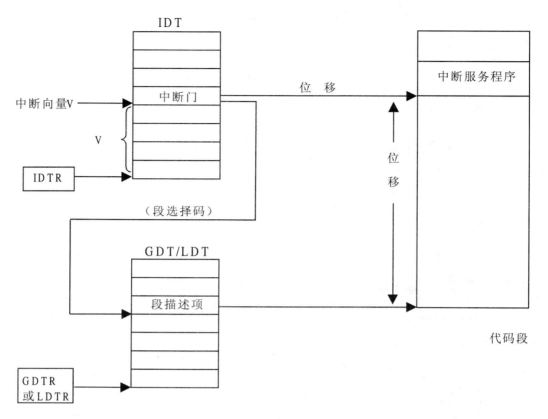

图 3.4 中断机制示意图

3.2 中断向量表 IDT 的初始化

Linux 内核在初始化阶段完成了对页式虚存管理的初始化以后，便调用 trap_int( )和 init_IRQ( )两个函数进行中断机制的初始化。其中 trap_init( )主要是对一些系统保留的中断向量的初始化，而 init_IRQ( )则主要是用于外设的中断。

函数 trap_init( )是在 arch/i386/kernel/traps.c 中定义的：

```
949     void __init trap_init(void)
950     {
951     #ifdef CONFIG_EISA
952         if (isa_readl(0x0FFFD9) == 'E'+('I'<<8)+('S'<<16)+('A'<<24))
953             EISA_bus = 1;
954     #endif
955
956         set_trap_gate(0,&divide_error);
957         set_trap_gate(1,&debug);
958         set_intr_gate(2,&nmi);
959         set_system_gate(3,&int3);    /* int3-5 can be called from all */
960         set_system_gate(4,&overflow);
```

```c
961         set_system_gate(5,&bounds);
962         set_trap_gate(6,&invalid_op);
963         set_trap_gate(7,&device_not_available);
964         set_trap_gate(8,&double_fault);
965         set_trap_gate(9,&coprocessor_segment_overrun);
966         set_trap_gate(10,&invalid_TSS);
967         set_trap_gate(11,&segment_not_present);
968         set_trap_gate(12,&stack_segment);
969         set_trap_gate(13,&general_protection);
970         set_trap_gate(14,&page_fault);
971         set_trap_gate(15,&spurious_interrupt_bug);
972         set_trap_gate(16,&coprocessor_error);
973         set_trap_gate(17,&alignment_check);
974         set_trap_gate(18,&machine_check);
975         set_trap_gate(19,&simd_coprocessor_error);
976
977         set_system_gate(SYSCALL_VECTOR,&system_call);
978
979         /*
980          * default LDT is a single-entry callgate to lcall7 for iBCS
981          * and a callgate to lcall27 for Solaris/x86 binaries
982          */
983         set_call_gate(&default_ldt[0],lcall7);
984         set_call_gate(&default_ldt[4],lcall27);
985
986         /*
987          * Should be a barrier for any external CPU state.
988          */
989         cpu_init();
990
991 #ifdef CONFIG_X86_VISWS_APIC
992         superio_init();
993         lithium_init();
994         cobalt_init();
995 #endif
996     }
```

程序中先设置中断向量表开头的 19 个陷阱门，这些中断向量都是 CPU 保留用于异常处理的。例如，中断向量 14 就是为页面异常保留的，CPU 硬件在页面映射及访问的过程中发生问题（如缺页），就会产生一次以 14(0xe) 为中断向量的异常。操作系统的设计和实现必须遵守这些规定。

然后是对系统调用向量的初始化，常数 SYSCALL_VECTOR 在 include/asm_i386/hw_irq.h 中定义为 0x80，所以执行一条 "INT 0x80" 指令就是进行一次系统调用。

Linux 操作系统本身并不使用调用门，但是有些 Unix 变种已经用了调用门来实现系统调用，如注释中所说的 iBCS 和 Solaris/X86。为了与这些系统上编译的应用程序可执行代码相兼容，Linux 内核也相应设置了两个调用门，983 行和 984 行就是对这两个调用门的初始化。由于我们在这里并不关心 SGI 公司的特殊工作站显示设备，所以就略去了从 991 行开始的几行条件编译代码。

从程序中可以看到，这里用了三个函数来进行这些表项的初始化，那就是 set_trap_gate( )、set_system_gate( )以及 set_call_gate( )。还有一个用于外设中断的 set_intr_gate( )，这里虽然没有用到，但是也属于同一组函数。这些函数都是在文件 arch/i386/kernel/traps.c 中定义的：

```
808     void set_intr_gate(unsigned int n, void *addr)
809     {
810         _set_gate(idt_table+n, 14, 0, addr);
811     }
812
813     static void __init set_trap_gate(unsigned int n, void *addr)
814     {
815         _set_gate(idt_table+n, 15, 0, addr);
816     }
817
818     static void __init set_system_gate(unsigned int n, void *addr)
819     {
820         _set_gate(idt_table+n, 15, 3, addr);
821     }
822
823     static void __init set_call_gate(void *a, void *addr)
824     {
825         _set_gate(a, 12, 3, addr);
826     }
```

这些函数都调用同一个子程序_set_gate( )，设置中断描述表 idt_table 中的第 n 项，所不同的是参数表中的第 2 个、第 3 个参数。第 2 个参数对应于中断门或陷阱门格式中的 D 标志位加上类型位段。参数 14 表示 D 标志位为 1 而类型为 110，所以 set_intr_gate( )设置的是中断门。第 3 个参数则对应于 DPL 位段。中断门的 DPL 一律设置成 0 是有讲究的。当中断是由外部产生或是 CPU 异常产生时，中断门的 DPL 是被忽略不顾的，所以总能穿过该中断门。可是，要是用户进程在用户空间试着用一条"INT2"来进入不可屏蔽中断的服务程序时，由于用户状态的运行级别为 3，而中断门的 DPL 为 0（级别最高），由软件产生的中断就会被拒之门外（CPU 会产生一次异常），因此不能得逞。同样，set_trap_gate( )也将 DPL 设成 0，所不同的是调用_set_gate( )时的第 2 个参数为 15，也即类型为 111，表示所设置的是陷阱门。我们在前面已经讲过，陷阱门与中断门的不同仅在于通过中断门进入服务程序时自动关中断，而通过陷阱门进入服务程序时则维持不变。所以，例如说，因 CPU 的页面异常而进入服务程序时，中断多半是开着的，我们在第 2 章中看到过的那些程序，如 handle_mm_fault( )等等，都是可中断的。此外 set_system_gate( )所设置的也是陷阱门，所以系统调用也是可中断的。但是 DPL 为 3，因为系统调用是在用户空间通过"INT 0x80"进行的，只有将该陷阱门的 DPL 设成 3 才能让系统调用顺利穿过，否则就会把系统调用拒之门外了。

进一步看看，这些 IDT 表项到底怎么设置。_set_gate( )也在同一文件(traps.c)中定义：

```
788     #define _set_gate(gate_addr, type, dpl, addr) \
789     do { \
790         int __d0, __d1; \
```

```
791         __asm__ __volatile__ ("movw %%dx,%%ax\n\t" \
792             "movw %4,%%dx\n\t" \
793             "movl %%eax,%0\n\t" \
794             "movl %%edx,%1" \
795             :"=m" (*((long *) (gate_addr))), \
796              "=m" (*(1+(long *) (gate_addr))), "=&a" (__d0), "=&d" (__d1) \
797             :"i" ((short) (0x8000+(dpl<<13)+(type<<8))), \
798              "3" ((char *) (addr)),"2" (__KERNEL_CS << 16)); \
799         } while (0)
```

首先，do { }while (0)决定了它的循环体，也就是从790行至798行，一定会被执行一遍，并且只执行一遍。特别是在编译时不管在什么情况下都不会有问题（见第1章）。从795行的第一个":"到797行的第2个":"之间为输出部，其中说明了有四个变量会被改变，分别与%0、%1、%2和%3相结合。其中%0与参数gate_addr结合，%1与(gate_addr+1)结合，二者都是内存单元；%2与局部变量__d0结合，存放在寄存器%%eax中，而%3与局部变量__d1结合，存放在寄存器%%edx中。从797行至798行则为输入部。由于输出部已经定义了%0~%3，输入部中的第一个变量便为%4，而后面还有两个变量分别等价于输出部中的%3和%2。输入部中说明的各输入变量的值，包括%3和%2的值，都会在引用这些变量之前设置好。

为了方便，我们把所要求的中断门（或陷阱门）的格式再表示在图3.5。

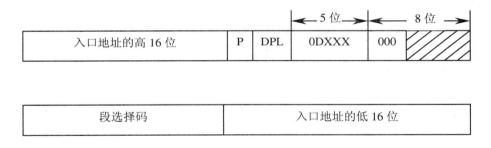

图3.5 中断门和陷阱门的格式定义

由于791行要用到%%dx和%%ax，所以编译（以及汇编）以后的代码会按输入部的说明先将%%edx设成addr，而%%ax设成（__KERNEL_CS<<16）。而791行将%%dx的低16位移入%%ax的低16位（注意%%dx与%%edx的区别）。这样，在%%eax中就形成了所需要的中断门的第一个长整数，其高16位为__KERNEL_CS，而低16位为addr的低16位。接着，在792行中将（0x8000+(dpl<<3)+(type<<8)）装入%%edx的低16位。这样，%%edx中高16位为addr的高16位，而低16位的P位为1（因为是0X8000），DPL位段为dpl（因为dpl<<3），而D位加上类型位段则为type（因为type<<8），其余各位皆为0。这就形成了中断门中的第2个长整数。然后，793行将%%eax写入*gate_addr，而794行则将%%edx写入*(gate_addr+1)。读者不妨试试，看看能否写出效率更高的代码！当然，这种高效率是以牺牲可读性为代价的。对于像设置IDT表项一类并不是频繁发生的操作，这样做是否值得，大可商榷。不过，这毕竟是在内核中，而且是很底层的东西，一般也不会有很多人去读、去维护的。

系统初始化时，在trap_init( )中设置了一些为CPU保留专用的IDT表项以及系统调用所用的陷阱门以后，就要进入init_IRQ( )设置大量用于外设的通用中断门了。函数init_IRQ( )的代码在arch/i386/kernel/i8259.c中：

```
438  void __init init_IRQ(void)
439  {
440      int i;
441
442  #ifndef CONFIG_X86_VISWS_APIC
443      init_ISA_irqs();
444  #else
445      init_VISWS_APIC_irqs();
446  #endif
447      /*
448       * Cover the whole vector space, no vector can escape
449       * us. (some of these will be overridden and become
450       * 'special' SMP interrupts)
451       */
452      for (i = 0; i < NR_IRQS; i++) {
453          int vector = FIRST_EXTERNAL_VECTOR + i;
454          if (vector != SYSCALL_VECTOR)
455              set_intr_gate(vector, interrupt[i]);
456      }
457
```

首先是在 init_ISA_irq() 中对 PC 的中断控制器 8259A 进行初始化，并且初始化一个结构数组 irq_desc[ ]。为什么要有这么一个结构数组呢？我们知道，i386 的系统结构支持 256 个中断向量，还要扣除一些为 CPU 本身保留的向量。但是，作为一个通用的操作系统，很难说剩下的这些中断向量是否够用。而且，很多外部设备由于种种原因可能本来就不得不共用中断向量。所以，在像 Linux 这样的系统中，限制每个中断源都必须独占使用一个中断向量是不现实的。解决的方法是为共用中断向量提供一种手段。因此，系统中为每个中断向量设置一个队列，而根据每个中断源所使用（产生）的中断向量，将其中断服务程序挂到相应的队列中去，而数组 irq_desc[ ] 中的每个元素则是这样一个队列的头部以及控制结构。当中断发生时，首先执行与中断向量相对应的一段总服务程序，根据具体中断源的设备号在其所属队列中找到特定的服务程序加以执行。这个过程我们将在以后详细介绍，这里只要知道需要有这么一个结构数组就行了。

接着，从 FIRST_EXTERNAL_VECTOR 开始，设立 NR_IRQS 个中断向量的 IDT 表项。常数 FIRST_EXTERNAL_VECTOR 在 include/asm-i386/hw_irq.h 中定义为 0x20，而 NR_IRQS 则为 224，那是在 include/asm-i386/irq.h 中定义的。不过，要跳过用于系统调用的向量 0x80，那已经在前面设置好了。这里设置的服务程序入口地址都来自一个函数指针数组 interrupt[ ]。

函数指针数组 interrupt[ ] 的内容也是在 arch/i386/kernel/i8259.c 中定义的：

```
 98  #define IRQ(x, y) \
 99      IRQ##x##y##_interrupt
100
101  #define IRQLIST_16(x) \
102      IRQ(x,0), IRQ(x,1), IRQ(x,2), IRQ(x,3), \
103      IRQ(x,4), IRQ(x,5), IRQ(x,6), IRQ(x,7), \
104      IRQ(x,8), IRQ(x,9), IRQ(x,a), IRQ(x,b), \
105      IRQ(x,c), IRQ(x,d), IRQ(x,e), IRQ(x,f)
```

```
106
107    void (*interrupt[NR_IRQS])(void) = {
108       IRQLIST_16(0x0),
109
110    #ifdef CONFIG_X86_IO_APIC
111             IRQLIST_16(0x1), IRQLIST_16(0x2), IRQLIST_16(0x3),
112       IRQLIST_16(0x4), IRQLIST_16(0x5), IRQLIST_16(0x6), IRQLIST_16(0x7),
113       IRQLIST_16(0x8), IRQLIST_16(0x9), IRQLIST_16(0xa), IRQLIST_16(0xb),
114       IRQLIST_16(0xc), IRQLIST_16(0xd)
115    #endif
116    };
117
118    #undef IRQ
119    #undef IRQLIST_16
```

数组的第一部分内容定义于 107 行，顺着 IRQLIST_16(x)和 IRQ(x,y)的定义到 98 行，可知关于函数指针的文字是由 gcc 的预处理自动产生的，因为符号##的作用是将字符串连接在一起。例如，当 108 行以参数 0x0（作为字符串）调用 IRQLIST_16( )时，102 行中的 IRQ（x,0）就会在预处理阶段被替换成 IRQ0x00_interrupt。后面依次为 IRQ0x01_interrupt、IRQ0x02_interrupt、… 一直到 IRQ0x0f_interrupt。这样，就利用 gcc 的预处理自动生成了所需的文字，而避免了枯燥繁琐的文字录入和编辑。所以，这一部分给出了 interrupt[ ]中的开头 16 个函数指针。对于单 CPU 系统结构，后面的指针就都是 NULL 了。如果是多处理器 SMP 结构，则后面还有 IRQ0x10 至 IRQ0xdf 等 208 个函数指针。

那么，从 IRQ0x00_interrupt 到 IRQ0x0f_interrupt 这 16 个函数本身是在哪儿定义的呢？请看 i8259.c 中的另外几行：

```
38    #define BI(x, y) \
39        BUILD_IRQ(##x##y)
40
41    #define BUILD_16_IRQS(x) \
42       BI(x, 0) BI(x, 1) BI(x, 2) BI(x, 3) \
43       BI(x, 4) BI(x, 5) BI(x, 6) BI(x, 7) \
44       BI(x, 8) BI(x, 9) BI(x, a) BI(x, b) \
45       BI(x, c) BI(x, d) BI(x, e) BI(x, f)
46
47    /*
48     * ISA PIC or low IO-APIC triggered (INTA-cycle or APIC) interrupts:
49     * (these are usually mapped to vectors 0x20-0x2f)
50     */
51    BUILD_16_IRQS(0x0)
```

可见，51 行的宏定义 BUILD_16_IRQS(0x0)在预处理阶段会被展开成从 BUILD_IRQS(0x00)至 BUILD_IRQS(0x0f)共 16 项宏定义的引用。而 BUILD_IRQS( )则是在 include/asm-i386/hw_irq.h 中定义的：

```
172    #define BUILD_IRQ(nr) \
```

```
173     asmlinkage void IRQ_NAME(nr); \
174     __asm__( \
175     "\n"__ALIGN_STR"\n" \
176     SYMBOL_NAME_STR(IRQ) #nr "_interrupt:\n\t" \
177     "pushl $"#nr"-256\n\t" \
178     "jmp common_interrupt");
```

经过 gcc 的预处理以后，便会展开成一系列如下式样的代码：

```
asmlinkage  void  IRQ0x01_interrupt();
__asm__( \
"\n" \
"IRQ0x01_interrupt:  \n\t"\
"pushl  $0x01 - 256\n\t"\
"jmp  common_interrupt");
```

由此可以看出，实际上由外设产生的中断处理全都进入一段公共的程序 common_interrupt 中，而在此之前分别跑到 IRQ0x01_interrupt 或者 IRQ0x02_interrupt 等等的目的，只在于由此得到一个与中断向量相关的数值（压入堆栈中）。对应于 IRQ0x00_interrupg 到 IRQ0x0f_interrupt，该数值分别为 0x0fffff00 至 0xffffff0f，余类推。至于 commom_interrupt，那也是由 gcc 的预处理展开一个宏定义 BUILD_COMMON_IRQ( ) 而生成的，这段程序我们在后面的情景中还要讲，这里先从略。

回到 init_IRQ( ) 中继续往下看(i8259.c)：

```
458     #ifdef CONFIG_SMP
        . . . . . .
485     #endif
486
487         /*
488          * Set the clock to HZ Hz, we already have a valid
489          * vector now:
490          */
491         outb_p(0x34,0x43);        /* binary, mode 2, LSB/MSB, ch 0 */
492         outb_p(LATCH & 0xff , 0x40);    /* LSB */
493         outb(LATCH >> 8 , 0x40);       /* MSB */
494
495     #ifndef CONFIG_VISWS
496         setup_irq(2, &irq2);
497     #endif
498
499         /*
500          * External FPU? Set up irq13 if so, for
501          * original braindamaged IBM FERR coupling.
502          */
503         if (boot_cpu_data.hard_math && !cpu_has_fpu)
504             setup_irq(13, &irq13);
505     }
```

由于我们在这里既不关心多处理器 SMP 结构，也不考虑 SGI 工作站的特殊处理，剩下的就只是对系统时钟的初始化了。代码中有个注解，说我们已经有了个中断向量，实际上指的是 IRQ0x00_interrupt。但是要注意，虽然该中断服务的入口地址已经设置到中断向量表中，但实际上我们还没有把具体的时钟中断服务程序挂到 IRQ0 的队列中去。这个时候，这些 irq 队列都还是空的，所以即使开了中断，并且产生了时钟中断，也只不过是让它在 common_interrupt 中空跑一趟。读者以后将看到，时钟中断和对时钟中断的服务，就好像是动物的心跳、脉搏。而现在内核的脉搏尚未开始。为什么还不让它开始呢？这是因为系统在这个时候还没有完成对进程调度机制的初始化，而一旦时钟中断开始，进度调度也就要随之开始。所以，一定要等完成了对进程调度的初始化，作好了准备以后才能让脉搏开始跳动。

由此可见，设计一个真正实用的操作系统，有多少事情需要周到精细的考虑！

3.3 中断请求队列的初始化

在前一节中，我们讲到中断向量表（更准确地，应该说"中断描述表"）IDT 中有两种表项，一种是为保留专用于 CPU 本身的中断门，主要用于由 CPU 产生的异常，如"除数为0"、"页面错"等等，以及由用户程序通过 INT 指令产生的中断（或称"陷阱"），主要用来产生系统调用（另外还有个用于 debug 的 INT 3）。这些中断门的向量除用于系统调用的 0x80 外都在 0x20 以下。从 0x20 开始就是第 2 种表项，共 224 项，都是用于外设的通用中断门。这二者的区别在于通用中断门可以为多个中断源所共享，而专用中断门则是为特定的中断源所专用。

由于通用中断门是让多个中断源共用的，而且允许这种共用的结构在系统运行的过程中动态地变化，所以在 IDT 的初始化阶段只是为每个中断向量，也即每个表项准备下一个"中断请求队列"，从而形成一个中断请求队列的数组，这就是数组 irq_desc[ ]。中断请求队列头部的数据结构是在 include/linux/irq.h 中定义的：

```
23    /*
24     * Interrupt controller descriptor. This is all we need
25     * to describe about the low-level hardware.
26     */
27    struct hw_interrupt_type {
28      const char * typename;
29      unsigned int (*startup)(unsigned int irq);
30      void (*shutdown)(unsigned int irq);
31      void (*enable)(unsigned int irq);
32      void (*disable)(unsigned int irq);
33      void (*ack)(unsigned int irq);
34      void (*end)(unsigned int irq);
35      void (*set_affinity)(unsigned int irq, unsigned long mask);
36    };
37
38    typedef struct hw_interrupt_type  hw_irq_controller;
39
40    /*
```

```
41      * This is the "IRQ descriptor", which contains various information
42      * about the irq, including what kind of hardware handling it has,
43      * whether it is disabled etc etc.
44      *
45      * Pad this out to 32 bytes for cache and indexing reasons.
46      */
47     typedef struct {
48       unsigned int status;       /* IRQ status */
49       hw_irq_controller *handler;
50       struct irqaction *action;  /* IRQ action list */
51       unsigned int depth;        /* nested irq disables */
52       spinlock_t lock;
53     } ____cacheline_aligned irq_desc_t;
54
55     extern irq_desc_t irq_desc [NR_IRQS];
```

每个队列头部中除指针 action 用来维持一个由中断服务程序描述项构成的单链队列外，还有个指针 handler 指向另一个数据结构，即 hw_interrupt_type 数据结构。那里主要是一些函数指针，用于该队列，或者说该共用"中断通道"的控制（而并不是对具体中断源的服务）。具体的函数则取决于所用的中断控制器（通常是 i8259A）。例如，函数指针 enable 和 disable 用来开启和关断其所属的通道，ack 用于对中断控制器的响应，而 end 则用于每次中断服务返回的前夕。这些函数都是在 init_IRQ( )中调用 init_ISA_irqs( )设置好的，见 i8259.c：

```
413    void __init init_ISA_irqs (void)
414    {
415      int i;
416
417      init_8259A(0);
418
419      for (i = 0; i < NR_IRQS; i++) {
420        irq_desc[i].status = IRQ_DISABLED;
421        irq_desc[i].action = 0;
422        irq_desc[i].depth = 1;
423
424        if (i < 16) {
425          /*
426           * 16 old-style INTA-cycle interrupts:
427           */
428          irq_desc[i].handler = &i8259A_irq_type;
429        } else {
430          /*
431           * 'high' PCI IRQs filled in on demand
432           */
433          irq_desc[i].handler = &no_irq_type;
434        }
435      }
```

第3章 中断、异常和系统调用

436   }

程序先调用 init_8259A( ) 对 8259A 中断控制器进行初始化（其代码也在 i8259.c 中），然后将开头 16 个中断请求队列的 handler 指针设置成指向数据结构 i8259A_irq_type，那也是在 i8259.c 中定义的：

```
148    static struct hw_interrupt_type i8259A_irq_type = {
149        "XT-PIC",
150        startup_8259A_irq,
151        shutdown_8259A_irq,
152        enable_8259A_irq,
153        disable_8259A_irq,
154        mask_and_ack_8259A,
155        end_8259A_irq,
156        NULL
157    };
```

用于具体中断服务程序描述项的数据结构 irqaction，则是在 include/linux/interrupt.h 中定义的：

```
14    struct irqaction {
15        void (*handler)(int, void *, struct pt_regs *);
16        unsigned long flags;
17        unsigned long mask;
18        const char *name;
19        void *dev_id;
20        struct irqaction *next;
21    };
```

其中最主要的就是函数指针 handler，指向具体的中断服务程序。

在 IDT 表的初始化完成之初，每个中断服务队列都是空的。此时即使打开中断并且某个外设中断真的发生了，也得不到实际的服务。虽然从中断源的硬件以及中断控制器的角度来看似乎已经得到服务了，因为形式上 CPU 确实通过中断门进入了某个中断向量的总服务程序，例如 IRQ0x01_interrupt( )，并且按要求执行了对中断控制器的 ack( ) 以及 end( )，然后执行 iret 指令从中断返回。但是，从逻辑的角度、功能的角度来看，则其实并没有得到实质的服务，因为并没有执行具体的中断服务程序。所以，真正的中断服务要到具体设备的初始化程序将其中断服务程序通过 request_irq( ) 向系统"登记"，挂入某个中断请求队列以后才会发生。

函数 request_irq( ) 的代码在 arch/i386/kernel/irq.c 中：

```
630    /**
631     *    request_irq - allocate an interrupt line
632     *    @irq: Interrupt line to allocate
633     *    @handler: Function to be called when the IRQ occurs
634     *    @irqflags: Interrupt type flags
635     *    @devname: An ascii name for the claiming device
636     *    @dev_id: A cookie passed back to the handler function
637     *
```

```
638      *  This call allocates interrupt resources and enables the
639      *  interrupt line and IRQ handling. From the point this
640      *  call is made your handler function may be invoked. Since
641      *  your handler function must clear any interrupt the board
642      *  raises, you must take care both to initialise your hardware
643      *  and to set up the interrupt handler in the right order.
644      *
645      *  Dev_id must be globally unique. Normally the address of the
646      *  device data structure is used as the cookie. Since the handler
647      *  receives this value it makes sense to use it.
648      *
649      *  If your interrupt is shared you must pass a non NULL dev_id
650      *  as this is required when freeing the interrupt.
651      *
652      *  Flags:
653      *
654      *  SA_SHIRQ            Interrupt is shared
655      *
656      *  SA_INTERRUPT        Disable local interrupts while processing
657      *
658      *  SA_SAMPLE_RANDOM    The interrupt can be used for entropy
659      *
660      */
661
662     int request_irq(unsigned int irq,
663             void (*handler)(int, void *, struct pt_regs *),
664             unsigned long irqflags,
665             const char * devname,
666             void *dev_id)
667     {
668         int retval;
669         struct irqaction * action;
670
671     #if 1
672         /*
673          * Sanity-check: shared interrupts should REALLY pass in
674          * a real dev-ID, otherwise we'll have trouble later trying
675          * to figure out which interrupt is which (messes up the
676          * interrupt freeing logic etc).
677          */
678         if (irqflags & SA_SHIRQ) {
679             if (!dev_id)
680                 printk("Bad boy: %s (at 0x%x) called us without a dev_id!\n",
                            devname, (&irq)[-1]);
681         }
682     #endif
683
684         if (irq >= NR_IRQS)
```

```
685         return -EINVAL;
686     if (!handler)
687         return -EINVAL;
688
689     action = (struct irqaction *)
690             kmalloc(sizeof(struct irqaction), GFP_KERNEL);
691     if (!action)
692         return -ENOMEM;
693
694     action->handler = handler;
695     action->flags = irqflags;
696     action->mask = 0;
697     action->name = devname;
698     action->next = NULL;
699     action->dev_id = dev_id;
700
701     retval = setup_irq(irq, action);
702     if (retval)
703         kfree(action);
704     return retval;
705 }
```

参数 irq 为中断请求队列的序号，也就是人们通常所说的"中断请求号"，对应于中断控制器中的一个通道，有时候要在接口卡上通过微型开关或跳线来设置。但是要注意，这样的中断请求号与 CPU 所用的"中断号"或"中断向量"是不同的，中断请求号 IRQ0 相当于中断向量 0x20。也许，可以把这种中断请求号看成"逻辑"中断向量，而后者则为"物理"中断向量。通常，前 16 个中断请求通道 IRQ0 至 IRQ15 是由中断控制器 i8259A 控制的。参数 ireflags 是一些标志位，其中的 SA_SHIRQ 标志表示与其他中断源公用该中断请求通道。此时必须提供一个非零的 dev_id 以供区别。当中断发生时，参数 dev_id 会被作为调用参数传回所指定的服务程序。至于这 dev_id 到底是什么，request_irq( )和中断服务的总控并不在乎，只要各个具体的中断服务程序自己能够辨识和使用即可，所以这里 dev_id 的类型为 void*。而 request_irq( )中则对此进行检查。顺便提一下，printk( )产生一个出错信息，通常是写入文件/var/log/messages 或者在屏幕上显示，取决于"守护神"syslogd 和 klogd 是否已经在运行。这里有趣的是语句中的参数（&irq）[－1]。这里 irq 是第一个调用参数，所以是最后压入堆栈的，&irq 就是参数 irq 在堆栈中的位置。那么，在&irq 下面的是什么呢？那就是函数的返回地址。所以，这个 printk( )语句显示该 request_irq( )函数是从什么地方调用的，使程序员可以根据这个地址发现是在哪个函数中调用的。

在分配并设置了一个 irqaction 数据结构 action 以后，便调用 setup_irq( )，将其链入相应的中断请求队列。其代码在同一文件(irq.c)中：

```
958     /* this was setup_x86_irq but it seems pretty generic */
959     int setup_irq(unsigned int irq, struct irqaction * new)
960     {
961         int shared = 0;
962         unsigned long flags;
```

```
963         struct irqaction *old, **p;
964         irq_desc_t *desc = irq_desc + irq;
965
966         /*
967          * Some drivers like serial.c use request_irq( ) heavily,
968          * so we have to be careful not to interfere with a
969          * running system.
970          */
971         if (new->flags & SA_SAMPLE_RANDOM) {
972             /*
973              * This function might sleep, we want to call it first,
974              * outside of the atomic block.
975              * Yes, this might clear the entropy pool if the wrong
976              * driver is attempted to be loaded, without actually
977              * installing a new handler, but is this really a problem,
978              * only the sysadmin is able to do this.
979              */
980             rand_initialize_irq(irq);
981         }
982
983         /*
984          * The following block of code has to be executed atomically
985          */
986         spin_lock_irqsave(&desc->lock,flags);
987         p = &desc->action;
988         if ((old = *p) != NULL) {
989             /* Can't share interrupts unless both agree to */
990             if (!(old->flags & new->flags & SA_SHIRQ)) {
991                 spin_unlock_irqrestore(&desc->lock,flags);
992                 return -EBUSY;
993             }
994
995             /* add new interrupt at end of irq queue */
996             do {
997                 p = &old->next;
998                 old = *p;
999             } while (old);
1000            shared = 1;
1001        }
1002
1003        *p = new;
1004
1005        if (!shared) {
1006            desc->depth = 0;
1007            desc->status &= ~(IRQ_DISABLED | IRQ_AUTODETECT | IRQ_WAITING);
1008            desc->handler->startup(irq);
1009        }
1010        spin_unlock_irqrestore(&desc->lock,flags);
```

```
1011
1012            register_irq_proc(irq);
1013            return 0;
1014    }
```

计算机系统在使用中常常有产生随机数的要求，但是要产生真正的随机数是不可能的（所以由计算机产生的随机数称为"伪随机数"）。为了达到尽可能的随机，需要在系统的运行中引入一些随机的因素，称为"熵"（entropy）。由各种中断源产生的中断请求在时间上大多是相当随机的，可以用来作为这样的随机因素。所以 Linux 内核提供了一种手段，使得可以根据中断发生的时间来引入一点随机性。需要在某个中断请求队列，或者说中断请求通道中引入这种随机性时，可以在调用参数 irqflags 中将标志位 SA_SAMPLE_RANDOM 设成 1。而这里调用的 rand_initialize_irq( )就据此为该中断请求队列初始化一个数据结构，用来记录该中断的时序。

可想而知，对于中断请求队列的操作当然不允许受到干扰，必须要在临界区内进行，不光中断要关闭，还要防止可能来自其他处理器的干扰。代码中 986 行的 spin_lock_irqsave( )就使 CPU 进入了这样的临界区。我们将在本书下册"多处理器 SMP 结构"一章中介绍和讨论 spin_lock_irqsave( )，与之相对的 spin_unlock_irqrestore( )则是临界区的出口。

对第一个加入队列的 irqaction 结构的处理比较简单（1003 行），不过此时要对队列的头部进行一些初始化（1006～1008 行），包括调用本队列的 startup 函数。对于后来加入队列的 irqaction 结构则要稍加检查，检查的内容为是否允许共用一个中断通道，只有在新加入的结构以及队列中的第一个结构都允许共用时才将其链入队列的尾部。

在内核中，设备驱动程序一般都要通过 request_irq( )向系统登记其中断服务程序。

3.4 中断的响应和服务

搞清了 i386 CPU 的中断机制和内核中有关的初始化以后，我们就可以从中断请求的发生到 CPU 的响应，再到中断服务程序的调用与返回，沿着 CPU 所经过的路线走一遍。这样，既可以弄清和理解 Linux 内核对中断响应和服务的总体的格局和安排，还可以顺着这个过程介绍内核中的一些相关的"基础设施"。对此二者的了解和理解，有助于读者对整个内核的理解。

这里，我们假定外设的驱动程序都已经完成了初始化，并且已把相应的中断服务程序挂入到特定的中断请求队列中，系统正在用户空间正常运行（所以中断必然是开着的），并且某个外设已经产生了一次中断请求。该请求通过中断控制器 i8259A 到达了 CPU 的"中断请求"引线 INTR。由于中断是开着的，所以 CPU 在执行完当前指令后就来响应该次中断请求。

CPU 从中断控制器取得中断向量,然后根据具体的中断向量从中断向量表 IDT 中找到相应的表项，而该表项应该是一个中断门。这样，CPU 就根据中断门的设置而到达了该通道的总服务程序的入口，假定为 IRQ0x03_interrup。由于中断是当 CPU 在用户空间中运行时发生的，当前的运行级别 CPL 为 3；而中断服务程序属于内核，其运行级别 DPL 为 0，二者不同。所以，CPU 要从寄存器 TR 所指的当前 TSS 中取出用于内核（0 级）的堆栈指针，并把堆栈切换到内核堆栈，即当前进程的系统空间堆栈。应该指出，CPU 每次使用内核堆栈时对堆栈所作的操作总是均衡的，所以每次从系统空间返回到用户空间时堆栈指针一定回到其原点，或曰"堆栈底部"。也就是说，当 CPU 从 TSS 中取出内核堆栈指针并切换到内核堆栈时，这个堆栈一定是空的。这样，当 CPU 进入 IRQ0x03_interrupt 时，堆栈中除寄存器

EFLAGS 的内容以及返回地址外就一无所有了。另外，由于所穿过的是中断门（而不是陷阱门），所以中断已被关闭，在重新开启中断之前再没有其他的中断可以发生了。

中断服务的总入口 IRQ0xYY_interrupt 的代码以前已经见到过了，但为方便起见再把它列出在这里。再说，我们现在的认识也可以更深入一些了。

如前所述，所有公用中断请求的服务程序总入口是由 gcc 的预处理阶段生成的，全部都具有相同的模式：

```
__asm__ ( \
"\n" \
"IRQ0x03_interrupt: \n\t" \
"pushl    $0x03-256 \n\t" \
"jmp    common_interrupt");
```

这段程序的目的在于将一个与中断请求号相关的数值压入堆栈，使得在 common_interrupt 中可以通过这个数值来确定该次中断的来源。可是为什么要从中断请求号 0x03 中减去 256 使其变成负数呢？就用数值 0x03 不是更直截了当吗？这是因为，系统堆栈中的这个位置在因系统调用而进入内核时要用来存放系统调用号，而系统调用又与中断服务共用一部分子程序。这样，就要有个手段来加以区分。当然，要区分系统调用号和中断请求号并不非得把其中之一变成负数不可。例如，在中断请求号上加上一个常数，比方说 0x1000，也可以达到目的。但是，如果考虑到运行时的效率，那么把其中之一变成负数无疑是效率最高的。将一个整数装入到一个通用寄存器之后，要判断它是否大于等于 0 是很方便的，只要一条寄存器指令就可以了，如 "orl %%eax, %%eax" 或 "testl %%ecx, %%ecx" 都可以达到目的。而如果要与另一个常数相比较，那就至少要多访问一次内存。从这个例子也可以看出，内核中的有些代码看似简单，好像只是作者随意的决定，但实际上却是经过精心推敲的。

公共的跳转目标 common_interrupt( ) 是在 include/asm-i386/hw_irq.h 中定义的：

[IRQ0x03_interrupt -> common_interrupt]

```
152   #define BUILD_COMMON_IRQ( ) \
153   asmlinkage void call_do_IRQ(void); \
154   __asm__( \
155   "\n" __ALIGN_STR"\n" \
156   "common_interrupt:\n\t" \
157   SAVE_ALL \
158   "pushl $ret_from_intr\n\t" \
159   SYMBOL_NAME_STR(call_do_IRQ)":\n\t" \
160   "jmp "SYMBOL_NAME_STR(do_IRQ));
161
```

这里主要的操作是宏操作 SAVE_ALL，就是所谓"保存现场"，把中断发生前夕所有寄存器的内容都保存在堆栈中，待中断服务完毕要返回之前再来"恢复现场"。SAVE_ALL 的定义在 arch/i386/kernel/entry.S 中：

```
86    #define SAVE_ALL \
87         cld; \
```

```
88      pushl %es; \
89      pushl %ds; \
90      pushl %eax; \
91      pushl %ebp; \
92      pushl %edi; \
93      pushl %esi; \
94      pushl %edx; \
95      pushl %ecx; \
96      pushl %ebx; \
97      movl $(__KERNEL_DS),%edx; \
98      movl %edx,%ds; \
99      movl %edx,%es;
```

这里要指出两点：第一是标志位寄存器 EFLAGS 的内容并不是在 SAVE_ALL 中保存的，这是因为 CPU 在进入中断服务时已经把它的内容连同返回地址一起压入堆栈了。第二是段寄存器 DS 和 ES 原来的内容被保存在堆栈中，然后就被改成指向用于内核的__KERNEL_DS。我们在第 2 章中讲过，__KERNEL_DS 和__USER_DS 都指向从 0 开始的空间，所不同的只是运行级别 DPL 一个为 0 级，另一个为 3 级。至于原来的堆栈段寄存器 SS 和堆栈指针 SP 的内容，则或者已被压入堆栈（如果更换堆栈），或者继续使用而无需保存（如果不更换堆栈）。这样，在 SAVE_ALL 以后，堆栈中的内容就成为图 3.6 形式。

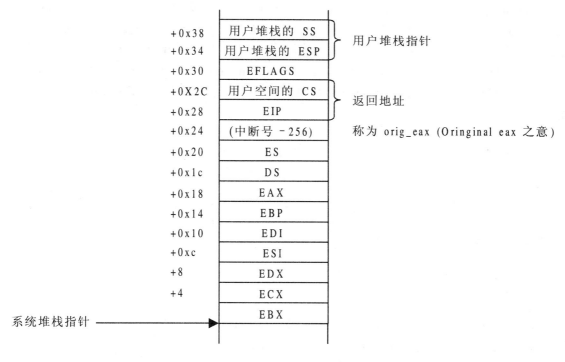

图 3.6 进入中断服务程序时系统堆栈示意图

此时系统堆栈中各项相对于堆栈指针的位置如图 3.6 所示，而 arch/i386/kernel/entry.S 中也根据这些关系定义了一些常数：

50	EBX	= 0x00
51	ECX	= 0x04
52	EDX	= 0x08
53	ESI	= 0x0C
54	EDI	= 0x10
55	EBP	= 0x14
56	EAX	= 0x18
57	DS	= 0x1C
58	ES	= 0x20
59	ORIG_EAX	= 0x24
60	EIP	= 0x28
61	CS	= 0x2C
62	EFLAGS	= 0x30
63	OLDESP	= 0x34
64	OLDSS	= 0x38

这里的 EAX，举例来说，当出现在 entry.S 的代码中时并不是表示寄存器%%eax，而是表示该寄存器的内容在系统堆栈中的位置相对于此时的堆栈指针的位移。前面在转入 common_interrupt 之前压入堆栈的（中断调用号－256）所在的位置称为 ORIG_EAX，对中断服务程序而言它代表着中断请求号。

回到 common_interrupt 的代码。在 SAVE_ALL 以后，又将一个程序标号（入口）ret_from_intr 压入堆栈，并通过 jmp 指令转入另一段程序 do_IRQ( )。读者可能已注意到，IRQ0x03_interrrupt 和 common_interrupt 本质上都不是函数，它们都没有与 return 相当的指令，所以从 common_interrupt 不能返回到 IRQ0x03_interrupt，而从 IRQ0x03_interrupt 也不能执行中断返回。可是，do_IRQ( )却是一个函数。所以，在通过 jmp 指令转入 do_IRQ( )之前将返回地址 ret_from_intr 压入堆栈就模拟了一次函数调用，仿佛对 do_IRQ( )的调用就发生在 CPU 进入 ret_from_intr 的第一条指令前夕一样。这样，当从 do_IRQ( )返回时就会"返回"到 ret_from_intr 继续执行。do_IRQ( )是在 arch/i386/kernel/irq.c 中定义的，我们先来看开头几行：

[IRQ0x03_interrupt -> common_interrupt -> do_IRQ( )]

```
543    /*
544     * do_IRQ handles all normal device IRQ's (the special
545     * SMP cross-CPU interrupts have their own specific
546     * handlers).
547     */
548    asmlinkage unsigned int do_IRQ(struct pt_regs regs)
549    {
550      /*
551       * We ack quickly, we don't want the irq controller
552       * thinking we're snobs just because some other CPU has
553       * disabled global interrupts (we have already done the
554       * INT_ACK cycles, it's too late to try to pretend to the
555       * controller that we aren't taking the interrupt).
556       *
557       * 0 return value means that this irq is already being
558       * handled by some other CPU. (or is disabled)
```

```
559        */
560        int irq = regs.orig_eax & 0xff; /* high bits used in ret_from_ code   */
561        int cpu = smp_processor_id( );
562        irq_desc_t *desc = irq_desc + irq;
563        struct irqaction * action;
564        unsigned int status;
565
```

函数的调用参数是一个 pt_regs 数据结构。注意，这是一个数据结构，而不是指向数据结构的指针。也就是说，在堆栈中的返回地址以上的位置上应该是一个数据结构的映象。数据结构 struct pt_regs 是在 include/asm-i386/ptrace.h 中定义的：

```
23   /* this struct defines the way the registers are stored on the
24      stack during a system call. */
25
26   struct pt_regs {
27     long ebx;
28     long ecx;
29     long edx;
30     long esi;
31     long edi;
32     long ebp;
33     long eax;
34     int  xds;
35     int  xes;
36     long orig_eax;
37     long eip;
38     int  xcs;
39     long eflags;
40     long esp;
41     int  xss;
42   };
```

相信读者一定会联想到前面讲过的系统堆栈的内容并且恍然大悟：原来前面所做的一切，包括 CPU 在进入中断时自动做的，实际上都是在为 do_IRQ( ) 建立一个模拟的子程序调用环境，使得在 do_IRQ( ) 中既可以方便地知道进入中断前夕各个寄存器的内容，又可以在执行完毕后返回到 ret_from_intr，并且从那里执行中断返回。可想而知，当 do_IRQ( ) 调用具体的中断服务程序时也一定会把 pt_regs 数据结构的内容传下去，不过那时只要传一个指针就够了。读者不妨回顾一下我们在第 2 章中讲过的页面异常服务程序 do_page_fault( )，其调用参数表为：

asmlinkage void do_page_fault(struct pt_regs *regs, unsigned long error_code);

第一个参数就是指向 struct pt_regs 的指针，实际上就是指向系统堆栈中的那块地方。当时我们无法将这一点讲清楚，所以略了过去。而现在结合进入中断的过程一看就清楚了。不过，页面异常并不属于通用的中断请求，而是为 CPU 保留专用的，所以中断发生时并不经过 do_IRQ( ) 这条路线，但是对于系统堆栈的这种安排基本上是一致的。

以后读者还会看到，对系统堆栈的这种安排不光用于中断，还用于系统调用。

前面讲过，在 IRQ0x03_interrupt 中把数值（0x03－256）压入堆栈的目的是使得在公共的中断处理程序中可知道中断的来源，现在进入 do_IRQ( )以后的第一件事就是要弄清这一点。以 IRQ3 为例，压入堆栈的数值为 0xffffff03，现在通过 regs.orig_eax 读回来并且把高位屏蔽掉，就又得到 0x03。由于 do_IRQ( )仅用于中断服务，所以不需要顾及系统调用时的情况。

代码中 561 行的 smp_processor_id( )是为多处理器 SMP 结构而设的，在单处理器系统中总是返回 0。现在，既然中断请求号已经恢复，从数组 irq_desc[ ]中找到相应的中断请求队列当然是轻而易举的了（562 行）。下面就是对具体中断请求队列的操作了。我们继续在 do_IRQ( )中往下看：

[IRQ0x03_interrupt -> common_interrupt -> do_IRQ( )]

```
566        kstat.irqs[cpu][irq]++;
567        spin_lock(&desc->lock);
568        desc->handler->ack(irq);
569        /*
570           REPLAY is when Linux resends an IRQ that was dropped earlier
571           WAITING is used by probe to mark irqs that are being tested
572         */
573        status = desc->status & ~(IRQ_REPLAY | IRQ_WAITING);
574        status |= IRQ_PENDING; /* we _want_ to handle it */
575
576        /*
577         * If the IRQ is disabled for whatever reason, we cannot
578         * use the action we have.
579         */
580        action = NULL;
581        if (!(status & (IRQ_DISABLED | IRQ_INPROGRESS))) {
582            action = desc->action;
583            status &= ~IRQ_PENDING; /* we commit to handling */
584            status |= IRQ_INPROGRESS; /* we are handling it */
585        }
586        desc->status = status;
587
```

当通过中断门进入中断服务时，CPU 的中断响应机制就自动被关断了。既然已经关闭中断，为什么 567 行还要调用 spin_lock( )加锁呢？这是为多处理器的情况而设置的，我们将在"多处理器 SMP 系统结构"一章中讲述，这里暂且只考虑单处理器结构。

中断处理器（如 i8259A）在将中断请求"上报"到 CPU 以后，期待 CPU 给它一个确认（ACK），表示"我已经在处理"，这里的 568 行就是做这件事。对函数指针 desc->handle->ack 的设置前面已经讲过。从 569 行至 586 行主要是对 desc->status，即中断通道状态的处理和设置，关键在于将其 **IRQ_INPROGRESS** 标志位设成 1，而将 IRQ_PENDING 标志位清 0。其中 IRQ_INPROGRESS 主要是为多处理器设置的，而 IRQ_PENDING 的作用则下面就会看到：

[IRQ0x03_interrupt -> common_interrupt -> do_IRQ( )]

```
588        /*
589         * If there is no IRQ handler or it was disabled, exit early.
590         *  Since we set PENDING, if another processor is handling
591         *  a different instance of this same irq, the other processor
592         *  will take care of it.
593         */
594        if (!action)
595            goto out;
596
597        /*
598         * Edge triggered interrupts need to remember
599         * pending events.
600         * This applies to any hw interrupts that allow a second
601         * instance of the same irq to arrive while we are in do_IRQ
602         * or in the handler. But the code here only handles the _second_
603         * instance of the irq, not the third or fourth. So it is mostly
604         * useful for irq hardware that does not mask cleanly in an
605         * SMP environment.
606         */
607        for (;;) {
608            spin_unlock(&desc->lock);
609            handle_IRQ_event(irq, &regs, action);
610            spin_lock(&desc->lock);
611
612            if (!(desc->status & IRQ_PENDING))
613                break;
614            desc->status &= ~IRQ_PENDING;
615        }
616        desc->status &= ~IRQ_INPROGRESS;
617    out:
618        /*
619         * The ->end() handler has to deal with interrupts which got
620         * disabled while the handler was running.
621         */
622        desc->handler->end(irq);
623        spin_unlock(&desc->lock);
```

如果某一个中断请求队列的服务是关闭着的（IRQ_DISABLED 标志位为 1），或者 IRQ_INPROGRESS 标志位为 1，或者队列是空的，那么指针 action 为 NULL（见 580 和 582 行），无法往下执行了，所以只好返回。但是，在这几种情况下 desc->status 中的 IRQ_PENDING 标志为 1（见 574 和 583 行）。这样，以后当 CPU（在多处理器系统结构中有可能是另一个 CPU）开启该队列的服务时，会看到这个标志位而补上一次中断服务，称为"IRQ_REPLAY"。而如果队列是空的，那么整个通道也必然是关着的，因为这是在将第一个服务程序挂入队列时才开启的。所以，这两种情形实际上相同。最后一种情况是服务已经开启，队列也不是空的，可是 IRQ_INPROGRESS 标志为 1。这只有在两种情形下才会发生。一种情形是在多处理器 SMP 系统结构中，一个 CPU 正在中断服务，而另一个 CPU 又进入了 do_IRQ()，这时候由于队列的 IRQ_INPROGRESS 标志为 1 而经 595 行返回，此时 desc->status

中的 IRQ_PENDING 标志位也是 1。第 2 种情形是在单处理器系统中 CPU 已经在中断服务程序中，但是因某种原因又将中断开启了，而且在同一个中断通道中又产生了一次中断。在这种情形下后面发生的那次中断也会因为 IRQ_INPROGRESS 标志为 1 而经 595 行返回，但也是将 desc->status 的 IRQ_PENDING 置成为 1。总之，这两种情形下最后的结果也是一样的，即 desc->status 中的 IRQ_PENDING 标志位为 1。

那么，IRQ_PENDING 标志位到底是怎样起作用的呢？请看 612 和 613 两行。这是在一个无限 for 循环中，具体的中断服务是在 609 行的 handle_IRQ_event( ) 中进行的。在进入 609 行时，desc->status 中的 IRQ_PENDING 标志必然为 0。当 CPU 完成了具体的中断服务返回到 610 行以后，如果这个标志位仍然为 0，那么循环就在 613 行结束了。而如果变成了 1，那就说明已经发生过前述的某种情况，所以又循环回到 609 行再服务一次。这样，就把本来可能发生的在同一通道上（甚至可能来自同一中断源）的中断嵌套化解成为一个循环。

这样，同一个中断通道上的中断处理就得到了严格的"串行化"。也就是说，对于同一个 CPU 而言不允许中断服务嵌套，而对于不同的 CPU 则不允许并发地进入同一个中断服务程序。如果不是这样处理的话，那就要求所有的中断服务程序都必需是"可重入"的"纯代码"，那样就使中断服务程序的设计和实现复杂化了。这么一套机制的设计和实现，不能不说是非常周到、非常巧妙的。而 Linux 的稳定性和可靠性也正是植根于这种从 Unix 时代继承下来、并经过时间考验的设计中。当然，在极端的情况下，也有可能会发生这样的情景：中断服务程序中总是把中断打开，而中断源又不断地产生中断请求，使得 CPU 每次从 handle_IRQ_event( ) 返回时 IRQ_PENDING 标志永远是 1，从而使 607 行的 for 循环变成一个真正的"无限"循环。如果真的发生这种情况而得不到纠正的话，那么该中断服务程序的作者应该另请高就了。

还要指出，对 desc->status 的任何改变都是在加锁的情况下进行的，这也是出于对多处理器 SMP 系统结构的考虑。

最后，在循环结束以后，只要本队列的中断服务还是开着的，就要对中断控制器执行一次"结束中断服务"操作（622 行），具体取决于中断控制器硬件的要求，所调用的函数也是在队列初始化时设置好的。

再看上面 for 循环中调用的 handle_IRQ_event( )，这个函数依次执行队列中的各个中断服务程序，让它们辨认本次中断请求是否来自各自的服务对象，即中断源，如果是就进而提供相应的服务。其代码也在 irq.c 中：

[IRQ0x03_interrupt -> common_interrupt -> do_IRQ( ) > handle_IRQ_event( )]

```
418    /*
419     * This should really return information about whether
420     * we should do bottom half handling etc. Right now we
421     * end up _always_ checking the bottom half, which is a
422     * waste of time and is not what some drivers would
423     * prefer.
424     */
425    int handle_IRQ_event(unsigned int irq, struct pt_regs * regs,
                            struct irqaction * action)
426    {
427        int status;
```

```
428        int cpu = smp_processor_id( );
429
430        irq_enter(cpu, irq);
431
432        status = 1; /* Force the "do bottom halves" bit */
433
434        if (!(action->flags & SA_INTERRUPT))
435            __sti( );
436
437        do {
438            status |= action->flags;
439            action->handler(irq, action->dev_id, regs);
440            action = action->next;
441        } while (action);
442        if (status & SA_SAMPLE_RANDOM)
443            add_interrupt_randomness(irq);
444        __cli( );
445
446        irq_exit(cpu, irq);
447
448        return status;
449    }
```

其中 430 行的 irq_enter( )和 446 行的 irq_exit( )只是对一个计数器进行操作，二者均定义于 include/asm-i386/hardirq.h：

```
34  #define irq_enter(cpu, irq) (++local_irq_count[cpu])
35  #define irq_exit(cpu, irq)  (--local_irq_count[cpu])
```

当这个计数器的值为非 0 时就表示 CPU 正处于具体的中断服务程序中，以后读者会看到有些操作是不允许在此期间进行的。

一般来说，中断服务程序都是在关闭中断（不包括"不可屏蔽中断"NMI）的条件下执行的，这也是 CPU 在穿越中断门时自动关中断的原因。但是，关中断是个既不可不用，又不可滥用的手段，特别是当中断服务程序较长，操作比较复杂时，就有可能因关闭中断的时间持续太长而丢失其他的中断。经验表明，允许中断在同一个中断源或同一个中断通道嵌套是应该避免的，因此内核在 do_IRQ( )中通过 IRQ_PENDING 标志位的运用来保证了这一点。可是，允许中断在不同的通道上嵌套，则只要处理得当就还是可行的。当然，必须十分小心。所以，在调用 request_irq( )将一个中断服务程序挂入某个中断服务队列时，允许将参数 irqflags 中的一个标志位 SA_INTERRUPT 置成 0，表示该服务程序应该在开启中断的情况下执行。这里的 434～435 行和 444 行就是为此而设的（_sti( )为开中断，_cli( )为关中断）。

然后，从 437 行至 441 行的 do_while 循环就是实质性的操作了。它依次调用队列中的每一个中断服务程序。调用的参数有三：irq 为中断请求号；action->dev_id 是一个 void 指针，由具体的服务程序自行解释和运用，这是由设备驱动程序在调用 request_irq( )时自己规定的；最后一个就是前述的 pt_regs 数据结构指针 regs 了。至于具体的中断服务程序，那是设备驱动范畴内的东西，这里就不讨论了。

读者或许会问，如果中断请求队列中有多个服务程序存在，每次有来自这个通道的中断请求时就要依次把队列中所有的服务程序依次都执行一遍，岂非使效率大降？回答是：确实会有所下降，但不会严重。首先，在每个具体的中断服务程序中都应该（通常都确实是）一开始就检查各自的中断源，一般是读相应设备（接口卡上）的中断状态寄存器，看是否有来自该设备的中断请求，如没有就马上返回了，这个过程一般只需要几条机器指令；其次，每个队列中服务程序的数量一般也不会太大。所以，实际上不会有显著的影响。

最后，在 442 至 443 行，如果队列中的某个服务程序要为系统引入一些随机性的话，就调用 add_interrupt_randomness( ) 来实现。有关详情在设备驱动一章中还会讲到。

从 handle_IRQ_event( ) 返回的 status 的最低位必然为 1，这是在 432 行设置的。代码中还为此加了些注解（418～424 行），其作用在看了下面这一段以后就会明白。我们随着 CPU 回到 do_IRQ( ) 中继续住下看：

[IRQ0x03_interrupt -> common_interrupt -> do_IRQ( )]

```
625         if (softirq_active(cpu) & softirq_mask(cpu))
626             do_softirq( );
627         return 1;
628     }
```

到 624 行以后，从逻辑的角度说对中断请求的服务似乎已经完毕，可以返回了。可是 Linux 内核在这里有个特殊的考虑，这就是所谓 softirq，即"（在时间上）软性的中断请求"，以前称为"bottom half"。在 Linux 中，设备驱动程序的设计人员可以将中断服务分成两"半"，其实是两"部分"，而并不一定是两"半"。第一部分是必须立即执行，一般是在关中断条件下执行的，并且必须是对每次请求都单独执行的。而另一部分，即"后半"部分，是可以稍后在开中条件下执行的，并且往往可以将若干次中断服务中剩下来的部分合并起来执行。这些操作往往是比较费时的，因而不适宜在关中断条件下执行，或者不适宜一次占据 CPU 时间太长而影响对其他中断请求的服务。这就是所谓的"后半"（bottom half），在内核代码中常简称为 bh。作为一个比喻，读者不妨想像在"cooked mode"下从键盘输入字符串的过程(详见设备驱动)，每当按一个键的时候，首先要把字符读进来，这要放在"前半"中执行；而进一步检查所按的是否"回车" 键，从而决定是否完成了一个字符串的输入，并进一步把睡眠中的进程唤醒，则可以放在"后半"中执行。

执行 bh 的机制是内核中的一项"基础设施"，所以我们在下一节单独加以介绍。这里，读者暂且只要知道有这么回事就行了。

在 do_softirq( ) 中执行完相关的 bh 函数（如果有的话）以后，就到了从 do_IRQ( ) 返回的时候了。返回到哪里？entry.S 中的标号 ret_from_intr 处，这是内核中处心积虑安排好了的。其代码在 arch/i386/kernel/entry.S 中：

[IRQ0x03_interrupt -> common_interrupt -> ... -> ret_from_intr]

```
273     ENTRY(ret_from_intr)
274         GET_CURRENT(%ebx)
275         movl EFLAGS(%esp),%eax      # mix EFLAGS and CS
276         movb CS(%esp),%al
277         testl $(VM_MASK | 3),%eax   # return to VM86 mode or non-supervisor?
```

```
278        jne ret_with_reschedule
279        jmp restore_all
280
```

这里的 GET_CURRENT(%ebx)将指向当前进程的 task_struct 结构的指针置入寄存器 EBX。275 行和 276 行则在寄存器 EAX 中拼凑起由中断前夕寄存器 EFLAGS 的高 16 位和代码段寄存器 CS 的（16 位）内容构成的 32 位长整数。其目的是要检验：

- 中断前夕 CPU 是否运行于 VM86 模式。
- 中断前夕 CPU 运行于用户空间还是系统空间。

VM86 模式是为在 i386 保护模式下模拟运行 DOS 软件而设置的。在寄存器 EFLAGS 的高 16 位中有个标志位表示 CPU 正在 VM86 模式中运行，我们对 VM86 模式不感兴趣，所以不予深究。而 CS 的最低两位，那就有文章了。这两位代表着中断发生时 CPU 的运行级别 CPL。我们知道 Linux 只采用两种运行级别，系统为 0，用户为 3。所以，若是 CS 的最低两位为非 0，那就说明中断发生于用户空间。

顺便说一下，275 行的 EFLAGS(%esp)表示地址为堆栈指针%esp 的当前值加上常数 EFLAGS 处的内容，这就是保存在堆栈中的中断前夕寄存器%eflags 的内容。常数 EFLAGS 我们已经在前面介绍过，其值为 0x30。276 行中的 CS(%esp)也是一样。

如果中断发生于系统空间，控制就直接转移到 restore_all，而如果发生于用户空间（或 VM86 模式）则转移到 ret_with_reschedule。这里我们假定中断发生于用户空间，因为从 ret_with_reschedule 最终还会到达 restore_all。这段程序在同一文件(entry.S)中：

[IRQ0x03_interrupt -> common_interrupt -> ... -> ret_from_intr -> ret_with_rescheduke]

```
217     ret_with_reschedule:
218       cmpl $0, need_resched(%ebx)
219       jne reschedule
220       cmpl $0, sigpending(%ebx)
221       jne signal_return
222     restore_all:
223       RESTORE_ALL
224
225       ALIGN
226     signal_return:
227       sti                   # we can get here from an interrupt handler
228       testl $(VM_MASK), EFLAGS(%esp)
229       movl %esp,%eax
230       jne v86_signal_return
231       xorl %edx,%edx
232       call SYMBOL_NAME(do_signal)
233       jmp restore_all
```

这里，首先检查是否需要进行一次进程调度。上面我们已经看到，寄存器 EBX 中的内容就是当前进程的 task_struct 结构指针，而 need_resched(%ebx)就表示该 task_struct 结构中位移为 need_resched 处的内容。220 行的 sigpending(%ebx)也是一样。常数 need_resched 和 sigpending 的定义为：（见 entry.S)

```
71      /*
72       * these are offsets into the task-struct.
73       */
74      state           =  0
75      flags           =  4
76      sigpending      =  8
77      addr_limit      = 12
78      exec_domain     = 16
79      need_resched    = 20
```

如果当前进程的 task_struct 结构中的 need_resched 字段为非 0，即表示需要进行调度，reschedule 也在 arch/i386/kernel/entry.S 中：

[IRQ0x03_interrupt -> common_interrupt -> … -> ret_from_intr -> ret_with_rescheduke -> reschedule]

```
287     reschedule:
288         call SYMBOL_NAME(schedule)      # test
289         jmp ret_from_sys_call
```

程序在这里调用一个函数 schedule( ) 进行调度，然后又转移到 ret_from_sys_call。我们将在系统调用一节中再加讨论。至于 schedule( ) 则在进程一章中介绍，这里我们暂且假定不需要调度。读者以后会看到，如果要调度的话，从 ret_from_sys_call 处经过一段略为曲折的道路最终也会到达 restore_all。

同样，如果当前进程的 task_struct 结构中的 sigpending 字段为非 0，就表示该进程有"信号"等待处理，要先处理了这些待处理的信号才最后从中断返回，所以先转移到 226 行。在 228 行处先区分是否 VM86 模式，然后将寄存器 %edx 的内容清 0（231 行）再调用 do_signal( )。"信号（signal）"基本上是一种进程间通信的手段，我们将在"进程间通信"一章中加以介绍。处理完信号以后，控制还是回到 222 行的 restere_all。实际上，ret_from_sys_call 最后还回到 ret_from_intr,最终殊途同归都会到达 restore_all,并从那里执行中断返回。宏操作 RESTORE_ALL 的定义也在同一文件(entry.S)中：

```
101     #define RESTORE_ALL     \
102         popl %ebx;          \
103         popl %ecx;          \
104         popl %edx;          \
105         popl %esi;          \
106         popl %edi;          \
107         popl %ebp;          \
108         popl %eax;          \
109     1:  popl %ds;           \
110     2:  popl %es;           \
111         addl $4,%esp;       \
112     3:  iret;               \
```

显然，这是与进入内核时执行的宏操作 SAVE_ALL 遥相对应的。为方便读者加以对照，我们再把 SAVE_ALL (entry.S)列出在这里：

```
86    #define SAVE_ALL \
87        cld; \
88        pushl %es; \
89        pushl %ds; \
90        pushl %eax; \
91        pushl %ebp; \
92        pushl %edi; \
93        pushl %esi; \
94        pushl %edx; \
95        pushl %ecx; \
96        pushl %ebx; \
97        movl $(__KERNEL_DS),%edx; \
98        movl %edx,%ds; \
99        movl %edx,%es;
100
```

为什么在 RESTORE_ALL 的 111 行要将堆栈指针的当前值加 4？这是为了跳过 ORIG_EAX，那是在进入中断之初压入堆栈的中断请求号（经过变形）。我们已经看到在 do_IRQ( ) 中的第一件事就是从中取出其最低 8 位，然后以此为下标从 irq_desc[ ] 中找到相应的中断服务描述结构。以后在讲述系统调用和异常时读者会进一步看到其作用。读者也许会问：那为什么不像对堆栈中的其他内容一样也使用 popl 指令呢？是的，在正常的情况下确实应该使用 popl 指令，但是 popl 指令一定是与一个寄存器相联系的，现在所有的寄存器都已占满了，还能 popl 到哪儿去呢？

这样，当 CPU 到达 112 行的 iret 指令时，系统堆栈又恢复到刚进入中断门时的状态，而 iret 则使 CPU 从中断返回。跟进入中断时相对应，如果是从系统态返回到用户态就会将当前堆栈切换到用户堆栈。

3.5 软中断与 Bottom Half

中断服务一般都是在将中断请求关闭的条件下执行的，以避免嵌套而使控制复杂化。可是，如果关中断的时间持续太长就可能因为 CPU 不能及时响应其他的中断请求而使中断（请求）丢失，为此，内核允许在将具体的中断服务程序挂入中断请求队列时将 SA_INTERRUPT 标志置成 0，使这个中断服务程序在开中的条件下执行。然而，实际的情况往往是：若在服务的全过程关中断则"扩大打击面"，而全程开中则又造成"不安定因素"，很难取舍。一般来说，一次中断服务的过程常常可以分成两部分。开头的部分往往是必须在关中断条件下执行的，这样才能在不受干扰的条件下"原子"地完成一些关键性操作。同时，这部分操作的时间性又往往很强，必须在中断请求发生后"立即"或至少是在一定的时间限制中完成，而且相继的多次中断请求也不能合并在一起来处理。而后半部分，则通常可以、而且应该在开中条件下执行，这样才不至于因将中断关闭过久而造成其他中断的丢失。同时，这些操作常常允许延迟到稍后才来执行，而且有可能将多次中断服务中的相关部分合并在一起处理。这些不同的性质常常使中断服务的前后两半明显地区分开来，可以、而且应该分别加以不同的实现。这里的后半部分就称为 "bottom half"，在内核代码中常常缩写为 bh。这个概念在相当程度上来自 RISC 系统结构。在 RISC 的 CPU 中，通常都有大量的寄存器。当中断发生时，要将所有这些寄存器的内容都压入堆栈，并在返回时加以恢复，为此而付出很高的代价。所以，在 RISC 结构的系统中往往把中断服务分成两部分。第一部分只保存为数不多的寄存器（内容），并利用这为数不多的寄存器来完成有限的关键性的操作，称为"轻量级中断"。而另一部分，那就相当于这里的 bh 了。虽然 i386 的结构主要是 CISC 的，面临的问题不尽相同，但前述的问题已经使 bh 的必要性在许多情况下变得很明显了。

Linux 内核为将中断服务分成两半提供了方便，并设立了相应的机制。在以前的内核中，这个机制就称为 bh。但是，在 2.4 版（确切地说是 2.3.43）中有了新的发展和推广。

以前的内核中设置了一个函数指针数组 bh_base[ ]，其大小为 32，数组中的每个指针可以用来指向一个具体的 bh 函数。同时，又设置了两个 32 位无符号整数 bh_active 和 bh_mask，每个无符号整数中的 32 位对应着数组 bh_base[ ]中的 32 个元素。

我们可以在中断与 bh 二者之间建立起一种类比。

(1) 数组 bh_base[ ]相当于硬件中断机制中的数组 irq_desc[ ]。不过 irq_desc[ ]中的每个元素代表着一个中断通道，所以是一个中断服务程序队列。而 bh_base[ ]中的每个元素却最多只能代表一个 bh 函数。但是，尽管如此，二者在概念上还是相同的。

(2) 无符号整数 bh_active 在概念上相当于硬件的"中断请求寄存器"，而 bh_mask 则相当于"中断屏蔽寄存器"。

(3) 需要执行一个 bh 函数时，就通过一个函数 mark_bh( )将 bh_active 中的某一位设成 1，相当于中断源发出了中断请求，而所设置的具体标志位则类似于"中断向量"。

(4) 如果相当于"中断屏蔽寄存器"的 bh_mask 中的相应位也是 1，即系统允许执行这个 bh 函数，那么就会在每次执行完 do_IRQ( )中的中断服务程序以后，以及每次系统调用结束之时，在一个函数 do_bottom_half( )中执行相应的 bh 函数。而 do_bottom_half( )，则类似于 do_IRQ( )。

为了简化 bh 函数的设计，在 do_bottom_half( )中也像 do_IRQ( )中一样，把 bh 函数的执行严格地"串行化"了。这种串行化有两方面的考虑和措施：

一方面，bh 函数的执行不允许嵌套。如果在执行 bh 函数的过程中发生中断，那么由于每次中断服务以后在 do_IRQ( )中都要检查和处理 bh 函数的执行，就有可能嵌套。为此，在 do_bottom_half( )中针对同一 CPU 上的嵌套执行加了锁。这样，如果进入 do_bottom_half( )以后发现已经上了锁，就立即返回。因为这说明 CPU 在本次中断发生之前已经在这个函数中了。

另一方面，是在多 CPU 系统中，在同一时间内最多只允许一个 CPU 执行 bh 函数，以防两个甚至更多个 CPU 同时来执行 bh 函数而互相干扰。为此在 do_bottom_half( )中针对不同 CPU 同时执行 bh 函数也加了锁。这样，如果进入 do_bottom_half( )以后发现这个锁已经锁上，就说明已经有 CPU 在执行 bh 函数，所以也立即返回。

这两条措施，特别是第二条措施，保证了从单 CPU 结构到多 CPU SMP 结构的平稳过渡。可是，在当时的 Linux 内核可以在多 CPU SMP 结构上稳定运行以后，就慢慢发现这样的处理对于多 CPU SMP 结构的性能有不利的影响。原因就在于上述的第二条措施使 bh 函数的执行完全串行化了。当系统中有很多 bh 函数需要执行时，虽然系统中有多个 CPU 存在，却只有一个 CPU 这么一个"独木桥"。跟 do_IRQ( )作一比较就可以发现，在 do_IRQ( )中的串行化只是针对一个具体中断通道的，而 bh 函数的串行化却是全局性的，所以是"防卫过当"了。既然如此，就应该考虑放宽上述的第二条措施。但是，如果放宽了这一条，就要对 bh 函数本身的设计和实现有更高的要求（例如对使用全局量的互斥），而原来已经存在的 bh 函数显然不符合这些要求。所以，比较好的办法是保留 bh，另外再增设一种或几种机制，并把它们纳入一个统一的框架中。这就是 2.4 版中的"软中断"（softirq）机制。

从字面上说 softirq 就是软中断，可是"软中断"这个词（尤其是在中文里）已经被用作"信号"（signal）的代名词，因为信号实际上就是"以软件手段实现的中断机制"。但是，另一方面，把类似于 bh 的机制称为"软中断"又确实很贴切。这一方面反映了上述 bh 函数与中断之间的类比，另一方面也反映了这是一种在时间要求上更为软性的中断请求。实际上，这里所体现的是层次的不同。如果说"硬中断"通常是外部设备对 CPU 的中断，那么 softirq 通常是"硬中断服务程序"对内核的中断，而"信号"则是由内核（或其他进程）对某个进程的中断。后面这二者都是由软件产生的"软中断"。所以，对"软中断"这个词的含意要根据上下文加以区分。

下面，我们以 bh 函数为主线，通过阅读代码来叙述 2.4 版内核的软中断(softirq)机制。

系统在初始化时通过函数 softirq_init( )对内核的软中断机制进行初始化。其代码在 kernel/softirq.c 中：

```
281     void __init softirq_init()
282     {
283         int i;
284
285         for (i=0; i<32; i++)
286             tasklet_init(bh_task_vec+i, bh_action, i);
287
288         open_softirq(TASKLET_SOFTIRQ, tasklet_action, NULL);
289         open_softirq(HI_SOFTIRQ, tasklet_hi_action, NULL);
290     }
```

软中断本身是一种机制，同时也是一个框架。在这个框架里有 bh 机制，这是一种特殊的软中断，也可以说是设计最保守的，但却是最简单、最安全的软中断。除此之外，还有其他的软中断，定义于 include/linux/interrupt.h：

```
56      enum
57      {
58          HI_SOFTIRQ=0,
59          NET_TX_SOFTIRQ,
60          NET_RX_SOFTIRQ,
61          TASKLET_SOFTIRQ
62      };
```

这里最值得注意的是 TASKLET_SOFTIRQ，代表着一种称为 tasklet 的机制。也许采用 tasklet 这个词的原意在于表示这是一片小小的"任务"，但是这个词容易使人联想到"task"即进程而引起误会，其实这二者毫无关系。显然，NET_TX_SOFTIRQ 和 NET_RX_SOFTIRQ 两种软中断是专为网络操作而设的，所以在 softirq_init( )中只对 TASKLET_SOFTIRQ 和 HI_SOFTIRQ 两种软中断进行初始化。

先看 bh 机制的初始化。内核中为 bh 机制设置了一个结构数组 bh_task_vec[ ]，这是 tasklet_struct 数据结构的数组。这种数据结构的定义也在 interrupt.h 中：

```
97      /* Tasklets --- multithreaded analogue of BHs.
98
```

```
 99      Main feature differing them of generic softirqs: tasklet
100      is running only on one CPU simultaneously.
101
102      Main feature differing them of BHs: different tasklets
103      may be run simultaneously on different CPUs.
104
105      Properties:
106      * If tasklet_schedule( ) is called, then tasklet is guaranteed
107        to be executed on some cpu at least once after this.
108      * If the tasklet is already scheduled, but its excecution is still not
109        started, it will be executed only once.
110      * If this tasklet is already running on another CPU (or schedule is called
111        from tasklet itself), it is rescheduled for later.
112      * Tasklet is strictly serialized wrt itself, but not
113        wrt another tasklets. If client needs some intertask synchronization,
114        he makes it with spinlocks.
115      */
116
117     struct tasklet_struct
118     {
119         struct tasklet_struct *next;
120         unsigned long state;
121         atomic_t count;
122         void (*func)(unsigned long);
123         unsigned long data;
124     };
```

代码的作者加了详细的注释，说 tasklet 是"多序"（不是"多进程"或"多线程"！）的 bh 函数。为什么这么说呢？因为对 tasklet 的串行化不像对 bh 函数那样严格，所以允许在不同的 CPU 上同时执行 tasklet，但必须是不同的 tasklet。一个 tasklet_struct 数据结构就代表着一个 tasklet，结构中的函数指针 func 指向其服务程序。那么，为什么在 bh 机制中要使用这种数据结构呢？这是因为 bh 函数的执行（并不是 bh 函数本身）就是作为一个 tasklet 来实现的，在此基础上再加上更严格的限制，就成了 bh。

函数 tasklet_init( )的代码在 kernel/softirq.c 中：

[softirq_init( ) > tasklet_init( )]

```
203     void tasklet_init(struct tasklet_struct *t,
204             void (*func)(unsigned long), unsigned long data)
205     {
206         t->func = func;
207         t->data = data;
208         t->state = 0;
209         atomic_set(&t->count, 0);
210     }
```

在 softirq_init( )中，对用于 bh 的 32 个 tasklet_struct 结构调用 tasklet_init( )以后，它们的函数指针

func 全都指向 bh_action( )。

对其他软中断的初始化是通过 open_softirq( )完成的，其代码也在同一文件中：

[softirq_init( ) > open_softirq( )]

```
103     static spinlock_t softirq_mask_lock = SPIN_LOCK_UNLOCKED;
104
105     void open_softirq(int nr, void (*action)(struct softirq_action*),
                                                   void *data)
106     {
107         unsigned long flags;
108         int i;
109
110         spin_lock_irqsave(&softirq_mask_lock, flags);
111         softirq_vec[nr].data = data;
112         softirq_vec[nr].action = action;
113
114         for (i=0; i<NR_CPUS; i++)
115             softirq_mask(i) |= (1<<nr);
116         spin_unlock_irqrestore(&softirq_mask_lock, flags);
117     }
```

内核中为软中断设置了一个以"软中断号"为下标的数组 softirq_vec[ ]，类似于中断机制中的 irq_desc[ ]。

```
48      static struct softirq_action softirq_vec[32] __cacheline_aligned;
```

这是一个 softirq_action 数据结构的数组，其定义为：

```
64      /* softirq mask and active fields moved to irq_cpustat_t in
65       * asm/hardirq.h to get better cache usage.  KAO
66       */
67
68      struct softirq_action
69      {
70          void    (*action)(struct softirq_action *);
71          void    *data;
72      };
```

数组 softirq_vec[ ]是个全局量，系统中的各个 CPU 所看到的是同一个数组。但是，每个 CPU 各有其自己的"软中断控制/状况结构"，所以这些数据结构形成一个以 CPU 编号为下标的数组 irq_stat[ ]。这个数组也是全局量，但是各个 CPU 可以按其自身的编号访问相应的数据结构。我们把有关的定义列出于下，供读者自己阅读：

```
8       /* entry.S is sensitive to the offsets of these fields */
9       typedef struct {
```

```
10      unsigned int __softirq_active;
11      unsigned int __softirq_mask;
12      unsigned int __local_irq_count;
13      unsigned int __local_bh_count;
14      unsigned int __syscall_count;
15      unsigned int __nmi_count;       /* arch dependent */
16  } ____cacheline_aligned irq_cpustat_t;

45  irq_cpustat_t irq_stat[NR_CPUS];

22  #ifdef CONFIG_SMP
23  #define __IRQ_STAT(cpu, member) (irq_stat[cpu].member)
24  #else
25  #define __IRQ_STAT(cpu, member) ((void)(cpu), irq_stat[0].member)
26  #endif
27
28      /* arch independent irq_stat fields */
29  #define softirq_active(cpu)  __IRQ_STAT((cpu), __softirq_active)
30  #define softirq_mask(cpu)    __IRQ_STAT((cpu), __softirq_mask)
```

数据结构中的__softirq_active 相当于"软中断请求寄存器"，__softirq_mask 则相当于"软中断屏蔽寄存器"。函数 open_softirq( )除把函数指针 action 填入 softirq_vec[ ]中的相应元素外，还把所有 CPU 的"中断屏蔽寄存器"中的相应位设置成 1，使这个软中断在每个 CPU 上都可以执行。从 softirq_init( ) 中调用 open_softirq( )把 TASKLET_SOFTIRQ 和 HI_SOFTIRQ 两种软中断的处理程序分别设置成 tasklet_action( )和 tasklet_hi_action( )。

内核中还有另一个以 CPU 编号为下标的数组 tasklet_hi_vec[ ]，这是 tasklet_head 结构数组，每个 tasklet_head 结构就是一个 tasklet_struct 结构的队列头。

```
167     struct tasklet_head tasklet_hi_vec[NR_CPUS] __cacheline_aligned;

139     struct tasklet_head
140     {
141         struct tasklet_struct *list;
142     } __attribute__ ((__aligned__(SMP_CACHE_BYTES)));
```

回到 bh 机制这个话题上。通过 tasklet_init( )只是使相应 tasklet_struct 结构中的函数指针 func 指向了 bh_action( )，也就是建立了 bh 的执行机制，而具体的 bh 函数还没有与之挂钩，就好像具体的中断服务程序尚未挂入中断服务队列一样。具体 bh 函数是通过 init_bh( )设置的。下面是取自 sched_init( ) 中的一个片段（kernel/sched.c）：

```
1260        init_bh(TIMER_BH, timer_bh);
1261        init_bh(TQUEUE_BH, tqueue_bh);
1262        init_bh(IMMEDIATE_BH, immediate_bh);
```

以用于时钟中断的 bh 函数 timer_bh( )为例，其"bh 向量"、或"bh 编号"为 TIMER_BH。目前内

核中已经定义的编号如下(include/linux/interrupt.h):

```
24      /* Who gets which entry in bh_base.  Things which will occur most often
25         should come first */
26
27      enum {
28          TIMER_BH = 0,
29          TQUEUE_BH,
30          DIGI_BH,
31          SERIAL_BH,
32          RISCOM8_BH,
33          SPECIALIX_BH,
34          AURORA_BH,
35          ESP_BH,
36          SCSI_BH,
37          IMMEDIATE_BH,
38          CYCLADES_BH,
39          CM206_BH,
40          JS_BH,
41          MACSERIAL_BH,
42          ISICOM_BH
43      };
```

再看 init_bh( )的代码,这是在 kernel/softirq.c 中:

```
269     void init_bh(int nr, void (*routine)(void))
270     {
271         bh_base[nr] = routine;
272         mb( );
273     }
```

显然,这里的数组 bh_base[ ]就是前述的函数指针数组。这里调用的函数 mb( )与 CPU 中执行指令的"流水线"有关,而这并不是我们现在所关心的。

需要执行一个特定的 bh 函数时,可以通过一个 inline 函数 mark_bh( )提出请求。读者在"时钟中断"一节中可以看到在 do_timer( )中通过"mark_bh(TIMER_BH);"提出对 timer_bh( )的执行请求。函数 mark_bh( )的代码在 include/linux/interrupt.h 中:

```
232     static inline void mark_bh(int nr)
233     {
234         tasklet_hi_schedule(bh_task_vec+nr);
235     }
```

如前所述,内核中为 bh 函数的执行设立了一个 tasklet_struct 结构数组 bh_task_vec[ ],这里以 bh 函数的编号为下标就可以找到相应的数据结构,并用其调用 tasklet_hi_schedule( ),其代码也在 include/linux/interrupt.h 中。读者应该还记得,在 bh_task_vec[ ]的每个 tasklet_struct 结构中,函数指针

func 都指向 bh_action( )。

[mark_bh( ) > tasklet_hi_schedule( )]

```
171     static inline void tasklet_hi_schedule(struct tasklet_struct *t)
172     {
173         if (!test_and_set_bit(TASKLET_STATE_SCHED, &t->state)) {
174             int cpu = smp_processor_id( );
175             unsigned long flags;
176
177             local_irq_save(flags);
178             t->next = tasklet_hi_vec[cpu].list;
179             tasklet_hi_vec[cpu].list = t;
180             __cpu_raise_softirq(cpu, HI_SOFTIRQ);
181             local_irq_restore(flags);
182         }
183     }
```

这里的 smp_processor_id( ) 返回当前进程所在 CPU 的编号,然后以此为下标从 tasklet_hi_vec[ ] 中找到该 CPU 的队列头,把参数 t 所指的 tasklet_struct 数据结构链入这个队列。由此可见,对执行 bh 函数的要求是在哪一个 CPU 上提出的,就把它"调度"在哪一个 CPU 上执行,函数名中的"schedule"就是这个意思,而与"进程调度"毫无关系。另一方面,一个 tasklet_struct 代表着对 bh 函数的一次执行,在同一时间内只能把它链入一个队列中,而不可能同时出现在多个队列中。对于同一个 tasklet_struct 数据结构,如果已经对其调用了 tasklet_hi_schedule( ),而尚未得到执行,就不允许再将其链入队列,所以在数据结构中设置了一个标志位 TASKLET_STATE_SCHED 来保证这一点。最后,还要通过 __cpu_raise_softirq( ) 正式发出软中断请求。

[mark_bh( ) > tasklet_hi_schedule( ) > __cpu_raise_softirq( )]

```
77      static inline void __cpu_raise_softirq(int cpu, int nr)
78      {
79          softirq_active(cpu) |= (1<<nr);
80      }
```

读者在前面已经看到过 softirq_active( ) 的定义,它对给定 CPU 的"软中断控制/状况结构"操作,将其中 __softirq_active 字段内的相应标志位设成 1。

内核每当在 do_IRQ( ) 中执行完一个通道中的中断服务程序以后,以及每当从系统调用返回时,都要检查是否有软中断请求在等待执行。下面是 do_IRQ( ) 中的一个片段:

```
625     if (softirq_active(cpu) & softirq_mask(cpu))
626         do_softirq( );
```

另一段代码取自 arch/i386/entry.S,这是在从系统调用返回时执行的:

```
205     ENTRY(ret_from_sys_call)
206     #ifdef CONFIG_SMP
207         movl processor(%ebx),%eax
208         shll $CONFIG_X86_L1_CACHE_SHIFT,%eax
209         movl SYMBOL_NAME(irq_stat)(,%eax),%ecx     # softirq_active
210         testl SYMBOL_NAME(irq_stat)+4(,%eax),%ecx  # softirq_mask
211     #else
212         movl SYMBOL_NAME(irq_stat),%ecx            # softirq_active
213         testl SYMBOL_NAME(irq_stat)+4,%ecx         # softirq_mask
214     #endif
215         jne    handle_softirq

282     handle_softirq:
283         call SYMBOL_NAME(do_softirq)
284         jmp  ret_from_intr
```

注意，这里的 processor 表示 task_struct 数据结构中该字段的位移，所以 207 行是从当前进程的 task_struct 数据结构中取当前 CPU 的编号。而 SYMBOL_NAME(irq_stat)(,%eax)则相当于 irq_stat[cpu]，并且是其中第一个字段；相应地，SYMBOL_NAME(irq_stat)+4(,%eax) 相当这个数据结构中的第二个字段，并且第一个字段必须是 32 位。读者不妨回过去看一下 irq_cpustat_t 的定义，在那里有个注释，说 entry.S 中的代码对这个数据结构中的字段位置敏感，就是这个意思。所以，这些汇编代码实际上与上面 do_IRQ( )中的两行 C 代码是一样的。

检测到软中断请求以后，就要通过 do_softirq( )加以执行了。其代码在 kernel/softirq.c 中：

```
50      asmlinkage void do_softirq( )
51      {
52          int cpu = smp_processor_id( );
53          __u32 active, mask;
54
55          if (in_interrupt( ))
56              return;
57
58          local_bh_disable( );
59
60          local_irq_disable( );
61          mask = softirq_mask(cpu);
62          active = softirq_active(cpu) & mask;
63
64          if (active) {
65              struct softirq_action *h;
66
67      restart:
68              /* Reset active bitmask before enabling irqs */
69              softirq_active(cpu) &= ~active;
70
71              local_irq_enable( );
```

```
72
73              h = softirq_vec;
74              mask &= ~active;
75
76              do {
77                  if (active & 1)
78                      h->action(h);
79                  h++;
80                  active >>= 1;
81              } while (active);
82
83              local_irq_disable();
84
85              active = softirq_active(cpu);
86              if ((active &= mask) != 0)
87                  goto retry;
88          }
89
90          local_bh_enable();
91
92          /* Leave with locally disabled hard irqs. It is critical to close
93           * window for infinite recursion, while we help local bh count,
94           * it protected us. Now we are defenceless.
95           */
96          return;
97
98      retry:
99          goto restart;
100     }
```

软中断服务程序既不允许在一个硬中断服务程序内部执行，也不允许在一个软中断服务程序内部执行，所以要通过一个宏操作 in_interrupt( ) 加以检测，这是在 include/asm-i386/hardirq.h 中定义的：

```
20      /*
21       * Are we in an interrupt context? Either doing bottom half
22       * or hardware interrupt processing?
23       */
24      #define in_interrupt() ({ int __cpu = smp_processor_id(); \
25          (local_irq_count(__cpu) + local_bh_count(__cpu) != 0); })
```

显然，这个测试防止了软中断服务程序的嵌套，这就是前面讲的第一条串行化措施。与 local_bh_disable( )有关的定义在 include/asm-i386/softirq.h 中：

```
7       #define cpu_bh_disable(cpu)  do { local_bh_count(cpu)++; barrier(); } while (0)
8       #define cpu_bh_enable(cpu)   do { barrier(); local_bh_count(cpu)--; } while (0)
```

```
 9
10    #define local_bh_disable( )  cpu_bh_disable(smp_processor_id( ))
11    #define local_bh_enable( )   cpu_bh_enable(smp_processor_id( ))
```

从do_softirq( )的代码中可以看出，使CPU不能执行软中断服务程序的"关卡"只有一个，那就是in_interrupt( )，所以对软中断服务程序的执行并没有采取前述的第二条串行化措施。这就是说，不同的CPU可以同时进入对软中断服务程序的执行（见78行），分别执行各自所请求的软中断服务。从这个意义上，软中断服务程序的执行是"并发"的、多序的。但是，这些软中断服务程序的设计和实现必须十分小心，不能让它们互相干扰（例如通过共享的全局量）。至于do_softirq( )中其他的代码，则读者不会感到困难，我们就不多说了。

在我们这个情景中，如前所述，执行的服务程序为bh_action( )，其代码在kernel/softirq.c中：

[do_softirq( ) > bh_action( )]

```
235    /* BHs are serialized by spinlock global_bh_lock.
236
237       It is still possible to make synchronize_bh( ) as
238       spin_unlock_wait(&global_bh_lock). This operation is not used
239       by kernel now, so that this lock is not made private only
240       due to wait_on_irq( ).
241
242       It can be removed only after auditing all the BHs.
243    */
244    spinlock_t global_bh_lock = SPIN_LOCK_UNLOCKED;
245
246    static void bh_action(unsigned long nr)
247    {
248        int cpu = smp_processor_id( );
249
250        if (!spin_trylock(&global_bh_lock))
251            goto resched;
252
253        if (!hardirq_trylock(cpu))
254            goto resched_unlock;
255
256        if (bh_base[nr])
257            bh_base[nr]( );
258
259        hardirq_endlock(cpu);
260        spin_unlock(&global_bh_lock);
261        return;
262
263    resched_unlock:
264        spin_unlock(&global_bh_lock);
265    resched:
266        mark_bh(nr);
```

```
267    }
```

这里对具体 bh 函数的执行（见 257 行）又设置了两道关卡。一道是 hardirq_trylock( ),其定义为：

```
31     #define hardirq_trylock(cpu)    (local_irq_count(cpu) == 0)
```

与前面的 in_interrupt( )比较一下就可看出，这还是在防止从一个硬中断服务程序内部调用 bh_action( )。而另一道关卡 spin_trylock( )就不同了，它的代码在 include/linux/spinlock.h 中：

```
74     #define spin_trylock(lock)    (!test_and_set_bit(0,(lock)))
```

这把"锁"就是全局量 global_bh_lock，只要有一个 CPU 在 253 行至 260 行之间运行，别的 CPU 就不能进入这个区间了，所以在任何时间最多只有一个 CPU 在执行 bh 函数。这就是前述的第二条串行化措施。至于根据 bh 函数编号执行相应的函数，那就很简单了。在我们这个情景中，具体的 bh 函数是 timer_bh( )，我们将在"时钟中断"一节中阅读这个函数的代码。

作为对比，我们列出另一个软中断服务程序 tasklet_action( )的代码，读者可以把它与 bh_action( )比较，看看有哪些重要的区别。这个函数的代码在 kernel/softirq.c 中：

```
122    struct tasklet_head tasklet_vec[NR_CPUS] __cacheline_aligned;
123
124    static void tasklet_action(struct softirq_action *a)
125    {
126        int cpu = smp_processor_id( );
127        struct tasklet_struct *list;
128
129        local_irq_disable( );
130        list = tasklet_vec[cpu].list;
131        tasklet_vec[cpu].list = NULL;
132        local_irq_enable( );
133
134        while (list != NULL) {
135            struct tasklet_struct *t = list;
136
137            list = list->next;
138
139            if (tasklet_trylock(t)) {
140                if (atomic_read(&t->count) == 0) {
141                    clear_bit(TASKLET_STATE_SCHED, &t->state);
142
143                    t->func(t->data);
144                    /*
145                     * talklet_trylock( ) uses test_and_set_bit that imply
146                     * an mb when it returns zero, thus we need the explicit
147                     * mb only here: while closing the critical section.
148                     */
```

```
149     #ifdef CONFIG_SMP
150                     smp_mb__before_clear_bit( );
151     #endif
152                     tasklet_unlock(t);
153                     continue;
154                 }
155                 tasklet_unlock(t);
156             }
157             local_irq_disable( );
158             t->next = tasklet_vec[cpu].list;
159             tasklet_vec[cpu].list = t;
160             __cpu_raise_softirq(cpu, TASKLET_SOFTIRQ);
161             local_irq_enable( );
162         }
163     }
```

最后，软中断服务程序，包括 bh 函数，与常规中断服务程序的分离并不是强制性的，要根据设备驱动的具体情况（也许还有设计人员的水平）来决定。

3.6 页面异常的进入和返回

我们在第 2 章中介绍内核对页面异常处理时，是从 do_page_fault( )开始的。当时因为尚未介绍 CPU 的中断和异常机制，所以暂时跳过了对页面异常的响应过程，也就是从发生异常至 CPU 到达 do_page_fault( )之间的那一段路程，以及从 do_page_fault( )返回之后到 CPU 返回到用户空间这一段路程。现在，我们可以来补上这个缺口了。

与外设中断不同，各种异常都有为其保留的专用中断向量，因此相应的初始化也是直截了当的，这一点我们已经在初始化一节中看到了。

为页面异常设置的中断门指向程序入口 page_fault（见 IDT 初始化一节中所引 trap_init( )中的 970 行），所以当发生页面异常时，CPU 穿过中断门以后就直接到达了 page_fault( )。CPU 因异常而穿过中断门的过程，包括堆栈的变化，与因外设中断而引起的过程基本上是一样的，读者可以参阅外设中断一节。但是，有一点很重要的不同。当中断发生时，CPU 将寄存器 EFLAGS 的内容，以及代表着返回地址的 CS 和 EIP 两个寄存器的内容压入堆栈。如果 CPU 的运行级别发生变化，则在此之前还要发生堆栈的切换，并且要把代表老堆栈指针的 SS 和 ESP 的内容压入堆栈。这一点，我们已经在前面介绍过了。当异常发生时，在上述这些操作之后，还要加上附加的操作。那就是：如果所发生的异常产生出错代码的话，就把这个出错代码也压入堆栈。并非所有的异常都产生出错代码，有关详情可参考 Intel 的技术资料或相关专著，但是绝大多数异常，包括我们这里所关心的页面异常是会产生出错代码的。而且，实际上我们在第 2 章中已经看到 do_page_fault( )如何通过这个出错代码识别发生异常的原因。可是，CPU 只是在进入异常时才知道是否应该把出错代码压入堆栈。而从异常处理通过 iret 指令返回时已经时过境迁，CPU 已经无从知道当初发生异常的原因，因此不会自动跳过堆栈中的这一项，而要靠相应的异常处理程序对堆栈加以调整，使得在 CPU 开始执行 iret 指令时堆栈顶部是返回地址。由于这个不同，对异常的处理和对中断的处理在代码中也要有所不同。

页面异常处理的入口 page_fault 是在 arch/i386/entry.S 中定义的：

```
410     ENTRY(page_fault)
411         pushl $ SYMBOL_NAME(do_page_fault)
412         jmp error_code
```

这里的跳转目标 error_code 就好像外设中断处理中的 common_interrupt 一样，是各种异常处理所共用的程序入口。而将服务程序 do_page_fault( )的地址压入堆栈，则为进入具体的服务程序作好了准备。程序入口 error_code 的代码也在同一文件(entry.S)中：

```
295     error_code:
296         pushl %ds
297         pushl %eax
298         xorl %eax,%eax
299         pushl %ebp
300         pushl %edi
301         pushl %esi
302         pushl %edx
303         decl %eax              # eax = -1
304         pushl %ecx
305         pushl %ebx
306         cld
307         movl %es,%ecx
308         movl ORIG_EAX(%esp), %esi      # get the error code
309         movl ES(%esp), %edi            # get the function address
310         movl %eax, ORIG_EAX(%esp)
311         movl %ecx, ES(%esp)
312         movl %esp,%edx
313         pushl %esi             # push the error code
314         pushl %edx             # push the pt_regs pointer
315         movl $(__KERNEL_DS),%edx
316         movl %edx,%ds
317         movl %edx,%es
318         GET_CURRENT(%ebx)
319         call *%edi
320         addl $8,%esp
321         jmp ret_from_exception
```

读者也许注意到了，这里并不像进入中断响应时那样引用 SAVE_ALL。让我们来看看有什么区别，以及为什么。观察图 3.7，我们把 CPU 执行到这里的 307 行时的堆栈（左边）与 CPU 在外设中断时 SAVE_ALL 以后的堆栈（右边）作一比较。

顺便提一下，系统调用时的堆栈在执行完 SAVE_ALL 以后与图 3.7 的右边（中断）几乎完全一样，只是在 ORIG_EAX 位置上是系统调用号而不是中断请求号。

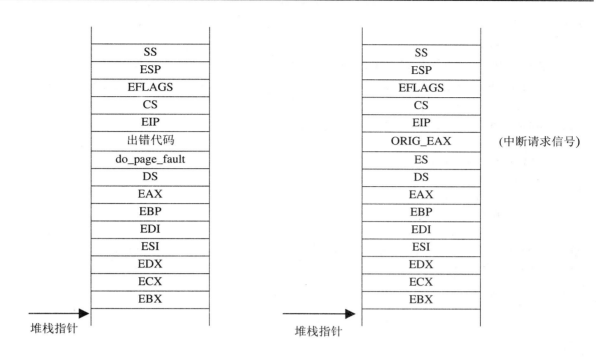

图 3.7 异常处理和中断处理系统堆栈对照图

比较之后，可以看到其实也只有在两个位置上不同。一个是与 ORIG_EAX 对应的位置上，现在是 CPU 在发生异常时压入堆栈的出错代码。另一个是在与 ES 相应的位置上，现在是 do_page_fault( )的入口地址。其他就都一样了。可是，下面会将堆栈中对应于 ORIG_EAX 位置上的内容转移到寄存器%esi 中，并将其替换成%eax 中的内容。这样一来，出错代码就到了%esi 中，而堆栈中的 ORIG_EAX 就变成了 −1（见 298 行和 303 行）。同时，又以寄存器%ecx 的内容替换堆栈中 ES 处的函数指针，而把函数指针转移到寄存器%edi 中。在此之前的 307 行已经将%es 的内容装入了%ecx，所以在 311 行以后函数指针 do_page_faule( )在%edi 中，而堆栈中变成了寄存器%es 的副本。至此，也就是在 311 行以后，堆栈的内容与中断或系统调用时就完全一样了，只是 ORIG_EAX 的位置上为 −1。这么一来，堆栈就调整好了。我们在中断一节中已经看到将来返回时在 RESTORE_ALL 中会把 ORIG_EAX 跳过去。

读者也许会问：那么，对于不产生出错代码的异常又怎么处理呢？很简单，在进入 error_code 之前补上一个就是了。请看，同一源文件(entry.S)中因协处理器（coprocessor）出错而导致的异常 coprocessor_error:

```
323    ENTRY(coprocessor_error)
324        pushl $0
325        pushl $ SYMBOL_NAME(do_coprocessor_error)
326        jmp error_code
```

这里多了一行 "pushl $0"，将 0 压入堆栈中与出错代码相应的地方，此后就都一样了。

回到前面 error_code 的代码中，第 313 行和 314 行先把%esi 和%edx 的内容压入堆栈。我们知道，%esi 中是出错代码，而 312 行已经把堆栈指针的当前内容拷贝到%edx 中。在中断一节中我们已经讲过，内核将 SAVE_ALL 以后堆栈中的内容视同一个 pt_regs 数据结构，而当时的堆栈指针指向该数据结构的起点。所以，这二者一项是出错代码而另一项便是 pt_regs 结构指针，这正是 do_page_fault( )的两个调用参数。把调用参数压栈以后，就为 319 行的函数调用作好了准备。其他一些准备工作读者在中断响应中都已看到过，这里就不重复了。

从调用的函数，在这里是 do_page_fault( ) 返回以后，CPU 就转入 ret_from_exception。由于 do_page_fault( ) 的类型是 void，所以没有返回值。ret_from_exception 的代码也在 entry.S 中：

[page_fault -> error_code -> ... -> ret_from_exception]

```
260     ret_from_exception:
261     #ifdef CONFIG_SMP
262         GET_CURRENT(%ebx)
263         movl processor(%ebx),%eax
264         shll $5,%eax
265         movl SYMBOL_NAME(irq_stat)(,%eax),%ecx        # softirq_active
266         testl SYMBOL_NAME(irq_stat)+4(,%eax),%ecx     # softirq_mask
267     #else
268         movl SYMBOL_NAME(irq_stat),%ecx               # softirq_active
269         testl SYMBOL_NAME(irq_stat)+4,%ecx  # softirq_mask
270     #endif
271         jne     handle_softirq
272
273     ENTRY(ret_from_intr)
274         GET_CURRENT(%ebx)
275         movl EFLAGS(%esp),%eax          # mix EFLAGS and CS
276         movb CS(%esp),%al
277         testl $(VM_MASK | 3),%eax       # return to VM86 mode or non-supervisor?
278         jne ret_with_reschedule
279         jmp restore_all
```

如果没有软中断请求需要处理，就直接进入 ret_from_intr。后面这些代码读者已经很熟悉了，要是还有困难可以回到前几节再看看。

3.7 时钟中断

在所有的外部中断中，时钟中断起着特殊的作用，其作用远非单纯的计时所能相比。当然，即使是单纯的计时也已经足够重要了。别的不说，没有正确的时间关系，你用来重建内核的工具 make 就不能正常运行了，因为 make 是靠时间标记来确定是否需要重新编译以及连接的。可是时钟中断的重要性还远远不止于此。

我们在中断一节中看到，内核在每次中断（以及系统调用和异常）服务完毕返回用户空间之前都要检查是否需要调度，若有需要就进行进程调度。事实上，调度只有当 CPU 在内核中运行时才可能发生。在进程一章中，读者将会看到进程调度发生在两种情况下。一种是"自愿"的，通过像 sleep( ) 之类的系统调用实现；或者是在通过其他系统调用进入内核以后因某种原因受阻需要等待，而"自愿"让内核调度其他进程先来运行。另一种是"强制"的，当一个进程连续运行的时间超过一定限度时，内核就会强制地调度其他进程来运行。如果没有了时钟，内核就失去了与时间有关的强制调度的依据和时机,而只能依赖于各个进程的"思想觉悟"了。试想,如果有一个进程在用户空间中陷入了死循环,而在循环体内也没有作任何系统调用,并且也没有发生外设中断,那么,要是没有时钟中断,整个系统就在原地打转什么事也不能做了。这是因为,在这种情况下永远不会有调度,而死抓住CPU不放的进程则陷在死循环中。退一步讲,即使我们还有其他的准则(例如进程的优先级)来决定是否应该调度,那也得要有中断、异常或系统调用使CPU进入内核运行才能发生调度。而惟一可以预测在一定的时间内必定会发生的,就是"时钟中断"。所以,对于像Linux这样的"分时系统"来说,时钟中断是维护"生命"的必要条件,难怪人们称时钟中断为"heart beat",也即"心跳"。

在初始化阶段,在对外部中断的基础设施,也就是IRQ队列的初始化,以及对调度机制的初始化完成以后,就轮到时钟中断的初始化。请看init/main.c中start_kernel( )的片段:

```
534         trap_init( );
535         init_IRQ( );
536         sched_init( );
537         time_init( );
```

从这里也可以看出,时钟中断和调度是密切联系在一起的。以前也讲到过,一旦开始有时钟中断就可能要进行调度,所以要先完成对调度机制的初始化,作好准备。函数 time_init( )的代码在arch/i386/kernel/time.c中:

```
626     void __init time_init(void)
627     {
628      extern int x86_udelay_tsc;
629
630      xtime.tv_sec = get_cmos_time( );
631      xtime.tv_usec = 0;
        . . . . . . .
704      setup_irq(0, &irq0);
        . . . . . . .
706     }
```

当我们提及"系统时钟"时,实际上是指着内核中的两个全局量之一。一个是数据结构 xtime,其类型为 struct timeval,是在 include/linux/time.h 中定义的:

```
88     struct timeval {
89         time_t          tv_sec;     /* seconds */
90         suseconds_t tv_usec;        /* microseconds */
91     };
```

数据结构中记载的是从历史上某一刻开始的时间的"绝对值",其数值来自计算机中一个 CMOS 晶片,常常称为"实时时钟"。这块 CMOS 晶片是由电池供电的,所以即使机器断了电也还能维持正确的时间。上面的 630 行就是通过 get_cmos_time( )从 CMOS 时钟晶片中把当时的实际时间读入 xtime,时间的精度为秒。而时钟中断,则是由另一个晶片产生的。

另一个全局量是个无符号整数,叫 jiffies,记录着从开机以来时钟中断的次数。每个 jiffy 的长度就是时钟中断的周期,有时候也称为一个 tick,取决于系统中的一个常数 HZ,这个常数定义于

include/asm-386/param.h 中。以后读者会看到，在内核中 jiffies 远远比 xtime 重要，是个经常要用到的变量。

系统中有很多因素会影响到时钟中断在时间上的精确度，所以要通过好多手段来加以校正。在比较新的 i386 CPU 中（主要是 Pentium 及以后），还设置了一个特殊的 64 位寄存器，称为"时间印记计数器"(Time Stamp Counter) TSC。这个计数器对驱动 CPU 的时钟脉冲进行计数，例如要是 CPU 的时钟脉冲频率为 500MHz，则 TSC 的计时精度为 2ns。由于 TSC 是个 64 位的计数器，其计数要经过连续运行上千年才会溢出。显然，可以利用 TSC 的读数来改善时钟中断的精度。不过，我们在这里并不关心时间的精度，所以跳过了代码中有关的部分，而只关注带有本质性的部分。

读者在中断一节中看到过 setup_irq( )，可以回过头去看一下。这里的第一个参数为中断请求号，时钟中断的请求号为 0。第二个参数是指向一个 irqaction 数据结构 irq0 的指针。rq0 也是在 time.c 中定义的：

```
547     static struct irqaction irq0 = { timer_interrupt, SA_INTERRUPT,
                                         0, "timer", NULL, NULL};
```

可见，时钟中断的服务程序为 timer_interrupt( )；中断请求 0 为时钟中断专用，因为 irq0.flags 中标志位 SA_SHIRQ 为 0；而且在执行 timer_interrupt( )的过程中不容许中断，因为标志位 SA_INTERRUPT 为 1。服务程序 timer_interrupt( )的代码在同一个文件(time.c)中：

```
454     /*
455      * This is the same as the above, except we _also_ save the current
456      * Time Stamp Counter value at the time of the timer interrupt, so that
457      * we later on can estimate the time of day more exactly.
458      */
459     static void timer_interrupt(int irq, void *dev_id, struct pt_regs *regs)
460     {
461      int count;
462
463      /*
464       * Here we are in the timer irq handler. We just have irqs locally
465       * disabled but we don't know if the timer_bh is running on the other
466       * CPU. We need to avoid to SMP race with it. NOTE: we don't need
467       * the irq version of write_lock because as just said we have irq
468       * locally disabled. -arca
469       */
470      write_lock(&xtime_lock);
471
472      if (use_tsc)
473      {
474        /*
475         * It is important that these two operations happen almost at
476         * the same time. We do the RDTSC stuff first, since it's
477         * faster. To avoid any inconsistencies, we need interrupts
478         * disabled locally.
479         */
```

```
480
481        /*
482         * Interrupts are just disabled locally since the timer irq
483         * has the SA_INTERRUPT flag set. -arca
484         */
485
486        /* read Pentium cycle counter */
487
488        rdtscl(last_tsc_low);
489
490        spin_lock(&i8253_lock);
491        outb_p(0x00, 0x43);       /* latch the count ASAP */
492
493        count = inb_p(0x40);      /* read the latched count */
494        count |= inb(0x40) << 8;
495        spin_unlock(&i8253_lock);
496
497        count = ((LATCH-1) - count) * TICK_SIZE;
498        delay_at_last_interrupt = (count + LATCH/2) / LATCH;
499    }
500
501    do_timer_interrupt(irq, NULL, regs);
502
503    write_unlock(&xtime_lock);
504
505  }
```

在这里我们并不关心多处理器 SMP 结构，也不关心时间的精度，所以实际上只剩下 501 行的 do_timer_interrupt( )：

[timer_interrupt( ) > do_timer_interrupt( )]

```
380    /*
381     * timer_interrupt( ) needs to keep up the real-time clock,
382     * as well as call the "do_timer( )" routine every clocktick
383     */
384    static inline void do_timer_interrupt(int irq, void *dev_id,
                                              struct pt_regs *regs)
385    {
386  #ifdef CONFIG_X86_IO_APIC
         ......
400  #endif
401
402  #ifdef CONFIG_VISWS
403      /* Clear the interrupt */
404      co_cpu_write(CO_CPU_STAT, co_cpu_read(CO_CPU_STAT) & ~CO_STAT_TIMEINTR);
405  #endif
406      do_timer(regs);
```

```
407    /*
408     * In the SMP case we use the local APIC timer interrupt to do the
409     * profiling, except when we simulate SMP mode on a uniprocessor
410     * system, in that case we have to call the local interrupt handler.
411     */
412    #ifndef CONFIG_X86_LOCAL_APIC
413        if (!user_mode(regs))
414            x86_do_profile(regs->eip);
415    #else
416        if (!smp_found_config)
417            smp_local_timer_interrupt(regs);
418    #endif
419
420    /*
421     * If we have an externally synchronized Linux clock, then update
422     * CMOS clock accordingly every ~11 minutes. Set_rtc_mmss( ) has to be
423     * called as close as possible to 500 ms before the new second starts.
424     */
425        if ((time_status & STA_UNSYNC) == 0 &&
426            xtime.tv_sec > last_rtc_update + 660 &&
427            xtime.tv_usec >= 500000 - ((unsigned) tick) / 2 &&
428            xtime.tv_usec <= 500000 + ((unsigned) tick) / 2) {
429            if (set_rtc_mmss(xtime.tv_sec) == 0)
430                last_rtc_update = xtime.tv_sec;
431            else
432                last_rtc_update = xtime.tv_sec - 600;/* do it again in 60 s */
433        }
434
435    #ifdef CONFIG_MCA
       . . . . . .
449    #endif
450    }
```

同样，我们在这里并不关心多处理器 SMP 结构中采用 APIC 时的特殊处理，也不关心 SGI 工作站（402～405 行）和 PS/2 的 "Micro chanel"（435～449 行）的特殊情况，此外，我们在这里也不关心时钟的精度（420～433 行）。

这样，就只剩下了两件事。一件事是 do_timer( )，另一件是 x86_do_profile( )。其中 x86_do_profile( ) 的目的在于积累统计信息，也不是我们关心的重点。最后就只剩下 do_timer( ) 了，那是在 kernel/timer.c 中：

[timer_interrupt( ) > do_timer_interrupt( ) > do_timer( )]

```
674    void do_timer(struct pt_regs *regs)
675    {
676        (*(unsigned long *)&jiffies)++;
677    #ifndef CONFIG_SMP
678        /* SMP process accounting uses the local APIC timer */
```

```
679
680            update_process_times(user_mode(regs));
681    #endif
682            mark_bh(TIMER_BH);
683            if (TQ_ACTIVE(tq_timer))
684                mark_bh(TQUEUE_BH);
685    }
```

这里的第 676 行使 jiffies 加 1。细心的读者可能会问，为什么这里不用简单的"jiffies++"，而要使用这么一种奇怪的方式呢？这是因为代码的作者要使将递增 jiffies 的操作在一条指令中实现，成为一个"原子"的操作。gcc 将这条语句翻译成一条对内存单元的 INC 指令。而若采用"jiffies++"，则有可能会被编译成先将 jiffies 的内容 MOV 至寄存器 EAX，然后递增，再 MOV 回去。二者所耗费的 CPU 时钟周期几乎是相同的，但前者保证了操作的"原子"性。

函数 update_process_times( ) 就与进程的调度有关了，我们将在进程调度一节中再来介绍。但是，从函数的名字也可以看出，它处理的是当前进程与时间有关的变量，一方面是为统计的目的，另一方面也是为调度的目的。对用于记时和统计的这些变量的操作可说是时钟中断的"前半"，可是 682 行和 684 行为时钟中断安排的"后半"和"第二职业"，却要耗费多得多的精力。

我们在前几节中已介绍过中断服务程序的"后半"，即 bh。CPU 在从中断返回之前都要检查是否在某个 bh 队列中还有事等着要处理。而这里的 682 行就通过 mark_bh( ) 将 bh_task_vec[TIMER_BH] 挂入 tasklet_hi_vec 的队列中，使 CPU 在中断返回之前执行与 TIMER_BH 对应的函数 timer_bh( )，这是事先设置好了的。对此，在 kernel/sched.c 的 sched_init( ) 中有三行重要的代码：

```
1260           init_bh(TIMER_BH, timer_bh);
1261           init_bh(TQUEUE_BH, tqueue_bh);
1262           init_bh(IMMEDIATE_BH, immediate_bh);
```

这里初始化了三个 bh。第一个显然是在每次时钟中断结束之前都要执行的，用来完成逻辑上属于时钟中断服务、但又不是那么紧急，或者可以在更为宽松的环境（开中断）下完成的操作，其相应的函数为 timer_bh( )。而 TQUEUE_BH 和 IMMEDIATE_BH，则又是内核中两项重要的基础设施。我们以前讲过，Linux 内核中可能的 bh 的数量是 32。读者心里可能已经在想，32 个 bh 够吗？如果需要更多怎么办？还有，更重要地，在实践中常常会有要求让某些操作跟某个已经存在的中断服务动态地挂上钩，使一些操作按运行时的需要"挂靠"在某种中断或甚至某种其他的事件中。举例来说，如果我们要为一个外部设备写驱动程序，该设备要求每 20ms 读一次它的状态寄存器，再根据读入的信息进行某些计算，并把计算结果写入它的控制寄存器以驱动一台步进马达，而该设备并不具备产生中断的功能。其实，由于这个外设的控制完全是周期性的，本来就不必使用独立的中断，所需要解决的只是怎样与系统的时钟中断挂上钩。前面讲过，Linux 系统时钟的频率是由一个常数 HZ 决定的，定义于 include/asm-i386/param.h。通常 HZ 定义为 100，也即每 10ms 一次时钟中断，跟需要的 20ms 正好是整数倍关系。所以，如果写个程序，并且能在每次时钟中断中都调用它一次。而在程序中则设置一个计数器，使得每当计数为偶数时就采集数据，为奇数时就计算并输出。这样就可以解决问题了。可是，怎样让时钟中断每次都来调用它呢？TQUEUE_BH 就是为这种需要而设置的。全局量 tq_timer 指向一个队列，想要让系统在每次时钟中断时都来调用某个函数（当然是在系统空间），就将其挂入该队列里。而这里的 683 行则检查 tq_timer 是否为空。如果不为空就通过 mark_bh( ) 把 bh_task_vec[TQUEUE_BH]

也挂入 tasklet_hi_vec 的队列中,这样内核就会在执行 bh 时通过 tqueue_bh( )来将该队列中所有的函数都调用一遍。由此可见,TQUEUE_BH 确实是一项很重要的基础设施。除与时钟挂钩的 tq_timer 队列外,还有其他一些 bh 和相应的队列,IMMEDIATE_BH 是其中之一。有关详情我们将在"进程"和"设备驱动"有关章节中介绍。如果说,时钟中断的"前半"timer_interrupt( )和"后半"timer_bh( )还是它的"正业"的话,那么 tqueue_bh( )的执行便是"第二职业"了。

在做好这些准备以后,时钟中断服务的"前半"就完成了。可是读者在中断一节中已经看到,CPU 在返回途中,却在离开 do_IRQ( )之前,先折入了 do_softirq( )去干它的"后半"和"第二职业"。在我们这个情景中,timer_bh( )肯定会得到执行,而 tqueue_bh( )则在 tq_timer 队列非空时会得到执行。读者也许还会问,既然 timer_bh( )肯定是要执行的,为什么不干脆把它也放在 do_timer( )中执行,而要费这么些周折呢?首先,前面已经看到,执行 timer_interrupt( )的整个过程中中断是关闭的(见前面的 SA_INTERRUPT 标志位);而 timer_bh( )的执行则没有这么严格的要求。其次,在 do_IRQ( )的代码中可以看出,对具体中断服务程序的执行与对 do_softirq( )的执行不是一对一的关系。对具体中断服务程序的执行是在一个循环中进行的,而 do_softirq( )只执行一次。这样,当同一中断通道内紧接着发生了好几次中断时,对 do_softirq( ),从而对 timer_bh( )的执行就推迟并且合并了。

与 TIMER_BH 对应的 timer_bh( )在 kernel/timer.c 中:

```
668     void timer_bh(void)
669     {
670         update_times();
671         run_timer_list();
672     }
```

先看同一文件(timer.c)中的 update_times( ):

[timer_bh( ) > update_times( )]

```
643     /*
644      * This spinlock protect us from races in SMP while playing with xtime. -arca
645      */
646     rwlock_t xtime_lock = RW_LOCK_UNLOCKED;
647
648     static inline void update_times(void)
649     {
650         unsigned long ticks;
651
652         /*
653          * update_times( ) is run from the raw timer_bh handler so we
654          * just know that the irqs are locally enabled and so we don't
655          * need to save/restore the flags of the local CPU here. -arca
656          */
657         write_lock_irq(&xtime_lock);
658
659         ticks = jiffies - wall_jiffies;
660         if (ticks) {
661             wall_jiffies += ticks;
```

```
662             update_wall_time(ticks);
663         }
664         write_unlock_irq(&xtime_lock);
665         calc_load(ticks);
666     }
```

这里做了两件事。第一件事是 update_wall_time( )，目的是处理所谓"实时时钟"或者说"挂钟" xtime 中的数值，包括计数，进位，以及为精度目的而作的校正。所涉及的主要也是数值的计算和处理，我们就不深入进去了。这里的 wall_jiffies 也像 jiffies 一样是个全局量，它代表着与当前 xtime 中的数值相对应的 jiffies 值，表示"挂钟"当前的读数已经较准到了时轴上的哪一点。

第二件事是 calc_load( )，目的是计算和积累关于 CPU 负荷的统计信息。内核每隔 5 秒种计算、累积和更新一次系统在过去的 15 分钟、10 分钟以及 1 分钟内平均有多少个进程处于可执行状态，作为衡量系统负荷轻重的指标。由于涉及的主要是数值计算，所以我们也不深入进去了。

从 update_times( ) 返回后，就是 timer_bh( ) 的主体部分 run_timer_list( ) 了。它检查系统中已经设置的各个"定时器"(timer)，如果某个定时器已经"到点"就执行为之预定的函数（这就是该定时器的 bh 函数）。我们将在"进程与进程调度"一章中讲述定时器的设置，到那时再回过来阅读 run_timer_list( ) 的代码。

每个定时器都由一个 timer_list 数据结构代表，定义于 include/linux/timer.h 中：

```
20  struct timer_list {
21      struct list_head list;
22      unsigned long expires;
23      unsigned long data;
24      void (*function)(unsigned long);
25  };
```

这是一个用于链表的数据结构，链表的长度是动态的而不受限制，因此系统中可以设置的定时器数量也不受限制（早期的实现采用数组，因而受到数组大小的限制）。每个定时器都有个到点时间 expires。结构中的函数指针 function 指向预定在到点时执行的 bh 函数，并且可以带一个参数 data（早期的实现中不能带参数）。如前所述，在执行 bh 函数时中断是打开的。

可见，在整个时钟中断服务的期间，大部分的操作是在"后半"，即 bh 函数中完成的。真正在关中断状态下执行的只是少量关键性的操作，而大量的操作尽可能要放在比较宽松的环境下，即开中断的条件下，以及允许在时间上有所伸缩的条件下完成，这样才能将对系统的影响减至最小。一方面，这应该成为系统程序设计（特别是设备驱动程序）的一项准则；而另一方面，这也对设计和开发的人员提出了很高的要求，因为要区分一项操作是否必须在"前半"中执行，以及是否必须关中断，需要对系统有深刻的理解。

3.8 系统调用

如果说外部中断是使 CPU 被动地、异步地进入系统空间的一种手段，那么系统调用就是 CPU 主动地、同步地进入系统空间的手段。这里所谓"主动"，是指 CPU"自愿"的、事先计划好了的行为。而"同步"则是说，CPU（实际上是软件的设计人员）确切地知道在执行哪一条指令以后就一定会进入系统空间。相比之下，中断的发生带有很大的不可预测性。但是，尽管有着这样的区别，二者之间还是有很大的共性。这是因为，在使 CPU 的运行状态从用户态转入系统态，也就是从用户空间转入系统空间，这一个基本点上二者是一致的。当然，中断有可能发生在 CPU 已经运行在系统空间的时候，而系统调用却只发生于用户空间，这又是二者不同的地方。这里，关键是 CPU 运行状态的改变，没有了这样的手段，也就无所谓"保护模式"了。相比之下，在不分"用户态"和"系统态"的操作系统中，例如 DOS，所谓系统调用实际上只不过是动态连接的库函数调用而已。虽然在 DOS 里面系统调用也是通过中断指令 INT 来实现的，但是跟预先规定好各种库函数入口地址的普通函数调用没有多大不同。如果用户程序知道具体函数的入口地址，就可以绕过"系统调用"而直接调用这些函数。

Linux 的系统调用是通过中断指令"INT 0x80"实现的。我们已经在前面几节中讨论过进程通过"陷阱门"或"中断门"进入系统空间的机制，以及 IDT 表中陷阱门的初始化。本节将着重介绍进程在系统调用中进入系统空间，以及在完成了所需的服务以后从系统空间返回的过程。这个过程并不局限于某个特定的调用，而是所有的系统调用都要经历的共同过程。虽然我们选择了一个具体的调用作为例子，但并不从功能的角度来关心具体的调用，而是着眼于这个公共的过程。系统调用是内核所提供的最根本的、最重要的基础设施。由于系统调用与中断的共同性，读者在阅读本节时应该与前几节，特别是中断过程一节结合阅读。事实上，有些代码就是二者共用的，凡是以前已经介绍过的本节就不再重复。

由于我们并不关心内核在具体系统调用中所提供的服务，所以选择了一个非常简单的调用 sethostname( )作为情景，通过对 CPU 在这个系统调用全过程中所走过的路线的分析，介绍内核的系统调用机制。

系统调用 sethostname( )的功能非常简单，就是设置计算机（在网络中的）"主机名"，其使用也很简单：

    int sethostname (const chat *name , size_t len);

参数 name 就是要设置的主机名，而 len 则为该字符串的长度。调用结束后返回 0 表示成功，−1 则表示失败。失败时用户程序中的全局变量 errno 含有具体的出错代码。从程序设计的观点来看，Linux 的系统调用可以分成两类：一类比较接近于真正意义上的"函数"，调用的结果就是函数值，例如 getpid( )就是这样；而另一类就是像 sethostname( )这样的，返回的值实际上只是一个是否成功的标志，而调用的目的是通过"副作用"来体现的。但是，在 C 语言中把所有可以通过调用指令来调用的程序段，也就是带有 ret 指令的程序段都称作"函数"。而中断服务程序和系统调用，由于 ret（实际上是 iret）指令的存在也就成了"函数"。我们在讨论中也将遵循 C 语言的规定和传统一概称之为函数。

为了帮助读者更好地理解系统调用的全过程，我们从用户空间对函数 sethostname( )的调用开始我们的情景分析。其实，sethostname( )是一个库函数（在/usr/lib/libc.a 中），而实际的系统调用就是在那个函数中发出的。GNU 的 C 语言库函数的源代码也是公开的，可以从 GNU 的网站下载。但是，我们在这里采用从 libc.a 反汇编得到的代码。原因是，一来方便，"得来全不费工夫"；二来，读者多接触一些汇编代码也是有好处的。特别是对于系统程序员来说，阅读和使用汇编语言也是一种有用的技能。

```
30    sethostname.o:     file format elf32-i386
31
32    Disassembly of section .text:
33
34    00000000 <sethostname>:
35       0: 89 da                  movl   %ebx,%edx
36       2: 8b 4c 24 08            movl   0x8(%esp,1),%ecx
37       6: 8b 5c 24 04            movl   0x4(%esp,1),%ebx
38       a: b8 4a 00 00 00         movl   $0x4a,%eax
39       f: cd 80                  int    $0x80
40      11: 89 d3                  movl   %edx,%ebx
41      13: 3d 01 f0 ff ff         cmpl   $0xfffff001,%eax
42      18: 0f 83 fc ff ff         jae    1a <sethostname+0x1a>
43      1d: ff
44      1a: R_386_PC32             __syscall_error
45      1e: c3                     ret
```

进入函数 sethostname( )以后，堆栈指针%esp 指向返回地址，而在堆栈指针的内容加 4 的地方则是调用该函数时的第一个参数(name)，加 8 的地方为第二个参数 len，依次类推。由于 i386 运行于 32 位模式，所有的参数都是按 32 长整数压入堆栈的。指令"movl 0x8(%esp,1), %ecx"表示将相对于寄存器%esp 的位移为 0x8（位移单位为 1）处的内容（在我们这个情景中就是参数 len）存入寄存器%ecx。然后，又将参数 name 从堆栈中存入寄存器%ebx。最后是将代表 sethostname( )的系统调用号 0x4a 存入寄存器%eax，接着就是中断指令"int $0x80"。这里，读者已经看到，Linux 内核在系统调用时是通过寄存器而不是通过堆栈传递参数的。

为什么要用寄存器传递参数？读者也许还记得：当 CPU 穿过陷阱门，从用户空间进入系统空间时，由于运行级别的变动，要从用户堆栈切换到系统堆栈。如果在 INT 指令之前把参数压入堆栈，那是在用户堆栈中，而进入系统空间以后就换成了系统堆栈。虽然进入系统空间之后也还可以从用户堆栈中读取这些参数，但毕竟比较费事了。而通过寄存器来传递参数，则读者下面会看到，是个巧妙的安排。我们暂且不随着 CPU 进入内核，而先看一下从系统调用返回以后的情况。首先是从%edx 中恢复%ebx 原先的内容，那是在系统调用之前保存在%edx 中的（%edx 中原先的内容就丢失了，这是一种约定，gcc 在使用寄存器时会遵守这个约定）。然后就是检查系统调用的返回值，那是在寄存器%eax 中。如果%eax 中的内容是在 0xfffff001 与 0xffffffff 之间，也就是-1 至-4095 之间，那就是出错了，就要转向__syscall_error( )并从那里返回。这里的 1a:R_386_PC32 表示地址 sethostname+0x1a 处为重定位信息，在连接时会把地址__syscall_error( )填入该处。函数__syscall_error( )也在 libc.a 中：

```
1    sysdep.o:     file format elf32-i386
2
3    Disassembly of section .text:
4
5    00000000 <__syscall_error>:
```

```
6          0: f7 d8              negl    %eax
7
8     00000002 <__syscall_error_1>:
9          2: 50                 pushl   %eax
10         3: e8 fc ff ff ff call         4 <__syscall_error_1+0x2>
11         4: R_386_PC32 __errno_location
12         8: 59                 popl    %ecx
13         9: 89 08              movl    %ecx,(%eax)
14         b: b8 ff ff ff ff movl        $0xffffffff,%eax
15        10: c3                 ret
16
17
18    errno-loc.o:     file format elf32-i386
19
20    Disassembly of section .text:
21
22    00000000 <__errno_location>:
23         0: 55                 pushl   %ebp
24         1: 89 e5              movl    %esp,%ebp
25         3: b8 00 00 00 00 movl        $0x0,%eax
26         4: R_386_32 errno
27         8: 89 ec              movl    %ebp,%esp
28         a: 5d                 popl    %ebp
29         b: c3                 ret
```

在__syscall_error 中，先取%eax 内容的负值，使其数值变成1～4095 之间，这就是出错代码，并将其压入堆栈。接着，又调用__errno_loacation( )，将全局量 errono 的地址取入%eax。然后从堆栈中抛出出错代码至%ecx、并将其写入全局量 errono。最后，在返回之前，将%eax 的内容改成－1。这样，通过寄存器%eax 返回到用户进程的数值便是－1，而 errono 则含有具体的出错代码。这是对大部分系统调用（返回整数的调用）返回值的约定。

搞清了发生在用户空间的过程，我们就进入内核，也就是系统空间中去了。CPU 穿过陷阱门的过程与发生中断时穿过中断门的过程相同，这里就不重复了。不过，还是要指出，因外部中断而穿过中断门时是不检查中断门所规定的准入级别的，而在通过 INT 指令穿越中断门或陷阱门时，则要核对所规定的准入级别与 CPU 的当前运行级别。为系统调用设置的陷阱门的准入级别 DPL 为 3。寄存器 IDTR 指向当前的中断向量表 IDT，而 IDT 表中对应于 0x80 的表项就是为 INT 0x80 设置的陷阱门，其中的函数指针指向 system_call( )。当 CPU 到达 system_call( )时，已经从用户态切换到了系统态，并且从用户堆栈换成了系统堆栈，相当于 CPU 在发生于用户空间的外部中断过程中到达 IRQ0xYY_interrupt 时的状态，读者不妨先回过头去重温一下。

如前所述，CPU 在穿过陷阱门进入系统内核时并不自动关中断，所以系统调用的过程是可中断的。

函数 system_call( )的代码在 arch/i386/kernel/entry.S 中：

```
195   ENTRY(system_call)
196       pushl %eax                  # save orig_eax
197       SAVE_ALL
198       GET_CURRENT(%ebx)
```

```
199     cmpl $(NR_syscalls),%eax
200     jae badsys
201     testb $0x02,tsk_ptrace(%ebx)     # PT_TRACESYS
202     jne tracesys
203     call *SYMBOL_NAME(sys_call_table)(,%eax,4)
204     movl %eax,EAX(%esp)              # save the return value
205     ENTRY(ret_from_sys_call)
        ......
```

首先是将寄存器%eax 的内容压入堆栈。系统堆栈中的这个位置在代码中称为 orig_ax，在外部中断过程中用来保存（经过变形的）中断请求号，而在系统调用中则用来保存系统调用号。SAVE_ALL 我们已经在中断过程一节中看到过了。但是，这里要指出，对于压入堆栈中的寄存器内容的使用方式是不一样的。在中断过程中，SAVE_ALL 以后，当调用具体的中断服务程序时已经保存在堆栈中的内容是作为一个 pt_regs 数据结构，当成参数传递给 do_IRQ( )，然后又传递给具体的服务程序的，这一点读者在中断服务一节中已经看到。可是，在系统调用中就不同了，这里堆栈中每个寄存器的内容可以根据需要作为独立的参数传递给具体的服务程序。以 sethostname( ) 为例，需要传递的参数是两个，分别在%ebx 和%ecx 中。在 SAVE_ALL 中%ebx 是最后压入堆栈的，%ecx 次之。所以堆栈中%ebx 的内容就成为参数 1，而%ecx 的内容就是参数 2 了。回到 SAVE_ALL 去看一下，可以看到被压入堆栈的寄存器依次为：%es、%ds、%eax、%ebp、%edi、%esi、%edx、%ecx 和%ebx。这里的%eax 持有系统调用号（与 orig_ax 相同），显然不能再用来传递参数；而%ebp 是用作子程序调用过程中的"帧"（frame）指针的，也不能用来传递参数。这样，实际上就只有最后 5 个寄存器可以用来传递参数，所以，在系统调用中独立传递的参数不能超过 5 个。从这里也可以看出，SAVE_ALL 中将寄存器压入堆栈的次序并不是随意决定的，而有其特殊的考虑。

宏调用 GET_CURRENT（%ebx）使寄存器%ebx 指向当前进程的 task_struct 结构（关于 GET_CURRENT 我们将在进程一章中介绍）。然后，就检查寄存器%eax 中的系统调用号是否超出了范围。在 task_struct 数据结构中有个成分 flags，其中有个标志位叫 PT_TRACESYS。一个进程可以通过系统调用 ptrace( )，将一个子进程的 PT_TRACESYS 标志位设成 1，从而跟踪该子进程的系统调用。Linux 系统中有一条命令 strace 就是干这件事的，是一个很有用的工具。这里 system_call( ) 中的第 201 行就是在检查当前进程的 PT_TRACESYS 是否为 1。注意，flags(%ebx)并不是一个函数调用，而是表示相对于%ebx 的内容，也就是当前进程的 task_struct 结构指针、位移为 flags 处的地址，而 flags 在 entry.S 中的 75 行定义为 4。这一点以前已经讲过，这里再提醒一下。

当 PT_TRACESYS 标志位（0x20）为 1 时，就要转入 tracesys，其代码也在 entry.S 中：

```
244     tracesys:
245         movl $-ENOSYS,EAX(%esp)
246         call SYMBOL_NAME(syscall_trace)
247         movl ORIG_EAX(%esp),%eax
248         cmpl $(NR_syscalls),%eax
249         jae tracesys_exit
250         call *SYMBOL_NAME(sys_call_table)(,%eax,4)
251         movl %eax,EAX(%esp)          # save the return value
252     tracesys_exit:
253         call SYMBOL_NAME(syscall_trace)
```

```
254        jmp ret_from_sys_call
```

将这一段程序与前面正常执行时的 203 行作一比较，就可以看到不同之处在于：当 PT_TRACESYS 为 1 时，在调用具体的服务程序之前和之后都要调用一下函数 syscall_trace( )，向父进程报告具体系统调用的进入和返回。我们将在讲述进程间通信时再深入到 syscall_trace( ) 中去，但是有兴趣的读者不妨先自己看看。现在回到 system_call 中继续看那里的 203 行。这是一条 call 指令，所 call 的地址在一个函数指针中，而这个函数指针在数组 sys_call_table[ ] 中以%eax 的内容为下标、单位为 4 个字节的元素中。表达式（,%eax, 4）的第一个逗号前面为空，表示在%eax 的基础上并没有其他的位移，而 4 则表示计算位移（%eax 相对于 sys_call_table）时的单位为 4 字节。系统调用跳转表 sys_call_table[ ] 是一个函数指针数组，由于篇幅较大，我们把它单独作为一节，附在本章之后。

表中凡是内核不支持的系统调用号全部都指向 sys_ni_syscall( )，这个函数只是返回一个出错代码 —ENOSYS，表示该系统调用尚未实现。结合前面讲过的 libc.a 中的处理，可知此时用户程序会得到返回值−1，而全局量 errno 的值为 ENOSYS。

跳转表中位移为 0x4a，也就是 74 处的函数指针（见后面跳转表中的 500 行）为 sys_sethostname，所以在我们这个情景中就进入了 sys_sethostname( )，这也是在 kernel/sys.c 中定义的：

```
971    asmlinkage long sys_sethostname(char *name, int len)
972    {
973        int errno;
974
975        if (!capable(CAP_SYS_ADMIN))
976            return -EPERM;
977        if (len < 0 || len > __NEW_UTS_LEN)
978            return -EINVAL;
979        down_write(&uts_sem);
980        errno = -EFAULT;
981        if (!copy_from_user(system_utsname.nodename, name, len)) {
982            system_utsname.nodename[len] = 0;
983            errno = 0;
984        }
985        up_write(&uts_sem);
986        return errno;
987    }
```

可想而知，sethostname 应该是只有特权用户才可以进行的操作，所以一上来就先检查这一点。函数 capable(CAP_SYS_ADMIN) 检查当前进程是否享有 CAP_SYS_ADMIN 的授权。如没有的话就返回负的出错代码 EPERM。然后，又对字符串的长度进行检查以保证安全。

在多处理器系统中，同时可以有多个进程在不同的 CPU 上运行。这样，就有可能发生两个进程同时调用 sethostname( )，而形成这样的现象：

(1) 进程 A 调用 sethostname( )，要把主机名设成"AB"。
(2) 进程 C 在另一个 CPU 上运行，也调用 sethostname( )，要把主机名设成"CD"。
(3) 进程 A 先进入内核，并且已经在 sys_sethostname( ) 中将"A"写入了内核中的 system_utsname.nodename，可是还没有来得及写"B"之前发生了中断，而 C 在这个时候插

第3章 中断、异常和系统调用

(4) 进程 C 进入内核，并且完成了对 sethostname( ) 的调用，成功地将内核中的 system_utsname.nodename 设置成 "CD"。

(5) 稍后，进程 A 恢复运行，继续把 "B" 写入 system_utsname.nodename。

(6) 当进程 A 完成对 sethostname( ) 的调用而 "成功" 返回时，内核中 system_utsname.nodename 的内容却是 "CB"。

在操作系统理论中，这种现象称为 "race condition"（抢道）。为了防止这种情况发生，就要将对 system_utsname.nodenamer 的操作放在受到 "信号量"（semaphore）保护的 "临界区" 中，而 sys_sethostname( ) 中 979 行的 down_write( ) 和 985 行的 up_write( ) 所实现的正是这样的保护机制。有了这种保护，上述过程中当进程 C 到达 979 行时会发现已经有个进程正在里面操作，"请勿打扰"，而自愿暂缓，让别的进程先运行，从而避免了互相抢道。

下面，就是本次系统调用所要完成的实质性的操作了，这就是将参数 name 所指向的字符串写入内核中的 system_utsname.nodename。这个操作的源在用户空间中，而目标在系统空间中，所以要通过一个宏操作 copy_from_user( ) 来完成复制。如前所述，系统调用时是通过寄存器传递参数的，能够通过寄存器传递的信息量显然不大，所以传递的参数大多是指针，这样才能通过指针找到更大块的数据。因此，对于系统调用的实现，类似于 copy_from_user( ) 这样在用户空间和系统空间之间复制数据的操作是很重要、也很常用的。对于 i386 CPU，宏操作 copy_from_user( ) 是在 asm-i386/uaccess.h 中定义的：

```
567     #define copy_from_user(to, from, n)                          \
568         (__builtin_constant_p(n) ?                               \
569             __constant_copy_from_user((to),(from),(n)) :         \
570             __generic_copy_from_user((to),(from),(n)))
```

当复制的长度为一些特殊的常数，例如 4、8、…、512 等等时，具体的操作要略为简单一些，而在一般的情况下则通过 __generic_copy_from_user( ) 来完成。其代码在 arch/i386/lib/usercopy.c 中：

```
50      unsigned long
51      __generic_copy_from_user(void *to, const void *from, unsigned long n)
52      {
53          if (access_ok(VERIFY_READ, from, n))
54              __copy_user_zeroing(to,from,n);
55          return n;
56      }
```

对于读操作，access_ok( ) 只是检查参数 from 和 n 的合理性，例如（from + n）是否超出了用户空间的上限，而并不检查该区间是否已经映射。然后，就通过另一个宏操作 __copy_user_zeroing( ) 从用户空间复制。这里 __copy_user_zeroing( ) 的代码可以说是一块 "硬骨头"。可是，这个操作对于系统调用又是很重要的。而且还有一些其他的类似操作，例如在 copy_to_user( ) 中调用的 __copy_user( )，以及 __constant_copy_user( )，还有 __do_strncpy_from_user( )，get_user( ) 等等都与此非常相似，所以还是值得 "啃" 一下的。另一方面，我们在第 2 章中讲述 do_page_fault( ) 时留下了一个尾巴，正是跟这些操作有关的。宏操作 __copy_user_zeroing( ) 的定义在 include/asm-i386/uaccess.h 中：

```
263     #define __copy_user_zeroing(to,from,size)              \
264     do {                                                   \
265       int __d0, __d1;                                      \
266       __asm__ __volatile__(                                \
267         "0: rep; movsl\n"                                  \
268         "   movl %3,%0\n"                                  \
269         "1: rep; movsb\n"                                  \
270         "2:\n"                                             \
271         ".section .fixup,\"ax\"\n"                         \
272         "3: lea 0(%3,%0,4),%0\n"                           \
273         "4: pushl %0\n"                                    \
274         "   pushl %%eax\n"                                 \
275         "   xorl %%eax,%%eax\n"                            \
276         "   rep; stosb\n"                                  \
277         "   popl %%eax\n"                                  \
278         "   popl %0\n"                                     \
279         "   jmp 2b\n"                                      \
280         ".previous\n"                                      \
281         ".section __ex_table,\"a\"\n"                      \
282         "   .align 4\n"                                    \
283         "   .long 0b,3b\n"                                 \
284         "   .long 1b,4b\n"                                 \
285         ".previous"                                        \
286         : "=&c"(size), "=&D" (__d0), "=&S" (__d1)          \
287         : "r"(size & 3), "0"(size / 4), "1"(to), "2"(from) \
288         : "memory");                                       \
289     } while (0)
```

首先来看__copy_user_zeroing( )代码中常规的部分，这些代码是在操作顺利，一切都正常的情况下执行的。这一部分实质上只有267～270四行，加上286～288三行。286行为"输出部"，共说明了三个变量，分别为%0、%1以及%2。其中%0对应于参数size，与寄存器%%ecx结合；%1对应于局部变量__do，与寄存器%%edi结合；而%2则对应于局部变量__d1，与寄存器%%esi结合。287行为"输入部"，说明了四个变量。第一个为%3，是一个寄存器变量，初值为（size&3），而后面两个则分别等价于%1，%2和%3，分别应该置初值为（size/4），参数to，以及参数from。完成了输入部所规定的初始化以后，就开始执行267～270行的汇编语言程序。程序中利用了X86处理器的REP和MOVS指令进行成串MOVE，寄存器%%ecx为计数器，%%esi为源指针，%%edi为目标指针。先按长整数进行，然后对剩余的部分（不超过3个）字节按字节进行。如果用C语言来写这段程序，那就相当于：

```
        __copy_user_zeroing (void *to , void *from, size)
        {
                int r;
                r = size & 3;
                size = size/4;
                while(size --)   *((int *) to)++ = * ((int *) from) ++;
                while(r --)   *((char *) to)++ = *((char*) from) ++;
```

}

显然，二者的效率是不能相比的。读者在前几节中已经看到过类似的代码，所以这一部分代码是容易理解的。

可是，为什么要有从 271 行至 280 行这些代码呢？代码的作者特地写了个说明，就是文件"Documentation/exception.txt"，解释其原因（如果读者的计算机安装了 Linux，可以在 /usr/src/linux/Documentation 目录中找到这个文件）。不过读者在阅读那篇说明时可能还会感到困难，所以我们结合本节的情景分析加以补充说明。当内核从一个进程得到从用户空间传递进来的指针时，就像这个情景中的 name，是很难保证这个指针的"合法"性的，更难保证在长度为 len 的整个区间都是"合法"的。所以，为安全起见应该先检查这个区间的合法性，看看由指针和长度两个参数所决定的虚存区间是否已经建立映射。每个进程都有个代表它的虚存空间的 mm_struct 数据结构，记录着该进程在用户空间所有已经建立映射的区间。只要搜索这个数据结构中的链表，就可以发现从 name 开始，长度为 len 的区间是否已经建立映射，并且是否允许所需的操作（读或写）。内核中专门有个函数 verify_area( ) 用于这个目的。而 Linux 内核老一些的版本中确实就是这样做的。但是，每次从用户区读或写时都要进行这样的检查实在是个负担，测试表明这个负担在典型的应用中确实显著地影响了效率。在实际应用中，虽然指针有问题的可能性也是有的，甚至可能还不小，但毕竟总是少数，也许可以说"百分之九十五以上的指针都是好的"，实在犯不着为少数的坏指针而"打击一大片"，致使总体效率下降。所以，新版本就决定把对指针合法性的检查取消了。万一碰上了坏指针，那就让页面异常发生吧，内核可以在页面异常的服务程序中个别地处理这个问题。

现在，我们再回过头去看看 do_page_fault( )。当碰上坏指针而页面异常真的发生时，在 do_page_fault( ) 中，首先就是通过 find_vma( ) 搜索当前进程的虚存区间链表，如果搜索失败就转入 bad_area。在第 2 章中，我们对 bad_area 只讲了当异常发生于 CPU 运行在用户空间时的情况。而在我们现在这个情景中，则异常发生于当 CPU 运行在系统空间的时候。虽然访问失败的目标地址在用户空间中，但 CPU 的"执行地址"却是在系统空间中。为方便起见，我们再列出 do_page_fault( ) 中有关的几行代码：

[do_page_fault( )]

```
299     do_sigbus:
        . . . . . .
315         /* Kernel mode? Handle exceptions or die */
316         if (!(error_code & 4))
317             goto no_context;
318         return;


255     no_context:
256         /* Are we prepared to handle this kernel fault? */
257         if ((fixup = search_exception_table(regs->eip)) != 0) {
258             regs->eip = fixup;
259             return;
260         }
```

就是说，如果内核能够在一个"异常表"中找到发生异常的指令所在的地址，并得到相应的"修复"地址 fixup，就将 CPU 在异常返回后将要重新执行的地址替换成这个"修复"地址。为什么要这样做呢？因为在这种情况下内核不能为当前进程补上一个页面（那样的话 name 所指的字符串就变成空白了）。而如果任其自然的话，则从异常返回以后，当前进程必然会接连不断地因执行同一条指令而产生新的异常，落入"万劫不复"的地步。所以，必须把它"从泥坑里拉出来"。函数 search_exception_table( )是在 arch/i386/mm/extable.c 中定义的：

[do_page_fault( ) > search_exception_table( )]

```
33   unsigned long
34   search_exception_table(unsigned long addr)
35   {
36     unsigned long ret;
37
38   #ifndef CONFIG_MODULES
39     /* There is only the kernel to search.  */
40     ret = search_one_table(__start___ex_table, __stop___ex_table-1, addr);
41     if (ret) return ret;
42   #else
43     /* The kernel is the last "module" -- no need to treat it special.  */
44     struct module *mp;
45     for (mp = module_list; mp != NULL; mp = mp->next) {
46         if (mp->ex_table_start == NULL)
47             continue;
48         ret = search_one_table(mp->ex_table_start,
49                     mp->ex_table_end - 1, addr);
50         if (ret) return ret;
51     }
52   #endif
53
54     return 0;
55   }
```

不管 38 行的 CONFIG_MODULES 是否有定义，即是否支持"可安装模块"（取决于系统配置），最终总是要调用 search_one_table( )。那也是在同一个源文件(extable.c)中：

[do_page_fault( ) > search_exception_table( ) > search_one_table( )]

```
12   static inline unsigned long
13   search_one_table(const struct exception_table_entry *first,
14            const struct exception_table_entry *last,
15            unsigned long value)
16   {
17     while (first <= last) {
18         const struct exception_table_entry *mid;
19         long diff;
```

```
20
21          mid = (last - first) / 2 + first;
22          diff = mid->insn - value;
23          if (diff == 0)
24              return mid->fixup;
25          else if (diff < 0)
26              first = mid+1;
27          else
28              last = mid-1;
29      }
30      return 0;
31  }
```

显然，这里所实现的是在一个 exception_table_entry 结构数组中进行的对分搜索。数据结构 struct exception_table_entry 又是在 include/asm-i386/uaccess.h 中定义的：

```
67  /*
68   * The exception table consists of pairs of addresses: the first is the
69   * address of an instruction that is allowed to fault, and the second is
70   * the address at which the program should continue.  No registers are
71   * modified, so it is entirely up to the continuation code to figure out
72   * what to do.
73   *
74   * All the routines below use bits of fixup code that are out of line
75   * with the main instruction path.  This means when everything is well,
76   * we don't even have to jump over them.  Further, they do not intrude
77   * on our cache or tlb entries.
78   */
79
80  struct exception_table_entry
81  {
82      unsigned long insn, fixup;
83  };
```

结构中的 insn 表示可能产生异常的指令所在的地址，而 fixup 则为用来替换的"修复"地址。读者会问：可能发生问题的指令有那么多，怎么能为每一条可能发生问题的指令都建立这样一个数据结构呢？回答是：首先，可能发生问题的指令其实并不像想像的那么多；其次，由谁来为这些指令建立这样的数据结构呢？很简单，就是"谁使用，谁负责"。例如，我们这里的__copy_user_zeroing( )要从用户空间拷贝，可能发生问题，它就应该负责在异常表中为其可能发生问题的指令建立起这样的数据结构。

现在我们可以回到__copy_user_zeroing( )的代码中了。首先，在这里可能发生问题的指令其实只有两条，一条是 267 行标号为 0 的 movsl，另一条则是 269 行标号为 1 的 movsb。所以应该建立两个表项，这就是 282 行至 284 行所说明的，关键之处在 283 行和 284 行。283 行表示，如果异常发生在前面标号为 0 处的地址，也就是指令 movsl 所在的地址，那么其"修复地址" fixup 为前面标号为 3 处的地址，也就是指令 lea 所在的地址。这时，CPU 从"修复地址"开始做些什么修复呢？在这里是通过 stosb 把

system_utsname_nodename 中剩余的部分设成 0(当然也可以是什么都不做)。然后，就通过 279 行的 JMP 指令跳转到前面标号为 2 处，也就是结束的地方。这样，虽然从用户空间拷贝的目的没有达到，却避免了陷入在"异常—重执"之间可能发生的无限循环。

大家知道，程序经编译（或汇编）连接以后，其可执行代码分成 text 和 data 两个段。但是，其实 GNU 的 gcc 和 ld 还支持另外两个段。一个是 fixup，专门用于异常发生后的修复，实际上跟 text 段没有太大区别。另一个是__ex_table，专门用于异常地址表。而__copy_user_zeroing( )中的 271 行和 281 行就是告诉 gcc 应该把相应的代码分别放在 fixup 和__ex_table 段中，连接时 ld 会按地址排序将这些表项装入异常地址表中。

实际上，不光是像__copy_user_zeroing( )这样的函数要准备好"修复地址"，任何在内核中运行时可能发生问题的都要有所准备，其中还包括我们在前一节中看到过的 RESTORE_ALL。当时为了让读者把注意力集中在中断的基本机制上而没有讲述有关的内容，我们在下面讲到从系统调用返回时会加以补充。这里，读者还应注意一下函数__generic_copy_from_user( )的返回值。从代码中可以看到，返回的是调用参数，也就是从用户空间拷贝的长度。这是怎么回事呢？这是因为__copy_user_zeroing( )不是一个函数，而是一个宏定义。在执行的过程中，n 随着复制而减小，一直到 0 为止。如果中途失败的话，则 n 代表了剩下未完成部分的大小。回头看一下__copy_user_zeroing( )中的第 273 行，这里的 %0 就是参数 size，因而也就是 n。同时，它就是寄存器%%ecx。在 movsl 或 movsb 执行的过程中，%%ecx 的值一直减小，直到为 0 时 movsl 或 movsb 就结束了。当操作中途失败而到达 273 行时，%%ecx 的值一定是非 0。可是，下面在 276 行还要用%%ecx，所以先把它保存在堆栈中，而到 278 行再来恢复。所以，最后在__generic_copy_from_user 中返回的 n 表示还有几个字节尚未完成。而在 sys_sethostname( )中，则根据这个返回值来判断 copy_from_user( )是否成功。当返回值为 0 时，就把 errno 也设成 0。这样最后 sys_sethostname( )返回 0 表示成功，而若在 copy_from_user( )过程中失败则返回-EFAULT。

由于 sys_sethostname( )本身很简单，现在回到本节开头的 system_call( )。CPU 从具体系统调用的服务程序返回时，由服务程序准备好的返回值在寄存器%eax 中，所以在第 204 行将它写入到堆栈中与%eax 对应的地方，这样在 RESTORE_ALL 以后，这个返回值仍通过%eax 传回用户空间。这以后，CPU 就到达了 ret_from_sys_call。

[system_call -> ret_from_sys_call]

```
205     ENTRY(ret_from_sys_call)
206     #ifdef CONFIG_SMP
207         movl processor(%ebx),%eax
208         shll $CONFIG_X86_L1_CACHE_SHIFT,%eax
209         movl SYMBOL_NAME(irq_stat)(,%eax),%ecx      # softirq_active
210         testl SYMBOL_NAME(irq_stat)+4(,%eax),%ecx   # softirq_mask
211     #else
212         movl SYMBOL_NAME(irq_stat),%ecx             # softirq_active
213         testl SYMBOL_NAME(irq_stat)+4,%ecx          # softirq_mask
214     #endif
215         jne    handle_softirq
216
217     ret_with_reschedule:
218         cmpl $0,need_resched(%ebx)
219         jne reschedule
```

```
220         cmpl $0, sigpending(%ebx)
221         jne signal_return
222     restore_all:
223         RESTORE_ALL
        ......
282     handle_softirq:
283         call SYMBOL_NAME(do_softirq)
284         jmp ret_from_intr
```

读者已经读过从中断返回时的代码，对上面这些代码应该不会有问题了。

需要补充的是，在 RESTORE_ALL 中有三条指令可能会引起异常，所以需要为之准备"修复"。这三条指令是：popl %ds, popl %es 以及 iret。我们先看代码(entry.S)，再加以讨论：

```
101     #define RESTORE_ALL \
102         popl %ebx; \
103         popl %ecx; \
104         popl %edx; \
105         popl %esi; \
106         popl %edi; \
107         popl %ebp; \
108         popl %eax; \
109     1:  popl %ds; \
110     2:  popl %es; \
111         addl $4,%esp; \
112     3:  iret; \
113     .section .fixup,"ax"; \
114     4:  movl $0,(%esp); \
115         jmp 1b; \
116     5:  movl $0,(%esp); \
117         jmp 2b; \
118     6:  pushl %ss; \
119         popl %ds; \
120         pushl %ss; \
121         popl %es; \
122         pushl $11; \
123         call do_exit; \
124     .previous; \
125     .section __ex_table,"a";\
126         .align 4; \
127         .long 1b,4b; \
128         .long 2b,5b; \
129         .long 3b,6b; \
130     .previous
```

这里准备了三个"修复"地址，分别在 127～129 行；而可能出问题的指令则分别在 109 行、110 行和 112 行。那么，为什么从堆栈中恢复%ds 会有可能发生问题呢？读者也许还记得，每当装入一个段寄存器时，CPU 都要根据这新的段选择码以及 GDTR 或 LDTR 的内容在相应的段描述表中找到所选择的段描述项，并加以检查。如果描述项与选择码都有效并且相符，就将描述项装入到CPU中段寄存器的"不可见"部分，使得以后不必每次都要到内存中去访问该描述项。可是，如果因为不管什么原因而使得选择码或描述项无效或不符时，CPU就会产生一次"全面保护"（General Protection）异常(称为GP异常)。当这样的异常发生于系统空间时，就要为之准备好修复手段。在这里，为"popl %ds"准备的修复手段是从标号为4处，即114行的"move $0,(%esp)"指令开始的程序段，实际上只有两行。这条指令将%ds在堆栈中的副本先清成0，然后在115行转回109行重新执行"popl %ds"。为什么这样就能"修复"呢？其实并不是真的修复，而只是避免进一步的GP异常。以0作为段选择码称为"空选择码"。将空选择码装入一个段寄存器（除CS和SS以外）本身不会引起GP异常，而要到以后企图通过这个空选择码访问内存时才会引起异常，但那是回到用户空间以后的事了。在用户空间发生异常，最多也不过是把这进程"杀"了，而不会在系统一级上产生问题。所以，这里的修复手段实际上是把问题往下推、往后推而已。110行的"popl %es"与此相同。

最后，为什么"iret"也可能发生问题，又怎样"修复"呢？当i386CPU从系统空间中断返回到用户空间时，要从系统堆栈中恢复用户堆栈的指针，包括堆栈段寄存器的内容，并从系统堆栈中恢复在用户空间的返回地址，包括代码段寄存器的内容。与数据段寄存器%ds类似，这两个步骤都有可能发生问题而产生GP异常，使CPU回不到用户空间中去。那么，怎样修复呢？对CS和SS不能通过使用空选择码的"瞒天过海"手段，因为CS和SS根本不接受空选择码（会产生GP异常）。所以，问题比"popl %ds"所可能发生的问题更为严重。而解决的办法，则只好通过do_exit()（详见"进程与进程调度"一章），将当前进程"丢卒保车"杀掉算了（见118～123行）。把当前进程杀了以后，内核会调度另一个进程成为当前进程。所以，当再要从系统空间返回到用户空间时，是返回到另一个进程的用户空间中去，那时候要从系统堆栈中恢复的寄存器副本也是另一个进程的副本了。

系统调用sethostname( )的实现虽然很简单，但是从内核中的入口system_call到进入sys_sethostname( )前的这一段代码，以及从sys_sethostname( )返回后直到完成RESTORE_ALL中的iret指令这一段代码，则是所有系统调用所共用的。不管什么系统调用，其进入内核以及退出内核的过程都是相同的。以后，当我们谈到系统调用时，就直接从内核中的实现，如sys_sethostname( )那样开始。

最后，还要指出一个读者已经看到但是未必清楚地意识到的事实，那就是从内核中可以直接访问当前进程的用户空间，所使用的虚拟地址也与当进程处于用户空间时的地址完全相同。当然，反过来就不可以了。

3.9 系统调用号与跳转表

文件 include/asm/unistd.h 为每个系统调用定义了一个惟一的编号，称为系统调用号。部分编号如下所示：

```
8    #define __NR_exit       1
9    #define __NR_fork       2
10   #define __NR_read       3
11   #define __NR_write      4
12   #define __NR_open       5
13   #define __NR_close      6
14   #define __NR_waitpid    7
15   #define __NR_creat      8
```

```
16    #define __NR_link        9
17    #define __NR_unlink      10
18    #define __NR_execve      11
19    #define __NR_chdir       12
20    #define __NR_time        13
21    #define __NR_mknod       14
```

系统调用的跳转表是一个函数指针数组，跳转时以系统调用号为下标在数组中找到相应的函数指针。该数组是在 arch/i386/kernel/entry.s 中定义的。数组的大小由常数 NR_syscalls 决定，该常数在 include/linux/sys.h 中定义为 256。目前 Linux 共定义了 221 个系统调用，其余的 30 余项可供用户自行添加。数组中对凡是没有定义的下标（系统调用号）都放上一个函数指针，指向 sys_ni_syscall( )，其代码在 kernel/sys.c 中：

```
169   asmlinkage long sys_ni_syscall(void)
170   {
171     return -ENOSYS;
172   }
```

下面即为 entry.S 中数组 sys_call_table 的汇编代码。第 656 行处的 rept NR_syscalls-221 系 gcc 预处理命令。文件经预处理后就会将后面的 657 行重复（NR_syscalls-221）次，也即 35 次。

```
425   ENTRY(sys_call_table)
426     .long SYMBOL_NAME(sys_ni_syscall)    /* 0 - old "setup( )" system call*/
427     .long SYMBOL_NAME(sys_exit)
428     .long SYMBOL_NAME(sys_fork)
429     .long SYMBOL_NAME(sys_read)
430     .long SYMBOL_NAME(sys_write)
431     .long SYMBOL_NAME(sys_open)          /* 5 */
432     .long SYMBOL_NAME(sys_close)
433     .long SYMBOL_NAME(sys_waitpid)
434     .long SYMBOL_NAME(sys_creat)
435     .long SYMBOL_NAME(sys_link)
436     .long SYMBOL_NAME(sys_unlink)        /* 10 */
437     .long SYMBOL_NAME(sys_execve)
438     .long SYMBOL_NAME(sys_chdir)
439     .long SYMBOL_NAME(sys_time)
440     .long SYMBOL_NAME(sys_mknod)
441     .long SYMBOL_NAME(sys_chmod)         /* 15 */
442     .long SYMBOL_NAME(sys_lchown16)
443     .long SYMBOL_NAME(sys_ni_syscall)    /* old break syscall holder */
444     .long SYMBOL_NAME(sys_stat)
445     .long SYMBOL_NAME(sys_lseek)
446     .long SYMBOL_NAME(sys_getpid)        /* 20 */
447     .long SYMBOL_NAME(sys_mount)
448     .long SYMBOL_NAME(sys_oldumount)
449     .long SYMBOL_NAME(sys_setuid16)
```

```
450         .long SYMBOL_NAME(sys_getuid16)
451         .long SYMBOL_NAME(sys_stime)           /* 25 */
452         .long SYMBOL_NAME(sys_ptrace)
453         .long SYMBOL_NAME(sys_alarm)
454         .long SYMBOL_NAME(sys_fstat)
455         .long SYMBOL_NAME(sys_pause)
456         .long SYMBOL_NAME(sys_utime)           /* 30 */
457         .long SYMBOL_NAME(sys_ni_syscall)      /* old stty syscall holder */
458         .long SYMBOL_NAME(sys_ni_syscall)      /* old gtty syscall holder */
459         .long SYMBOL_NAME(sys_access)
460         .long SYMBOL_NAME(sys_nice)
461         .long SYMBOL_NAME(sys_ni_syscall)      /* 35 *//* old ftime syscall holder */
462         .long SYMBOL_NAME(sys_sync)
463         .long SYMBOL_NAME(sys_kill)
464         .long SYMBOL_NAME(sys_rename)
465         .long SYMBOL_NAME(sys_mkdir)
466         .long SYMBOL_NAME(sys_rmdir)           /* 40 */
467         .long SYMBOL_NAME(sys_dup)
468         .long SYMBOL_NAME(sys_pipe)
469         .long SYMBOL_NAME(sys_times)
470         .long SYMBOL_NAME(sys_ni_syscall)      /* old prof syscall holder */
471         .long SYMBOL_NAME(sys_brk)             /* 45 */
472         .long SYMBOL_NAME(sys_setgid16)
473         .long SYMBOL_NAME(sys_getgid16)
474         .long SYMBOL_NAME(sys_signal)
475         .long SYMBOL_NAME(sys_geteuid16)
476         .long SYMBOL_NAME(sys_getegid16)       /* 50 */
477         .long SYMBOL_NAME(sys_acct)
478         .long SYMBOL_NAME(sys_umount)          /* recycled never used phys( ) */
479         .long SYMBOL_NAME(sys_ni_syscall)      /* old lock syscall holder */
480         .long SYMBOL_NAME(sys_ioctl)
481         .long SYMBOL_NAME(sys_fcntl)           /* 55 */
482         .long SYMBOL_NAME(sys_ni_syscall)      /* old mpx syscall holder */
483         .long SYMBOL_NAME(sys_setpgid)
484         .long SYMBOL_NAME(sys_ni_syscall)      /* old ulimit syscall holder */
485         .long SYMBOL_NAME(sys_olduname)
486         .long SYMBOL_NAME(sys_umask)           /* 60 */
487         .long SYMBOL_NAME(sys_chroot)
488         .long SYMBOL_NAME(sys_ustat)
489         .long SYMBOL_NAME(sys_dup2)
490         .long SYMBOL_NAME(sys_getppid)
491         .long SYMBOL_NAME(sys_getpgrp)         /* 65 */
492         .long SYMBOL_NAME(sys_setsid)
493         .long SYMBOL_NAME(sys_sigaction)
494         .long SYMBOL_NAME(sys_sgetmask)
495         .long SYMBOL_NAME(sys_ssetmask)
496         .long SYMBOL_NAME(sys_setreuid16)      /* 70 */
497         .long SYMBOL_NAME(sys_setregid16)
```

```
498         .long SYMBOL_NAME(sys_sigsuspend)
499         .long SYMBOL_NAME(sys_sigpending)
500         .long SYMBOL_NAME(sys_sethostname)
501         .long SYMBOL_NAME(sys_setrlimit)          /* 75 */
502         .long SYMBOL_NAME(sys_old_getrlimit)
503         .long SYMBOL_NAME(sys_getrusage)
504         .long SYMBOL_NAME(sys_gettimeofday)
505         .long SYMBOL_NAME(sys_settimeofday)
506         .long SYMBOL_NAME(sys_getgroups16)        /* 80 */
507         .long SYMBOL_NAME(sys_setgroups16)
508         .long SYMBOL_NAME(old_select)
509         .long SYMBOL_NAME(sys_symlink)
510         .long SYMBOL_NAME(sys_lstat)
511         .long SYMBOL_NAME(sys_readlink)           /* 85 */
512         .long SYMBOL_NAME(sys_uselib)
513         .long SYMBOL_NAME(sys_swapon)
514         .long SYMBOL_NAME(sys_reboot)
515         .long SYMBOL_NAME(old_readdir)
516         .long SYMBOL_NAME(old_mmap)               /* 90 */
517         .long SYMBOL_NAME(sys_munmap)
518         .long SYMBOL_NAME(sys_truncate)
519         .long SYMBOL_NAME(sys_ftruncate)
520         .long SYMBOL_NAME(sys_fchmod)
521         .long SYMBOL_NAME(sys_fchown16)           /* 95 */
522         .long SYMBOL_NAME(sys_getpriority)
523         .long SYMBOL_NAME(sys_setpriority)
524         .long SYMBOL_NAME(sys_ni_syscall)         /* old profil syscall holder */
525         .long SYMBOL_NAME(sys_statfs)
526         .long SYMBOL_NAME(sys_fstatfs)            /* 100 */
527         .long SYMBOL_NAME(sys_ioperm)
528         .long SYMBOL_NAME(sys_socketcall)
529         .long SYMBOL_NAME(sys_syslog)
530         .long SYMBOL_NAME(sys_setitimer)
531         .long SYMBOL_NAME(sys_getitimer)          /* 105 */
532         .long SYMBOL_NAME(sys_newstat)
533         .long SYMBOL_NAME(sys_newlstat)
534         .long SYMBOL_NAME(sys_newfstat)
535         .long SYMBOL_NAME(sys_uname)
536         .long SYMBOL_NAME(sys_iopl)               /* 110 */
537         .long SYMBOL_NAME(sys_vhangup)
538         .long SYMBOL_NAME(sys_ni_syscall)         /* old "idle" system call */
539         .long SYMBOL_NAME(sys_vm86old)
540         .long SYMBOL_NAME(sys_wait4)
541         .long SYMBOL_NAME(sys_swapoff)            /* 115 */
542         .long SYMBOL_NAME(sys_sysinfo)
543         .long SYMBOL_NAME(sys_ipc)
544         .long SYMBOL_NAME(sys_fsync)
545         .long SYMBOL_NAME(sys_sigreturn)
```

```
546         .long SYMBOL_NAME(sys_clone)            /* 120 */
547         .long SYMBOL_NAME(sys_setdomainname)
548         .long SYMBOL_NAME(sys_newuname)
549         .long SYMBOL_NAME(sys_modify_ldt)
550         .long SYMBOL_NAME(sys_adjtimex)
551         .long SYMBOL_NAME(sys_mprotect)         /* 125 */
552         .long SYMBOL_NAME(sys_sigprocmask)
553         .long SYMBOL_NAME(sys_create_module)
554         .long SYMBOL_NAME(sys_init_module)
555         .long SYMBOL_NAME(sys_delete_module)
556         .long SYMBOL_NAME(sys_get_kernel_syms)  /* 130 */
557         .long SYMBOL_NAME(sys_quotactl)
558         .long SYMBOL_NAME(sys_getpgid)
559         .long SYMBOL_NAME(sys_fchdir)
560         .long SYMBOL_NAME(sys_bdflush)
561         .long SYMBOL_NAME(sys_sysfs)            /* 135 */
562         .long SYMBOL_NAME(sys_personality)
563         .long SYMBOL_NAME(sys_ni_syscall)       /* for afs_syscall */
564         .long SYMBOL_NAME(sys_setfsuid16)
565         .long SYMBOL_NAME(sys_setfsgid16)
566         .long SYMBOL_NAME(sys_llseek)           /* 140 */
567         .long SYMBOL_NAME(sys_getdents)
568         .long SYMBOL_NAME(sys_select)
569         .long SYMBOL_NAME(sys_flock)
570         .long SYMBOL_NAME(sys_msync)
571         .long SYMBOL_NAME(sys_readv)            /* 145 */
572         .long SYMBOL_NAME(sys_writev)
573         .long SYMBOL_NAME(sys_getsid)
574         .long SYMBOL_NAME(sys_fdatasync)
575         .long SYMBOL_NAME(sys_sysctl)
576         .long SYMBOL_NAME(sys_mlock)            /* 150 */
577         .long SYMBOL_NAME(sys_munlock)
578         .long SYMBOL_NAME(sys_mlockall)
579         .long SYMBOL_NAME(sys_munlockall)
580         .long SYMBOL_NAME(sys_sched_setparam)
581         .long SYMBOL_NAME(sys_sched_getparam)   /* 155 */
582         .long SYMBOL_NAME(sys_sched_setscheduler)
583         .long SYMBOL_NAME(sys_sched_getscheduler)
584         .long SYMBOL_NAME(sys_sched_yield)
585         .long SYMBOL_NAME(sys_sched_get_priority_max)
586         .long SYMBOL_NAME(sys_sched_get_priority_min)  /* 160 */
587         .long SYMBOL_NAME(sys_sched_rr_get_interval)
588         .long SYMBOL_NAME(sys_nanosleep)
589         .long SYMBOL_NAME(sys_mremap)
590         .long SYMBOL_NAME(sys_setresuid16)
591         .long SYMBOL_NAME(sys_getresuid16)      /* 165 */
592         .long SYMBOL_NAME(sys_vm86)
593         .long SYMBOL_NAME(sys_query_module)
```

```
594         .long SYMBOL_NAME(sys_poll)
595         .long SYMBOL_NAME(sys_nfsservctl)
596         .long SYMBOL_NAME(sys_setresgid16)      /* 170 */
597         .long SYMBOL_NAME(sys_getresgid16)
598         .long SYMBOL_NAME(sys_prctl)
599         .long SYMBOL_NAME(sys_rt_sigreturn)
600         .long SYMBOL_NAME(sys_rt_sigaction)
601         .long SYMBOL_NAME(sys_rt_sigprocmask)   /* 175 */
602         .long SYMBOL_NAME(sys_rt_sigpending)
603         .long SYMBOL_NAME(sys_rt_sigtimedwait)
604         .long SYMBOL_NAME(sys_rt_sigqueueinfo)
605         .long SYMBOL_NAME(sys_rt_sigsuspend)
606         .long SYMBOL_NAME(sys_pread)            /* 180 */
607         .long SYMBOL_NAME(sys_pwrite)
608         .long SYMBOL_NAME(sys_chown16)
609         .long SYMBOL_NAME(sys_getcwd)
610         .long SYMBOL_NAME(sys_capget)
611         .long SYMBOL_NAME(sys_capset)           /* 185 */
612         .long SYMBOL_NAME(sys_sigaltstack)
613         .long SYMBOL_NAME(sys_sendfile)
614         .long SYMBOL_NAME(sys_ni_syscall)       /* streams1 */
615         .long SYMBOL_NAME(sys_ni_syscall)       /* streams2 */
616         .long SYMBOL_NAME(sys_vfork)            /* 190 */
617         .long SYMBOL_NAME(sys_getrlimit)
618         .long SYMBOL_NAME(sys_mmap2)
619         .long SYMBOL_NAME(sys_truncate64)
620         .long SYMBOL_NAME(sys_ftruncate64)
621         .long SYMBOL_NAME(sys_stat64)           /* 195 */
622         .long SYMBOL_NAME(sys_lstat64)
623         .long SYMBOL_NAME(sys_fstat64)
624         .long SYMBOL_NAME(sys_lchown)
625         .long SYMBOL_NAME(sys_getuid)
626         .long SYMBOL_NAME(sys_getgid)           /* 200 */
627         .long SYMBOL_NAME(sys_geteuid)
628         .long SYMBOL_NAME(sys_getegid)
629         .long SYMBOL_NAME(sys_setreuid)
630         .long SYMBOL_NAME(sys_setregid)
631         .long SYMBOL_NAME(sys_getgroups)        /* 205 */
632         .long SYMBOL_NAME(sys_setgroups)
633         .long SYMBOL_NAME(sys_fchown)
634         .long SYMBOL_NAME(sys_setresuid)
635         .long SYMBOL_NAME(sys_getresuid)
636         .long SYMBOL_NAME(sys_setresgid)        /* 210 */
637         .long SYMBOL_NAME(sys_getresgid)
638         .long SYMBOL_NAME(sys_chown)
639         .long SYMBOL_NAME(sys_setuid)
640         .long SYMBOL_NAME(sys_setgid)
641         .long SYMBOL_NAME(sys_setfsuid)         /* 215 */
```

```
642             .long SYMBOL_NAME(sys_setfsgid)
643             .long SYMBOL_NAME(sys_pivot_root)
644             .long SYMBOL_NAME(sys_mincore)
645             .long SYMBOL_NAME(sys_madvise)
646             .long SYMBOL_NAME(sys_getdents64)       /* 220 */
647             .long SYMBOL_NAME(sys_fcntl64)
648             .long SYMBOL_NAME(sys_ni_syscall)       /* reserved for TUX */
649
650             /*
651              * NOTE!! This doesn't have to be exact - we just have
652              * to make sure we have _enough_ of the "sys_ni_syscall"
653              * entries. Don't panic if you notice that this hasn't
654              * been shrunk every time we add a new system call.
655              */
656             .rept NR_syscalls-221
657                     .long SYMBOL_NAME(sys_ni_syscall)
658             .endr
```

第4章

进程与进程调度

4.1 进程四要素

要给"进程"下一个确切的定义不是件容易的事。不过，一般来说 Linux 系统中的进程都具备下列诸要素：

(1) 有一段程序供其执行，就好像一场戏要有个剧本一样。这段程序不一定是进程所专有，可以与其他进程共用，就好像不同剧团的许多场演出可以共用一个剧本一样。
(2) 有起码的"私有财产"，这就是进程专用的系统堆栈空间。
(3) 有"户口"，这就是在内核中的一个 task_struct 数据结构，操作系统教科书中常称为"进程控制块"。有了这个数据结构，进程才能成为内核调度的一个基本单位接受内核的调度。同时，这个结构又是进程的"财产登记卡"，记录着进程所占用的各项资源。
(4) 有独立的存储空间，意味着拥有专有的用户空间；进一步，还意味着除前述的系统空间堆栈外还有其专用的用户空间堆栈。注意，系统空间是不能独立的，任何进程都不可能直接（不通过系统调用）改变系统空间的内容（除其本身的系统空间堆栈以外）。

这四条都是必要条件，缺了其中任何一条就不成其为"进程"。如果只具备了前面三条而缺第四条，那就称为"线程"。特别地，如果完全没有用户空间，就称为"内核线程"（kernel thread）；而如果共享用户空间则就称为"用户线程"。在不致引起混淆的场合，二者也都往往简称为"线程"。读者在第 2 章中看到过的 kswapd，就是一个内核线程。读者要注意，不要把这里的"线程"与有些系统中在用户空间的同一进程内实现的"线程"相混淆。那种线程显然不拥有独立、专用的系统堆栈，也不作为一个调度单位直接受内核调度。而且，既然 Linux 内核提供了对线程的支持，一般也就没有必要再在进程内部，即用户空间中自行实现线程。

另一方面，进程与线程的区分也不是十分严格的，一般在讲到进程时常常也包括了线程。事实上，在 Linux（以及 Unix）系统中，许多进程在"诞生"之初都与其父进程共用同一个存储空间，所以严格说来还是线程；但是子进程可以建立其自己的存储空间，并与父进程分道扬镳，成为真正意义上的进程。再说，线程也有"pid"，也有 task_struct 结构，所以这两个词在使用中有时候并不严格加以区分，要根据上下文理解其含意。

还有，在 Linux 系统中"进程"（process）和"任务"（task）是同一个意思，在内核的代码中也常常混用这两个名词和概念。例如，每一个进程都要有一个 task_struct 数据结构，而其号码却又是 pid；唤醒一个睡眠进程的函数名为 wake_up_process( )。之所以有这样的情况是因为 Linux 源自 Unix 和 i386 系统结构，而 Unix 中的进程在 Intel 的技术资料中则称为"任务"（严格说来有点区别，但是对 Linux 和 Unix 的实现来说是一码事）。

Linux 系统运行时的第一个进程是在初始化阶段"捏造"出来的。而此后的进程或线程则都是由一个业已存在的进程像细胞分裂那样通过系统调用复制出来的，称为"fork"（分叉）或"clone"（克隆）。

除上述最起码的"财产"，即 task_struct 数据结构和系统堆栈之外，一个进程还要有些附加的资源。例如，上面说过，"独立"的存储空间意味着进程拥有用户空间，因此就要有用于虚存管理的 mm_struct 数据结构以及下属的 vm_area 数据结构，以及相应的页面目录项和页面表。但那些都是第二位的，从属于 task_struct 的资源，而 task_struct 数据结构则在这方面起着登记卡的作用。至于进程的具体实现，则在相当程度上取决于宿主 CPU 的系统结构。

在转入详细介绍进程的各个要素之前，我们先讲一下 i386 系统结构所提供的进程管理机制以及 Linux 内核对这种机制的特殊运用和处理。读者可以结合第 2 章中的有关内容阅读。

Intel 在 i386 系统结构的设计中考虑到了进程（任务）的管理和调度，并从硬件上支持任务间的切换。为此目的，Intel 在 i386 系统结构中增设了另一种新的段，叫做"任务状态段"TSS。一个 TSS 虽说像代码段、数据段等一样，也是一个"段"，实际上却只是一个 104 字节的数据结构、或曰控制块，用以记录一个任务的关键性的状态信息，包括：

- 任务切换前夕（也就是切入点上）该任务各通用寄存器的内容。
- 任务切换前夕（切入点上）该任务各个段寄存器（包括 ES、CS、SS、DS、FS 和 ES）的内容。
- 任务切换前夕（切入点上）该任务 EFLAGS 寄存器的内容。
- 任务切换前夕（切入点上）该任务指令地址寄存器 EIP 的内容。
- 指向前一个任务的 TSS 结构的段选择码。当前任务执行 IRET 指令时，就返回到由这个段选择码所指的（TSS 所代表的）任务（返回地址则由堆栈决定）。
- 该任务的 LDT 段选择码，它指向任务的 LDT。
- 控制寄存器 CR3 的内容，它指向任务的页面目录。
- 三个堆栈指针，分别为当任务运行于 0 级、1 级和 2 级时的堆栈指针，包括堆栈段寄存器 SS0、SS1 和 SS2，以及 ESP0、ESP1 和 ESP2 的内容。注意，在 CPU 中只有一个 SS 和一个 ESP 寄存器，但是 CPU 在进入新的运行级别时会自动从当前任务的 TSS 中装入相应 SS 和 ESP 的内容，实现堆栈的切换。
- 一个用于程序跟踪的标志位 T。当 T 标志位为 1 时，CPU 就会在切入该进程时产生一次 debug 异常，这样就可以在 debug 异常的服务程序中安排所需的操作，如加以记录、显示、等等。
- 在一个 TSS 段中，除了基本的 104 字节的 TSS 结构以外，还可以有一些附加的信息。其中之一是表示 I/O 权限的位图。i386 系统结构允许 I/O 指令在比 0 级为低的状态下执行，也就是说可以将外设驱动实现于一个既非内核（0 级）也非用户（3 级）的空间中，这个位图就是用于这个目的。另一个是"中断重定向位图"，用于 vm86 模式。

像其他的"段"一样，TSS 也要在段描述表中有个表项。不过 TSS 的描述项只能在 GDT 中，而不能放在任何一个 LDT 中或 IDT 中。如果通过一个段选择项访问一个 TSS，而选择项中的 T1 标志位为 1（表示使用 LDT），就会产生一次"总保护"GP 异常。TSS 描述项的结构与其他的段描述项基本相同（参看第 2 章），但有一个 B（Busy）标志位，表示相应 TSS 所代表的任务是否正在运行或者正被中断。

另外，CPU 中还增设了一个"任务寄存器" TR，指向当前任务的 TSS。相应地，还增加了一条指令 LTR，对 TR 寄存器进行装入操作。像 CS 和 DS 一样，TR 也有一个不可见的部分，每当将一个段选择码装入到 TR 中时，CPU 就自动找到所选择的 TSS 描述项并将其装入到 TR 中的不可见部分，以加速以后对该 TSS 段的访问。

还有，在 IDT 表中，除中断门、陷阱门和调用门外，还定义了一种"任务门"。任务门中包含着一个 TSS 段选择码。当 CPU 因中断而穿过一个任务门时，就会将任务门中的段选择码自动装入 TR，使 TR 指向新的 TSS，并完成任务切换。CPU 还可以通过 JMP 和 CALL 指令实现任务切换，当跳转或调用的目标段（代码段）实际上指向 GDT 表中的一个 TSS 描述项时，就会引起一次任务切换。

Intel 的这种设计确实很周到，也为任务切换提供了一个非常简洁的机制。但是，请读者注意，由 CPU 自动完成的这种任务切换并不是像读者可能误以为的那样只相当于"一条指令"。实际上，i386 的系统结构基本上是 CISC 的，而通过 JMP 指令或 CALL 指令（或中断）完成任务切换的过程可以说是典型的、甚至是极端的"复杂指令"执行过程，其执行过程长达 300 多个 CPU 时钟周期（一条 POP 指令占 12 个 CPU 时钟周期）。在执行的过程中，CPU 实际上做了所有可能需要做的事，而其中有的事在一定的条件下本来是可以简化的，有的事则可能在一定的条件下应该按不同的方式组合。所以，i386 CPU 所提供的这种任务切换机制就好像是一种"高级语言"的成分。你固然可以用它，但对于操作系统的设计和实现而言，你往往会选择"汇编语言"来实现这个机制，以达到更高的效率和更大的灵活性。更重要的是，任务的切换往往不是孤立的，常常跟其他的操作联系在一起。例如，在 Unix 和 Linux 系统中，任务切换就只发生于系统空间，因而与系统调用和中断密切联系在一起，并且有许多操作可以合并。

就如对 i386 所提供的许多其他功能一样，读者将会看到，Linux 内核实际上并不使用 i386 CPU 硬件提供的任务切换机制。不过，由于 i386 CPU 要求软件设置 TR 及 TSS，内核中便只好"走过场"地设置好 TR 及 TSS 以满足 CPU 的要求。但是，内核中并不使用任务门、也不允许使用 JMP 或 CALL 指令实施任务切换。内核只是在初始化阶段设置 TR，使之指向一个 TSS，从此以后就再不改变 TR 的内容了。也就是说，每个 CPU（如果有多个 CPU 的话）在初始化以后的全部运行过程中永远各自使用同一个 TSS。同时，内核也不依靠 TSS 保存每个进程切换时的寄存器副本，而是将这些寄存器的副本保存在各个进程自己的系统空间堆栈中，就如读者在第 3 章中所看到的那样。

这样一来，TSS 中的绝大部分内容已经失去了原来的意义。可是，在第 3 章中讲过，当 CPU 因中断或系统调用而从用户空间进入系统空间时，会由于运行级别的变化而自动更换堆栈。而新的堆栈指针，包括堆栈段寄存器 SS 的内容和堆栈指针寄存器 ESP 的内容，则取自"当前"任务的 TSS。由于在 Linux 中只使用两个运行级别，即 0 级和 3 级，所以 TSS 中为另两个级别（即 1 级和 2 级）设置的堆栈指针副本也失去了意义。于是，对于 Linux 内核来说，TSS 中有意义的就只剩下了 0 级的堆栈指针，也就是 SS0 和 ESP0 两项了。Intel 原来的意图是让 TR 的内容，随着不同的 TSS，随着任务的切换而走马灯似地转。可是在 Linux 内核中却变成了"铁打的营盘流水的兵"：就一个 TSS，像一座营盘，一经建立就再也不动了。而里面的内容，也就是当前任务的系统堆栈指针，则随着进程的调度切换而流水似地变动。这里的原因在于：改变 TSS 中 SS0 和 ESP0 所化的开销比通过装入 TR 以更换一个 TSS 要小得多。因此，在 Linux 内核中，TSS 并不是属于某个进程的资源，而是全局性的公共资源。在多处理器的情况下，尽管内核中确实有多个 TSS，但是每个 CPU 仍旧只有一个 TSS，一经装入就不再变了。

那么，这个 TSS 是什么样的呢？请看 include/asm-i386/processor.h 中对 INIT_TSS 的定义：

```
392     #define INIT_TSS  {                                           \
```

```
393         0, 0, /* back_link, __blh */                    \
394         sizeof(init_stack) + (long) &init_stack, /* esp0 */ \
395         __KERNEL_DS, 0, /* ss0 */                       \
396         0, 0, 0, 0, 0, 0, /* stack1, stack2 */          \
397         0, /* cr3 */                                    \
398         0, 0, /* eip, eflags */                         \
399         0, 0, 0, 0, /* eax, ecx, edx, ebx */            \
400         0, 0, 0, 0, /* esp, ebp, esi, edi */            \
401         0, 0, 0, 0, 0, 0, /* es, cs, ss */              \
402         0, 0, 0, 0, 0, 0, /* ds, fs, gs */              \
403         __LDT(0), 0, /* ldt */                          \
404         0, INVALID_IO_BITMAP_OFFSET, /* tace, bitmap */ \
405         {~0, } /* ioperm */                             \
406     }
```

这里把系统中第一个进程的SS0设置成__KERNEL_DS，而把ESP0设置成指向&init_stack的顶端。对INIT_TSS的引用则在kernel/init_task.c中给出：

```
26    /*
27     * per-CPU TSS segments. Threads are completely 'soft' on Linux,
28     * no more per-task TSS's. The TSS size is kept cacheline-aligned
29     * so they are allowed to end up in the .data.cacheline_aligned
30     * section. Since TSS's are completely CPU-local, we want them
31     * on exact cacheline boundaries, to eliminate cacheline ping-pong.
32     */
33    struct tss_struct init_tss[NR_CPUS] __cacheline_aligned =
                                        { [0 ... NR_CPUS-1] = INIT_TSS };
```

结构数组 init_tss 的大小为 NR_CPUS，即系统中 CPU 的个数。每个 TSS 的内容都相同，都由 INIT_TSS 定义。此外，每个 TSS 的起始地址都与高速缓存中的缓冲行对齐。

数据结构 tss_struct 是在 processor.h 中定义的，它反映了 TSS 段的结构：

```
327   struct tss_struct {
328       unsigned short    back_link, __blh;
329       unsigned long     esp0;
330       unsigned short    ss0, __ss0h;
331       unsigned long     esp1;
332       unsigned short    ss1, __ss1h;
333       unsigned long     esp2;
334       unsigned short    ss2, __ss2h;
335       unsigned long     __cr3;
336       unsigned long     eip;
337       unsigned long     eflags;
338       unsigned long     eax, ecx, edx, ebx;
339       unsigned long     esp;
340       unsigned long     ebp;
341       unsigned long     esi;
```

```
342         unsigned long      edi;
343         unsigned short     es, __esh;
344         unsigned short     cs, __csh;
345         unsigned short     ss, __ssh;
346         unsigned short     ds, __dsh;
347         unsigned short     fs, __fsh;
348         unsigned short     gs, __gsh;
349         unsigned short     ldt, __ldth;
350         unsigned short     trace, bitmap;
351         unsigned long      io_bitmap[IO_BITMAP_SIZE+1];
352         /*
353          * pads the TSS to be cacheline-aligned (size is 0x100)
354          */
355         unsigned long __cacheline_filler[5];
356    };
```

前面讲过，每个进程都有一个 task_struct 数据结构和一片用作系统空间堆栈的存储空间。这二者缺一不可，又有紧密的联系，所以在物理存储空间中也连在一起。内核在为每个进程分配一个 task_struct 结构时，实际上分配两个连续的物理页面（共 8192 字节）。这两个页面的底部用作进程的 task_struct 结构，而在结构的上面就用作进程的系统空间堆栈，见图4.1。

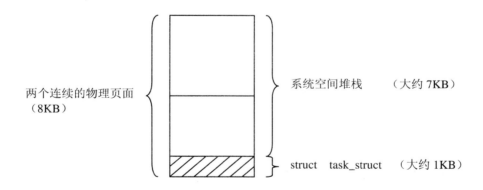

图 4.1 进程系统堆栈示意图

数据结构 task_struct 的大小约 1K 字节，所以进程系统空间堆栈的大小约为 7K 字节。注意，系统空间堆栈的空间不像用户空间堆栈那样可以在运行时动态地扩展（见第 2 章），而是静态地确定了的。所以，在中断服务程序、内核软中断服务程序以及其他设备驱动程序的设计中，应注意不能让这些函数嵌套太深，同时，在这些函数中也不宜使用太多、太大的局部变量。像下面程序中这样的局部变量就应该避免：

```
int   something( )
{
        char   buf [1024];
        ......
}
```

这里的 buf 是局部变量，因为是在堆栈中，它一下子就耗去了 1K 字节，显然是不合适的。

进程 task_struct 结构以及系统空间堆栈的这种特殊安排，决定了内核中一些宏操作的定义（processor.h）：

```
446     #define THREAD_SIZE (2*PAGE_SIZE)
447     #define alloc_task_struct( ) ((struct task_struct *) \
                                          __get_free_pages(GFP_KERNEL,1))
448     #define free_task_struct(p) free_pages((unsigned long) (p), 1)
```

THREAD_SIZE 定义为两个页面，表示每个内核线程（一个进程必定同时又是一个内核线程）的这两项基本资源所占的物理存储空间大小。至于 alloc_task_struck( ) 的实现，读者也许会想像成这样：

```
struct   task_struct *t = kmalloc(sizeof(struct task_struct));
```

实际上却不是，这是因为所分配的并不仅仅是 task_struct 数据结构的大小，而是连同系统空间堆栈所需的空间一起分配。注意，__get_free_pages( ) 中第二个参数的值 1 表示 2^1，也就是两个页面。

当进程在系统空间运行时，常常需要访问当前进程自身的 task_struct 数据结构。为此目的，内核中(current.h)定义了一个宏操作 current，提供指向当前进程 task_struct 结构的指针：

```
6       static inline struct task_struct * get_current(void)
7       {
8         struct task_struct *current;
9         __asm__("andl %%esp,%0; ":"=r" (current) : "0" (~8191UL));
10        return current;
11      }
12
13      #define current get_current( )
```

第 9 行通过将当前的堆栈指针寄存器 ESP 的内容与 8191UL（0xffffe00）相"与"而得到当前进程 task_struct 结构的起始地址（汇编代码的解释可参看第 2 章和第 3 章中的几个例子）。结合前面的图 4.1 和说明，读者应不难理解为什么这样就可以得到所需的地址。

那么，为什么不把这地址放在一个全局量中，使得每次调度一个新的进程运行时就将该进程的 task_struct 结构的起始地址写入这个变量，以后便随时可用，这样不是更有效吗？答案恰恰相反。一条 AND 指令的执行只需 4 个 CPU 时钟周期，而一条从寄存器到寄存器的 MOV 指令也才 2 个 CPU 时钟周期，所以，像这样在需要时才临时把它计算出来反而效率更高。读者从这里也可以看出，高水平的系统程序员的"抠门"真是到了极点。

与此相类似的，还有在进入中断和系统调用时所引用的宏操作 GET_CURRENT，那是在 include/asm-i386/hw_irq.h 中定义的：

```
113     #define GET_CURRENT \
114     "movl %esp, %ebx\n\t" \
115     "andl $-8192, %ebx\n\t"
```

我们在第 2 章中跳过了对这段程序的解释,因为那时还没有讲到进程的系统空间堆栈与其 task_struct 结构之间的关系。

task_struct 的定义在 include/linux/sched.h 中给出:

```
277   struct task_struct {
278       /*
279        * offsets of these are hardcoded elsewhere - touch with care
280        */
281       volatile long state;    /* -1 unrunnable, 0 runnable, >0 stopped */
282       unsigned long flags;    /* per process flags, defined below */
283       int sigpending;
284       mm_segment_t addr_limit;    /* thread address space:
285                               0-0xBFFFFFFF for user-thead
286                               0-0xFFFFFFFF for kernel-thread
287                            */
288       struct exec_domain *exec_domain;
289       volatile long need_resched;
290       unsigned long ptrace;
291
292       int lock_depth;    /* Lock depth */
293
294   /*
295    * offset 32 begins here on 32-bit platforms. We keep
296    * all fields in a single cacheline that are needed for
297    * the goodness() loop in schedule().
298    */
299       long counter;
300       long nice;
301       unsigned long policy;
302       struct mm_struct *mm;
303       int has_cpu, processor;
304       unsigned long cpus_allowed;
305       /*
306        * (only the 'next' pointer fits into the cacheline, but
307        * that's just fine.)
308        */
309       struct list_head run_list;
310       unsigned long sleep_time;
311
312       struct task_struct *next_task, *prev_task;
313       struct mm_struct *active_mm;
314
315   /* task state */
316       struct linux_binfmt *binfmt;
317       int exit_code, exit_signal;
318       int pdeath_signal;    /* The signal sent when the parent dies */
319       /* ??? */
```

```
320         unsigned long personality;
321         int dumpable:1;
322         int did_exec:1;
323         pid_t pid;
324         pid_t pgrp;
325         pid_t tty_old_pgrp;
326         pid_t session;
327         pid_t tgid;
328         /* boolean value for session group leader */
329         int leader;
330         /*
331          * pointers to (original) parent process, youngest child, younger sibling,
332          * older sibling, respectively.  (p->father can be replaced with
333          * p->p_pptr->pid)
334          */
335         struct task_struct *p_opptr, *p_pptr, *p_cptr, *p_ysptr, *p_osptr;
336         struct list_head thread_group;
337
338         /* PID hash table linkage. */
339         struct task_struct *pidhash_next;
340         struct task_struct **pidhash_pprev;
341
342         wait_queue_head_t wait_chldexit;    /* for wait4() */
343         struct semaphore *vfork_sem;        /* for vfork() */
344         unsigned long rt_priority;
345         unsigned long it_real_value, it_prof_value, it_virt_value;
346         unsigned long it_real_incr, it_prof_incr, it_virt_incr;
347         struct timer_list real_timer;
348         struct tms times;
349         unsigned long start_time;
350         long per_cpu_utime[NR_CPUS], per_cpu_stime[NR_CPUS];
351 /* mm fault and swap info: this can arguably be seen as
                                  either mm-specific or thread-specific */
352         unsigned long min_flt, maj_flt, nswap, cmin_flt, cmaj_flt, cnswap;
353         int swappable:1;
354 /* process credentials */
355         uid_t uid, euid, suid, fsuid;
356         gid_t gid, egid, sgid, fsgid;
357         int ngroups;
358         gid_t   groups[NGROUPS];
359         kernel_cap_t   cap_effective, cap_inheritable, cap_permitted;
360         int keep_capabilities:1;
361         struct user_struct *user;
362 /* limits */
363         struct rlimit rlim[RLIM_NLIMITS];
364         unsigned short used_math;
365         char comm[16];
366 /* file system info */
```

```
367         int link_count;
368         struct tty_struct *tty; /* NULL if no tty */
369         unsigned int locks; /* How many file locks are being held */
370 /* ipc stuff */
371         struct sem_undo *semundo;
372         struct sem_queue *semsleeping;
373 /* CPU-specific state of this task */
374         struct thread_struct thread;
375 /* filesystem information */
376         struct fs_struct *fs;
377 /* open file information */
378         struct files_struct *files;
379 /* signal handlers */
380         spinlock_t sigmask_lock;     /* Protects signal and blocked */
381         struct signal_struct *sig;
382
383         sigset_t blocked;
384         struct sigpending pending;
385
386         unsigned long sas_ss_sp;
387         size_t sas_ss_size;
388         int (*notifier)(void *priv);
389         void *notifier_data;
390         sigset_t *notifier_mask;
391
392 /* Thread group tracking */
393         u32 parent_exec_id;
394         u32 self_exec_id;
395 /* Protection of (de-)allocation: mm, files, fs, tty */
396         spinlock_t alloc_lock;
397 };
```

先把结构中几个特别重要的成分介绍一下，其余则留待以后用到的时候再来介绍。这些成分大体可以分成状态、性质、资源和组织等几大类。

第281行的state表示进程当前的运行状态，具体定义见sched.h：

```
84  #define TASK_RUNNING          0
85  #define TASK_INTERRUPTIBLE    1
86  #define TASK_UNINTERRUPTIBLE  2
87  #define TASK_ZOMBIE           4
88  #define TASK_STOPPED          8
```

状态TASK_INTERRUPTIBLE和TASK_UNINTERRUPTIBLE均表示进程处于睡眠状态。但是，TASK_UNINTERRUPTIBLE表示进程处于"深度睡眠"而不受"信号"（signal，也称"软中断"）的打扰，而TASK_INTERRUPTIBLE则可以因"信号"的到来而被唤醒。内核中提供了不同的函数，让一个进程进入不同深度的睡眠或将进程从睡眠中唤醒。具体地说，函数sleep_on()和wake_up()用于深度睡眠，而 interruptible_sleep_on( ) 和 wake_up_interruptible( ) 则用于浅度睡眠。深度睡眠一般只用于临界区和关键性的部位，而"可中断"的睡眠那就是通用的了。特别，当进程在"阻塞性"（blocking）的系统调用中等待某一事件发生时，应该进入"可中断"睡眠而不应深度睡眠。例如，当进程等待操作人员按某个键的时候，就不应该进入深度睡眠，否则就不能对别的事件作出反应，别的进程就不能通过发一个信号来"杀"掉这个进程了。还应该注意，这里的 INTERRUPTIBLE 或 UNINTERRUPTIBLE 跟"中断"毫无关系，而只是说睡眠能否因其他事件而中断，即唤醒。不过，所谓其他事件主要是"信号"，而信号的概念实际上与中断的概念是相同的，所以这里所谓 INTERRUPTIBLE 也是指这种"软中断"而言。

TASK_RUNNING 状态并不是表示一个进程正在执行中，或者说这个进程就是"当前进程"，而是表示这个进程可以被调度执行而成为当前进程。当进程处于这样的可执行（或就绪）状态时，内核就将该进程的 task_struct 结构通过其队列头 run_list（见 309 行）挂入一个"运行队列"。

TASK_ZOMBIE 状态表示进程已经"去世"（exit）而"户口"尚未注销。

TASK_STOPPED 主要用于调试目的。进程接收到一个 SIGSTOP 信号后就将运行状态改成 TASK_STOPPED 而进入"挂起"状态，然后在接收到一个 SIGCONT 信号时又恢复继续运行。

在本章"进程的调度与切换"一节中有一个进程的状态转换示意图（第 357 页图 4.4），读者不妨先翻过去看一下。

第 282 行中的 flags 也是反映进程状态的信息，但并不是运行状态，而是与管理有关的其他信息。这些标志位也是在 sched.h 中定义的：

```
399     /*
400      * Per process flags
401      */
402     #define PF_ALIGNWARN    0x00000001  /* Print alignment warning msgs */
403                                         /* Not implemented yet, only for 486*/
404     #define PF_STARTING     0x00000002  /* being created */
405     #define PF_EXITING      0x00000004  /* getting shut down */
406     #define PF_FORKNOEXEC   0x00000040  /* forked but didn't exec */
407     #define PF_SUPERPRIV    0x00000100  /* used super-user privileges */
408     #define PF_DUMPCORE     0x00000200  /* dumped core */
409     #define PF_SIGNALED     0x00000400  /* killed by a signal */
410     #define PF_MEMALLOC     0x00000800  /* Allocating memory */
411     #define PF_VFORK        0x00001000  /* Wake up parent in mm_release */
412
413     #define PF_USEDFPU      0x00100000  /* task used FPU this quantum (SMP) */
```

代码作者所加的注解已经说明了各个标志位的作用，这里就不多说了。

除上述的 state 和 flags 以外，反映当前状态的成分还有下面这么一些：

sigpending——表示进程收到了"信号"但尚未处理。与这个标志相联系的是与信号队列有关的 sigqueue、sigqueue_tail、sig 等指针以及 sigmask_lock、signal、blocked 等成分。请详见"进程间通信"中的"信号"一节，以及本章中的有关叙述。

counter——与调度有关，详见"进程的调度与切换"一节。

need_sched——与调度有关，表示 CPU 从系统空间返回用户空间前夕要进行一次调度。

上列当前状态都反映了进程的动态特征，还有一些则反映静态特征：

add_limit——虚存地址空间的上限。对进程而言是其用户空间的上限，所以是 0xbfff ffff；对内核线程而言则是系统空间的上限，所以是 0xffff ffff。

Personality——由于 Unix 有许多不同的版本和变种，应用程序也就有了适用范围，例如 Unix SVR4 的应用程序就未必与为 Linux 开发的其他软件完全兼容。所以根据执行程序的不同，每个进程都有其"个性"。文件 include/linux/personality.h 中定义了有关的常数：

```
8   /* Flags for bug emulation. These occupy the top three bytes. */
9   #define STICKY_TIMEOUTS     0x4000000
10  #define WHOLE_SECONDS       0x2000000
11  #define ADDR_LIMIT_32BIT    0x0800000
12
13  /* Personality types. These go in the low byte. Avoid using the top bit,
14   * it will conflict with error returns.
15   */
16  #define PER_MASK        (0x00ff)
17  #define PER_LINUX       (0x0000)
18  #define PER_LINUX_32BIT (0x0000 | ADDR_LIMIT_32BIT)
19  #define PER_SVR4        (0x0001 | STICKY_TIMEOUTS)
20  #define PER_SVR3        (0x0002 | STICKY_TIMEOUTS)
21  #define PER_SCOSVR3     (0x0003 | STICKY_TIMEOUTS | WHOLE_SECONDS)
22  #define PER_WYSEV386    (0x0004 | STICKY_TIMEOUTS)
23  #define PER_ISCR4       (0x0005 | STICKY_TIMEOUTS)
24  #define PER_BSD         (0x0006)
25  #define PER_SUNOS       (PER_BSD | STICKY_TIMEOUTS)
26  #define PER_XENIX       (0x0007 | STICKY_TIMEOUTS)
27  #define PER_LINUX32     (0x0008)
28  #define PER_IRIX32      (0x0009 | STICKY_TIMEOUTS) /* IRIX5 32-bit    */
29  #define PER_IRIXN32     (0x000a | STICKY_TIMEOUTS) /* IRIX6 new 32-bit */
30  #define PER_IRIX64      (0x000b | STICKY_TIMEOUTS) /* IRIX6 64-bit    */
31  #define PER_RISCOS      (0x000c)
32  #define PER_SOLARIS     (0x000d | STICKY_TIMEOUTS)
```

exec_domain——除了 personality 以外，应用程序还有一些其他的版本间的差异，从而形成了不同的"执行域"。这个指针就指向描述本进程所属执行域的数据结构。

binfmt——应用程序的文件格式，如 a.out、elf 等。详见"系统调用 exec( )"一节。

exit_code、exit_signal、pdeath_signal——详见"系统调用 exit( )与 wait4( )"。

pid——进程号。

pgrp、session、leader——当一个用户登录到系统时，就开始了一个进程组（session），此后创建的进程都属于这同一个 session。此外，若干进程可以通过"管道"组合在一起，如"ls | wc -l"，从而形成进程组。详见"系统调用 exec"一节。

priority、rt_priority——优先级别以及"实时"优先级别，详见"进程的调度与切换"。

policy——适用于本进程的调度政策，详见"进程的调度与切换"。

parent_exec_id、self_exec_id——与进程组（session）有关，见"系统调用 exit( )与 wait4( )"。

uid、euid、suid、fsuid、gid、egid、sgid、fsgid——主要与文件操作权限有关，见"文件系统"一章。

cap_effective、cap_inheritable、cap_permitted——一般进程都不能"为所欲为"，而是各自被赋予了各种不同的权限。例如，一个进程是否可以通过系统调用ptrace( )跟踪另一个进程，就是由该进程是否具有CAP_SYS_PTRACE授权决定的；一个进程是否有权重新引导操作系统，则取决于该进程是否具有CAP_SYS_BOOT授权。这样，就把进程的各种权限分细了，而不再是笼统地取决于一个进程是否是"特权用户"进程。文件include/linux/capability.h中定义了许多这样的权限，代码的作者还加了相当详细的注解（详见"文件系统"一章）。每一种权限都由一个标志位代表，内核中提供了一个inline函数capable( )，用来检验当前进程是否具有某种权限。如capable(CAP_SYS_BOOT)，就是检查当前进程是否有权重引导操作系统（返回非0表示有权）。值得注意的是，对操作权限的这种划分与文件访问权限结合在一起，形成了系统安全性的基础。在现今的网络时代，这种安全性正在变得愈来愈重要，而这方面的研究与发展也是一个重要的课题。

user——指向一个user_struct结构，该数据结构代表着进程所属的用户。注意这跟Unix内核中每个进程的user结构是两码事。Linux内核中的user结构是非常简单的，详见"系统调用fork( )"一节。

rlim——这是一个结构数组，表明进程对各种资源的使用数量所受的限制。读者在"存储管理"一章中已经看到过其应用。数据结构rlimit是在include/linux/resource.h中定义的：

```
40      struct rlimit {
41          unsigned long    rlim_cur;
42          unsigned long    rlim_max;
43      };
```

对i386环境而言，进程可用资源共有RLIM_NLIMITS项，即10项。每种资源的限制在文件linux/include/asm/resource.h中给出：

```
4    /*
5     * Resource limits
6     */
7
8    #define RLIMIT_CPU      0    /* CPU time in ms */
9    #define RLIMIT_FSIZE    1    /* Maximum filesize */
10   #define RLIMIT_DATA     2    /* max data size */
11   #define RLIMIT_STACK    3    /* max stack size */
12   #define RLIMIT_CORE     4    /* max core file size */
13   #define RLIMIT_RSS      5    /* max resident set size */
14   #define RLIMIT_NPROC    6    /* max number of processes */
15   #define RLIMIT_NOFILE   7    /* max number of open files */
16   #define RLIMIT_MEMLOCK  8    /* max locked-in-memory address space */
17   #define RLIMIT_AS       9    /* address space limit */
18   #define RLIMIT_LOCKS    10   /* maximum file locks held */
19
20   #define RLIM_NLIMITS    11
```

还有一些成分代表进程所占有和使用的资源，如 mm、active_mm、fs、files、tty、real_timer、times、it_real_value 等，对这些成分都有专门的章节加以介绍，这里就不重复了。

至于统计信息，则主要有 per_cpu_utime[ ]和 per_cpu_stime[ ]两个数组，表示该进程在各个处理器上（在多处理器 SMP 结构中，一个进程可以受调度在不同的处理器上运行）运行于用户空间和系统空间的累计时间。而数据结构 times 中则是对这些时间的汇总。此外，还有对发生页面异常次数的统计 min_flt、maj_flt 以及换入/换出的次数 nswap 等。当一个进程通过 do_exit( )结束其生命时，该进程的有关统计信息要合并到父进程中，所以对每项统计信息都有一项相应的"总计"信息，如相对于 min_flt 有 cmin_flt，在数据结构 times 中相对于 tms_utime 有 tms_cutime 等。

最后，每一个进程都不是孤立地存在于系统中，而总是根据不同的目的、关系和需要与其他的进程相联系。从内核的角度看，则是要按不同的目的和性质将每个进程纳入不同的组织中。第一个组织是由每个进程的"家庭与社会关系"形成的"宗族"或"家谱"。这是一种树型的组织，通过指针 p_opptr、p_pptr、p_cptr、p_ysptr 和 p_osptr 构成。其中 p_opptr 和 p_pptr 指向父进程的 task_struct 结构，p_cptr 指向最"年轻"的子进程，而 p_ysptr 和 p_osptr 则分别指向其"哥哥"和"弟弟"，从而形成一个子进程链。这些指针确定了一个进程在其"宗族"中的上、下、左、右关系，详见本章中对 fork( )和 exit( )的叙述。

图 4.2 就是这个进程"家谱"的示意图。

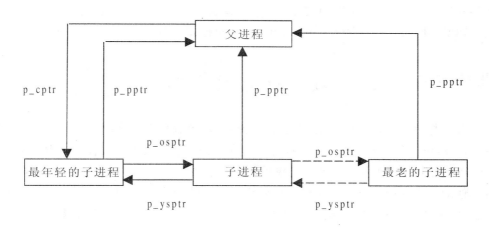

图 4.2　进程家谱示意图

这个组织虽然确定了每个进程的"宗族"关系，涵盖了系统中所有的进程，但是，要在这个组织中根据进程号 pid 找到一个进程却非易事。进程号的分配是相当随机的，在进程号中并不包含任何可以用来找到一个进程的路径信息，而给定一个进程号要求找到该进程的 task_struct 结构却又是常常要用到的一种操作。于是，就有了第二个组织，那就是一个以杂凑表为基础的进程队列的阵列。当给定一个 pid 要找到该进程时，先对 pid 施行杂凑计算，以计算的结果为下标在杂凑表中找到一个队列，再顺着该队列就可以较容易地找到特定的进程了。杂凑表 pidhash 是在 kernel/fork.c 中定义的：

```
35  struct task_struct *pidhash[PIDHASH_SZ];
```

杂凑表的大小 PIDHASH_SZ 则在 include/linux/sched.h 中定义：

```
485 #define PIDHASH_SZ (4096 >> 2)
```

杂凑表的大小为1024。由于每个指针的大小是4个字节，所以整个杂凑表（不包括各个队列）正好占一个页面。每个进程的 task_struct 数据结构都通过其 pidhash_next 和 pidhash_pprev 两个指针链入到杂凑表中的某个队列中，同一队列中所有进程的 pid 都具有相同的杂凑值。由于杂凑表的使用，要找到 pid 为某个给定值的进程就很迅速了。

当内核需要对每一个进程做点什么事情时，还需要将系统中所有的进程都组织成一个线性的队列，这样就可以通过一个简单的 for 循环或 while 循环遍历所有进程的 task_struct 结构。所以，第三个组织就是这么一个线性队列。系统中第一个建立的进程为 init_task，这个进程就是所有进程的总根，所以这个线性队列就是以 init_task 为起点（也可把它看成是一个队头），后继每创建一个进程就通过其 task_struct 结构中的 next_task 和 prev_task 两个指针链入这个线性队列中。

每个进程都必然同时身处这三个队列之中，直到进程消亡时才从这三个队列中摘除，所以这三个队列都是静态的。

在运行的过程中，一个进程还可以动态地链接进"可执行队列"接受系统的调度。实际上，这是最重要的队列，一个进程只有在可执行队列中才有可能受到调度而投入运行。与前几个队列不同的是，一个进程的 task_struct 是通过其 list_head 数据结构 run_list、而不是个别的指针，链接进可执行队列的。以前说过，这是用于双向链接的通用数据结构，具有一些与之配套的函数或宏操作，处理的效率比较高，也使代码得以简化。可执行队列的变化是非常频繁的，一个进程进入睡眠时就从队列中脱链，被唤醒时则又链入到该队列中，在调度的过程中也有可能会改变一个进程在此队列中位置。详见本章"进程调度与进程切换"以及"系统调用 nanosleep( )"中的有关叙述。

4.2 进程三部曲：创建、执行与消亡

就像世上万物都有产生、发展与消亡的过程一样，每个进程也有被创建、执行某段程序以及最后消亡的过程。在 Linux 系统中，第一个进程是系统固有的、与生俱来的或者说是由内核的设计者安排好了的。内核在引导并完成了基本的初始化以后，就有了系统的第一进程（实际上是内核线程）。除此之外，所有其他的进程和内核线程都由这个原始进程或其子孙进程所创建，都是这个原始进程的"后代"。在 Linux 系统中，一个新的进程一定要由一个已经存在的进程"复制"出来，而不是"创造"出来（而所谓"创建"实际就是复制）。所以，Linux 系统（Unix 也一样）并不向用户（即进程）提供类似这样的系统调用：

```
int   creat_proc(int (*fn)(void*), void *arg, unsigned long options);
```

可是在很多操作系统（包括一些 Unix 的变种）中都采用了"一揽子"的方法。它"创造"出一个进程，并使该进程从函数指针 fn 所指的地方开始执行。根据不同的情况和设计，参数 fn 也可以换成一个可执行程序的文件名。这里所谓"创造"，包括为进程分配所需的资源、包括属于最低限度的 task_struct 数据结构和系统空间堆栈，并初始化这些资源；还要设置其系统空间堆栈，使得这个新进程看起来就好像是一个本来就已经存在而正在睡眠的进程。当这个进程被调度运行的时候，其"返回地址"，也就是"恢复"运行时的下一条指令，则就在 fn 所指的地方。这个"子进程"生下来时两手空空，却可以完全独立，并不与其父进程共享资源。

但是，Linux（以及 Unix）采用的方法却不同。

Linux 将进程的创建与目标程序的执行分成两步。第一步是从已经存在的"父进程"中像细胞分裂一样地复制出一个"子进程"。这里所谓像"细胞分裂一样",只是打个比方,实际上,复制出来的子进程有自己的 task_struct 结构和系统空间堆栈,但与父进程共享其他所有的资源。例如,要是父进程打开了五个文件,那么子进程也有五个打开的文件,而且这些文件的当前读写指针也停在相同的地方。所以,这一步所做的是"复制"。Linux 为此提供了两个系统调用,一个是 fork( ),另一个是 clone( )。两者的区别在于 fork( )是全部复制,父进程所有的资源全都通过数据结构的复制"遗传"给子进程。而 clone( )则可以将资源有选择地复制给子进程,而没有复制的数据结构则通过指针的复制让子进程共享。在极端的情况下,一个进程可以 clone( )出一个线程。所以,系统调用 fork( )是无参数的,而 clone( )则带有参数。读者也许已经意识到,fork( )其实比 clone( )更接近本来意义上的"克隆"。确实是这样,原因在于 fork( )从 Unix 的初期即已存在,那时候"克隆"这个词还不像现在这么流行,而既然业已存在,就不宜更改了。否则,也许应该互换一下名字。后来,又增设了一个系统调用 vfork( ),也不带参数,但是除 task_struct 结构和系统空间堆栈以外的资源全都通过数据结构指针的复制"遗传",所以 vfork( )出来的是线程而不是进程。读者将会看到,vfork( )主要是出于效率的考虑而设计并提供的。

第二步是目标程序的执行。一般来说,创建一个新的进程是因为有不同的目标程序要让新的程序去执行(但也不一定),所以,复制完成以后,子进程通常要与父进程分道扬镳,走自己的路。Linux 为此提供了一个系统调用 execve( ),让一个进程执行以文件形式存在的一个可执行程序的映象。

读者也许要问:这两种方案到底哪一种好?应该说是各有利弊。但是更应该说,Linux 从 Unix 继承下来的这种分两步走,并且在第一步中采取复制方式的方案,利远大于弊。从效率的角度看,分两步走很有好处。所谓复制,只是进程的基本资源的复制,如 task_struct 数据结构、系统空间堆栈、页面表等等,对父进程的代码及全局变量则并不需要复制,而只是通过只读访问的形式实现共享,仅在需要写的时候才通过 copy_on_write 的手段为所涉及的页面建立一个新的副本。所以,总的来说复制的代价是很低的,但是通过复制而继承下来的资源则往往对子进程很有用。读者以后会看到,在计算机网络的实现中,以及在 client/server 系统中的 server 一方的实现中,fork( )或 clone( )常常是最自然、最有效、最适宜的手段。笔者有时候简直怀疑,到底是先有 fork( )还是先有 client/server,因为 fork( )似乎就是专门为此而设计的。更重要的好处是,这样有利于父、子进程间通过 pipe 来建立起一种简单有效的进程间通信管道,并且从而产生了操作系统的用户界面即 shell 的"管道"机制。这一点,对于 Unix 的发展和推广应用,对于 Unix 程序设计环境的形成,对于 Unix 程序设计风格的形成,都有着非常深远的影响。可以说,这是一项天才的发明,它在很大程度上改变了操作系统的发展方向。

当然,从另一角度,也就是从程序设计界面的角度来看,则"一揽子"的方案更为简洁。不过 fork( )加 execve( )的方案也并不复杂很多。进一步说,这也像练武或演戏一样有个固定的"招式",一旦掌握了以后就不觉得复杂,也很少变化了。再说,如果有必要也可以通过程序库提供一个"一揽子"的库函数,将这两步包装在一起。

创建了子进程以后,父进程有三个选择。第一是继续走自己的路,与子进程分道扬镳。只是如果子进程先于父进程"去世",则由内核给父进程发一个报丧的信号。第二是停下来,也就是进入睡眠状态,等待子进程完成其使命而最终去世,然后父进程再继续运行。Linux 为此提供了两个系统调用,wait4( )和 wait3( )。两个系统调用基本相同,wait4( )等待某个特定的子进程去世,而 wait3( )则等待任何一个子进程去世。第三个选择是"自行退出历史舞台",结束自己的生命。Linux 为此设置了一个系统调用 exit( )。这里的第三个选择其实不过是第一个选择的一种特例,所以从本质上说是两种选择:一种是父进程不受阻的(non_blocking)方式,也称为"异步"的方式;另一种是父进程受阻的(blocking)方式,或者也称为"同步"的方式。

· 277 ·

下面是一个用来演示进程的这种"生命周期"的简单程序：

```
1.   #include <stdio.h>
2.
3.   int main( )
4.   {
5.       int child;
6.       char *args[ ] = {"/bin/echo", "Hello", "World!", NULL};
7.
8.       if (!(child = fork( )))
9.       {
10.          /* child */
11.          printf("pid %d: %d is my father\n", getpid( ), getppid( ));
12.          execve("/bin/echo", args, NULL);
13.          printf("pid %d: I am back, something is wrong!\n", getpid( ));
14.      }
15.      else
16.      {
17.          int myself = getpid( );
18.          printf("pid %d: %d is my son\n", myself, child);
19.          wait4(child, NULL, 0, NULL);
20.          printf("pid %d: done\n", myself);
21.      }
22.      return 0;
23.  }
```

这里，进入 main( ) 的进程为父进程，它在第 8 行执行了系统调用 fork( ) 创建一个子进程，也就是复制一个子进程。子进程复制出来以后，就像其父进程一样地接受内核的调度，而且具有相同的返回地址。所以，当父进程和子进程受调度继续运行而从内核空间返回时都返回到同一点上。以前的代码只有一个进程执行，而从这一点开始却有两个进程在执行了。复制出来的子进程全面地继承了父进程的所有资源和特性，但还是有一些细微却重要的区别。首先，子进程有一个不同于父进程的进程号 pid，而且子进程的 task_struct 中有几个字段说明谁是它的父亲，就像人们的户口或档案中也有相应的栏目一样。其次，也许更为重要的是，二者从 fork( ) 返回时所具有的返回值不一样。当子进程从 fork( ) "返回"时，其返回值为 0；而父进程从 fork( ) 返回时的返回值却是子进程的 pid，这是不可能为 0 的。这样，第 8 行的 if 语句就可以根据这个特征把二者区分开来，使两个进程各自知道"我是谁"。然后，第 10～12 行属于子进程，而 16～19 行属于父进程，虽然两个进程具有相同的视野，都能"看到"对方所要执行的代码，但是 if 语句将它们各自的执行路线分开了。在这个程序中，我们选择了让父进程停下来等待，所以父进程执行 wait4( )；而子进程则通过 execve( ) 执行 "/bin/echo"。子进程在执行 echo 以后不会回到这里的第 13 行，而是"壮士一去不复返"。这是因为在/bin/echo 中必定有一个 exit( ) 调用，使子进程结束它的生命。对 exit( ) 的调用是每一个可执行程序映象必有的，虽然在我们这个程序中并没有调用它，而是以 return 语句从 main( ) 返回，但是 gcc 在编译和连接时会自动加上，所以谁也逃不过这一关。

由于子进程与父进程一样接受内核调度，而每次系统调用都有可能引起调度，所以二者返回的先后次序是不定的，也不能根据返回的先后来确定谁是父进程谁是子进程。

还要指出，Linux 内核中确实有个貌似"一揽子"创建内核线程的函数（常常称为"原语"）kernel_thread( )，供内核线程调用。但是，实际上这只是对 clone( )的包装，它并不能像调用 execve( )时那样执行一个可执行映象文件，而只是执行内核中的某一个函数。我们不妨看一下它的代码，这是在 arch/i386/kernel/process.c 中给出的：

```
439     int kernel_thread(int (*fn)(void *), void * arg, unsigned long flags)
440     {
441         long retval, d0;
442
443         __asm__ __volatile__(
444             "movl %%esp,%%esi\n\t"
445             "int $0x80\n\t"        /* Linux/i386 system call */
446             "cmpl %%esp,%%esi\n\t" /* child or parent? */
447             "je 1f\n\t"            /* parent - jump */
448         /* Load the argument into eax, and push it.  That way, it does
449          * not matter whether the called function is compiled with
450          * -mregparm or not.  */
451             "movl %4,%%eax\n\t"
452             "pushl %%eax\n\t"
453             "call *%5\n\t"         /* call fn */
454             "movl %3,%0\n\t"       /* exit */
455             "int $0x80\n"
456             "1:\t"
457             :"=&a" (retval), "=&S" (d0)
458             :"0" (__NR_clone), "i" (__NR_exit),
459              "r" (arg), "r" (fn),
460              "b" (flags | CLONE_VM)
461             : "memory");
462         return retval;
463     }
```

这里 445 和 455 行的指令"int $0x80"就是系统调用。那么系统调用号是在哪里设置的呢？请看第 457 行的输出部，这里寄存器 EAX 与变量 retval 相结合作为%0 ，而在 458 行开始的输入部里又规定，%0 应事先赋值为__NR_clone。所以，在进入 454 行时寄存器 EAX 已经被设置成__NR_clone，即 clone( )的系统调用号。从 clone( )返回以后，这里采用了一种不同的方法区分父进程与子进程，就是将返回时的堆栈指针与保存在寄存器 ESI 中的父进程的堆栈指针进行比较。由于每一个内核线程都有自己的系统空间堆栈，子进程的堆栈指针必然与父进程不同。那么，为什么不采用像 fork( )返回时所用的方法呢？这是因为 clone( )所产生的子线程可以具有与父线程相同的 pid，如果 pid 为 0 的内核线程再 clone( )一个子线程，则子线程的 pid 就也有可能是 0。所以，这里采用的比较堆栈指针的方法，是更为可靠的。当然，这个方法只有对内核线程才适用，因为普通的进程都在用户空间，根本就不知道其系统空间堆栈到底在哪里。

前面讲过，内核线程不能像进程一样执行一个可执行映象文件，而只能执行内核中的一个函数。453 行的 call 指令就是对这个函数的调用。函数指针%5 是什么呢？从 457 行的输出部开始数一下，就可以知道%5 与变量 fn 相结合，而那正是 kernel_thread( )的第一个参数。内核线程与进程在执行目标程序的方式上的这种不同，又引发出另一个重要的不同，那就是进程在调用 execve( )之后不再返回，而是"客死他乡"，在所执行的程序中去世。可是内核线程只不过是调用一个目标函数，当然要从那个函数返回。所以，这里在 455 行又进行一次系统调用，而这次的系统调用号在%3 中，那是 NR_exit。

以后，我们将围绕着前面的那个程序来介绍系统调用 fork( )、clone( )、execve( )、wait4( )以及 exit( )的实现，使读者对进程的创建、执行以及消亡有更深入的理解。

4.3 系统调用 fork( )、vfork( )与 clone( )

前面已经简要地介绍过 fork( )与 clone( )二者的作用和区别。这里先来看一下二者在程序设计接口上的不同：

```
pid_t  fork(void);
int  __clone(int(*fn)(void * arg), void * child_stack, int  flags, void * arg)
```

系统调用__clone( )的主要用途是创建一个线程，这个线程可以是内核线程，也可以是用户线程。创建用户空间线程时，可以给定子线程用户空间堆栈的位置，还可以指定子进程运行的起点。同时，也可以用__clone( )创建进程，有选择地复制父进程的资源。而 fork( )，则是全面地复制。还有一个系统调用 vfork( )，其作用也是创建一个线程，但主要只是作为创建进程的中间步骤，目的在于提高创建时的效率，减少系统开销，其程序设计接口则与 fork 相同。

这几个系统调用的代码都在 arch/i386/kernel/process.c 中：

```
690     asmlinkage int sys_fork(struct pt_regs regs)
691     {
692         return do_fork(SIGCHLD, regs.esp, &regs, 0);
693     }
694
695     asmlinkage int sys_clone(struct pt_regs regs)
696     {
697         unsigned long clone_flags;
698         unsigned long newsp;
699
700         clone_flags = regs.ebx;
701         newsp = regs.ecx;
702         if (!newsp)
703             newsp = regs.esp;
704         return do_fork(clone_flags, newsp, &regs, 0);
705     }
706
707     /*
708      * This is trivial, and on the face of it looks like it
709      * could equally well be done in user mode.
710      *
711      * Not so, for quite unobvious reasons - register pressure.
712      * In user mode vfork() cannot have a stack frame, and if
```

```
713         * done by calling the "clone( )" system call directly, you
714         * do not have enough call-clobbered registers to hold all
715         * the information you need.
716         */
717        asmlinkage int sys_vfork(struct pt_regs regs)
718        {
719             return do_fork(CLONE_VFORK | CLONE_VM | SIGCHLD, regs.esp, &regs, 0);
720        }
```

可见，三个系统调用的实现都是通过 do_fork( ) 来完成的，不同的只是对 do_fork( ) 的调用参数。关于这些参数所起的作用，读了 do_fork( ) 的代码以后就会清楚。注意 sys_clone( ) 中的 regs.ecx，就是调用__clone( ) 时的参数 child_stack，读者如果还不清楚，可以回到第 3 章"系统调用"一节顺着代码再走一遍。调用__clone( ) 时可以为子进程设置一个独立的用户空间堆栈（在同一个用户空间中），如果 child_stack 为 0，就表示使用父进程的用户空间堆栈。这三个系统调用的主体部分 do_fork( ) 是在 kernel/fork.c 中定义的。这个函数比较大，让我们逐段往下看：

[sys_fork( ) > do_fork( )]

```
546        /*
547         *  Ok, this is the main fork-routine. It copies the system process
548         * information (task[nr]) and sets up the necessary registers. It also
549         * copies the data segment in its entirety. The "stack_start" and
550         * "stack_top" arguments are simply passed along to the platform
551         * specific copy_thread( ) routine.  Most platforms ignore stack_top.
552         * For an example that's using stack_top, see
553         * arch/ia64/kernel/process.c.
554         */
555        int do_fork(unsigned long clone_flags, unsigned long stack_start,
556                  struct pt_regs *regs, unsigned long stack_size)
557        {
558            int retval = -ENOMEM;
559            struct task_struct *p;
560            DECLARE_MUTEX_LOCKED(sem);
561
562            if (clone_flags & CLONE_PID) {
563                /* This is only allowed from the boot up thread */
564                if (current->pid)
565                    return -EPERM;
566            }
567
568            current->vfork_sem = &sem;
569
570            p = alloc_task_struct( );
571            if (!p)
572                goto fork_out;
573
574            *p = *current;
```

第560行的宏操作DECLARE_MUTEX_LOCKED( )定义和创建了一个用于进程间互斥和同步的信号量,其定义和实现见第6章"进程间通信"。

参数clone_flags由两部分组成,其最低的字节为信号类型,用以规定子进程去世时应该向父进程发出的信号。我们已经看到,对于fork( )和vfork( )这个信号就是SIGCHLD,而对__clone( )则该位段可由调用者决定。第二部分是一些表示资源和特性的标志位,这些标志位是在include/linux/sched.h中定义的:

```
30      /*
31       * cloning flags:
32       */
33      #define CSIGNAL         0x000000ff  /* signal mask to be sent at exit */
34      #define CLONE_VM        0x00000100  /* set if VM shared between processes */
35      #define CLONE_FS        0x00000200  /* set if fs info shared between processes */
36      #define CLONE_FILES     0x00000400  /* set if open files shared betweenprocesses */
37      #define CLONE_SIGHAND   0x00000800  /* set if signal handlers and
                                               blocked signals shared */
38      #define CLONE_PID       0x00001000  /* set if pid shared */
39      #define CLONE_PTRACE    0x00002000  /* set if we want to let tracing
                                               continue on the child too */
40      #define CLONE_VFORK     0x00004000  /* set if the parent wants the child to
                                               wake it up on mm_release */
41      #define CLONE_PARENT    0x00008000  /* set if we want to have the same parent
                                               as the cloner */
42      #define CLONE_THREAD    0x00010000  /* Same thread group? */
43
44      #define CLONE_SIGNAL    (CLONE_SIGHAND | CLONE_THREAD)
```

对于fork( ),这一部分为全0,表现对有关的资源都要复制而不是通过指针共享。而对vfork( ),则为CLONE_VFORK | CLONE_VM,表示父、子进程共用(用户)虚存区间,并且当子进程释放其虚存区间时要唤醒父进程。至于__clone( ),则这一部分完全由调用者设定而作为参数传递下来。其中标志位CLONE_PID有特殊的作用,当这个标志位为1时,父、子进程(线程)共用同一个进程号,也就是说,子进程虽然有其自己的task_struct数据结构,却使用父进程的pid。但是,只有0号进程,也就是系统中的原始进程(实际上是线程),才允许这样来调用__clone( ),所以564行对此加以检查。

接着,通过alloc_task_struct( )为子进程分配两个连续的物理页面,低端用作子进程的task_struct结构,高端则用作其系统空间堆栈。

注意574行的赋值为整个数据结构的赋值。这样,父进程的整个task_struct就被复制到了子进程的数据结构中。经编译以后,这样的赋值是用memcpy( )实现的,所以效率很高。

接着看下一段(fork.c):

[sys_fork( ) > do_fork( )]

```
576             retval = -EAGAIN;
577         if (atomic_read(&p->user->processes) >= p->rlim[RLIMIT_NPROC].rlim_cur)
578                 goto bad_fork_free;
```

```
579         atomic_inc(&p->user->__count);
580         atomic_inc(&p->user->processes);
581
582         /*
583          * Counter increases are protected by
584          * the kernel lock so nr_threads can't
585          * increase under us (but it may decrease).
586          */
587         if (nr_threads >= max_threads)
588             goto bad_fork_cleanup_count;
589
590         get_exec_domain(p->exec_domain);
591
592         if (p->binfmt && p->binfmt->module)
593             __MOD_INC_USE_COUNT(p->binfmt->module);
594
595         p->did_exec = 0;
596         p->swappable = 0;
597         p->state = TASK_UNINTERRUPTIBLE;
598
599         copy_flags(clone_flags, p);
600         p->pid = get_pid(clone_flags);
601
```

在 task_struct 结构中有个指针 user，用来指向一个 user_struct 结构。一个用户常常有许多个进程，所以有关用户的一些信息并不专属于某一个进程。这样，属于同一用户的进程就可以通过指针 user 共享这些信息。显然，每个用户有且只有一个 user_struct 结构。结构中有个计数器 count，对属于该用户的进程数量计数。可想而知，内核线程并不属于某个用户，所以其 task_struct 中的 user 指针为 0。这个数据结构的定义在 include/linux/sched.h 中：

```
254     /*
255      * Some day this will be a full-fledged user tracking system..
256      */
257     struct user_struct {
258         atomic_t __count;    /* reference count */
259         atomic_t processes;  /* How many processes does this user have? */
260         atomic_t files;      /* How many open files does this user have? */
261
262         /* Hash table maintenance information */
263         struct user_struct *next, **pprev;
264         uid_t uid;
265     };
```

熟悉 Unix 内核的读者要注意，不要把 Unix 的进程控制结构中的 user 区与这里的 user_struct 结构相混淆，二者是截然不同的概念。在 kernel/user.c 中还定义了一个 user_struct 结构指针的数组 uidhash：

```
19    #define UIDHASH_BITS          8
20    #define UIDHASH_SZ            (1 << UIDHASH_BITS)

26    static struct user_struct *uidhash_table[UIDHASH_SZ];
```

这是一个杂凑（hash）表。对用户名施以杂凑运算，就可以计算出一个下标而找到该用户的 user_struct 结构。

各进程的 task_struct 结构中还有个数组 rlim，对该进程占用各种资源的数量作出限制，而 rlim[RLIMIT_NPROC]就规定了该进程所属的用户可以拥有的进程数量。所以，如果当前进程是一个用户进程，并且该用户拥有的进程数量已经达到了规定的限制值，就再不允许它 fork( )了。那么，对于不属于任何用户的内核线程怎么办呢？587 行中的两个计数器就是为进程的总量而设的。

一个进程除了属于某一个用户之外，还属于某个"执行域"。总的来说，Linux 是 Unix 的一个变种，并且符合 POSIX 的规定。但是，有很多版本的操作系统同样是 Unix 变种，同样符合 POSIX 规定，互相之间在实现细节上却仍然有明显的不同。例如，AT&T 的 Sys V 和 BSD 4.2 就有相当的不同，而 Sun 的 Solaris 又有区别，这就形成了不同的执行域。如果一个进程所执行的程序是为 Solaris 开发的，那么这个进程就属于 Solaris 执行域 PER_SOLARIS。当然，在 Linux 上运行的绝大多数程序都属于 Linux 执行域。在 task_struct 结构中有一个指针 exec_domain，可以指向一个 exec_domain 数据结构。那是在 include/linux/personality.h 中定义的：

```
38    /* Description of an execution domain - personality range supported,
39     * lcall7 syscall handler, start up / shut down functions etc.
40     * N.B. The name and lcall7 handler must be where they are since the
41     * offset of the handler is hard coded in kernel/sys_call.S.
42     */
43    struct exec_domain {
44        const char *name;
45        lcall7_func handler;
46        unsigned char pers_low, pers_high;
47        unsigned long * signal_map;
48        unsigned long * signal_invmap;
49        struct module * module;
50        struct exec_domain *next;
51    };
```

函数指针 handler，用于通过调用门实现系统调用，我们并不关心。字节 pers_low 为某种域的代码，有 PER_LINUX、PER_SVR4、PER_BSD 和 PER_SOLARIS 等等。

我们在这里主要关心的结构成分是 module，这是指向某个 module 数据结构的指针。读者在有关文件系统和设备驱动的章节中将会看到，在 Linux 系统中设备驱动程序可以设计并实现成"动态安装模块" module，使其在运行时动态地安装和拆除。这些"动态安装模块"与运行中的进程的执行域有密切的关系。例如，一个属于 Solaris 执行域的进程就很可能要用到专门为 Solaris 设置的一些模块，只要还有一个这样的进程在运行，这些为 Solaris 所需的模块就不能拆除。所以，在描述每个已安装模块的数据结构中都有一个计数器，表明有几个进程需要使用这个模块。因此，do_fork( )中通过 590 行的 get_exec_domain( )递增具体模块的数据结构中的计数器（定义在 include/linux/personality.h 中）。

```
59      #define get_exec_domain(it) \
60          if (it && it->module) __MOD_INC_USE_COUNT(it->module);
```

同样的道理，每个进程所执行的程序属于某种可执行映象格式，如 a.out 格式、elf 格式、甚至 java 虚拟机格式。对这些不同格式的支持通常是通过动态安装的驱动模块来实现的。所以 task_struct 结构中还有一个指向 linux_binfmt 数据结构的指针 binfmt，而 do_fork( ) 中 593 行的 __MOD_INC_USE_COUNT( ) 就是对有关模块的使用计数器进行操作。

为什么要在 597 行把状态设成 TASK_UNINTERRUPTIBLE 呢？这是因为在 get_pid( ) 中产生一个新 pid 的操作必须是独占的，当前进程可能会因为一时进不了临界区而只好暂时进入睡眠状态等待，所以才事先把状态设成 UNINTERRUPTIBLE。函数 copy_flags( ) 将参数 clone_flags 中的标志位略加补充和变换，然后写入 p->flags。这个函数的代码也在 fork.c 中。读者可以自己阅读。

至于 600 行的 get_pid( )，则根据 clone_flags 中标志位 CLONE_PID 的值，或返回父进程（当前进程）的 pid，或返回一个新的 pid 放在子进程的 task_struct 中。函数 get_pid( ) 的代码也在 fork.c 中：

[sys_fork( ) > do_fork( ) > get_pid( )]

```
82      static int get_pid(unsigned long flags)
83      {
84          static int next_safe = PID_MAX;
85          struct task_struct *p;
86
87          if (flags & CLONE_PID)
88              return current->pid;
89
90          spin_lock(&lastpid_lock);
91          if((++last_pid) & 0xffff8000) {
92              last_pid = 300;        /* Skip daemons etc. */
93              goto inside;
94          }
95          if(last_pid >= next_safe) {
96      inside:
97              next_safe = PID_MAX;
98              read_lock(&tasklist_lock);
99      repeat:
100             for_each_task(p) {
101                 if(p->pid == last_pid    ||
102                    p->pgrp == last_pid   ||
103                    p->session == last_pid) {
104                     if(++last_pid >= next_safe) {
105                         if(last_pid & 0xffff8000)
106                             last_pid = 300;
107                         next_safe = PID_MAX;
108                     }
109                     goto repeat;
110                 }
111                 if(p->pid > last_pid && next_safe > p->pid)
```

```
112                 next_safe = p->pid;
113             if(p->pgrp > last_pid && next_safe > p->pgrp)
114                 next_safe = p->pgrp;
115             if(p->session > last_pid && next_safe > p->session)
116                 next_safe = p->session;
117         }
118         read_unlock(&tasklist_lock);
119     }
120     spin_unlock(&lastpid_lock);
121
122     return last_pid;
123 }
```

这里的常数 PID_MAX 定义为 0x8000。可见，进程号的最大值是 0x7fff，即 32767。进程号 0～299 是为系统进程（包括内核线程）保留的，主要用于各种"保护神"进程。以上这段代码的逻辑并不复杂，我们就不多加解释了。

回到 do_fork( )中再往下看(fork.c):

[sys_fork( ) > do_fork( )]

```
602         p->run_list.next = NULL;
603         p->run_list.prev = NULL;
604
605         if ((clone_flags & CLONE_VFORK) || !(clone_flags & CLONE_PARENT)) {
606             p->p_opptr = current;
607             if (!(p->ptrace & PT_PTRACED))
608                 p->p_pptr = current;
609         }
610         p->p_cptr = NULL;
611         init_waitqueue_head(&p->wait_chldexit);
612         p->vfork_sem = NULL;
613         spin_lock_init(&p->alloc_lock);
614
615         p->sigpending = 0;
616         init_sigpending(&p->pending);
617
618         p->it_real_value = p->it_virt_value = p->it_prof_value = 0;
619         p->it_real_incr = p->it_virt_incr = p->it_prof_incr = 0;
620         init_timer(&p->real_timer);
621         p->real_timer.data = (unsigned long) p;
622
623         p->leader = 0;      /* session leadership doesn't inherit */
624         p->tty_old_pgrp = 0;
625         p->times.tms_utime = p->times.tms_stime = 0;
626         p->times.tms_cutime = p->times.tms_cstime = 0;
627 #ifdef CONFIG_SMP
628         {
```

```
629                int i;
630                p->has_cpu = 0;
631                p->processor = current->processor;
632                /* ?? should we just memset this ?? */
633                for(i = 0; i < smp_num_cpus; i++)
634                    p->per_cpu_utime[i] = p->per_cpu_stime[i] = 0;
635                spin_lock_init(&p->sigmask_lock);
636            }
637    #endif
638            p->lock_depth = -1;        /* -1 = no lock */
639            p->start_time = jiffies;
640
```

我们在前一节中提到过 wait4( )和 wait3( )，一个进程可以停下来等待其子进程完成使命。为此，在 task_struct 中设置了一个队列头部 wait_chldexit，前面在复制 task_struct 结构时把这也照抄了过来，而子进程此时尚未"出生"，当然谈不上子进程的等待队列，所以要在611行中加以初始化。

类似地，对各种信息量也要加以初始化。这里 615 和 616 行是对子进程的待处理信号队列以及有关结构成分的初始化。对这些与信号有关的结构成分我们将在"进程间通信"的信号一节中详细介绍。接下来是对 task_struct 结构中各种计时变量的初始化，我们将在"进程调度"一节中介绍这些变量。在这里我们不关心对多处理器 SMP 结构的特殊考虑，所以也跳过627～637 行。

最后，task_struct 结构中的 start_time 表示进程创建的时间，而全局变量 jiffies 的数值就是以时钟中断周期为单位的从系统初始化开始至此时的时间。

至此，对 task_struct 数据结构的复制与初始化就基本完成了。下面就轮到其他的资源了：

[sys_fork( ) > do_fork( )]

```
641            retval = -ENOMEM;
642            /* copy all the process information */
643            if (copy_files(clone_flags, p))
644                goto bad_fork_cleanup;
645            if (copy_fs(clone_flags, p))
646                goto bad_fork_cleanup_files;
647            if (copy_sighand(clone_flags, p))
648                goto bad_fork_cleanup_fs;
649            if (copy_mm(clone_flags, p))
650                goto bad_fork_cleanup_sighand;
651            retval = copy_thread(0, clone_flags, stack_start, stack_size, p, regs);
652            if (retval)
653                goto bad_fork_cleanup_sighand;
654            p->semundo = NULL;
655
```

函数 copy_files( )有条件地复制已打开文件的控制结构，这种复制只有在 clone_flags 中 CLONE_FILES 标志位为0时才真正进行，否则就只是共享父进程的已打开文件。当一个进程有已打开文件时，task_struct 结构中的指针 files 指向一个 files_struct 数据结构，否则为0。所有与终端设备 tty

相联系的用户进程的头三个文件，即 stdin、stdout、及 stderr，都是预先打开的，所以指针一般不会是 0。数据结构 files_struct 是在 include/linux/sched.h 中定义的（详见"文件系统"一章），copy_files( )的代码则还是在 fork.c 中：

[sys_fork( ) > do_fork( ) > copy_files]

```
408    static int copy_files(unsigned long clone_flags, struct task_struct * tsk)
409    {
410        struct files_struct *oldf, *newf;
411        struct file **old_fds, **new_fds;
412        int open_files, nfds, size, i, error = 0;
413
414        /*
415         * A background process may not have any files ...
416         */
417        oldf = current->files;
418        if (!oldf)
419            goto out;
420
421        if (clone_flags & CLONE_FILES) {
422            atomic_inc(&oldf->count);
423            goto out;
424        }
425
426        tsk->files = NULL;
427        error = -ENOMEM;
428        newf = kmem_cache_alloc(files_cachep, SLAB_KERNEL);
429        if (!newf)
430            goto out;
431
432        atomic_set(&newf->count, 1);
433
434        newf->file_lock     = RW_LOCK_UNLOCKED;
435        newf->next_fd       = 0;
436        newf->max_fds       = NR_OPEN_DEFAULT;
437        newf->max_fdset     = __FD_SETSIZE;
438        newf->close_on_exec = &newf->close_on_exec_init;
439        newf->open_fds      = &newf->open_fds_init;
440        newf->fd            = &newf->fd_array[0];
441
442        /* We don't yet have the oldf readlock, but even if the old
443           fdset gets grown now, we'll only copy up to "size" fds */
444        size = oldf->max_fdset;
445        if (size > __FD_SETSIZE) {
446            newf->max_fdset = 0;
447            write_lock(&newf->file_lock);
448            error = expand_fdset(newf, size);
```

```
449             write_unlock(&newf->file_lock);
450             if (error)
451                 goto out_release;
452         }
453         read_lock(&oldf->file_lock);
454
455         open_files = count_open_files(oldf, size);
456
457         /*
458          * Check whether we need to allocate a larger fd array.
459          * Note: we're not a clone task, so the open count won't
460          * change.
461          */
462         nfds = NR_OPEN_DEFAULT;
463         if (open_files > nfds) {
464             read_unlock(&oldf->file_lock);
465             newf->max_fds = 0;
466             write_lock(&newf->file_lock);
467             error = expand_fd_array(newf, open_files);
468             write_unlock(&newf->file_lock);
469             if (error)
470                 goto out_release;
471             nfds = newf->max_fds;
472             read_lock(&oldf->file_lock);
473         }
474
475         old_fds = oldf->fd;
476         new_fds = newf->fd;
477
478         memcpy(newf->open_fds->fds_bits, oldf->open_fds->fds_bits, open_files/8);
479         memcpy(newf->close_on_exec->fds_bits, oldf->close_on_exec->fds_bits,
                                 open_files/8);
480
481         for (i = open_files; i != 0; i--) {
482             struct file *f = *old_fds++;
483             if (f)
484                 get_file(f);
485             *new_fds++ = f;
486         }
487         read_unlock(&oldf->file_lock);
488
489         /* compute the remainder to be cleared */
490         size = (newf->max_fds - open_files) * sizeof(struct file *);
491
492         /* This is long word aligned thus could use a optimized version */
493         memset(new_fds, 0, size);
494
495         if (newf->max_fdset > open_files) {
```

```
496                 int left = (newf->max_fdset-open_files)/8;
497                 int start = open_files / (8 * sizeof(unsigned long));
498
499                 memset(&newf->open_fds->fds_bits[start], 0, left);
500                 memset(&newf->close_on_exec->fds_bits[start], 0, left);
501         }
502
503         tsk->files = newf;
504         error = 0;
505 out:
506         return error;
507
508 out_release:
509         free_fdset (newf->close_on_exec, newf->max_fdset);
510         free_fdset (newf->open_fds, newf->max_fdset);
511         kmem_cache_free(files_cachep, newf);
512         goto out;
513 }
```

读者可以在学习了"文件系统"一章以后再回过头来仔细阅读这段代码，我们在这里先作一些解释。

先看复制的方向。因为是当前进程在创建子进程，是从当前进程复制到子进程，所以把当前进程的 task_struct 结构中的 files_struct 结构指针作为 oldf。

再看复制的条件。如果参数 clone_flags 中的 CLONE_FILES 标志位为 1，就只是通过 atomic_inc( ) 递增当前进程的 files_struct 结构中的共享计数，表示这个数据结构现在多了一个"用户"，就返回了。由于在此之前已通过数据结构赋值将当前进程的整个 task_struct 结构都复制给了子进程，结构中的指针 files 自然也复制到了子进程的 task_struct 结构中,使子进程通过这个指针共享当前进程的 files_struct 数据结构。否则，如果 CLONE_FILES 标志位为 0，那就要复制了。首先通过 kmem_cache_alloc( )为子进程分配一个 files_struct 数据结构作为 newf，然后从 oldf 把内容复制到 newf。在 files_struct 数据结构中有三个主要的"部件"。其一是个位图，名为 close_on_exec_init；其二也是位图，名为 open_fds_init；其三则是 file 结构数组 fd_array[ ]。这三个部件都是固定大小的，如果打开的文件数量超过其容量，就得通过 expand_fdset( )和 expand_fd_array( )在 files_struct 数据结构以外另行分配空间作为替换。不管是采用 files_struct 数据结构内部的这三个部件或是采用外部的替换空间，指针 close_on_exec、open_fds 和 fd 总是分别指向这三组信息。所以，如何复制取决于已打开文件的数量。

显而易见，共享比复制要简单得多。那么这二者在效果上到底有什么区别呢？如果共享就可以达到目的，为什么还要不辞辛劳地复制呢？区别在于子进程（以及父进程本身）是否能"独立自主"。当复制完成之初，子进程有了一份副本，它的内容与父进程的"正本"在内容上基本是相同的，在这一点上似乎与共享没有什么区别。可是，随后区别就来了。在共享的情况下，两个进程是互相牵制的。如果子进程对某个已打开文件调用了一次 lseek( )，则父进程对这个文件的读写位置也随着改变了，因为两个进程共享着对文件的同一个读写上下文。而在复制的情况下就不一样了，由于子进程有自己的副本，就有了对同一文件的另一个读写上下文，以后就可以各走各的路，互不干扰了。

除 files_struct 数据结构外，还有个 fs_struct 数据结构也是与文件系统有关的，也要通过共享或复制遗传给子进程。类似地，copy_fs( )也是只有在 clone_flags 中 CLONE_FS 标志位为 0 时才加以复制。

task_struct 结构中的指针指向一个 fs_struct 数据结构,结构中记录的是进程的根目录 root、当前工作目录 pwd、一个用于文件操作权限管理的 umask,还有一个计数器,其定义在 include/linux/fs_struct.h 中(详见"文件系统"一章)。函数 copy_fs( )连同几个有关低层函数的代码也在 fork.c 中。我们把这些代码留给读者:

[sys_fork( ) > do_fork( ) > copy_fs( )]

```
383    static inline int copy_fs(unsigned long clone_flags,
                                 struct task_struct * tsk)
384    {
385        if (clone_flags & CLONE_FS) {
386            atomic_inc(&current->fs->count);
387            return 0;
388        }
389        tsk->fs = __copy_fs_struct(current->fs);
390        if (!tsk->fs)
391            return -1;
392        return 0;
393    }
```

[sys_fork( ) > do_fork( ) > copy_fs( ) > copy_fs_struct( )]

```
378    struct fs_struct *copy_fs_struct(struct fs_struct *old)
379    {
380        return __copy_fs_struct(old);
381    }
```

[sys_fork( ) > do_fork( ) > copy_fs( ) > copy_fs_struct( ) > __copy_fs_struct( )]

```
353    static inline struct fs_struct *__copy_fs_struct(struct fs_struct *old)
354    {
355        struct fs_struct *fs = kmem_cache_alloc(fs_cachep, GFP_KERNEL);
356        /* We don't need to lock fs - think why ;-) */
357        if (fs) {
358            atomic_set(&fs->count, 1);
359            fs->lock = RW_LOCK_UNLOCKED;
360            fs->umask = old->umask;
361            read_lock(&old->lock);
362            fs->rootmnt = mntget(old->rootmnt);
363            fs->root = dget(old->root);
364            fs->pwdmnt = mntget(old->pwdmnt);
365            fs->pwd = dget(old->pwd);
366            if (old->altroot) {
367                fs->altrootmnt = mntget(old->altrootmnt);
368                fs->altroot = dget(old->altroot);
369            } else {
370                fs->altrootmnt = NULL;
```

```
371                    fs->altroot = NULL;
372                }
373                read_unlock(&old->lock);
374            }
375            return fs;
376        }
```

代码中的 mntget( ) 和 dget( ) 都是用来递增相应数据结构中共享计数的,因为这些数据结构现在多了一个用户。注意,在这里要复制的是 fs_struct 数据结构,而并不复制更深层的数据结构。复制了 fs_struct 数据结构,就在这一层上有了自主性,至于对更深层的数据结构则还是共享,所以要递增它们的共享计数。

接着是关于对信号的处理方式。是否复制父进程对信号的处理是由标志位 CLONE_SIGHAND 控制的。信号基本上是一种进程间通信手段,信号之于一个进程就好像中断之于一个处理器。进程可以为各种信号设置用于该信号的处理程序,就好像系统可以为各个中断源设置相应的中断服务程序一样。如果一个进程设置了信号处理程序,其 task_struct 结构中的指针 sig 就指向一个 signal_struct 数据结构。这种结构是在 include/linux/sched.h 中定义的:

```
243    struct signal_struct {
244        atomic_t            count;
245        struct k_sigaction  action[_NSIG];
246        spinlock_t          siglock;
247    };
```

其中的数组 action[ ] 确定了一个进程对各种信号(以信号的数值为下标)的反应和处理,子进程可以通过复制或共享把它从父进程继承下来。函数 copy_sighand( ) 的代码如下(fork.c):

[sys_fork( ) > do_fork( ) > copy_sighand( )]

```
515    static inline int copy_sighand(unsigned long clone_flags,
                           struct task_struct * tsk)
516    {
517        struct signal_struct *sig;
518
519        if (clone_flags & CLONE_SIGHAND) {
520            atomic_inc(&current->sig->count);
521            return 0;
522        }
523        sig = kmem_cache_alloc(sigact_cachep, GFP_KERNEL);
524        tsk->sig = sig;
525        if (!sig)
526            return -1;
527        spin_lock_init(&sig->siglock);
528        atomic_set(&sig->count, 1);
529        memcpy(tsk->sig->action, current->sig->action,
                           sizeof(tsk->sig->action));
530        return 0;
```

```
531     }
```

像 copy_files( )和 copy_fs( )一样，copy_sighand( )也是只有在 CLONE_SIGHAND 为 0 时才真正进行；否则就共享父进程的 sig 指针，并将父进程的 signal_struct 中的共享计数加 1。

然后是用户空间的继承。进程的 task_struct 结构中有个指针 mm，读者已经相当熟悉了，它指向一个代表着进程的用户空间的 mm_struct 数据结构。由于内核线程并不拥有用户空间，所以在内核线程的 task_struct 结构中该指针为 0。有关 mm_struct 及其下属的 vm_area_struct 等数据结构已经在第 2 章中介绍过，这里不再重复。函数 copy_mm( )的代码还是在 fork.c 中：

[sys_fork( ) > do_fork( ) > copy_mm( )]

```
279     static int copy_mm(unsigned long clone_flags, struct task_struct * tsk)
280     {
281         struct mm_struct * mm, *oldmm;
282         int retval;
283
284         tsk->min_flt = tsk->maj_flt = 0;
285         tsk->cmin_flt = tsk->cmaj_flt = 0;
286         tsk->nswap = tsk->cnswap = 0;
287
288         tsk->mm = NULL;
289         tsk->active_mm = NULL;
290
291         /*
292          * Are we cloning a kernel thread?
293          *
294          * We need to steal a active VM for that..
295          */
296         oldmm = current->mm;
297         if (!oldmm)
298             return 0;
299
300         if (clone_flags & CLONE_VM) {
301             atomic_inc(&oldmm->mm_users);
302             mm = oldmm;
303             goto good_mm;
304         }
305
306         retval = -ENOMEM;
307         mm = allocate_mm( );
308         if (!mm)
309             goto fail_nomem;
310
311         /* Copy the current MM stuff.. */
312         memcpy(mm, oldmm, sizeof(*mm));
313         if (!mm_init(mm))
314             goto fail_nomem;
```

```
315
316        down(&oldmm->mmap_sem);
317        retval = dup_mmap(mm);
318        up(&oldmm->mmap_sem);
319
320        /*
321         * Add it to the mmlist after the parent.
322         *
323         * Doing it this way means that we can order
324         * the list, and fork() won't mess up the
325         * ordering significantly.
326         */
327        spin_lock(&mmlist_lock);
328        list_add(&mm->mmlist, &oldmm->mmlist);
329        spin_unlock(&mmlist_lock);
330
331        if (retval)
332            goto free_pt;
333
334        /*
335         * child gets a private LDT (if there was an LDT in the parent)
336         */
337        copy_segments(tsk, mm);
338
339        if (init_new_context(tsk,mm))
340            goto free_pt;
341
342   good_mm:
343        tsk->mm = mm;
344        tsk->active_mm = mm;
345        return 0;
346
347   free_pt:
348        mmput(mm);
349   fail_nomem:
350        return retval;
351   }
```

显然，对 mm_struct 的复制也是只在 clone_flags 中 CLONE_VM 标志为 0 时才真正进行，否则就只是通过已经复制的指针共享父进程的用户空间。对 mm_struct 的复制就不只是局限于这个数据结构本身了，也包括了对更深层数据结构的复制。其中最重要的是 vm_area_struct 数据结构和页面映射表，这是由 dup_mmap( )复制的。函数 dup_mmap( )的代码也在 fork.c 中。读者在认真读过本书第 2 章以后，阅读这段程序时应该不会感到困难，同时也是一次很好的练习。

[sys_fork( ) > do_fork( ) > copy_mm( ) > dup_mmap( )]

```
125   static inline int dup_mmap(struct mm_struct * mm)
```

```
126     {
127         struct vm_area_struct * mpnt, *tmp, **pprev;
128         int retval;
129
130         flush_cache_mm(current->mm);
131         mm->locked_vm = 0;
132         mm->mmap = NULL;
133         mm->mmap_avl = NULL;
134         mm->mmap_cache = NULL;
135         mm->map_count = 0;
136         mm->cpu_vm_mask = 0;
137         mm->swap_cnt = 0;
138         mm->swap_address = 0;
139         pprev = &mm->mmap;
140         for (mpnt = current->mm->mmap ; mpnt ; mpnt = mpnt->vm_next) {
141             struct file *file;
142
143             retval = -ENOMEM;
144             if(mpnt->vm_flags & VM_DONTCOPY)
145                 continue;
146             tmp = kmem_cache_alloc(vm_area_cachep, SLAB_KERNEL);
147             if (!tmp)
148                 goto fail_nomem;
149             *tmp = *mpnt;
150             tmp->vm_flags &= ~VM_LOCKED;
151             tmp->vm_mm = mm;
152             mm->map_count++;
153             tmp->vm_next = NULL;
154             file = tmp->vm_file;
155             if (file) {
156                 struct inode *inode = file->f_dentry->d_inode;
157                 get_file(file);
158                 if (tmp->vm_flags & VM_DENYWRITE)
159                     atomic_dec(&inode->i_writecount);
160
161                 /* insert tmp into the share list, just after mpnt */
162                 spin_lock(&inode->i_mapping->i_shared_lock);
163                 if((tmp->vm_next_share = mpnt->vm_next_share) != NULL)
164                     mpnt->vm_next_share->vm_pprev_share =
165                         &tmp->vm_next_share;
166                 mpnt->vm_next_share = tmp;
167                 tmp->vm_pprev_share = &mpnt->vm_next_share;
168                 spin_unlock(&inode->i_mapping->i_shared_lock);
169             }
170
171             /* Copy the pages, but defer checking for errors */
172             retval = copy_page_range(mm, current->mm, tmp);
173             if (!retval && tmp->vm_ops && tmp->vm_ops->open)
```

```
174                    tmp->vm_ops->open(tmp);
175
176            /*
177             * Link in the new vma even if an error occurred,
178             * so that exit_mmap( ) can clean up the mess.
179             */
180            *pprev = tmp;
181            pprev = &tmp->vm_next;
182
183            if (retval)
184                goto fail_nomem;
185        }
186        retval = 0;
187        if (mm->map_count >= AVL_MIN_MAP_COUNT)
188            build_mmap_avl(mm);
189
190    fail_nomem:
191        flush_tlb_mm(current->mm);
192        return retval;
193    }
```

这里通过 140～185 行的 for 循环对同一用户空间中的各个区间进行复制。对于通过 mmap( )映射到某个文件的区间，155～169 行是一些特殊的附加处理。172 行的 copy_page_range( )是关键所在，这个函数逐层处理页面目录项和页面表项，其代码在 mm/memory.c 中：

[sys_fork( ) > do_fork( ) > copy_mm( ) > dup_mmap( ) > copy_page_range( )]

```
144    /*
145     * copy one vm_area from one task to the other. Assumes the page tables
146     * already present in the new task to be cleared in the whole range
147     * covered by this vma.
148     *
149     * 08Jan98 Merged into one routine from several inline routines to reduce
150     *         variable count and make things faster. -jj
151     */
152    int copy_page_range(struct mm_struct *dst, struct mm_struct *src,
153            struct vm_area_struct *vma)
154    {
155        pgd_t * src_pgd, * dst_pgd;
156        unsigned long address = vma->vm_start;
157        unsigned long end = vma->vm_end;
158        unsigned long cow = (vma->vm_flags & (VM_SHARED | VM_MAYWRITE))
                                            == VM_MAYWRITE;
159
160        src_pgd = pgd_offset(src, address)-1;
161        dst_pgd = pgd_offset(dst, address)-1;
162
```

```
163            for (;;) {
164                pmd_t * src_pmd, * dst_pmd;
165
166                src_pgd++; dst_pgd++;
167
168                /* copy_pmd_range */
169
170                if (pgd_none(*src_pgd))
171                    goto skip_copy_pmd_range;
172                if (pgd_bad(*src_pgd)) {
173                    pgd_ERROR(*src_pgd);
174                    pgd_clear(src_pgd);
175    skip_copy_pmd_range:    address = (address + PGDIR_SIZE) & PGDIR_MASK;
176                    if (!address || (address >= end))
177                        goto out;
178                    continue;
179                }
180                if (pgd_none(*dst_pgd)) {
181                    if (!pmd_alloc(dst_pgd, 0))
182                        goto nomem;
183                }
184
185                src_pmd = pmd_offset(src_pgd, address);
186                dst_pmd = pmd_offset(dst_pgd, address);
187
188                do {
189                    pte_t * src_pte, * dst_pte;
190
191                    /* copy_pte_range */
192
193                    if (pmd_none(*src_pmd))
194                        goto skip_copy_pte_range;
195                    if (pmd_bad(*src_pmd)) {
196                        pmd_ERROR(*src_pmd);
197                        pmd_clear(src_pmd);
198    skip_copy_pte_range:        address = (address + PMD_SIZE) & PMD_MASK;
199                        if (address >= end)
200                            goto out;
201                        goto cont_copy_pmd_range;
202                    }
203                    if (pmd_none(*dst_pmd)) {
204                        if (!pte_alloc(dst_pmd, 0))
205                            goto nomem;
206                    }
207
208                    src_pte = pte_offset(src_pmd, address);
209                    dst_pte = pte_offset(dst_pmd, address);
210
```

```
211                 do {
212                     pte_t pte = *src_pte;
213                     struct page *ptepage;
214
215                     /* copy_one_pte */
216
217                     if (pte_none(pte))
218                         goto cont_copy_pte_range_noset;
219                     if (!pte_present(pte)) {
220                         swap_duplicate(pte_to_swp_entry(pte));
221                         goto cont_copy_pte_range;
222                     }
223                     ptepage = pte_page(pte);
224                     if ((!VALID_PAGE(ptepage)) ||
225                         PageReserved(ptepage))
226                         goto cont_copy_pte_range;
227
228                 /* If it's a COW mapping, write protect it both in
                                    the parent and the child */
229                     if (cow) {
230                         ptep_set_wrprotect(src_pte);
231                         pte = *src_pte;
232                     }
233
234                 /* If it's a shared mapping, mark it clean in the child */
235                     if (vma->vm_flags & VM_SHARED)
236                         pte = pte_mkclean(pte);
237                     pte = pte_mkold(pte);
238                     get_page(ptepage);
239
240     cont_copy_pte_range:        set_pte(dst_pte, pte);
241     cont_copy_pte_range_noset:  address += PAGE_SIZE;
242                     if (address >= end)
243                         goto out;
244                     src_pte++;
245                     dst_pte++;
246                 } while ((unsigned long)src_pte & PTE_TABLE_MASK);
247
248     cont_copy_pmd_range:    src_pmd++;
249                 dst_pmd++;
250             } while ((unsigned long)src_pmd & PMD_TABLE_MASK);
251         }
252     out:
253         return 0;
254
255     nomem:
256         return -ENOMEM;
257     }
```

代码中 163 行的 for 循环是对页面目录项的循环，188 行的 do 循环是对中间目录项的循环，211 行的 do 循环则是对页面表项的循环。我们把注意力集中在 211～246 行对页面表项的 do_while 循环。

循环中检查父进程一个页面表中的每个表项，根据表项的内容决定具体的操作。而表项的内容，则无非是下面这么一些可能：

(1) 表项的内容为全 0，所以 pte_none( ) 返回 1。说明该页面的映射尚未建立，或者说是个"空洞"，因此不需要做任何事。

(2) 表项的最低位，即_PAGE_PRESENT 标志位为 0，所以 pte_present ( ) 返回 1。说明映射已建立，但是该页面目前不在内存中，已经被调出到交换设备上。此时表项的内容指明"盘上页面"的地点，而现在该盘上页面多了一个"用户"，所以要通过 swap_duplicate( ) 递增它的共享计数。然后，就转到 cont_copy_pte_range 将此表项复制到子进程的页面表中。

(3) 映射已建立，但是物理页面不是一个有效的内存页面，所以 VALID_PAGE( ) 返回 0。读者可以回顾一下，我们以前讲过有些物理页面在外设接口卡上，相应的地址称为"总线地址"，而并不是内存页面。这样的页面、以及虽是内存页面但由内核保留的页面，是不属于页面换入/换出机制管辖的，实际上也不消耗动态分配的内存页面，所以也转到 cont_copy_pte_range 将此表项复制到子进程的页面表中。

(4) 需要从父进程复制的可写页面。本来，此时应该分配一个空闲的内存页面，再从父进程的页面把内容复制过来，并为之建立映射。显然，这个操作的代价是不小的。然而，对这么辛辛苦苦复制下来的页面，子进程是否一定会用呢？特别是会有写访问呢？如果只是读访问，则只要父进程从此不再写这个页面，就完全可以通过复制指针来共享这个页面，那不知要省事多少了。所以，Linux 内核采用了一种称为"copy on write"的技术，先通过复制页面表项暂时共享这个页面，到子进程（或父进程）真的要写这个页面时再来分配页面和复制。代码中的局部变量 cow 是在前面 158 行定义的，变量名 cow 是"copy on write"的缩写。只要一个虚存区间的性质是可写（VM_MAYWRITE 为 1）而又不是共享（VM_SHARED 为 0），就属于 copy_on_write 区间。实际上，对绝大多数的可写虚存区间，cow 都是 1。在通过复制页面表项暂时共享一个页面表项时要做两件重要的事情，首先要在 230 和 231 行将父进程的页面表项改成写保护，然后在 236 行把已经改成写保护的表项设置到子进程的页面表中。这样一来，相应的页面在两个进程中都变成"只读"了，当不管是父进程或是子进程企图写入该页面时，都会引起一次页面异常。而页面异常处理程序对此的反应则是另行分配一个物理页面，并把内容真正地"复制"到新的物理页面中，让父、子进程各自拥有自己的物理页面，然后将两个页面表中相应的表项改成可写。所以，Linux 内核之所以可以很迅速地"复制"一个进程，完全依赖于"copy on write"（否则，在 fork 一个进程时就得要复制每一个物理页面了）。可是，copy_on_write 只有在父、子进程各自拥有自己的页面表时才能实现。当 CLONE_VM 标志位为 1，因而父、子进程通过指针共享用户空间时，copy_on_write 就用不上了。此时，父、子进程是在真正的意义上共享用户空间，父进程写入其用户空间的内容同时也"写入"子进程的用户空间。

(5) 父进程的只读页面。这种页面本来就不需要复制。因而可以复制页面表项共享物理页面。

可见，名为 copy_page_range( )，实际上却连一个页面也没有真正地"复制"，这就是为什么 Linux 内核能够很迅速地 fork( ) 或 clone( ) 一个进程的秘密。

回到 copy_mm( ) 的代码中。函数 copy_segments( ) 处理的是进程可能具有的局部段描述表 LDT。我们在第 2 章中讲过，只有在 VM86 模式中运行的进程才会有 LDT。虽然我们并不关心 VM86 模式，但是有兴趣的读者也不妨自己看看它是怎样复制的。copy_segments( )的代码在 arch/i386/kernel/process.c 中：

[sys_fork( ) > do_fork( ) > copy_mm( ) > copy_segments( )]

```
499     /*
500      * we do not have to muck with descriptors here, that is
501      * done in switch_mm( ) as needed.
502      */
503     void copy_segments(struct task_struct *p, struct mm_struct *new_mm)
504     {
505         struct mm_struct * old_mm;
506         void *old_ldt, *ldt;
507
508         ldt = NULL;
509         old_mm = current->mm;
510         if (old_mm && (old_ldt = old_mm->context.segments) != NULL) {
511             /*
512              * Completely new LDT, we initialize it from the parent:
513              */
514             ldt = vmalloc(LDT_ENTRIES*LDT_ENTRY_SIZE);
515             if (!ldt)
516                 printk(KERN_WARNING "ldt allocation failed\n");
517             else
518                 memcpy(ldt, old_ldt, LDT_ENTRIES*LDT_ENTRY_SIZE);
519         }
520         new_mm->context.segments = ldt;
521     }
```

回到 copy_mm( )的代码。对于 i386 CPU 来说，copy_mm( )中 339 行处的 init_new_context( )是个空语句。

当 CPU 从 copy_mm( )回到 do_fork( )中时，所有需要有条件复制的资源都已经处理完了。读者不妨回顾一下，当系统调用 fork( )通过 sys_fork( )进入 do_fork( )时，其 clone_flags 为 SIGCHLD，也就是说，所有的标志位均为 0，所以 copy_files( )、copy_fs( )、copy_sighand( )以及 copy_mm( )全都真正执行了，这四项资源全都复制了。而当 vfork( )经过 sys_vfork 进入 do_fork( )时，则其 clone_flags 为 VFORK|CLONE_VM|SIGHLD，所以只执行了 copy_files( )、copy_fs( )以及 copy_sighand( )；而 copy_mm( )，则因标志位 CLONE_VM 为 1，只是通过指针共享其父进程的 mm_struct，并没有一份自己的副本。这也就是说，经 vfork( )复制的是个线程，只能靠共享其父进程的存储空间度日，包括用户空间堆栈在内。至于__clone( )，则取决于调用时的参数。当然，最终还得取决于父进程具有什么资源，要是父进程没有已打开文件，那么即使执行了 copy_files( )，也还是空的。

回到 do_fork( )的代码中。前面已通过 alloc_task_struct( )分配了两个连续的页面，其低端用作 task_struct 结构，已经基本上复制好了；而用作系统空间堆栈的高端，却还没有复制。现在就由 copy_thread( )来做这件事了。这个函数的代码在 arch/i386/kernel/process.c 中：

[sys_fork( ) > do_fork( ) > copy_thread( )]

```
523     /*
524      * Save a segment.
525      */
526     #define savesegment(seg,value) \
527         asm volatile("movl %%" #seg ",%0":"=m" (*(int *)&(value)))
528
529     int copy_thread(int nr, unsigned long clone_flags, unsigned long esp,
530         unsigned long unused,
531         struct task_struct * p, struct pt_regs * regs)
532     {
533         struct pt_regs * childregs;
534
535         childregs = ((struct pt_regs *) (THREAD_SIZE + (unsigned long) p)) - 1;
536         struct_cpy(childregs, regs);
537         childregs->eax = 0;
538         childregs->esp = esp;
539
540         p->thread.esp = (unsigned long) childregs;
541         p->thread.esp0 = (unsigned long) (childregs+1);
542
543         p->thread.eip = (unsigned long) ret_from_fork;
544
545         savesegment(fs, p->thread.fs);
546         savesegment(gs, p->thread.gs);
547
548         unlazy_fpu(current);
549         struct_cpy(&p->thread.i387, &current->thread.i387);
550
551         return 0;
552     }
```

名为 copy_thread( )，实际上却只是复制父进程的系统空间堆栈。堆栈中的内容说明了父进程从通过系统调用进入系统空间开始到进入 copy_thread( ) 的来历，子进程将要循相同的路线返回，所以要把它复制给子进程。但是，如果子进程的系统空间堆栈与父进程的完全相同，那返回以后就无从区分谁是子进程了，所以复制以后还要略作调整。这是一段很有趣的程序，我们先来看 535 行。在第 3 章中，读者已经看到当一个进程因系统调用或中断而进入内核时，其系统空间堆栈的顶部保存着 CPU 进入内核前夕各个寄存器的内容，并形成一个 pt_regs 数据结构。这里 535 行中的 p 为子进程的 task_struct 指针，指向两个连续物理页面的起始地址；而 THREAD_SIZE + (unsigned long)p 则指向这两个页面的顶端。将其变换成 struct pt_regs*，再从中减 1，就指向了子进程系统空间堆栈中的 pt_regs 结构，如图 4.3 所示。

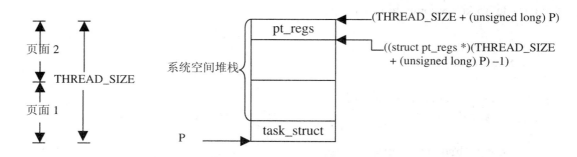

图 4.3　子进程系统空间堆栈示意图

得到了指向子进程系统空间堆栈中 pt_regs 结构的指针 childregs 以后，就先将当前进程系统空间堆栈中的 pt_regs 结构复制过去，再来作少量的调整。什么样的调整呢？首先，将该结构中的 eax 置成 0。当子进程受调度而"恢复"运行，从系统调用"返回"时，这就是返回值。如前所述，子进程的返回值为 0。其次，还要将结构中的 esp 置成这里的参数 esp，它决定了进程在用户空间的堆栈位置。在 __clone( ) 调用中，这个参数是由调用者给定的。而在 fork( ) 和 vfork( ) 中，则来自调用 do_fork( ) 前夕的 regs.esp，所以实际上并没有改变，还是指向父进程原来在用户空间的堆栈。

在进程的 task_struct 结构中有个重要的成分 thread，它本身是一个数据结构 thread_struct，里面记录着进程在切换时的(系统空间)堆栈指针，取指令地址（也就是"返回地址"）等关键性的信息。在复制 task_struct 数据结构的时候，这些信息也原封不动地复制了过来。可是，子进程有自己的系统空间堆栈，所以也要相应加以调整。具体地说，540 行将 p->thread.esp 设置成子进程系统空间堆栈中 pt_regs 结构的起始地址，就好像这个子进程以前曾经运行过，而在进入内核以后正要返回用户空间时被切换了一样。而 p->thread.esp0 则应该指向子进程的系统空间堆栈的顶端。当一个进程被调度运行时，内核会将这个变量的值写入 TSS 的 esp0 字段，表示当这个进程进入 0 级运行时其堆栈的位置。此外，p->thread.eip 的值表示当进程下一次被切换进入运行时的切入点，类似于函数调用或中断的返回地址。将此地址设置成 ret_from_fork，使创建的子进程在首次被调度运行时就从那儿开始，这一点以后在阅读有关进程切换的代码时还要讲到。545 行和 546 行的 savesegment 是个宏操作，其定义就在 526 行。所以，545 行在 gcc 预处理以后就会变成

```
    asm  volatile ("movl %%fs, %0" : "=m" (* (int *) & p->thread.fs))
```

也就是把当前的段寄存器 fs 的值保存在 p->thread.fs 中。546 行与此类似。548 行和 549 行是为 i387 浮点处理器而设的，那就不是我们所关心的了。

回到 do_fork( )，再往下看：

[sys_fork( ) > do_fork( )]

```
656         /* Our parent execution domain becomes current domain
657            These must match for thread signalling to apply */
658
659         p->parent_exec_id = p->self_exec_id;
660
661         /* ok, now we should be set up.. */
```

```
662        p->swappable = 1;
663        p->exit_signal = clone_flags & CSIGNAL;
664        p->pdeath_signal = 0;
665
666        /*
667         * "share" dynamic priority between parent and child, thus the
668         * total amount of dynamic priorities in the system doesnt change,
669         * more scheduling fairness. This is only important in the first
670         * timeslice, on the long run the scheduling behaviour is unchanged.
671         */
672        p->counter = (current->counter + 1) >> 1;
673        current->counter >>= 1;
674        if (!current->counter)
675            current->need_resched = 1;
676
677        /*
678         * Ok, add it to the run-queues and make it
679         * visible to the rest of the system.
680         *
681         * Let it rip!
682         */
683        retval = p->pid;
684        p->tgid = retval;
685        INIT_LIST_HEAD(&p->thread_group);
686        write_lock_irq(&tasklist_lock);
687        if (clone_flags & CLONE_THREAD) {
688            p->tgid = current->tgid;
689            list_add(&p->thread_group, &current->thread_group);
690        }
691        SET_LINKS(p);
692        hash_pid(p);
693        nr_threads++;
694        write_unlock_irq(&tasklist_lock);
695
696        if (p->ptrace & PT_PTRACED)
697            send_sig(SIGSTOP, p, 1);
698
699        wake_up_process(p);         /* do this last */
700        ++total_forks;
701
702  fork_out:
703        if ((clone_flags & CLONE_VFORK) && (retval > 0))
704            down(&sem);
705        return retval;
706
```

代码中的 parent_exec_id 表示父进程的执行域，self_exec_id 为本进程的执行域，swappable 表示本进程的存储页面可以被换出，exit_signal 为本进程执行 exit( )时应向父进程发出的信号，pdeath_signal 为要求父进程在执行 exit( )时向本进程发出的信号。此外，task_struct 结构中 counter 字段的值就是进程的运行时间配额，这里将父进程的时间配额分成两半，让父、子进程各有原值的一半。如果创建的是线程，则还要通过 task_struct 结构中的队列头 thread_group 与父进程链接起来，形成一个"线程组"。接着，就要让子进程进入它的关系网了。先通过 SET_LINKS(p)将子进程的 task_struct 结构链入内核的进程队列，然后又通过 hash_pid( )将其链入按其 pid 计算得的杂凑队列。有关这些队列的详情可参看"进程"以及"进程的调度与切换"两节中的有关叙述。最后，通过 wake_up_process( )将子进程"唤醒"，也就是将其挂入可执行进程队列等待调度。有关详情可参看"过程的睡眠与唤醒"一节。

至此，新进程的创建已经完成了，并且已经挂入了可运行进程的队列接受调度。子进程与父进程在用户空间中具有相同的返回地址，然后才会因用户空间中程序的安排而分开。同时，由于当父进程（当前进程）从系统调用返回的前夕可能会接受调度，所以，到底谁会先返回到用户空间是不确定的。不过，一般而言，由于父、子进程适用相同的调度政策，而父进程在可执行进程队列中排在子进程前面，所以父进程先运行的可能较大。

还有一种特殊情况要考虑。当调用 do_fork( )的参数中 CLONE_VFORK 标志位为 1 时，一定要保证让子进程先运行，一直到子进程通过系统调用 execve( )执行一个新的可执行程序或者通过系统调用 exit( )退出系统时，才可以恢复父进程的运行。为什么呢？这要从用户空间的复制或共享这个问题说起。前面读者已经看到，在创建子进程时，对于父进程的用户空间可以通过复制父进程的 mm_struct 及其下属的各个 vm_area_struct 数据结构，再加上父进程的页面目录和页面表来继承；也可以简单地复制父进程的 task_struct 结构中指向其 mm_struct 结构的指针来共享，具体取决于 CLONE_VM 标志位的值。当 CLONE_VM 标志位为 1，因而父、子进程通过指针共享用户空间时，父、子进程是在真正的意义上共享用户空间，父进程写入其用户空间的内容同时也"写入"子进程的用户空间，反之亦然。如果说，在这种情况下父、子进程各自对其数据区的写入可能会引起问题的话，那么对堆栈区的写入可就是致命的了。而每次对子程序的调用都是对堆栈区的写入！由此可见，在这样的情况下绝不能让两个进程都回到用户空间并发地运行；否则，必然是两个进程最终都乱来一气或者因非法越界访问而死亡。解决的办法只能是"扣留"其中一个进程，而只让一个进程回到用户空间，直到两个进程不再共享它们的用户空间或其中一个进程（必然是回到用户空间运行的那个进程）消亡为止。

所以，do_fork( )中的 703 行和 704 行在 CLONE_VFORK 标志为 1 并且 fork 子进程成功的情况下，通过让当前进程（父进程）在一个信号量上执行一次 down( )操作，以达到扣留父进程的目的。我们来看看具体是怎样实现的。

首先，信号量 sem 是在函数开头时的 560 行定义的一个局部量（名曰 DECLARE，实际上为之分配了空间）：

[sys_fork( ) > do_fork( )]

```
560         DECLARE_MUTEX_LOCKED(sem);
```

这儿 DECLARE_MUTEX_LOKED 是在 include/asm-i386/semaphore.h 中定义的：

```
70   #define DECLARE_MUTEX(name)          __DECLARE_SEMAPHORE_GENERIC(name, 1)
71   #define DECLARE_MUTEX_LOCKED(name)   __DECLARE_SEMAPHORE_GENERIC(name, 0)
```

将 DECLARE_MUTEX_LOKED 与 DECLARE_MUTEX 作一比较，可以看出正常情况下信号量中资源的数量为 1，而现在这个信号量中资源的数量为 0。当资源数量为 1 时，第一个执行 down( )操作的进程进入临界区，而使资源数量变成了 0，以后执行 down( )操作的进程便会因为资源为 0 而被拒之门外进入睡眠，直到第一个进程归还资源离开临界区时才被唤醒。而现在这个信号量的资源从一开始就是 0，所以第一个对此执行 down( )操作的进程就会进入睡眠，一直要到某个进程往这个信号量中投入资源，也就是执行一次 up( )操作时才会被唤醒。

那么，谁来投入资源呢？在"系统调用 execve( )"一节中读者将看到，子进程在通过 execve( )执行一个新的可执行程序时会做这件事。此外，子进程在通过 exit( )退出系统时也会做这件事。这里还要指出，这个信号量是 do_fork( )的一个局部变量，所以在父进程的系统空间堆栈中，而子进程在其 task_struct 结构中有指向这个信号量的指针（即 vfork_sem，见 do_fork( )的第 554 行和 560 行）。既然父进程一直要睡眠到子进程使用这个信号量以后，信号量所在的空间就不会受到打扰。还应指出，CLONE_VM 要与 CLONE_VFORK 结合使用，否则就会发生前述的问题，除非在用户程序中采取了特殊的预防措施。

不管怎样，子进程的创建终于完成了，让我们祝福这新的生命！可是，如果子进程只具有与父进程相同的可执行程序和数据，只是父进程的"影子"，那又有什么意义呢？子进程必须走自己的路，这就是下一节"系统调用 execve( )"所要讲述的内容了。

4.4 系统调用 execve( )

读者在前一节中已经看到，进程通常是按其父进程的原样复制出来的，在多数情况下,如果复制出来的子进程不能与父进程分道扬镳，"走自己的路"，那就没有多大意义。所以，执行一个新的可执行程序是进程生命历程中关键性的一步。Linux 为此提供了一个系统调用 execve( )，而在 C 语言的程序库中则又在此基础上向应用程序提供一整套的库函数，包括 execl( )、execlp( )、execle( )、execle( )、execv( )和 execvp( )。此外，还有库函数 system( )，也与 execve( )有关，不过 system( )是 fork( )、execve( )、wait4( )的组合。我们已经在本章第 2 节介绍过应用程序怎样调用 execve( )，现在我们就来介绍 execve( )的实现。

系统调用 execve( )内核入口是 sys_execve( )，代码见 arch/i386/kernel/process.c：

```
722     /*
723      * sys_execve( ) executes a new program.
724      */
725     asmlinkage int sys_execve(struct pt_regs regs)
726     {
727         int error;
728         char * filename;
729     
730         filename = getname((char *) regs.ebx);
731         error = PTR_ERR(filename);
732         if (IS_ERR(filename))
733             goto out;
734         error = do_execve(filename, (char **) regs.ecx,
                              (char **) regs.edx, &regs);
```

```
735         if (error == 0)
736             current->ptrace &= ~PT_DTRACE;
737         putname(filename);
738 out:
739         return error;
740 }
```

以前讲过，系统调用进入内核时，regs.ebx 中的内容为应用程序中调用相应库函数时的第一个参数。在本章第 2 节所举的例子中，这个参数为指向字符串 "/bin/echo" 的指针。现在，指针存放在 regs.ebx 中，但字符串本身还在用户空间中，所以 730 行的 getname( ) 要把这个字符串从用户空间拷贝到系统空间，在系统空间中建立起一个副本。让我们看看具体是怎么做的。函数 getname( ) 的代码在 fs/namei.c 中：

[sys_execve( ) > getname( )]

```
129 char * getname(const char * filename)
130 {
131     char *tmp, *result;
132
133     result = ERR_PTR(-ENOMEM);
134     tmp = __getname();
135     if (tmp)  {
136         int retval = do_getname(filename, tmp);
137
138         result = tmp;
139         if (retval < 0) {
140             putname(tmp);
141             result = ERR_PTR(retval);
142         }
143     }
144     return result;
145 }
```

先通过 __getname( ) 分配一个物理页面作为缓冲区，然后调用 do_getname( ) 从用户空间拷贝字符串。那么，为什么要专门为此分配一个物理页面作为缓冲区呢？首先，这个字符串确有可能相当长，因为这是一个绝对路径名。其次，我们以前讲过，进程系统空间堆栈的大小是大约 7KB，不能滥用，不宜在 getname( ) 中定义一个局部的 4KB 的字符数组（注意，局部变量所占据的空间是在堆栈中分配的）。函数 do_getname( ) 的代码也在文件 fs/namei.c 中：

[sys_execve( ) > getname( ) > do_getname( )]

```
102 /* In order to reduce some races, while at the same time doing additional
103  * checking and hopefully speeding things up, we copy filenames to the
104  * kernel data space before using them..
105  *
106  * POSIX.1 2.4: an empty pathname is invalid (ENOENT).
```

```
107         */
108         static inline int do_getname(const char *filename, char *page)
109         {
110             int retval;
111             unsigned long len = PATH_MAX + 1;
112
113             if ((unsigned long) filename >= TASK_SIZE) {
114                 if (!segment_eq(get_fs( ), KERNEL_DS))
115                     return -EFAULT;
116             } else if (TASK_SIZE - (unsigned long) filename < PAGE_SIZE)
117                 len = TASK_SIZE - (unsigned long) filename;
118
119             retval = strncpy_from_user((char *)page, filename, len);
120             if (retval > 0) {
121                 if (retval < len)
122                     return 0;
123                 return -ENAMETOOLONG;
124             } else if (!retval)
125                 retval = -ENOENT;
126             return retval;
127         }
```

如果指针 filename 的值大于等于 TASK_SIZE，就表示 filename 实际上在系统空间中。读者应该还记得 TASK_SIZE 的值是 3GB。具体的拷贝是通过 strncpy_from_user( ) 进行的，代码见 arch/i386/lib/usercopy.c：

[sys_execve( ) > getname( ) > do_getname( ) > strncpy_from_user( )]

```
100         long
101         strncpy_from_user(char *dst, const char *src, long count)
102         {
103             long res = -EFAULT;
104             if (access_ok(VERIFY_READ, src, 1))
105                 __do_strncpy_from_user(dst, src, count, res);
106             return res;
107         }
```

这个函数的主体 strncpy_from_user( ) 是一个宏操作，也在同一源文件 usercopy.c 中，与第 3 章中介绍过的 _generic_copy_from_user( ) 很相似，读者可以自行对照阅读。

在系统空间中建立起一份可执行文件的路径名副本以后，sys_execve( ) 就调用 do_execve( )，以完成其主体部分的工作。当然，完成以后还要通过 putname( ) 将所分配的物理页面释放。函数 do_execve( ) 的代码在 fs/exec.c 中，我们逐段地往下看：

[sys_execve( ) > do_execve( )]

```
835         /*
```

```
836     * sys_execve( ) executes a new program.
837     */
838    int do_execve(char * filename, char ** argv, char ** envp, struct pt_regs * regs)
839    {
840        struct linux_binprm bprm;
841        struct file *file;
842        int retval;
843        int i;
844
845        file = open_exec(filename);
846
847        retval = PTR_ERR(file);
848        if (IS_ERR(file))
849            return retval;
850
```

显然，先要将给定的可执行程序文件找到并打开，open_exec( )就是为此而调用的，其代码也在 exec.c 中，读者可结合"文件系统"一章中有关打开文件操作的内容，特别是 path_walk( )的代码自行阅读。

假定目标文件已经打开，下一步就要从文件中装入可执行程序了。内核中为可执行程序的装入定义了一个数据结构 linux_binprm，以便将运行一个可执行文件时所需的信息组织在一起，这是在 include/linux/binfmts.h 定义的：

```
19    /*
20     * This structure is used to hold the arguments that are used when
           loading binaries.
21     */
22    struct linux_binprm{
23        char buf[BINPRM_BUF_SIZE];
24        struct page *page[MAX_ARG_PAGES];
25        unsigned long p; /* current top of mem */
26        int sh_bang;
27        struct file * file;
28        int e_uid, e_gid;
29        kernel_cap_t cap_inheritable, cap_permitted, cap_effective;
30        int argc, envc;
31        char * filename;       /* Name of binary */
32        unsigned long loader, exec;
33    };
```

其中各个成分的作用读了下面的代码就会清楚。我们继续在 do_execve( )中往下看：

[sys_execve( ) > do_execve( )]

```
851        bprm.p = PAGE_SIZE*MAX_ARG_PAGES-sizeof(void *);
852        memset(bprm.page, 0, MAX_ARG_PAGES*sizeof(bprm.page[0]));
```

```
853
854            bprm.file = file;
855            bprm.filename = filename;
856            bprm.sh_bang = 0;
857            bprm.loader = 0;
858            bprm.exec = 0;
859            if ((bprm.argc = count(argv, bprm.p / sizeof(void *))) < 0) {
860                allow_write_access(file);
861                fput(file);
862                return bprm.argc;
863            }
864
865            if ((bprm.envc = count(envp, bprm.p / sizeof(void *))) < 0) {
866                allow_write_access(file);
867                fput(file);
868                return bprm.envc;
869            }
870
871            retval = prepare_binprm(&bprm);
872            if (retval < 0)
873                goto out;
874
875            retval = copy_strings_kernel(1, &bprm.filename, &bprm);
876            if (retval < 0)
877                goto out;
878
879            bprm.exec = bprm.p;
880            retval = copy_strings(bprm.envc, envp, &bprm);
881            if (retval < 0)
882                goto out;
883
884            retval = copy_strings(bprm.argc, argv, &bprm);
885            if (retval < 0)
886                goto out;
887
```

代码中的 linux_binprm 数据结构 bprm 是个局部量。函数 open_exec( )返回一个 file 结构指针，代表着读入可执行文件的上下文，所以将其保存在数据结构 bprm 中。变量 bprm.sh_bang 的值说明可执行文件的性质，当可执行文件是一个 Shell 过程（Shell Script，用 Shell 语言编写的命令文件，由 shell 解释执行）时置为 1。而现在还不知道，所以暂且将其置为 0，也就是先假定为二进制文件。数据结构中的其他两个变量也暂时设置成 0。接着就处理可执行文件的参数和环境变量。

与可执行文件路径名的处理办法一样，每个参数的最大长度也定为一个物理页面，所以 bprm 中有一个页面指针数组，数组的大小为允许的最大参数个数 MAX_AGE_PAGES，目前这个常数定义为 32。前面已通过 memset( )将这个指针数组初始化成全 0。现在将 bprm.p 设置成这些页面的总和减去一个指针的大小，因为第 0 个参数也就是 argv[0]是可执行程序本身的路径名。函数 count( )是在 exec.c 中定义的，这里用它对字符串指针数组 argv[ ]中参数的个数进行计数，而 bprm.p/sizeof(void*)表示允许的最大值。同样，对作为参数传过来的环境变量也要通过 count( )计数。注意这里的数组 argv[ ]和 envp[ ]是在用户空间而不在系统空间，所以计数的操作并不那么简单。函数 count( )的代码在 fs/exec.c 中，它本身的代码很简单，但是引用的宏定义 get_user( )却颇有些挑战性，值得一读。它也与第 3 章中介绍过的 _generic_copy_from_user( )相似，我们把它留给读者作为练习。有关的代码在 include/asm-i386/uaccess.h 和 arch/i386/lib/getuser.S 中，调用的路径为[count( ) > get_user( ) > _get_user( ) > _get_user_4( )]。如果 count( )失败，即返回负值，则要对目标文件执行一次 allow_write_access( )。这个函数是与 deny_write_access( )配对使用的，目的在于防止其他进程（可能在另一个 CPU 上运行）在读入可执行文件期间通过内存映射改变它的内容（详见"文件系统"以及系统调用 mmap( )）。与其配对的 deny_write_access( )是在打开可执行文件时在 open_exec( )中调用的。

完成了对参数和环境变量的计数以后，do_execve( )又调用 prepare_binprm( )，进一步做数据结构 bprm 的准备工作，从可执行文件中读入开头的 128 个字节到 linux_binprm 结构 bprm 中的缓冲区。当然，在读之前还要先检验当前进程是否有这个权力，以及该文件是否有可执行属性。如果可执行文件具有"set uid"特性则要作相应的设置。这个函数的代码也在 exec.c 中。由于涉及文件操作的细节，我们建议读者在学习了"文件系统"以后再回过来自行阅读。此处先说明为什么只是先读 128 个字节。这是因为，不管目标文件是 elf 格式还是 a.out 格式，或者别的格式，在开头 128 个字节中都包括了关于可执行文件属性的必要而充分的信息。等一下读者就会看到这些信息的用途。

最后的准备工作就是把执行的参数，也就是 argv[ ]，以及运行的环境，也就是 envp[ ]，从用户空间拷贝到数据结构 bprm 中。其中的第 1 个参数 argv[0]就是可执行文件的路径名，已经在 bprm.filename 中了，所以用 copy_strings_kernel( )从系统空间中拷贝，其他的就要用 copy_strings( )从用户空间拷贝。

至此，所有的准备工作都已完成，所有必要的信息都已经搜集到了 linux_binprm 结构 bprm 中，接下来就要装入并运行目标程序了(exec.c)：

[sys_execve( ) > do_execve( )]

```
888         retval = search_binary_handler(&bprm, regs);
889         if (retval >= 0)
890             /* execve success */
891             return retval;
892
893     out:
894         /* Something went wrong, return the inode and free the argument pages*/
895         allow_write_access(bprm.file);
896         if (bprm.file)
897             fput(bprm.file);
898
899         for (i = 0 ; i < MAX_ARG_PAGES ; i++) {
900             struct page * page = bprm.page[i];
901             if (page)
902                 __free_page(page);
903         }
904
905         return retval;
906     }
```

显然，这里的关键是 search_binary_handler( )。在深入到这个函数内部之前，先介绍一个大概。内核中有一个队列，叫 formats，挂在此队列中的成员是代表着各种可执行文件格式的"代理人"，每个成员只认识并且处理一种特定格式的可执行文件的运行。在前面的准备阶段中，已经从可执行文件头部读入了 128 个字节存放在 bprm 的缓冲区，而且运行所需的参数和环境变量也已经收集在 bprm 中。现在就由 formats 队列中的成员逐个来认领，谁要是辨认到了它所代表的可执行文件格式，运行的事就交给它。要是都不认识呢？那就根据文件头部的信息再找找看，是否有为此种格式设计，但是作为可动态安装模块实现的"代理人"存在于文件系统中。如果有的话就把这模块安装进来并且将其挂入到 formats 队列中，然后让 formats 队列中的各个"代理人"再来试一次。

函数 search_binary_handler( )的代码也在 exec.c 中，其中有一段是专门针对 alpha 处理器的条件编译，在下列的代码中跳过了这段条件编译语句：

[sys_execve( ) > do_execve( ) > search_binary_handler( )]

```
747     /*
748      * cycle the list of binary formats handler, until one recognizes the image
749      */
750     int search_binary_handler(struct linux_binprm *bprm,struct pt_regs *regs)
751     {
752         int try,retval=0;
753         struct linux_binfmt *fmt;
754     #ifdef __alpha__
        ......
785     #endif
786         for (try=0; try<2; try++) {
787             read_lock(&binfmt_lock);
788             for (fmt = formats ; fmt ; fmt = fmt->next) {
789                 int (*fn)(struct linux_binprm *, struct pt_regs *) = fmt->load_binary;
790                 if (!fn)
791                     continue;
792                 if (!try_inc_mod_count(fmt->module))
793                     continue;
794                 read_unlock(&binfmt_lock);
795                 retval = fn(bprm, regs);
796                 if (retval >= 0) {
797                     put_binfmt(fmt);
798                     allow_write_access(bprm->file);
799                     if (bprm->file)
800                         fput(bprm->file);
801                     bprm->file = NULL;
802                     current->did_exec = 1;
803                     return retval;
804                 }
805                 read_lock(&binfmt_lock);
806                 put_binfmt(fmt);
807                 if (retval != -ENOEXEC)
808                     break;
```

```
809             if (!bprm->file) {
810                 read_unlock(&binfmt_lock);
811                 return retval;
812             }
813         }
814         read_unlock(&binfmt_lock);
815         if (retval != -ENOEXEC) {
816             break;
817 #ifdef CONFIG_KMOD
818         }else{
819 #define printable(c) (((c)=='\t') || ((c)=='\n') \
                             || (0x20<=(c) && (c)<=0x7e))
820             char modname[20];
821             if (printable(bprm->buf[0]) &&
822                 printable(bprm->buf[1]) &&
823                 printable(bprm->buf[2]) &&
824                 printable(bprm->buf[3]))
825                 break; /* -ENOEXEC */
826             sprintf(modname, "binfmt-%04x",
                        *(unsigned short *)(&bprm->buf[2]));
827             request_module(modname);
828 #endif
829         }
830     }
831     return retval;
832 }
```

程序中有两层嵌套的 for 循环。内层是对 formats 队列中的每个成员循环，让队列中的成员逐个试试它们的 load_binary( ) 函数，看看能否对上号。如果对上了号，那就把目标文件装入并将其投入运行，再返回一个正数或 0。当 CPU 从系统调用返回时，该目标文件的执行就真正开始了。否则，如果不能辨识，或者在处理的过程中出了错，就返回一个负数。出错代码－ENOEXEC 表示只是对不上号，而并没有发生其他的错误，所以循环回去，让队列中的下一个成员再来试试。但是如果出了错而又并不是－ENOEXEC，那就表示对上了号但出了其他的错，这就不用再让其他的成员来试了。

内层循环结束以后，如果失败的原因是－ENOEXEC，就说明队列中所有的成员都不认识目标文件的格式。这时候，如果内核支持动态安装模块（取决于编译选择项 CONFIG_KMOD），就根据目标文件的第 2 和第 3 个字节生成一个 binfmt 模块名，通过 request_module( )试着将相应的模块装入（见本书"文件系统"和"设备驱动"两章中的有关内容）。外层的 for 循环共进行两次，正是为了在安装了模块以后再来试一次。

能在 Linux 系统上运行的可执行程序的开头几个字节，特别是开头 4 个字节，往往构成一个所谓的 magic number，如果把它拆开成字节，则往往又是说明文件格式的字符。例如，elf 格式的可执行文件的头四个字节为 "0x7F"、"e"、"l" 和 "f"；而 java 的可执行文件头部四个字节则为 "c"、"a"、"f" 和 "e"。如果可执行文件为 Shell 过程或 perl 文件，即第一行的格式为#! /bin/sh 或#!/usr/bin/perl，此时第一个字符为 "#"，第二个字符为 "!"，后面是相应解释程序的路径名。

数据结构 linux_binfmt 定义于 include/linux/binfmts.h 中，前面已经看到过了。结构中有三个函数指针，load_binary 用来装入可执行程序，load_shlib 用来装入动态安装的公用库程序，而 core_dump 的作用则不言自明。显然，这里最根本的是 load_binary。同时，如果不搞清具体的装载程序怎样工作，就很难对 execve( )、进而对 Linux 进程的运行有深刻的理解。下面我们以 a.out 格式为例，讲述装入并启动执行目标程序的过程。其实，a.out 格式的可执行文件已经渐渐被淘汰了，取而代之的是 elf 格式。但是，a.out 格式要简单得多，并且方便我们通过它来讲述目标程序的装载和投入运行的过程，所以从篇幅考虑我们选择了 a.out。读者在搞清了 a.out 格式的装载和投运过程以后，可以自行阅读有关 elf 格式的相关代码。

4.4.1 a.out 格式目标文件的装载和投运

与 a.out 格式可执行文件有关的代码都在 fs/binfmt_aout.c 中。先来看 a.out 格式的 linux_binfmt 数据结构，这个数据结构就是在 formats 队列中代表 a.out 格式的：

```
38      static struct linux_binfmt aout_format = {
39          NULL, THIS_MODULE, load_aout_binary,
                            load_aout_library, aout_core_dump , PAGE_SIZE
40      };
```

读者可以将它与前面的数据结构的类型定义相对照。装载和投运 a.out 格式目标文件的函数为 load_aout_binary( )。可以想像，这是个比较复杂的过程，函数也比较大。我们还是老办法，一段一段往下看。其代码在 binfmt_aout.c 中：

[sys_execve( ) > do_execve( ) > search_binary_handler( ) > load_aout_binary( )]

```
249     /*
250      * These are the functions used to load a.out style executables and shared
251      * libraries.  There is no binary dependent code anywhere else.
252      */
253
254     static int load_aout_binary(struct linux_binprm * bprm,
                            struct pt_regs * regs)
255     {
256         struct exec ex;
257         unsigned long error;
258         unsigned long fd_offset;
259         unsigned long rlim;
260         int retval;
261
262         ex = *((struct exec *) bprm->buf);      /* exec-header */
263         if ((N_MAGIC(ex) != ZMAGIC && N_MAGIC(ex) != OMAGIC &&
264             N_MAGIC(ex) != QMAGIC && N_MAGIC(ex) != NMAGIC) ||
265             N_TRSIZE(ex) || N_DRSIZE(ex) ||
266             bprm->file->f_dentry->d_inode->i_size <
                            ex.a_text+ex.a_data+N_SYMSIZE(ex)+N_TXTOFF(ex)) {
267             return -ENOEXEC;
```

268   }

首先是检查目标文件的格式，看看是否对上号。所有 a.out 格式可执行文件（二进制代码）的开头都应该是一个 exec 数据结构，这是在 include/asm-i386/a.out.h 中定义的：

```
4    struct exec
5    {
6      unsigned long a_info;       /* Use macros N_MAGIC, etc for access */
7      unsigned a_text;            /* length of text, in bytes */
8      unsigned a_data;            /* length of data, in bytes */
9      unsigned a_bss;  /* length of uninitialized data area for file, in bytes */
10     unsigned a_syms;            /* length of symbol table data in file, in bytes*/
11     unsigned a_entry;           /* start address */
12     unsigned a_trsize;  /* length of relocation info for text, in bytes */
13     unsigned a_drsize;  /* length of relocation info for data, in bytes */
14   };
15
16   #define N_TRSIZE(a)    ((a).a_trsize)
17   #define N_DRSIZE(a)    ((a).a_drsize)
18   #define N_SYMSIZE(a)   ((a).a_syms)
```

结构中的第一个无符号长整数 a_info 在逻辑上分成两部分：其高 16 位是一个代表目标 CPU 类型的代码，对于 i386CPU 这部分的值为 100（0x64）；而低 16 位就是 magic number。不过，a.out 文件的 magic number 并不像在有的格式中那样是可打印字符，而是表示某些属性的编码，一共有四种，即 ZMAGIC、OMAGIC、QMAGIC 以及 NMAGIC，这是在 include/linux/a.out.h 中定义的：

```
60   /* Code indicating object file or impure executable.  */
61   #define OMAGIC 0407
62   /* Code indicating pure executable.  */
63   #define NMAGIC 0410
64   /* Code indicating demand-paged executable.  */
65   #define ZMAGIC 0413
66   /* This indicates a demand-paged executable with the header in the text.
67      The first page is unmapped to help trap NULL pointer references */
68   #define QMAGIC 0314
69
70   /* Code indicating core file.  */
71   #define CMAGIC 0421
```

如果 magic number 不符，或者 exec 结构中提供的信息与实际不符，那就不能认为这个目标文件是 a.out 格式的，所以返回－ENOEXEC。

继续在 binfmt_aout.c 中往下看：

[sys_execve( ) > do_execve( ) > search_binary_handler( ) > load_aout_binary( )]

```
270        fd_offset = N_TXTOFF(ex);
```

```
271
272             /* Check initial limits. This avoids letting people circumvent
273              * size limits imposed on them by creating programs with large
274              * arrays in the data or bss.
275              */
276             rlim = current->rlim[RLIMIT_DATA].rlim_cur;
277             if (rlim >= RLIM_INFINITY)
278                     rlim = ~0;
279             if (ex.a_data + ex.a_bss > rlim)
280                     return -ENOMEM;
281
282             /* Flush all traces of the currently running executable */
283             retval = flush_old_exec(bprm);
284             if (retval)
285                     return retval;
286
287             /* OK, This is the point of no return */
```

各种 a.out 格式的文件因目标代码的特性不同,其正文的起始位置也就不同。为此提供了一个宏操作 N_TXTOFF( ),以便根据代码的特性取得正文在目标文件中的起始位置,这是在 include/linux/a.out.h 中定义的:

```
80      #define _N_HDROFF(x) (1024 - sizeof (struct exec))
81
82      #if !defined (N_TXTOFF)
83      #define N_TXTOFF(x) \
84       (N_MAGIC(x) == ZMAGIC ? _N_HDROFF((x)) + sizeof (struct exec) : \
85       (N_MAGIC(x) == QMAGIC ? 0 : sizeof (struct exec)))
86      #endif
```

以前曾经讲过,每个进程的 task_struct 结构中有个数组 rlim,规定了该进程使用各种资源的限制,其中也包括对用于数据的内存空间的限制。所以,目标文件所确定的 data 和 bss 两个"段"的总和不能超出这个限制。

顺利通过了这些检验就表示具备了执行该目标文件的条件,所以就到了"与过去告别"的时候。这种"告别过去"意味着放弃从父进程"继承"下来的全部用户空间,不管是通过复制还是通过共享继承下来的。不过,下面读者会看到,这种告别也并非彻底的决裂。

函数 flush_old_exec( )的代码也在 exec.c 中:

[sys_execve( ) > do_execve( ) > search_binary_handler( ) > load_aout_binary( ) > flush_old_exec( )]

```
523     int flush_old_exec(struct linux_binprm * bprm)
524     {
525             char * name;
526             int i, ch, retval;
527             struct signal_struct * oldsig;
528
```

```
529         /*
530          * Make sure we have a private signal table
531          */
532         oldsig = current->sig;
533         retval = make_private_signals( );
534         if (retval) goto flush_failed;
535
536         /*
537          * Release all of the old mmap stuff
538          */
539         retval = exec_mmap( );
540         if (retval) goto mmap_failed;
541
542         /* This is the point of no return */
543         release_old_signals(oldsig);
544
545         current->sas_ss_sp = current->sas_ss_size = 0;
546
547         if (current->euid == current->uid && current->egid == current->gid)
548             current->dumpable = 1;
549         name = bprm->filename;
550         for (i=0; (ch = *(name++)) != '\0';) {
551             if (ch == '/')
552                 i = 0;
553             else
554                 if (i < 15)
555                     current->comm[i++] = ch;
556         }
557         current->comm[i] = '\0';
558
559         flush_thread( );
560
561         de_thread(current);
562
563         if (bprm->e_uid != current->euid || bprm->e_gid != current->egid ||
564             permission(bprm->file->f_dentry->d_inode,MAY_READ))
565             current->dumpable = 0;
566
567         /* An exec changes our domain. We are no longer part of the thread
568            group */
569
570         current->self_exec_id++;
571
572         flush_signal_handlers(current);
573         flush_old_files(current->files);
574
575         return 0;
576
```

```
577    mmap_failed:
578    flush_failed:
579        spin_lock_irq(&current->sigmask_lock);
580        if (current->sig != oldsig)
581            kfree(current->sig);
582        current->sig = oldsig;
583        spin_unlock_irq(&current->sigmask_lock);
584        return retval;
585    }
```

首先是进程的信号（软中断）处理表。我们讲过，一个进程的信号处理表就好像一个系统中的中断向量表，虽然运用的层次不同，其概念是相似的。当子进程被创建出来时，父进程的信号处理表可以已经复制过来，但也有可能只是把父进程的信号处理表指针复制了过来，而通过这指针来共享父进程的信号处理表。现在，子进程最终要"自立门户"了，所以要看一下，如果还在共享父进程的信号处理表的话，就要把它复制过来。正因为这样，make_private_signals( )的代码与 do_fork( )中调用的copy_sighand( )基本相同。

[sys_execve( ) > do_execve( ) > search_binary_handler( ) > load_aout_binary( ) > flush_old_exec( )> make_private_signals( )]

```
429    /*
430     * This function makes sure the current process has its own signal table,
431     * so that flush_signal_handlers can later reset the handlers without
432     * disturbing other processes.  (Other processes might share the signal
433     * table via the CLONE_SIGNAL option to clone( ).)
434     */
435
436    static inline int make_private_signals(void)
437    {
438        struct signal_struct * newsig;
439
440        if (atomic_read(&current->sig->count) <= 1)
441            return 0;
442        newsig = kmem_cache_alloc(sigact_cachep, GFP_KERNEL);
443        if (newsig == NULL)
444            return -ENOMEM;
445        spin_lock_init(&newsig->siglock);
446        atomic_set(&newsig->count, 1);
447        memcpy(newsig->action, current->sig->action, sizeof(newsig->action));
448        spin_lock_irq(&current->sigmask_lock);
449        current->sig = newsig;
450        spin_unlock_irq(&current->sigmask_lock);
451        return 0;
452    }
```

读者也许要问：既然最终还是要把它复制过来，何不在当初一步就把它复制好了？这就是所谓"lazy computation"的概念：一件事情只有在非做不可时才做。虽然新创建的进程一般都会执行 execve( )，"走自己的路",但这是没有保证的。如果创建的是线程那就不一定会执行execve( ),如果一律在创建时就复制就可能造成浪费而且不符合要求。再说,检查一下是否还在与父进程共享信号处理表(通过检查共享计数)所花费的代价是很小的。当然,如果子进程是通过fork( )创建出来的话(而不是vfork( )或__clone( )),那就一定都已经复制好了,这里的make_private_signals( )只不过是检查一下共享计数就马上回来了。

相比之下,exec_mmap( )是更为关键的行动,从父进程继承下来的用户空间就是在这里放弃的。其代码在同一文件(exec.c)中:

[sys_execve( ) > do_execve( ) > search_binary_handler( ) > load_aout_binary( ) > flush_old_exec( ) > exec_mmap( )]

```
385     static int exec_mmap(void)
386     {
387         struct mm_struct * mm, * old_mm;
388
389         old_mm = current->mm;
390         if (old_mm && atomic_read(&old_mm->mm_users) == 1) {
391             flush_cache_mm(old_mm);
392             mm_release( );
393             exit_mmap(old_mm);
394             flush_tlb_mm(old_mm);
395             return 0;
396         }
397
398         mm = mm_alloc( );
399         if (mm) {
400             struct mm_struct *active_mm = current->active_mm;
401
402             if (init_new_context(current, mm)) {
403                 mmdrop(mm);
404                 return -ENOMEM;
405             }
406
407             /* Add it to the list of mm's */
408             spin_lock(&mmlist_lock);
409             list_add(&mm->mmlist, &init_mm.mmlist);
410             spin_unlock(&mmlist_lock);
411
412             task_lock(current);
413             current->mm = mm;
414             current->active_mm = mm;
415             task_unlock(current);
416             activate_mm(active_mm, mm);
417             mm_release( );
418             if (old_mm) {
419                 if (active_mm != old_mm) BUG( );
```

```
420                    mmput(old_mm);
421                    return 0;
422                }
423                mmdrop(active_mm);
424                return 0;
425            }
426            return -ENOMEM;
427    }
```

同样，子进程的用户空间可能是父进程用户空间的复制品，也可能只是通过一个指针来共享父进程的用户空间，这一点只要检查一下对用户空间、也就是 current->mm 的共享计数就可清楚。当共享计数为 1 时，表明对此空间的使用是独占的，也就是说这是从父进程复制过来的，那就要先释放 mm_struct 数据结构以下的所有 vm_area_struct 数据结构（但是不包括 mm_struct 结构本身），并且将页面表中的表项都设置成 0。具体地这是由 exit_mmap( ) 完成的，其代码在 mm/mmap.c 中，读者可自行阅读。在调用 exit_mmap( ) 之前还调用了一个函数 mm_release( )，对此我们将在稍后加以讨论，因为在后面也调用了这个函数。至于 flush_cache_mm( ) 和 flush_tlb_mm( )，那只是使高速缓存与内存相一致，不在我们现在关心之列，而且前者对 i386 处理器而言根本就是空语句。这里倒是要问一句，在父进程 fork( ) 子进程的时候，辛辛苦苦地复制了代表用户空间的所有数据结构，难道目的就在于稍后在执行 execve( ) 时又辛辛苦苦把它们全部释放？既有今日，何必当初？是的，这确实不合理。这就是在有了 fork( ) 系统调用以后又增加了一个 vfork( ) 系统调用(从 BSD Unix 开始)的原因。让我们回顾一下 sys_fork( ) 与 sys_vfork( ) 在调用 do_fork( ) 时的不同(process.c)：

```
690    asmlinkage int sys_fork(struct pt_regs regs)
691    {
692        return do_fork(SIGCHLD, regs.esp, &regs, 0);
693    }

717    asmlinkage int sys_vfork(struct pt_regs regs)
718    {
719        return do_fork(CLONE_VFORK | CLONE_VM | SIGCHLD, regs.esp, &regs, 0);
720    }
```

可见，sys_vfork( ) 在调用 do_fork( ) 时比 sys_fork( ) 多了两个标志位，一个是 CLONE_VFORK，另一个是 CLONE_VM。当 CLONE_VM 标志位为 1 时，内核并不将父进程的用户空间（数据结构）复制给子进程，而只是将指向 mm_struct 数据结构的指针复制给子进程，让子进程通过这个指针来共享父进程的用户空间。这样，创建子进程时可以免去复制用户空间的麻烦。而当子进程调用 execve( ) 时就可以跳过释放用户空间这一步，直接就为子进程分配新的用户空间。但是，这样一来省事是省事了，却可能带来新的问题。以前讲过，fork( ) 以后，execve( ) 之前，子进程虽然有它自己的一整套代表用户空间的数据结构，但是最终在物理上还是与父进程共用相同的页面。不过，由于子进程有其独立的页面目录与页面表，可以在子进程的页面表里把对所有页面的访问权限都设置成"只读"。这样，当子进程企图改变某个页面的内容时，就会因权限不符而导致页面异常，在页面异常的处理程序中为子进程复制所需的物理页面，这就叫"copy_on_write"。相比之下，如果子进程与父进程共享用户空间，也就是共享包括页面表在内的所有数据结构，那就无法实施"copy_on_write"了。此时子进程所写入的内容就真正进入了父进程的空间中。我们知道,当一个进程在用户空间运行时,其堆栈也在用户空间。这意味着在这种情况下子进程可以改变父进程的堆栈,反过来父进程也可以改变子进程的堆栈!因为这个原因,vfork( )的使用是很危险的,在子进程尚未放弃对父进程用户空间的共享之前,绝不能让两个进程都进入系统空间运行。所以,在 sys_vfork( )调用 do_fork( )时结合使用了另一个标志位 CLONE_VFORK。当这个标志位为 1 时,父进程在创建了子进程以后就进入睡眠状态,等候子进程通过 execve( )执行另一个目标程序,或者通过 exit( )寿终正寝。在这两种情况下子进程都会释放其共享的用户空间,使父进程可以安全地继续运行。即便如此,也还是有危险,子进程绝对不能从调用 vfork( )的那个函数中返回,否则还是可能破坏父进程的返回地址。所以,vfork( )实际上是建立在子进程在创建以后立即就会调用 execve( )这个前提之上的。

那么,怎样使父进程进入睡眠而等待子进程调用 execve( )或 exit( )呢?当然可以有不同的实现。读者已经在 do_fork( )的代码中看到了内核让父进程在一个 0 资源的"信号量"上执行一次 down( )操作而进入睡眠的安排,这里的 mm_release( )则让子进程在此信号量上执行一次 up( )操作将父进程唤醒。函数 mm_release( )的代码在 fork.c 中:

[sys_execve( ) > do_execve( ) > search_binary_handler( ) > load_aout_binary( ) > flush_old_exec( ) > exec_mmap( ) > mm_release( )]

```
255     /* Please note the differences between mmput and mm_release.
256      * mmput is called whenever we stop holding onto a mm_struct,
257      * error success whatever.
258      *
259      * mm_release is called after a mm_struct has been removed
260      * from the current process.
261      *
262      * This difference is important for error handling, when we
263      * only half set up a mm_struct for a new process and need to restore
264      * the old one.  Because we mmput the new mm_struct before
265      * restoring the old one. . .
266      * Eric Biederman 10 January 1998
267      */
268     void mm_release(void)
269     {
270         struct task_struct *tsk = current;
271
272         /* notify parent sleeping on vfork( ) */
273         if (tsk->flags & PF_VFORK) {
274             tsk->flags &= ~PF_VFORK;
275             up(tsk->p_opptr->vfork_sem);
276         }
277     }
```

回到 exec_mmap( )中,如果子进程的用户空间是通过指针共享而不是复制的,或者根本就没有用户空间,那就不需要调用 exit_mmap( )释放代表用户空间的那些数据结构了。但是,此时要为子进程分配一个 mm_struct 数据结构以及页面目录,使得稍后可以在此基础上建立起子进程的用户空间。对于 i386 结构的 CPU,这里的 init_new_context( )是空操作,永远返回 0,所以把它跳过。把当前进程的

task_struct 结构中的指针 mm 和 active_mm 设置成指向新分配的 mm_struct 数据结构以后，就要通过 activate_mm( )切换到这个新的用户空间。这是一个宏操作，定义于 include/asm-i386/mmu_context.h：

```
61      #define activate_mm(prev, next) \
62          switch_mm((prev),(next),NULL,smp_processor_id( ))
```

我们将在"进程的调度与切换"一节中阅读 switch_mm( )的代码，在这里只要知道当前进程的用户空间切换到了由新分配 mm_struct 数据结构所代表的空间就可以了。还要指出，现在新的"用户空间"实际上只是一个框架，一个"空壳"，里面一个页面也没有。另一方面，现在是在内核中运行，所以用户空间的切换对目前的运行并无影响。

可是，原来的用户空间则从此与当前进程无关了。也就是说，当前进程最终放弃了对原来用户空间的共享。当然，此时要执行 mm_release( )将父进程唤醒。实际上，CLONE_VFORK 通常都是与 CLONE_VM 标志相联系的，所以这里对 mm_release( )的调用更为关键，而前面的 mm_release( )则只是"以防万一"而已。那么，对于父进程的用户空间呢？当然要减少它的共享计数。此外，如果将它的共享计数减 1 以后达到了 0，则还要将其下属的数据结构释放，因为此时已没有进程还在使用这个空间了。这是由 mmput( )完成的，其代码在 fork.c 中：

[sys_execve( ) > do_execve( ) > search_binary_handler( ) > load_aout_binary( ) > flush_old_exec( ) > exec_mmap( ) > mmput( )]

```
242     /*
243      * Decrement the use count and release all resources for an mm.
244      */
245     void mmput(struct mm_struct *mm)
246     {
247         if (atomic_dec_and_lock(&mm->mm_users, &mmlist_lock)) {
248             list_del(&mm->mmlist);
249             spin_unlock(&mmlist_lock);
250             exit_mmap(mm);
251             mmdrop(mm);
252         }
253     }
```

就是说，将 mm->mm_users 减 1，如果减 1 以后变成了 0，就对 mm 执行 exit_mmap( )和 mmdrop( )。我们已经介绍过 exit_mmap( )的作用，它释放 mm_struct 下面的所有 vm_area_struct 数据结构，并且将页面表中与用户空间相对应的表项都设置成 0，使整个"用户空间"成为了一个"空壳"。而 mmdrop( )，则进一步将这空壳，也就是页面表和页面目录以及 mm_struct 数据结构本身，也全都释放了。不过，这只是在将父进程的 mm->mm_users 减 1 以后变成了 0 这种特殊情况下才发生。而在我们现在这个情景中，既然子进程通过指针共享父进程的用户空间，则父进程应该睡眠等待，所以当子进程释放对空间的共享时不会使共享计数达到 0。

回到前面 exec_mmap( )的代码中，最后还有一个特殊情况要考虑，那就是当子进程进入 exec_mmap( )时，其 task_struct 结构中的 mm_struct 结构指针 mm 为 0，也就是没有用户空间（所以是内核线程）。但是，另一个 mm_struct 结构指针 active_mm 却不为 0，这是因为在进程切换时的一个特殊要求而引起的。进程的 task_struct 中有两个 mm_struct 结构指针：一个是 mm，指向进程的用户空间，

· 321 ·

另一个是 active_mm。对于具有用户空间的进程这两个指针始终是一致的。但是，当一个不具备用户空间的进程（内核线程）被调度运行时，要求它的 active_mm 一定要指向某个 mm_struct 结构，所以只好暂借一个。在这种情况，内核将其 active_mm 设置成与在其之前运行的那个进程的 active_mm 相同，而在调度其停止运行时又将该指针设置成0。也就是说，一个内核线程在受调度运行时要"借用"在它之前运行的那个进程的 active_mm（详见"进程的调度与切换"），因而要递增这个 mm_struct 结构的使用计数。而现在，已经为这内核线程分配了它自己的 mm_struct 结构，使其升格成为了进程，就不再使用借来的 active_mm 了。所以，要调用 mmdrop( )，递减其使用计数。这是一个 inline 函数，其代码在 include/linux/sched.h 中：

[sys_execve( ) > do_execve( ) > search_binary_handler( ) > load_aout_binary( ) > flush_old_exec( )
> exec_mmap( ) > mmdrop( )]

```
709     /* mmdrop drops the mm and the page tables */
710     extern inline void FASTCALL(__mmdrop(struct mm_struct *));
711     static inline void mmdrop(struct mm_struct * mm)
712     {
713         if (atomic_dec_and_test(&mm->mm_count))
714             __mmdrop(mm);
715     }
```

而 __mmdrop( )的代码则在 fork.c 中：

[sys_execve( ) > do_execve( ) > search_binary_handler( ) > load_aout_binary( ) > flush_old_exec( )> exec_mmap( ) > mmdrop( ) > __mmdrop( )]

```
229     /*
230      * Called when the last reference to the mm
231      * is dropped: either by a lazy thread or by
232      * mmput. Free the page directory and the mm.
233      */
234     inline void __mmdrop(struct mm_struct *mm)
235     {
236         if (mm == &init_mm) BUG( );
237         pgd_free(mm->pgd);
238         destroy_context(mm);
239         free_mm(mm);
240     }
```

可见，mmdrop( )在将一个 mm_struct 数据结构释放之前也要递减并检查其使用计数 mm_count，只有在递减后变成0才会将其释放。注意两个计数器，即 mm_users 与 mm_count 的区别。在 mm_struct 结构分配之初二者都设为1，然后 mm_users 随子进程对用户空间的共享而增减，而 mm_count 则因内核中对该 mm_struct 数据结构的使用而增减。

从 exec_mmap( )返回到 flush_old_exec( )时，子进程从父进程继承的用户空间已经释放，其用户空间变成了一个独立的"空壳"，也就是一个大小为0的独立的用户空间。这时候的进程已经是"义无反顾"了，回不到原来的用户空间中去了（见代码中的注解）。前面讲过，当前进程（子进程）原来可能是通过指针共享父进程的信号处理表的，而现在有了自己的独立的信号处理表，所以也要递减父进程信号处理表的共享计数，并且如果递减后为0就要将其所占的空间释放，这就是release_old_signals( )所做的事情。此外，进程的task_struct结构中有一个字符数组comm[ ]，用来保存进程所执行的程序名，所以还要把bprm->filename的目标程序路径名中的最后一段抄过去。接着的flush_thread( )只是处理与debug和i387协处理器有关的内容，不是我们所关心的。

如果"当前进程"原来只是一个线程，那么它的task_struct结构通过结构中的队列头thread_group挂入由其父进程为首的"线程组"队列。现在，它已经在通过execve( )升级为进程，放弃了对父进程用户空间的共享，所以就要通过de_thread( )从这个线程组中脱离出来。这个函数的代码在fs/exec.c中：

[sys_execve( ) > do_execve( ) > search_binary_handler( ) > load_aout_binary( ) > flush_old_exec( )> de_thread( )]

```
502     /*
503      * An execve( ) will automatically "de-thread" the process.
504      * Note: we don't have to hold the tasklist_lock to test
505      * whether we migth need to do this. If we're not part of
506      * a thread group, there is no way we can become one
507      * dynamically. And if we are, we only need to protect the
508      * unlink - even if we race with the last other thread exit,
509      * at worst the list_del_init( ) might end up being a no-op.
510      */
511     static inline void de_thread(struct task_struct *tsk)
512     {
513         if (!list_empty(&tsk->thread_group)) {
514             write_lock_irq(&tasklist_lock);
515             list_del_init(&tsk->thread_group);
516             write_unlock_irq(&tasklist_lock);
517         }
518
519         /* Minor oddity: this might stay the same. */
520         tsk->tgid = tsk->pid;
521     }
```

前面说过，进程的信号处理表就好像是个中断向量表。但是，这里还有个重要的不同，就是中断向量表中的表项要么指向一个服务程序，要么就没有；而信号处理表中则还可以有对各种信号预设的（default）响应，并不一定非要指向一个服务程序。当把信号处理表从父进程复制过来时，其中每个表项的值有三种可能：一种可能是SIG_IGN，表示不理睬；第二种是SIG_DFL，表示采取预设的响应方式（例如收到SIGQUIT就exit( )）；第三种就是指向一个用户空间的子程序。可是，现在整个用户空间都已经放弃了，怎么还能让信号处理表的表项指向用户空间的子程序呢？所以还得检查一遍，将指向服务程序的表项改成SIG_DFL。这是由flush_signal_handler( )完成的，代码在kernel/signal.c中：

[sys_execve( ) > do_execve( ) > search_binary_handler( ) > load_aout_binary( ) > flush_old_exec( )> flush_signal_handlers( )]

```
127     /*
128      * Flush all handlers for a task.
129      */
130
131     void
132     flush_signal_handlers(struct task_struct *t)
133     {
134         int i;
135         struct k_sigaction *ka = &t->sig->action[0];
136         for (i = _NSIG ; i != 0 ; i--) {
137             if (ka->sa.sa_handler != SIG_IGN)
138                 ka->sa.sa_handler = SIG_DFL;
139             ka->sa.sa_flags = 0;
140             sigemptyset(&ka->sa.sa_mask);
141             ka++;
142         }
143     }
```

最后，是对原有已打开文件的处理，这是由 flush_old_files( ) 完成的。进程的 task_struct 结构中有个指向一个 file_struct 结构的指针 "files"，所指向的数据结构中保存着已打开文件的信息。在 file_struct 结构中有个位图 close_on_exec，里面存储着表示哪些文件在执行一个新目标程序时应予关闭的信息。而 flush_old_files( ) 要做的就是根据这个位图的指示将这些文件关闭，并且将此位图清成全 0。其代码在 exec.c 中：

[sys_execve( ) > do_execve( ) > search_binary_handler( ) > load_aout_binary( ) > flush_old_exec( ) > flush_old_files( )]

```
469     /*
470      * These functions flushes out all traces of the currently running executable
471      * so that a new one can be started
472      */
473
474     static inline void flush_old_files(struct files_struct * files)
475     {
476         long j = -1;
477
478         write_lock(&files->file_lock);
479         for (;;) {
480             unsigned long set, i;
481
482             j++;
483             i = j * __NFDBITS;
484             if (i >= files->max_fds || i >= files->max_fdset)
485                 break;
486             set = files->close_on_exec->fds_bits[j];
487             if (!set)
488                 continue;
```

```
489                files->close_on_exec->fds_bits[j] = 0;
490                write_unlock(&files->file_lock);
491                for ( ; set ; i++,set >>= 1) {
492                    if (set & 1) {
493                        sys_close(i);
494                    }
495                }
496                write_lock(&files->file_lock);
497
498            }
499            write_unlock(&files->file_lock);
500    }
```

一般来说，进程的开头三个文件，即 fd 为 0、1 和 2（或 stdin、stdout 以及 stderr）的已打开文件是不关闭的；其他的已打开文件则都应关闭，但是也可以通过 ioctl( )系统调用来加以改变。

从 flush_old_exec( )返回到 load_aout_binary( )中时，当前进程已经完成了与过去告别，准备迎接新的使命了。我们继续沿着 binfmt_aout.c 往下看（但是跳过针对 sparc 处理器的条件编译）：

[sys_execve( ) > do_execve( ) > search_binary_handler( ) > load_aout_binary( )]

```
287        /* OK, This is the point of no return */
288    #if !defined(__sparc__)
289        set_personality(PER_LINUX);
290    #else
291        set_personality(PER_SUNOS);
292    #if !defined(__sparc_v9__)
293        memcpy(&current->thread.core_exec, &ex, sizeof(struct exec));
294    #endif
295    #endif
296
297        current->mm->end_code = ex.a_text +
298            (current->mm->start_code = N_TXTADDR(ex));
299        current->mm->end_data = ex.a_data +
300            (current->mm->start_data = N_DATADDR(ex));
301        current->mm->brk = ex.a_bss +
302            (current->mm->start_brk = N_BSSADDR(ex));
303
304        current->mm->rss = 0;
305        current->mm->mmap = NULL;
306        compute_creds(bprm);
307        current->flags &= ~PF_FORKNOEXEC;
```

这里是对新的 mm_struct 数据结构中的一些变量进行初始化，为以后分配存储空间并读入可执行代码的映象作好准备。目标代码的映象分成 text、data 以及 bss 三段，mm_struct 结构中为每个段都设置了 start 和 end 两个指针。每段的起始地址定义于 include/linux/a.out.h：

```
108     /* Address of text segment in memory after it is loaded.  */
109     #if !defined (N_TXTADDR)
110     #define N_TXTADDR(x) (N_MAGIC(x) == QMAGIC ? PAGE_SIZE : 0)
111     #endif

141     #define _N_SEGMENT_ROUND(x) (((x) + SEGMENT_SIZE - 1) & ~(SEGMENT_SIZE - 1))
142
143     #define _N_TXTENDADDR(x) (N_TXTADDR(x)+(x).a_text)
144
145     #ifndef N_DATADDR
146     #define N_DATADDR(x) \
147         (N_MAGIC(x)==OMAGIC? (_N_TXTENDADDR(x)) \
148          : (_N_SEGMENT_ROUND (_N_TXTENDADDR(x))))
149     #endif
150
151     /* Address of bss segment in memory after it is loaded.  */
152     #if !defined (N_BSSADDR)
153     #define N_BSSADDR(x) (N_DATADDR(x) + (x).a_data)
154     #endif
```

可见，装入内存以后的程序映象从正文段（代码段）开始，其起始地址为 0 或 PAGE_SIZE，取决于具体的格式。正文段上面是数据段；然后是 bss 段，那就是不加初始化的数据段。再往上就是动态分配的内存"堆"以及用户空间的堆栈了。

然后，通过 compute_creds( ) 确定进程在开始执行新的目标代码以后所具有的权限，这是根据 bprm 中的内容和当前的权限确定的。其代码在 exec.c 中，读者可自行阅读。

接下来，就取决于特殊 a.out 格式可执行代码的特性了（binfmt_aout.c）：

[sys_execve( ) > do_execve( ) > search_binary_handler( ) > load_aout_binary( )]

```
308     #ifdef __sparc__
309         if (N_MAGIC(ex) == NMAGIC) {
            ......
321     #endif
322
323         if (N_MAGIC(ex) == OMAGIC) {
324             unsigned long text_addr, map_size;
325             loff_t pos;
326
327             text_addr = N_TXTADDR(ex);
328
329     #if defined(__alpha__) || defined(__sparc__)
330             pos = fd_offset;
331             map_size = ex.a_text+ex.a_data + PAGE_SIZE - 1;
332     #else
333             pos = 32;
334             map_size = ex.a_text+ex.a_data;
335     #endif
```

```
336
337            error = do_brk(text_addr & PAGE_MASK, map_size);
338            if (error != (text_addr & PAGE_MASK)) {
339                send_sig(SIGKILL, current, 0);
340                return error;
341            }
342
343            error = bprm->file->f_op->read(bprm->file, (char *)text_addr,
344                  ex.a_text+ex.a_data, &pos);
345            if (error < 0) {
346                send_sig(SIGKILL, current, 0);
347                return error;
348            }
349
350            flush_icache_range(text_addr, text_addr+ex.a_text+ex.a_data);
351        } else {
```

前面讲过，a.out格式目标代码中的magic number表示着代码的特性，或者说类型。当magic number 为OMAGIC时，表示该文件中的可执行代码并非"纯代码"。对于这样的代码，先通过do_brk()为正文段和数据段合在一起分配空间，然后就把这两部分从文件中读进来。函数do_brk()我们已经在第2章中介绍过，而从文件读入则在"文件系统"和"块设备驱动"两章中有详细叙述，读者可以参阅，这里就不重复了。不过要指出，读入代码时是从文件中位移为32的地方开始，读入到进程用户空间中从地址0开始的地方，读入的总长度为ex.a_text+ex.a_data。对于i386 CPU而言，flush_icache_range()为一空语句。至于bss段，则无需从文件读入，只要分配空间就可以了，所以放在后面再处理。对于OMAGIC类型的a.out可执行文件而言，装入程序的工作就基本完成了。

可是，如果不是OMAGIC类型呢？请接着往下看（binfmt_aout.c）：

[sys_execve( ) > do_execve( ) > search_binary_handler( ) > load_aout_binary( )]

```
351        } else {
352            static unsigned long error_time, error_time2;
353            if ((ex.a_text & 0xfff || ex.a_data & 0xfff) &&
354                (N_MAGIC(ex) != NMAGIC) && (jiffies-error_time2) > 5*HZ)
355            {
356                printk(KERN_NOTICE "executable not page aligned\n");
357                error_time2 = jiffies;
358            }
359
360            if ((fd_offset & ~PAGE_MASK) != 0 &&
361                (jiffies-error_time) > 5*HZ)
362            {
363                printk(KERN_WARNING
364                    "fd_offset is not page aligned. Please convert program: %s\n",
365                    bprm->file->f_dentry->d_name.name);
366                error_time = jiffies;
367            }
```

```
368
369            if (!bprm->file->f_op->mmap||((fd_offset & ~PAGE_MASK) != 0)) {
370                loff_t pos = fd_offset;
371                do_brk(N_TXTADDR(ex), ex.a_text+ex.a_data);
372                bprm->file->f_op->read(bprm->file, (char *)N_TXTADDR(ex),
373                        ex.a_text+ex.a_data, &pos);
374                flush_icache_range((unsigned long) N_TXTADDR(ex),
375                        (unsigned long) N_TXTADDR(ex) +
376                        ex.a_text+ex.a_data);
377                goto beyond_if;
378            }
379
380            down(&current->mm->mmap_sem);
381            error = do_mmap(bprm->file, N_TXTADDR(ex), ex.a_text,
382                    PROT_READ | PROT_EXEC,
383                    MAP_FIXED | MAP_PRIVATE | MAP_DENYWRITE | MAP_EXECUTABLE,
384                    fd_offset);
385            up(&current->mm->mmap_sem);
386
387            if (error != N_TXTADDR(ex)) {
388                send_sig(SIGKILL, current, 0);
389                return error;
390            }
391
392            down(&current->mm->mmap_sem);
393            error = do_mmap(bprm->file, N_DATADDR(ex), ex.a_data,
394                    PROT_READ | PROT_WRITE | PROT_EXEC,
395                    MAP_FIXED | MAP_PRIVATE | MAP_DENYWRITE | MAP_EXECUTABLE,
396                    fd_offset + ex.a_text);
397            up(&current->mm->mmap_sem);
398            if (error != N_DATADDR(ex)) {
399                send_sig(SIGKILL, current, 0);
400                return error;
401            }
402        }
```

在a.out格式的可执行文件中，除OMAGIC以外其他三种均为纯代码，也就是所谓的"可重入"代码。此类代码中，不但其正文段的执行代码在运行时不会改变，其数据段的内容也不会在运行时改变。凡是要在运行过程中改变内容的东西都在堆栈中（局部变量），要不然就在动态分配的缓冲区。所以，内核干脆将可执行文件映射到了进程的用户空间中，这样连通常swap所需的盘上空间也省去了。在这三种类型的可执行文件中，除NMGIC以外都要求正文段及数据段的长度与页面大小对齐。如发现没有对齐就要通过printk( )发出警告信息。但是，发出警告信息太频繁也不好，所以就设置了一个静态变量error_time2，使警告信息之间的间隔不小于5秒。接下来的操作取决于具体的文件系统是否提供mmap、就是将一个已打开文件映射到虚存空间的操作，以及正文段及数据段的长度是否与页面大小对齐。如果不满足映射的条件，就分配空间并且将正文段和数据段一起读入至进程的用户空间，这次是从文件中位移为fd_offset，即N_TXTOFF(ex)的地方开始，读入到由文件的头部所指定的地址N_TXTADDR(ex)，长度为两段的总和。如果满足映射的条件，那就更好了，那就通过do_mmap( )分别将文件中的正文段和数据段映射到进程的用户空间中，映射的地址则与装入的地址一致。调用mmap( )之前无需分配空间，那已经包含在mmap( )之中了。

至此，正文段和数据段都已经装入就绪了，接下来就是bss段和堆栈段了（binfmt_aout.c）：

[sys_execve( ) > do_execve( ) > search_binary_handler( ) > load_aout_binary( )]

```
403     beyond_if:
404         set_binfmt(&aout_format);
405
406         set_brk(current->mm->start_brk, current->mm->brk);
407
408         retval = setup_arg_pages(bprm);
409         if (retval < 0) {
410             /* Someone check-me: is this error path enough? */
411             send_sig(SIGKILL, current, 0);
412             return retval;
413         }
414
415         current->mm->start_stack =
416             (unsigned long) create_aout_tables((char *) bprm->p, bprm);
```

函数set_binfmt( )的操作很简单（fs/exec.c）：

[sys_execve( ) > do_execve( ) > search_binary_handler( ) > load_aout_binary( ) > set_binfmt( )]

```
908     void set_binfmt(struct linux_binfmt *new)
909     {
910         struct linux_binfmt *old = current->binfmt;
911         if (new && new->module)
912             __MOD_INC_USE_COUNT(new->module);
913         current->binfmt = new;
914         if (old && old->module)
915             __MOD_DEC_USE_COUNT(old->module);
916     }
```

如果当前进程原来执行的代码格式与新的代码格式都不是由可安装模块支持，则实际上只剩下一行语句，那就是设置current->binfmt。

函数set_brk( )为可执行代码的bss段分配空间并建立起页面映射，其代码在同一文件中（binfmt_aout.c）：

[sys_execve( ) > do_execve( ) > search_binary_handler( ) > load_aout_binary( ) > set_brk( )]

```
78      static void set_brk(unsigned long start, unsigned long end)
79      {
80          start = ELF_PAGEALIGN(start);
```

```
81          end = ELF_PAGEALIGN(end);
82          if (end <= start)
83              return;
84          do_brk(start, end - start);
85      }
```

读者在第2章中读过do_brk( )的代码，应该理解为什么bss段中内容的初始值为全0。

接着，还要在用户空间的堆栈区顶部为进程建立起一个虚存区间，并将执行参数以及环境变量所占的物理页面与此虚存区间建立起映射。这是由setup_arg_pages( )完成的，其代码在exec.c中：

[sys_execve( ) > do_execve( ) > search_binary_handler( ) > load_aout_binary( ) > setup_arg_pages( )]

```
288     int setup_arg_pages(struct linux_binprm *bprm)
289     {
290         unsigned long stack_base;
291         struct vm_area_struct *mpnt;
292         int i;
293
294         stack_base = STACK_TOP - MAX_ARG_PAGES*PAGE_SIZE;
295
296         bprm->p += stack_base;
297         if (bprm->loader)
298             bprm->loader += stack_base;
299         bprm->exec += stack_base;
300
301         mpnt = kmem_cache_alloc(vm_area_cachep, SLAB_KERNEL);
302         if (!mpnt)
303             return -ENOMEM;
304
305         down(&current->mm->mmap_sem);
306         {
307             mpnt->vm_mm = current->mm;
308             mpnt->vm_start = PAGE_MASK & (unsigned long) bprm->p;
309             mpnt->vm_end = STACK_TOP;
310             mpnt->vm_page_prot = PAGE_COPY;
311             mpnt->vm_flags = VM_STACK_FLAGS;
312             mpnt->vm_ops = NULL;
313             mpnt->vm_pgoff = 0;
314             mpnt->vm_file = NULL;
315             mpnt->vm_private_data = (void *) 0;
316             insert_vm_struct(current->mm, mpnt);
317             current->mm->total_vm =
                                (mpnt->vm_end - mpnt->vm_start) >> PAGE_SHIFT;
318         }
319
320         for (i = 0 ; i < MAX_ARG_PAGES ; i++) {
321             struct page *page = bprm->page[i];
```

```
322                if (page) {
323                    bprm->page[i] = NULL;
324                    current->mm->rss++;
325                    put_dirty_page(current, page, stack_base);
326                }
327                stack_base += PAGE_SIZE;
328            }
329        up(&current->mm->mmap_sem);
330
331        return 0;
332    }
```

进程的用户空间中地址最高处为堆栈区，这里的常数STACK_TOP就是TASK_SIZE，也就是3GB（0xC000 0000）。堆栈区的顶部为一个数组，数组中的每一个元素都是一个页面。数组的大小为MAX_ARG_PAGES，而实际映射的页面数量则取决于这些执行参数和环境变量的数量。

然后，在这些页面的下方，就是过程的用户空间堆栈了。另一方面，大家知道任何用户程序的入口都是main()，而main有两个参数argc和argv[ ]。其中参数argv[ ]是字符指针数组，argc则为数组的大小。但是实际上还有个隐藏着的字符指针数组envp[ ]用来传递环境变量，只是不在用户程序的"视野"之内而已。所以，用户空间堆栈中从一开始就要设置好三项数据，即envp[ ]、argv[ ]以及argc。此外，还要将保存着的（字符串形式的）参数和环境变量复制到用户空间的顶端。这都是由create_aout_tables()完成的，其代码也在同一文件(binfmt.aout.c)中：

[sys_execve( ) > do_execve( ) > search_binary_handler( ) > load_aout_binary( ) > create_aout_tables ( )]

```
187    /*
188     * create_aout_tables( ) parses the env- and arg-strings in new user
189     * memory and creates the pointer tables from them, and puts their
190     * addresses on the "stack", returning the new stack pointer value.
191     */
192    static unsigned long * create_aout_tables(char * p, struct linux_binprm * bprm)
193    {
194        char **argv, **envp;
195        unsigned long * sp;
196        int argc = bprm->argc;
197        int envc = bprm->envc;
198
199        sp = (unsigned long *)
                ((-(unsigned long)sizeof(char *)) & (unsigned long) p);
200    #ifdef __sparc__
       ......
204    #endif
205    #ifdef __alpha__
       ......
217    #endif
218        sp -= envc+1;
```

```
219         envp = (char **) sp;
220         sp -= argc+1;
221         argv = (char **) sp;
222 #if defined(__i386__) || defined(__mc68000__) || defined(__arm__)
223         put_user((unsigned long) envp, --sp);
224         put_user((unsigned long) argv, --sp);
225 #endif
226         put_user(argc, --sp);
227         current->mm->arg_start = (unsigned long) p;
228         while (argc-->0) {
229             char c;
230             put_user(p, argv++);
231             do {
232                 get_user(c, p++);
233             } while (c);
234         }
235         put_user(NULL, argv);
236         current->mm->arg_end = current->mm->env_start = (unsigned long) p;
237         while (envc-->0) {
238             char c;
239             put_user(p, envp++);
240             do {
241                 get_user(c, p++);
242             } while (c);
243         }
244         put_user(NULL, envp);
245         current->mm->env_end = (unsigned long) p;
246         return sp;
247     }
```

读者应该能看明白，这是在堆栈的顶端构筑 envp[ ]、argv[ ]和 argc。请读者注意看一下这段代码中的 228 至 234 行（以及 237 至 243 行），然后回答一个问题：为什么是 get_user(c, ptt)而不是 get_user(&c, ptt)？以前我们曾经讲过，get_user( )是一段颇具挑战性的代码，并建议读者自行阅读。现在简单地介绍一下，看看你是否读懂了。这是在 include/asm-i386/uaccess.h 中定义的一个宏定义：

```
89   /*
90    * These are the main single-value transfer routines.  They automatically
91    * use the right size if we just have the right pointer type.
92    *
93    * This gets kind of ugly. We want to return _two_ values in "get_user()"
94    * and yet we don't want to do any pointers, because that is too much
95    * of a performance impact. Thus we have a few rather ugly macros here,
96    * and hide all the uglyness from the user.
97    *
98    * The "__xxx" versions of the user access functions are versions that
99    * do not verify the address space, that must have been done previously
100   * with a separate "access_ok()" call (this is used when we do multiple
```

```
101        * accesses to the same area of user memory).
102        */
103
104     extern void __get_user_1(void);
105     extern void __get_user_2(void);
106     extern void __get_user_4(void);
107
108     #define __get_user_x(size,ret,x,ptr)                         \
109          __asm__ __volatile__("call __get_user_" #size          \
110             :"=a" (ret),"=d" (x)                                 \
111             :"0" (ptr))
112
113     /* Careful: we have to cast the result to the type of the pointer
                                         for sign reasons */
114     #define get_user(x,ptr)                                      \
115     ({  int __ret_gu,__val_gu;                                   \
116         switch(sizeof (*(ptr))) {                                \
117         case 1:  __get_user_x(1,__ret_gu,__val_gu,ptr); break;   \
118         case 2:  __get_user_x(2,__ret_gu,__val_gu,ptr); break;   \
119         case 4:  __get_user_x(4,__ret_gu,__val_gu,ptr); break;   \
120         default: __get_user_x(X,__ret_gu,__val_gu,ptr); break;   \
121         }                                                        \
122         (x) = (__typeof__(*(ptr)))__val_gu;                      \
123         __ret_gu;                                                \
124     })
```

先看一下 122 行，它回答了为什么引用时的第一个参数是 c 而不是&c 的问题。其次，经过 gcc 的预处理以后，__get_user_x( )就变成了__get_user_1( )，__get_user_2( )或__get_user_4( )，分别用于从用户空间读取一个字节、一个短整数或一个长整数。宏操作 get_user 根据第 2 个参数的类型确定目标的大小而分别调用__get_user_1( )，__get_user_2( )或__get_user_4( )。调用时目标地址（ptr）在寄存器 EAX 中；而返回时 EAX 中为返回的函数值（出错代码），EDX 中为从用户空间读过来的数值。这几个函数的代码都在 arch/i386/lib/getusr.S 中，以__get_user_1( )为例：

```
24      addr_limit = 12
25
26      .text
27      .align 4
28      .globl __get_user_1
29      __get_user_1:
30          movl %esp,%edx
31          andl $0xffffe000,%edx
32          cmpl addr_limit(%edx),%eax
33          jae bad_get_user
34      1:  movzbl (%eax),%edx
35          xorl %eax,%eax
36          ret
```

```
        ......
64      bad_get_user:
65          xorl %edx,%edx
66          movl $-14,%eax
67          ret
68
```

这里的第 30 和 31 行将当前进程的系统空间堆栈指针与 8K，即两个页面的边界对齐，从而取得当前进程的 task_struct 结构指针。在 task_struct 结构中位移为 12 处为当前进程用户空间地址的上限，所以作为参数传过来的地址不得高于这个上限。这也说明，对 task_struct 结构的定义（开头几个成分）是不能随意更改的。如果地址没有超出范围就从用户空间把其内容读入寄存器 DX，并将 EAX 清 0 作为返回的函数值。

另一个宏操作 put_user( ) 与此相似，只是方向相反。

当 CPU 从 create_aout_tables( ) 返回到 do_load_aout_binary( ) 时，堆栈顶端的 argv[ ] 和 argc 都已经准备好。我们再继续往下看(binfmt_aout.c)：

[sys_execve( ) > do_execve( ) > search_binary_handler( ) > load_aout_binary( )]

```
417     #ifdef __alpha__
418         regs->gp = ex.a_gpvalue;
419     #endif
420         start_thread(regs, ex.a_entry, current->mm->start_stack);
421         if (current->ptrace & PT_PTRACED)
422             send_sig(SIGTRAP, current, 0);
423         return 0;
424     }
```

这里只剩下最后一个关键性的操作了，那就是 start_thread( )。这是个宏操作，定义于 include/asm-i386/process.h 中：

```
408     #define start_thread(regs, new_eip, new_esp) do {           \
409         __asm__("movl %0,%%fs ; movl %0,%%gs": :"r" (0));       \
410         set_fs(USER_DS);                                        \
411         regs->xds = __USER_DS;                                  \
412         regs->xes = __USER_DS;                                  \
413         regs->xss = __USER_DS;                                  \
414         regs->xcs = __USER_CS;                                  \
415         regs->eip = new_eip;                                    \
416         regs->esp = new_esp;                                    \
417     } while (0)
```

读者对这里的 regs 指针已经很熟悉，它指向保留在当前进程系统空间堆栈中的各个寄存器副本。当进程从系统调用返回时，这些数值就会被"恢复"到 CPU 的各个寄存器中。所以，那时候的堆栈指针将是 current->mm->start_stack；而返回地址，也就是 EIP 的内容，则将是 ex.a_entry。显然，这正是我们所需要的。

至此，可执行代码的装入和投运已经完成。而 do_execve( )在调用了 search_binary_handler( )以后也就结束了。当 CPU 从系统调用返回到用户空间时，就会从由 ex.a_entry 确定的地址开始执行，

4.4.2 文字形式可执行文件的执行

前面介绍了 a.out 格式可执行文件的装入和投运过程，我们把这作为二进制可执行文件的代表。现在，再来简要地看一下字符形式的可执行文件（为 shell 过程或 perl 文件）的执行。有关的代码都在 binfmt_script.c 中。由于已经比较详细地阅读了二进制可执行文件的处理，读者在阅读下面的代码时应该比较轻松了，所以我们只作一些简要的提示（binfmt_script.c）：

```
95      struct linux_binfmt script_format = {
96        NULL, THIS_MODULE, load_script, NULL, NULL, 0
97      };
```

以前我们提到过，Script 文件的开头两个字符应为"#!"，然后是解释程序的路径名，如/bin/sh，/usr/bin/perl 等等，后面还可以有参数。但是，第一行的长度不得长于 127 个字符。我们来看 Script 文件的装载，这是由 load_script( ) 完成的（binfmt_script.c）:

[sys_execve( ) > do_execve( ) > search_binary_handler( ) > load_script( )]

```
17      static int load_script(struct linux_binprm *bprm, struct pt_regs *regs)
18      {
19          char *cp, *i_name, *i_arg;
20          struct file *file;
21          char interp[BINPRM_BUF_SIZE];
22          int retval;
23
24          if ((bprm->buf[0] != '#') || (bprm->buf[1] != '!') || (bprm->sh_bang))
25              return -ENOEXEC;
26          /*
27           * This section does the #! interpretation.
28           * Sorta complicated, but hopefully it will work.  -TYT
29           */
30
31          bprm->sh_bang++;
32          allow_write_access(bprm->file);
33          fput(bprm->file);
34          bprm->file = NULL;
35
36          bprm->buf[BINPRM_BUF_SIZE - 1] = '\0';
37          if ((cp = strchr(bprm->buf, '\n')) == NULL)
38              cp = bprm->buf+BINPRM_BUF_SIZE-1;
39          *cp = '\0';
40          while (cp > bprm->buf) {
41              cp--;
42              if ((*cp == ' ') || (*cp == '\t'))
```

```
43              *cp = '\0';
44          else
45              break;
46      }
47      for (cp = bprm->buf+2; (*cp == ' ') || (*cp == '\t'); cp++);
48      if (*cp == '\0')
49          return -ENOEXEC; /* No interpreter name found */
50      i_name = cp;
51      i_arg = 0;
52      for ( ; *cp && (*cp != ' ') && (*cp != '\t'); cp++)
53          /* nothing */ ;
54      while ((*cp == ' ') || (*cp == '\t'))
55          *cp++ = '\0';
56      if (*cp)
57          i_arg = cp;
58      strcpy (interp, i_name);
```

得到了解释程序的路径名以后，问题就转化成了对解释程序的装入，而 script 文件本身则转化成了解释程序的运行参数。虽然 script 文件本身并不是二进制格式的可执行文件，解释程序的映象却是一个二进制的可执行文件。还是在 binfmt_script.c 文件中往下看：

[sys_execve( ) > do_execve( ) > search_binary_handler( ) > load_script( )]

```
59      /*
60       * OK, we've parsed out the interpreter name and
61       * (optional) argument.
62       * Splice in (1) the interpreter's name for argv[0]
63       *           (2) (optional) argument to interpreter
64       *           (3) filename of shell script (replace argv[0])
65       *
66       * This is done in reverse order, because of how the
67       * user environment and arguments are stored.
68       */
69      remove_arg_zero(bprm);
70      retval = copy_strings_kernel(1, &bprm->filename, bprm);
71      if (retval < 0) return retval;
72      bprm->argc++;
73      if (i_arg) {
74          retval = copy_strings_kernel(1, &i_arg, bprm);
75          if (retval < 0) return retval;
76          bprm->argc++;
77      }
78      retval = copy_strings_kernel(1, &i_name, bprm);
79      if (retval) return retval;
80      bprm->argc++;
81      /*
82       * OK, now restart the process with the interpreter's dentry.
```

```
83              */
84              file = open_exec(interp);
85              if (IS_ERR(file))
86                  return PTR_ERR(file);
87  
88              bprm->file = file;
89              retval = prepare_binprm(bprm);
90              if (retval < 0)
91                  return retval;
92              return search_binary_handler(bprm, regs);
93          }
```

可见，Script 文件的使用在装入运行的过程中引入了递归性，load_script( ) 最后又调用 search_binary_handler( )。不管递归有多深，最终执行的一定是个二进制可执行文件，例如/bin/sh、/usr/bin/perl 等解释程序。在递归的过程中，逐层的可执行文件路径名形成一个参数堆栈，传递给最终的解释程序。

4.5 系统调用 exit( )与 wait4( )

系统调用 exit( )与 wait4( )的代码基本上都在 kernel/exit.c 中，下面我们在引用代码时凡不特别说明出处的均来自这个文件。

先来看 exit( )的实现(exit.c)：

```
482     asmlinkage long sys_exit(int error_code)
483     {
484         do_exit((error_code&0xff)<<8);
485     }
```

显然，其主体为 do_exit( )。先看它的前半部：

[sys_exit( ) > do_exit( )]

```
421     NORET_TYPE void do_exit(long code)
422     {
423         struct task_struct *tsk = current;
424  
425         if (in_interrupt())
426             panic("Aiee, killing interrupt handler!");
427         if (!tsk->pid)
428             panic("Attempted to kill the idle task!");
429         if (tsk->pid == 1)
430             panic("Attempted to kill init!");
431         tsk->flags |= PF_EXITING;
432         del_timer_sync(&tsk->real_timer);
433
```

首先,在函数的类型 void 前面还有个说明 NORET_TYPE。在 include/linux/kenel.h 中 NORET_TYPE 定义为"/* */",所以对编译毫无影响,但起到了提醒读者的作用。CPU 在进入 do_exit( )以后,当前进程就在中途寿终正寝,不会从这个函数返回。所谓不会从这个函数返回到底是怎么回事,又是什么原因,读者在读了下面的代码以后就明白了。这里只指出,既然 CPU 不会从 do_exit( )中返回,也就不会从 sys_exit( )中返回,从而也就不会从系统调用 exit( )返回。也只有这样,才能达到"exit",即从系统退出的目的。另一方面,所谓 exit,只有进程（或线程）才谈得上。中断服务程序根本就不应该调用 do_exit( ),不管是直接还是间接调用。所以,这里首先通过 in_interrupt( )对此加以检查,如发现这是在某个中断服务程序中调用的,那就一定是出了问题。

那么,怎么知道是否在中断服务程序中呢？让我们来看看在 include/asm-i386/hardirq.h 中定义的 in_interrupt( ):

```
20      /*
21       * Are we in an interrupt context? Either doing bottom half
22       * or hardware interrupt processing?
23       */
24      #define in_interrupt() ({ int __cpu = smp_processor_id(); \
25          (local_irq_count(__cpu) + local_bh_count(__cpu) != 0); })
```

在单 CPU 的系统中,__cpu 一定是 0。在第 3 章中讲到过函数 handle_IRQ_event( ),在其入口处和出口处各有一个函数调用 irq_enter( )和 irq_exit( ),就分别递增和递减计数器 local_irq_count[__cpu]。所以,只要这个计数器为非 0,就说明 CPU 在 handle_IRQ_event( )中。类似地,只要计数器 local_bh_count[__cpu]为非 0,就说明 CPU 正在执行某个 bh 函数,这也跟中断服务程序一样。反之,只要不是在中断服务的上下文中,那就一定是在某个进程（或线程）的上下文中了。但是,0 号进程和 1 号进程,也就是"空转"（idle）进程和"初始化"（init）进程,是不允许退出的,所以接着要对当前进程的 pid 加以检查。

进程在决定退出之前可能已经设置了实时定时器,也就是将其 task_struct 结构中的成员 real_timer 挂入了内核中的定时器队列。现在进程即将退出系统,一来是这个定时器已经没有了存在的必要,二来进程的 task_struct 结构行将撤销,作为其成员的 real_timer 也将"皮之不存,毛将焉附",当然要先将它从队列中脱离。所以,要通过 del_timer_sync( )将当前进程从定时器队列中脱离出来。

继续往下看(exit.c):

[sys_exit( ) > do_exit( )]

```
434     fake_volatile:
435     #ifdef CONFIG_BSD_PROCESS_ACCT
436         acct_process(code);
437     #endif
438         __exit_mm(tsk);
439
440         lock_kernel();
441         sem_exit();
442         __exit_files(tsk);
443         __exit_fs(tsk);
444         exit_sighand(tsk);
```

```
445         exit_thread( );
446
447         if (current->leader)
448             disassociate_ctty(1);
449
450         put_exec_domain(tsk->exec_domain);
451         if (tsk->binfmt && tsk->binfmt->module)
452             __MOD_DEC_USE_COUNT(tsk->binfmt->module);
453
454         tsk->exit_code = code;
455         exit_notify( );
456         schedule( );
457         BUG( );
458 /*
459  * In order to get rid of the "volatile function does return" message
460  * I did this little loop that confuses gcc to think do_exit really
461  * is volatile. In fact it's schedule( ) that is volatile in some
462  * circumstances: when current->state = ZOMBIE, schedule( ) never
463  * returns.
464  *
465  * In fact the natural way to do all this is to have the label and the
466  * goto right after each other, but I put the fake_volatile label at
467  * the start of the function just in case something /really/ bad
468  * happens, and the schedule returns. This way we can try again. I'm
469  * not paranoid: it's just that everybody is out to get me.
470  */
471         goto fake_volatile;
472     }
```

可想而知，进程在结束生命退出系统之前要释放其所有的资源。我们在前一节的 do_fork( )中看到从父进程"继承"的资源有存储空间、已打开文件、工作目录、信号处理表等等。相应地,这里就有 __exit_mm( )、__exit_files( )、__exit_fs( )以及__exit_sighand( )。可是，还有一种资源是不"继承"的，所以在 do_fork( )中不会看到，那就是进程在用户空间建立和使用的"信号量"（semaphore）。这是一种用于进程间通讯的资源，如果在调用 exit( )之前还有信号量尚未撤销，那就也要把它撤销。这里有一个简单的准则，就是看 task_struct 数据结构中的各个成分，如果一个成分是个指针，在进程创建时以及运行过程中要为其在内核中分配一个数据结构或缓冲区，而且这个指针又是通向这个数据结构或缓冲区的惟一途径，那就一定要把它释放，否则就会造成内核的存储空间"泄漏"。例如，指针 sig 指向进程的信号处理表，这个表所占的空间是专为 sig 分配的，指针 sig 就是进入这个表的惟一途径，所以必须释放。而指针 p_pptr 指向父进程的 task_struct 结构，可是父进程的 task_struct 结构却并不是专门为子进程的 p_pptr 而分配的，这个 p_pptr 并不是进入其父进程的 task_struct 的惟一途径，所以不能把这个数据结构也释放掉，否则其他指向这个结构的指针就都"悬空"了。具体到用户空间信号量，当进程在用户空间创建和使用信号量时，内核会为进程 task_struct 结构中的两个指针 semundo 和 semsleeping 分配缓冲区（sem_undo 数据结构和 sem_queue 数据结构，详见"进程间通信"）。而且，这两个指针就是进入这些数据结构的惟一途径，所以必须把它们释放。函数 sem_exit( )的代码在 ipc/sem.c 中：

[sys_exit( ) > do_exit( ) > sem_exit( )]

```
966     /*
967      * add semadj values to semaphores, free undo structures.
968      * undo structures are not freed when semaphore arrays are destroyed
969      * so some of them may be out of date.
970      * IMPLEMENTATION NOTE: There is some confusion over whether the
971      * set of adjustments that needs to be done should be done in an atomic
972      * manner or not. That is, if we are attempting to decrement the semval
973      * should we queue up and wait until we can do so legally?
974      * The original implementation attempted to do this (queue and wait).
975      * The current implementation does not do so. The POSIX standard
976      * and SVID should be consulted to determine what behavior is mandated.
977      */
978     void sem_exit (void)
979     {
980         struct sem_queue *q;
981         struct sem_undo *u, *un = NULL, **up, **unp;
982         struct sem_array *sma;
983         int nsems, i;
984
985         /* If the current process was sleeping for a semaphore,
986          * remove it from the queue.
987          */
988         if ((q = current->semsleeping)) {
989             int semid = q->id;
990             sma = sem_lock(semid);
991             current->semsleeping = NULL;
992
993             if (q->prev) {
994                 if(sma==NULL)
995                     BUG( );
996                 remove_from_queue(q->sma,q);
997             }
998             if(sma!=NULL)
999                 sem_unlock(semid);
1000        }
1001
1002        for (up = &current->semundo; (u = *up); *up = u->proc_next, kfree(u)) {
1003            int semid = u->semid;
1004            if(semid == -1)
1005                continue;
1006            sma = sem_lock(semid);
1007            if (sma == NULL)
1008                continue;
1009
1010            if (u->semid == -1)
1011                goto next_entry;
```

```
1012
1013            if (sem_checkid(sma,u->semid))
1014                goto next_entry;
1015
1016            /* remove u from the sma->undo list */
1017            for (unp = &sma->undo; (un = *unp); unp = &un->id_next) {
1018                if (u == un)
1019                    goto found;
1020            }
1021            printk ("sem_exit undo list error id=%d\n", u->semid);
1022            goto next_entry;
1023    found:
1024            *unp = un->id_next;
1025            /* perform adjustments registered in u */
1026            nsems = sma->sem_nsems;
1027            for (i = 0; i < nsems; i++) {
1028                struct sem * sem = &sma->sem_base[i];
1029                sem->semval += u->semadj[i];
1030                if (sem->semval < 0)
1031                    sem->semval = 0; /* shouldn't happen */
1032                sem->sempid = current->pid;
1033            }
1034            sma->sem_otime = CURRENT_TIME;
1035            /* maybe some queued-up processes were waiting for this */
1036            update_queue(sma);
1037    next_entry:
1038            sem_unlock(semid);
1039        }
1040        current->semundo = NULL;
1041    }
```

如果当前过程正在（睡眠）等待进入某个临界区，则其 task_struct 结构中的指针 semsleeping 指向所在的队列。显然，现在不需要再等待了，所以把当前过程从这个队列中脱链。接着是一个 for 循环，料理那些正在由当前过程所创建的用户空间信号量（即临界区）上操作的过程，告诉它们：信号量已经撤销，临界区已经要"清场"并"关门大吉"，大家请回吧。建议读者在学习了"进程间通信"的有关内容后再回过来自己读一下这段代码。

再看__exit_mm( )的代码（exit.c）：

[sys_exit( ) > do_exit( ) > __exit_mm( )]

```
297     /*
298      * Turn us into a lazy TLB process if we
299      * aren't already..
300      */
301     static inline void __exit_mm(struct task_struct * tsk)
302     {
303         struct mm_struct * mm = tsk->mm;
```

```
304
305         mm_release( );
306         if (mm) {
307             atomic_inc(&mm->mm_count);
308             if (mm != tsk->active_mm) BUG( );
309             /* more a memory barrier than a real lock */
310             task_lock(tsk);
311             tsk->mm = NULL;
312             task_unlock(tsk);
313             enter_lazy_tlb(mm, current, smp_processor_id( ));
314             mmput(mm);
315         }
316     }
```

实际的存储空间释放是调用 mmput( )完成的（代码在 fork.c 中），我们已在前一节中读过它的代码，这里要提醒读者的是这里对 mm_release( )的调用。在 fork( )和 execve( )两节中，读者已经看到，当 do_fork( )时标志位 CLONE_VFORK 为 1 时，父进程在睡眠，等待子进程在一个信号量上执行一次 up( )操作以后才能回到用户空间运行，而子进程必须在释放其用户存储空间时执行这个操作，所以这里要通过 mm_release( )，在这个信号量上执行一次 up( )操作唤醒睡眠中的父进程。其代码已列出在 execve( )一节中，这里不再重复。

将一个进程的 task_struct 结构中的指针 mm 清成 0，这个进程便不再有用户空间了。

回到 do_exit( )的代码中，其他几个用于释放资源的函数读者可自行阅读。对于 i386 处理器 exit_thread( )是个空函数。

接着，当前进程的状态就改成了 TASK_ZOMBIE，表示进程的生命已经结束，从此不再接受调度。但是当前进程的残骸仍旧占用着最低限度的资源，包括其 task_struct 数据结构和系统空间堆栈所在的两个页面。什么时候释放这两个页面呢？当前进程自己并不释放这两个页面，就像人们自己并不在临终前注销自己的户口一样，而是调用 exit_notify( )通知其父进程，让父进程料理后事。

为什么要这样安排，而不是让当前进程，也就是子进程自己照料一切呢？有两个原因。首先，在子进程的 task_struct 数据结构中还有不少有用的统计信息，让父进程来料理后事可以将这些统计信息并入父进程的统计信息中而不会使这些信息丢失。其次，也许更重要的是，系统一旦进入多进程状态以后，任何一刻都需要有个"当前进程"存在。读者在第 3 章中看到了，在中断服务程序以及异常处理程序中都要用到当前进程的系统空间堆栈。如果子进程在系统调度另一个进程投入运行之前就把它的 task_struct 结构和系统空间堆栈释放，那就会造成一个空隙，如果恰好有一次中断或者异常在此空隙中发生就会造成问题。诚然，中断是可以关闭的，可是异常却不能通过关中断来防止其发生，更何况还有"不可屏蔽中断"哩。所以，子进程的 task_struct 结构和系统空间堆栈必须要保存到另一个进程开始运行之后才能释放。这样，让父进程料理后事就是一个合理的安排了。此外，这样安排也有利于使程序简化，否则的话调度程序 schedule( )就得要多考虑一些特殊情况了。让我们来看看 exit.c 中函数 exit_notify( )的源代码：

[sys_exit( ) > do_exit( ) > exit_notify( )]

```
323     /*
324      * Send signals to all our closest relatives so that they know
```

```
325        * to properly mourn us..
326        */
327       static void exit_notify(void)
328       {
329           struct task_struct * p, *t;
330
331           forget_original_parent(current);
```

就像人一样，所谓父进程也有"生父"和"养父"之分。在 task_struct 结构中有个指针 p_opptr 指向其"original parent"也即生父，另外还有个指针 p_pptr 则指向养父。一个进程在创建之初其生父和养父是一致的，所以两个指针指向同一个父进程。但是，在运行中 p_pptr 可以暂时地改变。这种改变发生在一个进程通过系统调用 ptrace( )来跟踪另一个进程的时候，这时候被跟踪进程的 p_pptr 指针被设置成指向正在跟踪它的进程，那个进程就暂时成了被跟踪进程的"养父"。而被跟踪进程的 p_opptr 指针却不变，仍旧指向其生父。如果一个进程在其子进程之前"去世"的话，就要把它的子进程托付给某个进程。托付给谁呢？如果当前进程是一个线程，那就托付给同一线程组中的下一个线程，使子进程的 p_opptr 指向这个线程。否则，就只好托付给系统中的 init 进程，所以这 init 进程就好像是孤儿院。由此可见，所谓"original parent"也不是永远不变的，原因在于系统中的进程号 pid 以及用作 task_struct 结构的页面都是在周转使用的，所以实际上一来并没有保留这个记录的意义，二来技术上也有困难。现在，当前进程要 exit( )了，所以要将其所有的子进程都送进"孤儿院"，要不然到它们也要 exit( )的时候就没有父进程来料理它们的后事了。这就是 331 行调用 forget_original_parent( )的目的（exit.c）。

[sys_exit( ) > do_exit( ) > exit_notify( ) > forget_original_parent( )]

```
147       /*
148        * When we die, we re-parent all our children.
149        * Try to give them to another thread in our process
150        * group, and if no such member exists, give it to
151        * the global child reaper process (ie "init")
152        */
153       static inline void forget_original_parent(struct task_struct * father)
154       {
155           struct task_struct * p, *reaper;
156
157           read_lock(&tasklist_lock);
158
159           /* Next in our thread group */
160           reaper = next_thread(father);
161           if (reaper == father)
162               reaper = child_reaper;
163
164           for_each_task(p) {
165               if (p->p_opptr == father) {
166                   /* We dont want people slaying init */
167                   p->exit_signal = SIGCHLD;
168                   p->self_exec_id++;
```

```
169                     p->p_opptr = reaper;
170                     if (p->pdeath_signal) send_sig(p->pdeath_signal, p, 0);
171                 }
172             }
173             read_unlock(&tasklist_lock);
174         }
```

这段程序中的 for_each_task 在 sched.h 中定义为：

```
824     #define for_each_task(p) \
825         for (p = &init_task ; (p = p->next_task) != &init_task ; )
```

就是说，搜索所有的 task_struct 数据结构，凡发现"生父"为当前进程者就将其 p_opptr 指针改成指向 child_reaper，即 init 进程，并嘱其将来 exit( ) 时要发一个 SIGCHLD 信号给 chile_reaper，并根据当前进程的 task_struct 结构中的 pdeath_signal 的设置向其发一个信号，告知生父的"噩耗"。

回到 exit_notify( ) 中，下面就来处理由指针 p_pptr 所指向的"养父"进程了。这个父进程就好像是当前进程的"法定监护人"，扮演着更为重要的角色(exit.c)：

[sys_exit( ) > do_exit( ) > exit_notify( )]

```
332         /*
333          * Check to see if any process groups have become orphaned
334          * as a result of our exiting, and if they have any stopped
335          * jobs, send them a SIGHUP and then a SIGCONT.   (POSIX 3.2.2.2)
336          *
337          * Case i: Our father is in a different pgrp than we are
338          * and we were the only connection outside, so our pgrp
339          * is about to become orphaned.
340          */
341
342         t = current->p_pptr;
343
344         if ((t->pgrp != current->pgrp) &&
345             (t->session == current->session) &&
346             will_become_orphaned_pgrp(current->pgrp, current) &&
347             has_stopped_jobs(current->pgrp)) {
348             kill_pg(current->pgrp, SIGHUP, 1);
349             kill_pg(current->pgrp, SIGCONT, 1);
350         }
351
352         /* Let father know we died
353          *
354          * Thread signals are configurable, but you aren't going to use
355          * that to send signals to arbitary processes.
356          * That stops right now.
357          *
358          * If the parent exec id doesn't match the exec id we saved
```

```
359         * when we started then we know the parent has changed security
360         * domain.
361         *
362         * If our self_exec id doesn't match our parent_exec_id then
363         * we have changed execution domain as these two values started
364         * the same after a fork.
365         *
366         */
367
368        if(current->exit_signal != SIGCHLD &&
369            ( current->parent_exec_id != t->self_exec_id ||
370              current->self_exec_id != current->parent_exec_id)
371            && !capable(CAP_KILL))
372              current->exit_signal = SIGCHLD;
373
374
375        /*
376         * This loop does two things:
377         *
378         * A.  Make init inherit all the child processes
379         * B.  Check to see if any process groups have become orphaned
380         *    as a result of our exiting, and if they have any stopped
381         *    jobs, send them a SIGHUP and then a SIGCONT.  (POSIX 3.2.2.2)
382         */
383
384        write_lock_irq(&tasklist_lock);
385        current->state = TASK_ZOMBIE;
386        do_notify_parent(current, current->exit_signal);
387        while (current->p_cptr != NULL) {
388              p = current->p_cptr;
389              current->p_cptr = p->p_osptr;
390              p->p_ysptr = NULL;
391              p->ptrace = 0;
392
393              p->p_pptr = p->p_opptr;
394              p->p_osptr = p->p_pptr->p_cptr;
395              if (p->p_osptr)
396                  p->p_osptr->p_ysptr = p;
397              p->p_pptr->p_cptr = p;
398              if (p->state == TASK_ZOMBIE)
399                  do_notify_parent(p, p->exit_signal);
400              /*
401               * process group orphan check
402               * Case ii: Our child is in a different pgrp
403               * than we are, and it was the only connection
404               * outside, so the child pgrp is now orphaned.
405               */
406              if ((p->pgrp != current->pgrp) &&
```

```
407                    (p->session == current->session)) {
408                        int pgrp = p->pgrp;
409
410                        write_unlock_irq(&tasklist_lock);
411                        if (is_orphaned_pgrp(pgrp) && has_stopped_jobs(pgrp)) {
412                            kill_pg(pgrp, SIGHUP, 1);
413                            kill_pg(pgrp, SIGCONT, 1);
414                        }
415                        write_lock_irq(&tasklist_lock);
416                    }
417                }
418                write_unlock_irq(&tasklist_lock);
419            }
```

代码作者在程序中加了不少注解，代码本身也并不复杂，所以我们基本上把它留给读者自己阅读，不过要给予一些提示。

一个用户 login 到系统中以后，可能会启动许多不同的进程，所有这些进程都使用同一个控制终端（或用来模拟一个终端的窗口）。这些使用同一个控制终端的进程属于同一个 session。此外，用户可以在同一条 shell 命令或执行程序中启动多个进程，例如在命令"ls | wc –l"中就同时启动了两个进程，这些进程形成一个"组"（session 与组是两个不同的概念）。每个 session 或进程组中都有一个为主的、最早创建的进程，这个进程的 pid 就成为 session 和进程组的代号。如果当前进程与父进程属于不同的 session，不同的组，同时又是其所在的组与其父进程之间惟一的纽带，那么一旦当前进程不存在以后，这整个组就成了"孤儿"。在这样的情况下，按 POSIX 3.2.2.2 的规定要给这个进程组中所有的进程都先发一个 SIGHUP 信号，然后再发一个 SIGCONT 信号，这是由 kill_pg( )完成的。

我们讲过，exit_notify( )最主要的目的是要给父进程发一个信号，让其知道子进程的生命已经结束而来料理子进程的后事，这是通过 do_notify_parent( )来完成的。其代码在 kernel/signal.c 中，程序很简单，读者可自行阅读：

[sys_exit( ) > do_exit( ) > exit_notify( ) > do_notify_parent( )]

```
732    /*
733     * Let a parent know about a status change of a child.
734     */
735
736    void do_notify_parent(struct task_struct *tsk, int sig)
737    {
738        struct siginfo info;
739        int why, status;
740
741        info.si_signo = sig;
742        info.si_errno = 0;
743        info.si_pid = tsk->pid;
744        info.si_uid = tsk->uid;
745
746        /* FIXME: find out whether or not this is supposed to be c*time. */
```

```
747         info.si_utime = tsk->times.tms_utime;
748         info.si_stime = tsk->times.tms_stime;
749
750         status = tsk->exit_code & 0x7f;
751         why = SI_KERNEL;     /* shouldn't happen */
752         switch (tsk->state) {
753         case TASK_STOPPED:
754             /* FIXME -- can we deduce CLD_TRAPPED or CLD_CONTINUED? */
755             if (tsk->ptrace & PT_PTRACED)
756                 why = CLD_TRAPPED;
757             else
758                 why = CLD_STOPPED;
759             break;
760
761         default:
762             if (tsk->exit_code & 0x80)
763                 why = CLD_DUMPED;
764             else if (tsk->exit_code & 0x7f)
765                 why = CLD_KILLED;
766             else {
767                 why = CLD_EXITED;
768                 status = tsk->exit_code >> 8;
769             }
770             break;
771         }
772         info.si_code = why;
773         info.si_status = status;
774
775         send_sig_info(sig, &info, tsk->p_pptr);
776         wake_up_parent(tsk->p_pptr);
777     }
```

参数 tsk 指向当前进程的 task_struct 结构,只有当进程处于 TASK_ZOMBIE(正在 exit( ))或 TASK_STOPPED(被跟踪)时才允许调用 do_notify_parent( )。从代码中可见,这里的所谓 parent 是指当前进程的"养父"而不是"生父",也就是由指针 p_pptr 所指而不是 p_opptr 所指的进程。在前面的 forget_original_parent( )中已经把每个子进程的 p_opptr 改成了指向 child_reaper,而 notify_parent( )中却是向 p_pptr 所指进程发信号;那样,将来当那些子进程要 exit( )时岂不是要向一个已经不存在了的父进程发信号吗?不要紧,exit_notify( )的代码中随后(392 行)就把子进程的 p_pptr 设置成与 p_opptr 相同。

进程之间都通过亲缘关系连接在一起而形成"关系网",所用的指针除 p_opptr 和 p_pptr 外,还有:
p_cptr,指向子进程,这里的 c 表示"child"。p_cptr 与 p_pptr 是相对应的。当一个进程有多个子进程时,p_cptr 指向其"最年轻的",也就是最近创建的那个子进程。
p_ysptr,指向当前进程的"弟弟",这里的 y 表示"younger",而 s 表示"sibling"。
p_osptr,指向当前进程的"哥哥",这里的 o 表示"older"。
这样,当前进程的所有子进程都通过 p_ysptr 和 p_osptr 连接在一起形成一个双链队列。队列中每一个进程的 p_pptr 都指向当前进程，而当前进程的 p_optr 则指向队列中最后创建的子进程。有趣的是，子进程在行事时只认其"养父"，而 p_opptr 所指的"生父"倒似乎无关紧要。当然，一个进程除身处这个由亲属关系形成的队列中之外，同时也身处其他的队列中，所以 task_struct 结构中还有其他的 task_struct 指针，从而形成一个并不简单的"关系网"。进程是在创建的时候在 do_fork( )中通过 SET_LINK 进入这个关系网的。SET_LINK 的定义在sched.h 中：

```
813   #define SET_LINKS(p) do { \
814       (p)->next_task = &init_task; \
815       (p)->prev_task = init_task.prev_task; \
816       init_task.prev_task->next_task = (p); \
817       init_task.prev_task = (p); \
818       (p)->p_ysptr = NULL; \
819       if (((p)->p_osptr = (p)->p_pptr->p_cptr) != NULL) \
820           (p)->p_osptr->p_ysptr = p; \
821       (p)->p_pptr->p_cptr = p; \
822   } while (0)
```

现在，是退出这个关系网的时候了。当 CPU 从 do_notify_parent( )返回到 exit_notify( )中时，所有子进程的 p_opptr 都已指向 child_reaper，而 p_pptr 仍指向当前进程。随后的 while 循环将子进程队列中的每个进程都转移到 child_reaper 的子进程队列中去，并使其 p_pptr 也指向 child_reaper。同时，对每个子进程也要检查其所属的进程组是否成为了"孤岛"。

如果当前进程是一个 session 中的主进程(current->leader 非 0)，那就还要将整个 session 与其主控终端的联系切断，并将该 tty 释放（注意，进程的 task_struct 结构中有个指针 tty 指向其主控终端）。函数 disassociate_ctty( )的代码在 drivers/char/tty_io.c 中：

[sys_exit( ) > do_exit( ) > exit_notify( ) > disassociate_ctty( )]

```
560   /*
561    * This function is typically called only by the session leader, when
562    * it wants to disassociate itself from its controlling tty.
563    *
564    * It performs the following functions:
565    *  (1)  Sends a SIGHUP and SIGCONT to the foreground process group
566    *  (2)  Clears the tty from being controlling the session
567    *  (3)  Clears the controlling tty for all processes in the
568    *       session group.
569    *
570    * The argument on_exit is set to 1 if called when a process is
571    * exiting; it is 0 if called by the ioctl TIOCNOTTY.
572    */
573   void disassociate_ctty(int on_exit)
574   {
575       struct tty_struct *tty = current->tty;
576       struct task_struct *p;
577       int tty_pgrp = -1;
```

```
578
579        if (tty) {
580            tty_pgrp = tty->pgrp;
581            if (on_exit && tty->driver.type != TTY_DRIVER_TYPE_PTY)
582                tty_vhangup(tty);
583        } else {
584            if (current->tty_old_pgrp) {
585                kill_pg(current->tty_old_pgrp, SIGHUP, on_exit);
586                kill_pg(current->tty_old_pgrp, SIGCONT, on_exit);
587            }
588            return;
589        }
590        if (tty_pgrp > 0) {
591            kill_pg(tty_pgrp, SIGHUP, on_exit);
592            if (!on_exit)
593                kill_pg(tty_pgrp, SIGCONT, on_exit);
594        }
595
596        current->tty_old_pgrp = 0;
597        tty->session = 0;
598        tty->pgrp = -1;
599
600        read_lock(&tasklist_lock);
601        for_each_task(p)
602            if (p->session == current->session)
603                p->tty = NULL;
604        read_unlock(&tasklist_lock);
605    }
606
```

那么，进程与主控终端的这种联系最初是怎样，以及在什么时候建立的呢？显然，在创建子进程时，将父进程的 task_struct 结构复制给子进程的过程中把结构中的 tty 指针也复制了下来，所以子进程具有与父进程相同的主控终端。但是子进程可以通过 ioctl( ) 系统调用来改变主控终端，也可以先将当前的主控终端关闭然后再打开另一个 tty。不过，在此之前先得通过 setsid( ) 系统调用来建立一个新的人机交互分组（session），并使得作此调用的进程成为该 session 的主进程(leader)。一个 session 的主进程与其主控终端断绝关系意味着整个 session 中的进程都与之断绝了关系，所以要给同一 session 中的进程发出信号。从此以后，这些进程就没有主控终端，成了"后台进程"。

再回到 do_exit( )的代码中。当 CPU 完成了 exit_notify( )，回到 do_exit( )中时，剩下的大事只有一件了，那就是 schedule( )，即进程调度。前面讲过，do_exit( ) 是不返回的，实际上使 do_exit( ) 不返回的正是这里的 schedule( )。换言之，在这里对 schedule( ) 的调用是不返回的。当然，在正常条件下对 schedule( ) 的调用是返回的，只不过返回的时机要延迟到本进程再次被调度而进入运行的时候。函数 schedule( ) 按照一定的准则从系统中挑选一个最适合的进程进入运行。这个进程有可能就是正在运行的进程本身，也可能是另一个进程。如果不同的话，那就要进行切换。而当前进程虽然被暂时剥夺了运行权，却维持其"运行状态"，即 task->state 不变，等待下一次又在 schedule( ) 中（由另一个进程引起，或者因中断进入内核后从系统空间返回用户空间之前)被选中时再继续运行，从而从 schedule( ) 中返回。

所以，什么时候从 schedule( )返回取决于什么时候被进程调度选中而得以继续运行。可是，在这里，当前进程的 task->state 已经变成了 TASK_ZOMBIE，这个条件使它在 schedule( )中永远不会再被选中，所以就"黄鹤一去不复返了"。而这里对 schedule( )的调用，实际上（从 CPU 的角度看）也是返回的，只不过是返回到另一个进程中去了，只是从当前进程的角度来看没有返回而已。不过，至此为止，当前进程还只是因为不会被选中而不能返回，从理论上说只是无限推迟而已，其 task_struct 结构还是存在的。到父进程收到子进程发来的信号而来料理后事，将子进程的 task_struct 结构释放之时，子进程就最终从系统中消失了。在我们这个情景中，父进程正在 wait4( )中等着哩。

像其他系统调用一样，wait4( )在内核中的入口是 sys_wait4( )，见 exit.c 中的代码：

```
487     asmlinkage long sys_wait4(pid_t pid,unsigned int * stat_addr,
                                  int options, struct rusage * ru)
488     {
489         int flag, retval;
490         DECLARE_WAITQUEUE(wait, current);
491         struct task_struct *tsk;
492
493         if (options & ~(WNOHANG|WUNTRACED|__WNOTHREAD|__WCLONE|__WALL))
494             return -EINVAL;
495
496         add_wait_queue(&current->wait_chldexit,&wait);
```

参数 pid 为某一个子进程的进程号。

首先，在当前进程的系统空间堆栈中通过 DECLARE_WAITQUEUE 分配空间并建立了一个 wait_queue_t 数据结构。有关的宏定义和数据结构都是在 include/linux/wait.h 中定义的：

```
46      struct __wait_queue {
47          unsigned int flags;
48      #define WQ_FLAG_EXCLUSIVE    0x01
49          struct task_struct * task;
50          struct list_head task_list;
51      #if WAITQUEUE_DEBUG
52          long __magic;
53          long __waker;
54      #endif
55      };
56      typedef struct __wait_queue wait_queue_t;

92      struct __wait_queue_head {
93          wq_lock_t lock;
94          struct list_head task_list;
95      #if WAITQUEUE_DEBUG
96          long __magic;
97          long __creator;
98      #endif
```

```
99      };
100     typedef struct __wait_queue_head wait_queue_head_t;
101
102     #if WAITQUEUE_DEBUG
103     # define __WAITQUEUE_DEBUG_INIT(name) \
104             , (long)&(name).__magic, 0
105     # define __WAITQUEUE_HEAD_DEBUG_INIT(name) \
106             , (long)&(name).__magic, (long)&(name).__magic
107     #else
108     # define __WAITQUEUE_DEBUG_INIT(name)
109     # define __WAITQUEUE_HEAD_DEBUG_INIT(name)
110     #endif
111
112     #define __WAITQUEUE_INITIALIZER(name, task) \
113             { 0x0, task, { NULL, NULL } __WAITQUEUE_DEBUG_INIT(name)}
114     #define DECLARE_WAITQUEUE(name, task) \
115             wait_queue_t name = __WAITQUEUE_INITIALIZER(name, task)
```

也就是说，sys_wait4( )一开头就在当前进程的系统堆栈上分配一个 wait_queue_t 数据结构（名为 wait），结构中的 compiler_warning 为 0x1234567，指针 task 指向当前进程的 task_struct，而 list_head 结构 task_list 中的两个指针均为 NULL。由于这个数据结构建立在当前进程的系统空间堆栈中，一旦从 sys_wait4( )返回，这个数据结构就不复存在了。与此相应，在进程的 task_struct 中有个 wait_queue_head_t 数据结构 wait_chldexit 用于这个目的。

然后，通过 add_wait_queue( )将这个数据结构（wait）加入到当前进程的 wait_chldexit 队列中。这样做的作用在下面重温了 do_notify_parent( )的代码以后就会清楚。接着，就进入了一个循环，这是一个不小的循环（exit.c:sys_wait4( )）：

[sys_wait4( )]

```
497     repeat:
498         flag = 0;
499         current->state = TASK_INTERRUPTIBLE;
500         read_lock(&tasklist_lock);
501         tsk = current;
502         do {
503             struct task_struct *p;
504             for (p = tsk->p_cptr ; p ; p = p->p_osptr) {
505                 if (pid>0) {
506                     if (p->pid != pid)
507                         continue;
508                 } else if (!pid) {
509                     if (p->pgrp != current->pgrp)
510                         continue;
511                 } else if (pid != -1) {
512                     if (p->pgrp != -pid)
513                         continue;
```

```
514          }
515          /* Wait for all children (clone and not) if __WALL is set;
516           * otherwise, wait for clone children *only* if __WCLONE is
517           * set; otherwise, wait for non-clone children *only*.  (Note:
518           * A "clone" child here is one that reports to its parent
519           * using a signal other than SIGCHLD.) */
520          if (((p->exit_signal != SIGCHLD) ^ ((options & __WCLONE) != 0))
521              && !(options & __WALL))
522              continue;
523          flag = 1;
524          switch (p->state) {
525          case TASK_STOPPED:
526              if (!p->exit_code)
527                  continue;
528              if (!(options & WUNTRACED) && !(p->ptrace & PT_PTRACED))
529                  continue;
530              read_unlock(&tasklist_lock);
531              retval = ru ? getrusage(p, RUSAGE_BOTH, ru) : 0;
532              if (!retval && stat_addr)
533                  retval = put_user((p->exit_code << 8) | 0x7f, stat_addr);
534              if (!retval) {
535                  p->exit_code = 0;
536                  retval = p->pid;
537              }
538              goto end_wait4;
539          case TASK_ZOMBIE:
540              current->times.tms_cutime +=
541                      p->times.tms_utime + p->times.tms_cutime;
                 current->times.tms_cstime +=
                         p->times.tms_stime + p->times.tms_cstime;
542              read_unlock(&tasklist_lock);
543              retval = ru ? getrusage(p, RUSAGE_BOTH, ru) : 0;
544              if (!retval && stat_addr)
545                  retval = put_user(p->exit_code, stat_addr);
546              if (retval)
547                  goto end_wait4;
548              retval = p->pid;
549              if (p->p_opptr != p->p_pptr) {
550                  write_lock_irq(&tasklist_lock);
551                  REMOVE_LINKS(p);
552                  p->p_pptr = p->p_opptr;
553                  SET_LINKS(p);
554                  do_notify_parent(p, SIGCHLD);
555                  write_unlock_irq(&tasklist_lock);
556              } else
557                  release_task(p);
558              goto end_wait4;
559          default:
```

```
560                         continue;
561                 }
562             }
563             if (options & __WNOTHREAD)
564                 break;
565             tsk = next_thread(tsk);
566         } while (tsk != current);
567         read_unlock(&tasklist_lock);
568         if (flag) {
569             retval = 0;
570             if (options & WNOHANG)
571                 goto end_wait4;
572             retval = -ERESTARTSYS;
573             if (signal_pending(current))
574                 goto end_wait4;
575             schedule( );
576             goto repeat;
577         }
578         retval = -ECHILD;
579 end_wait4:
580         current->state = TASK_RUNNING;
581         remove_wait_queue(&current->wait_chldexit,&wait);
582         return retval;
583 }
```

这个由 goto 实现的循环要到当前进程被调度运行，并且下列条件之一得到满足时才结束（见代码中的 "goto end_wait4" 语句）：

● 所等待的子进程的状态变成 TASK_STOPPED 或 TASK_ZOMBIE；
● 所等待的子进程存在,可是不在上列两个状态，而调用参数 options 中的 WNOHANG 标志位为 1，或者当前进程收到了其他的信号；
● 进程号为 pid 的那个进程根本不存在，或者不是当前进程的子进程。

否则，当前进程将其自身的状态设成 TASK_INTERRUPTIBLE（见 499 行）并在 575 行调用 schedule( ) 进入睡眠让别的进程先运行。当该进程因收到信号而被唤醒，并且受到调度从 schedule( ) 返回时，就又经由 576 行的 goto 语句转回 repeat，再次通过一个 for 循环扫描其子进程队列，看看所等待的子进程的状态是否满足条件。这里的 for 循环扫描一个进程的所有子进程，从最年轻的子进程开始沿着由各个 task_struct 结构中的指针 p_osptr 所形成的链扫描，找寻与所等待对象的 pid 相符的子进程、或符合其他一些条件的子进程。这个 for 循环又嵌套在一个 do_while 循环中。为什么要有这外层的 do_while 循环呢？这是因为当前进程可能是一个线程，而所等待的对象实际上是由同一个进程克隆出来的另一个线程的子进程，所以要通过这个 do_while 循环来检查同一个 thread_group 中所有线程的子进程。代码中的 next_thread( ) 从同一个 thread_group 队列中找到下一个线程的 task_struct 结构，并使局部量 tsk 指向这个结构。在我们这个情景中，当父进程调用 wait4( ) 而第一次扫描其子进程队列时，该子进程尚在运行，所以通过 schedule( ) 进入睡眠。当子进程 exit( ) 时，会向父进程发一个信号，从而将其唤醒。怎么唤醒呢？我们在前面看到，子进程在 exit_notify( ) 中通过 do_notify_parent( ) 向父进程发送信号。这个函数准备下一个 siginfo 数据结构，然后调用 send_sig_info( ) 将其发送给父进程，并调用

wake_up_process( )将父进程唤醒。对 send_sig_info( )的代码我们将在"进程间通信"的信号一节中介绍。而 wake_up_process( ),则把父进程的状态从 TASK_INTERRUPTABLE 改成 TASK_RUNNING,并将其转移到可执行队列中,使 schedule( )能够"看"到父进程而可以调度其运行。

当父进程因子进程在 exit( )向其发送信号而被唤醒时,就转回到前面 sys_wait4( )中的 repeat 处,又一次扫描其子进程队列。这一次,子进程的状态已经改成 TASK_ZOMBIE 了,所以父进程在将子进程在用户空间运行的时间和系统空间运行的时间两项统计数据合并入其自身的统计数据中。然后,在典型的条件下,就调用 release_task( )将子进程残存的资源,就是其 task_struct 结构和系统空间堆栈,全都释放(exit.c):

[sys_wait4( ) > release( )]

```
25      static void release_task(struct task_struct * p)
26      {
27          if (p != current) {
28  #ifdef CONFIG_SMP
29              /*
30               * Wait to make sure the process isn't on the
31               * runqueue (active on some other CPU still)
32               */
33              for (;;) {
34                  task_lock(p);
35                  if (!p->has_cpu)
36                      break;
37                  task_unlock(p);
38                  do {
39                      barrier( );
40                  } while (p->has_cpu);
41              }
42              task_unlock(p);
43  #endif
44              atomic_dec(&p->user->processes);
45              free_uid(p->user);
46              unhash_process(p);
47
48              release_thread(p);
49              current->cmin_flt += p->min_flt + p->cmin_flt;
50              current->cmaj_flt += p->maj_flt + p->cmaj_flt;
51              current->cnswap += p->nswap + p->cnswap;
52              /*
53               * Potentially available timeslices are retrieved
54               * here - this way the parent does not get penalized
55               * for creating too many processes.
56               *
57               * (this cannot be used to artificially 'generate'
58               * timeslices, because any timeslice recovered here
59               * was given away by the parent in the first place.)
```

```
60              */
61              current->counter += p->counter;
62              if (current->counter >= MAX_COUNTER)
63                  current->counter = MAX_COUNTER;
64              free_task_struct(p);
65          } else {
66              printk("task releasing itself\n");
67          }
68      }
```

这里通过 unhash_process( ) 把子进程的 task_struct 结构从杂凑表队列中摘除，然后把子进程的其他几项统计信息也合并入父进程。至于 release_thread( ) 只是检查进程的 LDT(如果有的话)是否确已释放。最后，就调用 free_task_struct( ) 将 task_struct 结构和系统空间堆栈所占据的两个物理页面释放。

在 sys_wait4( ) 中还有个特殊情况需要考虑，那就是万一子进程的 p_opptr 与 p_pptr 不同，也就是说其"养父"与"生父"不同。如前所述，进程在 exit( ) 时，do_notify_parent( ) 的对象是其"养父"，但是当"生父"与"养父"不同时，其"生父"可能也在等待，所以将子进程的 p_pptr 指针设置成与 p_opptr 相同，并通过 REMOVE_LINKS 将其 task_struct 从其"养父"的队列中脱离出来，再通过 SET_LINKS 把它归还给"生父"，重新挂入其"生父"的队列。然后，给其"生父"发一信号，让它自己来处理。

此外，根据当前进程在调用 wait4( ) 时的要求，还可能要把一些状态信息和统计信息通过 put_user( ) 复制到用户空间中。如果复制失败的话，那暂时就不能将子进程的 task_struct 结构释放了(这里的"goto end_wait4"跳过了对 release( ) 的调用)。在这种情况下，系统中会留下子进程的"尸体"，用户通过"ps"命令来观察系统中的进程状态时，会看到有个进程的状态为"ZOMBIE"。读者在前面看到：在 exit_notify( ) 中，当父进程要结束生命前为其子进程"托孤"时，还要看一下子进程的状态是否 TASK_ZOMBIE，若是的话，就要替它调用 do_notify_parent( ) 给新的"养父"发一信息，就是这个原因。

至此，在执行了 release( ) 以后，子进程就最终"灰飞烟灭"，从系统中消失了。

可是，要是父进程不在 wait4( ) 中等待呢？那也不要紧。读者在第 3 章中已经看到，每当进程从系统调用、中断或异常返回时，都要检查一下是否有信号等待处理，如有的话就转入 entry.S 中的 signal_return 处调用 do_signal( )。而 do_signal( ) 中有一个片段为（在 arch/i386/kernel/signal.c 中）：

```
643         ka = &current->sig->action[signr-1];
644         if (ka->sa.sa_handler == SIG_IGN) {
645             if (signr != SIGCHLD)
646                 continue;
647             /* Check for SIGCHLD: it's special. */
648             while (sys_wait4(-1, NULL, WNOHANG, NULL) > 0)
649                 /* nothing */;
650             continue;
651         }
```

可见父进程在收到 SIGCHLD 信号后还会被动地来调用 sys_wait4( )，此时的调用参数 pid 为 -1，表示同一个进程组中的任何一个子进程都在处理之列（见 sys_wait4( ) 的 for 循环中对参数 pid 的比对）。

当然，如果父进程已经为 SIGCHLD 信号设置了其他的处理程序，那就另作别论了。

读者也许还会问，怎样才能保证一定会有系统调用、中断或异常来迫使其父进程执行 do_signal( ) 呢？万一父进程在运行时既不作系统调用，也不访问外设，更没有任何操作引起异常呢？别忘记时钟中断是周期性地发生的，要不然就连调度也有可能不会发生了，正因为如此，时钟中断才被看作是系统的"心跳"。

4.6 进程的调度与切换

在多进程的操作系统中，进程调度是一个全局性的、关键性的问题，它对系统的总体设计、系统的实现、功能设置以及各方面的性能都有着决定性的影响。根据调度结果所作的进程切换的速度，也是衡量一个操作系统性能的重要指标。进程调度机制的设计，还对系统复杂性有着极大的影响，常常会由于实现的复杂程度而在功能与性能方面作出必要的权衡和让步。一个好的系统的进程调度机制，要兼顾三种不同应用的需要：

- 交互式应用。在这种应用中，着重于系统的响应速度，使共用一个系统的各个用户（以及各个应用程序）都能感觉到自己是在独占地使用一个系统。特别是，当系统中有大量进程共存时，仍要能保证每个用户都有可以接受的响应速度而并不感到明显的延迟。根据测定，当这种延迟超过 150 毫秒时，使用者就会明显地感觉到。
- 批处理应用。批处理应用往往是作为"后台作业"运行的，所以对响应速度并无要求，但是完成一个作业所需的时间仍是一个重要的因素，考虑的是"平均速度"。
- 实时应用。这是时间性最强的应用，不但要考虑进程执行的平均速度，还要考虑"即时速度"；不但要考虑响应速度（即从某个事件发生到系统对此作出反应并开始执行有关程序之间所需的时间），还要考虑有关程序（常常在用户空间）能否在规定时间内执行完。在实时应用中，注重的是对程序执行的"可预测性"。

另外，进度调度的机制还要考虑到"公正性"，让系统中的所有进程都有机会向前推进，尽管其进度各有不同，并最终受到 CPU 速度和负载的影响。更重要的是，还要防止"死锁"的发生，以及防止对 CPU 能力的不合理使用，也就是说要防止 CPU 尚有能力且有进程等着执行，却由于某种原因而长时间得不到执行的情况。一旦这些情况发生时，调度机制还应能识别与化解。可以说，关于进程调度的研究是整个操作系统理论的核心。不过，本书的目的在于对 Linux 内核的剖析和解释，而不在于理论方面的深入探讨，有兴趣的读者可以阅读操作系统方面的专著。

为了满足上述的目标，在设计一个进程调度机制时要考虑的具体问题主要有：

(1) 调度的时机：在什么情况下、什么时候进行调度。
(2) 调度的"政策"（policy）：根据什么准则挑选下一个进入运行的进程。
(3) 调度的方式：是"可剥夺"（preemptive）还是"不可剥夺"（nonpreemptive）。当正在运行的进程并不自愿暂时放弃对 CPU 的"使用权"时，是否可以强制性地暂时剥夺其使用权，停止其运行而给其他的进程一个机会。如果是可剥夺，那么是否在任何条件下都可剥夺，有没有"例外"？

这三个问题，特别是第一和第三个问题，是紧密结合在一起的。例如，如果调度的性质是绝对地不可剥夺，也就是说坚持完全自愿的原则，那么调度的时机也就基本上决定了，只能在有一个进程自愿调度的时候才能进行调度。相应地，就要设计一个"原语"，即系统调用，让进程可以表达自己的这个意愿。同时，还要考虑，如果一个进程因陷入了死循环而抓住 CPU 不放该怎么办。

这里要说明一下，在中文里也许应该把是否可以剥夺称为"政策"，但是在英文的书刊中已经把调度准则或标准称为"policy"，所以我们只好把这称为"方式"，以免引起不必要的混淆。

进一步，如果调度的性质是有条件地可剥夺，那么，在什么情况下可剥夺就成了重要的问题。例如，可以把时间划分成时间片，每个时间片来一次时钟中断，而调度可以在时间片中断时进行。按进程的优先级别的高低进行调度，每个时间片一次，除此之外就只能在进程自愿时才可进行调度。这样，只要时间片划分得当，交互式应用的要求就可以满足了。但是，这样的系统显然不适合实时的应用。因为，有可能发生"急惊风遇上慢郎中"的情况，优先级别高的进程急着要运行，而正在运行中的进程偏偏"觉悟不高"，不懂得"先人后己"，别的进程只好干等着它把时间片用完而坐失良机。从另一个角度讲，这也取决于技术的发展，特别是 CPU 的速度。例如，就在这么一个系统中，如果可以把时间片分小到 0.5 毫秒，而 CPU 仍能在这么短的时间里做足够多的事，那么对一般的实时应用来说可能还是能满足要求的，虽然从整体上讲 CPU 用在调度与切换上的开销所占的比例上升了。

那么，Linux 内核的调度机制到底是什么样的呢？我们还是分三个方面来回答这个问题。

在往下叙述之前，此处先给出一个进程的状态转换关系示意图（图 4.4）。

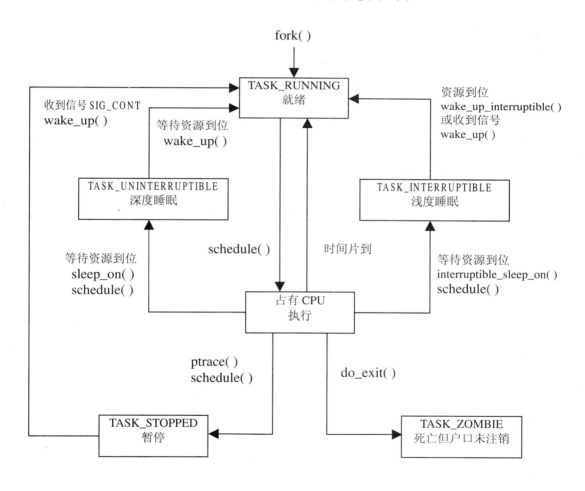

图 4.4 进程状态转换图

先看调度的时机。

首先,自愿的调度随时都可以进行。在内核里面,一个进程可以通过 schedule( ) 启动一次调度,当然也可以在调用 schedule( ) 之前,将本进程的状态设置成为 TASK_INTERRUPTIBLE 或 TASK_UNINTERRUPTIBLE,暂时放弃运行而进入睡眠。在用户空间中,则可以通过系统调用 pause( ) 来达到同样的目的。也可以为这种自愿的暂时放弃运行加上时间限制。在内核中有 schedule_timeout( ) 用于此项目的;相应地,在用户空间则可以通过系统调用 nanosleep( ) 而达到目的(注意,sleep( )是库函数,不是系统调用,但最终要通过系统调用来完成)。这里要指出:从应用的角度看,只有在用户空间自愿放弃运行这一举动是可见的;而在内核中自愿放弃运行则是不可见的,它隐藏在其他可能受阻的系统调用中。几乎所有涉及到外设的系统调用,如 open( )、read( )、write( )和 select( )等,都是可能受阻的。

除此之外,调度还可以非自愿地,即强制地发生在每次从系统调用返回的前夕,以及每次从中断或异常处理返回到用户空间的前夕。注意,这里"返回到用户空间"几个字是关键性的,因为这意味着只有在用户空间(当 CPU 在用户空间运行时)发生的中断或异常才会引起调度。关于这一点我们在第 3 章讲述中断返回时提到过,但是有必要在此加以强调,并重温 entry.S 中的两个片段:

```
260     ret_from_exception:
261     #ifdef CONFIG_SMP
        ......
267     #else
268         movl SYMBOL_NAME(irq_stat),%ecx     # softirq_active
269         testl SYMBOL_NAME(irq_stat)+4,%ecx  # softirq_mask
270     #endif
271         jne  handle_softirq
272
273     ENTRY(ret_from_intr)
274         GET_CURRENT(%ebx)
275         movl EFLAGS(%esp),%eax      # mix EFLAGS and CS
276         movb CS(%esp),%al
277         testl $(VM_MASK | 3),%eax   # return to VM86 mode or non-supervisor?
278         jne ret_with_reschedule
279         jmp restore_all
```

277 行中寄存器 EAX 的内容有两个来源,其最低的字节来自保存在堆栈中的进入中断前夕段寄存器 CS 的内容,最低的两位表示当时的运行级别。从代码中可以看到,转入 ret_with_reschedule 的条件为中断(或异常)发生前 CPU 的运行级别为 3,即用户状态(我们在这里不关心 VM_MASK,那是为 VM86 模式而设置的)。这一点对于系统的设计和实现有很重要的意义。因为那意味着当 CPU 在内核中运行时无需考虑强制调度的可能性。发生在系统空间的中断或异常当然是可能的,但是这种中断或异常不会引起调度。这就使内核的实现简化了,早期的 Unix 内核正是靠这个前提来简化其设计与实现的。否则的话,内核中所有可能为一个以上进程共享的变量和数据结构就全都要通过互斥机制(如信号量)加以保护,或者说都要放在临界区中。不过,随着多处理器 SMP 系统结构的出现以及日益广泛的采用,这种简化正在失去重要性。在多处理器 SMP 系统中(见"多处理器 SMP 系统结构"一章),尽管在内核中由于不会发生调度而无需考虑互斥,但却不能不考虑在另一个处理器上运行的进程访问共享资源的可能性。这样,不管在同一个 CPU 上是否有可能在内核中发生调度,所有可能为多个进程(可能在不同的 CPU 上运行)共享的变量和数据结构,都得保护起来。这就是读者在阅读代码时看到那么多的 up( )、down( )等信号量操作或加锁操作的原因。Linux 内核中一般将用于多处理器 SMP 结构的代码放在条件编译 #ifdef __SMP__ 中,但是却没有把这些用于互斥保护的操作也放在条件编译中。究其原因,一来可能是太多了,加不胜加,再说在单处理器条件下的运行时开销也不大;二来也是为日后对调度机制的改进奠定基础。

那么 Linux 现行的这种调度机制有什么缺点或不足,为什么可能会有日后的改进呢?例如:在实时的应用中,某个中断的发生可能不但要求迅速的中断服务,还要求迅速地调度有关进程进入运行,以便在较高的层次上,也就是在用户空间中对事件进行及时的处理。可是,如果这样的中断发生在内核中时,本次中断返回是不会引起调度的,而要到最初使 CPU 从用户空间进入内核的那次系统调用或中断(或异常)返回时才会发生调度。倘若内核中的这段代码恰好需要较长时间完成的话,或者连续又发生几次中断的话,就可能将调度过分地推迟。良好的内核代码可以减轻这个问题,但并不能从根本上解决问题。所以这是个设计问题而不是实现问题。只是,随着 CPU 速度变得越来越快,这个问题渐渐地变得不那么重要了。

注意,"从系统空间返回到用户空间"只是发生调度的必要条件,而不是充分条件。具体是否发生调度还要看有无此种要求,看一下 entry.S 中的这一段代码:

```
217     ret_with_reschedule:
218         cmpl $0, need_resched(%ebx)
219         jne reschedule
220         cmpl $0, sigpending(%ebx)
221         jne signal_return
222     restore_all:
223         RESTORE_ALL
......
287     reschedule:
288         call SYMBOL_NAME(schedule)      # test
289         jmp ret_from_sys_call
```

可见,只有在当前进程的 task_struct 结构中的 need_resched 字段为非 0 时才会转到 reschedule 处调用 schedule( )。那么,谁来设置这个字段呢?当然是内核,从用户空间是访问不到进程的 task_struct 结构的。可是,内核在什么情况下设置这个字段呢?除当前进程通过系统调用自愿让出运行以及在系统调用中因某种原因受阻以外,主要就是当因某种原因唤醒一个进程的时候,以及在时钟中断服务程序发现当前进程已经连续运行太久的时候。

再看调度的方式。

Linux 内核的调度方式可以说是"有条件的可剥夺"方式。当进程在用户空间运行时,不管自愿不自愿,一旦有必要(例如已经运行了足够长的时间),内核就可以暂时剥夺其运行而调度其他进程进入运行。可是,一旦进程进入了内核空间,或者说进入了"长官"(supervisor)模式,那就好像是进了"高层"而"刑不上大夫"了。这时候,尽管内核知道应该要调度了,但实际上却不会发生,一直要到该进程即将"下台",也就是回到用户空间的前夕才能剥夺其运行。所以,Linux 的调度方式从原则上来说是可剥夺的,可是在实际运行中由于调度时机的限制而变成了有条件的。正因为这样,有的书说 Linux 的调度是可剥夺的,有的却说是不可剥夺的,甚至同一本书中有时候说是可剥夺的,有时候又说是不可剥夺的,其原因盖出于此。

那么,剥夺式的调度发生在什么时候呢?同样也是发生在进程从系统空间(包括因系统调用进入内核）返回用户空间的前夕。

至于调度政策，基本上是从 UNIX 继承下来的以优先级为基础的调度。内核为系统中的每个进程计算出一个反映其运行"资格"的权值，然后挑选权值最高的进程投入运行。在运行过程中，当前进程的资格随时间而递减，从而在下一次调度的时候原来资格较低的进程可能就更有资格运行了。到所有进程的资格都变成 0 时，就重新计算一次所有进程的资格。资格的计算主要是以优先级为基础的，所以说是以优先级为基础的调度。

但是，为了适应各种不同应用的需要，内核在此基础上实现了三种不同的政策：SCHED_FIFO、SCHED_RR 以及 SCHED_OTHER。每个进程都有自己的适用的调度政策，并且，进程还可以通过系统调用 sched_setscheduler( )设定自己适用的调度政策。其中 SCHED_FIFO 适合于时间性要求比较强、但每次运行所需的时间比较短的进程，实时的应用大都具有这样的特点。SCHED_RR 中的"RR"表示"Round Robin"，是轮流的意思，这种政策适合比较大、也就是每次运行需时较长的进程。而除此二者之外的 SCHED_OTHER，则为传统的调度政策，比较适合于交互式的分时应用。

既然每个进程都有自己的适用调度政策，内核怎样在适用不同调度政策的进程之间决定取舍呢？实际上最后还是都归结到各个进程的权值，只不过是在计算资格时把适用政策也考虑进去，就好像考大学时符合某些特殊条件的考生可以获得加分一样。同时，对于适用不同政策的进程的优先级别也加了限制。我们将结合代码更深入地讨论这些政策间的差异和作用。

下面，我们就结合代码深入到调度和切换的过程中去。在本节中我们先看一个主动调度，也就是由当前进程自愿调用 schedule( )暂时放弃运行的情景。在 exit( )一节中，读者已经看到一个正在结束生命的进程在 do_exit( )中的最后一件事就是调用 schedule( )，我们就从这里接着往下看，深入到 schedule( )里面去，其代码在 kernel/sched.c 中：

```
498     /*
499      * 'schedule( )' is the scheduler function. It's a very simple and nice
500      * scheduler: it's not perfect, but certainly works for most things.
501      *
502      * The goto is "interesting".
503      *
504      *   NOTE!!  Task 0 is the 'idle' task, which gets called when no other
505      * tasks can run. It can not be killed, and it cannot sleep. The 'state'
506      * information in task[0] is never used.
507      */
508     asmlinkage void schedule(void)
509     {
510         struct schedule_data * sched_data;
511         struct task_struct *prev, *next, *p;
512         struct list_head *tmp;
513         int this_cpu, c;
514
515         if (!current->active_mm) BUG( );
516     need_resched_back:
517         prev = current;
518         this_cpu = prev->processor;
519
520         if (in_interrupt( ))
```

```
521                goto scheduling_in_interrupt;
522
523        release_kernel_lock(prev, this_cpu);
524
525        /* Do "administrative" work here while we don't hold any locks */
526        if (softirq_active(this_cpu) & softirq_mask(this_cpu))
527                goto handle_softirq;
528    handle_softirq_back:
529
```

这个函数中使用了许多 goto 语句。对于这么一个非常频繁地执行的函数，把运行效率放在第一位是可以理解的，只是给阅读和理解带来了一些困难。

以前我们讲过，在 task_struct 结构中有两个 mm_struct 指针。一个是 mm，指向代表着进程的虚存（用户）空间的数据结构。如果当前进程实际上是个内核线程，那就没有用户空间，所以其 mm 指针为 0，运行时就要暂时借用在它之前运行的那个进程的 active_mm。所以，正在运行中的进程，也即当前进程，在进入 schedule( )时其 active_mm 一定不能是 0（见 515 行）。后面我们还要回到这个话题上。

以前讲过，对 schedule( )只能由进程在内核中主动调用，或者在当前进程从系统空间返回用户空间的前夕被动地发生，而不能在一个中断服务程序的内部发生。即使一个中断服务程序有调度的要求，也只能通过把当前进程的 need_resched 字段设成 1 来表达这种要求，而不能直接调用 schedule( )。读者也许会问，我们在第 3 章中看到，在执行中断服务程序的时候是允许开中断的，如果在执行过程中发生了嵌套中断，那么当从嵌套的中断返回时不是也要调用 schedule( )吗？那不就等于是在中断服务程序的内部调用了这个函数吗？其实，从嵌套的中断返回时不会调用 schedule( )，因为此时的中断返回并不是返回到用户空间。还要注意：因中断而进入内核并不等于已经进入了某个中断服务程序，而当 CPU 要从系统空间返回用户空间之时则已经离开了具体的中断服务程序，详见第 3 章。所以，如果在某个中断服务程序内部调用 schedule( )，那一定是有问题了，所以转向 scheduling_in_interrupt。接着看 sched.c：

[schedule( )]

```
686    scheduling_in_interrupt:
687        printk("Scheduling in interrupt\n");
688        BUG( );
689        return;
```

内核对此的反应是显示或者在 /var/log/messages 文件末尾添上一条出错信息，然后执行一个宏操作 BUG，这是在 include/asm-i386/page.h 中定义的：

```
85    /*
86     * Tell the user there is some problem. Beep too, so we can
87     * see^H^H^Hhear bugs in early bootup as well!
88     */
89    #define BUG( ) do { \
90        printk("kernel BUG at %s:%d!\n", __FILE__, __LINE__); \
91        __asm__ __volatile__(".byte 0x0f,0x0b"); \
```

```
92      } while (0)
```

这里的奥妙之处是在 91 行中准备下了两个字节 0x0f 和 0x0b，让 CPU 当作指令去执行。可是由这两个字节构成的是非法指令，因而会产生一次"非法指令（invalid_op）"异常，使 CPU 执行 do_invalid_op( )。当然，在实际运行中这样的错误（在中断服务程序或 bf 函数的内部调用 schedule( )）是不会发生的，除非正在调试用户自己编写的中断服务程序。

我们回过头来继续往下看 schedule( )，这里 523 行的 relsase_kernel_lock( ) 对于 i386 单处理器系统为空语句，所以接着就是检查是否有内核软中段服务请求在等待（见第 3 章）。如果有就转入 handle_softirq 为这些请求服务：

[schedule( )]

```
675     handle_softirq:
676         do_softirq( );
677         goto handle_softirq_back;
```

从执行 softirq 队列完毕以后继续往下看：

[schedule( )]

```
528     handle_softirq_back:
529
530         /*
531          * 'sched_data' is protected by the fact that we can run
532          * only one process per CPU.
533          */
534         sched_data = & aligned_data[this_cpu].schedule_data;
535
536         spin_lock_irq(&runqueue_lock);
537
538         /* move an exhausted RR process to be last.. */
539         if (prev->policy == SCHED_RR)
540             goto move_rr_last;
541     move_rr_back:
```

指针 sched_data 指向一个 schedule_data 数据结构,用来保存供下一次调度时使用的信息（sched.c）：

```
91      /*
92       * We align per-CPU scheduling data on cacheline boundaries,
93       * to prevent cacheline ping-pong.
94       */
95      static union {
96          struct schedule_data {
97              struct task_struct * curr;
98              cycles_t last_schedule;
99          } schedule_data;
```

```
100         char __pad [SMP_CACHE_BYTES];
101     } aligned_data [NR_CPUS] __cacheline_aligned = { {{&init_task,0}}};
```

这里的类型 cycles_t 实际上是无符号整数，用来记录调度发生的时间。这个数据结构是为多处理器 SMP 结构而设的，所以我们在这里并不关心。数组中的第一个元素，即 CPU 0 的 schedule_data 结构初始化成{&init_task, 0}，其余的则全为{0, 0}。代码中__cacheline_aligned 表示数据结构的起点应与高速缓存中的缓冲线对齐。

下面就要涉及可执行进程队列了，所以先将这个队列锁住，以防止来自其他处理器的干扰。如果当前进程 prev 的调度政策为 SCHED_RR，即轮换调度，那就要先进行一点特殊的处理。SCHED_RR 和 SCHED_FIFO 都是基于优先级的调度政策，可是在怎样调度具有相同优先级的进程这个问题上二者有区别。调度政策为 SCHED_FIFO 的进程一旦受到调度而开始运行之后，就要一直运行到自愿让出或者被优先级更高的进程剥夺为止。对于每次受到调度时要求运行时间不长的进程，这样并没有什么不妥。可是，如果是受到调度后可能会长时间运行的进程，那样就不公平了。这种不公正性是对具有相同优先级的进程而言的。因为具有更高优先级的进程可以剥夺它的运行，而优先级更低的进程则本来就没有机会运行。但是，这样对具有相同优先级的其他进程就不公平了。所以，对这样的进程应该实行 SCHED_RR 调度政策，这种政策在相同的优先级上实行轮换调度。也就是说，对调度政策为 SCHED_RR 的进程有个时间配额，用完了这个配额就要让具有相同优先级的其他就绪进程先运行。这里，就是对调度政策为 SCHED_RR 的当前进程的这种处理（sched.c）：

[schedule( )]

```
679     move_rr_last:
680         if (!prev->counter) {
681             prev->counter = NICE_TO_TICKS(prev->nice);
682             move_last_runqueue(prev);
683         }
684         goto move_rr_back;
685
```

这是什么意思呢？这里的 prev->counter 代表着当前进程的运行时间配额，其数值在每次时钟中断时都要递减。这是在一个函数 update_process_times( )中进行的，详见下一节。不管一个进程的时间配额有多高，随着运行时间的积累最终总会递减到 0。对于调度政策为 SCHED_RR 的进程，一旦其时间配额降到了 0，就要从可执行进程队列 runqueue 中当前的位置上移到队列的末尾，同时恢复其最初的时间配额。对于具有相同优先级的进程，调度的时候排在前面的进程优先，所以这使队列中具有相同优先级的其他进程有了优势。宏操作 NICE_TO_TICKS 根据系统时钟的精度将进程的优先级别换算成可以运行的时间配额，这也是在 sched.c 中定义的：

```
44      /*
45       * Scheduling quanta.
46       *
47       * NOTE! The unix "nice" value influences how long a process
48       * gets. The nice value ranges from -20 to +19, where a -20
49       * is a "high-priority" task, and a "+10" is a low-priority
```

```
50          * task.
51          *
52          * We want the time-slice to be around 50ms or so, so this
53          * calculation depends on the value of HZ.
54          */
55         #if HZ < 200
56         #define TICK_SCALE(x)    ((x) >> 2)
57         #elif HZ < 400
58         #define TICK_SCALE(x)    ((x) >> 1)
59         #elif HZ < 800
60         #define TICK_SCALE(x)    (x)
61         #elif HZ < 1600
62         #define TICK_SCALE(x)    ((x) << 1)
63         #else
64         #define TICK_SCALE(x)    ((x) << 2)
65         #endif
66
67         #define NICE_TO_TICKS(nice) (TICK_SCALE(20-(nice))+1)
```

将一个进程的task_struct结构从可执行队列中的当前位置移到队列的末尾是由move_last_runqueue完成的：

[schedule( ) > move_last_runqueue( )]

```
309     static inline void move_last_runqueue(struct task_struct * p)
310     {
311         list_del(&p->run_list);
312         list_add_tail(&p->run_list, &runqueue_head);
313     }
```

把进程移到可执行进程队列的末尾意味着：如果队列中没有资格更高的进程，但是有一个资格与之相同的进程存在，那么，那个资格虽然相同而排在前面的进程就会被选中。继续在schedule( )中往下看（sched.c）：

[schedule( )]

```
541     move_rr_back:
542
543         switch (prev->state) {
544             case TASK_INTERRUPTIBLE:
545                 if (signal_pending(prev)) {
546                     prev->state = TASK_RUNNING;
547                     break;
548                 }
549             default:
550                 del_from_runqueue(prev);
551             case TASK_RUNNING:
```

```
552         }
553         prev->need_resched = 0;
```

当前进程就是正在运行中的进程，可是当进入 schedule( )时其状态却不一定是 TASK_RUNNING。例如，在我们这个情景中，当前进程已在 do_exit( )中将其状态改成了 TASK_ZOMBE。又例如，前一节中我们看到当前进程在 sys_wait4( )中调用 schedule( )时的状态为 TASK_INTERRUPTIBLE。所以，这里的 prev->state 与其说是当前进程的状态还不如说是其意愿。正因为这样，当其意愿既不是继续进行也不是可中断的睡眠时，就要通过 del_from_runqueue( )把这进程从可执行队列中撤下来。另一方面，也可以看出 TASK_INTERRUPTIBLE 与 TASK_UNINTERRUPTIBLE 两种睡眠状态之间的区别，前者在进程有信号等待处理时要将其改成 TASK_RUNNING，让其处理完这些信号再说，而后者则不受信号的影响。请注意，在 548 行与 549 行之间并无 break 语句，所以当没有信号等待处理时就落入了 default 的情形，同样要将进程从可执行队列中撤下来。反之，如果当前进程的意愿是 TASK_RUNNING，即继续进行（见 551 行），那在这里就不需要有什么特殊处理。

然后，将 prev->need_resched 恢复成 0，因为所需求的调度已经在进行。下面就要挑选一个进程来运行了（sched.c）：

[schedule( )]

```
555         /*
556          * this is the scheduler proper:
557          */
558
559     repeat_schedule:
560         /*
561          * Default process to select..
562          */
563         next = idle_task(this_cpu);
564         c = -1000;
565         if (prev->state == TASK_RUNNING)
566             goto still_running;
567
568     still_running_back:
569         list_for_each(tmp, &runqueue_head) {
570             p = list_entry(tmp, struct task_struct, run_list);
571             if (can_schedule(p, this_cpu)) {
572                 int weight = goodness(p, this_cpu, prev->active_mm);
573                 if (weight > c)
574                     c = weight, next = p;
575             }
576         }
```

在这段程序中，next 总是指向已知最佳的候选进程，c 则是这个进程的综合权值，或运行资格。挑选的过程从 idle 进程即 0 号进程开始，其权值为 -1000，这是可能的最低值，表示仅在没有其他进程可以运行时才会让它运行。然后，遍历可执行队列 runqueue 中的每个进程（在单 CPU 系统中 can_schedule( )的返回值永远为 1），也就是一般操作系统教科书中所称的"就绪"进程，为每一个这样的进程通过函数 goodness( )计算出它当前所具有的权值,然后与当前的最高值 c 相比。注意这里的条件 "weight > c",这意味着"先入为大"。也就是说,如果两个进程具有相同权值的话,那就是排在前面的进程胜出。代码中的 list_for_each 是个宏定义,定义于 include/linux/list.h:

```
144     /**
145      * list_for_each   -    iterate over a list
146      * @pos:    the &struct list_head to use as a loop counter.
147      * @head:   the head for your list.
148      */
149     #define list_for_each(pos, head) \
150         for (pos = (head)->next; pos != (head); pos = pos->next)
```

这里还有一个小插曲,就是如果当前进程的意图是继续运行,那就要先执行一下 still_running(sched.c):

[schedule( )]

```
670     still_running:
671         c = goodness(prev, this_cpu, prev->active_mm);
672         next = prev;
673         goto still_running_back;
674
```

也就是说,如果当前进程想要继续运行,那么在挑选候选进程时以当前进程此刻的权值开始。这意味着,相对于权值相同的其他进程来说,当前进程优先。

那么,进程的当前权值是怎样计算的呢?请看 goodness( )的代码(sched.c):

[schedule( ) > goodness( )]

```
123     /*
124      * This is the function that decides how desirable a process is..
125      * You can weigh different processes against each other depending
126      * on what CPU they've run on lately etc to try to handle cache
127      * and TLB miss penalties.
128      *
129      * Return values:
130      *     -1000: never select this
131      *         0: out of time, recalculate counters (but it might still be
132      *            selected)
133      *       +ve: "goodness" value (the larger, the better)
134      *     +1000: realtime process, select this.
135      */
136
137     static inline int goodness(struct task_struct * p, int this_cpu,
                                    struct mm_struct *this_mm)
138     {
```

```
139             int weight;
140
141         /*
142          * select the current process after every other
143          * runnable process, but before the idle thread.
144          * Also, dont trigger a counter recalculation.
145          */
146         weight = -1;
147         if (p->policy & SCHED_YIELD)
148             goto out;
149
150         /*
151          * Non-RT process - normal case first.
152          */
153         if (p->policy == SCHED_OTHER) {
154             /*
155              * Give the process a first-approximation goodness value
156              * according to the number of clock-ticks it has left.
157              *
158              * Don't do any other calculations if the time slice is
159              * over..
160              */
161             weight = p->counter;
162             if (!weight)
163                 goto out;
164
165 #ifdef CONFIG_SMP
166             /* Give a largish advantage to the same processor...   */
167             /* (this is equivalent to penalizing other processors) */
168             if (p->processor == this_cpu)
169                 weight += PROC_CHANGE_PENALTY;
170 #endif
171
172             /* ... and a slight advantage to the current MM */
173             if (p->mm == this_mm || !p->mm)
174                 weight += 1;
175             weight += 20 - p->nice;
176             goto out;
177         }
178
179         /*
180          * Realtime process, select the first one on the
181          * runqueue (taking priorities within processes
182          * into account).
183          */
184         weight = 1000 + p->rt_priority;
185 out:
186         return weight;
```

187   }

    首先，如果一个进程通过系统调用 sched_yield( )明确表示了"礼让"后，就将其权值定为－1。这是很低的权值，一般就绪进程的权值至少是 0。

    对于没有实时要求的进程，即调度政策为 SCHED_OTHER 的进程，其权值主要取决于两个因素。一个因素是剩下的时间配额，如果用完了则权值为 0。另一个因素是进程的优先级 nice，这是从早期 Unix 沿用下来的负向优先级，其数值表示"谦让"的程度，所以称为"nice"。其取值范围为 19～－20，以－20 为最高，只有特权用户才能把 nice 值设置成小于 0；而（20 － p->nice）则掉转了它的方向成为 1 至 40。所以，综合的权值在时间配额尚未用完时基本上是二者之和。此外，如果是个内核线程，或者其用户空间与当前进程的相同，因而无需切换用户空间，则会得到一点小"奖励"，将权值额外加 1。

    对于实时进程，即调度政策为 SCHED_FIFO 或 SCHED_RR 的进程，则另有一种正向的优先级，那就是实时优先级 rt_priority，（这里的"rt"表示"real time"），而权值为（1000 + p->rt_priority）。可见，SCHED_FIFO 和 SCHED_RR 两种有时间要求的政策赋予进程很高的权值（相对于 SCHED_OTHER），这种进程的权值至少是 1000。另一方面，rt_priotity 的值对于实时进程之间的权值比较也起着重要的作用，其数值也是在系统调用 sched_setscheduler( )中与调度政策一起设置的。从这里还可以看出：对于这两种调度实时政策，一个进程已经运行了多久，也就是时间配额 p->counter 的当前值，对权值的计算不起作用。不过，前面已经看到，对于调度政策为 SCHED_RR 的进程，当 p->counter 达到 0 时会导致将进程移到队列的尾部。实时进程的 nice 数值与其优先级无关，但是对 SCHED_RR 进程的时间配额大小有关。由于实时进程的权值有个很大的基数，当有实时进程就绪时非实时进程是没有机会运行的。

    由此可见，在 Linux 内核中对权值的计算是很简单的。事实上，在早期的 Unix 系统中实现了一套相当复杂的算法（那时还没有实时进程），后来在实践中觉得那套算法太复杂了，就不断加以简化，在调度的效率、调度的公正性以及其他指标之间反复权衡、折衷，发展成了现在这个样子。另一方面，对实时进程的调度也是 POSIX 标准的要求。不过，goodness( )这个函数并不代表 Linux 的调度算法的全部，而要与前面讲到的对 SCHED_RR 的特殊处理、对意欲继续运行的当前进程的特殊处理、以及下面要讲到的 recalculate 结合起来分析。限于篇幅，本书将专注于代码本身的逻辑及过程，而不对调度算法进行定量的分析。

    回到 schedule( )。当代码中的 while 循环结束时，变量 c 中的值有几种可能。一种可能是一个大于 0 的正数，此时 next 指向挑选出来的进程。另一种可能是 c 的值为 0，发生于就绪队列中所有进程的权值都是 0 的时候。由于除 init 进程和调用了（系统调用）sched_yield( )的进程以外，每个进程的权值最低为 0，所以只要队列中有其他就绪进程存在就不可能为负数。这里要指出，队列中所有其他进程的权值都已降到 0，说明这些进程的调度政策都是 SCHED_OTHER，因为若有政策为 SCHED_FIFO 或 SCHED_RR 的进程存在，则其权值至少也有 1000。

    继续往下看（sched.c）：

[schedule( )]

```
578        /* Do we need to re-calculate counters? */
579        if (!c)
580            goto recalculate;
```

如果当前已经选择的进程（权值最高的进程）的权值为0，那就要重新计算各个进程的时间配额。如上所述，这说明系统中当前没有就绪的实时进程。而且，这种情况已经持续了一段时间，因为否则SCHED_OTHER进程的权值便没有机会"消耗"到0。

[schedule( )]

```
658     recalculate:
659         {
660             struct task_struct *p;
661             spin_unlock_irq(&runqueue_lock);
662             read_lock(&tasklist_lock);
663             for_each_task(p)
664                 p->counter = (p->counter >> 1) + NICE_TO_TICKS(p->nice);
665             read_unlock(&tasklist_lock);
666             spin_lock_irq(&runqueue_lock);
667         }
668         goto repeat_schedule;
669
```

宏定义 for_each_task( )，读者已经在以前看到过了。这里所作的计算是将每个进程当前的时间配额 p->counter 除以2，再在上面加上由该进程的 nice 值换算过来的 tick 数量。宏操作 NICE_TO_TICKS 的定义也在前面看到过了（显然，nice 值对于非实时进程既表示优先级也决定着时间配额）。可见，所作的计算是很简单的。这里要注意，for_each_task( ) 是对所有进程的循环，而并不是仅对就绪进程队列的循环。对于不在就绪进程队列中的非实时进程，这里得到了提升其时间配额、从而提升其综合权值的机会。不过，对综合权值的这种提升是很有限的，每次重新计算都将原有的时间配额减半，再与 NICE_TO_TICKS(p->nice) 相加，这样就决定了重新计算以后的综合权值永远也不可能达到 NICE_TO_TICKS(p->nice) 的两倍。因此，即使经过很长时间的"韬光养晦"，也不能达到可与实时进程竞争的地步（综合权值至少是1000），所以只是对非实时进程之间的竞争有意义。至于实时进程，时间配额的增加并不会提升其综合权值，而且对于 SCHED_FIFO 进程则连时间配额也是没有意义的。计算完以后，程序转回标号 repeat_schedule 处重新挑选。这样，当再次完成对就绪进程队列的扫描时，变量 c 的值应该不为 0 了，此时 next 指向挑选出来的进程。

进程挑好之后，接下来要做的就是切换的事情了（sched.c）：

[schedule( )]

```
581     /*
582      * from this point on nothing can prevent us from
583      * switching to the next task, save this fact in
584      * sched_data.
585      */
586     sched_data->curr = next;
587 #ifdef CONFIG_SMP
588     next->has_cpu = 1;
589     next->processor = this_cpu;
590 #endif
```

```
591        spin_unlock_irq(&runqueue_lock);
592
593        if (prev == next)
594            goto same_process;
595
596  #ifdef CONFIG_SMP
        . . . . . .
612  #endif /* CONFIG_SMP */
613
614        kstat.context_swtch++;
615        /*
616         * there are 3 processes which are affected by a context switch:
617         *
618         * prev == .... ==> (last => next)
619         *
620         * It's the 'much more previous' 'prev' that is on next's stack,
621         * but prev is set to (the just run) 'last' process by switch_to( ).
622         * This might sound slightly confusing but makes tons of sense.
623         */
624        prepare_to_switch( );
625        {
626            struct mm_struct *mm = next->mm;
627            struct mm_struct *oldmm = prev->active_mm;
628            if (!mm) {
629                if (next->active_mm) BUG( );
630                next->active_mm = oldmm;
631                atomic_inc(&oldmm->mm_count);
632                enter_lazy_tlb(oldmm, next, this_cpu);
633            } else {
634                if (next->active_mm != mm) BUG( );
635                switch_mm(oldmm, mm, next, this_cpu);
636            }
637
638            if (!prev->mm) {
639                prev->active_mm = NULL;
640                mmdrop(oldmm);
641            }
642        }
643
644        /*
645         * This just switches the register state and the
646         * stack.
647         */
648        switch_to(prev, next, prev);
649        __schedule_tail(prev);
650
651  same_process:
652        reacquire_kernel_lock(current);
```

```
653         if (current->need_resched)
654             goto need_resched_back;
655
656     return;
657
```

这里我们跳过对 SMP 结构的条件编译部分。首先，如果挑选出来的进程 next 就是当前进程 prev，就不用切换，直接转到标号 same_process 处就返回了。这里的 reacquire_kernel_lock( )对于 i386 单 CPU 结构而言为空语句。前面已经把当前进程的 need_resched 清 0，如果现在又成了非 0 则一定是发生了中断并且情况有了变化，所以转回 tq_scheduler_back 处再调度一次。否则，如果挑选出来的进程 next 与当前进程 prev 不同，那就要切换了。对于 i386 单 CPU 结构而言，prepare_to_switch( )也是空语句，而 649 行的 __schedule_tail( )则只是将当前进程 prev 的 task_struct 结构中 policy 字段里的 SCHED_YIELD 标志位清成 0。所以实际上只剩下了两件事，其一是对用户虚存空间的处理，其二就是进程的切换 switch_to( )。

先来看对用户空间的处理，这里之所以要新开一个 scope 是因为要在堆栈中补充分配两个变量 mm 和 oldmm，前者指向"新进程"next 的 mm_struct 结构，后者则为"老进程"prev 的 active_mm。首先，如果新进程是个不具备用户空间的内核线程，那么其 active_mm 指针也必须是 0，否则就一定是出了问题。但是，内核的设计和实现实际上不允许一个进程（哪怕是内核线程）没有 active_mm，因为指向页面映射目录的指针就在这个数据结构中。所以，如果新进程没有自己的 mm_struct（因此是内核线程），就要在进入运行时向被切换出去的进程借用一个 mm_struct 结构（见 628 行和 630 行）。可是借来的 mm_struct 结构能用吗？能。因为既然没有用户空间，则所需的只是系统空间的映射，而所有进程的系统空间映射都是相同的。那么，借用的 mm_struct 结构什么时候归还呢？到下一次调度其他进程运行时，也就是说当这个内核线程被切换出去时归还，这就是 638 行至 641 行所做的事情。这里的 mmdrop( ) 只是将通过共享借用的 mm_struct 结构中的共享计数减 1，而不是真的将此结构释放，因为这个计数在减 1 以后不可能达到 0。如果新进程 next 有自己的 mm_struct 结构（因此是个进程），那么 next->actieve_mm 必须与 next->mm 相同，否则就有问题了。由于新进程有自己的用户空间，所以就要通过 switch_mm( )进行用户空间的切换。这是个 inline 函数，其代码在 include/asm_i386/mmu_context.h 中：

[schedule( ) > switch_mm( )]

```
28      static inline void switch_mm(struct mm_struct *prev,
                struct mm_struct *next, struct task_struct *tsk, unsigned cpu)
29      {
30          if (prev != next) {
31              /* stop flush ipis for the previous mm */
32              clear_bit(cpu, &prev->cpu_vm_mask);
33              /*
34               * Re-load LDT if necessary
35               */
36              if (prev->segments != next->segments)
37                  load_LDT(next);
38      #ifdef CONFIG_SMP
```

```
39              cpu_tlbstate[cpu].state = TLBSTATE_OK;
40              cpu_tlbstate[cpu].active_mm = next;
41      #endif
42              set_bit(cpu, &next->cpu_vm_mask);
43              /* Re-load page tables */
44              asm volatile("movl %0,%%cr3": :"r" (__pa(next->pgd)));
45          }
46      #ifdef CONFIG_SMP
        . . . . . .
58      #endif
59      }
```

对于单 CPU 结构而言，这里关键的语句只有一行，那就是 44 行中的汇编语句，它将新进程页面目录的起始物理地址装入到控制寄存器 CR3 中。我们在第 2 章讲过，CR3 总是指向当前进程的页面目录。至于 LDT 则仅在 VM86 模式中才使用，所以不在我们关心之列。

读者也许会问：进程本身尚未切换，而存储管理机制中的页面目录指针 CR3 却已经切换了，这样不会造成问题吗？不会的，因为这个时候 CPU 在系统空间运行，而所有进程的页面目录中与系统空间相对应的目录项都指向相同的页面表，所以，不管换上哪一个进程的页面目录都一样，受影响的只是用户空间，系统空间的映射则永远不变。

现在，到了最后要切换进程的关头了。所谓进程的切换主要是堆栈的切换，这是由宏操作 switch_to( ) 完成的，定义于 include/asm_i386/system.h 中：

[schedule( ) > switch_to( )]

```
15      #define switch_to(prev, next, last) do {                    \
16          asm volatile("pushl %%esi\n\t"                          \
17              "pushl %%edi\n\t"                                   \
18              "pushl %%ebp\n\t"                                   \
19              "movl %%esp,%0\n\t"     /* save ESP */              \
20              "movl %3,%%esp\n\t"     /* restore ESP */           \
21              "movl $1f,%1\n\t"       /* save EIP */              \
22              "pushl %4\n\t"          /* restore EIP */           \
23              "jmp __switch_to\n"                                 \
24              "1:\t"                                              \
25              "popl %%ebp\n\t"                                    \
26              "popl %%edi\n\t"                                    \
27              "popl %%esi\n\t"                                    \
28              :"=m" (prev->thread.esp),"=m" (prev->thread.eip),   \
29              "=b" (last)                                         \
30              :"m" (next->thread.esp),"m" (next->thread.eip),     \
31              "a" (prev), "d" (next),                             \
32              "b" (prev));                                        \
33      } while (0)
```

经历过前面几章中的汇编程序，读者现在对嵌入 C 程序中的汇编语句应该不陌生了。这里的输出部有三个参数，表示这段程序执行以后有三项数据会有改变。其中 %0 和 %1 都在内存中，分别为

prev->thread.esp 和 prev->thread.eip,而%2 则与寄存器 EBX 结合，对应于参数中的 last。而输入部则有 5 个参数。其中%3 和%4 在内存中，分别为 next->thread.esp 和 next->thread.eip，%5、%6 和%7 分别与寄存器 EAX、EDX 以及 EBX 结合，分别对应于 prev、next 和 prev。

这一段程序虽然只有寥寥数行，却很有奥妙。先来看开头的三条 push 指令和结尾处的三条 pop 指令。看起来好像是很一般，其实却暗藏玄机。且看第 19 行和 20 行。第 19 行将当前的 ESP，也就是当前进程 prev 的系统空间堆栈指针存入 prev->thread.esp，第 20 行又将新受到调度要进入运行的进程 next 的系统空间堆栈指针 next->thread.esp 置入 ESP。这样一来，CPU 在第 20 行与 21 行这两条指令之间就已经切换了堆栈。假定我们有 A、B 两个进程，在本次切换中 prev 指向 A，而 next 指向 B。也就是说，在本次切换中 A 为要"调离"的进程，而 B 为要"切入"的进程。那么，在这里的第 16 至 20 行是在使用 A 的堆栈，而从第 21 行开始就是在用 B 的堆栈了。换言之，从第 21 行开始，"当前进程"已经是 B 而不是 A 了。我们以前讲过，在内核代码中当需要访问当前进程的 task_struct 结构时使用的指针 current 实际上是宏定义，它根据当前的堆栈指针 ESP 计算出所需的地址。如果第 21 行处引用 current 的话，那就已经指向 B 的 task_struct 结构了。从这个意义上说，进程的切换在第 20 行的指令执行完就已经完成了。但是，构成一个进程的另一个要素是程序的执行，这方面的切换显然尚未完成。那么，为什么在第 16 至 18 行 push 进 A 的堆栈，而在第 25 行至 27 行却从 B 的堆栈 POP 回来呢？这就是奥妙所在了。其实，第 25 行至 27 行是在恢复新切入的进程在上一次被调离时 push 进堆栈的内容。

那么，程序执行的切换，具体又是怎样实现的呢？让我们来看第 21 行至 24 行。第 21 行将标号"1"所在的地址，实际上就是第 25 行的 pop 指令所在的地址保存在 prev->thread.eip 中，作为进程 A 下一次被调度运行而切入时的"返回"地址。然后，又将 next->thread.eip 压入堆栈。所以，这里的 next->thread.eip 正是进程 B 上一次被调离时在第 21 行中保存的。它也指向这里的标号"1"，即 25 行的 pop 指令。接着，在 23 行通过 jmp 指令，而不是 call 指令，转入了一个函数 __switch_to( )。且不说在__switch_to( )中干了些什么，当 CPU 执行到那里的 ret 指令时，由于是通过 jmp 指令转过去的，最后进入堆栈的 next->thread.eip 就变成了返回地址，而这就是标号"1"所在的地址，也就是 25 行的 pop 指令所在的地址。由于每个进程在被调离时都要执行这里的第 21 行，这就决定了每个进程在受到调度恢复运行时都是从这里的第 25 行开始。但是有一个例外，那就是新创建的进程。新创建的进程并没有在"上一次调离时"执行过这里的第 16 至 21 行，所以一来要将其 task_struct 结构中的 thread.eip 事先设置好，二来所设置的"返回地址"也未必是这里的标号"1"所在，这取决于其系统空间堆栈的设置。事实上，读者在 fork( )一节中已经看到，这个地址在 copy_thread( )中（见 arch/i386/kernel/process.c）设置为 ret_from_fork，其代码在 entry.S 中：

```
179     ENTRY(ret_from_fork)
180         pushl %ebx
181         call SYMBOL_NAME(schedule_tail)
182         addl $4, %esp
183         GET_CURRENT(%ebx)
184         testb $0x02,tsk_ptrace(%ebx)    # PT_TRACESYS
185         jne tracesys_exit
186         jmp ret_from_sys_call
```

也就是说，对于新创建的进程，在调用 schedule_tail( )以后就直接转到 ret_from_sys_call，"返回"到用户空间去了。将前面情景中子进程被创建以后第一次切入时的系统空间堆栈和父进程创建了子进程以后被调度从系统调用 fork( )返回而切入时的（系统空间）堆栈作一比较，就可以看得更清楚了，图 4.5 是一幅示意图。

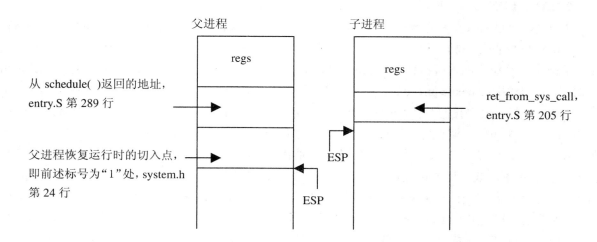

图 4.5 系统调用返回时父子进程系统堆栈对照图

在堆栈空间的顶部，或者说堆栈的"底部"，是父进程因 fork( )系统调用而进入系统空间时保存的返回"现场"，包括 CPU 在穿越陷阱门时自动保存在系统空间堆栈中的内容以及通过 entry.S 中的 SAVE_ALL 保存的寄存器内容，合在一起形成一个数据结构 regs。这一部分被原封不动地复制到了子进程的堆栈中，但其中用来返回函数值的 EAX 被设成 0，而指向用户空间堆栈的指针 ESP 也作了相应的修改（见 copy_thread( )）。

父进程在 fork( )子进程以后，并不立即主动调用 schedule( )，而只是将其 task_struct 结构中的 need_resched 标志设成了 1，然后就从 do_fork( )和 sys_fork( )中返回。经过 entry.S 中的 ret_from_sys_call 到达 ret_with_reschedule 时，如果其 task_struct 结构中的 need_resched 为 0，那就直接返回了，这时其堆栈指针已经指向了 regs，所以 RESTORE_ALL 就使进程回到用户空间（参看第 3 章）。可是，现在 need_resched 已经是 1，就要调用 schedule( )进行调度，所以其堆栈指针又回过头来向下伸展。如果调度的结果是继续运行，那就马上会从 schedule( )返回，就像什么事也没发生过一样。而如果调度了另一个进程运行，那么其系统空间堆栈就变成了图 4.5 中的样子。处于堆栈"顶部"的是进程在下一次被调度运行时的切入点，那就是在前面 switch_to( )的代码中 21 行设置的。注意，switch_to( )是一个宏操作而并不是一个函数，所以堆栈中并没有从 switch_to( )返回的地址。将来，当父进程被调度恢复运行时，在 switch_to( )的 20 行恢复了其堆栈指针，然后在__switch_to( )中执行 ret 指令时就"返回"到了 25 行，所以其堆栈中的这一项也可以看成是"从__switch_to( )返回的地址"。父进程最后返回到了 entry.S 中的 289 行，紧接着就会跳转到 ret_from_sys_call。相比之下，子进程的这个"返回地址"被设置成 ret_from_sys_call，所以在__switch_to( )一执行 ret 指令就直接回到了那里，抄了一小段近路。

最后，在__switch_to( )中到底干了些什么呢？看 arch/i386/kernel/process.c 中的相关代码：

[schedule( ) > switch_to( ) > __switch_to( )]

```
604     /*
605      * switch_to(x,yn) should switch tasks from x to y.
606      *
```

```
 * We fsave/fwait so that an exception goes off at the right time
 * (as a call from the fsave or fwait in effect) rather than to
 * the wrong process. Lazy FP saving no longer makes any sense
 * with modern CPU's, and this simplifies a lot of things (SMP
 * and UP become the same).
 *
 * NOTE! We used to use the x86 hardware context switching. The
 * reason for not using it any more becomes apparent when you
 * try to recover gracefully from saved state that is no longer
 * valid (stale segment register values in particular). With the
 * hardware task-switch, there is no way to fix up bad state in
 * a reasonable manner.
 *
 * The fact that Intel documents the hardware task-switching to
 * be slow is a fairly red herring - this code is not noticeably
 * faster. However, there _is_ some room for improvement here,
 * so the performance issues may eventually be a valid point.
 * More important, however, is the fact that this allows us much
 * more flexibility.
 */
void __switch_to(struct task_struct *prev_p, struct task_struct *next_p)
{
    struct thread_struct *prev = &prev_p->thread,
                 *next = &next_p->thread;
    struct tss_struct *tss = init_tss + smp_processor_id();

    unlazy_fpu(prev_p);

    /*
     * Reload esp0, LDT and the page table pointer:
     */
    tss->esp0 = next->esp0;

    /*
     * Save away %fs and %gs. No need to save %es and %ds, as
     * those are always kernel segments while inside the kernel.
     */
    asm volatile("movl %%fs,%0":"=m" (*(int *)&prev->fs));
    asm volatile("movl %%gs,%0":"=m" (*(int *)&prev->gs));

    /*
     * Restore %fs and %gs.
     */
    loadsegment(fs, next->fs);
    loadsegment(gs, next->gs);

    /*
     * Now maybe reload the debug registers
```

```
655             */
656             if (next->debugreg[7]){
657                 loaddebug(next, 0);
658                 loaddebug(next, 1);
659                 loaddebug(next, 2);
660                 loaddebug(next, 3);
661                 /* no 4 and 5 */
662                 loaddebug(next, 6);
663                 loaddebug(next, 7);
664             }
665
666             if (prev->ioperm || next->ioperm) {
667                 if (next->ioperm) {
668                     /*
669                      * 4 cachelines copy ... not good, but not that
670                      * bad either. Anyone got something better?
671                      * This only affects processes which use ioperm().
672                      * [Putting the TSSs into 4k-tlb mapped regions
673                      * and playing VM tricks to switch the IO bitmap
674                      * is not really acceptable.]
675                      */
676                     memcpy(tss->io_bitmap, next->io_bitmap,
677                         IO_BITMAP_SIZE*sizeof(unsigned long));
678                     tss->bitmap = IO_BITMAP_OFFSET;
679                 } else
680                     /*
681                      * a bitmap offset pointing outside of the TSS limit
682                      * causes a nicely controllable SIGSEGV if a process
683                      * tries to use a port IO instruction. The first
684                      * sys_ioperm() call sets up the bitmap properly.
685                      */
686                     tss->bitmap = INVALID_IO_BITMAP_OFFSET;
687             }
688         }
```

　　这里处理的主要是 TSS，其核心就是第 638 行，将 TSS 中的内核空间（0 级）堆栈指针换成 next->esp0。这是因为 CPU 在穿越中断门或陷阱门时要根据新的运行级别从 TSS 中取得进程在系统空间的堆栈指针（详见第 3 章）。其次，段寄存器 fs 和 gs 的内容也随后作了相应的切换。至于 CPU 中为 debug 而设的一些寄存器，以及说明进程 I/O 操作权限的位图（见第 3 章），那就不是我们在这里所关心的了。

　　我们在第 3 章中提到过，Intel 的原意是让操作系统为每个进程都设置一个 TSS，通过切换 TSS 指针、也就是寄存器 TR 的内容，由 CPU 的硬件来实现进程（任务）的切换。表面上看这是很有吸引力的，但是实际上却未必合适。这里，代码的作者加了一段注释，说 Linux 曾经用过由硬件实现的切换，但后来不用了。注释中说了三个原因，其中第一个原因语焉不详。但是，第二个原因是很有趣的，那就是目前的这种软件实现甚至比硬件实现可以更快。至于第三个原因，即灵活性，那倒是不言而喻的。

　　总之，除刚创建的新进程外，所有进程在受到调度时的切入点都是在 switch_to( )（其实是在

schedule( )中,因为 switch_to( )是个宏操作)中的标号"1",一直运行到下一次进入 switch_to( )以后在 __switch_to( )中执行 ret 为止。或者也可以认为,切入点在 switch_to( )中的 25 行,一直运行到在下一次进入 switch_to( )后的 23 行。总之,这新、旧当前进程的交接点就在 switch_to( )这段代码中。

那么,既然都是在同一点上交接,并且从此以后一直到返回用户空间这一段路程又是共同的,不同进程的不同"上下文"又是怎样体现的呢?这不同就在于系统空间堆栈中的内容。不同进程进入系统空间时的运行现场不同,返回地址不同,用户空间堆栈指针不同,一旦回到用户空间就回到了各自的路线上,各奔前程了。

最后,让我们回到在系统调用 exit( )中通过 schedule( )自愿让出运行的情景(图 4.6)。由于对 schedule( )的调用是在 do_exit( )中作出的,在交接时这个进程的系统空间堆栈如图 4.6 所示。

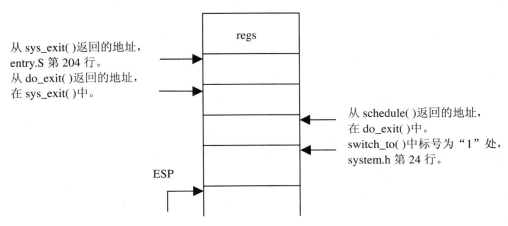

图 4.6 进程切换时系统空间堆栈示意图

从图中可以看出,如果(假定)这个进程像其他进程一样会被调度继续运行的话,它就会循下列的路线返回到用户空间:

(1) 从 switch_to( )中的标号"1"处恢复运行。由于 switch_to( )是宏操作而不是函数,所以这实际上是在 schedule( )中。
(2) 从 schedule( )返回到 do_exit( )中。
(3) 从 do_exit( )返回到 sys_exit( )中。
(4) 从 sys_exit( )返回到 entry.s 中的 system_call 处,即代码中的 204 行。
(5) 通过宏操作 RESTORE_ALL 回到用户空间。

此处所讲的返回路线与前面讲的系统调用 fork( )中的父进程作一比较,可发现,进程主动交出运行时的系统空间堆栈以及返回路线与被动地被剥夺运行时有所不同。前者取决于进程在何处调用 schedule( ),而后者则一定是在 entry.S 中的 reschedule 处。

可是,在 exit( )这个情景中,由于在调用 schedule( )之前已经把进程的状态改成 TASK_ZOMBIE,所以不会再被调度运行了。

4.7 强制性调度

Linux 内核中进程的强制性调度,也就是非自愿的、被动的、剥夺式的调度,主要是由时间引起的。

前面讲过，这种调度发生在进程从系统空间返回到用户空间的前夕。当然，并非每次从系统空间返回到用户空间时都会发生此类调度。从第 3 章中以及前节引自 entry.S 的代码片段 ret_with_reschedule 可以看出，此时是否真的调用 schedule( )，最终还要取决于当前进程 task_struct 结构中的 need_resched 是否为 1（非 0）。因此，问题就归结为当前进程的 need_resched 是在什么情况下才置成 1 的。在目前版本的内核中，在单 CPU 的条件下，主要有如下几种情况：

- 在时钟中断的服务程序中，发现当前进程（连续）运行的时间过长。
- 当唤醒一个睡眠中的进程时，发现被唤醒的进程比当前进程更有资格运行。
- 一个进程通过系统调用改变调度政策或礼让。这种情况实际上应该被视为主动的、自愿的调度，因此这样的系统调用会引起立即调度。

先看第一种情况。在前一节，读者已看到，调度时要为可执行进程队列（就绪进程队列）中的每个进程都计算出一个当时的权值。对于一般交互式的应用，其数值主要取决于进程剩下的时间配额，即 task_struct 结构中的一个计数器 counter 的当前值。对于有实时要求的进程，也就是调度政策为 SCHED_RR 或 SCHED_FIFO 的进程，则运行资格与此无关，并且都有非常高的权值。当队列中所有的进程均为交互式进程，即调度政策为 SCHED_OTHER 的进程，并且所有这些进程都用完了时间配额时，就要重新计算并设置每个进程的时间配额，其数值主要取决于为各个进程设定的优先级别。在运行中，则每当发生时钟中断时都要递减当前进程的时间配额，使当前进程的运行资格逐渐降低，当计数器的值降至 0 时，就要强制进行一次调度，剥夺当前进程的运行。

在第 3 章的"时钟中断"一节中，读者已经看到，在时钟中断服务程序 do_timer_interrupt( )中要调用一个函数 do_timer( )，并已浏览过这个函数的代码。在这个函数中，对于单 CPU 结构（在 SMP 结构中各个 CPU 使用本地的定时器，称为 APIC 定时器）要调用另一个函数 update_process_times( )来调整当前进程与时间有关的一些运行参数，其代码在 kernel/sched.c 中：

[do_timer_interrupt( ) > do_timer( ) > update_process_times( )]

```
575     /*
576      * Called from the timer interrupt handler to charge one tick to the current
577      * process.  user_tick is 1 if the tick is user time, 0 for system.
578      */
579     void update_process_times(int user_tick)
580     {
581         struct task_struct *p = current;
582         int cpu = smp_processor_id( ), system = user_tick ^ 1;
583
584         update_one_process(p, user_tick, system, cpu);
585         if (p->pid) {
586             if (--p->counter <= 0) {
587                 p->counter = 0;
588                 p->need_resched = 1;
589             }
590             if (p->nice > 0)
591                 kstat.per_cpu_nice[cpu] += user_tick;
592             else
593                 kstat.per_cpu_user[cpu] += user_tick;
594             kstat.per_cpu_system[cpu] += system;
```

```
595        } else if (local_bh_count(cpu) || local_irq_count(cpu) > 1)
596            kstat.per_cpu_system[cpu] += system;
597    }
```

只要不是 0 号进程，就从当前进程的计数器中减 1。当计数降到 0 时，就将 task_struct 结构中的 need_resched 置成 1。至于函数中其他的操作，包括 update_one_process( )，只是与统计信息有关，我们在这里并不关心，读者可以自己阅读。

再看第二种情况。在内核中，当要唤醒一个睡眠中的进程时，可以调用一个函数 wake_up_process( )。这个函数的代码也在 kernel/sched.c 中：

```
321    /*
322     * Wake up a process. Put it on the run-queue if it's not
323     * already there.  The "current" process is always on the
324     * run-queue (except when the actual re-schedule is in
325     * progress), and as such you're allowed to do the simpler
326     * "current->state = TASK_RUNNING" to mark yourself runnable
327     * without the overhead of this.
328     */
329    inline void wake_up_process(struct task_struct * p)
330    {
331        unsigned long flags;
332
333        /*
334         * We want the common case fall through straight, thus the goto.
335         */
336        spin_lock_irqsave(&runqueue_lock, flags);
337        p->state = TASK_RUNNING;
338        if (task_on_runqueue(p))
339            goto out;
340        add_to_runqueue(p);
341        reschedule_idle(p);
342    out:
343        spin_unlock_irqrestore(&runqueue_lock, flags);
344    }
```

可见，所谓"唤醒"，就是把进程的状态设置成 TASK_RUNNING，并将该进程挂入 runqueue（即可执行进程队列），然后便调用函数 reschedule_idle( )。对于单 CPU 结构来说，这个函数很简单：

[wake_up_process( ) > reschedule_idle( )]
```
198    /*
199     * This is ugly, but reschedule_idle( ) is very timing-critical.
200     * We are called with the runqueue spinlock held and we must
201     * not claim the tasklist_lock.
202     */
203    static FASTCALL(void reschedule_idle(struct task_struct * p));
204
```

```
205     static void reschedule_idle(struct task_struct * p)
206     {
207     #ifdef CONFIG_SMP
        ......
286     #else /* UP */
287         int this_cpu = smp_processor_id();
288         struct task_struct *tsk;
289
290         tsk = cpu_curr(this_cpu);
291         if (preemption_goodness(tsk, p, this_cpu) > 1)
292             tsk->need_resched = 1;
293     #endif
294     }
```

其目的是将所唤醒的进程与当前进程之间作一比较。如果所唤醒的进程运行资格更高就将当前进程的 need_resched 标志设置成 1。函数 preemption_goodness( ) 计算两个进程综合权值的差，其代码也是在 sched.c 中定义的：

[wake_up_process( ) > reschedule_idle( ) > preemption_goodness( )]

```
189     /*
190      * the 'goodness value' of replacing a process on a given CPU.
191      * positive value means 'replace', zero or negative means 'dont'.
192      */
193     static inline int preemption_goodness(struct task_struct * prev,
                            struct task_struct * p, int cpu)
194     {
195         return goodness(p, cpu, prev->active_mm) -
                        goodness(prev, cpu, prev->active_mm);
196     }
```

读者也许注意到了，在 reschedule_idle( ) 中的当前进程指针并不是通过宏操作 current 而是通过另一个宏操作 cpu_curr 得到的。这两者有什么区别呢？先来看看 cpu_curr 的定义，那也是在 sched.c 中定义的：

```
103     #define cpu_curr(cpu) aligned_data[(cpu)].schedule_data.curr
```

不知读者是否记得，这是在 schedule( ) 中挑选了要进入运行但尚未切换之前设置的，（见 sched.c，586 行）。所以，在大部分时间中这是与 current 一致的，但是在完成切换之前的一小段时间里，这个进程并不是真正的当前进程。可是，将刚唤醒的进程与这个进程相比显然更准确，因为当 CPU 要从系统空间返回到用户空间时，这个进程已经"在位"了。

第三种情况，实际上应该被视为自愿的让出。但是，从内核代码的形式上看，也是通过相同的办法，将当前进程的 need_resched 标志置为 1，使得在进程返回用户空间前夕发生调度，所以也放在这一节中。此类系统调用有两个，一个是 sched_setscheduler( )，另一个是 sched_yield( )。系统调用 sched_setscheduler( ) 的作用是改变进程的调度政策。用户登录到系统后，第一个进程的适用调度政策为

SCHED_OTHER，也就是默认为无实时要求的交互式应用。在通过 fork( )创建新进程时则将此进程适用的调度政策遗传给了子进程。但是，用户可以通过系统调用 sched_setscheduler( )改变其适用调度政策。内核代码中对此系统调用的实现 sys_sched_setscheduler( )在 kernel/sched.c 中：

```
957     asmlinkage long sys_sched_setscheduler(pid_t pid, int policy,
958                     struct sched_param *param)
959     {
960         return setscheduler(pid, policy, param);
961     }
962
963     asmlinkage long sys_sched_setparam(pid_t pid, struct sched_param *param)
964     {
965         return setscheduler(pid, -1, param);
966     }

887     static int setscheduler(pid_t pid, int policy,
888                     struct sched_param *param)
889     {
890         struct sched_param lp;
891         struct task_struct *p;
892         int retval;
893
894         retval = -EINVAL;
895         if (!param || pid < 0)
896             goto out_nounlock;
897
898         retval = -EFAULT;
899         if (copy_from_user(&lp, param, sizeof(struct sched_param)))
900             goto out_nounlock;
901
902         /*
903          * We play safe to avoid deadlocks.
904          */
905         read_lock_irq(&tasklist_lock);
906         spin_lock(&runqueue_lock);
907
908         p = find_process_by_pid(pid);
909
910         retval = -ESRCH;
911         if (!p)
912             goto out_unlock;
913
914         if (policy < 0)
915             policy = p->policy;
916         else {
917             retval = -EINVAL;
918             if (policy != SCHED_FIFO && policy != SCHED_RR &&
```

```
919                    policy != SCHED_OTHER)
920                goto out_unlock;
921        }
922
923        /*
924         * Valid priorities for SCHED_FIFO and SCHED_RR are 1..99, valid
925         * priority for SCHED_OTHER is 0.
926         */
927        retval = -EINVAL;
928        if (lp.sched_priority < 0 || lp.sched_priority > 99)
929            goto out_unlock;
930        if ((policy == SCHED_OTHER) != (lp.sched_priority == 0))
931            goto out_unlock;
932
933        retval = -EPERM;
934        if ((policy == SCHED_FIFO || policy == SCHED_RR) &&
935            !capable(CAP_SYS_NICE))
936            goto out_unlock;
937        if ((current->euid != p->euid) && (current->euid != p->uid) &&
938            !capable(CAP_SYS_NICE))
939            goto out_unlock;
940
941        retval = 0;
942        p->policy = policy;
943        p->rt_priority = lp.sched_priority;
944        if (task_on_runqueue(p))
945            move_first_runqueue(p);
946
947        current->need_resched = 1;
948
949    out_unlock:
950        spin_unlock(&runqueue_lock);
951        read_unlock_irq(&tasklist_lock);
952
953    out_nounlock:
954        return retval;
955    }
```

从代码中可以看出，Linux 内核有三种不同的调度政策，即 SCHED_FIFO、SCHED_RR 以及 SCHED_OTHER。每个进程都必然采取其中之一（见 918 行）。除调度政策外还有一些参数，一个进程的调度政策与调度参数结合在一起就决定了它受内核调度的种种特性。

这里的 capable( ) 是个 inline 函数，它检查 current->cap_effective，看某个标志位是否为 1，也就是进程是否允许进行某种特定的操作。文件 include/inux/capability.h 中定义了所有的标志位。函数 move_first_runqueue( ) 将进程从可执行进程队列的当前位置移到队列的前部（如果该进程在可执行进程队列中的话），使其在调度时（相对于具有相同运行资格的进程）处于较为有利的地位。最后将当前进程的 need_resched 设成 1，强制发生一次调度。

另一个系统调用 sched_yield( ) 使运行中的进程可以为其他进程"让路",但并不进入睡眠。内核中的实现 sys_sched_yield( ) 也在 sched.c 中:

```
1019    asmlinkage long sys_sched_yield(void)
1020    {
1021        /*
1022         * Trick. sched_yield( ) first counts the number of truly
1023         * 'pending' runnable processes, then returns if it's
1024         * only the current processes. (This test does not have
1025         * to be atomic.) In threaded applications this optimization
1026         * gets triggered quite often.
1027         */
1028
1029        int nr_pending = nr_running;
1030
1031    #if CONFIG_SMP
1032        int i;
1033
1034        // Substract non-idle processes running on other CPUs.
1035        for (i = 0; i < smp_num_cpus; i++)
1036            if (aligned_data[i].schedule_data.curr != idle_task(i))
1037                nr_pending--;
1038    #else
1039        // on UP this process is on the runqueue as well
1040        nr_pending--;
1041    #endif
1042        if (nr_pending) {
1043            /*
1044             * This process can only be rescheduled by us,
1045             * so this is safe without any locking.
1046             */
1047            if (current->policy == SCHED_OTHER)
1048                current->policy |= SCHED_YIELD;
1049            current->need_resched = 1;
1050        }
1051        return 0;
1052    }
```

与改变调度政策或参数时不同的是,这里并不改变当前进程在可执行进程队列中的位置。不言而喻,"礼让"只有在系统中还有其他就绪进程存在的情况下才有意义,所以这里先要检查 nr_pending,即正在等待运行的进程数量。代码中将 current->policy 中的 SCHED_YIELD 标志置为 1,这个标志位在紧接着的调度中就清成 0。有关的代码在 __schedule_tail ( ) 中,这是在 schedule( ) 中通过 switch_to( ) 切换进程以后调用的。

与主动调度相比,通过将当前进程的 need_resched 标志置 1 以强制进行的调度有一个重要的不同,那就是从发现有调度的必要到调度真正发生有个延迟,叫做"调度延迟(dispatch latency)"。在前列的三种条件中,第三种(改变调度政策或礼让)对时间并不敏感。第一种虽是由时间引起,但实际上也并无实时的要求。而第二种，就是当唤醒一个进程并发现该进程的权值比当前进程更高，也就是更为紧急时，这就有时间要求了。

唤醒一个睡眠中的进程有两种来源。一种是进程间通信，例如一个进程向另一个进程发送了一个信号，读者已经在系统调用 exit( ) 一节中看到过。进程间通信当然不局限于信号发送，其他的例子如以后读者在"进程间通信"中会看到的通过管道、报文队列以及 socket 等手段进行的通信。典型的情景就是在 client/server 方式的应用中。一个进程在睡眠中等待来自其他进程的服务请求，而当其他进程通过某种手段向其发送一个请求时就要将其从睡眠中唤醒。而第二种来源则通常更为紧急，那就是某个事件的发生引起了一次中断，在中断服务程序中或 bh 函数中由于该事件的发生而要将某个进程（或若干个进程）唤醒，使其可以在用户空间对事件作进一步的处理。这种情况往往有更高的时间要求。这里有两个问题，第一是当调度发生时被唤醒的进程是否一定会被挑选上。这一点由于 SCHED_FIFO 和 SCHED_RR 两种调度政策的设立和优先级的使用而有了保证。第二就是到底什么时候（多少微秒之内）会发生调度，这一点在目前的 linux 内核中是没有保证的，而只能从统计的、平均的角度看是否能满足条件。

4.8 系统调用 nanosleep( ) 和 pause( )

出于种种原因，运行中的进程常常需要主动进入睡眠状态，并发起一次调度让出 CPU。这一定要通过系统调用，或者在系统调用内部才能做到。注意，前一节中讲到的系统调用 sched_yield( ) 与此有所不同，那只是让内核进行一次调度，而当前进程继续保持可运行状况。而这里所说的是，当前进程进入睡眠，也就是将进程的状态变成 TASK_INTERRUPTIBLE 或 TASK_UNINTERRUPTIBLE，并从可执行队列中脱钩，调度的结果一定是其他进程得以运行。并且，进程一旦进入睡眠状态，就需要经过唤醒才能将状态恢复成 TASK_RUNNING，并回到可执行队列中。

这种主动在一段时间内放弃运行、让出 CPU 的行动可以分成两种。一种是隐含的，不确定的，就是说暂时让出 CPU 的可能性隐含在其他行为之中。此时让出 CPU 本身并不是目的，而只是在真正的目的一时不能达到，必须等待时才出于公德心，把 CPU 暂时让出来。这样的例子有 read( )、write( )、open( )、send( )、recvfrom( ) 等等，几乎所有与外设有关的系统调用都有可能在执行的过程中受阻而进入睡眠、让出 CPU。另一种是明确的，目的就在进入睡眠状态。这样的系统调用主要有两个，一个是 nanosleep( )，另一个是 pause( )。

系统调用 nanosleep( ) 使当前进程进入睡眠状态，但是在指定的时间以后由内核将该进程唤醒，所以常常用来实现周期性的应用。程序员们常常使用的 sleep( ) 是个库函数，实际上是通过系统调用 nanosleep( ) 来实现的。

系统调用 pause( ) 也使当前进程进入睡眠，可是与时间无关，要到接收到一个信号时才被唤醒，所以常常用来协调若干进程的运行。读者在前几节中看到的系统调用 wait4( )，类似的还有 wait3( )，实际上可以看作是 pause( ) 的一种特例，因为它要在接收到特定的信号 SIGCHLD 并且满足若干特殊条件时才被唤醒。

还有一种特殊情况，当前进程接收到了信号 SIGSTOP，然后在当前进程从系统空间返回到用户空间之前（不管是因为系统调用、中断或是异常），就会在 do_signal( ) 中调用 schedule( )，进程状态变成 TASK_STOPPED，并从可执行队列中脱钩，一直要到收到一个 SIGCONT 信号时才能恢复到可运行状态。这种情况实际上是强制性的，但由于在形式上当前进程在 do_signal( ) 的过程中"主动"调用

schedule( )，所以没有把它放在强制性调度一节中，我们在讲进程间通信时还要讲到这个话题。

这一节中我们集中介绍nanosleep( )和pause( )两个系统调用。

系统调用nanosleep( )在内核中的实现为sys_nanosleep( )，其代码在kernel/sched.c中：

```
797   asmlinkage long sys_nanosleep(struct timespec *rqtp, struct timespec *rmtp)
798   {
799       struct timespec t;
800       unsigned long expire;
801
802       if(copy_from_user(&t, rqtp, sizeof(struct timespec)))
803           return -EFAULT;
804
805       if (t.tv_nsec >= 1000000000L || t.tv_nsec < 0 || t.tv_sec < 0)
806           return -EINVAL;
807
808
809       if (t.tv_sec == 0 && t.tv_nsec <= 2000000L &&
810           current->policy != SCHED_OTHER)
811       {
812           /*
813            * Short delay requests up to 2 ms will be handled with
814            * high precision by a busy wait for all real-time processes.
815            *
816            * Its important on SMP not to do this holding locks.
817            */
818           udelay((t.tv_nsec + 999) / 1000);
819           return 0;
820       }
821
822       expire = timespec_to_jiffies(&t) + (t.tv_sec || t.tv_nsec);
823
824       current->state = TASK_INTERRUPTIBLE;
825       expire = schedule_timeout(expire);
826
827       if (expire) {
828           if (rmtp) {
829               jiffies_to_timespec(expire, &t);
830               if (copy_to_user(rmtp, &t, sizeof(struct timespec)))
831                   return -EFAULT;
832           }
833           return -EINTR;
834       }
835       return 0;
836   }
```

库函数 sleep( )的参数是以秒为单位的整数，而nanosleep( )的参数则为两个timespec结构指针。第一个指针rqtp，指向给定所需睡眠时间的数据结构；第二个指针rmtp，则指向返回剩余睡眠时间的数据结构。这是因为睡眠中的进程有可能因接收到信号而提前被唤醒,这时候函数返回-1并在 rmtp 所指的数据结构中返回剩余的时间(如果 rmtp 不是 NULL),然后进程可以决定是否再次睡眠把时间用光。

数据结构 timespec 的定义在 include/linux/time.h 中:

```
9       struct timespec {
10          time_t  tv_sec;     /* seconds */
11          long    tv_nsec;    /* nanoseconds */
12      };
```

这里的 tv_sec,单位为秒,而 tv_nsec 为毫微秒,也就是 10^{-9} 秒。当然,这并不表示睡眠时间的精度可以达到毫微秒的量级。以前讲过,在典型的内核配置中时钟中断的频率 Hz 为 100(见 include/asm-i386/param.h),也就是说时钟中断的周期为 10 毫秒。这意味着,如果进程进入睡眠而循正常途径由时钟中断服务程序来唤醒的话,那就只能达到 10 毫秒的精度。正因为这样,才有 809~821 行的特殊处理,那就是如果要求睡眠的时间小于 2 毫秒,而要求睡眠的进程又是个有实时要求的进程(其调度政策为 SCHED_FIFO 或 SCHED_RR),那就不能真的让这个进程进入睡眠,因为那样有可能要到 10 毫秒以后才能将其唤醒,对于实时应用的进程来说这是不能接受的。所以,在这样的情况下能提供的只是延迟而不是睡眠。这里由一个宏操作 udelay( ) 通过计数来实现延迟,其定义在 include/asm-i386/delay.h 中:

```
16      #define udelay(n) (__builtin_constant_p(n) ? \
17          ((n) > 20000 ? __bad_udelay( ) : __const_udelay((n) * 0x10c6ul)) : \
18          __udelay(n))
```

除若干预定的常数以外,都是通过函数 __udelay( ) 完成延迟,其代码在 arch/i386/lib/delay.c 中。我们把涉及的各个函数逐层列在下面,供读者阅读:

[sys_nanosleep( ) > udelay( ) > __udelay( )]

```
76      void __udelay(unsigned long usecs)
77      {
78          __const_udelay(usecs * 0x000010c6);   /* 2**32 / 1000000 */
79      }
```

[sys_nanosleep( ) > udelay( ) > __udelay( ) > __const_udelay( )]

```
67      inline void __const_udelay(unsigned long xloops)
68      {
69          int d0;
70          __asm__("mull %0"
71              :"=d" (xloops), "=&a" (d0)
72              :"1" (xloops),"0" (current_cpu_data.loops_per_jiffy));
73          __delay(xloops * HZ);
74      }
```

常量 current_cpu_data.loops_per_sec 的数值取决于具体的 CPU，系统初始化时由内核根据采集的数据确定，并保存在数据结构 current_cpu_data 中：

[sys_nanosleep( ) > udelay( ) > __udelay( ) > __const_udelay( ) > __delay( )]

```
59      void __delay(unsigned long loops)
60      {
61          if(x86_udelay_tsc)
62              __rdtsc_delay(loops);
63          else
64              __loop_delay(loops);
65      }
```

如果 CPU 支持基于硬件的延迟，那么就通过__rdtsc_delay( )完成所需的延迟，否则由软件通过计数实现。

[sys_nanosleep( ) > udelay( ) > __udelay( ) > __const_udelay( ) > __delay( ) > __loop_delay( )]

```
42      /*
43       * Non TSC based delay loop for 386, 486, MediaGX
44       */
45
46      static void __loop_delay(unsigned long loops)
47      {
48          int d0;
49          __asm__ __volatile__(
50              "\tjmp 1f\n"
51              ".align 16\n"
52              "1:\tjmp 2f\n"
53              ".align 16\n"
54              "2:\tdecl %0\n\tjns 2b"
55              :"=&a" (d0)
56              :"0" (loops));
57      }
```

读者对于嵌入C代码的汇编语句已经不陌生了，所以这里不再解释。从这段代码中可以看出，udelay( )是通过计数循环来达到延迟的。也就是说，这种情况下当前进程并不真的进入睡眠，并不让出CPU，而只是通过循环来消磨掉一些时间。这当然不是个好办法，但对于有实时要求的进程也只好不得已而为之。再说，即使对于有实时要求的进程，只要延迟的时间超过2毫秒，也不用通过这种办法来实现。可是，为什么会有这么短的延迟要求呢？这一般是与外设操作相联系的，有些外设要求连续两次操作之间的时间间隔不得小于某个特定值，所以就有了这么短的延迟要求。

回到 sys_nanosleep( )的代码中。对于正常的睡眠要求，先调用 timespec_to_jiffies( )，将数据结构 t 中的数值换算成时钟中断的次数，换算的方法在 time.h 中，我们把它留给读者自己阅读(time.h)：

[sys_nanosleep( ) > timespec_to_jiffies( )]

```
17   /*
18    * Change timeval to jiffies, trying to avoid the
19    * most obvious overflows..
20    *
21    * And some not so obvious.
22    *
23    * Note that we don't want to return MAX_LONG, because
24    * for various timeout reasons we often end up having
25    * to wait "jiffies+1" in order to guarantee that we wait
26    * at _least_ "jiffies" - so "jiffies+1" had better still
27    * be positive.
28    */
29   #define MAX_JIFFY_OFFSET ((~0UL >> 1)-1)
30
31   static __inline__ unsigned long
32   timespec_to_jiffies(struct timespec *value)
33   {
34       unsigned long sec = value->tv_sec;
35       long nsec = value->tv_nsec;
36
37       if (sec >= (MAX_JIFFY_OFFSET / HZ))
38           return MAX_JIFFY_OFFSET;
39       nsec += 1000000000L / HZ - 1;
40       nsec /= 1000000000L / HZ;
41       return HZ * sec + nsec;
42   }
```

注意，前面 sys_nanosleep( )中的 822 行的(t.tv_sec || t.tv_nsec)是关系表达式，其值为 1 或者 0。

然后，将当前进程的状态改为 TASK_INTERRUPT 并调用 schedule_timeout( )进入睡眠。以前讲过，睡眠状态 TASK_INTERRUPT 与 TASK_UNINTERRUPT 的区别在于后者在进程接收到信号时不会被唤醒。函数 schedule_timeout( )的代码也在 sched.c 中：

[sys_nanosleep( ) > schedule_timeout( )]

```
369   signed long schedule_timeout(signed long timeout)
370   {
371       struct timer_list timer;
372       unsigned long expire;
373
374       switch (timeout)
375       {
376       case MAX_SCHEDULE_TIMEOUT:
377           /*
378            * These two special cases are useful to be comfortable
379            * in the caller. Nothing more. We could take
380            * MAX_SCHEDULE_TIMEOUT from one of the negative value
381            * but I'd like to return a valid offset (>=0) to allow
```

```
382                 * the caller to do everything it want with the retval.
383                 */
384                schedule( );
385                goto out;
386        default:
387                /*
388                 * Another bit of PARANOID. Note that the retval will be
389                 * 0 since no piece of kernel is supposed to do a check
390                 * for a negative retval of schedule_timeout( ) (since it
391                 * should never happens anyway). You just have the printk( )
392                 * that will tell you if something is gone wrong and where.
393                 */
394                if (timeout < 0)
395                {
396                    printk(KERN_ERR "schedule_timeout: wrong timeout "
397                        "value %lx from %p\n", timeout,
398                        __builtin_return_address(0));
399                    current->state = TASK_RUNNING;
400                    goto out;
401                }
402        }
403
404        expire = timeout + jiffies;
405
406        init_timer(&timer);
407        timer.expires = expire;
408        timer.data = (unsigned long) current;
409        timer.function = process_timeout;
410
411        add_timer(&timer);
412        schedule( );
413        del_timer_sync(&timer);
414
415        timeout = expire - jiffies;
416
417    out:
418        return timeout < 0 ? 0 : timeout;
419    }
```

在内核中把时钟中断的次数作为计时的统一尺度,并给时钟中断之间的间隔起了个名字叫做"jiffy"("瞬间"的意思)。与此相应,内核中设置了一个全局的计数器 jiffies,用来对系统自初始化以来时钟中断的次数计数。所以,在调用 schedule_timeout( )之前把需要睡眠的时间先换算成时钟中断的数量,把这个数量与当前的 jiffies 相加就得到了"到点"的时间。但是,当所要求的时间太长,长到不能用带符号整数表达时(其实是最大的正数减1,见前面 sys_nanosleep( )函数代码中对 timespec_to_jiffies( )的注解以及代码中的第822行),就返回一个常数 MAX_JIFFY_OFFSET。这个常数在 schedule_timeout( )中被视作"无限期",所以在384行中调用 schedule( )就完事了。既然是无限期睡眠,内核就不承担按时将其唤醒的责任,这个进程要一直睡眠到有另一个进程向其发送一个信号时才会被唤醒。

函数 schedule_timeout( )的返回值为进程被唤醒时剩下的还未睡完的时间。我们来看看当调用参数为 MAX_JIFFY_OFFSET 时的返回值。在这种情况下,当进程被唤醒而从 schedule( )返回时就通过 goto 语句转到标号 out 处,而变量 timeout 的数值在这整个过程中并未改变,仍旧是 MAX_JIFFY_OFFSET,这体现了从无限减去有限后结果还是无限的原理。

当要求的睡眠时间在规定的范围以内时,内核就要承担起按时将此进程唤醒的责任了。为此目的,内核要设置好一个"定时器",也就是这里的数据结构 timer,并将其挂入一个定时器队列,而每次时钟中断时都要检查这些定时器是否到点。数据结构 timer 的类型为 timer_list,是在 include/linux/time.h 中定义的,详见第 3 章中的"时钟中断"一节。我们在那里提到了这个数据结构及其作用,但没有深入加以讨论,这是因为那时我们还没有讲过进程调度及有关的机制,很难真正讲清楚。而现在,结合 schedule_timeout( )的代码,就可以把整个过程和机制讲清楚了。这里,在 init_timer( )以后,将定时器的到点时间设置成计算得到的 expire。到点时要执行的函数则为 process_timeout( ),等一下我们就会看到它到底干些什么了。准备传给 process_timeout( )的参数为 current,读者应该还记得,这实际上是一个得到当前进程 task_struct 指针的宏操作。读者也许会问,为什么不干脆把数据结构中的变量 data 改成 task_struct 指针?这是因为这样更为灵活、通用,再说到点时要调用的函数也并不总是与某个进程直接有关的。

函数 add_timer( )将 timer 挂入定时器队列,其代码在 timer.c 中:

[sys_nanosleep( ) > schedule_timeout( ) > add_timer( )]

```
176     void add_timer(struct timer_list *timer)
177     {
178         unsigned long flags;
179
180         spin_lock_irqsave(&timerlist_lock, flags);
181         if (timer_pending(timer))
182             goto bug;
183         internal_add_timer(timer);
184         spin_unlock_irqrestore(&timerlist_lock, flags);
185         return;
186     bug:
187         spin_unlock_irqrestore(&timerlist_lock, flags);
188         printk("bug: kernel timer added twice at %p.\n",
189             __builtin_return_address(0));
190     }
```

核心的操作是在 internal_add_timer( )完成的,这里多了一层"包装",目的是将核心的队列操作保护起来。由 spin_lock_irqsave( )先将中断关闭,而 spin_unlock_irqsave( )则在操作以后再恢复原状。函数 internal_add_timer( )的代码还是在同一文件中(timer.c):

[sys_nanosleep( ) > schedule_timeout( ) > add_timer( ) > internal_add_timer( )]

```
122     static inline void internal_add_timer(struct timer_list *timer)
123     {
```

```
124         /*
125          * must be cli-ed when calling this
126          */
127         unsigned long expires = timer->expires;
128         unsigned long idx = expires - timer_jiffies;
129         struct list_head * vec;
130
131         if (idx < TVR_SIZE) {
132             int i = expires & TVR_MASK;
133             vec = tv1.vec + i;
134         } else if (idx < 1 << (TVR_BITS + TVN_BITS)) {
135             int i = (expires >> TVR_BITS) & TVN_MASK;
136             vec = tv2.vec + i;
137         } else if (idx < 1 << (TVR_BITS + 2 * TVN_BITS)) {
138             int i = (expires >> (TVR_BITS + TVN_BITS)) & TVN_MASK;
139             vec =  tv3.vec + i;
140         } else if (idx < 1 << (TVR_BITS + 3 * TVN_BITS)) {
141             int i = (expires >> (TVR_BITS + 2 * TVN_BITS)) & TVN_MASK;
142             vec = tv4.vec + i;
143         } else if ((signed long) idx < 0) {
144             /* can happen if you add a timer with expires == jiffies,
145              * or you set a timer to go off in the past
146              */
147             vec = tv1.vec + tv1.index;
148         } else if (idx <= 0xffffffffUL) {
149             int i = (expires >> (TVR_BITS + 3 * TVN_BITS)) & TVN_MASK;
150             vec = tv5.vec + i;
151         } else {
152             /* Can only get here on architectures with 64-bit jiffies */
153             INIT_LIST_HEAD(&timer->list);
154             return;
155         }
156         /*
157          * Timers are FIFO!
158          */
159         list_add(&timer->list, vec->prev);
160     }
```

在128行中引用的timer_jiffies也是个全局量,表示当前对定时器队列的处理在时间上已经推进到了哪一点,同时也是设置定时器的基准点,其数值有可能会不同于jiffies,等一会儿我们就会看到它的作用。

在进一步深入到internal_add_timer( )的代码中去之前,有必要先大致介绍一下定时器队列的组织。本来,最简单的办法是将所有的timer_list结构,即定时器,按"到点"的先后链接在一起成为一个队列,然后每当jiffies改变时就从该队列的头部开始逐个检查并处理这些数据结构,直到发现第一个尚未到点的定时器时就可以结束了。可是这样有个缺点,就是每当要将一个新的定时器加入到这个队列中去时,要在队列中进行线性搜索,寻找适当的链入位置,在最坏的情况下要扫描过队列中所有的数据结构。当队列中的成员数量有可能很大时，这种方案的效率就不能令人满意了。学过数据结构与算法的读者可能马上会想到可以通过"杂凑"（hash）来改善效率。也就是说，将这些定时器数据结构组织成一个队列数组，或者说队列的阵列，而不是一个单一的队列，然后根据每个定时器到点的时间经过杂凑计算决定应该将其链入到哪一个队列中。这样，通过将定时器分散链入到不同的队列中，就可以减小各个队列的平均长度，从而提高效率。最简单的杂凑计算莫过于从数值中抽取最低的若干位，也就是通过"与"运算将数值中的高位屏蔽掉，这实际上相当于将数值除以一个 2 的整数次幂以后取其余数。但是，在这种简单的杂凑表组织里每个队列中还会有很多分属不同到点时间的定时器，这是因为只要杂凑计算后的结果相同就会被链入到同一个队列中。例如，jiffies 是个 32 位无符号整数，假如我们取最低的 10 位作为杂凑计算的结果，也就是说在数组中有 2^{10} 个队列，那么从理论上说在最坏的情况下在一个队列中可以有分属于 2^{22} 种不同到点时间的定时器。当然，在实际运行中是不会这么糟糕的，但是总叫人觉得不尽如人意。理想的解决方案是每个队列中只有属于同一到点时间的定时器。可是总不可能设置 2^{32} 个定时器队列吧？所以，既要顾及在时钟中断发生时检查并处理这些定时器的效率，又要顾及在将定时器插入到这些队列中去时的效率，对此机制的设计和实现是一种挑战。Linux 内核比较好地解决了这个问题，设计并实现了一种相当巧妙的方案。

在 Linux 内核中设置了五个而不是一个这样的杂凑表，即定时器队列数组。详见下列代码（timer.c）：

```
74      /*
75       * Event timer code
76       */
77      #define TVN_BITS 6
78      #define TVR_BITS 8
79      #define TVN_SIZE (1 << TVN_BITS)
80      #define TVR_SIZE (1 << TVR_BITS)
81      #define TVN_MASK (TVN_SIZE - 1)
82      #define TVR_MASK (TVR_SIZE - 1)
83
84      struct timer_vec {
85          int index;
86          struct list_head vec[TVN_SIZE];
87      };
88
89      struct timer_vec_root {
90          int index;
91          struct list_head vec[TVR_SIZE];
92      };
93
94      static struct timer_vec tv5;
95      static struct timer_vec tv4;
96      static struct timer_vec tv3;
97      static struct timer_vec tv2;
98      static struct timer_vec_root tv1;
99
100     static struct timer_vec * const tvecs[ ] = {
101         (struct timer_vec *)&tv1, &tv2, &tv3, &tv4, &tv5
102     };
```

数据结构 tv1、tv2、…、tv5 每个都包含了一个 timer_list 指针数组，这就是所谓杂凑表（bucket），表中的每个指针都指向一个定时器队列。其中 tv1 与其他几个数据结构的不同仅在于数组的大小，tv1 中的数组大小为 2^8，而其他几个的大小都是 2^6。这样，队列的数量总共是 $2^8+4\times2^6=512$，还是可以接受的。每个数组都与一个变量 index 相联系，用来指示当下一个时钟中断发生时要处理的队列。与此同时，将 32 位的到点时间也划分成五段，其中最低的一段为 8 位，与 tv1 相对应，其他四段则都是 6 位。要将一个定时器挂入队列中去时，先根据到点时间和当前时间计算出这个定时器应该在多少次时钟中断以后到点，如果这个差值小于 256 的话就取到点时间的最低 8 位作为其杂凑值，然后用这个杂凑值作为下标在 tv1 的数组中找到相应的队列，并将此定时器链入到这个队列中。由于 tv1 的数组中有 256 个队列，所以每个队列中的定时器都具有相同的到点时间。可是，当差值大于等于 256 时怎么办呢？这时候就看差值是否小于 2^{14}，如果是，就取到点时间的数值中的第二段（6 位，从第 8 位至第 14 位）为杂凑值，或下标，并将定时器插入到 tv2 的某个队列中去。示意图如图 4.7。

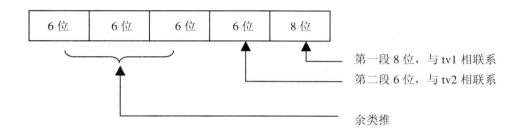

图 4.7　定时器队列数组下标确定规则示意图

显然，tv2 中的队列与 tv1 中的不同，因为 tv1 中每个队列里的定时器都属于同一个到点时间，而 tv2 中的队列则不然。理论上 tv2 中的每个队列都可能含有分属 256 个不同到点时间的定时器。也就是说，tv2 的"尺度"与 tv1 不同。当差值大于 2^{14} 时，那就要进一步看差值是否大于 2^{20} 了，余类推。

现在可以回到 internal_add_timer( ) 的代码中了。读者应该可以自己读懂这段代码，其中具体将定时器链入到队列中的操作由 list_add( ) 完成。

也就是说，每次都是插入到队列的尾部。对于 tv1 中的队列来说，由于每个队列中所有的定时器都是在同一时间到点，所以插入的位置根本没有关系；而对于其他的队列来说，下面就会看到其实也没有关系。这样，将一个定时器链入到队列中的操作变得很简单，根本就不需要在队列中寻找合适的插入位置了，从而其代价成了一个常数，而与队列长度无关了。同时，当时钟中断发生，从而将 jiffies 向前推进一步时，只要在 tv1 中根据 index 的指示将一个队列中所有的定时器都处理一遍（执行定时器所指定的函数）并将这些定时器释放，然后将 index 也向前推进一步就行了。当 tv1.index 达到 256 时就又将其设成 0，回到数组的开头，开始另外一轮的 256 次时钟中断。此时，由于一个 tv1 周期已经完成，就从 tv2 中根据 tv2.index 的指引将 tv2 中的一个队列搬运到 tv1 中。在搬运的过程中，对队列中的每个定时器都再调用一次 internal_add_timer( )。此时该队列中所有定时器的到点时间与当前时间的差都已小于 256（由于当前时间的推进），所以都会被分散到 tv1 中的各个队列中去，而与各个定时器在队列中的位置无关。由此可见，链入 tv2 各个队列里的定时器是分两步到位进入 tv1 中的队列（第一步进入 tv2，第 2 步进入 tv1）。依次类推，当到点时间与当前时间的差大于 2^{26} 时要先进入 tv5，分五步才能进入 tv1。虽然有些定时器要分好几步才能到达 tv1 中，其代价仍然与队列长度无关，并且有个上限，就是最多五步。所以，这个办法要比线性搜索好得多。

将定时器链入到某个队列中以后，schedule_timeout( )就调用 schedule( )，使当前进程真正地进入睡眠，等待唤醒。

那么，时钟中断怎样唤醒这个进程呢？

在第 3 章中的"时钟中断"一节中，我们看到在从时钟中断返回之前要执行与时钟有关的 bh 函数 timer_bh( )，而 timer_bh( )要调用一个函数 run_timer_list( )（timer.c）：

```
668    void timer_bh(void)
669    {
670        update_times( );
671        run_timer_list( );
672    }
```

函数 run_timer_list( )的代码在 sched.c 中：

[timer_bh( ) > run_timer_list( )]

```
288    static inline void run_timer_list(void)
289    {
290        spin_lock_irq(&timerlist_lock);
291        while ((long)(jiffies - timer_jiffies) >= 0) {
292            struct list_head *head, *curr;
293            if (!tv1.index) {
294                int n = 1;
295                do {
296                    cascade_timers(tvecs[n]);
297                } while (tvecs[n]->index == 1 && ++n < NOOF_TVECS);
298            }
299    repeat:
300            head = tv1.vec + tv1.index;
301            curr = head->next;
302            if (curr != head) {
303                struct timer_list *timer;
304                void (*fn)(unsigned long);
305                unsigned long data;
306
307                timer = list_entry(curr, struct timer_list, list);
308                fn = timer->function;
309                data= timer->data;
310
311                detach_timer(timer);
312                timer->list.next = timer->list.prev = NULL;
313                timer_enter(timer);
314                spin_unlock_irq(&timerlist_lock);
315                fn(data);
316                spin_lock_irq(&timerlist_lock);
317                timer_exit( );
318                goto repeat;
```

```
319             }
320             ++timer_jiffies;
321             tv1.index = (tv1.index + 1) & TVR_MASK;
322         }
323         spin_unlock_irq(&timerlist_lock);
324     }
```

在"时钟中断"一节中，我们还讲过,在特殊的情况下 jiffies 向前推进的步长有可能大于 1。正因为这样，这里通过一个循环来处理 jiffies 的每个单步。在每个单步中，先看 tv1.index 是否为 0，若为 0 就要从 tv2 中搬运一个队列到 tv1 中。我们也把这种情况暂时搁一下，先来看不为 0 时的情况。

代码中由 goto 实现的循环就是处理在这一步中到点的队列。处理本身是很简单的，顺着队列挨个把定时器通过 detach_timer( )从队列中摘除出来，然后就执行该定时器所指定的函数。执行完这整个队列时，就将 times_jiffies 和 tv1.index 也往前推进一步。但是，tv1.index 的值是以 256 为模的(TVR_MASK)，所以其数值在 255 以后就回到了 0，下一个循环中或者下一次执行这个函数时就要通过 cascade_timers( ) 从 tv2 中搬运一个队列到 tv1 中来。tv2 中也有一个 index，也要向前推进。每当 jiffies 向前推进了 256 步，也就是每当发生了 256 次时钟中断时，tv2.index 就要往前推进一步。与 tv1.index 不同，tv2.index 是以 64 为模的，所以在达到 63 以后就要回到 0。当 tv2.index 为 1 时就要从 tv3 中搬运一个队列到 tv2 中和 tv1 中，余类推。

为什么是在 tv2.index 为 1 时,而不是为 0 时,才从 tv3 中搬运呢？回头去看一下 internal_add_timer( ) 的代码就清楚了。当到点时间与当前时间的差 idx 为 TVR_SIZE 即 256 时，经过第 136 行的处理以后结果为 1 而不是 0。实际上，tv2 中下标为 0 的那个队列一定是空的。同时，为了便于实现，代码中将 tv1、tv2 等五个数据结构也放在一个数组中，这就是 tvecs[ ]。这里将下标设成从 1 开始，就是表示从 tv2 开始搬运，而第 298 行则表示如果 tv2.index 推进以后变成了 1 就要进一步从 tv3 搬运，余类推。

这里的 NOOF_TVECS 为一常数，实际上就是 5（timer.c）：

```
104     #define NOOF_TVECS (sizeof(tvecs) / sizeof(tvecs[0]))
```

函数 cascade_timers( )的代码也在同一文件中。这是一段简单的代码，我们就不加解释了。

[timer_bh( ) > run_timer_list( ) > cascade_timers( )]

```
264     static inline void cascade_timers(struct timer_vec *tv)
265     {
266         /* cascade all the timers from tv up one level */
267         struct list_head *head, *curr, *next;
268
269         head = tv->vec + tv->index;
270         curr = head->next;
271         /*
272          * We are removing _all_ timers from the list, so we don't have to
273          * detach them individually, just clear the list afterwards.
274          */
275         while (curr != head) {
276             struct timer_list *tmp;
```

```
277                tmp = list_entry(curr, struct timer_list, list);
278                next = curr->next;
279                list_del(curr);  // not needed
280                internal_add_timer(tmp);
281                curr = next;
282            }
283            INIT_LIST_HEAD(head);
284            tv->index = (tv->index + 1) & TVN_MASK;
285        }
```

在我们这个情景中，定时器中的函数指针为 process_timeout，参数为睡眠中进程的 task_struct 指针，所以到点时就会调用 process_timeout( )（sched.c）：

[timer_bh( ) > run_timer_list( ) > process_timeout( )]

```
362    static void process_timeout(unsigned long __data)
363    {
364        struct task_struct * p = (struct task_struct *) __data;
365
366        wake_up_process(p);
367    }
```

函数通过 wake_up_process 将睡眠中的进程唤醒。它的代码读者已经在前一节"强制性调度"中看到过了。进程被唤醒并且再次被调度运行时，就回到了前面的 schedule_timeout( ) 中。换句话说，是该进程从前面 schedule_timeout( ) 中的 schedule( ) 返回了。

回过去继续看 schedule_timeout( ) 的代码，从 schedule( ) 返回以后紧接着就调用了 del_timer_sync( )，读者也许会感到奇怪，刚才在 run_timer_list( ) 中不是已经通过 detach_timer( ) 把定时器从队列中删除了吗？怎么这里又要 del_timer_sync( ) 呢？对于单处理器的系统，del_timer_sync( ) 定义为 del_timer( )，我们来看看 detach_timer( ) 和 del_timer( ) 的代码（sched.c）：

[timer_bh( ) > run_timer_list( ) > detach_tiner( )]

```
192    static inline int detach_timer (struct timer_list *timer)
193    {
194        if (!timer_pending(timer))
195            return 0;
196        list_del(&timer->list);
197        return 1;
198    }
```

[timer_bh( ) > run_timer_list( ) > detach_tiner( ) > timer_pending( )]

```
54    static inline int timer_pending (const struct timer_list * timer)
55    {
56        return timer->list.next != NULL;
```

```
57      }
```

所以 detach_timer( )仅在所处理的 timer_list 数据结构在队列中时才把它从队列中删除。函数 del_timer( )实际上调用 detach_timer( )：

[sys_nanosleep( ) > schedule_timeout( ) > del_timer( )]

```
213     int del_timer(struct timer_list * timer)
214     {
215         int ret;
216         unsigned long flags;
217
218         spin_lock_irqsave(&timerlist_lock, flags);
219         ret = detach_timer(timer);
220         timer->list.next = timer->list.prev = NULL;
221         spin_unlock_irqrestore(&timerlist_lock, flags);
222         return ret;
223     }
```

可见，对一个已经从队列中脱链的定时器再调用一次 del_timer( )并没有害处。可是，即使没有害处，也没有理由做无用功啊。是的，但是要想到，run_timer_list( )并不是惟一可以将这个进程唤醒的函数。当另一个进程向睡眠中的进程发送一个信号时，同样可以将其唤醒。所以，在 schedule_timeout( )中再调用一次 del_timer( )就可以确保安全了。这里要指出，这里的 timer 是个局部量，其空间在堆栈中，一旦从 schedule_timeout( )返回，这个数据就消失了。这里可以省去动态分配和释放缓冲器的麻烦，也可以提高效率。可是将这样一个数据结构留在队列中是很危险的，一定要保证在这个数据结构还有效时将其从队列中去除。

最后，期望中的到点时间 expire 与当前时间 jiffies 之差为剩下的尚未睡够的时间。这剩下的尚未睡够的时间是以时钟中断的次数为尺度的，所以在 sys_nanosheep( )中又将其换算回 timespec 数据结构中的秒和毫微秒，然后返回给用户空间。当然，只有在进程因信号而被唤醒时才有可能还未睡够。否则，睡过了头的可能倒是有的。这一方面是因为在特殊的情况下也许会把好几次时钟中断合并在一起进行对 jiffies 的处理，所以一次就向前推进好几步。另一方面即使按时将进程唤醒也不能保证该进程马上就会被调度运行。

系统调用 sys_nanosheep( )并非 schedule_timeout( )的惟一"用户"。内核中还提供了一个函数 interruptile_sleep_on_timeout( )，供各种设备驱动程序在内核中使用，将来在设备驱动一章中读者会看到它的使用。此外，在内核中也可以直接调用 schedule_timeout( )。

与 sys_nanosheep( )相比，同样也是系统调用的 sys_pause( )的代码就很简单了，其代码在 arch/i386/kernel/sys_i386.c 中：

```
250     asmlinkage int sys_pause(void)
251     {
252         current->state = TASK_INTERRUPTIBLE;
253         schedule( );
254         return -ERESTARTNOHAND;
```

255   }

显然,当前进程通过 sys_pause( )入睡以后,只有在接收到信号时才会被唤醒。

4.9 内核中的互斥操作

内核中的很多操作在进行的过程中都不容许受到打扰,最典型的例子就是队列操作。如果两个进程都要将一个数据结构链入到同一个队列的尾部,要是在第一个进程完成了一半的时候发生了调度,让第二个进程插了进来,结果很可能就乱了。类似的干扰也有可能来自某个中断服务程序或 bh 函数。在多处理器 SMP 结构的系统中,这种干扰还有可能来自另一个处理器。

不过,除了一个进程主动调用 schedule( )让出 CPU 的情况(显然不会发生在不容许受到打扰的过程中途)之外,只有在从系统空间返回到用户空间的前夕才有可能发生调度。这样的安排使得上述两个进程间的干扰实际上不会发生在内核中。这一点在 "进程的调度与切换" 一节中已经讨论过了。所以,上述两个进程在内核中互相干扰的情况实际上只会发生在多处理器的系统中,在单处理器的系统中是不会发生的。但是,在另一种情况下,则仍有可能发生进程间的干扰。系统中有些资源是共享的,但是在具体使用期间却需要独占,而且对这些资源的访问可能会受阻而需要睡眠等待。进程在访问此类资源的时候就可能受到其他进程的干扰。至于来自中断服务程序(包括 bh 函数)的干扰,则总是有可能的。并且,在多处理器系统中,不但要防止来自同一处理器上的中断服务程序的干扰,还要防止来自其他处理器的中断服务程序的干扰。

在"多处理器 SMP 系统结构"一章中,我们将讨论有关多处理器结构的种种问题。但是,如上所述,如果不加防止,单处理器系统中在一定条件下也会发生进程间的互相干扰。另一方面,这种措施也被借用在系统调用 vfork( )中,用作父进程与子进程之间对于共享虚存空间的互斥保护手段。

进程间对共享资源的互斥访问,或者说对进程间干扰的防范,是通过"信号量"(semaphore)这种机制来实现的。内核中为此提供了 down( )和 up( )两个函数,分别对应于操作系统理论中的 P 和 V 两种操作。至于信号量,则是一种数据结构类型 semaphore。

先看数据结构,struct semaphore 是在 include/asm-i386/semaphore.h 中定义的:

```
44    struct semaphore {
45        atomic_t count;
46        int sleepers;
47        wait_queue_head_t wait;
48    #if WAITQUEUE_DEBUG
49        long __magic;
50    #endif
51    };
```

计数器count所计的就是"信号量"中的那个"量",它代表着可使用资源的数量。没有学习过操作系统理论的读者不妨把这个数据结构想像成一个院子的大门,而count表示一共有几张门票。当一个进程想要进入这个院子的围墙里面干些什么时,先要在大门口领取门票。所以count的数值即表示还有几个进程可以进门。在典型的情况下,一共就只有一张票,所以只有一个进程可以进去。

当一个进程来到门口要领票,却发现门票已经发完的时候,就只好到大门旁边的"休息室"去睡眠、等候。这个休息室就是这里的队列 wait，而计数器 sleepers 则表示有几个进程正在等候。进入了院子的进程，完成了它要做的事情以后，还是从同一个大门出来，并将门票交还。如果在交还门票之前，门票的数量已经是 0，那就可能有进程正在休息室中等候，所以还要向这些正在等候的进程打个招呼，说"现在有门票了"，或者说，将这些进程唤醒，让它们去竞争那张门票。可见，原理其实很简单。下面通过一段实例，看看这段过程具体是怎么实现的。这段实例取自系统调用 umount( )，我们在这里并不关心怎样拆卸（umount）一个已经安装的文件系统，而是关心怎样把一部分关键性的操作保护起来。

下面的代码取自文件 super.c：

```
44    /*
45     * We use a semaphore to synchronize all mount/umount
46     * activity - imagine the mess if we have a race between
47     * unmounting a filesystem and re-mounting it (or something
48     * else).
49     */
50    static DECLARE_MUTEX(mount_sem);
......
1117  asmlinkage long sys_umount(char * name, int flags)
1118  {
......
1144      down(&mount_sem);
1145      retval = do_umount(nd.mnt, 0, flags);
1146      up(&mount_sem);
......
1152      return retval;
1153  }
```

这里的目的是要把 do_umount( ) 保护起来，因为在同一时间里整个系统中只允许有一个进程在安装或拆卸文件系统，而安装或拆卸文件系统的过程又是可能（实际上是必定）受阻，因而中途会发生调度的。为达到这个目的，首先在第 50 行建立起一个独门的"院子"，或者说"信号量"mount_sem，并且把要加以保护的操作放在进门(down)和出门(up)两个操作之间。要进入这个"院子"时必须要先执行 down( ) 以得到一张"门票"，而当完成了操作从里面出来时则要执行 up( ) 以归还门票并唤醒可能正在等待的其他进程。操作系统理论里把这段需要独家关起门来干的操作称为"临界区"(critical section)。顺便说一下，把 critical section 翻译成"临界区"似乎有点学究气，critical 其实就是"非常重要，搞不好的话后果可能很严重"的意思。

有关 DECLAR_MUTEX( ) 的定义在 include/asm-i386/semaphore.h 中：

```
53    #if WAITQUEUE_DEBUG
54    # define __SEM_DEBUG_INIT(name) \
55          , (int)&(name).__magic
56    #else
57    # define __SEM_DEBUG_INIT(name)
58    #endif
59
60    #define __SEMAPHORE_INITIALIZER(name,count) \
```

```
61      { ATOMIC_INIT(count), 0, __WAIT_QUEUE_HEAD_INITIALIZER((name).wait) \
62          __SEM_DEBUG_INIT(name) }
63
64      #define __MUTEX_INITIALIZER(name) \
65          __SEMAPHORE_INITIALIZER(name, 1)
66
67      #define __DECLARE_SEMAPHORE_GENERIC(name, count) \
68          struct semaphore name = __SEMAPHORE_INITIALIZER(name, count)
69
70      #define DECLARE_MUTEX(name)        __DECLARE_SEMAPHORE_GENERIC(name, 1)
71      #define DECLARE_MUTEX_LOCKED(name) __DECLARE_SEMAPHORE_GENERIC(name, 0)
```

宏定义 ATOMIC_INIT( ) 和 __WAIT_QUEUE_HEAD_INITIALIZER( ) 分别在 include/asm-i386/atomic.h 和 include/linux/wait.h 中，读者可以自行参阅。总之，经过 gcc 的预处理以后，前面的第 50 行就变成类似于这样的语句：

> static struct semaphore mount_sem = {{(1)}, 0, …}

也就是说，通过 DECLARE_MUTEX( )建立的信号量只有 1 张"门票"，所以只有一个进程可以进入临界区。另一种通过 DECLARE_MUTEX_LOCKED( )建立的信号量则一张门票也没有，一定要等到某个进程通过 up( )操作送来一张才能把它发给一个进程而允许其进入大门。读者已经在系统调用 fork( )一节中看到过此种信号量的运用。两种信号量各有各的用处，而 MUTEX 和 MUTEX_LOCKED 正反映了它们各自的用途。此外，信号量既可以作为全局量存在，也可以作为某个函数的局部量存在。

对于信号量的操作只有 down( )和 up( )两种，这是两个 inline 函数，都是在 include/asm-i386/semaphore.h 中定义的。先看 down( )：

```
109     /*
110      * This is ugly, but we want the default case to fall through.
111      * "__down_failed" is a special asm handler that calls the C
112      * routine that actually waits. See arch/i386/kernel/semaphore.c
113      */
114     static inline void down(struct semaphore * sem)
115     {
116     #if WAITQUEUE_DEBUG
117         CHECK_MAGIC(sem->__magic);
118     #endif
119
120         __asm__ __volatile__(
121             "# atomic down operation\n\t"
122             LOCK "decl %0\n\t"        /* --sem->count */
123             "js 2f\n"
124             "1:\n"
125             ".section .text.lock,\"ax\"\n"
126             "2:\tcall __down_failed\n\t"
127             "jmp 1b\n"
128             ".previous"
129             :"=m" (sem->count)
```

```
130                   :"c" (sem)
131                   :"memory");
132    }
```

这段嵌入汇编代码的输出部为空，说明执行后并不改变寄存器的内容；而输入部则使指针 sem 与寄存器 ECX 结合。由于 count 是 semaphore 数据结构中的第一个成分，所以指向该数据结构的指针 sem 即为指向 sem->count 的指针，从而第 122 行的 decl 指令所递减的实际上是 sem->count。减了以后的结果若为 0 或大于 0，或者说如果成功地拿到了一张门票，那么就在标号"1"处结束了。注意这里在指令 decl 前面有个前缀 LOCK，表示在执行这条指令时要把总线锁住，以防可能来自同一系统中其他 CPU 的干扰。

如果减了以后的结果为负数，那就表示拿不到门票，就转到标号"2"处调用__down_failed( )。实际上，进程在__down_failed( )中会进入睡眠，一直要到被唤醒并成功地拿到门票才会从那里返回，然后转到标号"1"而结束 down( )操作，即进入了临界区。

函数__down_failed( )以及有关的代码都在 arch/i386/kernel/semaphore.c 中：

[down( ) > __down_failed( )]

```
171    /*
172     * The semaphore operations have a special calling sequence that
173     * allow us to do a simpler in-line version of them. These routines
174     * need to convert that sequence back into the C sequence when
175     * there is contention on the semaphore.
176     *
177     * %ecx contains the semaphore pointer on entry. Save the C-clobbered
178     * registers (%eax, %edx and %ecx) except %eax when used as a return
179     * value..
180     */
181    asm(
182    ".align 4\n"
183    ".globl __down_failed\n"
184    "__down_failed:\n\t"
185        "pushl %eax\n\t"
186        "pushl %edx\n\t"
187        "pushl %ecx\n\t"
188        "call __down\n\t"
189        "popl %ecx\n\t"
190        "popl %edx\n\t"
191        "popl %eax\n\t"
192        "ret"
193    );
```

显然，这里的目的只在于调用__down( )。代码的作者在这个文件（semaphore.c）的开头处加了一段注释，或可帮助读者更好地理解：

```
20     /*
```

```
21      * Semaphores are implemented using a two-way counter:
22      * The "count" variable is decremented for each process
23      * that tries to aquire the semaphore, while the "sleeping"
24      * variable is a count of such aquires.
25      *
26      * Notably, the inline "up( )" and "down( )" functions can
27      * efficiently test if they need to do any extra work (up
28      * needs to do something only if count was negative before
29      * the increment operation.
30      *
31      * "sleeping" and the contention routine ordering is
32      * protected by the semaphore spinlock.
33      *
34      * Note that these functions are only called when there is
35      * contention on the lock, and as such all this is the
36      * "non-critical" part of the whole semaphore business. The
37      * critical part is the inline stuff in <asm/semaphore.h>
38      * where we want to avoid any extra jumps and calls.
39      */
```

再看__down( )的代码:

[down( ) > __down_fail( ) > __down( )]

```
58      void __down(struct semaphore * sem)
59      {
60          struct task_struct *tsk = current;
61          DECLARE_WAITQUEUE(wait, tsk);
62          tsk->state = TASK_UNINTERRUPTIBLE;
63          add_wait_queue_exclusive(&sem->wait, &wait);
64
65          spin_lock_irq(&semaphore_lock);
66          sem->sleepers++;
67          for (;;) {
68              int sleepers = sem->sleepers;
69
70              /*
71               * Add "everybody else" into it. They aren't
72               * playing, because we own the spinlock.
73               */
74              if (!atomic_add_negative(sleepers - 1, &sem->count)) {
75                  sem->sleepers = 0;
76                  break;
77              }
78              sem->sleepers = 1;  /* us - see -1 above */
79              spin_unlock_irq(&semaphore_lock);
80
81              schedule( );
```

```
82              tsk->state = TASK_UNINTERRUPTIBLE;
83              spin_lock_irq(&semaphore_lock);
84          }
85          spin_unlock_irq(&semaphore_lock);
86          remove_wait_queue(&sem->wait, &wait);
87          tsk->state = TASK_RUNNING;
88          wake_up(&sem->wait);
89      }
```

有关等待队列中各元素的数据结构 wait_queue_t 以及宏定义 DECLARE_WAITQUEUE( ),读者已在前一节中看到过,此处不再赘述。而 add_wait_queue_exclusive( )则把代表当前进程的等待队列元素 wait 链入到由队列头 sem->wait 代表的等待队列的尾部。当 CPU 执行到达 for(;;)循环时, sem->sleepers 表明(连当前进程在内)一共有几个进程正在等待着要进入临界区。另一方面,虽然当前进程是因为拿不到"门票",进不了临界区才到了__down( )中,但是由于在这里的 spin_lock_irq( )之前并没有加锁,说不定已经有某个进程(当然是在另一个处理器上)在此期间已经执行了一次 up( )操作,因而这个时候实际上已经有"门票"了。如果不再作一次检查,那就会无谓地进入睡眠而等待已经存在的"门票"。更糟的是,可能再也没有进程会来唤醒它了。所以,在 for( )循环中通过 atomic_add_negative( )所作的检查是很关键的。而且,它所作的还不仅仅是检查,它将(sleepers－1)加到 sem->count 上去,使得它的值不会小于－1。举例来说,如果在当前进程执行 down( )之前 sem->count 为 0,并且从那时候以来并无进程在此信号量上执行 up( ),那么(sleepers－1)为 0,而 sem->count 为－1,相加的结果仍是－1,此时 atomic_add_negative( )返回非零,表示当前进程仍需等待。而若在 65 行之前已经有个进程在此信号量上执行了 up( )操作,那么 sleepers－1 仍为 0,但 sem->count 变成了 0,相加的结果为 0 而不是负数,此时 atomic_add_negative( )返回零,表示当前进程不需要等待了,可以进入临界区了,就好像本次操作在 down( )里面将 sem->count 从 1 变成了 0 一样。当 sem->count 的值为正数或 0 时表示还有多少资源,或者可以理解为还剩下几张"门票";而 sem->count 为负的时候则表明已经没有资源并且有进程正在等待,却并不需要表明到底有几个进程正在等待。这样,在 up( )操作中可以用一条指令将 sem->count 加 1,然后根据结果是否为 0 判定是否有进程需要唤醒。

如果当前进程发现不再需要等待了,它就通过这里的 break 语句跳出 for 循环,并在返回之前唤醒等待队列中的其他进程。不过,如果有其他进程正在等待的话,被唤醒之后多半通不过第 74 行的测试,这是因为那时候 sem->sleepers 已经设成了 0(见第 75 行),所以(sleepers－1)为－1,已经是个负数;除非那时 sem->count 已经变成 1,否则 atomic_add_negative( )必然会返回非 0。这一点等一下我们还要讨论。

当 atomic_add_negative( )返回非 0 时,当前进程就真的要进入睡眠状态等待了,所以在第 81 行调用 schedule( )。由于入睡的状态为 TASK_UNINTERRUPTIBLE,所以不会因接收到信号而被唤醒。同时,由于标志位 TASK_EXCLUSIVE 为 1,所以只有排在队列中的第一个进程才会被唤醒。还要指出的是,当睡眠中的进程被唤醒而从 schedule( )中返回,并回到循环体的前部时,由于 sem->sleepers 在 78 行被设成 1,所以此时(sleepers－1)必然为 0,所以能否进入临界区的条件取决于当时的 sem->count 是否为负数(－1)。在典型的情况下,被 up( )操作所唤醒的进程会碰上 sem->count 为 0,从而能跳出 for( )循环从__down( )返回而进入临界区。在从__down( )返回之前它还要再从队列中唤醒一个进程,而那个进程就往往要继续等待了。

从代码中可以看出,当有多个进程在等待进入一个临界区时,当前进程略有些优势,然后就是"先来先进"，而进程的优先级别并没有起作用。在有实时要求的系统中这未必不是一个缺陷，将来的版本中也许会考虑这个问题。

还有个问题也与优先级和临界区相联系，称为"优先级倒转"。试想这么一种情景：一个优先级很高的进程在某一临界区门外等待，而正在临界区里面的进程偏偏优先级很低，而且一旦因操作受阻进入睡眠，然后被唤醒时便一时得不到机会运行，于是便"急惊风遇上了慢郎中"。在这样的情况下，优先级高的进程因临界区内的进程优先级太低而受了连累。解决的方法是，当有优先级高的进程在临界区外等待的时候，就暂时把它的高优先级"借"给临界区内的进程，提高其竞争力。目前在 Linux 内核中尚未实现此种机制，这也是一个可以改进的地方。不过，问题也并不像想像中那么严重，因为内核中需要在临界区内进行的操作一般都是很短促的，不至于受阻；反之，必须在临界区内进行、而又有可能中途受阻而需要睡眠的操作，则一般不宜由优先级很高的进程来进行。

再来看 up( ) 就比较简单了，这也是在 semaphore.h 中：

```
182     /*
183      * Note! This is subtle. We jump to wake people up only if
184      * the semaphore was negative (== somebody was waiting on it).
185      * The default case (no contention) will result in NO
186      * jumps for both down( ) and up( ).
187      */
188     static inline void up(struct semaphore * sem)
189     {
190     #if WAITQUEUE_DEBUG
191         CHECK_MAGIC(sem->__magic);
192     #endif
193         __asm__ __volatile__(
194             "# atomic up operation\n\t"
195             LOCK "incl %0\n\t"      /* ++sem->count */
196             "jle 2f\n"
197             "1:\n"
198             ".section .text.lock,\"ax\"\n"
199             "2:\tcall __up_wakeup\n\t"
200             "jmp 1b\n"
201             ".previous"
202             :"=m" (sem->count)
203             :"c" (sem)
204             :"memory");
205     }
```

显然，与 down( ) 的代码是相似的，不同之处仅在于这是递增，而不是递减 sem->count，并且在递增以后结果为 0 或负数时就调用 __up_wakeup( )，那也是在 semaphore.c 中：

[up( ) > __up_wakeup( )]

```
219     asm(
220     ".align 4\n"
221     ".globl __up_wakeup\n"
```

```
222         "__up_wakeup:\n\t"
223             "pushl %eax\n\t"
224             "pushl %edx\n\t"
225             "pushl %ecx\n\t"
226             "call __up\n\t"
227             "popl %ecx\n\t"
228             "popl %edx\n\t"
229             "popl %eax\n\t"
230             "ret"
231         );
```

同样，__up( )的代码也在 semaphore.c 中：

[up( ) > __up_wakeup( ) > __up( )]

```
41      /*
42       * Logic:
43       *  - only on a boundary condition do we need to care. When we go
44       *    from a negative count to a non-negative, we wake people up.
45       *  - when we go from a non-negative count to a negative do we
46       *    (a) synchronize with the "sleeper" count and (b) make sure
47       *        that we're on the wakeup list before we synchronize so that
48       *        we cannot lose wakeup events.
49       */
50
51      void __up(struct semaphore *sem)
52      {
53          wake_up(&sem->wait);
54      }
```

这里的 wake_up( )和一些有关的宏定义都是在 sched.h 中定义的：

```
555     #define wake_up(x)           __wake_up((x), \
                    TASK_UNINTERRUPTIBLE | TASK_INTERRUPTIBLE, WQ_FLAG_EXCLUSIVE)
556     #define wake_up_all(x)       __wake_up((x), \
                    TASK_UNINTERRUPTIBLE | TASK_INTERRUPTIBLE, 0)
557     #define wake_up_sync(x)      __wake_up_sync((x), \
                    TASK_UNINTERRUPTIBLE | TASK_INTERRUPTIBLE, WQ_FLAG_EXCLUSIVE)
558     #define wake_up_interruptible(x) \
                    __wake_up((x), TASK_INTERRUPTIBLE, WQ_FLAG_EXCLUSIVE)
559     #define wake_up_interruptible_all(x) \
                    __wake_up((x), TASK_INTERRUPTIBLE, 0)
560     #define wake_up_interruptible_sync(x) \
                    __wake_up_sync((x), TASK_INTERRUPTIBLE, WQ_FLAG_EXCLUSIVE)
```

而__wake_up( )则在 sched.c 中。读者可以看到这个函数依次唤醒一个队列中的所有符合条件的进程。但是，如果一个被唤醒进程的 TASK_EXCLUSIVE 标志为 1 就不再继续唤醒队列中其余的进程了

(sched.c)。

[up( ) > __up_wakeup( ) > __up( ) > wake_up( ) > __wake_up( )]

```
766    void __wake_up(wait_queue_head_t *q, unsigned int mode, unsigned int wq_mode)
767    {
768        __wake_up_common(q, mode, wq_mode, 0);
769    }
```

[up( ) > __up_wakeup( ) > __up( ) > wake_up( ) > __wake_up( ) > __wake_up_common( )]

```
692    static inline void __wake_up_common (wait_queue_head_t *q, unsigned int mode,
693                        unsigned int wq_mode, const int sync)
694    {
695        struct list_head *tmp, *head;
696        struct task_struct *p, *best_exclusive;
697        unsigned long flags;
698        int best_cpu, irq;
699
700        if (!q)
701            goto out;
702
703        best_cpu = smp_processor_id( );
704        irq = in_interrupt( );
705        best_exclusive = NULL;
706        wq_write_lock_irqsave(&q->lock, flags);
707
708    #if WAITQUEUE_DEBUG
709        CHECK_MAGIC_WQHEAD(q);
710    #endif
711
712        head = &q->task_list;
713    #if WAITQUEUE_DEBUG
714        if (!head->next || !head->prev)
715            WQ_BUG( );
716    #endif
717        tmp = head->next;
718        while (tmp != head) {
719            unsigned int state;
720            wait_queue_t *curr = list_entry(tmp, wait_queue_t, task_list);
721
722            tmp = tmp->next;
723
724    #if WAITQUEUE_DEBUG
725            CHECK_MAGIC(curr->__magic);
726    #endif
727            p = curr->task;
728            state = p->state;
```

```c
729             if (state & mode) {
730 #if WAITQUEUE_DEBUG
731                 curr->__waker = (long)__builtin_return_address(0);
732 #endif
733                 /*
734                  * If waking up from an interrupt context then
735                  * prefer processes which are affine to this
736                  * CPU.
737                  */
738                 if (irq && (curr->flags & wq_mode & WQ_FLAG_EXCLUSIVE)) {
739                     if (!best_exclusive)
740                         best_exclusive = p;
741                     if (p->processor == best_cpu) {
742                         best_exclusive = p;
743                         break;
744                     }
745                 } else {
746                     if (sync)
747                         wake_up_process_synchronous(p);
748                     else
749                         wake_up_process(p);
750                     if (curr->flags & wq_mode & WQ_FLAG_EXCLUSIVE)
751                         break;
752                 }
753             }
754         }
755         if (best_exclusive) {
756             if (sync)
757                 wake_up_process_synchronous(best_exclusive);
758             else
759                 wake_up_process(best_exclusive);
760         }
761         wq_write_unlock_irqrestore(&q->lock, flags);
762 out:
763     return;
764 }
```

可以看出，当一个进程正在等待进入一个临界区时，它所等待的是独占资源（在使用期间需要独占的资源）的释放。而进入了一个临界区的进程则占用了一项独占资源。如果一个进程进入了一个临界区 A，而又企图进入另外一个临界区 B 的话，那就可能会因为进入不了那个临界区，也就是得不到所需的资源，而只好在 B 的队列中等待。那么，所等待的资源又在谁的手里呢？如果已经占有了那项资源的进程恰好也正在 A 的队列中等待，那就发生了所谓的"死锁"，因为此时两个进程都无法向前推进而到达可以释放资源的那一步。显然，对共享资源（在使用期间也允许共享的资源）的使用是不会导致死锁的。在 Linux 系统中，多数的资源都是可共享的，而独占资源的使用则置于临界区中。只要保证不在一个临界区中企图进入另一个临界区，那就不会发生死锁，而这也是防止死锁的最简单的办法。进一步，即使在一个临界区中企图进入另一个临界区，但是如果为所有的临界区排好一个次序，所有的进程在进入临界区时都遵守相同的次序（例如，只能先进 A 后进 B，而不允许先进 B 后进 A），则也不会发生上述因循环等待而引起的死锁。在目前的内核中尚无防止和化解死锁的措施，也没有防止进程在一个临界区中不按次序进入另一个临界区的措施。所以，这也是将来可加以改进的一个方面。

在内核中，需要"互斥"的不仅仅是进程与进程之间，干扰也可能发生于进程与中断服务程序（或 bh 函数）之间。同时，"信号量"也并非防止进程间，特别是在不同处理器上运行的进程之间互相干扰的惟一手段。例如，关中断无疑是保证同一处理器中进程与中断服务程序间互斥的一种手段，但是它不能防止来自另一处理器上的中断服务程序或进程的干扰。

另一种有效的手段就是加锁。读者在前面 __down( ) 的代码中看到的 spin_lock_irq( ) 和 spin_unlock_irq( ) 就是其中之一。特别是在多处理器 SMP 结构的系统中，由软件实现的各种锁尤其起着无可替代的作用。文件 include/linux/spinlock.h 中定义了一些加锁操作：

```
6   /*
7    * These are the generic versions of the spinlocks and read-write
8    * locks..
9    */
10  #define spin_lock_irqsave(lock, flags)  do { local_irq_save(flags);\
                                    spin_lock(lock); } while (0)
11  #define spin_lock_irq(lock)             do { local_irq_disable( );\
                                    spin_lock(lock); } while (0)
12  #define spin_lock_bh(lock)              do { local_bh_disable( );\
                                    spin_lock(lock); } while (0)
13
14  #define read_lock_irqsave(lock, flags)  do { local_irq_save(flags);\
                                    read_lock(lock); } while (0)
15  #define read_lock_irq(lock)             do { local_irq_disable( );\
                                    read_lock(lock); } while (0)
16  #define read_lock_bh(lock)              do { local_bh_disable( );\
                                    read_lock(lock); } while (0)
17
18  #define write_lock_irqsave(lock, flags)  do { local_irq_save(flags);\
                                    write_lock(lock); } while (0)
19  #define write_lock_irq(lock)             do { local_irq_disable( );\
                                    write_lock(lock); } while (0)
20  #define write_lock_bh(lock)              do { local_bh_disable( );\
                                    write_lock(lock); } while (0)
21
22  #define spin_unlock_irqrestore(lock, flags)  do { spin_unlock(lock);\
                                    local_irq_restore(flags); } while (0)
23  #define spin_unlock_irq(lock)            do { spin_unlock(lock);\
                                    local_irq_enable( ); } while (0)
24  #define spin_unlock_bh(lock)             do { spin_unlock(lock);\
                                    local_bh_enable( ); } while (0)
25
26  #define read_unlock_irqrestore(lock, flags)  do { read_unlock(lock);\
                                    local_irq_restore(flags); } while (0)
27  #define read_unlock_irq(lock)            do { read_unlock(lock);\
```

```
                                  local_irq_enable( );        } while (0)
28    #define read_unlock_bh(lock)             do { read_unlock(lock);\
                                  local_bh_enable( );         } while (0)
29
30    #define write_unlock_irqrestore(lock, flags)  do { write_unlock(lock);\
                      local_irq_restore(flags); } while (0)
31    #define write_unlock_irq(lock)           do { write_unlock(lock);\
                                  local_irq_enable( );        } while (0)
32    #define write_unlock_bh(lock)            do { write_unlock(lock);\
                                  local_bh_enable( );         } while (0)
```

首先来看看同一组加锁操作之间的不同。例如，spin_lock_irqsave( )与 spin_lock_irq( )之间的区别仅在于前者调用 local_irq_save( )而后者调用 local_irq_disable( )。相应的解锁操作 spin_unlock_irqsave( )与 spin_unlock_irq( )之间的区别也就因此而不同，前者调用 local_irq_restore( )而后者调用 local_irq_enable( )。

再来看看不同组的加锁操作有什么不同。例如，spin_lock_irq( )和 read_lock_irq( )之间的区别仅在于前者调用 spin_lock( )而后者调用 read_lock( )。

每一个操作都包含了两部分。一部分是操作名以 local_开头的，其作用是关闭或开启本处理器上的中断响应。另一部分是操作名以_lock 结尾的，其作用是防止来自其他处理器的干扰。我们先来看处理开中断/关中断的操作，这都是在 include/asm-i386/system.h 中定义的：

```
304   #define local_irq_save(x)    __asm__ __volatile__("pushfl ; popl %0 ;\
                      cli":"=g" (x): /* no input */ :"memory")
305   #define local_irq_restore(x) __restore_flags(x)
306   #define local_irq_disable( ) __cli( )
307   #define local_irq_enable( )  __sti( )
```

可见，local_irq_save( )和 local_irq_disable( )都通过 cli 指令来关闭中断，但是前者先把当前的处理器状态标志寄存器的内容保存起来，因为其中的 IF 标志就反映当前的中断是开着还是关着（指令 cli 就是把 IF 标志位清 0），以便在去锁时加以恢复。由于状态标志寄存器并非通用寄存器，所以要用 push 和 pop 指令经过堆栈将其内容保存到参数 x 中。相应地，local_irq_restore( )与 local_irq_enable( )的区别也在于此。

再来看 spin_lock( )，其定义在 spinlock.h 中：

```
78    static inline void spin_lock(spinlock_t *lock)
79    {
80    #if SPINLOCK_DEBUG
81        __label__ here;
82    here:
83        if (lock->magic != SPINLOCK_MAGIC) {
84    printk("eip: %p\n", &&here);
85            BUG( );
86        }
87    #endif
88        __asm__ __volatile__(
```

```
89              spin_lock_string
90              :"=m" (lock->lock) : : "memory");
91      }
```

参数 lock 的类型为 spinlock_t，定义于 include/asm-i386/spinlock.h：

```
17      /*
18       * Your basic SMP spinlocks, allowing only a single CPU anywhere
19       */
20
21      typedef struct {
22              volatile unsigned int lock;
23      #if SPINLOCK_DEBUG
24              unsigned magic;
25      #endif
26      } spinlock_t;
```

如果不考虑调试，这实际上就是一个无符号整数，但是这样有利于防止 gcc 在编译过程加以有害的"优化"。代码中引用的 spin_lock_string 又是一个宏定义：

```
50      #define spin_lock_string \
51              "\n1:\t" \
52              "lock ; decb %0\n\t" \
53              "js 2f\n" \
54              ".section .text.lock,\"ax\"\n" \
55              "2:\t" \
56              "cmpb $0,%0\n\t" \
57              "rep;nop\n\t" \
58              "jle 2b\n\t" \
59              "jmp 1b\n" \
60              ".previous"
```

这里的%0 与参数 lock->lock 相结合。这里的指令 decb 将操作数，即 lock->lock 减 1，而后缀 b 则表示操作数为 8 位。这条指令带有前缀"lock"，表示在执行时要将总线锁住，不让其他处理器访问，以此来保证该条指令执行的"原子性"。减 1 以后，要是结果非负（符号位为 0）则加锁成功，所以就返回了。如果发现减 1 以后的结果成了负数，那就表示已经有其他操作先加了锁，因此被锁在了门外，这时就转移到标号"2"处循环测试，等待加锁者去锁后将 lock->lock 设置成大于 0，然后又试着加锁。

从代码中可以看出，如果 lock->lock 的值原来就已经是 0 或负数，则处理器不断地循环测试它的值，直至其变成大于 0 为止，所以才有 spin_lock 这个名字。所谓 spin 就是"连轴转"的意思。处理器不断地这么连轴转，当然是在做无用功。那么为什么不像在对信号量的 down( ) 操作那样进入睡眠，把 CPU 让给其他进程来做些有用功呢？这是因为想要加锁的这段程序未必是在一个进程的上下文中调用的，它可能调用自一段中断服务程序或者 bh 函数，根本就不是可调度的。这也说明，加锁的时间不能太长，否则就可能太浪费了。

至于 spin_unlock( )的代码那就很简单了：

```
 93    static inline void spin_unlock(spinlock_t *lock)
 94    {
 95    #if SPINLOCK_DEBUG
 96        if (lock->magic != SPINLOCK_MAGIC)
 97            BUG( );
 98        if (!spin_is_locked(lock))
 99            BUG( );
100    #endif
101        __asm__ __volatile__(
102            spin_unlock_string
103            :"=m" (lock->lock) : : "memory");
104    }
```

同样，spin_unlock_string 也是个宏定义：

```
 62    /*
 63     * This works. Despite all the confusion.
 64     */
 65    #define spin_unlock_string \
 66        "movb $1,%0"
```

代码中的指令 movb 将 lock->lock 设置成 1，如此而已。这条指令不带有前缀"lock"，因为指令 movb 的操作本身就是原子性的。相比之下，前面的指令 decb 因为涉及"读—改—写"周期，所以从总线角度看不是原子性的。

读者也许会问，既然被锁在门外的处理器只是在做无用功，那为何不干脆就把总线锁了，一直到要做的事情完成以后才开放呢？这还是不同的，正在连轴转做无用功的处理器仍能响应中断。而如果干脆把总线锁了那就连中断也不能响应了。再说，系统中也还可能有其他处理器，只要不想进入同一段代码或受同一把锁保护的代码，就可以继续运行。

再来看 read_lock( ) 和 write_lock( )，其实现也是大同小异，我们把这些代码（也在 spinlock.h 中）留给读者自己阅读：

```
135    /*
136     * On x86, we implement read-write locks as a 32-bit counter
137     * with the high bit (sign) being the "contended" bit.
138     *
139     * The inline assembly is non-obvious. Think about it.
140     *
141     * Changed to use the same technique as rw semaphores. See
142     * semaphore.h for details. -ben
143     */
144    /* the spinlock helpers are in arch/i386/kernel/semaphore.S */
145
146    static inline void read_lock(rwlock_t *rw)
147    {
148    #if SPINLOCK_DEBUG
149        if (rw->magic != RWLOCK_MAGIC)
```

```
150             BUG( );
151 #endif
152         __build_read_lock(rw, "__read_lock_failed");
153 }
154
155 static inline void write_lock(rwlock_t *rw)
156 {
157 #if SPINLOCK_DEBUG
158         if (rw->magic != RWLOCK_MAGIC)
159             BUG( );
160 #endif
161         __build_write_lock(rw, "__write_lock_failed");
162 }
163
164 #define read_unlock(rw) asm volatile("lock ; incl %0" \
                :"=m" ((rw)->lock) : : "memory")
165 #define write_unlock(rw)    asm volatile("lock ; \
                addl $" RW_LOCK_BIAS_STR ",%0":"=m" ((rw)->lock) : : "memory")
```

代码中引用的一些宏操作和宏定义为：

```
20  #define RW_LOCK_BIAS             0x01000000
21  #define RW_LOCK_BIAS_STR         "0x01000000"
22
23  #define __build_read_lock_ptr(rw, helper)   \
24      asm volatile(LOCK "subl $1,(%0)\n\t" \
25              "js 2f\n" \
26              "1:\n" \
27              ".section .text.lock,\"ax\"\n" \
28              "2:\tcall " helper "\n\t" \
29              "jmp 1b\n" \
30              ".previous" \
31              :::"a" (rw) : "memory")
32
33  #define __build_read_lock_const(rw, helper)   \
34      asm volatile(LOCK "subl $1,%0\n\t" \
35              "js 2f\n" \
36              "1:\n" \
37              ".section .text.lock,\"ax\"\n" \
38              "2:\tpushl %%eax\n\t" \
39              "leal %0,%%eax\n\t" \
40              "call " helper "\n\t" \
41              "popl %%eax\n\t" \
42              "jmp 1b\n" \
43              ".previous" \
44              :"=m" (*(volatile int *)rw) : : "memory")
45
```

```
46    #define __build_read_lock(rw, helper)   do { \
47                    if (__builtin_constant_p(rw)) \
48                            __build_read_lock_const(rw, helper); \
49                    else \
50                            __build_read_lock_ptr(rw, helper); \
51                    } while (0)
52
53    #define __build_write_lock_ptr(rw, helper) \
54        asm volatile(LOCK "subl $" RW_LOCK_BIAS_STR ",(%0)\n\t" \
55                    "jnz 2f\n" \
56                    "1:\n" \
57                    ".section .text.lock,\"ax\"\n" \
58                    "2:\tcall " helper "\n\t" \
59                    "jmp 1b\n" \
60                    ".previous" \
61                    ::"a" (rw) : "memory")
62
63    #define __build_write_lock_const(rw, helper) \
64        asm volatile(LOCK "subl $" RW_LOCK_BIAS_STR ",(%0)\n\t" \
65                    "jnz 2f\n" \
66                    "1:\n" \
67                    ".section .text.lock,\"ax\"\n" \
68                    "2:\tpushl %%eax\n\t" \
69                    "leal %0,%%eax\n\t" \
70                    "call " helper "\n\t" \
71                    "popl %%eax\n\t" \
72                    "jmp 1b\n" \
73                    ".previous" \
74                    :"=m" (*(volatile int *)rw) : : "memory")
75
76    #define __build_write_lock(rw, helper)   do { \
77                    if (__builtin_constant_p(rw)) \
78                            __build_write_lock_const(rw, helper); \
79                    else \
80                            __build_write_lock_ptr(rw, helper); \
81                    } while (0)
```

调用__build_read_lock( )和__build_write_lock( )时的第二个参数都是函数指针，分别为__read_lock_failed和__read_lock_failed（见152行和161行），其代码如下：

```
426    #if defined(CONFIG_SMP)
427    asm(
428    "
429    .align  4
430    .globl __write_lock_failed
431    __write_lock_failed:
432        " LOCK "addl     $" RW_LOCK_BIAS_STR ",(%eax)
```

```
433         1:  cmpl    $" RW_LOCK_BIAS_STR ",(%eax)
434             jne 1b
435
436             " LOCK "subl    $" RW_LOCK_BIAS_STR ",(%eax)
437             jnz __write_lock_failed
438             ret
439
440
441         .align  4
442         .globl  __read_lock_failed
443         __read_lock_failed:
444             lock ; incl (%eax)
445         1:  cmpl    $1,(%eax)
446             js  1b
447
448             lock ; decl (%eax)
449             js  __read_lock_failed
450             ret
451         "
452         );
453         #endif
```

值得指出的是，如果 CPU 进入了一段加锁的代码 A 以后又企图进入另一段加锁的代码 B，那就有可能在那里被关在门外，而如果已经在 B 中的处理器恰好又因企图进入 A 而也被关在了门外，因此两个处理器都陷入了连轴转，那就形成了死锁。这跟在信号量上通过 down( ) 操作嵌套地进入了临界区时可能会形成的死锁是一致的。防止此种死锁的手段主要有：

(1) 不允许在进入加锁的代码以后再进入其他加锁的代码，这是最简单的。
(2) 如果允许这样做的话，就要为所有加锁的代码段建立一个统一的次序，例如必须是先进入 A 后进入 B。

目前的 Linux 内核中尚未采取措施来防止这种死锁，这也有待于将来进一步的改进。不过，并非每个程序员都需要编写在内核中运行的程序，负责开发内核程序（如设备驱动）的程序员通常总是比较有经验、水平比较高的人，他们自会注意这个问题。另一方面，Linux 系统中的多数资源都是可共享的，需要放在临界区中或者加锁的代码是很少、很短的。所以，在实际使用中死锁并不是一个很现实的问题。

还有，临界区和加锁在概念上是类似的，但对系统影响的程度却不同，所以在使用时要加以区分。如果不问青红皂白，动不动就加锁，那就好像为了抓小偷而全城戒严一样，属于"防范过当"了。

第 5 章

文 件 系 统

5.1 概述

若要问构成一个"操作系统"的最重要的部件是什么,那就莫过于进程管理和文件系统了。事实上,有些操作系统(如一些"嵌入式"系统)可能有进程管理而没有文件系统;而另一些操作系统(如MSDOS)则有文件系统而没有进程管理。可是,要是二者都没有,那就称不上"操作系统"了。在本书的前几章中已经讲述了与 Linux 的进程管理有关的内容,从现在开始,让我们把注意力转向它的文件系统。

"文件系统"这个词的含义比较模糊。首先,其中"文件"的含义就有狭义与广义之分。狭义地说,"文件"是指"磁盘文件",进而可以是有组织有次序地存储于任何介质(包括内存)中的一组信息。广义地说,则 Unix 从一开始时就把外部设备都当成"文件"。从这个意义上讲,凡是可以产生或消耗信息的都是文件。以在网络环境中用来收发报文的"插口"机制来说,它就并不代表存储着的信息,但是插口的发送端"消耗"信息,而接收端则"产出"信息,所以把插口看成文件是合乎逻辑的。可是,即使抛开"文件"这个词的模糊性不说,"文件系统"这个词又进一步有几种不同的含义,要根据上下文才能加以区分:

(1) 指一种特定的文件格式。例如,我们说 Linux 的文件系统是 Ext2,MSDOS 的文件系统是 FAT16,而 Windows NT 的文件系统是 NTFS 或 FAT32,就是指这个意思。
(2) 指按特定格式进行了"格式化"的一块存储介质。当我们说"安装"或"拆卸"一个文件系统时,指的就是这个意思。
(3) 指操作系统中(通常在内核中)用来管理文件系统以及对文件进行操作的机制及其实现,这就是本章的主要话题。

Linux 最初采用的是 minix 的文件系统,但是 minix 只是一种实验性(用于教学)的操作系统,其文件系统的大小仅限于 64M 字节,文件名长度限于 14 个字符。所以,经过一段时间的改进和发展,特别是吸取了多年来对传统 Unix 文件系统的各种改进所累积起的经验,最后形成了现在的 Ext2 文件系统。这个文件系统可以说就是"Linux 文件系统"。

除 Linux 本身的文件系统 Ext2 外,设计人员很早就注意到了如何使 Linux 支持其他各种不同文件系统的问题。要实现这个目的,就要将对各种不同文件系统的操作和管理纳入到一个统一的框架中。

让内核中的文件系统界面成为一条文件系统"总线",使得用户程序可以通过同一个文件系统操作界面,也就是同一组系统调用,对各种不同的文件系统(以及文件)进行操作。这样,就可以对用户程序隐去各种不同文件系统的实现细节,为用户程序提供一个统一的、抽象的、虚拟的文件系统界面,这就是所谓"虚拟文件系统"VFS(Virtual Filesystem Switch)。这个抽象的界面主要由一组标准的、抽象的文件操作构成,以系统调用的形式提供于用户程序,如 read( )、write( )、lseek( )等等。这样,用户程序就可以把所有的文件都看作一致的、抽象的"VFS 文件",通过这些系统调用对文件进行操作,而无需关心具体的文件属于什么文件系统以及具体文件系统的设计和实现。例如,在 Linux 操作系统中,可以将 DOS 格式的磁盘或分区(即文件系统)"安装"到系统中,然后用户程序就可以按完全相同的方式访问这些文件,就好像它们也是 Ext2 格式的文件一样。

如果把内核比拟为 PC 机中的"母板",把 VFS 比拟为"母板"上的一个"插槽",那么每个具体的文件系统就好像一块"接口卡"。不同的接口卡上有不同的电子线路,但是它们与插槽的连接有几条线、每条线干什么用则是有明确定义的。同样,不同的文件系统通过不同的程序来实现其各种功能,但是与 VFS 之间的界面则是有明确定义的。这个界面的主体就是一个 file_operations 数据结构,其定义在 include/linux/fs.h 中:

```
768     /*
769      * NOTE:
770      * read, write, poll, fsync, readv, writev can be called
771      *   without the big kernel lock held in all filesystems.
772      */
773     struct file_operations {
774         struct module *owner;
775         loff_t (*llseek) (struct file *, loff_t, int);
776         ssize_t (*read) (struct file *, char *, size_t, loff_t *);
777         ssize_t (*write) (struct file *, const char *, size_t, loff_t *);
778         int (*readdir) (struct file *, void *, filldir_t);
779         unsigned int (*poll) (struct file *, struct poll_table_struct *);
780         int (*ioctl) (struct inode *, struct file *, unsigned int, unsigned long);
781         int (*mmap) (struct file *, struct vm_area_struct *);
782         int (*open) (struct inode *, struct file *);
783         int (*flush) (struct file *);
784         int (*release) (struct inode *, struct file *);
785         int (*fsync) (struct file *, struct dentry *, int datasync);
786         int (*fasync) (int, struct file *, int);
787         int (*lock) (struct file *, int, struct file_lock *);
788     ssize_t (*readv) (struct file *, const struct iovec *, unsigned long, loff_t *);
789     ssize_t (*writev) (struct file *, const struct iovec *, unsigned long, loff_t *);
790     };
```

每种文件系统都有自己的 file_operations 数据结构,结构中的成分几乎全是函数指针,所以实际上是个函数跳转表,例如 read 就指向具体文件系统用来实现读文件操作的入口函数。如果具体的文件系统不支持某种操作,其 file_operations 结构中的相应函数指针就是 NULL。我们不在这里介绍这个结构中各种指针的用途,以后读者将会看到其中主要的一些操作的典型代码。

每个进程通过"打开文件"(open( ))与具体的文件建立起连接,或者说建立起一个读写的"上下文"。这种连接以一个 file 数据结构作为代表，结构中有个 file_operations 结构指针 f_op。将 file 结构中的指针 f_op 设置成指向某个具体的 file_operations 结构，就指定了这个文件所属的文件系统，并且与具体文件系统所提供的一组函数挂上了钩，就好像把具体的"接口卡"插入到了"插槽"中。读者以后会看到有关的详情。

Linux 内核中对 VFS 与具体文件系统的关系划分可以用图 5.1 表示。

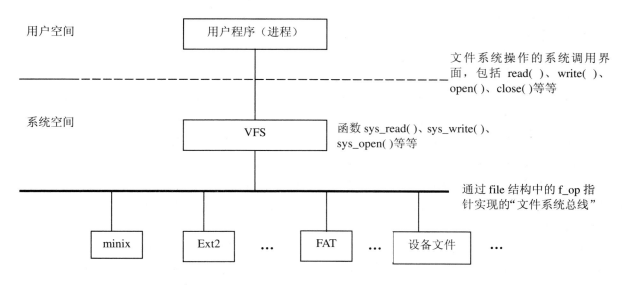

图 5.1 VFS 与具体文件系统的关系示意图

进程与文件的连接，即"已打开文件"，是进程的一项"财产"，归具体的进程所有。代表着这种连接的 file 结构必然与代表着进程的 task_struct 数据结构存在着联系。在"进程与进程调度"一章中我们看过这个数据结构的定义，但是那时候忽略了与文件系统有关的内容。现在把 task_struct 结构中与此有关的几行再列出如下（include/linux/sched.h）：

```
277    struct task_struct {
       ......
375    /* filesystem information */
376        struct fs_struct *fs;
377    /* open file information */
378        struct files_struct *files;
       ......
397    };
```

这里有两个指针 fs 和 files，一个指向 fs_struct 数据结构，是关于文件系统的信息；另一个指向 files_struct 数据结构，是关于已打开文件的信息。先看 fs_struct 结构，它的定义在 include/linux/fs_struct.h 中：

```
5      struct fs_struct {
6          atomic_t count;
7          rwlock_t lock;
```

```
8          int umask;
9          struct dentry * root, * pwd, * altroot;
10         struct vfsmount * rootmnt, * pwdmnt, * altrootmnt;
11      };
```

结构中有六个指针。前三个是 dentry 结构指针，就是 root、pwd 以及 altroot。这些指针各自指向代表着一个"目录项"的 dentry 数据结构，里面记录着文件的各项属性，如文件名、访问权限等等。其中 pwd 则指向进程当前所在的目录；而 root 所指向的 dentry 结构代表着本进程的"根目录"，那就是当用户登录进入系统时所"看到"的根目录；至于 altroot 则为用户设置的"替换根目录"，我们以后还会讲到。实际运行时这三个目录不一定都在同一个文件系统中，例如进程的根目录通常是安装于"/"节点上的 Ext2 文件系统中，而当前工作目录则可能安装于/dosc 的一个 DOS 文件系统中。在文件系统的操作中这些安装点起着重要的作用而常常要用到，所以后三个指针就各自指向代表着这些"安装"的 vfsmount 数据结构。注意，fs_struct 结构中的信息都是与文件系统和进程有关的，带有全局性的（对具体的进程而言），而与具体的已打开文件没有什么关系。例如进程的根目录在 Ext2 文件系统中，当前工作目录在 DOS 文件系统中，而一个具体的已打开文件却可能是设备文件。

与具体已打开文件有关的信息在 file 结构中，而 files_struct 结构的主体就是一个 file 结构数组。每打开一个文件以后，进程就通过一个"打开文件号" fid 来访问这个文件，而 fid 实际上就是相应 file 结构在数组中的下标。如前所述，每个 file 结构中有个指针 f_op,指向该文件所属文件系统的 file_operations 数据结构。同时，file 结构中还有个指针 f_dentry，指向该文件的 dentry 数据结构。那么，为什么不干脆把文件的 dentry 结构放在 file 结构里面，而只是让 file 结构通过指针来指向它呢？这是因为一个文件只有一个 dentry 数据结构，而可能有多个进程打开它，甚至同一个进程也可能多次打开它而建立起多个读写上下文。同理，每种文件系统只有一个 file_operations 数据结构，它既不专属于某个特定的文件，更不专属于某个特定的上下文。

每个文件除有一个"目录项"即 dentry 数据结构以外，还有一个"索引节点"即 inode 数据结构，里面记录着文件在存储介质上的位置与分布等信息。同时，dentry 结构中有个 inode 结构指针 d_inode 指向相应的 inode 结构。读者也许要问，既然一个文件的 dentry 结构和 inode 结构都在从不同的角度描述这个文件各方面的属性，那为什么不"合二为一"，而要"一分为二"呢？其实，dentry 结构与 inode 结构所描述的目标是不同的，因为一个文件可能有好几个文件名，而通过不同的文件名访问同一个文件时的权限也可能不同。所以，dentry 结构所代表的是逻辑意义上的文件，记录的是其逻辑上的属性..。而 inode 结构所代表的是物理意义上的文件，记录的是其物理上的属性；它们之间的关系是多对一的关系。

前面我们说虚拟文件系统 VFS 与具体的文件系统之间的界面的"主体"是 file_operations 数据结构，是因为除此之外还有一些其他的数据结构。其中主要的还有与目录项相联系的 dentry_operations 数据结构和与索引节点相联系的 inode_operations 数据结构。这两个数据结构中的内容也都是一些函数指针，但是这些函数大多只是在打开文件的过程中使用，或者仅在文件操作的"底层"使用（如分配空间），所以不像 file_operations 结构中那些函数那么常用，或者不那么有"知名度"。以 dentry_operations 为例，其定义在 include/linux/dcache.h 中：

```
79      struct dentry_operations {
80          int (*d_revalidate)(struct dentry *, int);
81          int (*d_hash) (struct dentry *, struct qstr *);
```

```
82      int (*d_compare) (struct dentry *, struct qstr *, struct qstr *);
83      int (*d_delete)(struct dentry *);
84      void (*d_release)(struct dentry *);
85      void (*d_iput)(struct dentry *, struct inode *);
86  };
```

这里 d_delete 是指向具体文件系统的"删除文件"操作的入口函数，d_release 则用于"关闭文件"操作。还有个函数指针 d_compare 很有意思，它用于文件名的比对。读者可能感到奇怪，文件名的比对就是字符串的比对，这难道也因文件系统而异？其实不足为奇，想一想：有的文件系统中文件名的长度限于 8 个字符，有的则可以有 255 个字符；有的文件系统容许在文件名里有空格，有的则不容许；有的支持汉字，有的则不支持。所以，文件名的比对确实因文件系统而异。

总之，具体文件系统与虚拟文件系统 VFS 间的界面是一组数据结构，包括 file_operations、dentry_operations、inode_operations，还有其他（此处暂从略）。原则上每种文件系统都必须在内核中提供这些数据结构，后面我们还要深入讨论。

虽然我们尚未深入地讲述文件系统的内部结构和操作，读者可以从图 5.2 看到文件系统内部结构的基本情况。我们姑且称之为"文件系统逻辑结构图"，以后读者将需要反复地回过来看这幅结构示意图。至于这幅图中各个数据结构的分配与设置，也就是这幅图的构筑，则会在"打开文件"一节中叙述。

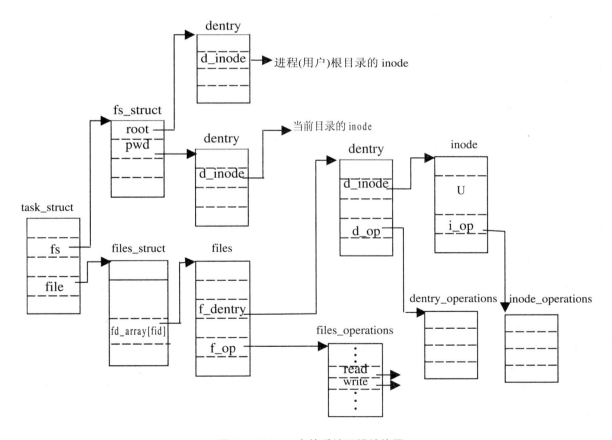

图 5.2 Linux 文件系统逻辑结构图

那么，Linux 到底支持哪一些具体的文件系统呢？数据结构 inode 中有一个成分 u，是一个 union。根据具体文件系统的不同，可以将这个 union 解释成不同的数据结构。例如，当 inode 所代表的文件是个插口（socket）时，u 就用作 socket 数据结构；当 inode 所代表的文件属于 Ext2 文件系统时，u 就用作 Ext2 文件系统的详细描述结构 ext2_inode_info。所以，看一下对这个 union 的定义就可以看出 Linux 目前支持多少种文件系统，这个定义是 inode 数据结构定义的一部分，在文件 include/linux/fs.h 中：

```
433     union {
434         struct minix_inode_info         minix_i;
435         struct ext2_inode_info          ext2_i;
436         struct hpfs_inode_info          hpfs_i;
437         struct ntfs_inode_info          ntfs_i;
438         struct msdos_inode_info         msdos_i;
439         struct umsdos_inode_info        umsdos_i;
440         struct iso_inode_info           isofs_i;
441         struct nfs_inode_info           nfs_i;
442         struct sysv_inode_info          sysv_i;
443         struct affs_inode_info          affs_i;
444         struct ufs_inode_info           ufs_i;
445         struct efs_inode_info           efs_i;
446         struct romfs_inode_info         romfs_i;
447         struct shmem_inode_info         shmem_i;
448         struct coda_inode_info          coda_i;
449         struct smb_inode_info           smbfs_i;
450         struct hfs_inode_info           hfs_i;
451         struct adfs_inode_info          adfs_i;
452         struct qnx4_inode_info          qnx4_i;
453         struct bfs_inode_info           bfs_i;
454         struct udf_inode_info           udf_i;
455         struct ncp_inode_info           ncpfs_i;
456         struct proc_inode_info          proc_i;
457         struct socket                   socket_i;
458         struct usbdev_inode_info        usbdev_i;
459         void                            *generic_ip;
460     } u;
```

其中有些成分是不言自明的，如 ext2、msdos 等，但是多数都需要一点简短的说明：

hpfs —— IBM 为 PC 开发的 OS/2 操作系统所采用的文件系统。这种格式只用于硬盘，而 OS/2 所用的软盘则与 msdos 相同。

ntfs ——Windows NT 的文件系统。

umsdos —— 一种特殊的"文件系统"，用 msdos 文件系统来模拟 Ext2 文件系统。其好处是可以在磁盘上的 DOS 分区中直接运行 Linux，而不需要先重新划区并格式化。坏处当然也不少，首先是降低了运行的速度，而且这样一来就对 DOS 文件系统的病毒失去了"免疫力"。

isofs —— 用于 CDROM（光盘）。

nfs —— "网络文件系统" NFS。

sysv —— Unix 系统 V 的文件系统 S5FS。

affs —— BSD 对 S5FS 作了很大的改进，改进后的文件系统称为"快速文件系统" FFS。由于当时 Amiga 公司在其操作系统 AmigaOS 中采用了这种文件系统，所以称为 affs。

第 5 章 文件系统

- ufs —— 这是 FFS 的另一种实现，广泛适用于 BSD 的各种版本以及各种 Unix 变种（如 sunOS、solaris、FreeBSD、NetBSD、OpenBSD 以及 Nextstep 等等）版本，因而实际上成为了"Unix File System"，所以称为 ufs。
- efs —— Silicon Graphics 的 IRIX 文件系统。
- romfs ——"只读"文件系统。顾名思义，这种文件系统可以建立在只读介质上，如 EPROM、PROM 等。还有一个特点是这种文件系统的实现在内核中所占的"地盘"很小。例如，msdos 文件系统在内核中约占 30K 字节，nfs 文件系统约占 57K 字节，而 romfs 只占一个页面。所以，romfs 常常比较适合于一些"嵌入"式系统。
- coda —— 也是一种网络文件系统，是对 nfs 的一种改进。
- smbfs —— 即 samba，使 Win 95、Win NT 等系统可以通过网络访问 Linux 文件系统。
- hfs —— Apple Macintosh 的文件系统。
- adfs —— Acom 公司开发了一种基于 ARM 处理器的 RISC PC，其操作系统称为 RISCOS，而文件系统即为"Acorn Disk Filing System"。
- qnx4 —— QNX 是一个操作系统，常用于"嵌入式"系统，其文件系统为 QNXFS。
- bfs —— 用于 SCO Unix Ware 的 V 一种文件系统
- udf —— "Universal Disk File"最新的"通用文件系统"，既用于 DVD 和可写光盘，也可用于硬盘。
- ncpfs —— Novell NetWare 文件系统。
- proc —— 目录/proc 下的特殊文件，这些文件对系统管理和程序调试都很有用处。
- usbdev —— "通过串行总线"USB 的驱动程序。

这个 union 的定义只是大致地反映了 Linux 内核目前所支持的各种文件系统，因为这是以 inode 结构中这一部分空间的不同用法和解释为基础的。如果两种文件系统对这个 union 的解释相同，那就不能从这个定义中反映出来了。

举例来说，早期 Linux 曾开发和使用了另一个文件系统 ext（还有一个文件系统叫 Xiafs），后来才发展到 Ext2（表示 ext 第 2 版），现在的 Linux 内核也还支持这个文件系统（读者可以用命令"man mount"或"man fs"察看），但是由于它在 inode 结构中对 u 的解释与 Ext2 相同，这里就看不出来了。另一方面，虽然原则上每个文件系统都有其自身的函数跳转表，即 file_operations 数据结构，但是反过来说，每个 file_operations 结构都代表着一个不同的文件系统就不确切了。读者以后在第 6 章的"管道"一节中可以看到，就在 Ext2 文件系统的框架中，光是用作管道的文件就根据读、写权限的不同而有三个不同的 file_operations 结构。

还有，在 Linux 系统中外部设备是视同文件的，所以从概念上讲每种不同的外部设备就相当于一种不同的文件系统。可是，在这个 union 的定义中却只列出了 usbdev 作为一种独立的文件系统，那么"块设备"又怎样？"字符设备"又怎样？"网络设备"又怎样？为什么这里都没有呢？原因就在于这些设备都不要求将 inode 结构中的这个 union 作不同的解释。同样的道理，对"特殊文件"，这里只列出了 proc 与 socket，但是用来实现"命名管道"的另一种特殊文件 FIFO 就没有在这里单独地列出。

所以，inode 结构中的这个 union 反映了各种文件系统在部分数据结构上的不同，而 file_operations 结构则反应了它们在算法（操作）上的不同。

当一个文件系统代表着磁盘（或其他介质）上按特定格式组织的文件时，对每个文件的操作最终都要转化为对某一部分磁盘介质的操作，所以从层次的观点来看，在"文件系统"以下还有一层"设备驱动"。可是，既然设备（实际上是设备驱动）也是视作文件的，那么作为与文件"平级"的磁盘设备"文件"与作为文件系统"底层"的磁盘"设备"又有什么区别呢？这实际上反映了对磁盘介质上的数据的两种不同观点，一种是把它看成有结构、有组织的数据，而另一种则把它看成线性空间的数据。下列示意图(图 5.3)表示了不同文件的这种层次结构。

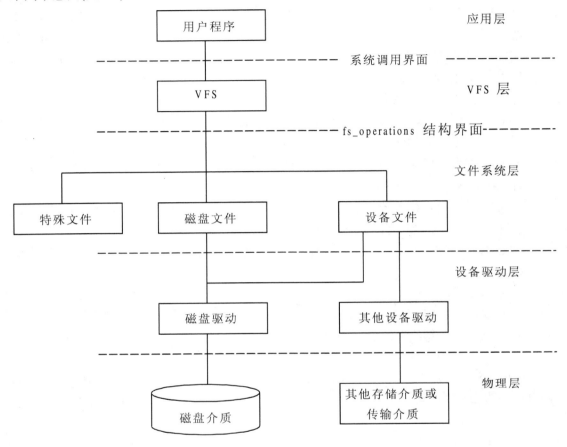

图 5.3 Linux文件系统的层次结构

图中有三种不同类型的文件。

5.1.1 磁盘文件

磁盘文件也许应该称为"存储文件"，这就是狭义的、本来意义上的"文件"，通常以磁盘为存储介质，但也可能采用其他介质。例如，romfs 就是采用 EPROM 之类的介质，而 RAMDISK 则在内存中模拟磁盘介质。所谓"文件"，就是按一定的组织形式存储在介质上的信息，所以一个"文件"其实包含了两方面的信息，一是存储的数据本身，还有一部分就是有关该文件的组织和管理的信息。对于磁盘文件来说，这两种信息必定全都存储在"文件系统"中，也就是磁盘上。其中与组织和管理有关的信息主要存储在文件的 "索引节点"和"目录项"中。磁盘上的索引节点与前述（存在于内存中）的 inode 数据结构相似，但有所不同，可以看成是 inode 结构的简化了的版本。不过，磁盘上的索引节点不像 inode 结构那样会因断电而"挥发"，也不占用内存空间。每个文件都有一个并且只有一个索引节点。即使文件中暂时没有数据，其索引节点总是存在的。这类文件是本章的重点，不过我们在本书中将只关心 Ext2 文件系统。磁盘上的目录项也比内存中的 dentry 结构简单，存在于所谓"目录节点"中。目录节点实际上是一种特殊形式和用途的文件。

5.1.2 设备文件

设备文件同样包含有用于组织和管理的信息，同样有存储介质上的索引节点和目录项，但是却不一定有存储着的数据。根据设备类型和性质的不同，它可以是用于存储/读出的（如磁盘），也可以是用于接收/发送的（如网络卡），还可以是供采集/控制的（如一些机电设备），甚至可以是数种类型的结合。实际上，不管什么设备，在操作的过程中总要伴随着一定程度的数据采集和控制，通常都通过设备接口上的一个"控制/状态寄存器"进行，具体可参看本书下册"设备驱动"一章。

5.1.3 特殊文件

特殊文件在内存中也有 inode 数据结构和 dentry 数据结构，但是不一定在存储介质上有索引节点和目录项。与前两种文件主要的不同是：特殊文件一般都与外部设备无关，所涉及的介质通常就是内存以及 CPU 本身。当从一特殊文件"读"时，所读出的数据都是由系统内部按一定的规则临时生成出来的，或者从内存中收集、加工出来的，反之亦然。从这个意义上说，文件"dev/null"就是一个特殊文件，凡是写入这个文件的数据全部都被丢弃了，根本就与外部设备无关。所以这个文件虽然在"/dev"目录下，实质上却是一个特殊文件。读者在"进程间通信"一章中将会看到用来实现"管道"的文件，特别是"命名管道"的 FIFO 文件，还有 Unix 域的 socket，也都属于特殊文件。在本章中我们还要介绍另一种重要的特殊文件，那就是在"/proc"目录下的一系列文件。

三种不同类型的文件有一个共同点，那就是它们都有一些关于组织和管理的信息。因此，每个文件都有一个 inode。所谓 inode，也就是"索引节点"（或称"i 节点"）的意思。要"访问"一个文件时，一定要通过它的索引才能知道这个文件是什么类型的文件(例如，是否设备文件)、是怎样组织的、文件中存储着多少数据、这些数据在什么地方以及其下层的驱动程序在哪儿等必要的信息。数据结构 inode 的定义在文件 include/linux/fs.h 中给出，我们把它列在这里，但是现在还不是有系统地解释结构中各个成分的时候，读者以后还得反复回过来看它的定义。最后，读者自己就能作出这种解释了。此处我们只对结构中的某些成分作一些介绍。先看 inode 的定义(include/linux/fs.h)：

```
387     struct inode {
388         struct list_head    i_hash;
389         struct list_head    i_list;
390         struct list_head    i_dentry;
391
392         struct list_head    i_dirty_buffers;
393
394         unsigned long       i_ino;
395         atomic_t            i_count;
396         kdev_t              i_dev;
397         umode_t             i_mode;
398         nlink_t             i_nlink;
399         uid_t               i_uid;
```

```
400         gid_t                   i_gid;
401         kdev_t                  i_rdev;
402         loff_t                  i_size;
403         time_t                  i_atime;
404         time_t                  i_mtime;
405         time_t                  i_ctime;
406         unsigned long           i_blksize;
407         unsigned long           i_blocks;
408         unsigned long           i_version;
409         struct semaphore        i_sem;
410         struct semaphore        i_zombie;
411         struct inode_operations *i_op;
412         struct file_operations  *i_fop;/* former ->i_op->default_file_ops */
413         struct super_block      *i_sb;
414         wait_queue_head_t       i_wait;
415         struct file_lock        *i_flock;
416         struct address_space    *i_mapping;
417         struct address_space    i_data;
418         struct dquot            *i_dquot[MAXQUOTAS];
419         struct pipe_inode_info  *i_pipe;
420         struct block_device     *i_bdev;
421
422         unsigned long i_dnotify_mask;      /* Directory notify events */
423         struct dnotify_struct *i_dnotify;  /* for directory notifications */
424
425         unsigned long           i_state;
426
427         unsigned int            i_flags;
428         unsigned char           i_sock;
429
430         atomic_t                i_writecount;
431         unsigned int            i_attr_flags;
432         __u32                   i_generation;
433         union {
434             struct minix_inode_info  minix_i;
435             struct ext2_inode_info   ext2_i;
            . . . . . .
460         } u;
461     };
```

每个 inode 都有一个 "i 节点号" i_ino, 在同一文件系统中每个 i 节点号都是惟一的, 内核中有时候会根据 i 节点号的杂凑值寻找其 inode 结构。同时, 每个文件都有个 "文件主", 最初是创建了这个文件的用户, 但是可以改变。系统的每个用户都有一个用户号, 即 uid, 并且都属于某一个用户 "组", 所以又有个组号 gid。因此, 在 inode 结构中就相应地有 i_uid 和 i_gid 两个成分, 以指明文件主的身分。

值得注意的是, inode 结构中有两个设备号, 即 i_dev 和 i_rdev。首先, 除特殊文件外, 一个索引节点总得存储在某个设备上, 这就是 i_dev。其次, 如果索引节点所代表的并不是常规文件, 而是某个设备，那就还要有个设备号，那就是 i_rdev。设备号实际上由两部分构成，即"主设备号"与"次设备号"。主设备号表示设备的种类，例如磁盘就分成软盘、IDE 硬盘、SCSI 硬盘等等。次设备号则表示系统内配备的同一种设备中的某个具体设备。

每当一个文件受到访问时，系统都要在这个文件的 inode 中留下时间印记，inode 结构中的 i_atime、i_mtime 和 i_ctime 分别为最后一次访问该文件的时间、修改该文件的时间以及最初创建该文件的时间。

对于具有数据部分的文件（磁盘文件或"普通文件"）来说，i_size 就是其数据部分当前的大小。至于数据所在的位置，则根据文件系统的不同而记录在 inode 中的 union 里面。

就像人可以有别名一样，文件也可以有多个文件名，也就是说可以将一个已经创建的文件"连接"（link）到另一个文件名。这个"别名"与原来的文件名可以在同一个目录中，也可以在不同的目录中，但是这些不同的目录项都指向同一个 inode。与此相应，在 inode 结构中有个计数器 i_link，用来记住这个文件有多少个这样的连接。同时，还有个队列头 i_dentry，用来构成一个 dentry 结构的队列，沿着这个队列就可以找到与这个文件相联系的所有 dentry 结构。

除了相对静态的信息以外，inode 结构中还有些成分用于表示一些动态的信息。例如，i_count 就是 inode 结构的共享计数，这个数值在系统运行的过程中是常常在变化的。又如，inode 结构可以通过它的几个 list_head 结构动态地链入到内存中的若干队列中，这种关系显然也是在动态地变化的。

另外，inode 结构中 union 里面的信息也有很多是动态的。显然，inode 结构中相对静态的一些信息是需要保存在"不挥发性"介质如磁盘上的。这一点对具有数据部分的磁盘文件固不待言，就是对于不具有数据部分的设备文件和特殊文件也是必需的（只有少数特殊文件例外，如无名管道文件）。所以，在前面的文件系统层次图（图 5.3）中，实际上从 VFS 和磁盘介质之间还应该加上一条连线，表示 VFS 层为管理的目的在磁盘上保存和恢复 inode 结构（以及其他一些数据结构，如 dentry）所需的一些信息。以后读者还会看到，磁盘的格式化也考虑到了这个问题。以 Ext2 格式为例，磁盘上的记录块（扇区）主要分成两部分，一部分用于索引节点，一部分用于文件的数据。给定一个索引节点号，就可以通过磁盘的设备驱动程序将其所在的记录块读入内存中。

那么，既然只要把 inode 结构中的部分信息保存在磁盘上的"索引节点"中，这些节点又是什么样的呢？这要看具体的文件系统而定。就 Linux 本身的文件系统 Ext2 而言，那就是 ext2_inode 数据结构，这是在 include/linux/ext2_fs.h 中定义的，读者不妨先大致上比较一下它与 inode 结构的异同。

```
214     /*
215      * Structure of an inode on the disk
216      */
217     struct ext2_inode {
218             __u16   i_mode;         /* File mode */
219             __u16   i_uid;          /* Low 16 bits of Owner Uid */
220             __u32   i_size;         /* Size in bytes */
221             __u32   i_atime;        /* Access time */
222             __u32   i_ctime;        /* Creation time */
223             __u32   i_mtime;        /* Modification time */
224             __u32   i_dtime;        /* Deletion Time */
225             __u16   i_gid;          /* Low 16 bits of Group Id */
226             __u16   i_links_count;  /* Links count */
227             __u32   i_blocks;       /* Blocks count */
228             __u32   i_flags;        /* File flags */
```

```
229         union {
230             struct {
231                 __u32  l_i_reserved1;
232             } linux1;
233             struct {
234                 __u32  h_i_translator;
235             } hurd1;
236             struct {
237                 __u32  m_i_reserved1;
238             } masix1;
239         } osd1;               /* OS dependent 1 */
240         __u32  i_block[EXT2_N_BLOCKS];/* Pointers to blocks */
241         __u32  i_generation;   /* File version (for NFS) */
242         __u32  i_file_acl;  /* File ACL */
243         __u32  i_dir_acl;   /* Directory ACL */
244         __u32  i_faddr;     /* Fragment address */
245         union {
246             struct {
247                 __u8   l_i_frag;   /* Fragment number */
248                 __u8   l_i_fsize;  /* Fragment size */
249                 __u16  i_pad1;
250                 __u16  l_i_uid_high;  /* these 2 fields   */
251                 __u16  l_i_gid_high;  /* were reserved2[0] */
252                 __u32  l_i_reserved2;
253             } linux2;
254             struct {
255                 __u8   h_i_frag;   /* Fragment number */
256                 __u8   h_i_fsize;  /* Fragment size */
257                 __u16  h_i_mode_high;
258                 __u16  h_i_uid_high;
259                 __u16  h_i_gid_high;
260                 __u32  h_i_author;
261             } hurd2;
262             struct {
263                 __u8   m_i_frag;   /* Fragment number */
264                 __u8   m_i_fsize;  /* Fragment size */
265                 __u16  m_pad1;
266                 __u32  m_i_reserved2[2];
267             } masix2;
268         } osd2;               /* OS dependent 2 */
269     };
```

同样，读者以后还会不时地需要回过来看看这个结构的定义。这里我们暂不解释这个结构中的成分，而只是指出：除 Linux 外，FSF 还打算在它的其他两个操作系统中也采用 Ext2 文件系统，但是在具体使用上又略有不同，所以在这个结构中有两个 union，即 osd1 和 osd2，都要视实际运行的操作系统而作不同的解释。

虽然在 inode 结构（以及 ext2_inode 结构）中包含了关于文件的组织和管理的信息，但是还有一项关键性的信息,即文件名,却并不在其内。显然,我们需要一种机制,使得根据一个文件的文件名就可以在磁盘上找到该文件的索引节点,从而在内存中建立起代表该文件的 inode 结构。这种机制就是文件系统的目录树。这棵倒立的"树"从系统的"根节点",即"/"开始向下伸展,除最底层的"叶"节点为"文件"以外,其他的中间节点都是"目录"。其实,目录也是一种文件,是一种特殊的磁盘文件。这种文件的"文件名"就是目录名,也有索引节点,并且有数据部分。所不同的是,其数据部分的内容只包括"目录项"。对 Ext2 文件系统来说,这种"目录项"就是 ext2_dir_entry,后来改成了 ext2_dir_entry_2 数据结构(但保持兼容),它也是在 ext2_fs.h 中定义的:

```
474   #define EXT2_NAME_LEN       255
      ......
483   /*
484    * The new version of the directory entry.  Since EXT2 structures are
485    * stored in intel byte order, and the name_len field could never be
486    * bigger than 255 chars, it's safe to reclaim the extra byte for the
487    * file_type field.
488    */
489   struct ext2_dir_entry_2 {
490       __u32   inode;              /* Inode number */
491       __u16   rec_len;            /* Directory entry length */
492       __u8    name_len;           /* Name length */
493       __u8    file_type;
494       char    name[EXT2_NAME_LEN];    /* File name */
495   };
```

文件名(不包括路径部分)的最大长度为 255 个字符。老版本的 ext2_dir_entry 结构中 name_len 为无符号短整数,而在新版本的 ext2_dir_entry_2 中则改为 8 位的无符号字符,腾出一半用作文件类型 fild_type。目前,已经定义的文件类型为:

```
497   /*
498    * Ext2 directory file types.  Only the low 3 bits are used.  The
499    * other bits are reserved for now.
500    */
501   #define EXT2_FT_UNKNOWN         0
502   #define EXT2_FT_REG_FILE        1
503   #define EXT2_FT_DIR             2
504   #define EXT2_FT_CHRDEV          3
505   #define EXT2_FT_BLKDEV          4
506   #define EXT2_FT_FIFO            5
507   #define EXT2_FT_SOCK            6
508   #define EXT2_FT_SYMLINK         7
509
510   #define EXT2_FT_MAX             8
```

这里的 EXT2_FT_CHRDEV 和 EXT2_FT_BLKDEV 分别表示字符设备文件和块设备文件。我们在前面提到过的"/proc"下的特殊文件并不单独成为一类,而是作为常规文件,即 EXT2_FT_REG_FILE

出现在目录项中。至于最后怎样与真正的常规文件相区分，则读者在读完本章以后自会明白。

注意 ext2_dir_entry_2 结构中有个字段 rec_len，说明这个数据结构的长度并不是固定的。由于节点名的长度相差可以很大，固定按最大长度 255 分配空间会造成浪费，所以将这个数据结构的长度设计成可变的。当然，在这样的数据结构中其可变部分（这里是 name）必须放在最后。

磁盘上的 ext2_inode 数据结构在内存中的对应物为 inode 结构，但二者有很大不同；同样，目录项 ext2_dir_entry_2 在内存中的对应物是 dentry 结构，但是这二者也有很大不同。数据结构 dentry 是在 include/linux/dcache.h 中定义的：

```
57      #define DNAME_INLINE_LEN 16
58
59      struct dentry {
60          int d_count;
61          unsigned int d_flags;
62          struct inode  *d_inode;
                    /* Where the name belongs to - NULL is negative */
63          struct dentry * d_parent;  /* parent directory */
64          struct list_head d_vfsmnt;
65          struct list_head d_hash;    /* lookup hash list */
66          struct list_head d_lru;     /* d_count = 0 LRU list */
67          struct list_head d_child;   /* child of parent list */
68          struct list_head d_subdirs; /* our children */
69          struct list_head d_alias;   /* inode alias list */
70          struct qstr d_name;
71          unsigned long d_time;       /* used by d_revalidate */
72          struct dentry_operations  *d_op;
73          struct super_block * d_sb;  /* The root of the dentry tree */
74          unsigned long d_reftime;    /* last time referenced */
75          void * d_fsdata;            /* fs-specific data */
76          unsigned char d_iname[DNAME_INLINE_LEN]; /* small names */
77      };
```

很明显，dentry 结构中的大部分成分都是动态信息。就是静态部分如文件名也与磁盘上的 ext2_dir_entry_2 有很大的不同，相比之下几乎是面目全非。以后我们将结合代码解释其主要成分的用途。其实，dentry 与 ext2_dir_entry_2 之间以及 inode 与 ext2_inode 之间的这种显著不同并不奇怪，因为 dentry 和 inode 是属于 VFS 层的数据结构，需要适用于各种不同的文件系统；而 ext2_dir_entry_2 和 ext2_inode 则是专门针对 Ext2 文件系统而设计的，所以前者除包含了许多动态信息以外，还是对后者的一种抽象和扩充，并不只是后者的映象。

说到这里，读者可能会产生一个疑问：要访问一个文件就得先访问一个目录，才能根据文件名从目录中找到该文件的目录项，进而找到其 i 节点；可是目录本身也是文件，它本身的目录项又在另一个目录项中，这一来不是成了"先有鸡还是先有蛋"的问题，或者说递归了吗？这个圈子的出口在哪儿呢？我们不妨换一个方式来问这个问题，那就是：是否有这样一个目录，它本身的"目录项"不在其他目录中，而可以在一个固定的位置上或者通过一个固定的算法找到，并且从这个目录出发可以找到系统中的任何一个文件？答案是肯定的，这个目录就是系统的根目录"/"，或者说"根设备"上的根目录。每一个"文件系统"，即每一个格式化成某种文件系统的存储设备上都有一个根目录，同时又都有一个"超级块"(super block),根目录的位置以及文件系统的其他一些参数就记录在超级块中。超级块在设备上的逻辑位置都是固定的,例如,在磁盘上总是在第二个逻辑块(第一个逻辑块为引导块),所以不需要再从其他什么地方去"查找"。同时,对于一个特定的文件系统,超级块的格式也是固定的,系统在初始化时要将一个存储设备(通常就是从中引导出操作系统的那个设备)作为整个系统的"根设备",它的根目录就成为整个文件系统的"总根",就是"/"。更确切地说,就是把根设备的根目录"安装"在文件系统的总根"/"节点上。有了根设备以后,还可以进而把其他存储设备也安装到文件系统中空闲的目录节点上。所谓"安装",就是从一个存储设备上读入超级块,在内存中建立起一个 super_block 结构。再进而将此设备上的根目录与文件系统中已经存在的一个空白目录挂上钩。系统初始化时整个文件系统只有一个空白目录"/",所以根设备的根目录就安装在这个节点上。这样,从根目录"/"开始,根据给定的"全路径名"就可以找到文件系统中的任何一个文件,而不论这个文件是在哪一个存储设备上,只要文件所在的存储设备已经安装就行了。

但是,每次都要提供一个全路径名,并且每次都要从根目录"/"开始查找,既不方便也是一种浪费。所以系统也提供了从"当前目录"开始查找的手段。每一个进程在每一时刻都有一个"当前工作目录 pwd",用户可以改变这个目录,但是永远都有这么个目录存在。这样,就可以只提供一个从 pwd 开始的"相对路径名"来查找一个文件。这就是前面看到过的 fs_struct 数据结构中为什么要有个指针 pwd 的原因。这个指针总是指向本进程的"当前工作目录"的 dentry 结构,而进程的 task_struct 结构中的指针 fs 则总是指向一个有效的 fs_struct 结构。每当一个进程通过 chdir( )系统调用进入一个目录,或者在 login 进入用户的原始目录("Home Directory")时,内核就使该进程的 pwd 指针指向这个目录在内存中的 dentry 结构。相对路径名还可以用"../"开头,表示先向上找到当前目录的父目录,再从那里开始查找。相应地,在 dentry 结构中也有个指针 d_parent,指向其父目录的 dentry 结构。

如前所述,fs_struct 结构中还有一个指针 root,指向本进程的根目录"/"的 dentry 结构。前面讲过,"/"表示整个文件系统的总根,可这只是就一般而言,或者是对早期的 Unix 系统而言。事实上,特权用户可以通过一个系统调用 chroot( )将另一个目录设置成本进程的根目录。从此以后,这个进程以及由这个进程所 fork( )的子进程就把这个目录当成了文件系统的根,遇到文件的全路径名时就从这个目录而不是从真正的文件系统总根开始查找。例如,要是这个进程执行一个系统调用 chdir("/"),就会转到这个"现在"的根目录而不是真正的根目录。这种特殊的设计也是从实践需求引起的,最初是为了克服 FTP,特别是匿名 FTP 的一个安全性问题。FTP 的服务进程(所谓"守护神"daemon)是特权用户进程。当一个远程的用户与 FTP 服务进程建立起连接以后,就可以在远地发出诸如"cd /"、"get /etc/passwd"之类的命令。显然,这给系统的安全性造成了一个潜在的缺口,现在有了进程自己的"根目录"以及系统调用 chroot( ),就可以让 FTP 服务进程把另一目录当成它的根目录,从而当远程用户要求"get /etc/passwd"时就会得到"文件找不到"之类的出错信息,从而保证了 passwd 口令文件的安全性。

而且,fs_struct 结构中还有一个指针 altroot,指向本进程的"替换根目录"。当进程执行一个系统调用 chdir("/")时,如果它有替换根目录,即指针 altroot 不为 0,就会转入其替换根目录,否则才转入其现在根目录。这样就可以视具体的情况而在两个"根目录"中切换,让用户在不同的情况下"看到"不同的根目录。

对于普通文件,文件系统层最终要通过磁盘或其他存储设备的驱动程序从存储介质上读或写。就 Ext2 文件系统而言,从磁盘文件的角度来看,对存储介质的访问可以涉及到四种不同的目标,那就是:
(1) 文件中的数据,包括目录的内容,即目录项 ext2_dir_entry_2 数据结构。
(2) 文件的组织与管理信息,即索引节点 ext2_inode 数据结构。

· 429 ·

(3) 磁盘的超级块。如果物理的磁盘被划分成若干分区，那就包括每个"逻辑磁盘"的超级块。
(4) 引导块。

每个按 Ext2 格式经过格式化的磁盘（或逻辑盘）存储介质都相应地被划分成至少 4 个部分（图 5.4）。其中引导块永远是介质上的第一个记录块，超级块永远是介质上的第二个记录块，其他两部分的大小则取决于磁盘大小等参数，这些参数都存储在超级块中。

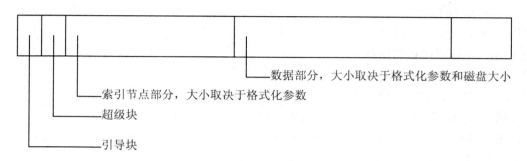

图 5.4 磁盘（逻辑盘）划分示意图

有的文件系统并没有索引节点这么一种数据结构，甚至没有这么一种概念。但是既然构成一个文件系统就必然存在着某种索引机制，从这种机制中就可以抽象出（或变换成）super_block 结构和 inode 结构中的公共信息。同时，super_block 结构也和 inode 结构一样包含着一个 union，对这一部分信息要根据具体的文件系统而加以不同的解释和使用。

从磁盘驱动程序的角度来看，则整个介质只是一个由若干记录块组成的一维阵列（记录块数组）而已，所以这种设备称为"块设备"。当文件系统层要从磁盘上读出一个索引节点时，要根据索引节点号和超级块中提供的信息，计算出这个索引节点在磁盘上的哪一个记录块以及在此记录块中的相对位移。然后，通过磁盘驱动程序读入这个记录块后再根据索引节点在记录块中的相对位移找到这个节点。如前所述，磁盘上的"根目录"是特殊的，其索引节点号保存在该磁盘的超级块中。从磁盘读一个特定文件的内容（数据）则要稍为麻烦一点。先要读入该文件的索引节点，然后根据索引节点中提供的信息将数据在文件中的位移换算成磁盘上的记录块号，再通过磁盘驱动程序从磁盘上读入。

相比之下，作为"设备文件"的磁盘则不存在（或看不见）这样的逻辑划分，而只是将磁盘看成一个巨大的线性存储空间（字节数组）。当从作为设备文件的磁盘读出时，只要将数据在此文件中的位移换算成磁盘上的记录块号，就可以通过磁盘驱动程序读入了。不过，在此之前也要先找到代表着这个设备文件的目录项和索引节点，才能把字符串形式的设备文件名转换成驱动程序所需要的设备号。

在前面我们曾把具体的文件系统比喻作"接口卡"，而把虚拟文件系统 VFS 比喻成一条插槽。因此，file 结构中的指针 f_op 就可以看作插槽中的一个触点，并且在 dentry、inode 等结构中都有着类似的触点。所以，如果把整个具体文件系统比喻成"接口卡"的话，那么这种接口卡的"插槽"分成好几段，而 file 结构只是其中最主要的一段。有关的数据结构有：

(1) 文件操作跳转表，即 file_operations 数据结构：file 结构中的指针 f_op 指向具体的 file_operations 结构，这是 read( )、wirte( ) 等文件操作的跳转表。一种文件系统并不只限于一个 file_operations 结构，如 Ext2 就有两个这样的数据结构，分别用于普通文件和目录文件。

(2) 目录项操作跳转表，即 dentry_operations 数据结构：dentry 结构中的指针 d_op 指向具体的 dentry_operations 数据结构，这是内核中 hash( )、compare( ) 等内部操作的跳转表。如果 d_op 为 0 则表示按 Linux 默认的（即 Ext2）方式办。注意，这里说的是目录项，而不是目录，目录本身是一种特殊用途和具有特殊结构的文件。
(3) 索引节点操作跳转表，即 inode_operations 数据结构：inode 结构中的指针 i_op 指向具体的 inode_operations 数据结构，这是 mkdir( )、mknod( )等文件操作以及 lockup( )、permission( ) 等内部函数的跳转表。同样，一种文件系统也并不只限于一个 file_operations 结构。
(4) 超级块操作跳转表，即 super_operations 数据结构：super_block 结构中的指针 s_op 指向具体的 super_operations 数据结构，这是 read_inode( )、write_inode( )、delete_inode( )等内部操作的跳转表。
(5) 超级块本身也因文件系统而异。

由此可见，file 结构、dentry 结构、inode 结构、super_block 结构以及关于超级块位置的约定都属于 VFS 层。

此外，inode 结构中还有一个指针 i_fop，也指向具体的 file_operations 数据结构，实际上 file 结构中的指针 f_op 只是 inode 结构中这个指针的一个副本，在打开文件的时候从目标文件的 inode 结构中复制到 file 结构中。

最后还要指出，虽然每个文件都有目录项和索引节点在磁盘上，但是只有在需要时才在内存中为之建立起相应的 dentry 和 inode 数据结构。

5.2 从路径名到目标节点

本节先介绍几个函数的代码，主要是两个函数，即 path_init( )和 path_walk( )以及它们下面的一些低层函数。目的在于帮助读者加深对文件系统内部结构的理解，同时也为以后的代码阅读做些准备，因为以这两个函数为入口的操作比较大，并且很重要，在本章后面几节中常常要用到。这两个函数通常都是连在一起调用的，二者合在一起就可以根据给定的文件路径名在内存中找到或建立代表着目标文件或目录的 dentry 结构和 inode 结构。在老一些的版本中，这一部分功能一直是通过一个叫 namei( )（后来加了一个叫 lnamei( )）的函数完成的，现在则有了新的实现。与 namei( )和 lnamei( )相对应，现在有一个函数 __user_walk( )将 path_init( )和 path_walk( ) "包装" 在一起。不过，内核代码中直接调用这两个函数的地方也有不少。本节涉及的代码基本上都在文件 fs/namei.c 中。

先看"外包装"，即 __user_walk( )：

```
778     /*
779      *  namei()
780      *
781      * is used by most simple commands to get the inode of a specified name.
782      * Open, link etc use their own routines, but this is enough for things
783      * like 'chmod' etc.
784      *
785      * namei exists in two versions: namei/lnamei. The only difference is
786      * that namei follows links, while lnamei does not.
787      * SMP-safe
788      */
789     int __user_walk(const char *name, unsigned flags, struct nameidata *nd)
790     {
```

```
791         char *tmp;
792         int err;
793
794         tmp = getname(name);
795         err = PTR_ERR(tmp);
796         if (!IS_ERR(tmp)) {
797             err = 0;
798             if (path_init(tmp, flags, nd))
799                 err = path_walk(tmp, nd);
800             putname(tmp);
801         }
802         return err;
803     }
```

其中调用参数 name 指向在用户空间中的路径名；flags 的内容则是一些标志位，定义于文件 include/linux/fs.h：

```
1128    /*
1129     * The bitmask for a lookup event:
1130     *  - follow links at the end
1131     *  - require a directory
1132     *  - ending slashes ok even for nonexistent files
1133     *  - internal "there are more path compnents" flag
1134     */
1135    #define LOOKUP_FOLLOW       (1)
1136    #define LOOKUP_DIRECTORY    (2)
1137    #define LOOKUP_CONTINUE     (4)
1138    #define LOOKUP_POSITIVE     (8)
1139    #define LOOKUP_PARENT       (16)
1140    #define LOOKUP_NOALT        (32)
```

这些标志位都是对怎样寻找目标的指示。例如，LOOKUP_DIRECTORY 表示要寻找的目标必须是个目录；而 LOOKUP_FOLLOW 表示如果找到的目标只是"符号连接"到其他文件或目录的一个目录项，则要顺着连接链一直找到终点。所谓"连接"是指一个"节点"（目录项或文件）直接指向另一个节点，成为另一个节点的代表。注意，"符号连接"与普通连接不同，普通的连接只能建立在同一个存储设备上，而"符号连接"可以是跨设备的；内核提供了两个不同的系统调用 link( )和 symlink( )，分别用于普通连接和"符号连接"的建立。由于"符号连接"可以是跨设备的，所以其终点有可能"悬空"，而普通连接的终点则必定是落实的。当路径中包含着"符号连接"时，对于是否继续顺着连接链往下搜索，则另有一些附加规定，对此，代码的作者在注释中加了说明（fs/namei.c）：

```
87      /* [Feb-Apr 2000 AV] Complete rewrite. Rules for symlinks:
88       *     inside the path - always follow.
89       *     in the last component in creation/removal/renaming - never follow.
90       *     if LOOKUP_FOLLOW passed - follow.
91       *     if the pathname has trailing slashes - follow.
92       *     otherwise - don't follow.
```

```
 93     *   (applied in that order).
 94     *
            ......
100     */
```

注释中谈到,如果在一个路径名内部的某个中间节点是符号连接,那就总是要跟随(follow);而在创建/删除/改名操作中如果路径名的最后一个节点是符号连接则不要跟随(读者不妨想想为什么?)。

至于其他一些标志位的用途,在阅读代码的过程中自会碰到。此处要提醒读者注意:并非所有标志位对所有文件系统都有意义。

最后一个参数 nd 是个结构指针,数据结构 nameidata 的定义也在 fs.h 中:

```
613     struct nameidata {
614         struct dentry *dentry;
615         struct vfsmount *mnt;
616         struct qstr last;
617         unsigned int flags;
618         int last_type;
619     };
```

这种数据结构是临时性的,只用来返回搜索的结果。成功返回时,其中的指针 dentry 指向所找到的 dentry 结构,而在该 dentry 结构中则有指针指向相应的 inode 结构。指针 mnt 则指向一个 vfsmount 数据结构,它记录着所属文件系统的安装信息,例如文件系统的安装点、文件系统的根节点等等。

回到__user_walk( ),先通过 getname( )在系统空间中分配一个页面,并从用户空间把文件名复制到这个页面中。由于分配的是一个页面,所以整个路径名可以长达 4K 字节。同时,因为这块空间是动态分配的,所以在使用完以后要通过 putname( )将其释放。代码中用到的 PTR_ERR 和 IS_ERR 都是 inline 函数,均在 fs.h 中:

```
1105    /*
1106     * Kernel pointers have redundant information, so we can use a
1107     * scheme where we can return either an error code or a dentry
1108     * pointer with the same return value.
1109     *
1110     * This should be a per-architecture thing, to allow different
1111     * error and pointer decisions.
1112     */
1113    static inline void *ERR_PTR(long error)
1114    {
1115        return (void *) error;
1116    }
1117
1118    static inline long PTR_ERR(const void *ptr)
1119    {
1120        return (long) ptr;
1121    }
1122
```

```
1123    static inline long IS_ERR(const void *ptr)
1124    {
1125        return (unsigned long)ptr > (unsigned long)-1000L;
1126    }
```

这样，剩下的就是紧挨在一起的 path_init( ) 和 path_walk( ) 两个函数了。先在 fs/namei.c 文件中看 path_init( ) 的代码：

```
690     /* SMP-safe */
691     int path_init(const char *name, unsigned int flags, struct nameidata *nd)
692     {
693         nd->last_type = LAST_ROOT; /* if there are only slashes... */
694         nd->flags = flags;
695         if (*name=='/')
696             return walk_init_root(name,nd);
697         read_lock(&current->fs->lock);
698         nd->mnt = mntget(current->fs->pwdmnt);
699         nd->dentry = dget(current->fs->pwd);
700         read_unlock(&current->fs->lock);
701         return 1;
702     }
```

首先将 nameidata 结构中的 last_type 字段设置成 LAST_ROOT。这个字段可能有的值定义于 fs.h 中：

```
1141    /*
1142     * Type of the last component on LOOKUP_PARENT
1143     */
1144    enum {LAST_NORM, LAST_ROOT, LAST_DOT, LAST_DOTDOT, LAST_BIND};
```

在搜索的过程中，这个字段的值会随路径名的当前搜索结果而变。例如：如果成功地找到了目标文件，那么这个字段的值就变成了 LAST_NORM；而如果最后停留在一个"."上，则变成 LAST_DOT。

下面就取决于路径名是否以"/"开头了。

我们先看相对路径名，即不以"/"开头时的情况。以前讲过，进程的 task_struct 结构中有个指针 fs 指向一个 fs_struct 结构。在 fs_struct 结构中有个指针 pwd 指向进程的"当前工作目录"的 dentry 结构。相对路径是从当前工作目录开始的，所以将 nameidata 结构中的指针 dentry 也设置成指向这个当前工作目录的 dentry 结构，表示在虚拟的绝对路径中这个节点以及所有在此之前的节点都已经解决了。同时，这个具体的 dentry 结构现在多了一个"用户"，所以要调用 dget( ) 递增其共享计数。除此以外，fs_sturct 结构中还有个指针 pwdmnt 指向一个 vfsmount 结构。每当将一个存储设备（或称"文件系统"）安装到现有文件系统中的某个节点（空白目录）时，内核就要为之建立起一个 vfsmount 结构，这个结构中既包含着有关该设备（或者说"子系统"）的信息，也包含了有关安装点的信息。系统中的每个文件系统，包括根设备上的文件系统，都要经过安装，所以 fs_sturct 结构中的指针 pwdmnt 总是指向一个 vfsmount 结构。详情可参阅后面"文件系统的安装与拆卸"一节。相应地，在 nameidata 结构中也有个指针 mnt，要把它设置成指向同一个 vfsmount 结构。这样，对路径搜索的准备工作，即对 nameidata

结构的初始化就完成了。

可是，如果路径名是以"/"开头的绝对路径，那就要通过 walk_init_root( )从根节点开始查找(fs/namei.c)：

[path_init( ) > walk_init_root( )]

```
671     /* SMP-safe */
672     static inline int
673     walk_init_root(const char *name, struct nameidata *nd)
674     {
675         read_lock(&current->fs->lock);
676         if (current->fs->altroot && !(nd->flags & LOOKUP_NOALT)) {
677             nd->mnt = mntget(current->fs->altrootmnt);
678             nd->dentry = dget(current->fs->altroot);
679             read_unlock(&current->fs->lock);
680             if (__emul_lookup_dentry(name, nd))
681                 return 0;
682             read_lock(&current->fs->lock);
683         }
684         nd->mnt = mntget(current->fs->rootmnt);
685         nd->dentry = dget(current->fs->root);
686         read_unlock(&current->fs->lock);
687         return 1;
688     }
```

如果当前进程并未通过 chroot( )系统调用设置自己的"替换"根目录，则代码中 if 语句里的 current->fs->altroot 为 0，所以把 nameidata 中的两个指针分别设置成指向当前进程的根目录的 dentry 结构及其所在设备的 vfsmount 结构。反之，如果已经设置了"替换"根目录，那就要看当初调用 path_init( )时参数 flags 中的标志位 LOOKUP_NOALT 是否为 1 了。通常这个标志位为 0，所以如果已经设置了"替换"根目录就会通过__emul_lookup_dentry( )将 nameidata 结构中的指针设置成指向"替换"根目录。

这"替换"根目录到底是怎么回事呢？原来，在有些 Unix 变种（如 solaris 等）中，可以在文件系统中（通常是在"/usr"下面）创建一棵子树，例如"/usr/altroot/home/user1/…"。然后，当用户调用 chroot( )设置其自己的根目录时，系统会自动将该进程的 fs_struct 结构中的 altroot 和 altrootmnt 两个指针设置成给定路径名在前述子树中的对应节点，那个对应节点就成了"替换"根目录。不过在 i386 处理器上的 linux 目前并不支持这种功能，所以这里 if 语句中的 current->fs->altroot 总是 NULL，因而不起作用。

从 path_init( )成功返回时，nameidata 结构中的指针 dentry 指向路径搜索的起点，接着就是通过 path_walk( )顺着路径名的指引进行搜索了。这个函数比较大，所以我们逐段地往下看(fs/namei.c)：

```
414     /*
415      * Name resolution.
416      *
417      * This is the basic name resolution function, turning a pathname
418      * into the final dentry.
419      *
```

```
420         * We expect 'base' to be positive and a directory.
421         */
422        int path_walk(const char * name, struct nameidata *nd)
423        {
424            struct dentry *dentry;
425            struct inode *inode;
426            int err;
427            unsigned int lookup_flags = nd->flags;
428
429            while (*name=='/')
430                name++;
431            if (!*name)
432                goto return_base;
433
434            inode = nd->dentry->d_inode;
435            if (current->link_count)
436                lookup_flags = LOOKUP_FOLLOW;
437
```

如果路径名是以 "/" 开头的，就把它跳过去，因为在这种情况下 nameidata 结构中的指针 dentry 已经指向本进程的根目录了。注意，多个连续的 "/" 与一个 "/" 字符是等价的。如果路径名中仅仅含有 "/" 字符的话，那么其目标就是根目标，所以任务已经完成，可以返回了。不然，就继续搜索。

进程的 task_struct 结构中有个计数器 link_count。在搜索过程中有可能碰到一个节点（目录项）只是指向另一个节点的连接，此时就用这个计数器来对链的长度进行计数，这样，当链的长度达到某一个值时就可以终止搜索而失败返回，以防陷入循环。另一方面，当顺着"符号连接"进入另一个设备上的文件系统时，有可能会递归地调用 path_walk()。所以，进入 path_walk() 后，如果发现这个计数值非 0，那就表示正在顺着"符号连接" 递归调用 path_walk() 往前搜索的过程中，此时不管怎样都把 LOOKUP_FOLLOW 标志位设成 1。这里还要指出，作为 path_walk() 起点的节点必定是一个目录，一定有相应的索引节点存在，所以指针 inode 一定是有效的，而不可能是空指针。

接下去是一个对路径中的节点所作的 for 循环，由于循环体较大，我们也只好分段来看。

[path_walk( )]

```
438            /* At this point we know we have a real path component. */
439            for(;;) {
440                unsigned long hash;
441                struct qstr this;
442                unsigned int c;
443
444                err = permission(inode, MAY_EXEC);
445                dentry = ERR_PTR(err);
446                if (err)
447                    break;
448
449                this.name = name;
450                c = *(const unsigned char *)name;
```

```
451
452            hash = init_name_hash( );
453            do {
454                name++;
455                hash = partial_name_hash(c, hash);
456                c = *(const unsigned char *)name;
457            } while (c && (c != '/'));
458            this.len = name - (const char *) this.name;
459            this.hash = end_name_hash(hash);
460
461            /* remove trailing slashes? */
462            if (!c)
463                goto last_component;
464            while (*++name == '/');
465            if (!*name)
466                goto last_with_slashes;
467
```

首先检查当前进程对当前节点的访问权限。函数 permission( ) 的代码与作用请参阅 "访问权限与文件安全性" 一节。这里所检查的是对路径中各层目录（而不是目标文件）的访问权限。注意，对于中间节点所需的权限为 "执行" 权，即 MAY_EXEC。如果权限不符，则 permission 返回一个出错代码，从而通过 break 语句结束循环，搜索就失败了。

循环体中的局部量 this 是个 qstr 数据结构，用来存放路径名中当前节点的杂凑值以及节点名的长度，这个数据结构的定义在 include/linux/dcache.h 中：

```
20    /*
21     * "quick string" -- eases parameter passing, but more importantly
22     * saves "metadata" about the string (ie length and the hash).
23     */
24    struct qstr {
25        const unsigned char * name;
26        unsigned int len;
27        unsigned int hash;
28    };
```

回到代码中的第 453～457 行，这几行的作用就是逐个字符地计算出当前节点名的杂凑值，至于具体的杂凑函数，我们就不关心了。

路径名中的节点是以 "/" 字符分隔的，所以紧随当前节点名的字符只有两种可能：
(1) 是 "\0"，就是说当前节点已经是路径名中的最后一节，所以转入 last_component。
(2) 是个 "/" 字符，这里又有两种可能，第一种情况是当前节点实际上已是路径名中的最后一个节点，只不过在此后面又多添了若干个 "/" 字符。这种情况常常发生在用户界面上，特别是在 shell 的命令行中，例如 "ls /usr/include/"，这是允许的。但是当然最后的节点必须是个目录，所以此时转到 last_with_slashes。第二种情况就是当前节点为中间节点（包括起始节点），所以 "/" 字符（或者接连若干个 "/" 字符）后面还有其他字符。这种情况下就将其跳过，继续往下执行。

现在，要回过头来看当前节点了。记住，这个节点一定是中间节点或起始节点（否则就转到 last_component 去了），这种节点一定是个目录。对于代表着文件的节点名来说，以"."开头表示这是个隐藏的文件，而对于代表着目录的节点名则只有在两种情况下才是允许的。一种是节点名为"."，表示当前目录，即不改变目录。另一种就是".."，表示当前目录的父目录。

继续往下看：

[path_walk( )]

```
468             /*
469              * "." and ".." are special - ".." especially so because it has
470              * to be able to know about the current root directory and
471              * parent relationships.
472              */
473             if (this.name[0] == '.') switch (this.len) {
474                 default:
475                     break;
476                 case 2:
477                     if (this.name[1] != '.')
478                         break;
479                     follow_dotdot(nd);
480                     inode = nd->dentry->d_inode;
481                     /* fallthrough */
482                 case 1:
483                     continue;
484             }
```

就是说，如果当前节点名的第一个字符是"."，则节点名的长度只能是 1 或者 2，并且当长度为 2 时第二个字符也必须是"."；否则搜索就失败了（见 475 行和 478 行的 break 语句）。

如果当前节点名真的是".."，那就要往上跑到当前已经到达的节点 nd->dentry 的父目录去。这是由 follow_dotdot( )完成的：

[path_walk( ) > follow_dotdot( )]

```
380     static inline void follow_dotdot(struct nameidata *nd)
381     {
382         while(1) {
383             struct vfsmount *parent;
384             struct dentry *dentry;
385             read_lock(&current->fs->lock);
386             if (nd->dentry == current->fs->root &&
387                 nd->mnt == current->fs->rootmnt) {
388                 read_unlock(&current->fs->lock);
389                 break;
390             }
391             read_unlock(&current->fs->lock);
392             spin_lock(&dcache_lock);
```

```
393            if (nd->dentry != nd->mnt->mnt_root) {
394                dentry = dget(nd->dentry->d_parent);
395                spin_unlock(&dcache_lock);
396                dput(nd->dentry);
397                nd->dentry = dentry;
398                break;
399            }
400            parent=nd->mnt->mnt_parent;
401            if (parent == nd->mnt) {
402                spin_unlock(&dcache_lock);
403                break;
404            }
405            mntget(parent);
406            dentry=dget(nd->mnt->mnt_mountpoint);
407            spin_unlock(&dcache_lock);
408            dput(nd->dentry);
409            nd->dentry = dentry;
410            mntput(nd->mnt);
411            nd->mnt = parent;
412        }
413    }
```

但是这里又要分三种情况：

第一种情况，已到达节点 nd->dentry 就是本进程的根节点，这时不能再往上跑了，所以保持 nd->dentry 不变。

第二种情况，已到达节点 nd->dentry 与其父节点在同一个设备上。在这种情况下，既然已经到达的这个节点的 dentry 结构已经建立，则其父节点的 dentry 结构也必然已经建立在内存中，而且 dentry 结构中的指针 d_parent 就指向其父节点，所以往上跑一层是很简单的事情。

最后一种情况，已到达节点 nd->dentry 就是其所在设备上的根节点，往上跑一层就要跑到另一个设备上去了。如前所述，当将一个存储设备"安装"到另一个设备上的某个节点时，内核会分配和设置一个 vfsmount 结构，通过这个结构将两个设备以及两个节点联结起来（详见"文件系统的安装与拆卸"）。所以，每个已经安装的存储设备（包括根设备）都有一个 vfsmount 结构，结构中有个指针 mnt_parent 指向其"父设备"，但是根设备的这个指针则指向其自己，因为它再没有"父设备"了，而另一个指针 mnt_mountpoint，则指向代表着安装点（一定是个目录）的 dentry 结构。从文件系统的角度来看，安装点与所安装设备的根目录是等价的。我们已经在当前设备的根目录中，所以从这里往上跑一层就是要跑到安装点的上一层目录中（而不是安装点本身）。

先检查当前的 vfsmount 结构是否代表着根设备，如果是的话，立即就通过 399 行的 break 语句结束 while(1) 循环。这样，nameidata 结构中的 dentry 和 mnt 两个指针就维持不变。这种情况相当于在根目录中打入命令 "cd .."，或者 "cd usr/../../.." 等等，读者不妨实验一下，看看结果如何。

反之，要是当前设备不是根设备，那就把 nameidata 结构中的两个指针分别设置成指向上层设备的 vfsmount 结构以及该设备上的安装点的上一层目录（dentry 结构），然后回到 while(1) 循环的开始处。一般来说，安装点不会是一个设备上的根目录，所以这一次循环会将 nameidata 结构中的指针 dentry 指向安装点的父目录。可是，万一安装点真的就是上一层设备上的根目录（当然，必定是空的）呢？

那也不要紧，只不过是再循环一次，再往上跑一层而已。

回到 path_walk( ) 的代码中，注意 "case 2" 的末尾没有 break 语句，所以会落入 "case 1" 中通过 continue 语句回到 for(;;) 循环的开头，继续处理路径中的下一个节点名。

当然，多数情况下节点名都不是以 "." 开头的，就是说多数情况下总是顺着路径名逐层往下跑，而不是往上跑的。我们继续往下看对 "正常" 节点名的流程：

[path_walk( )]

```
485             /*
486              * See if the low-level filesystem might want
487              * to use its own hash..
488              */
489             if (nd->dentry->d_op && nd->dentry->d_op->d_hash) {
490                 err = nd->dentry->d_op->d_hash(nd->dentry, &this);
491                 if (err < 0)
492                     break;
493             }
494             /* This does the actual lookups.. */
495             dentry = cached_lookup(nd->dentry, &this, LOOKUP_CONTINUE);
496             if (!dentry) {
497                 dentry = real_lookup(nd->dentry, &this, LOOKUP_CONTINUE);
498                 err = PTR_ERR(dentry);
499                 if (IS_ERR(dentry))
500                     break;
501             }
502             /* Check mountpoints.. */
503             while (d_mountpoint(dentry) && __follow_down(&nd->mnt, &dentry))
504                 ;
505
506             err = -ENOENT;
507             inode = dentry->d_inode;
508             if (!inode)
509                 goto out_dput;
510             err = -ENOTDIR;
511             if (!inode->i_op)
512                 goto out_dput;
513
514             if (inode->i_op->follow_link) {
515                 err = do_follow_link(dentry, nd);
516                 dput(dentry);
517                 if (err)
518                     goto return_err;
519                 err = -ENOENT;
520                 inode = nd->dentry->d_inode;
521                 if (!inode)
522                     break;
523                 err = -ENOTDIR;
```

```
524                    if (!inode->i_op)
525                        break;
526                } else {
527                    dput(nd->dentry);
528                    nd->dentry = dentry;
529                }
530                err = -ENOTDIR;
531                if (!inode->i_op->lookup)
532                    break;
533                continue;
534                /* here ends the main loop */
535
```

有些文件系统通过 dentry_operations 结构中的指针 d_hash 提供它自己专用的杂凑函数,所以在这种情况下(可能已经转到另一个文件系统中了)就通过这个函数再计算一遍当前节点的杂凑值。

至此,所有的准备工作都已完成,接下去就要开始搜索了。

对当前节点的搜索是通过 cached_lookup( ) 和 real_lookup( ) 两个函数进行的。先通过 cache_lookup( ) 在内存中寻找该节点业已建立的 dentry 结构。内核中有个杂凑表 dentry_hashtable,是一个 list_head 指针数组,一旦在内存中建立起一个目录节点的 dentry 结构,就根据其节点名的杂凑值挂入杂凑表中的某个队列,需要寻找时则还是根据杂凑值从杂凑表着手。当路径名中的某个节点变成 path_walk( ) 的当前节点时,位于其"上游"的所有节点必定都已经有 dentry 结构在内存中,而当前节点本身及其"下游"的节点则不一定。如果在内存中找不到当前节点的 dentry 结构,那就要进一步通过 real_lookup( ) 到磁盘上通过其所在的目录寻找,找到后在内存中为其建立起 dentry 结构并将之挂入杂凑表中的某个队列。

内核中还有一个队列 dentry_unused,凡是已经没有用户,即共享计数为 0 的 dentry 结构就通过结构中的另一个 list_head 挂入这个队列。这个队列是一个 LRU 队列,当需要回收已经不在使用中的 dentry 结构的空间时,就从这个队列中找到已经空闲最久的 dentry 结构,再把这个结构从杂凑表队列中脱链而加以释放。所以,dentry_unused 是为缓冲存储而设置的辅助性的队列。不过,在一些特殊的情况下,可能会把一个还在使用中的 dentry 结构从杂凑表中脱链,迫使以后要访问这个节点的进程重新根据磁盘上的内容另行构筑一个 dentry 结构,而已经脱链的那个数据结构则由最后调用 dput( ) 使其共享计数变成 0 的进程负责将其释放。

事实上,dentry 结构中有 6 个 list_head,即 d_vfsmnt、d_hash、d_lru、d_child、d_subdirs 和 d_alias。注意 list_head 既可以用来作为一个队列的头部,也可以用来将其所在的数据结构挂入到某个队列中。其中 d_vfsmnt 仅在该 dentry 结构为一安装点时才使用。一个 dentry 结构一经建立就通过其 d_hash 挂入杂凑表 dentry_hashtable 中的某个队列里,当共享计数变成 0 时则通过 d_lru 挂入 LRU 队列 dentry_unused 中。同时,dentry 结构通过 d_child 挂入在其父节点(上一层目录)的 d_subdirs 队列中,同时又通过指针 d_parent 指向其父目录的 dentry 结构。而它自己各个子目录的 dentry 结构则在它本身的 d_subdirs 队列中。

一个有效的 detnry 结构必定有一个相应的 inode 结构,这是因为一个目录项要么就代表着一个文件,要么就代表着一个目录,而目录实际上也是文件。所以,只要是有效的 dentry 结构,则其指针 d_inode 必定指向一个 inode 结构。可是,反过来一个 inode 却可能对应着不止一个 dentry 结构,也就是说,一个文件可以有不止一个文件名(或路径名)。这是因为一个已经建立的文件可以被连接(link)到其他文件名。所以，在 inode 结构中有个队列 i_dentry，凡是代表着这个文件的所有目录项都通过其 dentry 结构中的 d_alias 挂入相应 inode 结构中的 i_dentry 队列。此外，dentry 结构中还有指针 d_sb，指向其所在设备的超级块的 super_block 数据结构，以及指针 d_op，指向特定文件系统（指文件格式）的 dentry_operations 结构。也许可以说，dentry 结构是文件系统的核心数据结构，也是文件访问和为文件访问而做的文件路径搜索操作的枢纽。

下面是一个简要的总结：

- 每个 dentry 结构都通过队列头 d_hash 链入杂凑表 dentry_hashtable 中的某个队列里。
- 共享计数为 0 的 dentry 结构都通过队列头 d_lru 链入 LRU 队列 dentry_unused，在队列中等待释放或者"东山再起"。
- 每个 dentry 结构都通过指针 d_inode 指向一个 inode 数据结构。但是多个 dentry 结构可以指向同一个 inode 数据结构。
- 指向同一个 inode 数据结构的 dentry 结构都通过队列头 d_alias 链接在一起，都在该 inode 结构的 i_dentry 队列中。
- 每个 dentry 结构都通过指针 d_parent 指向其父目录节点的 dentry 结构，并通过队列头 d_child 跟同一目录中的其他节点的 dentry 结构链接在一起，都在父目录节点的 d_subdirs 队列中。
- 每个 dentry 结构都通过指针 d_sb 指向一个 super_block 数据结构。
- 每个 dentry 结构都通过指针 d_op 指向一个 dentry_operations 数据结构。
- 每个 dentry 结构都有个队列头 d_vfsmnt，用于文件系统的安装，详见"文件系统的安装和拆卸"。

接下去我们看 cached_lookup( ) 的代码（namei.c）：

[path_walk( ) > cashed_lookup( )]

```
243     /*
244      * Internal lookup() using the new generic dcache.
245      * SMP-safe
246      */
247     static struct dentry * cached_lookup(struct dentry * parent,
                    struct qstr * name, int flags)
248     {
249         struct dentry * dentry = d_lookup(parent, name);
250
251         if (dentry && dentry->d_op && dentry->d_op->d_revalidate) {
252             if (!dentry->d_op->d_revalidate(dentry, flags) &&
                            !d_invalidate(dentry)) {
253                 dput(dentry);
254                 dentry = NULL;
255             }
256         }
257         return dentry;
258     }
```

这里主要是通过 d_lookup( )，在杂凑表中寻找，其代码在 fs/dcache.c 中：

[path_walk( ) > cashed_lookup( ) > d_lookup( )]

```
703     /**
704      * d_lookup - search for a dentry
705      * @parent: parent dentry
706      * @name: qstr of name we wish to find
707      *
708      * Searches the children of the parent dentry for the name in question. If
709      * the dentry is found its reference count is incremented and the dentry
710      * is returned. The caller must use d_put to free the entry when it has
711      * finished using it. %NULL is returned on failure.
712      */
713
714     struct dentry * d_lookup(struct dentry * parent, struct qstr * name)
715     {
716         unsigned int len = name->len;
717         unsigned int hash = name->hash;
718         const unsigned char *str = name->name;
719         struct list_head *head = d_hash(parent,hash);
720         struct list_head *tmp;
721
722         spin_lock(&dcache_lock);
723         tmp = head->next;
724         for (;;) {
725             struct dentry * dentry = list_entry(tmp, struct dentry, d_hash);
726             if (tmp == head)
727                 break;
728             tmp = tmp->next;
729             if (dentry->d_name.hash != hash)
730                 continue;
731             if (dentry->d_parent != parent)
732                 continue;
733             if (parent->d_op && parent->d_op->d_compare) {
734                 if (parent->d_op->d_compare(parent, &dentry->d_name, name))
735                     continue;
736             } else {
737                 if (dentry->d_name.len != len)
738                     continue;
739                 if (memcmp(dentry->d_name.name, str, len))
740                     continue;
741             }
742             __dget_locked(dentry);
743             dentry->d_flags |= DCACHE_REFERENCED;
744             spin_unlock(&dcache_lock);
745             return dentry;
746         }
747         spin_unlock(&dcache_lock);
748         return NULL;
```

749   }

参数 parent 指向上一层节点的 dentry 结构，而 name 指向刚才在 path_walk 中建立的 qstr 结构。首先是要根据节点名的杂凑值从杂凑表中找到相应的队列指针，本来，以已经计算好的杂凑值作为下标从 list_head 指针数组 dentry_hashtable 中找到相应的表项是再简单不过的，可是这里(719 行)还要通过一个函数 d_hash( )来做这件事，让我们来看看为什么：

[path_walk( ) > cashed_lookup( ) > d_lookup( ) > d_hash( )]

```
696     static inline struct list_head * d_hash(struct dentry * parent,
                                             unsigned long hash)
697     {
698         hash += (unsigned long) parent / L1_CACHE_BYTES;
699         hash = hash ^ (hash >> D_HASHBITS) ^ (hash >> D_HASHBITS*2);
700         return dentry_hashtable + (hash & D_HASHMASK);
701     }
```

就是说，在已经根据节点名计算好的杂凑值基础上还要再进行一次杂凑，把父节点的 dentry 结构的地址也结合进杂凑值中。这无疑是很巧妙的做法。试想一下学校的计算机实验室，那里的系统可能为上百个学生分别在/home 下面建立了子目录，而每个学生的子目录下可能都有子目录 "project1"。如果光是对节点名 "project1" 杂凑，则势必至少有上百个 dentry 结构都挂在同一队列中而需要线性搜索。即使把父节点名也一起杂凑还是解决不了问题，因为每个学生都可能会有例如 "project1/src"，所有此类路径中的 "src" 节点又会在同一个队列中，对全路径名进行杂凑当然可以解决问题，但是那样代价又太高了。

找到了相应的队列头部以后，d_lookup( )中的 for 循环是简单的。惟一特殊之处是具体的文件系统可能通过其 dentry_operations 结构提供自己的节点名比对函数（比方说，有些文件系统可能在比对时跳过所有的空格），没有的话就用普通的 memcmp( )。

回到 cached_lookup( )的代码中，具体的文件系统可能通过其 dentry_operations 结构提供一个对找到的 dentry 结构进行验证（和处理）的函数，如果验证失败就要通过 d_invalidate( )将这个数据结构从杂凑队列中脱链，这种安排对有些文件系统是必要的，例如在 "网络文件系统" NFS 中，如果一个远程的进程是其惟一的用户，又有很长时间没有访问这个结构了，那就应该将其视作无效，而根据磁盘上的父目录内容来重新构造。具体的函数由该文件系统的 dentry_operations 结构中通过函数指针 d_revalidate 提供，最后则根据验证的结果返回一个 dentry 指针或出错代码。不过，有的文件系统根本就不提供 dentry_operations 数据结构，所以其 dentry 结构中的 d_op 是 0，表示按 Linux 默认的方式处理各项目录项操作。事实上，Ext2 就不提供其自己的 dentry_operations 结构，因为 Linux 默认的方式就是 Ext2。进一步，即使某个文件系统提供了自己的 dentry_operations 数据结构，也并不一定提供自己的 d_revalidate 操作。所以，代码中要先对这两个指针加以检验。由于 Ext2 并不提供其自己的 dentry_operations 结构，我们就把它跳过了。

至此，cached_lookup( ) 就完成了。

如果所需的 dentry 结构不在杂凑表队列中或者已经无效，则返回 NULL。那样，就要进一步通过 real_lookup( )从父目录在磁盘上的内容中找到本节点的目录项，再根据其内容在内存中为之建立起一个 dentry 结构（见 path_walk( )的 497 行）。下面就是 real_lookup( )的代码（见 namei.c）：

[path_walk( ) > real_lookup( )]

```
260     /*
261      * This is called when everything else fails, and we actually have
262      * to go to the low-level filesystem to find out what we should do..
263      *
264      * We get the directory semaphore, and after getting that we also
265      * make sure that nobody added the entry to the dcache in the meantime..
266      * SMP-safe
267      */
268     static struct dentry * real_lookup(struct dentry * parent,
                        struct qstr * name, int flags)
269     {
270         struct dentry * result;
271         struct inode *dir = parent->d_inode;
272
273         down(&dir->i_sem);
274         /*
275          * First re-do the cached lookup just in case it was created
276          * while we waited for the directory semaphore..
277          *
278          * FIXME! This could use version numbering or similar to
279          * avoid unnecessary cache lookups.
280          */
281         result = d_lookup(parent, name);
282         if (!result) {
283             struct dentry * dentry = d_alloc(parent, name);
284             result = ERR_PTR(-ENOMEM);
285             if (dentry) {
286                 lock_kernel( );
287                 result = dir->i_op->lookup(dir, dentry);
288                 unlock_kernel( );
289                 if (result)
290                     dput(dentry);
291                 else
292                     result = dentry;
293             }
294             up(&dir->i_sem);
295             return result;
296         }
297
298         /*
299          * Uhhuh! Nasty case: the cache was re-populated while
300          * we waited on the semaphore. Need to revalidate.
301          */
302         up(&dir->i_sem);
303         if (result->d_op && result->d_op->d_revalidate) {
304     if (!result->d_op->d_revalidate(result, flags) &&
```

```
305                 dput(result);
306                 result = ERR_PTR(-ENOENT);
307             }
308         }
309         return result;
310     }
```

建立 dentry 结构的过程不容许受到其他进程的干扰,所以必须通过信号量放在临界区中进行。但是,在通过 down( )进入临界区时可能会经历一段睡眠等待的时间,而其他进程有可能已经在这段时间中把所需的 dentry 结构建立好,再建立一个就重复了。所以,在进入临界区以后,还要再通过 d_lookup( )确认一下所需的 dentry 结构确实不在杂凑表队列中。读者在前面几章中也看到过类似的情况,总的来说,这是一种规范性的处理方式。万一真的发生了这种情况,那就根据具体文件系统的要求而(可能)调用一个函数进行一些验证和处理(与 cached_lookup( )中相似)。当然,发生这种情况的概率是很低的,在多数情况下都需要建立 dentry 结构。

要建立起一个 dentry 结构,首先当然要为之分配空间并初始化,这是由 283 行的 d_alloc( )完成的,其代码在 dcache.c 中:

[path_walk( ) > real_lookup( ) > d_alloc( )]

```
589     /**
590      * d_alloc -    allocate a dcache entry
591      * @parent: parent of entry to allocate
592      * @name: qstr of the name
593      *
594      * Allocates a dentry. It returns %NULL if there is insufficient memory
595      * available. On a success the dentry is returned. The name passed in is
596      * copied and the copy passed in may be reused after this call.
597      */
598
599     struct dentry * d_alloc(struct dentry * parent, const struct qstr *name)
600     {
601         char * str;
602         struct dentry *dentry;
603
604         dentry = kmem_cache_alloc(dentry_cache, GFP_KERNEL);
605         if (!dentry)
606             return NULL;
607
608         if (name->len > DNAME_INLINE_LEN-1) {
609             str = kmalloc(NAME_ALLOC_LEN(name->len), GFP_KERNEL);
610             if (!str) {
611                 kmem_cache_free(dentry_cache, dentry);
612                 return NULL;
613             }
614         } else
```

```
615                str = dentry->d_iname;
616
617        memcpy(str, name->name, name->len);
618        str[name->len] = 0;
619
620        atomic_set(&dentry->d_count, 1);
621        dentry->d_flags = 0;
622        dentry->d_inode = NULL;
623        dentry->d_parent = NULL;
624        dentry->d_sb = NULL;
625        dentry->d_name.name = str;
626        dentry->d_name.len = name->len;
627        dentry->d_name.hash = name->hash;
628        dentry->d_op = NULL;
629        dentry->d_fsdata = NULL;
630        INIT_LIST_HEAD(&dentry->d_vfsmnt);
631        INIT_LIST_HEAD(&dentry->d_hash);
632        INIT_LIST_HEAD(&dentry->d_lru);
633        INIT_LIST_HEAD(&dentry->d_subdirs);
634        INIT_LIST_HEAD(&dentry->d_alias);
635        if (parent) {
636            dentry->d_parent = dget(parent);
637            dentry->d_sb = parent->d_sb;
638            spin_lock(&dcache_lock);
639            list_add(&dentry->d_child, &parent->d_subdirs);
640            spin_unlock(&dcache_lock);
641        } else
642            INIT_LIST_HEAD(&dentry->d_child);
643
644        dentry_stat.nr_dentry++;
645        return dentry;
646    }
```

从这段程序中我们可以看到，dentry 数据结构是通过 kmem_alloc( )从为这种数据结构专设的 slab 队列中分配的。当节点名较短时，dentry 结构中有个字符数组 d_iname 用来保存节点名，不然就要另行为之分配空间。不管怎样，dentry 结构中的 d_name.name 总是指向这个字符串。此外，dentry 结构中指向超级块结构的指针 d_sb 是从其父节点（目录）继承下来的。每当建立了一个 dentry 结构时，就要将其父节点（"/" 除外，它没有父节点）的共享计数通过 dget( )递增，所以这个新建的 dentry 结构就成了其父节点的 dentry 结构的一个 "用户"，并且要挂入父节点的 d_subdirs 队列中。注意父节点的 d_subdirs 队列中只包含在内存中建有 dentry 结构的目录项。

回到 real_lookup( )的代码中。分配了空间以后，就要从磁盘上由父节点代表的那个目录中寻找当前节点的目录项并设置结构中的其他信息。如果寻找失败，就通过 dput( )撤销已经分配空间的 dentry 结构。如果成功，就通过函数 real_lookup( )的 295 行的 return 语句返回指向该 dentry 结构的指针。

从磁盘上寻找的过程因文件系统而异，所以要通过父节点 inode 结构中的指针 i_op 找到相应的 inode_operations 数据结构。对于代表着目录的 inode 和代表着文件的 inode，其 inode_operatians 结构常常是不同的。就 Ext2 而言，对于目录节点的函数跳转结构为 ext2_dir_inode_operations，定义见 fs/ext2/namei.c：

```
811     /*
812      * directories can handle most operations...
813      */
814     struct inode_operations ext2_dir_inode_operations = {
815         create:     ext2_create,
816         lookup:     ext2_lookup,
817         link:       ext2_link,
818         unlink:     ext2_unlink,
819         symlink:    ext2_symlink,
820         mkdir:      ext2_mkdir,
821         rmdir:      ext2_rmdir,
822         mknod:      ext2_mknod,
823         rename:     ext2_rename,
824     };
```

可见，具体的函数为 ext2_lookup( )，其代码在同一文件(fs/ext2/namei.c)中：

[path_walk( ) > real_lookup( ) > ext2_lookup( )]

```
163     static struct dentry *ext2_lookup(struct inode * dir, struct dentry *dentry)
164     {
165         struct inode * inode;
166         struct ext2_dir_entry_2 * de;
167         struct buffer_head * bh;
168
169         if (dentry->d_name.len > EXT2_NAME_LEN)
170             return ERR_PTR(-ENAMETOOLONG);
171
172         bh = ext2_find_entry (dir, dentry->d_name.name, dentry->d_name.len, &de);
173         inode = NULL;
174         if (bh) {
175             unsigned long ino = le32_to_cpu(de->inode);
176             brelse (bh);
177             inode = iget(dir->i_sb, ino);
178
179             if (!inode)
180                 return ERR_PTR(-EACCES);
181         }
182         d_add(dentry, inode);
183         return NULL;
184     }
```

这里先由 ext2_find_entry( )从磁盘上找到并读入当前节点的目录项，然后通过 iget( )根据索引节点号从磁盘读入相应索引节点并在内存中建立起相对的 inode 结构，最后，由 d_add 完成 dentry 结构的设置并将其挂入杂凑表中的某个队列。

函数 ext2_find_entry( ) 的代码也在 fs/ext2/namei.c 中：

[path_walk( ) > real_lookup( ) > ext2_lookup( ) > ext2_find_entry( )]

```
52      /*
53       *  ext2_find_entry()
54       *
55       * finds an entry in the specified directory with the wanted name. It
56       * returns the cache buffer in which the entry was found, and the entry
57       * itself (as a parameter - res_dir). It does NOT read the inode of the
58       * entry - you'll have to do that yourself if you want to.
59       */
60      static struct buffer_head * ext2_find_entry (struct inode * dir,
61                          const char * const name, int namelen,
62                          struct ext2_dir_entry_2 ** res_dir)
63      {
64          struct super_block * sb;
65          struct buffer_head * bh_use[NAMEI_RA_SIZE];
66          struct buffer_head * bh_read[NAMEI_RA_SIZE];
67          unsigned long offset;
68          int block, toread, i, err;
69
70          *res_dir = NULL;
71          sb = dir->i_sb;
72
73          if (namelen > EXT2_NAME_LEN)
74              return NULL;
75
76          memset (bh_use, 0, sizeof (bh_use));
77          toread = 0;
78          for (block = 0; block < NAMEI_RA_SIZE; ++block) {
79              struct buffer_head * bh;
80
81              if ((block << EXT2_BLOCK_SIZE_BITS (sb)) >= dir->i_size)
82                  break;
83              bh = ext2_getblk (dir, block, 0, &err);
84              bh_use[block] = bh;
85              if (bh && !buffer_uptodate(bh))
86                  bh_read[toread++] = bh;
87          }
88
89          for (block = 0, offset = 0; offset < dir->i_size; block++) {
90              struct buffer_head * bh;
91              struct ext2_dir_entry_2 * de;
92              char * dlimit;
93
```

```
94              if ((block % NAMEI_RA_BLOCKS) == 0 && toread) {
95                  ll_rw_block (READ, toread, bh_read);
96                  toread = 0;
97              }
98              bh = bh_use[block % NAMEI_RA_SIZE];
99              if (!bh) {
100     #if 0
101                 ext2_error (sb, "ext2_find_entry",
102                     "directory #%lu contains a hole at offset %lu",
103                     dir->i_ino, offset);
104     #endif
105                 offset += sb->s_blocksize;
106                 continue;
107             }
108             wait_on_buffer (bh);
109             if (!buffer_uptodate(bh)) {
110                 /*
111                  * read error: all bets are off
112                  */
113                 break;
114             }
115
116             de = (struct ext2_dir_entry_2 *) bh->b_data;
117             dlimit = bh->b_data + sb->s_blocksize;
118             while ((char *) de < dlimit) {
119                 /* this code is executed quadratically often */
120                 /* do minimal checking `by hand' */
121                 int de_len;
122
123                 if ((char *) de + namelen <= dlimit &&
124                     ext2_match (namelen, name, de)) {
125                     /* found a match -
126                        just to be sure, do a full check */
127                     if (!ext2_check_dir_entry("ext2_find_entry",
128                                 dir, de, bh, offset))
129                         goto failure;
130                     for (i = 0; i < NAMEI_RA_SIZE; ++i) {
131                         if (bh_use[i] != bh)
132                             brelse (bh_use[i]);
133                     }
134                     *res_dir = de;
135                     return bh;
136                 }
137                 /* prevent looping on a bad block */
138                 de_len = le16_to_cpu(de->rec_len);
139                 if (de_len <= 0)
140                     goto failure;
141                 offset += de_len;
```

```
142                de = (struct ext2_dir_entry_2 *)
143                    ((char *) de + de_len);
144            }
145
146            brelse (bh);
147            if (((block + NAMEI_RA_SIZE) << EXT2_BLOCK_SIZE_BITS (sb)) >=
148                dir->i_size)
149                bh = NULL;
150            else
151                bh = ext2_getblk (dir, block + NAMEI_RA_SIZE, 0, &err);
152            bh_use[block % NAMEI_RA_SIZE] = bh;
153            if (bh && !buffer_uptodate(bh))
154                bh_read[toread++] = bh;
155        }
156
157    failure:
158        for (i = 0; i < NAMEI_RA_SIZE; ++i)
159            brelse (bh_use[i]);
160        return NULL;
161    }
```

这段程序涉及文件的读操作，读者可以在学习了"文件的读写"一节以及本书下册"设备驱动"一章后再回过来仔细阅读，这里只作一些必要的说明。目录其实只是一种特殊格式的文件，就 Ext2 文件系统而言，目录文件的内容在概念上就是一个 ext2_dir_entry_2 结构数组（见前节），其目的仅在于根据节点名（最长可达 255 个字符）得到相应的索引节点号，所以从逻辑的角度讲是很简单的。为什么只是说"概念上"是 ext2_dir_entry_2 结构数组呢？因为实际上不是。前一节中讲过，ext2_dir_entry_2 结构的长度是不固定的（节点名可长达 255，但通常只是几个字符，而一个文件系统中也许有数万个目录项），结构中有个字段 rec_len 指明本结构的长度。既然不是固定长度的，就不能像真正的数组那样通过下标来计算出具体元素的位置，而只好采用线性搜索的办法（这是一个"以时间换空间"的例子）。不过，为了避免因目录项跨磁盘记录块而造成处理上的不便，Ext2 文件系统在为目录项分配磁盘空间时不让跨记录块。如果一个记录块中剩下的空间已经不够就另起一个记录块。

不同的处理器在存取数据时在字节的排列次序上有所谓"big ending"和"little ending"之分。例如，i386 就是"little ending"的处理器，它在存储一个 16 位数据 0x1234 时实际存储的却是 0x3412，对于 32 位数据也与此类似。这里的索引节点号与记录长度都作为 32 位或 16 位无符号整数存储在磁盘上的，而同一磁盘既可以安装在采用"little ending"方式的 CPU 的机器上，也可能安装在采用"big ending"方式的 CPU 的机器上，所以要选择一种形式作为标准。事实上，Ext2 采用的标准是"little ending"，所以在使用存储在磁盘上大于 8 位的整数时要先通过 le32_to_cpu( )、le16_to_cpu( )等函数将这些数据从"little ending"形式转换成具体 CPU 所采用的形式。当然，在 i386 处理器上访问 Ext2 文件系统时这些函数实际上不作任何转换。

由于磁盘的物理特性，从磁盘读一个记录块需要一定的时间，而这些时间主要消耗在准备工作上。一旦准备好了，读一个记录块与读几个记录块所需时间其实相差不大。所以比较好的办法是既然读了就往前"预读"（Read Ahead）一些记录块，因为紧接着的这些记录块很可能马上就要用到。另一方面，从磁盘读记录块的操作一经启动便由磁盘自行完成，而无需 CPU 介入。所以，从读的第一批记录块到位以后，CPU 对记录块的处理就可以跟后续记录块的读入相平行，从而形成流水操作。那么往前多少块比较合适呢？那要看具体情况了，对于从磁盘读入目录内容这个特定的目的，代码中定义了几个常数(见文件 ext2/namei.c)：

```
28      /*
29       * define how far ahead to read directories while searching them.
30       */
31      #define NAMEI_RA_CHUNKS  2
32      #define NAMEI_RA_BLOCKS  4
33      #define NAMEI_RA_SIZE        (NAMEI_RA_CHUNKS * NAMEI_RA_BLOCKS)
34      #define NAMEI_RA_INDEX(c,b)  (((c) * NAMEI_RA_BLOCKS) + (b))
```

所以，预读的提前量为 8 个记录块，也就是说，估计在读入一个记录块所需的时间内 CPU 可以处理 8 个记录块。

对于从磁盘读入的记录块都要在前面加上一个头部，即 buffer_head 数据结构以便管理。由于从磁盘读入一个记录块的代价不小，对已经读入的记录块都不是用了即扔的，而是要在内存中加以缓冲存储。所以，有时候并不需要真的到磁盘上去读。但是，这样一来有时候缓冲存储着的记录块与磁盘上的记录块就可能不一致了。

代码中为记录块设置了两个指针数组，一个是 bh_use[ ]，另一个是 bh_read[ ]，大小都是 NAMEI_RA_SIZE，即 8。首先通过一个 for 循环，调用 ext2_getblk( )从缓冲着的记录块中找到给定目录文件的开头 8 个逻辑记录块，或者就为之分配缓冲区，并将它们的 buffer_head 结构指针写入数组 bh_use[ ]，将 bh_use[ ]填满。这就是要搜索的第一批次。当然，如果这个目录文件的大小还不够 8 个记录块（见 78 行）那又另作别论（注意，参数 dir 指向其 inode 结构，而不是 dentry 结构）。在这 8 个记录块中，如果有的已经与磁盘上不一致（见 85 行），则要在另一个数组 bh_read[ ]中记录下来，这就是真正要从磁盘上读的。至于新分配的缓冲区，那当然与磁盘上不一致。

接着是对目录文件中所有记录块的 for 循环，对目标节点的搜索就是扫描所有记录块中的所有目录项。循环从 block 0 开始，每隔 NAMEI_RA_BLOCKS 个就启动一次读磁盘操作（如果需要的话），每次最多读 8 块，而数组 bh_read[ ]则给出所需记录块的"名单"。第一次把 8 个缓冲区填满以后，再往后的从磁盘读入与 CPU 的处理就可以形成一种流水线式的操作了。由于从磁盘读入是异步的，CPU 在每处理一个记录块之前都要通过 wait_on_buffer( )等待该记录块到位。但是只要预读的参数合适就可以达到基本上不需要什么等待的程度。

至于在记录块中搜索的过程，那就很简单了（见 116～144 行）。虽然 Ext2 的目录项是可变大小的，但是却不会跨记录块存储，所以每个记录块的开始必然也是一个目录项的开始（见 116 行），而一个记录块内有几个目录项那就不一定了。在找到了所需的目录项以后，要将其他的记录块缓冲区释放，只留下该目录项所在的那个记录块（见 130～133 行）。最后返回目录项所在的记录块，并通过参数 res_dir 返回目录项指针。

回到 ext2_lookup( )的代码中，下一步是根据查得的索引节点号通过 iget( )找到或建立起所需的 inode 结构，这里的 iget( )是个 inline 函数，定义于 indude/linux/fs.h：

[path_walk( ) > real_lookup( ) > ext2_lookup( ) > iget( )]

```
1185    static inline struct inode *iget(struct super_block *sb, unsigned long ino)
```

```
1186    {
1187        return iget4(sb, ino, NULL, NULL);
1188    }
```

函数 iget4( )的代码在 fs/inode.c 中:

[path_walk( ) > real_lookup( ) > ext2_lookup( ) > iget( ) > iget4( )]

```
774     struct inode *iget4(struct super_block *sb, unsigned long ino,
                find_inode_t find_actor, void *opaque)
775     {
776         struct list_head * head = inode_hashtable + hash(sb,ino);
777         struct inode * inode;
778
779         spin_lock(&inode_lock);
780         inode = find_inode(sb, ino, head, find_actor, opaque);
781         if (inode) {
782             __iget(inode);
783             spin_unlock(&inode_lock);
784             wait_on_inode(inode);
785             return inode;
786         }
787         spin_unlock(&inode_lock);
788
789         /*
790          * get_new_inode( ) will do the right thing, re-trying the search
791          * in case it had to block at any point.
792          */
793         return get_new_inode(sb, ino, head, find_actor, opaque);
794     }
```

同样，目标节点的 inode 结构也可能已经在内存中，也可能需要从磁盘上读入其索引节点后在内存中创建。就像 dentry 结构有个杂凑表 dentry_hashtable 一样，inode 结构也有个杂凑表 inode_hashtable，已经建立的 inode 结构都通过结构中的 i_hash（也是一个 list_head）挂在该杂凑表的某一个队列中，所以首先要通过 find_inode( )在杂凑表队列中寻找。找到后就通过 iget( )递增其共享计数。由于索引节点号只在同一设备上才是惟一的，在杂凑计算时要把所在设备的 super_block 结构的地址也结合进去。

要是杂凑表的队列中找不到所需的 inode 结构，那就要通过 get_new_inode( )从磁盘上读入相应的索引节点并建立起一个 inode 结构，其代码在 fs/inode.c 中:

[path_walk( ) > real_lookup( ) > ext2_lookup( ) > iget( ) > get_new_inode( )]

```
649     /*
650      * This is called without the inode lock held.. Be careful.
651      *
652      * We no longer cache the sb_flags in i_flags - see fs.h
653      *  -- rmk@arm.uk.linux.org
```

```
654          */
655         static struct inode * get_new_inode(struct super_block *sb,
                         unsigned long ino, struct list_head *head,
                         find_inode_t find_actor, void *opaque)
656         {
657             struct inode * inode;
658
659             inode = alloc_inode();
660             if (inode) {
661                 struct inode * old;
662
663                 spin_lock(&inode_lock);
664                 /* We released the lock, so.. */
665                 old = find_inode(sb, ino, head, find_actor, opaque);
666                 if (!old) {
667                     inodes_stat.nr_inodes++;
668                     list_add(&inode->i_list, &inode_in_use);
669                     list_add(&inode->i_hash, head);
670                     inode->i_sb = sb;
671                     inode->i_dev = sb->s_dev;
672                     inode->i_ino = ino;
673                     inode->i_flags = 0;
674                     atomic_set(&inode->i_count, 1);
675                     inode->i_state = I_LOCK;
676                     spin_unlock(&inode_lock);
677
678                     clean_inode(inode);
679                     sb->s_op->read_inode(inode);
680
681                     /*
682                      * This is special! We do not need the spinlock
683                      * when clearing I_LOCK, because we're guaranteed
684                      * that nobody else tries to do anything about the
685                      * state of the inode when it is locked, as we
686                      * just created it (so there can be no old holders
687                      * that haven't tested I_LOCK).
688                      */
689                     inode->i_state &= ~I_LOCK;
690                     wake_up(&inode->i_wait);
691
692                     return inode;
693                 }
694
695                 /*
696                  * Uhhuh, somebody else created the same inode under
697                  * us. Use the old inode instead of the one we just
698                  * allocated.
699                  */
```

```
700             __iget(old);
701             spin_unlock(&inode_lock);
702             destroy_inode(inode);
703             inode = old;
704             wait_on_inode(inode);
705         }
706         return inode;
707     }
```

这个函数的代码与前面 dentry 结构的分配和建立很相似，至于从磁盘读入索引节点的过程则取决于具体的文件系统。有的文件系统在磁盘上可能并不存在"索引节点"这么一种东西，但是在概念上必有相通之处。所以，对有的文件系统来说是"读入"索引节点，而对有的文件系统则是将磁盘上的有关信息变换成一个索引节点。其实，所谓超级块、目录项也莫不如此。注意代码中对新创建 inode 结构中 i_dev 等字段的设置。以前讲过，inode 结构中的 i_dev 表示这个结构所代表的文件所在的设备，这里可以看到它的值来自所在设备的 super_block 数据结构，是在从设备上读入索引节点之前就设置好了的。还有，索引节点号 ino 仅在同一设备上才是惟一的，所以要与设备号（或 super_block 结构）合在一起才能在全系统范围中惟一地确定一个索引节点及其 inode 结构。这也是为什么 find_inode( ) 的参数表中包括了 sb 和 ino 的原因。

对于索引节点的读入，具体的函数是通过函数跳转表 super_operations 结构中的函数指针 read_inode 提供的。每个设备的 super_block 结构中都有一个指针 s_op，指向具体的跳转表。对于 Ext2 来说，这个跳转表就是 ext2_sops，具体的函数则是 ext2_read_inode( )（见文件 fs/ext2/super.c）。

```
148     static struct super_operations ext2_sops = {
149         read_inode:  ext2_read_inode,
150         write_inode: ext2_write_inode,
151         put_inode:   ext2_put_inode,
152         delete_inode: ext2_delete_inode,
153         put_super:   ext2_put_super,
154         write_super: ext2_write_super,
155         statfs:      ext2_statfs,
156         remount_fs:  ext2_remount,
157     };
```

函数 ext2_read_inode( ) 的代码则在 fs/ext2/inode.c 中：

[path_walk( ) > real_lookup( ) > ext2_lookup( ) > iget( ) > get_new_inode( ) > ext2_read_inode( )]

```
961     void ext2_read_inode (struct inode * inode)
962     {
963         struct buffer_head * bh;
964         struct ext2_inode * raw_inode;
965         unsigned long block_group;
966         unsigned long group_desc;
967         unsigned long desc;
968         unsigned long block;
```

```
969             unsigned long offset;
970             struct ext2_group_desc * gdp;
971
972         if ((inode->i_ino != EXT2_ROOT_INO &&
                    inode->i_ino != EXT2_ACL_IDX_INO &&
973                 inode->i_ino != EXT2_ACL_DATA_INO &&
974                 inode->i_ino < EXT2_FIRST_INO(inode->i_sb)) ||
975             inode->i_ino >
                    le32_to_cpu(inode->i_sb->u.ext2_sb.s_es->s_inodes_count)) {
976             ext2_error (inode->i_sb, "ext2_read_inode",
977                     "bad inode number: %lu", inode->i_ino);
978             goto bad_inode;
979         }
980         block_group = (inode->i_ino - 1) / EXT2_INODES_PER_GROUP(inode->i_sb);
981         if (block_group >= inode->i_sb->u.ext2_sb.s_groups_count) {
982             ext2_error (inode->i_sb, "ext2_read_inode",
983                     "group >= groups count");
984             goto bad_inode;
985         }
986         group_desc = block_group >> EXT2_DESC_PER_BLOCK_BITS(inode->i_sb);
987         desc = block_group & (EXT2_DESC_PER_BLOCK(inode->i_sb) - 1);
988         bh = inode->i_sb->u.ext2_sb.s_group_desc[group_desc];
989         if (!bh) {
990             ext2_error (inode->i_sb, "ext2_read_inode",
991                     "Descriptor not loaded");
992             goto bad_inode;
993         }
994
995         gdp = (struct ext2_group_desc *) bh->b_data;
996         /*
997          * Figure out the offset within the block group inode table
998          */
999         offset = ((inode->i_ino - 1) % EXT2_INODES_PER_GROUP(inode->i_sb)) *
1000            EXT2_INODE_SIZE(inode->i_sb);
1001        block = le32_to_cpu(gdp[desc].bg_inode_table) +
1002            (offset >> EXT2_BLOCK_SIZE_BITS(inode->i_sb));
1003        if (!(bh = bread (inode->i_dev, block, inode->i_sb->s_blocksize))) {
1004            ext2_error (inode->i_sb, "ext2_read_inode",
1005                    "unable to read inode block - "
1006                    "inode=%lu, block=%lu", inode->i_ino, block);
1007            goto bad_inode;
1008        }
1009        offset &= (EXT2_BLOCK_SIZE(inode->i_sb) - 1);
1010        raw_inode = (struct ext2_inode *) (bh->b_data + offset);
1011
1012        inode->i_mode = le16_to_cpu(raw_inode->i_mode);
1013        inode->i_uid = (uid_t)le16_to_cpu(raw_inode->i_uid_low);
1014        inode->i_gid = (gid_t)le16_to_cpu(raw_inode->i_gid_low);
```

```c
1015        if(!(test_opt (inode->i_sb, NO_UID32))) {
1016            inode->i_uid |= le16_to_cpu(raw_inode->i_uid_high) << 16;
1017            inode->i_gid |= le16_to_cpu(raw_inode->i_gid_high) << 16;
1018        }
1019        inode->i_nlink = le16_to_cpu(raw_inode->i_links_count);
1020        inode->i_size = le32_to_cpu(raw_inode->i_size);
1021        inode->i_atime = le32_to_cpu(raw_inode->i_atime);
1022        inode->i_ctime = le32_to_cpu(raw_inode->i_ctime);
1023        inode->i_mtime = le32_to_cpu(raw_inode->i_mtime);
1024        inode->u.ext2_i.i_dtime = le32_to_cpu(raw_inode->i_dtime);
1025        /* We now have enough fields to check if the inode was active or not.
1026         * This is needed because nfsd might try to access dead inodes
1027         * the test is that same one that e2fsck uses
1028         * NeilBrown 1999oct15
1029         */
1030        if (inode->i_nlink == 0 &&
                    (inode->i_mode == 0 || inode->u.ext2_i.i_dtime)){
1031            /* this inode is deleted */
1032            brelse (bh);
1033            goto bad_inode;
1034        }
1035        inode->i_blksize = PAGE_SIZE;
               /* This is the optimal IO size (for stat), not the fs block size */
1036        inode->i_blocks = le32_to_cpu(raw_inode->i_blocks);
1037        inode->i_version = ++event;
1038        inode->u.ext2_i.i_flags = le32_to_cpu(raw_inode->i_flags);
1039        inode->u.ext2_i.i_faddr = le32_to_cpu(raw_inode->i_faddr);
1040        inode->u.ext2_i.i_frag_no = raw_inode->i_frag;
1041        inode->u.ext2_i.i_frag_size = raw_inode->i_fsize;
1042        inode->u.ext2_i.i_file_acl = le32_to_cpu(raw_inode->i_file_acl);
1043        if (S_ISDIR(inode->i_mode))
1044            inode->u.ext2_i.i_dir_acl = le32_to_cpu(raw_inode->i_dir_acl);
1045        else {
1046            inode->u.ext2_i.i_high_size =
                        le32_to_cpu(raw_inode->i_size_high);
1047            inode->i_size |=
                        ((__u64)le32_to_cpu(raw_inode->i_size_high))<<32;
1048        }
1049        inode->i_generation = le32_to_cpu(raw_inode->i_generation);
1050        inode->u.ext2_i.i_block_group = block_group;
1051
1052        /*
1053         * NOTE! The in-memory inode i_data array is in little-endian order
1054         * even on big-endian machines: we do NOT byteswap the block numbers!
1055         */
1056        for (block = 0; block < EXT2_N_BLOCKS; block++)
1057            inode->u.ext2_i.i_data[block] = raw_inode->i_block[block];
```

在 Ext2 格式的磁盘上，有些索引节点是有特殊用途的，include/linux/ext2_fs.h 中有这些节点的定义：

```
55      /*
56       * Special inodes numbers
57       */
58      #define EXT2_BAD_INO            1       /* Bad blocks inode */
59      #define EXT2_ROOT_INO           2       /* Root inode */
60      #define EXT2_ACL_IDX_INO        3       /* ACL inode */
61      #define EXT2_ACL_DATA_INO       4       /* ACL inode */
62      #define EXT2_BOOT_LOADER_INO    5       /* Boot loader inode */
63      #define EXT2_UNDEL_DIR_INO      6       /* Undelete directory inode */
```

这些索引节点是为系统保留的，对它们的访问都不通过目录项而直接通过定义的节点号进行。其中 EXT2_ACL_IDX_INO 和 EXT2_ACL_DATA_INO 用于"访问控制表"（access control list），是为改善文件系统的安全性而设置的（见"访问权限和文件的安全性"一节）。磁盘设备的 super_block 结构中提供磁盘上第一个供常规用途的索引节点的节点号以及索引节点的总数，这两项参数被用于对节点号的范围检查。

从概念上说，Ext2 格式的磁盘设备上，除引导块和超级块以外，就分成索引节点和数据两部分。但是，出于访问效率的考虑，实际上把整个磁盘（或逻辑磁盘，即"分区"）先划分成若干"记录块组"，然后再将每个记录块组分成索引节点和数据两部分。与此相应，ext2 磁盘的超级块中则提供有关这种划分的参数，如磁盘上有多少个组，每个组中有多少个记录块，有多少个索引节点等等；同时，每个块组还有一个"组描述结构"，也可以通过 super_block 结构访问（详见"文件系统的安装与拆卸"）。所以，先要根据索引节点号算出该节点所在的记录块组（见 980 行）以及在节点组内的位移（999 行），然后再算出节点所在的记录块号（1001 行）。知道了记录块号以后，就可以通过设备驱动程序 bread 读入该记录块。从磁盘读入的索引节点为 ext2_inode 数据结构，读者已经看到过它的定义。索引节点中的信息是原始的，未经过加工的，所以代码中称之为 raw_inode，相比之下内存中 ionde 结构中的信息则分两个部分，一部分是属于 VFS 层的，适用于所有的文件系统；另一部分则属于具体的文件系统，这就是那个 union，因具体文件系统的不同而赋予不同的解释。对 Ext2 来说，这部分数据形成一个 ext2_inode_info 结构，这是在 include/linux/ext2_fs.h 中定义的：

```
19      /*
20       * second extended file system inode data in memory
21       */
22      struct ext2_inode_info {
23              __u32   i_data[15];
24              __u32   i_flags;
25              __u32   i_faddr;
26              __u8    i_frag_no;
27              __u8    i_frag_size;
28              __u16   i_osync;
29              __u32   i_file_acl;
30              __u32   i_dir_acl;
31              __u32   i_dtime;
```

```
32          __u32   not_used_1;  /* FIX: not used/ 2.2 placeholder */
33          __u32   i_block_group;
34          __u32   i_next_alloc_block;
35          __u32   i_next_alloc_goal;
36          __u32   i_prealloc_block;
37          __u32   i_prealloc_count;
38          __u32   i_high_size;
39          int     i_new_inode:1;  /* Is a freshly allocated inode */
40      };
```

结构中的 i_data[ ] 是一块很重要的数据。对于有存储内容的文件（普通文件和目录文件），这里存放着一些指针，直接或间接地指向磁盘上存储着该文件内容的所有记录块（详见"文件的读与写"一节）。所谓"索引节点"即因此而得名。至于代表着符号连接的节点，则并没有文件内容（数据），所以正好用这块空间来存储连接目标的路径名。这块空间的大小是 15 个 32 位整数，即 60 个字节。虽然节点名最长可达 255 个字节，但一般都不会很长，将作为符号连接目标的路径名限制在 60 个字节不至于引起问题。代码中通过一个 for 循环将这 15 个整数复制到 inode 结构的 union 中。

在 ext2_read_inode( ) 的代码中继续往下看（fs/ext2/inode.c）：

[path_walk( ) > real_lookup( ) > ext2_lookup( ) > iget( ) > get_new_inode( ) > ext2_read_inode( )]

```
1059        if (inode->i_ino == EXT2_ACL_IDX_INO ||
1060            inode->i_ino == EXT2_ACL_DATA_INO)
1061            /* Nothing to do */ ;
1062        else if (S_ISREG(inode->i_mode)) {
1063            inode->i_op = &ext2_file_inode_operations;
1064            inode->i_fop = &ext2_file_operations;
1065            inode->i_mapping->a_ops = &ext2_aops;
1066        } else if (S_ISDIR(inode->i_mode)) {
1067            inode->i_op = &ext2_dir_inode_operations;
1068            inode->i_fop = &ext2_dir_operations;
1069        } else if (S_ISLNK(inode->i_mode)) {
1070            if (!inode->i_blocks)
1071                inode->i_op = &ext2_fast_symlink_inode_operations;
1072            else {
1073                inode->i_op = &page_symlink_inode_operations;
1074                inode->i_mapping->a_ops = &ext2_aops;
1075            }
1076        } else
1077            init_special_inode(inode, inode->i_mode,
1078                    le32_to_cpu(raw_inode->i_block[0]));
1079        brelse (bh);
1080        inode->i_attr_flags = 0;
1081        if (inode->u.ext2_i.i_flags & EXT2_SYNC_FL) {
1082            inode->i_attr_flags |= ATTR_FLAG_SYNCRONOUS;
1083            inode->i_flags |= S_SYNC;
1084        }
```

```
1085            if (inode->u.ext2_i.i_flags & EXT2_APPEND_FL) {
1086                inode->i_attr_flags |= ATTR_FLAG_APPEND;
1087                inode->i_flags |= S_APPEND;
1088            }
1089            if (inode->u.ext2_i.i_flags & EXT2_IMMUTABLE_FL) {
1090                inode->i_attr_flags |= ATTR_FLAG_IMMUTABLE;
1091                inode->i_flags |= S_IMMUTABLE;
1092            }
1093            if (inode->u.ext2_i.i_flags & EXT2_NOATIME_FL) {
1094                inode->i_attr_flags |= ATTR_FLAG_NOATIME;
1095                inode->i_flags |= S_NOATIME;
1096            }
1097            return;
1098
1099    bad_inode:
1100            make_bad_inode(inode);
1101            return;
1102    }
```

接着，就是根据由索引节点所提供的信息设置 inode 结构中的 inode_operations 结构指针和 file_operations 结构指针，完成具体文件系统与虚拟文件系统 VFS 之间的连接。以前，我们曾把这二者比喻成"接口卡"与"总线"，但是读者要注意这是从系统结构的角度而言的，实际上文件系统中的每个节点（目录或文件）都有从 VFS 层连接到具体文件系统的问题，就好像每个节点都有着这么一条"总线"一样。

目前的 2.4 版 Linux 内核并不支持 ACL（Access Control List），所以代码中只是为之留下了位置，而暂时不作任何处理。除此以外，就通过检查 inode 结构中的 mode 字段来确定该节点是否常规文件（S_ISREG）、目录（S_ISDIR）、符号连接（S_ISLNK）或特殊文件而作不同的设置或处理。例如对（Ext2 文件系统的）目录节点就将 i_op 和 i_fop 分别设置成指向 ext2_dir_inode_operations 和 ext2_dir_operations。对于常规文件则除 i_op 和 i_fop 以外还有另一个指针 a_ops，它指向一个 address_space_operations 数据结构，用于文件到内存空间的映射或缓冲。对特殊文件则通过 init_special_inode( ) 加以检查和处理，以后我们将常常回过来看这个函数。

在找到了或者建立了所需的 inode 结构以后，就返回到 ext2_lookup( )，在那里还要通过 d_add( ) 将 inode 结构与 dentry 结构挂上钩，并将 dentry 结构挂入杂凑表中的某个队列。这里的 d_add( )是个 inline 函数，定义于 include/linux/dcache.h：

[path_walk( ) > real_lookup( ) > ext2_lookup( ) > d_add( )]

```
191     /**
192      * d_add - add dentry to hash queues
193      * @entry: dentry to add
194      * @inode: The inode to attach to this dentry
195      *
196      * This adds the entry to the hash queues and initializes @inode.
197      * The entry was actually filled in earlier during d_alloc( ).
198      */
```

```
199
200     static __inline__ void d_add(struct dentry * entry, struct inode * inode)
201     {
202         d_instantiate(entry, inode);
203         d_rehash(entry);
204     }
```

函数 d_instantiate( ) 使 dentry 结构和 inode 结构互相挂钩,其代码在 fs/dcache.c 中:

[path_walk( ) > real_lookup( ) > ext2_lookup( ) > d_add( ) > d_instantiate( )]

```
648     /**
649      * d_instantiate - fill in inode information for a dentry
650      * @entry: dentry to complete
651      * @inode: inode to attach to this dentry
652      *
653      * Fill in inode information in the entry.
654      *
655      * This turns negative dentries into productive full members
656      * of society.
657      *
658      * NOTE! This assumes that the inode count has been incremented
659      * (or otherwise set) by the caller to indicate that it is now
660      * in use by the dcache.
661      */
662
663     void d_instantiate(struct dentry *entry, struct inode * inode)
664     {
665         spin_lock(&dcache_lock);
666         if (inode)
667             list_add(&entry->d_alias, &inode->i_dentry);
668         entry->d_inode = inode;
669         spin_unlock(&dcache_lock);
670     }
```

两个数据结构之间的联系是双向的。一方面是 dentry 结构中的指针 d_inode 指向 inode 结构,这是一对一的关系,因为一个目录项只代表着一个文件。可是,反过来就不一样了,同一个文件可以有多个不同的文件名或路径(通过系统调用 link( ) 建立,可是注意与"符号连接"的区别,那是由 symlink( ) 建立的),所以从 inode 结构到 dentry 结构的方向可以是一对多的关系。因此,inode 结构中的 i_dentry 是个队列, dentry 结构通过其队列头部 d_alias 挂入相应 inode 结构的队列中。

至于 d_rehash( ) 则将 dentry 结构挂入杂凑队列,代码也在同一文件中:

[path_walk( ) > real_lookup( ) > ext2_lookup( ) > d_add( ) > d_rehash( )]

```
847     /**
848      * d_rehash - add an entry back to the hash
849      * @entry: dentry to add to the hash
```

```
850          *
851          * Adds a dentry to the hash according to its name.
852          */
853
854         void d_rehash(struct dentry * entry)
855         {
856             struct list_head *list = d_hash(entry->d_parent, entry->d_name.hash);
857             spin_lock(&dcache_lock);
858             list_add(&entry->d_hash, list);
859             spin_unlock(&dcache_lock);
860         }
```

回到 real_lookup( )的代码，现在已经找到了或者建立了所需的 dentry 结构，接着就返回到 path_walk( )的代码中（见 fs/namei.c 中的 497 行）。

当前节点的 dentry 结构是有了，但是这个节点会不会是一个安装点呢？所以在 503 行调用 d_mountpoint( )加以检验。

[path_walk( ) > d_mountpoint( )]

```
259         static __inline__ int d_mountpoint(struct dentry *dentry)
260         {
261             return !list_empty(&dentry->d_vfsmnt);
262         }
```

如果是安装点，就调用 __follow_down( ) 前进到所安装设备的根节点。这两个函数分别定义于 include/linux/dcache.h 和 fs/namei.c 中，读者可以参考"文件系统的安装与拆卸"一节。

最后，当前节点会不会只是代表着一个连接呢？对这种情况的检验取决于具体的文件系统。有些文件系统根本就不支持连接，那就已经最终找到了所需的节点，此时要调用 dput( )递增 dentry 结构中的共享计数，因为此后 path_walk( )不再使用这个数据结构了。如果具体的文件系统支持连接，那就通过 do_follow_link( )处理（fs/namei.c）：

[path_walk( ) > do_follow_link( )]

```
312         static inline int do_follow_link(struct dentry *dentry,
                                              struct nameidata *nd)
313         {
314             int err;
315             if (current->link_count >= 8)
316                 goto loop;
317             current->link_count++;
318             UPDATE_ATIME(dentry->d_inode);
319             err = dentry->d_inode->i_op->follow_link(dentry, nd);
320             current->link_count--;
321             return err;
322         loop:
323             path_release(nd);
```

```
324         return -ELOOP;
325   }
```

对连接链的长度要有个限制,否则就有可能陷入循环,这个上限是 8。具体对连接链的跟随由相应 inode_operations 结构中的函数指针 follow_link 所提供的函数完成。就 Ext2 文件系统来说,这个函数是 ext2_follow_link( ),这是在 fs/ext2/symlink.c 中定义的:

```
35    struct inode_operations ext2_fast_symlink_inode_operations = {
36        readlink:      ext2_readlink,
37        follow_link:   ext2_follow_link,
38    };
```

函数 ext2_follow_link( )的代码也在同一文件中:

[path_walk( ) > do_follow_link( ) > ext2_follow_link( )]

```
29    static int ext2_follow_link(struct dentry *dentry, struct nameidata *nd)
30    {
31        char *s = (char *)dentry->d_inode->u.ext2_i.i_data;
32        return vfs_follow_link(nd, s);
33    }
```

对于 Ext2 文件系统,连接目标的路径名在 ext2_inode_info 结构(inode 结构中的 union)的 i_data 字段中。代表着连接的节点并没有文件内容(数据),所以在索引节点中不需要存储有关各个存储区间的信息,而这些空间正好可以用来存储连接目标的路径名。这部分信息在前面的 ext2_read_inode( ) 中作为 ext2_inode_info 结构的一部分被复制到 inode 结构里面的 union u 中。现在,就以此为目标调用 vfs_follow_link( )来达到目的。

函数 vfs_follow_link( )的代码在 fs/namei.c 中。值得注意的是,这里从 ext2_follow_link( )中对 vfs_follow_link( )的调用意味着从较低的层次上(具体的 Ext2 文件系统)回到了更高的 vfs 层。为什么呢?这是因为符号连接的目标有可能在另一个格式不同的文件系统中。可想而知,在 vfs_follow_link( )中势必又要调用 path_walk( )来找到代表着连接对象的 dentry 结构,事实也正是这样 (fs/namei.c):

[path_walk( ) > do_follow_link( ) > ext2_follow_link( ) > vfs_follow_link( )]

```
1942    int vfs_follow_link(struct nameidata *nd, const char *link)
1943    {
1944        return __vfs_follow_link(nd, link);
1945    }
```

再往下看(fs/namei.c):

[path_walk( ) > do_follow_link( ) > ext2_follow_link( )> vfs_follow_link( ) >__vfs_follow_link( )]

```
1906    static inline int
```

```
1907    __vfs_follow_link(struct nameidata *nd, const char *link)
1908    {
1909        int res = 0;
1910        char *name;
1911        if (IS_ERR(link))
1912            goto fail;
1913
1914        if (*link == '/') {
1915            path_release(nd);
1916            if (!walk_init_root(link, nd))
1917                /* weird __emul_prefix( ) stuff did it */
1918                goto out;
1919        }
1920        res = path_walk(link, nd);
1921    out:
1922        if (current->link_count || res || nd->last_type!=LAST_NORM)
1923            return res;
1924        /*
1925         * If it is an iterative symlinks resolution in open_namei( ) we
1926         * have to copy the last component. And all that crap because of
1927         * bloody create( ) on broken symlinks. Furrfu...
1928         */
1929        name = __getname( );
1930        if (IS_ERR(name))
1931            goto fail_name;
1932        strcpy(name, nd->last.name);
1933        nd->last.name = name;
1934        return 0;
1935    fail_name:
1936        link = name;
1937    fail:
1938        path_release(nd);
1939        return PTR_ERR(link);
1940    }
```

至此，对一个中间节点的搜索落实的过程就完成了。回到原先 path_walk( )的代码中，那儿 533 行的 continue 语句使执行又回到 439 行的 for 循环开始处，继续处理路径名中的下一个节点。到最后一个节点时，就会转到标号为 last_component 或 last_with_slashes 处。我们继续在 path_walk( )的代码中往下看(namei.c)：

[path_walk( )]

```
536        last_with_slashes:
537            lookup_flags |= LOOKUP_FOLLOW | LOOKUP_DIRECTORY;
538        last_component:
539            if (lookup_flags & LOOKUP_PARENT)
540                goto lookup_parent;
```

```c
541         if (this.name[0] == '.') switch (this.len) {
542             default:
543                 break;
544             case 2:
545                 if (this.name[1] != '.')
546                     break;
547                 follow_dotdot(nd);
548                 inode = nd->dentry->d_inode;
549                 /* fallthrough */
550             case 1:
551                 goto return_base;
552         }
553         if (nd->dentry->d_op && nd->dentry->d_op->d_hash) {
554             err = nd->dentry->d_op->d_hash(nd->dentry, &this);
555             if (err < 0)
556                 break;
557         }
558         dentry = cached_lookup(nd->dentry, &this, 0);
559         if (!dentry) {
560             dentry = real_lookup(nd->dentry, &this, 0);
561             err = PTR_ERR(dentry);
562             if (IS_ERR(dentry))
563                 break;
564         }
565         while (d_mountpoint(dentry) && __follow_down(&nd->mnt, &dentry))
566             ;
567         inode = dentry->d_inode;
568         if ((lookup_flags & LOOKUP_FOLLOW)
569             && inode && inode->i_op && inode->i_op->follow_link) {
570             err = do_follow_link(dentry, nd);
571             dput(dentry);
572             if (err)
573                 goto return_err;
574             inode = nd->dentry->d_inode;
575         } else {
576             dput(nd->dentry);
577             nd->dentry = dentry;
578         }
579         err = -ENOENT;
580         if (!inode)
581             goto no_inode;
582         if (lookup_flags & LOOKUP_DIRECTORY) {
583             err = -ENOTDIR;
584             if (!inode->i_op || !inode->i_op->lookup)
585                 break;
586         }
587         goto return_base;
588 no_inode:
```

```
589                 err = -ENOENT;
590                 if (lookup_flags & (LOOKUP_POSITIVE|LOOKUP_DIRECTORY))
591                     break;
592                 goto return_base;
593         lookup_parent:
594                 nd->last = this;
595                 nd->last_type = LAST_NORM;
596                 if (this.name[0] != '.')
597                     goto return_base;
598                 if (this.len == 1)
599                     nd->last_type = LAST_DOT;
600                 else if (this.len == 2 && this.name[1] == '.')
601                     nd->last_type = LAST_DOTDOT;
602         return_base:
603                 return 0;
604         out_dput:
605                 dput(dentry);
606                 break;
607             }
608             path_release(nd);
609         return_err:
610             return err;
611         }
```

路径名的末尾有个"/"字符,意味着路径的终点是个目录,并且,如果这个节点代表着一个连接就一定要前进到所连接的对象(也是个目录)。所以,在这种情况下把标志位 LOOKUP_FOLLOW 和 LOOKUP_DIRECTORY 都设成1。

调用参数中的 LOOKUP_PARENT 标志位1表示要寻找的并不是路径中的终点,而是它的上一层,所以转到593行的 lookup_parent 标号处,根据终点的节点名把 nameidata 结构中的 last_type 设置成 LAST_NORM、LAST_DOT 或者 LAST_DOTDOT。但是,nameidata 结构中的指针 dentry 此时仍指向上一层节点的 dentry 结构。

不过,一般情况下 LOOKUP_PARENT 标志位都是0,要找的是路径名中的终点。将代码中的541~581行与473~509行作一比较,就可以发现这两部分代码几乎是一样的,所不同的只是:

(1) 对于中间节点调用 cached_lookup( ) 和 real_lookup( ) 时标志 LOOKUP_CONTINUE 为1,而对终结节点调用这两个函数时这个标志位为0。但是,这个标志位仅在所属文件系统(通过其 dentry_operations 结构中的函数指针 d_revalidate)提供目录项验证函数时才有用,Ext2 文件系统并不提供这个函数,并不对所找到的 dentry 结构加以验证,所以这个因素不起作用。

(2) 当中间节点代表着符号连接时,对 do_follow_link( ) 的调用是无条件的(只要文件系统的 inode_operations 结构中提供了相应的函数)。相比之下,当终结节点代表着符号连接时,则仅当 LOOKUP_FOLLOW 标志位为1时才调用这个函数。

(3) 如果一个中间节点的 dentry 结构尚未与一个 inode 结构挂上钩,则搜索就无法继续下去了,所以 path_walk( ) 立即就要出错返回,出错代码为-ENOENT。可是,对于终结节点就不同了,在有些情况下允许代表常规文件(而不是目录)终结节点的 dentry 结构没有与之挂钩的 inode 结构。我们称这样的 dentry 结构为"negative",反之则为"positive"。有一个标志位称为

LOOKUP_POSITIVE，就是表示所欲寻找的节点必须具有 inode 结构。所以，对于终结节点，当不存在 inode 结构时就转向 584 行的标号 no_inode，在那里根据 LOOKUP_POSITIVE 和 LOOKUP_DIRECTORY 两个标志位来决定是出错返回或者正常返回。

(4) 最后，如果节点是一个目录，那就要依靠文件系统通过其 inode_operations 结构中的指针 lookup 提供的函数来读入这一层目录，并在这个目录中搜索。要是这个函数指针为 NULL，那么搜索也就不能延续了。对于中间节点这意味着搜索失败（531 行），而对于终结节点则只有在所要求的是个目录（LOOKUP_DIRECTORY 标志为 1）时才意味着失败（见 582～587 行）。

从 path_walk( )返回时，函数值为 0 表示搜索成功，此时 nameidata 结构中的指针 dentry 指向目标节点（不一定是终结节点）的 dentry 结构，指针 mnt 指向目标节点所在设备的安装结构。同时，这个结构中的 last_type 表示最后一个节点的类型，节点名则在 qstr 结构 last 中。如果失败的话，则函数值为一负的出错代码，而 nameidata 结构中则提供失败的节点名等信息。

根据给定路径名找到目标节点的 dentry 结构（以及 inode 结构）的过程，涉及与文件系统有关的几乎所有数据结构以及这些数据结构间的联系，搞懂了这个过程就对文件系统有了基本的理解。同时，path_init( )和 path_walk( )（以及将这二者包装在一起的 user_walk( )）又是在各种与文件系统有关的系统调用中最广泛使用的函数。这里，我们略举数例，这些代码大都在 open.c 中：

```
340     asmlinkage long sys_chdir(const char * filename)
341     {
342         int error;
343         struct nameidata nd;
344         char *name;
345
346         name = getname(filename);
347         error = PTR_ERR(name);
348         if (IS_ERR(name))
349             goto out;
350
351         error = 0;
352         if (path_init(name,
            LOOKUP_POSITIVE|LOOKUP_FOLLOW|LOOKUP_DIRECTORY, &nd))
353             error = path_walk(name, &nd);
354         putname(name);
355         if (error)
356             goto out;
357
358         error = permission(nd.dentry->d_inode, MAY_EXEC);
359         if (error)
360             goto dput_and_out;
361
362         set_fs_pwd(current->fs, nd.mnt, nd.dentry);
363
364     dput_and_out:
365         path_release(&nd);
```

```
366     out:
367             return error;
368     }
```

这是系统调用 chdir( )的代码。这里的 permission( )检查访问权限，读者可参阅下一节"访问权限与文件安全性"。函数 set_fs_pwd( )将当前进程的 fs_struct 结构中的指针 pwd 和 pwdmnt 分别设置成由 nameidata 中提供的 dentry 指针和 vfsmount 指针。下面内容请读者自己看。

```
468     asmlinkage long sys_chmod(const char * filename, mode_t mode)
469     {
470             struct nameidata nd;
471             struct inode * inode;
472             int error;
473             struct iattr newattrs;
474
475             error = user_path_walk(filename, &nd);
476             if (error)
477                     goto out;
478             inode = nd.dentry->d_inode;
479
480             error = -EROFS;
481             if (IS_RDONLY(inode))
482                     goto dput_and_out;
483
484             error = -EPERM;
485             if (IS_IMMUTABLE(inode) || IS_APPEND(inode))
486                     goto dput_and_out;
487
488             if (mode == (mode_t) -1)
489                     mode = inode->i_mode;
490             newattrs.ia_mode = (mode & S_IALLUGO) | (inode->i_mode & ~S_IALLUGO);
491             newattrs.ia_valid = ATTR_MODE | ATTR_CTIME;
492             error = notify_change(nd.dentry, &newattrs);
493
494     dput_and_out:
495             path_release(&nd);
496     out:
497             return error;
498     }
```

函数 notify_change( )的作用见本章后面的另外几节。

```
560     asmlinkage long sys_chown(const char * filename, uid_t user, gid_t group)
561     {
562             struct nameidata nd;
563             int error;
564
```

```
565     error = user_path_walk(filename, &nd);
566     if (!error) {
567         error = chown_common(nd.dentry, user, group);
568         path_release(&nd);
569     }
570     return error;
571 }

38  asmlinkage long sys_statfs(const char * path, struct statfs * buf)
39  {
40      struct nameidata nd;
41      int error;
42
43      error = user_path_walk(path, &nd);
44      if (!error) {
45          struct statfs tmp;
46          error = vfs_statfs(nd.dentry->d_inode->i_sb, &tmp);
47          if (!error && copy_to_user(buf, &tmp, sizeof(struct statfs)))
48              error = -EFAULT;
49          path_release(&nd);
50      }
51      return error;
52  }
```

5.3 访问权限与文件安全性

Unix 操作系统从一开始就在其文件系统中引入了"文件主"、"访问权限"等概念，并在此基础上实现了有利于提高文件安全性的机制。从那以后这些概念和机制就一直被继承下来并进一步得到改进和完善。即使在经过了二十多年以后的今天，而且在计算机系统的安全性已经成为一个突出问题的情况下，这一套机制仍然不失其先进性。尽管还存在一些缺点和需要进一步改进的地方，从总体上说还是瑕不掩瑜。与当今正在广泛使用的其他操作系统相比，可以说 Unix 的安全性总的来说至少不会差于这些系统；如果考虑到近年来在 Unix(以及 Linux，下同)中已经作出的改进以及不难作出的进一步改进，可以说 Unix 在安全性方面与任何其他系统相比都不逊色。同时，从当前流行的其他操作系统中，人们不难看出它们受 Unix 影响的或明或暗的痕迹。

Unix 文件系统的访问权限是一种二维结构。就同一个用户来说，对一个文件的访问分成读、写和执行三种方式，因而形成三种不同的权限；而就同一种访问方式来说，则又可因访问者的身份属于文件主、文件主的同组人以及其他用户（称为 other）而分别决定允许与否。这样一共就有 9 种组合，可以用 9 个二进制位来表示。早期的 Unix 是在 16 位结构的 PDP-11 机器上开发出来的，所以从那时起就一直用一个 16 位短整数来表示一个文件的访问"模式"，而将其中的低 9 位用于访问权限。当时比较流行的是八进制表示法，所以正好将这 9 位表示成三个八进制数位，从高到低分别用于文件主（u）、文件主的同组人（g）以及其他（o），而每个八进制数位中的三个二进制位则从高到低分别用于读、写和执行三种权限。这种表示方法一直沿用至今，例如在命令"chomd　644　file1"中的 644 就是这样三个8进制位。此外,这种把访问者区分为文件主、同组人以及其他用户,根据访问者的身分而分别决定其访问权限的方案称为"Discretionary Access Control",简写为 DAC。

这个方案的实施分成几个方面。首先,除用户名外,每个用户还被授予一个(在系统范围内)惟一的用户号 uid,并且总是属于某一个用户组,而每一个用户组则有惟一的组号 gid,这些信息记录在相当于一个小数据库的文件/etc/passwd 中。其次,每个文件的索引节点中记录着文件主的 uid、gid 以及文件访问"模式"。还有,在每个进程的 task_stuct 结构中相应地设置了 uid 和 gid 等字段。每当用户通过登录进入系统并创立第一个 shell 进程时,就从/etc/passwd 中根据用户名查得其 uid 和 gid,并将其设置到该 shell 进程的 task_struct 结构中,从此以后便代代相传。最后,也是最重要的是,内核在执行用户进程访问文件的请求时要对比进程(和用户)的 uid、gid 以及文件的访问模式,以决定该进程是否对此文件具有所要求的访问权限。(实际上,进程的 task_struct 结构中还有 euid、egid、suid、sgid、fsuid 以及 fsgid 等字段,下面还要解释)。此外,uid 为 0 的用户为"超级用户",而超级用户对任何文件都具有与文件主相同的权限。还要注意,用户名与用户号并不是一对一的关系,多个用户,甚至所有用户,都可以对应到同一个用户号。

由于超级用户的进程对任何文件都具有与文件主相同的权限,实际上可以对任何文件为所欲为,这就带来了危险(这里还没有考虑有人非法取得特权用户权限所引起的问题)。所以,有时候需要通过一个进程的用户号和组号来改变(限制)其访问权限。由此引申出了进程的"真实"用户号、"真实"组号和当前的"有效"用户号、"有效"组号的概念。相应地,在进程的 task_stuct 结构中也增设了 euid(表示"effective uid")和 egid 两个字段,并且提供了 setuid( )、seteuid( )等系统调用。另一方面,在改变"有效"用户号时往往需要把原来的"有效"用户号暂时保存起来,以便以后恢复,所以在 task_struct 结构中又增设了 suid(表示"saved uid")和 sgid 两个字段,这样,在 task_struct 结构中就有了三个用户号和三个组号,即 uid、euid、suid 以及 gid、egid、sgid。后来,在开发和使用网络文件系统 NFS 的"守护神"(即服务进程)的过程中又认识到,在网络环境下对文件的访问还需要一个不同的用户号,因此又增加一个 fsuid 和一个 fsgid。通常 fsuid 与 euid 相同,而 fsgid 与 egid 相同,但是在特殊的情况下可以不同。这里要指出,一般而言,只有特权用户以及具有特权用户权限的进程(见下面的所谓"set_uid"文件和进程)才能通过系统调用来改变其用户号和组号,这些系统调用的结果都是使进程的权限更受限制;在相反的方向上,则最多是恢复到原有的水平,所以一个非特权用户进程是不能通过 setuid( )或 seteuid( )得到特权用户的权限的,这一点跟读者头脑中一个普通用户可以通过 shell 命令"su"变成特权用户的印象可能不一致。这里面的原因是 su 是一个"set_uid"可执行程序,它的文件主是 root,即特权用户,所以当普通用户执行 su 的过程中就自动具有了特权用户的权限,这正是我们接下去要讨论的。

在前述二维访问权限机制的框架中,让我们考虑一个问题,即一个普通用户怎样才可以改变它自己的口令。我们知道,有关用户的名称、用户号、组号、口令等信息都保存在文件/etc/passwd 中。这个文件的主人只能是超级用户,因为只有超级用户才是系统中最核心、权力最大的用户,通常就是系统的管理员。除超级用户外,其他所有的用户对这个文件都不应该有"写"权,因为那样的话每个用户都可以通过修改这个文件、将自己的用户号改成 0 而变成特权用户了。所以,除文件主以外,所有其他的用户对/etc/passwd 都只能有"读"权而不能有"写"权。这显然是合理的,而且只能如此。可是,这样一来,一个普通用户就不能通过运行一个什么程序来改变自己的口令了,因为改口令意味着改变/etc/passwd 中的内容。怎样解决这个矛盾呢?早期的 Unix 采用了一种在当时看来很巧妙的办法,就是在一些特殊用途的可执行文件上加一个标记,使得任何用户在执行这个文件(程序)时就暂时有了与该文件的文件主(通常是超级用户)相同的权限。这样,只要把用来改变口令的程序(/bin/passwd)

加上这种标记，普通用户在执行这个程序的时候就能"拉大旗作虎皮"，暂时有了特权用户的权限，可以改变/etc/passwd 的内容了。一旦执行完毕，则又回到原来的权限，又是普通用户了。这样的可执行文件，就称为"set_uid"文件，而加在这种文件上的标记，则是在文件模式中的一个标志位 S_ISUID。与此类似，还有一个标志位 SISGID，可以理解为对 S_ISUID 标志位的推广。有时候人们称 S_ISUID 标志位为"s"位，因为在用命令"ls -l"列目录时把表示这种文件对文件主的可执行权的字符"x"变成了"s"。在当时，这个办法确实很巧妙、很有效，据说 AT&T 还为此申请了专利。可是，近年来却发现这种"set_uid"文件给黑客们带来了可乘之机，简直已经成了 Unix(以及 Linux)在安全性方面的万恶之源，后面我们还会回到这个问题上来。

除这两个标志位以外，早期 Unix 还为可执行文件定义了一个"粘滞"（sticky）标志位。对于一些频繁运行的程序，可以把这个标志位设成 1，使得内核在这个程序运行完毕后尽可能将其映象保存在内存中不予释放，这样下一次需要启动这个程序运行时就不需要再从磁盘装入了。不过，现在的 Unix 和 Linux 都已采用虚存管理，所以这个标志位现在已经没有什么意义了。

前面讲过，文件的模式是以一个 16 位无符号整数表示的，其中 9 位已经用于对三种不同用户的访问权限，现在又用去了 3 位，这样还剩下 4 位，用来表示文件的类型。不过，由于只剩下 4 位，要为每种文件类型都分配一个标志位就不够了，所以表示文件类型的这 4 位是编码的。对文件类型和上述几个标志位的定义在 include/linux/stat.h 中，但是另一个文件 include/linux/sysv_fs.h 中有几行注释提供了比较详细的说明：

```
255     /* The admissible values for i_mode are listed in <linux/stat.h> :
256      * #define S_IFMT    00170000  mask for type
257      * #define S_IFREG   0100000   type = regular file
258      * #define S_IFBLK   0060000   type = block device
259      * #define S_IFDIR   0040000   type = directory
260      * #define S_IFCHR   0020000   type = character device
261      * #define S_IFIFO   0010000   type = named pipe
262      * #define S_ISUID   0004000   set user id
263      * #define S_ISGID   0002000   set group id
264      * #define S_ISVTX   0001000   save swapped text even after use
265      * Additionally for SystemV:
266      * #define S_IFLNK   0120000   type = symbolic link
```

注意，这里的数字均为八进制，其中 S_IFMT 并不代表一种文件类型，而只是对文件类型的屏蔽位段。对低 9 位的定义则为：

```
32     #define S_IRWXU   00700
33     #define S_IRUSR   00400
34     #define S_IWUSR   00200
35     #define S_IXUSR   00100
36
37     #define S_IRWXG   00070
38     #define S_IRGRP   00040
39     #define S_IWGRP   00020
40     #define S_IXGRP   00010
41
```

```
42      #define S_IRWXO        00007
43      #define S_IROTH        00004
44      #define S_IWOTH        00002
45      #define S_IXOTH        00001
```

这个16位的文件模式存储在每个文件的索引节点中，而每个进程则在其 task_struct 结构中有 uid、euid 等说明其身份的信息。这就是判定一个进程是否有权对某个文件进行某种访问的基础。对访问权限的判定主要是由函数 permission( ) 完成的，读者在 path_walk( ) 的代码中已经看到，在那里的 for 循环中对路径中的每一个节点调用这个函数，其代码在 fs/ext2/namei.c 中：

```
183     int permission(struct inode * inode, int mask)
184     {
185         if (inode->i_op && inode->i_op->permission) {
186             int retval;
187             lock_kernel( );
188             retval = inode->i_op->permission(inode, mask);
189             unlock_kernel( );
190             return retval;
191         }
192         return vfs_permission(inode, mask);
193     }
```

参数 mask 为代表着所要求的访问方式的标志位，定义于 include/linux/fs.h 中：

```
63      #define MAY_EXEC    1
64      #define MAY_WRITE   2
65      #define MAY_READ    4
```

对于一般的文件系统就分成这么三种方式。网络文件系统 NFS 的情况特殊，除这三种方式以外还定义了 MAY_TRUNC、MAY_LOCK 等方式以及这些方式的若干组合，不过 NFS 不在本书要讨论的范围内。

如果具体的文件系统通过其 inode_operations 结构中的函数指针 permisson 提供了特定的访问权限判定函数，那就把事情交给它了，否则就执行一般的 vfs_permission( )。

就 Ext2 文件系统而言，共有三个 inode_operations 结构，即 ext2_file_inode_operations、ext2_dir_inode_operations 以及 ext2_fast_symlimk_inode_operations，根据具体 inode 结构所代表的节点性质而在 ext2_read_inode( ) 中将其 i_op 指针设置成指向这三者之一。可是，这三个结构中都没有提供专门的 permisson 操作（函数指针 permission 为 NULL），所以执行 vfs_permission( )，其代码见 fs/namei.c。

[permission( ) > vfs_permission( )]

```
147     /*
148      *  permission( )
149      *
150      *  is used to check for read/write/execute permissions on a file.
151      *  We use "fsuid" for this, letting us set arbitrary permissions
```

```
152          * for filesystem access without changing the "normal" uids which
153          * are used for other things..
154          */
155         int vfs_permission(struct inode * inode, int mask)
156         {
157             int mode = inode->i_mode;
158
159             if ((mask & S_IWOTH) && IS_RDONLY(inode) &&
160                 (S_ISREG(mode) || S_ISDIR(mode) || S_ISLNK(mode)))
161                 return -EROFS; /* Nobody gets write access to a read-only fs */
162
163             if ((mask & S_IWOTH) && IS_IMMUTABLE(inode))
164                 return -EACCES; /* Nobody gets write access to an immutable file */
165
166             if (current->fsuid == inode->i_uid)
167                 mode >>= 6;
168             else if (in_group_p(inode->i_gid))
169                 mode >>= 3;
170
171             if (((mode & mask & S_IRWXO) == mask) || capable(CAP_DAC_OVERRIDE))
172                 return 0;
173
174             /* read and search access */
175             if ((mask == S_IROTH) ||
176                 (S_ISDIR(inode->i_mode) && !(mask & ~(S_IROTH | S_IXOTH))))
177                 if (capable(CAP_DAC_READ_SEARCH))
178                     return 0;
179
180             return -EACCES;
181         }
```

这里用到的一些宏操作分别定义于 fs.h 和 stat.h：

```
146     #define IS_RDONLY(inode) (((inode)->i_sb)&&((inode)->i_sb->s_flags& MS_RDONLY)

24      #define S_ISLNK(m)    (((m) & S_IFMT) == S_IFLNK)
25      #define S_ISREG(m)    (((m) & S_IFMT) == S_IFREG)
26      #define S_ISDIR(m)    (((m) & S_IFMT) == S_IFDIR)
27      #define S_ISCHR(m)    (((m) & S_IFMT) == S_IFCHR)
28      #define S_ISBLK(m)    (((m) & S_IFMT) == S_IFBLK)
29      #define S_ISFIFO(m)   (((m) & S_IFMT) == S_IFIFO)
30      #define S_ISSOCK(m)   (((m) & S_IFMT) == S_IFSOCK)
```

IS_RDONLY 表示节点所在的文件系统，即磁盘设备，是按"只读"方式安装的。在这样的磁盘上，对于常规文件、目录以及符号连接这三种节点都不能写。但是，即使是在按"只读"方式安装的文件系统中，如果节点所代表的是 FIFO 文件、插口等特殊文件，或者设备文件（块设备或字符设备都一样），那就未必是不可写的。为什么呢？因为对这些"文件"的写访问实际上不会或者不一定写到该节点所在的磁盘上去。

其次，IS_IMMUTABLE 的定义为：

```
155     #define IS_IMMUTABLE(inode) ((inode)->i_flags & S_IMMUTABLE)
```

在较新的 Linux（和 Unix）版本中，除访问权限外又给每个文件加上了一些属性，"不可更改"即是其中之一。这些属性也像访问权限一样以标志位的形式存储在文件的索引节点中，但是不像访问权限那样区分文件主、文件主的同组用户以及公众，而是另成体系，并且凌驾于访问权限之上。而且，一旦设置了这些属性，即使是特权用户也不能在系统还在正常的多用户环境下运行时将这些属性去除。这样，就算有黑客偷到了特权用户的口令，对这些文件也就无能为力了。如果一个文件被设置成了"不可更改"，那么即使是超级用户通过 chmod( )把文件的访问模式设置成"可写"也无济于事。显然，这是因安全性考虑而作的改进和增强。表示这些属性的标志位定义于 include/linux/ext2_fs.h：

```
183     /*
184      * Inode flags
185      */
186     #define EXT2_SECRM_FL           0x00000001 /* Secure deletion */
187     #define EXT2_UNRM_FL            0x00000002 /* Undelete */
188     #define EXT2_COMPR_FL           0x00000004 /* Compress file */
189     #define EXT2_SYNC_FL            0x00000008 /* Synchronous updates */
190     #define EXT2_IMMUTABLE_FL       0x00000010 /* Immutable file */
191     #define EXT2_APPEND_FL  0x00000020 /* writes to file may only append */
192     #define EXT2_NODUMP_FL          0x00000040 /* do not dump file */
193     #define EXT2_NOATIME_FL         0x00000080 /* do not update atime */
194     /* Reserved for compression usage... */
195     #define EXT2_DIRTY_FL           0x00000100
196     #define EXT2_COMPRBLK_FL        0x00000200 /* One or more compressed clusters */
197     #define EXT2_NOCOMP_FL          0x00000400 /* Don't compress */
198     #define EXT2_ECOMPR_FL          0x00000800 /* Compression error */
199     /* End compression flags --- maybe not all used */
200     #define EXT2_BTREE_FL           0x00001000 /* btree format dir */
201     #define EXT2_RESERVED_FL        0x80000000 /* reserved for ext2 lib */
202
203     #define EXT2_FL_USER_VISIBLE    0x00001FFF /* User visible flags */
204     #define EXT2_FL_USER_MODIFIABLE 0x000000FF /* User modifiable flags */
205
```

其中有些属性是为其他目的而设的（如压缩），我们在这里只关心与安全性有关的属性。例如，EXT2_APPEND_FL 表示对文件的写访问只能添加在文件的末尾，而不能改变文件中已有的内容。读者会问，在打开文件时不是就有个"添加"模式吗？为什么这里又要来一个"添加"属性呢？答案很简单，打开文件时的"添加"模式是用户进程"自愿"的，而文件的"添加"属性却是强制的。

所以，只要 inode 结构中的 i_flag 里面的 S_IMMUTABLE 标志为 1，那就剥夺了所有用户对这个文件的"写"访问权（见 163 行），而与文件所设置的访问权限以及访问者的身份无关。

还有个属性是 EXT2_NODUMP_FL，意图是使可执行文件在运行中访问内存出错（超界访问等）时不要生成"dump"文件。从 Unix 的早期版本开始可执行文件在运行过程中因访问内存侵权而出错时都会把当时的内存映象卸载到一个磁盘文件中（名为"core"，因为早期的计算机采用磁芯存储器），使程序员可以使用调试工具（如 gdb 等）来重建起发生问题时的场景，这对于软件的维护显然是有好处的。可是，在实践中却发现，这也给怀有恶意的黑客们提供了可乘之机。为了在某些情况下不让产生 dump 文件，在 task_struct 结构中增设了一个标志位 dumpable，在某些情况下（例如通过 seteuid( )设置了有效用户号）就将这个标志位清 0。同时，又设置了一个系统调用 prctl( )，其用途之一就是将 dumpable 标志设置成 1 或 0，可是这还是不能解决防止恶意攻击的问题。在一些特殊的应用环境（如银行）中，对一些特殊的可执行程序，需要完全杜绝其产生 dump 文件的可能性，这就是设置 EXT2_NODUMP_FL 属性及标志位的意图。此外，对于某些特殊文件，不能像对一般的文件那样每次访问后就要打下时间印记，标志位 EXT2_NOATIME_FL 就是为此目的而设置的。总之，对于传统的 Unix 文件系统而言，这些属性（标志位）都是"体制外"的，所以不能纳入原先的框架中，而其中有一些是为增强文件系统的安全性而设置的。

回到 permission( )的代码中，下面就是访问权限的比对了。这里的 mode 是取自 inode 结构中的文件访问模式，即前述的 16 位无符号短整数；mask 则为所要求的访问方式，即 MAY_EXEC、MAY_WRITE 或 MAY_READ，实际上只用了最低 3 位。前面说过，当前进程的 fsuid 是专用于文件访问目的的有效 uid，通常与进程的 euid 相同，但是在使用网络文件系统时可能会不同。如果当前进程的 fsuid 与文件主的 uid 相同，那么要比对的是 mode 中用于文件主的访问权限，所以把 mode 右移 6 位，把用于文件主的三个标志位移到最低的 3 位中。如果当前进程的 fsuid 与文件主的 uid 不同，那就要检查一下当前进程所属用户的组号与文件主的组号是否相符，若二者相符，则适用同组人的访问权限，所以要把 mode 右移 3 位。判定是否同组比判定是否文件主要复杂一些，是通过一个函数 in_group_p( )来完成的，其代码在 kernel/sys.c 中：

[permission( ) > vfs_permission( ) > in_group_p( )]

```
939     /*
940      * Check whether we're fsgid/egid or in the supplemental group..
941      */
942     int in_group_p(gid_t grp)
943     {
944         int retval = 1;
945         if (grp != current->fsgid)
946             retval = supplemental_group_member(grp);
947         return retval;
948     }
```

如果进程的 fsgid 与文件主的组号相同，那就成了。可是即使这二者不同也还有可能实际上是相符的，因为一个用户（从而一个进程）可以同时属于若干个组，读者不妨回到"进程"一章看一下 sched.h 中对 task_struct 的定义，在 task_struct 结构中有个数组 groups[ ]，其大小为常数 NGROUPS，该常数在 include/asm_i386/param.h 定义为 32。当然，一个用户（进程）未必会那么"社会化"，所以在 task_struct 中还有个计数器 ngroups。与此相应，还提供了系统调用 get_groups( )和 set_groups( )。（只有得到授权的进程才可以 set_groups( )）。所以，如果 fsgid 与文件主的组号不同，就要进一步拿这个数组中的其他"候补"组号跟文件主的组号相比，函数 supplemental_group_member( )的代码也在 sys.c 中：

[permission( ) > vfs_permission( ) > in_group_p( ) > supplemental_group_member( )]

```
923   static int supplemental_group_member(gid_t grp)
924   {
925       int i = current->ngroups;
926
927       if (i) {
928           gid_t *groups = current->groups;
929           do {
930               if (*groups == grp)
931                   return 1;
932               groups++;
933               i--;
934           } while (i);
935       }
936       return 0;
937   }
```

最后，如果当前进程确实不属于文件主的同组人，那就是属于"其他"用户了。此时 mode 不需要移位，因为要比对的 3 位已经在最低的位置上了。

常数 S_IRWXO 的值为 7，所以比对的是此时 mode 中最低的 3 位。比对的结果相符时，permission( ) 返回 0；要是不符呢？一般而言就失败了。但是还有例外。首先，如果当前进程得到了授权，允许其 CAP_DAC_OVERRIDE，即可以凌驾于文件系统的访问权限控制机制 DAC 之上，则基本上不受其限制。不过，前面 159 行和 163 行中检查的两种情况不在内。实际上，IS_IMMUTABLE 要有另一种授权（CAP_LINUX_IMMUTABLE）的进程才能设置。所以，这种进程就好像是捧着"尚方宝剑"的钦差大臣，这才是真正意义上的"超级用户"。可惜"超级用户"和"特权用户"这两个词都已经用于 uid 为 0 的用户，所以我们在书本中称此类进程为"授权进程"。等一下我们还要回到这个话题上来。

除了拥有 CAP_DAC_OVERRIDE 授权的进程以外，还有一种特殊情况，那就是另一种授权 CAP_DAC_READ_SEARCH，拥有这种特权的进程可以读任何文件，并且可以搜索任何目录节点，所以，代码中的 177 行检查所要求的是否读访问或者对目录节点的搜索。这里要提醒读者，搜索目录节点时所要求的访问方式为"执行"而不是"读"，所以在前一节里 path_walk( ) 的 for 循环中对每个目录节点调用 permission( ) 时的参数为 MAY_EXEC，而不是 MAY_READ。

如前所述，用户进程在一定条件下可以通过系统调用来设置其用户号，有关的系统调用有 setuid( )、setfsuid( )、seteuid( ) 以及 setreuid( )。其中 setuid( ) 是标准的"设置用户号"调用，内核中与之相应的函数为 sys_setuid( )，其代码在 sys.c 中：

```
548   /*
549    * setuid( ) is implemented like SysV with SAVED_IDS
550    *
551    * Note that SAVED_ID's is deficient in that a setuid root program
552    * like sendmail, for example, cannot set its uid to be a normal
553    * user and then switch back, because if you're root, setuid( ) sets
554    * the saved uid too.  If you don't like this, blame the bright people
555    * in the POSIX committee and/or USG.  Note that the BSD-style setreuid( )
556    * will allow a root program to temporarily drop privileges and be able to
557    * regain them by swapping the real and effective uid.
```

```
558         */
559     asmlinkage long sys_setuid(uid_t uid)
560     {
561         int old_euid = current->euid;
562         int old_ruid, old_suid, new_ruid;
563
564         old_ruid = new_ruid = current->uid;
565         old_suid = current->suid;
566         if (capable(CAP_SETUID)) {
567             if (uid != old_ruid && set_user(uid) < 0)
568                 return -EAGAIN;
569             current->suid = uid;
570         } else if ((uid != current->uid) && (uid != current->suid))
571             return -EPERM;
572
573         current->fsuid = current->euid = uid;
574
575         if (old_euid != uid)
576             current->dumpable = 0;
577
578         if (!issecure(SECURE_NO_SETUID_FIXUP)) {
579             cap_emulate_setxuid(old_ruid, old_euid, old_suid);
580         }
581
582         return 0;
583     }
```

一般超级用户（其 euid 为 0）都具有 CAP_SETUID 授权，此时在 569 行和 573 行把当前进程的 euid、suid、fsuid 都设立成新的 uid。注意，这里把 suid 也设置成新的 uid，实在是个败笔，因为 task_struct 结构中的 suid 本意在于 "save uid"，即在暂时改变 euid 时可以记住原来的 euid 是什么，以便以后恢复。而这里把 suid 也设置成了新的 "uid"，就失去了它的作用，并且用户号改变的历史也被一笔勾销，以后无法恢复成超级用户了。代码的原作者在函数前面加了注，也谈到了这个问题。可是，超级用户在调用 setuid( ) 时把其 suid 也设置成新的 uid，这是在 POSIX 标准中规定了的，明知不合理也只能如此。正因为这样，在 BSD（以及 Linux）中另外提供了系统调用 seteuid( ) 和 setreuid( ) 来避免这个缺点。相比之下，对于不具备 CAP_SETUID 授权的进程，则只设置当前进程的 euid 和 fsuid，但是只有在新的 uid 就是进程的真实 uid 或者 suid 时才能进行。

每当进程改变其 euid 时，其 task_struct 结构中的标志位 dumpable 就被清 0，这样进程在访问出错时就不会产生 dump 文件了。

如果当前进程具有 CAP_SETUID 授权，并且新的 uid 又与原来的真实用户号不同，则连进程的真实用户号也要改变，这是通过 set_user( ) 实施的（kernel/sys.c）：

[sys_setuid( ) > set_user( )]

```
466     static int set_user(uid_t new_ruid)
467     {
```

```
468        struct user_struct *new_user, *old_user;
469
470        /* What if a process setreuid( )'s and this brings the
471         * new uid over his NPROC rlimit? We can check this now
472         * cheaply with the new uid cache, so if it matters
473         * we should be checking for it.   -DaveM
474         */
475        new_user = alloc_uid(new_ruid);
476        if (!new_user)
477            return -EAGAIN;
478        old_user = current->user;
479        atomic_dec(&old_user->processes);
480        atomic_inc(&new_user->processes);
481
482        current->uid = new_ruid;
483        current->user = new_user;
484        free_uid(old_user);
485        return 0;
486    }
```

我们在"进程"一章中讲到过，内核中有个杂凑表 uidhash，各个进程的 task_struct 结构按其用户号 uid 的杂凑值挂入该杂凑表的某个队列中。这样，根据给定的 uid 就可以很快找到所有属于该用户的进程。同时，在 task_struct 结构中有个指针 user，指向一个 user_struct 数据结构，这个数据结构就好像 task_struct 结构与杂凑队列之间的连接件，进程的 task_struct 结构就是通过它挂入杂凑队列。现在，既然当前进程要"改换门庭"了，就要从原来的杂凑队列中脱链并将其 user_sturct 结构释放，然后另行分配一个 user_strct 结构并挂入另一个队列。函数 free_uid( )的代码也在 kernel/fork.c 中：

[sys_setuid( ) > set_user( ) > free_uid( )]

```
76     void free_uid(struct user_struct *up)
77     {
78         if (up && atomic_dec_and_lock(&up->__count, &uidhash_lock)) {
79             uid_hash_remove(up);
80             kmem_cache_free(uid_cachep, up);
81             spin_unlock(&uidhash_lock);
82         }
83     }
```

函数 alloc_uid( )的作用与 free_uid( )正好相反，我们就不列出它的代码了。

我们在前面讲过，超级用户的进程通常是得到某些授权的。相比之下，一般用户则得不到任何授权，它所有的只是文件系统的访问权限机制 DAC 所赋予的基本权利，而且这些基本权利也有可能得不到兑现，因为文件的属性如 IS_IMMUTABLE 等是凌驾于 DAC 之上的。可想而知，当一个超级用户进程改变其 uid 至某一普通用户时，其授权也要发生一些变化。

对进程的授权是独立于文件系统的访问权限控制以外，并且凌驾于其上的机制。为此目的在 task_struct 结构中设置了 cap_effctive、cap_inheritable 和 cap_permitted 三个字段，其类型为 kernel_cap_t，目前实际上是 32 位无符号整数。每一种授权（capability）都用一个标志位来表示，目前共定义了 29 种授权，所以 32 位无符号整数就够用了。这些标志位（和授权）的定义在 include/linux/capability.h 中：

```
65   /**
66    ** POSIX-draft defined capabilities.
67    **/
68
69   /* In a system with the [_POSIX_CHOWN_RESTRICTED] option defined, this
70      overrides the restriction of changing file ownership and group
71      ownership. */
72
73   #define CAP_CHOWN            0
74
75   /* Override all DAC access, including ACL execute access if
76      [_POSIX_ACL] is defined. Excluding DAC access covered by
77      CAP_LINUX_IMMUTABLE. */
78
79   #define CAP_DAC_OVERRIDE     1
80
81   /* Overrides all DAC restrictions regarding read and search on files
82      and directories, including ACL restrictions if [_POSIX_ACL] is
83      defined. Excluding DAC access covered by CAP_LINUX_IMMUTABLE. */
84
85   #define CAP_DAC_READ_SEARCH  2
86
87   /* Overrides all restrictions about allowed operations on files, where
88      file owner ID must be equal to the user ID, except where CAP_FSETID
89      is applicable. It doesn't override MAC and DAC restrictions. */
90
91   #define CAP_FOWNER           3
92
93   /* Overrides the following restrictions that the effective user ID
94      shall match the file owner ID when setting the S_ISUID and S_ISGID
95      bits on that file; that the effective group ID (or one of the
96      supplementary group IDs) shall match the file owner ID when setting
97      the S_ISGID bit on that file; that the S_ISUID and S_ISGID bits are
98      cleared on successful return from chown(2) (not implemented). */
99
100  #define CAP_FSETID           4
101
102  /* Used to decide between falling back on the old suser() or fsuser(). */
103
104  #define CAP_FS_MASK          0x1f
105
106  /* Overrides the restriction that the real or effective user ID of a
107     process sending a signal must match the real or effective user ID
108     of the process receiving the signal. */
```

```
109
110     #define CAP_KILL               5
111
112     /* Allows setgid(2) manipulation */
113     /* Allows setgroups(2) */
114     /* Allows forged gids on socket credentials passing. */
115
116     #define CAP_SETGID             6
117
118     /* Allows set*uid(2) manipulation (including fsuid). */
119     /* Allows forged pids on socket credentials passing. */
120
121     #define CAP_SETUID             7
122
123
124     /**
125      ** Linux-specific capabilities
126      **/
127
128     /* Transfer any capability in your permitted set to any pid,
129        remove any capability in your permitted set from any pid */
130
131     #define CAP_SETPCAP            8
132
133     /* Allow modification of S_IMMUTABLE and S_APPEND file attributes */
134
135     #define CAP_LINUX_IMMUTABLE    9
136
137     /* Allows binding to TCP/UDP sockets below 1024 */
138     /* Allows binding to ATM VCIs below 32 */
139
140     #define CAP_NET_BIND_SERVICE  10
141
142     /* Allow broadcasting, listen to multicast */
143
144     #define CAP_NET_BROADCAST     11
145
146     /* Allow interface configuration */
147     /* Allow administration of IP firewall, masquerading and accounting */
148     /* Allow setting debug option on sockets */
149     /* Allow modification of routing tables */
150     /* Allow setting arbitrary process / process group ownership on
151        sockets */
152     /* Allow binding to any address for transparent proxying */
153     /* Allow setting TOS (type of service) */
154     /* Allow setting promiscuous mode */
155     /* Allow clearing driver statistics */
156     /* Allow multicasting */
```

```
157     /* Allow read/write of device-specific registers */
158     /* Allow activation of ATM control sockets */
159
160     #define CAP_NET_ADMIN        12
161
162     /* Allow use of RAW sockets */
163     /* Allow use of PACKET sockets */
164
165     #define CAP_NET_RAW          13
166
167     /* Allow locking of shared memory segments */
168     /* Allow mlock and mlockall (which doesn't really have anything to do
169        with IPC) */
170
171     #define CAP_IPC_LOCK         14
172
173     /* Override IPC ownership checks */
174
175     #define CAP_IPC_OWNER        15
176
177     /* Insert and remove kernel modules - modify kernel without limit */
178     /* Modify cap_bset */
179     #define CAP_SYS_MODULE       16
180
181     /* Allow ioperm/iopl access */
182     /* Allow sending USB messages to any device via /proc/bus/usb */
183
184     #define CAP_SYS_RAWIO        17
185
186     /* Allow use of chroot() */
187
188     #define CAP_SYS_CHROOT       18
189
190     /* Allow ptrace() of any process */
191
192     #define CAP_SYS_PTRACE       19
193
194     /* Allow configuration of process accounting */
195
196     #define CAP_SYS_PACCT        20
197
198     /* Allow configuration of the secure attention key */
199     /* Allow administration of the random device */
200     /* Allow examination and configuration of disk quotas */
201     /* Allow configuring the kernel's syslog (printk behaviour) */
202     /* Allow setting the domainname */
203     /* Allow setting the hostname */
204     /* Allow calling bdflush() */
```

```
205     /* Allow mount( ) and umount( ), setting up new smb connection */
206     /* Allow some autofs root ioctls */
207     /* Allow nfsservctl */
208     /* Allow VM86_REQUEST_IRQ */
209     /* Allow to read/write pci config on alpha */
210     /* Allow irix_prctl on mips (setstacksize) */
211     /* Allow flushing all cache on m68k (sys_cacheflush) */
212     /* Allow removing semaphores */
213     /* Used instead of CAP_CHOWN to "chown" IPC message queues, semaphores
214        and shared memory */
215     /* Allow locking/unlocking of shared memory segment */
216     /* Allow turning swap on/off */
217     /* Allow forged pids on socket credentials passing */
218     /* Allow setting readahead and flushing buffers on block devices */
219     /* Allow setting geometry in floppy driver */
220     /* Allow turning DMA on/off in xd driver */
221     /* Allow administration of md devices (mostly the above, but some
222        extra ioctls) */
223     /* Allow tuning the ide driver */
224     /* Allow access to the nvram device */
225     /* Allow administration of apm_bios, serial and bttv (TV) device */
226     /* Allow manufacturer commands in isdn CAPI support driver */
227     /* Allow reading non-standardized portions of pci configuration space */
228     /* Allow DDI debug ioctl on sbpcd driver */
229     /* Allow setting up serial ports */
230     /* Allow sending raw qic-117 commands */
231     /* Allow enabling/disabling tagged queuing on SCSI controllers and sending
232        arbitrary SCSI commands */
233     /* Allow setting encryption key on loopback filesystem */
234
235     #define CAP_SYS_ADMIN        21
236
237     /* Allow use of reboot( ) */
238
239     #define CAP_SYS_BOOT         22
240
241     /* Allow raising priority and setting priority on other (different
242        UID) processes */
243     /* Allow use of FIFO and round-robin (realtime) scheduling on own
244        processes and setting the scheduling algorithm used by another
245        process. */
246
247     #define CAP_SYS_NICE         23
248
249     /* Override resource limits. Set resource limits. */
250     /* Override quota limits. */
251     /* Override reserved space on ext2 filesystem */
252     /* NOTE: ext2 honors fsuid when checking for resource overrides, so
```

```
253             you can override using fsuid too */
254     /* Override size restrictions on IPC message queues */
255     /* Allow more than 64hz interrupts from the real-time clock */
256     /* Override max number of consoles on console allocation */
257     /* Override max number of keymaps */
258
259     #define CAP_SYS_RESOURCE     24
260
261     /* Allow manipulation of system clock */
262     /* Allow irix_stime on mips */
263     /* Allow setting the real-time clock */
264
265     #define CAP_SYS_TIME         25
266
267     /* Allow configuration of tty devices */
268     /* Allow vhangup( ) of tty */
269
270     #define CAP_SYS_TTY_CONFIG   26
271
272     /* Allow the privileged aspects of mknod( ) */
273
274     #define CAP_MKNOD            27
275
276     /* Allow taking of leases on files */
277
278     #define CAP_LEASE            28
```

代码的作者已经加了详尽的注释，我们这里就不作解释了。定义中的数值为标志位的位置，如 CAP_CHOWN 的定义为 0，即第 0 位。对授权的检查是由 capable( ) 完成的，这是个 inline 函数，定义于 sched.h 中：

```
681     /*
682      * capable( ) checks for a particular capability.
683      * New privilege checks should use this interface, rather than suser( ) or
684      * fsuser( ). See include/linux/capability.h for defined capabilities.
685      */
686
687     static inline int capable(int cap)
688     {
689     #if 1 /* ok now */
690         if (cap_raised(current->cap_effective, cap))
691     #else
692         if (cap_is_fs_cap(cap) ? current->fsuid == 0 : current->euid == 0)
693     #endif
694         {
695             current->flags |= PF_SUPERPRIV;
696             return 1;
```

```
697         }
698         return 0;
699    }
```

这里的 cap_raised( ) 是个宏操作,与之有关的定义都在 capability.h 中

```
298    #define cap_t(x) (x)

307    #define CAP_TO_MASK(x) (1 << (x))

310    #define cap_raised(c, flag)  (cap_t(c) & CAP_TO_MASK(flag) & cap_bset)
```

全局量 cap_bset 则设置成 CAP_FULL_SET,即全部标志位均为 1。

当进程改变其 uid 时,要通过 cap_emulate_setxuid( ) 检查并可能改变其授权情况,除非在编译内核前将一个常数 SECUREBITS_DEFAULT 中的 SECURE_NO_SETUID_FIXUP 标志位设置成为 1,表示可以忽略对进程的授权机制。函数 cap_emuiate_setxuid( ) 的代码在 sys.c 中:

[sys_setuid( ) > cap_emuiate_setxuid( )]

```
420    /*
421     * cap_emulate_setxuid( ) fixes the effective / permitted capabilities of
422     * a process after a call to setuid, setreuid, or setresuid.
423     *
424     *  1) When set*uiding _from_ one of {r,e,s}uid == 0 _to_ all of
425     *     {r,e,s}uid != 0, the permitted and effective capabilities are
426     *     cleared.
427     *
428     *  2) When set*uiding _from_ euid == 0 _to_ euid != 0, the effective
429     *     capabilities of the process are cleared.
430     *
431     *  3) When set*uiding _from_ euid != 0 _to_ euid == 0, the effective
432     *     capabilities are set to the permitted capabilities.
433     *
434     *  fsuid is handled elsewhere. fsuid == 0 and {r,e,s}uid!= 0 should
435     *  never happen.
436     *
437     *  -astor
438     *
439     * cevans - New behaviour, Oct '99
440     * A process may, via prctl( ), elect to keep its capabilities when it
441     * calls setuid( ) and switches away from uid==0. Both permitted and
442     * effective sets will be retained.
443     * Without this change, it was impossible for a daemon to drop only some
444     * of its privilege. The call to setuid(!=0) would drop all privileges!
445     * Keeping uid 0 is not an option because uid 0 owns too many vital
446     * files..
447     * Thanks to Olaf Kirch and Peter Benie for spotting this.
```

```
448         */
449         extern inline void cap_emulate_setxuid(int old_ruid, int old_euid,
450                                                 int old_suid)
451         {
452             if ((old_ruid == 0 || old_euid == 0 || old_suid == 0) &&
453                 (current->uid != 0 && current->euid != 0 && current->suid != 0) &&
454                 !current->keep_capabilities) {
455                     cap_clear(current->cap_permitted);
456                     cap_clear(current->cap_effective);
457             }
458             if (old_euid == 0 && current->euid != 0) {
459                     cap_clear(current->cap_effective);
460             }
461             if (old_euid != 0 && current->euid == 0) {
462                     current->cap_effective = current->cap_permitted;
463             }
464         }
```

代码中的cap_clear( )是个宏操作, 定义于capabllity.h:

```
343     #define cap_clear(c)            do { cap_t(c) = 0; } while(0)
```

结合代码作者所加的注释, 读者应该可以读懂这段代码。举例来说, 如果一个超级用户进程通过 seteuid( )将进程的有效用户号 enid 从 0 改变成某个普通用户的用户号（非0）, 则进程的"有效授权" cap_effective 变成 0, 但是 cap_permitted 并未改变。以后, 当这个进程恢复原先的 euid 时, 就将进程的 cap_permitted 复制到 cap_effective 中。但是, setuid( )将进程的 uid、euid 以及 suid 全部改变, 所以进程的 cap_permitted 和 cap_effective 二者都被清 0, 以后就不能恢复了。不过这里还有个例外, 那就是进程的 task_struct 结构中有个标志位 keep_capabilitles, 可以通过系统调用 prctl( )将这个标志位预先设成 1, 这样就可以避免将 cap_permitted 清 0（注意第 458 行的 if 前面并没有 else, 所以仍会将 cap_effective 清 0）。

读者可能会因为曾经使用 shell 命令"su"升格成超级用户而得出一个错觉, 似乎普通用户的进程也可以通过系统调用 setuid( )将自己的用户号设置成 0 而变成超级用户进程。其实, /bin/su 是个属于超级用户的"set uid"可执行程序, 普通用户的进程在执行这个程序时就有了超级用户的"身份"。在检查了口令以后, 它就 fork( )出一个新的 shell 进程。这个新 shell 进程的父进程具有超级用户的身份, 所以它也成了超级用户进程。至于原来的 shell 进程和 su 进程, 则都在睡眠等待（直至新的 shell 进程 exit( )）。从效果上看, 就好像新的 shell 进程从原先的 shell 进程手中"接管"了终端的键盘和显示屏; 而从用户界面来看, 则似乎原来的 shell 进程"升格"成了超级用户进程。

在常规的访问权限控制机制 DAC 的基础上, 有些 Unix 变种版本（如 AIX, Solaris 等）作了一个重要的改进, 叫做"访问控制单"（Access Control List）, 缩写为 ACL。在实现了 ACL 的系统中, 每个文件可以伴随存储一份访问控制单, 里面有一些"访问控制项"（Access Control Entry）, 可以为具体的用户规定对基本访问权限的修正。例如, 可以这样规定: 当用户 A 属于用户组 g1 时就剥夺它的读写访问权; 对于用户 B 则永远增加写访问权, 而不论其是否为文件主或同组人。显然, 对于商务应用这是很有意义的, 可以改善文件系统的安全性。当前的 Linux 版本正在朝实现 ACL 迈进, 在一些数据结构中已经设置了用于 ACL 的结构成分（如 ext2_inode 结构中的 i_file_acl 和 i_dir_acl），以及 ext2_acl_entry 的数据结构，但是其代码则尚未实现，所以在函数 permission( )中并未访问目标节点的 ACL。

我们在前面看到了当进程改变用户号时授权的改变，可是这些授权最初是怎么来的呢？让我们来看当进程通过 exec( )执行一个可执行文件时的情况，因为每一个进程初始的授权最终都可以追溯到这里，例如，当一个用户 login 进入系统时，系统就会 fork( )出一个进程并让它执行/bin/bash（或 csh 等），而这个 shell 进程就成为该用户启动的所有进程的祖先。在"进程"一章中，读者已经看到在 do_execve( ) 中要先通过 prepare_binprm( )设置一个 linux_binprm 结构，在这个数据结构中同样有 cap_effective、cap_permitted 和 cap_inheritable 三字段，分别与 task_struct 结构中的三个字段相对应。函数 prepare_binprm( )中与授权有关的处理为（见 fs/exec.c）：

[sys_execve( ) > do_execve( ) > prepare_binprm( )]

```
600     int prepare_binprm(struct linux_binprm *bprm)
601     {
        ......
612         bprm->e_uid = current->euid;
613         bprm->e_gid = current->egid;
614
615         if(!IS_NOSUID(inode)) {
616             /* Set-uid? */
617             if (mode & S_ISUID)
618                 bprm->e_uid = inode->i_uid;
619
620             /* Set-gid? */
621             /*
622              * If setgid is set but no group execute bit then this
623              * is a candidate for mandatory locking, not a setgid
624              * executable.
625              */
626             if ((mode & (S_ISGID | S_IXGRP)) == (S_ISGID | S_IXGRP))
627                 bprm->e_gid = inode->i_gid;
628         }
629
630         /* We don't have VFS support for capabilities yet */
631         cap_clear(bprm->cap_inheritable);
632         cap_clear(bprm->cap_permitted);
633         cap_clear(bprm->cap_effective);
634
635         /* To support inheritance of root-permissions and suid-root
636          * executables under compatibility mode, we raise all three
637          * capability sets for the file.
638          *
639          * If only the real uid is 0, we only raise the inheritable
640          * and permitted sets of the executable file.
641          */
642
```

```
643         if (!issecure(SECURE_NOROOT)) {
644             if (bprm->e_uid == 0 || current->uid == 0) {
645                 cap_set_full(bprm->cap_inheritable);
646                 cap_set_full(bprm->cap_permitted);
647             }
648             if (bprm->e_uid == 0)
649                 cap_set_full(bprm->cap_effective);
650         }
651
652         memset(bprm->buf, 0, BINPRM_BUF_SIZE);
653         return kernel_read(bprm->file, 0, bprm->buf, BINPRM_BUF_SIZE);
654     }
```

我们先从 631 行看起，等一下还要回到它前面的几行。三个字段全部清 0，这就是普通用户得到的授权。然后，如果进程在执行该可执行程序时的有效用户号为 0，则将 linux_binprm 结构中的 cap_inheritable 和 cap_effective 设成全 1；如果进程的真实用户号为 0 但有效用户号不为 0，则仅将 cap_inheritable 设成全 1。也就是说，超级用户进程最初时具有全部授权。但是在开始运行过程后超级用户进程可以通过系统调用 capset( ) 来减少其授权，改变以后进程的用户号仍旧是 0，还是超级用户进程，但是授权却减小了。注意，capset( ) 只能减少而不能增加一个进程已有的授权，所以是单向的。

回到前面的第 615 行至 628 行，可以看到（可执行文件的）模式 mode 中的 S_ISGID 标志位怎样影响着 linux_bimprm 结构中的用户号 e_uid 和组号 e_gid。

设置好 linux_binprm 结构，并且装入了可执行文件的映象以后，内核会通过一个函数 compute_creds( )，根据 linux_binprm 结构中的内容来设置当前进程的 task_struct 结构中的相应内容，这个函数的代码在 exec.c 中：

[load_aout_binary( ) > compute_creds( )] 或 [load_elf_binary( ) > compute_creds( )]

```
656     /*
657      * This function is used to produce the new IDs and capabilities
658      * from the old ones and the file's capabilities.
659      *
660      * The formula used for evolving capabilities is:
661      *
662      *       pI' = pI
663      * (***) pP' = (fP & X) | (fI & pI)
664      *       pE' = pP' & fE          [NB. fE is 0 or ~0]
665      *
666      * I=Inheritable, P=Permitted, E=Effective // p=process, f=file
667      * ' indicates post-exec( ), and X is the global 'cap_bset'.
668      *
669      */
670
671     void compute_creds(struct linux_binprm *bprm)
672     {
673         kernel_cap_t new_permitted, working;
```

```
674         int do_unlock = 0;
675
676         new_permitted = cap_intersect(bprm->cap_permitted, cap_bset);
677         working = cap_intersect(bprm->cap_inheritable,
678                     current->cap_inheritable);
679         new_permitted = cap_combine(new_permitted, working);
680
681         if (bprm->e_uid != current->uid || bprm->e_gid != current->gid ||
682             !cap_issubset(new_permitted, current->cap_permitted)) {
683                 current->dumpable = 0;
684
685                 lock_kernel();
686                 if (must_not_trace_exec(current)
687                     || atomic_read(&current->fs->count) > 1
688                     || atomic_read(&current->files->count) > 1
689                     || atomic_read(&current->sig->count) > 1) {
690                         if(!capable(CAP_SETUID)) {
691                             bprm->e_uid = current->uid;
692                             bprm->e_gid = current->gid;
693                         }
694                         if(!capable(CAP_SETPCAP)) {
695                             new_permitted = cap_intersect(new_permitted,
696                                     current->cap_permitted);
697                         }
698                 }
699                 do_unlock = 1;
700         }
701
702
703         /* For init, we want to retain the capabilities set
704          * in the init_task struct. Thus we skip the usual
705          * capability rules */
706         if (current->pid != 1) {
707             current->cap_permitted = new_permitted;
708             current->cap_effective =
709                 cap_intersect(new_permitted, bprm->cap_effective);
710         }
711
712         /* AUD: Audit candidate if current->cap_effective is set */
713
714         current->suid = current->euid = current->fsuid = bprm->e_uid;
715         current->sgid = current->egid = current->fsgid = bprm->e_gid;
716
717         if(do_unlock)
718             unlock_kernel();
719         current->keep_capabilities = 0;
720     }
```

前面在 prepare_binprm( )设置了 linux_binprm 结构中的这些授权以后，还要与进程当前已有的授权进行一些整合。这里的 cap_intersect( )和 cap_combine( )都是 inline 函数，还有个 cap_issubset 则为宏操作，均定义于 capability.h：

```
312     static inline kernel_cap_t cap_combine(kernel_cap_t a, kernel_cap_t b)
313     {
314         kernel_cap_t dest;
315         cap_t(dest) = cap_t(a) | cap_t(b);
316         return dest;
317     }
318
319     static inline kernel_cap_t cap_intersect(kernel_cap_t a, kernel_cap_t b)
320     {
321         kernel_cap_t dest;
322         cap_t(dest) = cap_t(a) & cap_t(b);
323         return dest;
324     }

341     #define cap_issubset(a, set)   (!(cap_t(a) & ~cap_t(set)))
```

也就是说，对于普通用户整合以后仍为 0，而对于超级用户则整合以后为当前的 cap_permitted 与当前的 cap_inheritable 的逻辑和。如果这个逻辑和不是当前 cap_permitted 的一个子集，则意味着执行给定可执行程序时的授权将比进程现有的授权有所提高，所以把变量 cap_raised 设成 1。当然，如果已经通过 capset( )将当前进程的 cap_inheritable 设置成 0，则这种授权的回升就不可能发生了。授权的回升一般是允许的，但是在第 674 行所列的五种情况下则是有条件地允许。如果当前的 cap_permitted 中不包括 CAP_SETPCAP 就不允许了。这里 IS_NOSUID 是个宏定义，表示 inode 所在的文件系统在安装时在 super_block 结构中将 MS_NOSUID 标志位设成了 1，使该文件系统中所有可执行文件的"set_uid"标志位都作废了。

1 号进程，即 init( )进程，是特殊的，它的授权是在宏定义 INIT_TASK 中固定了的。其 cap_effectve、cap_inheritable 和 cap_permitted 分别定为 CAP_INIT_EFF_SET、CAP_INIT_INH_SET 以及 CAP_FULL_SET。其中 CAP_FULL_SET 为全部授权，而 CAP_INIT_EFF_SET 和 CAP_INIT_INH_SET 则为除 CAP_SETPCAP 以外的全部授权。系统中所有其他的进程都是 init( )进程的后裔，所以只要 init( )进程调用 capset( )清除其 cap_effective 中的 CAP_SETPCAP，则以后 fork( )出来的所有进程就都没有了这种授权。又如，只有具有 CAP_LINUX_IMMUTABLE 授权的进程才能改变文件的 S_IMMUTABLE 和 S_APPEND 属性，如果 init( )进程将/etc/inetd.conf 的属性加上"不可改变"，把/var/log/messages 加上 S_APPEND 属性，然后清除其 CAP_LINUX_IMMUTABLE 授权，则以后 fork( )出来的进程永远都不能改变这两个文件的这些属性了。显然，这是对于文件系统安全性的一大改进。

前面讲过，将可执行文件设置成"set_uid"模式，可以使执行它的进程在执行期间将其 euid 暂时改成该文件的文件主的 uid，实践中通常是使普通用户在执行某个可执行文件的期间变成超级用户。这在 Unix 的早期是一项很巧妙的发明，到现在也还有很重要的意义。但是，近年来的实践发现，对 Unix 系统的黑客攻击事件大多数都是与此有关的。这种攻击都与可执行程序本身的缺陷有关，其中最主要的就是所谓"缓冲区溢出"攻击。举例来说，可能会有这样一个应用程序：

```
main(int argc,    char **argv)
{
        char options [128];
        ......
        if(argv>1) {
                strcpy(options, argv[1]);
        }
}
```

这段程序的开头将用户提供的命令行参数拷贝到一个大小为 128 字节的字符数组中，但是却没有检查字符串的长度，这是一个常见的错误。一般情况下，命令行参数不至于超过 128 字节，所以通常不会造成问题。可是，如果碰巧(或故意)命令行参数的字符串长度为 150 字节呢？这时候的 strcpy( )就越界了。由于字符数组 options 是在堆栈中的局部量，一越界以后就可能把 main( )的返回地址也冲掉了。这一般会导致从 main( )返回时访问出错，但是既然所要做的事情已经完成了，一般也就无所谓了。可是，黑客们有可能在经过多次试凑以后在堆栈中原先为 main( )的返回地址的位置上有目的地植入一个返回地址（通过 strcpy( )从命令行参数中复制进去），使得从 main( )返回时就"返回"到一个特定的地方去。这个"特定的地方"通常也在堆栈中，并且通过类似的手段植入了一小段可执行代码，例如相当于编译后的 'system("/bin/bash")' 这么二十来个字节。这么一来，当从 main( )返回时就会 fork( )出一个 shell 进程出来。对于一般的可执行文件，这么做的意义似乎并不大，因为既然你能启动这个可执行文件，就说明你本来就有个 shell 进程。可是，如果这个可执行文件是个 "set uid" 文件呢？这时候黑客们从一个普通用户的 shell 进程开始，却以得到一个超级用户的 shell 进程而告终，因为这个 shell 进程是从超级用户退出之前 fork( )的。当然，黑客们事先未必知道这个 "set uid"的可执行文件存在着这样的问题，他们可能是先通过一条 shell 命令 "find / -perm 00400 -uid 0 -type f -print" 列出系统中所有属于超级用户的 "set uid" 文件，然后逐一试凑而已，他们有的是时间！但是，一旦被他们发现这么一个可乘之机，那后果就严重了。得到了一个超级用户的 shell 进程以后，他们立即就会修改/etc/passwd，将他们的用户号改成 0，或者增加一个 uid 为 0 的新用户。从此以后，他们就可以"如入无人之境"了。堵塞这种漏洞的途径是多方面的，其中之一是把进程的堆栈段的属性改成"不可执行"，因为黑客们很难把什么内容植入到进程的代码段中。此外，准备用作"set uid"可执行文件的应用程序要精心设计、精心实现和调试，并且系统中的"set uid"可执行程序的数量要尽可能减少。

另一方面，可执行程序的"set uid"机制是否真的必要也是个问题。我们在本节开头处以改变用户的口令为例来说明其必要性，但那是建立在本用户的进程要直接修改/etc/passwd 这么个前提之上的。早期 Unix 的进程间通信机制比较薄弱，所以别无他法。可是，现在的进程间通信机制已经很强，有的事情可以按 Client/Server 的模式来设计和实现。例如，现在完全可能在系统中建立一个内核线程 passwd_d 作为口令服务器，每当用户要改变口令时就通过插口与它建立起连接，然后由 passwd_d 负责来判定该用户是否可以改变其口令，如果可以就由它来修改/etc/passwd。这样，在用户进程与文件 /etc/passwd 之间就隔了一层类似"防火墙"那样的东西，连对/etc/passwd 的"读"访问权也不必有了。

计算机系统的安全性是个综合性的问题，在相当程度上是个管理问题，而从技术角度来看则主要有两个方面的问题，即文件系统的安全性与网络操作的安全性。由于篇幅的限制，我们在本书中基本上不涉及有关网络的内容（我们计划另外写一本书专门介绍 Linux 内核中与网络有关的代码，其篇幅可能不小于本书。在那本书中我们将讨论 Linux 的网络操作安全性）。即使是文件安全性的问题，也不是在区区数十页的篇幅中能够讲清楚、讲全面的，所以有兴趣或有需要的读者可以参考有关的专著，例如 Simon Garfinkel 和 Gene Spafford 的 *Practical Unix & Internet Security*，就是一本被誉为这方面的"圣经"式的著作。

有一种说法，说由于 Linux 内核的源代码公开而使其安全性降低了，因为黑客们可以从源代码中去寻找漏洞或可乘之机。这种说法理所当然地遭到持相反意见的人士的驳斥。公开的源代码固然使攻击的一方容易找到可乘之机，但是同时也使防守的一方易于事先防范。即使出了问题，事后的分析和解决问题也比较容易，毕竟防守方打的是"人民战争"。如果把攻防双方的较量比喻作一种"振荡"的话，则公开的源代码使振幅的"衰减"或"收敛"加快，这应该是好事。对于防守来说，攻、防双方都在明处总比都在暗中要好。事实上，最令人不安的就是"黑盒子"，两眼一抹黑不知道里面在干些什么。更何况，还有 "官匪一家"，开发系统的人自己在系统中留下"后门"的可能。

以前，人们还只是从理论上谈论这种可能性，可是前不久报载有个 Microsoft 的工程师承认自己确曾在 Windows 中留下了"后门"。对于一个不公开源代码的系统，你怎么知道这样的"后门"到底有多少呢？

顺便多讲几句。前一阵（2000 年 10 月）又有关于 Microsoft 的报道，说发现有来自俄国的黑客侵入 Microsoft 的计算机系统达两个星期之久。对于所造成的损害则说法不一。同是 Microsoft 的官员，有的说黑客可能已经窃得 Windows 操作系统的源代码；有的则说黑客所偷取的只是正在开发中的某应用软件的源代码，而不是 Windows 的源代码，所以用户仍可放心云云。可是，不管这一次黑客是否已经得手（也许无人确切知道），这种可能性总不能讲没有。那样，终有一天，当用户还"放心"地守着"黑盒子"时，黑客们却手中有了 Windows 的源代码，并已作了分析研究。到那时，黑客们不出手便罢，一出手就招招都能点中"穴位"。如果他们想要闯进来的话，那可就真的可以如入无人之境了。

5.4 文件系统的安装和拆卸

在一个块设备（见本书下册"设备驱动"一章）上按一定的格式建立起文件系统的时候，或者系统引导之初，设备上的文件和节点都还是不可访问的。也就是说，还不能按一定的路径名访问其中特定的节点或文件（虽然作为"设备"是可访问的）。只有把它"安装"到计算机系统的文件系统中某个节点上，才能使设备上的文件和节点成为可访问的。经过安装以后，设备上的"文件系统"就成为整个文件系统的一部分，或者说一个子系统。一般而言，文件系统的结构就好像一棵倒立的树，不过由于可能存在着的节点间的"连接"和"符号连接"而并不一定是严格的图论意义上的"树"。最初时，整个系统中只有一个节点，那就是整个文件系统的"根"节点"/"，这个节点存在于内存中，而不在任何具体的设备上。系统在初始化时将一个"根设备"安装到节点"/"上，这个设备上的文件系统就成了整个系统中原始的、基本的文件系统（所以才称为根设备）。此后，就可以由超级用户进程通过系统调用 mount( )把其他的子系统安装到已经存在于文件系统中的空闲节点上，使整个文件系统得以扩展，当不再需要使用某个子系统时，或者在关闭系统之前，则通过系统调用 umount( )把已经安装的设备逐个"拆卸"下来。

系统调用 mount( )将一个可访问的块设备安装到一个可访问的节点上。所谓"可访问"是指该节点或文件已经存在于已安装的文件系统中，可以通过路径名寻访。Unix(以及 Linux)将设备看作一种特殊的文件，并在文件系统中有代表着具体设备的节点，称为"设备文件"，通常都在目录"/dev"中。例如 IDE 硬盘上的第一个分区就是/dev/hda1。每个设备文件实际上只是一个索引节点，节点中提供了设备的"设备号"，由"主设备号"和"次设备号"两部分构成。其中主设备号指明了设备的种类，或者更确切地说是指明了应该使用哪一组驱动程序。同一个物理的设备，如果有两组不同的驱动程序，在逻辑上就被视作两种不同的设备而在文件系统中有两个不同的"设备文件"。次设备号则指明该设备是同种设备中的第几个。所以，只要找到代表着某个设备的索引节点，就知道该怎样读/写这个设备了。既然是一个"可访问"的块设备，那为什么还要安装呢？答案是在安装之前可访问的只是这个设备，通常是作为一个线性的无结构的字节流来访问的，称为"原始设备"（raw device）；而设备上的文件系统则是不可访问的。经过安装以后，设备上的文件系统就成为可访问的了。

读者也许已经想到了一个问题，那就是：系统调用 mount( ) 要求被安装的块设备在安装之前就是可访问的，那根设备怎么办？在安装根设备之前，系统中只有一个"/"节点，根本就不存在可访问的块设备啊。是的，根设备不能通过系统调用 mount( ) 来安装。事实上，根据情况的不同，内核中有三个函数是用于设备安装的，那就是 sys_mount( )、mount_root( ) 以及 kem_mount( )。我们先来看 sys_mount( )，这就是系统调用 mount( ) 在内核中的实现，其代码在 fs/super.c 中：

```
1421    asmlinkage long sys_mount(char * dev_name, char * dir_name, char * type,
1422                unsigned long flags, void * data)
1423    {
1424        int retval;
1425        unsigned long data_page;
1426        unsigned long type_page;
1427        unsigned long dev_page;
1428        char *dir_page;
1429
1430        retval = copy_mount_options (type, &type_page);
1431        if (retval < 0)
1432            return retval;
1433
1434        dir_page = getname(dir_name);
1435        retval = PTR_ERR(dir_page);
1436        if (IS_ERR(dir_page))
1437            goto out1;
1438
1439        retval = copy_mount_options (dev_name, &dev_page);
1440        if (retval < 0)
1441            goto out2;
1442
1443        retval = copy_mount_options (data, &data_page);
1444        if (retval < 0)
1445            goto out3;
1446
1447        lock_kernel( );
1448        retval = do_mount((char*)dev_page, dir_page, (char*)type_page,
1449                flags, (void*)data_page);
1450        unlock_kernel( );
1451        free_page(data_page);
1452
1453    out3:
```

```
1454            free_page(dev_page);
1455    out2:
1456            putname(dir_page);
1457    out1:
1458            free_page(type_page);
1459            return retval;
1460    }
```

参数 dev_name 为待安装设备的路径名；dir_name 则是安装点（空闲目录节点）的路径名；type 是表示文件系统类型（即格式）的字符串，如 "ext2"、"iso9660" 等。此外，flags 为安装模式，有关的标志位定义于 include/linux/fs.h：

```
96      /*
97       * These are the fs-independent mount-flags: up to 32 flags are supported
98       */
99      #define MS_RDONLY        1       /* Mount read-only */
100     #define MS_NOSUID        2       /* Ignore suid and sgid bits */
101     #define MS_NODEV         4       /* Disallow access to device special files */
102     #define MS_NOEXEC        8       /* Disallow program execution */
103     #define MS_SYNCHRONOUS  16       /* Writes are synced at once */
104     #define MS_REMOUNT      32       /* Alter flags of a mounted FS */
105     #define MS_MANDLOCK     64       /* Allow mandatory locks on an FS */
106     #define MS_NOATIME    1024       /* Do not update access times. */
107     #define MS_NODIRATIME 2048       /* Do not update directory access times */
108     #define MS_BIND       4096
109
110     /*
111      * Flags that can be altered by MS_REMOUNT
112      */
113     #define MS_RMT_MASK (MS_RDONLY|MS_NOSUID|MS_NODEV|MS_NOEXEC|\
114                     MS_SYNCHRONOUS|MS_MANDLOCK|MS_NOATIME|MS_NODIRATIME)
115
116     /*
117      * Magic mount flag number. Has to be or-ed to the flag values.
118      */
119     #define MS_MGC_VAL 0xC0ED0000
                    /* magic flag number to indicate "new" flags */
120     #define MS_MGC_MSK 0xffff0000   /* magic flag number mask */
```

例如，如果 MS_NOSUID 标志为 1，则整个系统中所有可执行文件的 suid 标志位就都不起作用了。但是，正如原作者的注释所说，这些标志位并不是对所有文件系统都有效的。所有的标志位都在低 16 位中，而高 16 位则用作 "magic number"。

最后，指针 data 指向用于安装的附加信息，由不同文件系统的驱动程序自行加以解释，所以其类型为 void 指针。

代码中通过 getname( )和 copy_mount_options( )将字符串形式或结构形式的参数值从用户空间复制到系统空间。这些参数值的长度均以一个页面为限，但是 getname( )在复制时遇到字符串结尾符 "\0"

就停止,并返回指向该字符串的指针;而copy_mount_options( )则拷贝整个页面(确切地说是PAGE_SIZE－1 个字节),并且返回页面的起始地址。然后,就是这个操作的主体 do_mount( )了。我们分段来看(super.c):

[sys_mount( ) > do_mount( )]

```
1300    /*
1301     * Flags is a 16-bit value that allows up to 16 non-fs dependent flags to
1302     * be given to the mount( ) call (ie: read-only, no-dev, no-suid etc).
1303     *
1304     * data is a (void *) that can point to any structure up to
1305     * PAGE_SIZE-1 bytes, which can contain arbitrary fs-dependent
1306     * information (or be NULL).
1307     *
1308     * NOTE! As pre-0.97 versions of mount( ) didn't use this setup, the
1309     * flags used to have a special 16-bit magic number in the high word:
1310     * 0xC0ED. If this magic number is present, the high word is discarded.
1311     */
1312    long do_mount(char * dev_name, char * dir_name, char *type_page,
1313                  unsigned long flags, void *data_page)
1314    {
1315        struct file_system_type * fstype;
1316        struct nameidata nd;
1317        struct vfsmount *mnt = NULL;
1318        struct super_block *sb;
1319        int retval = 0;
1320
1321        /* Discard magic */
1322        if ((flags & MS_MGC_MSK) == MS_MGC_VAL)
1323            flags &= ~MS_MGC_MSK;
1324
1325        /* Basic sanity checks */
1326
1327        if (!dir_name || !*dir_name || !memchr(dir_name, 0, PAGE_SIZE))
1328            return -EINVAL;
1329        if (dev_name && !memchr(dev_name, 0, PAGE_SIZE))
1330            return -EINVAL;
1331
1332        /* OK, looks good, now let's see what do they want */
1333
1334        /* just change the flags? - capabilities are checked in do_remount( ) */
1335        if (flags & MS_REMOUNT)
1336            return do_remount(dir_name, flags & ~MS_REMOUNT,
1337                    (char *) data_page);
1338
1339        /* "mount --bind"? Equivalent to older "mount -t bind" */
1340        /* No capabilities? What if users do thousands of these? */
```

```
1341        if (flags & MS_BIND)
1342            return do_loopback(dev_name, dir_name);
1343
```

首先是对参数的检验。例如对于安装节点名就要求指针 dir_name 不为 0，并且字符串的第一个字符不为 0，即不是空字符串，并且字符串的长度不超过一个页面。这里的 memchr( )在指定长度的缓冲区中寻找指定的字符（这里是 0），如果找不到就返回 0。对设备名 dev_name 的检验很有趣：如果 dev_name 为非 0，则字符串的长度不得长于一个页面（实际上 copy_mount_options( )保证了这一点，因为它拷贝 PAGE_SIZE－1 个字节），可是 dev_name 为 0 却是允许的。这似乎不可思议，下面读者将会看到，在特殊情况下这确实是允许的。

如果调用参数中的 MS_REMOUNT 标志位为 1，就表示所要求的只是改变一个原已安装的设备的安装方式。例如，原来是按"只读"方式来安装的，而现在要改为"可写"方式；或者原来的 MS_NOSUID 标志位为 0，而现在要改变成 1，等等。所以这种操作称为"重安装"。函数 do_remount( )的代码也在 super.c 中，读者可以在阅读了 do_mount( )的"主流"以后回过来自己读一下这个"支流"的代码。

另一个分支是对特殊设备如/dev/loopback 等"回接"设备的处理。这种设备是特殊的，其实并不是一种设备，而是一种机制。从系统的角度来看，它似乎是一种设备，但实际上它只是提供了一条"lookback"（回接）到某个可访问普通文件或块设备的手段。举例来说，系统的管理人员可以通过实用程序 losetup，实际上是系统调用 ioctl( )，建立起/dev/loop0 与一个普通文件/blkfile 之间的联系，或者说将/dev/loop0 "回接"到/blkfile，从而将这个文件当作一个块设备来使用：

　　losetup   -e des   /dev/loop0   /bikfile

这里的可选项 -e des 表示在通过/dev/loop0 读写作为虚拟块设备的/blkfile 时要对内容加密，而加密的算法则为 DES（一种加密/解密标准）。也可以使用比较简单的加密算法 XOR，此时可选项即为 "-e xor"。如果不加密就不用-e 可选项。回接以后，通过/dev/loop0 访问的文件/blkfile 就作为一个"块设备"来使用了，所以也要加以格式化：

　　mkfs   -t ext2   /dev/loop0   100

参数 -t ext2 表示按 Ext2 格式化，也可以改用其他文件系统的格式。参数 100 表示该设备的大小为 100 个记录块。当然，文件/blkfile 原来的大小要足够，并且其原来的内容就丢失了，所以一般可以先建立起一个足够大的空文件：

　　dd   if=/dev/zero   of=/blkfile   bs=1k   count=100

回接的对象并不非得是一个普通文件，也可以是一个常规的块设备文件如/dev/hda2 等。但是，以普通文件为回接对象给我们提供了将它格式化成一个文件系统并加以安装的手段。我们在回接时采用了加密，所以格式化以后的文件系统映象是加了密的，然后，就可以把这个虚拟的块设备安装到文件系统中了：

　　mount   -t   ext2   /dev/loop0   /mnt

从此以后，就跟一般已安装的子系统一样了，只是在我们这个例子中对这个子系统的读/写都加了密。

回接的对象还可以是一个已经安装的块设备。例如，/dev/hda1 已经安装在根节点／上，我们仍可以把它作为回接的对象。此时当然不能再加密，也不能再格式化了，但是还可以通过/dev/loop0 再安装一次（在另外一个节点上），例如把它安装成"只读"方式。如果回忆一下，一个进程（例如某种网络服务进程）可以通过系统调用设置自己的"根"目录，就不难想像这种"回接"设备对子系统安全性可能有用处了。通常在/dev 目录中有/dev/loop0 和/dev/loop1 两个回接设备文件，需要的话可以通过

mknod 再创建，其主设备号为 7。

对通过回接设备的安装，以前在 mount 命令行中有个"-o loop"可选项，现在则改成将命令行中的文件类型加上一种"bind"，即"-t bind"，表示所安装的设备是个"捆绑"到另一个对象上的回接设备。所以，如果 flags 中的 MS_BIND 标志位为 1（见代码中的第 1341 行），就调用 do_loopback( ) 来完成回接设备的安装。我们暂且跳过它继续往下读（super.c）。

[sys_mount( ) > do_mount( )]

```
1344            /* For the rest we need the type */
1345
1346        if (!type_page || !memchr(type_page, 0, PAGE_SIZE))
1347            return -EINVAL;
1348
1349    #if 0  /* Can be deleted again. Introduced in patch-2.3.99-pre6 */
1350        /* loopback mount? This is special - requires fewer capabilities */
1351        if (strcmp(type_page, "bind")==0)
1352            return do_loopback(dev_name, dir_name);
1353    #endif
1354
1355        /* for the rest we _really_ need capabilities... */
1356        if (!capable(CAP_SYS_ADMIN))
1357            return -EPERM;
1358
1359        /* ... filesystem driver... */
1360        fstype = get_fs_type(type_page);
1361        if (!fstype)
1362            return -ENODEV;
1363
1364        /* ... and mountpoint. Do the lookup first to force automounting. */
1365        if (path_init(dir_name,
1366             LOOKUP_FOLLOW|LOOKUP_POSITIVE|LOOKUP_DIRECTORY, &nd))
1367            retval = path_walk(dir_name, &nd);
1368        if (retval)
1369            goto fs_out;
1370
1371        /* get superblock, locks mount_sem on success */
1372        if (fstype->fs_flags & FS_NOMOUNT)
1373            sb = ERR_PTR(-EINVAL);
1374        else if (fstype->fs_flags & FS_REQUIRES_DEV)
1375            sb = get_sb_bdev(fstype, dev_name, flags, data_page);
1376        else if (fstype->fs_flags & FS_SINGLE)
1377            sb = get_sb_single(fstype, flags, data_page);
1378        else
1379            sb = get_sb_nodev(fstype, flags, data_page);
1380
1381        retval = PTR_ERR(sb);
1382        if (IS_ERR(sb))
```

```
1383                goto dput_out;
1384
```

进一步的操作需要系统管理员的权限，所以先检查当前进程是否具有此项授权。一般超级用户进程都是有这种授权的。

系统支持的每一种文件系统都有一个 file_system_type 数据结构，定义于 include/linux/fs.h：

```
839    struct file_system_type {
840        const char *name;
841        int fs_flags;
842        struct super_block *(*read_super) (struct super_block *, void *, int);
843        struct module *owner;
844        struct vfsmount *kern_mnt; /* For kernel mount, if it's FS_SINGLE fs */
845        struct file_system_type * next;
846    };
```

结构中的 fs_flags 指明了具体文件系统的一些特性，有关的标志位定义见文件 fs.h：

```
79     /* public flags for file_system_type */
80     #define FS_REQUIRES_DEV  1
81     #define FS_NO_DCACHE     2 /* Only dcache the necessary things. */
82     #define FS_NO_PRELIM     4 /* prevent preloading of dentries, even if
83                                 * FS_NO_DCACHE is not set.
84                                 */
85     #define FS_SINGLE        8 /*
86                                 * Filesystem that can have only one superblock;
87                                 * kernel-wide vfsmnt is placed in ->kern_mnt by
88                                 * kern_mount() which must be called _after_
89                                 * register_filesystem().
90                                 */
91     #define FS_NOMOUNT       16 /* Never mount from userland */
92     #define FS_LITTER        32 /* Keeps the tree in dcache */
93     #define FS_ODD_RENAME    32768 /* Temporary stuff; will go away as soon
94                                 * as nfs_rename() will be cleaned up
95                                 */
```

对这些标志位的意义和作用我们将随着代码解释的进展加以说明。

结构中有个函数指针 read_super，各种文件系统通过这个指针提供用来读入其超级块的函数，因为不同文件系统的超级块也是不同的。显然，这个数据结构也是从虚拟文件系统 VFS 进入具体文件系统的一个转接点。同时，每种文件系统还有个字符串形式的文件系统类型名。

安装文件系统时要说明文件系统的类型，例如系统命令 mount 就有个可选项"-t"用于类型名。文件系统的类型名以字符串的形式复制到 type_page 中，现在就用来比对、寻找其 file_system_type 数据结构。

函数 get_fs_type() 根据具体文件系统的类型名在内核中找到相应的 file_system_type 结构，有关的代码在 super.c 中：

[sys_mount( ) > do_mount( ) > get_fs_type( )]

```
262    struct file_system_type *get_fs_type(const char *name)
263    {
264        struct file_system_type *fs;
265
266        read_lock(&file_systems_lock);
267        fs = *(find_filesystem(name));
268        if (fs && !try_inc_mod_count(fs->owner))
269            fs = NULL;
270        read_unlock(&file_systems_lock);
271        if (!fs && (request_module(name) == 0)) {
272            read_lock(&file_systems_lock);
273            fs = *(find_filesystem(name));
274            if (fs && !try_inc_mod_count(fs->owner))
275                fs = NULL;
276            read_unlock(&file_systems_lock);
277        }
278        return fs;
279    }
```

[sys_mount( ) > do_mount( ) > get_fs_type( ) > find_filesystem( )]

```
94    static struct file_system_type **find_filesystem(const char *name)
95    {
96        struct file_system_type **p;
97        for (p=&file_systems; *p; p=&(*p)->next)
98            if (strcmp((*p)->name,name) == 0)
99                break;
100       return p;
101   }
```

内核中有一个 file_system_type 结构队列，叫做 file_systems，队列中的每个数据结构都代表着一种文件系统。系统初始化时将内核支持的各种文件系统的 file_system_type 数据结构通过一个函数 register_filesystem( )挂入这个队列，这个过程称为文件系统的注册。除此之外，对有些文件系统的支持可以通过"可安装模块"的方式来实现。在装入这些模块时，也会将相应的数据结构注册挂入该队列中。

函数 find_filesystem( )则扫描 file_systems 队列，找到所需文件系统类型的数据结构。在 file_system_type 结构中有一个指针 owner，如果结构所代表的文件系统类型是通过可安装模块实现的，则该指针指向代表着具体模块的 module 结构。找到了 file_system_type 结构以后，要调用 try_inc_mod_count( )看看该文件系统是否由可安装模块实现，是的话就要递增相应 module 结构中的共享计数，因为现在这个模块多了一个使用者。

要是在 file_systems 队列中找不到所需的文件系统类型怎么办呢？那就通过 request_module( )试试能否（在已安装的文件系统中）找到用来实现所需文件系统类型的可安装模块，并将其装入内核；如果成功的话就再去 file_systems 队列中找一遍。如果装入所需的可安装模块失败，或者装入以后还是找不到相应的 file_system_type 结构，那就说明 Linux 系统不支持所要求的文件系统类型。有关模块的装入可参考"设备驱动"一章。

回到 do_mount( )的代码中。找到了给定文件系统类型的数据结构以后，就要寻找代表安装点的 dentry 数据结构了。通过 path_init( )和 path_walk( )寻找目标节点的过程以前已经讲过，就不重复了。找到了安装点的 dentry 结构(在 nameidata 结构 nd 中有个 dentry 指针)以后，要把待安装设备的"超级块"读进来并根据超级块中的信息在内存中建立起相应的 super_block 数据结构。但是，这里因具体文件系统的不同而有几种情形要区别对待：

(1) 有些虚拟的文件系统（如 pipe、共享内存区等），要由内核通过 kern_mount( )安装，而根本不允许由用户进程通过系统调用 mount( )来安装。这样的文件系统类型在其 fs_flag 中的 FS_NOMOUNT 标志位为 1。虚拟文件系统类型的"设备"其实没有超级块，所以只是按特定的内容初始化，或者说生成一个 super_block 结构。对于这种文件系统类型，系统调用 mount( )时应出错返回。

(2) 一般的文件系统类型要求有物理的设备作为其物质基础，在其 fs_flags 中的 FS_REQUIRES_DEV 标志位为 1，这些就是"正常"的文件系统类型，如 ext2、minix、ufs 等等。对于这些文件系统类型，通过 get_sb_bdev( )从待安装设备上读入其超级块。

(3) 有些虚拟文件系统在安装了同类型中的第一个"设备"，从而创建了超级块的 super_block 数据结构以后，再安装同一类型中的其他设备时就共享已经存在的 super_block 结构，而不再有其自己的超级块结构。此时相应 file_system_type 结构的 fs_flags 中的 FS_SINGLE 标志位为 1，表示整个文件系统类型只有一个超级块，而不像一般的文件系统类型那样每个具体的设备上都有一个超级块。

(4) 还有些文件系统类型的 fs_flags 中的 FS_NOMOUNT 标志位、FS_REQUIRE_DEV 标志位以及 FS_SINGLE 标志位全都为 0，所以不属于上列三种情形中的任何一种。这些所谓"文件系统"其实也是虚拟的，通常只是用来实现某种机制或者规程，所以根本就没有"设备"。对于这样的"文件系统类型"都是通过 get_sb_nodev( )来生成一个 super_block 结构的。

总之，每种文件系统类型都有个 file_system_type 结构，而结构中的 fs_flags 则由各种标志位组成，这些标志位表明了具体文件系统类型的特性，也决定着这种文件系统的安装过程。内核代码中提供了两个用来建立 file_system_type 数据结构的宏操作，其定义在 fs.h 中：

```
848    #define DECLARE_FSTYPE(var, type, read, flags) \
849        struct file_system_type var = { \
850            name:        type, \
851            read_super:  read, \
852            fs_flags:    flags, \
853            owner:       THIS_MODULE, \
854        }
855
856    #define DECLARE_FSTYPE_DEV(var, type, read) \
857        DECLARE_FSTYPE(var, type, read, FS_REQUIRES_DEV)
```

一般常规的文件系统类型都通过 DECLARE_FSTYPE_DEV 建立其数据结构，因为它们的 FS_REQUIRE_DEV 标志位均为 1，而其他标志位为 0，例如 fs/ext2/super.c 中的 ext2_fs_type：

```
786     static DECLARE_FSTYPE_DEV(ext2_fs_type, "ext2", ext2_read_super);
```

再如 fs/msdos/msdosfs_syms.c 中的 msdos_fs_type:

```
29      static DECLARE_FSTYPE_DEV(msdos_fs_type, "msdos", msdos_read_super);
```

相比之下，特殊的、虚拟的文件系统类型则大多直接通过 DECLARE_FSTYPE 建立起数据结构，因为它们的 fs_flags 是特殊的，例如 fs/pipe.c 中的 pipe_fs_type:

```
632     static DECLARE_FSTYPE(pipe_fs_type, "pipefs", pipefs_read_super,
633         FS_NOMOUNT|FS_SINGLE);
```

以及 fs/ramfs/inode.c 中的 ramfs_fs_type：

```
336     static DECLARE_FSTYPE(ramfs_fs_type, "ramfs", ramfs_read_super, FS_LITTER);
```

以后读者会看到，flags 中的 FS_SINGLE 标志位有着很重要的作用。我们在这里只关心常规文件系统的安装，所以只阅读 get_sb_bdev( ) 的代码，以后我们会结合其他章节，如进程间通信和设备驱动，再来阅读 get_sb_single( ) 等函数的代码。顺便提一下，这里 get_sb_single( ) 和 get_sb_nodev( ) 都不使用参数 dev_name，所以它可以是 NULL。这个函数的代码也在 fs/super.c 中，我们分段阅读。

[sys_mount( ) > do_mount( ) > get_sb_bdev( )]

```
785     static struct super_block *get_sb_bdev(struct file_system_type *fs_type,
786         char *dev_name, int flags, void * data)
787     {
788         struct inode *inode;
789         struct block_device *bdev;
790         struct block_device_operations *bdops;
791         struct super_block * sb;
792         struct nameidata nd;
793         kdev_t dev;
794         int error = 0;
795         /* What device it is? */
796         if (!dev_name || !*dev_name)
797             return ERR_PTR(-EINVAL);
798         if (path_init(dev_name, LOOKUP_FOLLOW|LOOKUP_POSITIVE, &nd))
799             error = path_walk(dev_name, &nd);
800         if (error)
801             return ERR_PTR(error);
802         inode = nd.dentry->d_inode;
803         error = -ENOTBLK;
804         if (!S_ISBLK(inode->i_mode))
805             goto out;
806         error = -EACCES;
807         if (IS_NODEV(inode))
```

```
808                goto out;
```

对于常规的文件系统,参数 dev_name 必须是一个有效的路径名。同样,这里也是通过 path_init( ) 和 path_walk( )找到目标节点,即相应设备文件的 dentry 结构以及 inode 结构。当然,找到的 inode 结构必须是代表着一个块设备,其 i_mode 中的 S_IFBLK 标志位必须为 1,否则就错了。宏操作 S_ISBLK( ) 定义于 include/linux/stat.h:

```
28     #define S_ISBLK(m)      (((m) & S_IFMT) == S_IFBLK)
```

设备文件的 inode 结构是在 path_walk( )中根据从已经安装的磁盘上(或其他已安装的文件系统中)读入的索引节点建立的。对于 Ext2 文件系统,我们在"从路径名到目标节点"一节中阅读 path_walk( ) 的代码时曾在它所辗转调用的 ext2_read_inode( )中看到这么一段代码:

[path_walk( ) > real_lookup( ) > ext2_lookup( ) > iget( ) > get_new_inode( ) > ext2_read_inode( )]

```
1059          if (inode->i_ino == EXT2_ACL_IDX_INO ||
1060              inode->i_ino == EXT2_ACL_DATA_INO)
1061              /* Nothing to do */ ;
1062          else if (S_ISREG(inode->i_mode)) {
1063              inode->i_op = &ext2_file_inode_operations;
1064              inode->i_fop = &ext2_file_operations;
1065              inode->i_mapping->a_ops = &ext2_aops;
1066          } else if (S_ISDIR(inode->i_mode)) {
1067              inode->i_op = &ext2_dir_inode_operations;
1068              inode->i_fop = &ext2_dir_operations;
1069          } else if (S_ISLNK(inode->i_mode)) {
1070              if (!inode->i_blocks)
1071                  inode->i_op = &ext2_fast_symlink_inode_operations;
1072              else {
1073                  inode->i_op = &page_symlink_inode_operations;
1074                  inode->i_mapping->a_ops = &ext2_aops;
1075              }
1076          } else
1077              init_special_inode(inode, inode->i_mode,
1078                      le32_to_cpu(raw_inode->i_block[0]));
```

由于设备文件既不是常规文件,也不是目录,更不是符号连接,所以必然会调用 init_special_inode( ),其代码在 fs/devices.c 中:

[path_walk( ) > real_lookup( ) > ext2_lookup( ) > iget( ) > get_new_inode( ) > ext2_read_inode( ) > init_special_inode( )]

```
200    void init_special_inode(struct inode *inode, umode_t mode, int rdev)
201    {
202        inode->i_mode = mode;
203        if (S_ISCHR(mode)) {
```

```
204             inode->i_fop = &def_chr_fops;
205             inode->i_rdev = to_kdev_t(rdev);
206         } else if (S_ISBLK(mode)) {
207             inode->i_fop = &def_blk_fops;
208             inode->i_rdev = to_kdev_t(rdev);
209             inode->i_bdev = bdget(rdev);
210         } else if (S_ISFIFO(mode))
211             inode->i_fop = &def_fifo_fops;
212         else if (S_ISSOCK(mode))
213             inode->i_fop = &bad_sock_fops;
214         else
215             printk(KERN_DEBUG "init_special_inode: bogus imode (%o)\n", mode);
216     }
```

以前说过，在 inode 数据结构中有两个设备号。一个是索引节点所在设备的号码 i_dev，另一个是索引节点所代表的设备的号码 i_rdev。可是，如果看一下存储在设备上的索引节点 ext2_inode 数据结构，就可以发现里面一个专门用于设备号的字段也没有。首先，既然索引节点存储在某个设备上，当然就不需要再在里面说明存储在哪个设备上了。再说，一个索引节点如果代表着一个设备，那就不需要记录跟文件的物理信息有关的数据了，从而可以利用这些空间来记录所代表设备的设备号。事实上，当索引节点代表着设备时，其 ext2_inode 数据结构中的数组 i_block[ ]空着没用，所以就将 i_block[0]用于设备号。这个设备号在这里的 init_special_node( )中经过 to_kdev_t( )加以格式转换以后就变成 inode 结构中的 i_rdev。此外，对于块设备还要使 inode 结构中的指针 i_bdev 指向一个 block_device 结构。具体的数据结构由 bdget( )根据设备号寻找或创建，详见 "设备驱动" 一章中有关的内容。

回到 get_sb_bdev( )的代码中(fs/super.c)：

[sys_mount( ) > do_mount( ) > get_sb_bdev( )]

```
809         bdev = inode->i_bdev;
810         bdops = devfs_get_ops (devfs_get_handle_from_inode(inode));
811         if (bdops) bdev->bd_op = bdops;
812         /* Done with lookups, semaphore down */
813         down(&mount_sem);
814         dev = to_kdev_t(bdev->bd_dev);
815         sb = get_super(dev);
816         if (sb) {
817             if (fs_type == sb->s_type &&
818                 ((flags ^ sb->s_flags) & MS_RDONLY) == 0) {
819                 path_release(&nd);
820                 return sb;
821             }
822         } else {
823             mode_t mode = FMODE_READ; /* we always need it ;-) */
824             if (!(flags & MS_RDONLY))
825                 mode |= FMODE_WRITE;
826             error = blkdev_get(bdev, mode, 0, BDEV_FS);
827             if (error)
```

```
828                 goto out;
829             check_disk_change(dev);
830             error = -EACCES;
831             if (!(flags & MS_RDONLY) && is_read_only(dev))
832                 goto out1;
833             error = -EINVAL;
834             sb = read_super(dev, bdev, fs_type, flags, data, 0);
835             if (sb) {
836                 get_filesystem(fs_type);
837                 path_release(&nd);
838                 return sb;
839             }
840     out1:
841             blkdev_put(bdev, BDEV_FS);
842         }
843     out:
844         path_release(&nd);
845         up(&mount_sem);
846         return ERR_PTR(error);
847     }
```

在 block_device 结构中有个指针 bd_op，指向一个 block_device_operations 数据结构，这就是块设备驱动程序的函数跳转表。所以，我们可以把 block_device 结构比喻为块设备驱动"总线"，而使其指针 bd_op 指向某个具体的 block_device_operations 数据结构，就好像是将一块"接口卡"插入了总线的插槽，这跟 VFS 与具体文件系统的关系是一样的。

那么，这里要把什么样的"接口卡"插到总线上去呢？原来，在 Linux 的设备驱动方面正在进行着一项称为"devfs"的改革。传统的/dev 目录是一种"平面"结构而不像其他目录那样是树状结构。每一个设备都有个"主设备号"和一个"次设备号"，每当要在/dev 中建立一个节点（即设备文件）时就要将主、次设备号合成一个单一的"设备号"，再通过系统调用 mknod( )来建立，传统的主、次设备号都是 8 位的，所以每种设备最多只能有 255 个。随着技术的发展，这个限制开始成为问题了。所以 Linux 内核已经开始使用 16 位的主、次设备号。可是，另有一派意见认为，/dev 的这种平面结构和主、次设备号的使用根本就应该改革。也就是说，把/dev 改成树状结构，这样一来路径名就可以惟一地确定一个设备的类型和序号，例如/dev/hda/1，这样就可以把主、次设备号隐藏在路径名的背后，不需要在用户界面上用什么主设备号、次设备号了。目前这项改革正在进行中，对有些设备（如软盘、磁带等）的支持已开始使用这种新的方案。但是，内核必须同时支持新、旧两种方案，这里对 devfs_get_ops( )和 devfs_get_handle_form_inode( )就是出于对 devfs 的考虑。目前（以及在未来相当一段时期内），对多数块设备的支持还会沿用传统的模式，如果尚不支持 devfs 则这两个函数都返回 NULL 而不起作用，相当于让插槽暂时空着。我们在"设备驱动"一章中还要回到 devfs 这个话题上。另一方面，由于在内核中已经开始使用 16 位的主、次设备号，而在大多数文件系统中都还是 8 位的，所以要通过 to_kdev_t( )加以转换。

完成了上面的这些准备以后，现在要进行实质性的工作，就是找到或建立待安装设备的 super_block 数据结构了。首先还是在内核中寻找，内核中维持着一个 super_block 数据结构的队列 super_blocks，所有的 super_block 结构，包括空闲的，都通过结构中的一个队列头 s_list 链入到这个队列中。寻找时就通过get_super()从队列中寻找，其代码在fs/super.c中：
[sys_mount() > do_mount() > get_sb_bdev() > get_super()]

```
631     /**
632      *    get_super  -    get the superblock of a device
633      *    @dev: device to get the superblock for
634      *
635      *    Scans the superblock list and finds the superblock of the file system
636      *    mounted on the device given. %NULL is returned if no match is found.
637      */
638
639     struct super_block * get_super(kdev_t dev)
640     {
641         struct super_block * s;
642
643         if (!dev)
644             return NULL;
645     restart:
646         s = sb_entry(super_blocks.next);
647         while (s != sb_entry(&super_blocks))
648             if (s->s_dev == dev) {
649                 wait_on_super(s);
650                 if (s->s_dev == dev)
651                     return s;
652                 goto restart;
653             } else
654                 s = sb_entry(s->s_list.next);
655         return NULL;
656     }
```

这里的sb_entry()是个宏操作，定义于include/linux/fs.h:

```
664     #define sb_entry(list)    list_entry((list), struct super_block, s_list)
```

读者也许会问，这是否意味着同一个块设备可以安装多次？答案是可以的，例如我们在前面曾经讲到通过"回接设备"进行的安装，那就是同一设备的多次安装。

然而，在大多数情况下get_super()实际上都会失败，因而得从设备读入其超级块并在内存中建立起该设备的super_block数据结构。为了这个目的，先得要"打开"这个设备文件，这是由blkdev_get()完成的，其代码在fs/block_dev.c中：

[sys_mount() > do_mount() > get_sb_bdev() > blkdev_get()]

```
606     int blkdev_get(struct block_device *bdev, mode_t mode,
                                  unsigned flags, int kind)
607     {
608         int ret = -ENODEV;
609         kdev_t rdev = to_kdev_t(bdev->bd_dev); /* this should become bdev */
```

```
610        down(&bdev->bd_sem);
611        if (!bdev->bd_op)
612            bdev->bd_op = get_blkfops(MAJOR(rdev));
613        if (bdev->bd_op) {
614            /*
615             * This crockload is due to bad choice of ->open( ) type.
616             * It will go away.
617             * For now, block device ->open( ) routine must _not_
618             * examine anything in 'inode' argument except ->i_rdev.
619             */
620            struct file fake_file = {};
621            struct dentry fake_dentry = {};
622            struct inode *fake_inode = get_empty_inode( );
623            ret = -ENOMEM;
624            if (fake_inode) {
625                fake_file.f_mode = mode;
626                fake_file.f_flags = flags;
627                fake_file.f_dentry = &fake_dentry;
628                fake_dentry.d_inode = fake_inode;
629                fake_inode->i_rdev = rdev;
630                ret = 0;
631                if (bdev->bd_op->open)
632                    ret = bdev->bd_op->open(fake_inode, &fake_file);
633                if (!ret)
634                    atomic_inc(&bdev->bd_openers);
635                else if (!atomic_read(&bdev->bd_openers))
636                    bdev->bd_op = NULL;
637                iput(fake_inode);
638            }
639        }
640        up(&bdev->bd_sem);
641        return ret;
642    }
```

由于 block_device 结构中的 bd_dev 有可能还在使用 8 位的主、次设备号，或者说 16 位的设备号，这里先通过 to_kdev_t( ) 将它们换成 16 位（或者说 32 位的设备号）。前面讲过，block_device 结构中的指针 bd_op 指向一个 block_device_operations 数据结构。对于 devfs 的设备这个指针已经在前面设置好了，而对于传统的块设备则这个指针尚未设置，暂时还空着，所以要通过 get_blkfops( ) 根据设备的主设备号来设置这个指针。函数 get_blkfops( ) 的代码也在 fs/block_dev.c 中：

[sys_mount( ) > do_mount( ) > get_sb_bdev( ) > blkdev_get( ) > get_blkfops( )]

```
487    /*
488     Return the function table of a device.
489     Load the driver if needed.
490    */
491    const struct block_device_operations * get_blkfops(unsigned int major)
```

```
492     {
493         const struct block_device_operations *ret = NULL;
494
495         /* major 0 is used for non-device mounts */
496         if (major && major < MAX_BLKDEV) {
497 #ifdef CONFIG_KMOD
498             if (!blkdevs[major].bdops) {
499                 char name[20];
500                 sprintf(name, "block-major-%d", major);
501                 request_module(name);
502             }
503 #endif
504             ret = blkdevs[major].bdops;
505         }
506         return ret;
507     }
```

内核中设置了一个以主设备号为下标的结构数组 blkdevs[ ]，用来保存指向各种块设备的 block_device_operations 结构的指针：

```
468     static struct {
469         const char *name;
470         struct block_device_operations *bdops;
471     } blkdevs[MAX_BLKDEV];
```

系统在初始化时将所支持的各种块设备的 block_device_operations 结构指针填入该数组中的相应元素中。以可安装模块实现的设备驱动程序则在装入模块时才设置相应的指针。所以，如果相应表项的 bdops 指针为 0，则表明该设备可能是以可安装模块实现的，但是尚未装入，因此要调用 request_module( ) 将其装入。在正常情况下，当从 get_blkfops( ) 返回时指针 bdev->bd->op 已经设置好了，就好像"接口卡"已经插入了"总线"。

为了打开设备，还需要使用几个临时的数据结构，包括 file 结构、dentry 结构以及 inode 结构。这里要指出，我们现在要打开的是作为文件的设备本身，而不是这个设备在文件系统中的代表如 "/dev/hda1" 等节点，那早已经打开了，要不然就无从知道其主设备号和次设备号了。打开设备的操作是通过由具体设备类型的 block_device_operations 结构中的函数指针 open 提供的。就一般的 ide 磁盘而言，其数据结构为 bd_fops，而相应的函数指针则指向 bd_open( )。我们在这里就不深入到打开设备的过程中去了，读者可参阅打开文件及设备驱动等有关章节。

打开了设备，blkdev_get( ) 也就完成了。回到 get_sb_bdev( ) 中，还要作一些检查。有些设备的介质是活动的，可以由用户替换的（例如软盘），对于这样的设备要检查一下其介质是否已经变动了（如果原来已经安装的话）。我们在这里只关心固定介质磁盘，所以就不深入到 check_disk_change( ) 的代码中去了。有兴趣或有需要的读者可以自己阅读。最后，还有一项检查，那就是如果安装的模式不是"只读"而所欲安装的设备却已经设置成"只读"，那就不能安装了。

打开了具体的设备以后，就要通过 read_super( ) 从设备上读入超级块并在内存中建立起 super_block 结构了，其代码还是在 fs/super.c 中：

[sys_mount( ) > do_mount( ) > get_sb_bdev( ) > read_super( )]
```
721     static struct super_block * read_super(kdev_t dev, struct block_device *bdev,
722                          struct file_system_type *type, int flags,
723                          void *data, int silent)
724     {
725         struct super_block * s;
726         s = get_empty_super( );
727         if (!s)
728             goto out;
729         s->s_dev = dev;
730         s->s_bdev = bdev;
731         s->s_flags = flags;
732         s->s_dirt = 0;
733         sema_init(&s->s_vfs_rename_sem, 1);
734         sema_init(&s->s_nfsd_free_path_sem, 1);
735         s->s_type = type;
736         sema_init(&s->s_dquot.dqio_sem, 1);
737         sema_init(&s->s_dquot.dqoff_sem, 1);
738         s->s_dquot.flags = 0;
739         lock_super(s);
740         if (!type->read_super(s, data, silent))
741             goto out_fail;
742         unlock_super(s);
743         /* tell bdcache that we are going to keep this one */
744         if (bdev)
745             atomic_inc(&bdev->bd_count);
746     out:
747         return s;
748
749     out_fail:
750         s->s_dev = 0;
751         s->s_bdev = 0;
752         s->s_type = NULL;
753         unlock_super(s);
754         return NULL;
755     }
```

先从 super_blocks 队列中找到一个空闲的 super_block 结构，进行一些简单的初始化以后就要根据具体设备上的文件系统类型读入超级块。如前所述，在代表着具体文件系统类型的 file_system_type 数据结构中有个函数指针 read_super( )指向具体的函数。对于 Ext2 文件系统，其数据结构为 ext2_fs_type，而相应的函数指针则指向 ext2_read_super( )。函数 ext2_read_super( )相当大，有 250 多行，而它的逻辑和过程则相对独立，所以我们把它暂时放一下，以后再来读它的代码，现在先继续往下看。

从设备上读入超级块并设置好 super_block 结构以后，get_sb_bdev( )的工作就完成了，只是返回前可能还需要递增用来实现此种文件系统类型的可安装模块的使用者计数：

[sys_mount( ) > do_mount( ) > get_sb_bdev( ) > get_filesystem( )]

```
81      /* WARNING: This can be used only if we _already_ own a reference */
82      static void get_filesystem(struct file_system_type *fs)
83      {
84          if (fs->owner)
85              __MOD_INC_USE_COUNT(fs->owner);
86      }
```

此外，还要通过 path_release( ) 释放在 path_walk( ) 中占用的 dentry 结构(代表着待安装设备)和可能的 vfsmount 结构。

回到 do_mount( ) 的代码中继续往下读（fs/super.c）。

[sys_mount( ) > do_mount( )]

```
1385        /* Something was mounted here while we slept */
1386        while(d_mountpoint(nd.dentry) && follow_down(&nd.mnt, &nd.dentry))
1387            ;
1388
1389        /* Refuse the same filesystem on the same mount point */
1390        retval = -EBUSY;
1391        if (nd.mnt && nd.mnt->mnt_sb == sb
1392                && nd.mnt->mnt_root == nd.dentry)
1393            goto fail;
1394
1395        retval = -ENOENT;
1396        if (!nd.dentry->d_inode)
1397            goto fail;
1398        down(&nd.dentry->d_inode->i_zombie);
1399        if (!IS_DEADDIR(nd.dentry->d_inode)) {
1400            retval = -ENOMEM;
1401            mnt = add_vfsmnt(&nd, sb->s_root, dev_name);
1402        }
1403        up(&nd.dentry->d_inode->i_zombie);
1404        if (!mnt)
1405            goto fail;
1406        retval = 0;
1407    unlock_out:
1408        up(&mount_sem);
1409    dput_out:
1410        path_release(&nd);
1411    fs_out:
1412        put_filesystem(fstype);
1413        return retval;
1414
1415    fail:
1416        if (list_empty(&sb->s_mounts))
1417            kill_super(sb, 0);
1418        goto unlock_out;
```

1419   }

待安装设备的 super_block 结构已经解决了，这一边已经没有什么问题，现在要回过头来看安装点这一边了。前面，在处理待安装设备的超级块之前，已经通过 path_init( ) 和 path_walk( ) 找到了安装点的 dentry 结构、inode 结构以及 vfsmount 结构，通过局部量 nameidata 数据结构 nd 就可以访问到这些数据结构。但是还有一种情况需要考虑。

首先，前面从设备上读入超级块的过程是个颇为漫长的过程，当前进程在等待从设备上读入的过程中几乎可肯定要进入睡眠，这样就可能会有另一个进程捷足先登抢先将另一个设备安装到了同一个安装点上。要知道是否发生了这种情况，可以通过 d_mountpoint( ) 来检测（见文件 dcache.h）：

[sys_mount( ) > do_mount( ) > d_mountpoint( )]

```
259     static __inline__ int d_mountpoint(struct dentry *dentry)
260     {
261         return !list_empty(&dentry->d_vfsmnt);
262     }
```

如果代表着安装点的 dentry 结构中的 d_vfsmnt 队列非空，那就说明已经有设备安装在上面了。在这种情况下怎么办呢？我们从代码中看到其对策是调用 follow_down( ) 前进到已安装设备上的根节点，并且要通过 while 循环进一步检测新的安装点，直到尽头，即前进到不再有设备安装的某个设备上的根节点为止。已安装设备的根目录下面一般都是有内容的，是否可以把一个设备安装在一个非空的目录节点上呢？可以的。这一点可能与人们的直觉和想像不同。但是，将一个设备安装到一个有内容的目录节点时，该节点就变成了一个纯粹的安装点，原来目录中的内容就变成不可访问了。当然，从管理的角度出发应该避免发生这种情况，但是就技术角度而言这是可以的。

[sys_mount( ) > do_mount( ) > follow_down( )]

```
375     int follow_down(struct vfsmount **mnt, struct dentry **dentry)
376     {
377         return __follow_down(mnt,dentry);
378     }
```

这个函数只是将一个 inline 函数 __follow_down( ) 抽出来作为一个普通的函数（读者应该明白二者的区别）。以前，我们在 path_walk( ) 的代码中也看到过对这个 inline 函数的引用。其代码在 fs/namei.c 中：

```
352     static inline int __follow_down(struct vfsmount **mnt, struct dentry **dentry)
353     {
354         struct list_head *p;
355         spin_lock(&dcache_lock);
356         p = (*dentry)->d_vfsmnt.next;
357         while (p != &(*dentry)->d_vfsmnt) {
358             struct vfsmount *tmp;
359             tmp = list_entry(p, struct vfsmount, mnt_clash);
```

```
360                 if (tmp->mnt_parent == *mnt) {
361                     *mnt = mntget(tmp);
362                     spin_unlock(&dcache_lock);
363                     mntput(tmp->mnt_parent);
364                     /* tmp holds the mountpoint, so... */
365                     dput(*dentry);
366                     *dentry = dget(tmp->mnt_root);
367                     return 1;
368                 }
369                 p = p->next;
370             }
371             spin_unlock(&dcache_lock);
372             return 0;
373         }
```

把一个设备安装到一个目录节点时要用一个 vfsmount 数据结构作为"连接件"。该数据结构定义于 include/linux/mount.h:

```
17     struct vfsmount
18     {
19         struct dentry *mnt_mountpoint;  /* dentry of mountpoint */
20         struct dentry *mnt_root;        /* root of the mounted tree */
21         struct vfsmount *mnt_parent;    /* fs we are mounted on */
22         struct list_head mnt_instances; /* other vfsmounts of the same fs */
23         struct list_head mnt_clash;     /* those who are mounted on (other */
24                                         /* instances) of the same dentry */
25         struct super_block *mnt_sb;     /* pointer to superblock */
26         struct list_head mnt_mounts;    /* list of children, anchored here */
27         struct list_head mnt_child;     /* and going through their mnt_child */
28         atomic_t mnt_count;
29         int mnt_flags;
30         char *mnt_devname;              /* Name of device e.g. /dev/dsk/hda1 */
31         struct list_head mnt_list;
32         uid_t mnt_owner;
33     };
```

结构中主要成分的作用为:

- 指针 mnt_mountpoint 指向安装点的 dentry 数据结构,而指针 mount_root 则指向所安装设备上根目录的 dentry 数据结构,在二者之间搭起一座桥梁。
- 可是,在 dentry 结构中却没有直接指向 vfsmount 数据结构的指针,而是有个队列头 d_vfsmount, 这是因为安装点和设备之间是一对多的关系,在同一个安装点上可以安装多个设备。相应地, vfsmount 结构中也有个队列头 mnt_clash, 通过它链入到安装点的 d_vfsmount 队列中。不过, 从所安装设备上根目录的 dentry 数据结构出发却不能直接找到其 vfsmount 结构,而得要通过其 super_block 数据结构中转。
- 指针 mnt_sb 指向所安装设备的超级块的 super_block 数据结构。反之,在所安装设备的 super_block 数据结构中却并没有直接指向 vfsmount 数据结构的指针,而是有个队列头

第 5 章 文件系统

s_mounts，因为设备与安装点之间也是一对多的关系，同一个设备可以安装到多个安装点上。相应地，vfsmount 结构中也有个队列头 mnt_instances，通过它链入到设备的 s_mounts 队列中。
- 指针 mnt_parent 指向安装点所在设备当初安装时的 vfsmount 数据结构，就是上一层的 vfsmount 数据结构。不过，在根设备或其他不存在上一层 vfsmount 数据结构的情况下，这个指针指向该数据结构本身。同时，vfsmount 数据结构中还有 mnt_child 和 mnt_mounts 两个队列头，只要上一层的 vfsmount 数据结构存在，就通过 mnt_child 链入上一层 vfsmount 结构的 mnt_mounts 队列中。这样，就形成一种设备安装的树形结构，从一个 vfsmount 结构的 mnt_mounts 队列开始可以找到所有直接或间接安装在这个设备上（的文件系统中）的其他设备。
- 此外，系统中还有个总的 vfsmount 结构队列 vfsmntlist，相应地 vfsmount 数据结构中还有个队列头 mnt_list。所有已安装设备的 vfsmount 结构都通过 mnt_list 链入 vfsmntlist 队列中。

所安装设备的 super_block 数据结构与作为"连接件"的 vfsmount 数据结构之间可以是一对多的关系，这容易理解，因为把同一物理设备安装到文件系统中不同的节点上，成为逻辑上相互独立的子树是很自然的事。可是，安装点的 dentry 结构与 vfsmount 结构之间也可以是一对多的关系，这就不容易理解了。很难想像怎么可以把多个设备安装到同一个节点上。其实，这二者是联系的，有了前者就会有后者。我们通过一个假想的情景来说明这个问题：假定有/dev/hda1、/dev/hda2、/dev/hda3、和/dev/hda4 四个设备（磁盘分区），/dev/hda1 为根设备（这四个设备文件节点都在/dev/hda1 上的/dev 目录下），并且，在/dev/hda1 的根目录下有两个空闲的目录节点/d11 和/d12，而在/dev/hda2 的根目录下则有个空闲的目录节点 d2。现在把/dev/hda2 分别安装到/d11 和/d12 上去，这当然是可以的。可是，这样一来就有了/d11/d2 和/d12/d2 两个路径通往同一个物理的目录节点。然后，把/dev/hda3 安装到/d11/d2 上，这样/d11/d2 就代表着/dev/hda3 了。可是/d12/d2 呢？显然，它应该还是空的，因为/d12 代表着一棵独立的子树。再把/dev/hda4 安装到/d12/d2 上，这当然也是允许的。好，现在/dev/hda2 上的目录节点 d2 就安装着两个设备了，从而有两个 vfsmount 数据结构在其 dentry 结构的 d_vfsmount 队列中。读者自然就会产生一个问题：这样，当沿着路径名搜索，发现 d2 是个安装点而要前进到所安装的设备上时，怎么知道到底是要前进到/dev/hda3 还是/dev/hda4 呢？显然这时候需要看路径名的"上下文"。具体地，要看是顺着/dev/hda2 的哪一次安装（/d11/d2 或/d12/d2）搜索下来的，而上一层的 vfsmount 数据结构实际上就代表着这个上下文。所以，在上面__follow_down()的代码中是一个 while 循环，它扫描 dentry 结构中的 d_vfsmount 队列中的所有 vfsmount 数据结构，找出其中上一层 vfsmount 数据结构相符的那个"连接件"。

回到 do_mount()的代码中。安装点最终确定以后，剩下的就是把待安装设备的 super_block 数据结构与安装点的 dentry 数据结构联系在一起，即"安装"本身了，这是通过 add_vfsmnt()完成的，其代码在 fs/super.c 中：

[sys_mount( ) > do_mount( ) > add_vfsmnt( )]

```
281     static LIST_HEAD(vfsmntlist);
282
283     /**
284      *    add_vfsmnt - add a new mount node
285      *    @nd: location of mountpoint or %NULL if we want a root node
286      *    @root: root of (sub)tree to be mounted
287      *    @dev_name: device name to show in /proc/mounts or %NULL (for "none").
288      *
```

```
289      * This is VFS idea of mount. New node is allocated, bound to a tree
290      * we are mounting and optionally (OK, usually) registered as mounted
291      * on a given mountpoint. Returns a pointer to new node or %NULL in
292      * case of failure.
293      *
294      * Potential reason for failure (aside of trivial lack of memory) is a
295      * deleted mountpoint. Caller must hold ->i_zombie on mountpoint
296      * dentry (if any).
297      *
298      * Node is marked as MNT_VISIBLE (visible in /proc/mounts) unless both
299      * @nd and @devname are %NULL. It works since we pass non-%NULL @devname
300      * when we are mounting root and kern_mount( ) filesystems are deviceless.
301      * If we will get a kern_mount( ) filesystem with nontrivial @devname we
302      * will have to pass the visibility flag explicitly, so if we will add
303      * support for such beasts we'll have to change prototype.
304      */
305
306     static struct vfsmount *add_vfsmnt(struct nameidata *nd,
307                     struct dentry *root,
308                     const char *dev_name)
309     {
310         struct vfsmount *mnt;
311         struct super_block *sb = root->d_inode->i_sb;
312         char *name;
313
314         mnt = kmalloc(sizeof(struct vfsmount), GFP_KERNEL);
315         if (!mnt)
316             goto out;
317         memset(mnt, 0, sizeof(struct vfsmount));
318
319         if (nd || dev_name)
320             mnt->mnt_flags = MNT_VISIBLE;
321
322         /* It may be NULL, but who cares? */
323         if (dev_name) {
324             name = kmalloc(strlen(dev_name)+1, GFP_KERNEL);
325             if (name) {
326                 strcpy(name, dev_name);
327                 mnt->mnt_devname = name;
328             }
329         }
330         mnt->mnt_owner = current->uid;
331         atomic_set(&mnt->mnt_count,1);
332         mnt->mnt_sb = sb;
333
334         spin_lock(&dcache_lock);
335         if (nd && !IS_ROOT(nd->dentry) && d_unhashed(nd->dentry))
336             goto fail;
```

```
337         mnt->mnt_root = dget(root);
338         mnt->mnt_mountpoint = nd ? dget(nd->dentry) : dget(root);
339         mnt->mnt_parent = nd ? mntget(nd->mnt) : mnt;
340
341         if (nd) {
342             list_add(&mnt->mnt_child, &nd->mnt->mnt_mounts);
343             list_add(&mnt->mnt_clash, &nd->dentry->d_vfsmnt);
344         } else {
345             INIT_LIST_HEAD(&mnt->mnt_child);
346             INIT_LIST_HEAD(&mnt->mnt_clash);
347         }
348         INIT_LIST_HEAD(&mnt->mnt_mounts);
349         list_add(&mnt->mnt_instances, &sb->s_mounts);
350         list_add(&mnt->mnt_list, vfsmntlist.prev);
351         spin_unlock(&dcache_lock);
352     out:
353         return mnt;
354     fail:
355         spin_unlock(&dcache_lock);
356         if (mnt->mnt_devname)
357             kfree(mnt->mnt_devname);
358         kfree(mnt);
359         return NULL;
360     }
```

至此，设备的安装就完成了。

看完了 do_mount( ) 的主流，我们再来看看它的一个支流 do_loopback( )。我们在前面谈论过 "回接设备"，现在就来看它是怎样安装的。函数 do_loopback( ) 的代码也在文件 fs/super.c 中：

[sys_mount( ) > do_mount( ) > do_loopback( )]

```
1182    /*
1183     * do loopback mount.
1184     */
1185    static int do_loopback(char *old_name, char *new_name)
1186    {
1187        struct nameidata old_nd, new_nd;
1188        int err = 0;
1189        if (!old_name || !*old_name)
1190            return -EINVAL;
1191        if (path_init(old_name, LOOKUP_POSITIVE, &old_nd))
1192            err = path_walk(old_name, &old_nd);
1193        if (err)
1194            goto out;
1195        if (path_init(new_name, LOOKUP_POSITIVE, &new_nd))
1196            err = path_walk(new_name, &new_nd);
1197        if (err)
```

```
1198                goto out1;
1199        err = mount_is_safe(&new_nd);
1200        if (err)
1201                goto out2;
1202        err = -EINVAL;
1203        if (S_ISDIR(new_nd.dentry->d_inode->i_mode) !=
1204            S_ISDIR(old_nd.dentry->d_inode->i_mode))
1205                goto out2;
1206
1207        err = -ENOMEM;
1208        if (old_nd.mnt->mnt_sb->s_type->fs_flags & FS_SINGLE)
1209                get_filesystem(old_nd.mnt->mnt_sb->s_type);
1210
1211        down(&mount_sem);
1212        /* there we go */
1213        down(&new_nd.dentry->d_inode->i_zombie);
1214        if (IS_DEADDIR(new_nd.dentry->d_inode))
1215                err = -ENOENT;
1216        else if (add_vfsmnt(&new_nd, old_nd.dentry, old_nd.mnt->mnt_devname))
1217                err = 0;
1218        up(&new_nd.dentry->d_inode->i_zombie);
1219        up(&mount_sem);
1220        if (err && old_nd.mnt->mnt_sb->s_type->fs_flags & FS_SINGLE)
1221                put_filesystem(old_nd.mnt->mnt_sb->s_type);
1222 out2:
1223        path_release(&new_nd);
1224 out1:
1225        path_release(&old_nd);
1226 out:
1227        return err;
1228 }
```

参数 old_name 指向设备文件的路径名，而 new_name 指向安装点的路径名。读了 do_mount( ) 的主流代码以后再来看这一段代码，可能会觉得比想像中的简单。实际上也确实是这样，原因在于通过回接设备安装之前事先要通过对回接设备的 ioctl( ) 操作（具体的命令为 LOOP_SET_FD）在回接设备与目标设备（或格式化成文件系统的普通文件）之间建立起联系，有些准备工作已经在那时候做好了（有兴趣的读者可阅读 drivers/block/loop.c 中的 loop_set_fd( ) 以及有关的代码）。

这里值得注意的是对 add_vfsmnt( ) 的调用参数，我们不妨把这里使用的调用参数与 do_mount( ) 中使用的参数作一比较。对 add_vfsmnt( ) 的第一个调用参数是一个 nameidata 结构指针，代表着对待安装设备，在这里是回接设备（如/dev/loop0）节点的搜索结果，其中的一个成分指向该节点的 dentry 结构。第二个参数则是指向安装点的 dentry 结构的指针，这一点在两种情况下都一样。从概念上说，所谓"安装"正是要在安装点和待安装点这两个 dentry 结构之间架设起桥梁，从而建立起二者在逻辑上的等价性。这样一来，在 path_walk( ) 中一旦到达安装的 dentry 结构就会通过 follow_down( ) 进入回接设备的 dentry，就好像进入某个块设备根目录的 dentry 结构一样。所不同的是：在一般情况下进入的是块设备根目录的 dentry 结构，它的 inode 结构是通过该设备的驱动程序从设备上读入其根目录的索引节点而建立起来的。而如果进入的是回接设备的 dentry 结构呢？当内核企图通过回接设备的驱动程序从该虚拟的"块设备"上读入记录块时，却由回接设备的驱动程序"偷梁换柱"转到了原先设置好的目标设备，读入记录块的工作也"转包"给了目标设备的驱动程序。而回接设备本身的驱动程序，则变成了某种中介机构，并且从而可以在中间对过往的所有记录块进行加密、解密。所以，从"安装"本身的角度看，回接设备的安装确实很简单，但是通向目录设备的桥梁实际上是由回接设备的驱动程序通过一些内部的数据结构建立起来的。如果说由普通的块设备安装所建立的是直接的桥梁，那么由回接设备安装所建立的则是间接的桥梁，就好像在河中心有个小岛。从概念上说，这与在用户进程层面上的输入/输出重定向以及通过管道实现的中间过滤进程是一致的。

看完了文件系统的安装，再来看文件系统的拆卸，这是由 sys_umount( ) 完成的，其代码在 **fs/super.c** 中：

```
1109    /*
1110     * Now umount can handle mount points as well as block devices.
1111     * This is important for filesystems which use unnamed block devices.
1112     *
1113     * We now support a flag for forced unmount like the other 'big iron'
1114     * unixes. Our API is identical to OSF/1 to avoid making a mess of AMD
1115     */
1116
1117    asmlinkage long sys_umount(char * name, int flags)
1118    {
1119        struct nameidata nd;
1120        char *kname;
1121        int retval;
1122
1123        lock_kernel( );
1124        kname = getname(name);
1125        retval = PTR_ERR(kname);
1126        if (IS_ERR(kname))
1127            goto out;
1128        retval = 0;
1129        if (path_init(kname, LOOKUP_POSITIVE|LOOKUP_FOLLOW, &nd))
1130            retval = path_walk(kname, &nd);
1131        putname(kname);
1132        if (retval)
1133            goto out;
1134        retval = -EINVAL;
1135        if (nd.dentry != nd.mnt->mnt_root)
1136            goto dput_and_out;
1137
1138        retval = -EPERM;
1139        if (!capable(CAP_SYS_ADMIN) && current->uid!=nd.mnt->mnt_owner)
1140            goto dput_and_out;
1141
1142        dput(nd.dentry);
```

```
1143            /* puts nd.mnt */
1144            down(&mount_sem);
1145            retval = do_umount(nd.mnt, 0, flags);
1146            up(&mount_sem);
1147            goto out;
1148    dput_and_out:
1149            path_release(&nd);
1150    out:
1151            unlock_kernel( );
1152            return retval;
1153    }
```

由于 path_init( )的调用参数中的 LOOKUP_FOLLOW 标志位为 1，不论给定的是安装点的路径名或是设备文件的路径名，path_walk( )的结果都是一样的，nd.dentry 总是指向设备文件上根目录的 dentry 结构，而 nd.mnt 总是指向用来将该设备安装到安装点上的 vfsmount 数据结构。在安装设备的时候，总是将设备上的根目录作为该设备的代表安装到另一个设备上的某个节点上，所以如果 nd.dentry 不等于 nd.mnt->mnt_root 就说明有了严重的错误。通过了这一层检验，先把这个 dentry 结构释放，因为我们不再需要使用这个数据结构了。注意，这里的 nameidata 数据结构 nd 是局部量，所以并不需要释放其空间。至于 nd.mnt 所指向的 vfsmount 结构则还需要在 do_umount( )中使用，所以释放这个数据结构的责任就转给了 do_umount( )。完成文件系统拆卸操作的主体 do_umount( )也在 fs/super.c 中：

[sys_umount( ) > do_umount( )]

```
1013    static int do_umount(struct vfsmount *mnt, int umount_root, int flags)
1014    {
1015            struct super_block * sb = mnt->mnt_sb;
1016
1017            /*
1018             * No sense to grab the lock for this test, but test itself looks
1019             * somewhat bogus. Suggestions for better replacement?
1020             * Ho-hum... In principle, we might treat that as umount + switch
1021             * to rootfs. GC would eventually take care of the old vfsmount.
1022             * The problem being: we have to implement rootfs and GC for that ;-)
1023             * Actually it makes sense, especially if rootfs would contain a
1024             * /reboot - static binary that would close all descriptors and
1025             * call reboot(9). Then init(8) could umount root and exec /reboot.
1026             */
1027            if (mnt == current->fs->rootmnt && !umount_root) {
1028                    int retval = 0;
1029                    /*
1030                     * Special case for "unmounting" root ...
1031                     * we just try to remount it readonly.
1032                     */
1033                    mntput(mnt);
1034                    if (!(sb->s_flags & MS_RDONLY))
1035                            retval = do_remount_sb(sb, MS_RDONLY, 0);
```

```
1036                return retval;
1037        }
1038
1039        spin_lock(&dcache_lock);
1040
1041        if (mnt->mnt_instances.next != mnt->mnt_instances.prev) {
1042            if (atomic_read(&mnt->mnt_count) > 2) {
1043                spin_unlock(&dcache_lock);
1044                mntput(mnt);
1045                return -EBUSY;
1046            }
1047            if (sb->s_type->fs_flags & FS_SINGLE)
1048                put_filesystem(sb->s_type);
1049            /* We hold two references, so mntput( ) is safe */
1050            mntput(mnt);
1051            remove_vfsmnt(mnt);
1052            return 0;
1053        }
1054        spin_unlock(&dcache_lock);
1055
```

调用参数 umount_root 表示所要拆卸的是否根设备，我们在前面的代码中看到从 sys_umount( ) 中调用时这个参数为 0，用户进程是不能通过 umount( ) 直接拆卸根设备的。从用户进程通过 umount( ) 系统调用拆卸根设备只意味着将它重安装成"只读"模式。

在 vfsmount 数据结构中也有个使用计数 mnt_count，在 add_vfsmnt( ) 中设置为 1。从那以后，每当要使用这个数据结构时就通过 mntget( ) 递增其使用计数，用完了就通过 mntput( ) 递减其计数。例如，在函数 path_init( ) 中就调用了 mntget( ) 而在 path_release( ) 中则调用了 mntput( )；又如在 follow_up( ) 和 follow_down( ) 中都既调用了 mntget( ) 又调用了 mntput( )。所以，在 do_umount( ) 中所处理的 vfsmount 结构中的使用计数应该是 2，如果大于这个数值就说明还有其他的操作过程还正在使用这个数据结构，因此不能完成拆卸而只能出错返回。当然，在出错返回之前也要通过 mntput( ) 递减这个使用计数。

前面讲过，vfsmount 结构在安装文件系统时通过其队列头 mnt_instances 挂入一个 super_block 结构的 s_mounts 队列。通常一个块设备只安装一次，所以其 super_block 结构中的队列 s_mounts 只含有一个 vfsmount 结构，因此该 vfsmount 结构的队列头 mnt_instances 中的两个指针 next 和 prev 相等。但是，在有些情况下同一个设备是可以安装多次的，此时其 super_block 结构中的 s_mounts 队列含有多个 vfsmount 结构，而队列中的每个 vfsmount 结构的 mnt_instances 中的两个指针就不相等了。所以，此时代码中调用 remove_vfsmnt( ) 所拆卸的并不是相应设备仅存的安装。这种情况下的拆卸比较简单，因为只是拆除该设备多次安装中的一次，而并非最终将设备拆下。下面给出函数 remove_vfsmnt( ) 的代码（fs/super.c）：

[sys_umount( ) > do_umount( ) > remove_vfsmnt( )]

```
408    /*
409     * Called with spinlock held, releases it.
410     */
411    static void remove_vfsmnt(struct vfsmount *mnt)
412    {
```

```
413         /* First of all, remove it from all lists */
414         list_del(&mnt->mnt_instances);
415         list_del(&mnt->mnt_clash);
416         list_del(&mnt->mnt_list);
417         list_del(&mnt->mnt_child);
418         spin_unlock(&dcache_lock);
419         /* Now we can work safely */
420         if (mnt->mnt_parent != mnt)
421             mntput(mnt->mnt_parent);
422
423         dput(mnt->mnt_mountpoint);
424         dput(mnt->mnt_root);
425         if (mnt->mnt_devname)
426             kfree(mnt->mnt_devname);
427         kfree(mnt);
428     }
```

对这些代码读者应该不会感到困难。函数 dput( ) 递增一个 dentry 结构的使用计数，如果递减后达到了 0，就将此数据结构转移到 dentry_unused 队列中。

回到 do_umount( ) 的代码中。相比之下，如果 vfsmount 数据结构代表着一个设备的惟一安装，那就比较复杂一点了。我们在这里并不关心磁盘空间配额的问题，所以跳过 DQUOT_OFF( ) 和 acct_auto_close( ) 直接往下读。

[sys_umount( ) > do_umount( )]

```
1056        /*
1057         * Before checking whether the filesystem is still busy,
1058         * make sure the kernel doesn't hold any quota files open
1059         * on the device. If the umount fails, too bad -- there
1060         * are no quotas running any more. Just turn them on again.
1061         */
1062        DQUOT_OFF(sb);
1063        acct_auto_close(sb->s_dev);
1064
1065        /*
1066         * If we may have to abort operations to get out of this
1067         * mount, and they will themselves hold resources we must
1068         * allow the fs to do things. In the Unix tradition of
1069         * 'Gee thats tricky lets do it in userspace' the umount_begin
1070         * might fail to complete on the first run through as other tasks
1071         * must return, and the like. Thats for the mount program to worry
1072         * about for the moment.
1073         */
1074
1075        if( (flags&MNT_FORCE) && sb->s_op->umount_begin)
1076            sb->s_op->umount_begin(sb);
1077
```

```
1078        /*
1079         * Shrink dcache, then fsync. This guarantees that if the
1080         * filesystem is quiescent at this point, then (a) only the
1081         * root entry should be in use and (b) that root entry is
1082         * clean.
1083         */
1084        shrink_dcache_sb(sb);
1085        fsync_dev(sb->s_dev);
1086
1087        if (sb->s_root->d_inode->i_state) {
1088            mntput(mnt);
1089            return -EBUSY;
1090        }
1091
1092        /* Something might grab it again - redo checks */
1093
1094        spin_lock(&dcache_lock);
1095        if (atomic_read(&mnt->mnt_count) > 2) {
1096            spin_unlock(&dcache_lock);
1097            mntput(mnt);
1098            return -EBUSY;
1099        }
1100
1101        /* OK, that's the point of no return */
1102        mntput(mnt);
1103        remove_vfsmnt(mnt);
1104
1105        kill_super(sb, umount_root);
1106        return 0;
1107    }
```

有些设备要求在拆卸时先调用一个函数处理拆卸的开始，这种设备通过其 super_operations 函数跳转表内的函数指针 umount_begin 提供相应的函数。

把一个设备最终从文件系统中拆卸下来，这意味着从此以后这个子系统中的所有节点都不再是可访问的了。以前讲过，每当某个过程开始使用一个节点的 dentry 结构时都要通过 degt( )递增其使用计数，如果内存中尚无此节点的 dentry 结构存在就要为之建立并将其使用计数设成 1。与其相对应，每当结束使用一个 dentry 结构时就要通过 dput( )递减其使用计数，如果达到了 0 就要将这个数据结构转移到 dentry_unused 队列中。之所以不马上将不在使用中的 dentry 结构释放，而将它们留在这个队列中是为了提供一些缓冲，因为说不定很快就又要用了。可是现在既然要最终卸下一个设备，则属于这个设备的所有 dentry 结构再没有保留的必要。所以，此时要扫描 dentry_unused 队列，把所有属于这个队列的 dentry 结构都释放掉，这就是 shrink_dcache_sb( )要做的事情。其代码在 fs/dcache.c 中：

[sys_umount( ) > do_umount( ) > shrink_dcache_sb( )]

```
378     /**
379      * shrink_dcache_sb - shrink dcache for a superblock
```

```
380      * @sb: superblock
381      *
382      * Shrink the dcache for the specified super block. This
383      * is used to free the dcache before unmounting a file
384      * system
385      */
386
387     void shrink_dcache_sb(struct super_block * sb)
388     {
389         struct list_head *tmp, *next;
390         struct dentry *dentry;
391
392         /*
393          * Pass one ... move the dentries for the specified
394          * superblock to the most recent end of the unused list.
395          */
396         spin_lock(&dcache_lock);
397         next = dentry_unused.next;
398         while (next != &dentry_unused) {
399             tmp = next;
400             next = tmp->next;
401             dentry = list_entry(tmp, struct dentry, d_lru);
402             if (dentry->d_sb != sb)
403                 continue;
404             list_del(tmp);
405             list_add(tmp, &dentry_unused);
406         }
407
408         /*
409          * Pass two ... free the dentries for this superblock.
410          */
411     repeat:
412         next = dentry_unused.next;
413         while (next != &dentry_unused) {
414             tmp = next;
415             next = tmp->next;
416             dentry = list_entry(tmp, struct dentry, d_lru);
417             if (dentry->d_sb != sb)
418                 continue;
419             if (atomic_read(&dentry->d_count))
420                 continue;
421             dentry_stat.nr_unused--;
422             list_del(tmp);
423             INIT_LIST_HEAD(tmp);
424             prune_one_dentry(dentry);
425             goto repeat;
426         }
427         spin_unlock(&dcache_lock);
```

428   }

这段代码的逻辑比较简单，具体释放一个 dentry 结构的操作是由 prune_one_dentry( )完成的，其代码在同一文件(dcache.c)中：

[sys_umount( ) > do_umount( ) > shrink_dcache_sb( ) > prone_one_dentry( )]

```
298     /*
299      * Throw away a dentry - free the inode, dput the parent.
300      * This requires that the LRU list has already been
301      * removed.
302      * Called with dcache_lock, drops it and then regains.
303      */
304     static inline void prune_one_dentry(struct dentry * dentry)
305     {
306         struct dentry * parent;
307
308         list_del_init(&dentry->d_hash);
309         list_del(&dentry->d_child);
310         dentry_iput(dentry);
311         parent = dentry->d_parent;
312         d_free(dentry);
313         if (parent != dentry)
314             dput(parent);
315         spin_lock(&dcache_lock);
316     }
```

再回到 do_umount( )的代码中，下一件事是 fsync_dev( )。

为了提高效率，块设备的输入／输出一般都是有缓冲的，无论是对超级块的改变还是对某个索引节点的改变，或者对某个数据块的改变，都只是对它们在内存中映象的改变，而不一定马上就写回设备上，现在设备要卸下来了，当然要先把已经改变了，但是尚未写回设备的内容写回去。这称为"同步"，是由 fsync_dev( )完成的，其代码在 fs/buffer.c 中：

[sys_umount( ) > do_umount( ) > shrink_dcache_sb( ) > fsync_dev( )]

```
304     int fsync_dev(kdev_t dev)
305     {
306         sync_buffers(dev, 0);
307
308         lock_kernel( );
309         sync_supers(dev);
310         sync_inodes(dev);
311         DQUOT_SYNC(dev);
312         unlock_kernel( );
313
314         return sync_buffers(dev, 1);
315     }
```

先看超级块的同步，函数 sync_supers( )的代码在 fs/super.c 中：

[sys_umount( ) > do_umount( ) > shrink_dcache_sb( ) > fsync_dev( ) > sync_supers( )]

```
605     /*
606      * Note: check the dirty flag before waiting, so we don't
607      * hold up the sync while mounting a device. (The newly
608      * mounted device won't need syncing.)
609      */
610     void sync_supers(kdev_t dev)
611     {
612         struct super_block * sb;
613
614         for (sb = sb_entry(super_blocks.next);
615              sb != sb_entry(&super_blocks);
616              sb = sb_entry(sb->s_list.next)) {
617             if (!sb->s_dev)
618                 continue;
619             if (dev && sb->s_dev != dev)
620                 continue;
621             if (!sb->s_dirt)
622                 continue;
623             lock_super(sb);
624             if (sb->s_dev && sb->s_dirt && (!dev || dev == sb->s_dev))
625                 if (sb->s_op && sb->s_op->write_super)
626                     sb->s_op->write_super(sb);
627             unlock_super(sb);
628         }
629     }
```

每当改变一个 super_block 结构的内容时都要将结构中的 s_dirt 标志设为 1，表示这个结构的内容已经"脏"了，也就是与设备上的超级块不一致了；而在将超级块写回设备时则将这个标志清 0。所以，如果一个 super_block 结构的 s_dirt 标志非 0 就表示应该加以同步。不过，如前所述，有些设备，主要是一些虚拟设备，本来就没有什么"超级块"或者类似的东西，所以还要看 super_block 结构中的指针 s_op 是否指向一个 super_operations 结构，以及这个结构中是否为 write_super 操作提供了一个函数。就 Ext2 文件系统而言，这个函数是 ext2_write_super( )。读者可以在下面看了 ext2_read_super( )以后自己阅读 ext2_write_super( )。

再来看索引节点的同步，函数 sync_inodes( )的代码在 fs/inode.c 中：

[sys_umount( ) > do_umount( ) > shrink_dcache_sb( ) > fsync_dev( ) > sync_inodes( )]

```
237     /**
238      * sync_inodes
239      * @dev: device to sync the inodes from.
240      *
241      * sync_inodes goes through the super block's dirty list,
```

```
242      * writes them out, and puts them back on the normal list.
243      */
244
245     void sync_inodes(kdev_t dev)
246     {
247         struct super_block * sb = sb_entry(super_blocks.next);
248
249         /*
250          * Search the super_blocks array for the device(s) to sync.
251          */
252         spin_lock(&inode_lock);
253         for (; sb != sb_entry(&super_blocks); sb = sb_entry(sb->s_list.next)) {
254             if (!sb->s_dev)
255                 continue;
256             if (dev && sb->s_dev != dev)
257                 continue;
258
259             sync_list(&sb->s_dirty);
260
261             if (dev)
262                 break;
263         }
264         spin_unlock(&inode_lock);
265     }
```

在 super_block 结构中还有个队列 s_dirty，凡是已经改变了的 inode 结构就通过它的 i_list 队列头挂入其所属 super_block 结构的 s_dirty 队列。所以，要同步的是整个队列，这是由 sync_list 完成的，有关的代码在同一文件(fs/inode.c)中：

[sys_umount( ) > do_umount( ) > shrink_dcache_sb( ) > fsync_dev( ) > sync_inodes( ) > sync_list( )]

```
229     static inline void sync_list(struct list_head *head)
230     {
231         struct list_head * tmp;
232
233         while ((tmp = head->prev) != head)
234             sync_one(list_entry(tmp, struct inode, i_list), 0);
235     }
```

[sys_umount( ) > do_umount( ) > shrink_dcache_sb( ) > fsync_dev( ) > sync_inodes( ) > sync_list( ) > sync_one( )]

```
194     static inline void sync_one(struct inode *inode, int sync)
195     {
196         if (inode->i_state & I_LOCK) {
197             __iget(inode);
198             spin_unlock(&inode_lock);
```

```
199             __wait_on_inode(inode);
200             iput(inode);
201             spin_lock(&inode_lock);
202         } else {
203             unsigned dirty;
204
205             list_del(&inode->i_list);
206             list_add(&inode->i_list, atomic_read(&inode->i_count)
207                                 ? &inode_in_use
208                                 : &inode_unused);
209             /* Set I_LOCK, reset I_DIRTY */
210             dirty = inode->i_state & I_DIRTY;
211             inode->i_state |= I_LOCK;
212             inode->i_state &= ~I_DIRTY;
213             spin_unlock(&inode_lock);
214
215             filemap_fdatasync(inode->i_mapping);
216
217             /* Don't write the inode if only I_DIRTY_PAGES was set */
218             if (dirty & (I_DIRTY_SYNC | I_DIRTY_DATASYNC))
219                 write_inode(inode, sync);
220
221             filemap_fdatawait(inode->i_mapping);
222
223             spin_lock(&inode_lock);
224             inode->i_state &= ~I_LOCK;
225             wake_up(&inode->i_wait);
226         }
227     }
```

[sys_umount( ) > do_umount( ) > shrink_dcache_sb( ) > fsync_dev( ) > sync_inodes( ) > sync_list( ) > sync_one( ) > write_inode( )]

```
174     static inline void write_inode(struct inode *inode, int sync)
175     {
176         if (inode->i_sb && inode->i_sb->s_op && inode->i_sb->s_op->write_inode)
177             inode->i_sb->s_op->write_inode(inode, sync);
178     }
```

我们把这些代码留给读者。Ext2 文件系统的 write_inode 操作为 ext2_write_inode( )，由于我们在前面读过 ext2_read_inode( )的代码，这里就不深入进去了。

由于我们对磁盘空间配额不感兴趣，剩下的只是数据块的同步了，那就是 sync_buffers( )，我们将在"文件的读与写"一节中读这个函数的代码。

经过这么些代码的阅读，读者对 super_block 数据结构想必已经有了个大致的印象，现在来看它的定义应该容易理解了。这是在 include/linux/fs.h 中定义的：

```
665     struct super_block {
```

```
666         struct list_head     s_list;       /* Keep this first */
667         kdev_t               s_dev;
668         unsigned long        s_blocksize;
669         unsigned char        s_blocksize_bits;
670         unsigned char        s_lock;
671         unsigned char        s_dirt;
672         struct file_system_type *s_type;
673         struct super_operations *s_op;
674         struct dquot_operations *dq_op;
675         unsigned long        s_flags;
676         unsigned long        s_magic;
677         struct dentry        *s_root;
678         wait_queue_head_t    s_wait;
679
680         struct list_head     s_dirty;      /* dirty inodes */
681         struct list_head     s_files;
682
683         struct block_device *s_bdev;
684         struct list_head     s_mounts;     /* vfsmount(s) of this one */
685         struct quota_mount_options s_dquot; /* Diskquota specific options */
686
687         union {
688             struct minix_sb_info    minix_sb;
689             struct ext2_sb_info     ext2_sb;
690             struct hpfs_sb_info     hpfs_sb;
691             struct ntfs_sb_info     ntfs_sb;
692             struct msdos_sb_info    msdos_sb;
693             struct isofs_sb_info    isofs_sb;
694             struct nfs_sb_info      nfs_sb;
695             struct sysv_sb_info     sysv_sb;
696             struct affs_sb_info     affs_sb;
697             struct ufs_sb_info      ufs_sb;
698             struct efs_sb_info      efs_sb;
699             struct shmem_sb_info    shmem_sb;
700             struct romfs_sb_info    romfs_sb;
701             struct smb_sb_info      smbfs_sb;
702             struct hfs_sb_info      hfs_sb;
703             struct adfs_sb_info     adfs_sb;
704             struct qnx4_sb_info     qnx4_sb;
705             struct bfs_sb_info      bfs_sb;
706             struct udf_sb_info      udf_sb;
707             struct ncp_sb_info      ncpfs_sb;
708             struct usbdev_sb_info   usbdevfs_sb;
709             void                    *generic_sbp;
710         } u;
711         /*
712          * The next field is for VFS *only*. No filesystems have any business
713          * even looking at it. You had been warned.
```

```
714            */
715            struct semaphore s_vfs_rename_sem; /* Kludge */
716
717    /* The next field is used by knfsd when converting a (inode number based)
718     * file handle into a dentry. As it builds a path in the dcache tree from
719     * the bottom up, there may for a time be a subpath of dentrys which is not
720     * connected to the main tree.  This semaphore ensure that there is only ever
721     * one such free path per filesystem.  Note that unconnected files (or other
722     * non-directories) are allowed, but not unconnected diretories.
723     */
724            struct semaphore s_nfsd_free_path_sem;
725    };
```

对于 Ext2 文件系统，将 super_block 结构中的 union 解释为一个 ext2_sb_info 结构，这是在 include/linux/ext2_fs_sb.h 中定义的：

```
27     /*
28      * second extended-fs super-block data in memory
29      */
30     struct ext2_sb_info {
31             unsigned long s_frag_size;   /* Size of a fragment in bytes */
32             unsigned long s_frags_per_block;/* Number of fragments per block */
33             unsigned long s_inodes_per_block;/* Number of inodes per block */
34             unsigned long s_frags_per_group;/* Number of fragments in a group */
35             unsigned long s_blocks_per_group;/* Number of blocks in a group */
36             unsigned long s_inodes_per_group;/* Number of inodes in a group */
37             unsigned long s_itb_per_group;  /* Number of inode table blocks
                                                  per group */
38             unsigned long s_gdb_count;   /* Number of group descriptor blocks */
39             unsigned long s_desc_per_block; /* Number of group descriptors
                                                  per block */
40             unsigned long s_groups_count;   /* Number of groups in the fs */
41             struct buffer_head * s_sbh; /* Buffer containing the super block */
42             struct ext2_super_block * s_es; /* Pointer to the super block
                                                  in the buffer */
43             struct buffer_head ** s_group_desc;
44             unsigned short s_loaded_inode_bitmaps;
45             unsigned short s_loaded_block_bitmaps;
46             unsigned long s_inode_bitmap_number[EXT2_MAX_GROUP_LOADED];
47             struct buffer_head * s_inode_bitmap[EXT2_MAX_GROUP_LOADED];
48             unsigned long s_block_bitmap_number[EXT2_MAX_GROUP_LOADED];
49             struct buffer_head * s_block_bitmap[EXT2_MAX_GROUP_LOADED];
50             unsigned long  s_mount_opt;
51             uid_t s_resuid;
52             gid_t s_resgid;
53             unsigned short s_mount_state;
54             unsigned short s_pad;
```

```
55          int s_addr_per_block_bits;
56          int s_desc_per_block_bits;
57          int s_inode_size;
58          int s_first_ino;
59      };
```

如前所述，super_block 是内存中的数据结构，其内容通常（但并不总是）来自具体设备上特定文件系统的超级块。就 Ext2 文件系统而言，设备上的超级块为 ext2_super_block 结构，定义于 include/linux/ext2_fs.h 中

```
336     /*
337      * Structure of the super block
338      */
339     struct ext2_super_block {
340         __u32   s_inodes_count;         /* Inodes count */
341         __u32   s_blocks_count;         /* Blocks count */
342         __u32   s_r_blocks_count;       /* Reserved blocks count */
343         __u32   s_free_blocks_count;    /* Free blocks count */
344         __u32   s_free_inodes_count;    /* Free inodes count */
345         __u32   s_first_data_block;     /* First Data Block */
346         __u32   s_log_block_size;       /* Block size */
347         __s32   s_log_frag_size;        /* Fragment size */
348         __u32   s_blocks_per_group;     /* # Blocks per group */
349         __u32   s_frags_per_group;      /* # Fragments per group */
350         __u32   s_inodes_per_group;     /* # Inodes per group */
351         __u32   s_mtime;                /* Mount time */
352         __u32   s_wtime;                /* Write time */
353         __u16   s_mnt_count;            /* Mount count */
354         __s16   s_max_mnt_count;        /* Maximal mount count */
355         __u16   s_magic;                /* Magic signature */
356         __u16   s_state;                /* File system state */
357         __u16   s_errors;               /* Behaviour when detecting errors */
358         __u16   s_minor_rev_level;      /* minor revision level */
359         __u32   s_lastcheck;            /* time of last check */
360         __u32   s_checkinterval;        /* max. time between checks */
361         __u32   s_creator_os;           /* OS */
362         __u32   s_rev_level;            /* Revision level */
363         __u16   s_def_resuid;           /* Default uid for reserved blocks */
364         __u16   s_def_resgid;           /* Default gid for reserved blocks */
365         /*
366          * These fields are for EXT2_DYNAMIC_REV superblocks only.
367          *
368          * Note: the difference between the compatible feature set and
369          * the incompatible feature set is that if there is a bit set
370          * in the incompatible feature set that the kernel doesn't
371          * know about, it should refuse to mount the filesystem.
372          *
```

```
373         * e2fsck's requirements are more strict; if it doesn't know
374         * about a feature in either the compatible or incompatible
375         * feature set, it must abort and not try to meddle with
376         * things it doesn't understand...
377         */
378         __u32   s_first_ino;                /* First non-reserved inode */
379         __u16   s_inode_size;               /* size of inode structure */
380         __u16   s_block_group_nr;           /* block group # of this superblock */
381         __u32   s_feature_compat;           /* compatible feature set */
382         __u32   s_feature_incompat;         /* incompatible feature set */
383         __u32   s_feature_ro_compat;        /* readonly-compatible feature set */
384         __u8    s_uuid[16];                 /* 128-bit uuid for volume */
385         char    s_volume_name[16];          /* volume name */
386         char    s_last_mounted[64];         /* directory where last mounted */
387         __u32   s_algorithm_usage_bitmap;   /* For compression */
388         /*
389          * Performance hints.  Directory preallocation should only
390          * happen if the EXT2_COMPAT_PREALLOC flag is on.
391          */
392         __u8    s_prealloc_blocks;          /* Nr of blocks to try to preallocate*/
393         __u8    s_prealloc_dir_blocks;      /* Nr to preallocate for dirs */
394         __u16   s_padding1;
395         __u32   s_reserved[204];            /* Padding to the end of the block */
396 };
```

这个数据结构的定义与 Ext2 文件系统的格式密切相关，下面还要详述。建议读者将这几个数据结构的内容与下面 ext2_read_super( ) 的代码相互参照印证，再回顾一下以前读过的代码，以求真正的理解。

最后，我们来看 ext2_read_super( ) 的代码。这个函数在 fs/ext2/super.c 中，由于比较长，我们分段阅读。

[sys_mount( ) > do_mount( ) > get_sb_bdev( ) > read_super( ) > ext2_read_super( )]

```
384     struct super_block * ext2_read_super (struct super_block * sb, void * data,
385                         int silent)
386     {
387         struct buffer_head * bh;
388         struct ext2_super_block * es;
389         unsigned long sb_block = 1;
390         unsigned short resuid = EXT2_DEF_RESUID;
391         unsigned short resgid = EXT2_DEF_RESGID;
392         unsigned long logic_sb_block = 1;
393         unsigned long offset = 0;
394         kdev_t dev = sb->s_dev;
395         int blocksize = BLOCK_SIZE;
396         int hblock;
397         int db_count;
398         int i, j;
```

```
399
400         /*
401          * See what the current blocksize for the device is, and
402          * use that as the blocksize.  Otherwise (or if the blocksize
403          * is smaller than the default) use the default.
404          * This is important for devices that have a hardware
405          * sectorsize that is larger than the default.
406          */
407         blocksize = get_hardblocksize(dev);
408         if( blocksize == 0 || blocksize < BLOCK_SIZE )
409           {
410             blocksize = BLOCK_SIZE;
411           }
412
413         sb->u.ext2_sb.s_mount_opt = 0;
414         if (!parse_options ((char *) data, &sb_block, &resuid, &resgid,
415             &sb->u.ext2_sb.s_mount_opt)) {
416             return NULL;
417         }
418
419         set_blocksize (dev, blocksize);
420
421         /*
422          * If the superblock doesn't start on a sector boundary,
423          * calculate the offset.  FIXME(eric) this doesn't make sense
424          * that we would have to do this.
425          */
426         if (blocksize != BLOCK_SIZE) {
427             logic_sb_block = (sb_block*BLOCK_SIZE) / blocksize;
428             offset = (sb_block*BLOCK_SIZE) % blocksize;
429         }
430
431         if (!(bh = bread (dev, logic_sb_block, blocksize))) {
432             printk ("EXT2-fs: unable to read superblock\n");
433             return NULL;
434         }
```

参数 sb 是指向 super_block 数据结构的指针，在调用这个函数之前对该结构已经作了一些初始化，例如其 s_dev 字段已经持有具体设备的设备号。但是，结构中的大部分内容都还没有设置，而这里要做的正是从设备上读入超级块并根据其内容设置这个 super_block 数据结构。另一个指针 data 的使用，则因文件系统而异，对于 Ext2 文件系统它是指向一个表示安装可选项的字符串。至于参数 silent，则表示在读超级块的过程中是否详细地报告出错信息。

首先是确定设备上记录块的大小。Ext2 文件系统的记录块大小一般是 1K 字节，但是为提高读写效率也可以采用 2K 字节或 4K 字节。变量 blocksize 先设置成常数 BLOCK_SIZE，即 1K 字节。但是，内核中有一个以主设备号为下标的指针数组 hardsect_size[ ]。如果这个数组中相应的元素指向另一个以次设备号为下标的整数数组，其中提供了该设备的记录块大小，并且这个数值大于 BLOCK_SIZE，则以此为准。这样，如果某种设备上的记录块大于 BLOCK_SIZE，便只要在系统初始化时设置这个数组中的相应元素就可以了。不过，从 hardsect_size[ ]中读时应通过为此而设的函数 get_handblocksize( )进行。此外，在确定了某项设备的记录块大小以后要通过 set_blocksize( )将确定了的记录块大小写回到这个数组中去，这样即使开始时数组是空的也会慢慢地得到设置。这些操作的逻辑比较简单，我们就不深入阅读这两个函数的代码了。值得注意的是 BLOCK_SIZE 实际上是记录块大小的最小值。

另一个函数 parse_options( )是用来分析可选项字符串并根据其内容设置一些变量。每种文件系统都有它自己的 parse_options( )，所以这些函数都是静态（static）函数，其作用域只是同一文件，如 Ext2 的 parse_options( )就在 fs/ext2/super.c 中。函数 parse_options( )通常都是既简单又冗长，所以我们不在这里列出其代码了。

超级块通常是设备上的 1 号记录块（即第 2 个记录块），所以变量 sb_block_size 设置为 1，在记录块大小为 BLOCK_SIZE 的设备上其逻辑块号 logic_sb_block 也是 1。但在记录块大于 BLOCK_SIZE 的设备上，由于超级块的大小仍为 BLOCK_SIZE，就要通过计算来确定其所在的记录块，以及在块内的位移。此时虽然仍称为超级"块"，但实际上只是记录块中的一部分了。确定了这两个参数以后，就可以通过 bread( )将超级块所在的记录块读入内存了。函数 bread( )属于设备驱动的范畴，读者可参阅下一章中的有关内容。我们继续往下看（fs/ext2/super.c）：

[sys_mount( ) > do_mount( ) > get_sb_bdev( ) > read_super( ) > ext2_read_super( )]

```
435         /*
436          * Note: s_es must be initialized s_es as soon as possible because
437          * some ext2 macro-instructions depend on its value
438          */
439         es = (struct ext2_super_block *) (((char *)bh->b_data) + offset);
440         sb->u.ext2_sb.s_es = es;
441         sb->s_magic = le16_to_cpu(es->s_magic);
442         if (sb->s_magic != EXT2_SUPER_MAGIC) {
443             if (!silent)
444                 printk ("VFS: Can't find an ext2 filesystem on dev "
445                     "%s.\n", bdevname(dev));
446     failed_mount:
447             if (bh)
448                 brelse(bh);
449             return NULL;
450         }
451         if (le32_to_cpu(es->s_rev_level) == EXT2_GOOD_OLD_REV &&
452             (EXT2_HAS_COMPAT_FEATURE(sb, ~0U) ||
453              EXT2_HAS_RO_COMPAT_FEATURE(sb, ~0U) ||
454              EXT2_HAS_INCOMPAT_FEATURE(sb, ~0U)))
455             printk("EXT2-fs warning: feature flags set on rev 0 fs, "
456                 "running e2fsck is recommended\n");
457         /*
458          * Check feature flags regardless of the revision level, since we
459          * previously didn't change the revision level when setting the flags,
460          * so there is a chance incompat flags are set on a rev 0 filesystem.
461          */
```

```
462        if ((i = EXT2_HAS_INCOMPAT_FEATURE(sb, ~EXT2_FEATURE_INCOMPAT_SUPP))) {
463            printk("EXT2-fs: %s: couldn't mount because of "
464                "unsupported optional features (%x).\n",
465                bdevname(dev), i);
466            goto failed_mount;
467        }
468        if (!(sb->s_flags & MS_RDONLY) &&
469         (i = EXT2_HAS_RO_COMPAT_FEATURE(sb, ~EXT2_FEATURE_RO_COMPAT_SUPP))){
470            printk("EXT2-fs: %s: couldn't mount RDWR because of "
471                "unsupported optional features (%x).\n",
472                bdevname(dev), i);
473            goto failed_mount;
474        }
475        sb->s_blocksize_bits =
476            le32_to_cpu(EXT2_SB(sb)->s_es->s_log_block_size) + 10;
477        sb->s_blocksize = 1 << sb->s_blocksize_bits;
478        if (sb->s_blocksize != BLOCK_SIZE &&
479            (sb->s_blocksize == 1024 || sb->s_blocksize == 2048 ||
480             sb->s_blocksize == 4096)) {
481            /*
482             * Make sure the blocksize for the filesystem is larger
483             * than the hardware sectorsize for the machine.
484             */
485            hblock = get_hardblocksize(dev);
486            if(    (hblock != 0)
487               && (sb->s_blocksize < hblock) )
488            {
489                printk("EXT2-fs: blocksize too small for device.\n");
490                goto failed_mount;
491            }
492
493            brelse (bh);
494            set_blocksize (dev, sb->s_blocksize);
495            logic_sb_block = (sb_block*BLOCK_SIZE) / sb->s_blocksize;
496            offset = (sb_block*BLOCK_SIZE) % sb->s_blocksize;
497            bh = bread (dev, logic_sb_block, sb->s_blocksize);
498            if(!bh) {
499                printk("EXT2-fs: Couldn't read superblock on "
500                    "2nd try.\n");
501                goto failed_mount;
502            }
503            es = (struct ext2_super_block *) (((char *)bh->b_data) + offset);
504            sb->u.ext2_sb.s_es = es;
505            if (es->s_magic != le16_to_cpu(EXT2_SUPER_MAGIC)) {
506                printk ("EXT2-fs: Magic mismatch, very weird !\n");
507                goto failed_mount;
508            }
509        }
```

函数 bread( )返回一个 buffer_head 结构指针 bh，而 bh->data 就指向缓冲区，offset 则为超级块的起点在缓冲区中的位移。对于 Ext2 文件系统，从设备读入的超级块为一个 ext2_super_block 数据结构。从 439 行以后，指针 es 就指向这个数据结构。另一方面，Ext2 文件系统采用"little ending"，所以一般而言对于超级块中的整数都要通过 le32_to_cpu( )或 le16_to_cpu( )变换成 CPU 所采用的制式。不过，由于 i386 结构本来就是采用"little ending"，所以这些函数实际上不起作用。这样，结合前面三个数据结构的定义，这个函数中的大部分代码都是不难理解的，我们只择要讲几个问题。

从 475 行至 508 行是对记录块大小的修正。前面我们已经确定了设备上的记录块大小，但是那未必是来自设备本身的第一手信息。现在已经有了来自该设备的超级块，则超级块中提供的信息可能更为准确。如果发现超级块中提供的记录块大小与原来认为的不同（只能大，不能小），则一来要更正 hardsect_size[ ]数组中的内容，二来要把已经读入的 buffer_head 结构连同缓冲区释放（见 497 行）而根据新计算的参数再通过 bread( )读入一次。

读者也许会感到奇怪，既然原来的参数不对，那怎么根据不正确的参数读入的超级块倒是对的呢？既然已经读入的超级块是对的，那何必又重新读一遍呢？原因就在于不管原来的参数是否正确，在 sb_block 等于 1 的前提下计算出来的 logic_sb_block 和 offset 只有两组结果。当 sb->s_blocksize 大于 BLOCK_SIZE 时，logic_sb_block 总是 0 而 offset 总是 BLOCK_SIZE，而与 sb->s_blocksize 的具体数值无关。当 sb->s_blocksize 等于 BLOCK_SIZE 时，则 logic_sb_block 为 1 而 offset 为 0。所以，只要在记录块大小等于 BLOCK_SIZE 时将超级块放在第二块（块号为 1），而在记录块大于 BLOCK_SIZE 时，则除将超级块放在第二块的开头处以外再在第一块中位移为 BLOCK_SIZE 处放上一个副本，就不会错了。这里重新读一遍，只不过是让缓冲区中含有整个记录块，而不只是超级块而已。同时，在 super_block 结构中也保留着两个指针，一个指向缓冲区中超级块的起点（见 440 行和 504 行），另一个则指向缓冲区本身（见 538 行）。

记录块的大小是个重要的参数。从读/写的效率考虑，记录块大一些较好，但是，记录块大了往往造成空间的浪费，因为记录块是设备上存储空间分配的单位。据统计，在 Unix(以及 Linux)环境下大多数文件都是比较小的，这样，浪费的百分之比就更大了。权衡之下，Ext2 选择 1K 字节为默认的记录块大小，但是也可以在格式化时给定更大的数值，这就是前面有关记录块大小的处理的来历。由于时间上和空间上的效率难于兼顾，有些文件系统进一步把记录块划分成若干"片断"（fragment），当需要的空间较小时就以"片断"为分配单位，Ext2 也准备采用这项技术，并且在数据结构等方面为此作好了准备（所以超级块中有"片断大小"等字段），但是从总体来说尚未实现，因此目前"片断大小"总是等于"记录块大小"。

超级块的内容反映了按特定格式建立在特定设备上的文件系统多方面的信息，主要是结构和管理两方面的信息。其中结构方面的信息是与具体文件系统的格式密切相关的，所以要了解 Ext2 文件系统的格式才能理解其超级块的内容。以前提到过，Ext2 文件系统的第一个记录块为引导块，第二个记录块为超级块，然后是索引节点区，接着是数据区。但是，那只是从概念上讲，是大大简化了的，实际上要复杂得多。现代的磁盘驱动器都是多片的，所以不同盘面上的相同磁道合在一起就形成了"柱面"（cylinder）的概念。从磁盘读出多个记录块时，如果是从同一柱面中读出就比较快，因为在这种情况下不需要移动磁头（实际上是磁头组）。互相连续的记录块实际上分布在同一柱面的各个盘面上，只有在一个柱面用满后方进入下一个柱面。所以，在许多文件系统中都把整个设备划分成若干"柱面组"，将反映着盘面存储空间的组织与管理的信息分散后就近存储于各个柱面组中。相比之下，早期的文件系统往往将这些信息集中存储在一起，使得磁头在文件访问时来回"疲于奔命"而降低了效率。

但是，柱面组的划分也带来了一些新的、附加的要求。首先是关于这些柱面组本身的结构信息，如此就要用一些记录块来保存所有的柱面组的描述,即所谓"组描述结构"(group descriptor)。另一方面,有些信息是对于整个设备的而不只是针对一个柱面组的,所以不能把它拆散,而只能重复地存储于每个柱面组中。从另一个角度来讲,将某些重要的信息重复存储于每个柱面组为这些信息提供了后备,从而增加了可靠性。对于文件系统来说,最重要的莫过于其超级块了,所以一些文件系统的设计要求设备上不管哪一个记录块、哪一个盘面、哪一个磁道坏了都仍然能恢复其超级块(通过运行 fsck)。Ext2 也采用了这样的结构,不过不称为"柱面组"而称为"记录块组",并且将超级块和所有的块组描述结构重复存储于每个块组。此外,Ext2 通过"位图"来管理每个块组中的记录块和索引节点,所以在每个块组中有两个位图,一个用于记录块,一个用于索引节点。这样,Ext2 文件系统的格式就变成了如图 5.5 所示的形式。

图 5.5 中的组描述块为记录着全部组描述结构的记录块,具体的块数取决于设备的大小。记录块位图则是本块组的位图(每 1 位对应着块组中的一个记录块,1 表示已分配,0 表示空闲),占用的块数取决于块组的大小。当记录块大小为 1K 字节而块组的大小为 8192 时,该位图恰好占一个记录块。用于索引节点的记录块数量取决于文件系统的参数,而索引节点的位图则不会超出一个记录块。

图 5.5 Ext2 文件系统格式示意图

当整个设备上只有一个块组时,就简化成了以前讲过的那种结构。Ext2 的块组描述结构定义于 include/linux/ext2_fs.h:

```
145     /*
146      * Structure of a blocks group descriptor
147      */
148     struct ext2_group_desc
149     {
150         __u32   bg_block_bitmap;        /* Blocks bitmap block */
151         __u32   bg_inode_bitmap;        /* Inodes bitmap block */
152         __u32   bg_inode_table;         /* Inodes table block */
153         __u16   bg_free_blocks_count;   /* Free blocks count */
154         __u16   bg_free_inodes_count;   /* Free inodes count */
155         __u16   bg_used_dirs_count;     /* Directories count */
156         __u16   bg_pad;
157         __u32   bg_reserved[3];
158     };
```

超级块的内容可以用"/sbin/tune2fs -l"、"/sbin/dumpe2fs"等命令来显示。下面我们通过一个实例来看一个磁盘设备的组织,以便读者加深理解。这个设备就是笔者机器上的 /dev/hda2。先用"tune2fs -l /dev/hda2"观察该设备上超级块的内容,我们关心的有下面这些:

```
Inode count:              386528
Block count:              1540097
Reservad block count:     77011
Free blocks:              221060
First block:              1
Block size:               1024
Blocks per group:         8192
Inodes per group:         2056
Inode blocks per group:   257
```

让我们看看这些数字是怎样互相联系的。

首先，这个设备上可用的记录块数量为 1540097，也就是大约 1.5G 字节（在格式化时可能会浪费少量记录块），而每个块组的大小为 8192，所以设备上共有 1540097÷8192=188 个块组。但是 8192×188=1540096，这多余的一个记录块就是引导块；而第一个实际属于该文件系统的记录块的块号为 1。其次，每个块组含有 2056 个索引节点，所以总共有 2056×188=386528 个索引节点。由于记录块大小为 1K 字节，而索引节点的大小为 128 字节，所以每个记录块可容纳 8 个索引节点，这样，每个块组将 2056÷8=257 个记录块用于索引节点。目前设备上尚有 221060 个空闲的记录块，但是其中 77011 个是保留的，保留的记录块通常占总容量的 5% 左右，当某些记录块损坏时就用保留的记录块作为替换。

再通过 "df" 命令来印证一下，显示的结果表明该设备共有 1490088 个 1K 字节的记录块，其中已用去 1269028 个，尚有 144049 个记录块。这些数字怎样与上面的数字相联系呢？这里的 1490088 就是设备上真正用于数据块的记录块数量，也就是每个块组有 1490088÷188=7926 个数据块。我们知道每个块组还有 257 个记录块用于索引节点，这样一共是 8183 个，还有 9 个记录块干什么用了呢？请看：

1（超级块）＋6（块组描述结构）＋1 （记录块位图）＋1 （索引节点位图）= 9

每个 Ext2 记录块描述结构的大小是 32 字节，每 1K 字节的记录块能容纳 32 个块描述结构，因此共需（188/32）= 6 个记录块（经过取整）用于块组描述结构。

再看可分配使用的记录块数量。总共 1490088 个记录块，已用去 1269028 个，应该还有 221060 个，怎么说只剩 144049 个了呢？这是因为有 77011 个记录块是保留的，而 221060－77011=144049。

最后还可以通过命令 "dumpe2fs /dev/hda2" 观察每个块组的详情。

现在读者对 Ext2 文件系统的结构已经有了个比较直观的了解，再回过去读 ext2_read_super( )中余下的代码就容易一些了。

代码中用到的一些宏定义基本上是不言自明的，这里值得一提的是，在 ext2_sb_info 结构中的数组 s_inode_bitmap_number[ ]和 s_block_numer[ ]都是固定大小的，具体位图数组也是固定大小的，大小为 EXT2_MAX_GROUP_LOADED。常数 EXT2_MAX_GROUP_LOADED 在 include/linux/ext2_fs.h 中定义为 8，与块组的总数一比只占很小的比例，所以运行时并不是将所有块组的位图都装入到这些数组中，而是只装入其中很小一部分，根据具体运行的需要周转。这里只是把这些数组以及有关的变量都初始化成空白，也并没有为位图数组本身分配空间。

继续往下看 ext2_read_super( )的代码：

[sys_mount( ) > do_mount( ) > get_sb_bdev( ) > read_super( ) > ext2_read_super( )]

```
510         if (le32_to_cpu(es->s_rev_level) == EXT2_GOOD_OLD_REV) {
511             sb->u.ext2_sb.s_inode_size = EXT2_GOOD_OLD_INODE_SIZE;
```

```
512             sb->u.ext2_sb.s_first_ino = EXT2_GOOD_OLD_FIRST_INO;
513         } else {
514             sb->u.ext2_sb.s_inode_size = le16_to_cpu(es->s_inode_size);
515             sb->u.ext2_sb.s_first_ino = le32_to_cpu(es->s_first_ino);
516             if (sb->u.ext2_sb.s_inode_size != EXT2_GOOD_OLD_INODE_SIZE) {
517                 printk ("EXT2-fs: unsupported inode size: %d\n",
518                     sb->u.ext2_sb.s_inode_size);
519                 goto failed_mount;
520             }
521         }
522         sb->u.ext2_sb.s_frag_size = EXT2_MIN_FRAG_SIZE <<
523                     le32_to_cpu(es->s_log_frag_size);
524         if (sb->u.ext2_sb.s_frag_size)
525             sb->u.ext2_sb.s_frags_per_block = sb->s_blocksize /
526                         sb->u.ext2_sb.s_frag_size;
527         else
528             sb->s_magic = 0;
529         sb->u.ext2_sb.s_blocks_per_group = le32_to_cpu(es->s_blocks_per_group);
530         sb->u.ext2_sb.s_frags_per_group = le32_to_cpu(es->s_frags_per_group);
531         sb->u.ext2_sb.s_inodes_per_group = le32_to_cpu(es->s_inodes_per_group);
532         sb->u.ext2_sb.s_inodes_per_block = sb->s_blocksize /
533                         EXT2_INODE_SIZE(sb);
534         sb->u.ext2_sb.s_itb_per_group = sb->u.ext2_sb.s_inodes_per_group /
535                         sb->u.ext2_sb.s_inodes_per_block;
536         sb->u.ext2_sb.s_desc_per_block = sb->s_blocksize /
537                     sizeof (struct ext2_group_desc);
538         sb->u.ext2_sb.s_sbh = bh;
539         if (resuid != EXT2_DEF_RESUID)
540             sb->u.ext2_sb.s_resuid = resuid;
541         else
542             sb->u.ext2_sb.s_resuid = le16_to_cpu(es->s_def_resuid);
543         if (resgid != EXT2_DEF_RESGID)
544             sb->u.ext2_sb.s_resgid = resgid;
545         else
546             sb->u.ext2_sb.s_resgid = le16_to_cpu(es->s_def_resgid);
547         sb->u.ext2_sb.s_mount_state = le16_to_cpu(es->s_state);
548         sb->u.ext2_sb.s_addr_per_block_bits =
549             log2 (EXT2_ADDR_PER_BLOCK(sb));
550         sb->u.ext2_sb.s_desc_per_block_bits =
551             log2 (EXT2_DESC_PER_BLOCK(sb));
552         if (sb->s_magic != EXT2_SUPER_MAGIC) {
553             if (!silent)
554                 printk ("VFS: Can't find an ext2 filesystem on dev "
555                     "%s.\n",
556                     bdevname(dev));
557             goto failed_mount;
558         }
559         if (sb->s_blocksize != bh->b_size) {
```

```
560             if (!silent)
561                 printk ("VFS: Unsupported blocksize on dev "
562                     "%s.\n", bdevname(dev));
563             goto failed_mount;
564         }
565
566         if (sb->s_blocksize != sb->u.ext2_sb.s_frag_size) {
567             printk ("EXT2-fs: fragsize %lu != blocksize %lu (not supported yet)\n",
568                 sb->u.ext2_sb.s_frag_size, sb->s_blocksize);
569             goto failed_mount;
570         }
571
572         if (sb->u.ext2_sb.s_blocks_per_group > sb->s_blocksize * 8) {
573             printk ("EXT2-fs: #blocks per group too big: %lu\n",
574                 sb->u.ext2_sb.s_blocks_per_group);
575             goto failed_mount;
576         }
577         if (sb->u.ext2_sb.s_frags_per_group > sb->s_blocksize * 8) {
578             printk ("EXT2-fs: #fragments per group too big: %lu\n",
579                 sb->u.ext2_sb.s_frags_per_group);
580             goto failed_mount;
581         }
582         if (sb->u.ext2_sb.s_inodes_per_group > sb->s_blocksize * 8) {
583             printk ("EXT2-fs: #inodes per group too big: %lu\n",
584                 sb->u.ext2_sb.s_inodes_per_group);
585             goto failed_mount;
586         }
587
588         sb->u.ext2_sb.s_groups_count = (le32_to_cpu(es->s_blocks_count) -
589                         le32_to_cpu(es->s_first_data_block) +
590                         EXT2_BLOCKS_PER_GROUP(sb) - 1) /
591                         EXT2_BLOCKS_PER_GROUP(sb);
592         db_count = (sb->u.ext2_sb.s_groups_count + EXT2_DESC_PER_BLOCK(sb)-1) /
593                 EXT2_DESC_PER_BLOCK(sb);
594         sb->u.ext2_sb.s_group_desc =
595             kmalloc (db_count * sizeof (struct buffer_head *), GFP_KERNEL);
        if (sb->u.ext2_sb.s_group_desc == NULL) {
596             printk ("EXT2-fs: not enough memory\n");
597             goto failed_mount;
598         }
599         for (i = 0; i < db_count; i++) {
600             sb->u.ext2_sb.s_group_desc[i] = bread (dev, logic_sb_block + i + 1,
601                             sb->s_blocksize);
602             if (!sb->u.ext2_sb.s_group_desc[i]) {
603                 for (j = 0; j < i; j++)
604                     brelse (sb->u.ext2_sb.s_group_desc[j]);
605                 kfree(sb->u.ext2_sb.s_group_desc);
606                 printk ("EXT2-fs: unable to read group descriptors\n");
```

```
607                    goto failed_mount;
608                }
609            }
610            if (!ext2_check_descriptors (sb)) {
611                for (j = 0; j < db_count; j++)
612                    brelse (sb->u.ext2_sb.s_group_desc[j]);
613                kfree(sb->u.ext2_sb.s_group_desc);
614                printk ("EXT2-fs: group descriptors corrupted !\n");
615                goto failed_mount;
616            }
617            for (i = 0; i < EXT2_MAX_GROUP_LOADED; i++) {
618                sb->u.ext2_sb.s_inode_bitmap_number[i] = 0;
619                sb->u.ext2_sb.s_inode_bitmap[i] = NULL;
620                sb->u.ext2_sb.s_block_bitmap_number[i] = 0;
621                sb->u.ext2_sb.s_block_bitmap[i] = NULL;
622            }
623            sb->u.ext2_sb.s_loaded_inode_bitmaps = 0;
624            sb->u.ext2_sb.s_loaded_block_bitmaps = 0;
625            sb->u.ext2_sb.s_gdb_count = db_count;
626            /*
627             * set up enough so that it can read an inode
628             */
629            sb->s_op = &ext2_sops;
630            sb->s_root = d_alloc_root(iget(sb, EXT2_ROOT_INO));
631            if (!sb->s_root) {
632                for (i = 0; i < db_count; i++)
633                    if (sb->u.ext2_sb.s_group_desc[i])
634                        brelse (sb->u.ext2_sb.s_group_desc[i]);
635                kfree(sb->u.ext2_sb.s_group_desc);
636                brelse (bh);
637                printk ("EXT2-fs: get root inode failed\n");
638                return NULL;
639            }
640            ext2_setup_super (sb, es, sb->s_flags & MS_RDONLY);
641            return sb;
642        }
```

这段代码虽然比较长，却并不复杂(对于读者已有的基础来说)，所以我们基本上把它留给读者，而只注意其尾部。

超级块只是反映具体设备上文件系统的组织和管理的信息，而并不涉及该文件系统的内容，设备上"根目录"的索引节点才是打开这个文件系统的钥匙。文件系统中的每一个文件，包括目录，都有一个索引节点，其节点号必然存在于该文件所在的目录项之中，唯有根目录的索引节点号是固定的，那就是 EXT2_ROOT_INO，即 2 号索引节点。代码中的第 598 行先通过 iget( )将这个索引节点读入内存并为之建立 inode 数据结构，再通过 d_alloc_root( )在内存中为之建立起一个 dentry 数据结构，并使 super_block 结构中的指针 s_root 指向这个 dentry 结构。这样，通向这个文件系统的途径就可以建立起来了。函数 d_alloc_root( )的代码见下。

[sys_mount( )>do_mount( )>get_sb_bdev( ) > read_super( ) > ext2_read_super( ) > d_alloc_root( )]

```
672     /**
673      * d_alloc_root - allocate root dentry
674      * @root_inode: inode to allocate the root for
675      *
676      * Allocate a root ("/") dentry for the inode given. The inode is
677      * instantiated and returned. %NULL is returned if there is insufficient
678      * memory or the inode passed is %NULL.
679      */
680
681     struct dentry * d_alloc_root(struct inode * root_inode)
682     {
683         struct dentry *res = NULL;
684
685         if (root_inode) {
686             res = d_alloc(NULL, &(const struct qstr) { "/", 1, 0 });
687             if (res) {
688                 res->d_sb = root_inode->i_sb;
689                 res->d_parent = res;
690                 d_instantiate(res, root_inode);
691             }
692         }
693         return res;
694     }
```

如前所述，根目录的索引节点号是固定的，它也不出现在哪个目录中。所以，根目录是无名的，而为根目录建立的 dentry 数据结构则都以"/"为名。代码中的&(const struct qstr) { "/", 1, 0 }表示一个 qstr 结构指针，它所指向的 qstr 结构为{ "/", 1, 0 }，即节点名为"/"，节点名长度为1；数据结构的内容为常量，不允许改变。

最后（640 行）是调用 ext2_setup_super( )设置一些与管理有关的信息，包括此次安装的时间以及递增安装计数，当安装计数达到某个最大值时，就应该对这个文件系统运行 e2fsck 加以检验了。另一方面，由于每安装一次，超级块的内容就一定有些变化（至少是安装计数），所以要将超级块的缓冲区标志记成"脏"。函数 ext2_setup_super( )的代码在 fs/ext2/super.c 中，代码很简单，我们就不解释了，请读者自行阅读。

[sys_mount( ) > do_mount( ) > get_sb_bdev( ) > read_super( ) > ext2_read_super( ) > ext2_setup_super( )]

```
283     static int ext2_setup_super (struct super_block * sb,
284                     struct ext2_super_block * es,
285                     int read_only)
286     {
287         int res = 0;
288         if (le32_to_cpu(es->s_rev_level) > EXT2_MAX_SUPP_REV) {
289             printk ("EXT2-fs warning: revision level too high, "
290                 "forcing read-only mode\n");
```

```c
291             res = MS_RDONLY;
292     }
293     if (read_only)
294         return res;
295     if (!(sb->u.ext2_sb.s_mount_state & EXT2_VALID_FS))
296         printk ("EXT2-fs warning: mounting unchecked fs, "
297             "running e2fsck is recommended\n");
298     else if ((sb->u.ext2_sb.s_mount_state & EXT2_ERROR_FS))
299         printk ("EXT2-fs warning: mounting fs with errors, "
300             "running e2fsck is recommended\n");
301     else if ((__s16) le16_to_cpu(es->s_max_mnt_count) >= 0 &&
302         le16_to_cpu(es->s_mnt_count) >=
303         (unsigned short) (__s16) le16_to_cpu(es->s_max_mnt_count))
304         printk ("EXT2-fs warning: maximal mount count reached, "
305             "running e2fsck is recommended\n");
306     else if (le32_to_cpu(es->s_checkinterval) &&
307     (le32_to_cpu(es->s_lastcheck) + le32_to_cpu(es->s_checkinterval)
                        <= CURRENT_TIME))
308         printk ("EXT2-fs warning: checktime reached, "
309             "running e2fsck is recommended\n");
310     es->s_state = cpu_to_le16(le16_to_cpu(es->s_state) & ~EXT2_VALID_FS);
311     if (!(__s16) le16_to_cpu(es->s_max_mnt_count))
312         es->s_max_mnt_count = (__s16) cpu_to_le16(EXT2_DFL_MAX_MNT_COUNT);
313     es->s_mnt_count=cpu_to_le16(le16_to_cpu(es->s_mnt_count) + 1);
314     es->s_mtime = cpu_to_le32(CURRENT_TIME);
315     mark_buffer_dirty(sb->u.ext2_sb.s_sbh);
316     sb->s_dirt = 1;
317     if (test_opt (sb, DEBUG))
318         printk ("[EXT II FS %s, %s, bs=%lu, fs=%lu, gc=%lu, "
319             "bpg=%lu, ipg=%lu, mo=%04lx]\n",
320             EXT2FS_VERSION, EXT2FS_DATE, sb->s_blocksize,
321             sb->u.ext2_sb.s_frag_size,
322             sb->u.ext2_sb.s_groups_count,
323             EXT2_BLOCKS_PER_GROUP(sb),
324             EXT2_INODES_PER_GROUP(sb),
325             sb->u.ext2_sb.s_mount_opt);
326 #ifdef CONFIG_EXT2_CHECK
327     if (test_opt (sb, CHECK)) {
328         ext2_check_blocks_bitmap (sb);
329         ext2_check_inodes_bitmap (sb);
330     }
331 #endif
332     return res;
333 }
```

至此，ext2_read_super( )的工作就全部完成了，函数返回指向该 super_block 数据结构的指针。

5.5 文件的打开与关闭

用户进程在能够读/写一个文件之前必须要先"打开"这个文件。对文件的读/写从概念上说是一种进程与文件系统之间的一种"有连接"通信，所谓"打开文件"实质上就是在进程与文件之间建立起连接，而"打开文件号"就惟一地标识着这样一个连接。不过，严格意义上的"连接"意味着一个独立的"上下文"，如果一个进程与某个目标之间重复建立起多个连接，则每个连接都应该是互相独立的。在文件系统的处理中，每当一个进程重复打开同一个文件时就建立起一个由 file 数据结构代表的独立的上下文。通常，一个 file 数据结构，即一个读/写文件的上下文，都由一个"打开文件号"加以标识，但是通过系统调用 dup( )或 dup2( )却可以使同一个 file 结构对应到多个"打开文件号。"

打开文件的系统调用是 open( )，在内核中通过 sys_open( )实现，其代码在 fs/open.c 中：

```
743    asmlinkage long sys_open(const char * filename, int flags, int mode)
744    {
745        char * tmp;
746        int fd, error;
747
748    #if BITS_PER_LONG != 32
749        flags |= O_LARGEFILE;
750    #endif
751        tmp = getname(filename);
752        fd = PTR_ERR(tmp);
753        if (!IS_ERR(tmp)) {
754            fd = get_unused_fd( );
755            if (fd >= 0) {
756                struct file *f = filp_open(tmp, flags, mode);
757                error = PTR_ERR(f);
758                if (IS_ERR(f))
759                    goto out_error;
760                fd_install(fd, f);
761            }
762    out:
763            putname(tmp);
764        }
765        return fd;
766
767    out_error:
768        put_unused_fd(fd);
769        fd = error;
770        goto out;
771    }
```

调用参数 filename 实际上是文件的路径名（绝对路径名或相对路径名）；mode 表示打开的模式，如"只读"等等；而 flag 则包含了许多标志位，用以表示打开模式以外的一些属性和要求。函数通过 getname( )从用户空间把文件的路径名拷贝到系统空间，并通过 get_unused_fd( )从当前进程的"打开文件表"中找到一个空闲的表项，该表项的下标即为"打开文件号"。然后，根据文件名通过 file_open( )找到或创建一个"连接"，或者说读/写该文件的上下文。文件读写的上下文是由 file 数据结构代表和描绘的，其定义见 include/linux/fs.h：

```
498    struct file {
499        struct list_head           f_list;
500        struct dentry              *f_dentry;
501        struct vfsmount            *f_vfsmnt;
502        struct file_operations     *f_op;
503        atomic_t                   f_count;
504        unsigned int               f_flags;
505        mode_t                     f_mode;
506        loff_t                     f_pos;
507        unsigned long              f_reada, f_ramax, f_raend, f_ralen, f_rawin;
508        struct fown_struct         f_owner;
509        unsigned int               f_uid, f_gid;
510        int                        f_error;
511
512        unsigned long              f_version;
513
514        /* needed for tty driver, and maybe others */
515        void                       *private_data;
516    };
```

数据结构中不但有指向文件的 dentry 结构的指针 f_dentry，指向将文件所在设备安装在文件系统中的 vfsmnt 结构的指针，有共享计数 f_count，还有一个在文件中的当前读写位置 f_pos，这就是"上下文"。找到或者创建了代表着目标文件的 file 结构以后，就通过 fd_install( )将指向这个结构的指针填入当前进程的打开文件表，即由其 task_sturct 结构中的指针 file 所指向的 files_struct 数组中并返回其数组中的下标。

函数 get_unused_fd( )的代码也在 fs/open.c 中：

[sys_open( ) > get_unused_fd( )]

```
681    /*
682     * Find an empty file descriptor entry, and mark it busy.
683     */
684    int get_unused_fd(void)
685    {
686        struct files_struct * files = current->files;
687        int fd, error;
688
689        error = -EMFILE;
690        write_lock(&files->file_lock);
691
692    repeat:
```

```
693             fd = find_next_zero_bit(files->open_fds,
694                         files->max_fdset,
695                         files->next_fd);
696
697         /*
698          * N.B. For clone tasks sharing a files structure, this test
699          * will limit the total number of files that can be opened.
700          */
701         if (fd >= current->rlim[RLIMIT_NOFILE].rlim_cur)
702             goto out;
703
704         /* Do we need to expand the fdset array? */
705         if (fd >= files->max_fdset) {
706             error = expand_fdset(files, fd);
707             if (!error) {
708                 error = -EMFILE;
709                 goto repeat;
710             }
711             goto out;
712         }
713
714         /*
715          * Check whether we need to expand the fd array.
716          */
717         if (fd >= files->max_fds) {
718             error = expand_fd_array(files, fd);
719             if (!error) {
720                 error = -EMFILE;
721                 goto repeat;
722             }
723             goto out;
724         }
725
726         FD_SET(fd, files->open_fds);
727         FD_CLR(fd, files->close_on_exec);
728         files->next_fd = fd + 1;
729 #if 1
730         /* Sanity check */
731         if (files->fd[fd] != NULL) {
732             printk("get_unused_fd: slot %d not NULL!\n", fd);
733             files->fd[fd] = NULL;
734         }
735 #endif
736         error = fd;
737
738 out:
739         write_unlock(&files->file_lock);
740         return error;
```

741   }

进程的 task_struct 结构中有个指针 files，指向本进程的 files_struct 数据结构。与打开文件有关的信息都保存在这个数据结构中，其定义在 include/linux/sched.h 中：

```
159     /*
160      * The default fd array needs to be at least BITS_PER_LONG,
161      * as this is the granularity returned by copy_fdset( ).
162      */
163     #define NR_OPEN_DEFAULT BITS_PER_LONG
164
165     /*
166      * Open file table structure
167      */
168     struct files_struct {
169         atomic_t count;
170         rwlock_t file_lock;
171         int max_fds;
172         int max_fdset;
173         int next_fd;
174         struct file ** fd;    /* current fd array */
175         fd_set *close_on_exec;
176         fd_set *open_fds;
177         fd_set close_on_exec_init;
178         fd_set open_fds_init;
179         struct file * fd_array[NR_OPEN_DEFAULT];
180     };
```

这个数据结构中最主要的成分是一个 file 结构指针数组 fd_array[ ]，这个数组的大小是固定的，即 32，其下标即为"打开文件号"。另外，结构中还有个指针 fd，最初时指向 fd_array[ ]。结构中还有两个位图 close_on_exec_init 和 open_fds_init，这些位图大致对应着 file 结构指针数组的内容，但是比 fd_array[ ] 的大小要大得多。同时，又有两个指针 close_on_exec 和 open_fds，最初时分别指向上述两个位图。每次打开文件分配一个打开文件号时就将由 open_fds 所指向位图中的相应位设成 1。此外，该数据结构中还有两个参数 max_fds 和 max_fdset，分别反映着当前 file 结构指针数组与位图的容量。一个进程可以有多少个已打开文件只取决于该进程的 task_struct 结构中关于可用资源的限制（见上面代码中的第 701 行）。在这个限制以内，如果超出了其 file 结构指针数组的容量就通过 expand_fd_array( ) 扩充该数组的容量，并让指针 fd 指向新的数组；如果超出了位图的容量就通过 expand_fdset( ) 扩充两个位图的容量，并使两个指针也分别指向新的位图。这样，就克服了早期 Unix 因只采用固定大小的 file 结构指针数组而使每个进程可以同时打开文件数量受到限制的缺陷。

打开文件时，更确切地说是分配空闲打开文件号时，通过宏操作 FD_SET( ) 将 open_fds 所指向的位图中的相应位设成 1，表示这个打开文件号已不再空闲，这个位图代表着已经在使用中的打开文件号。同时，还通过 FD_CLR( ) 将由指针 close_on_exec 所指向的位图中的相应位清 0，表示如果当前进程通过 exec( ) 系统调用执行一个可执行程序的话无需将这个文件关闭。这个位图的内容可以通过 ioctl( ) 系统调用来设置。

动态地调整可同时打开的文件数量对于现代、特别是面向对象的环境具有重要意义，因为在这些环境下常常要求同时打开数量众多（但是每个文件却很小）的文件。

显然，sys_open( )的主体是 filp_open( )，其代码也在 fs/open.c 中：

[sys_open( ) > filp_open( )]

```
600     /*
601      * Note that while the flag value (low two bits) for sys_open means:
602      *  00 - read-only
603      *  01 - write-only
604      *  10 - read-write
605      *  11 - special
606      * it is changed into
607      *  00 - no permissions needed
608      *  01 - read-permission
609      *  10 - write-permission
610      *  11 - read-write
611      * for the internal routines (ie open_namei( )/follow_link( ) etc). 00 is
612      * used by symlinks.
613      */
614     struct file *filp_open(const char * filename, int flags, int mode)
615     {
616         int namei_flags, error;
617         struct nameidata nd;
618
619         namei_flags = flags;
620         if ((namei_flags+1) & O_ACCMODE)
621             namei_flags++;
622         if (namei_flags & O_TRUNC)
623             namei_flags |= 2;
624
625         error = open_namei(filename, namei_flags, mode, &nd);
626         if (!error)
627             return dentry_open(nd.dentry, nd.mnt, flags);
628
629         return ERR_PTR(error);
630     }
```

这里的参数 flags 就是系统调用 open( )传下来的，它遵循 open( )界面上对 flags 的约定，但是这里调用的 open_namei( )却对这些标志位有不同的约定（见 600 行至 613 行中的注释），所以要在调用 open_namei( )前先加以变换，对于 i386 处理器，用于 open( )界面上的标志位是在 include/asm_i386/fcntl.h 中定义的：

```
4   /* open/fcntl - O_SYNC is only implemented on blocks devices and on files
5      located on an ext2 file system */
6   #define O_ACCMODE          0003
```

```
7    #define O_RDONLY          00
8    #define O_WRONLY          01
9    #define O_RDWR            02
10   #define O_CREAT           0100        /* not fcntl */
11   #define O_EXCL            0200        /* not fcntl */
12   #define O_NOCTTY          0400        /* not fcntl */
13   #define O_TRUNC           01000       /* not fcntl */
14   #define O_APPEND          02000
15   #define O_NONBLOCK        04000
16   #define O_NDELAY          O_NONBLOCK
17   #define O_SYNC            010000
18   #define FASYNC            020000      /* fcntl, for BSD compatibility */
19   #define O_DIRECT          040000      /*direct disk access hint-currently ignored*/
20   #define O_LARGEFILE       0100000
21   #define O_DIRECTORY       0200000     /* must be a directory */
22   #define O_NOFOLLOW        0400000     /* don't follow links */
```

对于flags中最低两位所在的变换是由620～621行完成的，具体的变换如下：

00，表示无写要求，也就是"只读"　　　　变换成：01，表示要求读访问权。
01，表示"只写"　　　　　　　　　　　变换成：10，表示要求写访问权。
10，表示"读和写"　　　　　　　　　　变换成：11，表示要求读和写访问权。
11，特殊，（O_RDWR|O_WRDNLY）　　变换成：11，表示要求读和写访问权。

此外，如果O_TRUNC标志位为1（表示要求截尾）则意味着要求写访问权。这些代码确实是很精练的。

下面就是调用open_namei( )，其代码在fs/namei.c中，我们分段来看。

[sys_open( ) > filp_open( ) > open_namei( )]

```
925   /*
926    * open_namei( )
927    *
928    * namei for open - this is in fact almost the whole open-routine.
929    *
930    * Note that the low bits of "flag" aren't the same as in the open
931    * system call - they are 00 - no permissions needed
932    *          01 - read permission needed
933    *          10 - write permission needed
934    *          11 - read/write permissions needed
935    * which is a lot more logical, and also allows the "no perm" needed
936    * for symlinks (where the permissions are checked later).
937    * SMP-safe
938    */
939   int open_namei(const char * pathname, int flag, int mode,
                     struct nameidata *nd)
```

```
940     {
941         int acc_mode, error = 0;
942         struct inode *inode;
943         struct dentry *dentry;
944         struct dentry *dir;
945         int count = 0;
946
947         acc_mode = ACC_MODE(flag);
948
949         /*
950          * The simplest case - just a plain lookup.
951          */
952         if (!(flag & O_CREAT)) {
953             if (path_init(pathname, lookup_flags(flag), nd))
954                 error = path_walk(pathname, nd);
955             if (error)
956                 return error;
957             dentry = nd->dentry;
958             goto ok;
959         }
960
961         /*
962          * Create - we need to know the parent.
963          */
964         if (path_init(pathname, LOOKUP_PARENT, nd))
965             error = path_walk(pathname, nd);
966         if (error)
967             return error;
968
969         /*
970          * We have the parent and last component. First of all, check
971          * that we are not asked to creat(2) an obvious directory - that
972          * will not do.
973          */
974         error = -EISDIR;
975         if (nd->last_type != LAST_NORM || nd->last.name[nd->last.len])
976             goto exit;
977
```

调用参数 flag 中的 **O_CREAT** 标志位表示如果要打开的文件不存在就创建这个文件。所以，如果这个标志位为 0，就仅仅是在文件系统中寻找目标节点，这就是通过 path_init( )和 path_walk( )根据目标节点的路径名找到该节点的 dentry 结构（以及 inode 结构）的过程，那已经在前面介绍过了。这里惟一值得一提的是在调用 path_init( )时的参数 flag 还要通过 lookup_flags( )进行一些处理，其代码也在 fs/namei.c 中：

[sys_open( ) > filp_open( ) > open_namei( ) > lookup_flags( )]

```
876     /*
```

```
877      * Special case: O_CREAT|O_EXCL implies O_NOFOLLOW for security
878      * reasons.
879      *
880      * O_DIRECTORY translates into forcing a directory lookup.
881      */
882     static inline int lookup_flags(unsigned int f)
883     {
884         unsigned long retval = LOOKUP_FOLLOW;
885
886         if (f & O_NOFOLLOW)
887             retval &= ~LOOKUP_FOLLOW;
888
889         if ((f & (O_CREAT|O_EXCL)) == (O_CREAT|O_EXCL))
890             retval &= ~LOOKUP_FOLLOW;
891
892         if (f & O_DIRECTORY)
893             retval |= LOOKUP_DIRECTORY;
894
895         return retval;
    }
```

可见，这里为上面 953 行的 path_init( ) 设置了其参数 flags 中反映着搜索准则的标志位，但是最多只有 LOOKUP_FOLLOW 和 LOOKUP_DERECTORY 两位有可能为 1。另一方面，在 open_namei( ) 中对这些标志位的设置，即对 lookup_flags( ) 的调用，是有条件的，仅在原先的参数 flag 中 O_CREAT 标志位为 0 时才进行，所以我们知道这里 889 行中的条件一定是不成立的。如果 O_CREAT 标志位为 0，那么要是找不到目标节点就失败返回（而不创建这个节点）。

找到了目标节点的 dentry 结构以后，还要对其进行很多检验，等一下我们再回到这个话题。

如果 O_CREAT 标志位为 1，那就要复杂多了。首先也是通过 path_init( ) 和 path_walk( ) 沿着路径搜索，不过这一次寻找的不是目标节点的本身，而是其父节点，也就是目标文件所在的目录，所以在调用 path_init( ) 时的标志位为 LOOKUP_PARENT。如果在搜索过程中出了错，例如某个中间节点不存在，或者不允许当前进程访问，那就出错返回了。否则，那就是找到了这个父节点。但是，找到了父节点并不表示整个路径就没有问题了。在正常的路径名中，路径的终点是一个文件名，此时 nameidata 结构中的 last_type 由 path_walk( ) 设置成 LAST_NORM。但是，也有可能路径的终点为 "." 或 ".."，也就是说路径的终点实际上是一个目录，此时 path_walk( ) 将 last_type 设置成 LAST_DOT 或 LAST_DOTDOT（见"从路径名到目标节点"一节），那就应该视为出错而返回出错代码—EISDIR。这是为什么呢？因为 O_CREAT 标志位为 1 表示若目标节点不存在就创建该节点，可是 open( ) 只能创建文件而不能创建目录，目录要由另一个系统调用 mkdir( ) 来创建。同时，目标节点名必须是以 "\0" 结尾的，那才是个正常的文件名。否则说明在目标节点名后面还有作为分隔符的 "/" 字符，那么这还是个目录节点。注意虽然寻找的是目标节点的父节点，但是 path_walk( ) 将 nameidata 结构中的 qstr 结构 last 设置成含有目标节点的节点名和字符串长度，只不过没有去寻找目标节点的 dentry 结构（以及 inode 结构）。读者不妨回过去重温一下 path_walk( ) 的代码。

通过了这些检查，才说明真的找到了目标文件所在目录的 dentry 结构，可以往下执行了。继续往下看（namei.c）：

[sys_open( ) > filp_open( ) > open_namei( )]

```
978          dir = nd->dentry;
979          down(&dir->d_inode->i_sem);
980          dentry = lookup_hash(&nd->last, nd->dentry);
981
982      do_last:
983          error = PTR_ERR(dentry);
984          if (IS_ERR(dentry)) {
985              up(&dir->d_inode->i_sem);
986              goto exit;
987          }
988
989          /* Negative dentry, just create the file */
990          if (!dentry->d_inode) {
991              error = vfs_create(dir->d_inode, dentry, mode);
992              up(&dir->d_inode->i_sem);
993              dput(nd->dentry);
994              nd->dentry = dentry;
995              if (error)
996                  goto exit;
997              /* Don't check for write permission, don't truncate */
998              acc_mode = 0;
999              flag &= ~O_TRUNC;
1000             goto ok;
1001         }
1002
1003         /*
1004          * It already exists.
1005          */
1006         up(&dir->d_inode->i_sem);
1007
1008         error = -EEXIST;
1009         if (flag & O_EXCL)
1010             goto exit_dput;
1011
1012         if (d_mountpoint(dentry)) {
1013             error = -ELOOP;
1014             if (flag & O_NOFOLLOW)
1015                 goto exit_dput;
1016             do __follow_down(&nd->mnt,&dentry); while(d_mountpoint(dentry));
1017         }
1018         error = -ENOENT;
1019         if (!dentry->d_inode)
1020             goto exit_dput;
1021         if (dentry->d_inode->i_op && dentry->d_inode->i_op->follow_link)
1022             goto do_link;
1023
```

```
1024            dput(nd->dentry);
1025            nd->dentry = dentry;
1026            error = -EISDIR;
1027            if (dentry->d_inode && S_ISDIR(dentry->d_inode->i_mode))
1028                goto exit;
1029    ok:
```

我们已经找到了目标文件所在目录的 dentry 结构,并让指针 dir 指向这个数据结构,下一步就是通过lookup_hash( )寻找目标文件的dentry结构了(980行)。函数lookup_hash( )的代码也在 fs/namei.c 中:

[sys_open( ) > filp_open( ) > open_namei( ) > lookup_hash( )]

```
704     /*
705      * Restricted form of lookup. Doesn't follow links, single-component only,
706      * needs parent already locked. Doesn't follow mounts.
707      * SMP-safe.
708      */
709     struct dentry * lookup_hash(struct qstr *name, struct dentry * base)
710     {
711         struct dentry * dentry;
712         struct inode *inode;
713         int err;
714
715         inode = base->d_inode;
716         err = permission(inode, MAY_EXEC);
717         dentry = ERR_PTR(err);
718         if (err)
719             goto out;
720
721         /*
722          * See if the low-level filesystem might want
723          * to use its own hash..
724          */
725         if (base->d_op && base->d_op->d_hash) {
726             err = base->d_op->d_hash(base, name);
727             dentry = ERR_PTR(err);
728             if (err < 0)
729                 goto out;
730         }
731
732         dentry = cached_lookup(base, name, 0);
733         if (!dentry) {
734             struct dentry *new = d_alloc(base, name);
735             dentry = ERR_PTR(-ENOMEM);
736             if (!new)
737                 goto out;
```

```
738              lock_kernel( );
739              dentry = inode->i_op->lookup(inode, new);
740              unlock_kernel( );
741              if (!dentry)
742                  dentry = new;
743              else
744                  dput(new);
745          }
746  out:
747      return dentry;
748  }
```

这个函数先在 dentry 杂凑表队列中寻找，找不到就先创建一个新的 dentry 数据结构。再到目标文件所在的目录中寻找一次，如果找到了就把已经创建的 dentry 结构"归还"，找不到才采用它。为什么要采取这样的次序呢？这是因为在执行 d_alloc( ) 的过程中有可能进入睡眠，这样就存在一种可能，就是当睡眠醒过来时情况已经变了。类似的情景读者在前几章也多次看到过。这样，从 lookup_hash( ) 返回时，不管这目标文件存在与否，总是返回一个 dentry 数据结构指针（除非系统中的缓冲区已经用完）。如果目标文件的 dentry 结构原来就存在，那么结构中的 d_inode 指针指向该文件的 inode 结构；而如果这个 dentry 结构是新创建的，则其 d_inode 指针为 NULL，因为此时它还没有 inode 结构。

先看目标文件尚不存在的情况（见 990 行），那就要通过 vfs_create( ) 创建。这个函数的代码比较长，却相对独立，并且受到多处调用，所以我们把它推迟到后面再来阅读，这里暂时只要知道这个函数的作用是创建文件就行了。

要是目标文件原来就存在呢？首先，在系统调用 open( ) 的参数中标志位 O_CREAT 和 O_EXCL 同时为 1 表示目标文件在此之前必须不存在，所以如果已经存在就只好出错返回了，出错代码为 －EEXIST。其次，这个目标文件有可能是个安装点，那样就要通过 __follow_down( ) 跑到所安装的文件系统中去，而且要通过一个 do-while 循环一直跑到头。此外，这个目标文件也有可能只是一个符号连接，而连接的对象有可能"悬空"，就是连接的对象在另一个设备上，但是那个设备却没有安装。所以代码中先检验目标节点是否符号连接，是的话就 goto 到 do_link 处，顺着连接前进到其目标节点，如果连接对象悬空则返回出错代码 －ENOENT，否则便又 goto 回到 do_last 处对目标节点展开新一轮的检查。这一段代码在 open_namei( ) 的最后，我们顺着程序的流程把它提到前面来阅读：

[sys_open( ) > filp_open( ) > open_namei( )]

```
1112  do_link:
1113      error = -ELOOP;
1114      if (flag & O_NOFOLLOW)
1115          goto exit_dput;
1116      /*
1117       * This is subtle. Instead of calling do_follow_link( ) we do the
1118       * thing by hands. The reason is that this way we have zero link_count
1119       * and path_walk( ) (called from ->follow_link) honoring LOOKUP_PARENT.
1120       * After that we have the parent and last component, i.e.
1121       * we are in the same situation as after the first path_walk( ).
```

```
1122         * Well, almost - if the last component is normal we get its copy
1123         * stored in nd->last.name and we will have to putname( ) it when we
1124         * are done. Procfs-like symlinks just set LAST_BIND.
1125         */
1126        UPDATE_ATIME(dentry->d_inode);
1127        error = dentry->d_inode->i_op->follow_link(dentry, nd);
1128        dput(dentry);
1129        if (error)
1130            return error;
1131        if (nd->last_type == LAST_BIND) {
1132            dentry = nd->dentry;
1133            goto ok;
1134        }
1135        error = -EISDIR;
1136        if (nd->last_type != LAST_NORM)
1137            goto exit;
1138        if (nd->last.name[nd->last.len]) {
1139            putname(nd->last.name);
1140            goto exit;
1141        }
1142        if (count++==32) {
1143            dentry = nd->dentry;
1144            putname(nd->last.name);
1145            goto ok;
1146        }
1147        dir = nd->dentry;
1148        down(&dir->d_inode->i_sem);
1149        dentry = lookup_hash(&nd->last, nd->dentry);
1150        putname(nd->last.name);
1151        goto do_last;
}
```

读过 path_walk( ) 的读者对这段代码不应该感到陌生。找到连接目标的操作主要是由具体文件系统在其 inode_operations 结构中的函数指针 follow_link 提供的。对于 Ext2 这个函数为 ext2_follow_link( )，而最后这个函数又会通过 vfs_follow_link( ) 调用 path_walk( )，这读者已经看到过了。注意前面通过 path_init( ) 设置在 nameidata 数据结构中的标志位并未改变，仍是 LOOKUP_PARENT。

对于目标节点是符号连接的情况，如果说在 follow_link 之前的"目标节点"是"视在目标节点"，那么 follow_link 以后的 nd->last 就是"真实目标节点"的节点名了，而 nd->dentry 则仍旧指向其父节点的 dentry 结构。

搜索到了真实目标节点的节点名后，同样还要检查这个节点是否只是个目录而不是文件（1136 行和 1138 行），如果是目录就要出错返回。至于搜索的结果为 LAST_BIND，则只发生于 /proc 或类似的特殊文件系统中，我们在此并不关心。

最后，还要通过 lookup_hash( ) 找到或创建真实目标节点的 dentry 结构，接着就转回到前面的 do_last 标号处，在那里又要重复前面对目标节点的一系列检验。检验的结果可能会发现我们所以为的"真实目标节点"实际上又是一个"视在目标节点",那就又会转到这里的 do_link。为了防止陷入无穷循环,这里用了一个计数器 count 加以控制(见 1142 行),如果计数值达到了 32 就果断结束而转到标号 ok 处,在那里还要作进一步的检查,若发现仍是连接节点就会返回出错代码－ELOOP。读者以前在 path_walk( )的代码中看到调用一个函数 do_follow_link( ),在那里也有对连接链长度的控制(通过 task_struct 结构中的 link_count 字段),为什么这里还要另搞一套呢?这是因为 path_walk( )对于旨在 LOOKUP_PARENT 的搜索只处理到目标节点的父节点为止,对目标节点本身是不作处理的。

只要连接链的长度不超出合理的范围,最终总会找到真正的目标节点。我们继续往下看(namei.c:)。

[sys_open( ) > filp_open( ) > open_namei( )]

```
1029    ok:
1030        error = -ENOENT;
1031        inode = dentry->d_inode;
1032        if (!inode)
1033            goto exit;
1034
1035        error = -ELOOP;
1036        if (S_ISLNK(inode->i_mode))
1037            goto exit;
1038
1039        error = -EISDIR;
1040        if (S_ISDIR(inode->i_mode) && (flag & FMODE_WRITE))
1041            goto exit;
1042
1043        error = permission(inode, acc_mode);
1044        if (error)
1045            goto exit;
1046
1047        /*
1048         * FIFO's, sockets and device files are special: they don't
1049         * actually live on the filesystem itself, and as such you
1050         * can write to them even if the filesystem is read-only.
1051         */
1052        if (S_ISFIFO(inode->i_mode) || S_ISSOCK(inode->i_mode)) {
1053            flag &= ~O_TRUNC;
1054        } else if (S_ISBLK(inode->i_mode) || S_ISCHR(inode->i_mode)) {
1055            error = -EACCES;
1056            if (IS_NODEV(inode))
1057                goto exit;
1058
1059            flag &= ~O_TRUNC;
1060        } else {
1061            error = -EROFS;
1062            if (IS_RDONLY(inode) && (flag & 2))
```

```
1063                    goto exit;
1064            }
1065            /*
1066             * An append-only file must be opened in append mode for writing.
1067             */
1068            error = -EPERM;
1069            if (IS_APPEND(inode)) {
1070                    if ((flag & FMODE_WRITE) && !(flag & O_APPEND))
1071                            goto exit;
1072                    if (flag & O_TRUNC)
1073                            goto exit;
1074            }
1075
1076            /*
1077             * Ensure there are no outstanding leases on the file.
1078             */
1079            error = get_lease(inode, flag);
1080            if (error)
1081                    goto exit;
1082
1083            if (flag & O_TRUNC) {
1084                    error = get_write_access(inode);
1085                    if (error)
1086                            goto exit;
1087
1088                    /*
1089                     * Refuse to truncate files with mandatory locks held on them.
1090                     */
1091                    error = locks_verify_locked(inode);
1092                    if (!error) {
1093                            DQUOT_INIT(inode);
1094
1095                            error = do_truncate(dentry, 0);
1096                    }
1097                    put_write_access(inode);
1098                    if (error)
1099                            goto exit;
1100            } else
1101                    if (flag & FMODE_WRITE)
1102                            DQUOT_INIT(inode);
1103
1104            return 0;
1105
1106    exit_dput:
1107            dput(dentry);
1108    exit:
1109            path_release(nd);
1110            return error;
```

```
1152        }
......
```

找到或者创建了目标文件以后，还要对代表着目标文件的数据结构进行一系列的检验，包括访问权限的检验以及一些处理（如截尾）。读者也许会对头三项检验感到奇怪，不是刚刚已经检查过了吗？回过去看一下就知道，那只是在特殊条件下进行的，而且并不完整。而现在，则是进行综合、完整的检验。

函数 permission( )的代码读者已经在本章第三节中读过，这里的 acc_mode 是在一进入 open_namei( )时就准备好了的（见 947 行），其中宏操作 ACC_MODE 及有关的定义分别在 fs/namei.c 和 include/asm_i386/fcntl.h 中给出：

```
6 #define O_ACCMODE       0003

34 #define ACC_MODE(x)   ("\000\004\002\006"[(x)&O_ACCMODE])
```

这里需要一些说明。"\000\004\002\006" 是个字符串，其第一个字节为 8 进制的 0，第二个字节为 8 进制的 4，余类推。大家知道，在 C 语言中字符串与字符数组是等价的，所以这里把它作为字符数组来使用，而下标则为（flag & O_ACCMODE）。由于 O_ACCMODE 的值定义为 3，所以只有四种可能的下标值，即 0、1、2、3，具体取决于 flag。另一方面，前面讲过，在 filp_open( )中调用 open_namei( )之前已经对 flags 作了一些处理，将系统调用 open( )界面上的标志位变换成了 open_namei( )所要求的格式（见 filp_open( )前面的注释）。但是，函数 permission( )所要求的又有些不同，所以还要再变换一次。读者也许会说："这不是存心让人看不懂吗？为什么要作这么多变换呢？"其实，这也是不得已的事，系统调用 open( )界面上的标志位是从 Unix 的早期就定义好了的，要保持兼容就不能改变。所以，变换绝对是必须的事。可以斟酌的只是一次性变换还是分两次变换，读者仔细阅读 open_namei( )的全部代码，就会体会到现在这样分两次变换还是合理的，尽管未必是惟一合理的方案。

下面还有一些对文件模式（由 inode 结构中的 i_mode 表示）与操作要求（由 flag 表示）之间的一致性的检验和处理。这些检验和处理大多数比较简单，例如对 FIFO 和插口文件就无所谓截尾，所以把 O_TRUNC 标志位清 0 等等。我们在这里不关心磁盘空间配额（见 1093 行），所以集中看文件截尾。打开文件时，将 O_TRUNC 标志位设成 1 表示要将文件中原有的内容全部删除，称为"截尾"，这是由代码中的第 1083 行至 1100 行完成的。在此之前还调用了一个函数 get_lease( )，这是与文件"租借"有关的操作，我们在此并不关心。

在文件的 inode 数据结构中有个计数器 i_writecount，用来对正在写访问该文件的进程计数。另一方面，有些文件可能已经通过 mmap( )系统调用映射到某个进程的虚存空间，这个计数器就用于通过正常的文件操作和通过内存映射这两种写访问之间的互斥。当这个计数为负值时表示有进程可以通过虚存管理对文件进行写操作，为正值则表示某个或某些进程正在对文件进行写访问。内核中提供了 get_write_access( )和 deny_write_access( )两个函数来保证这种互斥访问，这两个函数的代码在 fs/namei.c 中：

```
195     /*
196      * get_write_access( ) gets write permission for a file.
197      * put_write_access( ) releases this write permission.
```

```
198     * This is used for regular files.
199     * We cannot support write (and maybe mmap read-write shared) accesses and
200     * MAP_DENYWRITE mmappings simultaneously. The i_writecount field of an inode
201     * can have the following values:
202     * 0: no writers, no VM_DENYWRITE mappings
203     * < 0: (-i_writecount) vm_area_structs with VM_DENYWRITE set exist
204     * > 0: (i_writecount) users are writing to the file.
205     *
206     * Normally we operate on that counter with atomic_{inc,dec} and it's safe
207     * except for the cases where we don't hold i_writecount yet. Then we need to
208     * use {get,deny}_write_access( ) - these functions check the sign and refuse
209     * to do the change if sign is wrong. Exclusion between them is provided by
210     * spinlock (arbitration_lock) and I'll rip the second arsehole to the first
211     * who will try to move it in struct inode - just leave it here.
212     */
213     static spinlock_t arbitration_lock = SPIN_LOCK_UNLOCKED;
214     int get_write_access(struct inode * inode)
215     {
216         spin_lock(&arbitration_lock);
217         if (atomic_read(&inode->i_writecount) < 0) {
218             spin_unlock(&arbitration_lock);
219             return -ETXTBSY;
220         }
221         atomic_inc(&inode->i_writecount);
222         spin_unlock(&arbitration_lock);
223         return 0;
224     }
225     int deny_write_access(struct file * file)
226     {
227         spin_lock(&arbitration_lock);
228         if (atomic_read(&file->f_dentry->d_inode->i_writecount) > 0) {
229             spin_unlock(&arbitration_lock);
230             return -ETXTBSY;
231         }
232         atomic_dec(&file->f_dentry->d_inode->i_writecount);
233         spin_unlock(&arbitration_lock);
234         return 0;
235     }
```

这里要注意，注释中所说的"gets write permission"与通过 permission( )检验当前进程对文件的写访问权限是两码事。前者是指对文件的常规写操作和对经过内存映射的文件内容的写操作之间的互斥，而后者则是出于安全性考虑的对访问权限的验证。

通过 get_write_access( )得到了写操作的许可后，还要考虑目标文件是否已经被其他进程锁住了。从进程的角度考虑，对文件的每次读或写可以认为是"原子性"的，因为每次读或写都只要通过一次系统调用就可完成。但是，如果考虑连续几次的读、写操作，那么这些相继的读、写操作从总体上看就显然不是"原子性"的了。对于数据库一类的应用，这就成为一个问题。因此就发展起了对文件或文件中的某一部分内容"加锁"的技术。

"加锁"技术有两种。一种是由进程之间自己协调的，称为"协调锁"（advisory lock，或称 cooperative lock）。对于这一种锁，内核只提供加锁以及检测文件是否已经加锁的手段，即系统调用 flock( )，但是内核并不参与锁的实施。也就是说，如果有进程不遵守"游戏规则"，不检查目标文件是否已经由别的进程加了锁就往里面写，内核是不加阻拦的，另一种则是由内核强制实施的，称为"强制锁"（mandatory lock），即使有进程不遵守游戏规则，不问三七二十一就要往加了锁的文件中写，内核也会加以阻拦。这种锁是对"协调锁"的改进与加强，具体通过 fcntl( )系统调用实现。但是，在有些应用中并不适合使用强制锁，所以要给文件加上一个像开关一样的东西，这样才可以有选择地允许或不允许对一个文件使用强制锁。在 inode 结构的 i_flag 字段中定义的一个标志位 MS_MANDLOCK，就是起着开关的作用。这个标志位不仅用于 inode 结构，也用于 super_block 结构，对于整个文件子系统也可以在安装时将参数中的这个标志位设成 1 或 0，使整个设备上的文件全都允许或不允许使用强制锁。对于要求截尾的打开文件操作，内核应检查目标文件或者目标文件所在的设备是否允许使用强制锁，并且已经加了锁；如果已经加了强制锁便应该出错返回。这就是调用 inline 函数 locks_verify_locked( )的原因，其代码在 include/linux/fs.h 中：

[sys_open( ) > filp_open( ) > open_namei( ) > locks_verify_locked( )]

```
892    /*
893     * Candidates for mandatory locking have the setgid bit set
894     * but no group execute bit -  an otherwise meaningless combination.
895     */
896    #define MANDATORY_LOCK(inode) \
897        (IS_MANDLOCK(inode) && \
           ((inode)->i_mode & (S_ISGID | S_IXGRP)) == S_ISGID)
898
899    static inline int locks_verify_locked(struct inode *inode)
900    {
901        if (MANDATORY_LOCK(inode))
902            return locks_mandatory_locked(inode);
903        return 0;
904    }
```

有关的宏操作定义为：

```
131 /*
132  * Note that nosuid etc flags are inode-specific: setting some file-system
133  * flags just means all the inodes inherit those flags by default. It might be
134  * possible to override it selectively if you really wanted to with some
135  * ioctl( ) that is not currently implemented.
136  *
137  * Exception: MS_RDONLY is always applied to the entire file system.
138  *
139  * Unfortunately, it is possible to change a filesystems flags with it mounted
140  * with files in use.  This means that all of the inodes will not have their
141  * i_flags updated.  Hence, i_flags no longer inherit the superblock mount
```

```
142  * flags, so these have to be checked separately.  --  rmk@arm.uk.linux.org
143  */
144  #define __IS_FLG(inode,flg)  ((inode)->i_sb->s_flags & (flg))
145
146  #define IS_RDONLY(inode)     ((inode)->i_sb->s_flags & MS_RDONLY)
147  #define IS_NOSUID(inode)     __IS_FLG(inode, MS_NOSUID)
148  #define IS_NODEV(inode)      __IS_FLG(inode, MS_NODEV)
149  #define IS_NOEXEC(inode)     __IS_FLG(inode, MS_NOEXEC)
150  #define IS_SYNC(inode)       \
             (__IS_FLG(inode, MS_SYNCHRONOUS) || ((inode)->i_flags & S_SYNC))
151  #define IS_MANDLOCK(inode)   __IS_FLG(inode, MS_MANDLOCK)
```

在老一些的版本中(从 Unix 系统 V 开始)，曾经用 inode 结构的 mode 字段中 S_ISGID 和 S_IXGRP 两个标志位的结合来起 MS_MANDLOCK 标志位的作用。标志位 S_ISGID 与 S_ISUID 相似，表示在启动一个可执行文件时将进程的组号设置成该文件所属的组号。可是，如果这个文件对于所属的组根本就没有可执行属性(由 S_IXGRP 代表)，那 S_ISGID 就失去了意义。所以，在正常情况下 S_ISGID 为 1 而 S_IXGRP 为 0 是自相矛盾的而不应该出现。既然如此，Unix 系统版本 V 就利用了这种组合来控制强制锁的使用。所以，只有在 inode 结构中或者 super_block 结构中的 MS_MANDLOCK 为 1，并且 inode 结构中的 S_ISGID 为 1 而 S_IXGRP 为 0 时才允许使用强制锁，这就是 901 行所表达的意思。

如果目标文件是允许使用强制锁的，那就要进一步检查是否已经加了锁。函数 locks_mandatory_locked( )的代码在 fs/locks.c 中：

[sys_open( )> filp_open( ) > open_namei( ) > locks_verify_locked( ) > locks_mandatory_locked( )]

```
675      int locks_mandatory_locked(struct inode *inode)
676      {
677          fl_owner_t owner = current->files;
678          struct file_lock *fl;
679
680          /*
681           * Search the lock list for this inode for any POSIX locks.
682           */
683          lock_kernel( );
684          for (fl = inode->i_flock; fl != NULL; fl = fl->fl_next) {
685              if (!(fl->fl_flags & FL_POSIX))
686                  continue;
687              if (fl->fl_owner != owner)
688                  break;
689          }
690          unlock_kernel( );
691          return fl ? -EAGAIN : 0;
692      }
```

每个文件的 inode 结构中都有个 file_lock 数据结构队列 i_flock，每当一个进程对一个文件中的一个区间加锁时，就创建一个 file_lock 数据结构并将其挂入该文件的 inode 结构中。与 file_lock 结构有关的定义在 include/linux/fs.h 中：

```
533     /*
534      * The POSIX file lock owner is determined by
535      * the "struct files_struct" in the thread group
536      * (or NULL for no owner - BSD locks).
537      *
538      * Lockd stuffs a "host" pointer into this.
539      */
540     typedef struct files_struct *fl_owner_t;
541
542     struct file_lock {
543         struct file_lock *fl_next;  /* singly linked list for this inode */
544         struct list_head fl_link;   /* doubly linked list of all locks */
545         struct list_head fl_block;  /* circular list of blocked processes */
546         fl_owner_t fl_owner;
547         unsigned int fl_pid;
548         wait_queue_head_t fl_wait;
549         struct file *fl_file;
550         unsigned char fl_flags;
551         unsigned char fl_type;
552         loff_t fl_start;
553         loff_t fl_end;
554
555         void (*fl_notify)(struct file_lock *);  /* unblock callback */
556         void (*fl_insert)(struct file_lock *);  /* lock insertion callback */
557         void (*fl_remove)(struct file_lock *);  /* lock removal callback */
558
559         struct fasync_struct *  fl_fasync; /* for lease break notifications */
560
561         union {
562             struct nfs_lock_info    nfs_fl;
563         } fl_u;
564     };
```

一个 file_lock 结构就是一把"锁"，结构中的指针 fl_file 指向目标文件的 file 结构，而 fl_start 和 fl_end 就确定了该文件中的一个区间，如果 fl_start 为 0 而 fl_end 为 OFFSET_MAX 就表示整个文件。此外，fl_type 表示锁的性质，如读、写；fl_flags 中是一些标志位，这些标志位的定义也在 fs.h 中：

```
526     #define FL_POSIX    1
527     #define FL_FLOCK    2
528     #define FL_BROKEN   4   /* broken flock() emulation */
529     #define FL_ACCESS   8   /* for processes suspended by mandatory locking */
530     #define FL_LOCKD    16  /* lock held by rpc.lockd */
531     #define FL_LEASE    32  /* lease held on this file */
```

标志位 FL_FLOCK 为 1 表示这个锁是通过传统的 flock( )系统调用加上的,这种锁一定是协调锁,并且只能是对整个文件的。标志位 FL_POSIX 则表示通过 fcntl( )系统调用加上的锁,它支持对文件中的区间加锁。由于在 POSIX 标准中规定了这种对文件中部分内容所加的锁,所以又称为 POSIX 锁。POSIX 锁可以是协调锁,也可以是强制锁,具体取决于前面所述的条件。这里,在 locks_mandatory_locked( )的代码中检测的是强制锁,所以只关心 FL_POSIX 标志位为 1 的那些数据结构。

回到 open_namei( )的代码中,如果目标文件并未加上强制锁,就可以通过 do_truncate( )执行截尾了,其代码在 fs/open.c 中:

[sys_open( ) > filp_open( ) > open_namei( ) > do_truncate( )]

```
72      int do_truncate(struct dentry *dentry, loff_t length)
73      {
74          struct inode *inode = dentry->d_inode;
75          int error;
76          struct iattr newattrs;
77
78          /* Not pretty: "inode->i_size" shouldn't really be signed. But it is. */
79          if (length < 0)
80              return -EINVAL;
81
82          down(&inode->i_sem);
83          newattrs.ia_size = length;
84          newattrs.ia_valid = ATTR_SIZE | ATTR_CTIME;
85          error = notify_change(dentry, &newattrs);
86          up(&inode->i_sem);
87          return error;
88      }
```

参数 length 为截尾后残留的长度,从 open_namei( )中传下来的参数值为 0,表示全部切除。代码中先准备一个 iattr 结构,然后就通过 notify_change( )来完成操作。函数 notify_change( )的代码在 fs/attr.c 中:

[sys_open( ) > filp_open( ) > open_namei( ) > do_truncate( ) > notify_change( )]

```
106     int notify_change(struct dentry * dentry, struct iattr * attr)
107     {
108         struct inode *inode = dentry->d_inode;
109         int error;
110         time_t now = CURRENT_TIME;
111         unsigned int ia_valid = attr->ia_valid;
112
113         if (!inode)
114             BUG();
115
116         attr->ia_ctime = now;
```

```
117         if (!(ia_valid & ATTR_ATIME_SET))
118             attr->ia_atime = now;
119         if (!(ia_valid & ATTR_MTIME_SET))
120             attr->ia_mtime = now;
121
122         lock_kernel();
123         if (inode->i_op && inode->i_op->setattr)
124             error = inode->i_op->setattr(dentry, attr);
125         else {
126             error = inode_change_ok(inode, attr);
127             if (!error)
128                 inode_setattr(inode, attr);
129         }
130         unlock_kernel();
131         if (!error) {
132             unsigned long dn_mask = setattr_mask(ia_valid);
133             if (dn_mask)
134                 inode_dir_notify(dentry->d_parent->d_inode, dn_mask);
135         }
136         return error;
137     }
```

这里的目的是改变 inode 结构中的一些数据，以及执行伴随着这些改变的操作。这些操作常常是因文件系统而异的，所以具体的文件系统可以通过其 inode_operations 数据结构提供用于这个目的的函数（指针）。就 Ext2 文件系统而言，它并未提供这样的函数，所以通过 inode_change_ok( ) 和 inode_setattr( ) 两个函数来完成这个工作。函数 inode_change_ok( ) 主要是对权限的检验，其代码在 fs/attr.c 中，我们把它留给读者自己阅读。

[sys_open( ) > filp_open( ) > open_namei( ) > do_truncate( ) > notify_change( ) > inode_change_ok( )]

```
17      /* POSIX UID/GID verification for setting inode attributes. */
18      int inode_change_ok(struct inode *inode, struct iattr *attr)
19      {
20          int retval = -EPERM;
21          unsigned int ia_valid = attr->ia_valid;
22
23          /* If force is set do it anyway. */
24          if (ia_valid & ATTR_FORCE)
25              goto fine;
26
27          /* Make sure a caller can chown. */
28          if ((ia_valid & ATTR_UID) &&
29              (current->fsuid != inode->i_uid ||
30               attr->ia_uid != inode->i_uid) && !capable(CAP_CHOWN))
31              goto error;
32
33          /* Make sure caller can chgrp. */
```

```
34      if ((ia_valid & ATTR_GID) &&
35          (!in_group_p(attr->ia_gid) && attr->ia_gid != inode->i_gid) &&
36          !capable(CAP_CHOWN))
37              goto error;
38
39      /* Make sure a caller can chmod. */
40      if (ia_valid & ATTR_MODE) {
41          if ((current->fsuid != inode->i_uid) && !capable(CAP_FOWNER))
42              goto error;
43          /* Also check the setgid bit! */
44          if (!in_group_p((ia_valid & ATTR_GID) ? attr->ia_gid :
45                  inode->i_gid) && !capable(CAP_FSETID))
46              attr->ia_mode &= ~S_ISGID;
47      }
48
49      /* Check for setting the inode time. */
50      if (ia_valid & (ATTR_MTIME_SET | ATTR_ATIME_SET)) {
51          if (current->fsuid != inode->i_uid && !capable(CAP_FOWNER))
52              goto error;
53      }
54  fine:
55      retval = 0;
56  error:
57      return retval;
58  }
```

函数 inode_setattr( )的代码也在同一文件 attr.c 中：

[sys_open( ) > filp_open( ) > open_namei( ) > do_truncate( ) > notify_change( ) > inode_setattr( )]

```
60  void inode_setattr(struct inode * inode, struct iattr * attr)
61  {
62      unsigned int ia_valid = attr->ia_valid;
63
64      if (ia_valid & ATTR_UID)
65          inode->i_uid = attr->ia_uid;
66      if (ia_valid & ATTR_GID)
67          inode->i_gid = attr->ia_gid;
68      if (ia_valid & ATTR_SIZE)
69          vmtruncate(inode, attr->ia_size);
70      if (ia_valid & ATTR_ATIME)
71          inode->i_atime = attr->ia_atime;
72      if (ia_valid & ATTR_MTIME)
73          inode->i_mtime = attr->ia_mtime;
74      if (ia_valid & ATTR_CTIME)
75          inode->i_ctime = attr->ia_ctime;
76      if (ia_valid & ATTR_MODE) {
77          inode->i_mode = attr->ia_mode;
```

```
78              if (!in_group_p(inode->i_gid) && !capable(CAP_FSETID))
79                  inode->i_mode &= ~S_ISGID;
80          }
81          mark_inode_dirty(inode);
82      }
```

我们在这里关心的只是文件大小的改变，这个改变及其伴随操作是通过 vmtrancate( )完成的。函数 vmtrancate( )所完成的操作以及它的代码都与文件的读写关系更为密切，所以我们把这个函数留到"文件的读写"一节中再来深入阅读。

最后，由于 inode 结构的内容改变了，所以要通过 mark_inode_dirty( )把它挂到所属 super_blodk 结构的 s_dirty 队列中。

至此对目标文件所进行的操作都已完成，但是代表着当前进程与目标文件的连接的 file 结构却尚未建立。

返回到 filp_open( )的代码中以后，下一个要调用的函数是 dentry_open( )，它的任务就是建立起目标文件的一个"上下文"，即 file 数据结构，并让它与当前进程的 task_sturct 结构挂上钩，成为该文件驻在当前进程 task_struct 结构中的一个代表。函数 dentry_open( )的代码在 fs/open.c 中：

[sys_open( ) > filp_open( ) > dentry_open( )]

```
632     struct file *dentry_open(struct dentry *dentry, struct vfsmount *mnt,
                    int flags)
633     {
634         struct file * f;
635         struct inode *inode;
636         int error;
637
638         error = -ENFILE;
639         f = get_empty_filp( );
640         if (!f)
641             goto cleanup_dentry;
642         f->f_flags = flags;
643         f->f_mode = (flags+1) & O_ACCMODE;
644         inode = dentry->d_inode;
645         if (f->f_mode & FMODE_WRITE) {
646             error = get_write_access(inode);
647             if (error)
648                 goto cleanup_file;
649         }
650
651         f->f_dentry = dentry;
652         f->f_vfsmnt = mnt;
653         f->f_pos = 0;
654         f->f_reada = 0;
655         f->f_op = fops_get(inode->i_fop);
656         if (inode->i_sb)
657             file_move(f, &inode->i_sb->s_files);
```

```
658             if (f->f_op && f->f_op->open) {
659                 error = f->f_op->open(inode,f);
660                 if (error)
661                     goto cleanup_all;
662             }
663             f->f_flags &= ~(O_CREAT | O_EXCL | O_NOCTTY | O_TRUNC);
664
665             return f;
666
667     cleanup_all:
668             fops_put(f->f_op);
669             if (f->f_mode & FMODE_WRITE)
670                 put_write_access(inode);
671             f->f_dentry = NULL;
672             f->f_vfsmnt = NULL;
673     cleanup_file:
674             put_filp(f);
675     cleanup_dentry:
676             dput(dentry);
677             mntput(mnt);
678             return ERR_PTR(error);
679     }
```

顾名思义，get_empty_filp( )的作用就是分配一个空闲的 file 数据结构。内核中有一个空闲 file 结构的队列 free_list，需要 file 结构时就从该队列中摘下一个，并将其暂时挂入一个中间队列 anon_list。在确认了对该文件可以进行写操作以后，就对这个空闲 file 结构进行初始化，然后通过 file_move( )将其从中间队列脱链而挂入该文件所在设备的 suber_block 结构中的 file 结构队列 s_files。

函数 get_write_access( )一方面检查该文件是否因内存映射而不允许常规的写访问，另一方面如果允许常规的写访问就递增 inode 结构中的计数器 i_writecount，以此来保证常规的文件写访问与内存映射的文件写访问之间的互斥，其代码读者已在前面看到过。

读者已经熟知，file 结构中的指针 f_op 指向所属文件系统的 file_operations 数据结构。这个指针就是在这里设置的，而具体的 file_operations 结构指针则来自相应的 inode 结构。但是，如果相应文件系统是由可安装模块支持的就需要递增该模块的使用计数。这里的 fops_get( )是个宏操作，定义于 include/linux/fs.h：

```
859     /* Alas, no aliases. Too much hassle with bringing module.h everywhere */
860     #define fops_get(fops) \
861         (((fops) && (fops)->owner) \
862             ? ( try_inc_mod_count((fops)->owner) ? (fops) : NULL ) \
863             : (fops))
```

具体的文件系统还可能对打开文件有一些特殊的附加操作，如果有就通过其 file_operations 结构中的函数指针 open 提供。就 Ext2 文件系统而言，这个函数就是 ext2_open_file( )，其代码在 fs/ext2/file.c 中：

[sys_open( ) > filp_open( ) > dentry_open( ) > ext2_open_file( )]

```
82      /*
83       * Called when an inode is about to be open.
84       * We use this to disallow opening RW large files on 32bit systems if
85       * the caller didn't specify O_LARGEFILE.  On 64bit systems we force
86       * on this flag in sys_open.
87       */
88      static int ext2_open_file (struct inode * inode, struct file * filp)
89      {
90          if (!(filp->f_flags & O_LARGEFILE) &&
91              inode->i_size > 0x7FFFFFFFLL)
92              return -EFBIG;
93          return 0;
94      }
```

大家知道，inode 结构中有个 union，对于 Ext2 文件系统这个 union 被用作 ext2_inode_info 数据结构。在这个数据结构中有个字段 i_high_size，当文件的大小超过 32 位整数（2GB）时这个字段的值为文件大小的高 32 位。如果文件的大小真的超过 32 位，则在系统调用 open( )的参数中要将一个标志位 O_LARGEFILE 置成 1，这是为 64 位系统结构考虑而设置的。在 inode 结构中另有一个表示文件大小的字段 i_size，其类型为 loff_t，实际上是 long long，即 64 位整数。如果 O_LARGEFILE 为 0，则文件大小必须小于 2GB。

最后，调用参数中的 O_CREAT，O_EXCL 等标志位已经不再需要了，因为它们只是对打开文件有作用，而现在文件已经打开，所以就把这些标志位清 0。

函数 dentry_open( )返回指向新建立的 file 数据结构的指针。每进行一次成功的 open( )系统调用就为目标文件建立起一个由 file 结构代表的上下文，而与该文件是否已经有其他的 file 结构无关。一个文件在内核中只能有一个 inode 结构，却可以有多个 file 结构。

这样，filp_open( )的操作就完成了。回到 sys_open( )的代码中，下面还有个 inline 函数。fd_install( )的作用是将新建的 file 数据结构的指针 "安装" 到当前进程的 file_struct 结构中，确切地说是里面的已打开文件指针数组中，其位置即下标 fd，已经在前面分配好。该 inline 函数的代码在 include/linux/file.h 中：

[sys_open( ) > fd_install( )]

```
74      /*
75       * Install a file pointer in the fd array.
76       *
77       * The VFS is full of places where we drop the files lock between
78       * setting the open_fds bitmap and installing the file in the file
79       * array.  At any such point, we are vulnerable to a dup2( ) race
80       * installing a file in the array before us.  We need to detect this and
81       * fput( ) the struct file we are about to overwrite in this case.
82       *
83       * It should never happen - if we allow dup2( ) do it, _really_ bad things
84       * will follow.
```

```
85      */
86
87      static inline void fd_install(unsigned int fd, struct file * file)
88      {
89          struct files_struct *files = current->files;
90
91          write_lock(&files->file_lock);
92          if (files->fd[fd])
93              BUG( );
94          files->fd[fd] = file;
95          write_unlock(&files->file_lock);
96      }
```

代码的作者加了注释，说明为什么不是简单地将指针 file 填入数组中指定的位置上，而要通过 xchg( )把这个位置上原有的内容交换出来。如果交换出来的指针非 0 就说明已经有个 file 结构指针在这个位置上，所以要通过 fput( )将其释放。从此，当前进程与目标文件之间就建立起了连接，可以通过这个特定的上下文访问该目标文件了。

看完了 sys_open( )的主体，我们还要回过头去看一下 vfs_create( )的代码，当系统调用 open( )的参数中 O_CREAT 标志位为 1，而目标文件又不存在时，就要通过这个函数来创建，其代码在 fs/namei.c 中：

[sys_open( ) > filp_open( ) > open_namei( ) > vfs_create( )]

```
898     int vfs_create(struct inode *dir, struct dentry *dentry, int mode)
899     {
900         int error;
901
902         mode &= S_IALLUGO & ~current->fs->umask;
903         mode |= S_IFREG;
904
905         down(&dir->i_zombie);
906         error = may_create(dir, dentry);
907         if (error)
908             goto exit_lock;
909
910         error = -EACCES;    /* shouldn't it be ENOSYS? */
911         if (!dir->i_op || !dir->i_op->create)
912             goto exit_lock;
913
914         DQUOT_INIT(dir);
915         lock_kernel( );
916         error = dir->i_op->create(dir, dentry, mode);
917         unlock_kernel( );
918     exit_lock:
919         up(&dir->i_zombie);
920         if (!error)
```

```
921             inode_dir_notify(dir, DN_CREATE);
922         return error;
923     }
```

参数 dir 指向所在目录的 inode 结构，而 dentry 则指向待创建文件的 dentry 结构。但是，此时待创建文件尚无 inode 结构，所以其 dentry 结构中的 d_inode 指针为 0，这样的 dentry 结构称为是 "negative" 的 dentry 结构。

每个进程都有个 "文件访问权限屏蔽" umask，记录在其 fs_struct 结构中（task_struct 结构中的指针 fs 指向这个数据结构）。这是一些对于文件访问权限的屏蔽位，其格式与表示文件访问权限的 mode 相同。如果 umask 中的某一位为 1，则由此进程所创建的文件就把相应的访问权限 "屏蔽" 掉。例如：如果一个进程的 umask 为 077，则由它所创建的文件只能由文件主使用，因为对同组人及其他用户的访问权限全给屏蔽掉了。进程的 umask 代代相传，但是可以通过系统调用 umask( )加以改变。代码中第 902 行和第 903 行说明了怎样根据调用参数 mode 和进程的 umask 确定所创建文件的访问模式。这里的常数 S_IALLUGO 定义见文件 incluce/linux/stat.h：

```
20      #define S_ISUID         0004000
21      #define S_ISGID         0002000
22      #define S_ISVTX         0001000

50      #define S_IRWXUGO       (S_IRWXU|S_IRWXG|S_IRWXO)
51      #define S_IALLUGO       (S_ISUID|S_ISGID|S_ISVTX|S_IRWXUGO)
```

这些标志位的意义都已在 "文件系统的访问权限与安全性" 一节中介绍过。

不言而喻，创建文件时要改变其所在目录的内容。这个过程不容许受其他进程打扰，所以要放在临界区中完成。为此目的，在 inode 数据结构中提供了一个信号量 i_zombie。进入临界区后，先要检查当前进程的权限，看看是否允许在所在的目录中创建文件。代码中的 may_create( )是个 inline 函数，其代码在 fs/namei.c 中：

[sys_open( ) > filp_open( ) > open_namei( ) > vfs_create( ) > may_create( )]

```
860     /*  Check whether we can create an object with dentry child in directory
861      *  dir.
862      *  1. We can't do it if child already exists (open has special treatment for
863      *     this case, but since we are inlined it's OK)
864      *  2. We can't do it if dir is read-only (done in permission( ))
865      *  3. We should have write and exec permissions on dir
866      *  4. We can't do it if dir is immutable (done in permission( ))
867      */
868     static inline int may_create(struct inode *dir, struct dentry *child) {
869         if (child->d_inode)
870             return -EEXIST;
871         if (IS_DEADDIR(dir))
872             return -ENOENT;
873         return permission(dir,MAY_WRITE | MAY_EXEC);
874     }
```

这里 IS_DEADDIR( )检查目标文件所在的目录是否实际上已被删除，其定义见文件 include/linux/fs.h：

```
129   #define S_DEAD           (1<<16) /* removed, but still open directory */

159   #define IS_DEADDIR(inode) ((inode)->i_flags & S_DEAD)
```

删除文件时，要将所在目录 inode 结构中 i_flags 字段的 S_DEAD 标志位设成 1。但是，如果当时其 dentry 结构和 inode 结构的共享计数不能递降到 0 则不能将这两个数据结构释放。所以，存在着这样一种可能性，就是在当前进程通过 path_walk( )找到了所在目录的 dentry 结构和 inode 结构之后，在试图进入由信号量 i_zombie 构成的临界区时进入了睡眠；而此时正在临界区中的另一个进程却删除了这个目录。不过，一旦当前进程进入了临界区以后，就再不会发生这种情况了。

通过了访问权限的检验以后，具体创建文件的操作则因文件系统而异，每种文件系统都通过其 inode_operations 结构提供用于创建文件的函数。就 Ext2 文件系统而言，这个函数为 ext2_create( )，是在 fs/ext2/namei.c 中定义的：

[sys_open( ) > filp_open( ) > open_namei( ) > vfs_create( ) > ext2_create( )]

```
354   /*
355    * By the time this is called, we already have created
356    * the directory cache entry for the new file, but it
357    * is so far negative - it has no inode.
358    *
359    * If the create succeeds, we fill in the inode information
360    * with d_instantiate( ).
361    */
362   static int ext2_create (struct inode * dir, struct dentry * dentry, int mode)
363   {
364       struct inode * inode = ext2_new_inode (dir, mode);
365       int err = PTR_ERR(inode);
366       if (IS_ERR(inode))
367           return err;
368
369       inode->i_op = &ext2_file_inode_operations;
370       inode->i_fop = &ext2_file_operations;
371       inode->i_mapping->a_ops = &ext2_aops;
372       inode->i_mode = mode;
373       mark_inode_dirty(inode);
374       err = ext2_add_entry (dir, dentry->d_name.name, dentry->d_name.len,
375                             inode);
376       if (err) {
377           inode->i_nlink--;
378           mark_inode_dirty(inode);
379           iput (inode);
380           return err;
381       }
```

```
382         d_instantiate(dentry, inode);
383         return 0;
384     }
```

简言之，就是通过 ext2_new_inode( ) 创建目标文件在存储设备上的索引节点和在内存中的 inode 结构，然后通过 ext2_add_entry( ) 把目标文件的文件名与索引节点号写入其所在的目录（也是一个文件）中，最后由 d_instantiate( ) 将目标文件的 dentry 结构和 inode 结构联系在一起。注意 inode 结构中的 i_op 和 i_fop 两个重要指针都是在这里设置的，还有其 a_ops 所指的 address_space 结构中的指针 a_ops 也是在这里设置的。

先看 ext2_new_inode( )，其代码在 fs/ext2/ialloc.c 中。因为比较长，我们分段来看。

[sys_open( ) > filp_open( ) > open_namei( ) > vfs_create( ) > ext2_create( ) > ext2_new_inode( )]

```
249     /*
250      * There are two policies for allocating an inode.  If the new inode is
251      * a directory, then a forward search is made for a block group with both
252      * free space and a low directory-to-inode ratio; if that fails, then of
253      * the groups with above-average free space, that group with the fewest
254      * directories already is chosen.
255      *
256      * For other inodes, search forward from the parent directory\'s block
257      * group to find a free inode.
258      */
259     struct inode * ext2_new_inode (const struct inode * dir, int mode)
260     {
261         struct super_block * sb;
262         struct buffer_head * bh;
263         struct buffer_head * bh2;
264         int i, j, avefreei;
265         struct inode * inode;
266         int bitmap_nr;
267         struct ext2_group_desc * gdp;
268         struct ext2_group_desc * tmp;
269         struct ext2_super_block * es;
270         int err;
271
272         /* Cannot create files in a deleted directory */
273         if (!dir || !dir->i_nlink)
274             return ERR_PTR(-EPERM);
275
276         sb = dir->i_sb;
277         inode = new_inode(sb);
278         if (!inode)
279             return ERR_PTR(-ENOMEM);
280
```

参数 dir 指向所在目录的 inode 结构，这个结构中的 i_nlink 表示有几个目录项与这个 inode 结构相联系。

相对而言，在内存中分配一个 inode 结构是比较简单的，这里的 new_inode( )是个 inline 函数，定义于 include/linux/fs.h。

```
1192    static inline struct inode * new_inode(struct super_block *sb)
1193    {
1194        struct inode *inode = get_empty_inode( );
1195        if (inode) {
1196            inode->i_sb = sb;
1197            inode->i_dev = sb->s_dev;
1198        }
1199        return inode;
1200    }
```

函数 get_empty_inode( )将分配的空白 inode 结构挂入内核中的 inode_in_use 队列，其代码在 fs/inode.c 中，我们把它留给读者自己阅读。

下一步要做的是为目标文件在存储设备上分配一个索引节点。函数 ext2_new_inode( )并不是单纯用来创建普通文件的，它也用来创建目录（当然，目录实际上也是文件，但是毕竟有些不同，目录是通过 mkdir( )系统调用创建的）。实际上，调用这个函数的地方不光是 ext2_create( )，还有 ext2_mknod( )、ext2_mkdir( )以及 ext2_symlink( )。代码的作者在函数的前面加了注释，说对于目录和普通文件采取了不同的分配策略。下面读者就会具体看到。

以前讲过，现代的块设备通常都是很大的。为了提高访问效率，就把存储介质划分成许多"块组"。一般来说，文件就应该与其所在目录存储在同一个块组中，这样才能提高效率。另一方面，文件的内容和文件的索引节点也应存储在同一块组中，所以在创建文件系统（格式化）时已经注意到了每个块组在索引节点和记录块数量之间的比例，这个比例是从统计信息得来的，取决于平均的文件大小。此外，根据统计，每一个块组中平均有多少个目录，也就是说每个目录中平均有多少文件，也大致上有个比例。所以，如果要创建的是文件，就应该首先考虑将它的索引节点分配在其所在目录所处的块组中。而如果要创建的是目录，则要考虑将来是否能将其属下的文件都容纳在同一块组中，所以应该找一个其空闲索引节点的数量超过整个设备上的平均值这么一个块组，而不惜离开其父节点所在的块组"另起炉灶"。了解了这些背景，读者应该可以读懂下面这段程序了。注意 282 行使指针 es 指向该文件系统超级块的缓冲区。沿着 ext2_new_inode( )继续往下看（ialloc.c:）：

[sys_open( ) > filp_open( ) > open_namei( ) > vfs_create( ) > ext2_create( ) > ext2_new_inode( )]

```
281        lock_super (sb);
282        es = sb->u.ext2_sb.s_es;
283    repeat:
284        gdp = NULL; i=0;
285
286        if (S_ISDIR(mode)) {
287            avefreei = le32_to_cpu(es->s_free_inodes_count) /
288                sb->u.ext2_sb.s_groups_count;
289    /* I am not yet convinced that this next bit is necessary.
290            i = dir->u.ext2_i.i_block_group;
```

```
291             for (j = 0; j < sb->u.ext2_sb.s_groups_count; j++) {
292                 tmp = ext2_get_group_desc (sb, i, &bh2);
293                 if (tmp &&
294                     (le16_to_cpu(tmp->bg_used_dirs_count) << 8) <
295                      le16_to_cpu(tmp->bg_free_inodes_count)) {
296                     gdp = tmp;
297                     break;
298                 }
299                 else
300                     i = ++i % sb->u.ext2_sb.s_groups_count;
301             }
302     */
303         if (!gdp) {
304             for (j = 0; j < sb->u.ext2_sb.s_groups_count; j++) {
305                 tmp = ext2_get_group_desc (sb, j, &bh2);
306                 if (tmp &&
307                     le16_to_cpu(tmp->bg_free_inodes_count) &&
308                     le16_to_cpu(tmp->bg_free_inodes_count) >=avefreei){
309                     if (!gdp ||
310                         (le16_to_cpu(tmp->bg_free_blocks_count) >
311                          le16_to_cpu(gdp->bg_free_blocks_count))) {
312                         i = j;
313                         gdp = tmp;
314                     }
315                 }
316             }
317         }
318     }
319     else
320     {
321         /*
322          * Try to place the inode in its parent directory
323          */
324         i = dir->u.ext2_i.i_block_group;
325         tmp = ext2_get_group_desc (sb, i, &bh2);
326         if (tmp && le16_to_cpu(tmp->bg_free_inodes_count))
327             gdp = tmp;
328         else
329         {
330             /*
331              * Use a quadratic hash to find a group with a
332              * free inode
333              */
334             for (j = 1; j < sb->u.ext2_sb.s_groups_count; j <<= 1) {
335                 i += j;
336                 if (i >= sb->u.ext2_sb.s_groups_count)
337                     i -= sb->u.ext2_sb.s_groups_count;
338                 tmp = ext2_get_group_desc (sb, i, &bh2);
```

```
339                   if (tmp &&
340                       le16_to_cpu(tmp->bg_free_inodes_count)) {
341                       gdp = tmp;
342                       break;
343                   }
344               }
345           }
346           if (!gdp) {
347               /*
348                * That failed: try linear search for a free inode
349                */
350               i = dir->u.ext2_i.i_block_group + 1;
351               for (j = 2; j < sb->u.ext2_sb.s_groups_count; j++) {
352                   if (++i >= sb->u.ext2_sb.s_groups_count)
353                       i = 0;
354                   tmp = ext2_get_group_desc (sb, i, &bh2);
355                   if (tmp &&
356                       le16_to_cpu(tmp->bg_free_inodes_count)) {
357                       gdp = tmp;
358                       break;
359                   }
360               }
361           }
362       }
363
364       err = -ENOSPC;
365       if (!gdp)
366           goto fail;
367
368       err = -EIO;
369       bitmap_nr = load_inode_bitmap (sb, i);
370       if (bitmap_nr < 0)
371           goto fail;
372
```

对于所创建目标为目录的情景，代码作者（不知是否原作者）把 290 行至 301 行暂时注销了，说不相信这是有必要的。不过，依我们看这倒是有好处的：如果一个块组里目录的数量与空闲索引节点的数量之比小于 1/256（见 293 行），则所创建目录（不包括其子目录）能够容纳在这个块组里的概率应该是很高的。这样做也有利于减少"另起炉灶"的次数，而让子目录尽量留在父目录所在的块组里。

确定了将索引节点分配在哪一个块组中以后，就要从该块组的索引节点位图中分配一个节点了（ialloc.c：）。

[sys_open( ) > filp_open( ) > open_namei( ) > vfs_create( ) > ext2_create( ) > ext2_new_inode( )]

```
373       bh = sb->u.ext2_sb.s_inode_bitmap[bitmap_nr];
```

```
374         if ((j = ext2_find_first_zero_bit ((unsigned long *) bh->b_data,
375                         EXT2_INODES_PER_GROUP(sb))) <
376             EXT2_INODES_PER_GROUP(sb)) {
377             if (ext2_set_bit (j, bh->b_data)) {
378                 ext2_error (sb, "ext2_new_inode",
379                         "bit already set for inode %d", j);
380                 goto repeat;
381             }
382             mark_buffer_dirty(bh);
383             if (sb->s_flags & MS_SYNCHRONOUS) {
384                 ll_rw_block (WRITE, 1, &bh);
385                 wait_on_buffer (bh);
386             }
387         } else {
388             if (le16_to_cpu(gdp->bg_free_inodes_count) != 0) {
389                 ext2_error (sb, "ext2_new_inode",
390                         "Free inodes count corrupted in group %d",
391                         i);
392                 /* Is it really ENOSPC? */
393                 err = -ENOSPC;
394                 if (sb->s_flags & MS_RDONLY)
395                     goto fail;
396
397                 gdp->bg_free_inodes_count = 0;
398                 mark_buffer_dirty(bh2);
399             }
400             goto repeat;
401         }
```

在前一节中提到过，super_block 内的 ext2_sb_info 结构中有一个索引节点位图缓冲区的指针数组，用来缓冲存储若干个块组的位图。当需要使用某个块组的索引节点位图时，就先在这个数组中找，若找不到再从设备上把这个块组的位图读入缓冲区中，并让该数组中的某个指针指向这个缓冲区。这是由 load_inode_bitmap( )完成的，其代码也在 fs/ext2/ialloc.c 中，我们把它留给读者自己阅读。

取得了目标块组的索引节点位图以后，就通过 ext2_find_first_zero_bit( )从位图中找到一位仍然为 0 的位，也就是找到一个空闲的索引节点。一般情况下，这是不会失败的，因为该块组的描述结构已经告诉我们有空闲节点。

所谓从位图中分配一个索引节点，就是通过 ext2_set_bit( )将其对应位设置成 1。这是一个宏操作，定义于 include/asm-i386/bitops.h 。

```
248    #define ext2_set_bit                __test_and_set_bit
```

也就是说，ext2_set_bit( )一方面将位图中的某一位设成 1，另一方面还检查这一位原来是否为 1，如果是就说明有了冲突，因而要 goto 转回到标号 repeat 处另行寻找。否则，如果一切顺利，索引节点的分配就成功了，此时要立即把该索引节点所在记录块的缓冲区标志成"脏"。如果 super_block 结构的 s_flags 中的 MS_SYNCHRONOUS 标志位为 1，则立即要通过 ll_rw_block( )把改变了的记录块写回磁盘并等待其完成。函数 ll_rw_block( )的代码在 drivers/block/ll_rw_blk.c 中，这已经是属于设备驱动层的内容了，所以我们把它留给下册块设备驱动一章。

但是，尽管块组的描述结构告诉我们有空闲节点，ext2_find_first_zero_bit( )还是有可能失败，因为块组的描述结构有可能已经损坏了，这往往发生在机器在运行时中途断电，或者用户不按规定程序关机的情况下。通常在这种情况发生后再次开机时系统会检测到文件系统"不干净"而强制进行一次文件系统检验（fsck）。并且，作为安全措施，在一个文件系统顺利安装了一定次数之后也要进行一次例行的检验。但尽管这样还是可能会有漏网之鱼，所以遇有块组描述结构中的信息与索引节点位图不一致时便说明块组已经损坏，该文件系统已经不一致了。如果发生了这样的情况（在位图中找不到空闲的索引节点），那就只好再找其他块组，所以（400 行）通过 goto 语句转回标号 repeat 处再来一次。

至此，变量 i 表示块组号，而 j 表示所分配的索引节点在本块组位图中的序号，根据这二者可以算出该节点在整个设备（文件子系统）中的索引节点号。我们继续往下看：

[sys_open( ) > filp_open( ) > open_namei( ) > vfs_create( ) > ext2_create( ) > ext2_new_inode( )]

```
402         j += i * EXT2_INODES_PER_GROUP(sb) + 1;
403         if (j < EXT2_FIRST_INO(sb) || j > le32_to_cpu(es->s_inodes_count)) {
404             ext2_error (sb, "ext2_new_inode",
405                     "reserved inode or inode > inodes count - "
406                     "block_group = %d,inode=%d", i, j);
407             err = -EIO;
408             goto fail;
409         }
410         gdp->bg_free_inodes_count =
411             cpu_to_le16(le16_to_cpu(gdp->bg_free_inodes_count) - 1);
412         if (S_ISDIR(mode))
413             gdp->bg_used_dirs_count =
414                 cpu_to_le16(le16_to_cpu(gdp->bg_used_dirs_count) + 1);
415         mark_buffer_dirty(bh2);
416         es->s_free_inodes_count =
417             cpu_to_le32(le32_to_cpu(es->s_free_inodes_count) - 1);
418         mark_buffer_dirty(sb->u.ext2_sb.s_sbh);
419         sb->s_dirt = 1;
420         inode->i_mode = mode;
421         inode->i_uid = current->fsuid;
422         if (test_opt (sb, GRPID))
423             inode->i_gid = dir->i_gid;
424         else if (dir->i_mode & S_ISGID) {
425             inode->i_gid = dir->i_gid;
426             if (S_ISDIR(mode))
427                 mode |= S_ISGID;
428         } else
429             inode->i_gid = current->fsgid;
430
431         inode->i_ino = j;
```

```
432         inode->i_blksize = PAGE_SIZE;   /* This is the optimal IO size
                                  (for stat), not the fs block size */
433         inode->i_blocks = 0;
434         inode->i_mtime = inode->i_atime = inode->i_ctime = CURRENT_TIME;
435         inode->u.ext2_i.i_new_inode = 1;
436         inode->u.ext2_i.i_flags = dir->u.ext2_i.i_flags;
437         if (S_ISLNK(mode))
438             inode->u.ext2_i.i_flags &= ~(EXT2_IMMUTABLE_FL | EXT2_APPEND_FL);
439         inode->u.ext2_i.i_faddr = 0;
440         inode->u.ext2_i.i_frag_no = 0;
441         inode->u.ext2_i.i_frag_size = 0;
442         inode->u.ext2_i.i_file_acl = 0;
443         inode->u.ext2_i.i_dir_acl = 0;
444         inode->u.ext2_i.i_dtime = 0;
445         inode->u.ext2_i.i_block_group = i;
446         if (inode->u.ext2_i.i_flags & EXT2_SYNC_FL)
447             inode->i_flags |= S_SYNC;
448         insert_inode_hash(inode);
449         inode->i_generation = event++;
450         mark_inode_dirty(inode);
451
452         unlock_super (sb);
453         if(DQUOT_ALLOC_INODE(sb, inode)) {
454             sb->dq_op->drop(inode);
455             inode->i_nlink = 0;
456             iput(inode);
457             return ERR_PTR(-EDQUOT);
458         }
459         ext2_debug ("allocating inode %lu\n", inode->i_ino);
460         return inode;
461
462     fail:
463         unlock_super(sb);
464         iput(inode);
465         return ERR_PTR(err);
466     }
```

分配了空闲索引节点后，还要对其节点号作一次检查。Ext2 文件系统可能保留最初的若干索引节点不用，此外超级块中的 s_inodes_count 也可能与各块组中索引节点的总和不一致（通常发生在用户使用工具对超级块进行了某种修补以后）。

下面就是对块组描述结构和超级块中数据的调整，以及对新建立的 inode 结构的初始化了。读者应注意对新创建文件（或目录）的用户号 uid 和组号 gid 的设置。首先，新创文件的 uid 并不是当前进程的 uid，而是它的 fsuid。也就是说，如果当前进程是因为执行一个 suid 可执行程序而成为超级用户的，那么它所创建的文件属于超级用户(uid 为 0)。或者，如果当前进程通过设置进程的用户号转到了另一个用户的名下，那么它所创建的文件也就属于当前进程此时实际使用的用户号，即 fsuid。组号的情况也与此类似。但是安装文件系统时可以设置一个 GRPID 标志位，使得在该文件系统中新创文件时使用其所在目录的 gid，而不管当前进程的 fsgid 是什么。或者，如果虽然 GRPID 标志位为 0，但是，所在目录的模式中的 S_ISGID 标志为 1，也就继承其所在目录的 gid。

然后将新的 inode 结构链入到 inode_hashtable 中的某个杂凑队列里，insert_ionde_hash( )的代码在 fs/inode.c 中：

[sys_open( ) > filp_open( ) > open_namei( ) > vfs_create( ) > ext2_create( ) > ext2_new_inode( ) > insert_inode_hash( )]

```
796     /**
797      * insert_inode_hash - hash an inode
798      * @inode: unhashed inode
799      *
800      * Add an inode to the inode hash for this superblock. If the inode
801      * has no superblock it is added to a separate anonymous chain.
802      */
803
804     void insert_inode_hash(struct inode *inode)
805     {
806         struct list_head *head = &anon_hash_chain;
807         if (inode->i_sb)
808             head = inode_hashtable + hash(inode->i_sb, inode->i_ino);
809         spin_lock(&inode_lock);
810         list_add(&inode->i_hash, head);
811         spin_unlock(&inode_lock);
812     }
```

索引节点号只在同一设备上保持惟一性，所以在杂凑计算时将所在设备的 super_block 结构的地址也一起计算进去，以保证其全系统范围的惟一性。

由于我们并不关心设备上存储空间的配额问题，ext2_new_inode( )的操作就完成了。回到 ext2_create( )的代码中，接着是设置新创 inode 结构中的 inode_operations 结构指针和 file_operations 结构指针，还有用于文件映射（至虚存内间中）的 address_space_operations 结构指针，使它们一一指向由 Ext2 文件系统提供的相应数据结构。这样，对这个新建文件，VFS 层与 Ext2 层之间的界面就设置好了。这些指针决定了对该文件所作的一些文件操作要通过由 Ext2 文件系统所提供的函数来完成。

至此，新文件的索引节点已经分配，内核中的 inode 数据结构也已经建立并设置好。由于新的 inode 已经通过 mark_inode_dirty( )设置成"脏"，并从杂凑队列转移到了 super_block 结构中的 s_dirty 队列里，这样内核就会（在适当的时机）把这个 inode 结构的内容写回设备上的索引节点，因此可以认为文件本身的创建已经完成了。但是，尽管如此，这个文件还只是一个"孤岛"，通向这个文件的路径还不存在。所以，回到 ext2_create( )中，下一步是要在该文件所在的目录中增加一个目录项，使新文件的文件名与其索引节点号挂上钩并出现在目录中，从而建立起通向这个文件的路径，这是由 ext2_add_entry( )完成的，其代码在 fs/ext2/namei.c 中。如前所述，目录实际上也是文件，所以在目录中增加一个目录项的操作就与普通文件的读/写很相似，我们建议读者在学习了下一节"文件的读与写"以后回过头来自己读一下这段代码。

最后，还要让新建文件的 dentry 结构(在 open_namei( )中由 lookup_hash( )创建)与 inode 结构之

间也挂上钩，这是由 d_instantiate( )完成的，其代码已在前面读过了。

函数 ext2_create( )执行完毕以后，vfs_create( )的任务也就完成了。

看完了文件的打开，再来看看文件的关闭。系统调用 close( )是由内核中的 sys_close( )实现的，有关的代码基本上都在 fs/open.c 中：

```
810     /*
811      * Careful here! We test whether the file pointer is NULL before
812      * releasing the fd. This ensures that one clone task can't release
813      * an fd while another clone is opening it.
814      */
815     asmlinkage long sys_close(unsigned int fd)
816     {
817         struct file * filp;
818         struct files_struct *files = current->files;
819
820         write_lock(&files->file_lock);
821         if (fd >= files->max_fds)
822             goto out_unlock;
823         filp = files->fd[fd];
824         if (!filp)
825             goto out_unlock;
826         files->fd[fd] = NULL;
827         FD_CLR(fd, files->close_on_exec);
828         __put_unused_fd(files, fd);
829         write_unlock(&files->file_lock);
830         return filp_close(filp, files);
831
832     out_unlock:
833         write_unlock(&files->file_lock);
834         return -EBADF;
835     }
```

代码中 FD_CLR 以及有关的宏操作定义如下，分别在 time.h 和 asm-i386/posix_types.h 中：

```
109     #define FD_CLR(fd,fdsetp)    __FD_CLR(fd,fdsetp)

55      #define __FD_CLR(fd,fdsetp) \
56              __asm__ __volatile__("btrl %1,%0": \
57              "=m" (*(__kernel_fd_set *) (fdsetp)):"r" ((int) (fd)))
```

它将位图 files->close_on_exec 中序号为 fd 的那一位清成 0。

函数 __put_unused_fd( )的代码在 fs/open.c 中：

[sys_close( ) > __put_unused_fd( )]

```
58      static inline void __put_unused_fd(struct files_struct *files,
                         unsigned int fd)
```

```
59      {
60          FD_CLR(fd, files->open_fds);
61          if (fd < files->next_fd)
62              files->next_fd = fd;
63      }
```

代码的作者在 sys_close( ) 的注释中讲述了在释放打开文件号之前先检查与其对应的 file 结构指针 filp 是否为 0 的重要性。一方面这是因为在打开文件时分配打开文件号在前，而"安装"file 结构指针在最后（见 sys_open( ) 的代码）。另一方面，一个进程在 fork 子进程时可以选择让子进程共享而不是"继承"它的资源，包括其 files_srtuct 结构。这样，如果两个进程共享同一个 file_struct 结构，其中一个进程正在打开文件，已经分配了打开文件号，但是尚未安装 file 结构指针，而另一个进程却在中途挤进来关闭这个"已打开文件"而释放了这个打开文件号，那当然会造成问题。

然后，就像 sys_open( ) 的主体是 filp_open( ) 一样，sys_close( ) 的主体也是 filp_close( )，其代码也在 fs/open.ck 中：

[sys_close( ) > filp_close( )]

```
786     /*
787      * "id" is the POSIX thread ID. We use the
788      * files pointer for this..
789      */
790     int filp_close(struct file *filp, fl_owner_t id)
791     {
792         int retval;
793
794         if (!file_count(filp)) {
795             printk("VFS: Close: file count is 0\n");
796             return 0;
797         }
798         retval = 0;
799         if (filp->f_op && filp->f_op->flush) {
800             lock_kernel( );
801             retval = filp->f_op->flush(filp);
802             unlock_kernel( );
803         }
804         fcntl_dirnotify(0, filp, 0);
805         locks_remove_posix(filp, id);
806         fput(filp);
807         return retval;
808     }
```

有些文件系统安排在关闭文件时"冲刷"文件的内容，即把文件中已经改变过的内容写回设备上，并因而在其 file_operations 数据结构中提供相应的函数指针 flush。不过，Ext2 并不作这样的安排，其函数指针 flush 为空指针，这一来关闭文件的操作就变得简单了。此外，当前进程可能对欲关闭的文件加了 POSIX 锁，但是忘了在关闭前把锁解除，所以调用 locks_remove_posix( ) 试一下，以防万一。

最后，就是 fput( )了。它递减 file 结构中的共享计数，如果递减后达到了 0 就释放该 file 结构，有关的代码在 include/linux/fs.h 和 fs/file_table.c 中。读者应注意从 sys_close( )开始我们并未见到与 fput( )配对的 fget( )。其实，这个计数是当初在打开文件时在 get_empty_filp( )中设置成 1 的，所以这里的递减与此遥相呼应。至于这一次 fput( )是否能使该计数达到 0，则取决于此时是否还有别的活动或进程在共享这个数据结构。例如，要是当初打开这个文件的进程，clone( )了一个线程，那就会在 clone( )的时候递增这个计数，如果所创建的线程尚未关闭这个文件，则因共享计数大于 1 而不会递减至 0。

[sys_close( ) > filp_close( ) > fput( )]

```
99    void fput(struct file * file)
100   {
101       struct dentry * dentry = file->f_dentry;
102       struct vfsmount * mnt = file->f_vfsmnt;
103       struct inode * inode = dentry->d_inode;
104
105       if (atomic_dec_and_test(&file->f_count)) {
106           locks_remove_flock(file);
107           if (file->f_op && file->f_op->release)
108               file->f_op->release(inode, file);
109           fops_put(file->f_op);
110           file->f_dentry = NULL;
111           file->f_vfsmnt = NULL;
112           if (file->f_mode & FMODE_WRITE)
113               put_write_access(inode);
114           dput(dentry);
115           if (mnt)
116               mntput(mnt);
117           file_list_lock( );
118           list_del(&file->f_list);
119           list_add(&file->f_list, &free_list);
120           files_stat.nr_free_files++;
121           file_list_unlock( );
122       }
123   }
```

在 fput( )中又来处理当前进程可能已经对目标文件加上而未及解除的锁，但是这一次关心的是 FL_FLOCK 锁。如前所述，这种锁一定是"协调锁"；而刚才处理的是 POSIX 锁，它可以是协调锁也可以是强制锁。

代码中的 fops_put( )是个宏操作：

```
865   #define fops_put(fops) \
866       do { \
867           if ((fops) && (fops)->owner) \
```

```
868                       __MOD_DEC_USE_COUNT((fops)->owner); \
869         } while(0)
```

显然,这里关心的是动态安装模块的使用计数。

此外,每种文件系统可以对 file 结构的释放规定一些附加操作,通过其 file_operations 结构中的函数指针 release 提供相应的操作,如果这个指针非 0 就表示需要调用这个函数。就 Ext2 文件系统而言,这个函数是 ext2_release_file( ),其代码在 fs/ext2/file.c 中:

[sys_close( ) > filp_close( ) > fput( ) > ext2_release_file( )]

```
70      /*
71       * Called when an inode is released. Note that this is different
72       * from ext2_file_open: open gets called at every open, but release
73       * gets called only when /all/ the files are closed.
74       */
75      static int ext2_release_file (struct inode * inode, struct file * filp)
76      {
77              if (filp->f_mode & FMODE_WRITE)
78                      ext2_discard_prealloc (inode);
79              return 0;
80      }
```

操作很简单,只是把预分配的数据块(见下一节)释放掉而已。

把 file 结构释放以后,目标文件的 dentry 结构以及所在设备的 vfsmount 结构就少了一个用户,所以还要调用 dput( )和 mntput( )递减它们的共享计数。同样,如果递减后达到了 0 就要将数据结构释放。还有,如果当初打开这个文件时的模式为写访问,则还要通过 put_write_access( )递减其 inode 结构中的 i_writecount 计数。如前所述,这个计数用于按普通的文件操作与按内存映射访问文件这两种途径间的互斥。

最后,所谓"释放"file 结构,就是把它从 inode_hashtable 中的杂凑队列里脱链,退还到 free_list 中。

5.6 文件的写与读

只有在"打开"了文件以后,或者说建立起进程与文件之间的"连接"之后,才能对文件进行读/写。文件的读/写主要是通过系统调用 read( )和 write( )完成的,对于读/写文件的进程,目标文件由一个"打开文件号"代表。

为了提高效率,稍为复杂一些的操作系统对文件的读/写都是带缓冲的,Linux 当然也不例外。像 VFS 一样,Linux 文件系统的缓冲机制也是它的一大特色。所谓缓冲,是指系统为最近刚读/写过的文件内容在内核中保留一份副本,以便当再次需要已经缓冲存储在副本中的内容时就不必再临时从设备上读入,而需要写的时候则可以先写到副本中,待系统较为空闲时再从副本写入设备。在多进程的系统中,由于同一文件可能为多个进程所共享,缓冲的作用就更显著了。

然而,怎样实现缓冲,在哪一个层次上实现缓冲,却是一个值得仔细加以考虑的问题。回顾一下本章开头处的文件系统层次图（图 5.3 和图 5.1），在系统中处于最高层的是进程，这一层可以称为"应用层"，是在用户空间运行的，在这里代表着目标文件的是"打开文件号"。在这一层中提供缓冲似乎最贴近文件内容的使用者，但是那样就需要用户进程的介入，从而不能做到对使用者"透明"，并且缓冲的内容不能为其他进程所共享，所以显然是不妥当的。在应用层以下是"文件层"，又可细分为 VFS 层和具体的文件系统层，再下面就是"设备层"了。这些层次都在内核中，所以在这些层次上实现缓冲都可以达到对用户透明的目标。设备层是最贴近设备，即文件内容的"源头"的地方，在这里实现缓冲显然是可行的。事实上，早期 Unix 内核中的文件缓冲就是以数据块缓冲的形式在这一层上实现的。但是，设备层上的缓冲离使用者的距离太远了一点，特别是当文件层又分为 VFS 和具体文件系统两个子层时，每次读/写都要穿越这么多界面深入到设备层就难免使人有一种"长途跋涉"之感。很自然地，设计人员把眼光投向了文件层。

在文件层中有三种主要的数据结构，就是 file 结构、dentry 结构以及 inode 结构。

先看 file 结构。前面讲过，一个 file 结构代表着目标文件的一个上下文，不但不同的进程可以在同一个文件上建立不同的上下文，就是同一个进程也可以通过打开同一个文件多次而建立起多个上下文。如果在 file 结构中设置一个缓冲区队列，那么缓冲区中的内容虽然贴近这个特定上下文的使用者，却不便于为多个进程共享，甚至不便于同一个进程打开的不同上下文"共享"。这显然是不合适的，需要把这些缓冲区像数学上的"提取公因子"那样放到一个公共的地方。

那么 dentry 结构怎么样？这个数据结构并不属于某一个上下文，也不属于某一个进程，可以为所有的进程和上下文共享。可是，dentry 结构与目标文件并不是一对一的关系，通过文件连接，我们可以为已经存在的文件建立"别名"。一个 dentry 结构只是惟一地代表着文件系统中的一个节点，也就是一个路径名，但是多个节点可以同时代表着同一个文件，所以，还应该再来一次"提取公因子"。

显然，在 inode 数据结构中设置一个缓冲区队列是最合适不过的了，首先，inode 结构与文件是一对一的关系，即使一个文件有多个路径名，最后也归结到同一个 inode 结构上。再说，一个文件中的内容是不能由其他文件共享的，在同一时间里，设备上的每一个记录块都只能属于至多一个文件（或者就是空闲），将载有同一个文件内容的缓冲区都放在其所属文件的 inode 结构中是很自然的事。因此，在 inode 数据结构中设置了一个指针 i_mapping，它指向一个 address_space 数据结构（通常这个数据结构就是 inode 结构中的 i_data），缓冲区队列就在这个数据结构中。

不过，挂在缓冲区队列中的并不是记录块而是内存页面。也就是说，文件的内容并不是以记录块为单位，而是以页面为单位进行缓冲的。如果记录块的大小为 1K 字节，那么一个页面就相当于 4 个记录块。为什么要这样做呢？这是为了将文件内容的缓冲与文件的内存映射结合在一起。我们在第 2 章中提到过，一个进程可以通过系统调用 mmap( ) 将一个文件映射到它的用户空间。建立了这样的映射以后，就可以像访问内存一样地访问这个文件。如果将文件的内容以页面为单位缓冲，放在附属于该文件的 inode 结构的缓冲队列中，那么只要相应地设置进程的内存映射表，就可以很自然地将这些缓冲页面映射到进程的用户空间中。这样，在按常规的文件操作访问一个文件时，可以通过 read( ) 和 write( ) 系统调用目标文件的 inode 结构访问这些缓冲页面；而通过内存映射机制访问这个文件时，就可以经由页面映射表直接读写这些缓冲着的页面。当目标页面不在内存中时，常规的文件操作通过系统调用 read( )、write( ) 的底层将其从设备上读入，而通过内存映射机制访问这个文件时则由"缺页异常"的服务程序将目标页面从设备上读入。也就是说，同一个缓冲页面可以满足两方面的要求，文件系统的缓冲机制和文件的内存映射机制巧妙地结合在一起了。明白了这个背景，对于上述的指针为什么叫 i_mapping，它所指向的数据结构为什么叫 address_space，就不会感到奇怪了。

可是，尽管以页面为单位的缓冲对于文件层确实是很好的选择，对于设备层则不那么合适了。对设备层而言，最自然的当然还是以记录块为单位的缓冲，因为设备的读/写都是以记录块为单位的。不过，从磁盘上读/写时主要的时间都花在准备工作（如磁头组的定位）上，一旦准备好了以后读一个记录块与接连读几个记录块相差不大，而且每次只读写一个记录块倒反而是不经济的。所以每次读写若干连续的记录块、以页面为单位来缓冲也并不成为问题。另一方面，如果以页面为单位缓冲，而一个页面相当于若干个记录块，那么无论是对于缓冲页面还是对于记录块缓冲区，其控制和附加信息（如链接指针等）显然应该游离于该页面之外，这些信息不应该映射到进程的用户空间。这个问题也不难解决。读者不妨回顾一下，第2章中讲过的 page 数据结构就是这样。在 page 数据结构中有个指针 virtual 指向其所代表的页面，但是 page 结构本身则不在这个页面中。同样地，在"缓冲区头部"即 buffer_head 数据结构中有一个指针 b_data 指向缓冲区，而 buffer_head 结构本身则不在缓冲区中。所以，在设备层中只要保持一些 buffer_head 结构，让它们的 b_data 指针分别指向缓冲页面中的相应位置上就可以了。以一个缓冲页面为例，在文件层它通过一个 page 数据结构挂入所属 inode 结构的缓冲页面队列，并且同时又可以通过各个进程的页面映射表映射到这些进程的内存空间；而在设备层则又通过若干（通常是四个，因为页面的大小为 4KB，而缓冲区的大小为 1KB）buffer_head 结构挂入其所在设备的缓冲区队列。这样，以页面为单位为文件内容建立缓冲真是"一箭三雕"。下页的示意图（图 5.6）也许有助于读者对缓冲机制的理解。

在这样一个结构框架中，一旦所欲访问的内容已经在缓冲页面队列中，读文件的效率就很高了，只要找到文件的 inode 结构（file 结构中有指针指向 dentry 结构，而 dentry 结构中有指针指向 inode 结构）就找到了缓冲页面队列，从队列中找到相应的页面就可以读出了。缓冲页面的 page 结构除链入附属于 inode 结构的缓冲页面队列外，同时也链入到一个杂凑表 page_hash_table 中的杂凑队列中（图中没有画出），所以寻找目标页面的操作也是效率很高的，并不需要在整个缓冲页面队列中线性搜索。

那么，写操作又如何呢？如前所述，一旦目标记录块已经存在于缓冲页面中，写操作只是把内容写到该缓冲页面中，所以从发动写操作的进程的角度来看速度也是很快的。至于改变了内容的缓冲页面，则由系统负责在 CPU 较为空闲时写入设备。为了这个目的，内核中设置了一个内核线程 kflushd。平时这个线程总是在睡眠，有需要时（例如写操作以后）就将其唤醒，然后当 CPU 较为空闲时就会调度其运行，将已经改变了内容的缓冲页面写回设备上。这样，启动写操作的进程和 kflushd 就好像是一条流水作业线上的上下两个工位上的操作工，而改变缓冲页面的内容（写操作）与将改变了内容的缓冲页面写回设备上（称为"同步"）则好像是上下两道工序。除这样的"分工合作"以外，每个打开了某个文件的进程还可以直接通过系统调用 sync() 强行将缓冲页面写回设备上。此外，缓冲页面的 page 结构还链入到一个 LRU 队列中，要是一个页面很久没有受到访问，内存空间又比较短缺，就可以把它释放而另作他用。

除通过缓冲来提高文件读/写的效率外，还有个措施是"预读"。就是说，如果一个进程发动了对某一个缓冲页面的读（或写）操作，并且该页面尚不在内存中而需要从设备上读入，那么就可以预测，通常情况下它接下去可能会继续往下读写，因此不妨预先将后面几个页面也一起读进来。如前所述，对于磁盘一类的"块设备"，读操作中最费时间的是磁头组定位，一旦到了位，从设备多读几个记录块并不相差多少时间。一般而言，对文件的访问有两种形式。一种是"随机访问"，其访问的位置并无规律；另一种是"顺序访问"。预读之所以可能提高效率就是因为大量的文件操作都是顺序访问。其实，以页面（而不是记录块）为单位的缓冲本身就隐含着预读，因为通常一个页面包含着 4 个记录块，只要访问的位置不在其最后一个记录块中，就多少要预读几个记录块，只不过预读的量很小而已。

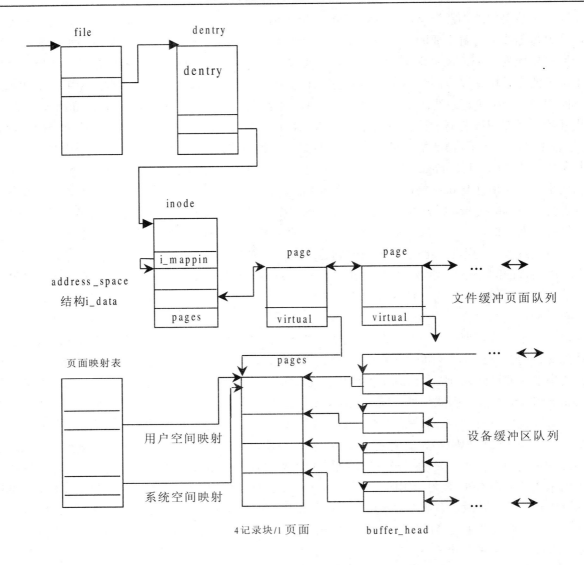

图5.6 文件页面缓冲队列与设备缓冲区队列的联系图

在早期的 Unix 系统中,由于当时的磁盘容量小,速度慢,内存也小,一般只预读一个记录块。而现在的预读,则动辄就是几十 K 字节,甚至上百 K 字节。当然,那也要视具体情况而定,所以在 include/linux/blkdev.h 中定义了一个常数 MAX_READAHEAD,其定义为:

```
184  /* read-ahead in pages.. */
185  #define MAX_READAHEAD      31
186  #define MIN_READAHEAD      3
```

这里的数值 31 表示 31 个页面,即 124K 字节。从这里也可以看出,许多比较小的文件其实都是一次就全部预读入内存的。当然,这里说的是最大预读量,实际运行时还要看其他条件,未必真的预读那么多。

由于预读的提前量已经不再限于一个记录块,现在 file 结构中实际上要维持两个上下文了。一个就是由"当前位置" f_pos 代表的真正的读/写上下文,而另一个则是预读的上下文。为此目的,在 file

结构中增设了 f_reada、f_ramax、f_raend、f_rawin 等几个字段。这几个字段的名称反映了它们的用途（ra 表示 "read ahead"），具体的含义在下面的代码中就可看到。

另一方面，预读虽然并不花费很多时间，但毕竟还是需要一点时间。当一个进程启动一次对文件内容的访问，而访问的目标又恰好不在内存中因而需要从设备上读入时，该进程只好暂时交出运行权，进入睡眠中等待，称之为"受阻"（blocked）。可是等待多久呢？一旦本次访问的目标页面进入了内存，等待中的进程就可以而且应该恢复运行了，而没有理由等待到所有预读的页面也全部进入内存。从设备上读/写一般都是通过 DMA 进行的，它固然需要一定的时间，但是并不需要 CPU 太多的干预，CPU 完全可以忙自己的事。所以，从设备上读入的操作可以分成两部分。第一部分是必须要等待的，在此期间启动本次操作的进程只好暂时停下来，这一部分操作是"同步"的。第二部分则无须等待，在此期间启动本次操作的进程可以继续运行，所以这一部分操作是异步的。至于写操作，则如前所述在大多数情况下是留给内核线程 kflushd 完成的，那当然是异步的。

读完了上面这一大段的概述，现在可以开始读代码了。先看 sys_write( )，这是系统调用 write( ) 在内核中的实现，其代码在 fs/read_write.c 中：

```
144     asmlinkage ssize_t sys_write(unsigned int fd, const char * buf,
                            size_t count)
145     {
146         ssize_t ret;
147         struct file * file;
148
149         ret = -EBADF;
150         file = fget(fd);
151         if (file) {
152             if (file->f_mode & FMODE_WRITE) {
153                 struct inode *inode = file->f_dentry->d_inode;
154                 ret = locks_verify_area(FLOCK_VERIFY_WRITE, inode, file,
155                     file->f_pos, count);
156                 if (!ret) {
157                     ssize_t (*write)(struct file *, const char *,
                            size_t, loff_t *);
158                     ret = -EINVAL;
159                     if (file->f_op && (write = file->f_op->write) != NULL)
160                         ret = write(file, buf, count, &file->f_pos);
161                 }
162             }
163             if (ret > 0)
164                 inode_dir_notify(file->f_dentry->d_parent->d_inode,
165                     DN_MODIFY);
166             fput(file);
167         }
168         return ret;
169     }
```

注意，在调用参数中并不指明在文件中写的位置，因为文件的 file 结构代表着一个上下文，记录着在文件中的"当前位置"。函数 fget( ) 根据打开文件号 fd 找到该已打开文件的 file 结构，这个 inline

函数的代码定义于 include/linux/file.h 中：

[sys_write( ) > fget( )]

```
125    struct file * fget(unsigned int fd)
126    {
127        struct file * file;
128        struct files_struct *files = current->files;
129
130        read_lock(&files->file_lock);
131        file = fcheck(fd);
132        if (file)
133            get_file(file);
134        read_unlock(&files->file_lock);
135        return file;
136    }
```

这个函数，或者更确切地说是它里面的宏操作 get_file( )，一定是与另一个函数 fput( ) 配对使用的，因为这二者一个递增 file 结构中的共享计数，另一个则递减这个计数。哪一个过程在开始时递增了某个 file 结构中的共享计数，就负有责任在结束时递减这个计数。这里 get_file( ) 的定义在 include/linux/fs.h 中：

```
521    #define get_file(x)    atomic_inc(&(x)->f_count)
```

根据打开文件号找到 file 结构，具体是由 fcheck( ) 完成的，其代码在 file.h 中：

[sys_write( ) > fget( ) > fcheck( )]

```
41     /*
42      * Check whether the specified fd has an open file.
43      */
44     static inline struct file * fcheck(unsigned int fd)
45     {
46         struct file * file = NULL;
47         struct files_struct *files = current->files;
48
49         if (fd < files->max_fds)
50             file = files->fd[fd];
51         return file;
52     }
```

一个进程要对一个已打开文件进行写操作，应满足几个必要条件。其一是相应 file 结构里 f_mode 字段中的标志位 FMODE_WRITE 为 1。这个字段的内容是在打开文件时根据对系统调用 open( ) 的参数 flags 经过变换而来的，具体见前一节中 filp_open( ) 和 dentry_open( ) 的代码。若标志位 FMODE_WRITE 为 0，则表示这个文件是按"只读"方式打开的，所以该标志位为 1 是写操作的一个必要条件。

取得了目标文件的 file 结构指针并确认文件是按可写方式打开以后，还要检查文件中从当前位置

f_pos 开始的 count 个字节是否对写操作加上了"强制锁"。这是通过 locks_verity_area( )完成的，其代码在 fs.h 中：

[sys_write( ) > locks_verify_area( )]

```
906     static inline int locks_verify_area(int read_write, struct inode *inode,
907                         struct file *filp, loff_t offset,
908                         size_t count)
909     {
910         if (inode->i_flock && MANDATORY_LOCK(inode))
911             return locks_mandatory_area(read_write, inode, filp, offset, count);
912         return 0;
913     }
```

先检查该文件究竟是否加了锁，以及是否允许使用强制锁。如果确实加了锁，并且可能是强制锁，就进一步通过 locks_mandatory_area( )检查所要求的区域是否也被强制锁住了。这个函数的代码在 fs/lock.c 中，我们在这里就不看了。它的算法是很简单的，无非就是扫描该文件的 inode 结构中的 i_flock 队列里面每一个 file_lock 数据结构并进行比对。从这里读者可以看出为什么强制锁并不总是比协调锁优越，因为对每一次读/写操作它都要扫描这个队列进行比对，这显然会降低文件读写的速度。特别是如果每次读/写的长度都很小，那样花在强制锁检查上的开销所占比例就相当大了。

通过了对强制锁的检查以后，就是写操作本身了。可想而知，不同的文件系统有不同的写操作，具体的文件系统通过其 file_operations 数据结构提供用于写操作的函数指针，就 Ext2 文件系统而言，它有两个这样的数据结构，一个是 ext2_file_operations，另一个是 ext2_dir_operations，视操作的目标为文件或目录而选择其一，在打开该文件时"安装"在其 file 结构中。对于普通的文件，这个函数指针指向 generic_file_write( )，其代码在 mm/filemap.c 中，我们分段来看。

[sys_write( ) > generic_file_write( )]

```
2426    /*
2427     * Write to a file through the page cache.
2428     *
2429     * We currently put everything into the page cache prior to writing it.
2430     * This is not a problem when writing full pages. With partial pages,
2431     * however, we first have to read the data into the cache, then
2432     * dirty the page, and finally schedule it for writing. Alternatively, we
2433     * could write-through just the portion of data that would go into that
2434     * page, but that would kill performance for applications that write data
2435     * line by line, and it's prone to race conditions.
2436     *
2437     * Note that this routine doesn't try to keep track of dirty pages. Each
2438     * file system has to do this all by itself, unfortunately.
2439     *                          okir@monad.swb.de
2440     */
2441    ssize_t
2442    generic_file_write(struct file *file, const char *buf, size_t count,
```

```
                            loff_t *ppos)
2443    {
2444        struct inode    *inode = file->f_dentry->d_inode;
2445        struct address_space *mapping = inode->i_mapping;
2446        unsigned long   limit = current->rlim[RLIMIT_FSIZE].rlim_cur;
2447        loff_t      pos;
2448        struct page *page, *cached_page;
2449        unsigned long   written;
2450        long        status;
2451        int     err;
2452
2453        cached_page = NULL;
2454
2455        down(&inode->i_sem);
2456
2457        pos = *ppos;
2458        err = -EINVAL;
2459        if (pos < 0)
2460            goto out;
2461
2462        err = file->f_error;
2463        if (err) {
2464            file->f_error = 0;
2465            goto out;
2466        }
2467
2468        written = 0;
2469
2470        if (file->f_flags & O_APPEND)
2471            pos = inode->i_size;
2472
2473        /*
2474         * Check whether we've reached the file size limit.
2475         */
2476        err = -EFBIG;
2477        if (limit != RLIM_INFINITY) {
2478            if (pos >= limit) {
2479                send_sig(SIGXFSZ, current, 0);
2480                goto out;
2481            }
2482            if (count > limit - pos) {
2483                send_sig(SIGXFSZ, current, 0);
2484                count = limit - pos;
2485            }
2486        }
2487
2488        status = 0;
2489        if (count) {
```

```
2490            remove_suid(inode);
2491            inode->i_ctime = inode->i_mtime = CURRENT_TIME;
2492            mark_inode_dirty_sync(inode);
2493        }
2494
```

如前所述，inode 结构中有个指针 i_mapping，指向一个 address_space 数据结构，其定义在 include/linux/fs.h 中：

```
365     struct address_space {
366         struct list_head        clean_pages;    /* list of clean pages */
367         struct list_head        dirty_pages;    /* list of dirty pages */
368         struct list_head        locked_pages;   /* list of locked pages */
369         unsigned long           nrpages;        /* number of total pages */
370         struct address_space_operations *a_ops; /* methods */
371         struct inode            *host;          /* owner: inode, block_device */
372         struct vm_area_struct   *i_mmap;        /* list of private mappings */
373         struct vm_area_struct   *i_mmap_shared; /* list of shared mappings */
374         spinlock_t              i_shared_lock;  /* and spinlock protecting it */
375     };
```

通常这个数据结构就在 inode 结构中，成为 inode 结构的一部分，那就是 i_data（注意切莫与 ext2_inode_info 结构中的数组 i_data[ ]相混淆）。结构中的队列头 pages 就是用来维持缓冲页面队列的。如果将文件映射到某些进程的用户空间，则指针 i_mmap 指向一串虚存区间，即 vm_area_struct 结构，其中的每一个数据结构都代表着该文件在某一个进程中的空间映射。还有个指针 a_ops 也是很重要的，它指向一个 address_space_operations 数据结构。这个结构中的函数指针给出了缓冲页面与具体文件系统的设备层之间的关系和操作，例如怎样从具体文件系统的设备上读或写一个缓冲页面等等。就 Ext2 文件系统来说，这个数据结构为 ext2_aops，是在 fs/ext2/inode.c 中定义的：

```
669     struct address_space_operations ext2_aops = {
670         readpage: ext2_readpage,
671         writepage: ext2_writepage,
672         sync_page: block_sync_page,
673         prepare_write: ext2_prepare_write,
674         commit_write: generic_commit_write,
675         bmap: ext2_bmap
676     };
```

我们在系统调用一章中讲过，在某些条件下系统调用会中途流产，而流产以后的对策就是重新执行一遍系统调用。文件操作也是这样。但是，在某些特殊的情况下，如果在中途流产的同时或之前已发生了其他的出错，则此时的重新执行所应该做的只是将出错代码返回给进程，而不应进行任何实质性的操作，file 结构中的 f_error 字段就是为此目的而设的。

如果在打开文件时的参数中将 O_APPEND 标志位设为 1，则表示对此文件的写操作只能在尾端添加，所以要将当前位置 pos 调整到文件的尾端。此外，对每个进程可以使用的各种资源，包括文件大小，是可以加上限制的。进程的 task_struct 结构中有个数组 rlim 就规定了对该进程使用各种资源的上限。其中有一项，即下标为 RLIMIT_FSIZE 处的元素，就表示对该进程的文件大小的限制。如果企图写入的位置超出了这个限制，那就要给这个进程发一个信号 SIGXFSZ，并且让系统调用失败而返回出错代码－EFBIG。

至此，只要待写的长度不为 0，那就是一次有效的写操作了，所以要在 inode 结构中打上时间印记并将该 inode 标志成"脏"，表示其内容应写回设备上的相应索引节点。这里还有一个函数 remove_suid( )，其代码在同一文件 mm/filemap.c 中：

[sys_write( ) > generic_file_write( ) > remove_suid( )]

```
2411    static inline void remove_suid(struct inode *inode)
2412    {
2413        unsigned int mode;
2414
2415        /* set S_IGID if S_IXGRP is set, and always set S_ISUID */
2416        mode = (inode->i_mode & S_IXGRP)*(S_ISGID/S_IXGRP) | S_ISUID;
2417
2418        /* was any of the uid bits set? */
2419        mode &= inode->i_mode;
2420        if (mode && !capable(CAP_FSETID)) {
2421            inode->i_mode &= ~mode;
2422            mark_inode_dirty(inode);
2423        }
2424    }
```

这段程序的意图恰如其函数名所述。如果当前进程并无设置"set uid"，即 S_ISUID 标志位的特权，而目标文件的 set uid 标志位 S_ISUID 和 S_ISGID 为 1，则应将 inode 结构中的这些标志位清成 0，也就是剥夺该文件的 set uid 和 set gid 特性。之所以要这样做的原因是简单的（我们把它留给读者，见本段后的附加说明），但是这里的代码却不那么直观。函数中的局部量 mode 实际上是作为屏蔽字使用的，第 2416 行的目的就是注释中所说的。如果 i_mode 中的标志位 S_IXGRP 为 0，那么两项相乘以后的结果也是 0，所以 mode 成为 S_ISUID。而如果 i_mode 中的标志位为 1，那么相乘以后的结果为 S_ISGID，所以 mode 就成为（S_ISGID | S_ISUID）。其余的就比较简单直观了。

此处顺便请读者考虑，如果当前进程不具备设置 S_ISUID 的特权，却具有对一个已经存在的 set uid 可执行文件的写访问权，则它可以把这个文件中的内容全部改写。这样，就相当于当前进程创建了自己的 set uid 可执行文件。

回到 generic_file_write( )的代码中继续往下看。

[sys_write( ) > generic_file_write( )]

```
2495        while (count) {
2496            unsigned long bytes, index, offset;
2497            char *kaddr;
2498            int deactivate = 1;
2499
2500            /*
2501             * Try to find the page in the cache. If it isn't there,
```

```
2502                 * allocate a free page.
2503                 */
2504                offset = (pos & (PAGE_CACHE_SIZE -1)); /* Within page */
2505                index = pos >> PAGE_CACHE_SHIFT;
2506                bytes = PAGE_CACHE_SIZE - offset;
2507                if (bytes > count) {
2508                    bytes = count;
2509                    deactivate = 0;
2510                }
2511
2512                /*
2513                 * Bring in the user page that we will copy from _first_.
2514                 * Otherwise there's a nasty deadlock on copying from the
2515                 * same page as we're writing to, without it being marked
2516                 * up-to-date.
2517                 */
2518                { volatile unsigned char dummy;
2519                    __get_user(dummy, buf);
2520                    __get_user(dummy, buf+bytes-1);
2521                }
2522
2523                status = -ENOMEM;    /* we'll assign it later anyway */
2524                page = __grab_cache_page(mapping, index, &cached_page);
2525                if (!page)
2526                    break;
2527
2528                /* We have exclusive IO access to the page.. */
2529                if (!PageLocked(page)) {
2530                    PAGE_BUG(page);
2531                }
2532
2533        status = mapping->a_ops->prepare_write(file, page, offset, offset+bytes);
2534                if (status)
2535                    goto unlock;
2536                kaddr = page_address(page);
2537                status = copy_from_user(kaddr+offset, buf, bytes);
2538                flush_dcache_page(page);
2539                if (status)
2540                    goto fail_write;
2541                status = mapping->a_ops->commit_write(file, page,
                            offset, offset+bytes);
2542                if (!status)
2543                    status = bytes;
2544
2545                if (status >= 0) {
2546                    written += status;
2547                    count -= status;
2548                    pos += status;
```

```
2549                buf += status;
2550            }
2551    unlock:
2552            /* Mark it unlocked again and drop the page.. */
2553            UnlockPage(page);
2554            if (deactivate)
2555                deactivate_page(page);
2556            page_cache_release(page);
2557
2558            if (status < 0)
2559                break;
2560        }
2561        *ppos = pos;
2562
2563        if (cached_page)
2564            page_cache_free(cached_page);
2565
2566        /* For now, when the user asks for O_SYNC, we'll actually
2567         * provide O_DSYNC. */
2568        if ((status >= 0) && (file->f_flags & O_SYNC))
2569            status = generic_osync_inode(inode, 1); /* 1 means datasync */
2570
2571        err = written ? written : status;
2572    out:
2573
2574        up(&inode->i_sem);
2575        return err;
2576    fail_write:
2577        status = -EFAULT;
2578        ClearPageUptodate(page);
2579        kunmap(page);
2580        goto unlock;
2581    }
```

写操作的主体部分是由一个 while 循环实现的。循环的次数取决于写的长度和位置，在每一次循环中，只往一个缓冲页面中写，并且将当前位置 pos 相应地向前推进，而剩下未写的长度 count 则逐次减少。首先要根据当前位置 pos 计算出本次循环中要写的缓冲页面 index、在该页面中的起点 offset 以及写入长度 bytes。计算时将整个文件的内容当作一个连续的线性存储空间，将 pos 右移 PAGE_CACHE_SHIFT 位跟将 pos 被页面大小所整除是等价的（但是更快）。计算出了缓冲页面在目标文件中的逻辑序号 index 以后，就通过__grab_cache_page()找到该缓冲页面，如找不到，就分配、建立一个缓冲页面，其代码在 filemap.c 中：

[sys_write( ) > generic_file_write( ) > __grab_cache_page( )]

```
2378    static inline struct page *
            __grab_cache_page(struct address_space *mapping,
```

```
2379                      unsigned long index, struct page **cached_page)
2380    {
2381        struct page *page, **hash = page_hash(mapping, index);
2382    repeat:
2383        page = __find_lock_page(mapping, index, hash);
2384        if (!page) {
2385            if (!*cached_page) {
2386                *cached_page = page_cache_alloc();
2387                if (!*cached_page)
2388                    return NULL;
2389            }
2390            page = *cached_page;
2391            if (add_to_page_cache_unique(page, mapping, index, hash))
2392                goto repeat;
2393            *cached_page = NULL;
2394        }
2395        return page;
2396    }
```

首先是通过杂凑计算从页面杂凑表 page_hash_table 中找到所在或应该在的杂凑队列。与 page_hash() 有关的代码和定义在 include/linux/pagemap.h 中：

```
68  #define page_hash(mapping, index) (page_hash_table+_page_hashfn(mapping, index))

46      struct page **page_hash_table;

50      /*
51       * We use a power-of-two hash table to avoid a modulus,
52       * and get a reasonable hash by knowing roughly how the
53       * inode pointer and indexes are distributed (ie, we
54       * roughly know which bits are "significant")
55       *
56       * For the time being it will work for struct address_space too (most of
57       * them sitting inside the inodes). We might want to change it later.
58       */
59      extern inline unsigned long _page_hashfn(struct address_space * mapping,
                                                 unsigned long index)
60      {
61      #define i (((unsigned long) mapping)/    \
                        (sizeof(struct inode) &~(sizeof(struct inode) - 1)))
62      #define s(x) ((x)+((x)>>PAGE_HASH_BITS))
63          return s(i+index) & (PAGE_HASH_SIZE-1);
64      #undef i
65      #undef s
66      }
```

值得注意的是，在杂凑计算中除页面的逻辑序号 index 外还使用了指针 mapping，这是因为页面在文件中的逻辑序号在系统范围内并不是惟一的。

这里 page_hash( ) 返回的是一个指向数组 page_hash_table 中某一元素的指针,而这个元素本身则又是一个 page 结构指针,指向队列中的第一个 page 结构。

找到了目标页面所在,或者应该在的杂凑队列后,就要搜索这个队列,找到该页面的 page 结构,这是由 __find_lock_page( ) 完成的。我们在这里就不看这些低层函数的代码了,读者不妨回顾一下第 2 章中的代码。

总之,如果在队列中找到了目标页面就万事大吉,找不到就要通过 page_cache_alloc( ) 分配一个空闲(并且空白)的页面,并通过 add_to_page_cache_unique( ) 将其链入相应的杂凑队列中。不过,在调用 __grab_cache_page( ) 时也可以通过调用参数带下一个空闲页面来,此时就把带下来的页面先用掉,而不分配新的页面了。

这样,只要系统中还有可用的页面,从 __grab_cache_page( ) 返回到 generic_file_write( ) 中时一定已经有了一个缓冲页面,只是这个页面有可能是个新分配的空白页面。新分配的空白页面与业已存在的缓冲页面除在内容上有根本性的区别外,在结构上也有个重要的区别。那就是前面所讲的,缓冲页面一方面与一个 page 结构相联系,另一方面又要与若干记录块缓冲区的头部,即 buffer_head 数据结构相联系,而新分配的页面则尚无 buffer_head 结构与之挂钩。所以,对于新分配的空白页面一来要为其配备相应的 buffer_head 数据结构,二来要将目标页面的内容先从设备中读入(因为写操作未必是整个页面的写入)。不仅如此,就是业已存在的老页面也有个缓冲页面中的内容是否"up_to_date",即是否一致的问题。这里所谓"一致",是指缓冲页面或缓冲区中的内容与设备上的逻辑内容(不一定是物理内容)一致,详细情况可看后面对 _block_commit_write( ) 的讨论。换言之,在开始写入前还要做一些准备工作,而这些准备工作与具体文件系统有关,所以由具体的 address_space_operations 数据结构通过函数指针 prepare_write 提供具体的操作函数,就 Ext2 文件系统而言,这个函数为 ext2_prepare_wrete( ),其代码在 fs/ext2/inode.c 中:

[sys_write( ) > generic_file_write( ) > ext2_prepare_write( )]

```
661     static int ext2_prepare_write(struct file *file, struct page *page,
                         unsigned from, unsigned to)
662     {
663         return block_prepare_write(page, from, to, ext2_get_block);
        }
```

这里 block_prepare_write( ) 是个通用的函数,定义于 fs/buffer.c,其具体的低层操作由作为参数传递的函数指针决定,而这里传下去的函数为 ext2_get_block( )。

[sys_write( ) > generic_file_write( ) > ext2_prepare_write( ) > block_prepare_write( )]

```
1832    int block_prepare_write(struct page *page, unsigned from, unsigned to,
1833                get_block_t *get_block)
1834    {
1835        struct inode *inode = page->mapping->host;
1836        int err = __block_prepare_write(inode, page, from, to, get_block);
1837        if (err) {
1838            ClearPageUptodate(page);
```

```
1839            kunmap(page);
1840        }
1841        return err;
1842    }
```

显然，这个函数的主体是__block_prepare_write( )，它的代码也在同一文件 fs/buffer.c 中：

[sys_write( ) > generic_file_write( ) > ext2_prepare_write( ) > block_prepare_write( ) > __block_prepare_write( )]

```
1557    static int __block_prepare_write(struct inode *inode, struct page *page,
1558            unsigned from, unsigned to, get_block_t *get_block)
1559    {
1560        unsigned block_start, block_end;
1561        unsigned long block;
1562        int err = 0;
1563        unsigned blocksize, bbits;
1564        struct buffer_head *bh, *head, *wait[2], **wait_bh=wait;
1565        char *kaddr = kmap(page);
1566
1567        blocksize = inode->i_sb->s_blocksize;
1568        if (!page->buffers)
1569            create_empty_buffers(page, inode->i_dev, blocksize);
1570        head = page->buffers;
1571
1572        bbits = inode->i_sb->s_blocksize_bits;
1573        block = page->index << (PAGE_CACHE_SHIFT - bbits);
1574
1575        for(bh = head, block_start = 0; bh != head || !block_start;
1576            block++, block_start=block_end, bh = bh->b_this_page) {
1577            if (!bh)
1578                BUG( );
1579            block_end = block_start+blocksize;
1580            if (block_end <= from)
1581                continue;
1582            if (block_start >= to)
1583                break;
1584            if (!buffer_mapped(bh)) {
1585                err = get_block(inode, block, bh, 1);
1586                if (err)
1587                    goto out;
1588                if (buffer_new(bh)) {
1589                    unmap_underlying_metadata(bh);
1590                    if (Page_Uptodate(page)) {
1591                        set_bit(BH_Uptodate, &bh->b_state);
1592                        continue;
1593                    }
1594                    if (block_end > to)
```

```
1595                        memset(kaddr+to, 0, block_end-to);
1596                    if (block_start < from)
1597                        memset(kaddr+block_start, 0, from-block_start);
1598                    if (block_end > to || block_start < from)
1599                        flush_dcache_page(page);
1600                    continue;
1601                }
1602            }
1603            if (Page_Uptodate(page)) {
1604                set_bit(BH_Uptodate, &bh->b_state);
1605                continue;
1606            }
1607            if (!buffer_uptodate(bh) &&
1608                 (block_start < from || block_end > to)) {
1609                ll_rw_block(READ, 1, &bh);
1610                *wait_bh++=bh;
1611            }
1612        }
1613        /*
1614         * If we issued read requests - let them complete.
1615         */
1616        while(wait_bh > wait) {
1617            wait_on_buffer(*--wait_bh);
1618            err = -EIO;
1619            if (!buffer_uptodate(*wait_bh))
1620                goto out;
1621        }
1622        return 0;
1623    out:
1624        return err;
1625    }
```

参数 get_block 是个函数指针，对于 Ext2 文件系统它指向 ext2_get_block( )。这个函数的作用是为一个给定的缓冲页面中的记录块缓冲区做好写入的准备。如前所述，因具体文件系统和设备的不同，记录块的大小也可能不同，其实际的大小记录在设备的超级块中，从而在 super_block 结构中。一个页面由若干个记录块构成。对于原已存在的页面，这些缓冲区的 buffer_head 结构都通过指针 b_this_page 指向同一页面中的下一个 buffer_head，而形成缓冲页面 page 结构里的队列 buffers。而如果是新分配建立的页面，则要通过 create_empty_buffers( ) 为该页面配备好相应的 buffer_head 结构，并建立起这个队列。这个函数的代码也在 buffer.c 中：

[sys_write( ) > generic_file_write( ) > ext2_prepare_write( ) >block_prepare_write( ) > __block_prepare_write( ) > create_empty_buffers( )]

```
1426    static void create_empty_buffers(struct page *page, kdev_t dev,
                            unsigned long blocksize)
1427    {
1428        struct buffer_head *bh, *head, *tail;
```

```
1429
1430            head = create_buffers(page, blocksize, 1);
1431            if (page->buffers)
1432                BUG( );
1433
1434        bh = head;
1435        do {
1436            bh->b_dev = dev;
1437            bh->b_blocknr = 0;
1438            bh->b_end_io = NULL;
1439            tail = bh;
1440            bh = bh->b_this_page;
1441        } while (bh);
1442        tail->b_this_page = head;
1443        page->buffers = head;
1444        page_cache_get(page);
1445    }
```

这里的 page_cache_get( ) 只是递增 page 结构中的共享计数。

回到 __block_prepare_write( ) 的代码中。如前所述，虽然在文件系统层次上是以页面为单位缓冲的，在设备层次上却是以记录块为单位缓冲的。所以，如果一个缓冲页面的内容是一致的，就意味着构成这个页面的所有记录块的内容都一致，反过来，如果一个缓冲页面不一致，则未必每个记录块都不一致。因此，要根据写入的位置和长度找到具体涉及的记录块，针对这些记录块做写入的准备。

做些什么准备呢？简而言之就是使有关记录块缓冲区的内容与设备上相关记录块的内容相一致。如果缓冲页面已经建立起对物理记录块的映射，则需要做的只是检查一下目录记录块的内容是否一致（见第1607行和1608行），如果不一致就通过 ll_rw_block( ) 将设备上的记录块读到缓冲区中。由此可见，对文件的写操作实际上往往是"写中有读"、"欲写先读"。

可是，如果缓冲页面是新的，尚未映射到物理记录块呢？那就比较复杂一些了，因为根据页面号、页面大小、记录块大小计算所得的记录块号（见1585行）只是文件内部的逻辑块号，这是在假定文件的内容为连续的线性空间这么一个前提下计算出来的，而实际的记录块在设备上的位置则是动态地分配和回收的。另一方面，在设备层也根本没有文件的概念，而只能按设备上的记录块号读写。设备上的记录块号也是逻辑块号，与设备上的记录块位图相对应。而设备上的逻辑块号与物理记录块有着一一对应的关系，所以在文件层也可以认为是"物理块号"。总而言之，这里有一个从文件内的逻辑记录块号到设备上的记录块号之间的映射问题。缺少了对这种映射关系的描述，就无法根据文件内的逻辑块号在设备上找到相应的记录块。可想而知，不同的文件系统可能有不同的映射关系或过程，这就是要由作为参数传给 __block_prepare_write( ) 的函数指针 get_block 来完成这种映射的原因。对于Ext2文件系统这个函数是 ext2_get_block( )，在 fs/ext2/inode.c 中：

[sys_write( ) > generic_file_write( ) > ext2_prepare_write( ) > block_prepare_write( ) > __block_prepare_write( ) > ext2_get_block( )]

```
506    static int ext2_get_block(struct inode *inode, long iblock,
                                 struct buffer_head *bh_result, int create)
507    {
```

```
508            int err = -EIO;
509            int offsets[4];
510            Indirect chain[4];
511            Indirect *partial;
512            unsigned long goal;
513            int left;
514            int depth = ext2_block_to_path(inode, iblock, offsets);
515
516            if (depth == 0)
517                goto out;
518
519            lock_kernel();
520     reread:
521            partial = ext2_get_branch(inode, depth, offsets, chain, &err);
522
523            /* Simplest case - block found, no allocation needed */
524            if (!partial) {
525     got_it:
526                bh_result->b_dev = inode->i_dev;
527                bh_result->b_blocknr = le32_to_cpu(chain[depth-1].key);
528                bh_result->b_state |= (1UL << BH_Mapped);
529                /* Clean up and exit */
530                partial = chain+depth-1; /* the whole chain */
531                goto cleanup;
532            }
533
534            /* Next simple case - plain lookup or failed read of indirect block */
535            if (!create || err == -EIO) {
536     cleanup:
537                while (partial > chain) {
538                    brelse(partial->bh);
539                    partial--;
540                }
541                unlock_kernel();
542     out:
543                return err;
544            }
545
546            /*
547             * Indirect block might be removed by truncate while we were
548             * reading it. Handling of that case (forget what we've got and
549             * reread) is taken out of the main path.
550             */
551            if (err == -EAGAIN)
552                goto changed;
553
554            if (ext2_find_goal(inode, iblock, chain, partial, &goal) < 0)
555                goto changed;
```

```
556
557            left = (chain + depth) - partial;
558            err = ext2_alloc_branch(inode, left, goal,
559                        offsets+(partial-chain), partial);
560            if (err)
561                goto cleanup;
562
563            if (ext2_splice_branch(inode, iblock, chain, partial, left) < 0)
564                goto changed;
565
566            bh_result->b_state |= (1UL << BH_New);
567            goto got_it;
568
569        changed:
570            while (partial > chain) {
571                bforget(partial->bh);
572                partial--;
573            }
574            goto reread;
575        }
```

参数 iblock 表示所处理的记录块在文件中的逻辑块号，inode 则指向文件的 inode 结构；参数 create 表示是否需要创建。从__block_prepare_write( )中传下的实际参数值为 1，所以我们在这里只关心 create 为 1 的情景。从文件内块号到设备上块号的映射，最简单最迅速的当然莫过于使用一个以文件内块号为下标的线性数组，并且将这个数组置于索引节点 inode 结构中。可是，那样就需要很大的数组，从而使索引节点和 inode 结构也变得很大，或者就得使用可变长度的索引节点而使文件系统的结构更加复杂。

另一种方法是采用间接寻址，也就是将上述的数组分块放在设备上本来可用于存储数据的若干记录块中，而将这些记录块的块号放在索引节点和 inode 结构中。这些记录块虽然在设备上的数据区（而不是索引节点区）中，却并不构成文件本身的内容，而只是一些管理信息。由于索引节点（和 inode 结构）应该是固定大小的，所以当文件较大时还要将这种间接寻址的结构框架做成树状或链状，这样才能随着文件本身的大小而扩展其容量，显然，这种方法解决了容量的问题，但是降低了运行时的效率。

基于这些考虑，从 Unix 早期就采用了一种折衷的方法，可以说是直接与间接相结合。其方法是把整个文件的记录块寻址分成几个部分来实现。第一部分是个以文件内块号为下标的数组，这是采用直接映射的部分，对于较小的文件这一部分就够用了。由于根据文件内块号就可以在 inode 结构里的数组中直接找到相应的设备上块号，所以效率很高。至于比较大的文件，其开头那一部分记录块号也同样直接就可以找到，但是当文件的大小超出这一部分的容量时，超出的那一部分就要采用间接寻址了。Ext2 文件系统的这一部分的大小为 12 个记录块，即数组的大小为 12。当记录块大小为 1K 字节时，相应的文件大小为 12K 字节。在 Ext2 文件系统的 ext2_inode_info 结构中，有个大小为 15 的整型数组 i_data[ ]，其开头 12 个元素即用于此项目。当文件大小超过这一部分的容量时，该数组中的第 13 个元素指向一个记录块，这个记录块的内容也是一个整型数组，其中的每个元素都指向一个设备上记录块。如果记录块大小为 1K 字节，则该数组的大小为 256，也就是说间接寻址的容量为 256 个记录块，即 256K

字节。这样，两个部分的总容量为 12K + 256K=268K 字节。可是，更大的文件还是容纳不下，所以超过此容量的部分要进一步采用双重（二层）间接寻址。此时 inode 结构里 i_data[ ]数组中的第 14 个元素指向另一个记录块，该记录块的内容也是一个数组，但是每个元素都指向另一个记录块中的数组，那才是文件内块号至设备上块号的映射表。这么一来，双重间接寻址部分的能力为 256×256=64K 个记录块，即 64M 字节。依此类推，数组 i_data[ ]中的第 15 个元素用于三重（三层）间接导址，这一部分的容量可达 256×256×256=16M 个记录块，也就是 16G 字节，所以，对于 32 位结构的系统，当记录块大小为 1K 字节时，文件的最大容量为 16G+64M+256K+12K。如果设备的容量大于这个数值，就得采用更大的记录块大小了。图 5.7 是一个关于直接和间接映射的示意图。

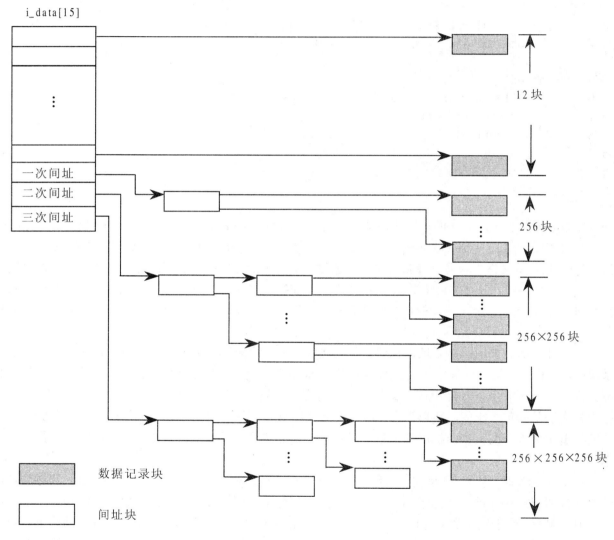

图 5.7　多重间接映射示意图

从严格意义上说，i_data[ ]其实不能说是一个数组，因为它的元素并不都是同一类型的。但是，从另一个角度说，则这些元素毕竟都是长整数，都代表着设备上一个记录块，只是这些记录块的用途不同而已。

这里还要注意,在 inode 结构中有个成分名为 i_data,这是一个 address_space 数据结构。而作为 inode 结构一部分的 ext2_inode_info 结构中，也有个名为 i_data 的数组，实际上就是记录块映射表，二者毫无关系。从概念上说，inode 结构是设备上的索引节点即 ext2_inode 结构的对应物，但实际上 inode 结构中的很多内容并非来自 ext2_inode 结构。相比之下，ext2_inode_info 结构中的信息才是基本上与设备上的索引节点相对应的。例如，与 ext2_inode_info 中的数组 i_data[ ]相对应，在 ext2_inode 结构中也有个数组 i_block[ ]，两个数组的大小也相同。而 ext2_inode_info 中的数组 i_data[ ]之所以不能再大一些，就是因为索引节点中的数组 i_block[ ]只能这么大了。那么内存中的 inode 结构为什么与设备上的索引节点有相当大的不同呢？原因在于设备上索引节点的大小受到更多的限制，所以在索引节点中只能存储必需的信息，而且是相对静态的信息。而内存中的 inode 结构就不同了，它受的限制比较小，除了来自索引节点的必需信息外还可以用来保存一些为方便和提高运行效率所需的信息，还有一些运行时需要的更为动态的信息，如各种指针，以及为实现某些功能所需的信息，如 i_sock, i_pipe, i_wait 和 i_flock 等等。还应提醒读者，设备上的索引节点数量与设备的大小以及文件系统格式的设计有直接的关系，设备上的每一个文件都有一个索引节点，但是内存中的 inode 结构则主要是缓冲性质的，实际上只有很小一部分文件在内存中建立并保持 inode 结构。

有了这些背景知识，我们就可以深入到 ext2_get_block( )的代码中了。这里用到的一些宏定义都在 include/linux/ext2_fs.h 中：

```
85      # define EXT2_BLOCK_SIZE(s)      ((s)->s_blocksize)

90      #define  EXT2_ADDR_PER_BLOCK(s) (EXT2_BLOCK_SIZE(s)/sizeof (__u32) )

97      #define  EXT2_ADDR_PER_BLOCK_BITS(s)((s)->u.ext2_sb.s_addr_per_block_bits)

174     /*
175      * Constants relative to the data blocks
176      */
177     #define EXT2_NDIR_BLOCKS         12
178     #define EXT2_IND_BLOCK           EXT2_NDIR_BLOCKS
179     #define EXT2_DIND_BLOCK          (EXT2_IND_BLOCK + 1)
180     #define EXT2_TIND_BLOCK          (EXT2_DIND_BLOCK + 1)
181     #define EXT2_N_BLOCKS            (EXT2_TIND_BLOCK + 1)
```

这些定义中的 EXT2_NDIR_BLOCKS 为 12，表示直接映射的记录块数量。EXT2_IND_BLOCK 的值也是 12，表示在 i_data[ ]数组中用于一次间接映射的元素下标。而 EXT2_DIND_BLOCK 和 EXT2_TIND_BLOCK 则分别为用于二次间接和三次间接的元素下标。至于 EXT2_N_BLOCKS 则为 i_data[ ]数组的大小。

首先根据文件内块号计算出这个记录块落在哪一个区间，要采用几重映射（1 表示直接）。这是由 ext2_block_to_path( )完成的，其代码在 fs/ext2/inode.c 中：

[sys_write( ) > generic_file_write( ) > ext2_prepare_write( ) > block_prepare_write( ) > __block_prepare_write( ) > ext2_get_block( ) > ext2_block_to_path( )]

```
144     /**
145      * ext2_block_to_path - parse the block number into array of offsets
146      * @inode: inode in question (we are only interested in its superblock)
```

```
147         * @i_block: block number to be parsed
148         * @offsets: array to store the offsets in
149         *
150         * To store the locations of file's data ext2 uses a data structure common
151         * for UNIX filesystems - tree of pointers anchored in the inode, with
152         * data blocks at leaves and indirect blocks in intermediate nodes.
153         * This function translates the block number into path in that tree -
154         * return value is the path length and @offsets[n] is the offset of
155         * pointer to (n+1)th node in the nth one. If @block is out of range
156         * (negative or too large) warning is printed and zero returned.
157         *
158         * Note: function doesn't find node addresses, so no IO is needed. All
159         * we need to know is the capacity of indirect blocks (taken from the
160         * inode->i_sb).
161         */
162
163     /*
164      * Portability note: the last comparison (check that we fit into triple
165      * indirect block) is spelled differently, because otherwise on an
166      * architecture with 32-bit longs and 8Kb pages we might get into trouble
167      * if our filesystem had 8Kb blocks. We might use long long, but that would
168      * kill us on x86. Oh, well, at least the sign propagation does not matter
169      * i_block would have to be negative in the very beginning, so we would not
170      * get there at all.
171      */
172
173     static int ext2_block_to_path(struct inode *inode, long i_block,
                                            int offsets[4])
174     {
175         int ptrs = EXT2_ADDR_PER_BLOCK(inode->i_sb);
176         int ptrs_bits = EXT2_ADDR_PER_BLOCK_BITS(inode->i_sb);
177         const long direct_blocks = EXT2_NDIR_BLOCKS,
178             indirect_blocks = ptrs,
179             double_blocks = (1 << (ptrs_bits * 2));
180         int n = 0;
181
182         if (i_block < 0) {
183             ext2_warning (inode->i_sb, "ext2_block_to_path", "block < 0");
184         } else if (i_block < direct_blocks) {
185             offsets[n++] = i_block;
186         } else if ( (i_block -= direct_blocks) < indirect_blocks) {
187             offsets[n++] = EXT2_IND_BLOCK;
188             offsets[n++] = i_block;
189         } else if ((i_block -= indirect_blocks) < double_blocks) {
190             offsets[n++] = EXT2_DIND_BLOCK;
191             offsets[n++] = i_block >> ptrs_bits;
192             offsets[n++] = i_block & (ptrs - 1);
193         } else if (((i_block -= double_blocks) >> (ptrs_bits * 2)) < ptrs) {
```

```
194            offsets[n++] = EXT2_TIND_BLOCK;
195            offsets[n++] = i_block >> (ptrs_bits * 2);
196            offsets[n++] = (i_block >> ptrs_bits) & (ptrs - 1);
197            offsets[n++] = i_block & (ptrs - 1);
198        } else {
199            ext2_warning (inode->i_sb, "ext2_block_to_path", "block > big");
200        }
201        return n;
202    }
```

根据上面这些宏定义，在记录块大小为 1K 字节时，代码中的局部量 ptrs 赋值为 256，从而 indirect_blocks 也是 256。与 ptrs 相对应的 ptrs_bits 则为 8，因为 256 是由 1 左移 8 位而成的。同样地，二次间接的容量 double_blocks 就是由 1 左移 16 位，即 64K。而三次间接的容量为由 1 左移 24 位，即 16M。

除映射"深度"外，还要算出在每一层映射中使用的位移量，即数组中的下标，并将计算的结果放在一个数组 offset[ ]中备用。例如，文件内块号 10 不需要间接映射，一步就能到位，所以返回值为 1，并于 offset[0]中返回在第一个数组，即 i_data[ ]中的位移 10。可是，假若文件内块号为 20，则返回值为 2，而 offset[0]为 12，offset[1]为 8。这样，就在数组 offset[ ]中为各层映射提供了一条路线。数组的大小是 4，因为最多就是三重间接。参数 offset 实际上是一个指针，在 C 语言里数组名与指针是等价的。

如果 ext2_block_to_path( )的返回值为 0 表示出了错，因为文件内块号与设备上块号之间至少也得映射一次。出错的原因可能是文件内块号太大或为负值，或是下面要讲到的冲突。否则，就进一步从磁盘上逐层读入用于间接映射的记录块，这是由 ext2_get_branch( )完成的。

[sys_write( ) > generic_file_write( ) > ext2_prepare_write( ) > block_prepare_write( )
 > __block_prepare_write( ) > ext2_get_block( ) > ext2_get_branch( )]

```
204    /**
205     *    ext2_get_branch - read the chain of indirect blocks leading to data
206     *    @inode: inode in question
207     *    @depth: depth of the chain (1 - direct pointer, etc.)
208     *    @offsets: offsets of pointers in inode/indirect blocks
209     *    @chain: place to store the result
210     *    @err: here we store the error value
211     *
212     *    Function fills the array of triples <key, p, bh> and returns %NULL
213     *    if everything went OK or the pointer to the last filled triple
214     *    (incomplete one) otherwise. Upon the return chain[i].key contains
215     *    the number of (i+1)-th block in the chain (as it is stored in memory,
216     *    i.e. little-endian 32-bit), chain[i].p contains the address of that
217     *    number (it points into struct inode for i==0 and into the bh->b_data
218     *    for i>0) and chain[i].bh points to the buffer_head of i-th indirect
219     *    block for i>0 and NULL for i==0. In other words, it holds the block
220     *    numbers of the chain, addresses they were taken from (and where we can
221     *    verify that chain did not change) and buffer_heads hosting these
222     *    numbers.
223     *
```

```
224      *      Function stops when it stumbles upon zero pointer (absent block)
225      *              (pointer to last triple returned, *@err == 0)
226      *      or when it gets an IO error reading an indirect block
227      *              (ditto, *@err == -EIO)
228      *      or when it notices that chain had been changed while it was reading
229      *              (ditto, *@err == -EAGAIN)
230      *      or when it reads all @depth-1 indirect blocks successfully and finds
231      *      the whole chain, all way to the data (returns %NULL, *err == 0).
232      */
233     static inline Indirect *ext2_get_branch(struct inode *inode,
234                                             int depth,
235                                             int *offsets,
236                                             Indirect chain[4],
237                                             int *err)
238     {
239         kdev_t dev = inode->i_dev;
240         int size = inode->i_sb->s_blocksize;
241         Indirect *p = chain;
242         struct buffer_head *bh;
243
244         *err = 0;
245         /* i_data is not going away, no lock needed */
246         add_chain (chain, NULL, inode->u.ext2_i.i_data + *offsets);
247         if (!p->key)
248             goto no_block;
249         while (--depth) {
250             bh = bread(dev, le32_to_cpu(p->key), size);
251             if (!bh)
252                 goto failure;
253             /* Reader: pointers */
254             if (!verify_chain(chain, p))
255                 goto changed;
256             add_chain(++p, bh, (u32*)bh->b_data + *++offsets);
257             /* Reader: end */
258             if (!p->key)
259                 goto no_block;
260         }
261         return NULL;
262
263     changed:
264         *err = -EAGAIN;
265         goto no_block;
266     failure:
267         *err = -EIO;
268     no_block:
269         return p;
270     }
```

与前一个函数中的 offset[ ] 一样，这里的参数 chain[ ] 也是一个指针，指向一个 Indirect 结构数组，其类型定义于 fs/ext2/inode.c：

```
125     typedef struct {
126         u32 *p;
127         u32 key;
128         struct buffer_head *bh;
129     } Indirect;
```

根据数组 offset[ ]（参数 offsets 指向这个数组）的指引，这个函数逐层将用于记录块号映射的记录块读入内存，并将指向缓冲区的指针保存在数组 chain[ ] 的相应元素，即 Indirect 结构中。同时，还要使该 Indirect 结构中的指针 p 指向本层记录块号映射表（数组）中的相应表项，并使字段 key 持有该表项的内容。具体 Indirect 结构的内容是由 add_chain( ) 设置的：

[sys_write( ) > generic_file_write( ) > ext2_prepare_write( ) > block_prepare_write( ) > __block_prepare_write( ) > ext2_get_block( ) > ext2_get_branch( ) > add_chain( )]

```
131     static inline void add_chain(Indirect *p, struct buffer_head *bh, u32 *v)
132     {
133         p->key = *(p->p = v);
134         p->bh = bh;
135     }
```

仍以前面所举的两个逻辑块为例。文件内块号 10 不需要间接映射，所以只用 chain[0] 一个 Indirect 结构。其指针 bh 为 NULL，因为没有用于间接映射的记录块；指针 p 指向映射表中直接映射部分下标为 10 处，即 &inode->u.ext2_i.i_data[10]；而 key 则持有该表项的内容，即所映射的设备上块号。相比之下，文件内块号 20 需要一次间接映射，所以要用 chain[0] 和 chain[1] 两个表项。第一个表项 chain[0] 中的指针 bh 仍为 NULL，因为在这一层上没有用于间接映射的记录块；指针 p 指向映射表中下标为 12 处，即 &inode->u.ext2_i.i_data[12]，这是用于一层间接映射的表项；而 key 则持有该表项的内容，即用于一层间接映射的记录块的设备上块号。第二个表项 chain[1] 中的指针 bh 则指向该记录块的缓冲区，这个缓冲区的内容就是用作映射表的一个整数数组。所以 chain[1] 中的指针 p 指向这个数组中下标为 8 处，而 key 则持有该表项的内容，即经过间接映射后的设备上块号。这样，根据具体映射的深度 depth，数组 chain[ ] 中的最后一个元素，更确切地说是 chain[depth－1].key，总是持有目标记录块的物理块号。而从 chain[ ] 中的第一个元素 chain[0] 到具体映射的最后一个元素 chain[depth－1]，则提供了具体映射的整个路径，构成了一条映射链，这也是数组名 chain 的由来。如果把映射的过程看成"爬树"的过程，则一条映射链也可看成决定着树上的一个分枝，所以叫 ext2_get_branch( )。

给定 chain[ ] 数组中的两个 Indirect 结构，可以通过一个函数 verify_chain( ) 检查它们是否构成一条有效的映射链（fs\ext2\inode.c）：

[sys_write( ) > generic_file_write( ) > ext2_prepare_write( ) > block_prepare_write( ) > __block_prepare_write( ) > ext2_get_block( ) > ext2_get_branch( ) > verify_chain( )]

```
137     static inline int verify_chain(Indirect *from, Indirect *to)
138     {
```

```
139         while (from <= to && from->key == *from->p)
140             from++;
141         return (from > to);
142     }
```

在 ext2_get_branch( )的代码中可以看到：从设备上逐层读入用于间接映射的记录块时，每通过 bread( )读入一个记录块以后都要调用 verify_chain( )再检查一下映射链的有效性，实质上是检查各层映射表中有关的内容是否改变了（见代码中的条件 from->key = = *from->p）。为什么有可能改变呢？这是因为从设备上读入一个记录块是费时间的操作，当前进程会进入睡眠而系统会调度其他进程运行。这样，就有可能发生冲突了。例如，被调度运行的进程可能会打开这个文件并加以截尾，即把文件原有的内容删除。所以，当因等待读入中间记录块而进入睡眠的进程恢复运行的时候，可能会发现原来有效的映射链已经变成无效了，此时 ext2_get_branch( )返回一个出错代码－EAGAIN。当然，发生这种情况的概率是很小的，但是一个软件是否"健壮"就在于是否考虑到了所有的可能。至于 bread( )，那已是属于设备驱动的范畴，读者可参阅块设备驱动一章中的有关内容。

这样，ext2_get_branch( )深化了 ext2_block_to_path( )所取得的结果，二者合在一起基本完成了从文件内块号到设备上块号的映射。

从 ext2_get_branch( )返回的值有两种可能。首先，如果顺利完成了映射则返回值为 NULL。其次，如果在某一层上发现映射表内的相应表项为 0，则说明这个表项（记录块）原来并不存在，现在因为写操作而需要扩充文件的大小。此时返回指向该层 Indirect 结构的指针，表示映射在此"断裂"了。此外，如果映射的过程中出了错，例如读记录块失败，则通过参数 err 返回一个出错代码。

回到 ext2_get_block( )的代码中。如果顺利完成了映射，就把所得的结果填入作为参数传下来的缓冲区结构 bh_result 中，然后把映射过程中读入的缓冲区（用于间接映射）全都释放，就最后完成了记录块号的映射。

可是，要是 ext2_get_branch( )返回了一个非 0 指针（代码中的局部量 partial），那就说明映射在某一层上断裂了。根据映射的深度和断裂的位置（层次），这个记录块也许还只是个中间的、用于间接映射的记录块，也许就是最终的目标记录块。总之，在这种情况下，要在设备上为目标记录块以及可能需要的中间记录块分配空间。

首先从本文件的角度为目标记录块的分配提出一个"建议块号"，由 ext2_find_goal( )确定 (fs\ext2\inode.c)：

[sys_write( ) > generic_file_write( ) > ext2_prepare_write( ) > block_prepare_write( ) > __block_prepare_write( ) > ext2_get_block( ) > ext2_find_goal( )]

```
309     /**
310      * ext2_find_goal - find a prefered place for allocation.
311      * @inode: owner
312      * @block:   block we want
313      * @chain:   chain of indirect blocks
314      * @partial: pointer to the last triple within a chain
315      * @goal:  place to store the result.
316      *
317      * Normally this function find the prefered place for block allocation,
318      * stores it in *@goal and returns zero. If the branch had been changed
```

```
319     *  under us we return -EAGAIN.
320     */
321
322    static inline int ext2_find_goal(struct inode *inode,
323                     long block,
324                     Indirect chain[4],
325                     Indirect *partial,
326                     unsigned long *goal)
327    {
328        /* Writer: ->i_next_alloc* */
329        if (block == inode->u.ext2_i.i_next_alloc_block + 1) {
330            inode->u.ext2_i.i_next_alloc_block++;
331            inode->u.ext2_i.i_next_alloc_goal++;
332        }
333        /* Writer: end */
334        /* Reader: pointers, ->i_next_alloc* */
335        if (verify_chain(chain, partial)) {
336            /*
337             * try the heuristic for sequential allocation,
338             * failing that at least try to get decent locality.
339             */
340            if (block == inode->u.ext2_i.i_next_alloc_block)
341                *goal = inode->u.ext2_i.i_next_alloc_goal;
342            if (!*goal)
343                *goal = ext2_find_near(inode, partial);
344            return 0;
345        }
346        /* Reader: end */
347        return -EAGAIN;
348    }
```

参数 block 为文件内逻辑块号，goal 则用来返回所建议的设备上目标块号。从本文件的角度，当然希望所有的记录块在设备上都紧挨在一起并且连续。为此目的，在 ext2_inode_info 数据结构中设置了两个字段，即 i_next_alloc_block 和 i_next_alloc_goal。前者用来记录下一次要分配的文件内块号，后者则用来记录希望下一次能分配的设备上块号。在正常的情况下对文件的扩充是顺序的，所以每次的文件内块号都与前一次的连续，而理想的设备上块号也同样连续，二者平行地向前推进。当然，这只是从一个特定文件的角度提出的建议值，能否实现还要看条件是否允许，但是内核会尽量满足要求，不能满足也会尽可能靠近建议的块号分配。

可是，文件内逻辑块号也有可能不连续，也就是说对文件的扩充是跳跃的，新的逻辑块号与文件原有的最后一个逻辑块号之间留下了"空洞"。这种情况发生在通过系统调用 lseek( ) 将已打开文件的当前读写位置推进到了超出文件末尾之后，可以在文件中造成这样的空洞是 lseek( ) 的一个重要性质。在这种情况下怎样确定对设备上记录块号的建议值呢？这就是调用 ext2_find_near( ) 的目的。

[sys_write( ) > generic_file_write( ) > ext2_prepare_write( ) > block_prepare_write( )
 > __block_prepare_write( ) > ext2_get_block( ) > ext2_find_goal( ) > ext2_find_near( )]

```c
272   /**
273    * ext2_find_near - find a place for allocation with sufficient locality
274    * @inode: owner
275    * @ind: descriptor of indirect block.
276    *
277    * This function returns the prefered place for block allocation.
278    * It is used when heuristic for sequential allocation fails.
279    * Rules are:
280    *   + if there is a block to the left of our position - allocate near it.
281    *   + if pointer will live in indirect block - allocate near that block.
282    *   + if pointer will live in inode - allocate in the same cylinder group.
283    * Caller must make sure that @ind is valid and will stay that way.
284    */
285
286   static inline unsigned long ext2_find_near(struct inode *inode,
                            Indirect *ind)
287   {
288       u32 *start = ind->bh ? (u32*) ind->bh->b_data : inode->u.ext2_i.i_data;
289       u32 *p;
290
291       /* Try to find previous block */
292       for (p = ind->p - 1; p >= start; p--)
293           if (*p)
294               return le32_to_cpu(*p);
295
296       /* No such thing, so let's try location of indirect block */
297       if (ind->bh)
298           return ind->bh->b_blocknr;
299
300       /*
301        * It is going to be refered from inode itself? OK, just put it into
302        * the same cylinder group then.
303        */
304       return (inode->u.ext2_i.i_block_group *
305           EXT2_BLOCKS_PER_GROUP(inode->i_sb)) +
306               le32_to_cpu(inode->i_sb->u.ext2_sb.s_es->s_first_data_block);
307   }
```

首先将起点 start 设置成指向当前映射表（映射过程中首次发现映射断裂的那个映射表）的起点，然后在当前映射表内往回搜索。如果要分配的是空洞后面的第一个记录块，那就要往回找到空洞之前的表项所对应的物理块号，并以此为建议块号。当然，这个物理块已经在使用中，这个要求是不可能满足的。但是，内核在分配物理记录块时会在位图中从这里开始往前搜索，就近分配空闲的物理记录块。还有一种可能，就是空洞在一个间接映射表的开头处，所以往回搜索时在本映射表中找不到空洞之前的表项，此时就以间接映射表本身所在的记录块作为建议块号。同样，内核在分配物理块号时也会从此开始向前搜索。最后还有一种可能，空洞就在文件的开头处，那就以索引节点所在块组的第一个数据记录块作为建议块号。

回到ext2_get_block( )的代码中。设备上具体记录块的分配，包括目标记录块和可能需要的用于间接映射的中间记录块，以及映射的建立，是由ext2_alloc_branch( )完成的。调用之前先要算出映射断裂点离终点的距离，也就是还有几层映射需要建立。有关的代码都在 fs/ext2/inode.c 中：

[sys_write( ) > generic_file_write( ) > ext2_prepare_write( ) > block_prepare_write( )
 > __block_prepare_write( ) > ext2_get_block( ) > ext2_alloc_branch( )]

```
350     /**
351      * ext2_alloc_branch - allocate and set up a chain of blocks.
352      * @inode: owner
353      * @num: depth of the chain (number of blocks to allocate)
354      * @offsets: offsets (in the blocks) to store the pointers to next.
355      * @branch: place to store the chain in.
356      *
357      * This function allocates @num blocks, zeroes out all but the last one,
358      * links them into chain and (if we are synchronous) writes them to disk.
359      * In other words, it prepares a branch that can be spliced onto the
360      * inode. It stores the information about that chain in the branch[ ], in
361      * the same format as ext2_get_branch( ) would do. We are calling it after
362      * we had read the existing part of chain and partial points to the last
363      * triple of that (one with zero ->key). Upon the exit we have the same
364      * picture as after the successful ext2_get_block( ), excpet that in one
365      * place chain is disconnected - *branch->p is still zero (we did not
366      * set the last link), but branch->key contains the number that should
367      * be placed into *branch->p to fill that gap.
368      *
369      * If allocation fails we free all blocks we've allocated (and forget
370      * ther buffer_heads) and return the error value the from failed
371      * ext2_alloc_block( ) (normally -ENOSPC). Otherwise we set the chain
372      * as described above and return 0.
373      */
374
375     static int ext2_alloc_branch(struct inode *inode,
376                     int num,
377                     unsigned long goal,
378                     int *offsets,
379                     Indirect *branch)
380     {
381         int blocksize = inode->i_sb->s_blocksize;
382         int n = 0;
383         int err;
384         int i;
385         int parent = ext2_alloc_block(inode, goal, &err);
386
387         branch[0].key = cpu_to_le32(parent);
388         if (parent) for (n = 1; n < num; n++) {
389             struct buffer_head *bh;
```

```
390             /* Allocate the next block */
391             int nr = ext2_alloc_block(inode, parent, &err);
392             if (!nr)
393                 break;
394             branch[n].key = cpu_to_le32(nr);
395             /*
396              * Get buffer_head for parent block, zero it out and set
397              * the pointer to new one, then send parent to disk.
398              */
399             bh = getblk(inode->i_dev, parent, blocksize);
400             if (!buffer_uptodate(bh))
401                 wait_on_buffer(bh);
402             memset(bh->b_data, 0, blocksize);
403             branch[n].bh = bh;
404             branch[n].p = (u32*) bh->b_data + offsets[n];
405             *branch[n].p = branch[n].key;
406             mark_buffer_uptodate(bh, 1);
407             mark_buffer_dirty(bh);
408             if (IS_SYNC(inode) || inode->u.ext2_i.i_osync) {
409                 ll_rw_block (WRITE, 1, &bh);
410                 wait_on_buffer (bh);
411             }
412             parent = nr;
413         }
414         if (n == num)
415             return 0;
416
417         /* Allocation failed, free what we already allocated */
418         for (i = 1; i < n; i++)
419             bforget(branch[i].bh);
420         for (i = 0; i < n; i++)
421             ext2_free_blocks(inode, le32_to_cpu(branch[i].key), 1);
422         return err;
423     }
```

参数 num 表示还有几层映射需要建立，实际上也就是一共需要分配几个记录块，指针 branch 指向前面的数组 chain[ ]中从映射断裂处开始的那一部分，offset 则指向数组 offsets[ ]中的相应部分。例如，假若具体的映射是三重间接映射，而在第二层间接映射表中发现相应表项为 0，那么 branch 指向 chain[2]而 offset 指向 offsets[2]，num 则为 2，此时需要分配的是用于第三层间接映射表的记录块以及目标记录块。从某种意义上，分配记录块和建立映射的过程可以看作是对这两个数组的"修复"，是在完成 ext2_get_branch( )和 ext2_block_to_path( )未竟的事业。注意代码中的 branch[0]表示断裂点的 Indirect 结构，所以是顺着映射的路线"自顶向下"逐层地通过 ext2_alloc_block( )在设备上分配记录块和建立映射。

除最底层的记录块，即目标记录块以外，其他的记录块（见代码中的 for 循环）都要通过 getblock( )为其在内存中分配缓冲区，并通过 memset( )将其缓冲区清成全 0，然后在该缓冲区中建立起本层的映射（403～405 行），再把它标志成"脏"。如果要求同步操作的话，还要立即调用 ll_rw_block( )把它写回到设备上。注意代码中的 for 循环里面为之分配缓冲区的是 parent，这都是用于间接映射的记录块，而不是位于最底层的目标记录块。

那么为什么目标记录块是个例外，不需要为其分配缓冲区呢？因为它的缓冲区在调用 ext2_get_block( )之前就已经存在了，并且在调用 ext2_get_block( )时把指向这个 buffer_head 结构的指针作为参数传了下来；而 ext2_get_block( )需要做的就是找到目标记录块的块号，把它设置到这个 buffer_head 结构的 b_blocknr 字段中。前面，对于成功的映射，即 ext2_get_branch( )返回 NULL 时，ext2_get_block( )已经在其标号 got_it 处（见 525 行）这样做了，读者不妨回过去看看。另一方面，在目标记录块的缓冲区中当然不需要再建立什么映射。

还要注意到，在顶层，即原来映射开始断开的那一层上（代码中的 branch[0]），所分配的记录块号只是记入了这一层 Indirect 结构中的 key 字段，却并未写入相应的映射表表项中（由指针 p 所指之处）。就好像我们有了一根树枝，但是还没有使它长在树上。

函数 ext2_alloc_block( )的代码也在 fs/ext2/inode.c 中：

[sys_write( ) > generic_file_write( ) > ext2_prepare_write( ) > block_prepare_write( )
> __block_prepare_write( ) > ext2_get_block( ) > ext2_alloc_branch( ) > ext2_alloc_block( )]

```
85      static int ext2_alloc_block (struct inode * inode,
                    unsigned long goal, int *err)
86      {
87  #ifdef EXT2FS_DEBUG
88          static unsigned long alloc_hits = 0, alloc_attempts = 0;
89  #endif
90          unsigned long result;
91
92
93  #ifdef EXT2_PREALLOCATE
94          /* Writer: ->i_prealloc* */
95          if (inode->u.ext2_i.i_prealloc_count &&
96              (goal == inode->u.ext2_i.i_prealloc_block ||
97               goal + 1 == inode->u.ext2_i.i_prealloc_block))
98          {
99              result = inode->u.ext2_i.i_prealloc_block++;
100             inode->u.ext2_i.i_prealloc_count--;
101         /* Writer: end */
102  #ifdef EXT2FS_DEBUG
103             ext2_debug ("preallocation hit (%lu/%lu).\n",
104                     ++alloc_hits, ++alloc_attempts);
105  #endif
106         } else {
107             ext2_discard_prealloc (inode);
108  #ifdef EXT2FS_DEBUG
109             ext2_debug ("preallocation miss (%lu/%lu).\n",
110                     alloc_hits, ++alloc_attempts);
111  #endif
112             if (S_ISREG(inode->i_mode))
113                 result = ext2_new_block (inode, goal,
```

```
114                    &inode->u.ext2_i.i_prealloc_count,
115                    &inode->u.ext2_i.i_prealloc_block, err);
116            else
117                result = ext2_new_block (inode, goal, 0, 0, err);
118        }
119  #else
120        result = ext2_new_block (inode, goal, 0, 0, err);
121  #endif
122        return result;
123  }
```

参数 goal 表示建议分配的（或要求分配的）设备上记录块号，函数的返回值则为实际分配的块号。内核在编译时有个选择项 EXT2_PREALLOCATE，使文件系统可以"预分配"若干记录块，ext2_inode_info 结构中的 i_prealloc_block 和 i_prealloc_count 两个字段即用于这个目的。我们假定并未采用这个选择项，所以就只剩下对 ext2_new_block( ) 的调用，这个函数的代码在 fs\ext2\balloc.c 中。可是，ext2_new_block( ) 的代码很长，有 250 行以上，而逻辑却并不复杂，所以我们把它留给读者，这里只给出一些简短的说明。

分配时首先试图满足"顾客"的要求，如果所建议的记录块还空闲着就把它分配出去。否则，如果所建议的记录块已经分配掉了，就试图在它附近 32 个记录块的范围内分配。还不行就向前在本块组的位图中搜索，先找位图中整个字节都是 0，即至少有连续 8 个记录块空闲的区间，若达不到目的再降格以求。最后，如果实在找不到，就在整个设备的范围内寻找和分配。

前面说过，除目标记录块以外，对分配的其余记录块都要通过 getblk( ) 为其在内存中分配缓冲区，这个函数的代码在 fs\buffer.c 中：

[sys_write( ) > generic_file_write( ) > ext2_prepare_write( ) > block_prepare_write( ) > __block_prepare_write( ) > ext2_get_block( ) > ext2_alloc_branch( ) > getblk( )]

```
968   /*
969    * Ok, this is getblk, and it isn't very clear, again to hinder
970    * race-conditions. Most of the code is seldom used, (ie repeating),
971    * so it should be much more efficient than it looks.
972    *
973    * The algorithm is changed: hopefully better, and an elusive bug removed.
974    *
975    * 14.02.92: changed it to sync dirty buffers a bit: better performance
976    * when the filesystem starts to get full of dirty blocks (I hope).
977    */
978   struct buffer_head * getblk(kdev_t dev, int block, int size)
979   {
980        struct buffer_head * bh;
981        int isize;
982
983   repeat:
984        spin_lock(&lru_list_lock);
985        write_lock(&hash_table_lock);
986        bh = __get_hash_table(dev, block, size);
```

```
987         if (bh)
988             goto out;
989
990         isize = BUFSIZE_INDEX(size);
991         spin_lock(&free_list[isize].lock);
992         bh = free_list[isize].list;
993         if (bh) {
994             __remove_from_free_list(bh, isize);
995             atomic_set(&bh->b_count, 1);
996         }
997         spin_unlock(&free_list[isize].lock);
998
999         /*
1000         * OK, FINALLY we know that this buffer is the only one of
1001         * its kind, we hold a reference (b_count>0), it is unlocked,
1002         * and it is clean.
1003         */
1004        if (bh) {
1005            init_buffer(bh, NULL, NULL);
1006            bh->b_dev = dev;
1007            bh->b_blocknr = block;
1008            bh->b_state = 1 << BH_Mapped;
1009
1010            /* Insert the buffer into the regular lists */
1011            __insert_into_queues(bh);
1012        out:
1013            write_unlock(&hash_table_lock);
1014            spin_unlock(&lru_list_lock);
1015            touch_buffer(bh);
1016            return bh;
1017        }
1018
1019        /*
1020         * If we block while refilling the free list, somebody may
1021         * create the buffer first ... search the hashes again.
1022         */
1023        write_unlock(&hash_table_lock);
1024        spin_unlock(&lru_list_lock);
1025        refill_freelist(size);
1026        goto repeat;
1027    }
```

这里的参数 block 为设备上块号。首先在杂凑表队列中查找，因为这个记录块虽是新分配的，以前为其分配的缓冲区却有可能还在。如不成功则试图从 free_list[ ]的相应队列中分配。如果分配成功就加以初始化并通过__insert_into_queues( )链入相应的杂凑表队列和 LRU 队列(fs/buffer.c)：

[sys_write( ) > generic_file_write( ) > ext2_prepare_write( ) > block_prepare_write( )>

[__block_prepare_write( ) > ext2_get_block( ) > ext2_alloc_branch( ) > getblk( ) > __insert_into_queues( )]

```
494     static void __insert_into_queues(struct buffer_head *bh)
495     {
496         struct buffer_head **head = &hash(bh->b_dev, bh->b_blocknr);
497
498         __hash_link(bh, head);
499         __insert_into_lru_list(bh, bh->b_list);
500     }
```

当然，从 free_list[ ] 分配缓冲区有可能失败，那就要通过 refill_freelist( ) 再增添一些或者回收一些缓冲区以供周转，其代码在 fs/buffer.c 中：

[sys_write( ) > generic_file_write( ) > ext2_prepare_write( ) > block_prepare_write( ) > __block_prepare_write( ) > ext2_get_block( ) > ext2_alloc_branch( ) > getblk( ) > refill_freelist( )]

```
755     /*
756      * We used to try various strange things. Let's not.
757      * We'll just try to balance dirty buffers, and possibly
758      * launder some pages.
759      */
760     static void refill_freelist(int size)
761     {
762         balance_dirty(NODEV);
763         if (free_shortage( ))
764             page_launder(GFP_BUFFER, 0);
765         grow_buffers(size);
766     }
```

读者将会看到，对文件的写操作是分两步到位的。第一步是将内容写入缓冲页面中，使缓冲页面成为"脏"页面，然后就把"脏"页面链入一个 LRU 队列，把它"提交"给内核线程 bdflush；第二步是由 bdflush 将已经变"脏"的页面写入文件所在的设备。然后，如果有必要，这些内存页面就可以回收了。内核线程 bdflush 的主体是一个无限循环，平时总在睡眠，每次被唤醒就"冲刷"一次"脏"页面，然后又进入睡眠。但是，为了提高效率，并不是只要有了一个"脏"页面就唤醒 bdflush，而是要到积累起一定数量的"脏"页面时，或者每过一段时间才唤醒它。函数 balance_dirty( ) 的作用就是检查是否已经积累起太多的"脏"页面，如果积累太多了，就把 bdflush 唤醒，其代码在 fs/buffer.c 中：

[sys_write( ) > generic_file_write( ) > ext2_prepare_write( ) > block_prepare_write( ) > __block_prepare_write( ) > ext2_get_block( ) > ext2_alloc_branch( ) > getblk( ) > refill_freelist( ) > balance_dirty( )]

```
1064    /*
1065     * if a new dirty buffer is created we need to balance bdflush.
1066     *
1067     * in the future we might want to make bdflush aware of different
1068     * pressures on different devices - thus the (currently unused)
1069     * 'dev' parameter.
```

```
1070        */
1071    void balance_dirty(kdev_t dev)
1072    {
1073        int state = balance_dirty_state(dev);
1074
1075        if (state < 0)
1076            return;
1077        wakeup_bdflush(state);
1078    }
```

先通过 balance_dirty_stat( )检查是否因为已经积累起太多"脏"页面而应该唤醒 bdflush。

[sys_write( ) > generic_file_write( ) > ext2_prepare_write( ) > block_prepare_write( ) > __block_prepare_write( ) > ext2_get_block( ) > ext2_alloc_branch( ) > getblk( ) > refill_freelist( ) > balance_dirty( ) > balance_dirty_state( )]

```
858     /* -1 -> no need to flush
859           0 -> async flush
860           1 -> sync flush (wait for I/O completion) */
861     int balance_dirty_state(kdev_t dev)
862     {
863         unsigned long dirty, tot, hard_dirty_limit, soft_dirty_limit;
864         int shortage;
865
866         dirty = size_buffers_type[BUF_DIRTY] >> PAGE_SHIFT;
867         tot = nr_free_buffer_pages( );
868
869         dirty *= 200;
870         soft_dirty_limit = tot * bdf_prm.b_un.nfract;
871         hard_dirty_limit = soft_dirty_limit * 2;
872
873         /* First, check for the "real" dirty limit. */
874         if (dirty > soft_dirty_limit) {
875             if (dirty > hard_dirty_limit)
876                 return 1;
877             return 0;
878         }
879
880         /*
881          * If we are about to get low on free pages and
882          * cleaning the inactive_dirty pages would help
883          * fix this, wake up bdflush.
884          */
885         shortage = free_shortage( );
886         if (shortage && nr_inactive_dirty_pages > shortage &&
887                 nr_inactive_dirty_pages > freepages.high)
888             return 0;
889
```

```
890            return -1;
891    }
```

如代码中的注释所述,函数的返回值表明可分配页面的短缺程度。返回-1,表示"脏"页面的数量还不多,因而不需要唤醒 bdflush;返回 0,表示虽然已经积累起相当数量的"脏"页面,但还不是很多,可以让 bdflush 异步地冲刷而不需要停下来等待;返回 1,则表示"脏"页面的数量已经很大,不但要唤醒 bdflush,而且当前进程需要停下来等待其完成,因为此时即使继续往前也多半分配不到空闲页面了。不过,在具体实现的时候又作了一些优化。这是因为:一来不知道 bdflush 与当前进程的优先级孰高孰低,如果 bdflush 的优先级比当前进程的低则即使唤醒了也调度不上;二来既然急着要用空闲页面,需求量又不大,还不如"自己动手,丰衣足食",先直接冲刷出若干"脏"页面,然后再让 bdflush 继续慢慢冲刷。这样,将这个函数的返回值用作调用 wakeup_bdflush( )的参数,就决定了在唤醒 bdflush 以后是否直接调用 flush_dirty_buffers( )。

[sys_write( ) > generic_file_write( ) > ext2_prepare_write( ) > block_prepare_write( ) > __block_prepare_write( ) > ext2_get_block( ) > ext2_alloc_branch( ) > getblk( ) > refill_freelist( ) > balance_dirty( ) > wakeup_bdflush( )]

```
2591   struct task_struct *bdflush_tsk = 0;
2592
2593   void wakeup_bdflush(int block)
2594   {
2595        if (current != bdflush_tsk) {
2596            wake_up_process(bdflush_tsk);
2597
2598            if (block)
2599                flush_dirty_buffers(0);
2600        }
       }
```

这里的全局量指针 bdflush_tsk 在初始化时设置成指向 bdflush 的 task_struct 结构。这里的 wake_up_process( )是个 inline 函数,它将目标进程唤醒,并通过 reschedule_idle( )比较目标进程和当前进程的综合权值,如果目标进程的权值更高就把当前进程的 need_schedule 字段设成 1,请求一次调度(详见第 4 章)。然后就根据参数的值决定是否直接调用 flush_dirty_buffers( ),其代码在 fs/buffer.c 中:

[sys_write( ) > generic_file_write( ) > ext2_prepare_write( ) > block_prepare_write( ) > __block_prepare_write( ) > ext2_get_block( ) > ext2_alloc_branch( ) > getblk( ) > refill_freelist( ) > balance_dirty( ) > wakeup_bdflush( ) > flush_dirty_buffers( )]

```
2530   /* ===================== bdflush support ================= */
2531
2532   /* This is a simple kernel daemon, whose job it is to provide a dynamic
2533    * response to dirty buffers.  Once this process is activated, we write back
2534    * a limited number of buffers to the disks and then go back to sleep again.
2535    */
2536
2537   /* This is the _only_ function that deals with flushing async writes
```

```
2538            to disk.
2539             NOTENOTENOTENOTE: we _only_ need to browse the DIRTY lru list
2540            as all dirty buffers lives _only_ in the DIRTY lru list.
2541            As we never browse the LOCKED and CLEAN lru lists they are infact
2542            completly useless. */
2543    static int flush_dirty_buffers(int check_flushtime)
2544    {
2545            struct buffer_head * bh, *next;
2546            int flushed = 0, i;
2547    
2548    restart:
2549            spin_lock(&lru_list_lock);
2550            bh = lru_list[BUF_DIRTY];
2551            if (!bh)
2552                    goto out_unlock;
2553            for (i = nr_buffers_type[BUF_DIRTY]; i-- > 0; bh = next) {
2554                    next = bh->b_next_free;
2555    
2556                    if (!buffer_dirty(bh)) {
2557                            __refile_buffer(bh);
2558                            continue;
2559                    }
2560                    if (buffer_locked(bh))
2561                            continue;
2562    
2563                    if (check_flushtime) {
2564                            /* The dirty lru list is chronologically ordered so
2565                               if the current bh is not yet timed out,
2566                               then also all the following bhs
2567                               will be too young. */
2568                            if (time_before(jiffies, bh->b_flushtime))
2569                                    goto out_unlock;
2570                    } else {
2571                            if (++flushed > bdf_prm.b_un.ndirty)
2572                                    goto out_unlock;
2573                    }
2574    
2575                    /* OK, now we are committed to write it out. */
2576                    atomic_inc(&bh->b_count);
2577                    spin_unlock(&lru_list_lock);
2578                    ll_rw_block(WRITE, 1, &bh);
2579                    atomic_dec(&bh->b_count);
2580    
2581                    if (current->need_resched)
2582                            schedule();
2583                    goto restart;
2584            }
2585    out_unlock:
```

```
2586            spin_unlock(&lru_list_lock);
2587
2588            return flushed;
2589    }
```

为了不至于扯得太远,我们把这段代码留给读者在看完了本章以后回过来自行阅读,注意 2581 行的 current->need_resched 是在前面 wake_up_process( )中根据 bdflush 和当前进程的优先级相对大小而设置的。

冲刷一个"脏"页面的结果是把它的内容写回到文件中,为内存页面的回收创造了条件,但是并不等于已经回收了页面。另一方面,只要内存页面不很短缺,则保留这些页面的内容为可能发生的进一步读写提供了缓冲,有利于提高效率。所以,回到 refill_freelist( )的代码中以后,接着(见前面的 763 行~764 行)就根据系统中页面短缺的程度决定是否调用 page_launder( ),详情可参考第 2 章中的有关内容。

最后通过 grow_buffers( )再分配若干页面,制造出一些缓冲区来,现在条件已经具备了。我们把 grow_buffers( )的代码列在这里让读者自己阅读。

[sys_write( ) > generic_file_write( ) > ext2_prepare_write( ) > block_prepare_write( ) > __block_prepare_write( ) > ext2_get_block( ) > ext2_alloc_branch( ) > getblk( ) > refill_freelist( ) > grow_buffers( )]

```
2244    /*
2245     * Try to increase the number of buffers available: the size argument
2246     * is used to determine what kind of buffers we want.
2247     */
2248    static int grow_buffers(int size)
2249    {
2250        struct page * page;
2251        struct buffer_head *bh, *tmp;
2252        struct buffer_head * insert_point;
2253        int isize;
2254
2255        if ((size & 511) || (size > PAGE_SIZE)) {
2256            printk("VFS: grow_buffers: size = %d\n",size);
2257            return 0;
2258        }
2259
2260        page = alloc_page(GFP_BUFFER);
2261        if (!page)
2262            goto out;
2263        LockPage(page);
2264        bh = create_buffers(page, size, 0);
2265        if (!bh)
2266            goto no_buffer_head;
2267
2268        isize = BUFSIZE_INDEX(size);
2269
```

```
2270            spin_lock(&free_list[isize].lock);
2271            insert_point = free_list[isize].list;
2272            tmp = bh;
2273            while (1) {
2274                if (insert_point) {
2275                    tmp->b_next_free = insert_point->b_next_free;
2276                    tmp->b_prev_free = insert_point;
2277                    insert_point->b_next_free->b_prev_free = tmp;
2278                    insert_point->b_next_free = tmp;
2279                } else {
2280                    tmp->b_prev_free = tmp;
2281                    tmp->b_next_free = tmp;
2282                }
2283                insert_point = tmp;
2284                if (tmp->b_this_page)
2285                    tmp = tmp->b_this_page;
2286                else
2287                    break;
2288            }
2289            tmp->b_this_page = bh;
2290            free_list[isize].list = bh;
2291            spin_unlock(&free_list[isize].lock);
2292
2293            page->buffers = bh;
2294            page->flags &= ~(1 << PG_referenced);
2295            lru_cache_add(page);
2296            UnlockPage(page);
2297            atomic_inc(&buffermem_pages);
2298            return 1;
2299
2300    no_buffer_head:
2301            UnlockPage(page);
2302            page_cache_release(page);
2303    out:
2304            return 0;
2305        }
```

结束了 ext2_alloc_branch( ) 的执行，回到 ext2_get_block( ) 中时，我们已经在设备上分配了所需的记录块，包括用于间接映射的中间记录块，但是原先映射开始断开的最高层上所分配的记录块号只是记入了其 Indirect 结构中的 key 字段，却并未写入相应的映射表中。现在就要把"树枝"接到树上（将来，随着文件内容的扩展，这树枝会长成子树）。同时，还需要对所属 inode 结构中的有关内容作一些调整。这些都是由 ext2_splice_branch( ) 完成的，其代码在 fs\ext2\inode.c 中：

[sys_write( ) > generic_file_write( ) > ext2_prepare_write( ) > block_prepare_write( ) > __block_prepare_write( ) > ext2_get_block( ) > ext2_splice_branch( )]

```
425    /**
```

```
426         *   ext2_splice_branch - splice the allocated branch onto inode.
427         *   @inode: owner
428         *   @block: (logical) number of block we are adding
429         *   @chain: chain of indirect blocks (with a missing link - see
430         *       ext2_alloc_branch)
431         *   @where: location of missing link
432         *   @num:   number of blocks we are adding
433         *
434         *   This function verifies that chain (up to the missing link) had not
435         *   changed, fills the missing link and does all housekeeping needed in
436         *   inode (->i_blocks, etc.). In case of success we end up with the full
437         *   chain to new block and return 0. Otherwise (== chain had been changed)
438         *   we free the new blocks (forgetting their buffer_heads, indeed) and
439         *   return -EAGAIN.
440         */
441
442     static inline int ext2_splice_branch(struct inode *inode,
443                             long block,
444                             Indirect chain[4],
445                             Indirect *where,
446                             int num)
447     {
448         int i;
449
450         /* Verify that place we are splicing to is still there and vacant */
451
452         /* Writer: pointers, ->i_next_alloc*, ->i_blocks */
453         if (!verify_chain(chain, where-1) || *where->p)
454             /* Writer: end */
455             goto changed;
456
457         /* That's it */
458
459         *where->p = where->key;
460         inode->u.ext2_i.i_next_alloc_block = block;
461         inode->u.ext2_i.i_next_alloc_goal = le32_to_cpu(where[num-1].key);
462         inode->i_blocks += num * inode->i_sb->s_blocksize/512;
463
464         /* Writer: end */
465
466         /* We are done with atomic stuff, now do the rest of housekeeping */
467
468         inode->i_ctime = CURRENT_TIME;
469
470         /* had we spliced it onto indirect block? */
471         if (where->bh) {
472             mark_buffer_dirty(where->bh);
473             if (IS_SYNC(inode) || inode->u.ext2_i.i_osync) {
```

```
474                ll_rw_block (WRITE, 1, &where->bh);
475                wait_on_buffer(where->bh);
476            }
477        }
478
479        if (IS_SYNC(inode) || inode->u.ext2_i.i_osync)
480            ext2_sync_inode (inode);
481        else
482            mark_inode_dirty(inode);
483        return 0;
484
485   changed:
486        for (i = 1; i < num; i++)
487            bforget(where[i].bh);
488        for (i = 0; i < num; i++)
489            ext2_free_blocks(inode, le32_to_cpu(where[i].key), 1);
490        return -EAGAIN;
491   }
```

这里的第 459 行将原来映射开始断开的那一层上所分配的记录块号写入了相应的映射表中。这个映射表也许就是 inode 结构中（确切地说是 ext2_inode_info 结构中）的数组 i_data[ ]，也许是一个用于间接映射的记录块。如果相应 Indirect 结构中的指针 bh 为 0（必定是 chain[0]），则映射表就在 inode 结构中。否则，就一定是个间接映射表，因此在改变了其内容以后要将其标志成"脏"。如果要求同步写，则还要立即把它写回设备。

又回到 ext2_get_block( )中，现在已经万事俱备了。转到标号 got_it 处，把映射后的记录块号连同设备号置入 bh_result 所指的缓冲区结构中，就完成了任务。有了这些信息，将来就可以把缓冲区的内容写到设备上了。

从 ext2_get_block( ) 返回，就回到了 __block_prepare_write( ) 中的第 1586 行。对于 __block_prepare_write( )而言，ext2_get_block( )为其完成了从文件内块号到设备上块号的映射，这个目标记录块也许是新的，也许原来就存在。如果目标记录块是一个新分配的记录块，就不存在缓冲区的内容与设备上的内容是否一致的问题。但是如果内存中的某一个其他缓冲区仍持有该记录块以前的内容，并且还在杂凑表的某个队列中，则要将那个缓冲区从杂凑队列中脱链并释放。这是通过 unmap_underlying_metadata( )完成的。反之，如果目标记录块是原已存在的记录块，则仍有内容是否一致的问题，如果不一致就要先通过 ll_rw_block( )从设备上读入。这样，当 __block_prepare_write( )中的 for 循环结束时，所有涉及本次写操作的物理记录块（缓冲区）都已找到，需要从设备上读入的则已经向设备驱动层发出读入记录块的命令。通过 wait_on_buffer( )等待这些命令执行完毕（见 1616 行～1621 行）以后，写操作的准备工作就完成了。

由于 __block_prepare_write( )是 block_prepare_write( )的主体，一旦从前者返回，后者也就结束了，而后者又实际上就是 ext2_prepare_write( )，所以就返回到了 generic_file_write( )。

在 generic_file_write( )中是在一个 while 循环中通过由具体文件系统所提供的函数为写文件操作作准备的。准备好了以后就可以从用户空间把待写的内容复制到缓冲区中，实际上是缓冲页面中。为方便读者阅读，我们再把 while 循环体中的一个片段列出：

[sys_write( ) > generic_file_write( )]

......

```
2533        status = mapping->a_ops->prepare_write(file, page,
                                               offset, offset+bytes);
2534        if (status)
2535            goto unlock;
2536        kaddr = page_address(page);
2537        status = copy_from_user(kaddr+offset, buf, bytes);
2538        flush_dcache_page(page);
2539        if (status)
2540            goto fail_write;
2541        status = mapping->a_ops->commit_write(file, page,
                                              offset, offset+bytes);
```

......

为写操作作好了准备以后，从缓冲区（缓冲页面）到设备上的记录块这条路就畅通了。这样才可以从用户空间把待写的内容复制过来。

如前所述，目标记录块的缓冲区在文件层是作为缓冲页面的一部分而存在的，所以这是从用户空间到缓冲页面的拷贝，具体通过 copy_from_user( ) 完成。这里 buf 指向用户空间的缓冲区，而（kaddr + offset）为缓冲页面中的起始地址，bytes 则为该页面中待拷贝的长度，这些都是在 while 循环的开头计算好了的。对于 i386 结构的处理器，flush_dcache_page( ) 是空操作。

写入缓冲页面以后，还要把这些缓冲页面提交给内核线程 kflushd，这样写操作才算完成。至于 kflushd 是否来得及马上将这些记录块写回设备上，那是另一回事了。这个将缓冲页面提交给 kflushd 的操作也是因文件系统而异的，由具体文件系统通过其 address_space_operations 结构中的函数指针 commit_write 提供，对于 Ext2 文件系统，这个函数是 generic_commit_write( )，其代码在 fs/buffer.c 中：

[sys_write( ) > generic_file_write( ) > generic_commit_write( )]

```
1844  int generic_commit_write(struct file *file, struct page *page,
1845          unsigned from, unsigned to)
1846  {
1847      struct inode *inode = page->mapping->host;
1848      loff_t pos = ((loff_t)page->index << PAGE_CACHE_SHIFT) + to;
1849      __block_commit_write(inode, page, from, to);
1850      kunmap(page);
1851      if (pos > inode->i_size) {
1852          inode->i_size = pos;
1853          mark_inode_dirty(inode);
1854      }
1855      return 0;
1856  }
```

其主体__block_commit_write( )的代码也在同一文件中，而 kunmap( )对于 i386 结构的处理器为空操作。

[sys_write( ) > generic_file_write( ) > generic_commit_write( ) > __block_commit_write( )]

```
1627    static int __block_commit_write(struct inode *inode, struct page *page,
1628            unsigned from, unsigned to)
1629    {
1630        unsigned block_start, block_end;
1631        int partial = 0, need_balance_dirty = 0;
1632        unsigned blocksize;
1633        struct buffer_head *bh, *head;
1634
1635        blocksize = inode->i_sb->s_blocksize;
1636
1637        for(bh = head = page->buffers, block_start = 0;
1638            bh != head || !block_start;
1639            block_start=block_end, bh = bh->b_this_page) {
1640            block_end = block_start + blocksize;
1641            if (block_end <= from || block_start >= to) {
1642                if (!buffer_uptodate(bh))
1643                    partial = 1;
1644            } else {
1645                set_bit(BH_Uptodate, &bh->b_state);
1646                if (!atomic_set_buffer_dirty(bh)) {
1647                    __mark_dirty(bh);
1648                    buffer_insert_inode_queue(bh, inode);
1649                    need_balance_dirty = 1;
1650                }
1651            }
1652        }
1653
1654        if (need_balance_dirty)
1655            balance_dirty(bh->b_dev);
1656        /*
1657         * is this a partial write that happened to make all buffers
1658         * uptodate then we can optimize away a bogus readpage( ) for
1659         * the next read( ). Here we 'discover' wether the page went
1660         * uptodate as a result of this (potentially partial) write.
1661         */
1662        if (!partial)
1663            SetPageUptodate(page);
1664        return 0;
1665    }
```

函数中的 for 循环扫描缓冲页面中的每个记录块，如果一个记录块与写入的范围（从 from 到 to）相交，就把该记录块的缓冲区设成"up to date"，即与设备上的记录块相一致，并将其标志成 dirty，下面的事就交给 kflushd 了。值得注意的是这里已经将缓冲区的 BH_Uptodate 标志位设成 1，表示缓冲区的内容已经与设备上相一致。可是，实际上此时缓冲区的内容尚未写回设备，所以从物理上说显然是不一致的。但是，由于写操作本身已接近完成，涉及的缓冲区即将提交给 kflushd，从逻辑的角度上缓冲区中的内容与设备上的内容已经一致了。所以所谓"一致"或"不一致"只是一个逻辑上的概念，而并非物理上的概念。只要写入的内容已经"提交"（commit），就认为已经一致了。而不一致的状态只发生在写操作的中途，即改变了缓冲区（或部分缓部区）的内容而尚未提交之前。在写入的准备阶段，遇有不一致的缓冲区就要从设备上重新读入，就是因为有未完成的写操作存在而破坏了缓冲区的内容。此外，在将缓冲区设置成dirty时，如果该缓冲区原来是"干净"的，那么一来要调用__mark_dirty( )，二来要将need_balance_dirty设成1。调用__mark_dirty( )的目的是将缓冲区根据具体情况转移到合适的LRU队列中，有关的代码均在文件fs/buffer.c中：

[sys_write( ) > generic_file_write( ) > generic_commit_write( ) > __block_commit_write( ) > __mark_dirty( )]

```
1080    static __inline__ void __mark_dirty(struct buffer_head *bh)
1081    {
1082        bh->b_flushtime = jiffies + bdf_prm.b_un.age_buffer;
1083        refile_buffer(bh);
1084    }
```

[sys_write( ) > generic_file_write( ) > generic_commit_write( ) > __block_commit_write( ) > __mark_dirty( ) > refile_buffer( )]

```
1124    void refile_buffer(struct buffer_head *bh)
1125    {
1126        spin_lock(&lru_list_lock);
1127        __refile_buffer(bh);
1128        spin_unlock(&lru_list_lock);
1129    }
```

[sys_write( ) > generic_file_write( ) > generic_commit_write( ) > __block_commit_write( ) > __mark_dirty( ) > refile_buffer( )]

```
1102    /*
1103     * A buffer may need to be moved from one buffer list to another
1104     * (e.g. in case it is not shared any more). Handle this.
1105     */
1106    static void __refile_buffer(struct buffer_head *bh)
1107    {
1108        int dispose = BUF_CLEAN;
1109        if (buffer_locked(bh))
1110            dispose = BUF_LOCKED;
1111        if (buffer_dirty(bh))
1112            dispose = BUF_DIRTY;
1113        if (buffer_protected(bh))
1114            dispose = BUF_PROTECTED;
1115        if (dispose != bh->b_list) {
1116            __remove_from_lru_list(bh, bh->b_list);
1117            bh->b_list = dispose;
1118            if (dispose == BUF_CLEAN)
```

```
1119                        remove_inode_queue(bh);
1120                        __insert_into_lru_list(bh, dispose);
1121            }
1122    }
```

数据结构 buffer_head 通过其指针 b_next_free 和 b_prev_free 链入到空闲缓冲区队列或某个 LRU 队列中，而作为记录块缓冲区 LRU 队列头部的 lru_list[ ] 则是一个指针数组，其定义见文件 fs/buffer.c：

```
82      static struct buffer_head *lru_list[NR_LIST];
```

这个数组是以记录块缓冲区的状态为下标的（include/linux/fs.h）。

```
991     #define BUF_CLEAN           0
992     #define BUF_LOCKED          1   /* Buffers scheduled for write */
993     #define BUF_DIRTY           2   /* Dirty buffers, not yet scheduled for write */
994     #define BUF_PROTECTED       3   /* Ramdisk persistent storage */
995     #define NR_LIST             4
```

这样，对处于各种不同状态的记录块缓冲区，就各自有一个 LRU 队列，而 bdflush 就只扫描 lru_list[BUF_DIRTY] 队列。

最后，只要有记录块缓冲区从"干净"状态变成"脏"状态，也就是如果 need_balance_dirty 为 1，就要通过 balance_dirty( ) 看看这样的记录块是否已经积累到了一定的数量，如果是，就唤醒 bdflush 进行一次"冲刷"。这个函数的代码已经在前面看到过了。

不管是否立即唤醒 bdflush，总之此后的事情就交给它了。我们将在设备驱动一章中回到这个话题上来。

完成了 generic_commit_write( ) 以后，generic_file_write( ) 中的一轮循环，也就是对一个缓冲页面的写入就完成了。从而对该页面的使用也结束了，所以要通过 page_cache_release( ) 递减对该页面的使用计数。

总结对一个缓冲页面的写文件操作，大致可以分为三个阶段。第一是准备阶段，第二是缓冲页面的写入阶段，最后是提交阶段。完成了对所涉及的所有页面的循环，整个写文件操作的主体 generic_file_write( ) 就告结束，并且 sys_write( ) 也随着结束了。

理解了 sys_write( )，再来看 sys_read( ) 就容易一些了。这两个函数几乎是一样的，只是在 sys_write( ) 中要验证用户空间的缓冲区可读，并且使用 file_operations 结构中的函数指针 write，而在 sys_read( ) 中则要验证用户空间的缓冲区可写，并且使用 file_operations 结构中的函数指针 read。就 Ext2 文件系统的读操作而言，这个函数指针指向 generic_file_read( )，其代码也在 mm/filemap.c 中：

[sys_read( ) > generic_file_read( )]

```
1237    /*
1238     * This is the "read( )" routine for all filesystems
1239     * that can use the page cache directly.
1240     */
1241    ssize_t generic_file_read(struct file * filp, char * buf,
                size_t count, loff_t *ppos)
```

```
1242    {
1243        ssize_t retval;
1244
1245        retval = -EFAULT;
1246        if (access_ok(VERIFY_WRITE, buf, count)) {
1247            retval = 0;
1248
1249            if (count) {
1250                read_descriptor_t desc;
1251
1252                desc.written = 0;
1253                desc.count = count;
1254                desc.buf = buf;
1255                desc.error = 0;
1256                do_generic_file_read(filp, ppos, &desc, file_read_actor);
1257
1258                retval = desc.written;
1259                if (!retval)
1260                    retval = desc.error;
1261            }
1262        }
1263        return retval;
1264    }
```

显然,这个函数只是 do_generic_file_read( )的"包装"。其目的在于检查对用户空间缓冲区的写访问权,并为读文件操作准备下一个"读操作描述结构",即 read_descriptor_t 数据结构,以减少在调用 do_generic_file_read( )时传递参数的个数。

由于 do_generic_file_read( )的代码比较长,我们还是分段阅读,其代码在同一文件 filemap.c 中:

[sys_read( ) > generic_file_read( ) > do_generic_file_read( )]

```
1005    /*
1006     * This is a generic file read routine, and uses the
1007     * inode->i_op->readpage( ) function for the actual low-level
1008     * stuff.
1009     *
1010     * This is really ugly. But the goto's actually try to clarify some
1011     * of the logic when it comes to error handling etc.
1012     */
1013    void do_generic_file_read(struct file * filp, loff_t *ppos,
                    read_descriptor_t * desc, read_actor_t actor)
1014    {
1015        struct inode *inode = filp->f_dentry->d_inode;
1016        struct address_space *mapping = inode->i_mapping;
1017        unsigned long index, offset;
1018        struct page *cached_page;
1019        int reada_ok;
```

```
1020            int error;
1021            int max_readahead = get_max_readahead(inode);
1022
1023            cached_page = NULL;
1024            index = *ppos >> PAGE_CACHE_SHIFT;
1025            offset = *ppos & ~PAGE_CACHE_MASK;
1026
1027    /*
1028     * If the current position is outside the previous read-ahead window,
1029     * we reset the current read-ahead context and set read ahead max to zero
1030     * (will be set to just needed value later),
1031     * otherwise, we assume that the file accesses are sequential enough to
1032     * continue read-ahead.
1033     */
1034            if (index > filp->f_raend || index + filp->f_rawin < filp->f_raend) {
1035                    reada_ok = 0;
1036                    filp->f_raend = 0;
1037                    filp->f_ralen = 0;
1038                    filp->f_ramax = 0;
1039                    filp->f_rawin = 0;
1040            } else {
1041                    reada_ok = 1;
1042            }
1043    /*
1044     * Adjust the current value of read-ahead max.
1045     * If the read operation stay in the first half page, force no readahead.
1046     * Otherwise try to increase read ahead max just enough to do the read request.
1047     * Then, at least MIN_READAHEAD if read ahead is ok,
1048     * and at most MAX_READAHEAD in all cases.
1049     */
1050            if (!index && offset + desc->count <= (PAGE_CACHE_SIZE >> 1)) {
1051                    filp->f_ramax = 0;
1052            } else {
1053                    unsigned long needed;
1054
1055                    needed = ((offset + desc->count) >> PAGE_CACHE_SHIFT) + 1;
1056
1057                    if (filp->f_ramax < needed)
1058                            filp->f_ramax = needed;
1059
1060                    if (reada_ok && filp->f_ramax < MIN_READAHEAD)
1061                            filp->f_ramax = MIN_READAHEAD;
1062                    if (filp->f_ramax > max_readahead)
1063                            filp->f_ramax = max_readahead;
1064            }
1065
```

参数 actor 是一个函数指针，这里的实际参数是 file_read_actor( )，这个函数的作用是将文件的内容从缓冲页面拷贝到用户空间的缓冲区中。

文件的读操作有一个比写操作更复杂之处，那就是预读。我们在本节开头时曾谈到过预读，现在就要涉及具体的代码了。预读量的大小是与具体设备有关的，内核中设置了一个以主设备号为下标的数组 max_readahead[ ]，其定义在 drivers/block/ll_rw_blk.c 中：

```
111     /*
112      * The following tunes the read-ahead algorithm in mm/filemap.c
113      */
114     int * max_readahead[MAX_BLKDEV];
```

数组中的每个元素都是指针，指向以次设备号为下标的另一个整数数组，那个数组中的元素就是每个具体设备的最大预读量。同时，内核中还提供了一个 inline 函数 get_max_readahead( )，利用这个函数根据 inode 结构中的设备号就可确定对特定文件的最大预读量。这个函数的定义在 mm/filemap.c 中，代码的作者还为之写了一大段注释，我们把它一并列在下面。

[sys_write( ) > generic_file_read( ) > do_generic_file_read( ) > get_max_readahead( )]

```
829     /*
830      * Read-ahead context:
831      * -------------------
832      * The read ahead context fields of the "struct file" are the following:
833      * - f_raend : position of the first byte after the last page we tried to
834      *       read ahead.
835      * - f_ramax : current read-ahead maximum size.
836      * - f_ralen : length of the current IO read block we tried to read-ahead.
837      * - f_rawin : length of the current read-ahead window.
838      *       if last read-ahead was synchronous then
839      *            f_rawin = f_ralen
840      *       otherwise (was asynchronous)
841      *            f_rawin = previous value of f_ralen + f_ralen
842      *
843      * Read-ahead limits:
844      * ------------------
845      * MIN_READAHEAD    : minimum read-ahead size when read-ahead.
846      * MAX_READAHEAD    : maximum read-ahead size when read-ahead.
847      *
848      * Synchronous read-ahead benefits:
849      * --------------------------------
850      * Using reasonable IO xfer length from peripheral devices increase system
851      * performances.
852      * Reasonable means, in this context, not too large but not too small.
853      * The actual maximum value is:
854      *    MAX_READAHEAD + PAGE_CACHE_SIZE = 76k is CONFIG_READA_SMALL is undefined
855      *       and 32K if defined (4K page size assumed).
856      *
857      * Asynchronous read-ahead benefits:
```

```
858      *  ----------------------------------
859      *  Overlapping next read request and user process execution increase system
860      *  performance.
861      *
862      *  Read-ahead risks:
863      *  -----------------
864      *  We have to guess which further data are needed by the user process.
865      *  If these data are often not really needed, it's bad for system
866      *  performances.
867      *  However, we know that files are often accessed sequentially by
868      *  application programs and it seems that it is possible to have some good
869      *  strategy in that guessing.
870      *  We only try to read-ahead files that seems to be read sequentially.
871      *
872      *  Asynchronous read-ahead risks:
873      *  ------------------------------
874      *  In order to maximize overlapping, we must start some asynchronous read
875      *  request from the device, as soon as possible.
876      *  We must be very careful about:
877      *  - The number of effective pending IO read requests.
878      *    ONE seems to be the only reasonable value.
879      *  - The total memory pool usage for the file access stream.
880      *    This maximum memory usage is implicitly 2 IO read chunks:
881      *    2*(MAX_READAHEAD + PAGE_CACHE_SIZE) = 156K if CONFIG_READA_SMALL
                                    is undefined,
882      *    64k if defined (4K page size assumed).
883      */
884
885     static inline int get_max_readahead(struct inode * inode)
886     {
887         if (!inode->i_dev || !max_readahead[MAJOR(inode->i_dev)])
888             return MAX_READAHEAD;
889         return max_readahead[MAJOR(inode->i_dev)][MINOR(inode->i_dev)];
890     }
```

这里的常数 MAX_READAHEAD 定义为 31，即 31 个页面，124K 字节。

如前所述，由于预读的引入，现在 file 结构中要维持两个上下文了。一个是以"当前位置" f_pos 为代表的真正的读/写上下文，另一个则是预读的上下文。为此目的在 file 结构中增设了 f_reada、f_ramax、f_raend、f_ralen 以及 f_rawin 等五个字段。这五个字段的名称反映了它们的用途，代码作者在注释中也作了说明。所谓"预读的上下文"，实际上是一个窗口。窗口的末端就是 f_raend，而窗口的大小则为 f_rawin。与写操作相似，局部量 index 为当前读写位置所在页面的序号，offset 则为页面内的位移。如果读操作的起始页面落在预读窗口的外面，也就是 index 大于预读窗口的终点页面或者小于预读窗口的起始页面，那么现存的预读窗口与当前的读操作就没有什么关系了，所以要另起炉灶来一个新的预读窗口（见 1034～1039 行）。否则就是如何推进现有预读窗口的问题，所以先保持现有的窗口不变，而将局部量 read_ok 设成 1。然后，还要对 file 结构中的最大预读量作一些调整。如果当前所要求的读操作仅仅局限在文件的第一个页面的前半部分中进行（见 1050 行），那就根本不需要预读，所以将 file 结构中的 f_ramax 字段设成 0。否则就要依据整个读操作所涉及的页面数量 needed 和一些常量、参数适当调整 f_ramax 字段的数值（见 1057～1063 行）。对预读操作上下文作了这些准备以后，就开始读了。继续看 do_generic_file_read( )的代码：

[sys_read( ) > generic_file_read( ) > do_generic_file_read( )]

```
1066            for (;;) {
1067                    struct page *page, **hash;
1068                    unsigned long end_index, nr;
1069
1070                    end_index = inode->i_size >> PAGE_CACHE_SHIFT;
1071                    if (index > end_index)
1072                            break;
1073                    nr = PAGE_CACHE_SIZE;
1074                    if (index == end_index) {
1075                            nr = inode->i_size & ~PAGE_CACHE_MASK;
1076                            if (nr <= offset)
1077                                    break;
1078                    }
1079
1080                    nr = nr - offset;
1081
1082                    /*
1083                     * Try to find the data in the page cache..
1084                     */
1085                    hash = page_hash(mapping, index);
1086
1087                    spin_lock(&pagecache_lock);
1088                    page = __find_page_nolock(mapping, index, *hash);
1089                    if (!page)
1090                            goto no_cached_page;
1091 found_page:
1092                    page_cache_get(page);
1093                    spin_unlock(&pagecache_lock);
1094
1095                    if (!Page_Uptodate(page))
1096                            goto page_not_up_to_date;
1097                    generic_file_readahead(reada_ok, filp, inode, page);
1098 page_ok:
1099                    /* If users can be writing to this page using arbitrary
1100                     * virtual addresses, take care about potential aliasing
1101                     * before reading the page on the kernel side.
1102                     */
1103                    if (mapping->i_mmap_shared != NULL)
1104                            flush_dcache_page(page);
1105
1106                    /*
```

```
1107            * Ok, we have the page, and it's up-to-date, so
1108            * now we can copy it to user space...
1109            *
1110            * The actor routine returns how many bytes were actually used..
1111            * NOTE! This may not be the same as how much of a user buffer
1112            * we filled up (we may be padding etc), so we can only update
1113            * "pos" here (the actor routine has to update the user buffer
1114            * pointers and the remaining count).
1115            */
1116           nr = actor(desc, page, offset, nr);
1117           offset += nr;
1118           index += offset >> PAGE_CACHE_SHIFT;
1119           offset &= ~PAGE_CACHE_MASK;
1120
1121           page_cache_release(page);
1122           if (nr && desc->count)
1123               continue;
1124           break;
1125
```

不难想象，整个读操作是通过一个循环完成的，这个循环依次走过所涉及的每个缓冲页面，完成从这些页面的读出。由于这个 for 循环内部的流程比较复杂，我们通过一个假想的情景来遍历这个 for 循环的代码，这个情景涉及对三个缓冲页面的读出。

与写操作不同，当读操作的位置到达了（或超出了）文件的末尾就结束了（见 1070~1078 行），而不像写操作或 lseek( )那样将文件的末尾向前推进。只要还没有到达文件的末尾，就根据页面的大小或者目标文件在其最后一个页面中的大小 nr,以及读操作在当前页面中的起点 offset 计算出从当前页面读出的长度（见 1073~1080 行）。

决定了从当前页面中读出的长度以后，就要设法找到或读入相应的缓冲页面了。首先当然是根据目标页面的杂凑值从杂凑表队列中寻找（见 1085~1088 行）。寻找的结果有三种可能，第一种是找不到，第二种是找到了，但是该缓冲页面的内容不一致，第三种是既找到了所需的缓冲页面，页面的内容又一致。

在我们的情景里，假定第一个缓冲页面找到了，并且一致，所以就到达了第 1098 行的 page_ok 标号处。既然找到了目标页面，下面的事情就顺理成章了。如前所述，参数 actor 是个函数指针，这个指针实际上指向 file_read_actor( )。它的作用就是从缓冲页面把内容复制到用户空间的缓冲区中，并相应调整读操作描述结构中的待读出长度，最后返回已复制的长度。完成了从缓冲页面中的读出以后，就根据 file_read_actor( )的返回值 nr 将 index 和 offset 两个变量的值向前推进，并将当前页面释放（递减其使用计数）。在我们这个情景中，从这个页面读出的长度 nr 非 0，尚待读出的长度也还未达到 0，所以经由第 1123 行的 continue 语句开始下一轮循环（否则就经由第 1124 行的 break 语句结束循环）。

我们假定寻找第二个目标页面的结果也找到了，但是页面的内容不一致，所以在第 1096 行转移到标号 page_not_up_to_date 处：

[sys_read( ) > generic_file_read( ) > do_generic_file_read( )]

```
1126           /*
```

```
1127            * Ok, the page was not immediately readable, so let's try to
                    read ahead while we're at it..
1128            */
1129    page_not_up_to_date:
1130            generic_file_readahead(reada_ok, filp, inode, page);
1131
1132            if (Page_Uptodate(page))
1133                goto page_ok;
1134
1135            /* Get exclusive access to the page ... */
1136            lock_page(page);
1137
1138            /* Did it get unhashed before we got the lock? */
1139            if (!page->mapping) {
1140                UnlockPage(page);
1141                page_cache_release(page);
1142                continue;
1143            }
1144
1145            /* Did somebody else fill it already? */
1146            if (Page_Uptodate(page)) {
1147                UnlockPage(page);
1148                goto page_ok;
1149            }
1150
1151    readpage:
1152            /* ... and start the actual read. The read will unlock the page. */
1153            error = mapping->a_ops->readpage(filp, page);
1154
1155            if (!error) {
1156                if (Page_Uptodate(page))
1157                    goto page_ok;
1158
1159        /* Again, try some read-ahead while waiting for the page to finish.. */
1160                generic_file_readahead(reada_ok, filp, inode, page);
1161                wait_on_page(page);
1162                if (Page_Uptodate(page))
1163                    goto page_ok;
1164                error = -EIO;
1165            }
1166
1167            /* UHHUH! A synchronous read error occurred. Report it */
1168            desc->error = error;
1169            page_cache_release(page);
1170            break;
1171
```

由于页面的内容不一致，所以不能马上从这个页面读出。页面内容不一致是个暂时的现象，这是由于某个进程正在写包括这个页面在内的某些页面,但尚未提交所造成的,一般只要等待一会儿就行了。可既然要等待,就不如乘机预读一些页面进来,所以通过generic_file_readahead( )启动预读。我们把这个函数的阅读暂时放一下,在这里只要知道这个函数启动预读就行了。不过要注意,这里说的是启动预读,而不是完成预读,实际的页面读入是异步的。

启动了预读以后,再来检查当前的目标页面是否已经一致(见第1132行)。如果已经一致了那就转到page_ok标号处(第1098行),下面就与第一个页面的情况相同了。如果还没有一致呢?那就要从设备上把这个页面读回来。读之前要先把页面锁住,注意这里的lock_page( )可能隐含着等待,因为这页面可能已经被别的进程锁住了。特别是这个页面还不一致,就说明有某个进程正在对其进行写操作,很可能就是这个进程锁住了页面。所以,lock_page( )的过程实际上就是睡眠等待当前锁住这个页面的进程完成其操作并且解锁的过程。当从lock_page( )返回时,这个页面已经被当前进程锁住了。正因为这样,就很有可能当加锁成功时页面已经一致了,所以要再次加以检查,如果确已一致,就把锁解除并转向page_ok。

要是加了锁而页面仍旧没有达到一致,那就无计可施,只好从设备上把页面读回来,这就到了标号readpage处。对具体文件系统和设备的读操作是由具体的address_space_operations数据结构通过函数指针readpage提供的,对于Ext2文件系统这个函数是ext2_readpage( ),其代码在fs/ext2/inode.c中:

[sys_read( ) > generic_file_read( ) > do_generic_file_read( ) > ext2_readpage( )]

```
657   static int ext2_readpage(struct file *file, struct page *page)
658   {
659     return block_read_full_page(page, ext2_get_block);
660   }
```

这个函数通过一个通用的函数,即block_read_full_page( )完成操作,而以ext2_get_block( )作为调用的参数之一。读者应该还记得,ext2_get_block( )完成Ext2文件系统从文件中逻辑块号到设备上块号的映射。函数block_read_full_page( )的代码在fs/buffer.c中:

[sys_read( ) > generic_file_read( ) > do_generic_file_read( ) > ext2_readpage( ) > block_read_full_page( )]

```
1667   /*
1668    * Generic "read page" function for block devices that have the normal
1669    * get_block functionality. This is most of the block device filesystems.
1670    * Reads the page asynchronously --- the unlock_buffer( ) and
1671    * mark_buffer_uptodate( ) functions propagate buffer state into the
1672    * page struct once IO has completed.
1673    */
1674   int block_read_full_page(struct page *page, get_block_t *get_block)
1675   {
1676     struct inode *inode = page->mapping->host;
1677     unsigned long iblock, lblock;
1678     struct buffer_head *bh, *head, *arr[MAX_BUF_PER_PAGE];
1679     unsigned int blocksize, blocks;
1680     int nr, i;
1681
```

```
1682            if (!PageLocked(page))
1683                    PAGE_BUG(page);
1684            blocksize = inode->i_sb->s_blocksize;
1685            if (!page->buffers)
1686                    create_empty_buffers(page, inode->i_dev, blocksize);
1687            head = page->buffers;
1688
1689            blocks = PAGE_CACHE_SIZE >> inode->i_sb->s_blocksize_bits;
1690            iblock = page->index <<
                            (PAGE_CACHE_SHIFT - inode->i_sb->s_blocksize_bits);
1691            lblock = (inode->i_size+blocksize-1) >> inode->i_sb->s_blocksize_bits;
1692            bh = head;
1693            nr = 0;
1694            i = 0;
1695
1696            do {
1697                    if (buffer_uptodate(bh))
1698                            continue;
1699
1700                    if (!buffer_mapped(bh)) {
1701                            if (iblock < lblock) {
1702                                    if (get_block(inode, iblock, bh, 0))
1703                                            continue;
1704                            }
1705                            if (!buffer_mapped(bh)) {
1706                                    memset(kmap(page) + i*blocksize, 0, blocksize);
1707                                    flush_dcache_page(page);
1708                                    kunmap(page);
1709                                    set_bit(BH_Uptodate, &bh->b_state);
1710                                    continue;
1711                            }
1712                            /* get_block( ) might have updated the buffer synchronously */
1713                            if (buffer_uptodate(bh))
1714                                    continue;
1715                    }
1716
1717                    arr[nr] = bh;
1718                    nr++;
1719            } while (i++, iblock++, (bh = bh->b_this_page) != head);
1720
1721            if (!nr) {
1722                    /*
1723                     * all buffers are uptodate - we can set the page
1724                     * uptodate as well.
1725                     */
1726                    SetPageUptodate(page);
1727                    UnlockPage(page);
1728                    return 0;
```

```
1729          }
1730
1731          /* Stage two: lock the buffers */
1732          for (i = 0; i < nr; i++) {
1733              struct buffer_head * bh = arr[i];
1734              lock_buffer(bh);
1735              bh->b_end_io = end_buffer_io_async;
1736              atomic_inc(&bh->b_count);
1737          }
1738
1739          /* Stage 3: start the IO */
1740          for (i = 0; i < nr; i++)
1741              submit_bh(READ, arr[i]);
1742
1743          return 0;
1744      }
```

每个缓冲页面都包含着若干记录块缓冲区，page 数据结构中的 buffer_head 指针 buffers 指向这些缓冲区的 buffer_head 数据结构队列。如果一个缓冲页面尚未建立起这样的队列，就要通过 create_empty_buffers( )加以创建。很自然地，然后是对构成该页面的各个记录块缓冲区的循环。以前讲过，一个页面的内容不一致并不说明构成这个页面的所有记录块都不一致。所以，如果一个记录块的内容是一致的就把它跳过（见第 1698 行的 continue 语句）。如果一个记录块缓冲区尚未与设备上的物理记录块建立起映射关系（见第 1700 行），并且这个记录块的起始地址并未超出文件的末尾（见第 1701 行和第 1702 行），就要通过作为参数传递下来的函数建立起映射。在这里，对于 Ext2 文件系统而言，这个函数就是 ext2_get_block( )，我们已经在前面读过它的代码。

不过，这里对这个函数的调用与写文件时有所不同，那就是第三个参数为 0，而在写操作时这个参数为 1。这个参数表示如果尚未为给定的逻辑记录块分配物理记录块的话，是否要为之分配一个。我们在前面读 ext2_get_block( )的代码时跳过了当这个参数为 0 时的那一部分，现在回过头去看一下。该函数代码中标号 cleanup 前有个 if(!creat …)语句；当 ext2_get_branch( )返回了一个非 0 指针，表示尚未为给定的逻辑记录块分配物理记录块时，就由这个 if 语句决定怎么办。如果参数 create 为 0，就表示不为之分配物理记录块，此时并不设置相应缓冲区头部中的有关字段，也并不将其 BH_MAPPED 标志位设置成 1。

所以，如果在调用了 ext2_get_block( )以后缓冲区的映射仍未建立，就表示这个逻辑记录块尚无与之对应的物理记录块。这种情况发生在通过 lseek( )系统调用在文件中引入了空洞以后。

从空洞中读出的内容是什么呢？请看下面紧接着的几行。就是说，如果逻辑记录块落在一个空洞内，就把它清成全 0，所以读出的内容也是全 0。那么，什么时候才为这个逻辑记录块分配设备上的物理空间呢？要等到对这个记录块进行写操作的时候。到那时，调用 ext2_get_block( )的第三个参数 create 是 1，就会为之分配物理记录块了。

除这两种情况以外，那就是已经建立起映射但是内容不一致的页面了。这种页面是真正需要从设备上读入的页面，所以一方面通过 init_buffer( )对 buffer_head 结构进行一些设置，主要是对函数指针 b_end_io 的设置，这个函数指针提供了当设备的 I/O 完成时要启动的操作，在这里是 end_buffer_io_async( )。函数 init_buffer( )的代码也在 buffer.c 中：

[sys_read( ) > generic_file_read( ) > do_generic_file_read( ) > ext2_readpage( ) > block_read_full_page( ) > init_buffer( )]

```
768     void init_buffer(struct buffer_head *bh, bh_end_io_t *handler,
                                         void *private)
769     {
770         bh->b_list = BUF_CLEAN;
771         bh->b_end_io = handler;
772         bh->b_private = private;
773     }
```

虽然这个记录块是肯定要从设备上读入的，但是却并不立即就在循环体内启动对设备的操作，而只是先把真正需要读入的记录块缓冲区收集在一个指针数组 arr[ ] 中（见第 1733 行）。这个数组随后被作为参数传递给 ll_rw_block( )，将积累起来的属于同一页面的记录块成批地读入，而对 ll_rw_block( ) 的调用则留待对记录块的循环结束以后。

记录块的读入是需要一定时间的，而 ll_rw_block( ) 实际上只是启动记录块的读入，所以从 ll_bw_block( ) 以及随之从 ext2_readpage( ) 的返回和读入的完成（通过 DMA 完成）是异步的，互相平行的。

这样，当返回到 do_generic_file_read( ) 中时（第 1155 行），页面中需要读入的记录块也许已经全部完成，从而使页面的 PG_UPTODATE 标志位已经变成了 1，表明该页面的内容已经一致，但是也有可能尚未全部完成而页面的内容尚未一致。如果是前者就转入 page_ok，此后的操作就与前述第一个页面的情况相同了。

可是如果尚未完成呢？那就需要等待。既然要等待，那何不干脆再多读一些记录块进来备用呢？所以这里又调用处理预读的 generic_file_readahead( )。对于因页面内容不一致而从标号 page_not_up_to_date 执行下来进入 readpage 的路线而言，这已经是第二次调用 generic_file_readahead( ) 了。但是进入 readpage 的路线并非只有这么一条，所以这里的预读一方面也是出于对其他情况的考虑，这一点读者以后就会看到。

虽然通过预读消耗了一些时间，目标页面的读入仍不能肯定已经完成，所以要通过 wait_on_page( ) 加以检验或等待。到页面（实际上是其中的若干记录块）的读入肯定已经完成时，页面的 PG_uptodate 标志位应该为 1，否则就有错了。这里 Page_Uptodate( ) 所作的仅仅是一种检验而不包含等待，而 wait_on_page( ) 则包含了可能的睡眠等待。

目标页面的读入顺利完成以后，就转向 page_ok，此后的操作就又与前述第一个页面相同了。完成了第二个缓冲页面的读出以后，由于所要求的读出尚未完成，又通过第 1123 行的 continue 语句回到了 for 循环的开头。

这一次，由于涉及的第三个逻辑页面没有被缓冲在内存中，__find_page_nolock( ) 返回 NULL，所以就转到了 no_cached_page。我们在文件 filemap.c 中继续往下看：

[sys_read( ) > generic_file_read( ) > do_generic_file_read( )]

```
1172    no_cached_page:
1173        /*
1174         * Ok, it wasn't cached, so we need to create a new
1175         * page..
```

```
1176                *
1177                 * We get here with the page cache lock held.
1178                 */
1179                if (!cached_page) {
1180                    spin_unlock(&pagecache_lock);
1181                    cached_page = page_cache_alloc( );
1182                    if (!cached_page) {
1183                        desc->error = -ENOMEM;
1184                        break;
1185                    }
1186
1187                    /*
1188                     * Somebody may have added the page while we
1189                     * dropped the page cache lock. Check for that.
1190                     */
1191                    spin_lock(&pagecache_lock);
1192                    page = __find_page_nolock(mapping, index, *hash);
1193                    if (page)
1194                        goto found_page;
1195                }
1196
1197                /*
1198                 * Ok, add the new page to the hash-queues...
1199                 */
1200                page = cached_page;
1201                __add_to_page_cache(page, mapping, index, hash);
1202                spin_unlock(&pagecache_lock);
1203                cached_page = NULL;
1204
1205                goto readpage;
1206            }
1207
1208            *ppos = ((loff_t) index << PAGE_CACHE_SHIFT) + offset;
1209            filp->f_reada = 1;
1210            if (cached_page)
1211                page_cache_free(cached_page);
1212            UPDATE_ATIME(inode);
1213        }
```

既然在内存中尚未为目标页面建立起缓冲，那就不仅仅是从设备读入的问题了，在此之前还要为之分配一个页面。在前面第 1023 行中指针 cached_page 初始化成 NULL，表示没有已经分配但尚未使用的缓冲页面，所以这里通过 page_cache_alloc( )分配一个页面备用。但是，在分配成功以后还要再检查一次目标页面是否已经缓冲（见第 1182 行），这是因为在 page_cache_alloc( )中当前进程有可能进入睡眠，从而有可能让别的进程抢先为目标页面建立了缓冲。如果这种情况果真发生了，那就转入 found_page，此后的操作就与前述的第一和第二个页面相同了。至于分配得的页面 cached_page，则成了"已经分配但尚未使用的缓冲页面"，我们不必忙着将其释放，因为也许以后还会有需要，如果确实没有需要就拖延到最后在第1211行中加以释放。否则，要是没有发生这样的情况，那就将分配得的页面链入到所有有关的队列中，包括由所属inode结构中的指针i_mapping所指向的address_space结构（通常是inode结构中的i_data）里面的缓冲页面队列、全局性的缓冲页面杂凑表队列以及全局性的缓冲页面LRU队列。然后就转向readpage，此后的操作就与前述第二个页面的一部分操作相同了。

由于这已经是涉及的最后一个页面，所以从这个页面的读出完成以后，就通过第1124行的break语句结束for循环而到达第1208行，在这里对file结构中的f_pos字段加以调整。注意，index和offset的值在循环中每次都在向前推进（见1117～1119行），所以此时已经指向本次read( )操作以后的位置上。另一方面，当前的预读上下文继续有效，所以将file结构中的f_reada标志设成1。

由于do_generic_file_readahead( )是generic_file_read( )的主体，至此我们可以认为读操作已经完成。

在上面的叙述中，我们跳过了预读函数 generic_file_readahead( )的细节，这个函数的代码也在mm/filemap.c 中：

[sys_read( ) > generic_file_read( ) > do_generic_file_read( ) > generic_file_readahead( )]

```
892     static void generic_file_readahead(int reada_ok,
893         struct file * filp, struct inode * inode,
894         struct page * page)
895     {
896         unsigned long end_index = inode->i_size >> PAGE_CACHE_SHIFT;
897         unsigned long index = page->index;
898         unsigned long max_ahead, ahead;
899         unsigned long raend;
900         int max_readahead = get_max_readahead(inode);
901
902         raend = filp->f_raend;
903         max_ahead = 0;
904
905     /*
906      * The current page is locked.
907      * If the current position is inside the previous read IO request, do not
908      * try to reread previously read ahead pages.
909      * Otherwise decide or not to read ahead some pages synchronously.
910      * If we are not going to read ahead, set the read ahead context for this
911      * page only.
912      */
913         if (PageLocked(page)) {
914             if (!filp->f_ralen || index >= raend ||
                        index + filp->f_rawin < raend){
915                 raend = index;
916                 if (raend < end_index)
917                     max_ahead = filp->f_ramax;
918                 filp->f_rawin = 0;
919                 filp->f_ralen = 1;
920                 if (!max_ahead) {
921                     filp->f_raend  = index + filp->f_ralen;
922                     filp->f_rawin += filp->f_ralen;
```

```
923                }
924            }
925        }
926    /*
927     * The current page is not locked.
928     * If we were reading ahead and,
929     * if the current max read ahead size is not zero and,
930     * if the current position is inside the last read-ahead IO request,
931     *   it is the moment to try to read ahead asynchronously.
932     * We will later force unplug device in order to force asynchronous read IO.
933     */
934        else if (reada_ok && filp->f_ramax && raend >= 1 &&
935                index <= raend && index + filp->f_ralen >= raend) {
936    /*
937     * Add ONE page to max_ahead in order to try to have about the same IO max size
938     * as synchronous read-ahead (MAX_READAHEAD + 1)*PAGE_CACHE_SIZE.
939     * Compute the position of the last page we have tried to read in order to
940     * begin to read ahead just at the next page.
941     */
942            raend -= 1;
943            if (raend < end_index)
944                max_ahead = filp->f_ramax + 1;
945
946            if (max_ahead) {
947                filp->f_rawin = filp->f_ralen;
948                filp->f_ralen = 0;
949                reada_ok      = 2;
950            }
951        }
952    /*
953     * Try to read ahead pages.
954     * We hope that ll_rw_blk( ) plug/unplug, coalescence, requests sort and the
955     * scheduler, will work enough for us to avoid too bad actuals IO requests.
956     */
957        ahead = 0;
958        while (ahead < max_ahead) {
959            ahead ++;
960            if ((raend + ahead) >= end_index)
961                break;
962            if (page_cache_read(filp, raend + ahead) < 0)
963                break;
964        }
965    /*
966     * If we tried to read ahead some pages,
967     * If we tried to read ahead asynchronously,
968     *   Try to force unplug of the device in order to start an asynchronous
969     *   read IO request.
```

```
970         * Update the read-ahead context.
971         * Store the length of the current read-ahead window.
972         * Double the current max read ahead size.
973         *   That heuristic avoid to do some large IO for files that are not really
974         *   accessed sequentially.
975         */
976        if (ahead) {
977            if (reada_ok == 2) {
978                run_task_queue(&tq_disk);
979            }
980
981            filp->f_ralen += ahead;
982            filp->f_rawin += filp->f_ralen;
983            filp->f_raend = raend + ahead + 1;
984
985            filp->f_ramax += filp->f_ramax;
986
987            if (filp->f_ramax > max_readahead)
988                filp->f_ramax = max_readahead;
989
990            /*
991             * Move the pages that have already been passed
992             * to the inactive list.
993             */
994            drop_behind(filp, index);
995
996 #ifdef PROFILE_READAHEAD
997            profile_readahead((reada_ok == 2), filp);
998 #endif
999        }
1000
1001       return;
1002   }
```

参数 reada_ok 表示目标页面 page 是否在原来的预读窗口之内，这是在 do_generic_file_read( )开头时就计算好了的。

首先要根据具体情况确定一个合适的预读量 max_ahead，这个预读量最初时假定为 0，然后根据具体情况加以修正。怎样修正呢？主要取决于当前页面 page 是否已经锁上，也就是对这个页面中记录块的设备层读入请求是否已经发出。如果已经发出，而当前页面又在先前的预读窗口之内，并且原来的预读窗口中已经包含了对当前页面以后若干页面的预读，那就保持 max_ahead 为 0，最后无功而返。这种情况下 generic_file_readahead( )只是作了一个简单的检测而并不是真正进行预读。

如果当前页面虽然已经被锁住，也就是说已经交付设备驱动层加以读入，但是原来并没有预读（file 结构中的 f_ralen 为 0），或者当前页面已是预读窗口中的最后一个页面或者超出了预读窗口的上沿（index >= raend），或者当前页面在预读窗口的下沿以下，那就说明要另起一个预读窗口了。这个预读窗口的大小首先取决于 file 结构中的 f_ramax，这最初是在 do_generic_file_read( )中的 for 循环开始之前与 f_raend 和 f_rawin 一起计算好了的；如果在 for 循环中已经调用过 generic_file_readahead( ) 则由上一次调用遗留下来。根据具体情况的不同，这个数值仍有可能为 0，那就表示不要预读。不过，如果看一下 do_generic_file_read( ) 中的第 1050～1064 行，就可以发现一般情况下这个数值都不会是 0。

如果当前页面没有被锁住，设备驱动层的读入请求尚未发出呢？与前一种情况正好相反。在前一种情况中，是在如果原来没有预读窗口，或者当前页面落在原有窗口之外时才预读。而现在则是如果原来就有预读窗口（read_ok 非 0），并且当前页面落在原有窗口之内时才预读（见 934 行和 835 行）。此时的预读量 max_ahead 也来自 file 结构中的 f_ramax，但是要增加一个页面，因为对当前页面的读入也作为"预读"处理了。如果比较一下在两种情况下对 filp->f_ralen 的初始化，就可以看到在前一种情况下将其设置成 1，因为对当前页面的读入已经在进行中，而在后一种情况下则将其设置成 0，因为对当前页面的读入尚未开始。此外，在 949 行还将 reada_ok 设置成 2，表示此时的预读为"异步预读"。其区别在后面会看到。

确定了合适的预读量以后，就开始通过一个 while 循环依次启动对各个页面的读入。函数 page_cache_read( ) 的代码在同一文件 filemap.c 中：

[sys_read( ) > generic_file_read( ) > do_generic_file_read( ) > generic_file_readahead( ) > page_cache_read( )]

```
545     /*
546      * This adds the requested page to the page cache if it isn't already there,
547      * and schedules an I/O to read in its contents from disk.
548      */
549     static inline int page_cache_read(struct file * file, unsigned long offset)
550     {
551         struct inode *inode = file->f_dentry->d_inode;
552         struct address_space *mapping = inode->i_mapping;
553         struct page **hash = page_hash(mapping, offset);
554         struct page *page;
555
556         spin_lock(&pagecache_lock);
557         page = __find_page_nolock(mapping, offset, *hash);
558         spin_unlock(&pagecache_lock);
559         if (page)
560             return 0;
561
562         page = page_cache_alloc();
563         if (!page)
564             return -ENOMEM;
565
566         if (!add_to_page_cache_unique(page, mapping, offset, hash)) {
567             int error = mapping->a_ops->readpage(file, page);
568             page_cache_release(page);
569             return error;
570         }
571         /*
572          * We arrive here in the unlikely event that someone
```

```
573         * raced with us and added our page to the cache first.
574         */
575        page_cache_free(page);
576        return 0;
577    }
```

读者对这段代码已经不会感到陌生了，具体的读入由 mapping->a_ops->readpage( )启动。对于 Ext2 文件系统这就是 ext2_readpage( )，读者已经在前面看过它的代码了。这里要指出的是，如果 __find_page_nolock( )找到了所需的页面就直接返回 0 而跳过了对页面的读入，但是在上面的 while 循环中却还是将其看成已经进行了预读。当然，这么一来这个已经缓冲的页面可能与设备上不一致，但是也没有什么关系，因为当读这个页面时如果发现仍不一致就会在 do_generic_file_read( )中转入 page_not_up_to_date 处加以处理。

只要不在中途到达了文件的终点（end_index 为最后一个逻辑记录块的序号），while 循环就要到完成了由 max_ahead 决定的预读量才会结束。注意，在 ext2_readpage( )中只是通过 ll_rw_block( )发出了对各个记录块的读入请求，而真正的读入是通过 DMA 进行的，当前进程并不停下来等待其完成。从这个角度讲，所有的磁盘读／写其实都是"异步"的，而预读之所以分为"同步"和"异步"，其区别在于第 978 行对 run_task_queue( )的调用，即抽出时间做点别的什么，我们在"设备驱动"一章中还会回到这个话题。此外，除对预读窗口的更新外，还将 file 结构中的最大预读量 f_ramax 加倍（见 985 行），只是这个数值不能超过由 get_max_readahead( )取得的对于文件所在设备的最大预读量 max_readahead。所以，在同一个预读上下文中，随着预读次数的增加，预读量通常会愈来愈大，直至达到 max_readahead。然后，每当预读上下文改变时，也就是通过 lseek( )将当前位置改变到当前预读窗口之外以后的第一次读操作时，就会重新开始一个新的上下文而又开始积累最大预读量。

至于 profile_readahead( )，那只是用于统计信息的收集，此处我们就对之不感兴趣了。

5.7 其他文件操作

系统调用 open( )、close( )和 write( )无疑是最基本、最重要、而且也最复杂的文件操作。除此以外，还有许多用于文件操作或与文件操作有关的系统调用。尽管这些系统调用相比之下只是辅助性的，但是在不同的应用中分别起着很重要的作用，限于本书的篇幅，我们不可能对所有这些系统调用都一一列举并加以介绍。读者可以在第 3 章的系统调用函数跳转表中找到与所有这些系统调用对应的内核函数，对于这些（未必是全部）系统调用的作用与运用可以参考关于 Unix/Linux 程序设计的专著。至于实现这些系统调用的代码，则大多数要由读者自己下功夫去阅读了。我们在这里选择其要者介绍几个系统调用的实现。

先看 lseek( )，这个系统调用的功能和实现虽然简单但却很重要。内核中实现这个系统调用的函数是 sys_lseek( )，其代码在 fs/read_write.c 中：

```
64    asmlinkage off_t sys_lseek(unsigned int fd, off_t offset,
                    unsigned int origin)
65    {
66        off_t retval;
67        struct file * file;
```

```
68
69          retval = -EBADF;
70          file = fget(fd);
71          if (!file)
72              goto bad;
73          retval = -EINVAL;
74          if (origin <= 2) {
75              loff_t res = llseek(file, offset, origin);
76              retval = res;
77              if (res != (loff_t)retval)
78                  retval = -EOVERFLOW;/* LFS: should only happen on 32 bit platforms */
79          }
80          fput(file);
81      bad:
82          return retval;
83      }
```

参数 origin 的值只能是 0、1 或 2，表示 offset 的起点，本书的读者应该是早就知道的。这段代码中的第 76 行和第 77 行可能会给读者带来一些困惑，既然把 res 的值赋给 retval，怎么二者又可能不相等呢？这是因为二者的类型不同。变量 res 的类型为 loff_t，实际上是 64 位整数；而 retval 的类型为 off_t，是 32 位整数。有关的定义见 include/linux/types.h：

```
18  typedef __kernel_off_t      off_t;

45  typedef __kernel_loff_t     loff_t;
```

数据类型 __kernel_off_t 和 __kernel_loff_t 定义则见 include/asm_i386/posix_types.h：

```
14  typedef long               __kernel_off_t;

36  typedef long long          __kernel_loff_t;
```

将 64 位的数值赋给 32 位的变量，然后检查二者是否相等，实际上就是检查这个 32 位数值是否溢出。所以，系统调用 lseek( )在 32 位系统结构中只适用于文件大小不超过 4GB 的文件系统。为了突破这个限制，Linux 另外提供了一个系统调用 llseek( )，使得在 32 位系统结构中也可以处理大于 4GB 的文件，其代码就在同一文件中，我们就不看了。不过，二者的主体都是 llseek( )。函数 llseek( )的代码也在同一文件 fs/read_write.c 中：

[sys_lseek( ) > llseek( )]

```
50      static inline loff_t llseek(struct file *file, loff_t offset, int origin)
51      {
52          loff_t (*fn)(struct file *, loff_t, int);
53          loff_t retval;
54
55          fn = default_llseek;
```

```
56          if (file->f_op && file->f_op->llseek)
57              fn = file->f_op->llseek;
58      lock_kernel();
59      retval = fn(file, offset, origin);
60      unlock_kernel();
61      return retval;
62  }
```

注意，这个函数返回值的类型是 64 位的 loff_t，参数 offset 的类型也是 loff_t。

具体的文件系统可以通过 file_operations 结构中的函数指针 llseek 提供相应的函数，以实现这个操作，如果不提供就等于默认采用 defanlt_llseek()。就 Ext2 文件系统而言，它所提供的函数是 ext2_file_lseek()，其代码在 fs/ext2/file.c 中：

[sys_lseek( ) > llseek( ) > ext2_file_lseek( )]

```
39  /*
40   * Make sure the offset never goes beyond the 32-bit mark..
41   */
42  static loff_t ext2_file_lseek(
43      struct file *file,
44      loff_t offset,
45      int origin)
46  {
47      struct inode *inode = file->f_dentry->d_inode;
48
49      switch (origin) {
50          case 2:
51              offset += inode->i_size;
52              break;
53          case 1:
54              offset += file->f_pos;
55      }
56      if (offset<0)
57          return -EINVAL;
58      if (((unsigned long long) offset >> 32) != 0) {
59          if (offset > ext2_max_sizes[EXT2_BLOCK_SIZE_BITS(inode->i_sb)])
60              return -EINVAL;
61      }
62      if (offset != file->f_pos) {
63          file->f_pos = offset;
64          file->f_reada = 0;
65          file->f_version = ++event;
66      }
67      return offset;
68  }
```

作为参数传递下来的 offset 可以是负值，但根据起始点 origion 加以换算以后就不容许负值了。代码中的第 58、59 行也是对 offset 取值范围的检查。位移 offset 可以超过文件的当前大小，但是不能超过文件大小的上限。这个上限来自两个方面，其一是不能超过 32 位整数的容量，这就是第 58 行所检查的目标；其二是不能超过前一节中所讲 Ext2 文件系统中记录块映射机制的总容量。数组 ext2_max_sizes[ ]及有关的定义都在 fs/ext2/file.c 中：

```
28      #define EXT2_MAX_SIZE(bits)                                  \
29          (((EXT2_NDIR_BLOCKS + (1LL << (bits - 2)) +              \
30              (1LL << (bits - 2)) * (1LL << (bits - 2)) +          \
31              (1LL << (bits - 2)) * (1LL << (bits - 2)) * (1LL <<(bits - 2))) * \
32              (1LL << bits)) - 1)
33
34      static long long ext2_max_sizes[ ] = {
35          0, 0, 0, 0, 0, 0, 0, 0, 0, 0,
36          EXT2_MAX_SIZE(10), EXT2_MAX_SIZE(11), EXT2_MAX_SIZE(12),
                EXT2_MAX_SIZE(13)
37      };
```

Ext2 记录块映射机制的总容量取决于记录块大小。当记录块大小为 1K 字节，即 2^{10} 时，这个总容量的大小为 EXT2_MAX_SIZE(10)，由直接、间址、二重间址和三重间址四个部分相加而得。

除将 file 结构中的 f_pos 设置成 offset 的值以外，还将这结构中的 f_reada 设置成 0，因为既然当前位置变了，原来的"预读"上下文就废弃了，到下一次读文件时自会建立起新的预读上下文。此外，event 是系统中的一个全局量，file 结构中的 f_version 字段就以 event 的当前值作为文件读写上下文的"版本号"。

如果孤立地看 ext2_file_lseek( )的代码，那么似乎就这么一些了。可是，如果把它与写文件操作的代码结合起来看，里面还隐藏着 lseek( )的一个重要性质，那就是可以在文件中创造出"空洞"。原因在于对 offset 的检验只限于文件大小的上限，而并不受文件当前大小的限制。举例来说，假设文件的当前大小是 1KB，而通过 lseek( )把"当前位置"移到 9KB 的位置上，然后往文件中写 1 个字节，这么一来，文件的大小变成了 9KB 加 1 个字节，而其中的 8K 字节实际上并没有物理记录块，因此成了空洞。空洞内的逻辑记录块要到往里写的时候才会填上，也就是为之分配物理记录块，在此之前若从空洞中读则为全 0。有些应用软件的程序设计利用了 lseek( )的这个性质。不过应指出，应用软件不能用这个方法来"圈地"，因为空洞是没有物理记录块的，并且不保证当往空洞中写时一定能分配到物理记录块，能否分配到记录块要视当时设备上是否尚有空闲记录块而定。

在本节中要看的第二个系统调用是 dup( )，用来"复制"一个打开文件号，使新的打开文件号也代表原已存在的文件操作上下文。这个系统调用虽然简单，但是却在 Unix/Linux 系统的运行中扮演着很重要的角色。在内核里面，这个系统调用是由 sys_dup( )实现的，其代码在 fs/fcntl.c 中：

```
187     asmlinkage long sys_dup(unsigned int fildes)
188     {
189         int ret = -EBADF;
190         struct file * file = fget(fildes);
191
192         if (file)
193             ret = dupfd(file, 0);
```

```
194            return ret;
195    }
```

参数 fildes 为需要"复制"的打开文件号，操作的主体为 dupfd( )，其代码中在同一文件中：

[sys_dup( ) > dupfd( )]

```
116    static int dupfd(struct file *file, int start)
117    {
118        struct files_struct * files = current->files;
119        int ret;
120
121        ret = locate_fd(files, file, start);
122        if (ret < 0)
123            goto out_putf;
124        allocate_fd(files, file, ret);
125        return ret;
126
127    out_putf:
128        write_unlock(&files->file_lock);
129        fput(file);
130        return ret;
131    }
```

系统调用 dup( ) 的目的是在当前进程的 files_struct 结构内的数组中将一个已打开文件的 file 结构指针复制到另一个原来空闲的位置上，使这个新的"已打开文件"也指向同一个 file 结构。这里的参数 start 表示从数组中的什么位置（下标）开始寻找空闲的数组元素。从 sys_dup( ) 的代码中可以看到传下来的实际参数值是 0。所以 inline 函数 locate_fd( ) 从打开文件号 0 所对应的元素开始寻找，必要时还可以扩充数组的容量。这个函数的代码读者已经在以前看到过，这里就不重复了。找到了空闲的打开文件号以后，就通过 allocate_fd( ) 将作为参数传下来的 file 结构指针"安装"在这个打开文件号所对应的位置上，其代码也在同一个文件 fcntl.c 中：

[sys_dup( ) > dupfd( ) > allocate_fd( )]

```
107    static inline void allocate_fd(struct files_struct *files,
108                        struct file *file, int fd)
109    {
110        FD_SET(fd, files->open_fds);
111        FD_CLR(fd, files->close_on_exec);
112        write_unlock(&files->file_lock);
113        fd_install(fd, file);
114    }
```

至于 fd_install( ) 的代码，读者已在 sys_open( ) 中阅读过了。操作完成以后，这个新的打开文件号也就代表着原来由 sys_dup( ) 中的 fildes 所代表的那个文件了。

看似简单的这么一个操作，却起着十分重要的作用，Unix/Linux 各种 shell 的重定向机制就是建立在这个系统调用的基础上的。我们通过实例来看看这具体是怎样实现的。先看这么一条 shell 命令："echo what is dup?"。这条命令要求 shell 进程执行一个可执行文件 echo，参数为"what is dup?"。接收到这条命令，shell 进程先找到可执行文件 bin/echo，然后 fork( )出一个子进程让它执行 bin/echo，并将参数传递给它，这个子进程从 shell 继承了标准输入、标准输出以及标准出错信息三个通道，即打开文件号为 0、1、2 的三个已打开文件。至于这个可执行文件本身所规定的操作则是很简单的，就是把参数"what is dup?"写到标准输出文件，通常就是显示屏上。现在把命令行改成"echo what is dup? > foo"，要求在执行时将输出"重定向"到一个磁盘文件 foo 中去。对此，shell 进程大体上将执行以下的操作序列，我们假定在此之前该 shell 进程只有三个已打开文件，即打开文件号为 0、1、2 的三个标准输入/输出文件：

(1) 打开或创建磁盘文件 foo，并截去 foo 中原有的内容，其打开文件号为 3。
(2) 通过 dup( )复制已打开文件 stdout，也就是将打开文件号为 1 处的 file 结构指针复制到打开文件号为 4 处，目的是将 stdout 的 file 指针暂时保存一下。
(3) 关闭 stdout，即 1 号已打开文件，由于它的 file 结构指针已经被复制到打开文件号为 4 处，这个文件（显示屏）实际上并没有最终地关闭，只是把 stdout 的位置腾了出来。
(4) 通过 dup( )，复制 3 号已打开文件，由于已打开文件 1 号的位置已经空闲，所以 stdout 位置上的 file 结构指针也就指向了磁盘文件 foo。
(5) 通过系统调用 fork( )和 exec( )创建子进程并让子进程执行 echo，子进程在执行 echo 前夕将已打开文件 3 号和 4 号关闭而只剩下 0、1、2 三个已打开文件，但是，此时的 stdout，即 1 号已打开文件实际上已指向磁盘文件 foo 而不是显示屏，所以当 echo 将输出往 stdout 写时就写进了文件 foo。
(6) 至于 shell 进程本身，则关闭指向 foo 的 1 号和 3 号已打开文件，并且通过系统调用 dup( )和 close( )将原来指向显示屏的 file 结构指针恢复到 stdout 位置上，这样 shell 进程就恢复了开始时的三个标准已打开文件。

由此可见，可执行程序 echo 其实并不知道它的标准输出文件 stdout 实际上通向何方，进程与实际输出文件（设备）的结合是在运行时由其父进程"包办"的。

对于 stdin 和 stderr 也是同样。这样就简化了对 echo 的程序设计。因为在程序设计时只要跟三个逻辑上存在的文件打交道就可以了。熟悉"面向对象程序设计"的读者大概会联想到"多态(polymorphism)"和"重载(overload)"这些概念，从而觉得这似乎也没有什么特别高明之处，但是请注意，这个机制的设计与实现是在 30 年以前！

在 dup( )的基础上，后来又增设了一个系统调用 dup2( )，意为"dup to"，不同之处在于这个系统调用多一个参数，即作为目标的打开文件号，也就是说，将一个已打开文件复制到指定的位置上。

再来看系统调用 ioctl( )，这个系统调用通过一个参数来间接地给出具体的操作命令，所以可以认为是对常规系统调用界面的扩充。其作用就好像是"补遗"或"其他"，凡是操作比较细小，不适合为之专门设置一个系统调用或用去一个系统调用号的，就可以归入这个系统调用。不仅如此，在开发基于 Linux 内核的应用而需要对内核加以扩充(通常是对特殊设备的驱动)时，也常常通过增设新的 ioctl( )操作命令的办法来实现。特别是当这些扩充不能很自然地落入打开、关闭、读、写这些标准的文件操作界面时，ioctl( )更是扮演着重要的角色。内核中实现 ioctl( )的是 sys_ioctl( )，其代码在 fs/ioctl.c 中：

```
48    asmlinkage long sys_ioctl(unsigned int fd, unsigned int cmd, unsigned long arg)
```

```
49      {
50              struct file * filp;
51              unsigned int flag;
52              int on, error = -EBADF;
53      
54              filp = fget(fd);
55              if (!filp)
56                      goto out;
57              error = 0;
58              lock_kernel();
59              switch (cmd) {
60                      case FIOCLEX:
61                              set_close_on_exec(fd, 1);
62                              break;
63      
64                      case FIONCLEX:
65                              set_close_on_exec(fd, 0);
66                              break;
67      
68                      case FIONBIO:
69                              if ((error = get_user(on, (int *)arg)) != 0)
70                                      break;
71                              flag = O_NONBLOCK;
72      #ifdef __sparc__
73                              /* SunOS compatibility item. */
74                              if(O_NONBLOCK != O_NDELAY)
75                                      flag |= O_NDELAY;
76      #endif
77                              if (on)
78                                      filp->f_flags |= flag;
79                              else
80                                      filp->f_flags &= ~flag;
81                              break;
82      
83                      case FIOASYNC:
84                              if ((error = get_user(on, (int *)arg)) != 0)
85                                      break;
86                              flag = on ? FASYNC : 0;
87      
88                              /* Did FASYNC state change ? */
89                              if ((flag ^ filp->f_flags) & FASYNC) {
90                                      if (filp->f_op && filp->f_op->fasync)
91                                              error = filp->f_op->fasync(fd, filp, on);
92                                      else error = -ENOTTY;
93                              }
94                              if (error != 0)
95                                      break;
96      
```

```
 97             if (on)
 98                 filp->f_flags |= FASYNC;
 99             else
100                 filp->f_flags &= ~FASYNC;
101             break;
102
103         default:
104             error = -ENOTTY;
105             if (S_ISREG(filp->f_dentry->d_inode->i_mode))
106                 error = file_ioctl(filp, cmd, arg);
107             else if (filp->f_op && filp->f_op->ioctl)
108                 error = filp->f_op->ioctl(filp->f_dentry->d_inode, filp, cmd, arg);
109         }
110         unlock_kernel();
111         fput(filp);
112
113 out:
114     return error;
115 }
```

参数 fd 为目标文件的打开文件号，cmd 则为具体的操作命令代码。另一个参数 arg 可以用作对具体操作命令的参数，初看之下似乎只能传递一个整型参数对于很多操作是不够的，因而限制了 ioctl( ) 对内核文件/设备操作的扩充能力。其实不然，在需要使用更多参数时可以把这些参数"封装"在一个数据结构中，然后把 arg 用作指向该数据结构的指针，所以，实际上传递参数的能力几乎是不受限制的。

在 include/linux/ioctl.h 中定义了一些命令代码。这些代码的数值大致上是从 0x5401～0x545F，也就是说只使用了两个低字节，并且其中较高的字节都是 0x54，正好是字符"T"的 ASCII 代码。由于参数 cmd 的类型是 32 位无符号整数，其扩充空间是相当大的。

但是，从另一个角度看，由于不同的人在不同的应用中都有可能要通过 ioctl( )扩充内核，如何保证命令代码的惟一性而同时又遵循一种统一的格式就成为一个问题，为了这个目的，GNU 建议将 32 位的命令代码 cmd 划分成四个位段（如图 5.8 所示）。

图 5.8 ioctl 命令代码的分段组成

对这些位段的定义与操作，在 include/asm_i386/ioctl.h 中给出了一些定义：

```
 9   /* ioctl command encoding: 32 bits total, command in lower 16 bits,
10    * size of the parameter structure in the lower 14 bits of the
11    * upper 16 bits.
12    * Encoding the size of the parameter structure in the ioctl request
13    * is useful for catching programs compiled with old versions
```

```
14       * and to avoid overwriting user space outside the user buffer area.
15       * The highest 2 bits are reserved for indicating the ``access mode''.
16       * NOTE: This limits the max parameter size to 16kB -1 !
17       */
18
19      /*
20       * The following is for compatibility across the various Linux
21       * platforms.  The i386 ioctl numbering scheme doesn't really enforce
22       * a type field.  De facto, however, the top 8 bits of the lower 16
23       * bits are indeed used as a type field, so we might just as well make
24       * this explicit here.  Please be sure to use the decoding macros
25       * below from now on.
26       */
27      #define _IOC_NRBITS     8
28      #define _IOC_TYPEBITS   8
29      #define _IOC_SIZEBITS   14
30      #define _IOC_DIRBITS    2
31
32      #define _IOC_NRMASK     ((1 << _IOC_NRBITS)-1)
33      #define _IOC_TYPEMASK   ((1 << _IOC_TYPEBITS)-1)
34      #define _IOC_SIZEMASK   ((1 << _IOC_SIZEBITS)-1)
35      #define _IOC_DIRMASK    ((1 << _IOC_DIRBITS)-1)
36
37      #define _IOC_NRSHIFT    0
38      #define _IOC_TYPESHIFT  (_IOC_NRSHIFT+_IOC_NRBITS)
39      #define _IOC_SIZESHIFT  (_IOC_TYPESHIFT+_IOC_TYPEBITS)
40      #define _IOC_DIRSHIFT   (_IOC_SIZESHIFT+_IOC_SIZEBITS)
41
42      /*
43       * Direction bits.
44       */
45      #define _IOC_NONE   0U
46      #define _IOC_WRITE  1U
47      #define _IOC_READ   2U
48
49      #define _IOC(dir,type,nr,size) \
50          (((dir)  << _IOC_DIRSHIFT) | \
51           ((type) << _IOC_TYPESHIFT) | \
52           ((nr)   << _IOC_NRSHIFT) | \
53           ((size) << _IOC_SIZESHIFT))
54
55      /* used to create numbers */
56      #define _IO(type,nr)        _IOC(_IOC_NONE,(type),(nr),0)
57      #define _IOR(type,nr,size)  _IOC(_IOC_READ,(type),(nr),sizeof(size))
58      #define _IOW(type,nr,size)  _IOC(_IOC_WRITE,(type),(nr),sizeof(size))
59      #define _IOWR(type,nr,size) \
                    _IOC(_IOC_READ|_IOC_WRITE,(type),(nr),sizeof(size))
```

例如，Linux 内核中有对网上电话的支持，在网上电话的驱动程序中需要有个控制收听音量的手段。显然，常规的文件操作如 read( )、write( )、lseek( )等都不适用于这个目的，所以就通过扩充 ioctl( )的方法来实现这项控制，为此目的需要定义一个命令代码。这个代码的定义在 include/linux/telephony.h 中，我们用它作为一个实例（但是我们在本书中对网上电话的实现本身不感兴趣）：

```
#define   PHONE_PLAY_VOLUME    _IOW('q', 0x94, int)
```

读者可以根据上面关于_IOW 和各个位段的定义得到命令码 PHONE_PLAY_VOLUME 的数值为 0x40045194。要保证命令码的惟一性，就得保证类型位段或者类型加编号位段取值的惟一性。在从 GNU 下载的 Linux 源代码中有个文件 Documentation/ioctl_number.txt，里面一方面有更具体的说明，另一方面还有个清单，说明类型位段的哪一些数值已经在使用，以及对于给定的类型位段数值哪一些编号已经在使用。需要通过扩充 ioctl( )来实现某些设备驱动的读者应参阅这个文件。

至于 sys_ioctl( )的代码本身，读者应该没有困难。在 switch 语句内的四种命令码，即 FIOCLEX、FIONCLEX、FIONBIO 和 FIOASYNC，都与具体文件系统无关，只是 VFS 层上的操作。其中 FIOCLEX 将当前进程的 files_sturct 结构中的位图 close_on_exec 内与 fd 相对应的标志位设成 1，使得如果当前进程通过系统调用 exec( )执行一个新的可执行程序时就将这个已打开文件自动关闭，而 FIONCLEX 则与之相反。FIONBIO 把对于给定已打开文件的操作设置成"阻塞"或"不阻塞"（blocking/non_blocking）模式。至于 FIOASYNC，则将对此文件的操作设置成"同步"或"异步"模式。通常对已打开文件的操作都是同步和阻塞的，关于不阻塞模式和异步模式可参看下册进程间通信中对"插口"的操作以及设备驱动中的有关内容。

除这几种命令码以外，对常规文件的操作还要由通用的 file_ioctl( )再加一层"过滤"，而对设备文件或其他文件（如 FIFO）的处理则直接由具体的 file_operations 结构通过函数指针 ioctl 提供。函数 file_ioctl( )的代码在 fs/ioctl.c 中：

[sys_ioctl( ) > file_ioctl( )]

```
13    static int file_ioctl(struct file *filp,unsigned int cmd,unsigned long arg)
14    {
15        int error;
16        int block;
17        struct inode * inode = filp->f_dentry->d_inode;
18
19        switch (cmd) {
20            case FIBMAP:
21            {
22                struct address_space *mapping = inode->i_mapping;
23                int res;
24                /* do we support this mess? */
25                if (!mapping->a_ops->bmap)
26                    return -EINVAL;
27                if (!capable(CAP_SYS_RAWIO))
28                    return -EPERM;
29                if ((error = get_user(block, (int *) arg)) != 0)
```

```
30                  return error;
31
32              res = mapping->a_ops->bmap(mapping, block);
33              return put_user(res, (int *) arg);
34          }
35      case FIGETBSZ:
36          if (inode->i_sb == NULL)
37              return -EBADF;
38          return put_user(inode->i_sb->s_blocksize, (int *) arg);
39      case FIONREAD:
40          return put_user(inode->i_size - filp->f_pos, (int *) arg);
41      }
42      if (filp->f_op && filp->f_op->ioctl)
43          return filp->f_op->ioctl(inode, filp, cmd, arg);
44      return -ENOTTY;
45  }
```

操作命令 FIBMAP 返回文件中给定逻辑块号所对应的物理块号；FIGETBSZ 返回文件所在设备的记录块大小；FIONREAD 则返回文件中从当前读/写位置到文件末尾的距离。

除这三种命令以外，就与对设备文件一样，完全取决于具体的文件系统，直接由具体的 file_operations 结构中的函数指针 ioctl 提供。我们以前讲过，每个具体的文件系统都有至少一个 file_operations 数据结构。但是，反过来，每个 file_operations 数据结构却未必都对应着一个不同的文件系统，这里并不是一对一的关系。例如，Ext2 文件系统就有两个这样的数据结构，一个是 ext2_file_operations，另一个是 ext2_dir_operations，分别用于常规文件和目录。以后读者还会看到，对于设备文件和特殊文件，甚至每个文件就可以有其自己的 file_operations 结构。这样，在实现设备驱动程序或特殊文件时，只要单独为其设置一个 file_operations 数据结构，并通过其函数指针 ioctl 提供一个专用的函数，就可以在这个函数中自行定义和实现所需的 ioctl 操作命令了。

我们在这里要看的下一个系统调用是 link( )，这个系统调用为已经存在的文件增加一个"别名"。由 link( )所建立的是"硬连接"，有别于通过 symlink( )建立的"符号连接"。在内核中，link( )是由 sys_link( ) 实现的，其代码在 fs/namei.c 中：

```
1579    /*
1580     * Hardlinks are often used in delicate situations.  We avoid
1581     * security-related surprises by not following symlinks on the
1582     * newname.   --KAB
1583     *
1584     * We don't follow them on the oldname either to be compatible
1585     * with linux 2.0, and to avoid hard-linking to directories
1586     * and other special files.   --ADM
1587     */
1588    asmlinkage long sys_link(const char * oldname, const char * newname)
1589    {
1590        int error;
1591        char * from;
```

```
1592        char * to;
1593
1594        from = getname(oldname);
1595        if(IS_ERR(from))
1596            return PTR_ERR(from);
1597        to = getname(newname);
1598        error = PTR_ERR(to);
1599        if (!IS_ERR(to)) {
1600            struct dentry *new_dentry;
1601            struct nameidata nd, old_nd;
1602
1603            error = 0;
1604            if (path_init(from, LOOKUP_POSITIVE, &old_nd))
1605                error = path_walk(from, &old_nd);
1606            if (error)
1607                goto exit;
1608            if (path_init(to, LOOKUP_PARENT, &nd))
1609                error = path_walk(to, &nd);
1610            if (error)
1611                goto out;
1612            error = -EXDEV;
1613            if (old_nd.mnt != nd.mnt)
1614                goto out_release;
1615            new_dentry = lookup_create(&nd, 0);
1616            error = PTR_ERR(new_dentry);
1617            if (!IS_ERR(new_dentry)) {
1618                error = vfs_link(old_nd.dentry, nd.dentry->d_inode,
                                    new_dentry);
1619                dput(new_dentry);
1620            }
1621            up(&nd.dentry->d_inode->i_sem);
1622    out_release:
1623            path_release(&nd);
1624    out:
1625            path_release(&old_nd);
1626    exit:
1627            putname(to);
1628        }
1629        putname(from);
1630
1631        return error;
1632    }
```

对于已经阅读了本章前面几节的读者，这里只有一个函数，即 vfs_link( ) 是新的内容，它的代码也在同一文件 fs/namei.c 中：

[sys_link( ) > vfs_link( )]

```
1539    int vfs_link(struct dentry *old_dentry, struct inode *dir,
                     struct dentry *new_dentry)
1540    {
1541        struct inode *inode;
1542        int error;
1543
1544        down(&dir->i_zombie);
1545        error = -ENOENT;
1546        inode = old_dentry->d_inode;
1547        if (!inode)
1548            goto exit_lock;
1549
1550        error = may_create(dir, new_dentry);
1551        if (error)
1552            goto exit_lock;
1553
1554        error = -EXDEV;
1555        if (dir->i_dev != inode->i_dev)
1556            goto exit_lock;
1557
1558        /*
1559         * A link to an append-only or immutable file cannot be created.
1560         */
1561        error = -EPERM;
1562        if (IS_APPEND(inode) || IS_IMMUTABLE(inode))
1563            goto exit_lock;
1564        if (!dir->i_op || !dir->i_op->link)
1565            goto exit_lock;
1566
1567        DQUOT_INIT(dir);
1568        lock_kernel();
1569        error = dir->i_op->link(old_dentry, dir, new_dentry);
1570        unlock_kernel();
1571
1572    exit_lock:
1573        up(&dir->i_zombie);
1574        if (!error)
1575            inode_dir_notify(dir, DN_CREATE);
1576        return error;
1577    }
```

这些内容又是读者已经熟悉了的,这里要注意的是对于具有 IS_APPEND 或 IS_IMMUTABLE 属性的文件不允许为之建立别名。具体的连接操作以及这种连接到底意味着什么,则因具体的文件系统而异。所以由具体的文件系统通过其 inode_operations 数据结构中的函数指针 link 来提供,对于 Ext2 文件系统,这个函数是 ext2_link( ),它的代码在 fs/ext2/namei.c 中:

[sys_link( ) > vfs_link( ) > ext2_link( )]

```
663     static int ext2_link (struct dentry * old_dentry,
664             struct inode * dir, struct dentry *dentry)
665     {
666         struct inode *inode = old_dentry->d_inode;
667         int err;
668
669         if (S_ISDIR(inode->i_mode))
670             return -EPERM;
671
672         if (inode->i_nlink >= EXT2_LINK_MAX)
673             return -EMLINK;
674
675         err = ext2_add_entry (dir, dentry->d_name.name, dentry->d_name.len,
676                     inode);
677         if (err)
678             return err;
679
680         inode->i_nlink++;
681         inode->i_ctime = CURRENT_TIME;
682         mark_inode_dirty(inode);
683         atomic_inc(&inode->i_count);
684         d_instantiate(dentry, inode);
685         return 0;
686     }
```

显然，这个函数在新文件名（别名）所在的目录中创建一个目录项，这个目录项与原来存在的目录项都指向同一个索引节点。这里调用的两个函数 ext2_add_entry( ) 和 d_instantiate( )，读者都已经看到过了。函数 d_instantiate( ) 执行完毕以后，inode 结构中的 i_dentry 队列中就多了一个 dentry 结构，即代表着文件的别名的 dentry 结构。同时，这个队列中所有 dentry 结构中的指针 d_inode 都指向这同一个 inode 结构。

由此可见，只要把本章前几节中所涉及的代码读懂，再读其他与文件操作有关的代码就不难了。当然，本书不可能覆盖所有的文件操作或者某一操作的所有细节，许多内容要靠读者自己深入阅读。

如果要问，在文件操作方面还有什么重要的系统调用，那么有两个系统调用是值得一提的，那就是 mknod( ) 和 select( )。但是，这两个函数主要用于设备驱动，所以我们把它们放在下册有关设备驱动的章节中。还有一个很重要且有一定难度的系统调用也是与文件操作有关的，那就是 mmap( )。这个系统调用将一个已打开文件的内容映射到进程的内存空间，很大程度上是一个存储管理的问题，所以我们已把它放在第 2 章，读者可以在读完本章后回过去阅读。

5.8 特殊文件系统 /proc

早期的 Unix 在设备文件目录/dev 下设置了一个特殊文件，称为/dev/mem。通过这个文件可以读 / 写系统的整个物理内存，而物理内存的地址就用作读 / 写时文件内部的位移量。这个特殊文件同样适用于 read( )、write( )、lseek( ) 等常规的文件操作，从而提供了一个在内核外部动态地读 / 写包括内核映象和内核中各个数据结构以及堆栈内容的手段。这个手段既可用于收集状态信息和统计信息，也可用于程序调试，还可以动态地给内核"打补钉"或改变一些数据结构或变量的内容。采用虚存以后，Unix 又增加了一个特殊文件/dev/kmem，对应于系统的整个虚存空间。这两个特殊文件的作用和表现出来的重要性促使人们对其功能加以进一步的拓展，在系统中增设了一个/proc 目录，每当创建一个进程时就以其 pid 为文件名在这个目录下建立起一个特殊文件，使得通过这个文件就可以读／写相应进程的用户空间。而当进程 exit( )时则将此文件删去。显然，目录/proc 的名称就是这样来的。

经过多年的发展，/proc 成了一个特殊的文件系统，文件系统的类型就叫 proc，其安装点则一般都固定为/proc，所以称其为 proc 文件系统，有时也（非正式地）称之为/proc 文件系统。这个文件系统中所有的文件都是特殊文件，这些文件的内容都不存在于任何设备上，而是在读／写的时候才根据系统中的有关信息生成出来，或者映射到系统中的有关变量或数据结构。所以又称为"伪文件系统"。同时，这个子系统中的内容也已扩展到了足以覆盖系统的几乎所有方面，而不再仅仅是关于各个进程的信息。限于篇幅，我们不在这里列出/proc 目录下的内容，建议读者自己用命令"du -a /proc"看一下。笔者试了一下这个命令，其结果达 1000 行以上！大体上，这个目录下的内容主要包括如下几类：

(1) 系统中的每个进程都有一个以其 pid 为名的子目录，而每个子目录中则包括关于该进程执行的命令行、所有环境变量、cpu 占用时间、内存映射表、已打开文件的文件号以及进程状态等特殊文件。
(2) 系统中各种资源的管理信息，如/proc/slabinfo 就是内存管理中关于各个 slab 缓冲块队列的信息，/proc/swaps 就是关于系统的 swap 设备的信息，/proc/partitions 就是关于各个磁盘分区的信息，等等。
(3) 系统中各种设备的有关信息，如/proc/pci 就是关于系统的 PCI 总线上所有设备的一份清单，等等。
(4) 文件系统的信息，如/proc/mounts 就是系统中已经安装的各个文件系统设备的清单，而/proc/filesystems 则是系统中已经登记的每种文件系统（类型）的清单。
(5) 中断的使用，/proc/interrupts 是一份关于中断源和它们的中断向量编号的清单。
(6) 与动态安装模块有关的信息，/proc/modules 是一份系统中已安装动态模块的清单，而/proc/ksyms 则是内核中供可安装模块动态连接的符号名及其地址的清单。
(7) 与前述/dev/mem 类似的内存访问手段，如/proc/kcore。
(8) 系统的版本号以及其他各种统计与状态信息。

读者可以通过命令"man proc"，看一下对这些信息的说明。

不仅如此，动态安装模块还可以在/proc 目录下动态地创建文件，并以此作为模块与用户进程间的界面。

由于 proc 文件系统并不物理地存在于任何设备上，它的安装过程是特殊的。对 proc 文件系统不能直接通过 mount( )来安装，而要先由系统内核在内核初始化时自动地通过一个函数 kern_mount( )安装一次，然后再由处理系统初始化的进程通过 mount( )安装，实际上是"重安装"。我们来看有关的代码，首先是 fs/proc/procfs_syms.c 中的 init_proc_fs( )，这是在内核初始化时调用的：

```
23      static DECLARE_FSTYPE(proc_fs_type, "proc", proc_read_super, FS_SINGLE);
24
25      static int __init init_proc_fs(void)
26      {
27          int err = register_filesystem(&proc_fs_type);
```

```
28          if (!err) {
29              proc_mnt = kern_mount(&proc_fs_type);
30              err = PTR_ERR(proc_mnt);
31              if (IS_ERR(proc_mnt))
32                  unregister_filesystem(&proc_fs_type);
33              else
34                  err = 0;
35          }
36          return err;
37      }
```

系统在初始化阶段对 proc 文件系统做两件事，一是通过 register_filesystem( )向系统登记"proc"这么一种文件系统；二是通过 kern_mount( )将一个具体的 proc 文件系统安装到系统中的/proc 结点上。函数 kern_mount( )的代码在 fs/super.c 中：

[init_proc_fs( ) > kern_mount( )]

```
970     struct vfsmount *kern_mount(struct file_system_type *type)
971     {
972         kdev_t dev = get_unnamed_dev( );
973         struct super_block *sb;
974         struct vfsmount *mnt;
975         if (!dev)
976             return ERR_PTR(-EMFILE);
977         sb = read_super(dev, NULL, type, 0, NULL, 0);
978         if (!sb) {
979             put_unnamed_dev(dev);
980             return ERR_PTR(-EINVAL);
981         }
982         mnt = add_vfsmnt(NULL, sb->s_root, NULL);
983         if (!mnt) {
984             kill_super(sb, 0);
985             return ERR_PTR(-ENOMEM);
986         }
987         type->kern_mnt = mnt;
988         return mnt;
989     }
```

每个已安装的文件系统都要有个 super_block 数据结构，proc 文件系统也不例外。由于 super_block 数据结构需要有个设备号来惟一地加以标识，尽管 proc 文件系统并不实际存在于任何设备上，却也得有个"设备号"，所以要通过 get_unnamed_dev( )分配一个。这个函数的代码也在 super.c 中：

[init_proc_fs( ) > kern_mount( ) > get_unnamed_dev( )]

```
757     /*
758      * Unnamed block devices are dummy devices used by virtual
759      * filesystems which don't use real block-devices. -- jrs
```

```
760        */
761
762     static unsigned int unnamed_dev_in_use[256/(8*sizeof(unsigned int))];
763
764     kdev_t get_unnamed_dev(void)
765     {
766         int i;
767
768         for (i = 1; i < 256; i++) {
769             if (!test_and_set_bit(i,unnamed_dev_in_use))
770                 return MKDEV(UNNAMED_MAJOR, i);
771         }
772         return 0;
773     }
```

这个"设备号"的主设备号为 UNNAMED_MAJOR，定义为 0。

除此之外，kern_mount( )中调用的函数读者在"文件系统的安装和拆卸"一节中都已看过了。函数 read_super( )（见"文件系统的安装与拆卸"）分配一个空白的 super_block 数据结构，然后通过由具体文件系统的 file_system_type 数据结构中的函数指针 read_super 调用具体的函数来读入超级块。对于 proc 文件系统，这个函数为 proc_read_super( )，这是在上面的宏定义 DECLARE_FSTYPE 中定义好的，其代码在 fs/proc/inode.c 中：

[init_proc_fs( ) > kern_mount( ) > read_super( ) > proc_read_super( )]

```
181     struct super_block *proc_read_super(struct super_block *s,void *data,
182                     int silent)
183     {
184         struct inode * root_inode;
185         struct task_struct *p;
186
187         s->s_blocksize = 1024;
188         s->s_blocksize_bits = 10;
189         s->s_magic = PROC_SUPER_MAGIC;
190         s->s_op = &proc_sops;
191         root_inode = proc_get_inode(s, PROC_ROOT_INO, &proc_root);
192         if (!root_inode)
193             goto out_no_root;
194         /*
195          * Fixup the root inode's nlink value
196          */
197         read_lock(&tasklist_lock);
198         for_each_task(p) if (p->pid) root_inode->i_nlink++;
199         read_unlock(&tasklist_lock);
200         s->s_root = d_alloc_root(root_inode);
201         if (!s->s_root)
202             goto out_no_root;
203         parse_options(data, &root_inode->i_uid, &root_inode->i_gid);
```

```
204             return s;
205
206     out_no_root:
207             printk("proc_read_super: get root inode failed\n");
208             iput(root_inode);
209             return NULL;
210     }
```

可见,说是"读入超级块",实际上却是"生成超级块"。还有,super_block 结构中的 super_operations 指针 s_op 被设置成指向 proc_sops,这也是在 fs/proc/inode.c 中定义的:

```
94      static struct super_operations proc_sops = {
95              read_inode:     proc_read_inode,
96              put_inode:      force_delete,
97              delete_inode:   proc_delete_inode,
98              statfs:         proc_statfs,
99      };
```

读者将会看到,proc 文件系统的 inode 结构也像其 super_block 结构一样,在设备上并没有对应物,而仅仅是在内存中生成的"空中楼阁"。这些函数正是为这些"空中楼阁"服务的。

不仅如此,proc 文件系统中的目录项结构,即 dentry 结构,在设备上也没有对应物,而以内存中的 proc_dir_entry 数据结构来代替,定义于 include/linux/proc_fs.h:

```
53      struct proc_dir_entry {
54          unsigned short low_ino;
55          unsigned short namelen;
56          const char *name;
57          mode_t mode;
58          nlink_t nlink;
59          uid_t uid;
60          gid_t gid;
61          unsigned long size;
62          struct inode_operations * proc_iops;
63          struct file_operations * proc_fops;
64          get_info_t *get_info;
65          struct module *owner;
66          struct proc_dir_entry *next, *parent, *subdir;
67          void *data;
68          read_proc_t *read_proc;
69          write_proc_t *write_proc;
70          unsigned int count;         /* use count */
71          int deleted;                /* delete flag */
72          kdev_t rdev;
73      };
```

显然,这个数据结构中的有些内容本身应该是属于 inode 结构或索引节点的,所以实际上既是创建

dentry 结构的依据，又是 inode 结构中部分信息的来源。如果与 Ext2 文件系统中的 ext2_dir_entry 结构相比，则那是存储在设备上的"目录项"，而 proc_dir_entry 结构只存在于内存中，并且包含了更多的信息。这些 proc_dir_entry 结构多数都是在系统的运行中动态地分配空间而创立的，但是也有一些是静态定义的，其中最重要的就是 proc 文件系统的根节点，即/proc 的目录项 proc_root，定义于 fs/proc/root.c 中：

```
96      /*
97       * This is the root "inode" in the /proc tree..
98       */
99      struct proc_dir_entry proc_root = {
100             low_ino:        PROC_ROOT_INO,
101             namelen:        5,
102             name:           "/proc",
103             mode:           S_IFDIR | S_IRUGO | S_IXUGO,
104             nlink:          2,
105             proc_iops:      &proc_root_inode_operations,
106             proc_fops:      &proc_root_operations,
107             parent:         &proc_root,
108     };
```

注意，这个数据结构中的指针 proc_iops 指向 proc_root_inode_operations，而 proc_fops 指向 proc_root_operations。还有，结构中的指针 parent 指向其自己，即 proc_root；也就是说，这个节点是一个文件系统的根节点。

回到 proc_read_super( ) 的代码中，数据结构 proc_root 就用来创建根节点/proc 的 inode 结构，其中 PROC_ROOT_INO 的定义在文件 proc_fs.h 中给出：

```
22      PROC_ROOT_INO = 1,
```

所以，用于/proc 的 inode 节点号总是 1，而设备上的 1 号索引节点是保留不用的。

函数 proc_get_inode( ) 的代码在 fs/proc/inode.c 中：

[init_proc_fs( ) > kern_mount( ) > read_super( ) > proc_read_super( ) > proc_get_inode( )]

```
131     struct inode * proc_get_inode(struct super_block * sb, int ino,
132                     struct proc_dir_entry * de)
133     {
134             struct inode * inode;
135
136             /*
137              * Increment the use count so the dir entry can't disappear.
138              */
139             de_get(de);
140     #if 1
141     /* shouldn't ever happen */
142             if (de && de->deleted)
```

```
143         printk("proc_iget: using deleted entry %s, count=%d\n", de->name,
                                                       aomic_read(&de->count));
144     #endif
145
146         inode = iget(sb, ino);
147         if (!inode)
148             goto out_fail;
149
150         inode->u.generic_ip = (void *) de;
151         if (de) {
152             if (de->mode) {
153                 inode->i_mode = de->mode;
154                 inode->i_uid = de->uid;
155                 inode->i_gid = de->gid;
156             }
157             if (de->size)
158                 inode->i_size = de->size;
159             if (de->nlink)
160                 inode->i_nlink = de->nlink;
161             if (de->owner)
162                 __MOD_INC_USE_COUNT(de->owner);
163             if (S_ISBLK(de->mode)||S_ISCHR(de->mode)||S_ISFIFO(de->mode))
164                 init_special_inode(inode, de->mode, kdev_t_to_nr(de->rdev));
165             else {
166                 if (de->proc_iops)
167                     inode->i_op = de->proc_iops;
168                 if (de->proc_fops)
169                     inode->i_fop = de->proc_fops;
170             }
171         }
172
173     out:
174         return inode;
175
176     out_fail:
177         de_put(de);
178         goto out;
179     }
```

我们知道，inode 结构包含着一个 union，视具体的文件系统而用作不同的数据结构，例如对于 Ext2 文件系统就用作 ext2_inode_info 结构，在 inode 数据结构的定义中列出了适用于不同文件系统的不同数据结构。如果具体的文件系统不在其列，则将这个 union(的开头 4 个字节)解释为一个指针，这就是 generic_ip。在这里，就将这个指针设置成指向相应的 proc_dir_entry 结构，使其在逻辑上成为 inode 结构的一部分。至于 de_get( )，那只是递增数据结构中的使用计数而已，此外，iget( ) 是个 inline 函数，读者已经在前几节中看到过了。在这里，由于相应的 inode 结构还不存在，实际上会调用 get_new_inode( ) 分配一个 inode 结构。

创建了 proc 文件系统根节点的 inode 结构以后，还要通过 d_alloc_root( )创建其 dentry 结构。这个函数的代码读者已在"文件系统的安装与拆卸"一节中看到过了。

这里还有个有趣的事，就是对系统中除 0 号进程以外的所有进程都递增该 inode 结构中的 i_nlink 字段。这样，只要这些进程中的任何一个还存在，就不能把这个 inode 结构删除。

回到 kern_mount( )，函数 add_vfsmnt( )的代码也是读者已经看到过的。但是，要注意这里调用这个函数时的参数。第一个参数 nd 是个 nameidata 结构指针，本来应该指向代表着安装点的 nameidata 结构，从这个结构里就可以得到指向安装点 dentry 结构的指针。可是，这里的调用参数却是 NULL。第二个参数 root 是个 dentry 结构指针，指向待安装文件系统中根目录的 dentry 结构，在这里是 proc 文件系统根节点的 dentry 数据结构。可是，如果指向安装点的指针是 NULL，那怎么安装呢？我们来看 add_vfsmnt( )中的主体：

```
           ......
337        mnt->mnt_root = dget(root);
338        mnt->mnt_mountpoint = nd ? dget(nd->dentry) : dget(root);
339        mnt->mnt_parent = nd ? mntget(nd->mnt) : mnt;
340
341        if (nd) {
342            list_add(&mnt->mnt_child, &nd->mnt->mnt_mounts);
343            list_add(&mnt->mnt_clash, &nd->dentry->d_vfsmnt);
344        } else {
345            INIT_LIST_HEAD(&mnt->mnt_child);
346            INIT_LIST_HEAD(&mnt->mnt_clash);
347        }
348        INIT_LIST_HEAD(&mnt->mnt_mounts);
349        list_add(&mnt->mnt_instances, &sb->s_mounts);
350        list_add(&mnt->mnt_list, vfsmntlist.prev);
           ......
```

可见，在参数 nd 为 NULL 时，安装以后其 vfsmount 结构中的指针 mnt_mountpoint 指向待安装文件系统中根目录的 dentry 结构，即 proc 文件系统根节点的 dentry 结构本身；指针 mnt_parent 则指向这个 vfsmount 结构本身。并且，这个 vfsmount 结构的 mnt_child 和 mnt_clash 两个队列头也空着不用。显然，这个 vfsmount 结构并没有把 proc 文件系统的根节点"安装"到什么地方。可是，回到 kern_mount( ) 的代码中，下面还有一行重要的语句：

```
987        type->kern_mnt = mnt;
```

这个语句使 proc 文件系统的 file_system_type 数据结构与上面的 vfsmount 结构挂上了钩，使它的指针 kern_mnt 指向了这个 vfsmount 结构。可是，这并不意味着 path_walk( )就能顺着路径名"/proc"找到 proc 文件系统的根节点，因为 path_walk( )并不涉及 file_system_type 数据结构。

正因为如此，光是 kern_mount( )还不够，还得由系统的初始化进程从内核外部通过系统调用 mount( )再安装一次。通常，这个命令行为：

   mount -nvt proc /dev/null /proc

就是说，把建立在"空设备"/dev/null 上的 proc 文件系统安装在节点/proc 上。从理论讲也可以把它安装在其他节点上，但实际上总是安装在/proc 上。

前面我们提到过，proc 文件系统的 file_system_type 数据结构中的 FS_SINGLE 标志位为 1，它起着重要的作用。为什么重要呢？因为它使 sys_mount( )的主体 do_mount( )通过 get_sb_single( )，而不是 get_sb_bdev( )，来取得所安装文件系统的 super_block 数据结构。我们回顾一下 do_mount( )中与此有关的片段：

```
            ......
1371        /* get superblock, locks mount_sem on success */
1372        if (fstype->fs_flags & FS_NOMOUNT)
1373            sb = ERR_PTR(-EINVAL);
1374        else if (fstype->fs_flags & FS_REQUIRES_DEV)
1375            sb = get_sb_bdev(fstype, dev_name, flags, data_page);
1376        else if (fstype->fs_flags & FS_SINGLE)
1377            sb = get_sb_single(fstype, flags, data_page);
            ......
```

我们在"文件系统的安装与拆卸"一章中阅读 do_mount( )的代码时跳过了 get_sb_single( )，现在要回过来看它的代码了（fs/super.c）。

[sys_mount( ) > do_mount( ) > get_sb_single( )]

```
870     static struct super_block *get_sb_single(struct file_system_type *fs_type,
871         int flags, void *data)
872     {
873         struct super_block * sb;
874         /*
875          * Get the superblock of kernel-wide instance, but
876          * keep the reference to fs_type.
877          */
878         down(&mount_sem);
879         sb = fs_type->kern_mnt->mnt_sb;
880         if (!sb)
881             BUG();
882         get_filesystem(fs_type);
883         do_remount_sb(sb, flags, data);
884         return sb;
885     }
```

代码中通过 file_system_type 结构中的指针 kern_mnt 取得对于所安装文件系统的 vfsmount 结构，从而对其 super_block 结构的访问，而这正是在 kern_mount( )中设置好了的。这里还调用了一个函数 do_remount_sb( )，其代码也在 fs/super.c 中：

[sys_mount( ) > do_mount( ) > get_sb_single( ) > do_remount_sb( )]

```
936     /*
937      * Alters the mount flags of a mounted file system. Only the mount point
```

```
938         * is used as a reference - file system type and the device are ignored.
939         */
940
941     static int do_remount_sb(struct super_block *sb, int flags, char *data)
942     {
943         int retval;
944
945         if (!(flags & MS_RDONLY) && sb->s_dev && is_read_only(sb->s_dev))
946             return -EACCES;
947             /*flags |= MS_RDONLY;*/
948         /* If we are remounting RDONLY, make sure there are no rw files open */
949         if ((flags & MS_RDONLY) && !(sb->s_flags & MS_RDONLY))
950             if (!fs_may_remount_ro(sb))
951                 return -EBUSY;
952         if (sb->s_op && sb->s_op->remount_fs) {
953             lock_super(sb);
954             retval = sb->s_op->remount_fs(sb, &flags, data);
955             unlock_super(sb);
956             if (retval)
957                 return retval;
958         }
959         sb->s_flags = (sb->s_flags & ~MS_RMT_MASK) | (flags & MS_RMT_MASK);
960
961         /*
962          * We can't invalidate inodes as we can loose data when remounting
963          * (someone might manage to alter data while we are waiting in lock_super( )
964          * or in foo_remount_fs( )))
965          */
966
967         return 0;
968     }
```

这个函数对于 proc 文件系统作用不大，因为 proc 并无特殊的 remount_fs 操作。标志位屏蔽模 MS_RMT_MASK 的定义在 include/linux/fs.h 中：

```
110     /*
111      * Flags that can be altered by MS_REMOUNT
112      */
113     #define MS_RMT_MASK (MS_RDONLY|MS_NOSUID|MS_NODEV|MS_NOEXEC|\
114                 MS_SYNCHRONOUS|MS_MANDLOCK|MS_NOATIME|MS_NODIRATIME)
```

经过 do_remount_sb( ) 以后，原来 super_block 结构中的这些标志位就由用户所提供的相应标志位所取代。

取得了 proc 文件系统的 super_block 结构以后，回到 do_mount( ) 的代码中，此后的操作就与普通文件系统的安装无异了。这样，就将 proc 文件系统安装到了节点 /proc 上。

前面讲过，整个 proc 文件系统都不存在于设备上，所以不光是它的根节点需要在内存中创造出来，自根节点以下的所有节点全都需要在运行时加以创建,这是由内核在初始化时调用 proc_root_init( )完成的,其代码在 fs/proc/root.c 中:

```
25  void __init proc_root_init(void)
26  {
27      proc_misc_init( );
28      proc_net = proc_mkdir("net", 0);
29  #ifdef CONFIG_SYSVIPC
30      proc_mkdir("sysvipc", 0);
31  #endif
32  #ifdef CONFIG_SYSCTL
33      proc_sys_root = proc_mkdir("sys", 0);
34  #endif
35      proc_root_fs = proc_mkdir("fs", 0);
36      proc_root_driver = proc_mkdir("driver", 0);
37  #if defined(CONFIG_SUN_OPENPROMFS) || \
                defined(CONFIG_SUN_OPENPROMFS_MODULE)
38      /* just give it a mountpoint */
39      proc_mkdir("openprom", 0);
40  #endif
41      proc_tty_init( );
42  #ifdef CONFIG_PROC_DEVICETREE
43      proc_device_tree_init( );
44  #endif
45      proc_bus = proc_mkdir("bus", 0);
46  }
```

首先是直接在/proc 下面的叶节点,即文件节点,这是由 proc_misc_init( )创建的,其代码在 fs/proc/proc_miss.c 中:

[proc_root_init( ) > proc_misc_init( )]

```
505  void __init proc_misc_init(void)
506  {
507      struct proc_dir_entry *entry;
508      static struct {
509          char *name;
510          int (*read_proc)(char*, char**, off_t, int, int*, void*);
511      } *p, simple_ones[ ] = {
512          {"loadavg",  loadavg_read_proc},
513          {"uptime",   uptime_read_proc},
514          {"meminfo",  meminfo_read_proc},
515          {"version",  version_read_proc},
516          {"cpuinfo",  cpuinfo_read_proc},
517  #ifdef CONFIG_PROC_HARDWARE
518          {"hardware", hardware_read_proc},
519  #endif
```

```c
520     #ifdef CONFIG_STRAM_PROC
521             {"stram",       stram_read_proc},
522     #endif
523     #ifdef CONFIG_DEBUG_MALLOC
524             {"malloc",      malloc_read_proc},
525     #endif
526     #ifdef CONFIG_MODULES
527             {"modules", modules_read_proc},
528             {"ksyms",       ksyms_read_proc},
529     #endif
530             {"stat",        kstat_read_proc},
531             {"devices", devices_read_proc},
532             {"partitions",  partitions_read_proc},
533     #if !defined(CONFIG_ARCH_S390)
534             {"interrupts",   interrupts_read_proc},
535     #endif
536             {"filesystems", filesystems_read_proc},
537             {"dma",     dma_read_proc},
538             {"ioports", ioports_read_proc},
539             {"cmdline", cmdline_read_proc},
540     #ifdef CONFIG_SGI_DS1286
541             {"rtc",         ds1286_read_proc},
542     #endif
543             {"locks",       locks_read_proc},
544             {"mounts",      mounts_read_proc},
545             {"swaps",       swaps_read_proc},
546             {"iomem",       memory_read_proc},
547             {"execdomains", execdomains_read_proc},
548             {NULL,}
549         };
550         for (p = simple_ones; p->name; p++)
551             create_proc_read_entry(p->name, 0, NULL, p->read_proc, NULL);
552
553         /* And now for trickier ones */
554         entry = create_proc_entry("kmsg", S_IRUSR, &proc_root);
555         if (entry)
556             entry->proc_fops = &proc_kmsg_operations;
557         proc_root_kcore = create_proc_entry("kcore", S_IRUSR, NULL);
558         if (proc_root_kcore) {
559             proc_root_kcore->proc_fops = &proc_kcore_operations;
560             proc_root_kcore->size =
561                     (size_t)high_memory - PAGE_OFFSET + PAGE_SIZE;
562         }
563         if (prof_shift) {
564             entry = create_proc_entry("profile", S_IWUSR | S_IRUGO, NULL);
565             if (entry) {
566                 entry->proc_fops = &proc_profile_operations;
567                 entry->size = (1+prof_len) * sizeof(unsigned int);
```

```
568              }
569          }
570 #ifdef __powerpc__
571      {
572          extern struct file_operations ppc_htab_operations;
573          entry = create_proc_entry("ppc_htab", S_IRUGO|S_IWUSR, NULL);
574          if (entry)
575              entry->proc_fops = &ppc_htab_operations;
576      }
577 #endif
578      entry = create_proc_read_entry("slabinfo", S_IWUSR | S_IRUGO, NULL,
579                          slabinfo_read_proc, NULL);
580      if (entry)
581          entry->write_proc = slabinfo_write_proc;
582 }
```

这个函数的前半部是一个数据结构数组的定义。这个数组中的每一个元素都将/proc 目录中的一个（文件）节点名与一个函数挂上钩。例如，节点/proc/cpuinfo 就与 cpuinfo_read_proc( )挂钩，当一个进程访问这个节点，要读出这个特殊文件的内容时，就由 cpuinfo_read_proc( )从内核中收集有关的信息并临时生成该文件的内容。这个数组中所涉及的所有特殊文件都只支持读操作，而不支持其他的文件操作（如写、lseek( )等）。看一下这个数组，即 simple_ones[ ]，读者就可以约略地感受到在/proc 下面的这些特殊文件所提供的信息是何等地充分和多样。所有这些函数都要通过 create_proc_read_entry( )为之创建起 proc_dir_entry 结构和 inode 结构，并且与节点/proc 的数据结构挂上钩，这是定义于 include/linux/proc_fs.h 中的一个 inline 函数：

[proc_root_init( ) > proc_misc_init( ) > create_proc_read_entry( )]

```
135  extern inline struct proc_dir_entry *create_proc_read_entry(
                  const char *name,
136      mode_t mode, struct proc_dir_entry *base,
137      read_proc_t *read_proc, void * data)
138  {
139      struct proc_dir_entry *res=create_proc_entry(name,mode,base);
140      if (res) {
141          res->read_proc=read_proc;
142          res->data=data;
143      }
144      return res;
145  }
```

对照一下调用时的参数，就可以看到这里除 name 和 read_proc 以外其他参数都是 0 或 NULL，特别地，文件的 mode 为 0。所以这里做的就是通过 create_proc_entry( )建立起有关的数据结构并将所创建 proc_dir_entry 结构中的函数指针 read_proc 设置成指向相应的函数。

函数 create_proc_entry( )的代码在 fs/proc/generic.c 中：

[proc_root_init( ) > proc_misc_init( ) > create_proc_read_entry( ) > create_proc_entry( )]

```
497     struct proc_dir_entry *create_proc_entry(const char *name, mode_t mode,
498                                              struct proc_dir_entry *parent)
499     {
500         struct proc_dir_entry *ent = NULL;
501         const char *fn = name;
502         int len;
503
504         if (!parent && xlate_proc_name(name, &parent, &fn) != 0)
505             goto out;
506         len = strlen(fn);
507
508         ent = kmalloc(sizeof(struct proc_dir_entry) + len + 1, GFP_KERNEL);
509         if (!ent)
510             goto out;
511         memset(ent, 0, sizeof(struct proc_dir_entry));
512         memcpy(((char *) ent) + sizeof(*ent), fn, len + 1);
513         ent->name = ((char *) ent) + sizeof(*ent);
514         ent->namelen = len;
515
516         if (S_ISDIR(mode)) {
517             if ((mode & S_IALLUGO) == 0)
518                 mode |= S_IRUGO | S_IXUGO;
519             ent->proc_fops = &proc_dir_operations;
520             ent->proc_iops = &proc_dir_inode_operations;
521             ent->nlink = 2;
522         } else {
523             if ((mode & S_IFMT) == 0)
524                 mode |= S_IFREG;
525             if ((mode & S_IALLUGO) == 0)
526                 mode |= S_IRUGO;
527             ent->nlink = 1;
528         }
529         ent->mode = mode;
530
531         proc_register(parent, ent);
532
533     out:
534         return ent;
535     }
```

在这个情景中，进入这个函数时的参数 parent 为 NULL，所以在第 505 行调用 xlate_proc_name( )，它将作为参数传下来的节点名（如"epuinfo"）转换成从"/proc"开始的路径名，并且通过副作用返回指向节点 proc 的 proc_dir_entry 结构的指针作为 parent。显然，这个函数的作用在这里是很关键的，其代码在 fs/proc/generic.c 中：

[proc_root_init( ) > proc_misc_init( ) > create_proc_read_entry( ) > create_proc_entry( ) > xlate_proc_name( )]

```
161     /*
162      * This function parses a name such as "tty/driver/serial", and
163      * returns the struct proc_dir_entry for "/proc/tty/driver", and
164      * returns "serial" in residual.
165      */
166     static int xlate_proc_name(const char *name,
167             struct proc_dir_entry **ret, const char **residual)
168     {
169         const char          *cp = name, *next;
170         struct proc_dir_entry   *de;
171         int         len;
172
173         de = &proc_root;
174         while (1) {
175             next = strchr(cp, '/');
176             if (!next)
177                 break;
178
179             len = next - cp;
180             for (de = de->subdir; de ; de = de->next) {
181                 if (proc_match(len, cp, de))
182                     break;
183             }
184             if (!de)
185                 return -ENOENT;
186             cp += len + 1;
187         }
188         *residual = cp;
189         *ret = de;
190         return 0;
191     }
```

这里 proc_root 就是根节点/proc 的 proc_dir_entry 结构，结构中的 subdir 是一个队列。下面读者就会看到，/proc 下所有节点的 proc_dir_entry 结构都在这个队列中。函数 strchr( )在字符串 cp 中寻找第一个"/"字符并返回指向该字符的指针。函数中的 while 循环逐节地检查作为相对路径名的字符串，在/proc 下面的子目录队列中寻求匹配。对于字符串"cpuinfo"来说，由于字符串中并无"/"字符存在，因而 strchr( )返回 NULL 而经由第 177 行的 break 语句结束 while 循环。所以，对于相对路径名"cpuinfo"而言，这个函数返回 0，并且在返回 create_proc_entry( )后使 parent 指向/proc 的 proc_dir_entry 结构，而 fn 则保持不变。这么一来，在为节点"cpuinfo"分配 proc_dir_entry 结构并加以初始化以后，当调用 proc_register( )时，parent 就一定指向/proc 或其他给定父节点的 proc_dir_entry 结构。

函数 proc_register( )将一个新节点的 proc_dir_entry 结构"登记"（即挂入）到父节点的 proc_dir_entry 结构内的 subdir 队列中，它的源代码在同一文件 fs/proc/generic.c 中：

[proc_root_init( ) > proc_misc_init( ) > create_proc_read_entry( ) > create_proc_entry( ) > proc_register( )]

```
350     static int proc_register(struct proc_dir_entry * dir,
```

```
                    struct proc_dir_entry * dp)
351     {
352         int i;
353
354         i = make_inode_number( );
355         if (i < 0)
356             return -EAGAIN;
357         dp->low_ino = i;
358         dp->next = dir->subdir;
359         dp->parent = dir;
360         dir->subdir = dp;
361         if (S_ISDIR(dp->mode)) {
362             if (dp->proc_iops == NULL) {
363                 dp->proc_fops = &proc_dir_operations;
364                 dp->proc_iops = &proc_dir_inode_operations;
365             }
366             dir->nlink++;
367         } else if (S_ISLNK(dp->mode)) {
368             if (dp->proc_iops == NULL)
369                 dp->proc_iops = &proc_link_inode_operations;
370         } else if (S_ISREG(dp->mode)) {
371             if (dp->proc_fops == NULL)
372                 dp->proc_fops = &proc_file_operations;
373         }
374         return 0;
375     }
```

参数 dir 指向父节点，dp 则指向要登记的节点。如前所述，/proc 及其下属的所有节点在设备上都没有对应的索引节点，但是在内存中却都有 inode 数据结构。既然有 inode 结构，就要有索引节点号。proc 文件系统的根节点即 /proc 节点的索引节点号为 1，可是其他节点呢？这就要通过 make_inode_number( ) 予以分配了，此函数的代码也在文件 fs/proc/generic.c 中：

[proc_root_init( ) > proc_misc_init( ) > create_proc_read_entry( ) > create_proc_entry( ) > proc_register( ) > make_inode_number( )]

```
193     static unsigned char proc_alloc_map[PROC_NDYNAMIC / 8];
194
195     static int make_inode_number(void)
196     {
197         int i = find_first_zero_bit((void *) proc_alloc_map, PROC_NDYNAMIC);
198         if (i<0 || i>=PROC_NDYNAMIC)
199             return -1;
200         set_bit(i, (void *) proc_alloc_map);
201         return PROC_DYNAMIC_FIRST + i;
202     }
```

代码中用到的几个常量在文件 include/linux/proc_fs.h 中给出：

```
25    /* Finally, the dynamically allocatable proc entries are reserved */
26
27    #define PROC_DYNAMIC_FIRST    4096
28    #define PROC_NDYNAMIC         4096
```

可见，这些节点的索引节点号都在 4096～8192 范围内。索引节点号并不需要在整个系统的范围中保持惟一，而只要在同一设备的范围中惟一就可以了。当然，/proc 下面的节点都不属于任何设备，但是也有个设备，所以这些索引节点号也因此而不会与任何一个具体设备上的索引节点号冲突。

从代码中可以看出，proc 文件系统有两个 file_operations 数据结构，即 proc_dir_operations 和 proc_file_operations，以及两个 inode_operations 数据结构，即 proc_dir_inode_operations 和 proc_link_inode_operations，视具体节点的类型加以设置。例如，下面讲到的/proc/self 就是一个连接节点，所以其 proc_iops 指向 proc_link_operations。

此外，proc_register( )中的代码就没有什么需要特别加以说明的了。不过，从"cpuinfo"这个例子可以看出，所谓 subdir 队列并非"子目录的队列"，而是"下属节点的目录项的队列"。

回到 proc_misc_init( )的代码中，除数组 simple_ones[ ]中的节点外，还有"kmsg"、"kcore"以及"profile"三个节点。由于这些特殊文件的访问权限有所不同，例如"kmsg"和"kcore"的 mode 都是 S_IRUSR，也就是只有文件主即特权用户才有读访问权，所以不能一律套用 create_proc_read_entry( )，而要直接调用 create_proc_entry( )。特殊文件/proc/kcore 代表着映射到系统空间的物理内存，其起点为 PAGE_OFFSET，即 0x0000 0000，而 high_memory 则为系统的物理内存在系统空间映射的终点。

创建了这些直接在/proc 目录中的特殊文件以后，proc_root_init( )还要在/proc 目录中创建一些子目录，如"net"、"fs"、"driver"、"bus"等等。这些子目录都是通过 proc_mkdir( )创建的。其代码在 fs/proc/generic.c 中，不过它与 create_proc_entry( )在参数 mode 中的 S_IFDIR 为 1 而 S_IALLUGO 为 0 时相同，所以我们不在这里列出它的代码了。

还有一个很特殊的子目录"self"，/proc/self 代表着这个节点受到访问时的当前进程。也就是说，谁访问这个节点，它就代表谁，它总是代表着访问这个节点的进程自己。系统中的每一个进程在/proc 目录中都有一个以其进程号为节点名的子目录，在子目录中则又有 cmdline、cpu、cwd、environ 等节点，反映着该进程各方面的状态和信息。其中多数节点是特殊文件，有的却是目录节点。如 cwd 就是个目录节点，连接到该进程的"当前工作目录"；而 cmdline 则为启动该进程的可执行程序时的命令行。这样，特权用户可以在运行中打开任何一个进程的有关文件节点或目录节点读取该进程各方面的信息。一般用户也可以用自己的 pid 组装起路径名来获取有关其自身的信息，或者就通过/proc/self 来获取有关其自身的信息。读者不妨在机器上试一下"more /proc/self/cmdline"命令行，看看是什么结果。这个子目录的特殊之处还在于：它并没有一个固定的 proc_dir_entry 数据结构，也没有固定的 inode 结构，而是在需要时临时予以生成。后面我们还会回到这个话题。

上述这些子目录基本上（除 self 以外）都是最底层的目录节点，在它们下面就只有文件而再没有其他目录节点了。但是/proc/tty 却是一棵子树，在这个节点下面还有其他目录节点，所以专门有个函数 proc_tty_init( )用来创建这棵子树，其代码在 fs/proc/proc_tty.c 中：

[proc_root_init( ) > proc_tty_init( )]

```
169    /*
170     * Called by proc_root_init( ) to initialize the /proc/tty subtree
171     */
```

```
172    void __init proc_tty_init(void)
173    {
174        if (!proc_mkdir("tty", 0))
175            return;
176        proc_tty_ldisc = proc_mkdir("tty/ldisc", 0);
177        proc_tty_driver = proc_mkdir("tty/driver", 0);
178
179        create_proc_read_entry("tty/ldiscs",
                                 0, 0, tty_ldiscs_read_proc, NULL);
180        create_proc_read_entry("tty/drivers",
                                 0, 0, tty_drivers_read_proc, NULL);
181    }
```

此外，如果系统不采用传统的基于主设备号/次设备号的 /dev 设备（文件）目录，而采用树状的设备目录 /device_tree，则还要在 proc_root_init( ) 中创建起 /device_tree 子树。这是由 proc_device_tree_init( ) 完成的，其代码在 fs/proc/proc_device.c 中：

[proc_root_init( ) > proc_device_tree_init( )]

```
122    /*
123     * Called on initialization to set up the /proc/device-tree subtree
124     */
125    void proc_device_tree_init(void)
126    {
127        struct device_node *root;
128        if ( !have_of )
129            return;
130        proc_device_tree = proc_mkdir("device-tree", 0);
131        if (proc_device_tree == 0)
132            return;
133        root = find_path_device("/");
134        if (root == 0) {
135            printk(KERN_ERR "/proc/device-tree: can't find root\n");
136            return;
137        }
138        add_node(root, proc_device_tree);
139    }
```

我们在这里并不关心设备驱动，所以不深入去看 find_device_tree( ) 和 add_node( ) 的代码，不过读者从这两个函数的名称和调用参数可以猜到它们的作用。

如前所述，系统中的每个进程在/proc 目录中都有个以其进程号为节点名的子目录，但是这些子目录并不是在系统初始化的阶段创建的，而是要到/proc 节点受到访问时临时地生成出来。只要想想进程的创建/消失是多么的频繁，这就毫不足怪了。

除这些由内核本身创建并安装的节点以外，"可安装模块"也可以根据需要通过 proc_register( ) 在 /proc 目录中创建其自己的节点，从而在模块与进程之间架起桥梁。可安装模块可以通过两种途径架设起与进程之间的桥梁，其一是通过在/dev 目录中创建一个设备文件节点，其二就是在/proc 目录中创建若干特殊文件。在老一些的版本中，可安装模块通过一个叫 proc_register_dynamic( )的函数来创建 proc 文件，但是实际上可安装模块并不比进程更为动态，所以现在已经（通过宏定义）统一到了 proc_register( )。当可安装模块需要在/proc 目录中创建一个特殊文件时，先准备好它自己的 inode_operations 结构和 file_operations 结构，再准备一个 proc_dir_entry 结构，然后调用 proc_register( ) 将其"登记"到/proc 目录中。这就是设计和实现设备驱动程序的两种途径之一。所以，proc_register( ) 对于要开发设备驱动程序的读者来说是一个非常重要的函数。我们在有关设备驱动的章节中还会回到这个话题。

这里要着重指出，通过 proc_register( )以及 proc_mkdir( )登记的是一个 proc_dir_entry 结构。结构中包含了 dentry 结构和 inode 结构所需的大部分信息，但是它既不是 dentry 结构也不是 inode 结构。同时，代表着/proc 的数据结构 proc_root 也是一个 proc_dir_entry 结构，所以由此而形成的是一棵以 proc_root 为根的树，树中的每个节点都是一个 proc_dir_entry 结构。

可是，对于文件系统的操作，如 path_walk( )等等，所涉及的却是 dentry 结构和 inode 结构，这两个方面是怎样统一起来的呢？我们在前面看到，proc 文件系统的根节点/proc 有 inode 结构，这是在 proc_read_super( )中通过 proc_get_inode( )分配并且根据 proc_root 的内容而设置的。同时，这个节点也有 dentry 结构，这是在 proc_read_super( )中通过 d_alloc_root( )创建的，并且 proc 文件系统的 super_block 结构中的指针 s_root 就指向这个 dentry 结构（这个 d_entry 结构中的指针 d_inode 则指向其 inode 结构）。所以，proc 文件系统的根节点是一个"正常"的节点。在 path_walk 中首先会到达这个节点，从这以后，就由这个节点在其 inode_operations、file_operations 以及 dentry_operations 数据结构中提供的有关函数接管了进一步的操作。后面读者会看到，这些函数会临时为/proc 子树中其他的节点生成出 inode 结构来。当然，其依据就是该节点的 proc_dir_entry 结构。

下面，我们通过几个具体的情景来看 proc 文件系统中的文件操作。

第一个情景是对/proc/loadavg 的访问，这个文件提供有关系统在过去 1 分钟、5 分钟和 15 分钟内的平均负荷的统计信息。这个文件只支持读操作，其 proc_dir_entry 结构是在 proc_misc_init( )中通过 create_proc_read_entry( )创建的。首先，当然是通过系统调用 open( )打开这个文件，为此我们要重温一下 path_walk( )中的有关段落。在这个函数中，当沿着路径名搜索到了一个中间节点时，数据结构 nameidata 中的指针 dentry 指向这个中间节点的 dentry 结构，并企图继续向前搜索，而下一个节点名则在一个 qstr 数据结构 this 中。就我们这个情景而言，下一个节点已经是路径名中的最后一个节点，所以转到了 last_component 标号处。在确认了要访问的正是这个节点本身(而不是其父节点)，并且节点名并非"."或".."以后，就先通过 cached_lookup( )在内存中寻找该节点的 dentry 结构，如果这个结构尚未创建则进而通过 real_lookup( )在文件系统中从其父节点开始寻找并为之创建起 dentry（以及 inode）结构。见 fs/namei.c 中的以下几行代码：

```
558         dentry = cached_lookup(nd->dentry, &this, 0);
559         if (!dentry) {
560             dentry = real_lookup(nd->dentry, &this, 0);
561             err = PTR_ERR(dentry);
562             if (IS_ERR(dentry))
563                 break;
564         }
565         while (d_mountpoint(dentry) && __follow_down(&nd->mnt, &dentry))
566             ;
```

在我们这个情景里，path_walk( )首先发现/proc 节点是个安装节点，而从所安装的 super_block 结构中取得了 proc 文件系统根节点的 dentry 结构。如前所述，从这个意义上说这个节点是正常的文件系统根节点。所以，nd->dentry 就指向该节点的 dentry 结构，而 this 中则含有下一个节点名 "loadavg"。然后，先通过 cached_lookup( )看看下一个节点的 dentry 结构是否已经建立在内存中，如果没有就要通过 real_lookup( )从设备上读入该节点的目录项（以及索引节点）并在内存中为之创建起它的 dentry 结构。但是，那只是就常规的文件系统而言，而现在的节点/proc 已经落在特殊的 proc 文件系统内，情况就不同了，先重温一下 real_lookup( )中的有关代码：

```
268     static struct dentry * real_lookup(struct dentry * parent,
                            struct qstr * name, int flags)
269     {
        ......
281         result = d_lookup(parent, name);
282         if (!result) {
        ......
310     }
```

可见，在内存中不能发现目标节点的 dentry 结构时，到底怎么办取决于其父节点的 inode 结构中的指针 i_op 指向哪一个 inode_operations 数据结构以及这个结构中的函数指针 lookup。对于节点/proc，它的 i_op 指针指向 proc_root_inode_operations，这是在它的 proc_dir_entry 结构 proc_root 中定义好了的，具体定义见文件 fs/proc/root.c：

```
79      /*
80       * The root /proc directory is special, as it has the
81       * <pid> directories. Thus we don't use the generic
82       * directory handling functions for that..
83       */
84      static struct file_operations proc_root_operations = {
85          read:           generic_read_dir,
86          readdir:        proc_root_readdir,
87      };
88
89      /*
90       * proc root can do almost nothing..
91       */
92      static struct inode_operations proc_root_inode_operations = {
93          lookup:         proc_root_lookup,
94      };
```

我们在这里也一起列出了它的 file_operations 结构。从中可以看出，如果打开/proc 并通过系统调用 readdir( )或 getdents( )读取目录的内容（如命令"ls"所做的那样），则调用的函数为 proc_root_readdir( )。对于我们这个情景，则只是继续向前搜索，因而所调用的函数是 proc_root_lookup( )，其代码在 fs/proc/root.c 中：

```
48      static struct dentry *proc_root_lookup(struct inode * dir,
```

```
                                  struct dentry * dentry)
49      {
50          if (dir->i_ino == PROC_ROOT_INO) { /* check for safety... */
51              int nlink = proc_root.nlink;
52
53              nlink += nr_threads;
54
55              dir->i_nlink = nlink;
56          }
57
58          if (!proc_lookup(dir, dentry))
59              return NULL;
60
61          return proc_pid_lookup(dir, dentry);
62      }
```

参数 dir 指向父节点即/proc 的 inode 结构，这个 inode 结构中的 nlink 字段也是特殊的，它的数值等于当前系统中进程（以及线程）的数量。由于这个数量随时都可能在变，所以每次调用 proc_root_lookup( )时都要根据当时的情景予以更新。这里 nr_threads 是内核中的一个全局量，反映着系统中的进程数量。另一方面，由于系统中的进程数量不会降到 0，这个字段的数值也不可能为 0。

/proc 目录中的节点可以分为两类。一类是节点的 proc_dir_entry 结构已经向 proc_root( )"登记"，而挂入了其队列中；另一类则对应于当前系统中的各个进程而并不存在 proc_dir_entry 结构。前者需要通过 proc_lookup( )找到其 proc_dir_entry 结构而设置其 dentry 结构并创建其 inode 结构。后者则需要根据节点名（进程号）在系统中找到进程的 task_struct 结构，再设置节点的 dentry 结构并创建 inode 结构。显然，/proc/loadavg 属于前者，所以我们继续看 proc_lookup( )的代码，它在文件 fs/proc/generic.c 中：

[proc_root_lookup( ) > proc_lookup( )]

```
237     /*
238      * Don't create negative dentries here, return -ENOENT by hand
239      * instead.
240      */
241     struct dentry *proc_lookup(struct inode * dir, struct dentry *dentry)
242     {
243         struct inode *inode;
244         struct proc_dir_entry * de;
245         int error;
246
247         error = -ENOENT;
248         inode = NULL;
249         de = (struct proc_dir_entry *) dir->u.generic_ip;
250         if (de) {
251             for (de = de->subdir; de ; de = de->next) {
252                 if (!de || !de->low_ino)
253                     continue;
```

```
254                 if (de->namelen != dentry->d_name.len)
255                     continue;
256                 if (!memcmp(dentry->d_name.name, de->name, de->namelen)) {
257                     int ino = de->low_ino;
258                     error = -EINVAL;
259                     inode = proc_get_inode(dir->i_sb, ino, de);
260                     break;
261                 }
262             }
263         }
264
265         if (inode) {
266             dentry->d_op = &proc_dentry_operations;
267             d_add(dentry, inode);
268             return NULL;
269         }
270         return ERR_PTR(error);
271     }
```

这里的参数 dir 指向父节点即/proc 的 inode 结构，而 dentry 则指向已经分配用于目标节点的 dentry 结构。函数本身的逻辑是很简单的，proc_get_inode( )的代码也已在前面看到过。至于 d_add( )，则只是将 dentry 结构挂入杂凑表队列，并使 dentry 结构与 inode 结构互相挂上钩，读者在本章开头几节中也已看到过。

从 proc_lookup( )一路正常返回到 path_walk( )中时，沿着路径名的搜索就向前推进了一步。在我们这个情景中，路径名至此已经结束，所以 path_walk( )已经完成了操作，找到了目标节点/proc/loadavg 的 dentry 结构，此后就与常规的 open( )操作没有什么两样了。

打开了文件以后，就是通过系统调用 read( )从文件中读。由于目标文件的 dentry 结构和和 inode 结构均已建立，所以开始时的操作与常规文件的并无不同，直到根据 file 结构中的指针 f_op 找到相应的 file_operations 结构并进而找到其函数指针 read。对于 proc 文件系统，file 结构中的 f_op 指针来自目标文件的 inode 结构，而 inode 结构中的这个指针又来源于目标节点的 proc_dir_entry 结构（见 proc_get_inode( )的代码）。在 proc_register( )的代码中可以看出，目录节点的 proc_fops 都指向 proc_dir_operations；而"普通"文件节点（如/proc/loadavg）的 proc_fops 则都指向 proc_file_operations。所以，/proc/loadavg 的 file_operations 结构为 proc_file_operations，这是在 fs/proc/generic.c 中定义的：

```
36      static struct file_operations proc_file_operations = {
37          llseek:     proc_file_lseek,
38          read:       proc_file_read,
39          write:      proc_file_write,
40      };
```

可见，为读文件操作提供的函数是 proc_file_read( )。这是一个为 proc 特殊文件通用的函数，其代码也在 generic.c 中：

```
46      /* 4K page size but our output routines use some slack for overruns */
```

```c
47  #define PROC_BLOCK_SIZE (PAGE_SIZE - 1024)
48
49  static ssize_t
50  proc_file_read(struct file * file, char * buf, size_t nbytes, loff_t *ppos)
51  {
52      struct inode * inode = file->f_dentry->d_inode;
53      char    *page;
54      ssize_t retval=0;
55      int eof=0;
56      ssize_t n, count;
57      char    *start;
58      struct proc_dir_entry * dp;
59
60      dp = (struct proc_dir_entry *) inode->u.generic_ip;
61      if (!(page = (char*) __get_free_page(GFP_KERNEL)))
62          return -ENOMEM;
63
64      while ((nbytes > 0) && !eof)
65      {
66          count = MIN(PROC_BLOCK_SIZE, nbytes);
67
68          start = NULL;
69          if (dp->get_info) {
70              /*
71               * Handle backwards compatibility with the old net
72               * routines.
73               */
74              n = dp->get_info(page, &start, *ppos, count);
75              if (n < count)
76                  eof = 1;
77          } else if (dp->read_proc) {
78              n = dp->read_proc(page, &start, *ppos,
79                      count, &eof, dp->data);
80          } else
81              break;
82
83          if (!start) {
84              /*
85               * For proc files that are less than 4k
86               */
87              start = page + *ppos;
88              n -= *ppos;
89              if (n <= 0)
90                  break;
91              if (n > count)
92                  n = count;
93          }
94          if (n == 0)
```

```
95              break;  /* End of file */
96          if (n < 0) {
97              if (retval == 0)
98                  retval = n;
99              break;
100         }
101
102         /* This is a hack to allow mangling of file pos independent
103          * of actual bytes read.  Simply place the data at page,
104          * return the bytes, and set `start' to the desired offset
105          * as an unsigned int. - Paul.Russell@rustcorp.com.au
106          */
107         n -= copy_to_user(buf, start < page ? page : start, n);
108         if (n == 0) {
109             if (retval == 0)
110                 retval = -EFAULT;
111             break;
112         }
113
114         *ppos += start < page ? (long)start : n; /* Move down the file */
115         nbytes -= n;
116         buf += n;
117         retval += n;
118     }
119     free_page((unsigned long) page);
120     return retval;
121 }
```

从总体上说，这个函数的代码并没有什么特殊，对本书的读者不应成为问题。但是从中可以看出，具体的读操作是通过由节点的 proc_dir_entry 结构中的函数指针 get_info 或 read_proc 提供的。其中 get_info 是为了与老一些的版本兼容而保留的，现在已改用 read_proc。与常规的文件系统如 Ext2 相比，proc 文件系统有个特殊之处：那就是它的每个具体的文件或节点都有其自己的文件操作函数，而不像 Ext2 那样由其 file_operations 结构中提供的函数可以用于同一文件系统的所有文件。当然，这是由于在 proc 文件系统中每个节点都有其特殊性。正因为这样，proc 文件系统的 file_operations 结构中只为读操作提供一个通用的函数 proc_file_read( )，而由它再进一步找到并调用具体节点所提供的 read_proc 函数。在前面 proc_misc_init( )以及 create_proc_read_entry( )的代码中，我们看到节点/proc/loadavg 的这个指针指向 loadavg_read_proc( )，其代码在 fs/proc/proc_misc.c 中：

```
86  static int loadavg_read_proc(char *page, char **start, off_t off,
87               int count, int *eof, void *data)
88  {
89      int a, b, c;
90      int len;
91
92      a = avenrun[0] + (FIXED_1/200);
93      b = avenrun[1] + (FIXED_1/200);
```

```
 94         c = avenrun[2] + (FIXED_1/200);
 95         len = sprintf(page, "%d.%02d %d.%02d %d.%02d %d/%d %d\n",
 96                 LOAD_INT(a), LOAD_FRAC(a),
 97                 LOAD_INT(b), LOAD_FRAC(b),
 98                 LOAD_INT(c), LOAD_FRAC(c),
 99                 nr_running, nr_threads, last_pid);
100         return proc_calc_metrics(page, start, off, count, eof, len);
101 }

 75 static int proc_calc_metrics(char *page, char **start, off_t off,
 76                 int count, int *eof, int len)
 77 {
 78     if (len <= off+count) *eof = 1;
 79     *start = page + off;
 80     len -= off;
 81     if (len>count) len = count;
 82     if (len<0) len = 0;
 83     return len;
 84 }
```

它的作用就是将数组 avenrun[ ]中积累的在过去 1 分钟、5 分钟以及 15 分钟内的系统平均 CPU 负荷等统计信息通过 sprintf( ) "打印"到缓冲区页面中。这些平均负荷的数值是每隔 5 秒钟在时钟中断服务程序中进行计算的。统计信息中还包括系统当前处于可运行状态（在运行队列中）的进程个数 nr_running 以及系统中进程的总数 nr_threads，还有系统中已分配使用的最大进程号 last_pid。

我们要看的第二个情景是对/proc/self/cwd 的访问。前面讲过，/proc/self 节点在受到访问时，会根据当前进程的进程号连接到/proc 目录中以此进程号为节点名的目录节点，而这个目录节点下面的 cwd 则又连接到该进程的"当前工作目录"。所以，在这短短的路径名中就有两个连接节点，而且/proc/self/cwd 是从 proc 文件系统中的节点到常规文件系统（如 Ext2）中的节点的连接。我们对目标节点即"当前工作目录"中的内容本身并不感兴趣，而只是对 path_walk( )怎样两次跨越文件系统进行路径搜索感兴趣。

第一次跨越文件系统是当 path_walk 发现/proc 是个安装节点而通过__follow_down( )找到所安装的 super_block 结构的过程。这方面并没有什么特殊，读者也已经熟悉了。找到了 proc 文件系统的根节点的 dentry 结构以后，nameidata 结构中的指针 dentry 指向这个数据结构，并企图继续向前搜索路径名中的下一个节点 self。由于这个节点并不是路径名中的最后一个节点，所执行的代码是从文件 fs/namei.c 中 path_walk( )内的 494 行开始的：

```
494         /* This does the actual lookups.. */
495         dentry = cached_lookup(nd->dentry, &this, LOOKUP_CONTINUE);
496         if (!dentry) {
497             dentry = real_lookup(nd->dentry, &this, LOOKUP_CONTINUE);
498             err = PTR_ERR(dentry);
499             if (IS_ERR(dentry))
500                 break;
501         }
```

就所执行的代码本身而言,是与前一个情景一样的,所以最终也要通过 proc_root_lookup( ) 调用 proc_lookup( ),试图为节点建立起其 dentry 结构和 inode 结构。可是,如前所述,由于/proc/self 并没有一个固定的 proc_dir_entry 结构,所以对 proc_lookup( ) 的调用必然会失败(返回非 0),因而会进一步调用 proc_pid_lookup( )。这个函数的代码在 fs/proc/base.c 中,我们先看它的前一部分:

[proc_root_lookup( ) > proc_pid_lookup( )]

```
907     struct dentry *proc_pid_lookup(struct inode *dir, struct dentry * dentry)
908     {
909         unsigned int pid, c;
910         struct task_struct *task;
911         const char *name;
912         struct inode *inode;
913         int len;
914
915         pid = 0;
916         name = dentry->d_name.name;
917         len = dentry->d_name.len;
918         if (len == 4 && !memcmp(name, "self", 4)) {
919             inode = new_inode(dir->i_sb);
920             if (!inode)
921                 return ERR_PTR(-ENOMEM);
922             inode->i_mtime = inode->i_atime = inode->i_ctime = CURRENT_TIME;
923             inode->i_ino = fake_ino(0, PROC_PID_INO);
924             inode->u.proc_i.file = NULL;
925             inode->u.proc_i.task = NULL;
926             inode->i_mode = S_IFLNK|S_IRWXUGO;
927             inode->i_uid = inode->i_gid = 0;
928             inode->i_size = 64;
929             inode->i_op = &proc_self_inode_operations;
930             d_add(dentry, inode);
931             return NULL;
932         }
```

可见,当要找寻的节点名为"self"时内核为之分配一个空白的 inode 数据结构,并使其 inode_operations 结构指针 i_op 指向专用于/proc/self 的 proc_self_inode_operations,这个结构的定义在 fs/proc/root.c 中:

```
902     static struct inode_operations proc_self_inode_operations = {
903         readlink:    proc_self_readlink,
904         follow_link: proc_self_follow_link,
905     };
```

为此类节点建立的 inode 结构有着特殊的节点号,这是由进程的 pid 左移 16 位以后与常数 PROC_PID_INO 相或而形成的,常数 PROC_PID_INO 则定义为 2。

从 proc_root_lookup( ) 返回到 path_walk( ) 中以后,接着要检查和处理两件事,第一件是新找到的节点是否为安装点；第二件就是它是否是一个连接节点。这正是我们在这里所关心的，因为/proc/self 就是个连接节点。继续看 path_walk( )中的下面两行（fs/namei.c）：

```
514            if (inode->i_op->follow_link) {
515                err = do_follow_link(dentry, nd);
```

对于连接节点，通过其 inode 结构和 inode_operations 结构提供的函数指针 follow_link 为非 0。就 /proc/self 而言，由于 proc_pid_lookup( ) 的执行，其函数指针 follow_link 已经指向了 proc_self_follow_link( )，其代码在文件 fs/proc/root.c 中：

```
895    static int proc_self_follow_link(struct dentry *dentry,
                        struct nameidata *nd)
896    {
897        char tmp[30];
898        sprintf(tmp, "%d", current->pid);
899        return vfs_follow_link(nd, tmp);
900    }
```

它通过 vfs_follow_link( ) 寻找以当前进程的 pid 的字符串为相对路径名的节点，找到后就使 nameidata 结构中的指针 dentry 指向它的 dentry 结构。读者已经看到过 vfs_follow_link( )的代码，这里就不重复了。只是要指出，在 vfs_follow_link( )中将会递归地调用 path_walk( )来寻找连接的目标节点，所以又会调用其父节点/proc 的 lookup 函数，即 proc_root_lookup( )，不同的只是这次寻找的不是"self"，而是当前进程的 pid 字符串。这一次，在 proc_root_lookup( )中对 proc_lookup( )的调用同样会因为在 proc_root 的 subdir 队列中找不到相应的 proc_dir_entry 结构而失败，所以也要进一步调用 proc_pid_lookup( )寻找（见上面 proc_root_lookup( )的代码）。可是，这一次的节点名就不是"self"了，刚调用的 proc_self_follow_link( )已经将当前进程的进程号转化为字符串形式，所以在 proc_pid_lookup( )中所走的路线也不同了，我们看这个函数的后半部：

[proc_root_lookup( ) > proc_pid_lookup( )]

```
933        while (len-- > 0) {
934            c = *name - '0';
935            name++;
936            if (c > 9)
937                goto out;
938            if (pid >= MAX_MULBY10)
939                goto out;
940            pid *= 10;
941            pid += c;
942            if (!pid)
943                goto out;
944        }
945
946        read_lock(&tasklist_lock);
947        task = find_task_by_pid(pid);
```

```
948         if (task)
949             get_task_struct(task);
950         read_unlock(&tasklist_lock);
951         if (!task)
952             goto out;
953
954         inode = proc_pid_make_inode(dir->i_sb, task, PROC_PID_INO);
955
956         free_task_struct(task);
957
958         if (!inode)
959             goto out;
960         inode->i_mode = S_IFDIR|S_IRUGO|S_IXUGO;
961         inode->i_op = &proc_base_inode_operations;
962         inode->i_fop = &proc_base_operations;
963         inode->i_nlink = 3;
964         inode->i_flags|=S_IMMUTABLE;
965
966         dentry->d_op = &pid_base_dentry_operations;
967         d_add(dentry, inode);
968         return NULL;
969 out:
970         return ERR_PTR(-ENOENT);
971 }
```

这个函数将节点名转换成一个无符号整数，然后以此为 pid 从系统中寻找是否存在相应的进程。如果找到了相应的进程，就通过 proc_pid_make_inode( ) 为之创建一个 inode 结构，并初始化已经分配的 dentry 结构。这个函数的代码在文件 fs/proc/base.c 中，我们就不看了。同时，还要使 inode 结构中的 inode_operations 结构指针 i_op 指向 proc_base_inode_operations，而 file_operations 结构指针 i_fop 则指向 proc_base_operations。此外，相应 dentry 结构中的指针 d_op 则指向 pid_base_dentry_operations。从这里也可以看出，在 proc 文件系统中几乎每个节点都有其自己的 file_operations 结构和 inode_operations 结构。

于是，从 proc_follow_link( ) 返回时，nd->dentry 已指向代表着当前进程的目录节点的 dentry 结构。这样，当 path_walk( ) 开始新一轮的循环时，就从这个节点（而不是/proc/self）继续向前搜索了。下一个节点是"cwd"，这一次所搜索的节点已经是路径名中的最后一个节点，所以如同第一个情景中那样转到了标号为 last_component 的地方。但是同样也是在 real_lookup( ) 中通过其父节点的 inode_operations 结构中的 lookup 函数指针执行实际的操作，而现在这个数据结构就是 proc_base_inode_operations，定义于 fs/proc/base.c：

```
881     static struct inode_operations proc_base_inode_operations = {
882         lookup:    proc_base_lookup,
883     };
```

函数 proc_base_lookup( )的代码中在同一文件 fs/proc/base.c 中：

```
783    static struct dentry *proc_base_lookup(struct inode *dir, struct dentry *dentry)
784    {
785        struct inode *inode;
786        int error;
787        struct task_struct *task = dir->u.proc_i.task;
788        struct pid_entry *p;
789
790        error = -ENOENT;
791        inode = NULL;
792
793        for (p = base_stuff; p->name; p++) {
794            if (p->len != dentry->d_name.len)
795                continue;
796            if (!memcmp(dentry->d_name.name, p->name, p->len))
797                break;
798        }
799        if (!p->name)
800            goto out;
801
802        error = -EINVAL;
803        inode = proc_pid_make_inode(dir->i_sb, task, p->type);
804        if (!inode)
805            goto out;
806
807        inode->i_mode = p->mode;
808        /*
809         * Yes, it does not scale. And it should not. Don't add
810         * new entries into /proc/<pid>/ without very good reasons.
811         */
812        switch(p->type) {
813            case PROC_PID_FD:
814                inode->i_nlink = 2;
815                inode->i_op = &proc_fd_inode_operations;
816                inode->i_fop = &proc_fd_operations;
817                break;
818            case PROC_PID_EXE:
819                inode->i_op = &proc_pid_link_inode_operations;
820                inode->u.proc_i.op.proc_get_link = proc_exe_link;
821                break;
822            case PROC_PID_CWD:
823                inode->i_op = &proc_pid_link_inode_operations;
824                inode->u.proc_i.op.proc_get_link = proc_cwd_link;
825                break;
826            case PROC_PID_ROOT:
827                inode->i_op = &proc_pid_link_inode_operations;
828                inode->u.proc_i.op.proc_get_link = proc_root_link;
829                break;
830            case PROC_PID_ENVIRON:
```

```
831                     inode->i_fop = &proc_info_file_operations;
832                     inode->u.proc_i.op.proc_read = proc_pid_environ;
833                     break;
834                 case PROC_PID_STATUS:
835                     inode->i_fop = &proc_info_file_operations;
836                     inode->u.proc_i.op.proc_read = proc_pid_status;
837                     break;
838                 case PROC_PID_STAT:
839                     inode->i_fop = &proc_info_file_operations;
840                     inode->u.proc_i.op.proc_read = proc_pid_stat;
841                     break;
842                 case PROC_PID_CMDLINE:
843                     inode->i_fop = &proc_info_file_operations;
844                     inode->u.proc_i.op.proc_read = proc_pid_cmdline;
845                     break;
846                 case PROC_PID_STATM:
847                     inode->i_fop = &proc_info_file_operations;
848                     inode->u.proc_i.op.proc_read = proc_pid_statm;
849                     break;
850                 case PROC_PID_MAPS:
851                     inode->i_fop = &proc_maps_operations;
852                     break;
853 #ifdef CONFIG_SMP
854                 case PROC_PID_CPU:
855                     inode->i_fop = &proc_info_file_operations;
856                     inode->u.proc_i.op.proc_read = proc_pid_cpu;
857                     break;
858 #endif
859                 case PROC_PID_MEM:
860                     inode->i_op = &proc_mem_inode_operations;
861                     inode->i_fop = &proc_mem_operations;
862                     break;
863                 default:
864                     printk("procfs: impossible type (%d)", p->type);
865                     iput(inode);
866                     return ERR_PTR(-EINVAL);
867             }
868             dentry->d_op = &pid_dentry_operations;
869             d_add(dentry, inode);
870             return NULL;
871
872 out:
873             return ERR_PTR(error);
874         }
```

这里用到一个全局性的数组 base_stuff[ ]，有关的定义在 fs/proc/base.c 中给出：

```
477     struct pid_entry {
478         int type;
479         int len;
480         char *name;
481         mode_t mode;
482     };
483
484     enum pid_directory_inos {
485         PROC_PID_INO = 2,
486         PROC_PID_STATUS,
487         PROC_PID_MEM,
488         PROC_PID_CWD,
489         PROC_PID_ROOT,
490         PROC_PID_EXE,
491         PROC_PID_FD,
492         PROC_PID_ENVIRON,
493         PROC_PID_CMDLINE,
494         PROC_PID_STAT,
495         PROC_PID_STATM,
496         PROC_PID_MAPS,
497         PROC_PID_CPU,
498         PROC_PID_FD_DIR = 0x8000,    /* 0x8000-0xffff */
499     };
500
501     #define E(type,name,mode) {(type),sizeof(name)-1,(name),(mode)}
502     static struct pid_entry base_stuff[ ] = {
503       E(PROC_PID_FD,        "fd",       S_IFDIR|S_IRUSR|S_IXUSR),
504       E(PROC_PID_ENVIRON,   "environ",  S_IFREG|S_IRUSR),
505       E(PROC_PID_STATUS,    "status",   S_IFREG|S_IRUGO),
506       E(PROC_PID_CMDLINE,   "cmdline",  S_IFREG|S_IRUGO),
507       E(PROC_PID_STAT,      "stat",     S_IFREG|S_IRUGO),
508       E(PROC_PID_STATM,     "statm",    S_IFREG|S_IRUGO),
509     #ifdef CONFIG_SMP
510       E(PROC_PID_CPU,       "cpu",      S_IFREG|S_IRUGO),
511     #endif
512       E(PROC_PID_MAPS,      "maps",     S_IFREG|S_IRUGO),
513       E(PROC_PID_MEM,       "mem",      S_IFREG|S_IRUSR|S_IWUSR),
514       E(PROC_PID_CWD,       "cwd",      S_IFLNK|S_IRWXUGO),
515       E(PROC_PID_ROOT,      "root",     S_IFLNK|S_IRWXUGO),
516       E(PROC_PID_EXE,       "exe",      S_IFLNK|S_IRWXUGO),
517       {0,0,NULL,0}
518     };
519     #undef E
```

这样，在proc_base_lookup( )中只要在这个数组中逐项比对，就可以找到"cwd"所对应的类型，即相应inode号中的低16位，以及"文件"的模式。然后，在基于这个类型的switch语句中，对于所创建的inode结构进行具体的设置。对于代表着进程的某方面属性或状态的这些inode结构，其union

部分被用作一个 proc_inode_info 结构 proc_i，其定义见于 include/linux/proc_fs_i.h：

```
1   struct proc_inode_info {
2       struct task_struct *task;
3       int type;
4       union {
5           int (*proc_get_link)(struct inode *, struct dentry **, struct vfsmount **);
6           int (*proc_read)(struct task_struct *task, char *page);
7       } op;
8       struct file *file;
9   };
```

结构中的指针 task 在 proc_pid_make_inode( ) 中设置成指向 inode 结构所代表进程的 task_struct 结构。

对于节点"cwd"，要特别加以设置的内容有两项。第一是将 inode 结构中的指针 i_op 设置成指向 proc_pid_link_inode_operations 数据结构；第二是将上述 proc_inode_info 结构中的函数指针 proc_get_link 指向 proc_cwd_link( )。此外，就没有什么特殊之处了。数据结构 proc_pid_link_inode_operations 定义于 fs/proc/base.c 中：

```
472   static struct inode_operations proc_pid_link_inode_operations = {
473       readlink:      proc_pid_readlink,
474       follow_link:   proc_pid_follow_link
475   };
```

从 proc_base_lookup( ) 经由 real_lookup( ) 返回到 path_walk( ) 时，nameidata 结构中的指针 dentry 已经指向了这个特定"cwd"节点的 dentry 结构。但是接着同样要受到对其 inode 结构中的 i_op 指针以及相应 inode_operations 结构中的指针 follow_link 的检验，看 path_walk( ) 中的相关代码（fs/namei.c）：

```
567           inode = dentry->d_inode;
568           if ((lookup_flags & LOOKUP_FOLLOW)
569               && inode && inode->i_op && inode->i_op->follow_link) {
570               err = do_follow_link(dentry, nd);
```

读者刚才已经看到，这个 inode 结构的指针 follow_link 非 0，并且指向 proc_cwd_link( )，其代码在 fs/proc/base.c 中：

```
85    static int proc_cwd_link(struct inode *inode, struct dentry **dentry,
                               struct vfsmount **mnt)
86    {
87        struct fs_struct *fs;
88        int result = -ENOENT;
89        task_lock(inode->u.proc_i.task);
90        fs = inode->u.proc_i.task->fs;
91        if(fs)
92            atomic_inc(&fs->count);
```

```
93          task_unlock(inode->u.proc_i.task);
94          if (fs) {
95              read_lock(&fs->lock);
96              *mnt = mntget(fs->pwdmnt);
97              *dentry = dget(fs->pwd);
98              read_unlock(&fs->lock);
99              result = 0;
100             put_fs_struct(fs);
101         }
102         return result;
103     }
```

如前所述，节点的 inode 中的 union 用作一个 proc_inode_info 结构，其中的指针 task 指向相应进程的 task_struct 结构，进而可以得到这个进程的 fs_struct 结构，而这个数据结构中的指针 pwd 即指向该进程的"当前工作目录"的 dentry 结构，同时指针 pwdmnt 指向该目录所在设备安装时的 vfsmount 结构。注意，这里的参数 dentry 和 mnt 都是双重指针，所以第 96 行和第 97 行实际上改变了 nameidata 结构中的 dentry 和 mnt 两个指针。这样，当从 proc_cwd_link( )经由 do_follow_link( )返回到 path_walk( )中时，nameidata 结构中的指针已经指向最终的目标，即当前进程的当前工作目录。从这以后的操作就与常规的文件系统完全一样了。从这个情景可以看出，对于 proc 文件系统中的一些路径，其有关的数据结构以及这些数据结构之间的连接是非常动态的，每次都要在 path_walk( )的过程中逐层地临时建立，而不像在常规文件系统如 Ext2 中那样相对静态。

通过这两个情景，读者应该已经对 proc 文件系统的文件操作有了基本的了解和理解，自己不妨再读几段代码以加深理解，我们建议读者读一下对/proc/meminfo 和/proc/self/maps 的访问，因为这不仅可以加深对 proc 文件系统的理解，还可以帮助巩固对存储管理的理解。

第6章

传统的 Unix 进程间通信

6.1 概述

对于多用户、多进程的操作系统来说，进程间通信（IPC）是一项非常重要、甚至必不可少的基本手段和设施。在一个多进程操作系统所提供的运行环境下，可以通过两种不同的途径，或者说采用两种不同的策略，来建立起复杂的大型应用系统。一种途径是通过一个孤立的、大型的、复杂的进程提供所需的全部功能，另一种途径则是通过由若干互相联系的、小型的、相对简单的进程所构成的组合来提供所需的功能。早期的操作系统往往倾向于前者，而 Unix 及其衍生的各种系统则倾向于后者。这种基本方法和策略的改变正是 Unix 操作系统在程序设计领域中引起革命性转变的结果。相比之下，后者这种方法具有很大的好处：

- 首先，这种途径使应用软件更加模块化，每个进程所执行的程序可以分别地设计、实现、调试和维护。
- 其次，由于每个进程都有其独立的地址空间，而相互间的通信则通过明确定义的进程间通信手段和界面来完成，因而使得各个进程都得到保护，在相当程度上排除了互相干扰的可能性，从而增加了系统的可靠性和稳定性。
- 而且，这种途径还改善了系统规模的可扩充性。例如，在多处理器系统中，这些进程可以在不同的处理器上运行。推而广之，这些进程还可以在多台计算机上运行，并且这些计算机并不非得是在同一地域，从而形成"分布式处理"的概念。
- 最后，就像用 7 个音符可以组合出无数动听的旋律一样，用若干可执行程序也可以灵活地搭建出很复杂、功能很强的新应用。从这个角度来看，这种途径既促进了软件的模块化，也提高了软件的"复用性"。

当然，取得这些好处也是有代价的，这种途径也有缺点。首先，从全局来看，这种途径要占用更多的资源，并且增加了 CPU 运行时的系统开销，使得总体上的运行效率可能会有所下降。其次，由于每个进程都独立地接受调度，使得进程运行的时序在某些情况下成为问题，需要通过一些特殊的进程间通信手段才能保持同步。最后，这种途径要求操作系统提供充分的进程间通信的手段和设施。但是，这些都只是前进道路上所遇到的问题。相比之下，这种途径的优点远远超过其缺点，而且随着硬件技术的进步（如内存容量、处理器速度等等），第一条缺点实际上已是微不足道了。事实上，随着应用软件的日益复杂和规模的日益庞大，通过孤立、大型、复杂的单进程途径来实现应用所需的功能往往已经不现实了。

由此可见，进程间通信在现代操作系统中起着至关重要的作用。可以这样说，没有 Unix 的进程间通信手段就不会有所谓"Unix 环境"，即 Unix 独特的运行环境和程序设计环境。从另一个角度来说，同任何一种新技术的出现一样，一旦人们认识到上述途径的优越性及其对进程间通信手段的需求，这些手段就一定会应运而生。

那么，Unix（从而 Linux）向应用软件提供一些什么样的进程间通信手段呢？这里也有个发展过程。早期的 Unix 提供了以下一些手段：

- 管道（Pipe）。父进程与子进程之间，或者两个兄弟进程之间，可以通过系统调用建立起一个单向的通信管道。但是，这种管道只能由父进程来建立，所以对于子进程来说是静态的，与生俱来的。管道两端的进程各自都将该管道视作一个文件。一个进程往管道中写的内容由另一个进程从管道中读取，通过管道传递的内容遵循"先入先出"（FIFO）的规则。每个管道都是单向的，需要双向通信时就要建立起两个管道。
- 信号（Signal）。读者已经在第 4 章中看到过信号的运用。严格说来，signal 这种手段并不是专为进程间通信而设置的，它也用于内核与进程之间的通信（不过内核只能向进程发送信号，而不能接收信号）。一般来说，signal 是对"中断"这种概念在软件层次上的模拟（所以亦称"软中断"），其中信号的发送者相当于中断源，而接收者则相当于处理器，所以必须是一个进程。就像在多处理器系统中一个处理器通常都能向另一个处理器发出中断请求一样，一个进程也可以向其他进程发出信号，此时信号就成了一种进程间通信的手段。
- 跟踪（Trace）。一个进程可以通过系统调用 ptrace( ) 读/写其子进程地址空间中的内容，从而达到跟踪子进程执行的目的。

这几项进程间通信手段都只能用于父进程与子进程之间，或者两个兄弟进程之间。信号的使用虽然并未限制在父子进程之间，但发送信号时需要用到对方的 pid，而一般只有父子进程之间才知道对方的 pid，所以实际上还是只能用于父子进程之间。另一方面，对于子进程来说管道机制是静态的，跟踪则是单向的。在实际使用中，常常需要在并非这些"近亲"的进程之间动态地建立通信管道，所以后来又增设了一种新的管道：

- 命名管道（named pipe）。命名管道以 FIFO 文件的形式出现在文件系统中，所以任何进程都可以通过使用其文件名来"打开"该管道，然后进行读写。这样，管道的使用就不再局限于"近亲"之间了。从这个意义上说，命名管道是管道的推广。

在 AT&T 的 Unix 系统 V 中，主要为了更好地支持商业应用中的"事务处理"，又增加了三种进程间通信手段，常常合在一起称作"System V IPC"：

- 报文（Message）队列。一个进程可以通过系统调用设立一个报文队列，然后任何进程都可以通过系统调用向这个队列发送"消息"或从队列接收"消息"，从而以进程间"报文传递"（Message Passing）的形式实现通信。
- 共享内存。一个进程可以通过系统调用设立一片共享内存区，然后其他进程就可以通过系统调用将该存储区映射到其用户地址空间中。此后，就可以像正常的内存访问一样读/写该共享区间了。共享内存是一种快速而有效的进程间通讯手段，但是并不像其他一些手段那样，可以在一旦写入后就唤醒正在睡眠中等待读取的进程，所以常常要与其他手段配合使用。

- 信号量（semaphore）。第 4 章中讲过内核中使用的信号量机制，而系统 V 进程间通信手段中的信号量则将这种机制推广到了用户空间。

与 AT&T 对 Unix 原有进程间通信手段的扩充与增强相平行，在 BSD Unix 中也对此作了重要的扩充：

- 插口（Socket）。从语义的角度来说，Socket 与命名管道是很相似的，但其重要之处在于 Socket 不仅可以用来实现同一台计算机上的进程间通信，还可以用来实现分布于不同计算机中的进程通过网络进行的通信。这样，就提供了一种统一的、更为一般的进程间通信模式。如果说"命名管道"把"管道"这种原来只适用近亲的手段推广到了同一台计算机中的任意进程之间，则 Socket 又进一步将其推广至计算机网络中的任意进程之间。从这个意义上讲，Socket 成了最一般、最普遍适用的进程间通信手段和机制。事实上，现在有些 Unix 系统中的管道机制也反过来改成通过 Socket 来实现。

上列的这些进程间通信机制都由 Linux "兼容并蓄"继承了下来。事实上这些机制大都是在"可移植操作系统接口"标准 POSIX.1 中规定要具备的。此外，在 Unix 发展过程中也出现过一些其他的进程间通信机制，但并没有为 Linux 所采用，我们就不作介绍了。

由于篇幅的原因，我们把进程间通信分成第 6 章、第 7 章两章。本章主要介绍早期 Unix 的通信机制以及 System V IPC；下一章"基于 Socket 的进程间通信"则集中介绍插口（Socket）。

6.2 管道和系统调用 pipe( )

管道机制的主体是系统调用 pipe( )，但是由 pipe( )所建立的管道的两端都在同一进程中，所以必须在 fork( )的配合下，才能在父子进程之间或两个子进程之间建立起进程间的通信管道。

我们先来看系统调用 pipe( )。

由于管道两端都是以（已打开）文件的形式出现在相关的进程中，在具体实现上也是作为匿名文件来实现的，所以 pipe( )的代码与文件系统密切相关。

先看系统调用的入口 sys_pipe( )，其代码在 arch/i386/kernel/sys_i386.c 中。

```
25      /*
26       * sys_pipe( ) is the normal C calling standard for creating
27       * a pipe. It's not the way Unix traditionally does this, though.
28       */
29      asmlinkage int sys_pipe(unsigned long * fildes)
30      {
31          int fd[2];
32          int error;
33
34          error = do_pipe(fd);
35          if (!error) {
36              if (copy_to_user(fildes, fd, 2*sizeof(int)))
37                  error = -EFAULT;
38          }
39          return error;
```

```
40      }
```

这里由do_pipe( )建立起一个管道，通过作为调用参数的数组fd[ ]返回代表着管道两端的两个已打开文件号，再由copy_to_user( )将数组fd[ ]复制到用户空间。显然，do_pipe( )是这个系统调用的主体，其代码在fs/pipe.c中，我们分段阅读：

[sys_pipe( ) > do_pipe( )]

```
509     int do_pipe(int *fd)
510     {
511         struct qstr this;
512         char name[32];
513         struct dentry *dentry;
514         struct inode * inode;
515         struct file *f1, *f2;
516         int error;
517         int i, j;
518
519         error = -ENFILE;
520         f1 = get_empty_filp( );
521         if (!f1)
522             goto no_files;
523
524         f2 = get_empty_filp( );
525         if (!f2)
526             goto close_f1;
527
528         inode = get_pipe_inode( );
529         if (!inode)
530             goto close_f12;
531
532         error = get_unused_fd( );
533         if (error < 0)
534             goto close_f12_inode;
535         i = error;
536
537         error = get_unused_fd( );
538         if (error < 0)
539             goto close_f12_inode_i;
540         j = error;
541
```

在"文件系统"一章中读者已经看到，进程对每个已打开文件的操作都是通过一个file数据结构进行的，只有在由同一进程按相同模式重复打开同一文件时才共享同一个数据结构。一个管道实际上就是一个无形（只存在于内存中）的文件，对这个文件的操作要通过两个已打开文件进行，分别代表该管道的两端。虽然最初创建时一个管道的两端都在同一进程中，但是在实际使用时却总是分别在两个不同的进程（通常是父、子进程）中，所以，管道的两端不能共享同一个 file 数据结构，而要为之各分配一个 file 数据结构。代码中 520 行和 524 行调用 get_empty_filp( )的目的就是为管道的两端 f1 和 f2 各分配一个 file 数据结构。get_empty_filp( )的代码以及 file 结构的定义可参看"文件系统"一章，这里不再重复。只是要指出，这个数据结构只是代表着一个特定进程对某个文件操作的现状，而并不代表这个文件本身的状态。例如，结构中的成分 f_pos 就表示该进程在此文件中即将进行读/写的起始位置，当不同的进程分别打开同一文件进行读写时，最初此位置都是 0，以后就可能各不相同了。

同时，每个文件都是由一个 inode 数据结构代表的。虽然一个管道实际上是一个无形的文件，它也得要有一个 inode 数据结构。由于这个文件在创建管道之前并不存在，所以需要在创建管道时临时创建起一个 inode 结构，这就是代码中第 528 行调用 get_pipe_inode( )的目的。实际上，创建一个管道的过程主要就是创建这么一个文件的过程。函数 get_pipe_inode( )的代码在文件（pipe.c）中：

[sys_pipe( ) > do_pipe( ) > get_pipe_inode( )]

```
476     static struct inode * get_pipe_inode(void)
477     {
478         struct inode *inode = get_empty_inode( );
479
480         if (!inode)
481             goto fail_inode;
482
483         if(!pipe_new(inode))
484             goto fail_iput;
485         PIPE_READERS(*inode) = PIPE_WRITERS(*inode) = 1;
486         inode->i_fop = &rdwr_pipe_fops;
487         inode->i_sb = pipe_mnt->mnt_sb;
488
489         /*
490          * Mark the inode dirty from the very beginning,
491          * that way it will never be moved to the dirty
492          * list because "mark_inode_dirty( )" will think
493          * that it already _is_ on the dirty list.
494          */
495         inode->i_state = I_DIRTY;
496         inode->i_mode = S_IFIFO | S_IRUSR | S_IWUSR;
497         inode->i_uid = current->fsuid;
498         inode->i_gid = current->fsgid;
499         inode->i_atime = inode->i_mtime = inode->i_ctime = CURRENT_TIME;
500         inode->i_blksize = PAGE_SIZE;
501         return inode;
502
503     fail_iput:
504         iput(inode);
505     fail_inode:
506         return NULL;
507     }
```

先在 478 行分配一个空闲的 inode 数据结构。这是一个比较复杂的数据结构,我们已在"文件系统"一章中加以详细介绍。对于管道的创建和使用,我们关心的只是其中少数几个成分。第一个成分 i_pipe 是指向一个 pipe_inode_info 数据结构的指针,只有当由一个 inode 数据结构所代表的文件是用来实现一个管道的时候才使用它,否则就把这个指针设为 NULL。pipe_inode_info 的数据结构是在 include/linux/pipe_fs_i.h 中定义的:

```
5       struct pipe_inode_info {
6           wait_queue_head_t wait;
7           char *base;
8           unsigned int start;
9           unsigned int readers;
10          unsigned int writers;
11          unsigned int waiting_readers;
12          unsigned int waiting_writers;
13          unsigned int r_counter;
14          unsigned int w_counter;
15      };
```

同一文件中还定义了一些宏操作,下面我们就要用到这些宏定义。

```
17      /* Differs from PIPE_BUF in that PIPE_SIZE is the length of the actual
18         memory allocation, whereas PIPE_BUF makes atomicity guarantees. */
19      #define PIPE_SIZE           PAGE_SIZE
20
21      #define PIPE_SEM(inode)         (&(inode).i_sem)
22      #define PIPE_WAIT(inode)        (&(inode).i_pipe->wait)
23      #define PIPE_BASE(inode)        ((inode).i_pipe->base)
24      #define PIPE_START(inode)       ((inode).i_pipe->start)
25      #define PIPE_LEN(inode)         ((inode).i_size)
26      #define PIPE_READERS(inode)     ((inode).i_pipe->readers)
27      #define PIPE_WRITERS(inode)     ((inode).i_pipe->writers)
28      #define PIPE_WAITING_READERS(inode) ((inode).i_pipe->waiting_readers)
29      #define PIPE_WAITING_WRITERS(inode) ((inode).i_pipe->waiting_writers)
30      #define PIPE_RCOUNTER(inode)    ((inode).i_pipe->r_counter)
31      #define PIPE_WCOUNTER(inode)    ((inode).i_pipe->w_counter)
32
33      #define PIPE_EMPTY(inode)       (PIPE_LEN(inode) == 0)
34      #define PIPE_FULL(inode)        (PIPE_LEN(inode) == PIPE_SIZE)
35      #define PIPE_FREE(inode)        (PIPE_SIZE - PIPE_LEN(inode))
36      #define PIPE_END(inode) ((PIPE_START(inode) + PIPE_LEN(inode)) & (PIPE_SIZE-1))
37      #define PIPE_MAX_RCHUNK(inode)  (PIPE_SIZE - PIPE_START(inode))
38      #define PIPE_MAX_WCHUNK(inode)  (PIPE_SIZE - PIPE_END(inode))
```

前面 get_pipe_inode( ) 的代码中就引用了 PIPE_READERS 和 PIPE_WRITERS。分配了 inode 数据结构以后,483 行又通过 pipe_new( ) 分配所需的缓冲区。这个函数的代码在 fs/pipe.c 中:

[sys_pipe( ) > do_pipe( ) > get_pipe_inode( ) > pipe_new( )]

```
442     struct inode* pipe_new(struct inode* inode)
443     {
444         unsigned long page;
445
446         page = __get_free_page(GFP_USER);
447         if (!page)
448             return NULL;
449
450         inode->i_pipe = kmalloc(sizeof(struct pipe_inode_info), GFP_KERNEL);
451         if (!inode->i_pipe)
452             goto fail_page;
453
454         init_waitqueue_head(PIPE_WAIT(*inode));
455         PIPE_BASE(*inode) = (char*) page;
456         PIPE_START(*inode) = PIPE_LEN(*inode) = 0;
457         PIPE_READERS(*inode) = PIPE_WRITERS(*inode) = 0;
458         PIPE_WAITING_READERS(*inode) = PIPE_WAITING_WRITERS(*inode) = 0;
459         PIPE_RCOUNTER(*inode) = PIPE_WCOUNTER(*inode) = 1;
460
461         return inode;
462     fail_page:
463         free_page(page);
464         return NULL;
465     }
```

这里先分配一个内存页面用作管道的缓冲区，再分配一个缓冲区用作 pipe_inode_info 数据结构。前面讲过，用来实现管道的文件是无形的，它并不出现在磁盘或其他的文件系统存储介质上，而只存在于内存空间，其他进程也无从"打开"或访问这个文件。所以，这个所谓文件实质上只是一个用作缓冲区的内存页面，只是把它纳入了文件系统的机制，借用了文件系统的各种数据结构和操作加以管理而已。

在前一章中已经讲过，inode 数据结构中有个重要的成分 i_fop，是指向一个 file_operations 数据结构的指针。在这个数据结构中给出了用于该文件的每种操作的函数指针。对于管道（见上面 get_pipe_inode( )中的 486 行），这个数据结构是 rdwr_pipe_fops，也是在 pipe.c 中定义的：

```
432     struct file_operations rdwr_pipe_fops = {
433         llseek:     pipe_lseek,
434         read:       pipe_read,
435         write:      pipe_write,
436         poll:       pipe_poll,
437         ioctl:      pipe_ioctl,
438         open:       pipe_rdwr_open,
439         release:    pipe_rdwr_release,
440     };
```

结合上列 pipe_fs_i.h 中的宏定义，读者应该不难理解 get_pipe_inode( ) 中自分配了 inode 结构以后的一些初始化操作，我们就不多讲了。值得注意的是，代码中并没有设置 inode 结构中的 inode_operations 结构指针 i_op，所以该指针为 0。可见，对于用来实现管道的 inode 并不允许对这里的 inode 进行常规操作，只有当 inode 代表着"有形"的文件时才使用。

从 get_pipe_inode( ) 返回到 do_pipe( ) 中时，必须的数据结构都已经齐全了。但是，还要为代表着管道两端的两个已打开文件分别分配"打开文件号"，这是通过调用 get_unusal_fd( ) 完成的。

让我们在 do_pipe( ) 中继续往下看(pipe.c)：

[sys_pipe( ) > do_pipe( )]

```
542         error = -ENOMEM;
543         sprintf(name, "[%lu]", inode->i_ino);
544         this.name = name;
545         this.len = strlen(name);
546         this.hash = inode->i_ino; /* will go */
547         dentry = d_alloc(pipe_mnt->mnt_sb->s_root, &this);
548         if (!dentry)
549             goto close_f12_inode_i_j;
550         dentry->d_op = &pipefs_dentry_operations;
551         d_add(dentry, inode);
552         f1->f_vfsmnt = f2->f_vfsmnt = mntget(mntget(pipe_mnt));
553         f1->f_dentry = f2->f_dentry = dget(dentry);
554
555         /* read file */
556         f1->f_pos = f2->f_pos = 0;
557         f1->f_flags = O_RDONLY;
558         f1->f_op = &read_pipe_fops;
559         f1->f_mode = 1;
560         f1->f_version = 0;
561
562         /* write file */
563         f2->f_flags = O_WRONLY;
564         f2->f_op = &write_pipe_fops;
565         f2->f_mode = 2;
566         f2->f_version = 0;
567
568         fd_install(i, f1);
569         fd_install(j, f2);
570         fd[0] = i;
571         fd[1] = j;
572         return 0;
```

在正常的情况下，每个文件都至少有一个"目录项"，代表这个文件的一个路径名；而每个目录项则只描述一个文件，在 dentry 数据结构中有个指针指向相应的 inode 结构。因此，在 file 数据结构中有个指针 f_dentry 指向所打开文件的目录项 dentry 数据结构，这样，从 file 结构开始就可以一路通到文件的 inode 结构。对于管道来说，由于文件是无形的，本来并不非得有个目录项不可。可是，在 file 数据结构中并没有直接指向相应 inode 结构的指针,一定要经过一个目录项中转一下才行。而 inode 结构又是各种文件操作的枢纽。这么一来,对于管道就也得有一个目录项了。所以代码中的 547 行调用 d_alloc( )分配一个目录项,然后通过 d_add( )使已经分配的 inode 结构与这个目录项互相挂上钩,并且让两个已打开文件结构中的 f_dentry 指针都指向这个目录项。

对目录项的操作是通过一个 dentry_operations 数据结构定义的。具体到管道文件的目录项,这个数据结构是 pipefs_dentry_operations,这是在 550 行中设置的,定义于 fs/pipe.c 中:

```
472     static struct dentry_operations pipefs_dentry_operations = {
473         d_delete:   pipefs_delete_dentry,
474     };
```

就是说,对于管道的目录项只允许一种操作,那就是 pipefs_delete_dentry( ),即把它删除。

对于管道的两端来说,管道是单向的,所以其 f1 一端设置成"只读"(O_RDONLY),而另一端则设置成"只写"(O_WRONLY)。同时,两端的文件操作也分别设置成 read_pipe_fops 和 write_pipe_fops,那都是在 pipe.c 中定义的:

```
412     struct file_operations read_pipe_fops = {
413         llseek: pipe_lseek,
414         read:       pipe_read,
415         write:  bad_pipe_w,
416         poll:       pipe_poll,
417         ioctl:  pipe_ioctl,
418         open:       pipe_read_open,
419         release:    pipe_read_release,
420     };
421
422     struct file_operations write_pipe_fops = {
423         llseek: pipe_lseek,
424         read:       bad_pipe_r,
425         write:  pipe_write,
426         poll:       pipe_poll,
427         ioctl:  pipe_ioctl,
428         open:       pipe_write_open,
429         release:    pipe_write_release,
430     };
```

比较一下,就可以发现,在 read_pipe_fops 中的写操作函数为 bad_pipe_w( ),而在 write_pipe_fops 中的读操作函数为 bad_pipe_r( ),分别用来返回一个出错代码。读者可能会问,前面在管道的 inode 数据结构中将指针 i_fop 设置成指向 rdwr_pipe_fops,那显然是双向的,这里不是有矛盾吗?其实不然。对于代表着管道两端的两个已打开文件来说,一个只能写而另一个只能读,这是事情的一个方面。可是,另一方面,这两个逻辑上的已打开文件都通向同一个 inode、同一个物理上存在的"文件",即用作管道的缓冲区;显然这个缓冲区应该既支持写又支持读,这才能使数据流通。读者在"文件系统"一章中看到,file 结构中的指针 f_op 一般都来自 inode 结构中的指针 i_fop,都指向同一个 file_operations 结构。而这里,对于管道这么一种特殊的文件,则使管道两端的 file 结构各自指向不同的 file_operations

结构，以此来确保一端只能读而另一端只能写。

管道是一种特殊的文件，它并不属于某种特定的文件系统（如 Ext2），而是自己构成一种独立的文件系统，也有自身的数据结构 pipe_fs_type（见 fs/pipe.c）：

```
632     static DECLARE_FSTYPE(pipe_fs_type, "pipefs", pipefs_read_super,
633         FS_NOMOUNT|FS_SINGLE);
```

系统在初始化时通过 kern_mount( ) 安装这个特殊的文件系统，并让一个指针 pipe_mnt 指向安装时的 vfsmount 数据结构：

```
467     static struct vfsmount *pipe_mnt;
```

现在，代表着管道两端的两个文件既然都属于这个文件系统，它们各自的 file 结构中的指针 f_vfsmnt 就要指向安装该文件系统的 vfsmount 数据结构，而这个数据结构也就多了两个使用者，所以要调用 mntget( ) 两次（见 552 行），使其使用计数加 2。

最后，do_pipe( ) 中的 568 行和 569 行把两个已打开文件结构跟分配得的打开文件号挂起钩来（注意，打开文件号只在一个进程的范围内有效）；并且将两个打开文件号填入数组 fd[ ] 中，使得 fd[0] 为管道读出端的打开文件号，而 fd[1] 为写入端的打开文件号。这个数组随后在 sys_pipe( ) 中被复制到当前进程的用户空间。

显然，管道的两端在创建之初都在同一进程中，这样是起不到进程间通信的作用的。那么，怎样才能将管道用于进程间通信呢？下面就是一个典型的过程。

(1) 进程 A 创建一个管道，创建完成时代表管道两端的两个已打开文件都在进程 A 中。示意图如图 6.1。

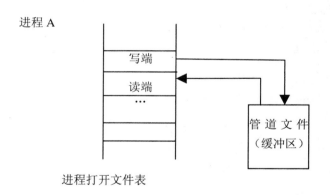

图 6.1　父进程创建管道

(2) 进程 A 通过 fork( ) 创建出进程 B，在 fork( ) 的过程中进程 A 的打开文件表按原样复制到进程 B 中。见图 6.2。

(3) 进程 A 关闭管道的读端，而进程 B 关闭管道的写端。于是，管道的写端在进程 A 中而读端在进程 B 中，成为父子进程之间的通信管道，见图 6.3。

(4) 进程 A 又通过 fork( ) 创建进程 C，然后关闭其管道写端而与管道脱离关系，使得管道的写端在进程 C 中而读端在进程 B 中，成为两个兄弟进程之间的管道，如图 6.4。

(5) 进程 C 和进程 B 各自通过 exec( )执行各自的目标程序，并通过管道进行单向通信。

如果考虑一个使用管道的 shell 命令行：

"ls -l │ wc -l"

则上面的进程 A 相当于 shell，进程 B 执行"wc -l"，而进程 C 执行"ls -l"。不过，在进程 C 中要将"标准输出通道"stdout 重定向到管道的写端，而在进程 B 中则要将"标准输入通道"stdin 重定向到管道的读端。

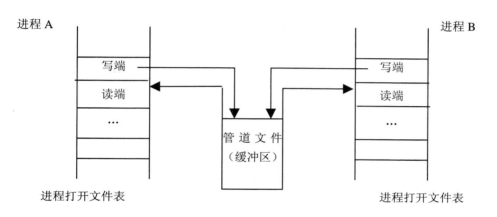

图 6.2　父子进程共享管道

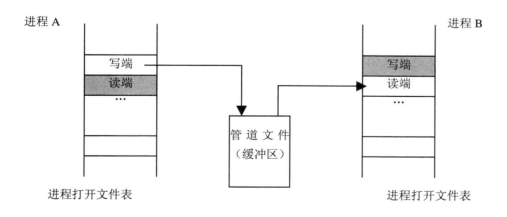

图 6.3　父子进程通过管道单向通讯

· 697 ·

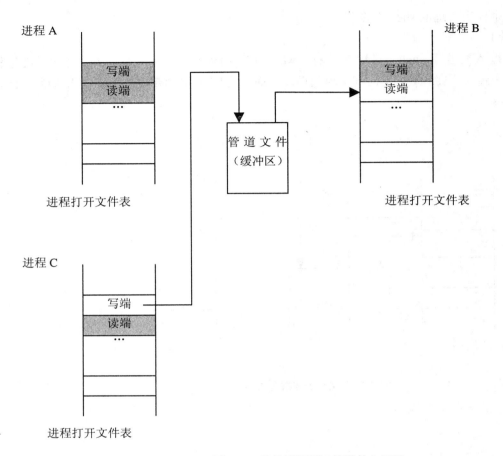

图 6.4 兄弟进程通过管道单向通讯

下面我们看一个实例：

```
#include <stdio.h>

int main( )
{
    int child_B, child_C;
    int pipefds[2];   /* pipefds[0] for read, pipefds[1] for write */
    char *args1[ ] = {"/bin/wc", NULL};
    char *args2[ ] = {"/usr/bin/ls", "-l", NULL};

    /* process A */
    pipe(pipefds); /* create a pipe */

    if (!(child_B = fork( )))  /* fork process B */
    {
        /**** Process B ****/
```

```
        close(pipefds[1]);    /* close the write end */
        /* redirect stdin */
        close(0);
        dup2(pipefds[0], 0);
        close(pipefds[0]);
        /* exec the target */
        execve("/usr/bin/wc", args1, NULL);   /* no return if success */
        printf("pid %d: I am back, something is wrong!\n", getpid( ));
    }
    /* process A continues */
    close(pipefds[0]);  /* close the read end */
    if (!(child_C = fork( )))   /* fork process C */
    {
        /**** process C ****/
        /* redirect stdout */
        close(1);
        dup2(pipefds[1], 1);
        close(pipefds[1]);
        /* exec the target */
        execve("/bin/ls", args2, NULL);    /* no return if success */
        printf("pid %d: I am back, something is wrong!\n", getpid( ));
    }

    /* process A continues */
    close(pipefds[1]);   /* close the write end */
    wait4(child_B, NULL, 0, NULL);    /* wait for process B to finish */
    printf("Done!\n");

    return 0;
}
```

程序中调用的 dup2( ) 是一个系统调用，它将一个已打开文件的 file 结构指针复制到由指定的打开文件号所对应的通道。在进程 B 中，先把打开文件号 0（即标准输入）关闭，然后把管道的读端复制到文件号 0 所对应的通道，这就完成了对标准输入的重定向。但是原先的管道读端既然已经复制就没有用处了，所以也将其关闭。进程 C 的重定向与此相似，只不过所重定向的是标准输出。除此之外，就与前面所述的过程完全一样了。

从进程间通信的角度来说，这种标准输入和标准输出的重定向并非必须，直接使用管道原先的写端和读端也能在进程之向传递数据。但是，应该承认这种将标准输入/输出重定向与管道结合使用的办法是非常巧妙的，不这样就难以达到将可执行程序在启动执行时动态地加以组合的灵活性。另一方面，一旦将标准输入和标准输出分别重定向到管道的读端和写端以后，两个进程就都像对普通文件一样地读/写。事实上，它们并不知道自己在读/写的到底是一个文件，一个设备，还是一个管道？

但是，我们知道当读一个文件到达末尾的时候会碰到 EOF，从而知道已经读完了，可是当从管道中读时应该读到什么时候为止呢？下面读者将会看到，向管道写入的进程在完成其"使命"以后就会关闭管道的写端，一旦管道没有了写端就相当于到达了文件的末尾。

从管道所传递数据的角度看，两端的两个进程之间是一种典型的生产者/消费者关系。一旦生产者停止了生产并关闭了管道的写入端，消费者就没有东西可消费了，这时候就到了文件（管道）的末尾。在典型的情况下，生产者总是在完成了使命，调用 exit( ) 之前关闭其所有的已打开文件，包括管道，而消费者则总是在得知已经到达了输入文件末尾时才调用 exit( )，所以一般总是生产者调用 exit( ) 在前，消费者调用 exit( ) 在后。但是，在特殊的条件下，也会有消费者 exit( ) 在前的情况发生（例如消费者进程发生了非法越界访问），而使得管道的读端关闭在前。在这种情况下内核会向生产者进程发出一个 SIGPIPE 信号，表示管道已经"断裂"，而生产者进程在接收到这种信号时通常就会调用 exit( )。

下面，我们进一步看看对管道的关闭以及读、写操作的源代码，以加深对管道机制的了解和理解。

先看管道的关闭。当一个进程通过系统调用 close( ) 关闭代表着管道一端的已打开文件时，在内核中经由如下的执行路线而到达 fput( )：

    sys_close ( ) > filp_close( ) > fput( )

关于这条执行路线的详情可参阅"文件系统"一章。每当对一个已打开文件执行"关闭"操作时，在 fput( ) 中将相应 file 数据结构中的共享计数减 1。如果减 1 以后该共享计数变成了 0，就进而通过具体文件系统提供的 release 操作，释放对 dentry 数据结构的使用，并释放 file 数据结构。

在最初打开一个文件时，内核为之分配一个 file 数据结构，并将共享计数设置成 1。那么，在什么情况下这个共享计数会变成大于 1，从而使得在一次调用 fput( ) 后共享计数不变成 0 呢？

第一种情况是在 fork( ) 一个进程的时候，读者在第 4 章已经看到过在 do_fork( ) 中要调用一个函数 copy_files( )；里面有个 for 循环，对所有已打开文件的 file 结构调用 get_file( ) 递增其共享计数。所以，在 fork( ) 出来一个子进程以后，若父进程先关闭一个已打开文件，便只会使其共享计数减 1，而并不会使计数到达 0，因而也就不会最终地关闭文件。

第二种情况是通过系统调用 dup( ) 或 dup2( ) "复制" 一个打开文件号。这与将同一个文件再打开一次是不同的，它只是使一个已经存在的 file 数据结构和本进程的另一个打开文件号建立联系而已。因此，前面所举的例子中将标准输入重定向到一个管道时，先是 dup2( ) 然后 close( )，并不会使其 file 结构中的共享计数变成 0。

也就是说，只有在一个 file 结构的最后一个"用户"通向该结构的最后一条通路也被关闭时，才会调用具体文件系统提供的 release 操作并最终释放 file 数据结构。

函数 fput( ) 所处理的对象是与所关闭的文件相联系的 dentry 等数据结构。在 do_pipe( ) 的代码中，我们已经看到管道两端的文件操作结构（file_operations 结构）被分别设置成 read_pipe_fops 和 write_pipe_fops。两个数据结构中对应于 release 的函数指针分别为 pipe_read_release 和 pipe_write_release。所以，在 fput( ) 采用这些指针来调用相应的函数时就会执行 pipe_read_release( ) 或 pipe_write_release( )。这两个函数都是通向 pipe_release( ) 的"中转站"，或者说是 pipe_release( ) 的"外层"，继续沿着 pipe.c 往下看：

[sys_close ( ) > filp_close( ) > fput( ) > pipe_read_release( )]

```
321     static int
322     pipe_read_release(struct inode *inode, struct file *filp)
323     {
324         return pipe_release(inode, 1, 0);
325     }
326
327     static int
328     pipe_write_release(struct inode *inode, struct file *filp)
```

```
329      {
330          return pipe_release(inode, 0, 1);
331      }
```

其主体为函数 pipe_release( )，源代码在 pipe.c 中。

结合这两个函数以及前面所列的 pipe_fs_i.h 中的一些宏定义，pipe_release( )的代码就不难读懂了。

[sys_close( ) > filp_close( ) > fput( ) > pipe_read_release( ) > pipe_release( )]

```
302      static int
303      pipe_release(struct inode *inode, int decr, int decw)
304      {
305          down(PIPE_SEM(*inode));
306          PIPE_READERS(*inode) -= decr;
307          PIPE_WRITERS(*inode) -= decw;
308          if (!PIPE_READERS(*inode) && !PIPE_WRITERS(*inode)) {
309              struct pipe_inode_info *info = inode->i_pipe;
310              inode->i_pipe = NULL;
311              free_page((unsigned long) info->base);
312              kfree(info);
313          } else {
314              wake_up_interruptible(PIPE_WAIT(*inode));
315          }
316          up(PIPE_SEM(*inode));
317
318          return 0;
319      }
```

就像在 file 结构中有共享计数一样，在由 inode->i_pipe 所指向的 pipe_inode_info 结构中也有共享计数，而且有两个，一个是 readers，一个是 writers。这两个共享计数在创建管道时在 get_pipe_inode( ) 中都被设置成 1（见 pipe.c: get_pipe_inode( )中的 485 行）。然后，当关闭管道的读端时，pipe_read_release( ) 调用 pipe_release( )，使共享计数 readers 减 1；而关闭管道的写端时则使 writers 减 1。当二者都减到了 0 时，整个管道就完成了使命，此时应将用作缓冲区的存储页面以及 pipe_inode_info 数据结构释放。在常规的文件操作中，文件的 inode 存在于磁盘（或其他介质）上，所以在最后关闭时要将内存中的 inode 数据结构写回到磁盘上。但是，管道并不是常规意义上的文件，磁盘上并没有相应的索引节点，所以最后只是将分配的 inode 数据结构（以及 dentry 结构）释放了事，而并没有什么磁盘操作。这一点从用于管道的 inode 数据结构中的 inode_operations 结构指针为 0 可以看出。

再看管道的读操作。在典型的应用中，管道的读端总是处于一个循环中，通过系统调用 read( )从管道中读，读了就处理，处理完又读。对管道的读操作，在内核中经过 sys_read( )和数据结构 read_pipe_fops 中的函数指针而到达 pipe_read( )。这个函数的代码在 pipe.c 中，让我们逐段地往下看：

[sys_read( ) > pipe_read( )]

```
38       static ssize_t
39       pipe_read(struct file *filp, char *buf, size_t count, loff_t *ppos)
```

```
40      {
41          struct inode *inode = filp->f_dentry->d_inode;
42          ssize_t size, read, ret;
43
44          /* Seeks are not allowed on pipes.  */
45          ret = -ESPIPE;
46          read = 0;
47          if (ppos != &filp->f_pos)
48              goto out_nolock;
49
```

这里 44 行的注解说 seek 操作在管道上是不允许的，这当然是对的，事实上函数 pipe_lseek( ) 只是返回一个出错代码。注意 47 行的检验所针对的只是参数 ppos，那是个指针，必须指向 filp->f_pos 本身。沿着 pipe.c 再往下看：

[sys_read( ) > pipe_read( )]

```
50          /* Always return 0 on null read.  */
51          ret = 0;
52          if (count == 0)
53              goto out_nolock;
54
55          /* Get the pipe semaphore */
56          ret = -ERESTARTSYS;
57          if (down_interruptible(PIPE_SEM(*inode)))
58              goto out_nolock;
59
60          if (PIPE_EMPTY(*inode)) {
61      do_more_read:
62              ret = 0;
63              if (!PIPE_WRITERS(*inode))
64                  goto out;
65
66              ret = -EAGAIN;
67              if (filp->f_flags & O_NONBLOCK)
68                  goto out;
69
70              for (;;) {
71                  PIPE_WAITING_READERS(*inode)++;
72                  pipe_wait(inode);
73                  PIPE_WAITING_READERS(*inode)--;
74                  ret = -ERESTARTSYS;
75                  if (signal_pending(current))
76                      goto out;
77                  ret = 0;
78                  if (!PIPE_EMPTY(*inode))
79                      break;
```

```
80                    if (!PIPE_WRITERS(*inode))
81                        goto out;
82                }
83            }
84
```

如果读的时候管道里已经有数据在缓冲区中，这一段程序就被跳过了。可是，如果管道缓冲区中没有数据，那一般就要睡眠等待了，但是有两种例外的情况。第一种情况是管道的 writers 计数已经为 0，也就是说已经没有"生产者"会向管道中写了，这时候当然不能再等待。第二种情况是管道创建时设置了标志位 O_NOBLOCK，表示在读不到东西时，当前进程不应被"阻塞"（也就是在睡眠中等待），而要立即返回。只要不属于这两种特殊情况，那就要通过 pipe_wait( ) 在睡眠中等待了。函数 pipe_wait( ) 的代码也在同一文件 pipe.c 中：

[sys_read( ) > pipe_read( ) > pipe_wait( )]

```
25        /* Drop the inode semaphore and wait for a pipe event, atomically */
26        void pipe_wait(struct inode * inode)
27        {
28            DECLARE_WAITQUEUE(wait, current);
29            current->state = TASK_INTERRUPTIBLE;
30            add_wait_queue(PIPE_WAIT(*inode), &wait);
31            up(PIPE_SEM(*inode));
32            schedule( );
33            remove_wait_queue(PIPE_WAIT(*inode), &wait);
34            current->state = TASK_RUNNING;
35            down(PIPE_SEM(*inode));
36        }
```

有关信号量和等待队列的使用以及进程调度请参看第 4 章。注意，与这里的 up( ) 操作配对的 down_interruptible( )，是在 pipe_read( ) 代码中的 57 行，一个在 for 循环外面，一个在 for 循环里面。实际上，pipe_read( ) 中的临界区是从 57 行至 127 行（见下面的代码），但是睡眠时必须要退出临界区，而到被唤醒后再进入临界区。为什么要把 pipe_wait( ) 放在一个循环中呢？这是因为睡眠中的进程被唤醒的原因不一定就是有进程往管道中写，也可能是收到了信号。而且，即使是因为有进程往管道中写而唤醒，也不能保证每个被唤醒的进程都能读到数据，因为等待着从管道中读数据的进程可能不止一个。因此，要将睡眠等待的过程放在一个循环中，并且在唤醒以后还要再检验所等待的条件是否得到满足，以及是否发生了例外的情况。对于在生产者/消费者模型中消费者一方的等待过程，这是一种典型的设计。在正常的情况下，这个循环一般都是因为管道中有了数据而结束（见 78 和 79 行），于是具体从管道中读取数据的操作就开始了（pipe.c）：

[sys_read( ) > pipe_read( )]

```
85            /* Read what data is available. */
86            ret = -EFAULT;
87            while (count > 0 && (size = PIPE_LEN(*inode))) {
```

```
 88             char *pipebuf = PIPE_BASE(*inode) + PIPE_START(*inode);
 89             ssize_t chars = PIPE_MAX_RCHUNK(*inode);
 90
 91             if (chars > count)
 92                 chars = count;
 93             if (chars > size)
 94                 chars = size;
 95
 96             if (copy_to_user(buf, pipebuf, chars))
 97                 goto out;
 98
 99             read += chars;
100             PIPE_START(*inode) += chars;
101             PIPE_START(*inode) &= (PIPE_SIZE - 1);
102             PIPE_LEN(*inode) -= chars;
103             count -= chars;
104             buf += chars;
105         }
106
107         /* Cache behaviour optimization */
108         if (!PIPE_LEN(*inode))
109             PIPE_START(*inode) = 0;
110
111     if (count && PIPE_WAITING_WRITERS(*inode) && !(filp->f_flags & O_NONBLOCK)) {
112             /*
113              * We know that we are going to sleep: signal
114              * writers synchronously that there is more
115              * room.
116              */
117             wake_up_interruptible_sync(PIPE_WAIT(*inode));
118             if (!PIPE_EMPTY(*inode))
119                 BUG();
120             goto do_more_read;
121         }
122         /* Signal writers asynchronously that there is more room. */
123         wake_up_interruptible(PIPE_WAIT(*inode));
124
125         ret = read;
126 out:
127         up(PIPE_SEM(*inode));
128 out_nolock:
129         if (read)
130             ret = read;
131         return ret;
132 }
```

每个管道只有一个页面用作缓冲区，该页面是按环形缓冲区的方式来使用的。就是说，每当读/写到了页面的末端就又要回到页面的始端（见图 6.5），这样，管道中的数据就有可能要分两段读出，所以要由一个循环来完成。

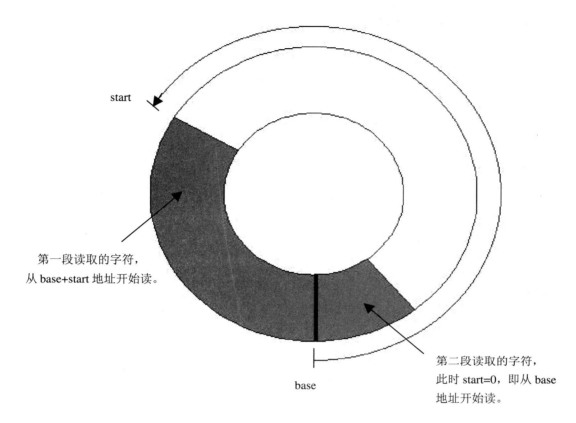

图 6.5　管道的环形缓冲区示意图

结合本节前面所列的宏定义，这段代码应该是不难理解的。循环结束以后的情况有以下几种可能：
(1) 读到了所要求的长度，所以 count 减到了 0，同时管道中的数据也正好读完了，所以管道中的数据长度变成了 0。此时函数的返回值为所要求的长度。
(2) 管道中的数据已经读完，但还没有达到所要求的长度，函数返回实际读出的长度。
(3) 读到了所要求的长度，但管道中的数据还有剩余，此时函数也是返回所要求的长度。

在前两种情况下，管道中的数据都已读完，但指示着下一次读/写的起始点 start，在不同的条件下有可能在页面中的任何位置上。可是，既然管道中已经空了，那就不如把起始点 start 设置到页面的开头，这样可以减少下一次读/写必须分成两段进行的可能性，这就是 108 行和 109 行所作优化的目的。

由于管道的缓冲区只限于一个页面，当"生产者"进程有大量数据要写时，每当写满了一个页面（分一段或两段）就得停下来睡眠等待，等到消费者进程从管道中读走了一些数据而腾出一些空间时才能继续。所以，"消费者"进程在读出了一些数据以后要唤醒可能正在睡眠中的"生产者"进程。最后，只要读出的长度不为 0，就要更新 inode 的受访问时间印记。

所有这些操作，包括从管道中读出，复制到用户空间，更新 inode 的受访问时间印记等等，都是不能容许其他进程打扰的，所以都是放在临界区中进行。而 57 行处的 down_interruptible( )和 127 行处的 up( )正是界定了这样一个临界区。

与读操作相似，对管道的写操作也是在 sys_write( )中通过 file 结构中的指针 f_op 找到 file_operations

数据结构 write_pipe_fops，再通过其函数指针 write 调用 pipe_write( )。这个函数也是在 pipe.c 中定义的，我们还是逐段来解读：

[sys_write( ) > pipe_write( )]

```
134     static ssize_t
135     pipe_write(struct file *filp, const char *buf, size_t count, loff_t *ppos)
136     {
137         struct inode *inode = filp->f_dentry->d_inode;
138         ssize_t free, written, ret;
139
140         /* Seeks are not allowed on pipes. */
141         ret = -ESPIPE;
142         written = 0;
143         if (ppos != &filp->f_pos)
144             goto out_nolock;
145
146         /* Null write succeeds. */
147         ret = 0;
148         if (count == 0)
149             goto out_nolock;
150
```

显然，这一段与 pipe_read( ) 的开头一段完全相同。继续往下读：

```
151         ret = -ERESTARTSYS;
152         if (down_interruptible(PIPE_SEM(*inode)))
153             goto out_nolock;
154
155         /* No readers yields SIGPIPE. */
156         if (!PIPE_READERS(*inode))
157             goto sigpipe;
158
159         /* If count <= PIPE_BUF, we have to make it atomic. */
160         free = (count <= PIPE_BUF ? count : 1);
161
162         /* Wait, or check for, available space. */
163         if (filp->f_flags & O_NONBLOCK) {
164             ret = -EAGAIN;
165             if (PIPE_FREE(*inode) < free)
166                 goto out;
167         } else {
168             while (PIPE_FREE(*inode) < free) {
169                 PIPE_WAITING_WRITERS(*inode)++;
170                 pipe_wait(inode);
171                 PIPE_WAITING_WRITERS(*inode)--;
172                 ret = -ERESTARTSYS;
```

```
173                if (signal_pending(current))
174                    goto out;
175
176                if (!PIPE_READERS(*inode))
177                    goto sigpipe;
178            }
179        }
180
```

如果管道的读端已经全部关闭，那就表示已经没有"消费者"了。既然没有了"消费者"，那么"生产者"的存在以及继续"生产"就都失去了意义；所以此时转到标号 sigpipe 处，向当前进程发送一个 SIGPIPE 信号，表示管道已经"断裂"：

```
240    sigpipe:
241        if (written)
242            goto out;
243        up(PIPE_SEM(*inode));
244        send_sig(SIGPIPE, current, 0);
245        return -EPIPE;
```

一般而言，进程在接收到 SIGPIPE 信号时会调用 do_exit( ) 来结束其生命。读者也许注意到，这里其实是当前进程自己向自己发 SIGPIPE 信号。那么为何不直接调用 do_exit( ) 呢？这里有两方面的考虑：一方面是使程序的结构更好，更整齐划一；另一方面也为进程通过信号机制来改变其在接收到 SIGPIPE 信号时的行为提供了更多的灵活性甚至可能性。

160 行中的常数 PIPE_BUF 在 include/linux/limits.h 中定义为 4096。当要求写入的长度不超过这个数值时，内核保证写入操作的"原子性"，也就是说，一定要到管道缓冲区中足够容纳这块数据时才开始写。如果超过这个数值，就不保证其"原子性"了，这时候有多大空间就写多少字节，有一个字节的空间就写一个字节，余下的等"消费者"读走一些字节以后再继续写。这就是第 160 行将变量 free 设置成 count 或者 1 的意义。注意变量 free 表示开始写入前缓冲区中至少要有这么多个空闲的字节，否则就要睡眠等待；所以只是在决定等待与否时使用，而一旦开始写入就不再使用了。读者可以对照前面 pipe_read( ) 中的代码自行阅读这里的 162～179 行，应该不会有困难。

一旦"生产者"进程在等待中被"消费者"进程唤醒，并且缓冲区中有了足够的空间，或者一开始时缓冲区中就有足够的空间，具体的写入操作就开始了（见 pipe.c）：

[sys_write( ) > pipe_write( )]

```
181        /* Copy into available space. */
182        ret = -EFAULT;
183        while (count > 0) {
184            int space;
185            char *pipebuf = PIPE_BASE(*inode) + PIPE_END(*inode);
186            ssize_t chars = PIPE_MAX_WCHUNK(*inode);
187
188            if ((space = PIPE_FREE(*inode)) != 0) {
```

```
189                    if (chars > count)
190                        chars = count;
191                    if (chars > space)
192                        chars = space;
193
194                    if (copy_from_user(pipebuf, buf, chars))
195                        goto out;
196
197                    written += chars;
198                    PIPE_LEN(*inode) += chars;
199                    count -= chars;
200                    buf += chars;
201                    space = PIPE_FREE(*inode);
202                    continue;
203                }
204
205                ret = written;
206                if (filp->f_flags & O_NONBLOCK)
207                    break;
208
209                do {
210                    /*
211                     * Synchronous wake-up: it knows that this process
212                     * is going to give up this CPU, so it doesnt have
213                     * to do idle reschedules.
214                     */
215                    wake_up_interruptible_sync(PIPE_WAIT(*inode));
216                    PIPE_WAITING_WRITERS(*inode)++;
217                    pipe_wait(inode);
218                    PIPE_WAITING_WRITERS(*inode)--;
219                    if (signal_pending(current))
220                        goto out;
221                    if (!PIPE_READERS(*inode))
222                        goto sigpipe;
223                } while (!PIPE_FREE(*inode));
224                ret = -EFAULT;
225            }
226
227            /* Signal readers asynchronously that there is more data. */
228            wake_up_interruptible(PIPE_WAIT(*inode));
229
230            inode->i_ctime = inode->i_mtime = CURRENT_TIME;
231            mark_inode_dirty(inode);
232
233        out:
234            up(PIPE_SEM(*inode));
235        out_nolock:
236            if (written)
```

```
237                    ret = written;
238                    return ret;
       ......
246           }
```

首先，对照 pipe_read( )中分两段读的情况，即使要求写入的长度小于 PIPE_BUF 时，也可能会要分两段来写，所以整个写入的过程也放在一个 while 循环中。另外，要求写入的长度大于 PIPE_BUF 时，还要分成几次来写，也就是先写入若干字节，然后睡眠等待"消费者"从缓冲区中读走一些字节而创造出一些空间，再继续写。这就是为什么要有 209~223 行的 do_while 循环的原因。这个循环与前面的睡眠等待循环略有不同，这就是当进程被唤醒时，只检验缓冲区中是否有空间，而不问空间多大。为什么呢？因为此时的宗旨是有一个字节的空间就写一个字节，而既然"消费者"进程已经读走了若干字节，那么至少已经有一个字节的空间，可以进入 while 循环体的下一次循环了。对照 pipe_read( )的代码，读者应该可以读懂上面这段代码而不会有太大的困难，我们把它留给读者作练习。建议读者假设几种不同的数据长度来走过这段程序，并且在纸上记下几种不同情况下的执行路线。阅读时要注意 202 行的 continue 语句，当要求写入的数据长度不大于 PIPE_BUF 但需要分两段（不是两次）写入时，它使执行路线跳过后面的 do_while 循环。同时，还要注意 185 行中的宏定义 PIPE_END( )，它使写入的位置 pipe buf 回到页面的起点。

这样，在典型的情景下，"生产者"和"消费者"之间互相等待，互相唤醒，协调地向前发展，也就是说：

- 对"生产者"而言，缓冲区中有空间就往里写，并且唤醒可能正在等待着要从缓冲区中读数据的"消费者"；没有空间就睡眠，等待"消费者"从缓冲区读走数据而腾出空间。
- 对"消费者"而言，缓冲区中有数据就读出，然后唤醒可能正在等待着要往缓冲区写的"生产者"。如没有数据就睡眠，等待"生产者"往缓冲区中写数据。

一句话，管道两端的进程通过管道所形成的是典型的"生产者/消费者"关系和运行模式。

6.3 命名管道

应该说，前一节中的"管道"机制是一项重要的发明，它为 Unix 操作系统所带来的变化是革命性的，甚至可以说，没有管道就没有当初"Unix 环境"的形成。但是，人们也认识到，管道机制也存在着一些缺点和不足。由于管道是一种"无名"、"无形"的文件，它就只能通过 fork( )的过程创建于"近亲"的进程之间，而不可能成为可以在任意两个进程之间建立通信的机制，更不可能成为一种一般的、通用的进程间通信模型。同时，管道机制的这种缺点本身就强烈地暗示着人们，只要用"有名"、"有形"的文件来实现管道，就能克服这种缺点。这里所谓"有名"是指这样一个文件应该有个文件名，使得任何进程都可以通过文件名或路径名与这个文件挂上钩；所谓"有形"是指文件的 inode 应该存在于磁盘或其他文件系统介质上，使得任何进程在任何时间（而不仅仅是在 fork( )时）都可以建立（或断开）与这个文件之间的联系。所以，有了管道以后，"命名管道"的出现就是必然的了。

为了实现"命名管道"，在"普通文件"、"块设备文件"、"字符设备文件"之外，又设立了一种文件类型，称为 FIFO 文件（"先进先出"文件）。对这种文件的访问严格遵循"先进先出"的原则，而不允许有在文件内移动读写指针位置的 lseek( )操作。这样一来，就可以像在磁盘上建立一个文件一样地建立一个命名管道，具体可以使用命令 mknod 来建立。例如：

```
               % mknod    mypipe    p
```

这里的参数"p"表示所建立的节点（也即特殊文件）的类型为命名管道。当然，也可以在程序中通过系统调用 mknod( ) 来达到同样的目的，只不过此时在调用参数 mode 中要设置一个标志位 S_IFIFO，表示要创建的是一个 FIFO 文件。

建立了这样的节点以后，有关的进程就可以像打开一个文件一样地来"打开"与这个命名管道的联系。对 FIFO 文件上的操作由下列几个 file_operations 数据结构确定，这些代码都在 pipe.c 中。

```
378     /*
379      * The file_operations structs are not static because they
380      * are also used in linux/fs/fifo.c to do operations on FIFOs.
381      */
382     struct file_operations read_fifo_fops = {
383         llseek:     pipe_lseek,
384         read:       pipe_read,
385         write:      bad_pipe_w,
386         poll:       fifo_poll,
387         ioctl:      pipe_ioctl,
388         open:       pipe_read_open,
389         release:    pipe_read_release,
390     };
391
392     struct file_operations write_fifo_fops = {
393         llseek:     pipe_lseek,
394         read:       bad_pipe_r,
395         write:      pipe_write,
396         poll:       fifo_poll,
397         ioctl:      pipe_ioctl,
398         open:       pipe_write_open,
399         release:    pipe_write_release,
400     };
401
402     struct file_operations rdwr_fifo_fops = {
403         llseek:     pipe_lseek,
404         read:       pipe_read,
405         write:      pipe_write,
406         poll:       fifo_poll,
407         ioctl:      pipe_ioctl,
408         open:       pipe_rdwr_open,
409         release:    pipe_rdwr_release,
410     };
```

对照一下用于普通管道的数据结构 read_pipe_fops，write_pipe_fops 以及 rdwr_pipe_fops（见上节），就可以看出它们几乎是完全一样的。fifo_poll( ) 和 pipe_poll( ) 都用于 select( ) 系统调用，与通信机制本身并无多大关系，我们在这里并不关心。所不同的只是，对于普通管道虽然也定义了相当于 open( ) 的操作 pipe_read_open( )，pipe_write_open( ) 和 pipe_rdwr_open( )，但是这些函数实际上在典型的应用中是不使用的。如前节所述，普通管道是通过 do_pipe( ) 建立，通过 fork( ) 的过程伸展到两个进程之间的。对于父进程，在系统调用 pipe( ) 以后就已打开，而对于子进程则是与生俱来的，所以都不再需要再来打开。而命名管道就不同了，参加通信的进程确实要通过调用这些函数来"打开"通向已经建立在文件系统中的 FIFO 文件的通道。

既然主要的不同之处仅在于"打开"的过程，我们就来看看，一个进程是怎样通过 open( ) 系统调用来建立与一个已经创建的 FIFO 文件之间的联系的。读者在"文件系统"一章中看到，进程在内核中由 sys_open( ) 进入 filp_open( )，然后在 open_namei( ) 中调用一个函数 path_walk( )，根据文件的路径名在文件系统中找到代表这个文件的 inode。在将磁盘上的 inode 读入内存时，要根据文件的类型（FIFO 文件的 S_IFIFO 标志位为 1），将 inode 中的 i_op 指针和 i_fop 指针设置成指向相应的 inode_operations 数据结构和 file_operations 数据结构，但是对于像 FIFO 这样的特殊文件则调用 init_special_inode( ) 来加以初始化。这段代码在 ext2_read_inode( ) 中（fs/ext2/inode.c）：

[sys_open( ) > filp_open( ) > open_namei( ) > path_walk( ) > real_lookup( ) > ext2_lookup( )
 > iget( ) > get_new_inode( ) > ext2_read_inode( )]

```
1059            if (inode->i_ino == EXT2_ACL_IDX_INO ||
1060                inode->i_ino == EXT2_ACL_DATA_INO)
1061                /* Nothing to do */ ;
1062            else if (S_ISREG(inode->i_mode)) {
1063                inode->i_op = &ext2_file_inode_operations;
1064                inode->i_fop = &ext2_file_operations;
1065                inode->i_mapping->a_ops = &ext2_aops;
1066            } else if (S_ISDIR(inode->i_mode)) {
1067                inode->i_op = &ext2_dir_inode_operations;
1068                inode->i_fop = &ext2_dir_operations;
1069            } else if (S_ISLNK(inode->i_mode)) {
1070                if (!inode->i_blocks)
1071                    inode->i_op = &ext2_fast_symlink_inode_operations;
1072                else {
1073                    inode->i_op = &page_symlink_inode_operations;
1074                    inode->i_mapping->a_ops = &ext2_aops;
1075                }
1076            } else
1077                init_special_inode(inode, inode->i_mode,
1078                        le32_to_cpu(raw_inode->i_block[0]));
```

可见，只要文件的类型不是 ACL 索引或数据（均用于访问权限控制），不是普通文件，不是目录，不是符号连接，就属于特殊文件，就要通过 init_special_inode( ) 来初始化其 inode 结构（fs/devices.c）。

[sys_open( ) > filp_open( ) > open_namei( ) > path_walk( ) > real_lookup( ) > ext2_lookup( )
 > iget( ) > get_new_inode( ) > ext2_read_inode( ) > init_special_inode( )]

```
200     void init_special_inode(struct inode *inode, umode_t mode, int rdev)
201     {
202         inode->i_mode = mode;
```

```
203        if (S_ISCHR(mode)) {
204            inode->i_fop = &def_chr_fops;
205            inode->i_rdev = to_kdev_t(rdev);
206        } else if (S_ISBLK(mode)) {
207            inode->i_fop = &def_blk_fops;
208            inode->i_rdev = to_kdev_t(rdev);
209            inode->i_bdev = bdget(rdev);
210        } else if (S_ISFIFO(mode))
211            inode->i_fop = &def_fifo_fops;
212        else if (S_ISSOCK(mode))
213            inode->i_fop = &bad_sock_fops;
214        else
215            printk(KERN_DEBUG "init_special_inode: bogus imode (%o)\n", mode);
216    }
```

显然，对于 FIFO 文件，其 inode 结构中的 inode_operations 结构指针 i_op 为 0（代码中并未设置），而 file_operations 结构指针 i_fop 则指向 def_fifo_fops，定义于 fs/fifo.c：

```
150    /*
151     * Dummy default file-operations: the only thing this does
152     * is contain the open that then fills in the correct operations
153     * depending on the access mode of the file...
154     */
155    struct file_operations def_fifo_fops = {
156        open:           fifo_open,   /* will set read or write pipe_fops */
157    };
```

与前一节中 pipe 文件的 inode 结构作一比较，就可以看出对于 pipe 文件的 inode 结构并没有走过这么一个过程，与 init_special_inode( ) 也毫无关系。这是因为 pipe 文件的 inode 结构不是通过 ext2_read_inode( ) 从磁盘上读入，而是临时生成出来的（因而是无名、无形的）。

随后，在 dentry_open( ) 中将 inode 结构中的这个 file_operations 结构指针复制到 file 数据结构中。这样，对于命名管道，在打开文件时经由数据结构 def_fifo_fops，就可以得到函数指针 fifo_open，从而进入函数 fifo_open( )。有关这个过程的详情可参看"文件系统"一章，这里我们关心的是进入了 fifo_open( ) 以后的操作。函数 fifo_open( ) 的代码在 fs/fifo.c 中：

[sys_open( ) > filp_open( ) > dentry_open( ) > fifo_open( )]

```
31    static int fifo_open(struct inode *inode, struct file *filp)
32    {
33        int ret;
34
35        ret = -ERESTARTSYS;
36        lock_kernel( );
37        if (down_interruptible(PIPE_SEM(*inode)))
38            goto err_nolock_nocleanup;
39
```

```
40          if (!inode->i_pipe) {
41              ret = -ENOMEM;
42              if(!pipe_new(inode))
43                  goto err_nocleanup;
44          }
45          filp->f_version = 0;
46
```

首先，当首次打开这个 FIFO 文件的进程来到 fifo_open( )时，该管道的缓冲页面尚未分配，所以在 42 行通过 pipe_new( )分配所需的 pipe_inode_info 数据结构和缓冲页面。以后再来打开同一 FIFO 文件的进程就会跳过这一段。再往下看 fifo.c:

```
47          switch (filp->f_mode) {
48          case 1:
49          /*
50           *  O_RDONLY
51           *  POSIX.1 says that O_NONBLOCK means return with the FIFO
52           *  opened, even when there is no process writing the FIFO.
53           */
54              filp->f_op = &read_fifo_fops;
55              PIPE_RCOUNTER(*inode)++;
56              if (PIPE_READERS(*inode)++ == 0)
57                  wake_up_partner(inode);
58
59              if (!PIPE_WRITERS(*inode)) {
60                  if ((filp->f_flags & O_NONBLOCK)) {
61                      /* suppress POLLHUP until we have
62                       * seen a writer */
63                      filp->f_version = PIPE_WCOUNTER(*inode);
64                  } else
65                  {
66                      wait_for_partner(inode, &PIPE_WCOUNTER(*inode));
67                      if(signal_pending(current))
68                          goto err_rd;
69                  }
70              }
71              break;
72
73          case 2:
74          /*
75           *  O_WRONLY
76           *  POSIX.1 says that O_NONBLOCK means return -1 with
77           *  errno=ENXIO when there is no process reading the FIFO.
78           */
79              ret = -ENXIO;
80              if ((filp->f_flags & O_NONBLOCK) && !PIPE_READERS(*inode))
81                  goto err;
```

```
82
83              filp->f_op = &write_fifo_fops;
84              PIPE_WCOUNTER(*inode)++;
85              if (!PIPE_WRITERS(*inode)++)
86                  wake_up_partner(inode);
87
88              if (!PIPE_READERS(*inode)) {
89                  wait_for_partner(inode, &PIPE_RCOUNTER(*inode));
90                  if (signal_pending(current))
91                      goto err_wr;
92              }
93              break;
94
95          case 3:
96          /*
97           * O_RDWR
98           * POSIX.1 leaves this case "undefined" when O_NONBLOCK is set.
99           * This implementation will NEVER block on a O_RDWR open, since
100          * the process can at least talk to itself.
101          */
102             filp->f_op = &rdwr_fifo_fops;
103
104             PIPE_READERS(*inode)++;
105             PIPE_WRITERS(*inode)++;
106             PIPE_RCOUNTER(*inode)++;
107             PIPE_WCOUNTER(*inode)++;
108             if (PIPE_READERS(*inode) == 1 || PIPE_WRITERS(*inode) == 1)
109                 wake_up_partner(inode);
110             break;
111
112         default:
113             ret = -EINVAL;
114             goto err;
115         }
116
117         /* Ok! */
118         up(PIPE_SEM(*inode));
119         unlock_kernel();
120         return 0;
122     err_rd:
123         if (!--PIPE_READERS(*inode))
124             wake_up_interruptible(PIPE_WAIT(*inode));
125         ret = -ERESTARTSYS;
126         goto err;
127
128     err_wr:
129         if (!--PIPE_WRITERS(*inode))
130             wake_up_interruptible(PIPE_WAIT(*inode));
```

```
131             ret = -ERESTARTSYS;
132             goto err;
133
134     err:
135         if (!PIPE_READERS(*inode) && !PIPE_WRITERS(*inode)) {
136             struct pipe_inode_info *info = inode->i_pipe;
137             inode->i_pipe = NULL;
138             free_page((unsigned long)info->base);
139             kfree(info);
140         }
141
142     err_nocleanup:
143         up(PIPE_SEM(*inode));
144
145     err_nolock_nocleanup:
146         unlock_kernel( );
147         return ret;
148     }
```

FIFO 文件可以按三种不同的模式打开，就是"只读"、"只写"以及"读写"。同时，在系统调用 open( )中还有个参数 flags。如果 flags 中的标志位 O_NONBLOCK 为 1，就表示在打开的过程中即使某些条件得不到满足也不要睡眠等待，而应立即返回。在典型的应用中，像对普通管道一样，一个进程按"只读"模式打开命名管道，成为"消费者"；而另一个进程则按"只写"模式打开命名管道，成为"生产者"。可是，在普通管道的情况下，管道的两端是由同一进程在 do_pipe( )中同时"打开"的，而在命名管道的情况下则管道的两端通常分别由两个进程先后打开，这就有了个"同步"的问题。除此之外，还有个不同，就是普通管道既然是"无名"、"无形"，一般就不会有另一个进程也来"打开"这个管道。而在命名管道的情况下，则任意一个进程都可以通过相同的路径名打开同一个 FIFO 文件。这些因素都使建立命名管道的过程比建立普通管道的过程要复杂一些。

先来看命名管道的读端，也就是按"只读"模式打开一个 FIFO 文件时（case 1）的几种情况：
(1) 如果管道的写端已经打开，那么读端的打开就完成了命名管道的建立过程。在这种情况下，写端的进程，也就是"生产者"进程，一般都是正在睡眠中，等待着命名管道建立过程的完成，所以要将其唤醒。然后，两个进程差不多同时返回到各自的用户空间，尔后就可以通过这命名管道进行通信了。
(2) 如果命名管道的写端尚未打开，而 flags 中的 O_NONBLOCK 标志位为 1，表示不应等待。此时读端虽已打开，但命名管道只是部分地建立了，而 O_NONBLOCK 标志的使用又要求系统调用不加等待立即返回，所以不作等待。不过，这里把读端 file 结构中的 f_version 字段设置成 PIPE_WCOUNTER(*inode)，即对本管道写端的计数。这与通过 pipe_poll( )对命名管道的查询有关，而与读写无关。读者可结合系统调用 select( )（见第 8 章"字符设备驱动"）阅读其代码。
(3) 如果命名管道的写端尚未打开，而 flags 中的 O_NONBLOCK 标志位为 0。在这种情况下，读端的打开只是完成了命名管道建立过程的一半，所以"消费者"进程要通过 wait_for_partner( )进入睡眠，等待某个"生产者"进程来打开命名管道的写端以完成其建立过程。

不管是哪一种情况下，读端 file 结构中的 file_operations 指针 f_op 都指向 read_fifo_fops，为随后的读操作作好了准备。

相应地，命名管道写端的打开（case 2）也有以下几种不同的情况：

(1) 如果命名管道读端已经打开，那么写端的打开就完成了建立命名管道的过程。在这种情况下位于命名管道读端的进程（即"消费者"进程）有可能正在睡眠中等待，所以，如果当前进程是第一次打开该命名管道写端的进程，就要负责将其唤醒（见第85、86行）

(2) 如果命名管道读端尚未打开，而 flags 中的 O_NONBLOCK 标志位为 0。在这种情况下"生产者"进程要睡眠等待至某个"消费者"进程打开该命名管道的读端才能返回。

(3) 如果命名管道的读端尚未打开，而 flags 中的 O_NONBLOCK 标志位为 1。此时对命名管道写端的打开失败，所以要释放已经分配的各种资源而返回－1。

至于对 FIFO 文件的"读写"打开，则相当于由同一个进程同时打开了命名管道的两端，所以不管怎样都不需要等待。但是还有可能已经有某个进程先打开了写端或读端而正在睡眠中等待，所以只要有任何一端是第一次打开，就也唤醒了正在睡眠等待的进程。

命名管道一经建立，以后的读、写以及关闭操作就与普通管道完全相同了。注意虽然 FIFO 文件的 inode 节点在磁盘上，但那只是一个节点，而文件的数据则只存在于内存缓冲页面中，与普通管道一样。

6.4 信号

如前所述，信号（signal，亦称软中断）机制是在软件层次上对中断机制的一种模拟。从概念上说，一个进程接收到一个信号与一个处理器接收到一个中断请求是一样的。而一个进程可以向另一个（或另一组）进程发送信号，也跟在多处理器系统中一个处理器可以向其他处理器发出中断请求一样。当然，对一个处理器的中断请求并不一定来自其他处理器，也可以是来自各种中断源，甚至来自处理器本身。相应地，信号也不一定都来自其他进程，也可以来自不同的来源，还可以来自本进程的执行。更重要的是，二者都是"异步"的。处理器在执行一段程序时并不需要停下来等待中断的发生，也不知道中断会在何时发生。信号也是一样，一个进程并不需要通过一个什么操作来等待信号的到达，也不知道什么时候会有信号到达。

事实上，在所有的进程间通讯机制中只有信号是异步的。二者之间的这种相似和类比不仅仅是概念上的，也体现在它们的实现上。就像在中断机制中有一个"中断向量表"一样，在每个进程的 task_struct 结构中都有个指针 sig，指向一个 signal_struct 结构，这个结构就不妨称为"信号向量表"。在中断机制中，对每种中断请求都可以加以屏蔽而不让处理器对之作出响应，在信号机制中也有类似的手段。当然，由于中断机制是通过硬件和软件的结合来实现的，而信号则纯粹由软件实现，所以在具体的细节上必然有所不同。但是如果将二者对照起来看，就可以看出信号机制中的有些数据结构和算法实际上就是对中断机制中一些硬件特征的模拟。同时，正是由于二者间的相似，在中断处理中可能碰到的问题和经验一般也适用于信号机制。例如，嵌套中断往往会给程序设计带来一些困难，而嵌套信号也会带来类似的问题。正因为这样，读者在阅读本节时不妨多多回顾和对照"中断与异常"那章中的有关段落。

人们对信号与中断的相似性（以及其他一些问题）并不是一开始就充分认识和深刻理解的。早期 Unix 系统中的信号机制比较简单和原始，没有充分吸取在中断处理方面所积累的经验，后来在实践中暴露出一些问题而被称为"不可靠信号"。正因为这样，在各种 Unix 的变型版本中就纷纷对信号机制加以扩充，以实现"可靠信号"。在这方面最主要的有 BSD 和 AT&T 分别在 4.2BSD、4.3BSD 和 SVR3

中所作的扩充。但是，这种分别进行的扩充使不同版本间的兼容性成了问题，所以后来又在 POSIX.1 和 POSIX.4 两种标准中对信号机制进行了标准化。其中 POSIX.1 规定了对信号机制的基本要求，而 POSIX.4 则规定了对信号机制的扩充，后者是 POSIX.1 的一个超集。Linux 内核的信号机制符合 POSIX.4 的规定。不过，POSIX 只规定了信号机制的功能和应用界面，并没有规定如何实现。例如，同一种功能可以在操作系统内核中实现，也可以在库程序中实现，所以有些非 Unix 类的操作系统也可能支持 POSIX。

既然信号机制与中断机制在概念上是一致的，我们就从与"中断向量表"相对应的"信号向量表"开始。如前所述，每个进程的 task_struct 结构中都有一个指针 sig，指向一个 signal_struct 结构。这个数据结构类型是在 include/linux/sched.h 中定义的：

```
235     struct signal_struct {
236         atomic_t            count;
237         struct k_sigaction  action[_NSIG];
238         spinlock_t          siglock;
239     };
```

结构中的数组 action[ ]就相当于是一个"信号向量表"，数组中的每个元素就相当于一个"信号向量"，确定了当进程接收到一个具体的信号时应该采取的行动，就好像一个中断向量指向一个中断服务程序一样。不过，"信号向量"有它的特殊之处，除指向一个信号处理程序以外，它还可以是两个特殊常数 SIG_DFL 和 SIG_IGN 之一，分别表示应该对该信号采取"默认"（default）的反应或者忽略而不作任何反应。下面给出这两个常数的定义，见文件 include/asm-i386/signal.h：

```
131     #define SIG_DFL ((__sighandler_t)0)     /* default signal handling */
132     #define SIG_IGN ((__sighandler_t)1)     /* ignore signal */
133     #define SIG_ERR ((__sighandler_t)-1)    /* error return from signal */
```

由于 SIG_DFL 的数值为 0，当向量表为"空白"时所有的信号向量都视作 SIG_DFL。

"信号向量"与"中断向量"还有一个重要的不同之处。大家知道，中断向量表在系统空间中，每个中断向量所指向的中断响应程序也在系统空间中。然而，虽然"信号向量表"也在系统空间中，可是这些"向量"所指向的处理程序却一般都是在用户空间中。

对信号的检测与响应总是发生在系统空间，通常发生在两种情况下：第一，当前进程由于系统调用、中断或异常而进入系统空间以后，从系统空间返回到用户空间的前夕。第二，当前进程在内核中进入睡眠以后刚被唤醒的时候，由于信号的存在而提前返回到用户空间。当有信号要响应时，处理器执行路线的景象如图 6.6 所示。

从图中不难看出，信号处理程序（相当于中断服务程序）的启动、执行及返回变得复杂了，读者在后面将会看到这些过程是如何实现的。

中断向量表中的每个"向量"基本上是个函数指针，早期 Unix 系统中的"信号向量表"也是一样。但是，经过扩充与改进，现在的"信号向量"已经不仅仅是函数指针了。每个"信号向量"都是一个 k_sigaction 数据结构，这是在 include/asm-i386/signal.h 中定义的：

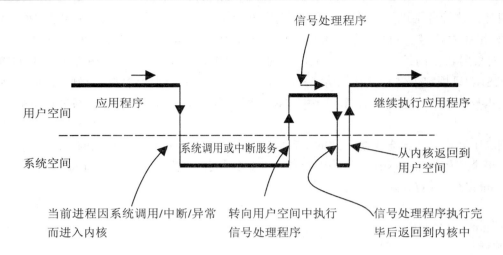

图 6.6　信号的检测与处理流程图

```
156    struct sigaction {
157        union {
158            __sighandler_t _sa_handler;
159            void (*_sa_sigaction)(int, struct siginfo *, void *);
160        } _u;
161        sigset_t sa_mask;
162        unsigned long sa_flags;
163        void (*sa_restorer)(void);
164    };
```

这里的_sa_handler 和_sa_sigaction 都是函数指针。数据类型__sighandler_t 也是在 signal.h 中定义的：

```
129    typedef void (*__sighandler_t)(int);
```

可见，_sa_handler 和_sa_sigaction 只是在调用时的参数表不同，具体将_u 解释成哪一个指针取决于具体的约定。

另一个指针 sa_restorer 现在已经基本不用了，但是 sa_mask 和 sa_flags 两个字段却扮演着重要的角色。

先来看 sa_mask。简单地说，sa_mask 是一个"位图"，其中的每一位都对应着一种信号。如果位图中的某一位为 1，就表示在执行当前信号的处理程序期间要将相应的信号暂时"屏蔽"，使得在执行的过程中不会嵌套地响应那种信号。特别地，不管位图中的相应位是否为 1，当前信号本身总是自动屏蔽，使得对同一种信号的处理不会嵌套发生，除非 sa_flags 中的 SA_NODEFER 或 SA_NOMASK 标志为 1。显然，这正是借鉴了在中断服务中关闭中断以防止嵌套的经验，对于熟悉中断机制的读者来说似乎并不是什么深奥的道理，可是这却是将"不可靠信号"改进成"可靠信号"的关键性的一步。在早期 Unix 系统的信号机制中，当时的设计人员似乎认为异种信号处理的嵌套不是什么问题，而同种信号处理的嵌套可以通过一种简单的方法来避免。怎么避免呢？那就是：每当执行一个信号处理程序时，就由内核自动将"信号向量表"中相应的函数指针设置成 SIG_DFL。从而，在执行一个信号处理程序的过程中如果又接收到同种信号的话，就会因为此时的"信号向量"已经改成 SIG_DFL 而不会嵌套进入同一个处理程序。这样，应用程序所设置的"信号向量"就是"一次性"的，所以信号处理程序中在完成了需要防止嵌套的部分以后就要再次设置信号向量，为下一次执行同一信号处理程序作好准备。这套方案看起来似乎可行，但是在实践中却碰到了问题。一种典型的情景就是对 CTRL_C 的处理。大家知道，在键盘上启动一个程序后，按一下 CTRL_C 通常会使正在运行的程序"流产"，这实际上就是通过信号机制来实现的。当在键盘上按 CTRL_C 时，内核会向相应的进程发出一个 SIGINT 信号，而对这个信号的"默认"反应就是通过 do_exit( )结束运行。有些应用程序对 CTRL_C 的作用另有安排，所以就要为 SIGINT 另行设置一个"向量"，使它指向应用程序中的一个函数，在那个函数中对 CTRL_C 这个事件作出响应，并再次设置（或曰"恢复"）该信号向量，为下一次 CTRL_C 事件作好准备。可是，在实践中却发现，两次 CTRL_C 事件往往过于密集，有时候刚进入信号处理程序，还没有来得及重新设置信号向量，第二个信号就到达了。由于此时向量表中对应于 SIGINT 的向量已在启动其处理程序时自动改变成 SIG_DFL，而对 SIG_DFL 信号的默认反应又是结束进程的运行，所以第二个 SIGINT 信号的到来就往往把进程"杀"了。正因为这样，早期的信号机制被称为"不可靠信号"。从这里人们得出了一些教训。首先信号向量不应该是"一次性"的，也就是不应该在执行相应处理程序时将向量改成 SIG_DFL。其次，在执行一个信号处理程序的过程中应将该种信号自动屏蔽掉，以防同一处理程序的嵌套。此外，还应该有一个手段，使应用程序可以在执行处理程序的期间有选择地将若干种其他信号屏蔽掉，这就是 sa_mask 的来历。所谓"屏蔽"，与将信号忽略丢弃是不同的。它只是将信号暂时"遮盖"一下，一旦屏蔽去除，已经到达的信号仍旧还在。位图 sa_mask 的类型为 sigset_t，这也是在 signal.h 中定义的：

```
13      #define _NSIG           64
14      #define _NSIG_BPW       32
15      #define _NSIG_WORDS  (_NSIG / _NSIG_BPW)
16
17      typedef unsigned long old_sigset_t;      /* at least 32 bits */
18
19      typedef struct {
20          unsigned long sig[_NSIG_WORDS];
21      } sigset_t;
```

这种数据结构主要用来模拟中断控制器（如 Intel 8259）中的"中断请求寄存器"和"中断屏蔽寄存器"，task_struct 结构中的 blocked 就相当于"中断屏蔽寄存器"。以前 task_struct 结构中还有个 sigset_t 数据结构 signal，就是相当于"中断请求寄存器"，后来把它移入了 sigpending 数据结构中（现在 task_struct 结构中有个 sigpending 数据结构 pending）。注意这里的_NSIG 正是前述数组 action[ ]的大小。早期 Unix 系统中只定义了 32 种信号，所以只要一个无符号长整数就可容纳了。而现在，Linux（以及 POSIX.4）定义了 64 种信号，将来也许还会增加，所以才有以上的定义。

再来看 sa_flags 中的标志位，它们的定义也在 signal.h 中：

```
73      /*
74       * SA_FLAGS values:
75       *
```

```
76      * SA_ONSTACK indicates that a registered stack_t will be used.
77      * SA_INTERRUPT is a no-op, but left due to historical reasons. Use the* SA_RESTART
          flag to get restarting signals
78                                  (which were the default long ago)
79      * SA_NOCLDSTOP flag to turn off SIGCHLD when children stop.
80      * SA_RESETHAND clears the handler when the signal is delivered.
81      * SA_NOCLDWAIT flag on SIGCHLD to inhibit zombies.
82      * SA_NODEFER prevents the current signal from being masked in the handler.
83      *
84      * SA_ONESHOT and SA_NOMASK are the historical Linux names for the Single
85      * Unix names RESETHAND and NODEFER respectively.
86      */
87     #define SA_NOCLDSTOP    0x00000001
88     #define SA_NOCLDWAIT    0x00000002 /* not supported yet */
89     #define SA_SIGINFO      0x00000004
90     #define SA_ONSTACK      0x08000000
91     #define SA_RESTART      0x10000000
92     #define SA_NODEFER      0x40000000
93     #define SA_RESETHAND    0x80000000
```

这些标志位的作用以后读了有关的代码就会清楚，但是有几个标志位特别值得一提。一个是 SA_SIGINFO。这个标志位为 1 表示信号处理程序有三个参数（否则只有一个，即所处理的信号本身的标识号，如 SIGINT），其中之一为指向一个 siginfo_t 数据结构的指针。与 siginfo_t 有关的数据结构和常数都是在 include/asm-i386/siginfo.h 中定义的：

```
8      typedef union sigval {
9          int sival_int;
10         void *sival_ptr;
11     } sigval_t;
12
13     #define SI_MAX_SIZE 128
14     #define SI_PAD_SIZE ((SI_MAX_SIZE/sizeof(int)) - 3)
15
16     typedef struct siginfo {
17         int si_signo;
18         int si_errno;
19         int si_code;
20
21         union {
22             int _pad[SI_PAD_SIZE];
23
24             /* kill( ) */
25             struct {
26                 pid_t _pid;      /* sender's pid */
27                 uid_t _uid;      /* sender's uid */
28             } _kill;
29
```

```
30              /* POSIX.1b timers */
31              struct {
32                  unsigned int _timer1;
33                  unsigned int _timer2;
34              } _timer;
35
36              /* POSIX.1b signals */
37              struct {
38                  pid_t _pid;      /* sender's pid */
39                  uid_t _uid;      /* sender's uid */
40                  sigval_t _sigval;
41              } _rt;
42
43              /* SIGCHLD */
44              struct {
45                  pid_t _pid;      /* which child */
46                  uid_t _uid;      /* sender's uid */
47                  int _status;         /* exit code */
48                  clock_t _utime;
49                  clock_t _stime;
50              } _sigchld;
51
52              /* SIGILL, SIGFPE, SIGSEGV, SIGBUS */
53              struct {
54                  void *_addr; /* faulting insn/memory ref. */
55              } _sigfault;
56
57              /* SIGPOLL */
58              struct {
59                  int _band;   /* POLL_IN, POLL_OUT, POLL_MSG */
60                  int _fd;
61              } _sigpoll;
62          } _sifields;
63      } siginfo_t;
```

如前所述，信号机制是对中断机制的模拟。就像中断请求一样，（早期的）信号所载送的信息是二元的，也就是"有"或"没有"，仅此而已。在中断机制中，一般都是由中断服务程序来读相应外设的状态寄存器以获取进一步的信息，所以传统的信号也得要与其他的手段相结合才能完成一些信息量要求稍大的通信。针对这个缺点，改进后的信号机制使通信的双方可以随信号一起传递一个 siginfo_t 数据结构以及一个 void 指针。其中 siginfo_t 结构的主体是一个 union，根据信号类型 si_signo 的值而赋予不同的解释；而 void 指针所指的数据类型则由通信的双方自行约定。

此处先将 Linux 信号的专用名、定义值以及默认反应等项信息列于表 6.1。

表 6.1 Linux 信号专用名、定义值与默认反应

信号名	定义值	用途或来源	默认的反应
SIGHUP	1	控制 TTY 断开连接	进程终止
SIGINT	2	用户在键盘上按 CTRL_C	进程终止
SIGQUIT	3	TTY 键盘上按 CTRL_\	进程流产（core）
SIGILL	4	非法指令（异常）	进程流产（core）
SIGTRAP	5	遇到 debug 断点，用于调试	进程流产（core）
SIGABRT	6	使进程流产	进程流产（core）
SIGIOT	6	同上	同上
SIGBUS	7	访问内存失败	进程流产（core）
SIGFPE	8	算术运算或浮点处理出错	进程流产（core）
SIGKILL	9	使进程终止（不可屏蔽）	进程终止
SIGUSR1	10	由应用软件自行定义和使用	忽略
SIGSEGV	11	越界访问内存	进程流产（core）
SIGUSR2	12	由应用软件自行定义和使用	忽略
SIGPIPE	13	管道断裂（管道的读端已关闭）	进程终止
SIGALRM	14	由 setitimer( ) 设置的定时器到点	忽略
SIGTERM	15	使进程终止	进程终止
SIGSTKFLT	16	用于堆栈出错（尚未使用）	进程终止
SIGCHLD	17	用于子进程终止	忽略
SIGCONT	18	进程继续运行，与 SIGSTOP 结合使用	忽略
SIGSTOP	19	进程暂停运行，转入 TASK_STOPPED 状态	进程暂停
SIGTSTP	20	CTRL_Z，进程"挂起"（TASK_STOPPED）	进程暂停
SIGTTIN	21	后台进程读控制终端时使用	进程暂停
SIGTTOU	22	后台进程写控制终端时使用	进程暂停
SIGURG	23	用于紧急 I/O 状况	忽略
SIGXCPU	24	进程使用 CPU 已超出限制	进程终止
SIGXFSZ	25	文件大小超出限制	
SIGVTALRM	26	由 setitimer( ) 设置的"虚拟"定时器到点	进程终止
SIGPROF	27	由 setitimer( ) 设置的"统计"定时器到点	进程终止
SIGMNCH	28	控制终端窗口的大小被改变	忽略
SIGIO	29	用于异步 I/O	进程终止
SIGPOLL	29	用于异步 I/O	进程终止
SIGPWR	30	用于电源失效	进程终止
SIGUNUSED	31	保留，未使用	进程终止
SIGRTMIN	32	从 SIGRTMIN 至 SIGRTMAX 为"实时"信号	进程终止
SIGRTMAX	(_NSIG-1)		

以前，进程的 task_struct 结构中有两个位图（sigset_t 结构）signal 和 blacked（现在 signal 在 task_struct 结构内部的 sigpending 结构 pending 中），分别用来模拟中断控制器硬件中的中断状态（或者说中断请求）寄存器和中断屏蔽寄存器。每当有一个中断请求到来时，中断状态寄存器中与之相应的某一位就被置成 1，表示有相应的中断请求在等待处理，并且一直要到中断响应程序读出这个寄存器时才又被清 0。如果连续有两次中断请求到来，则有可能因为处理器来不及响应而被"合并"，因为中断状态寄存

器中具体的状态位一旦被置成1以后（在清0之前）就反映不出到底被连续几次置1。在中断机制中这并不是什么问题，因为通常中断响应程序在检测到某个中断"通道"中有中断请求就会"轮询"连接在该通道中所有的中断源，还是可以知道到底有几个中断源发生了请求。所以，在中断机制中这种"合并"效应只是形式上的，不是实质性的。

可是，在信号机制中就不同了。接收到信号的进程无法"轮询"所有可能的信号来源。因此，在信号机制中这种"合并"效应是实质性的。解决这个问题的出路在于为信号准备一个队列，每产生一个信号就把它挂入这个队列，这样就可以确保一个信号也不会丢失了。所以，就在 task_struct 结构中设置了一个信号队列，后来又把 task_struct 结构中的信号队列和信号位图合并成为一个 sigpending 数据结构，定义于 include/linux/signal.h 中：

```
17    struct sigpending {
18        struct sigqueue *head, **tail;
19        sigset_t signal;
20    };
```

顺便提一下，在 task_struct 中还有两个用于信号机制的成分。一个是 sas_ss_sp，用于记录当进程在用户空间执行信号处理程序时的堆栈位置。另一个是 sas_ss_size，那就是堆栈的大小。下面我们列出 task_struct 数据结构中所有与信号有关的成分，以便查阅：

```
277    struct task_struct {
       ......
283        int sigpending;
       ......
317        int exit_code, exit_signal;
318        int pdeath_signal;  /* The signal sent when the parent dies */
       ......
379    /* signal handlers */
380        spinlock_t sigmask_lock;    /* Protects signal and blocked */
381        struct signal_struct *sig;
382
383        sigset_t blocked;
384        struct sigpending pending;
385
386        unsigned long sas_ss_sp;
387        size_t sas_ss_size;
       ......
397    };
```

注意在 task_struct 结构中有个字段叫 sigpending，是个整数，用来表示这个进程是否有信号在等待处理；而上述的 sigpending 数据结构则包括一个信号队列和一个信号位图，不要把两个 sigpending 搞混淆了。

上述的种种改进无疑是很有必要的，但是可惜来迟了。在作出这些改进之前，人们已经在 Unix 上开发了很多使用信号的软件。就信号的使用而言，这些软件在相当程度上可以说是为早期欠成熟的信号机制量身定做的。现在对信号机制有了改进，但是对这些已经存在的软件还要保证它们能在新的环境中"发挥余热",并且不改变其运行时的"习性"。显然,比较简单的办法是保留原先已经定义的(31个)信号不变(包括有关的系统调用以及使用方式),而另外再定义一些新的信号(和一些新的系统调用),对这些新的信号则实施改进了的信号机制。在实践中,这种对"老编制"实行"老政策","新编制"实行"新政策"的现象常常是不可避免的。另一方面,仔细想一下就可以明白,上述的这些改进其实大多是跟时间有关的,所以把新增加的信号称为 RT(实时)信号。从 SIGRTMIN 到 SIGRTMAX 全都是这些 RT 信号。不过,这里要注意不要被 RT 这两个字母迷惑了,这些信号与一般意义上的"实时"并没有关系。例如,这些信号的传递不比普通的信号快,也没有时间上的承诺。

有了上面这些预备知识,我们就可以开始介绍代码了。

先看"信号向量",也就是信号处理程序的"安装",其作用类似于中断向量的设置。Linux 为此提供了三个系统调用。第一个是"传统的"、老的调用:

   sighandler_t signal (int signnm , sighandler_t handler) ;

这里的数据类型 sighandler_t 为指向信号处理程序的函数指针。调用的参数有两个,一个是信号的定义值 signum(如 SIGINT),另一个就是指向由用户定义的该信号处理程序的函数指针 handler。不过 handler 也可以是两个特殊值之一,即 SIG_IGN 或 SIG_DFL,分别表示忽略该信号或采取对此信号的默认反应。系统调用的返回值为该信号原先的 handler。其他两个系统调用则是新的,但是在用户程序设计界面上却作为相同的库函数出现:

   int sigaction (int signum, const struct sigaction * newact,struct *sigaction oldact);

这个库函数会根据信号的编号不同,确定应该落实系统调用 sys_sigaction( )还是 sys_rt_sigaction( )。

这里的 signum 还是一样,而 newact 和 oldact 为两个指向 sigaction 数据结构的指针。其中 newact 所指向的结构为新的、待设置的向量,而 oldact 所指则为用来返回老向量的数据结构。

像其他系统调用一样,它们在内核中的入口分别为 sys_signal( ),sys_sigaction( )和 sys_rt_sigaction( )。函数 sys_signal( )是在 kernel/signal.c 中定义的:

```
1244    /*
1245     * For backwards compatibility.  Functionality superseded by sigaction.
1246     */
1247    asmlinkage unsigned long
1248    sys_signal(int sig, __sighandler_t handler)
1249    {
1250        struct k_sigaction new_sa, old_sa;
1251        int ret;
1252
1253        new_sa.sa.sa_handler = handler;
1254        new_sa.sa.sa_flags = SA_ONESHOT | SA_NOMASK;
1255
1256        ret = do_sigaction(sig, &new_sa, &old_sa);
1257
1258        return ret ? ret : (unsigned long)old_sa.sa.sa_handler;
1259    }
```

函数 sys_rt_sigaction( )也在同一个文件中：

```
1187    asmlinkage long sys_rt_sigaction(int sig, const struct sigaction *act,
1188            struct sigaction *oact,
1189            size_t sigsetsize)
1190    {
1191        struct k_sigaction new_sa, old_sa;
1192        int ret = -EINVAL;
1193
1194        /* XXX: Don't preclude handling different sized sigset_t's. */
1195        if (sigsetsize != sizeof(sigset_t))
1196            goto out;
1197
1198        if (act) {
1199            if (copy_from_user(&new_sa.sa, act, sizeof(new_sa.sa)))
1200                return -EFAULT;
1201        }
1202
1203        ret = do_sigaction(sig, act ? &new_sa : NULL, oact ? &old_sa : NULL);
1204
1205        if (!ret && oact) {
1206            if (copy_to_user(oact, &old_sa.sa, sizeof(old_sa.sa)))
1207                return -EFAULT;
1208        }
1209    out:
1210        return ret;
1211    }
```

比较一下就可以看出，这两个函数其实都调用 do_sigaction( )完成具体的操作。所不同的是，sys_signal( )从应用程序得到的信息量较少（只有 handler），同时又要保持早期 Unix 中系统调用 signal( )相同的性状，所以将 new_sa.sa.sa_flags 固定设成（SA_ONESHOT | SA_NOMSK）。标志位 SA_ONESHOT 表示所设置的向量是"一次性"的，也就是要按传统的方式，在使用了所设置的函数指针以后就将其改成 SIG_DFL，而用户空间中的信号处理程序则负有再次调用 signal( )恢复该向量的责任。另一个标志位 SA_NOMSK，则表示在执行信号处理程序时不使用任何信号屏蔽，因为最初的信号机制中是没有信号屏蔽这一说的。

另一个函数 sys_sigaction( )实际上是与 sys_rt_sigaction( )一样的，只是细节略有不同。首先，是在 sys_sigaction( )中不存在第四个参数 sigsetsize。其次，也许更重要的，是在 sys_sigaction( )参数表中使用的是 old_sigaction 结构指针，而不是 sigaction 结构指针。这两种数据结构含有相同的成分，但是这些成分在结构中的次序不同，所以在 sys_sigaction( )中只好把这些成分逐项地从用户空间复制到系统空间，而不能像在 sys_rt_sigaction( )中那样把整个数据结构一次就复制过来。读者也许会好奇，为什么要改变这些成分在数据结构中的次序呢？这不是自找麻烦吗？其实这样做是有道理的。在 old_sigaction 数据结构中，sa_mask 挤在 sa_handler 与 sa_flags 中间，这样就限制了 sa_mask 进一步扩充其大小，也就是定义更多信号的可能。所以，在 sigaction 数据结构中将 sa_mask 移到了末尾，这样当 sa_mask 的大小改变时，虽然 sigaction 的大小也要随之改变，但各个成分在数据结构中的位移却不会改变。考虑到这一点，明知这样做会带来不便也只好"忍痛"了。事实上，对于涉及内核代码的人来说，可能带来的混淆还真是不小，因为在应用程序中所用的 sigaction 数据结构却又是对应于内核代码中的 oldsigaction 数据结构！这完全要靠不同的".h"文件来把它们区分开来。不过，好在内核中用到这个数据结构的代码只是很小一段。

不管怎样，这三个函数最终都是调用 do_sigaction( )来完成的，它才是这些系统调用的主体，其代码也在 kernel/signal.c 中（注意，在 arch/i386/kernel 目录下也有个 signal.c）：

[sys_signal( ) > do_sigaction( )]

```
1011    int do_sigaction(int sig, const struct k_sigaction *act,
1012                                    struct k_sigaction *oact)
1013    {
1014        struct k_sigaction *k;
1015
1016        if (sig < 1 || sig > _NSIG ||
1017            (act && (sig == SIGKILL || sig == SIGSTOP)))
1018            return -EINVAL;
1019
1020        k = &current->sig->action[sig-1];
1021
1022        spin_lock(&current->sig->siglock);
1023
1024        if (oact)
1025            *oact = *k;
1026
1027        if (act) {
1028            *k = *act;
1029            sigdelsetmask(&k->sa.sa_mask, sigmask(SIGKILL) | sigmask(SIGSTOP));
1030
1031            /*
1032             * POSIX 3.3.1.3:
1033             *  "Setting a signal action to SIG_IGN for a signal that is
1034             *   pending shall cause the pending signal to be discarded,
1035             *   whether or not it is blocked."
1036             *
1037             *  "Setting a signal action to SIG_DFL for a signal that is
1038             *   pending and whose default action is to ignore the signal
1039             *   (for example, SIGCHLD), shall cause the pending signal to
1040             *   be discarded, whether or not it is blocked"
1041             *
1042             * Note the silly behaviour of SIGCHLD: SIG_IGN means that the
1043             * signal isn't actually ignored, but does automatic child
1044             * reaping, while SIG_DFL is explicitly said by POSIX to force
1045             * the signal to be ignored.
1046             */
1047
```

```
1048            if (k->sa.sa_handler == SIG_IGN
1049                || (k->sa.sa_handler == SIG_DFL
1050                && (sig == SIGCONT ||
1051                    sig == SIGCHLD ||
1052                    sig == SIGWINCH))) {
1053                spin_lock_irq(&current->sigmask_lock);
1054                if (rm_sig_from_queue(sig, current))
1055                    recalc_sigpending(current);
1056                spin_unlock_irq(&current->sigmask_lock);
1057            }
1058        }
1059
1060        spin_unlock(&current->sig->siglock);
1061        return 0;
1062    }
```

系统对信号 SIGKILL 和 SIGSTOP 的响应是不允许改变的，所以要放在开头时加以检查。同时，这两个信号也不允许被屏蔽，所以要在屏蔽位图 k->sa.sa_mask 中将与这两个信号对应的屏蔽位清除（见 1029 行）。信号的数值是从 1 开始定义的，所以在用信号数值作为数组下标时要用 sig－1 而不是 sig（见 1020 行）。注意 1024 行和 1028 行中的赋值都是整个数据结构的赋值。

当新设置的向量为 SIG_IGN 时，或者为 SIG_DFL 而涉及的信号为 SIGCONT、SIGCHLD 和 SIGWINCH 之一时，如果已经有一个或几个这样的信号在等待处理，则按 POSIX 标准的规定要将这些已经到达的信号丢弃，所以通过 rm_sig_from_queue( ) 丢弃已经到达的信号。该函数的代码在 kernel/signal.c 中：

[sys_signal( ) > do_sigaction( ) > rm_sig_from_queue( )]

```
294     /*
295      * Remove signal sig from t->pending.
296      * Returns 1 if sig was found.
297      *
298      * All callers must be holding t->sigmask_lock.
299      */
300     static int rm_sig_from_queue(int sig, struct task_struct *t)
301     {
302         return rm_from_queue(sig, &t->pending);
303     }
```

函数 rm_from_queue( ) 也在同一文件中：

[sys_signal( ) > do_sigaction( ) > rm_sig_from_queue( ) > rm_from_queue( )]

```
270     static int rm_from_queue(int sig, struct sigpending *s)
271     {
272         struct sigqueue *q, **pp;
273
```

```
274        if (!sigismember(&s->signal, sig))
275            return 0;
276
277        sigdelset(&s->signal, sig);
278
279        pp = &s->head;
280
281        while ((q = *pp) != NULL) {
282            if (q->info.si_signo == sig) {
283                if ((*pp = q->next) == NULL)
284                    s->tail = pp;
285                kmem_cache_free(sigqueue_cachep, q);
286                atomic_dec(&nr_queued_signals);
287                continue;
288            }
289            pp = &q->next;
290        }
291        return 1;
292    }
```

对于传统的"老信号"来说，一个进程是否有信号等待着处理，是由 task_struct 结构中的位图 signal 来反映的，位图中的某一位为 1 就表示已经接收到了相应的信号尚未处理，但是却无从知道究竟接收到了几个同种的信号。在这种情况下只是简单地将位图中相应的标志位清 0（见 277 行）。而对于新的"实时"信号，则信号的到达不光是定性的，也是定量的。到达的信号除了使位图中的相应标志位变成 1 以外还进入了本进程的信号队列，所以还要在队列中搜索并将其释放（见 281 行的 while 循环）。

回到 do_sigaction( )的代码中，由于丢弃了若干已经到达的信号，当前进程的 task_struct 结构中表示是否有（任何）信号在等待处理的总标志 sigpending 也得要从重新算一下了（见 1055 行）。读者也许会问，为什么 task_struct 结构中要有那么个总标志？判断一下 sigpending 结构中的位图 signal 是否为 0 不就可以了吗？问题在于位图并不就是一个长整数。从前，当信号的数量少于 32 个时，那样确实是可以的，但现在不行了。

跟设置"信号向量"有关的系统调用还有一些：

sigprocmask( )——改变本进程 task_struct 结构中的信号屏蔽位图 blocked。注意这个屏蔽位图与具体的向量 k_sigaction 数据结构中的屏蔽位图 sa_mask 不同。位图 sa_mask 的屏蔽位只在执行相应的处理程序时才起作用，而 blocked 中的屏蔽位则一直都起作用。还要注意，所谓"屏蔽"的意思只是暂时阻止对已经到达的信号作出响应，一旦屏蔽取消，这些已经到达的信号还是会得到处理的。

sigpending( )——检查有哪些信号已经到达而尚未处理。

sigsuspend( )——暂时改变本进程的信号屏蔽位图，并使进程进入睡眠，等待任何一个未被屏蔽的信号到达。

这些系统调用也都有相应的"实时信号"版本，如 rt_sigsuspend( )等。所有这些系统调用的实现大都在 arch/i386/kernel/signal.c 和 kernel/signal.c 两个文件中。一来限于篇幅，二来也给读者留下举一反三的空间，这里就不深入到有关的代码中去了。

"信号向量"设置好了，就作好了接收和处理信号的准备，下一步就要看怎样向一个进程发送信号了。

同样，发送信号的系统调用也有新旧不同的版本。老的版本是 kill( )：

  int kill(pid_t pid, int sig);

参数 pid 为目标进程的 pid，当 pid 为 0 时，表示发送给当前进程所在进程组中所有的进程，为−1时则发送给系统中的所有进程。

新的版本为 sigqueue( )：

  int sigqueue(pid_t pid，int sig，const union sigval val);

与 kill( )不同的是，sigqueue( )发送的除信号 sig 本身外还有附加的信息，就是 val。此外，sigqueue( )只能将信号发送给一个特定的进程，而不像 kill( )那样可以通过将参数 pid 设成 0 来发送给整个进程组。参数 val 是一个 union，它可以是一个长整数，但实际上总是一个指向 siginfo 数据结构的指针。

在 clib 中还有个库函数 raise(int sig)，用来发送一个信号给自己，相当于 kill(getpid( ),sig)。

系统调用 kill( )在内核中的主体为 sys_kill( )，其代码在 kernel/signal.c 中：

```
979     asmlinkage long
980     sys_kill(int pid, int sig)
981     {
982         struct siginfo info;
983     
984         info.si_signo = sig;
985         info.si_errno = 0;
986         info.si_code = SI_USER;
987         info.si_pid = current->pid;
988         info.si_uid = current->uid;
989     
990         return kill_something_info(sig, &info, pid);
991     }
```

这段代码很简单，先准备下一个 siginfo 结构，然后调用 kill_something_info( )：

[sys_kill( ) > kill_something_info( )]

```
651     /*
652      * kill_something_info( ) interprets pid in interesting ways just like kill(2).
653      *
654      * POSIX specifies that kill(-1,sig) is unspecified, but what we have
655      * is probably wrong.  Should make it like BSD or SYSV.
656      */
657     
658     static int kill_something_info(int sig, struct siginfo *info, int pid)
659     {
660         if (!pid) {
661             return kill_pg_info(sig, info, current->pgrp);
```

```
662             } else if (pid == -1) {
663                 int retval = 0, count = 0;
664                 struct task_struct * p;
665
666                 read_lock(&tasklist_lock);
667                 for_each_task(p) {
668                     if (p->pid > 1 && p != current) {
669                         int err = send_sig_info(sig, info, p);
670                         ++count;
671                         if (err != -EPERM)
672                             retval = err;
673                     }
674                 }
675                 read_unlock(&tasklist_lock);
676                 return count ? retval : -ESRCH;
677             } else if (pid < 0) {
678                 return kill_pg_info(sig, info, -pid);
679             } else {
680                 return kill_proc_info(sig, info, pid);
681             }
682     }
```

可见，之所以需要 kill_something_info( ) 这一层，是因为要根据 pid 的值来确定是要将信号发送给一个特定的进程（通过 kill_proc_info( )），还是整个进程组（通过 kill_pg_info( )），还是全部进程？

相比之下，另一个系统调用 sigqueue( ) 只允许将信号发送给一个特定的进程，并且随同信号发送的 siginfo 结构也是由用户进程自己设置的，所以它在内核中的实现 sys_rt_sigqueue( ) 就要简单得多（也在 kernel/signal.c 中）。

```
993     asmlinkage long
994     sys_rt_sigqueueinfo(int pid, int sig, siginfo_t *uinfo)
995     {
996         siginfo_t info;
997
998         if (copy_from_user(&info, uinfo, sizeof(siginfo_t)))
999             return -EFAULT;
1000
1001        /* Not even root can pretend to send signals from the kernel.
1002           Nor can they impersonate a kill( ), which adds source info. */
1003        if (info.si_code >= 0)
1004            return -EPERM;
1005        info.si_signo = sig;
1006
1007        /* POSIX.1b doesn't mention process groups.  */
1008        return kill_proc_info(sig, &info, pid);
1009    }
```

这里的 kill_proc_info( ) 根据 pid 找到目标进程的 task_struct 结构，然后通过 send_sig_info( )，将信

号发送给它(kernel/signal.c):

[sys_kill( ) > kill_something_info( ) > kill_proc_info( )]

```
635     inline int
636     kill_proc_info(int sig, struct siginfo *info, pid_t pid)
637     {
638         int error;
639         struct task_struct *p;
640
641         read_lock(&tasklist_lock);
642         p = find_task_by_pid(pid);
643         error = -ESRCH;
644         if (p)
645             error = send_sig_info(sig, info, p);
646         read_unlock(&tasklist_lock);
647         return error;
648     }
```

而 kill_pg_info( )则将同一信号发送给整个进程组:

[sys_kill( ) > kill_something_info( ) > kill_pg_info( )]

```
582     /*
583      * kill_pg_info( ) sends a signal to a process group: this is what the tty
584      * control characters do (^C, ^Z etc)
585      */
586
587     int
588     kill_pg_info(int sig, struct siginfo *info, pid_t pgrp)
589     {
590         int retval = -EINVAL;
591         if (pgrp > 0) {
592             struct task_struct *p;
593
594             retval = -ESRCH;
595             read_lock(&tasklist_lock);
596             for_each_task(p) {
597                 if (p->pgrp == pgrp) {
598                     int err = send_sig_info(sig, info, p);
599                     if (retval)
600                         retval = err;
601                 }
602             }
603             read_unlock(&tasklist_lock);
604         }
605         return retval;
```

606   }

可见，kill_pg_info( )最终也是逐个地找到同一进程组中所有进程的 task_struct 结构，并调用 send_sig_info( )将信号发送给它们，也就是说，最后都是通过 send_sig_info( )来完成的。我们在第 4 章中讲系统调用 exit( )时提到过这个函数，但当时没有深入到它的代码中。现在，让我们来看看到底是怎么发送的。其代码在 signal.c 中。这个函数比较大，所以还是分段来看（kernel/signal.c）：

[sys_kill( ) > kill_something_info( ) > kill_proc_info( ) > send_sig_info( )]

```
503     int
504     send_sig_info(int sig, struct siginfo *info, struct task_struct *t)
505     {
506         unsigned long flags;
507         int ret;
508
509
510     #if DEBUG_SIG
511         printk("SIG queue (%s:%d): %d ", t->comm, t->pid, sig);
512     #endif
513
514         ret = -EINVAL;
515         if (sig < 0 || sig > _NSIG)
516             goto out_nolock;
517         /* The somewhat baroque permissions check... */
518         ret = -EPERM;
519         if (bad_signal(sig, info, t))
520             goto out_nolock;
521
522         /* The null signal is a permissions and process existance probe.
523            No signal is actually delivered.  Same goes for zombies. */
524         ret = 0;
525         if (!sig || !t->sig)
526             goto out_nolock;
527
```

首先是对输入参数的检查，即所谓"健康检查"，这是通过 bad_signal( )进行的（signal.c）：

[sys_kill( ) > kill_something_info( ) > kill_proc_info( ) > send_sig_info( ) > bad_signal( )]

```
305     /*
306      * Bad permissions for sending the signal
307      */
308     int bad_signal(int sig, struct siginfo *info, struct task_struct *t)
309     {
310         return (!info || ((unsigned long)info != 1 && SI_FROMUSER(info)))
311             && ((sig != SIGCONT) || (current->session != t->session))
312             && (current->euid ^ t->suid) && (current->euid ^ t->uid)
```

```
313            && (current->uid ^ t->suid) && (current->uid ^ t->uid)
314            && !capable(CAP_KILL);
315    }
```

这里的 current 指向当前进程（信号的发送者）的 task_struct 结构，t 则指向目标进程（信号的接收者）的 task_struct 结构。宏操作 SI_FROMUSER( )以及有关的一些定义都在 include/asm-i386/siginfo.h 中：

```
 99     /*
100      * si_code values
101      * Digital reserves positive values for kernel-generated signals.
102      */
103     #define SI_USER         0               /* sent by kill, sigsend, raise */
104     #define SI_KERNEL       0x80            /* sent by the kernel from somewhere */
105     #define SI_QUEUE        -1              /* sent by sigqueue */
106     #define SI_TIMER        __SI_CODE(__SI_TIMER,-2) /* sent by timer expiration */
107     #define SI_MESGQ        -3              /* sent by real time mesq state change */
108     #define SI_ASYNCIO      -4              /* sent by AIO completion */
109     #define SI_SIGIO        -5              /* sent by queued SIGIO */
110
111     #define SI_FROMUSER(siptr)      ((siptr)->si_code <= 0)
112     #define SI_FROMKERNEL(siptr)    ((siptr)->si_code > 0)
```

上列的 7 个常数用于 siginfo 结构中的 si_code 字段，用来区分 7 种不同的信号源，读者可以结合看一下前面 sys_kill( )中的 986 行。在 sys_rt_sigqueueinfo( )中，则随同 siginfo 结构一起来自进程的用户空间，其值必须为一负数。

信号一般只能发送给属于同一个 session（见第 4 章有关说明）以及同一个用户（见"文件系统"一章）的进程，除非发送信号的进程可以通过 suser( )暂时性地得到特权用户的权限。代码中的 capable(CAP_KILL)正是试图取得这种特权，读者可参阅"文件系统"一章中的有关内容。

这里要提醒一下。在上面的 if 语句中，capable(CAP_KILL)出现在一个"与"条件表达式中，所以只有在前面的所有各项均为 true 时才会执行，这是由 C 语言的语义规则决定的。还有，这里的异或运算，如（current -> euid ^ t -> suid），实际上就是检验两者是否不等。

我们假定通过了所有这些检验，继续往下看(kernel/signal.c)：

[sys_kill( ) > kill_something_info( ) > kill_proc_info( ) > send_sig_info( )]

```
528         spin_lock_irqsave(&t->sigmask_lock, flags);
529         handle_stop_signal(sig, t);
530
531         /* Optimize away the signal, if it's a signal that can be
532            handled immediately (ie non-blocked and untraced) and
533            that is ignored (either explicitly or by default).  */
534
535         if (ignored_signal(sig, t))
536             goto out;
```

前面讲过,一个进程可以通过信号屏蔽位图来暂时扣压(或遮盖)所接收到的信号。但是,在接收到某些特定的信号以后,就不容许屏蔽另一些特定的后续信号,所以对这些信号要强行除去屏蔽,为后续信号的处理扫清道路。例如,在接收到 SIGSTOP 以后,其后续信号必然是 SIGCONT,所以要将屏蔽位图中的 SIGCONT 屏蔽位强行清 0。而 SIGCONT 的后续信号则可以是 SIGSTOP、SIGTSTP、SIGTTOU 以及 SIGTTIN 中的任何一个,所以要把这些屏蔽位全部清除。另一方面,对于 SIGKILL 和 SIGCONT 来说,如果目标进程正在 TASK_STOPPED 状态(注意,不是睡眠状态),还要将其唤醒,也就是将进程的状态改成 TASK_RUNNING。这些处理都是由 handle_stop_signal( )完成的。其代码也在同一文件中:

[sys_kill( ) > kill_something_info( ) > kill_proc_info( ) > send_sig_info( ) > handle_stop_signal( )]

```
374     /*
375      * Handle TASK_STOPPED cases etc implicit behaviour
376      * of certain magical signals.
377      *
378      * SIGKILL gets spread out to every thread.
379      */
380     static void handle_stop_signal(int sig, struct task_struct *t)
381     {
382         switch (sig) {
383         case SIGKILL: case SIGCONT:
384             /* Wake up the process if stopped.  */
385             if (t->state == TASK_STOPPED)
386                 wake_up_process(t);
387             t->exit_code = 0;
388             rm_sig_from_queue(SIGSTOP, t);
389             rm_sig_from_queue(SIGTSTP, t);
390             rm_sig_from_queue(SIGTTOU, t);
391             rm_sig_from_queue(SIGTTIN, t);
392             break;
393
394         case SIGSTOP: case SIGTSTP:
395         case SIGTTIN: case SIGTTOU:
396             /* If we're stopping again, cancel SIGCONT */
397             rm_sig_from_queue(SIGCONT, t);
398             break;
399         }
400     }
```

回到 send_sig_info( )的代码中,535 行是一项优化。如果目标进程的"信号向量表"中对所投递信号的响应是"忽略"(SIG_IGN),并且不在跟踪模式中,也没有加以屏蔽,那就根本不用投递了(除 SIGCHLD 外)。函数 ignored_signal( )的代码在 kernel/signal.c 中:

[sys_kill( ) > kill_something_info( ) > kill_proc_info( ) > send_sig_info( ) > ignored_signal( )]

```
365     static int ignored_signal(int sig, struct task_struct *t)
366     {
367         /* Don't ignore traced or blocked signals */
368         if ((t->ptrace & PT_PTRACED) || sigismember(&t->blocked, sig))
369             return 0;
370
371         return signal_type(sig, t->sig) == 0;
372     }
```

[sys_kill( ) > kill_something_info( ) > kill_proc_info( ) > send_sig_info( ) > ignored_signal( ) > signal_type( )]

```
317     /*
318      * Signal type:
319      *   < 0 : global action (kill - spread to all non-blocked threads)
320      *   = 0 : ignored
321      *   > 0 : wake up.
322      */
323     static int signal_type(int sig, struct signal_struct *signals)
324     {
325         unsigned long handler;
326
327         if (!signals)
328             return 0;
329
330         handler = (unsigned long) signals->action[sig-1].sa.sa_handler;
331         if (handler > 1)
332             return 1;
333             /* "Ignore" handler.. Illogical, but that has an implicit
334                         handler for SIGCHLD */
335         if (handler == 1)
336             return sig == SIGCHLD;
337
338         /* Default handler. Normally lethal, but.. */
339         switch (sig) {
340
341         /* Ignored */
342         case SIGCONT: case SIGWINCH:
343         case SIGCHLD: case SIGURG:
344             return 0;
345
346         /* Implicit behaviour */
347         case SIGTSTP: case SIGTTIN: case SIGTTOU:
348             return 1;
349
350         /* Implicit actions (kill or do special stuff) */
351         default:
352             return -1;
```

```
353            }
354        }
```

不然的话，就进入具体投递的过程了。我们继续往下看（kernal/signal.c）：

[sys_kill( ) > kill_something_info( ) > kill_proc_info( ) > send_sig_info( )]

```
538        /* Support queueing exactly one non-rt signal, so that we
539           can get more detailed information about the cause of
540           the signal. */
541        if (sig < SIGRTMIN && sigismember(&t->pending.signal, sig))
542            goto out;
543
544        ret = deliver_signal(sig, info, t);
545    out:
546        spin_unlock_irqrestore(&t->sigmask_lock, flags);
547        if ((t->state & TASK_INTERRUPTIBLE) && signal_pending(t))
548            wake_up_process(t);
549    out_nolock:
550    #if DEBUG_SIG
551    printk(" %d -> %d\n", signal_pending(t), ret);
552    #endif
553
554        return ret;
555    }
```

对于"老编制"的信号（sig < SIGRTMIN），所谓"投递"本来是很简单的，因为那只是将目标进程的"接收信号位图" signal 中相应的标志位设置成1，而无需将信号挂入队列。以前讲过，这样的机制有时候会将在短时期中接收到的多个同种信号合并成一个。但是，内核中对这些"老编制"信号也套用了 siginfo 数据结构（见 sys_kill( )的代码），尽管这个数据结构中的信息并非来自应用程序，也并不完整，但多少总也载送着一些信息。所以，这里采用了一种折中的办法，就是对于"老编制"的信号也将其 siginfo 结构挂入队列中，不过只挂入一次。以 SIGINT 为例，当第一个 SIGINT 到达时，接收位图中的 SIGINT 标志位为0，所以将其设置成1，并且将伴随的 siginfo 结构挂入队列。然后，如果在第一个 SIGINT 信号尚未处理时第二个 SIGINT 又到来了，则此时接收位图中相应的标志位已经为1，队列中已经有一个 SIGINT 的 siginfo 数据结构在等待处理，所以就不需要再投递了。这就是541行中 sigismember( )所作的测试。所以，在来不及处理的情况下，相继到达的同种信号就合并了。这样的实现一来是多少也增加了一些信息量，二来读者以后会看到简化了对信号作出响应时的代码。同时，这样的实现也与传统的信号机制在语义上完全一致。

如果到达的信号属于"新编制"，即"实时信号"，或者虽属"老编制"，但接收位图中相对的标志位为0，那就要通过 deliver_signal( ) "投递"信号了（signal.c）。

[sys_kill( ) > kill_something_info( ) > kill_proc_info( ) > send_sig_info( ) > deliver_signal( )]

```
493        static int deliver_signal(int sig, struct siginfo *info, struct task_struct *t)
```

```
494     {
495         int retval = send_signal(sig, info, &t->pending);
496
497         if (!retval && !sigismember(&t->blocked, sig))
498             signal_wake_up(t);
499
500         return retval;
501     }
```

具体的操作主要是send_signal( )，其代码也在signal.c中：

[sys_kill( ) > kill_something_info( ) > kill_proc_info( ) > send_sig_info( ) > deliver_signal( ) > send_signal( )]

```
402         static int send_signal(int sig, struct siginfo *info, struct sigpending *signals)
403     {
404         struct sigqueue * q = NULL;
405
406         /* Real-time signals must be queued if sent by sigqueue, or
407            some other real-time mechanism.  It is implementation
408            defined whether kill( ) does so.  We attempt to do so, on
409            the principle of least surprise, but since kill is not
410            allowed to fail with EAGAIN when low on memory we just
411            make sure at least one signal gets delivered and don't
412            pass on the info struct.  */
413
414         if (atomic_read(&nr_queued_signals) < max_queued_signals) {
415             q = kmem_cache_alloc(sigqueue_cachep, GFP_ATOMIC);
416         }
417
418         if (q) {
419             atomic_inc(&nr_queued_signals);
420             q->next = NULL;
421             *signals->tail = q;
422             signals->tail = &q->next;
423             switch ((unsigned long) info) {
424                 case 0:
425                     q->info.si_signo = sig;
426                     q->info.si_errno = 0;
427                     q->info.si_code = SI_USER;
428                     q->info.si_pid = current->pid;
429                     q->info.si_uid = current->uid;
430                     break;
431                 case 1:
432                     q->info.si_signo = sig;
433                     q->info.si_errno = 0;
434                     q->info.si_code = SI_KERNEL;
```

```
435                    q->info.si_pid = 0;
436                    q->info.si_uid = 0;
437                    break;
438                default:
439                    copy_siginfo(&q->info, info);
440                    break;
441            }
442        } else if (sig >= SIGRTMIN && info && (unsigned long)info != 1
443               && info->si_code != SI_USER) {
444            /*
445             * Queue overflow, abort.  We may abort if the signal was rt
446             * and sent by user using something other than kill().
447             */
448            return -EAGAIN;
449        }
450
451        sigaddset(&signals->signal, sig);
452        return 0;
453    }
```

投递时将 siginfo 结构的内容复制到一个 sigqueue 数据结构中，并将这个结构挂入队列。sigqueue 数据结构的定义在 include/linux/signal.h 中：

```
12     struct sigqueue {
13         struct sigqueue *next;
14         siginfo_t info;
15     };
```

读者也许会问，为什么不直接在 siginfo_t 数据结构中增加一个指针 next，从而直接将此数据结构挂入队列中呢？这是因为并非每次调用 sys_kill() 或 sys_rt_sigqueueinfo() 时都一定会将这个数据结构挂入队列，而分配/释放这样一个数据结构的系统开销实际上远超过当真有必要时临时加以复制的开销。所以，在 sys_kill() 和 sys_rt_sigqueueinfo() 中，将这个 siginfo_t 结构作为局部量安排在堆栈上，只在确有必要时才分配一个 signal_queue 数据结构并加以复制。

不过，并非在所有的情况下都是将伴随着（或者说载送着）信号的 siginfo_t 结构复制到 sigqueue 结构中，有两种情况是例外的，那就是当参数 info 的值为特殊值 0 或 1 的时候。在这两种情况下，info 应被视作整数而不是指针，发生的信号来自系统空间（而不是由一个进程在用户空间中通过系统调用发出）的情况下。此时由 send_sig_info() 补充产生出相应的内容（见 424～437 行）。

最后，还要通过 sigaddset() 将接收位图中相应的标志位设置成 1。

成功地投递了信号并不说明这个信号就是在等待着处理了，还要看目标进程是否屏蔽了这个信号，所以回到 deliver_signal() 中要调用 sigismember() 加以检查（497 行）。如果目标进程正在睡眠中，并且没有屏蔽所投递的信号，就要将其唤醒并立即进行调度（498 行）。

函数 signal_wake_up() 的代码在 kernel/signal.c 中。我们把有关的代码列出在这里，读者可结合"进程调度"自行阅读：

[sys_kill( ) > kill_something_info( ) > kill_proc_info( ) > send_sig_info( ) > deliver_signal( ) > signal_wake_up( )]

```
455     /*
456      * Tell a process that it has a new active signal..
457      *
458      * NOTE! we rely on the previous spin_lock to
459      * lock interrupts for us! We can only be called with
460      * "sigmask_lock" held, and the local interrupt must
461      * have been disabled when that got aquired!
462      *
463      * No need to set need_resched since signal event passing
464      * goes through ->blocked
465      */
466     static inline void signal_wake_up(struct task_struct *t)
467     {
468         t->sigpending = 1;
469
470         if (t->state & TASK_INTERRUPTIBLE) {
471             wake_up_process(t);
472             return;
473         }
474
475     #ifdef CONFIG_SMP
476         /*
477          * If the task is running on a different CPU
478          * force a reschedule on the other CPU to make
479          * it notice the new signal quickly.
480          *
481          * The code below is a tad loose and might occasionally
482          * kick the wrong CPU if we catch the process in the
483          * process of changing - but no harm is done by that
484          * other than doing an extra (lightweight) IPI interrupt.
485          */
486         spin_lock(&runqueue_lock);
487         if (t->has_cpu && t->processor != smp_processor_id( ))
488             smp_send_reschedule(t->processor);
489         spin_unlock(&runqueue_lock);
490     #endif /* CONFIG_SMP */
491     }
```

函数 wake_up_process( )的代码在第 4 章中已经读过，读者不妨重温一下。这里只是提一下：将目标进程唤醒以后，如果目标进程的优先级别高于当前进程，那么在当前进程从系统调用返回之际就有可能进行一次调度，而目标进程是否能被调度运行，则取决于其优先级别及其他各种因素。下面还要谈这个问题。

并非所有的信号都是由某个进程在用户空间通过系统调用发送的。例如，在第 2 章中的页面异常处理程序 do_page_fault( )里，当页面异常无法恢复时就会通过 force_sig( )向当前进程发送一个 SIGBUS

信号。函数 force_sig( ) 是内核中发送信号的基本手段。其代码在 kernel/signal.c 中：

[do_page_fault( ) > force_sig( )]

```
694     void
695     force_sig(int sig, struct task_struct *p)
696     {
697         force_sig_info(sig, (void*)1L, p);
698     }
```

[do_page_fault( ) > force_sig( ) > force_sig_info( )]

```
562     int
563     force_sig_info(int sig, struct siginfo *info, struct task_struct *t)
564     {
565         unsigned long int flags;
566
567         spin_lock_irqsave(&t->sigmask_lock, flags);
568         if (t->sig == NULL) {
569             spin_unlock_irqrestore(&t->sigmask_lock, flags);
570             return -ESRCH;
571         }
572
573         if (t->sig->action[sig-1].sa.sa_handler == SIG_IGN)
574             t->sig->action[sig-1].sa.sa_handler = SIG_DFL;
575         sigdelset(&t->blocked, sig);
576         recalc_sigpending(t);
577         spin_unlock_irqrestore(&t->sigmask_lock, flags);
578
579         return send_sig_info(sig, info, t);
580     }
```

注意，在 force_sig( ) 中调用 force_sig_info( ) 时将第二个参数设成 1，表示是以内核的名义发送的。正因为 force_sig( ) 是"强制"目标进程接收一个信号，所以不允许目标进程忽略该信号，并且在调用 send_sig_info( ) 前要将其屏蔽位也强制清除。

至此，信号的投递已经完成，接下来就是目标进程如何发现信号的到来以及如何对此作出反应了。

在中断机制中，处理器的硬件在每条指令结束时都要检测是否有中断请求存在。信号机制是纯软件的，当然不能依靠硬件来检测信号的到来。同时，要在每条指令结束时都来检测显然也是不现实的、甚至是不可能的。那么，一个进程在什么情况下检测信号的存在呢？首先是每当从系统调用、中断处理或异常处理返回到用户空间的前夕；还有就是当进程被从睡眠中唤醒（必定是在系统调用中）的时候，此时若发现有信号在等待就要提前从系统调用返回。总而言之，不管是正常返回还是提前返回，在返回到用户空间的前夕总是要检测信号的存在并作出反应，这一点我们在第 3 章中已经提到过。下面是 arch/i386/kernel/entry.S 中的一个片断：

```
217     ret_with_reschedule:
```

```
218             cmpl $0, need_resched(%ebx)
219             jne reschedule
220             cmpl $0, sigpending(%ebx)
221             jne signal_return
222     restore_all:
223             RESTORE_ALL
224
225             ALIGN
226     signal_return:
227             sti                    # we can get here from an interrupt handler
228             testl $(VM_MASK),EFLAGS(%esp)
229             movl %esp,%eax
230             jne v86_signal_return
231             xorl %edx,%edx
232             call SYMBOL_NAME(do_signal)
233             jmp restore_all
```

建议读者回过头去看一下第 3 章中的有关内容，搞清楚 sigpending (%ebx) 就是 current -> sigpending。这里还要指出一点，一般来说，当进程运行于用户空间时，即使信号到达了也不会引起进程立刻对信号作出反应，而要到当前进程因某种原因（包括时钟中断）进入内核并从内核返回时才会作出反应，所以通常在时间上都会有一段延迟。可是，当信号来源于异常处理（或中断服务、系统调用）时，则由于进程已经在内核中运行，在返回到用户空间之前就会作出反应，所以几乎可以认为是立即就作出反应。特别是在异常处理时，这种反应发生在返回到用户空间重新执行引起异常的那条指令之前，所以从用户空间的程序执行角度来看就是立即的。

对信号作出反应的具体操作是通过 do_signal( ) 完成的。这又是一个比较大的函数，我们还是一段一段往下看。有关的代码都在 arch/i386/kernel/signal.c 中：

[ret_with_reschedule( ) > do_signal( )]

```
579     /*
580      * Note that 'init' is a special process: it doesn't get signals it doesn't
581      * want to handle. Thus you cannot kill init even with a SIGKILL even by
582      * mistake.
583      */
584     int do_signal(struct pt_regs *regs, sigset_t *oldset)
585     {
586         siginfo_t info;
587         struct k_sigaction *ka;
588
589         /*
590          * We want the common case to go fast, which
591          * is why we may in certain cases get here from
592          * kernel mode. Just return without doing anything
593          * if so.
594          */
595         if ((regs->xcs & 3) != 3)
```

```
596                return 1;
597
598        if (!oldset)
599            oldset = &current->blocked;
600
```

读者不妨先回顾一下第 3 章中有关 pt_regs 数据结构的内容。在中断处理、异常处理或系统调用中，处理器的系统空间堆栈保存着该处理器在进入内核之前的"现场"，也就是各个寄存器在进入内核前的内容。Linux 的内核将系统空间堆栈中这些寄存器的"映象"看作一个数据结构，这就是 pt_regs。所以，这里的指针 regs 指向系统空间堆栈中的这些寄存器映象，其中 regs -> xcs 为处理器进入这些程序前代码段寄存器 CS 的内容。如果处理器是从用户空间进入中断、异常或陷阱（系统调用），则当时 CS 的最低两位必定是 3（表示用户空间）。反过来，如果 regs -> xcs 的最低两位不等于 3 的话，就说明本次中断或异常发生于系统空间，所以处理器并不是处于返回到用户空间的前夕，并不需要对信号作出反应。否则，就要往下跑了（arch/i386/kernel/signal.c:do_signal( )）：

[ret_with_reschedule( ) > do_signal( )]

```
601    for (;;) {
602        unsigned long signr;
603
604        spin_lock_irq(&current->sigmask_lock);
605        signr = dequeue_signal(&current->blocked, &info);
606        spin_unlock_irq(&current->sigmask_lock);
607
608        if (!signr)
609            break;
610
611        if ((current->ptrace & PT_PTRACED) && signr != SIGKILL) {
612            /* Let the debugger run.  */
613            current->exit_code = signr;
614            current->state = TASK_STOPPED;
615            notify_parent(current, SIGCHLD);
616            schedule( );
617
618            /* We're back.  Did the debugger cancel the sig? */
619            if (!(signr = current->exit_code))
620                continue;
621            current->exit_code = 0;
622
623            /* The debugger continued.  Ignore SIGSTOP. */
624            if (signr == SIGSTOP)
625                continue;
626
627            /* Update the siginfo structure.  Is this good? */
628            if (signr != info.si_signo) {
629                info.si_signo = signr;
```

```
630             info.si_errno = 0;
631             info.si_code = SI_USER;
632             info.si_pid = current->p_pptr->pid;
633             info.si_uid = current->p_pptr->uid;
634         }
635
636         /* If the (new) signal is now blocked, requeue it. */
637         if (sigismember(&current->blocked, signr)) {
638             send_sig_info(signr, &info, current);
639             continue;
640         }
641     }
642
643     ka = &current->sig->action[signr-1];
644     if (ka->sa.sa_handler == SIG_IGN) {
645         if (signr != SIGCHLD)
646             continue;
647         /* Check for SIGCHLD: it's special. */
648         while (sys_wait4(-1, NULL, WNOHANG, NULL) > 0)
649             /* nothing */;
650         continue;
651     }
652
653     if (ka->sa.sa_handler == SIG_DFL) {
654         int exit_code = signr;
655
656         /* Init gets no signals it doesn't want. */
657         if (current->pid == 1)
658             continue;
659
660         switch (signr) {
661         case SIGCONT: case SIGCHLD: case SIGWINCH:
662             continue;
663
664         case SIGTSTP: case SIGTTIN: case SIGTTOU:
665             if (is_orphaned_pgrp(current->pgrp))
666                 continue;
667             /* FALLTHRU */
668
669         case SIGSTOP:
670             current->state = TASK_STOPPED;
671             current->exit_code = signr;
672             if (!(current->p_pptr->sig->action[SIGCHLD-1].sa.sa_flags & SA_NOCLDSTOP))
673                 notify_parent(current, SIGCHLD);
674             schedule();
675             continue;
676
677         case SIGQUIT: case SIGILL: case SIGTRAP:
```

```
678            case SIGABRT: case SIGFPE: case SIGSEGV:
679            case SIGBUS: case SIGSYS: case SIGXCPU: case SIGXFSZ:
680                if (do_coredump(signr, regs))
681                    exit_code |= 0x80;
682                /* FALLTHRU */
683
684            default:
685                sigaddset(&current->pending.signal, signr);
686                recalc_sigpending(current);
687                current->flags |= PF_SIGNALED;
688                do_exit(exit_code);
689                /* NOTREACHED */
690            }
691        }
692
693        /* Reenable any watchpoints before delivering the
694         * signal to user space. The processor register will
695         * have been cleared if the watchpoint triggered
696         * inside the kernel.
697         */
698        __asm__("movl %0,%%db7": : "r" (current->thread.debugreg[7]));
699
700        /* Whee!  Actually deliver the signal.  */
701        handle_signal(signr, ka, &info, oldset, regs);
702        return 1;
703    }
704
```

这是一个比较大的 for 循环（601～703 行）。在每一轮循环中都要从进程的信号队列中通过 dequeue_signal( )取出一个未加屏蔽的信号加以处理，直到信号队列中不再存在这样的信号（见 608 行），或者相应的"信号向量"为 SIG_DFL，即对该信号采取默认的反应方式为止。而这默认的反应又是让接收到信号的进程"寿终正寝"（见 688 行），或者执行了一个由用户设置的信号处理程序之后（见 702 行）。

函数 dequeue_signal( )的代码也在同一文件中，其代码并不复杂却颇为繁琐，我们就不深入进去了。简单地说，它参照一个屏蔽位图，在这里是 current -> blocked，从当前进程的信号队列中找到一个未加屏蔽的信号，即 signal_queue 数据结构，将其脱链并把其内容复制到数据结构 info 中，释放该 signal_queue 数据结构，然后将进程的信号接收位图中相应的标志位清 0，并重新计算一下进程的 sigpending 标志。

当一个进程受到其父进程的跟踪而处于 debug 模式时，对信号的反应有一些特殊的考虑（611～641 行）。我们这里先跳过它，到讲述 ptrace( )时再回过头来看这一段代码。

如前所述，对具体信号的反应取决于其"信号向量"的设置，所以要根据信号的数值在"信号向量表"中找到相应的向量，即 k_sigaction 数据结构，并让指针 ka 指向这个数据结构。

如果设置的反应方式是"忽略"（SIG_IGN），那么一般来说对这个信号的处理就完成了（见 646 行）。但有一个例外，那就是当信号为 SIGCHLD 时。这个信号通常是在一个子进程通过 exit( )系统调用结束其生命时向父进程发出的,所以此时接收到 SIGCHLD 信号的进程要调用 sys_wait4( )来检查其所有的子进程(第一个参数为−1),只要找到一个已经结束生命的子进程就为其"料理后事"(见第 4 章)。注意,这里的第三个参数 WNOHANG,表示如果没有发现已经结束生命的子进程也要立即返回(正常返回值为 0),而不作等待。

另一个特殊的反应方式是 SIG_DFL。当"信号向量"为 SIG_DFL 时,多数信号(包括 SIG_KILL)都会落入 684 行的 default 部分,通过 do_exit( )结束进程的运行。对于 SIG_KILL 来说,一来它的信号向量是不容许设置的;二来向量中的相应屏蔽位也在每次设置"信号向量"时自动清 0(均见 do_sigaction( )),而且在通过 sys_rt_sigprocmask( )设置进程的信号屏蔽位图时也会自动将 SIGKILL 的屏蔽位自动清 0。所以对于目标进程,这个信号是头号"杀手"。注意代码中的 667 和 682 行,这些地方都没有 break 语句。不过,pid 为 1 的 init 进程对所有这些信号都有"免疫力"而不受任何影响(见 658 行)。

由此可见,当信号向量为 SIG_IGN 或 SIG_DFL 时,对信号的反应都在系统空间完成,而无须回到用户空间。

如果"信号向量"指向某个由用户设置的信号处理程序,那就要调用 handle_signal( )予以执行了。我们将在后面加以介绍。

当 601 行的 for 循环"正常"结束时,也就是说当执行到第 703 行的后面时,当前进程中肯定已经没有未加屏蔽的信号了。这是因为在这个 for 循环中只有一个出口,即 break 语句,那就是在第 609 行处。而且已经处理过的信号肯定全都不是通过用户定义的信号处理程序进行的,否则就在 702 行处返回了。再进一步,这些信号中也没有一个使进程结束运行,否则就在 688 行通过不会返回的 do_exit( )退出了。换言之,这些信号只可能是 SIGCHLD,SIGCONT,SIGWINCH,SIGTSTP,SIGTTIN,SIGTTOU 和 SIGSTOP,或者信号向量设置成 SIG_IGN 的其他信号。这些信号如果来自某个系统调用的过程中,则往往标志着该系统调用过程的失败。这种情况常常发生在设备驱动程序中,并且往往会要求自动重新执行失败的系统调用,就好像在执行指令的过程中发生异常时要求重新执行失败的指令一样。那么,这是怎么实现的呢?让我们继续往下看 do_signal( ):

[ret_with_reschedule( ) > do_signal( )]

```
705         /* Did we come from a system call? */
706         if (regs->orig_eax >= 0) {
707             /* Restart the system call - no handlers present */
708             if (regs->eax == -ERESTARTNOHAND ||
709                 regs->eax == -ERESTARTSYS ||
710                 regs->eax == -ERESTARTNOINTR) {
711                 regs->eax = regs->orig_eax;
712                 regs->eip -= 2;
713             }
714         }
715         return 0;
716     }
```

首先要明白,regs -> orig_eax 为处理器进入系统空间前寄存器 EAX 的内容,而 regs -> eax 则为系统调用的返回值。处理器在因系统调用而进入系统空间之前,寄存器 EAX 中为系统调用号。而系统调

· 745 ·

用号不会是负数，所以首先要检查 regs -> orig_eax 是否大于等于 0。另一方面，失败的系统调用若要求自动重新执行就会将 EAX 中的返回值 regs -> eax 设置成负的 ERESTARTNOHAND，ERESTARTSYS 和 ERESTARTNOINTR 之一。所以，当 regs -> eax 为这三者之一时，就将 regs -> orig_eax 写回 regs -> eax，并且将 regs -> eip 的数值减 2。我们在第 3 章中讲过，系统调用是通过一条"int $0x80"指令实现的。在正常的情况下，当处理器执行该指令进入系统空间时其指令指针 EIP 指向其下一条指令，这样当处理器返回到用户空间时就会继续往下执行。现在，将 regs -> eip 的数值减 2，就使得处理器返回到用户空间时其 EIP 又回过去指向该 INT 指令了（因为 INT 指令的大小是两个字节），所以就会重新执行一次该系统调用。

如果用户设置了信号处理程序（在用户空间中），就要通过函数 handle_signal( )准备好对处理程序的执行，其代码也在 arch/i386/kernel/signal.c 中：

[ret_with_reschedule( ) > do_signal( ) > handle_signal( )]

```
533     /*
534      * OK, we're invoking a handler
535      */
536
537     static void
538     handle_signal(unsigned long sig, struct k_sigaction *ka,
539             siginfo_t *info, sigset_t *oldset, struct pt_regs * regs)
540     {
541         /* Are we from a system call? */
542         if (regs->orig_eax >= 0) {
543             /* If so, check system call restarting.. */
544             switch (regs->eax) {
545                 case -ERESTARTNOHAND:
546                     regs->eax = -EINTR;
547                     break;
548
549                 case -ERESTARTSYS:
550                     if (!(ka->sa.sa_flags & SA_RESTART)) {
551                         regs->eax = -EINTR;
552                         break;
553                     }
554                 /* fallthrough */
555                 case -ERESTARTNOINTR:
556                     regs->eax = regs->orig_eax;
557                     regs->eip -= 2;
558             }
559         }
560
561         /* Set up the stack frame */
562         if (ka->sa.sa_flags & SA_SIGINFO)
563             setup_rt_frame(sig, ka, info, oldset, regs);
564         else
565             setup_frame(sig, ka, oldset, regs);
```

```
566
567        if (ka->sa.sa_flags & SA_ONESHOT)
568            ka->sa.sa_handler = SIG_DFL;
569
570        if (!(ka->sa.sa_flags & SA_NODEFER)) {
571            spin_lock_irq(&current->sigmask_lock);
572            sigorsets(&current->blocked,&current->blocked,&ka->sa.sa_mask);
573            sigaddset(&current->blocked, sig);
574            recalc_sigpending(current);
575            spin_unlock_irq(&current->sigmask_lock);
576        }
577    }
```

由于在 do_signal( )中执行完 handle_signal( )以后接着就返回了，所以这里也要考虑系统调用失败后重新执行的问题。不过，此时（执行用户设置的信号处理程序前夕）的重新执行（实际上是为重新执行所作的准备）却是有区分并且有条件的了。

前面讲过，由用户提供的信号处理程序是在用户空间执行的，而且执行完毕以后还要回到系统空间，这是由 setup_rt_frame( )或 setup_frame( )作出安排的。二者的代码大同小异，所以我们在这里只看 setup_frame( )。在深入到代码中去之前，先大致介绍一下所涉及的一些问题和解决方案。大家知道，在调用一个子程序时，堆栈要往下（逻辑意义上是往上）伸展，这是因为需要在堆栈中保存子程序的返回地址，还因为子程序往往会有局部变量，也要占用堆栈中的空间。此外，调用子程序时的参数也是在堆栈中。子程序调用嵌套愈深，则堆栈伸展的层次也愈多。而堆栈中的每一个这样的层次，就称为一个"框架"，即 frame。当子程序和调用它的程序都在同一空间中时，堆栈的伸展，也就是堆栈中框架的建立是很自然的。因为首先 call 指令本身就会将返回地址自动压入堆栈，而调用参数则通过 push 指令压入堆栈。其次，在堆栈中为局部变量分配空间也很简单，只要在进入子程序之后适当调整堆栈指针就可以了。然而，当二者不在同一空间时，情况就比较复杂了。从某种意义上讲，中断处理、异常处理以及系统调用，都可以看作是子程序调用，只不过调用者在用户空间而子程序在系统空间。所以，在返回到用户空间前夕，系统空间堆栈的内容，也就是指针 regs 所指向的 pt_regs 数据结构，实际上就是一个框架。这个框架的内容决定了当处理器回到用户空间时从何处继续执行指令，用户空间堆栈在何处以及各个寄存器的内容。现在，既然要求处理器在回到用户空间时要执行另一段程序，就得在系统空间堆栈中为之准备一个不同的框架。可是，最终还得要回到当初作出系统调用或者被中断的地方去，所以原先的框架也不能丢掉，要保存起来。保存在那里呢？一个进程的系统空间堆栈的大小是很有限的（见第 3 章），所以最合理的就是把它作为信号处理程序的附加局部量，也就是保存在进程的用户空间堆栈中的因调用该处理程序而形成的框架里。这样，就有必要在进入用户空间执行信号处理程序之前，就准备好用户空间堆栈中的框架，只有如此才能先把原先的框架复制到用户空间的框架中作为局部量保存起来，回到系统空间中以后再从那里复制回来。框架的形成是在程序运行过程中，特别是在子程序调用的过程中自然形成的，但是框架的形成也有其规律可循。现在尚未执行对信号处理程序的调用，当然也不存在调用该处理程序的框架，所以实际上是按照形成框架的规律先作好准备，预先在用户空间堆栈中打下一些埋伏。

另一个问题是，在用户空间执行完信号处理程序以后，又怎样重返系统空间？我们知道，从用户空间进入系统空间的手段无非就是中断、异常以及陷阱，而系统调用正是陷阱的运用。显然，中断和异常都不如系统调用更为合适，所以内核中为了这个目的而专门设置了一个系统调用 sigreturn( )。不过，要求用户在其信号处理程序中调用一个特别的库函数或系统调用是不大合适的。因为一来那样就对信号处理程序有了特殊的要求，二来更难以保证用户不会忘记在其程序中作出这样的调用，并且 C 编译也难以保证在编译时加以检查（当然，也并非绝对不可能）。所以，最好是由内核在启动信号处理程序时自动地插入这个调用。

这样，思路就渐渐清晰了。整个过程大致上可以归纳为以下这些步骤：
(1) 在用户空间堆栈中为信号处理程序的执行预先创建一个框架，框架中包括一个作为局部量的数据结构，并把系统空间堆栈中的"原始框架"保存到这个数据结构中。
(2) 在信号处理程序中插入对系统调用sigreturn( )的调用。
(3) 将系统空间堆栈中"原始框架"修改成为执行信号处理程序所需的框架。
(4) "返回"到用户空间，但是却执行信号处理程序。
(5) 信号处理程序执行完毕以后，通过系统调用sigreturn( )重返系统空间。
(6) 在系统调用sigreturn( )中从用户空间恢复"原始框架"。
(7) 再返回到用户空间，继续执行原先的用户程序。

知道了这个大致过程，有关的源代码就比较容易理解了。先来看文件 arch/i386/kernel/signal.c 中的函数 setup_frame( )：

[ret_with_reschedule( ) > do_signal( ) > handle_signal( ) > setup_frame( )]

```
388     static void setup_frame(int sig, struct k_sigaction *ka,
389                 sigset_t *set, struct pt_regs * regs)
390     {
391         struct sigframe *frame;
392         int err = 0;
393
394         frame = get_sigframe(ka, regs, sizeof(*frame));
395
396         if (!access_ok(VERIFY_WRITE, frame, sizeof(*frame)))
397             goto give_sigsegv;
398
399         err |= __put_user((current->exec_domain
400                 && current->exec_domain->signal_invmap
401                 && sig < 32
402                 ? current->exec_domain->signal_invmap[sig]
403                 : sig),
404                 &frame->sig);
405         if (err)
406             goto give_sigsegv;
407
408         err |= setup_sigcontext(&frame->sc, &frame->fpstate, regs, set->sig[0]);
409         if (err)
410             goto give_sigsegv;
411
412         if (_NSIG_WORDS > 1) {
413             err |= __copy_to_user(frame->extramask, &set->sig[1],
414                     sizeof(frame->extramask));
```

```
415         }
416         if (err)
417             goto give_sigsegv;
418
419         /* Set up to return from userspace.  If provided, use a stub
420            already in userspace. */
421         if (ka->sa.sa_flags & SA_RESTORER) {
422             err |= __put_user(ka->sa.sa_restorer, &frame->pretcode);
423         } else {
424             err |= __put_user(frame->retcode, &frame->pretcode);
425             /* This is popl %eax ; movl $,%eax ; int $0x80 */
426             err |= __put_user(0xb858, (short *)(frame->retcode+0));
427             err |= __put_user(__NR_sigreturn, (int *)(frame->retcode+2));
428             err |= __put_user(0x80cd, (short *)(frame->retcode+6));
429         }
430
431         if (err)
432             goto give_sigsegv;
433
434         /* Set up registers for signal handler */
435         regs->esp = (unsigned long) frame;
436         regs->eip = (unsigned long) ka->sa.sa_handler;
437
438         set_fs(USER_DS);
439         regs->xds = __USER_DS;
440         regs->xes = __USER_DS;
441         regs->xss = __USER_DS;
442         regs->xcs = __USER_CS;
443         regs->eflags &= ~TF_MASK;
444
445 #if DEBUG_SIG
446         printk("SIG deliver (%s:%d): sp=%p pc=%p ra=%p\n",
447             current->comm, current->pid, frame, regs->eip, frame->pretcode);
448 #endif
449
450         return;
451
452 give_sigsegv:
453         if (sig == SIGSEGV)
454             ka->sa.sa_handler = SIG_DFL;
455         force_sig(SIGSEGV, current);
456     }
```

首先是用户空间中的框架，即 sigframe 数据结构，这也是在 arch/i386/kernel/signal.c 中定义的：

```
162 /*
163  * Do a signal return; undo the signal stack.
```

```
164         */
165
166     struct sigframe
167     {
168         char *pretcode;
169         int sig;
170         struct sigcontext sc;
171         struct _fpstate fpstate;
172         unsigned long extramask[_NSIG_WORDS-1];
173         char retcode[8];
174     };
```

这个数据结构实际上只是框架的一部分,因为具体的信号处理程序本身也会有其局部变量。所以,这个数据结构中的成分都是"附加"局部量,而对于信号处理程序来说是不可见的(在信号处理程序中不能引用这些局部量)。其中 sigcontext 数据结构的定义在 include/asm-i386/sigcontext.h 中:

```
57      struct sigcontext {
58          unsigned short gs, __gsh;
59          unsigned short fs, __fsh;
60          unsigned short es, __esh;
61          unsigned short ds, __dsh;
62          unsigned long edi;
63          unsigned long esi;
64          unsigned long ebp;
65          unsigned long esp;
66          unsigned long ebx;
67          unsigned long edx;
68          unsigned long ecx;
69          unsigned long eax;
70          unsigned long trapno;
71          unsigned long err;
72          unsigned long eip;
73          unsigned short cs, __csh;
74          unsigned long eflags;
75          unsigned long esp_at_signal;
76          unsigned short ss, __ssh;
77          struct _fpstate * fpstate;
78          unsigned long oldmask;
79          unsigned long cr2;
80      };
```

显然,这个数据结构就是用来保存系统空间堆栈中的原始框架的。至于 sigframe 结构中其他成分的作用与用途,等一下就会清楚。框架的结构确定了,还要确定其在用户空间中的位置,这就是 get_sigframe( )要做的事(arch/i386/kernel/signal.c):

[ret_with_reschedule( ) > do_signal( ) > handle_signal( ) > setup_frame( ) > get_sigframe( )]

```
361     /*
362      * Determine which stack to use..
363      */
364     static inline void *
365         get_sigframe(struct k_sigaction *ka, struct pt_regs * regs, size_t frame_size)
366     {
367         unsigned long esp;
368
369         /* Default to using normal stack */
370         esp = regs->esp;
371
372         /* This is the X/Open sanctioned signal stack switching.  */
373         if (ka->sa.sa_flags & SA_ONSTACK) {
374             if (! on_sig_stack(esp))
375                 esp = current->sas_ss_sp + current->sas_ss_size;
376         }
377
378         /* This is the legacy signal stack switching. */
379         else if ((regs->xss & 0xffff) != __USER_DS &&
380             !(ka->sa.sa_flags & SA_RESTORER) &&
381             ka->sa.sa_restorer) {
382             esp = (unsigned long) ka->sa.sa_restorer;
383         }
384
385         return (void *)((esp - frame_size) & -8ul);
386     }
```

这里的 regs -> esp 是用户空间中当前的堆栈指针，也就是进入系统空间之前的堆栈指针，所以在典型情况下执行信号处理程序的框架就要从这一点往下伸展。但是，有两个例外。第一个例外是用户进程已经通过系统调用 sigaltstack( ) 为信号处理程序的执行设置了替换堆栈，并且在设置"信号向量"时将 flags 中的标志位 SA_ONSTACK 设置成 1。这种情况下当前进程的 task_struct 结构中 sas_ss_sp 和 sas_ss_size 分别为所设置的堆栈位置和大小，而（sas_ss_sp＋sas_ss_size）则为该堆栈空间的顶点，堆栈从这一点开始向下伸展。不过，先要检查一下是否已经在这个替换堆栈上。这里 inline 函数 on_sig_stack( )的定义为（sched.h）：

[ret_with_reschedule( ) > do_signal( ) > handle_signal( ) > setup_frame( ) > get_sigframe( ) > on_sig_stack( )]

```
621     /* True if we are on the alternate signal stack.  */
622
623     static inline int on_sig_stack(unsigned long sp)
624     {
625         return (sp - current->sas_ss_sp < current->sas_ss_size);
626     }
```

第二个例外与在执行完信号处理程序后重返系统空间的过程有关。如前所述，最妥当的办法是让内核自动插入一些代码，通过系统调用 sigreturn( )解决这个问题。也就是说，把这个问题交给操作系统，用户进程就不用操这个心了。可是在发展的过程中有过一段时期，曾经在系统调用 sigaction( )的界面上提供了一个手段，让用户给定一段程序用于这个目的，这就是 sigaction 数据结构中的指针 sa_restorer。现在，系统调用 sigaction( )的"man"页面中已经明确讲 sa_restorer "已经过时"并且"不应使用"，但是出于兼容的需要还得考虑其存在。所以，如果使用了 sa_restorer，就要把框架的顶点设置在这个位置上。

至此，框架的顶点已经确定了。由于堆栈是向下伸展的，所以这个框架（其实是框架的一部分）的起始地址在其下方相差一个 frame_size 的地方，而 frame_size 正是 sigframe 数据结构的大小。注意这里的无符号长整数 −8 实际上是 0xffff fff8，用以对齐框架起始地址的边界。这样，对于信号处理程序，这个 sigframe 数据结构就相当于一个额外的调用参数。

用户空间框架的位置 frame 已经确定，让我们回到 setup_frame( )中。接着检验一下用户空间中的这一部分是否可写，然后就是往用户空间的这个框架中复制信息了。这里的__put_user( )将其第一个参数复制到用户空间中由其第二个参数所指向的地方。首先是 frame -> sig，因为这个量有点特殊。在有的"执行域"，即 Unix 变种里（见第 4 章中有关内容），为信号定义的数值可能会有所不同。在这种情况下相应 exec_domain 数据结构中的指针 signal_invmap 会指向一个信号变换表，所以要把这个因素考虑进去。下面就是复制系统空间堆栈上的 pt_regs 结构以及一些有关的内容了，包括有关浮点处理器的内容和信号屏蔽位图（arch/i386/kernel/signal.c）：

[ret_with_reschedule( ) > do_signal( ) > handle_signal( ) > setup_frame( ) > setup_sigcontext( )]

```
314     /*
315      * Set up a signal frame.
316      */
317
318     static int
319     setup_sigcontext(struct sigcontext *sc, struct _fpstate *fpstate,
320             struct pt_regs *regs, unsigned long mask)
321     {
322         int tmp, err = 0;
323
324         tmp = 0;
325         __asm__("movl %%gs,%0" : "=r"(tmp): "0"(tmp));
326         err |= __put_user(tmp, (unsigned int *)&sc->gs);
327         __asm__("movl %%fs,%0" : "=r"(tmp): "0"(tmp));
328         err |= __put_user(tmp, (unsigned int *)&sc->fs);
329
330         err |= __put_user(regs->xes, (unsigned int *)&sc->es);
331         err |= __put_user(regs->xds, (unsigned int *)&sc->ds);
332         err |= __put_user(regs->edi, &sc->edi);
333         err |= __put_user(regs->esi, &sc->esi);
334         err |= __put_user(regs->ebp, &sc->ebp);
335         err |= __put_user(regs->esp, &sc->esp);
336         err |= __put_user(regs->ebx, &sc->ebx);
337         err |= __put_user(regs->edx, &sc->edx);
```

```
338         err |= __put_user(regs->ecx, &sc->ecx);
339         err |= __put_user(regs->eax, &sc->eax);
340         err |= __put_user(current->thread.trap_no, &sc->trapno);
341         err |= __put_user(current->thread.error_code, &sc->err);
342         err |= __put_user(regs->eip, &sc->eip);
343         err |= __put_user(regs->xcs, (unsigned int *)&sc->cs);
344         err |= __put_user(regs->eflags, &sc->eflags);
345         err |= __put_user(regs->esp, &sc->esp_at_signal);
346         err |= __put_user(regs->xss, (unsigned int *)&sc->ss);
347
348         tmp = save_i387(fpstate);
349         if (tmp < 0)
350           err = 1;
351         else
352           err |= __put_user(tmp ? fpstate : NULL, &sc->fpstate);
353
354         /* non-iBCS2 extensions.. */
355         err |= __put_user(mask, &sc->oldmask);
356         err |= __put_user(current->thread.cr2, &sc->cr2);
357
358         return err;
359     }
```

我们把这个函数的代码留给读者。完成以后，如果信号屏蔽位图的大小超过一个长整数的大小，则还要把超出的部分也复制过去。

下面是关键的部分，也就是对重返系统空间进行安排了。在 sigframe 数据结构中有个 8 字节的数组 retcode[ ]，还有个指针 pretcode。指针 pretcode 指向一段使进程在执行完信号处理程序后重返系统空间的代码。如果用户提供了这么一个函数，就把该函数指针复制到 pretcode 中；否则，在典型的情况下，就使这个指针指向 retcode[ ]（见 424 行），并且在 retcode[ ]中预先写入这样三条指令（见 426～428 行）：

```
popl    %eax;
movl    $__NR_sigreturn , %eax;
int     $0x80;
```

这三条指令正好占 8 个字节。指令中的__NR_sigreturn 为系统调用 sigreturn( )的调用号。经过这样处理以后，用户空间中堆栈的构成如图 6.7 所示。

这里要指出，当前进程返回到用户空间时（下面就会看到），是"返回"而不是"调用"进入信号处理程序的，所以在 pretcode 的下方不会再压入一个"返回地址"。这样，pretcode 就正好处在本来应该是信号处理程序运行框架中返回地址的位置上。在信号处理程序的末尾执行 ret 指令时，就会把它当成返回地址而转入预先"埋伏"在 retcode[ ]中的三条指令，或者由用户另行提供的 sa_restorer 函数。而位于 pretcode 上方的 sig，则成为对信号处理程序的第一个调用参数。可见，sigframe 数据结构的内容，包括各个字段的次序，是根据整个执行过程精心设计好的，不能随便更改。

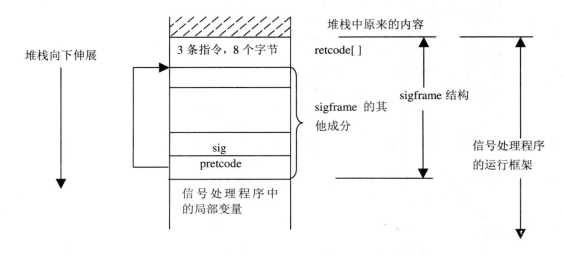

图 6.7　信号处理结束返回系统空间前用户空间堆栈结构图

读者也许要问：这里一共就是三条指令，进程在执行"int　$0x80"指令进入 sigreturn( )系统调用之后最终还要回到用户空间来，那时候按理应该回到它的下一条指令，可是这里没有指令了啊。答案是，在系统调用 sigreturn( )中，要从用户空间的这个框架中恢复转入用户空间之前的"原始框架"，所以到那时候就会返回到原先应该去的地方，也就是当初发生中断、异常或系统调用的地方。

安排好了用户空间中的框架，就要安排系统空间的框架了。这里最关键的是返回到用户空间时的堆栈指针 regs -> esp 和取指令指针 regs -> eip。还有就是一些段寄存器，不过其实这些寄存器的值本来也就是__USER_DS 和 __USER_CS，只有在特殊的情况下才有例外。至于一些通用寄存器，如%eax，%ebx 等，则对于信号处理程序并无意义，所以不需要设置。最后，处理器在用户空间时有可能正处于硬件跟踪模式，而信号处理程序相应于中断处理，所以在进入这段程序时要把硬件跟踪关闭，也就是在标志寄存器的映象 regs -> eflags 中将 TF 位清 0。经过这样的安排以后，就为表面上按正常途径"返回"用户空间，但是实际上却转入信号处理程序作好了准备。最终，处理器经由 setup_frame( )，handle_signal( )和 do_signal( )逐层返回到 entry.S 中的 signal_return，从而进入 restore_all。从那以后的过程读者应该已经熟悉了（见第 3 章）。由于 regs -> esp 和 regs -> eip 的设置，处理器进入用户空间时从 ka -> sa.sa_handler 所指向的地方开始执行，而堆栈指针则指向前面设置好了的框架，实际上是指向 frame -> pretcode，即信号处理程序的返回地址，正好跟在用户空间中通过 call 语句进入信号处理程序时一样。

信号处理程序执行完毕以后，处理器又通过系统调用 sigreturn( )进入系统空间。内核中实现这个系统调用的主体是 sys_sigreturn( )，其代码也在 arch/i386/kernel/signal.c 中：

```
249    asmlinkage int sys_sigreturn(unsigned long __unused)
250    {
251        struct pt_regs *regs = (struct pt_regs *) &__unused;
252        struct sigframe *frame = (struct sigframe *)(regs->esp - 8);
253        sigset_t set;
254        int eax;
255
```

```
256         if (verify_area(VERIFY_READ, frame, sizeof(*frame)))
257             goto badframe;
258         if (__get_user(set.sig[0], &frame->sc.oldmask)
259             || (_NSIG_WORDS > 1
260             && __copy_from_user(&set.sig[1], &frame->extramask,
261                     sizeof(frame->extramask))))
262             goto badframe;
263
264         sigdelsetmask(&set, ~_BLOCKABLE);
265         spin_lock_irq(&current->sigmask_lock);
266         current->blocked = set;
267         recalc_sigpending(current);
268         spin_unlock_irq(&current->sigmask_lock);
269
270         if (restore_sigcontext(regs, &frame->sc, &eax))
271             goto badframe;
272         return eax;
273
274     badframe:
275         force_sig(SIGSEGV, current);
276         return 0;
277     }
```

显然，这段程序的作用，就是从用户空间执行信号处理程序的框架中恢复当初系统空间中的原始框架。我们把这段程序留给读者自己阅读，不过有两点要提示一下。

首先，系统调用的框架就是系统空间堆栈上的 pt_regs 数据结构。在 sys_sigreturn( ) 中取第一个调用参数 __unused 的地址就得到了这个结构的起始地址。读者不妨回顾一下第 3 章中的有关内容。在执行完宏操作 SAVE_ALL 以后，系统空间堆栈中的最后一项，也就是 pt_regs 结构中的第一项，是 %ebx 的内容。它的下面就是调用 sys_sigreturn( ) 的第一个（也是惟一的）参数 __unused。不过这里并不需要用到这个参数的内容，而只是要知道它在堆栈中的地址，因为这就是 pt_regs 数据结构的起始地址。

还有，就是用户空间中的框架，也就是 sigframe 数据结构的起始地址 frame。该结构中底部的第一项 pretcode 就是信号处理程序的返回地址，所以当处理器从信号处理程序返回时，堆栈指针就调整到了这一项的上方，也就是起始地址加 4 个字节的地方。然后，前述三条指令中的第一条 "popl %eax" 又使堆栈指针往上调了 4 个字节。这样，当处理器在用户空间执行 int 指令进入系统空间时，其用户空间的堆栈指针指向该 sigframe 结构的起始地址再加 8 个字节的地方，所以（regs->esp-8）就是这个结构的起始地址。

函数中其余的代码，以及处理器使用恢复后的原始框架返回用户空间的过程，读者应该不会有什么困难了。

读者也许要问，既然通过 sigreturn( ) 重返系统空间以后实际上不干什么事，只是恢复了原始框架以后就从 "原先的系统调用（或中断）" 返回了，那么是否可以简化一点呢？例如，可以在用户空间堆栈中，从当前的系统调用框架向下调整，先将系统空间堆栈中的返回地址搬到用户空间堆栈中，而把系统空间堆栈中的返回地址，改成指向用户空间的信号处理程序。这样，从当前系统调用返回时就会返回到用户空间中的信号处理程序。而在执行完信号处理程序后碰到 ret 指令时，则又返回到原先进行系统调用或发生中断的地方。这样，整个过程简化了，代码也简单了，而系统调用 sigreturn( ) 也不需要了，岂不很好？事实上，早期的 unix（如第 6 版）正是这样做的。但是在这样的解决方案中必须有个保证，就是用户空间的信号处理程序对于处理器的"工作现场"（即内核中通过 SAVE_ALL 保存的所有寄存器的内容）完全"透明"，即不改变这些寄存器的内容。例如，如果能保证在进入信号处理程序时一定会调用一段类似于 SAVE_ALL 的程序，而在离开信号处理程序之前则调用一段类似于 RESTORE_ALL 的程序，那就没有问题了。然而，信号处理程序是由用户开发，且在用户空间中运行的，没有一个通用有效并且可靠的方法可以保证由用户开发的程序对寄存器内容的透明性。明白了这一点，就可以理解为什么要煞费苦心地来设计一个 sigreturn( )系统调用了。

通过对从设置"信号向量"、发送信号、到执行信号处理程序的全过程的了解，并且将此过程与中断机制中设置"中断向量"、中断请求、到执行中断处理程序的过程加以类比，读者应该对信号机制有了比较深入的理解。当然，进程之间通过信号机制的互动要有用户程序的参与，而那已是属于应用程序设计的范畴了。有兴趣（或者有需要）的读者可以参考有关专著。

6.5 系统调用 ptrace( )和进程跟踪

为方便应用软件的开发和调试，从 Unix 的早期版本开始就提供了一种对运行中的进程进行跟踪和控制的手段，那就是系统调用 ptrace( )。通过 ptrace( )，一个进程可以动态地读/写另一个进程的内存和寄存器，包括其指令空间、数据空间、堆栈以及所有的寄存器。与信号机制（以及其他手段）相结合，就可以实现让一个进程在另一个进程的控制和跟踪下运行的目的。GNU 的调试工具 gdb 就是一个典型的实例。通过 gdb，软件开发人员可以使一个应用程序在 gdb 的"监视"和操纵下受控地运行。对于受 gdb 控制的进程，可以通过在其程序中设置断点，检查其堆栈以确定函数调用路线，检查并改变局部变量或全局变量的内容等等方法，来进行调试。显然，所有这些手段从概念上说都确实属于进程间"通信"的范畴，但是必须指出，这只是为软件调试而设计和设立的，不应该用于一般的进程间通信。一般而言，通信是要由双方都介入且互相协调才能完成的。就拿"管道"来说，虽然管道是单向的，但一定得由一方写，另一方读才能达到目的。再拿信号来说，虽然信号是异步的，也就是接收信号的一方并不知道信号会在什么时候到来，因而在应用程序中并不主动有意地去检查有否信号到达。但是从总体而言，接收方知道信号可能会到来，并且为此在应用程序中作出了安排。而当信号真的到来时，接收方也"知道"其到来，并根据事先的安排作出反应。然而，由 ptrace( )所实现的"通信"却完全是单方面的，被跟踪的进程甚至并不知道（从应用程序的角度而言）自己是在受到控制和监视的条件下运行。从这个角度讲，ptrace( )其实又不属于"进程间通信"。

那么，怎样通过 ptrace( )来实现上述这些目的呢？先来看看这个系统调用的格式：

```
int ptrace(int request, int pid, int addr, int data);
```

参数 pid 为进程号，指明了操作的对象，而 request，则是具体的操作，文件 include/linux/ptrace.h 中定义了所有可能的操作码：

```
8   #define PTRACE_TRACEME          0
9   #define PTRACE_PEEKTEXT         1
10  #define PTRACE_PEEKDATA         2
11  #define PTRACE_PEEKUSR          3
12  #define PTRACE_POKETEXT         4
13  #define PTRACE_POKEDATA         5
```

```
14      #define PTRACE_POKEUSR          6
15      #define PTRACE_CONT             7
16      #define PTRACE_KILL             8
17      #define PTRACE_SINGLESTEP       9
18
19      #define PTRACE_ATTACH           0x10
20      #define PTRACE_DETACH           0x11
21
22      #define PTRACE_SYSCALL          24
```

跟踪者（如 gdb）先要通过 PTRACE_ATTACH 与被跟踪进程建立起关系，或者说"Attach"到被跟踪进程。然后，就可以通过各种 PEEK 和 POKE 操作来读/写被跟踪进程的指令空间、数据空间或者各个寄存器，每次都是一个长字，由 addr 指明其地址；或者，也可以通过 PTRACE_SINGLESTEP、PTRACE_KILL，PTRACE_SYSCALL 和 PTRACE_CONT 等操作来控制被跟踪进程的运行。最后，通过 PTRACE_DETACH 跟被跟踪进程脱离关系。所有这些操作都是单方面的，被跟踪进程既不能拒绝，也无需"合作"。惟一例外是 PTRACE_TRACEME，用来主动接受跟踪。

像其他系统调用一样，ptrace( )在内核中的实现是 sys_ptrace( )。其代码在 arch/i386/kernel/ptrace.c 中：

[sys_ptrace( )]

```
137     asmlinkage int sys_ptrace(long request, long pid, long addr, long data)
138     {
139         struct task_struct *child;
140         struct user * dummy = NULL;
141         int i, ret;
142
143         lock_kernel( );
144         ret = -EPERM;
145         if (request == PTRACE_TRACEME) {
146             /* are we already being traced? */
147             if (current->ptrace & PT_PTRACED)
148                 goto out;
149             /* set the ptrace bit in the process flags. */
150             current->ptrace |= PT_PTRACED;
151             ret = 0;
152             goto out;
153         }
```

首先是对 PTRACE_TRACEME 的处理，那就是设置当前进程 task_struct 中的标志位 PF_PTRACED。这个标志位的作用读者以后会看到。如果不是主动请求跟踪，那就一定有个目标进程了。继续往下看代码：

[sys_ptrace( )]

```
154         ret = -ESRCH;
155         read_lock(&tasklist_lock);
156         child = find_task_by_pid(pid);
157         if (child)
158             get_task_struct(child);
159         read_unlock(&tasklist_lock);
160         if (!child)
161             goto out;
162
163         ret = -EPERM;
164         if (pid == 1)        /* you may not mess with init */
165             goto out_tsk;
166
```

函数 find_task_by_pid( )，顾名思义就是根据进程号找到目标进程的 task_struct 结构。可是跟踪者怎样才能知道目标进程的进程号呢？以 gdb 为例有两种情况。一种情况是被跟踪进程本来就是由 gdb 通过 fork( )和 exec( )启动的。这种情况下的命令行为：

  gdb prog

执行 prog 的进程本来就是 gdb 的子进程，所以 gdb 当然知道它的进程号。

另一种情况是 prog 进程在启动 gdb 之前已经在运行。在这种情况下操作人员要先弄清楚它的进程号（如通过"ps"），再把这进程号作为参数用在启动 gdb 的命令行中。此时的命令行类似于：

  gdb prog 1234

因此，在这两种情况下 gdb 都会知道目标进程的进程号。

不过请注意，1 号进程，即初始化进程 init( )是不允许跟踪的。

找到目标进程以后，要通过 get_task_struct( )递增对子进程的 task_struct 所在页面的使用计数，到完成了操作以后再通过后面（468 行）的 free_task_struct( )还原。这是因为有些操作在过程中可能会发生进程调度（读者可以自己看一下 access_process_vm( )的代码），需要防止因为子进程先得到机会运行并且 exit( )，从而将其 task_struct 结构所在页面释放掉的可能。

现在可以执行具体的操作了，先来看 PTRACE_ATTACH：

[sys_ptrace( )]

```
167         if (request == PTRACE_ATTACH) {
168             if (child == current)
169                 goto out_tsk;
170             if ((!child->dumpable ||
171                 (current->uid != child->euid) ||
172                 (current->uid != child->suid) ||
173                 (current->uid != child->uid) ||
174                 (current->gid != child->egid) ||
175                 (current->gid != child->sgid) ||
176                 (!cap_issubset(child->cap_permitted, current->cap_permitted)) ||
177                 (current->gid != child->gid)) && !capable(CAP_SYS_PTRACE))
```

```
178                 goto out_tsk;
179             /* the same process cannot be attached many times */
180             if (child->ptrace & PT_PTRACED)
181                 goto out_tsk;
182             child->ptrace |= PT_PTRACED;
183
184             write_lock_irq(&tasklist_lock);
185             if (child->p_pptr != current) {
186                 REMOVE_LINKS(child);
187                 child->p_pptr = current;
188                 SET_LINKS(child);
189             }
190             write_unlock_irq(&tasklist_lock);
191
192             send_sig(SIGSTOP, child, 1);
193             ret = 0;
194             goto out_tsk;
195         }
```

跟踪不是无条件的。谁可以跟踪谁，需要满足一些条件。首先，自己不允许（也不必要）跟踪自己。除此之外，170 行开始的 if 语句给出了这些条件。一般来说，两个进程要属于同一用户或同一组。读者可以参看"文件系统"一章中的有关内容，搞清这些条件的含意。注意这里的 capable( ) 定义为 suser( )，也就是说如果两个进程不属于同一组，就要将当前进程提升为特权用户进程才行，而这当然也是有条件的。此外，被跟踪的进程必须是尚未受其他进程跟踪的。所谓 attach，或者说建立起跟踪关系，就是做三件事：一是将被跟踪进程的 PF_TRACED 标志设成 1（182 行）。还有，就是如果被跟踪进程不是跟踪者的子进程就将其"收养"为跟踪者的子进程（185～189 行）。最后，还要向被跟踪进程发送一个 SIGSTOP 信号（192 行），这样被跟踪进程被调度运行时就会对信号作出反应而进入暂停状态。

如果不是 PTRACE_ATTACH 话，那就必然是对已经处于被跟踪地位的进程后续操作了。

[sys_ptrace( )]

```
196         ret = -ESRCH;
197         if (!(child->ptrace & PT_PTRACED))
198             goto out_tsk;
199         if (child->state != TASK_STOPPED) {
200             if (request != PTRACE_KILL)
201                 goto out_tsk;
202         }
203         if (child->p_pptr != current)
204             goto out_tsk;
```

就是说，先要加以核实。目标进程的 PF_TRACED 标志位必须是 1，目标进程必须是当前进程的子进程，并且处于 TASK_STOPPED 状态。这也说明，如果目标进程是通过 PTRACE_TRACEME 操作主动接受跟踪的话，只有其父进程才能对其实行跟踪，并且先要向其发送一个 SIGSTOP 信号。所以，跟踪只能对子进程进行，哪怕是临时"收养"的子进程。

通过了对条件的检验以后，就进入一个switch语句，针对不同的操作码来执行了：

[sys_ptrace( )]

```
205         switch (request) {
206         /* when I and D space are separate, these will need to be fixed. */
207         case PTRACE_PEEKTEXT: /* read word at location addr. */
208         case PTRACE_PEEKDATA: {
209             unsigned long tmp;
210             int copied;
211
212             copied = access_process_vm(child, addr, &tmp, sizeof(tmp), 0);
213             ret = -EIO;
214             if (copied != sizeof(tmp))
215                 break;
216             ret = put_user(tmp, (unsigned long *) data);
217             break;
218         }
219
```

PTRACE_PEEKTEXT 操作从子进程的指令空间，或称代码段中地址为 addr 处读取一个长字，而 PTRACE_PEEKDATA 则从子进程的数据空间读一个长字。读者可以回顾一下第 2 章中有关的内容，在 Linux 内核中代码空间和数据空间实际上是一致的，所以二者可以合并在一起处理。函数 access_process_vm( ) 的代码在 kernel/ptrace.c 中，我们把它作为对第 2 章的复习，留给读者自己阅读。access_process_vm( ) 是个对给定进程的存储空间进行读或写的通用函数。它先通过 find_extend_vma( ) 找到该进程包含着给定地址的虚存区间，然后根据需要读/写的长度在 access_mm( ) 中通过 access_one_page( ) 访问所涉及的各个页面。而 access_one_page( ) 则是对给定进程的某一页面进行读写的通用函数，它从进程的某一虚存区间，也就是 vm_area_struct 结构开始，先找到给定页面所在的页面目录项，然后往下找到相应的页面项。找到页面项以后，就可以将其所映射的物理页面临时映射到当前进程的虚存空间中，并对其进行读/写。完成以后，就通过 put_user( ) 将读取的长字写回当前进程的用户空间。也许有读者会问，当父进程正在读子进程的物理空间时，会不会子进程也正好在同一地址上写，从而使读出的数据不正确呢？不会的。首先，前面的检验已经确保了子进程正处于"暂停"状态 TASK_STOPPED（这已经是考虑到了多处理器的情况，至于在单处理器系统中，则既然当前进程正在运行，其子进程显然不在运行）。另外，对 PTRACE_PEEKTEXT 和 PTRACE_PEEKDATA 而言，所读取的只是一个长字，在 32 位的 CPU 中只要一条指令就完成了，是个"原子"操作。

回顾一下第 2 章和第 3 章，读者就可以明白，进程的用户空间堆栈也在其数据空间中，所以也可以通过 PTRACE_PEEKDATA 操作来读子进程用户空间的堆栈。当然，先要通过其他操作得到其用户空间的堆栈指针。

最后，还要指出，PTRACE_PEEKDATA 和 PTRACE_PEEKTEXT 只能用来读子进程的用户空间，而不能用来读系统（内核）空间，这是由函数 find_extend_vma( ) 所保证的。但是，子进程的（与跟踪有关的）有些信息却在系统空间中。例如，当子进程处于睡眠或暂停状态时，其进入系统空间前夕的寄存器内容都保存在它的系统空间堆栈中（pt_regs 结构），还有些信息则在它的 task_struct 结构内部的一个 thread_struct 结构中。怎样读取这些信息呢？沿着 ptrace.c 的代码继续往下看：

[sys_ptrace( )]

```
220         /* read the word at location addr in the USER area. */
221         case PTRACE_PEEKUSR: {
222             unsigned long tmp;
223
224             ret = -EIO;
225             if ((addr & 3) || addr < 0 ||
226                 addr > sizeof(struct user) - 3)
227                 break;
228
229             tmp = 0;  /* Default return condition */
230             if(addr < 17*sizeof(long))
231                 tmp = getreg(child, addr);
232             if(addr >= (long) &dummy->u_debugreg[0] &&
233                 addr <= (long) &dummy->u_debugreg[7]){
234                 addr -= (long) &dummy->u_debugreg[0];
235                 addr = addr >> 2;
236                 tmp = child->thread.debugreg[addr];
237             }
238             ret = put_user(tmp, (unsigned long *) data);
239             break;
240         }
241
```

这个操作有两种作用，第一是用于读取子进程在用户空间运行时（进入系统空间前夕）的某个寄存器的内容（注意此时子进程必定在系统空间中，因为调度和切换只发生于系统空间）。我们先来看这一部分。要读取一个寄存器的内容时，参数 addr 必须是寄存器号乘以 4。对 i386 处理器而言共有 17 个这样的寄存器，定义于 ptrace.h 中。不过，所谓"寄存器"其实并不完全是字面意义上的，例如 EAX 和 ORIG_EAX 就算作两项，因为在系统空间堆栈的 pt_regs 结构中它们是有区别的（系统调用使用 EAX 来返回出错代码）。当 addr 指明这 17 个"寄存器"之一时，就通过 getreg( ) 来读取其内容（代码在同一文件 ptrace.c 中）：

[sys_ptrace( ) > getreg( )]

```
110     static unsigned long getreg(struct task_struct *child,
111         unsigned long regno)
112     {
113         unsigned long retval = ~0UL;
114
115         switch (regno >> 2) {
116             case FS:
117                 retval = child->thread.fs;
118                 break;
```

```
119                 case GS:
120                     retval = child->thread.gs;
121                     break;
122                 case DS:
123                 case ES:
124                 case SS:
125                 case CS:
126                     retval = 0xffff;
127                     /* fall through */
128                 default:
129                     if (regno > GS*4)
130                         regno -= 2*4;
131                     regno = regno - sizeof(struct pt_regs);
132                     retval &= get_stack_long(child, regno);
133             }
134         return retval;
135     }
```

也就是说，除 FS 和 GS 的映象在 thread_struct 结构中外，其余的都在系统空间堆栈的 pt_regs 结构中。注意，第 127 行处并无 break 语句。函数 get_stack_long( )的代码也在同一文件中：

[sys_ptrace( ) > getreg( ) > get_stack_long( )]

```
41      /*
42       * this routine will get a word off of the processes privileged stack.
43       * the offset is how far from the base addr as stored in the TSS.
44       * this routine assumes that all the privileged stacks are in our
45       * data space.
46       */
47      static inline int get_stack_long(struct task_struct *task, int offset)
48      {
49          unsigned char *stack;
50
51          stack = (unsigned char *)task->thread.esp0;
52          stack += offset;
53          return (*((int *)stack));
54      }
```

读者也许还记得，一个进程的 thread_struct 结构中的 esp0 保存着其系统空间堆栈指针。当进程穿过中断门、陷阱门或调用门进入系统空间时，处理器会从这里恢复其系统空间堆栈。

再来看 PTRACE_PEEKUSR 的第二种作用，这就要先介绍一些背景知识了。Intel 在 i386 系统结构中首创性地引入了"调试寄存器"（debug registers），为软件的开发与维护提供了功能很强而且效率很高的调试手段。用户进程可以通过设置一些调试寄存器来使处理器在一定的条件下落入"陷阱"，从而进入一个"断点"，即一段调试程序。这些条件包括：①当处理器执行到某一指令时；②当处理器读某一内存地址时；③从处理器写某一内存地址时。而"陷阱"则是指专门用于虚地址模式程序调试的 1 号陷阱 debug（另有一个用于实地址模式的 3 号陷阱 int3，在 Linux 中仅用于 vm86 模式）。内核中对这个陷阱的处理程序为 do_debug( )，其代码在 traps.c 中。有关调试寄存器的详情则请参阅 Intel 的手册或其他技术资料：

```
488     /*
489      * Our handling of the processor debug registers is non-trivial.
490      * We do not clear them on entry and exit from the kernel. Therefore
491      * it is possible to get a watchpoint trap here from inside the kernel.
492      * However, the code in ./ptrace.c has ensured that the user can
493      * only set watchpoints on userspace addresses. Therefore the in-kernel
494      * watchpoint trap can only occur in code which is reading/writing
495      * from user space. Such code must not hold kernel locks (since it
496      * can equally take a page fault), therefore it is safe to call
497      * force_sig_info even though that claims and releases locks.
498      *
499      * Code in ./signal.c ensures that the debug control register
500      * is restored before we deliver any signal, and therefore that
501      * user code runs with the correct debug control register even though
502      * we clear it here.
503      *
504      * Being careful here means that we don't have to be as careful in a
505      * lot of more complicated places (task switching can be a bit lazy
506      * about restoring all the debug state, and ptrace doesn't have to
507      * find every occurrence of the TF bit that could be saved away even
508      * by user code)
509      */
510     asmlinkage void do_debug(struct pt_regs * regs, long error_code)
511     {
512         unsigned int condition;
513         struct task_struct *tsk = current;
514         siginfo_t info;
515
516         __asm__ __volatile__("movl %%db6,%0" : "=r" (condition));
517
518         /* Mask out spurious debug traps due to lazy DR7 setting */
519         if (condition & (DR_TRAP0|DR_TRAP1|DR_TRAP2|DR_TRAP3)) {
520             if (!tsk->thread.debugreg[7])
521                 goto clear_dr7;
522         }
523
524         if (regs->eflags & VM_MASK)
525             goto debug_vm86;
526
527         /* Save debug status register where ptrace can see it */
528         tsk->thread.debugreg[6] = condition;
529
530         /* Mask out spurious TF errors due to lazy TF clearing */
531         if (condition & DR_STEP) {
```

```
532             /*
533              * The TF error should be masked out only if the current
534              * process is not traced and if the TRAP flag has been set
535              * previously by a tracing process (condition detected by
536              * the PT_DTRACE flag); remember that the i386 TRAP flag
537              * can be modified by the process itself in user mode,
538              * allowing programs to debug themselves without the ptrace( )
539              * interface.
540              */
541             if ((tsk->ptrace & (PT_DTRACE|PT_PTRACED)) == PT_DTRACE)
542                 goto clear_TF;
543         }
544
545         /* Ok, finally something we can handle */
546         tsk->thread.trap_no = 1;
547         tsk->thread.error_code = error_code;
548         info.si_signo = SIGTRAP;
549         info.si_errno = 0;
550         info.si_code = TRAP_BRKPT;
551
552         /* If this is a kernel mode trap, save the user PC on entry to
553          * the kernel, that's what the debugger can make sense of.
554          */
555         info.si_addr = ((regs->xcs & 3) == 0) ? (void *)tsk->thread.eip :
556                                                 (void *)regs->eip;
557         force_sig_info(SIGTRAP, &info, tsk);
558
559         /* Disable additional traps. They'll be re-enabled when
560          * the signal is delivered.
561          */
562 clear_dr7:
563         __asm__("movl %0,%%db7"
564             : /* no output */
565             : "r" (0));
566         return;
567
568 debug_vm86:
569         handle_vm86_trap((struct kernel_vm86_regs *) regs, error_code, 1);
570         return;
571
572 clear_TF:
573         regs->eflags &= ~TF_MASK;
574         return;
575     }
```

我们不详细讲解这些程序了，但是读者可以看到它对当前进程，也就是引起此次陷阱的进程发出一个 SIGTRAP 信号（见 557 行），并且通过 siginfo_t 数据结构载送断点所在的地址（见 555 行）。当然，引起这次陷阱的进程要事先为处理这个信号作好准备（否则进程就会"流产"）。这也是为什么在编译供调试的程序时要使用"-g"选择项的原因之一。

回到 PTRACE_PEEKUSR 的代码中。这里的局部量 dummy 是个 user 结构指针，其值在开头时初始化成 NULL。第 232 和 233 行是对 addr 的范围进行检查。也就是，假定一个 user 结构是从地址 0 开始的，看 addr 的值是否对应于该结构中 u_debugreg[ ]数组的偏移量。数据结构 struct user 是在进程"流产"（abort）时转储（dump）内存映象时使用的，定义于 include/asm-i386/user.h 中：

```
88      /* When the kernel dumps core, it starts by dumping the user struct -
89         this will be used by gdb to figure out where the data and stack segments
90         are within the file, and what virtual addresses to use. */
91      struct user{
92      /* We start with the registers, to mimic the way that "memory" is returned
93         from the ptrace(3,...) function. */
94         struct user_regs_struct regs;     /* Where the registers are actually stored */
95      /* ptrace does not yet supply these.  Someday.... */
96         int u_fpvalid;                    /* True if math co-processor being used. */
97                                           /* for this mess. Not yet used. */
98         struct user_i387_struct i387;     /* Math Co-processor registers. */
99      /* The rest of this junk is to help gdb figure out what goes where */
100        unsigned long int u_tsize;        /* Text segment size (pages). */
101        unsigned long int u_dsize;        /* Data segment size (pages). */
102        unsigned long int u_ssize;        /* Stack segment size (pages). */
103        unsigned long start_code;         /* Starting virtual address of text. */
104        unsigned long start_stack;        /* Starting virtual address of stack area.
105                                             This is actually the bottom of the stack,
106                                             the top of the stack is always found in the
107                                             esp register. */
108        long int signal;                  /* Signal that caused the core dump. */
109        int reserved;                     /* No longer used */
110        struct user_pt_regs * u_ar0;      /* Used by gdb to help find the values for */
111                                          /* the registers. */
112        struct user_i387_struct* u_fpstate; /* Math Co-processor pointer. */
113        unsigned long magic;              /* To uniquely identify a core file */
114        char u_comm[32];                  /* User command that was responsible */
115        int u_debugreg[8];
116     };
```

不过，这个数据结构在这里只是用来检查参数 addr 的范围，而具体调试寄存器的映象则在子进程的 thread_struct 结构中（见 236 行）。

PTRACE_POKETEXT 和 PTRACE_POKEDATA 是前面两个操作的逆向操作，代码很简单（ptrace.c）。

[sys_ptrace( )]

```
242         /* when I and D space are separate, this will have to be fixed. */
243         case PTRACE_POKETEXT: /* write the word at location addr. */
```

```
244         case PTRACE_POKEDATA:
245             ret = 0;
246             if (access_process_vm(child, addr, &data, sizeof(data), 1) ==sizeof(data))
247                 break;
248             ret = -EIO;
249             break;
250
```

PTRACE_POKEUSR 则稍微要复杂一点：

[sys_ptrace( )]

```
251         case PTRACE_POKEUSR: /* write the word at location addr in the USER area */
252             ret = -EIO;
253             if ((addr & 3) || addr < 0 ||
254                 addr > sizeof(struct user) - 3)
255                 break;
256
257             if (addr < 17*sizeof(long)) {
258                 ret = putreg(child, addr, data);
259                 break;
260             }
261             /* We need to be very careful here.  We implicitly
262                want to modify a portion of the task_struct, and we
263                have to be selective about what portions we allow someone
264                to modify. */
265
266             ret = -EIO;
267             if(addr >= (long) &dummy->u_debugreg[0] &&
268                addr <= (long) &dummy->u_debugreg[7]){
269
270                 if(addr == (long) &dummy->u_debugreg[4]) break;
271                 if(addr == (long) &dummy->u_debugreg[5]) break;
272                 if(addr < (long) &dummy->u_debugreg[4] &&
273                    ((unsigned long) data) >= TASK_SIZE-3) break;
274
275                 if(addr == (long) &dummy->u_debugreg[7]) {
276                     data &= ~DR_CONTROL_RESERVED;
277                     for(i=0; i<4; i++)
278                         if ((0x5f54 >> ((data >> (16 + 4*i)) & 0xf)) & 1)
279                             goto out_tsk;
280                 }
281
282                 addr -= (long) &dummy->u_debugreg;
283                 addr = addr >> 2;
284                 child->thread.debugreg[addr] = data;
285                 ret = 0;
```

```
286             }
287             break;
288
```

这里的特别之处仅在于对参数 addr 和 data 的检查。首先，调试寄存器 0 至 3 这四个寄存器是允许设置的，但是要检查所设置的值 data（实际上是个内存地址）是否越出了用户空间的范围。除此之外，只有调度寄存器 7 是允许设置的，但是对其数值有些特殊的要求。

操作 PTRACE_SYSCALL 和 PTRACE_CONT 为一组，分别用来使被跟踪的子进程在下一次系统调用时暂停或继续：

[sys_ptrace( )]

```
289         case PTRACE_SYSCALL: /* continue and stop at next (return from) syscall */
290         case PTRACE_CONT: { /* restart after signal. */
291             long tmp;
292
293             ret = -EIO;
294             if ((unsigned long) data > _NSIG)
295                 break;
296             if (request == PTRACE_SYSCALL)
297                 child->ptrace |= PT_TRACESYS;
298             else
299                 child->ptrace &= ~PT_TRACESYS;
300             child->exit_code = data;
301     /* make sure the single step bit is not set. */
302             tmp = get_stack_long(child, EFL_OFFSET) & ~TRAP_FLAG;
303             put_stack_long(child, EFL_OFFSET, tmp);
304             wake_up_process(child);
305             ret = 0;
306             break;
307         }
308
```

使子进程在下一次进入系统调用时暂停与使子进程在执行下一条指令后暂停（PTRACE_SINGLESTEP）是互斥的。所以，要将子进程的标志寄存器映象中的 TRAP_FLAG 标志清 0（302～303 行）。读者在前面已看到过 get_stack_long( )的代码，而 put_stack_long( )即为其逆向操作。使被跟踪进程在下一次进入系统调用时暂停是通过其 task_struct 结构中的 PF_TRACESYS 标志位起作用的。

在第 3 章讲述系统调用过程时我们有意忽略了标 V 志位 PF_TRACESYS 的作用，现在把它补上。让我们来看看文件 arch/i386/kernle/entry.S 中的几个片断：

```
195     ENTRY(system_call)
196         pushl %eax              # save orig_eax
197         SAVE_ALL
198         GET_CURRENT(%ebx)
```

```
199         cmpl $(NR_syscalls),%eax
200         jae badsys
201         testb $0x02,tsk_ptrace(%ebx)    # PT_TRACESYS
202         jne tracesys
203         call *SYMBOL_NAME(sys_call_table)(,%eax,4)
   ......
244     tracesys:
245         movl $-ENOSYS,EAX(%esp)
246         call SYMBOL_NAME(syscall_trace)
247         movl ORIG_EAX(%esp),%eax
248         cmpl $(NR_syscalls),%eax
249         jae tracesys_exit
250         call *SYMBOL_NAME(sys_call_table)(,%eax,4)
251         movl %eax,EAX(%esp)            # save the return value
252     tracesys_exit:
253         call SYMBOL_NAME(syscall_trace)
254         jmp ret_from_sys_call
```

在跳转到各个系统调用的处理程序之前，先要检查当前进程的 **PF_TRACESYS** 标志，如果为 1 就转移到 tracesys。转到 tracesys 以后，首先就是调用 syscall_trace( )，其代码又回到 arch/i386/kernel/ptrace.c 中：

[system_call ( ) > syscall_trace( )]

```
465     asmlinkage void syscall_trace(void)
466     {
467         if ((current->ptrace & (PT_PTRACED|PT_TRACESYS)) !=
468                 (PT_PTRACED|PT_TRACESYS))
469             return;
470         current->exit_code = SIGTRAP;
471         current->state = TASK_STOPPED;
472         notify_parent(current, SIGCHLD);
473         schedule( );
474         /*
475          * this isn't the same as continuing with a signal, but it will do
476          * for normal use.  strace only continues with a signal if the
477          * stopping signal is not SIGTRAP.  -brl
478          */
479         if (current->exit_code) {
480             send_sig(current->exit_code, current, 1);
481             current->exit_code = 0;
482         }
483     }
```

在这里，通过 notify_parent( )，向父进程发送一个 SIGCHLD 信号，读者已经在第 4 章中见到过 notify_parent( ) 的代码。然后就调用 schedule( ) 进入暂停状态 TASK_STOPPED。当然，其父进程必定已经设置好对 SIGCHLD 信号的反应。当父进程设置了子进程的 **PF_TRACESS** 标志位，然后又接收到子进程发送过来的 SIGCHLD 信号时，就知道子进程已经在系统调用的入口陷入了暂停状态。这时候父进程就可以通过 PTRACE_PEEKUSR 等操作来收集或改变有关的数据（如调用参数）。然后，可以通过向子进程发送一个 SIGCONT 信号让它继续运行，也就是让它从 sysycall_trace( )中的 schedule( )返回，而回到 entry.S 中的 tracesys 处通过跳转表进入具体系统调用的代码（见 250 行）。父进程还可以通过 PTRACE_POKEUSR 等操作将子进程的 ORIG_EAX 设置成一个大于 NT_syscalls 的值，使子进程跳过对系统调用本身的执行（见 249 行）。最后，子进程在执行完系统调用本身以后，在 tracesys_exit 处还要再调用一次 syscall_trace( )，让父进程有个机会来收集子进程在执行完系统调用后的结果（如返回值或出错代码）。这样，父进程就可以监视子进程的所有系统调用，甚至还能向子进程"伪造"对系统调用的执行，把子进程的系统调用"重定向"到父进程的用户空间程序中。

回到 ptrace.c 中函数 sys_ptrace( )的代码继续往下看，下面比较简单一些了：

[sys_ptrace( )]

```
309     /*
310      * make the child exit.  Best I can do is send it a sigkill.
311      * perhaps it should be put in the status that it wants to
312      * exit.
313      */
314         case PTRACE_KILL: {
315             long tmp;
316
317             ret = 0;
318             if (child->state == TASK_ZOMBIE)    /* already dead */
319                 break;
320             child->exit_code = SIGKILL;
321             /* make sure the single step bit is not set. */
322             tmp = get_stack_long(child, EFL_OFFSET) & ~TRAP_FLAG;
323             put_stack_long(child, EFL_OFFSET, tmp);
324             wake_up_process(child);
325             break;
326         }
```

PTRACE_KILL 操作使子进程退出运行。除 PTRACE_ATTACH 以外，其他的操作一般都要求目标进程处于暂停状态（只有这样，目标进程的内存和寄存器映象才是静态的），只有 PTRACE_KILL 是个例外（见前面的 200～201 行所作的检查）。函数 wake_up_process( )将目标进程的状态改成 TASK_RUNING，而不问其原来是什么状态。如果子进程处于 PF_TRACESYS 状态，则当子进程下一次进行系统调用而在内核中进入 syscall_trace( )以后，会向其自身发送一个 SIGKILL 信号（见上面的 479～481 行）。继续往下看：

[sys_ptrace( )]

```
328         case PTRACE_SINGLESTEP: {  /* set the trap flag. */
329             long tmp;
330
```

```
331             ret = -EIO;
332             if ((unsigned long) data > _NSIG)
333                 break;
334             child->ptrace &= ~PT_TRACESYS;
335             if ((child->ptrace & PT_DTRACE) == 0) {
336                 /* Spurious delayed TF traps may occur */
337                 child->ptrace |= PT_DTRACE;
338             }
339             tmp = get_stack_long(child, EFL_OFFSET) | TRAP_FLAG;
340             put_stack_long(child, EFL_OFFSET, tmp);
341             child->exit_code = data;
342             /* give it a chance to run. */
343             wake_up_process(child);
344             ret = 0;
345             break;
346         }
347
```

除通过前述的调试寄存器可以让寄存器在特定的条件下进入 1 号陷阱 debug 外，i386 CPU 还提供了单步执行的手段。只要在处理器的标志寄存器中将 TRAP_FLAG 标志位设成 1，处理器就会在每执行完一条机器指令以后就进入 debug 陷阱而到达一个断点。这样，跟踪进程就可以像对待子进程的系统调用一样，在子进程每执行完一条指令后就来观察执行的结果。不过，对指令的跟踪与对系统调用的跟踪是互斥的，所以要将子进程的 PF_TRACESYS 标志清 0。注意 PF_TRACESYS 标志与 TRAP_FLAG 是两码事。前者是一个软件标志，是进程的 task_struct 结构内部 flags 中的一位，这完全是供软件使用的，而与处理器的硬件没有直接的联系。相比之下，TRAP_FLAGS 是个硬件标志，它是处理器中的"标志寄存器" EFL 的一位，直接影响着处理器的行为。每当调度一个进程进入运行时，就会在返回用户空间前夕将其标志寄存器映象装入 CPU 的标志寄存器 EFL，所以可以实现对该进程的单步跟踪，而并不影响其他进程或者在系统空间的运行。但是，直接用 TRAP_FLAG 标志位来代表 ptrace( )机制的单步跟踪状态是不可靠的。这是因为应用软件也可以改变处理器的标志寄存器，从而造成混淆。所以，ptrace( )同时还定义了一个用于单步执行的软件标志 PT_DTRACE，在通过 ptrace( )的 PTRACE_SINGLESTEP 来开始单步跟踪时就将这个软件标志也设成 1。其余的操作就比较简单了。结合前面一些操作的代码，读者自行阅读应该不会有困难（ptrace.c）。

[sys_ptrace( )]

```
348         case PTRACE_DETACH: { /* detach a process that was attached. */
349             long tmp;
350
351             ret = -EIO;
352             if ((unsigned long) data > _NSIG)
353                 break;
354             child->ptrace &= ~(PT_PTRACED|PT_TRACESYS);
355             child->exit_code = data;
356             write_lock_irq(&tasklist_lock);
357             REMOVE_LINKS(child);
```

```
358                 child->p_pptr = child->p_opptr;
359                 SET_LINKS(child);
360                 write_unlock_irq(&tasklist_lock);
361                 /* make sure the single step bit is not set. */
362                 tmp = get_stack_long(child, EFL_OFFSET) & ~TRAP_FLAG;
363                 put_stack_long(child, EFL_OFFSET, tmp);
364                 wake_up_process(child);
365                 ret = 0;
366                 break;
367         }
368
369         case PTRACE_GETREGS: { /* Get all gp regs from the child. */
370                 if (!access_ok(VERIFY_WRITE, (unsigned *)data, 17*sizeof(long))) {
371                         ret = -EIO;
372                         break;
373                 }
374                 for ( i = 0; i < 17*sizeof(long); i += sizeof(long) ) {
375                         __put_user(getreg(child, i),(unsigned long *) data);
376                         data += sizeof(long);
377                 }
378                 ret = 0;
379                 break;
380         }
381
382         case PTRACE_SETREGS: { /* Set all gp regs in the child. */
383                 unsigned long tmp;
384                 if (!access_ok(VERIFY_READ, (unsigned *)data, 17*sizeof(long))) {
385                         ret = -EIO;
386                         break;
387                 }
388                 for ( i = 0; i < 17*sizeof(long); i += sizeof(long) ) {
389                         __get_user(tmp, (unsigned long *) data);
390                         putreg(child, i, tmp);
391                         data += sizeof(long);
392                 }
393                 ret = 0;
394                 break;
395         }
396
397         case PTRACE_GETFPREGS: { /* Get the child FPU state. */
398                 if (!access_ok(VERIFY_WRITE, (unsigned *)data,
399                                sizeof(struct user_i387_struct))) {
400                         ret = -EIO;
401                         break;
402                 }
403                 ret = 0;
404                 if ( !child->used_math ) {
405                         /* Simulate an empty FPU. */
```

```c
406                 set_fpu_cwd(child, 0x037f);
407                 set_fpu_swd(child, 0x0000);
408                 set_fpu_twd(child, 0xffff);
409             }
410             get_fpregs((struct user_i387_struct *)data, child);
411             break;
412         }
413
414         case PTRACE_SETFPREGS: { /* Set the child FPU state. */
415             if (!access_ok(VERIFY_READ, (unsigned *)data,
416                     sizeof(struct user_i387_struct))) {
417                 ret = -EIO;
418                 break;
419             }
420             child->used_math = 1;
421             set_fpregs(child, (struct user_i387_struct *)data);
422             ret = 0;
423             break;
424         }
425
426         case PTRACE_GETFPXREGS: { /* Get the child extended FPU state. */
427             if (!access_ok(VERIFY_WRITE, (unsigned *)data,
428                     sizeof(struct user_fxsr_struct))) {
429                 ret = -EIO;
430                 break;
431             }
432             if ( !child->used_math ) {
433                 /* Simulate an empty FPU. */
434                 set_fpu_cwd(child, 0x037f);
435                 set_fpu_swd(child, 0x0000);
436                 set_fpu_twd(child, 0xffff);
437                 set_fpu_mxcsr(child, 0x1f80);
438             }
439             ret = get_fpxregs((struct user_fxsr_struct *)data, child);
440             break;
441         }
442
443         case PTRACE_SETFPXREGS: { /* Set the child extended FPU state. */
444             if (!access_ok(VERIFY_READ, (unsigned *)data,
445                     sizeof(struct user_fxsr_struct))) {
446                 ret = -EIO;
447                 break;
448             }
449             child->used_math = 1;
450             ret = set_fpxregs(child, (struct user_fxsr_struct *)data);
451             break;
452         }
453
```

```
454             default:
455                 ret = -EIO;
456                 break;
457             }
458     out_tsk:
459         free_task_struct(child);
460     out:
461         unlock_kernel( );
462         return ret;
463     }
```

如前所述，ptrace( )在实际运用中并不是用作进程间通讯的手段，而是作为程序调试和维护的手段。作为调试手段，其各方面的作用在早期的 Unix 系统中是无可替代的。不过，随着 Unix（以及 Linux）的发展，出现了/proc 目录下的特殊文件（见"文件系统"一章中的有关内容），使用户可以通过这些特殊文件来读/写一个进程的内存空间和其他信息，而且往往更为方便，形式上也更为划一。所以，近年来像 gdb 一类的调试工具已经倾向于更多地使用这些特殊文件（严格说来这些特殊文件当然也可用于进程间通讯，只不过人们已经有了更好的进程间通讯手段，因而不会这样去用而已）。但是，尽管如此，/proc 特殊文件还是不能完全取代 ptrace( )的作用。例如，ptrace( )有个无可替代的作用，那就是可以通过跟踪应用程序所作的系统调用来监视其运行。我们知道，Linux 内核的源代码是公开的，可是应用程序的源代码却一般都不公开。拿到一个应用程序以后，如果想要知道它究竟在干些什么，最好的办法就是监视它都作了些什么系统调用，调用时的参数都是些什么，返回值又是什么。这时就要用到 ptrace( )了。为了这个目的，Linux 专门提供了一个工具，即 shell 实用程序 strace。读者不妨先体验一下 strace 的使用，然后，想想它是怎样实现的？

```
%   strace echo hello
```

6.6 报文传递

从本节开始，我们用三节的篇幅集中介绍 Linux 内核对 Unix 系统 V 进程间通信机制的继承和实现。

早期 Unix 系统的进程间通信（IPC）机制主要有两种，就是管道和信号。后来，针对普通管道只能在"近亲"进程之间建立的缺点，又有了命名管道。但是，对于一个现代的操作系统以及日益发展的各种应用来说，这些机制虽然很重要，但也确实存在明显的不足。首先，信号所能载送的信息量很小，单独使用时不适合信息量要求比较大的场合。而管道，即使是命名管道，虽然可用于信息量较大的场合，但是对于不同的应用而言还是有许多缺点，主要有：

- 所载送的信息是无格式的字节流。设想如果一个进程要发送两段文字给另一个进程，每段文字都是一个小小的字符文件，那么对接收方进程而言，这两段文字连成了一片，怎样知道这两段文字的分界在哪儿呢？一个管道（命名的或者无名的）就好像是一条通信线路，在这条通信线路上要有一些起码的、低层的"通信规程"，例如报文的划分，才能满足较高层规程的要求。从这个角度来说，无格式字节流只是一种最原始的通信手段。
- 由于所载送的是无格式字节流，就缺乏一些控制手段，如报文的优先级别等。
- 管道机制的缓冲区大小是有限的、静态的。当发送者写满了缓冲区而接收者没有来得及从缓冲区读走，发送者就只好停下来睡眠，这就强化了管道机制的同步性要求。虽然这种同步性往往本来就是应用程序所需要的，但在某些应用中、某些场合下却成为一个缺陷。固然，可以通过使用 O_NONBLOCK 标志让发送者在缓冲区一满就返回（而不至于进入睡眠），但那样会增加应用程序的复杂性，还会进一步降低效率。再说，在管道机制中也无法让发送者预先知道缓冲区中还有多少可写空间。

- 从运行效率看，管道机制的开销也不小，尤其是当发送的信息量比较小时，平均每个字节所耗费的代价就相当高了。
- 每个管道都要占用一个打开文件号，一般的应用中这还不至于成为问题，但在某些特殊的应用中是有可能会成为问题的。

上列的多数缺陷都可以在应用软件中采取一些措施加以克服或减轻，但是那样只会使应用软件更复杂、效率更低。而操作系统的作用和目的本来就在于使应用软件更简单、更安全、更高效。这样，针对各种应用的要求，就提出了改进早期 Unix IPC 机制的任务。另一方面，当时在操作系统以及一些有关领域的理论研究也有了较大的发展而且日趋成熟，概括出了对 IPC 的几种抽象，包括报文（message）传递、共享内存以及进程同步。其中进程同步又包括了信号量（semaphore）、互斥量（mutex）以及"约会"（rendezvous）等形式。在这样的历史条件下，AT&T 在其 Unix 系统 V 版本中增加了报文传递、共享内存以及信号量三种 IPC 机制。这三种机制合在一起统称为"系统 V 进程间通信机制"。与此同时，BSD 也在早期 Unix IPC 机制的基础上作了扩充，形成了基于 socket 的 IPC 机制，使得 IPC 成为系统 V 与 BSD 版本之间的主要区别之一。而 Linux 则兼容并包，把两者都继承了下来。我们将在下一章再介绍 BSD 所扩充的 IPC 机制，而本节以及后面两节则集中于 AT&T 的系统 V IPC 机制在 Linux 内核中的具体实现。

Linux 内核为系统 V IPC 提供了一个统一的系统调用 ipc( )，也许应称为 sysv_ipc( )。其应用程序设计界面（API）为：

    int ipc(unsigned int call, int first, int second, int third, void *ptr, int firth);

其中第一个参数 call 为具体的操作码，定义于 include/asm-i386/ipc.h 中：

```
14  #define SEMOP       1
15  #define SEMGET      2
16  #define SEMCTL      3
17  #define MSGSND      11
18  #define MSGRCV      12
19  #define MSGGET      13
20  #define MSGCTL      14
21  #define SHMAT       21
22  #define SHMDT       22
23  #define SHMGET      23
24  #define SHMCTL      24
```

操作码中凡由"SEM"开头的都是为信号量而设，由"MSG"开头的都是为报文传递而设，而由"SHM"开头的则都是为共享内存区而设。其余参数的使用则因具体操作的不同而异。不过，为便于使用，在 C 语言函数库中分别提供了如 semget( )、msgget( )、msgsnd( )等等库函数，这些库函数把用户程序对它们的调用转换成统一的系统调用 ipc( )，却使用户感到好像内核提供了这么一些不同的系统调用一样。

内核中的入口为 sys_ipc( )，其代码在 arch/i386/kernel/sys_i386.c 中：

```
127     /*
128      * sys_ipc( ) is the de-multiplexer for the SysV IPC calls..
129      *
130      * This is really horribly ugly.
131      */
132     asmlinkage int sys_ipc (uint call, int first, int second,
133                 int third, void *ptr, long fifth)
134     {
135         int version, ret;
136
137         version = call >> 16; /* hack for backward compatibility */
138         call &= 0xffff;
139
140         switch (call) {
141         case SEMOP:
142             return sys_semop (first, (struct sembuf *)ptr, second);
143         case SEMGET:
144             return sys_semget (first, second, third);
145         case SEMCTL: {
146             union semun fourth;
147             if (!ptr)
148                 return -EINVAL;
149             if (get_user(fourth.__pad, (void **) ptr))
150                 return -EFAULT;
151             return sys_semctl (first, second, third, fourth);
152         }
153
154         case MSGSND:
155             return sys_msgsnd (first, (struct msgbuf *) ptr,
156                     second, third);
157         case MSGRCV:
158             switch (version) {
159             case 0: {
160                 struct ipc_kludge tmp;
161                 if (!ptr)
162                     return -EINVAL;
163
164                 if (copy_from_user(&tmp,
165                         (struct ipc_kludge *) ptr,
166                         sizeof (tmp)))
167                     return -EFAULT;
168                 return sys_msgrcv (first, tmp.msgp, second,
169                         tmp.msgtyp, third);
170             }
```

```
171             default:
172                 return sys_msgrcv (first,
173                             (struct msgbuf *) ptr,
174                             second, fifth, third);
175             }
176         case MSGGET:
177             return sys_msgget ((key_t) first, second);
178         case MSGCTL:
179             return sys_msgctl (first, second, (struct msqid_ds *) ptr);
180
181         case SHMAT:
182             switch (version) {
183             default: {
184                 ulong raddr;
185                 ret = sys_shmat (first, (char *) ptr, second, &raddr);
186                 if (ret)
187                     return ret;
188                 return put_user (raddr, (ulong *) third);
189             }
190             case 1: /* iBCS2 emulator entry point */
191                 if (!segment_eq(get_fs( ), get_ds( )))
192                     return -EINVAL;
192                 return sys_shmat (first, (char *) ptr, second, (ulong *) third);
194             }
195         case SHMDT:
196             return sys_shmdt ((char *)ptr);
197         case SHMGET:
198             return sys_shmget (first, second, third);
199         case SHMCTL:
200             return sys_shmctl (first, second,
201                             (struct shmid_ds *) ptr);
202         default:
203             return -EINVAL;
204         }
205     }
```

函数 sys_ipc 的结构很简单：根据调用参数操作码的不同，分别处理三种进程间通信机制的 11 项不同的操作。我们分三节介绍相关的源代码，本节先介绍报文传递。

每一个进程都可以通过库函数调用 msgget( )（即通过操作码为 MSGGET 的 ipc( )系统调用，下同）建立报文队列。有的系统中把这样的队列称为"信箱"（mail box）。报文队列不是通过文件名，而是通过一个"键值"（key）加以标识的。一旦建立以后，其他进程就可以使用相同的键值通过 msgget( )取得对已建立报文队列的访问途径。然后，发送报文的进程就可以通过 msgsnd( )发送报文到指定的队列中，而接收进程则可以通过 msgrcv( )从指定的队列中接收报文。从概念上说，这类似于命名管道，但报文队列所传递的不再是完全无结构的字节流了，每个报文都有一定的低层结构而互相区分。此外，还可以通过 msgctl( )调用对指定的报文队列进行一些控制（包括撤消该队列）。由于报文队列并不纳入文件系统的范畴，所以并不占用打开文件号。内核中实现报文传递机制的代码基本上都在文件 ipc/msg.c

中。

6.6.1 库函数 msgget( )——创建报文队列

先来看报文队列的建立和取得（msg.c）：

[sys_ipc( ) > sys_msgget( )]

```
303     asmlinkage long sys_msgget (key_t key, int msgflg)
304     {
305         int id, ret = -EPERM;
306         struct msg_queue *msq;
307     
308         down(&msg_ids.sem);
309         if (key == IPC_PRIVATE)
310             ret = newque(key, msgflg);
311         else if ((id = ipc_findkey(&msg_ids, key)) == -1) { /* key not used */
312             if (!(msgflg & IPC_CREAT))
313                 ret = -ENOENT;
314             else
315                 ret = newque(key, msgflg);
316         } else if (msgflg & IPC_CREAT && msgflg & IPC_EXCL) {
317             ret = -EEXIST;
318         } else {
319             msq = msg_lock(id);
320             if(msq==NULL)
321                 BUG( );
322             if (ipcperms(&msq->q_perm, msgflg))
323                 ret = -EACCES;
324             else
325                 ret = msg_buildid(id, msq->q_perm.seq);
326             msg_unlock(id);
327         }
328         up(&msg_ids.sem);
329         return ret;
330     }
```

操作码 MSGGET，从而是 sys_msgget( )可用于两个不同的目的：一是用一个给定的键值创建一个报文队列；二是给定一个键值，找到已经建立的报文队列。当调用参数 msgflg 中的 IPC_CREATE 标志为 1 时表示创建，为 0 时则为寻找，二者均返回报文队列的标识号。内核中有个全局的数据结构 msg_ids，专门用来管理报文队列（msg.c）。

```
92      static struct ipc_ids msg_ids;
```

其中类型 ipc_ids 在 ipc/util.h 中定义：

```
15    struct ipc_ids {
16        int size;
17        int in_use;
18        int max_id;
19        unsigned short seq;
20        unsigned short seq_max;
21        struct semaphore sem;
22        spinlock_t ary;
23        struct ipc_id* entries;
24    };
```

结构中的指针 entries 指向一个结构数组,其类型定义为(util.h):

```
26    struct ipc_id {
27        struct kern_ipc_perm* p;
28    };
```

数组中的元素都是指向 kern_ipc_perm 数据结构的指针,而 kern_ipc_perm 数据结构则是在 include/linux/ipc.h 中定义的:

```
56    /* used by in-kernel data structures */
57    struct kern_ipc_perm
58    {
59        key_t       key;
60        uid_t       uid;
61        gid_t       gid;
62        uid_t       cuid;
63        gid_t       cgid;
64        mode_t      mode;
65        unsigned long  seq;
66    };
```

数据结构 msg_ids 是全局的,显然必须置于内核中"信号量"机制(见第 4 章)的保护之下。

键的类型为 key_t,实际上是个整数。前面讲过,报文队列以键值而不是文件名来标识,所以每个报文队列的键值必须是惟一的。不过,键值 0,也就是 IPC_PRIVATE,是一种特殊情况。每个进程都可以用键值 0 建立一个专供其私用(自己发送自己接收)的报文队列。所以这个特殊键值并不是惟一的。但是,正由于这种队列是私用的,所以不存在要通过键值找到一个队列的问题。

正因为这样,当键值为 IPC_PRIVATE 时(309 行),就无条件地调用 newque( )建立一个报文队列(310 行),否则就要先通过 ipc_findkey( )找一下相应的报文队列是否已经存在。

函数 newque( )的代码在同一文件 msg.c 中:

[sys_ipc( ) > sys_msgget( ) > newque( )]

```
117   static int newque (key_t key, int msgflg)
118   {
```

```
119         int id;
120         struct msg_queue *msq;
121
122         msq = (struct msg_queue *) kmalloc (sizeof (*msq), GFP_KERNEL);
123         if (!msq)
124             return -ENOMEM;
125         id = ipc_addid(&msg_ids, &msq->q_perm, msg_ctlmni);
126         if(id == -1) {
127             kfree(msq);
128             return -ENOSPC;
129         }
130         msq->q_perm.mode = (msgflg & S_IRWXUGO);
131         msq->q_perm.key = key;
132
133         msq->q_stime = msq->q_rtime = 0;
134         msq->q_ctime = CURRENT_TIME;
135         msq->q_cbytes = msq->q_qnum = 0;
136         msq->q_qbytes = msg_ctlmnb;
137         msq->q_lspid = msq->q_lrpid = 0;
138         INIT_LIST_HEAD(&msq->q_messages);
139         INIT_LIST_HEAD(&msq->q_receivers);
140         INIT_LIST_HEAD(&msq->q_senders);
141         msg_unlock(id);
142
143         return msg_buildid(id,msq->q_perm.seq);
144     }
```

每个报文队列都有个队列头,那就是 msq_queue 数据结构,定义于 ipc/msg.ck 中:

```
67  /* one msq_queue structure for each present queue on the system */
68  struct msg_queue {
69      struct kern_ipc_perm q_perm;
70      time_t q_stime;          /* last msgsnd time */
71      time_t q_rtime;          /* last msgrcv time */
72      time_t q_ctime;          /* last change time */
73      unsigned long q_cbytes;  /* current number of bytes on queue */
74      unsigned long q_qnum;    /* number of messages in queue */
75      unsigned long q_qbytes;  /* max number of bytes on queue */
76      pid_t q_lspid;           /* pid of last msgsnd */
77      pid_t q_lrpid;           /* last receive pid */
78
79      struct list_head q_messages;
80      struct list_head q_receivers;
81      struct list_head q_senders;
82  };
```

反之,每个 msg_queue 数据结构也惟一地对应着一个报文队列。这些数据结构以及结构之间的关系可以总结如下：
- 全局量 ipc_ids 数据结构 msg_ids 是系统中所有报文队列的"总根"。
- 数据结构 msg_ids 中的指针 entries 指向一个 ipc_id 结构数组，数组中的每个元素都是 ipc_id 数据结构，结构中有个指针 p，指向一个 kern_ipc_perm 数据结构。
- 由于 kern_ipc_perm 数据结构是报文队列头 msg_queue 数据结构内部的第一个成分，上述数组元素中的指针 p 实际上指向一个报文队列，数组的大小决定了已经或可以建立的报文队列数量。

每个已建立的报文队列由一个标识号来代表，与打开文件号相似。但是，打开文件号只局限于每个进程局部，而报文队列的标识号却是全局的，所以必须保证在全局范围中的惟一性。标识号由 ipc_addid( )分配，其代码在 ipc/util.c 中：

[sys_ipc( ) > sys_msgget( ) > newque( ) > ipc_addid( )]

```
134     /**
135      *    ipc_addid   -    add an IPC identifier
136      *    @ids: IPC identifier set
137      *    @new: new IPC permission set
138      *    @size: new size limit for the id array
139      *
140      *    Add an entry 'new' to the IPC arrays. The permissions object is
141      *    initialised and the first free entry is set up and the id assigned
142      *    is returned. The list is returned in a locked state on success.
143      *    On failure the list is not locked and -1 is returned.
144      */
145
146     int ipc_addid(struct ipc_ids* ids, struct kern_ipc_perm* new, int size)
147     {
148         int id;
149
150         size = grow_ary(ids,size);
151         for (id = 0; id < size; id++) {
152             if(ids->entries[id].p == NULL)
153                 goto found;
154         }
155         return -1;
156     found:
157         ids->in_use++;
158         if (id > ids->max_id)
159             ids->max_id = id;
160
161         new->cuid = new->uid = current->euid;
162         new->gid = new->cgid = current->egid;
163
164         new->seq = ids->seq++;
165         if(ids->seq > ids->seq_max)
166             ids->seq = 0;
```

```
167
168        spin_lock(&ids->ary);
169        ids->entries[id].p = new;
170        return id;
171    }
```

如果分配标识号成功，就要将代表报文队列的报文队列头与 ipc_ids 结构 msg_ids 挂上钩。如前所述，该结构中的指针 entries 指向以标识号为下标的 ipc_id 结构数组，而 ipc_id 结构的内容只是一个指针，指向一个 kern_ipc_perm 结构。同时，每个报文队列头结构中的第一个成分就是一个 kern_ipc_perm 数据结构，其起始地址与整个 msg_queue 结构的起始地址相同。所谓将某个报文队列头与 msg_ids 挂上钩，就是把特定 msg_queue 结构中 kern_ipc_perm 数据结构的起始地址根据标识号填入相应 ipc_id 结构中（见169行），并返回该标识号。

然而，既然是数组，就有个大小，ipc_ids 结构中的字段 size 就记录着它的大小。可是这个大小怎样确定呢？再说，再大的数组也有可能会用完，那时候又怎么办？显然，最好是能根据实际的需要加以调整，这就是 ipc_addid( ) 的代码中调用 grow_ary( ) 的目的（ipc/util.c）：

[sys_ipc( ) > sys_msgget( ) > newque( ) > ipc_addid( ) > grow_ary( )]

```
105    static int grow_ary(struct ipc_ids* ids, int newsize)
106    {
107        struct ipc_id* new;
108        struct ipc_id* old;
109        int i;
110
111        if(newsize > IPCMNI)
112            newsize = IPCMNI;
113        if(newsize <= ids->size)
114            return newsize;
115
116        new = ipc_alloc(sizeof(struct ipc_id)*newsize);
117        if(new == NULL)
118            return ids->size;
119        memcpy(new, ids->entries, sizeof(struct ipc_id)*ids->size);
120        for(i=ids->size;i<newsize;i++) {
121            new[i].p = NULL;
122        }
123        spin_lock(&ids->ary);
124
125        old = ids->entries;
126        ids->entries = new;
127        i = ids->size;
128        ids->size = newsize;
129        spin_unlock(&ids->ary);
130        ipc_free(old, sizeof(struct ipc_id)*i);
131        return ids->size;
132    }
```

参数 newsize 表示新的数组大小,如果其数值大于数组当前的大小就另外分配一块空间来取代原有的数组。不过,数组的大小只会扩展而不会缩小(见 113 行)。另一方面,数组的扩展也有个上限 IPCMNI,该常数在 include/linux/ipc.h 中定义为 32768。

在 newque( )中调用 ipc_addid( )时将一个全局量 msg_ctlmni 作为参数传了下来,就是这里的 newsize。这个全局量的初值为 MSGMNI,而 MSGMNI 在 msg.h 中定义为 16。

最后,newque( )还要将这个标识号转换成一个一体化的标识号。代码中的 msg_buildid( )是个宏定义(msg.c):

```
99      #define msg_buildid(id, seq) \
100         ipc_buildid(&msg_ids, id, seq)
```

而 ipc_buildid( )的定义则在 ipc/util.h 中:

```
87      extern inline int ipc_buildid(struct ipc_ids* ids, int id, int seq)
88      {
89          return SEQ_MULTIPLIER*seq + id;
90      }
```

为什么要作这样的转换呢?从 ipc_addid( )的代码中可以看出,由它分配的标识号实际上是 msg_ids 结构数组中的数组下标。这个下标是重复使用的。如果一个进程建立了一个报文队列,然后又撤消了,而后来又有另一个进程要建立一个报文队列,就有可能又将同一个下标分配给这个新的队列。这样,虽然这种标识号的使用在任何一个特定的时间点上是惟一的,但是如果观察一个合理长的时间跨度就不一定是惟一的了。为了克服这个问题,在 msg_ids 中设立了一个序号 seq;每分配使用一个标识号时就递增这个序号(见 ipc_addid( )中的第 164 行),并且将这个序号与下标编码在一起形成一个一体化的标识号。这么一来,即使在一段时间以后下标又重复了,但由于序号在递增,所以一体化的标识号在相当长的一段时期里都能保证惟一性。

还要注意,键值与标识号是两码事。用文件系统打个比方,则键值类似于文件名,而标识号类似于打开文件号。

回到 sys_msgget( )中。如果健值不是 IPC_PRIVATE,那就先寻找已给定键值建立的报文队列是否已经存在。函数 ipc_findkey 的代码在 util.c 中:

[sys_msgget( ) > ipc_findkey( )]

```
82      /**
83       * ipc_findkey -   find a key in an ipc identifier set
84       * @ids: Identifier set
85       * @key: The key to find
86       *
87       * Returns the identifier if found or -1 if not.
88       */
89
90      int ipc_findkey(struct ipc_ids* ids, key_t key)
91      {
92          int id;
```

```
93          struct kern_ipc_perm* p;
94
95          for (id = 0; id <= ids->max_id; id++) {
96              p = ids->entries[id].p;
97              if(p==NULL)
98                  continue;
99              if (key == p->key)
100                 return id;
101         }
```

寻找的结果对于调用 sys_msgget( )的不同目的（创建或寻找）有着不同的意义，因此要分不同的情形来处理：①如果找不到，那么对于寻找的目的来说是一次失败，而对于创建的目的来说，却是好事，可以进而调用 newque( )了。②如果找到了，那么对于独占性的创建（**IPC_EXCL** 标志为1），这是一次失败，而对于寻找或可共享的创建来说却是好事。不过，一个已经建立的报文队列并不是谁都可以来使用或共享的。一般情况下，只有与创建者属于同一用户并且同一组或者属于超级用户的进程才有资格来使用或共享。所以在 sys_msgget( )中，要调用 ipcperms( )先检查一下访问权限是否相符。最后，同样还要通过 msg_buildid( )将实际上是数组下标的标识号转换成一体化的标识号。

函数 ipcperms( )的代码在 util.c 中：

[sys_msgget( ) > ipcperms( )]

```
242     /**
243      * ipcperms    -    check IPC permissions
244      * @ipcp: IPC permission set
245      * @flag: desired permission set.
246      *
247      * Check user, group, other permissions for access
248      * to ipc resources. return 0 if allowed
249      */
250
251     int ipcperms (struct kern_ipc_perm *ipcp, short flag)
252     {   /* flag will most probably be 0 or S_...UGO from <linux/stat.h> */
253         int requested_mode, granted_mode;
254
255         requested_mode = (flag >> 6) | (flag >> 3) | flag;
256         granted_mode = ipcp->mode;
257         if (current->euid == ipcp->cuid || current->euid == ipcp->uid)
258             granted_mode >>= 6;
259         else if (in_group_p(ipcp->cgid) || in_group_p(ipcp->gid))
260             granted_mode >>= 3;
261         /* is there some bit set in requested_mode but not in granted_mode? */
262         if ((requested_mode & ~granted_mode & 0007) &&
263             !capable(CAP_IPC_OWNER))
264             return -1;
265
266         return 0;
```

```
267     }
```

可见，报文队列访问权限的管理与文件系统访问权限的管理相似，读者可参考第 5 章中有关的内容。

6.6.2 库函数 msgsnd( )——报文发送

参与通信的双方在通过 msgget( )创建了一个报文队列或取得了该队列的标识号以后，就可以向该队列发送或接收报文了。先来看报文的发送，这个函数比较大，所以我们还是分段来阅读（msg.c）。

```
626     asmlinkage long sys_msgsnd (int msqid, struct msgbuf *msgp, size_t msgsz,
                                                int msgflg)
627     {
628         struct msg_queue *msq;
629         struct msg_msg *msg;
630         long mtype;
631         int err;
632
633         if (msgsz > msg_ctlmax || (long) msgsz < 0 || msqid < 0)
634             return -EINVAL;
635         if (get_user(mtype, &msgp->mtype))
636             return -EFAULT;
637         if (mtype < 1)
638             return -EINVAL;
639
640         msg = load_msg(msgp->mtext, msgsz);
641         if(IS_ERR(msg))
642             return PTR_ERR(msg);
643
644         msg->m_type = mtype;
645         msg->m_ts = msgsz;
646
647         msq = msg_lock(msqid);
648         err=-EINVAL;
649         if(msq==NULL)
650             goto out_free;
```

首先是对参数作一些检查并将报文从用户空间复制过来，其中 msgp 是指向一个 msgbuf 结构的指针，这个数据结构是在 include/linux/msg.h 中定义的：

```
34      /* message buffer for msgsnd and msgrcv calls */
35      struct msgbuf {
36          long mtype;         /* type of message */
37          char mtext[1];      /* message text */
38      };
```

虽然这个指针已经作为系统调用的参数传了过来，数据结构本身却还在用户空间，所以分别通过get_user( )和load_msg( )从用户空间复制到系统空间。其中load_msg( )还要在系统空间为此分配缓冲区。系统空间中使用的msg_msg结构与用户空间中使用的msgbuf结构不同（msg.c）：

```
55      /* one msg_msg structure for each message */
56      struct msg_msg {
57          struct list_head m_list;
58          long  m_type;
59          int m_ts;           /* message text size */
60          struct msg_msgseg* next;
61          /* the actual message follows immediately */
62      };
```

当报文本身的大小加上这个数据结构的大小仍小于一个页面时，msg_msg结构与报文本身在同一页面中，而报文本身紧跟在msg_msg数据结构后面。否则，当报文本身和msg_msg结构不能容纳在同一页面中时，则要将报文分段，然后将分布于不同页面中的报文段链接起来。此时除第一个页面的开头仍是msg_msg结构以外，其他各个页面的开头都是一个msg_msgseg结构，而每个报文段的大小则为页面大小减去msg_msgseg结构的大小（msg.c）：

```
51      struct msg_msgseg {
52          struct msg_msgseg* next;
53          /* the next part of the message follows immediately */
54      };
```

函数load_msg( )的代码也在msg.c中，我们把它留给读者自己阅读。

[sys_msgsnd( ) > load_msg( )]

```
158     static struct msg_msg* load_msg(void* src, int len)
159     {
160         struct msg_msg* msg;
161         struct msg_msgseg** pseg;
162         int err;
163         int alen;
164
165         alen = len;
166         if(alen > DATALEN_MSG)
167             alen = DATALEN_MSG;
168
169         msg = (struct msg_msg *) kmalloc (sizeof(*msg) + alen, GFP_KERNEL);
170         if(msg==NULL)
171             return ERR_PTR(-ENOMEM);
172
173         msg->next = NULL;
174
175         if (copy_from_user(msg+1, src, alen)) {
```

```
176                err = -EFAULT;
177                goto out_err;
178            }
179
180        len -= alen;
181        src = ((char*)src)+alen;
182        pseg = &msg->next;
183        while(len > 0) {
184            struct msg_msgseg* seg;
185            alen = len;
186            if(alen > DATALEN_SEG)
187                alen = DATALEN_SEG;
188            seg=(struct msg_msgseg*)kmalloc(sizeof(*seg)+ alen, GFP_KERNEL);
189            if(seg==NULL) {
190                err=-ENOMEM;
191                goto out_err;
192            }
193            *pseg = seg;
194            seg->next = NULL;
195            if(copy_from_user (seg+1, src, alen)) {
196                err = -EFAULT;
197                goto out_err;
198            }
199            pseg = &seg->next;
200            len -= alen;
201            src = ((char*)src)+alen;
202        }
203        return msg;
204
205    out_err:
206        free_msg(msg);
207        return ERR_PTR(err);
208    }
```

回到 sys_msgsnd( ) 的代码中。647 行函数 msg_lock( ) 的作用是根据给定的标识号找到相应的报文队列，并将其数据结构上锁。

至此，所需的准备工作基本完成了，我们继续在 msg.c 中往下看：

[sys_msgsnd( )]

```
651    retry:
652        err= -EIDRM;
653        if (msg_checkid(msq,msqid))
654            goto out_unlock_free;
655
656        err=-EACCES;
657        if (ipcperms(&msq->q_perm, S_IWUGO))
```

```
658                goto out_unlock_free;
659
660            if(msgsz + msq->q_cbytes > msq->q_qbytes ||
661                 1 + msq->q_qnum > msq->q_qbytes) {
662                struct msg_sender s;
663
664                if(msgflg&IPC_NOWAIT) {
665                    err=-EAGAIN;
666                    goto out_unlock_free;
667                }
668                ss_add(msq, &s);
669                msg_unlock(msqid);
670                schedule( );
671                current->state= TASK_RUNNING;
672
673                msq = msg_lock(msqid);
674                err = -EIDRM;
675                if(msq==NULL)
676                    goto out_free;
677                ss_del(&s);
678
679                if (signal_pending(current)) {
680                    err=-EINTR;
681                    goto out_unlock_free;
682                }
683                goto retry;
684            }
```

在用户界面上使用的队列标识号是经过编码的一体化标识号，这里还要再检验一下。可是，既然这个队列是通过 msg_lock( )找到的，为什么还要再检验呢？看一下 msg_lock( )和 msg_checkid( )的代码就清楚了（msg.c）：

```
94    #define msg_lock(id)      ((struct msg_queue*)ipc_lock(&msg_ids,id))

97    #define msg_checkid(msq, msgid) \
98        ipc_checkid(&msg_ids,&msq->q_perm,msgid)
```

两个 inline 函数的定义都在 util.h 中：

[sys_msgsnd( ) > msg_lock( ) > ipc_lock( )]

```
68    extern inline struct kern_ipc_perm* ipc_lock(struct ipc_ids* ids, int id)
69    {
70        struct kern_ipc_perm* out;
71        int lid = id % SEQ_MULTIPLIER;
72        if(lid > ids->size)
73            return NULL;
```

```
74
75          spin_lock(&ids->ary);
76          out = ids->entries[lid].p;
77          if(out==NULL)
78              spin_unlock(&ids->ary);
79          return out;
80      }
```

[sys_msgsnd( ) > msg_checkid ( ) > ipc_checked( )]

```
92      extern inline int ipc_checkid(struct ipc_ids* ids,
                                      struct kern_ipc_perm* ipcp, int uid)
93      {
94          if(uid/SEQ_MULTIPLIER != ipcp->seq)
95              return 1;
96          return 0;
97      }
```

可见，ipc_lock( )中只用了标识号中的下标部分，而并没有检查其序号部分，所以要由 ipc_checkid( ) 加以检查。此外，还要通过 ipcperms( )检查当前进程是否有权向这个队列发送报文。注意在 ipc_lock( ) 中调用了 spin_lock( )将 ipc_ids 结构中的数组锁住，但是在正常条件下并没有解锁（只是在 out 为 0，即失败的情况下才调用了 spin_unlock( )）。这个锁要在与 msg_lock( )配对的 msg_unlock( )，即 ipc_unlock( )中才解开：

[sys_msgsnd( ) > msg_unlock( ) > ipc_unlock( )]

```
82      extern inline void ipc_unlock(struct ipc_ids* ids, int id)
83      {
84          spin_unlock(&ids->ary);
85      }
```

建议读者在往下读代码的过程中注意这个函数是在什么时候调用的以及为什么调用。

顺利通过了这些检查以后，就要检查报文队列的容量了。660 行的 if 语句中 msg->q_qbytes 为该报文队列的总容量，这个容量是在建立报文队列时设置好的，但是可以通过 MSGCTL 操作加以改变。如果当前报文的大小加上队列中当前总计的字节数 msg->q_qbytes 超出了这个容量，就暂时不能往队列里送了。此外，虽然总计字节数并未超过容量，但是队列中报文的个数 msg->q_qnum 却已经达到了 msg->q_qbytes（这说明队列中所有报文都只有一个字节，或有的报文长度为 0），就也不能往里送了。这时候，就要看系统调用参数中的 IPC_NOWAIT 是否为 1，是的话就出错返回，不然就要睡眠等待了。在进入睡眠之前，还要将一个 msg_sender 数据结构挂入报文队列中的 q_senders 链。这样，顺着每个报文队列的 q_senders 链就可以找到每个正在睡眠中等待着发送的进程。最后，还要在进入睡眠之前将报文队列解锁，使其他进程可以访问这个队列——要不然就没有进程可以从中读取报文了。这里（668 行）的 ss_add( )是个 inline 函数(msg.c)：

[sys_msgsnd( ) > ss_add( )]

```
237    static inline void ss_add(struct msg_queue* msq, struct msg_sender* mss)
238    {
239        mss->tsk=current;
240        current->state=TASK_INTERRUPTIBLE;
241        list_add_tail(&mss->list,&msq->q_senders);
242    }
```

而 msg_sender 结构的定义为（msg.c）：

```
45     /* one msg_sender for each sleeping sender */
46     struct msg_sender {
47         struct list_head list;
48         struct task_struct* tsk;
49     };
```

回过头去再看一下报文队列头 msg_queue 结构、报文头部 msg_msg 结构以及报文段头部 msg_msgseg 结构的定义，并将这些数据结构的定义综合起来，就可以形成这样一个图景（见图 6.8）。

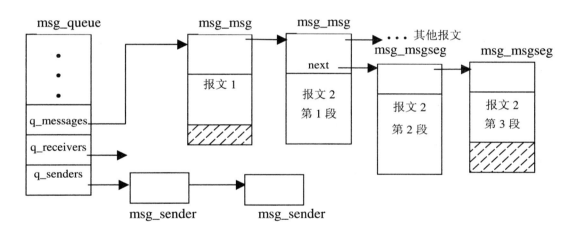

图 6.8　报文队列结构连接示意图

图中的第一个报文连同其头部 msg_msg 结构可以容纳在同一个页面中；而第二个报文则因为太大而分成三段，分处于三个页面中。队列的 q_senders 链中有两个进程正在睡眠中等待着向这个队列发送报文。队列中实际上还有一条 q_receivers 链，当有进程在睡眠中等待着从这个队列接收报文时，就将其 msg_receive 结构挂入这条链中。一般而言，当 q_senders 链中有进程在等着发送就说明队列中有报文，所以就不会有进程在 q_receivers 链中等待接收；反之亦然。可见，所谓报文队列实际上并不只是一个简单的队列，而是以报文的队列为主，包括了三个队列以及控制信息在内的一整套数据结构。

当有进程从这个队列中读取报文而腾出了一些空间时，正在等待着发送的进程就被唤醒，从前面 670 行的 schedule() 返回。但是，腾出来的空间对于某个特定进程所欲发送的报文来说未必就已足够，而且正在等待发送的进程也可能不止一个，甚至，在发送进程睡眠的期间，其他条件也可能已经发生了变化。所以，这时候还要再来一轮对各种条件的检查，而在此期间又得将该报文队列锁住。

在系统调用中，一个进程从睡眠中睡来时通常都要检查是否有信号在等待处理，如有的话就提前结束本次系统调用的执行。也就是说，在这种情况下把对信号的处理放在更为优先的地位。同时，由于系统调用"流产"了，所以返回出错代码 EINTR，表示系统调用的执行被中途打断了。我们以前讲过，内核在完成对信号的处理以后要检查系统调用返回的出错代码，如果遇上 EINTR 就会安排重新执行一次流产的系统调用。

如果没有信号在等待处理，则通过 683 行的 goto 语句转回标号 retry 处重新检查一遍。

就这样，在正常条件下，最终队列中总会有足够的空间让等待中的进程发送其报文，那时候程序就往下走了(msg.c)：

[sys_msgsnd( )]

```
686             if(!pipelined_send(msq,msg)) {
687                 /* noone is waiting for this message, enqueue it */
688                 list_add_tail(&msg->m_list,&msq->q_messages);
689                 msq->q_cbytes += msgsz;
690                 msq->q_qnum++;
691                 atomic_add(msgsz,&msg_bytes);
692                 atomic_inc(&msg_hdrs);
693             }
694
695             err = 0;
696             msg = NULL;
697             msq->q_lspid = current->pid;
698             msq->q_stime = CURRENT_TIME;
699
700     out_unlock_free:
701             msg_unlock(msqid);
702     out_free:
703             if(msg!=NULL)
704                 free_msg(msg);
705             return err;
706     }
```

从概念上讲，此时可以把待发送的报文挂入报文队列，然后唤醒（可能）正在等待从此队列接收报文的进程就完事了。可是，实际上这个过程是可以优化的，因为如果有进程正在等待接收，就不必将报文链入队列再由接收进程随后再来将报文从队列中脱链了。也就是说，只有当没有进程在等待接收时才需要将报文挂入队列。代码中的 pipelined_send( ) 正是为此而设计的（msg.c）。

[sys_msgsnd( ) > pipelined_send( )]

```
600     int inline pipelined_send(struct msg_queue* msq, struct msg_msg* msg)
601     {
602         struct list_head* tmp;
603
604         tmp = msq->q_receivers.next;
605         while (tmp != &msq->q_receivers) {
```

```
606             struct msg_receiver* msr;
607             msr = list_entry(tmp, struct msg_receiver, r_list);
608             tmp = tmp->next;
609             if(testmsg(msg, msr->r_msgtype, msr->r_mode)) {
610                 list_del(&msr->r_list);
611                 if(msr->r_maxsize < msg->m_ts) {
612                     msr->r_msg = ERR_PTR(-E2BIG);
613                     wake_up_process(msr->r_tsk);
614                 } else {
615                     msr->r_msg = msg;
616                     msq->q_lspid = msr->r_tsk->pid;
617                     msq->q_rtime = CURRENT_TIME;
618                     wake_up_process(msr->r_tsk);
619                     return 1;
620                 }
621             }
622         }
623         return 0;
624     }
```

报文队列的 q_receivers 链中聚集着正在睡眠等待从本队列接收报文的进程（如果有的话）。数据结构 msg_receiver 与 msg_sender 有所不同（msg.c）：

```
33      /* one msg_receiver structure for each sleeping receiver */
34      struct msg_receiver {
35          struct list_head r_list;
36          struct task_struct* r_tsk;
37
38          int r_mode;
39          long r_msgtype;
40          long r_maxsize;
41
42          struct msg_msg* volatile r_msg;
43      };
```

其中的指针 r_msg 就是在上述情况下用于报文交接的。函数 pipelined_send( )在 q_receivers 链中从头开始，逐个检查等待中的进程里想要接收的报文种类与模式是否与到来的报文相符。若相符，则进一步检查其缓冲区是否够用，不够用就将该进程唤醒令其出错返回。此过程直至碰到第一个所有条件全部相符的接收进程，然后将到来的报文交给这个进程（见 615 行），并将其唤醒。

如果遍历了 q_receivers 链而没有发现任何一个等待中的进程满足条件，则 pipelined_send( )返回 0，那样，在 sys_msgsnd( )中就要将报文挂入队列中了（见 688 行）。

6.6.3　库函数 msgrcv( )——报文接收

再来看报文的接收，我们还是逐段地往下看（msg.c）：

```
727   asmlinkage long sys_msgrcv (int msqid, struct msgbuf *msgp, size_t msgsz,
728                               long msgtyp, int msgflg)
729   {
730       struct msg_queue *msq;
731       struct msg_receiver msr_d;
732       struct list_head* tmp;
733       struct msg_msg* msg, *found_msg;
734       int err;
735       int mode;
736
737       if (msqid < 0 || (long) msgsz < 0)
738           return -EINVAL;
739       mode = convert_mode(&msgtyp, msgflg);
740
741       msq = msg_lock(msqid);
742       if(msq==NULL)
743           return -EINVAL;
```

这一段与 sys_msgsnd( )的开头相似,739 行函数 convert_mode( ) 根据参数 msgtyp 和 msgflg,归纳出接收报文时所遵循的准则(msg.c):

[sys_msgrcv( ) > convert_mode( )]

```
708   int inline convert_mode(long* msgtyp, int msgflg)
709   {
710       /*
711        * find message of correct type.
712        * msgtyp = 0 => get first.
713        * msgtyp > 0 => get first message of matching type.
714        * msgtyp < 0 => get message with least type must be < abs(msgtype).
715        */
716       if(*msgtyp==0)
717           return SEARCH_ANY;
718       if(*msgtyp<0) {
719           *msgtyp=-(*msgtyp);
720           return SEARCH_LESSEQUAL;
721       }
722       if(msgflg & MSG_EXCEPT)
723           return SEARCH_NOTEQUAL;
724       return SEARCH_EQUAL;
725   }
```

程序中的注解已经讲得很清楚,程序也很简单。

函数 msg_lock( )的代码已经在前面看到过了,它根据报文队列标识号找到具体的队列并将其上锁。我们继续往下看。读者可以看到,sys_msgrcv( )在程序结构上与 sys_msgsnd( )是相似的(msg.c):

[sys_msgrcv( )]

```
744     retry:
745         err=-EACCES;
746         if (ipcperms (&msq->q_perm, S_IRUGO))
747             goto out_unlock;
748
749         tmp = msq->q_messages.next;
750         found_msg=NULL;
751         while (tmp != &msq->q_messages) {
752             msg = list_entry(tmp, struct msg_msg, m_list);
753             if(testmsg(msg, msgtyp, mode)) {
754                 found_msg = msg;
755                 if(mode == SEARCH_LESSEQUAL && msg->m_type != 1) {
756                     found_msg=msg;
757                     msgtyp=msg->m_type-1;
758                 } else {
759                     found_msg=msg;
760                     break;
761                 }
762             }
763             tmp = tmp->next;
764         }
```

首先是检查当前进程对队列的访问权限（746 行）。函数 ipcperms( )的代码已经在以前看到过了，所不同的是这里的参数为 S_IRUGO。因为从队列接收相当于从文件读；而在 sys_msgsnd( )中使用的参数则为 S_IWUGO，因为那相当于向文件写。

然后就是逐个检查已经在队列中的报文了。注意 752 行的宏操作 list_entry( )并不是将报文从队列中脱链，而只是根据队列中的当前项找到指向其所在数据结构的指针。我们在第 1 章中曾介绍过通用的队列操作，读者如果忘了可以回过头去看一下。接着，753 行中的函数 testmsg( )的代码如下（msg.c）：

[sys_msgrcv( ) > testmsg( )]

```
578     static int testmsg(struct msg_msg* msg, long type, int mode)
579     {
580         switch(mode)
581         {
582             case SEARCH_ANY:
583                 return 1;
584             case SEARCH_LESSEQUAL:
585                 if(msg->m_type <=type)
586                     return 1;
587                 break;
588             case SEARCH_EQUAL:
589                 if(msg->m_type == type)
590                     return 1;
591                 break;
592             case SEARCH_NOTEQUAL:
```

```
593                if(msg->m_type != type)
594                    return 1;
595                break;
596            }
597        return 0;
598    }
```

当接收的准则（mode）为 SEARCH_LESSEQUAL 时，testmsg( )在这里所检查的条件是 msg->m_type <= msgtyp，也就是该报文的类型值小于或作为参数传过来的 msgtyp。然而，SEARCH_LESSEQUAL 所要求的实际上是已经到达的报文中类型值为最小者，而类型值最小是1。所以，虽然找到了一个满足 msg->m_type <= msgtyp 这个条件的报文，但却未必是最佳选择。因此，只是将此报文作为迄今为止的最佳候选，而将 msgtyp 的值减小到比这个报文的类型值更小（见757行），看看还能不能找到更小的。不然的话，当接收的准则为 SEARCH_ANY 或其他时，则总是找队列中第一个满足条件的报文，而且一旦发现了一个就不用再往下找了（见760行的 break 语句）。这样，当751行开始的 while 循环结束时，只要有一个报文符合接收准则和类型，found_msg 就指向这个报文。再往下看（msg.c）：

[sys_msgrcv( )]

```
765            if(found_msg) {
766                msg=found_msg;
767                if ((msgsz < msg->m_ts) && !(msgflg & MSG_NOERROR)) {
768                    err=-E2BIG;
769                    goto out_unlock;
770                }
771                list_del(&msg->m_list);
772                msq->q_qnum--;
773                msq->q_rtime = CURRENT_TIME;
774                msq->q_lrpid = current->pid;
775                msq->q_cbytes -= msg->m_ts;
776                atomic_sub(msg->m_ts,&msg_bytes);
777                atomic_dec(&msg_hdrs);
778                ss_wakeup(&msq->q_senders,0);
779                msg_unlock(msqid);
780 out_success:
781                msgsz = (msgsz > msg->m_ts) ? msg->m_ts : msgsz;
782                if (put_user (msg->m_type, &msgp->mtype) ||
783                    store_msg(msgp->mtext, msg, msgsz)) {
784                        msgsz = -EFAULT;
785                }
786                free_msg(msg);
787                return msgsz;
788            } else
```

从队列中找到了符合接收准则和类型的报文，还不一定就能够接收这个报文，还得要看用户程序所提供的缓冲区空间是否足够大。如果缓冲区空间 msgsz 不够大，而用户又不允许在报文的尾部截掉一块，那就只好出错返回了。反之，就可以接收这个报文，也就是将其从队列中脱链（见771行），并相应调整和设置一些用于控制和统计的变量。前面讲过，当队列中已经有报文存在时，如果有进程要向此队列发送报文，就有可能因队列的容量不足而只好在队列的发送进程链中等待。现在既然从队列中接收了一个报文，就腾出了一些空间，所以要调用 ss_wakeup( )，顺着这个链将正在睡眠中的进程全部唤醒（msg.c）：

[sys_msgrcv( ) > ss_wakeup( )]

```
250     static void ss_wakeup(struct list_head* h, int kill)
251     {
252         struct list_head *tmp;
253
254         tmp = h->next;
255         while (tmp != h) {
256             struct msg_sender* mss;
257
258             mss = list_entry(tmp, struct msg_sender, list);
259             tmp = tmp->next;
260             if(kill)
261                 mss->list.next=NULL;
262             wake_up_process(mss->tsk);
263         }
264     }
```

注意这里在将每个 msg_sender 结构脱链以后并不释放其空间，因为这个数据结构是作为局部量分配在相应进程的系统空间堆栈上的。读者不妨回过去看一下 sys_msgsnd( )的代码。

最后，要将实际接收的报文类型通过 put_user( )送回用户空间，并通过 store_msg( )将接收到的报文按实际接收的长度（见781行）复制到用户空间，然后将系统空间中的报文（缓冲区）释放。

那么，如果此时报文队列中尚无报文可供接收呢？再往下看（msg.c）：

[sys_msgrcv( )]

```
788         } else
789         {
790             struct msg_queue *t;
791             /* no message waiting. Prepare for pipelined
792              * receive.
793              */
794             if (msgflg & IPC_NOWAIT) {
795                 err=-ENOMSG;
796                 goto out_unlock;
797             }
798             list_add_tail(&msr_d.r_list,&msq->q_receivers);
799             msr_d.r_tsk = current;
800             msr_d.r_msgtype = msgtyp;
801             msr_d.r_mode = mode;
802             if(msgflg & MSG_NOERROR)
```

```
803                    msr_d.r_maxsize = INT_MAX;
804                else
805                    msr_d.r_maxsize = msgsz;
806            msr_d.r_msg = ERR_PTR(-EAGAIN);
807            current->state = TASK_INTERRUPTIBLE;
808            msg_unlock(msqid);
809
810            schedule( );
811            current->state = TASK_RUNNING;
812
813            msg = (struct msg_msg*) msr_d.r_msg;
814            if(!IS_ERR(msg))
815                goto out_success;
816
817            t = msg_lock(msqid);
818            if(t==NULL)
819                msqid=-1;
820            msg = (struct msg_msg*)msr_d.r_msg;
821            if(!IS_ERR(msg)) {
822                /* our message arived while we waited for
823                 * the spinlock. Process it.
824                 */
825                if(msqid!=-1)
826                    msg_unlock(msqid);
827                goto out_success;
828            }
829            err = PTR_ERR(msg);
830            if(err == -EAGAIN) {
831                if(msqid==-1)
832                    BUG( );
833                list_del(&msr_d.r_list);
834                if (signal_pending(current))
835                    err=-EINTR;
836                else
837                    goto retry;
838            }
839        }
840 out_unlock:
841        if(msqid!=-1)
842            msg_unlock(msqid);
843        return err;
844 }
```

如果调用参数中的 IPC_NOWAIT 标志为 1，那就立即返回了，出错代码为 ENOMSG。否则，就要睡眠等待了。当然，入睡前要将报文队列解锁。

就像在睡眠时等待发送时一样，在睡眠等待接收时也要将一个代表当前进程的 msg_receiver 数据结构链入报文队列中的 q_receiver 队列。我们已经在前面看到过这种数据结构的定义。与 msg_sender

不同的是,在 msg_receiver 结构中还记录着所欲接收的报文类型、缓冲区大小以及接收的准则。此外,这个结构中还有一个用来交接报文的指针 r_msg。所有这些结构成分的设置都是为了一旦有进程要向此报文队列发送报文时可以抄近路(见 pipelined_send( )的代码)。

一般来说,当前进程一旦睡下,就要等到有进程通过 pipelined_send( )向这个队列发送报文,并且选择这个进程作为接收进程时才会被唤醒,因此要到那时候才能从 810 行的 schedule( )返回。结合 pipelined_send( )的代码,可以看到当前进程在被唤醒的时候有两种可能的情况。一种是已经接收到了符合要求的报文,此时 msr_d.r_msg 为指向该报文的指针。另一种是报文的类型相符,但是接收进程的缓冲区太小而不能接收,此时 msr_d.r_msg 持有出错的代码−E2BIG(见 pipelined_send( )中的 612 行)。然而,在另外一种情况下也会唤醒睡眠中的进程,那就是如果这个进程接收到了一个信号。由于 msr_d.r_msg 在进入睡眠前,已被预设为−EAGAIN(见 806 行),所以在这种情况下 msr_d.r_msg 中也是一个出错代码。因此,当进程从 schedule( )返回时,若 msr_d.r_msg 中不是出错代码就表示接收成功了(见 827 行)。

如果是出错代码呢?这里要仔细往下看了。原作者在这里加了注释,但可能不是很容易看懂。首先是对报文队列加锁。对于这一点应该是好理解的,只要看到 837 行的 goto 语句就能明白,当前进程还要回到 744 行的标号 retry 处开始新一轮的接收操作,所以要将报文队列锁住。但是,msg_lock( )中调用的 spin_lock( )可能隐藏着等待,因为有可能另一个进程(在另一个 CPU 上运行)已经抢先一步把队列锁住了。另一方面,还要看到,如果当前进程是因为接收到信号而被唤醒,则其 msg_receiver 结构 msr_d 仍留在报文队列的 q_receivers 链中。这样,在进程被唤醒以后,直到在 817 行的 msg_lock( )中成功地将报文队列锁住之前,仍有可能接收到其他进程通过 pipelined_send( )发来的报文。正因为这样,在 msg_lock( )之后还要再检查一下 msr_d.r_msg。如果它变成了一个报文指针,那么也是接收成功了。虽然此时有信号在等待着处理,但由于本次系统调用的主体已经完成,所以还是转向 out_success 先将接收到的报文复制到用户空间中。反正那以后很快就要从系统调用返回,到那时候再来处理信号也不迟。但是,如果 msr_d.r_msg 仍是出错代码,那就又要分析了。在 806 行,已经将 msr_d.r_msg 预设成−EAGAIN,只有 pipelined_send( ),才会在唤醒一个正在等待接收的进程前改变其 msr_d.r_msg 的内容。所以,如果出错代码为−E2BIG,就说明当前进程肯定是由某个发送进程在 pipelined_send( )中唤醒的。只要出错代码是−E2BIG(只要不是−EAGIN 就必然是−E2BIG),就出错返回了。当然,在返回前要将报文队列解锁(见 842 行)。至于有可能正在等待处理的信号,则在从系统调用返回之前还会有检查并处理。反之,如果出错代码为−EAGIN,则说明当前进程不是由 pipelined_send( )唤醒的,所以要将本进程的 msg_receiver 结构脱链。然后再看到底是否有信号在等着要处理。如果有信号等待处理,就将返回值设成−EINTR 并且提前返回;否则,如果没有信号在等待处理的话,就跳转回 retry 开始新一轮的报文接收。注意,由于 msg_receiver 结构 msr_d 是作为局部量分配在堆栈上的,所以不用(而且不可)释放其空间。

6.6.4 库函数 msgctl( )——报文机制的控制与设置

前面讲过,命名管道和无名管道的缺点之一是缺乏对管道的控制手段,也缺乏获取其状态信息(例如,有多少个字节已经在管道中等待着读取)的手段。MSGCTL 操作正是为报文队列提供了这样的手段。内核中的函数 sys_msgctl( )的界面为(msg.c):

```
69    asmlinkage long sys_msgctl (int msqid, int cmd, struct msqid_ds *buf);
```

其中参数 cmd 为具体的命令码，定义于 include/linux/ipc.h 中：

```
34    /*
35     * Control commands used with semctl, msgctl and shmctl
36     * see also specific commands in sem.h, msg.h and shm.h
37     */
38    #define IPC_RMID 0      /* remove resource */
39    #define IPC_SET  1      /* set ipc_perm options */
40    #define IPC_STAT 2      /* get ipc_perm options */
41    #define IPC_INFO 3      /* see ipcs */
```

这些命令码并不是专为报文队列而设置的，也适用于 Sys V IPC 的其他两种机制。对于具体的机制则可能还要再补充若干专用的命令。就报文队列而言，在 include/linux/msg.h 中定义了两个专用命令码：

```
6     /* ipcs ctl commands */
7     #define MSG_STAT 11
8     #define MSG_INFO 12
```

在为 Sys V IPC 设置的这些命令中，IPC_RMID 用来撤消一个标识号，对报文队列而言也就是撤消一个报文队列，其作用相当于文件系统中的"关闭文件"。IPC_SET 用来改变相应 IPC 设施的各种状态和属性。而 IPC_STAT 和 IPC_INFO 则分别用来获取关于相关设施的状态或统计信息。

调用参数 buf 为一个 msgid_ds 结构指针。这个结构使用于 IPC_STAT 和 IPC_SET，是在 msg.h 中定义的：

```
14    /* Obsolete, used only for backwards compatibility and libc5 compiles */
15    struct msqid_ds {
16        struct ipc_perm msg_perm;
17        struct msg *msg_first;        /* first message on queue, unused */
18        struct msg *msg_last;         /* last message in queue, unused */
19        __kernel_time_t msg_stime;    /* last msgsnd time */
20        __kernel_time_t msg_rtime;    /* last msgrcv time */
21        __kernel_time_t msg_ctime;    /* last change time */
22        unsigned long  msg_lcbytes;   /* Reuse junk fields for 32 bit */
23        unsigned long  msg_lqbytes;   /* ditto */
24        unsigned short msg_cbytes;    /* current number of bytes on queue */
25        unsigned short msg_qnum;      /* number of messages in queue */
26        unsigned short msg_qbytes;    /* max number of bytes on queue */
27        __kernel_ipc_pid_t msg_lspid; /* pid of last msgsnd */
28        __kernel_ipc_pid_t msg_lrpid; /* last receive pid */
29    };
```

代码作者在注释中说这个数据结构已经过时，只是为了兼容才保留着。新的数据结构是 msqid64_ds，定义于 include\asm-i386\msgbuf.h 中，显然是为 64 位系统结构准备的。

```
4    /*
5     * The msqid64_ds structure for i386 architecture.
6     * Note extra padding because this structure is passed back and forth
7     * between kernel and user space.
8     *
9     * Pad space is left for:
10    * - 64-bit time_t to solve y2038 problem
11    * - 2 miscellaneous 32-bit values
12    */
13
14   struct msqid64_ds {
15       struct ipc64_perm msg_perm;
16       __kernel_time_t msg_stime;    /* last msgsnd time */
17       unsigned long   __unused1;
18       __kernel_time_t msg_rtime;    /* last msgrcv time */
19       unsigned long   __unused2;
20       __kernel_time_t msg_ctime;    /* last change time */
21       unsigned long   __unused3;
22       unsigned long  msg_cbytes;    /* current number of bytes on queue */
23       unsigned long  msg_qnum;      /* number of messages in queue */
24       unsigned long  msg_qbytes;    /* max number of bytes on queue */
25       __kernel_pid_t msg_lspid;     /* pid of last msgsnd */
26       __kernel_pid_t msg_lrpid;     /* last receive pid */
27       unsigned long  __unused4;
28       unsigned long  __unused5;
29   };
```

不过，我们从前面 sys_msgctl( ) 的调用参数表中可以看到在系统调用界面上还在用着 msqid_ds。结构中 msg_cbytes 和 msg_lcbytes，以及 msg_qbytes 和 msg_lqbytes 在逻辑上是相同的，只不过一为无符号短整数，一为无符号长整数。

当命令码为 IPC_INFO 时，则 buf 指向一个 msginfo 结构（msg.h）：

```
40   /* buffer for msgctl calls IPC_INFO, MSG_INFO */
41   struct msginfo {
42       int msgpool;
43       int msgmap;
44       int msgmax;
45       int msgmnb;
46       int msgmni;
47       int msgssz;
48       int msgtql;
49       unsigned short msgseg;
50   };
```

建议读者结合 sys_msgsnd( ) 和 sys_msgrcv( ) 的代码以及 msg_msg 结构的定义，看看这两个数据结构中诸成分的用途。

函数 sys_msgctl( )的代码不短，但是很简单。所以我们把它留给读者自己阅读，也不在这里列出其代码了。但这里只看其中的一个片段（msg.c）：

[sys_msgctl( )]

```
539         switch (cmd) {
540         case IPC_SET:
541         {
542             if (setbuf.qbytes > msg_ctlmnb && !capable(CAP_SYS_RESOURCE))
543                 goto out_unlock_up;
544             msq->q_qbytes = setbuf.qbytes;
545
546             ipcp->uid = setbuf.uid;
547             ipcp->gid = setbuf.gid;
548             ipcp->mode = (ipcp->mode & ~S_IRWXUGO) |
549                 (S_IRWXUGO & setbuf.mode);
550             msq->q_ctime = CURRENT_TIME;
551             /* sleeping receivers might be excluded by
552              * stricter permissions.
553              */
554             expunge_all(msq, -EAGAIN);
555             /* sleeping senders might be able to send
556              * due to a larger queue size.
557              */
558             ss_wakeup(&msq->q_senders, 0);
559             msg_unlock(msqid);
560             break;
561         }
562         case IPC_RMID:
563             freeque (msqid);
564             break;
565         }
566         err = 0;
```

这里的 setbuf 是从用户空间复制过来的 msqid_ds 数据结构。每当通过 IPC_SET 改变一个报文队列的有关参数时，由于参数的改变而需要做两件事。一件事是使正在等待此队列接收报文的进程（如果有的话）都出错返回，出错代码为 EAGAIN。这是通过 expunge_all( )完成的。第二件事是将正在等待向此队列发送报文的进程（如果有的话）全部唤醒，让它们开始新一轮尝试。这是通过 ss_wakeup( )完成的，其代码前面已经看到过。此处给出函数 expunge_all( )的代码（msg.c）：

[sys_msgctl( ) > expunge_all( )]

```
266     static void expunge_all(struct msg_queue* msq, int res)
267     {
268         struct list_head *tmp;
269
```

```
270         tmp = msq->q_receivers.next;
271         while (tmp != &msq->q_receivers) {
272             struct msg_receiver* msr;
273
274             msr = list_entry(tmp, struct msg_receiver, r_list);
275             tmp = tmp->next;
276             msr->r_msg = ERR_PTR(res);
277             wake_up_process(msr->r_tsk);
278         }
279     }
```

命令 RMID 则是通过 freeqeue( ) 完成的，现在其代码对于读者应该已经很简单了（msg.c）：

[sys_msgctl( ) > freeque( )]

```
281     static void freeque (int id)
282     {
283         struct msg_queue *msq;
284         struct list_head *tmp;
285
286         msq = msg_rmid(id);
287
288         expunge_all(msq, -EIDRM);
289         ss_wakeup(&msq->q_senders, 1);
290         msg_unlock(id);
291
292         tmp = msq->q_messages.next;
293         while(tmp != &msq->q_messages) {
294             struct msg_msg* msg = list_entry(tmp, struct msg_msg, m_list);
295             tmp = tmp->next;
296             atomic_dec(&msg_hdrs);
297             free_msg(msg);
298         }
299         atomic_sub(msq->q_cbytes, &msg_bytes);
300         kfree(msq);
301     }
```

同样，freeque( ) 将所有正在等待接收报文的进程都从接收队列里脱链并唤醒，让它们出错返回。并通过 ss_wakeup( )，将所有正在等待发送报文的进程都从发送队列里脱链并唤醒，也让它们出错返回。然后将队列中所有报文都脱链并释放其空间。最后连报文队列头也予以释放。

代码中的 msg_rmid( ) 是个宏定义（msg.c）：

```
96      #define msg_rmid(id)    ((struct msg_queue*)ipc_rmid(&msg_ids, id))
```

函数 ipc_rmid( ) 的代码在 ipc/util.c 中，也很简单：

[sys_msgctl( ) > freeque( ) > msg_rmid( ) > ipc_rmid( )]

```
173    /**
174     *      ipc_rmid    -   remove an IPC identifier
175     *      @ids: identifier set
176     *      @id: Identifier to remove
177     *
178     *      The identifier must be valid, and in use. The kernel will panic if
179     *      fed an invalid identifier. The entry is removed and internal
180     *      variables recomputed. The object associated with the identifier
181     *      is returned.
182     */
183
184    struct kern_ipc_perm* ipc_rmid(struct ipc_ids* ids, int id)
185    {
186        struct kern_ipc_perm* p;
187        int lid = id % SEQ_MULTIPLIER;
188        if(lid > ids->size)
189            BUG( );
190        p = ids->entries[lid].p;
191        ids->entries[lid].p = NULL;
192        if(p==NULL)
193            BUG( );
194        ids->in_use--;
195
196        if (lid == ids->max_id) {
197            do {
198                lid--;
199                if(lid == -1)
200                    break;
201            } while (ids->entries[lid].p == NULL);
202            ids->max_id = lid;
203        }
204        return p;
205    }
```

这里有个问题，被唤醒的进程会做些什么呢？读者不妨回过头去看看 sys_msgsnd( ) 和 sys_mshrcv( ) 中的代码（msg.c 中的 673 行和 817 行），睡眠中的进程被唤醒，并且被调度运行而从 schedule( ) 返回后，还要再调用 msg_lock( )，但是那时候就会返回 NULL，从而从 sys_msgsnd( ) 或 sys_mshrcv( ) 失败返回了。

6.7 共享内存

共享内存，顾名思义就是两个或更多个进程可以访问同一块内存区间，使得一个进程对这块空间中某个单元内容的改变可以为其他进程所"看"到。共享内存是针对（命名或无名）管道以及其他机制运行效率比较低的缺陷而设计的。虽然报文队列比之管道有了很大的改进，但是从运行效率的角度来说却并无什么明显的不同。而共享内存，则由于参加共享的各个进程就像普通访问内存一样地访问所共享的内存区间，其运行时的效率可以很高。对于某些运行效率显得很关键的应用来说，可能会觉得管道或报文队列的速度太慢，所以宁愿放弃一些由这些机制所提供的好处，而采用共享内存作为进程间通信的手段。不过，应该指出，共享内存是一种很低级（与物理层很贴近）的通信机制，所提供的功能是很有限的，所以使用时要特别小心。

一般来说，一种进程间通信机制常常附加地提供一些进程间同步和互斥的功能，传递的内容也得到一定程度的缓冲。以管道为例，从管道读的进程在管道中无内容可读时就会进入睡眠等待。同样地，向管道写的进程在管道被写满时也会睡眠等待。虽然这两个过程从宏观上说是并发的，但是从微观上，也就是从系统调用的内部实现层次上说，却是独占的、互斥的，因而是"原子的"。所以读和写的过程通过内核加以"串行化"而不会互相干扰，同时，写入管道的内容也得到了缓冲。可是共享内存就不同了。不同进程读/写一块内存空间的操作本身就是微观的、直接的，并不通过系统调用来进行。这样，就失去了由内核保证互斥性的可能，进程间也不会因此而自动地得到同步，并且所写的内容在全部完成前就立即可以部分地为其他进程所"看"到。举例来说，如果进程 A 向一块共享内存空间写一字符串，在写了一半时就因中断而引起调度，于是当进程 B 在进程 A 尚未完成整个字符串的写入前就来读，那就会读出这样一个字符串：其前半部是进程 A 新写入的，可是后半部却是以前某个时候由其他进程写入的。所以，共享内存通常要与 SysV IPC 中的另一个机制"信号量"结合使用，这样才能达到进程间的同步与互斥。

在内核中，共享内存机制的四种操作 SHMGET、SHMAT、SHMDT 和 SHMCTL，即应用程序设计界面上的库函数 shmget( )、shmat( )、shmdt( )和 shmctl( )，分别是由 sys_shmget( )、sys_shmat( )、sys_shmdt( )和 sys_shmctl( )实现的。与报文队列相似，参加共享内存的进程之一首先要创建一个共享内存区，然后其他进程通过一个共同的键值取得它的标识号。得到了一个共享内存区的标识号以后，每个进程就可以将此共享内存区"挂靠"（attach）到（实际上是映射到）它的虚存空间，然后就可以像访问一般内存一样地访问这块共享内存区了。要退出对此共享区间的共享时，则可以将其"脱钩"（dettach），也就是解除映射。有关的代码基本上都在文件 ipc/shm.c 中。

6.7.1　库函数 shmget( ) —— 共享内存区的创建与寻找

库函数 shmget( )，即 ipc( )系统调用的 SHMGET 操作是由 sys_shmget( )完成的（shm.c）：

```
224     asmlinkage long sys_shmget (key_t key, size_t size, int shmflg)
225     {
226         struct shmid_kernel *shp;
227         int err, id = 0;
228
229         down(&shm_ids.sem);
230         if (key == IPC_PRIVATE) {
231             err = newseg(key, shmflg, size);
232         } else if ((id = ipc_findkey(&shm_ids, key)) == -1) {
233             if (!(shmflg & IPC_CREAT))
234                 err = -ENOENT;
235             else
236                 err = newseg(key, shmflg, size);
237         } else if ((shmflg & IPC_CREAT) && (shmflg & IPC_EXCL)) {
```

```
238             err = -EEXIST;
239         } else {
240             shp = shm_lock(id);
241             if(shp==NULL)
242                 BUG( );
243             if (shp->shm_segsz < size)
244                 err = -EINVAL;
245             else if (ipcperms(&shp->shm_perm, shmflg))
246                 err = -EACCES;
247             else
248                 err = shm_buildid(id, shp->shm_perm.seq);
249             shm_unlock(id);
250         }
251         up(&shm_ids.sem);
252         return err;
253     }
```

与前一节中的 sys_msgget( )作一比较，就可发现二者基本相同。所不同的是这里所调用的是 newseg( )，因为是创建新的共享内存区，而不是报文队列。像报文队列一样，内核中也有个全局的 ipc_ids 数据结构 shm_ids：

```
48      static struct ipc_ids shm_ids;
```

如前所述，ipc_ids 数据结构中有个指针 entries，指向一个 ipc_id 结构数组，而每个 ipc_id 结构中则有个指针 p，指向一个 kern_ipc_perm 数据结构。所不同的是，在报文队列机制中，kern_ipc_perm 数据结构的"宿主"是 msg_queue 数据结构，代表着一个报文队列；而在共享内存机制中则是 shmid_kernel 数据结构，代表着一个共享内存区。等一下读者就会看到它的定义。

同样键值 IPC_PRIVATE，即 0，是特殊的，它表示要分配一个共享内存区供本进程专用。其他键值则表示要创建或寻找的是"共享"内存区。而标志位 IPC_CREAT 则表示目的在于创建。

函数 newseg( )创建一块共享内存区（shm.c）：

[sys_shmget( ) > newseg( )]

```
173     static int newseg (key_t key, int shmflg, size_t size)
174     {
175         int error;
176         struct shmid_kernel *shp;
177         int numpages = (size + PAGE_SIZE -1) >> PAGE_SHIFT;
178         struct file * file;
179         char name[13];
180         int id;
181
182         if (size < SHMMIN || size > shm_ctlmax)
183             return -EINVAL;
184
185         if (shm_tot + numpages >= shm_ctlall)
```

```
186             return -ENOSPC;
187
188     shp = (struct shmid_kernel *) kmalloc (sizeof (*shp), GFP_USER);
189     if (!shp)
190             return -ENOMEM;
191     sprintf (name, "SYSV%08x", key);
192     file = shmem_file_setup(name, size);
193     error = PTR_ERR(file);
194     if (IS_ERR(file))
195             goto no_file;
196
197     error = -ENOSPC;
198     id = shm_addid(shp);
199     if(id == -1)
200             goto no_id;
201     shp->shm_perm.key = key;
202     shp->shm_flags = (shmflg & S_IRWXUGO);
203     shp->shm_cprid = current->pid;
204     shp->shm_lprid = 0;
205     shp->shm_atim = shp->shm_dtim = 0;
206     shp->shm_ctim = CURRENT_TIME;
207     shp->shm_segsz = size;
208     shp->shm_nattch = 0;
209     shp->id = shm_buildid(id,shp->shm_perm.seq);
210     shp->shm_file = file;
211     file->f_dentry->d_inode->i_ino = shp->id;
212     file->f_op = &shm_file_operations;
213     shm_tot += numpages;
214     shm_unlock (id);
215     return shp->id;
216
217 no_id:
218     fput(file);
219 no_file:
220     kfree(shp);
221     return error;
222 }
```

首先根据共享区的大小计算出所需的存储页面数量 numpages,接着是对资源数量的一些检查。代码中的 shm_tot 和 shm_ctlall 都是全局量,分别用来记录当前已经用于共享内存机制的页面数及其上限。另一个全局量 shm_ctlmax 给出了对每个共享内存区大小的限制。每个共享内存区都有个区名,由前缀 SYSV 和键值的 8 位 16 进制数表示构成。

在内核中,每个共享内存区都由一个控制结构,即 shmid_kernel 数据结构代表,定义于 ipc/shm.c:

```
29  struct shmid_kernel /* private to the kernel */
30  {
31      struct kern_ipc_perm        shm_perm;
```

```
32      struct file *       shm_file;
33      int                 id;
34      unsigned long       shm_nattch;
35      unsigned long       shm_segsz;
36      time_t              shm_atim;
37      time_t              shm_dtim;
38      time_t              shm_ctim;
39      pid_t               shm_cprid;
40      pid_t               shm_lprid;
41   };
```

显然，这个数据结构与用于报文队列的 msq_queue 相似，它的第一个结构成分也是个 kern_ipc_perm 结构。可是，这里有个 file 结构指针 shm_file。为什么在代表共享内存区的数据结构中有指向 file 结构的指针呢？

共享内存区中的页面也和普通的页面一样，受到内存页面管理机制的调度，根据实际的需要而换出/换入。不同的是，普通的页面都换出到通用的页面交换设备（或文件）上；而共享内存区则各自设立专用的映射文件，以共享内存区的区名作为文件名。这样，就把共享内存区与第 2 章中的文件映射联系在一起了。文件映射机制成了实现共享内存区的基础，而共享内存区则成了文件映射的一项应用。因此，对于每个进程，参与共享的内存区就好像已经建立的文件映射一样，可以通过特殊文件系统/proc 中的路径/proc/<pid>/maps 观察其状态（这里<pid>表示具体的进程号）。

为此，内核中专门设置了一种特殊文件系统 "shm"，其类型为 shmem_fs_type，定义于 mm/shmem.c：

```
702     static DECLARE_FSTYPE(shmem_fs_type, "shm", shmem_read_super, FS_LITTER);
```

编译时会把宏定义 DECLARE_FSTYPE 展开如下（参阅"文件系统"一章中的有关内容）：

```
    struct file_system_type shmem_fs_type = {
        name:               "shm",
        read_super:   shmem_read_super,
        fs_flags:           FS_LITTER,
        owner:              THIS_MODULE,
        kern_mnt:           NULL
    }
```

系统在初始化时会通过 kern_mount( ) 安装这个特殊文件系统，并在 devfs 特殊文件系统中创建起一个子目录 shm。这是在 init_shmem_fs( ) 中完成的，代码见 mm/shmem.c：

```
704     static int __init init_shmem_fs(void)
705     {
706         int error;
707         struct vfsmount * res;
708
709         if ((error = register_filesystem(&shmem_fs_type))) {
710             printk (KERN_ERR "Could not register shmem fs\n");
711             return error;
```

```
712          }
713
714          res = kern_mount(&shmem_fs_type);
715          if (IS_ERR(res)) {
716              printk (KERN_ERR "could not kern_mount shmem fs\n");
717              unregister_filesystem(&shmem_fs_type);
718              return PTR_ERR(res);
719          }
720
721          devfs_mk_dir (NULL, "shm", NULL);
722          return 0;
723      }
```

先通过 kern_mount( ) 安装特殊文件系统 shm。然后，如果在编译内核时选择了支持 devfs，就在/dev 目录（这是 devfs 的安装点）下建立一个子目录 shm，作为所有共享内存区文件的目录。我们在特殊文件/proc 一节中讲过，kern_mount( ) 只是为一个特殊文件系统建立起作为一个已安装文件系统所需的所有数据结构，包括超级块以及 dentry 结构、inode 结构、还有 vfsmount 结构，并使 file_system_type 结构（在这里是 shmem_fs_type）中的指针 kern_mnt 指向其 vfsmount 结构。但是却并没有真的将这个文件系统"安装"在某个安装点上。换言之，并没有使这个特殊文件系统落实到哪一个有形的文化系统，即外部设备上。对于像管道一类无形又无名的文件系统这是没有问题的，因为管道文件实际上只存在于内存中，本来就不需要落实到外部设备上。可是，对于/proc 文件系统就得要在 kern_mount( ) 以后再具体安装一次，将其安装在/proc 节点上，这样才能使其变成有名而可以通过路径名寻访。所以像/proc 那样的特殊文件系统的 FS_SINGLE 标志位为 1。用于共享内存区的文件系统 shm 则又不同了，这种文件是有形的，需要在文件中实际地存储数据，所以更是必须落实到某个物理的外设上才行。另一方面，共享内存区文件只对系统的当前运行有意义，一旦关机就失去了意义而不应继续存在，下一次安装时应该从空白开始，所以不适合放在普通的文件系统中。考虑到这个特点，显然最合适的是把 shm 落实到页面交换盘区中。下面读者就会看到，这一点已经实现在 shm 的驱动程序中。所以，shm 文件系统在 kern_mount( ) 以后，不需要像/proc 文件系统那样再来安装一次，它的 FS_SINGLE 标志位为 0。至于它的 FS_LITTER 标志位为 1（见 702 行），则正是表示把这种文件系统拆卸下来时要丢弃其所有的资源（包括在/dev/.devfsd 目录下的文件节点）。

这样，建立共享内存区的问题就转变成了在特殊文件系统"shm"中建立映射文件的问题。这是由 shmem_file_setup( ) 完成的，其代码在 mm/shmem.c 中：

[sys_shmget( ) > newseg( ) > shmem_file_setup( )]

```
800      /*
801       * shmem_file_setup - get an unlinked file living in shmem fs
802       *
803       * @name: name for dentry (to be seen in /proc/<pid>/maps
804       * @size: size to be set for the file
805       *
806       */
807      struct file *shmem_file_setup(char * name, loff_t size)
808      {
```

```
809         int error;
810         struct file *file;
811         struct inode * inode;
812         struct dentry *dentry, *root;
813         struct qstr this;
814         int vm_enough_memory(long pages);
815
816         error = -ENOMEM;
817         if (!vm_enough_memory((size) >> PAGE_SHIFT))
818             goto out;
819
820         this.name = name;
821         this.len = strlen(name);
822         this.hash = 0; /* will go */
823         root = shmem_fs_type.kern_mnt->mnt_root;
824         dentry = d_alloc(root, &this);
825         if (!dentry)
826             goto out;
827
828         error = -ENFILE;
829         file = get_empty_filp( );
830         if (!file)
831             goto put_dentry;
832
833         error = -ENOSPC;
834         inode = shmem_get_inode(root->d_sb, S_IFREG | S_IRWXUGO, 0);
835         if (!inode)
836             goto close_file;
837
838         d_instantiate(dentry, inode);
839         dentry->d_inode->i_size = size;
840         file->f_vfsmnt = mntget(shmem_fs_type.kern_mnt);
841         file->f_dentry = dentry;
842         file->f_op = &shmem_file_operations;
843         file->f_mode = FMODE_WRITE | FMODE_READ;
844         inode->i_nlink = 0; /* It is unlinked */
845         return(file);
846
847  close_file:
848         put_filp(file);
849  put_dentry:
850         dput (dentry);
851  out:
852         return ERR_PTR(error);
853  }
```

前面讲过，每个共享内存区都有个区名，区名中包含着它的键值，这个区名就被用作文件名。我们把这段程序留给读者阅读。要说明的是，shmem_fs_type.kern_mnt->mnt_root 指向 shm 文件系统的 dentry 结构本身，所以文件建立在 shm 的根节点下。虽然这里在内存中建立起了文件的 dentry 结构和 inode 结构，这些数据结构的内容却不需要写到磁盘上去，因为一旦关机，这些数据结构的内容就失去意义了。这里的 842 行将指针 file->f_op 设置成指向 file_operations 结构 shmem_file_operations，而在返回到 newseg( )中以后又在 212 行将其设置成指向 shm_file_operations，这两个数据结构都是只支持 mmap 操作的，但一个是 shmem_mmap( )，而另一个是 shm_mmap( )。两个数据结构分别定义在 mm/shmem.c 和 ipc/shm.c 中：

```
662     static struct file_operations shmem_file_operations = {
663         mmap:           shmem_mmap
664     };

163     static struct file_operations shm_file_operations = {
164         mmap:           shm_mmap
165     };
```

函数 shmem_file_setup( )并不光是在 newseg( )一处受到调用，还得照顾到从其他路径调用时的需要，所以才会在 shmem_file_setup( )中把 file->f_op 设置成指向 shmem_file_operations，而在返回到 newseg( )中以后又改成指向 shm_file_operations。函数 shm_mmap( )和 shmem_mmap( )的区别在于，前者所实现的是有形的 shm 文件，所以支持 open 和 close 操作；而后者所实现的是无形的 shm 文件，不能通过路径名来打开，所以不支持 open 和 close 操作。

此外，对 shm 节点的 inode 结构也有些特殊的设置，所以通过一个特殊的函数 shmem_get_inode( ) 来分配和设置 inode 数据结构。其代码在 mm/shmem.c 中：

[sys_shmget( ) > newseg( ) > shmem_get_inode( )]

```
341     struct inode *shmem_get_inode(struct super_block *sb, int mode, int dev)
342     {
343         struct inode * inode;
344
345         spin_lock (&sb->u.shmem_sb.stat_lock);
346         if (!sb->u.shmem_sb.free_inodes) {
347             spin_unlock (&sb->u.shmem_sb.stat_lock);
348             return NULL;
349         }
350         sb->u.shmem_sb.free_inodes--;
351         spin_unlock (&sb->u.shmem_sb.stat_lock);
352
353         inode = new_inode(sb);
354         if (inode) {
355             inode->i_mode = mode;
356             inode->i_uid = current->fsuid;
357             inode->i_gid = current->fsgid;
358             inode->i_blksize = PAGE_CACHE_SIZE;
```

```
359             inode->i_blocks = 0;
360             inode->i_rdev = to_kdev_t(dev);
361             inode->i_mapping->a_ops = &shmem_aops;
362             inode->i_atime = inode->i_mtime = inode->i_ctime = CURRENT_TIME;
363             spin_lock_init (&inode->u.shmem_i.lock);
364             switch (mode & S_IFMT) {
365             default:
366                 init_special_inode(inode, mode, dev);
367                 break;
368             case S_IFREG:
369                 inode->i_op = &shmem_inode_operations;
370                 inode->i_fop = &shmem_file_operations;
371                 break;
372             case S_IFDIR:
373                 inode->i_op = &shmem_dir_inode_operations;
374                 inode->i_fop = &shmem_dir_operations;
375                 break;
376             case S_IFLNK:
377                 inode->i_op = &page_symlink_inode_operations;
378                 break;
379             }
380             spin_lock (&shmem_ilock);
381             list_add (&inode->u.shmem_i.list, &shmem_inodes);
382             spin_unlock (&shmem_ilock);
383         }
384         return inode;
385     }
```

这里有几点特殊之处。首先是参数 dev 为 0，因而 inode 结构中的 i_rdev 也是 0，因为这个 inode 结构并没有相应的磁盘上索引节点。其次，这个 inode 结构的 i_mapping->a_ops 指向 address_space_operations 数据结构的 shmem_aops，定义于 mm/shmem.c 中：

```
658     static struct address_space_operations shmem_aops = {
659         writepage: shmem_writepage
660     };
```

这个数据结构提供的共享内存区的页面换出操作。此外，根据节点的性质，inode 结构中的指针 i_op 和 i_fop 也分别设置成指向不同的 inode_operations 结构和 file_operations 结构。最后，内核中为 shm 文件系统提供了一个专用的 inode 结构队列 shmem_inodes，所有用于 shm 文件系统的 inode 结构都通过一个专用的队列头挂在这个队列中。所以不管在什么时候都能找到属于 shm 文件系统的所有 inode 结构。

回到 newseg( ) 的代码中，用于共享内存区页面换出/换入的文件已经创建并打开。这个已打开文件有个 file 结构，但是却不像一般已打开文件的 file 结构那样属于某个特定的进程，也不像一般 file 结构那样代表一个具体文件的读/写上下文，因为对共享内存区的访问完全是随机的，没有上下文的概念。同时，对于这个 file 结构也不能像对一般已打开文件那样通过一个已打开文件号来访问，因为所谓已打开文件号是个局部进程的概念,而不是全局的概念。从代码中可以看到,指向这个 file 的指针就保存在具体共享内存区的 shmid_kernel 数据结构中,shmid_kernel 结构既然代表着一个共享内存区,当然也就代表着它所映射的文件。

为一个共享内存区分配了 shmid_kernel 数据结构以后,还要使它与全局的 ipc_ids 数据结构 shm_ids 挂上钩,所以在回到 newseg( )中以后要通过 shm_addid( )来建立起这种联系(ipc/shm.c):

[sys_shmget( ) > newseg( ) > shm_addid( )]

```
89      static inline int shm_addid(struct shmid_kernel *shp)
90      {
91          return ipc_addid(&shm_ids, &shp->shm_perm, shm_ctlmni+1);
92      }
```

至于 ipc_addid( )的代码,读者已经在前一节(报文队列)中读过。用于共享内存区的 shm_ids 与用于报文队列的 msg_ids 类型相同,而共享内存区的 shmid_kernel 结构中的第一个成分 shm_perm 也是个 kern_ipc_perm 结构,它的起始地址就是整个 shmid_kernel 结构的起始地址。此外,shm_ctlmni 也与 msg_ctlmni 一样,是个对 shm_ids 中数组大小的控制量。

至此,共享内存区的创建就基本完成了。函数 newseg( )和 sys_shmget( )中其余的代码比较简单,我们把它留给读者。

最后,sys_shmget( )也和 sys_msgget( )一样,返回所创建共享内存区的一体化标识号。那是由 shm_buildid( )计算的。

```
55      #define shm_buildid(id, seq) \
56          ipc_buildid(&shm_ids, id, seq)
```

读者已经在前一节(报文队列)中读过 ipc_buildid( )的代码。

在一个共享内存区创建以后,参加进来共享的进程则使用其键值通过 findkey( )找到作为 ipc_id 结构数组下标的标识号,然后将其换算成一个一体化的标识号,那就与 sys_msgget( )的处理过程一样了。

6.7.2 库函数 shmat( ) —— 建立共享内存区的映射

通过 shmget( )以给定键值创建了一个共享内存区,或者取得了已创建共享内存区的标识号以后,还要通过 shmat( )将这个内存区映射到本进程的虚存空间,此外,一个已经映射的共享内存区间也可以通过 shmat( )改变其映射。这都是由 sys_shmat( )完成的,其代码在 ipc/shm.c 中。我们分段阅读:

```
553     /*
554      * Fix shmaddr, allocate descriptor, map shm, add attach descriptor to lists.
555      */
556     asmlinkage long sys_shmat (int shmid, char *shmaddr, int shmflg, ulong *raddr)
557     {
558         struct shmid_kernel *shp;
559         unsigned long addr;
560         struct file * file;
```

```
561         int     err;
562         unsigned long flags;
563         unsigned long prot;
564         unsigned long o_flags;
565         int acc_mode;
566         void *user_addr;
567
568         if (shmid < 0)
569             return -EINVAL;
570
571         if ((addr = (ulong)shmaddr)) {
572             if (addr & (SHMLBA-1)) {
573                 if (shmflg & SHM_RND)
574                     addr &= ~(SHMLBA-1);        /* round down */
575                 else
576                     return -EINVAL;
577             }
578             flags = MAP_SHARED | MAP_FIXED;
579         } else
580             flags = MAP_SHARED;
581
582         if (shmflg & SHM_RDONLY) {
583             prot = PROT_READ;
584             o_flags = O_RDONLY;
585             acc_mode = S_IRUGO;
586         } else {
587             prot = PROT_READ | PROT_WRITE;
588             o_flags = O_RDWR;
589             acc_mode = S_IRUGO | S_IWUGO;
590         }
591
```

参数 shmaddr 为当前进程所要求映射的目标地址，也就是映射后该共享内存区在这个进程的用户空间中的起始地址。这个地址一般应该能被一个常数 SHMLBA 整除，该常数在 include/asm-i386/shmparam.h 中定义为 PAGE_SIZE，所以实际上这意味着与页面的边界对齐。如果调用参数 shmaddr 不能被 SHMLBA 整除，就要将 shmflg 中的 SHM_RND 标志设成 1，这样 sys_shmat( ) 就会自动将此地址加以调整（见 573～574 行）。参数 shmaddr 也可以是 0，内核会根据当前进程的虚存空间使用情况为其分配一个。从代码中可以看出，在这两种情况下，将 flags 中的 MAP_FIXED 标志位分别设置成 1 和 0，以后将根据这个标志位作相应的处理。此外，还要将参数 shmflg 中的 SHM_RDONLY 标志位转换成若干用于内存映射和文件访问的标志，因为对共享内存区的管理涉及这两个方面。我们继续往下看：

[sys_shmat( )]

```
592         /*
593          * We cannot rely on the fs check since SYSV IPC does have an
```

```
594              * aditional creator id...
595              */
596             shp = shm_lock(shmid);
597             if(shp == NULL)
598                 return -EINVAL;
599             if (ipcperms(&shp->shm_perm, acc_mode)) {
600                 shm_unlock(shmid);
601                 return -EACCES;
602             }
603             file = shp->shm_file;
604             shp->shm_nattch++;
605             shm_unlock(shmid);
606
```

参数 shmid 为共享内存区的一体化标识号，通过 shm_lock( )就可以找到代表这个共享内存区的 shmid_kernel 数据结构，并且加锁。可想而知，shm_lock( )与前一节中的 msg_lock( )应该很相似。事实上，两者确实是一样的：

```
50      #define shm_lock(id)      ((struct shmid_kernel*)ipc_lock(&shm_ids,id))
```

找到了目标共享区并将其锁住以后，就来检查访问权限，函数 ipcperms( )的代码见前一节。共享内存区访问权限的管理与文件系统访问权限的管理相似，读者可参阅第 5 章中有关的内容。通过了对访问权限的检验，就进入实质性的阶段了：

[sys_shmat( )]

```
607         down(&current->mm->mmap_sem);
608         user_addr = (void *) do_mmap (file, addr, file->f_dentry->d_inode->i_size,
                                          prot, flags, 0);
609         up(&current->mm->mmap_sem);
610
611         down (&shm_ids.sem);
612         if(!(shp = shm_lock(shmid)))
613             BUG( );
614         shp->shm_nattch--;
615         if(shp->shm_nattch == 0 &&
616            shp->shm_flags & SHM_DEST)
617             shm_destroy (shp);
618         shm_unlock(shmid);
619         up (&shm_ids.sem);
620
621         *raddr = (unsigned long) user_addr;
622         err = 0;
623         if (IS_ERR(user_addr))
624             err = PTR_ERR(user_addr);
625         return err;
```

```
626
627        }
```

从代码中可见，实质性的操作就是通过do_mmap( )建立起文件与虚存空间的映射。这个函数的代码已经在第2章中阅读过了，读者不妨回过去复习一下。不过，在do_mmap( )的执行过程中有一些根据具体条件执行的操作，有必要结合建立共享内存区这么一个具体的情景再把这个过程走一遍，并作些补充的说明。

在do_mmap( )中，先对文件和区间两方面都作一些检查，包括起始地址与长度、已经映射的次数等等，然后进一步调用do_mmap_pgoff( )建立映射。

[sys_shmat( ) > do_mmap( ) > do_mmap_pgoff( )]

```
188    unsigned long do_mmap_pgoff(struct file * file, unsigned long addr,
            unsigned long len,
189        unsigned long prot, unsigned long flags, unsigned long pgoff)
190    {
       ......
       /* 对访问权限等等的检查 */
       ......
250        /* Obtain the address to map to. we verify (or select) it and ensure
251         * that it represents a valid section of the address space.
252         */
253        if (flags & MAP_FIXED) {
254            if (addr & ~PAGE_MASK)
255                return -EINVAL;
256        } else {
257            addr = get_unmapped_area(addr, len);
258            if (!addr)
259                return -ENOMEM;
260        }
```

前面讲过，如果在调用shmat( )时的参数shmaddr为0，则在sys_shmat( )中将flags中的标志位MAP_FIXED设成0，表示应由内核给分配一个。现在就通过get_unmapped_area( )来做这件事了。函数get_unmapped_area( )的代码在mm/mmap.c中：

[sys_shmat( ) > do_mmap( ) > do_mmap_pgoff( ) > get_unmapped_area( )]

```
374    /* Get an address range which is currently unmapped.
375     * For mmap( ) without MAP_FIXED and shmat( ) with addr=0.
376     * Return value 0 means ENOMEM.
377     */
378    #ifndef HAVE_ARCH_UNMAPPED_AREA
379    unsigned long get_unmapped_area(unsigned long addr, unsigned long len)
380    {
381        struct vm_area_struct * vmm;
382
```

```
383        if (len > TASK_SIZE)
384            return 0;
385        if (!addr)
386            addr = TASK_UNMAPPED_BASE;
387        addr = PAGE_ALIGN(addr);
388
389        for (vmm = find_vma(current->mm, addr); ; vmm = vmm->vm_next) {
390            /* At this point:  (!vmm || addr < vmm->vm_end). */
391            if (TASK_SIZE - len < addr)
392                return 0;
393            if (!vmm || addr + len <= vmm->vm_start)
394                return addr;
395            addr = vmm->vm_end;
396        }
397    }
398    #endif
```

读者自行阅读这段程序应该不会有困难。这里的常数 TASK_UNMAPPED_BASE 是在 include.asm-i386/processor.h 中定义的:

```
263    /* This decides where the kernel will search for a free chunk of vm
264     * space during mmap's.
265     */
266    #define TASK_UNMAPPED_BASE    (TASK_SIZE / 3)
```

也就是说，当给定的目标地址为 0 时，内核从（TASK_SIZE/3）即 1GB 处开始向上在当前进程的虚存空间中寻找一块足以容纳给定长度的区间。而当给定的目标地址不为 0 时，则从给定的地址开始向上寻找。函数 find_vma( )在当前进程已经映射的虚存空间中找到第一个满足 vma -> vm_end，即大于给定地址的区间。如果找不到这么一个区间。那就说明给定的地址尚未映射，因而可以使用；或者，如果所找到区间的起始地址高于给定地址加给定区间长度，那就说明在所找到区间之下有个足够大的空洞，因此也可以使用给定的地址。

至此，只要返回的地址非 0，addr 就已经是一个符合各种要求的虚存地址了。我们回到 do_mmap_pgoff( )中继续往下看（mm/mmap.c）:

[sys_shmat( ) > do_mmap( ) > do_mmap_pgoff( )]

```
262    /* Determine the object being mapped and call the appropriate
263     * specific mapper. the address has already been validated, but
264     * not unmapped, but the maps are removed from the list.
265     */
266    vma = kmem_cache_alloc(vm_area_cachep, SLAB_KERNEL);
267    if (!vma)
268        return -ENOMEM;
269
270    vma->vm_mm = mm;
271    vma->vm_start = addr;
```

```
272         vma->vm_end = addr + len;
273         vma->vm_flags = vm_flags(prot,flags) | mm->def_flags;
274
275         if (file) {
276             VM_ClearReadHint(vma);
277             vma->vm_raend = 0;
278
279             if (file->f_mode & FMODE_READ)
280                 vma->vm_flags |= VM_MAYREAD | VM_MAYWRITE | VM_MAYEXEC;
281             if (flags & MAP_SHARED) {
282                 vma->vm_flags |= VM_SHARED | VM_MAYSHARE;
283
284                 /* This looks strange, but when we don't have the file open
285                  * for writing, we can demote the shared mapping to a simpler
286                  * private mapping. That also takes care of a security hole
287                  * with ptrace( ) writing to a shared mapping without write
288                  * permissions.
289                  *
290                  * We leave the VM_MAYSHARE bit on, just to get correct output
291                  * from /proc/xxx/maps..
292                  */
293                 if (!(file->f_mode & FMODE_WRITE))
294                     vma->vm_flags &= ~(VM_MAYWRITE | VM_SHARED);
295             }
296         } else {
297             vma->vm_flags |= VM_MAYREAD | VM_MAYWRITE | VM_MAYEXEC;
298             if (flags & MAP_SHARED)
299                 vma->vm_flags |= VM_SHARED | VM_MAYSHARE;
300         }
301         vma->vm_page_prot = protection_map[vma->vm_flags & 0x0f];
302         vma->vm_ops = NULL;
303         vma->vm_pgoff = pgoff;
304         vma->vm_file = NULL;
305         vma->vm_private_data = NULL;
306
```

每个虚存区间都要有个 vm_area_struct 数据结构，所以通过 kmem_cache_alloc( ) 为待映射的区间分配一个，并加以设置。如果调用 do_mmap_pgoff( ) 时的 file 结构指针为 0，则目的仅在于创建虚存区间，或者说仅在于建立从物理空间到虚存区间的映射。而如果目的在于建立从文件到虚存区间的映射，那就要把为文件设置的访问权限考察进去。至此，代表着我们所需虚存区间的数据结构已经创建了（不过尚未插入代表着当前进程虚存空间的 mm_struct 结构中）。可是，在某些条件下却还不得不将它撤销。为什么呢？我们继续往下看：

· [sys_shmat( ) > do_mmap( ) > do_mmap_pgoff( )]

```
307         /* Clear old maps */
```

```
308            error = -ENOMEM;
309            if (do_munmap(mm, addr, len))
310                goto free_vma;
311
312            /* Check against address space limit. */
313            if ((mm->total_vm << PAGE_SHIFT) + len
314                > current->rlim[RLIMIT_AS].rlim_cur)
315                goto free_vma;
316
317            /* Private writable mapping? Check memory availability.. */
318            if ((vma->vm_flags & (VM_SHARED | VM_WRITE)) == VM_WRITE &&
319                !(flags & MAP_NORESERVE)                           &&
320                !vm_enough_memory(len >> PAGE_SHIFT))
321                goto free_vma;
322
```

在什么条件下要把已经创建（但是尚未生效）的 vm_area_struct 数据结构撤销呢？首先，这里调用了一个函数 do_munmap( )。它检查目标地址在当前进程的虚存空间是否已经在使用，如果已经在使用，就要将老的映射去除，将老的区间释放。要是这个操作失败，那当然不能重复映射同一个目标地址，所以就得转移到 free_vma，把已经分配的 vm_area_struct 数据结构撤销。函数 do_munmap( )的代码在 mm/mmap.c 中，读者已经在第 2 章中读过它的代码。也许读者会感到奇怪，这个区间不是在前面调用 get_unmapped_area( )找到的吗？怎么可能会原来就已有映射了呢？回过头去注意看一下就可知道，那只是当调用参数 shmaddr 为 0 时的情况，而当 shmaddr 不为 0 时则尚未对此加以检查。

除此之外，还有两个情况也会导致撤销已经分配的 vm_area_struct 数据结构。一个是如果当前进程对虚存空间的使用超出了为其设置的上限（313～315 行）。另一个是在要求建立由当前进程专用的可写区间，而物理页面的数量已经（暂时）不足（318～321 行）。

读者也许还要问：为什么不把对所有条件的检验放在分配 vm_area_struct 数据结构之前呢？问题在于，在通过 kmem_cache_alloc( )分配 vm_area_struct 数据结构的过程中，有可能会发生供这种数据结构专用的 slab 已经用完，而不得不补充分配更多物理页面的情况。而分配物理页面的过程，则又有可能因一时不能满足要求而只好先调度别的进程运行。这样，当前进程从 kmem_cache_alloc( )返回时，可能已经有别的进程或线程，特别是由本进程 clone( )出来的线程运行过了，所以就不能排除这些条件已经改变的可能。所以，读者在内核中常常能看到先分配某项资源，然后检测条件，如果条件不符再将资源释放（而不是先检测条件，后分配资源）的情景。关键就在于分配资源的过程中是否有可能发生调度，以及其他进程或线程的运行有否可能改变这些条件。以这里的第三个条件为例，如果发生过调度，那就显然是可能改变的。

继续往下看 do_mmap_pgoff( )的代码（mm/mmap.c）：

[sys_shmat( ) > do_mmap( ) > do_mmap_pgoff( )]

```
323            if (file) {
324                if (vma->vm_flags & VM_DENYWRITE) {
325                    error = deny_write_access(file);
326                    if (error)
327                        goto free_vma;
```

```
328                    correct_wcount = 1;
329                }
330                vma->vm_file = file;
331                get_file(file);
332                error = file->f_op->mmap(file, vma);
333                if (error)
334                    goto unmap_and_free_vma;
335        } else if (flags & MAP_SHARED) {
336                error = shmem_zero_setup(vma);
337                if (error)
338                    goto free_vma;
339        }
340
```

如果要建立的是从文件到虚存区间的映射，而在调用 do_mmap( )时的参数 flags 中的 MAP_DENYWRITE 标志位为 1（这个标志位在前面 273 行引用的宏操作 vm_flags( )中转换成 VM_DENYWRITE），那就表示不允许通过常规的文件操作对此文件进行写访问，所以要调用 deny_write_access( )排斥常规的文件操作，详见"文件系统"一章中的有关内容。对于 shm 文件，读者可以在 sys_shmat( )的代码中看出这个标志位一定是 0，所以不存在这个问题。这是因为对 shm 文件本来就不允许按常规的可写文件打开。

函数 get_file( )的作用只是递增 file 结构中的共享计数。

每种文件系统都有个 file_operations 数据结构，其中的函数指针 mmap 提供了建立从该类文件到虚存区间的映射的操作。我们在前面已经看到过 shm 文件系统的 file_operations 数据结构，它只提供一种文件操作，那就是 mmap，具体的函数是 shm_mmap( )。其代码在 ipc/shm.c 中：

[sys_shmat( ) > do_mmap( ) > do_mmap_pgoff( ) > shm_mmap( )]

```
155    static int shm_mmap(struct file * file, struct vm_area_struct * vma)
156    {
157        UPDATE_ATIME(file->f_dentry->d_inode);
158        vma->vm_ops = &shm_vm_ops;
159        shm_inc(file->f_dentry->d_inode->i_ino);
160        return 0;
161    }
```

这个函数非常简单，实质性的操作其实只有一行，那就是 158 行将虚存区间控制结构中的指针 vm_ops 设置成指向数据结构 shm_vm_ops。这个结构的定义为：

```
167    static struct vm_operations_struct shm_vm_ops = {
168        open:    shm_open,    /* callback for a new vm-area open */
169        close:   shm_close,   /* callback for when the vm-area is released */
170        nopage:  shmem_nopage,
171    };
```

读者也许感到困惑，在文件与虚存区间之间建立映射难道就这么简单？其实，具体的映射是非常动态、经常在变的。所谓文件与虚存区间之间的映射包含着两个环节，一是物理页面与文件映象之间的换入/换出，二是物理页面与虚存页面之间的映射。这二者都是很动态的，所以，重要的并不是建立起一个特定的映射，而是建立起一套机制，使得一旦需要时就可以根据当时的具体情况建立起新的映射。另一方面，在计算机技术中有一个称为"lazy computation"的概念，就是说有些为将来作某种准备而进行的操作（计算）应该推迟到真正需要时才进行。这是因为实际运行中的情况千变万化，有时候花了老大的劲才完成了准备，实际上却根本没有用到，或者只用到了很小一部分，从而造成了浪费。就以这里共享内存区的映射来说，也许共享区的大小是 100 个页面，而实际上在相当长的时间里只用到了其中的一个页面，而映射 99 个页面的开销都不是可以忽略不计的。何况，长期不用的页面还得费劲把它们换出哩。考虑到这些因素，还不如到真正需要用到一个页面时再来建立其映射，用到几个页面就映射几个页面。当然，那样很可能会因为分散处理而使具体映射每一个页面的开销增加，所以这里有个权衡利弊的问题，具体的决定往往要建立在统计的基础上。这里，对于共享内存区的映射正是运用了这个概念，把具体页面的映射推迟到了真正需要的时候才进行。具体地，就是为物理页面的换入（以及为映射的建立而准备的下一个函数，这就是 shm_nopage( )）。等一下我们还会回到这个话题上来。

回到 do_mmap_pgoff( )的代码中，把共享内存区的 vm_area_struct 结构插入当前进程的虚存空间，就完成了共享内存区映射机制的建立，虽然具体页面的映射都尚未建立。

回到 sys_shmat( )的代码。最后通过参数 raddr 返回实际的映射地址。至此，sys_shmat( )的操作就基本完成了，给定的共享内存区已经纳入了当前进程的存储空间。

如前所述，在 sys_shmat( )中实际上并没有建立页面的映射，而是把它推迟到了实际需要的时候。所以，在将一块共享内存区纳入一个进程的存储空间以后，当其中的任何一个页面首次受到访问时就会因为"缺页"而产生一次页面异常。读者不妨回到第 2 章中，从 do_page_fault( )开始，顺着 handle_mm_fault( )、handle_pte_fault( )，一直到 do_no_page( )。在 do_no_page( )中，如果产生异常的地址所属区间的指针 vm_ops 指向一个 vm_operations_struct 数据结构，并且该结构中的函数指针 nopage 非零，就会调用这个函数来建立所在页面的映射表项。下面是 do_no_page( )中的一个片段：

[do_page_fault( ) > handle_mm_fault( ) > handle_pte_fault( ) > do_no_page( )]

```
1097        if (!vma->vm_ops || !vma->vm_ops->nopage)
1098            return do_anonymous_page(mm, vma, page_table, write_access, address);
1099
1100        /*
1101         * The third argument is "no_share", which tells the low-level code
1102         * to copy, not share the page even if sharing is possible.  It's
1103         * essentially an early COW detection.
1104         */
1105        new_page = vma->vm_ops->nopage(vma, address & PAGE_MASK,
                        (vma->vm_flags & VM_SHARED)? 0:write_access);
            ......
1123        entry = mk_pte(new_page, vma->vm_page_prot);
            ......
1129        set_pte(page_table, entry);
```

读者在前面已经看到，对于共享内存区内的页面，这个指针指向 shmem_nopage( )。其代码在 shm.c

中，我们又得分段来看：

[do_page_fault( ) > handle_mm_fault( ) > handle_pte_fault( ) > do_no_page( ) > shmem_nopage( )]

```
237     /*
238      * shmem_nopage - either get the page from swap or allocate a new one
239      *
240      * If we allocate a new one we do not mark it dirty. That's up to the
241      * vm. If we swap it in we mark it dirty since we also free the swap
242      * entry since a page cannot live in both the swap and page cache
243      */
244     struct page * shmem_nopage(struct vm_area_struct * vma,
                                    unsigned long address, int no_share)
245     {
246         unsigned long size;
247         struct page * page;
248         unsigned int idx;
249         swp_entry_t *entry;
250         struct inode * inode = vma->vm_file->f_dentry->d_inode;
251         struct address_space * mapping = inode->i_mapping;
252         struct shmem_inode_info *info;
253
254         idx = (address - vma->vm_start) >> PAGE_SHIFT;
255         idx += vma->vm_pgoff;
256
257         down (&inode->i_sem);
258         size = (inode->i_size + PAGE_CACHE_SIZE - 1) >> PAGE_CACHE_SHIFT;
259         page = NOPAGE_SIGBUS;
260         if ((idx >= size) && (vma->vm_mm == current->mm))
261             goto out;
262
263         /* retry, we may have slept */
264         page = __find_lock_page(mapping, idx, page_hash (mapping, idx));
265         if (page)
266             goto cached_page;
267
268         info = &inode->u.shmem_i;
269         entry = shmem_swp_entry (info, idx);
270         if (!entry)
271             goto oom;
```

先计算出页面在所映射文件，即共享内存区内的页面号 idx。如果某个（进程的）特定虚存区间与整个共享内存区之间有位移，就要把位移也考虑进去（255 行）。算出页面号以后，就可以通过 __find_lock_page( ) 在杂凑表队列中寻找该页面的 page 结构。如果找到了，那就说明这个页面已经在内存中的页面缓冲队列里，只要重建映射就可以了。否则，就要通过 shmem_swp_entry( ) 进一步确定这个页面是从未映射，还是已经换出到交换盘区上。这个函数的代码在 mm/shmem.c 中，这是了解共享内存区内页面换出/换入操作的关键。

[do_page_fault( ) > handle_mm_fault( ) > handle_pte_fault( ) > do_no_page( ) > shmem_nopage( ) > shmem_swp_entry( )]

```
static swp_entry_t * shmem_swp_entry (struct shmem_inode_info *info,
 unsigned long index)
 52     {
 53         if (index < SHMEM_NR_DIRECT)
 54             return info->i_direct+index;
 55
 56         index -= SHMEM_NR_DIRECT;
 57         if (index >= ENTRIES_PER_PAGE*ENTRIES_PER_PAGE)
 58             return NULL;
 59
 60         if (!info->i_indirect) {
 61             info->i_indirect = (swp_entry_t **) get_zeroed_page(GFP_USER);
 62             if (!info->i_indirect)
 63                 return NULL;
 64         }
 65         if(!(info->i_indirect[index/ENTRIES_PER_PAGE])) {
 66             info->i_indirect[index/ENTRIES_PER_PAGE] =
                                (swp_entry_t *) get_zeroed_page(GFP_USER);
 67             if (!info->i_indirect[index/ENTRIES_PER_PAGE])
 68                 return NULL;
 69         }
 70
 71         return  info->i_indirect[index/ENTRIES_PER_PAGE] + index%ENTRIES_PER_PAGE;
 72     }
```

读者在"文件系统"一章中已经知道，inode 结构中有个 union，根据文件系统的不同而解释成不同的数据结构。对于 shm 文件系统，这个 union 解释成 shmem_inode_info 数据结构，定义于 include/linux/shmem_fs.h 中：

```
 16     typedef struct {
 17         unsigned long val;
 18     } swp_entry_t;
 19
 20     struct shmem_inode_info {
 21         spinlock_t      lock;
 22         swp_entry_t i_direct[SHMEM_NR_DIRECT]; /* for the first blocks */
 23         swp_entry_t   **i_indirect; /* doubly indirect blocks */
 24         unsigned long   swapped;
 25         int         locked;     /* into memory */
 26         struct list_head    list;
 27     };
```

结构中引用的类型 swp_entry_t 实际上就是 32 位无符号整数，若为非 0 就表示一个页面在交换设备上的页面号。数组 i_direct[ ]代表着一个共享内存区的开头 16 个页面，即 64K 字节（SHMEM_NR_DIRECT 定义为 16）。对于一般的共享内存区，这个大小已经够了。如果不够，就通过指针 i_indirect 引入间接映射；这个指针指向一个用作指针数组的页面。页面中是 1024 个指针，每个指针又指向另一个用作 swp_entry_t 数组的页面，每个页面中可以容纳 1024 项 swp_entry_t。这样，总的潜在的容量是 1M 个页面，即 4G 字节！显然，这种机制与 Ext2 文件系统的多重间接映射相似，但要简单一些。原因是这些数据结构和数组不需要存储在磁盘上。函数 shmem_swp_entry( )返回指向目标 swp_entry_t 项的指针。这个指针不应为 0。为 0 时就说明分配不到用于间接映射的页面，所以转向 oom 作"Out-Of-Memory"出错处理。只要这个指针有效，根据 swp_entry_t 的内容就可以判断页面是否在交换设备上。我们继续往下看：

[do_page_fault( ) > handle_mm_fault( ) > handle_pte_fault( ) > do_no_page( ) > shmem_nopage( )]

```
272             if (entry->val) {
273                 unsigned long flags;
274
275                 /* Look it up and read it in.. */
276                 page = lookup_swap_cache(*entry);
277                 if (!page) {
278                     lock_kernel( );
279                     swapin_readahead(*entry);
280                     page = read_swap_cache(*entry);
281                     unlock_kernel( );
282                     if (!page)
283                         goto oom;
284                 }
285
286                 /* We have to this with page locked to prevent races */
287                 spin_lock (&info->lock);
288                 swap_free(*entry);
289                 lock_page(page);
290                 delete_from_swap_cache_nolock(page);
291                 *entry = (swp_entry_t) {0};
292                 flags = page->flags & ~((1 << PG_uptodate) | (1 << PG_error) |
                                            (1 << PG_referenced) | (1 << PG_arch_1));
293                 page->flags = flags | (1 << PG_dirty);
294                 add_to_page_cache_locked(page, mapping, idx);
295                 info->swapped--;
296                 spin_unlock (&info->lock);
297             } else {
```

如果目标 swp_entry_t 项的值为非 0，就表示目标页面在交换设备上，所以要把页面换入。对于认真阅读过第 2 章中有关换出/换入操作的读者，余下的代码已经不难理解了。不过要注意 291 行，在把目标页面读入内存以后，这里把页面的 swp_entry_t 项清 0，就是说，一个页面的 swp_entry_t 项为 0，既可以表示页面从未映射，也可以表示该页面在内存中。这样做并无不妥，因为如果页面在内存中就一定在缓冲队列中，前面的__find_lock_page( )就应成功，或者根本就不会发生缺页异常，而不会到达上面的268行了。

我们继续往下看swp_entry_t的值为0时的情景：

[do_page_fault( ) > handle_mm_fault( ) > handle_pte_fault( ) > do_no_page( ) > shmem_nopage( )]

```
297             } else {
298                 spin_lock (&inode->i_sb->u.shmem_sb.stat_lock);
299                 if (inode->i_sb->u.shmem_sb.free_blocks == 0)
300                     goto no_space;
301                 inode->i_sb->u.shmem_sb.free_blocks--;
302                 spin_unlock (&inode->i_sb->u.shmem_sb.stat_lock);
303                 /* Ok, get a new page */
304                 page = page_cache_alloc( );
305                 if (!page)
306                     goto oom;
307                 clear_user_highpage(page, address);
308                 inode->i_blocks++;
309                 add_to_page_cache (page, mapping, idx);
310             }
311             /* We have the page */
312             SetPageUptodate (page);
313
314 cached_page:
315             UnlockPage (page);
316             up(&inode->i_sem);
317
318             if (no_share) {
319                 struct page *new_page = page_cache_alloc( );
320
321                 if (new_page) {
322                     copy_user_highpage(new_page, page, address);
323                     flush_page_to_ram(new_page);
324                 } else
325                     new_page = NOPAGE_OOM;
326                 page_cache_release(page);
327                 return new_page;
328             }
329
330             flush_page_to_ram (page);
331             return(page);
332 no_space:
333             spin_unlock (&inode->i_sb->u.shmem_sb.stat_lock);
334 oom:
335             page = NOPAGE_OOM;
336 out:
```

```
337            up(&inode->i_sem);
338            return page;
339        }
```

既然执行到了 272 行，而目标 swp_entry_t 项的值又为 0，那就只有一个解释，就是目标页面从未映射过。所以，这里通过 page_cache_alloc( ) 分配一个空闲内存页面，并通过 clear_user_highpage( ) 将该页面清成全 0，再将其链入缓冲页面队列中。

至此，当执行到标号 cached_page 处时，我们要么从缓冲页面队列里找到了目标页面，要么已经新分配了一个空闲页面并已将其链入缓冲页面队列。此时还要考虑到一个特殊情况，那就是如果调用 shmem_nopage( ) 时的参数 no_share 非 0（见 do_no_page( ) 中的 1105 行），则表示页面所在的虚存区间实际上不允许共享，此时需要通过 copy_user_highpage( ) 为目标页面，复制一份由当前进程专用的副本。最后，将指向目标页面 page 结构或其副本的指针返回给 do_no_page( )，由 do_no_page( ) 在当前进程的页面映射表中建立起映射。

还要说明一点特殊之处。读者在第 2 章中看到，对于普通的存储空间映射，当一个页面的映射断开时，即物理页面不在内存时，相应页面映射表项中的 P 标志位为 0，但是整个表项并不是 0，此时的表项指明了页面的去向。但是，对于通过 do_mmap( ) 建立的文件映射，却不需要由页面映射表中的表项来指明页面的去向，所以当页面不在内存中时表项的内容为全 0（参看第 2 章中 try_to_swap_out( ) 的有关代码，特别是 83，125，135 以及 101～107 行）。对于普通文件的映射，文件的 inode 结构中已经提供了所需的全部信息，包括文件的内容存储在哪一个设备上，目标页面又映射到设备上的哪几个记录块。对于共享内存区文件，其 inode 结构同样也提供了所需的全部信息，只不过文件的内容总是存储在交换设备上，并且映射的方式也略有不同而已。

建立起对共享内存区页面的映射以后，有关的进程就可以像对一般存储页面一样地读写。每当访问一个页面时，CPU 中的硬件保证了将相应页面表项中的_PAGE_ACCESSED 标志位设成 1，如果是写访问则还要将_PAGE_DIRTY 标志位也设成 1。通过检查页面表项中的这些标志位，就可以知道参与共享的各个进程是否访问了这个页面，以及是否写访问。

再来看页面的换出。在第 2 章中，读者看到内核线程 kswapd( ) 通过一个函数 page_launder( ) 扫描 inactive_dirty_list 队列，将已经受到过写访问，但是已经不活跃的页面写到交换设备或者文件中去。除 kswapd( ) 以外，另一个内核线程 bdflush( ) 也会调用 page_launder( )，还有设备驱动层的 block_write( )，block_read( )，bread( ) 以及 ext2_getblk( ) 等函数也会通过 getblk( ) 和 refill_freelist( )，辗转地调用 page_launder( )。所以，page_launder( ) 受到调用的机会是很多的。下面是 page_launder( ) 中的一个片段：

[kswapd( ) > do_try_to_free_pages( ) > page_launder( )]

```
537            /*
538             * Dirty swap-cache page? Write it out if
539             * last copy..
540             */
541            if (PageDirty(page)) {
542                int (*writepage)(struct page *) = page->mapping->a_ops->writepage;
543                int result;
544
```

```
545             if (!writepage)
546                 goto page_active;
547
    . . . . . .
561             result = writepage(page);
    . . . . . .
571         }
```

对于共享内存区的页面,写入的目标是文件,但是这个文件在交换设备上。读者在第 2 章中看到,页面的 page 数据结构中有个指针 mapping,指向一个 address_space 数据结构,这个数据结构通常就在页面属文件的 inode 结构内部。在 address_space 结构里面有三个队列头,即 clean_pages,dirty_pages 以及 locked_pages,属于同一文件的"脏"页面都挂在这个文件的 dirty_pages 队列中。同时,address_space 结构里面又有个指针 a_ops,指向所属文件系统的 address_space_operations,这是在创建具体文件的 inode 结构时设置好了的。对于 shm 文件系统,这个数据结构是 shmem_aops,它提供了 shm 文件系统的 writepage 函数 shmem_writepage( ),其代码在 mm/shmem.c 中:

[kswapd( ) > do_try_to_free_pages( ) > page_launder( ) > shmem_writepage( )]

```
194     /*
195      * Move the page from the page cache to the swap cache
196      */
197     static int shmem_writepage(struct page * page)
198     {
199         int error;
200         struct shmem_inode_info *info;
201         swp_entry_t *entry, swap;
202
203         info = &page->mapping->host->u.shmem_i;
204         if (info->locked)
205             return 1;
206         swap = __get_swap_page(2);
207         if (!swap.val)
208             return 1;
209
210         spin_lock(&info->lock);
211         entry = shmem_swp_entry (info, page->index);
212         if (!entry) /* this had been allocted on page allocation */
213             BUG( );
214         error = -EAGAIN;
215         if (entry->val) {
216             __swap_free(swap, 2);
217             goto out;
218         }
219
220         *entry = swap;
221         error = 0;
```

```
222         /* Remove the from the page cache */
223         lru_cache_del(page);
224         remove_inode_page(page);
225
226         /* Add it to the swap cache */
227         add_to_swap_cache(page, swap);
228         page_cache_release(page);
229         set_page_dirty(page);
230         info->swapped++;
231 out:
232         spin_unlock(&info->lock);
233         UnlockPage(page);
234         return error;
235 }
```

这里通过__get_swap_page( )从交换设备上分配一个页面。注意这里的调用参数为2，表示应将所分配的页面的使用计数设置成 2，而不是要分配两个页面。接着，根据物理页面号，通过 shmem_swp_entry( )在文件的 swp_entry_t 表中找到相应的表项。如果表项的内容为非 0，就表示这个页面在交换设备上已经有对应页面了，所以此时要通过__swap_free( )归还刚才分配到的盘上页面。

然后，把页面从 LRU 队列中脱链，转移到交换设备的换出队列 swapper_space 中，并且将其 page 结构中的指针 mapping 设置成指向 swapper_space。这么一来，当 page_launder( )再次扫描到这个页面时，它的 writepage 函数就变成由 swapper_space 通过 swap_aops 提供的 swap_writepage( )了。此后的操作就与普通页面的换出完全相同了，因为这些页面同样是以交换设备为目标的。为方便读者阅读，我们在这里列出两个有关的函数：

[kswapd( ) > do_try_to_free_pages( ) > page_launder( ) > swap_writepage( )]

```
20      static int swap_writepage(struct page *page)
21      {
22          rw_swap_page(WRITE, page, 0);
23          return 0;
24      }
```

[kswapd( ) > do_try_to_free_pages( ) > page_launder( ) > swap_writepage( ) > rw_swap_page( )]

```
107     void rw_swap_page(int rw, struct page *page, int wait)
108     {
109         swp_entry_t entry;
110
111         entry.val = page->index;
112
113         if (!PageLocked(page))
114             PAGE_BUG(page);
115         if (!PageSwapCache(page))
116             PAGE_BUG(page);
```

```
117         if (page->mapping != &swapper_space)
118             PAGE_BUG(page);
119         if (!rw_swap_page_base(rw, entry, page, wait))
120             UnlockPage(page);
121     }
```

再往下就是设备驱动的事了。

读者大概注意到了，shm_vm_ops 中还有其他两个指针 open 与 closet 也都是有定义的。这是为什么呢？我们在 sys_shmget( )和 sys_shmat ( )的代码中都没有看到调用它的 open 操作啊？答案是，这是在 fork( )一个进程的过程中使用的（shm.c）:

```
1275    /* This is called by fork, once for every shm attach. */
1276    static void shm_open (struct vm_area_struct *shmd)
1277    {
1278        shm_inc (shmd->vm_file->f_dentry->d_inode->i_ino);
1279    }
```

当 fork( )一个进程时，要把父进程的每个 vm_area_struct 数据结构都复制到子进程中。对于代表着一个共享内存区的 vm_area_struct 来说，还要将它链入到所属共享内存区数据结构中的一个队列 attaches 中，这是与普通虚存区间不同的地方。所以要为之提供一个函数 shm_open( )来完成此项操作。读者可以参阅第 4 章中有关 do_fork( )的一节，顺着 do_fork( ), copy_mm( )和 dup_mmap( )的路线，最后进入 dup_mmap( )。在那里读者可以看到这么几行（fork.c）:

[sys_fork( ) > do_fork( ) > copy_mm( ) > dup_mmap( )]

```
171         /* Copy the pages, but defer checking for errors */
172         retval = copy_page_range(mm, current->mm, tmp);
173         if (!retval && tmp->vm_ops && tmp->vm_ops->open)
174             tmp->vm_ops->open(tmp);
```

就是说，如果复制出来的 vm_area_struct 结构 tmp 的 vm_ops 指针指向一个 vm_operations_struct 数据结构，并且该结构中的指针 open 非零，就调用这个函数。在这里，就是调用 shm_open( )，递增共享内存区所映射文件的共享计数。与此相类似，当一个进程 exit( )时，要释放其所有的虚存区间。如果一个虚存区间实际上是一个共享区，就会调用 shm_close( ) 递减这个计数。

6.7.3　库函数 shmdt( ) —— 撤销共享内存区的映射

一个进程在通过 SHMAT 操作与一个共享内存区挂上钩并建立起映射以后，就可以像对普通内存空间一样通过虚存地址访问这块空间。当不再需要这块空间时，可以通过系统调用 ipc( )的 SHMDT 操作与之脱钩，具体由 sys_shmdt( )完成。此外，一个刚 fork( )出来的子进程在开始执行一个新的程序时也要释放从父进程复制下来的各个虚存区间。如果一个虚存区间实际代表着一个共享内存区的话，就会通过数据结构 shm_vm_ops 中的指针 close 调用 shm_close( )，在那里也要执行类似的操作。

函数 sys_shmdt( )的代码比较简单（shm.c）:

```
629     /*
630      * detach and kill segment if marked destroyed.
631      * The work is done in shm_close.
632      */
633     asmlinkage long sys_shmdt (char *shmaddr)
634     {
635         struct mm_struct *mm = current->mm;
636         struct vm_area_struct *shmd, *shmdnext;
637     
638         down(&mm->mmap_sem);
639         for (shmd = mm->mmap; shmd; shmd = shmdnext) {
640             shmdnext = shmd->vm_next;
641             if (shmd->vm_ops == &shm_vm_ops
642                 && shmd->vm_start - (shmd->vm_pgoff << PAGE_SHIFT) == (ulong) shmaddr)
643                 do_munmap(mm, shmd->vm_start, shmd->vm_end - shmd->vm_start);
644         }
645         up(&mm->mmap_sem);
646         return 0;
647     }
```

其主体是 do_munmap( )，我们已在第 2 章读过它的代码。以前讲过，每个 vm_area_struct 数据结构代表着一个独立的虚存区间，而属性不同的区间即使地址连续也分属不同的独立虚存区间，由不同的 vm_area_struct 数据结构代表。而 vm_operations_struct 数据结构为 shm_vm_ops，则正是用于共享内存区的独立区间的特征。另一方面，与一个共享内存区脱钩必须是与整个共享内存区脱钩，而不是它的一部分。所以共享内存区的起始地址必须与一个虚存区间的实际起始地址相符。

6.7.4 库函数 shmctl( ) —— 对共享内存区的控制与管理

像报文队列一样，对共享内存区也可以通过系统调用 ipc( )的 SHMCTL 操作加以控制，或收集其状态及统计信息。函数 sys_shmctl( )的逻辑很简单，而且所有 Sys V IPC 机制在这方面基本上都一样。例如都是通过 IPC_RMID 命令撤消一项设施，所以我们不在这里列出其代码了，只是提一下其特殊之处。

对于一块共享内存区，可以在 SHMCTL 操作中分别通过 SHM_LOCK 和 SHM_UNLOCK 两条命令来加锁和去锁，也就是禁止和恢复该区间的各个页面换出或换入操作。显然，这要由共享内存和页面换出/换入两个机制相互配合才能实现。

通过 SHMCTL 操作对共享内存区加锁时，一方面，在共享内存区的 shmid_kernel 结构中把一个标志位 SHM_LOCKED 设成 1；另一方面，同时在相应 shm 文件的 inode 结构内部将其 shmem_inode_info 结构中的字段 locked 也设置成 1。读者应该还记得，对于 shm 文件，inode 结构中的 union 解释为 shmem_inode_info 结构。

而在 shmem_writepage( )中，则要检查页面所属 shm 文件的 inode 结构内部的这个标志，如果为 1 就提前返回（见上面 shmem_writepage( )代码中的 203～205 行），从而使对该页面的 writepage 操作变成了空操作。

6.8 信号量

前面讲过,共享内存为进程间通讯提供了一种效率很高的手段,但是这种机制所提供的只是狭义的"通信"手段,而并不提供进程间同步的机能。所以,共享内存作为广义的进程间通信手段还必须要有其他机制的配合。同时,除共享内存以外,还有其他需要共享资源的场合也需要有进程间同步的手段。举例来说,如果有两个进程共享同一个 tty 终端,并且各自都通过 printf( )在屏幕上显示一些字符串,就很可能会使来自两个不同进程的字符在屏幕上混成一片,而令人无法阅读。所以,原则上讲只要两个进程直接共享某个资源,就得要有互相同步的手段。其中有些同步是由内核自动提供的(例如对 CPU,对管道机制中的缓冲区,等等),而有些则要由所涉及的进程自己来关心。

由此可见,将已经在内核中使用的进程间同步机制"信号量"推广到用户空间,是很自然的事。SysⅤ IPC 中的"信号量"机制就是这样一种推广,所以实际上应该称为"用户空间信号量"以示区别。不过,只要不至于引起混淆,我们在文中就还是称之为"信号量",读者应注意区分用户空间信号量与以前讲过的内核信号量这二者之间的区别。同时,还要认识到"用户空间信号量"这种机制是由内核来支持,在系统空间中实现的,只不过是由用户进程直接使用而已。

与信号量有关的操作有三种,就是 SEMGT,SEMOP 以及 SEMCTL,分别由 sys_semget( ),sys_semop( )和 sys_semctl( )实现。有关的代码和定义基本上都在文件 ipc/sem.c 和 include/linux/sem.h 中。

6.8.1 库函数 semget( ) —— 创建或寻找信号量

函数 sys_semget( )的代码与 sys_msgget( )几乎一模一样,主要的区别只是把 sys_msgget( )中的子程序调用 newque( )换成了 newary( )。所以我们就来看看 newary( )(sem.c):

```
112     static int newary (key_t key, int nsems, int semflg)
113     {
114         int id;
115         struct sem_array *sma;
116         int size;
117
118         if (!nsems)
119             return -EINVAL;
120         if (used_sems + nsems > sc_semmns)
121             return -ENOSPC;
122
123         size = sizeof (*sma) + nsems * sizeof (struct sem);
124         sma = (struct sem_array *) ipc_alloc(size);
125         if (!sma) {
126             return -ENOMEM;
127         }
128         memset (sma, 0, size);
129         id = ipc_addid(&sem_ids, &sma->sem_perm, sc_semmni);
130         if(id == -1) {
```

```
131                    ipc_free(sma, size);
132                    return -ENOSPC;
133            }
134            used_sems += nsems;
135
136            sma->sem_perm.mode = (semflg & S_IRWXUGO);
137            sma->sem_perm.key = key;
138
139            sma->sem_base = (struct sem *) &sma[1];
140            /* sma->sem_pending = NULL; */
141            sma->sem_pending_last = &sma->sem_pending;
142            /* sma->undo = NULL; */
143            sma->sem_nsems = nsems;
144            sma->sem_ctime = CURRENT_TIME;
145            sem_unlock(id);
146
147            return sem_buildid(id, sma->sem_perm.seq);
148    }
```

先看调用参数。只要回顾一下 sys_msgget( )，这里面的参数 key 和 semflg 就很自然、很容易理解了。特殊之处在于第二个参数 nsems，它表示在由同一个信号量标识号所代表的数据结构中要设置几个信号量。也就是说，一个信号量标识号代表着一组而不只是一个信号量，由 sys_semget( )建立或找到的也是一组而不只是一个信号量。看一下数据结构类型 sem_array 的定义，这一点就更清楚了（sem.h）。

```
87    /* One sem_array data structure for each set of semaphores in the system. */
88    struct sem_array {
89            struct kern_ipc_perm    sem_perm;        /* permissions .. see ipc.h */
90            time_t                  sem_otime;       /* last semop time */
91            time_t                  sem_ctime;       /* last change time */
92            struct sem              *sem_base;       /* ptr to first semaphore in array */
93            struct sem_queue        *sem_pending;    /* pending operations to be processed */
94            struct sem_queue        **sem_pending_last; /* last pending operation */
95            struct sem_undo         *undo;           /* undo requests on this array */
96            unsigned long           sem_nsems;       /* no. of semaphores in array */
97    };
```

显然，这一次 ipc_perm 数据结构的宿主变成 sem_array 了。同样地，整个信号量机制的总根是 ipc_ids 数据结构 sem_ids：

```
74    static struct ipc_ids sem_ids;
```

其中的指针 entries 同样指向一个 ipc_id 结构数组，而 ipc_id 结构中的指针 p 也同样指向一个 ipc_perm 数据结构，只不过它的宿主变成了 sem_array 数据结构。在这一点上，三种 SysⅤ IPC 机制的基本格局都是一样的。可是，我们在这里注意的不是这些，而是 sem_array 结构中的指针 sem_base，它指向一个结构数组。该数组中的每一个 sem 数据结构都是一个信号量：

```
81    /* One semaphore structure for each semaphore in the system. */
82    struct sem {
83        int semval;        /* current value */
84        int sempid;        /* pid of last operation */
85    };
```

这个数组的大小由参数 nsems 决定，其空间连同 sem_array 数据结构一起进行分配（123～124 行），所以紧贴在 sem_array 结构后面，而&sma[1]就是其起始地址（139 行）。

那么，为什么 sys_semget( )要允许建立一组而不只是一个信号量呢？我们在讲述内核信号量时曾经谈到临界区嵌套是很容易引起死锁的。当一项操作涉及多项共享资源时，如果先取得了其中一项，然后试图取得另一项资源不成而等待时，就可能会因为直接或间接的循环等待而形成死锁。在操作系统理论中，最典型的死锁就是由这种各自占有部分资源不放而等待其他过程释放另一部分资源而形成的所谓"哲学家与刀叉"问题。吃西餐既要用刀又要用叉，如果一个人拿到了刀不放而等待别人放弃他手上的叉，而另一个则拿到了叉不放而等待别人放弃他的刀，那就死锁了。解决的方法是：凡是要使用多项资源就一定一步（不可分割的一步）就取得所有的资源，或者在一旦得不到某项资源时就释放手中所有的相关资源。换句话说，对这些"临界资源"的取得要么是全有，要么是全无。可是，这一点对于用户空间的程序来说是难以保证的，所以要以系统调用的形式来提供这样一种机制，这就是 sys_semget( )允许建立一组而不只是一个信号量的原因。这样一来，在建立了一组信号量以后，用户进程就可以通过 SEMOP 操作在一次系统调用中（因而是不可分割的）取得多项共享资源的使用权，或者就不占有任何共享资源地等待，从而防止死锁的发生。

明白了这一点，再对照 sys_msgget( )的有关代码，这里 newarg( )的代码就很好理解了。

6.8.2 库函数 semop( ) —— 信号量操作

由于一次 SEMOP 操作可以是对一个信号量集合（而不仅仅是一个信号量）的操作，并且必须符合"要么全有，要么全无"的原则，sys_semop( )的代码自然就比较复杂一些了。我们分段来看（sem.c）：

```
826   asmlinkage long sys_semop (int semid, struct sembuf *tsops, unsigned nsops)
827   {
828       int error = -EINVAL;
829       struct sem_array *sma;
830       struct sembuf fast_sops[SEMOPM_FAST];
831       struct sembuf* sops = fast_sops, *sop;
832       struct sem_undo *un;
833       int undos = 0, decrease = 0, alter = 0;
834       struct sem_queue queue;
835
836       if (nsops < 1 || semid < 0)
837           return -EINVAL;
838       if (nsops > sc_semopm)
839           return -E2BIG;
840       if(nsops > SEMOPM_FAST) {
841           sops = kmalloc(sizeof(*sops)*nsops,GFP_KERNEL);
```

```
842             if(sops==NULL)
843                 return -ENOMEM;
844         }
845         if (copy_from_user (sops, tsops, nsops * sizeof(*tsops))) {
846             error=-EFAULT;
847             goto out_free;
848         }
```

这里的参数 tsops 是一个指针，指向用户空间中的一个 sembuf 结构数组，而 nsops 则是该数组的大小。数组中的每一项都规定了对一个信号量的操作，而对数组中所有规定的操作是"原子的"，也就是全有或全无。数据结构类型 sembuf 的定义为（sem.h）：

```
37  /* semop system calls takes an array of these. */
38  struct sembuf {
39      unsigned short  sem_num;    /* semaphore index in array */
40      short           sem_op;     /* semaphore operation */
41      short           sem_flg;    /* operation flags */
42  };
```

这里的 sem_num 为具体信号在通过 SEMGET 建立的一组信号量中的下标。而 sem_op 则为一个小小的整数，原则上这个整数会被相加到相应信号量的当前值上。如果回到我们在讨论内核信号量时所打的比喻，则当这个整数为＋1时表示退还，或多供应一张门票；而－1 则表示要取得一张门票；但是，也允许更大或更小的数值。从原理上说，这个数值的大小反映了要取得或供应同一种资源的数量。相加以后，如果具体信号量的数值变成了负数则表示不能满足要求，此时当前进程一般就会进入睡眠等待，除非要有安排（见下文）。如果 sem_op 的数值为 0，则信号量的当前值当然不会改变，而只是表示询问相应信号量的数值是否为 0，若不为 0 就等待其变成 0，除非另有安排。原则上，一个进程通过 SEMOP 操作取得的资源应该由其自己通过另一次 SEMOP 操作归还，所以如果第一次操作中对某个信号量的 sem_op 为－1，则第二次就应该是＋1。此外，通过 sembuf 结构中的 sem_flg 可以设置两个标志位：一个是 IPC_NOWAIT，表示在条件不能满足时不要睡眠等待，而立即返回（出错代码为 EAGAIN）；另一个是 SEM_UNDO，表示留下遗嘱，万一当前进程欠债不还，尚未退还占有的资源就寿终正寝（exit( )）的话，就由内核代为退还。

回到 sys_shmop( )的代码中，从用户空间把参数复制到内核后，继续往下看（sem.c）：

```
849         sma = sem_lock(semid);
850         error=-EINVAL;
851         if(sma==NULL)
852             goto out_free;
853         error = -EIDRM;
854         if (sem_checkid(sma,semid))
855             goto out_unlock_free;
856         error = -EFBIG;
857         for (sop = sops; sop < sops + nsops; sop++) {
858             if (sop->sem_num >= sma->sem_nsems)
859                 goto out_unlock_free;
```

```
860             if (sop->sem_flg & SEM_UNDO)
861                 undos++;
862             if (sop->sem_op < 0)
863                 decrease = 1;
864             if (sop->sem_op > 0)
865                 alter = 1;
866         }
867         alter |= decrease;
868
869         error = -EACCES;
870         if (ipcperms(&sma->sem_perm, alter ? S_IWUGO : S_IRUGO))
871             goto out_unlock_free;
872         if (undos) {
873             /* Make sure we have an undo structure
874              * for this process and this semaphore set.
875              */
876             un=current->semundo;
877             while(un != NULL) {
878                 if(un->semid==semid)
879                     break;
880                 if(un->semid==-1)
881                     un=freeundos(sma,un);
882                 else
883                     un=un->proc_next;
884             }
885             if (!un) {
886                 error = alloc_undo(sma,&un,semid,alter);
887                 if(error)
888                     goto out_free;
889             }
890         } else
891             un = NULL;
892
```

这里的sem_lock( )和sem_checkid( )与报文队列机制中的msg_lock( )和msg_checkid( )相似，读者已经熟悉了。接下来就是先对用户规定的所有信号量操作进行一番统计，看看有几项是要SEM_UNDO的，有几项是要改变相应信号量的当前值的。信号量也受到类似于磁盘文件一样的访问权限保护，要改变信号量的当前值就必须要具备对它的写访问权，由函数 ipcperms( )加以检查。如果用户在调用sys_semop( )时至少为一个信号量操作规定了SEM_UNDO，那就要分配一个sem_undo数据结构用来记录当前进程对每一组信号量的"债务"。显然，每个进程都可以有这样的"债务"，并且每个进程可以对多个信号量集合欠有这样的"债务"（要非常小心，因为这可能引起死锁），但是同一个进程对同一个信号量集合的"债务"则只要用一个数据结构就可以描述了。所以，在进程的task_struct中维持了一条sem_undo结构队列，这就是在task_struct结构中有个semundo指针的原因。

数据结构类型sem_undo的定义为（sem.h）：

```
114     /* Each task has a list of undo requests. They are executed automatically
```

```
115         *  when the process exits.
116         */
117        struct sem_undo {
118            struct sem_undo *  proc_next;  /* next entry on this process */
119            struct sem_undo *  id_next;    /* next entry on this semaphore set */
120            int              semid;      /* semaphore set identifier */
121            short *          semadj;    /* array of adjustments, one per semaphore */
122        };
```

每一个进程要记住欠谁的债的同时，每个信号量集合也要记住都有谁欠了它的债。所以在每个信号量集合的 sem_array 中也有个指针 undo，用来维持一个 sem_undo 结构队列。而每一个 sem_undo 结构则，有两个指针 proc_next 和 id_next，分别用来链入到 task_struct 结构中的队列和 sem_array 结构中的队列（见图 6.9）。函数 alloc_undo( ) 分配一个 sem_undo 数据结构并完成两个队列的链入。

至此，所有的准备工作都已完成，下面就是实质性的操作了（sem.c）:

[sys_semop( )]

```
893            error = try_atomic_semop (sma, sops, nsops, un, current->pid, 0);
894            if (error <= 0)
895                goto update;
896
```

函数 try_atomic_semop( )，正如其函数名所说那样，试图将对给定的所有信号量的操作作为一个整体来完成（sem.c）.

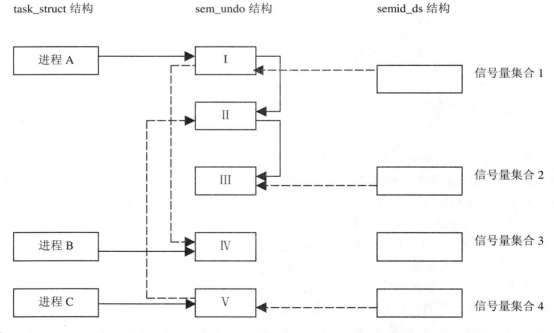

说明：每一个 sem_undo 结构同时在两个队列中，既属于某个进程（实线表示）又属于某个信号量集合（虚线表示），将两者联系在一起。

图 6.9　进程与信号量集合联系示意图

[sys_semop( ) > try_atomic_semop( )]

```
236     /*
237      * Determine whether a sequence of semaphore operations would succeed
238      * all at once. Return 0 if yes, 1 if need to sleep, else return error code.
239      */
240
241     static int try_atomic_semop (struct sem_array * sma, struct sembuf * sops,
242                     int nsops, struct sem_undo *un, int pid,
243                     int do_undo)
244     {
245         int result, sem_op;
246         struct sembuf *sop;
247         struct sem * curr;
248
249         for (sop = sops; sop < sops + nsops; sop++) {
250             curr = sma->sem_base + sop->sem_num;
251             sem_op = sop->sem_op;
252
253             if (!sem_op && curr->semval)
254                 goto would_block;
255
256             curr->sempid = (curr->sempid << 16) | pid;
257             curr->semval += sem_op;
258             if (sop->sem_flg & SEM_UNDO)
259                 un->semadj[sop->sem_num] -= sem_op;
260
261             if (curr->semval < 0)
262                 goto would_block;
263             if (curr->semval > SEMVMX)
264                 goto out_of_range;
265         }
266
267         if (do_undo)
268         {
269             sop--;
270             result = 0;
271             goto undo;
272         }
273
274         sma->sem_otime = CURRENT_TIME;
275         return 0;
276
277     out_of_range:
278         result = -ERANGE;
279         goto undo;
280
281     would_block:
```

```
282         if (sop->sem_flg & IPC_NOWAIT)
283             result = -EAGAIN;
284         else
285             result = 1;
286
287 undo:
288     while (sop >= sops) {
289         curr = sma->sem_base + sop->sem_num;
290         curr->semval -= sop->sem_op;
291         curr->sempid >>= 16;
292
293         if (sop->sem_flg & SEM_UNDO)
294             un->semadj[sop->sem_num] += sop->sem_op;
295         sop--;
296     }
297
298     return result;
299 }
```

首先要注意到并记住，这里的参数 do_undo 为 0，这是在 sys_shmop( ) 中的第 893 行设置好了的。所以，如果 for 循环正常结束，也就是对每个信号量的操作都没有使它的值 semval 变成负数的话，那就已经成功地取得了需要的全部资源，此时函数返回 0。除此之外，有三种情况可以使这个 for 循环中途夭折。

第一种情况是对某个信号量的操作使其数值超过了最大值 SEMVMX。在这种情况下，本次系统调用实际上不能继续下去了，所以就转到 out_of_range 处把出错代码设置成 －ERANGE，然后再转到 undo 处通过一个 while 循环把前面已经完成了的操作都抵消掉，让已经在 for 循环中改变了的信号量数值都还原。不光是信号量 semval 的值要还原，表示是谁最后一次改变信号量数值的 sempid 也要还原。还有，如果 SEM_UNDO 标志为 1 的话，还要把 sem_undo 结构中记下的"账"也还原。总之一句话，是不留痕迹。

第二种情况是对某个信号量的操作使它的值变成了负数。这表示获取由这个信号量所代表的资源（的使用权）的努力受到了阻碍，一时还得不到这种资源。一般来说，这时候就要睡眠等待了，所以就转到 would_block 处。在这里，一方面根据 IPC_NOWAIT 标志的值来决定函数的返回值；另一方面同样要通过 undo 处的 while 循环将已经取得的资源全都退还，或者说将已经执行的操作都还原，也要不留痕迹。因为这里的原则是"要么全有，要么全无"。

第三种情况是对某个信号量的操作 sem_op 的值为 0，而这个信号量的当前值又是非 0，对这种情况的处理与第二种情况相同，也是转到 would_block 处。

最后，如果参数 do_undo 为非零呢？那表示只需要试一下，看看能否取得所有需要的资源，而并不是真的要改变这些信号量的数值，所以在成功以后，即 for 循环正常结束以后，就将所有的操作全部还原。

从 try_atomic_semop( ) 返回到 sys_semop( ) 中时，返回值有三种可能。返回值为 0 表示所有的操作都成功了，当前进程已经握有所需的全部资源，可以返回到用户空间进入"临界区"继续执行了。返回值为负值表示操作失败了，并且出了错。在这两种情况下都转到标号 "update 处，在那里进行一些善后操作，然后就返回了（见后面的代码）。第三种情况是返回值为 1，表示对某个信号量的操作失败了，需要睡眠等待。继续往下看（sem.c）：

[sys_semop( )]

```
897         /* We need to sleep on this operation, so we put the current
898          * task into the pending queue and go to sleep.
899          */
900
901         queue.sma = sma;
902         queue.sops = sops;
903         queue.nsops = nsops;
904         queue.undo = un;
905         queue.pid = current->pid;
906         queue.alter = decrease;
907         queue.id = semid;
908         if (alter)
909             append_to_queue(sma ,&queue);
910         else
911             prepend_to_queue(sma ,&queue);
912         current->semsleeping = &queue;
913
914         for (;;) {
915             struct sem_array* tmp;
916             queue.status = -EINTR;
917             queue.sleeper = current;
918             current->state = TASK_INTERRUPTIBLE;
919             sem_unlock(semid);
920
921             schedule( );
922
923             tmp = sem_lock(semid);
924             if(tmp==NULL) {
925                 if(queue.status != -EIDRM)
926                     BUG( );
927                 current->semsleeping = NULL;
928                 error = -EIDRM;
929                 goto out_free;
930             }
931             /*
932              * If queue.status == 1 we where woken up and
933              * have to retry else we simply return.
934              * If an interrupt occurred we have to clean up the
935              * queue
936              *
937              */
938             if (queue.status == 1)
939             {
```

```
940                    error = try_atomic_semop (sma, sops, nsops, un,
941                                    current->pid, 0);
942                if (error <= 0)
943                    break;
944            } else {
945                error = queue.status;
946                if (queue.prev) /* got Interrupt */
947                    break;
948                /* Everything done by update_queue */
949                current->semsleeping = NULL;
950                goto out_unlock_free;
951            }
952        }
953        current->semsleeping = NULL;
954        remove_from_queue(sma, &queue);
955    update:
956        if (alter)
957            update_queue (sma);
958    out_unlock_free:
959        sem_unlock(semid);
960    out_free:
961        if(sops != fast_sops)
962            kfree(sops);
963        return error;
964    }
```

与报文队列相似，睡眠时要将一个代表着当前进程的 sem_queue 数据结构链入相应 sem_array 数据结构中的 sem_pending 队列。这里 sem_queue 数据结构的定义为（sem.h）：

```
 99    /* One queue for each sleeping process in the system. */
100    struct sem_queue {
101        struct sem_queue *  next;   /* next entry in the queue */
102        struct sem_queue ** prev;   /* previous entry in the queue, *(q->prev) == q */
103        struct task_struct* sleeper; /* this process */
104        struct sem_undo *   undo;   /* undo structure */
105        int                 pid;    /* process id of requesting process */
106        int                 status; /* completion status of operation */
107        struct sem_array *  sma;    /* semaphore array for operations */
108        int                 id;     /* internal sem id */
109        struct sembuf *     sops;   /* array of pending operations */
110        int                 nsops;  /* number of operations */
111        int                 alter;  /* operation will alter semaphore */
112    };
```

在将这个数据结构链入 sem_pending 队列时，还要区分本次操作是否要改变任何信号量的值，从而确定将其链入到队列的尾部或前部。处于队列前部的结构（实际上是进程），在被唤醒时享受到一些优先。此外，在进程 task_struct 结构中也有一个指针 semsleeping，当进程因信号量操作而进入睡眠时就指向其 sem_queue 数据结构。

进入睡眠以后，就要到被唤醒时才会从 921 行的 schedule( )调用中返回。那么，由谁来唤醒呢？让我们回过头去看看前面当 try_atomic_semop( )的返回值为 0 或负数时转到 update 处以后的情况。如果本次操作改变了某些信号量的值（见 956 行），那就说明这个信号量集合的状态发生了某些变化，原来因条件不满足而只好睡眠等待的进程也许现在可以得到满足了，所以就调用 update_queue( )来试试看（sem.c）：

[sys_semop( ) > update_queue( )]

```
301     /* Go through the pending queue for the indicated semaphore
302      * looking for tasks that can be completed.
303      */
304     static void update_queue (struct sem_array * sma)
305     {
306         int error;
307         struct sem_queue * q;
308
309         for (q = sma->sem_pending; q; q = q->next) {
310
311             if (q->status == 1)
312                 continue;   /* this one was woken up before */
313
314             error = try_atomic_semop(sma, q->sops, q->nsops,
315                         q->undo, q->pid, q->alter);
316
317             /* Does q->sleeper still need to sleep? */
318             if (error <= 0) {
319                 /* Found one, wake it up */
320                 wake_up_process(q->sleeper);
321                 if (error == 0 && q->alter) {
322                     /* if q-> alter let it self try */
323                     q->status = 1;
324                     return;
325                 }
326                 q->status = error;
327                 remove_from_queue(sma,q);
328             }
329         }
330     }
```

把 311 行的 if（q->status==1）暂时搁一下，先看 for 循环的主体。这个循环顺着队列依次让每个正在睡眠中等待的进程试一下，看看现在能否顺利完成其信号量操作。注意，这里对 try_atomic_semop( )的最后一个调用参数为 q->alter，表示如果原先的操作要改变某些信号量的值，那么现在只是试一下，而不是真的执行这些操作。试了以后的结果无非是三种：第一种是条件仍不满足，继续留在队列睡眠等待。第二种是条件仍不满足但是发生了出错，此时应将该进程唤醒，将 q -> status 设置成由

try_atomic_semop( )返回的出错代码，并将此数据结构从队列中摘除。既然出了错，操作已不能进行，留在队列中睡眠等待当然是毫无意义而且有害。第三种情况是某个进程的信号量操作原来因条件不满足而只好睡眠等待，但是现在条件已经能满足了。此时将该进程唤醒，并将其 q->status 设成 1，而且 for 循环就此结束。也就是说，如果队列中实际上有多个进程的条件都可以得到满足，只有排在最前面的那个进程才被唤醒。唤醒时进程的 sem_queue 数据结构仍留在队列中。另一方面，如果对同一个信号量集合再调用一次 update_queue( )，只要已被唤醒并且 q -> status 已被置成 1 的进程还在队列中尚未离开，就会在 311 行的 if 语句中将其跳过。由此可见，除了在新情况下发生出错的进程不算，每次调用 update_queue( )最多只唤醒一个进程，而且是排在前面的进程优先。因此，不要求改变信号量数值的进程是得到优先的，因为它们排在队列的前面。除此之外，那就是先来者优先了。

应该指出，进程本身的优先级别在这里并不起任何作用。也就是说，当有两个进程都要取得对同一组资源的使用权时，优先级别较低的进程有可能先到一步而在队列中排在较前的位置上，从而就先取得了这组资源，而优先级别较高的进程就只好"不搞特殊化"，耐心等待了。从这个意义上，严格地讲，Linux 并不是为实时系统而设计的。当然，要改变这一点也不难，这也是为什么已经有了一些"实时 Linux"版本的原因之一。

在睡眠中等待信号量操作的进程除了可以被调用 updat_queue( )的进程所唤醒之外，还可能因为接收到信号而被唤醒。由于进入睡眠前（见 916 行）已经把 q->status 设置成－EINTR，所以当因接收到信号而被唤醒时这个值仍然是－EINTR。还有一种情况，那就是如果一个信号量集合被取消了，此时所有正在睡眠等待的进程都会被唤醒，并且 q->status 被设置成－EIDRM。

回到 sys_semop( )的代码中。从 schedule( )返回以后，首先要通过 sem_lock( )再次确认操作的对象仍是原先的信号量集合，并将其锁住。这个函数返回指向信号量集合的 sem_array 数据结构的指针，只有当原先的信号量集合不再存在时才返回 NULL。根据唤醒后 queue.status 的数值可以判知被唤醒的原因。这个数值为 1，表示 update_queue( )发现该进程的条件满足了，但是情况也可能又有了变化（例如另一个进程已经在此之前对该信号量集合成功地进行了某些操作），所以 940 行处的 try_atomic_semop( )还是有可能失败，如果失败就要回到 for 循环（见 914 行）的开始处再次入睡了。注意这里调用 try_atomic_semop( )时的最后一个参数又是 0，表示这是"动真格"的。要是成功了，或者出了错，那就跳出了 for 循环，将 sem_queue 结构从队列中脱链以后就经过 update 返回了。

如果 queue.status 不为 1 呢？此时有两种可能。第一种可能是因为接收到信号而被唤醒，所以 sem_queue 结构还在队列中，queue.prev 指针必定为非 0。此时也要跳出 for 循环（947 行），也要将 sem_queue 结构从队列中脱链，并经由 update 返回。所不同的是，此时 sys_semop( )的返回值必定会是－EINTR（见 916 行和 963 行）。第二种可能是因为在新的情况下发生了出错而被 update_queue( )唤醒，并已从队列中脱链。此时也从 for 循环中跳出（950 行），但是直接就跳到 out_lock_free 处返回了，并且返回值就是由 update_queue( )所设置的出错代码。

最后，还有个事要交待一下。我们在前面讲过，调用 sys_semop( )时将 SEM_UNDO 标志设成 1 就表示"立下遗嘱"，万一进程在归还所获取的资源之前就 exit( )的话，就委托内核代为归还。实际上，既然占有资源的进程已经 exit( )，则这些资源事实上已经不再被占用了。问题是相应信号量的数值没有得到调整，就好像仓库里明明有东西但账本上却说没有了。而委托内核做的事，就是平时每次都通过 sem_undo 数据结构记下账，然后当进程 exit( )时，根据该进程的 sem_undo 数据结构队列来调整有关信号量的数值。这是怎样实现的呢？读者可以回到第 4 章 do_exit( )的代码中看一下，在那里要调用一个函数 sem_exit( )。这个函数所做的事情是：如果 exit( )的进程中某个信号量在集合的队列中等待，就将其脱链。然后扫描该进程的 semundo 队列，根据每个 sem_undo 数据结构中的记载，依次对相应信号量集合中的相应信号量数值作出调整。最后调用 update_queue( )唤醒可能正在等待的进程。函数的代码也在 sem.c 中，我们把它留给读者自己阅读。

6.8.3 库函数 semctl( ) ── 信号量的控制与管理

与 msgctl( )大同小异。函数 sys_semctl( )的代码虽然不短，逻辑却很简单。我们把它留给读者了。

图书在版编目（CIP）数据

Linux 内核源代码情景分析. 上 / 毛德操，胡希明著.
杭州：浙江大学出版社，2001.7（2025.1 重印）
ISBN 978-7-308-02703-8

Ⅰ.L… Ⅱ.①毛…②胡… Ⅲ.Linux 操作系统—程序分析 Ⅳ.TP316.89

中国版本图书馆 CIP 数据核字（2001）第 027477 号

本书限中国大陆地区发行

Linux 内核源代码情景分析（上册）

毛德操　胡希明　著

责任编辑	吴昌雷
封面设计	俞亚彤
出版发行	浙江大学出版社
	（杭州市天目山路 148 号　邮政编码 310007）
	（网址：http://www.zjupress.com）
排　　版	杭州青翊图文设计有限公司
印　　刷	杭州杭新印务有限公司
开　　本	889mm×1194mm　1/16
印　　张	53.5
字　　数	1612 千
版 印 次	2001 年 9 月第 1 版　2025 年 1 月第 19 次印刷
书　　号	ISBN 978-7-308-02703-8
定　　价	108.00 元

版权所有　侵权必究　　印装差错　负责调换

浙江大学出版社市场运营中心联系方式：0571-88925591；http://zjdxcbs.tmall.com